AF454727

TRAITÉ
DE PHYSIOLOGIE

PAR

J.-P. MORAT
Professeur à l'Université de Lyon,

ET

Maurice DOYON
Professeur agrégé à la Faculté de médecine de Lyon.

2

FONCTIONS D'INNERVATION

PAR

J.-P. MORAT

263 figures noires et en couleurs.

PARIS

MASSON ET Cⁱᵉ, ÉDITEURS

LIBRAIRES DE L'ACADÉMIE DE MÉDECINE

120, BOULEVARD SAINT-GERMAIN

—

1902

TRAITÉ

DE

PHYSIOLOGIE

AVIS DES ÉDITEURS

Voici le plan complet de l'ouvrage :

I. — **Fonctions élémentaires.** — Prolégomènes. — Nutrition en général. — Physiologie des tissus en particulier (moins le système nerveux). — Sang ; lymphe ; liquides interstitiels.

II. — **Fonctions d'innervation.** (Système nerveux.)

III. — **Fonctions de nutrition.** — Circulation ; calorification.

IV. — **Fonctions de nutrition** (suite). — Respiration ; digestion ; absorption ; excrétion.

V. — **Fonctions de relation** (Sens ; Langage ; expression ; locomotion) **et fonctions de reproduction** (à l'exception du développement embryologique).

Le volume en préparation traitera des **fonctions élémentaires** (Nutrition en général. — Tissus. — Sang et lymphe).

1020-02. — Corbeil. — Imprimerie Éd. Crété.

TRAITÉ
DE PHYSIOLOGIE

PAR

J.-P. MORAT
Professeur à l'Université de Lyon,

ET

Maurice DOYON
Professeur agrégé à la Faculté de médecine de Lyon.

FONCTIONS D'INNERVATION

PAR

J.-P. MORAT

263 figures noires et en couleurs.

PARIS
MASSON ET Cⁱᵉ, ÉDITEURS
LIBRAIRES DE L'ACADÉMIE DE MÉDECINE
120, BOULEVARD SAINT-GERMAIN

1902

AVANT-PROPOS

L'être vivant est traversé par un double courant de substance et
d'énergie dans un sens défini toujours le même. Les transformations de l'énergie y accompagnent celles de la substance. Les deux
courants tantôt s'unissent et tantôt se séparent. Leur union est au
début d'un cycle dont leur séparation marque la fin. Ce cycle est
l'image simplifiée de l'évolution vivante. Il dessine la première
trace de l'organisation. Mais à mesure que celle-ci se complique et
se perfectionne, nous voyons de nouveaux cycles plus ou moins
faits à sa ressemblance se constituer, qui s'y superposent, interfèrent avec lui et lui donnent une valeur nouvelle. L'innervation
répond à un cycle de ce genre.

Pendant, en effet, que les courants matériel et énergétique vont
des ingesta aux excreta, à travers l'intestin et les vaisseaux, un troisième courant incomparablement plus faible est canalisé par des
voies distinctes, celles des nerfs, lequel intervient pour régler les
deux premiers et leur donner leur meilleur emploi. Le système nerveux ne fournit pas la force, il l'utilise ; le parti qu'il en tire est
en raison de la perfection de son organisation propre. C'est lui qui
décide du moment où l'énergie accumulée par l'être vivant doit se
libérer, c'est-à-dire quitter la substance et réaliser ses effets moteurs.
Il en décide d'après les informations à lui communiquées par les
organes des sens et non sans un travail intérieur d'élaboration
parfois très long, opéré sur ces renseignements venus du dehors.

En somme, par les ébranlements qui entrent en lui il reçoit
l'empreinte du monde extérieur, dont il prend ainsi connaissance ;
par son activité propre il juge, du point de vue de leur utilité, les
choses qui l'entourent ; finalement il traduit son jugement par un
acte moteur adapté à la conservation de l'organisme. Tel est le
cycle du courant nerveux ; il implique successivement un phénomène extérieur d'impression, un phénomène intérieur de sensation,
un nouveau phénomène extérieur de réponse motrice à l'impression,
suivi lui-même d'un nouveau phénomène intérieur de sensation

qui enregistre le mouvement accompli. Dans le système nerveux, tout mouvement sollicite une sensation, toute sensation sollicite un mouvement. Nous disons *sollicite*, parce que ce système, parmi ses attributions les plus singulières, a un pouvoir d'ajournement sur les événements qui dépendent de lui. Ces événements qu'il construit en lui, sous une échelle réduite, à l'état de représentations ou d'images, avec les données fournies par les sens, il les conserve intérieurement jusqu'à ce que le moment propice vienne de les réaliser partiellement en mouvements extérieurs.

Du fait de l'introduction de la sensation dans le cycle qui se déroule en lui, les événements prennent en effet pour lui un sens particulier, qu'ils n'ont pas sans cela. Suivant la tonalité affective (agréable ou douloureuse) de cette sensation, ils sont bons ou mauvais. Manifestement, et malgré les erreurs qu'il peut commettre, l'être vivant recherche les premiers et fuit les seconds. Si son activité est libre dans son choix ou si elle est enserrée dans un déterminisme inflexible, c'est un problème que le physiologue n'a pas à examiner : mais, rigide ou élastique, ce déterminisme compte un élément, un facteur nouveau, la sensibilité, qui en dehors de l'être vivant fait défaut ou bien n'apparaît pas.

Les relations de cause à effet, qui par ailleurs semblent si simples, s'en trouvent extrêmement compliquées et modifiées. Le pouvoir qu'a l'être vivant et le système nerveux en particulier de conserver en lui les événements extérieurs, en les réduisant à l'état de représentations, puis de les réaliser à nouveau en les regrossissant en mouvements visibles, nous donne l'illusion que la fin d'un acte est la cause de cet acte. La cause d'une action ne saurait être dans l'avenir, mais elle peut être dans le souvenir d'un acte antérieur du même genre, reconnu utile ou nuisible et qui, à ce titre, détermine la direction à donner au mouvement. Il y a bien une fin, une tendance générale ou particulière, déterminée par la nature sensible de l'être vivant, mais cette fin est un effet et non une cause. C'est toujours le passé qui est gros de l'avenir ; mais dans ce passé l'être vivant sait faire un choix ; et, quand il le ressuscite, c'est autant qu'il le peut à son avantage ; d'où sa perfectibilité en quelque sorte indéfinie.

L'étude de la fonction d'innervation soulève, ainsi qu'on voit, ou côtoie des problèmes, qui ne ressortissent pas uniquement à la physiologie, mais qu'elle ne peut éviter complètement d'aborder. En tant qu'ils sont expérimentaux, elle les réclame de plein droit ; pour le reste, elle demande à la psychologie les solutions que celle-ci poursuit avec ses moyens propres. Une sorte de champ existe,

commun aux deux sciences, que la première s'efforce de s'appro-
prier, en déplaçant de plus en plus les limites qui la séparent de la
seconde. Le progrès est lent, parce que, outre que l'étude est hérissée
de difficultés de toute nature, les méthodes, en dépit des efforts d'une
nuée de chercheurs, sont restées grossières et encore peu en rapport
avec la délicatesse infinie des organes nerveux et de leurs éléments
composants.

J.-P. MORAT.

TABLE DES MATIÈRES

INNERVATION

PREMIÈRE PARTIE

FONCTIONS NERVEUSES ÉLÉMENTAIRES

CHAPITRE PREMIER

L'ÉLÉMENT NERVEUX.

CHAPITRE II
ÉNERGIES DU NERF.

DEUXIÈME PARTIE

FONCTIONS SYSTÉMATIQUES

PREMIÈRE SECTION

L'ORGANISATION NERVEUSE.

CHAPITRE PREMIER

LA SENSIBILITÉ ET LE MOUVEMENT : LEURS RAPPORTS.

CHAPITRE II

SYSTÉMATISATIONS PRIMAIRES.

CHAPITRE III

LE CONSCIENT ET L'INCONSCIENT.

CHAPITRE IV

SYSTÉMATISATIONS SUPÉRIEURES.

DEUXIÈME SECTION

INNERVATIONS SPÉCIFIQUES.

CHAPITRE PREMIER

INNERVATION TACTILE.

CHAPITRE II

INNERVATION VISUELLE.

CHAPITRE III

INNERVATION AUDITIVE.

CHAPITRE IV

INNERVATIONS OLFACTIVE ET GUSTATIVE.

CHAPITRE V

LE LANGAGE ET L'IDÉATION.

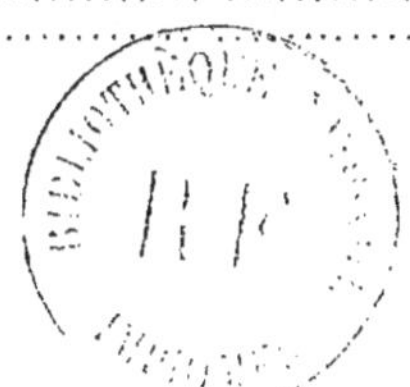

INNERVATION

L'être vivant présente à notre observation tous les phénomènes
de la matière brute : mais la réciproque n'est pas vraie. Il saute
aux yeux que l'être doué de vie possède des caractères, présente
des manifestations que la matière ordinaire ne nous montre pas. Le
trait le plus saillant par lequel il se distingue d'elle, c'est la *sensibilité*. C'est là, il est vrai, un fait tout intérieur, qui échappe à
l'observation telle qu'on l'entend communément dans les sciences,
mais que le sens commun nous oblige d'attribuer aux êtres semblables à nous, comme à le refuser à ceux qui n'ont que les plus
lointaines ressemblances avec nous.

Sensibilité et énergie. — Le fait *sensibilité* ne se substitue pas
dans l'être vivant aux phénomènes énergétiques de la matière,
il s'y superpose et offre avec eux une double liaison réciproque. Il
est conditionné par eux, en ce sens que le sujet sentant nécessite
un objet senti ; il les conditionne d'autre part, en ce sens que, incapable d'en modifier la somme, il les dirige, dans leur exécution,
vers une fin dont l'être a conscience. — Cette double liaison ne
règle pas seulement les rapports de l'être vivant avec ce qui l'entoure ; elle est le trait distinctif de son organisation. Dans son développement, tant ontogénique que phylogénique, il s'est édifié par et
pour elle. — De cette double liaison, si fragile en soi, mais si
intime tant qu'elle existe, procède l'**unité** de cet être que nous
appelons vivant. Dans cet organisme, où *chaque partie dépend du
tout et le tout de chaque partie*, une synthèse s'est faite qui lui confère l'*individualité*. Ce prodige de complexité est en même temps
un prodige d'unité.

Sensibilité et déterminisme. — La science qui se donne pour
objet l'étude d'un tel être ne doit pas perdre de vue ce double
caractère, quand elle fait, comme c'est son cas, appel aux méthodes
et aux principes généraux des autres sciences. Dissociés et ramenés
à l'état brut de la matière commune, les éléments premiers des
êtres vivants nous manifestent dans leurs réactions cette constance

inflexible, qui caractérise les lois dites physico-chimiques ; associés dans l'individu, leur groupement, leur organisation y fait apparaître la variété infinie et la contingence d'où il tire sa personnalité. Comment ceci peut-il procéder de cela ? Comment ce qui est invisible dans l'élément devient-il apparent dans le tout ? Nous l'ignorons. Mais en science, aussi bien qu'ailleurs, il y a imprudence à heurter les enseignements du sens commun, et l'énigme n'est pas résolue parce qu'on a négligé un des termes du problème.

Notre esprit affamé de logique s'est, en effet, d'abord offensé de ce contraste et a pensé le faire disparaître, en se détournant de l'un des deux points de vue. Le déterminisme rigide des sciences purement énergétiques a été transporté, sans appropriation ni restriction, dans la science biologique. Pendant un temps — qui, au surplus, dure encore — le physiologue a oublié qu'il étudiait un être sensible : il a, en tout cas, refusé toute influence conditionnante ou causale à la sensibilité, dans le déterminisme des phénomènes de la vie. Il a établi avec soin le bilan des forces de l'organisme ; mais il s'est désintéressé de ce qui règle leur emploi : la physique ne faisant pas de place à la sensibilité, il ne lui en a point fait dans sa science. Le temps paraît venu de réagir contre ces exagérations. Dans l'être vivant, *le mouvement dépend de la sensibilité, comme la sensibilité dépend du mouvement.*

Dans les deux cas, la nature de la liaison nous est inconnue, mais la liaison existe : elle fait le fond même de la science biologique, en tant que celle-ci se distingue de la physique pure.

Sensibilité et organisation. — Dans le règne vivant, la sensibilité a des degrés extrêmement variés. Son développement se poursuit parallèlement à celui de l'organisation elle-même. Elle ne commence à prendre ses caractères d'évidence que chez les êtres pourvus d'un système différencié que nous appelons le *système nerveux* ; elle croît en importance et perfection avec le développement progressif (phylogénique et ontogénique) de ce système lui-même. Chez de tels êtres, dont nous faisons partie, un partage d'attributions s'est fait entre les tissus, dont les uns emploient les énergies efficientes qui interviennent dans l'exécution des actes de l'organisme, tandis qu'un autre, le tissu nerveux, veille à l'emploi de ces énergies qu'il régularise et coordonne. Il est par excellence le tissu sensible ; il est à la fois excitable et excitant à un très haut degré. Il reçoit l'excitation et la restitue, mais non sans l'avoir transformée beaucoup dans son passage à travers ses voies. C'est lui principalement qui assure la dépendance et la subordination réciproque des éléments au tout et du tout aux éléments, et qui de ce fait confère à l'organisation son individualité, son unité

Excitabilité et sensibilité. — Toute matière vivante est excitable ; ce qui veut dire qu'aux actions dirigées contre elle, elle répond par une dépense de l'énergie propre qu'elle accumule constamment dans son intérieur. Cette réaction motrice n'est jamais quelconque, mais l'expérience établit qu'elle est dirigée en vue de la conservation de la vie dans la substance excitée. L'excitabilité ne serait donc pas une manifestation purement motrice, mais elle se doublerait d'un fait intérieur de conscience obtuse. Elle serait la forme dégradée ou l'ébauche de la sensibilité. L'organisation perfectionnée des animaux supérieurs, en lui donnant son plus complet développement, nous rend possible l'analyse de ses conditions d'existence. Ces conditions sont au fond partout les mêmes : elles résident dans les liaisons de dépendance réciproque des parties qui entrent dans l'organisme. Plus celui-ci est simple et homogène, plus ses réactions se rapprochent du mouvement ordinaire et s'éloignent de celles qui traduisent la sensibilité vraie : plus il est complexe et différencié, plus ses mouvements ont le caractère contingent des êtres sensibles et intelligents.

Action et réaction. — En d'autres mots, l'être vivant réagit contre les actions extérieures qui l'atteignent. En ce faisant, il obéit à une loi générale, universelle, vraiment fondamentale, qui est une des premières inscrites dans le code des lois physiques, loi à laquelle il ne saurait échapper, pas plus que tout corps dans la nature. Seulement, du fait même de l'organisation, cette loi a pris un caractère nouveau, dont on peut dire qu'elle implique chez l'être vivant un *souvenir du passé* et une *prévision de l'avenir*. Plus l'organisation est élevée, plus ce caractère apparaît : plus au contraire nous nous rapprochons des éléments purement physiques, qui entrent comme composants dans cette organisation, plus ce caractère lui-même s'efface, pour ne laisser apparaître que la réaction simple, rigoureusement égale à l'action du temps présent. La réaction vitale, pratiquement si différente de la réaction physique, procède d'elle par étapes et perfectionnements successifs, comme l'être vivant lui-même procède de la matière brute progressivement organisée.

Division. — Le tissu nerveux est, comme tous les autres tissus, formé originellement de cellules ; mais, tandis que les autres espèces cellulaires ne sont le plus souvent que des éléments répétés et juxtaposés, lui présente une systématisation véritable, grâce aux connexions établies entre ses parties composantes. Son étude se fera donc de deux points de vue différents : l'un, duquel on considère les fonctions communes à tous ses éléments (*fonctions cellulaires*); l'autre, duquel on considère les fonctions particulières aux groupements ou systèmes formés par ces éléments (*fonctions systématiques*). La distinction de ces deux ordres de fonctions est fondamentale dans l'étude du tissu nerveux, et c'est en partie parce qu'elle a été souvent méconnue que l'obscurité règne sur nombre de questions qui s'y rapportent.

La première de ces deux études complète l'histoire des fonctions cellulaires établie d'après les types principaux des éléments vivants ; la seconde nous fait pénétrer dans les fonctions d'ensemble auxquelles ces éléments concourent en s'associant : le système nerveux étant le lien qui réalise ces ensembles et organise ces fonctions. L'étude du système nerveux occupe de la sorte un point nodal dans l'exposition de la science physiologique.

PREMIÈRE PARTIE

FONCTIONS NERVEUSES ÉLÉMENTAIRES

La complexité de l'être vivant et de ses moindres organes nous oblige à les étudier d'un double point de vue : l'un *statique* ou de repos absolu, c'est-à-dire de mort ; l'autre *dynamique* ou d'activité, c'est-à-dire de vie, dans ses diverses manifestations. L'état statique est l'objet de l'anatomie, qui considère des formes à l'état fixe ; l'état dynamique, celui de la physiologie, qui étudie des mouvements. Les deux sciences se prêtent du reste un mutuel concours et échangent parfois leurs méthodes. Un rappel sommaire des notions de l'une n'est jamais sans éclairer les démonstrations de l'autre. En se faisant de mutuels emprunts, elles s'efforcent de combler leurs lacunes.

I. Unité statique. — Il existe une unité statique du système nerveux à laquelle on donne communément le nom d'élément : c'est le *neurone*. Cette unité est d'ordre cellulaire, et même elle est une symbiose, en ce sens qu'à la cellule fondamentale qui la constitue s'en surajoutent d'autres, qui font corps en quelque sorte avec elle. Elle n'est un élément que dans le sens relatif de ce mot, car une cellule est un être d'organisation complexe ; mais cette unité est des mieux définies et acquiert ainsi une grande importance. Il nous faudra donc rappeler brièvement ses caractères les plus essentiels.

II. Unité dynamique. — A cette unité statique correspond, comme pour l'élément musculaire, l'élément glandulaire, etc., une unité dynamique. Dans le nerf cette unité dynamique est moins facilement définissable, parce qu'elle ne s'accuse plus, comme pour les éléments précédents, par des phénomènes extérieurement visibles (contraction, sécrétion), mais seulement par l'excitabilité qui est dévolue en partage à toute cellule, ou mieux par le retentissement de cette excitabilité sur celle des autres tissus en connexion avec le nerf.

Cette unité dynamique, à laquelle nous ne savons donner que le nom peu caractéristique d'*irritabilité nerveuse élémentaire*, est l'ensemble des énergies qui s'emploient dans le neurone, pour lui conserver son existence, sa composition, sa structure, ses manifestations intérieures et extérieures, ensemble coordonné tendant à une fin définie.

Organisation de l'énergie. — De même que dans l'élément nerveux la substance n'est pas homogène, mais accuse des structures compliquées qui ne réalisent pas moins un ensemble cohérent, de même dans cet élément, comme dans toute cellule, il y a une organisation de l'énergie, qui, par la dépendance qu'elle établit entre ses multiples formes, fait contribuer celles-ci à la conservation de l'élément et lui assure son rôle social dans l'économie. Comme toute individualité vivante, l'élément nerveux, le neurone est à la fois un et multiple, et il ne faut pas oublier qu'il l'est au point de vue dynamique comme au point de vue statique.

Formes et transformations multiples de l'énergie dans le nerf. — Lorsqu'on recherche ou qu'on demande quelle est l'énergie qui circule dans le nerf, la question est mal posée, parce qu'elle laisse croire qu'une seule énergie l'envahit dans sa substance (comme l'électricité un fil conducteur), et il est *a priori* évident qu'une telle assimilation est fausse. Tout au plus pourrait-on rechercher quelle est l'énergie finale que le nerf emploie à son contact avec le muscle ou les organes qu'il excite. Mais, avant d'arriver à cette phase ultime, il est certain, car on en a des preuves, que l'énergie a subi des transformations multiples et dont nous ne connaissons que quelques-unes des plus saillantes.

a. *Énergie chimique.* — Dans le nerf, comme dans tout tissu, l'énergie pénètre sous la forme chimique; car, comme tout tissu, il est en voie d'échanges avec le sang, par les vaisseaux qui l'irriguent (échange de gaz, échange de substances solubles).

b. *Énergie calorique.* — Dans les masses nerveuses de grand volume, on est parvenu à reconnaître qu'il y a un léger dégagement de chaleur; car la température de ces masses peut se montrer légèrement plus élevée que celle du sang qui les pénètre (Mosso).

c. *Énergie électrique.* — Dans le nerf, comme dans tous les éléments ayant une orientation définie, on a trouvé des phénomènes électromoteurs, donnant naissance à des courants de sens déterminé; de sorte qu'il faut faire une place aussi à l'électricité, dans les transformations de l'énergie employée par l'élément nerveux. Il faut seulement être prévenu que l'assimilation du nerf à un conducteur électrique ordinaire est radicalement fausse. La figuration de ces courants affecte une forme compliquée et pour ainsi dire spécifique au nerf, et leur circulation se fait vraisemblablement dans des particules de grandeur moléculaire ou approchante.

Cycles énergétiques. — Ces formes principales de l'énergie, qui dérivent les unes des autres par transformation, entrent dans des cycles énergétiques, qui dessinent les premiers traits de cette organisation des forces dans l'élément, sans laquelle tout serait confusion, et grâce à laquelle l'ordre et l'unité y règnent.

Ces cycles nous sont mal connus dans leur détail ; mais tout démontre que, dans l'élément nerveux (comme dans toute cellule), ils sont nombreux, affectant des variétés et des nuances infinies. Ce qui les caractérise surtout, dans l'être vivant, c'est leur pénétration mutuelle, leur superposition, leur emboîtement, leur convergence vers un résultat défini. Aucun n'est exactement fermé sur lui-même ; mais chacun au contraire distrait une partie de son énergie sur des cycles voisins, parallèles ou successifs. De là des difficultés souvent insurmontables pour l'analyse, qui cherche à les reconnaître en les isolant.

Fonctions. — Des cycles énergétiques d'une forme primitivement simple, qui s'organisent pour l'accomplissement de ce que nous appelons les fonctions du nerf, voilà ce qui fait le fond de cette unité dynamique nerveuse, que notre esprit n'est encore accoutumé ni de voir, ni de rechercher, mais qui, dans notre science, nous est aussi nécessaire que la notion cellulaire (qui en est la forme concrète) peut l'être en anatomie. Si le détail de cette organisation des forces nous était mieux connu, il nous conduirait, sans transition, à la connaissance de ces actes complexes qui sont les fonctions et que nous n'envisageons jusqu'ici guère que dans leur résultat.

Leur double nature. — Ces fonctions sont, dans l'élément nerveux (comme dans tout élément vivant), de deux ordres : les unes et les autres emploient l'énergie qui pénètre le nerf et le quitte après transformation ; mais elles en tirent des résultats différents. Les unes visent l'organisation et, une fois qu'elle est établie, la conservation de l'organisation du neurone : on les dit pour cette raison *organotrophiques* ; elles sont *intérieures* au neurone lui-même. Les autres visent le rôle social que cette individualité cellulaire remplit dans l'ensemble du système nerveux et dans l'individu lui-même : pour cette raison on voit en elles les fonctions *nerveuses* proprement dites ; elles sont *extérieures* au neurone et, de même que les premières servent de lien entre ses parties constituantes pour lui conserver son identité statique et dynamique au milieu du perpétuel renouvellement de sa substance et de son énergie, de même les secondes forment entre tous les neurones (et les éléments en connexion avec les neurones) un lien systématisé, qui donne son unité au système nerveux et par lui à l'individu qui le possède.

Leur dépendance réciproque. — Les fonctions intérieures et extérieures, trophiques et nerveuses, du neurone, toutes bien définies qu'elles soient dans leur objet, ont forcément entre elles des relations étroites. Les secondes ne sont possibles évidemment que si les premières sont réalisées ; le fonctionnement d'un élément, quel qu'il soit, suppose sa nutrition : mais, à leur tour, les premières affectent à l'égard des secondes une dépendance plus indirecte, mais réelle également ; la nutrition languit lorsque le fonctionnement fait défaut.

CHAPITRE PREMIER

L'ÉLÉMENT NERVEUX.

L'élément nerveux est le neurone. Le neurone est essentiellement une cellule qui s'est différenciée en vue d'une fonction particulière, la fonction d'innervation ou d'excitation des autres éléments cellulaires. Cette cellule (*cellule nerveuse*) est munie de prolongements (*fibres nerveuses*) qui s'étendent plus ou moins loin, mais se terminent librement de manière à la limiter d'une façon précise. A la cellule nerveuse ainsi munie de ses prolongements se superposent des formations surajoutées, qui sont elles-mêmes de nature ou tout au moins de provenance cellulaire (gaine myélinique, et gaine de Schwann avec ses noyaux). C'est cette symbiose cellulaire, prise dans sa totalité, qui est le neurone.

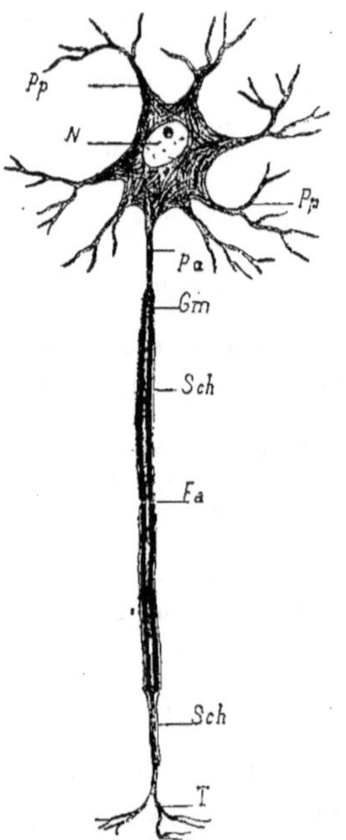

Fig. 1. — *Représentation schématique d'un neurone de forme commune.*

N, noyau de la cellule nerveuse ; *Pp,* prolongements protoplasmiques ; *Pa,* cylindraxe ; *Gm,* gaine de myéline ; *Sch,* gaine de Schwann ; *Ea,* étranglement annulaire ; *T,* ramifications terminales du cylindraxe.

A. — ÉTAT STATIQUE DU NEURONE ; DONNÉES ANATOMIQUES.

I. Caractères extérieurs ; dimensions. — Les neurones peuvent affecter les dimensions les plus variées, surtout dans le sens de leur extension en longueur. Il en est de dimension microscopique (par exemple, dans la rétine) ; il en est qui peuvent (chez l'homme) atteindre et dépasser la longueur totale d'un mètre (par exemple, les nerfs des racines postérieures, allant de la plante du pied au bulbe rachidien) ; entre ces dimensions extrêmes, on peut trouver tous les intermédiaires.

Forme. — De même que leurs dimensions, la forme des neurones peut varier extrêmement. Ces variations sont en rapport, les unes et les autres, avec les connexions particulières que ces éléments sont chargés d'établir entre le système nerveux et les organes, ainsi qu'entre les différentes parties du système nerveux lui-même. Toutefois, malgré cette diversité apparente, on peut les ramener à un type commun, en rapport avec leur fonction la plus générale.

Type général. — Le neurone présente une partie renflée qui est sa cellule d'origine (ce qu'on appelait autrefois et ce qu'on appelle encore souvent la *cellule nerveuse*), de laquelle se détachent des prolongements dans différentes directions. Ces prolongements sont de deux espèces : les uns, dits *protoplasmiques*, sont ramifiés un assez grand nombre de fois, sans toutefois s'anastomoser ensemble ; un autre, plus grêle et plus pâle, dit prolongement de Deiters ou *cylindraxile*, se poursuit à des distances variables de la cellule d'origine et fournit lui-même des branchements, soit sur son trajet (*branches collatérales*), soit à sa terminaison (*branches terminales*). Un arbre avec ses racines, sa tige et ses branches figurerait assez bien cette disposition, si on y ajoute, au niveau de l'épanouissement des racines, une partie renflée qui serait le corps de la cellule.

Signification des parties. — Au point de vue physiologique, le chevelu des racines et la frondaison de cet arbre en miniature forment, dans le neurone, deux parties opposées fonctionnellement qui sont réunies par la tige. Le chevelu est, dans son ensemble, un organe de réception des excitations ; le branchage est un organe de distribution ou répartition de ces mêmes excitations aux organes nerveux ou non nerveux dans lesquels il se ramifie. La tige les condense en elle et les transmet d'une extrémité à l'autre. Quant à la cellule, nous chercherons à préciser son rôle un peu plus loin.

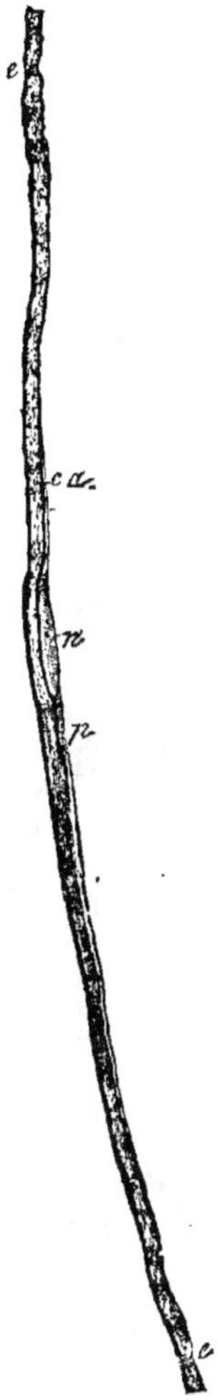

Synonymie. — Dans le langage nouveau, on appelle le plus souvent *dendrites* les prolongements dits autrefois protoplasmiques du neurone ; on appelle *axone* ou *neurite* son prolongement de Deiters ou cylindraxile. L'axone n'est pas autre chose qu'une fibre nerveuse, dans le genre de celles qui forment les nerfs périphériques. Sa partie essentielle est le cylindraxe, autour duquel sont la *gaine de myéline*, puis la *gaine de Schwann* avec ses noyaux et ses *étranglements* régulièrement espacés.

De son extrémité initiale à son extrémité terminale, le neurone présente ainsi trois parties morphologiquement distinctes, à savoir : 1° les *dendrites* ou *prolongements protoplasmiques* ; 2° le *corps de cellule* ou ancienne cellule nerveuse ; 3° l'*axone* ou *neurite* qui est le cylindraxe recouvert de sa double gaine protectrice.

Fig. 2. — *Segment interannulaire de l'axone.*

ca, cylindraxe ; n, noyau de la gaine de Schwann ; p, protoplasma qui en dépend ; e, étranglement de Ranvier.

a. *Axone*. — Ranvier a montré la constitution cellulaire des enveloppes de l'axone. La gaine de myéline est interrompue, de distance en distance, par des *étranglements* de la gaine de Schwann qui la partagent en *segments* réguliers (d'un millimètre environ de longueur sur les nerfs ordinaires), dont chacun porte un noyau dans le milieu de sa longueur. Avec son contenu de myéline (graisse phosphorée), chaque segment serait assimilable à une cellule adipeuse de forme cylindrique, traversée suivant son axe par le prolongement de la cellule nerveuse qu'on appelle justement cylindraxe.

De ce que, *après la mort*, les substances colorantes ou imprégnantes pénètrent par les étranglements annulaires dans le cylindraxe, on a pensé que c'était là la voie normale de la nutrition de celui-ci *pendant la vie*. C'est se faire une idée inexacte de la nutrition cellulaire, que de se la représenter ainsi réduite à l'absorption de quelques substances, opérée au niveau des parties les plus minces. L'absorption, ou pour mieux dire, les échanges se font par toute la surface, comme dans toute cellule quelconque. Ces échanges, d'autre part, impliquent des opérations, des mutations, des transformations successives et nombreuses, auxquelles le contenu cellulaire (ici la myéline) prend part comme le reste.

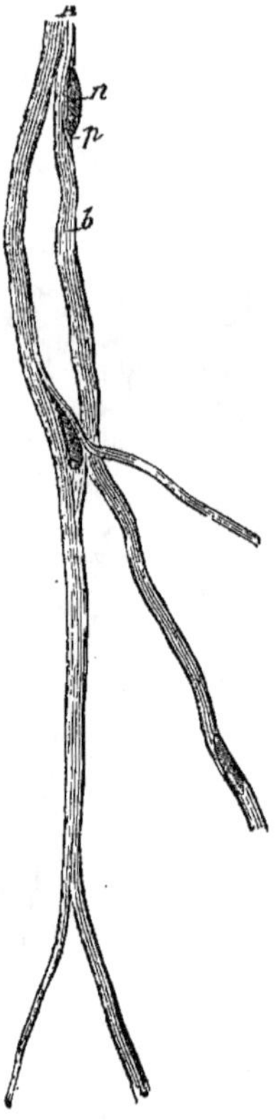

Les fonctions de la gaine de Schwann et de la myéline sont souvent considérées comme étant purement mécaniques, ou encore assimilables à celles d'un isolant électrique. Sans méconnaître le rôle que la myéline peut jouer à cet égard, il est certain que les fonctions principales des cellules enveloppantes de l'axone ne se bornent pas à un rôle aussi simple. Essentiellement ces fonctions ont pour base une évolution chimique, que nous pouvons affirmer en principe, mais que nos moyens actuels ne nous permettent pas de préciser.

Fibres myéliniques et amyéliniques. — Près de la terminaison du cylindraxe, la myéline cesse au niveau d'un dernier étranglement dit *préterminal*. Le cylindraxe paraît alors comme nu. Cette partie censée dénudée ne manque jamais dans aucun nerf. Dans les nerfs de la vie de relation, elle est extrêmement réduite; dans les rameaux du grand sympathique, elle affecte parfois une grande longueur. Ces fibres *amyéliniques*, dites encore *de Remak*, ne constituent pas néanmoins, comme on voit, une espèce particulière et indépendante, mais seulement la continuation des fibres *myéliniques*.

Dans l'endroit où il quitte la cellule nerveuse (prolongement de Deiters), le cylindraxe est également nu sur une certaine longueur. La cellule elle-même est enveloppée d'une capsule, dont on a depuis longtemps reconnu la nature cellulaire. Dans les ganglions spinaux de la grenouille, on trouve, en saison d'hiver,

Fig. 3. — *Fibres amyéliniques ou de Remak.*

n, noyau ; *p*, protoplasma qui l'entoure; *b*, fibrille constitutive.

des gouttes jaunâtres, représentant des dépôts de graisse (et non de myéline), formant une *réserve saisonnière*, qui disparaît à l'approche de l'été (Monat). Ces dépôts appartiennent aux cellules de la capsule péricellulaire (Bonne). Bien que de nature en somme différente, ils ont quelque analogie avec la réserve de myéline (celle-là permanente) des cellules périaxiles de l'axone.

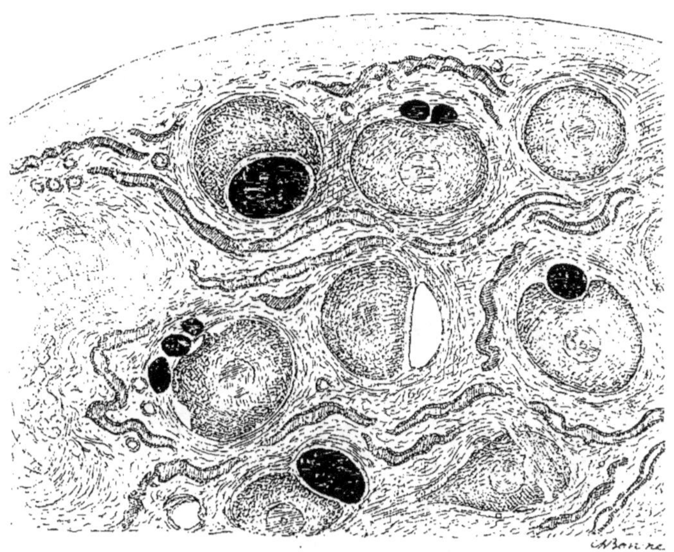

Fig. 4. — *Réserve saisonnière des cellules des ganglions spinaux de la grenouille pendant l'hiver.*

Des gouttes de graisse, uniques ou multiples, colorées par l'acide osmique, sont situées dans la capsule de la cellule et font plus ou moins saillie dans l'intérieur de celle-ci. Au centre de la figure, une goutte entraînée par les manipulations laisse voir sa place vide dans la capsule. (D'après un dessin de Bonne.)

Cellules segmentaires ; leur origine. — Le cylindraxe qui reste nu à ses deux extrémités, l'est d'abord sur toute sa longueur au moment de son développement. Il procède de la cellule nerveuse, à la façon d'un rameau qui s'allonge, jusqu'à atteindre l'organe auquel il est destiné (Rouget, Kölliker). Des cellules mésenchymateuses (cellules de nature conjonctive) viennent se placer de distance en distance sur sa longueur et se mouler sur lui (Vignal). Dans leur apparition et leur développement, elles suivent le même ordre que l'accroissement du cylindraxe, à savoir de l'extrémité proximale à l'extrémité distale de l'axone. Elles sécrètent à leur intérieur la myéline et deviennent ainsi les cellules segmentaires de Ranvier. Dans les nerfs extrarachidiens, dits périphériques, elles se doublent de membranes, qui, par leur continuité, forment la gaine de Schwann. Dans les nerfs profonds de la moelle et du cerveau, cette gaine fait défaut et la myéline est limitée extérieurement par le protoplasma des cellules engainantes.

Collatérales. — L'axone ou neurite s'épuise en ramifications terminales dans les organes, nerveux ou autres, auxquels il transmet l'excitation ; mais, chemin

faisant, il lui arrive souvent d'émettre des fibres ténues qu'on appelle très
justement des collatérales. Souvent ces fibres ne sont pas distribuées le long de
l'axone d'une façon régulière, mais le quittent seulement lorsqu'il traverse
quelque lieu de substance grise, comme les fibres du grand sympathique dans
les ganglions ou celles du faisceau pyramidal dans la protubérance. Ces collatérales appartiennent ainsi au champ polaire transmetteur, auquel elles donnent
une extension et un aspect particuliers, qui tranchent avec ce qu'on supposait
autrefois sur les relations entre éléments nerveux. Toutes celles qui sont à
grande distance de la cellule nerveuse sont comptées comme ayant la même

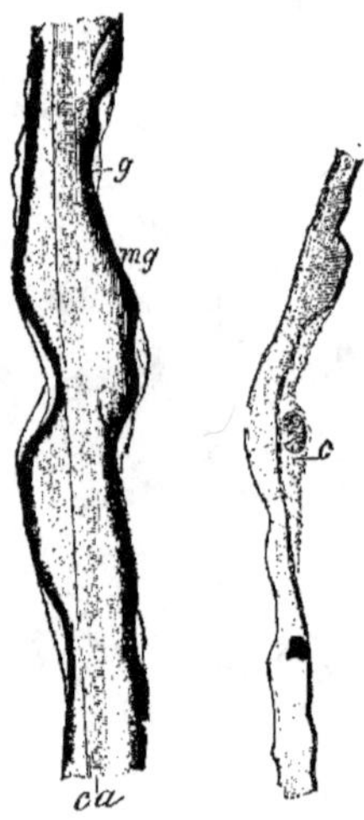

Fig. 5. — *Tubes nerveux (axones) de
la moelle épinière sans gaine de
Schwann.*

mg, gaine de myéline ; *g*, enveloppe
périphérique ; *c*, noyau et protoplasma
que l'on observe à la surface de quelques
rares tubes nerveux.

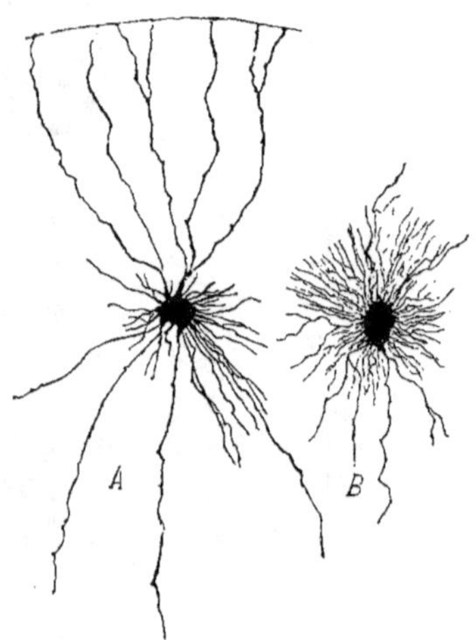

Fig. 6. — *Cellules de la névroglie chez
un embryon humain.*

A, cellule névroglique superficielle ;
B, cellule névroglique de la substance
grise.

fonction que les ramifications proprement terminales ; mais il en est qui naissent
de l'axone parfois à peu de distance de la cellule elle-même, presque à l'origine
de cet axone. On a pu hésiter à accorder à ces collatérales la signification de
rameaux terminaux du neurone, et les hypothèses se sont multipliées sur ces
singulières formations. De prime abord, il paraît en effet étrange que l'élément
nerveux qui vient de recueillir l'excitation par ses dendrites dans quelque
champ de substance grise, la distribue d'ores et déjà à ce champ lui-même,
avant d'en sortir. Mais si nous réfléchissons que, dans ce champ même,
il existe des cellules d'association (cellules de dimension relativement restreinte
et qui ne sortent pas de son territoire), lesquelles y transportent ainsi l'excitation
à courte distance, le fait nous paraîtra moins surprenant. Les neurones de
grande longueur, comme les neurones radiculaires des cornes antérieures de la
moelle, cumulent seulement la fonction de cellule d'association avec celle

d'éléments de projection. De l'excitation qu'il vient de recevoir par ses dendrites, le neurone ainsi constitué cède une part aux dendrites des neurones voisins, pendant qu'il emporte le reste à grande distance. — On pourrait inversement supposer que ces collatérales, si voisines de la cellule nerveuse, font office de dendrites et appartiennent au pôle récepteur : mais, bien que l'on n'ait pas trouvé jusqu'ici le moyen de trancher la question expérimentalement, la ressemblance des collatérales avec les ramifications terminales doit nous faire

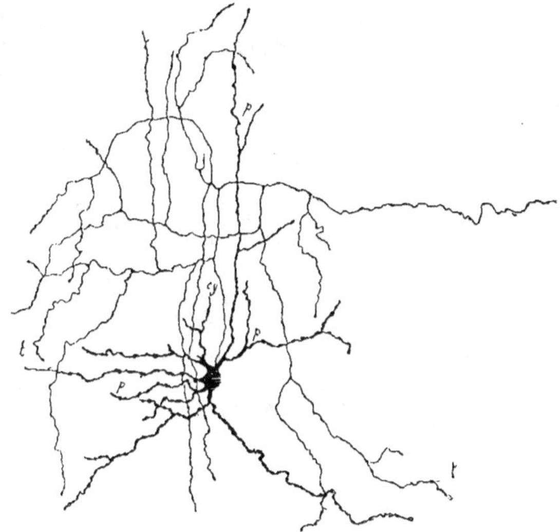

Fig. 7. — *Neurone court de l'écorce du cerveau avec ses dendrites (variqueux), son prolongement cylindraxile (très grêle) et les collatérales de celui-ci.*

cy, prolongement cylindraxile et ses collatérales ; *t*, ramuscules variqueux terminaux ; *p*, prolongements protoplasmiques.

pencher pour la première explication ; l'analogie de forme, à défaut de l'expérience, préjuge l'analogie de fonction.

b. *Corps de la cellule.* — Le corps de la cellule nerveuse s'accuse sous forme d'une masse protoplasmique pourvue d'un gros noyau nucléolé. Cette masse laisse voir dans son intérieur des détails de structure. On y distingue une substance dite *chromatique* qui se laisse colorer par le bleu de méthylène, et une substance non chromatique qu'on appelle l'*enchylème*.

La substance chromatique est considérée comme une sorte de réserve nutritive, répartie sous forme de grains dans la cellule, visible même à la naissance des arborisations protoplasmiques. C'est cette substance qui change d'aspect, de répartition et de quantité, dans les principaux états de la cellule, à la suite des longues excitations ou après la section de l'axone.

GOLGI, VERRATI, NELIS ont mis en évidence dans l'intérieur de la cellule un réseau qui serait même double, occupant deux plans différents, l'un intracellulaire, l'autre péricellulaire. BETHE, APATHY ont décrit également des réseaux de ce genre dans les cellules nerveuses des invertébrés. Les rapports de ces réseaux ne sont pas encore clairement fixés. Ces derniers auteurs les figurent se continuant avec les fibrilles constitutives de l'axone. D'autre part, le corps de la cellule (et non pas seulement les dendrites) reçoivent les contacts des fibrilles terminales des neurones, qui entrent en relation avec eux ; le réseau péricellulaire pourrait servir à établir ces relations.

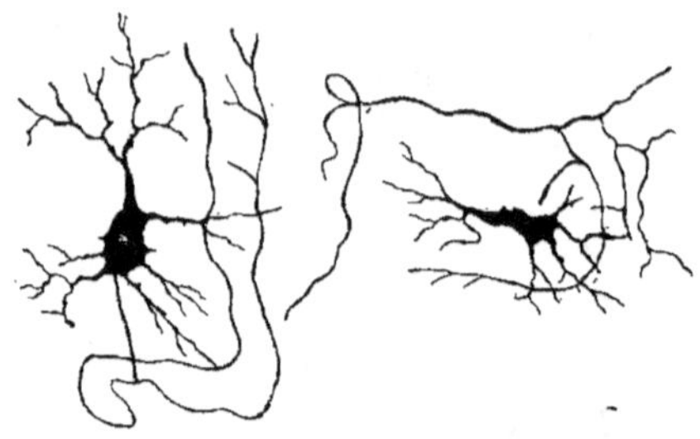

Fig. 8. — *Neurone court avec ses deux ordres de prolongements vus en totalité.*

Les prolongements cellulipètes (protoplasmiques) ainsi que les cellules sont en noir ; les prolongements cellulifuges (axone et ses collatérales) sont en rouge.

Prolongements cellulipètes et cellulifuges. — Le corps de la cellule marque, dans le neurone, un endroit vers lequel les courants, qui transportent l'excitation, viennent converger et se condenser ; après quoi, suivant la direction de l'axone, ils commencent à se répartir, en divergeant par les collatérales, qui naissent de celui-ci, parfois à peu de distance de la cellule. — En se guidant sur la marche de l'excitation, on a donné le nom de *cellulipètes* aux prolongements convergents et aux courants qu'ils transportent, et celui de *cellulifuges* à ceux qui s'éloignent de la cellule et vont ensuite en divergeant. — Lorsqu'on fait ces deux mots équivalents de *centripètes* et *centrifuges*, on assimile la cellule à un centre d'association des neurones et de transformation de l'excitation. En réalité, l'association a lieu manifestement à la réunion des terminaisons des axones avec l'origine des dendrites ; la transformation de l'excitation ne se comprend guère qu'au lieu même où se fait l'association.

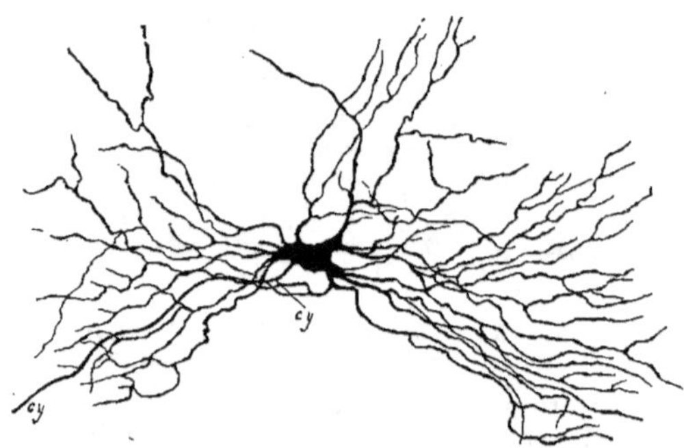

Fig. 9. — *Dendrites (prolongements protoplasmiques) d'une cellule radiculaire de la corne antérieure de la moelle.*

cy, son cylindraxe (prolongement de Deiters) va former l'axone, qui s'étend à toute la longueur du nerf moteur.

c. Dendrites. — Les dendrites semblent être le corps même de la cellule étirée et ramifiée sous forme de prolongements arborescents. C'est seulement depuis l'application de la méthode de Golgi, qu'on les connaît sous leur forme réelle et qu'on a pu se rendre compte de leur extension, souvent si considérable, à travers la substance grise et même parfois la substance blanche limitrophe. L'aspect particulier de ces prolongements leur avait fait autrefois assigner une nature protoplasmique analogue à celle du corps de la cellule et une fonction plutôt trophique que nerveuse, dans les échanges de celle-ci avec son milieu. Leur rôle d'organes récepteurs et conducteurs de l'excitation n'est plus contestable.

Toutefois leur rôle fonctionnel n'est pas *a priori* exclusif de leur rôle trophique : il faut seulement comprendre ce dernier d'une façon quelque peu autre qu'on n l'avait fait. Il n'est guère admissible, comme le voulait Golgi, que ces prolongements canalisent vers la cellule des sucs qu'ils puiseraient par leurs extrémités au contact des vaisseaux ; mais il est à croire que le protoplasme différencié, conducteur des excitations, qui existe en eux, se trouve noyé (là comme ailleurs) dans une gangue de protoplasme primitif ordinaire trophique, qui, par ses échanges avec le milieu qui le baigne, entretient sa composition et sa structure et, partant, sa fonction nerveuse. — A cause de cela même, on peut se demander si les modifications de forme, qui se manifestent dans ces prolongements à la suite de divers états (excitation, repos, fatigue, etc.), sont autre chose que des changements corrélatifs du mouvement de la nutrition de ces parties.

LE NEURONE ET SES DIFFÉRENTS SEGMENTS CONSTITUANTS
(succession, formes diverses et synonymie).

PÔLE RÉCEPTEUR			PÔLE ÉMISSIF
Prolongements proto-plasmiques. — *Dendrites.*	Cellule nerveuse. — Corps de cellule avec noyau et nucléole. — *Neurite.*	Prolongement de Deiters continué par le cylindraxe avec sa gaine de myéline et sa gaine de Schwann. — *Axone* ou *Neuraxone.* *Monaxone* (ax. unique). *Inaxone* (ax. long). *Dendraxone* (ax. court). *Diaxone* (ax. double). *Polyaxone* (ax. multiple). *Schizaxone* (ax. divisé).	Arborisations *terminales* (à l'extrémité de l'axone). *Collatérales* (sur le trajet de l'axone). — *Télodendrone.*

II. Polarisation dynamique. — C'est le nom que l'on donne à l'opposition fonctionnelle attribuée aux deux extrémités du neurone. La polarisation dynamique exprime, en le transportant au neurone, un principe qui découle de toutes les expériences instituées sur le système nerveux ; à savoir que les ondes d'excitation, qui le traversent, le parcourent dans un sens défini toujours le même. Le neurone a de la sorte deux pôles : l'un *récepteur*, organisé pour recevoir l'excitation ; l'autre *distributeur* ou *émissif*, pour la transmettre à d'autres organes ou d'autres neurones que lui-même. Entre les deux il a une partie axiale, l'axone, qui la propage d'un pôle à l'autre. La partie axiale est peut-être apte à une propagation dans les deux sens, mais les pôles eux-mêmes sont incapables de s'invertir et d'échanger leur fonction.

Il n'y aurait aucun inconvénient et probablement des avantages à appeler, comme l'a proposé Brissaud, *pôle positif* le pôle récepteur et *pôle négatif* le pôle distributeur, à la condition de ne donner à ces mots, comme à ceux de conduction et de courant, empruntés à la science de l'électricité, qu'une valeur de comparaison et nullement d'assimilation.

Ainsi qu'on l'a vu plus haut, chacun de ces pôles a des ramifications souvent nombreuses et parfois extrêmement étendues. L'un et l'autre sont ramifiés dans un territoire ou champ de grandeur variable où chacun, suivant sa nature, puise ou bien distribue l'excitation.

Un neurone étant donné (dans une préparation microscopique), il est généralement possible de dire quel est le pôle que l'on a sous les yeux. Le pôle récepteur est celui dont les ramifications avoisinent immédiatement la cellule, tellement qu'elles paraissent partir de celle-ci. La désignation des pôles est non pas induite d'une structure qui nous rendrait compte de leur fonction, mais fondée sur des constatations expérimentales qui ont montré, dans nombre de cas, que *la propagation de l'excitation va des dendrites à l'axone, en passant par le corps de la cellule et non inversement.*

Fondement expérimental de la polarité des neurones. — La physiologie a démontré jusqu'à l'évidence la polarité fonctionnelle des éléments nerveux. Elle pose en principe que dans chacun de ces éléments, ayant ses connexions normales, l'excitation se propage dans un sens déterminé, toujours le même, sans retour ni oscillation, et elle le prouve pour un assez grand nombre d'entre eux. L'anatomie ayant, de son côté, réussi à préciser dans nombre de cas la forme et les limites de ces éléments, on a pu établir certaines relations entre ces données de la morphologie et le sens de la conduction physiologique.

Généralisation de cette donnée. — Étant donné un neurone (ou même une fraction reconnaissable de cet élément), il est généralement possible de dire dans quel sens s'y fait le courant d'excitation ; mais il est aussi des cas où il est impossible de rien préjuger sur ce point. Cela tient à ce que la morphologie des neurones (forme et situation de la cellule et de ses prolongements) n'a rien d'arrêté en soi, mais se prête au contraire aux mille exigences de la réception et de la distribution des excitations, suivant l'ordre et la nature particulière des fonctions.

Incertitude dans certains cas. — Toutes les fois que le neurone, pour lequel se pose le problème du sens de sa conductibilité, ressemble à ceux sur lesquels ce sens a été déterminé par l'expérience directe, la réponse peut être relativement aisée ; elle devient incertaine dès que ce critère nous fait défaut : elle peut du reste n'être que partielle, c'est-à-dire possible pour certains des prolongements de la cellule et indéterminé pour d'autres de ces prolongements.

Discussion d'un cas particulier. — Une des formes les plus aberrantes, et des plus difficiles à faire rentrer dans la loi empirique formulée plus haut, c'est celle des neurones radiculaires postérieurs de la moelle épinière. La cellule de chacun d'eux est située dans le ganglion spinal : l'axone est morphologiquement représenté par le prolongement qui en part et se divise en forme de T, pour atteindre, d'un côté, la moelle épinière et, de l'autre, le revêtement cutané. Les dendrites, pendant longtemps ignorés, ont été découverts par Dogiel : ce sont des prolongements qui partent de la cellule et s'épuisent dans le ganglion lui-même, au contact d'arborisations terminales appartenant probablement au grand sympathique.

Si un tel neurone obéissait physiologiquement à la loi de la polarité, com-

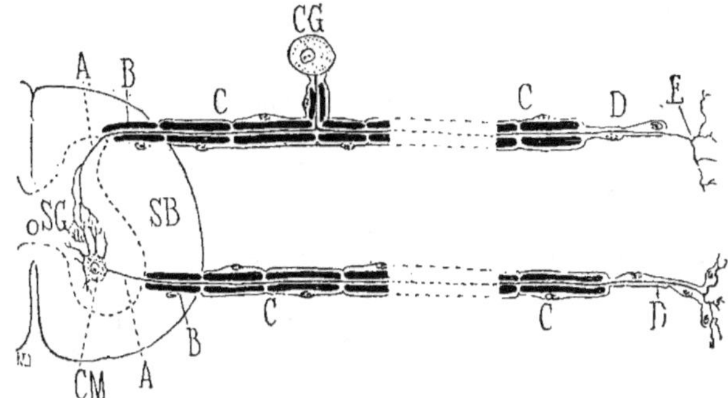

Fig. 10. — *Forme comparée des neurones des racines postérieures et des racines antérieures* (d'après M. DUVAL).

CM et CG, leurs cellules d'origine, l'une dans la moelle épinière, l'autre dans le ganglion spinal ; A, cylindraxe nu ; B, portion où il est recouvert d'une gaine de myéline sans gaine de Schwann ; C, portion où il est recouvert d'une gaine de myéline et d'une gaine de Schwann ; D, portion où il est recouvert de la gaine de Schwann sans myéline ; E, arborisations nues de son extrémité.
D'après Dogiel, la cellule CG du ganglion spinal porterait des prolongements protoplasmiques ou dendrites analogues (bien que moins visibles) à ceux de la cellule CM.

prise dans son sens morphologique habituel, il devrait recevoir ses excitations uniquement dans le ganglion et les distribuer de là à la moelle et à la peau simultanément. On peut même ajouter que, si un tel neurone était rencontré dans tout autre endroit moins accessible à l'excitation isolée de ses branches, on n'hésiterait guère à lui conférer la conduction dans le sens qui vient d'être indiqué. Or l'expérience nous montre ici que les deux branches de l'axone conduisent l'excitation, non pas, comme le voudrait la formule, uniquement en l'éloignant de la cellule (dans le sens cellulifuge) ; mais l'une en la rapprochant d'elle, de la peau au ganglion (sens cellulipète) ; l'autre en l'éloignant d'elle, du ganglion à la moelle (sens cellulifuge) ; de façon qu'elle parcourt ces deux prolongements ajoutés bout à bout, comme elle ferait d'une fibre unique allant de la peau à la moelle épinière.

Sur les connexions exactes des dendrites de ces neurones singuliers, sur la nature et le sens exact de leur courant d'excitation, l'expérience est muette, parce qu'elle est infaisable dans les conditions données, avec nos méthodes actuelles. — On suppose toutefois, avec quelque raison, que le courant principal est celui qui, des organes du tact situés dans la peau, est propagé dans la substance grise de la moelle épinière. Cet argument physiologique a pris, aux yeux de quelques-uns, une telle valeur qu'il prime tous les autres, et ils appellent « *dendrite* tout prolongement cellulipète et *axone* tout prolongement cellulifuge » (Van Geuuchten). Mais alors manifestement ces désignations perdent leur sens morphologique, pour en acquérir un purement fonctionnel, qui relève exclusivement de l'expérience.

Importance relative des différents prolongements aux différents âges. — Depuis longtemps, à certains indices, tels que grosseur relative et développement précoce, on a remarqué que les ganglions spinaux ont, à une certaine époque de la vie intra-utérine, un rôle important qui va ensuite décroissant avec le développement du système nerveux et qui est relativement effacé chez l'adulte. Les méthodes de l'anatomie nouvelle nécessitant des embryons ou des sujets jeunes, il faut se demander ce qu'il reste, chez l'adulte, des connexions intraganglionnaires révélées par l'emploi de ces méthodes.

Adaptation du neurone à des fonctions successives. — En supposant même que les traces en soient indéfiniment persistantes, l'exemple des neurones radiculaires postérieurs nous montre comment l'évolution fonctionnelle d'un élément nerveux peut adapter ses différentes parties à des fonctions toutes différentes de celles qui existent dans les parties équivalentes d'autres éléments semblables, au point d'y inverser le sens de la conduction ; preuve nouvelle, s'il était besoin de la donner, que la forme ne préjuge pas la fonction, et qu'il ne faut conclure de la première à la seconde qu'avec une extrême prudence. La loi morphologique paraît avoir ses raisons en soi, différentes de celles qui motivent la loi physiologique ou fonctionnelle ; on ne saurait donc les substituer l'une à l'autre, au point de les confondre dans un énoncé commun.

Axone mixte ou à double conduction inverse. — Évitement. — La marche de l'excitation dans les prolongements nerveux, sa concentration dans l'axone, sa dispersion dans les ramifications collatérales et terminales, son passage à travers le corps de la cellule, la façon dont elle aborde celle-ci ou la quitte, sont autant de questions que l'expérience ne peut attaquer d'une façon directe et sur lesquelles on est réduit à des opinions probables. — Pour le neurone sensitif radiculaire une question de ce genre se pose, à propos du prolongement médian du T, qui les relie latéralement à leurs cellules d'origine. D'après Cajal, l'excitation propagée de la peau à la moelle évite ce prolongement latéral et la cellule elle-même, et fait l'économie du trajet qui conduit à cette cellule. D'après d'autres, ce prolongement, plus volumineux que ces deux divisions, représente l'association de leurs fibrilles (Ranvier) qui sont ainsi, dans le même cylindraxe, les unes cellulipètes et les autres cellulifuges. Ce serait un exemple d'*axone mixte*, si par ce qualificatif de *mixte* on veut désigner des éléments (ici fibrilles) ayant des conductions inverses l'une de l'autre.

Il est impossible de donner aucune raison décisive pour ou contre ces deux manières de voir. Pour ceux qui admettent la propagation d'un neurone à un autre par simple contact, il semble n'y avoir aucune impossibilité au passage de l'excitation d'un groupe à l'autre de fibrilles dans l'intérieur d'un axone : mais il faut remarquer que la nature particulière de ce soi-disant contact nous est inconnue dans les deux circonstances et que nous raisonnons d'après des ressemblances ou des analogies grossières.

Pourtant Bethe, en opérant chez le crabe, où ces prolongements médians ont tous la même orientation, a pu les couper d'un trait et séparer aussi les cellules d'origine d'avec les fibres sensitives qui leur appartiennent : et il a vu qu'après ce retranchement l'excitation cutanée donne encore naissance à des mouvements réflexes, bien qu'affaiblis.

Le neurone est ramifié à ses deux extrémités : il recueille les excitations par des prolongements nombreux et espacés; il les distribue par des branchements eux-mêmes le plus souvent très dispersés. A ce sujet un problème se pose que nous ne pouvons résoudre, mais qui ne doit pas être ignoré. — Les excitations reçues par les divers dendrites viennent converger sur l'axone : s'y mélangent-elles, comme le sang dans les troncs veineux qui succèdent aux capillaires? Ou bien affectent-elles des voies parallèles et indépendantes dans le cylindraxe? Autrement dit, les collatérales affectent-elles chacune individuellement un rapport déterminé avec les dendrites? ou bien sont-elles toutes en rapport avec chaque dendrite et réciproquement? — Le réseau qu'on observe à l'intérieur de la cellule et qui se trouve sur le trajet allant des dendrites à l'axone, semble donner la réponse à cette question. Soit que ce réseau se limite à la cellule, soit que la disposition réticulée se prolonge sur l'étendue du cylindraxe, une formation de cette nature est propre à donner à la distribution des excitations une allure particulière qui peut n'être ni l'indépendance absolue, ni le mélange complet, mais une répartition obéissant à des lois propres pouvant du reste varier suivant la fonction du neurone. Sa spécificité en dépendrait dans une certaine mesure.

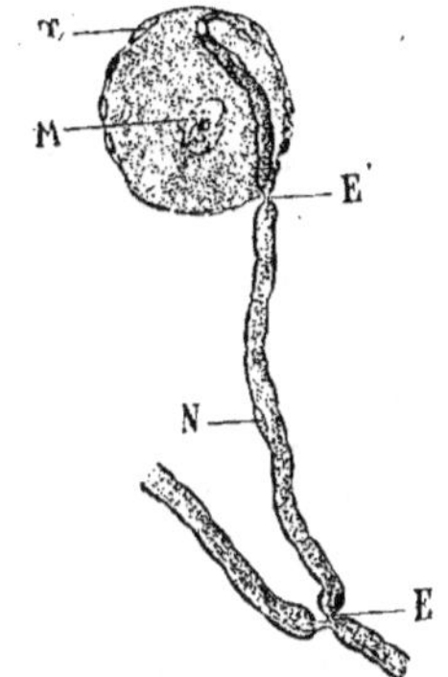

Fig. 11. — *Cellule d'un ganglion spinal du lapin.*

Son prolongement unique se relie à une fibre de la racine postérieure au niveau d'un étranglement annulaire; d'où l'aspect en forme de T; E, étranglement du tube en T; N, noyau du premier segment de la branche cellulaire du T; E', premier étranglement de la branche cellulaire; M. noyaux de sa capsule.

Objections. — La théorie du neurone, à son apparition, s'imposa rapidement, non seulement aux neurologistes, mais à tout le public scientifique, et on peut dire qu'elle n'a généralement pas perdu la faveur, ni de celui-ci, ni de ceux-là. Toutefois, si elle a conservé ses partisans, elle a rencontré des adversaires convaincus, qui ne désespèrent pas de la trouver en défaut sur quelque côté essentiel. Leur objection la plus sérieuse est que la limitation des neurones, rendue si évidente par la méthode au chromate d'argent (imprégnation isolée de quelques neurones au milieu des autres), peut être un artifice dû à l'action même de ce réactif; aussi discute-t-on de nouveau sur le fait de la *continuité* ou de la *contiguïté* des prolongements articulés de ces neurones.

Il n'entre pas dans le plan de cet ouvrage de prendre part à ces discussions techniques : la question qui est ainsi posée, quelle que soit son importance, est à débattre entre anatomistes. Mais il semble que, en poursuivant ce détail, on ait perdu de vue le point essentiel qui a été mis en évidence par ce grand et bel ensemble de travaux. Ce point, c'est l'*individualité* de l'élément nerveux, du neurone. Pendant longtemps il nous a été inconnu. On admettait couramment que le système nerveux est formé de deux espèces d'éléments, les fibres et les cellules, et le trait de partage entre les deux, on le situait en un point, où il est manifeste qu'il n'y a et qu'il n'y a eu, à toutes les époques du développement, aucune discontinuité. Nous savons maintenant qu'il n'est dans le système nerveux aucune fibre qui ne soit le prolongement d'une cellule nerveuse et, quand cette fibre se rend d'une cellule à une autre, nous pouvons dire à laquelle des deux elle appartient. Grâce aux méthodes nouvelles inaugurées par Golgi, l'élément nerveux nous est apparu avec sa forme générale, ses limites exactes, ses détails principaux.

III. Individualité du neurone. — Ses preuves. — Ce qui doit faire la conviction sur ce point capital, ce sont les deux faits suivants, relevés, l'un par l'embryologie, l'autre par la méthode de la dégénération.

1° *Les éléments nerveux, les neurones débutent par des cellules indépendantes*; ces cellules, ainsi que l'a remarqué His, poussent des prolongements dans des directions différentes, pour s'associer les unes aux autres et avec les éléments fixes de l'organisme.

2° Lorsque les prolongements sont séparés de la cellule par une section, *ils sont envahis par une dégénération qui s'arrête exactement à leur extrémité.*

Même en laissant indécise la question de savoir si ces prolongements ont contracté, par la suite, des soudures qui établissent leur continuité, ou s'ils se raccordent par de simples contacts, ces deux faits montrent à l'évidence que chaque cellule nerveuse, chaque neurone a un territoire défini, au lieu de l'indivision que laissait supposer l'hypothèse du réseau vague associant les cellules. De plus, on nous fait voir les limites de ce territoire. L'individualité des éléments nerveux n'est donc pas chose contestable. His avait remarqué que les éléments nerveux procèdent de cellules nettement séparées les unes des autres et que celles-ci donnent naissance à des prolongements polaires à extrémités libres, dont un surtout s'étend en longueur, pour établir les connexions du système nerveux.

Ranvier avait également vu que la régénération des nerfs, après section, se fait, comme leur genèse, par un bourgeonnement progressif du cylindraxe vers les parties à innerver. Ces faits, toutefois, n'avaient point attiré l'attention et on n'en avait pas tiré toutes les conclusions qu'ils comportent. Mais, lorsque par la méthode de Golgi on sut réaliser ces préparations, dans lesquelles le détail des prolongements est si nettement visible, lorsque surtout Cajal en eut donné une interprétation correcte ; alors seulement la lumière se fit dans les esprits et l'élément nerveux apparut aux yeux avec ses limites véritables, très différentes, il faut le dire, de celles qu'on lui attribuait auparavant. Que ces éléments aient leurs fibrilles extrêmes simplement au *contact*, comme beaucoup le veulent, ou qu'il y ait entre eux continuité par *soudure*, comme certains le soutiennent, la question peut avoir son importance, car rien n'est indifférent en science, mais, au point de vue particulier de l'individualité du neurone, elle est secondaire. Les limites de celui-ci sont bien là où on les a fixées. Issus de cellules séparées et parfois très distantes entre elles, les prolongements qui vont ainsi à la rencontre les uns des autres ont été tout d'abord forcément discontinus. Qu'ils soient libres ou soudés entre eux, ils ne cessent pas (comme le montrent les dégénérations) d'appartenir chacun à une cellule différente, au lieu de former un réseau vague, ainsi qu'on le supposait autrefois.

En étudiant le système nerveux des invertébrés, à l'aide de méthodes nouvelles de coloration, St. Apathy et Al. Bethe ont découvert dans les neurones de ces animaux un réseau fibrillaire, qui s'accuse dans la cellule et se poursuit dans les prolongements de celle-ci. Ils attribuent à ce réseau un rôle essentiel dans les phénomènes nerveux proprement dits, réservant au cytoplasme de la cellule un rôle purement trophique. Du fait de ces observations, la théorie du neurone s'est trouvée de nouveau remise en discussion.

Les arguments qu'on en a tirés sont en réalité de deux sortes, et tout à fait indépendants : la validité ou la fausseté des uns n'implique pas la validité ou la fausseté des autres ou réciproquement ; c'est pour cela qu'il faut les examiner séparément. Ces arguments sont les suivants : 1° Les neurones étant, par leur partie réellement nerveuse, formés de fibrilles, si on démontre que ces fibrilles se continuent des uns aux autres, l'individualité de ceux-ci s'en trouve compromise, et cela d'autant plus que, dans la pensée de ces auteurs, les connectifs fibrillaires interposés entre les cellules affecteraient une sorte d'indépendance à l'égard de celles-ci. On reviendrait de la sorte, sous une forme un peu nouvelle, à l'ancienne division des éléments nerveux en fibres d'une part et cellules de l'autre. En fait, ni l'un ni l'autre de ces deux auteurs ne prétend avoir donné la preuve de cette continuité des fibres d'un neurone à l'autre ; c'est une supposition qui leur paraît seulement vraisemblable. Les arguments donnés plus haut en faveur de l'individualité des neurones gardent toute leur force. — 2° La partie fibrillaire étant seule essentielle dans le fonctionnement du système nerveux et le cytoplasme étant réduit à un rôle purement trophique, la cellule nerveuse se trouve destituée du rôle prépondérant qu'on lui conférait dans les actes nerveux proprement dits, dans les actes psychiques par exemple. Cette deuxième question est tout à fait indépendante de la précédente ; elle touche à l'organisation intérieure du neurone, tandis que la première touche à l'organisation du système nerveux par les rapports contractés entre ses éléments. Elle peut recevoir une solution qui, quelle qu'elle soit, ne préjuge rien pour ou contre l'individualité du neurone.

Protoplasme trophique et protoplasme fonctionnel. — En tenant compte de toutes les données d'observation et d'expérience que l'on possède sur l'élément nerveux, j'étais arrivé à cette conclusion, qu'il y faut distinguer deux parties, deux protoplasmes différents : l'un, *primitif* ou *organotrophique*, est celui qui est bien visible dans la cellule nerveuse dont il englobe le noyau ; l'autre, *fonctionnel* ou *nerveux proprement dit*, est celui dont nous pouvons manifester les propriétés dans le cylindraxe, alors que nous avons séparé celui-ci de sa cellule originelle (1). Sans doute le plan de séparation entre les deux n'est pas dans le trait de scalpel qui est donné par l'expérimentateur pour rendre apparent, soit le rôle trophique de l'un, soit le rôle fonctionnel de l'autre. Cette surface de séparation paraît justement précisée dans les préparations d'Apathy et de Bethe.

Après avoir ainsi localisé (dans l'intérieur du neurone) la nutrition d'une part et le fonctionnement de l'autre, il importe de comprendre que ces phénomènes se conditionnent mutuellement et que les parties qui les représentent sont, de ce fait, dans un état constant d'échange et de mutuelle dépendance. Dans le neurone, dans toute cellule, comme dans l'organisme entier, la nutrition et le fonctionnement sont des points de vue très distincts d'un ensemble de fonctions concourant au même but : la conservation de la vie.

IV. Données physiologiques. — Avant qu'il fût question de neurones, la physiologie avait déjà des preuves que certains éléments nerveux se terminent d'une façon nette dans certains lieux que l'expérimentation nous désigne. Ces lieux répondent exactement à certains de ceux où l'anatomie place actuellement les rapports de contact entre neurones, à savoir les ganglions du grand sympathique. Par ordre d'ancienneté, voici les faits sur lesquels était fondée cette opinion :

1° Si on excite la chaîne du grand sympathique *en aval* du ganglion premier thoracique (par rapport aux nerfs vaso-moteurs allant à l'oreille), on fait contracter les vaisseaux auriculaires. Si on excite cette chaîne *en amont* de ce ganglion, on fait dilater ces vaisseaux. *Les dilatateurs des vaisseaux auriculaires se terminent dans ces ganglions* (Dastre et Morat).

2° Si on excite la chaîne sympathique soit en amont, soit en aval des ganglions lombaires (par rapport au membre inférieur), on voit les poils se redresser sur certaines régions de celui-ci. Mais si on imprègne ces ganglions d'une solution de nicotine, l'excitation en aval continue de faire redresser les poils, l'excitation en amont est sans effet. *Il y a un élément spino-ganglionnaire à fonction pilomotrice qui se termine dans le ganglion* (Langley et Anderson).

Spécificité des neurones. — En vertu de la loi de la division du travail, que nous voyons appliquée dans le système nerveux comme dans tout l'organisme, les neurones doivent avoir des fonctions spécifiques. On avait d'abord pensé que cette spécificité était liée à certains caractères morphologiques extérieurs des neurones, que par exemple tous ceux que l'expérience désigne comme

---

(1) C'est manifestement la même idée qui a été reproduite sous des noms assez peu différents, en distinguant dans le neurone un *tropho-plasma* (protoplasme trophique) et un *kinéto-plasma* (protoplasme fonctionnel ou nerveux proprement dit).

sensitifs répondraient à un type défini, extérieurement reconnaissable ; tous ceux qu'elle désigne comme moteurs, à un type également défini, différent du précédent, etc... Cette induction n'a pas été vérifiée. L'étude des caractères morphologiques, à mesure qu'elle s'est poursuivie à l'aide de moyens plus perfectionnés, a tendu plutôt à ramener les neurones de toute fonction à un type commun, reconnaissable au milieu d'assez grandes variétés de formes, mais dont aucune ne correspond à une des fonctions qui nous sont connues.

Cet échec tient à ce que le raisonnement qui a guidé les observations pêchait par la base. Les fonctions, dont on a jusqu'ici cherché la relation avec la forme individuelle des éléments nerveux, ne sont pas localisées dans ces éléments, mais dans des ensembles systématisés dont ces éléments font partie et dont ils conditionnent la fonction d'une certaine manière. Un neurone n'est capable, par lui-même, de réaliser ni le mouvement, ni la sensation, encore moins l'idée : mais il les fait naître dans des organes ou des systèmes complexes auxquels lui-même est lié. Autrement dit : la motricité, la sensibilité, l'idéation ne sont pas des fonctions cellulaires, mais des fonctions systématiques. Ce ne sont pas des faits simples, mais des expressions synthétiques impliquant la coopération d'un grand nombre d'éléments, qui ne laissent pas apercevoir leur fonction individuelle dans l'ensemble réalisé. L'existence de systèmes spécifiques, correspondant à des fonctions spécifiques, postule néanmoins que l'ordonnancement de leurs éléments est différent dans chacun d'eux. Il y a donc, quand on passe d'un système à l'autre, une *spécificité de rapports* entre ces éléments qui fait que l'un réagit d'une façon différente de l'autre. Enfin, un système, considéré isolément, n'est pas la reproduction indéfinie du même élément, mais consiste forcément en un ensemble de parties ou d'éléments différenciés, sans quoi sa fonction ne serait que celle même de cet élément, grossie ou multipliée sans changement. Il faut donc, de toute façon, que les éléments nerveux présentent une certaine spécificité individuelle, dans les ensembles qu'ils contribuent à former : seulement cette spécificité est à rechercher sur de nouvelles bases et avec d'autres moyens.

Ce qui a contribué à donner le change, c'est que l'on applique parfois le nom de système à des groupements de cellules en réalité nullement systématisés. Le tissu musculaire, par exemple, n'est que la répétition d'un grand nombre d'éléments, dont on voit bien la fonction cellulaire (irritabilité se traduisant par la contraction orientée de leur protoplasme) ; à lui seul il n'est pas un système ;

mais ses éléments, rattachés entre eux et aux organes des sens par des connectifs nerveux, constituent des systèmes fonctionnels plus ou moins complexes, comme celui de la respiration, de la phonation, de la parole articulée. Dans des systèmes ainsi constitués, les éléments initiaux (organes des sens) et terminaux (muscles), ont des fonctions cellulaires très visibles, tandis que celles des éléments intermédiaires (nerveux) échappent à notre analyse directe. Voilà pourquoi la fonction cellulaire des muscles a été souvent transposée au système nerveux (motricité) et pourquoi aussi la fonction d'ensemble de ce système (sensibilité) a été ramenée à une fonction cellulaire de ses éléments. Ce sont des impropriétés de termes qu'il est nécessaire de rectifier, sous peine d'erreur et de confusion.

Formes variées. — Bon nombre de neurones paraissent de prime abord s'éloigner beaucoup du type général ci-dessus décrit ; on peut cependant les y ramener sans trop d'efforts. — Le corps de cellule n'est pas nécessairement situé dans le voisinage du pôle de réception, mais peut être sur le trajet de l'axone, comme dans les ganglions du nerf acoustique. Bien plus, certaines cellules (par exemple celles des ganglions spinaux) sont dites *unipolaires* parce qu'elles n'émettent qu'un seul prolongement ; mais on sait que ce prolongement unique se bifurque à la façon de la branche transversale d'un T, pour envoyer une fibre à la peau et une autre à la moelle épinière, terminées l'une et l'autre par des ramifications, de sorte qu'on retrouve là les deux pôles sans difficultés. La raison d'une disposition aussi singulière ne nous est pas connue, et la fonction du prolongement moyen auquel est suspendue la cellule est assez obscure. Il est possible que l'excitation l'évite en totalité ou en partie, comme l'admet Cajal ; il est possible qu'elle trouve dans ce prolongement une double voie inverse qui assure sa circulation dans la cellule, comme le veut Renaut.

Dans certains neurones l'axone, au lieu d'être unique, se divise prématurément en deux branches qui se poursuivent parfois très loin dans des directions différentes, parfois même opposées.

Cellules amacrines. — Certaines cellules enfouies tout entières dans la substance grise, ou dans des membranes qui rappellent sa structure, comme la rétine, sont munies de prolongements arborescents nombreux, mais au milieu desquels on n'en distingue aucun qui représente morphologiquement un cylindraxe ou axone. On ne peut s'autoriser d'une telle disposition pour admettre que, dans ces éléments, la conduction soit indifférente ; on peut seulement dire qu'elle nous y est inconnue. En aucun des lieux où elle est réalisable, l'expérience physiologique, faite sur les éléments en place, n'a montré un tel exemple de conduction vague ; mais partout, au contraire, elle nous la présente ayant un sens réglé.

Amiboïsme nerveux. — La question de la terminaison libre ou fixée des prolongements nerveux se rattache à un autre problème que celui de l'individualité du neurone. — S'ils sont fixés, ils sont de ce fait mécaniquement immobiles ; s'ils sont libres d'attache, ils peuvent s'éloigner et se rapprocher les uns des autres, sous certaines conditions qui restent à déterminer. Rabl-Ruckard, Lépine, Tanzi, M. Duval ont invoqué des déplacements de ce genre pour expliquer les disso-

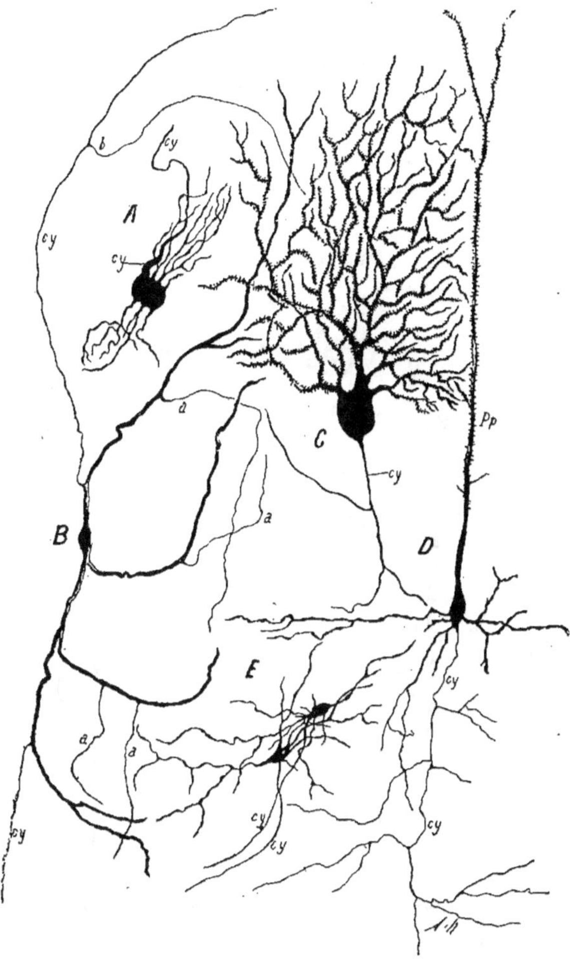

Fig. 12. — *Divers types de cellules nerveuses colorées par la méthode rapide* de GOLGI.

A, cellule nerveuse du ganglion cervical supérieur d'un embryon humain de 25 centi-
mètres (d'après VAN GEHUCHTEN).
B, cellule de la couche moléculaire de l'écorce cérébrale d'un lapin âgé de huit jours
(d'après RAMÓN Y CAJAL) : *cy*, cylindraxes polaires ou principaux ; *a*, cylindraxes
surnuméraires partant de diverses branches protoplasmiques ; *b*, ramifications des
cylindraxes.
C, cellule de Purkinje, de l'écorce cérébelleuse d'un chat de quinze jours (d'après
RAMÓN Y CAJAL).
D, grande cellule pyramidale de l'écorce cérébrale d'une souris âgée d'un mois (d'après
RAMÓN Y CAJAL) ; *Pp*, prolongement protoplasmique épineux périphérique.
E, deux cellules radiculaires des cornes antérieures de la moelle d'un poulet au huitième
jour d'incubation (d'après VAN GEHUCHTEN).
Dans toutes les figures, *cy* indique le prolongement cylindraxile.

ciations, variations et paralysies fonctionnelles qui s'observent en santé et dans certaines maladies.

A ces mouvements supposés M. Duval a donné le nom d'*amiboïsme nerveux*; expression très claire, mais qui, en comparant les prolongements si différenciés d'une cellule nerveuse aux pseudopodes d'une amibe, outrepasse évidemment sa pensée. Des mouvements de ce genre (analogues à la contraction des muscles) existent-ils en réalité dans les terminaisons nerveuses ?

Changements de formes dans les dendrites. — Demoor, Stéfanowska et Manouélian pensent avoir demontré que, indépendamment de mouvements lents de croissance des prolongements, pendant leur organisation, il en est d'autres extemporanés, qui leur impriment des aspects et des dimensions variables, suivant

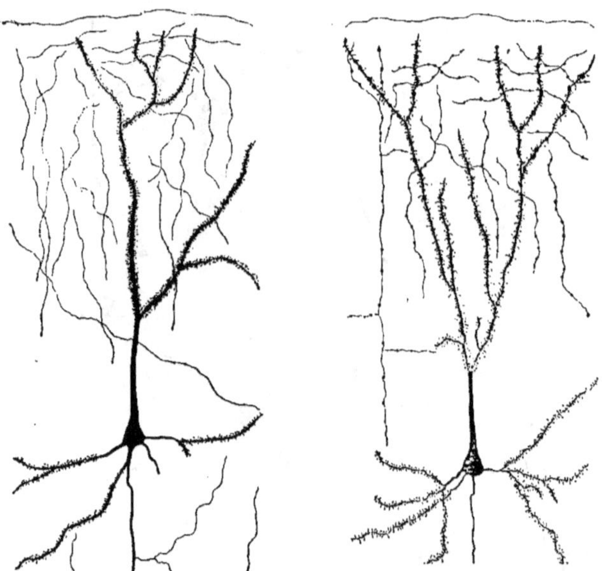

Fig. 13. — *Cellules pyramidales de la marmotte à deux états différents de détraction* (d'après Querton).

A gauche, cellule pyramidale de la marmotte éveillée; à droite, cellule de la marmotte endormie.

surtout deux états, l'un d'activité, l'autre de repos. En examinant les dendrites des cellules, dans des cerveaux d'animaux surpris dans ces deux états, ces auteurs les ont vu différer par les caractères suivants. Tantôt ces dendrites portent à leurs extrémités ou sur leurs côtés des prolongements piriformes: c'est ce qui se voit sur les cerveaux pris dans leur état d'activité normale ; tantôt ces prolongements ont disparu dans la tige qui les supportait et qui, elle, a pris un aspect variqueux après les avoir absorbés : c'est ce qu'on observe dans l'empoisonnement par la morphine, le sommeil anesthésique, le sommeil succédant à une fatigue prolongée, suite elle-même d'excitations violentes.

Les auteurs précédents sont d'accord pour voir dans ces changements de forme l'explication des deux états, l'un de fonctionnement, l'autre de non-fonctionnement des groupements nerveux : le premier de ces deux états étant rendu possible par l'établissement des connexions entre les éléments qui entrent dans la constitution d'un système, le second résultant de la rupture temporaire de ces connexions. — Que ces changements soient liés à des états particuliers du système nerveux, c'est ce que l'expérience peut établir ; mais qu'ils les expliquent, c'est ce qu'il est plus difficile d'admettre. Kölliker a produit les arguments suivants contre l'amiboïsme nerveux : le cylindraxe sur lequel nous pouvons expérimenter n'est pas contractile ; les prolongements nerveux qu'on peut suivre dans les tissus chez les animaux transparents ne présentent aucun mouvement visible.

Dissociations fonctionnelles ; mécanisme et localisation. — Sur l'existence d'un amiboïsme nerveux proprement dit, nous venons de faire d'expresses réserves commandées, croyons-nous, par le défaut d'informations précises touchant le mécanisme fonctionnel des neurones et la difficulté d'attribuer une signification motivée aux faits anatomiques et expérimentaux par lesquels on a essayé d'éclairer ce mécanisme. Ces réserves faites, nous pensons toutefois que l'idée première qui est au fond de cette conception mérite considération et qu'il y a quelque chose à en retenir. C'est cette idée qu'il faut dégager.

L'étude du système nerveux nous le montre présentant, au cours de son fonctionnement, des dissociations et des associations de ses différentes parties, qui tantôt s'isolent les unes des autres, tantôt se réunissent, suivant la nature ou la complexité de l'acte à accomplir. Étant admis comme évident que de telles séparations et reconstitutions se produisent dans le système nerveux, il est naturel de supposer que la rupture et la reconstitution des connexions entre ses parties doit s'opérer là même où ses éléments (cellules nerveuses), en émettant leurs prolongements opposés, se sont rencontrés une première fois, au cours de leur développement pour constituer le système dans son ensemble et les sous-systèmes qui le composent. — Ainsi, en tant qu'on localise à l'extrémité des neurones (à leurs points de jonction) ces phénomènes de dissociation et d'association que l'étude des fonctions nerveuses fait apparaître, on ne risque guère de se tromper, quelles que soient les modifications que les faits de l'avenir apportent à nos conceptions actuelles sur la constitution de l'élément nerveux. Il semble bien que ce soit là (à ce point de jonction des neurones) que s'opèrent les principales transformations que subit l'excitation, en traversant la substance grise. Au fond, ce qu'on appelle communément un *centre* n'est que cela : *un lieu où les neurones ont la possibilité de s'organiser en un système* (partiel) *défini, pour l'exécution d'une fonction définie.*

Mais, à ce problème de *localisation* s'en superpose un autre, visant le *mécanisme* intime de la transformation opérée dans la substance grise, à chaque fois que son organisation s'adapte à un acte particulier à accomplir. Les coupures et les raccordements entre neurones consistent-ils en déplacements *mécaniques* et *visibles* ou en mouvements *moléculaires* et partant *invisibles* à nos moyens optiques ? Présentement il est impossible d'avoir sur cette question une opinion ferme. Les dissociations et associations entre éléments nerveux existent ; on peut, selon toute vraisemblance, les localiser dans la substance grise aux points de jonction des éléments nerveux. On ne peut rien préciser sur le mécanisme par lequel elles se réalisent.

Toutefois, comme les phénomènes proprement mécaniques sont ceux que nous nous figurons le plus aisément, comme ce sont eux qui, dans l'étude de toutes les fonctions, ont toujours contribué à nous en fournir les premières représentations intelligibles, la doctrine de l'amiboïsme, en posant nettement la question des rapports entre éléments nerveux, aura marqué un progrès dans l'étude de la physiologie nerveuse. Elle a, d'autre part, fait éclore des travaux et découvrir des faits qui, quelque obscure qu'en soit encore la signification, sont d'un grand intérêt.

Connexions des neurones. — Nous avons la preuve de l'individualité des neurones : elle est fondée sur la notion de leur limitation exacte et de leur vie indépendante. Resterait à déterminer le mode de connexion qui existe entre eux et avec les autres tissus. Sur ce point on peut dire que presque tout reste à faire. Soit à l'état purement statique, soit à l'état dynamique, nous n'avons que des données très incomplètes sur ces connexions.

Les arborisations terminales et collatérales de certains neurones entrent en relation de contact avec les arborisations initiales ou dendrites d'autres neurones. *Les collatérales et terminales des neurones ne présentent pas de connexions entre elles, pas plus que les dendrites.* Telle est du moins la formule généralement admise. —

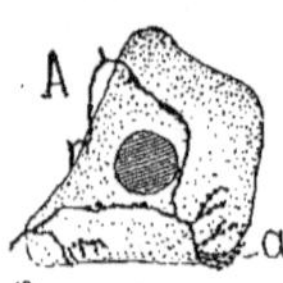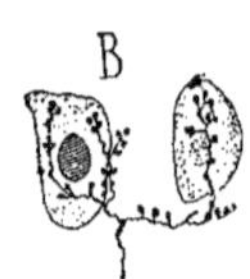

Fig. 14. — *Terminaison des neurones dans les éléments sécréteurs des glandes.*

A, cellule de la parotide du lapin ; B, cellule de la glande mammaire d'une chatte en gestation. — Les terminaisons n'ont point de rapport avec les noyaux des cellules, mais seulement avec leur protoplasme différencié.

Néanmoins Renaut, en étudiant la rétine au bleu de méthylène, a vu parfois deux cellules réunies par une large expansion protoplasmique ; chacune a ses dendrites, une seule émet un cylindraxe : c'est ce qu'il appelle les *neurones jumeaux.* D'autres fois deux cellules voisines, ayant leurs cylindraxes et leurs prolongements protoplasmiques, sont réunies par un de ces prolongements : c'est ce qu'il appelle les *neurones couplés.*

Appuis adhésifs. — Même en laissant de côté ces exceptions à la loi générale, il est très difficile de ramener les connexions entre neurones à une formule univoque. Le contact des collatérales et terminales se fait non seulement avec les dendrites, mais souvent avec le corps de la cellule réceptrice de l'excitation transmise. D'autre part, ce contact se fait non seulement par les extrémités de ces prolongements (cylindraxiles ou protoplasmiques) entre elles, mais encore sur une certaine étendue de leur longueur. Les deux ordres de prolongements forment des lacis et des feutrages, qui font que le même d'entre eux peut entrer en contact avec plusieurs ou plusieurs fois avec le même. Ce sont ces contacts multipliés que Renaut appelle des *appuis adhésifs.* Remarquant d'autre part que les prolongements protoplasmiques présentent, dans certaines conditions, un *aspect perlé,* qui, pour lui, se rapporte à l'état d'activité des neurones, cet auteur explique, par l'apparition et la disparition de cet état perlé, la réalisation des appuis adhésifs, qui assurent la transmission de l'excitation d'un neurone à un autre.

Il est inutile de faire longuement la critique de ces explications et d'autres semblables, dont chacune s'appuie à la vérité sur quelque fait anatomique particulier, mais qui, dans son ensemble et de l'aveu de son auteur, demeure hypothétique. — En dehors du fait que l'excitation se transmet d'un neurone à un autre, dans un sens défini, nous ignorons à peu près tout. Nous ne connaissons ni la nature du mouvement transmis, ni le milieu dans lequel il se transmet, ni les conditions de sa transmission. Nous pouvons, il est vrai, constater, après la mort, des changements de forme, correspondant à tel ou tel état que nous avons imposé à l'animal, pendant la vie ; mais il faut nous rappeler que les mouvements du protoplasme cellulaire sont de nature multiple, en rapport avec des fonctions diverses de la vie des cellules ; rien ne nous garantit que les changements ainsi observés soient de nature purement fonctionnelle, la modalité de la fonction nous étant elle-même inconnue.

Sous l'influence des excitations qui lui sont communiquées, le protoplasme du corps de la cellule nerveuse éprouve des changements analogues de forme, de volume, de coloration, de situation de ses parties, qu'on peut considérer comme étant de nature trophique, aussi bien et plus que de nature fonctionnelle.

Cellules mitrales du lobe olfactif. — Les cellules du lobe olfactif affectent une disposition typique qui a une grande valeur pour l'interprétation des connexions entre neurones. Chacune de ces cellules a un prolongement cellulipète particulier, dont les arborisations dendritiques sont (dans les glomérules) en connexion avec les arborisations terminales des axones des neurones provenant de la partie sensorielle de la muqueuse nasale. Dans la direction opposée elle émet un prolongement cellulifuge qui est un axone allant dans la direction du cerveau. Enfin latéralement ces cellules émettent

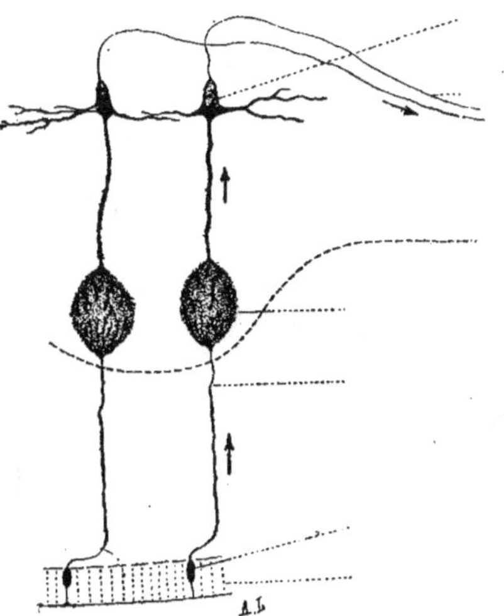

Fig. 15. — *Connexions de neurones périphériques avec les neurones profonds dans le système olfactif, au niveau des glomérules du bulbe olfactif.*

La cellule mitrale recueille l'excitation dans le glomérule par un prolongement allongé qui s'y ramifie. Le glomérule est un centre nerveux fonctionnel.

des prolongements disposés à angle droit des précédents : ces derniers sont en connexion, soit directement, soit par des cellules d'association, avec les ramifications terminales des axones des éléments centrifuges que contient le tractus olfactif, éléments centrifuges que l'on retrouve dans le nerf optique et les autres formations sensorielles analogues.

Les excitations de diverses provenances arrivent ainsi, par différents côtés, au neurone ainsi constitué : aucun des éléments qui sont en rapport avec lui ne vient toucher directement sa cellule ; c'est la preuve que ce contact avec la cellule n'a rien de nécessaire et que l'excitation est reçue par des appareils spéciaux adaptés à cet usage.

Paniers péricellulaires. — Toutefois il est un assez grand nombre de cas où les connexions de neurone à neurone se font par le contact des ramifications terminales de l'un avec le corps de la cellule de l'autre. Évidemment il y a, sous ces apparentes variétés, une disposition générale qui les fait rentrer dans une règle commune. Le corps de la cellule, en plus du noyau et des autres parties qui la font ce qu'elle est, contient l'expansion des fibrilles qui, dans toutes les autres parties du neurone (dendrites, axone, collatérales et terminales), propagent l'excitation. Quand la cellule est sur le trajet du neurone, elle est simplement traversée par cette dernière : quand elle est à son origine, de

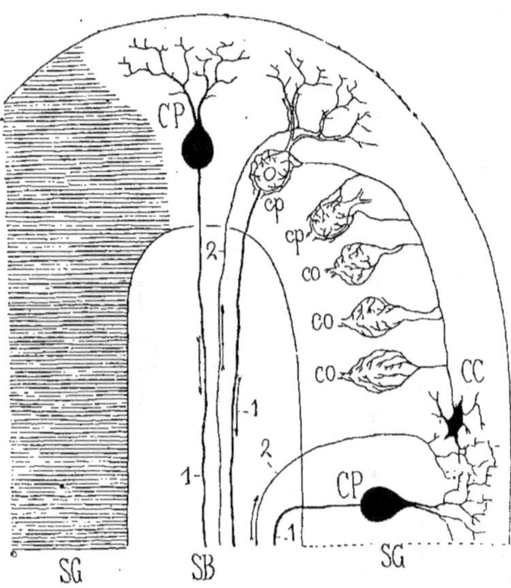

Fig. 16. — *Éléments de la substance corticale du cervelet, parmi lesquels une cellule à corbeilles ou en panier* (M. Duval).

CC, cellule à corbeilles; CP, cellule pyramidale; *co*, plusieurs corbeilles; *cp*, support de la corbeille avec la cellule pyramidale.

manière à constituer elle-même son pôle récepteur, elle contient par le fait les extrémités initiales de ces fibres, qui les rendent aptes à recueillir les excitations ; quand elle est, comme il arrive souvent, placée sur un point de bifurcation principal ou de ramifications des prolongements, les fibres qui la traversent s'adaptent à cette distribution, variée suivant les cas, de l'excitation. C'est sa partie fibrillaire, évidemment, qui dans chacun de ces cas assure la fonction qui est réclamée d'elle suivant sa situation.

Fibre spirale ; sa signification. — Chez les Batraciens, on trouve, dans les ganglions du grand sympathique, des cellules piriformes pédiculées sur un axone qui se dirige du côté de la périphérie : autour de ce pédicule, comme autour d'un axe, s'enroule une fibre dite spirale, dont les rapports avec la cellule sont à noter. Cette fibre est le prolongement terminal d'un autre neurone, dont la cellule est plus haut située et qui vient prendre contact par ses ramifications ultimes avec la cellule piriforme, par un réseau variqueux péricellulaire situé entre la capsule et le protoplasme nerveux (Nicolajew).

B. — ÉTAT DYNAMIQUE; FONCTIONS DU NEURONE.

Tout système, individu, cellule, groupement organisé quelconque, a nécessairement deux ordres de fonctions : les unes intérieures au système lui-même, pour la conservation de ce système (ou son développement s'il est en voie d'organisation et de croissance) ; les autres ayant un retentissement à l'extérieur du système, et qui par là le rattachent à son milieu ou à un système plus complexe dont il fait partie. En biologie, on appelle communément les premières *trophiques*, c'est-à-dire de

Fig. 17. — *Cellules à fibre spirale de la grenouille.*

Sur celle de gauche on voit l'origine de la fibre spirale dans un réseau péricellulaire fin.

conservation ou de *nutrition* ; on pourrait appeler les secondes *sociales*, c'est-à-dire de *relation avec des éléments cellulaires* de valeur plus ou moins équivalente.

1. — *Fonctions de liaison intérieure ou trophiques.*

Le neurone est une unité vivante ; mais cette unité est formée par l'association de parties complexes, tenues dans un état de mutuelle dépendance, qui assurent sa conservation. Ces liaisons entre ses parties composantes représentent des fonctions intérieures au neurone lui-même, que, pour nous conformer à la langue usuelle, nous appellerons *trophiques* ou *organo-trophiques.*

Lorsque, par un moyen quelconque, nous rompons ces liaisons, le désordre s'empare de cet ensemble coordonné ; l'équilibre qui lui maintenait sa forme et son existence est détruit ; cette forme et cette existence sont à la fois compromises ; l'élément, comme on dit, dégénère. Cette *dégénération* peut entraîner sa mort totale ou partielle ; dans ce dernier cas, lorsque ses parties essentielles échappent à la destruction, un travail de reconstruction s'opère en vue de restituer au neurone sa forme, ses dimensions et son intégrité primitive : c'est la *régénération*.

On distingue au moins trois formes de dégénérations, à savoir : la dégénération *wallérienne* ou *descendante*; la dégénération *ascen-*

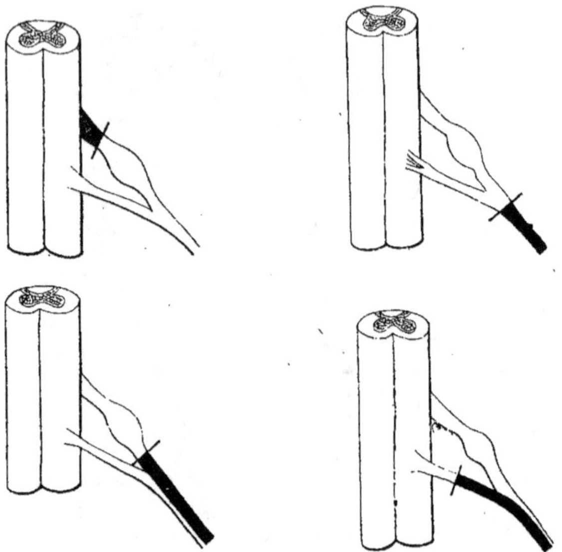

Fig. 18. — *Expériences de Waller établissant les lois de la dégénération.*

En haut à gauche, section de la racine postérieure entre le ganglion et la moelle ; en bas à gauche, section de la racine antérieure; en bas à droite, section de la racine postérieure entre le ganglion et la périphérie ; en haut à droite, section du tronc mixte formé par la réunion des racines.

Dans tous les cas, la dégénération s'empare du segment qui est séparé du noyau d'origine du nerf (ganglion spinal) pour la racine postérieure, moelle épinière pour la racine antérieure).

dante ; la dégénération *atrophique* ou par perte de fonctionnement. Toutes ont ceci de commun qu'une lésion locale, voire limitée, entraîne des altérations propagées à distance dans l'élément nerveux ou dans un autre élément qui lui fait suite, mais chacune s'observe dans des conditions déterminées.

I. Dégénération wallérienne ou descendante. — Fontana avait déjà remarqué que la section d'un nerf est suivie, après quelques jours, de la perte de son excitabilité, mais c'est à Waller qu'on doit la découverte des lois qui régissent la dégénération dans sa forme la plus typique, la plus commune, la dégénération descendante, qui porte maintenant son nom. Voici les conditions de sa production.

Expérience. — Sur un animal, on coupe à la fois la racine antérieure et la racine postérieure d'une paire nerveuse rachidienne, et, après quelques jours, on les examine au double point de vue de leur excitabilité et de leurs modifications d'aspect et de structure. Le bout périphérique de la racine antérieure et le bout central de la racine motrice ont pris un aspect grisâtre, contrastant avec la teinte blanchâtre normale des deux autres bouts réalisés par cette double section. L'examen microscopique y montre une profonde désorganisation. En même temps on voit que les deux segments ainsi dégénérés sont inexcitables. Le bout périphérique de la racine antérieure, qui est motrice, comme nous verrons plus loin, ne fait plus contracter les muscles, et le bout central de la racine postérieure, qui est sensitive, ne provoque plus de douleur, quand on les pince ou qu'on les faradise.

Des quatre bouts ou segments utilisés par la section, deux ont été préservés de la dégénération : ce sont, dans la racine antérieure, celui qui est resté en connexion avec la substance grise de la moelle épinière, et, dans la postérieure, celui qui est resté en connexion avec le ganglion de cette racine. Deux ont dégénéré : ce sont ceux qui ont été séparés soit de l'un, soit de l'autre de ces deux organes. WALLER les a appelés leurs *centres trophiques*, et le mot est resté.

D'après ces deux exemples, il semble que la dégénération se fasse exclusivement suivant le sens où le nerf conduit les excitations, du côté de la moelle pour les nerfs sensitifs, du côté du muscle pour les nerfs moteurs; en réalité il n'en est rien : l'expérience suivante le prouve. On coupe la racine postérieure, non plus entre le ganglion et la moelle, mais entre le ganglion et la périphérie ; cette fois c'est le bout central qui est conservé, et le bout périphérique qui dégénère. En somme, *le bout préservé est toujours celui qui a gardé ses connexions avec les cellules d'origine des fibres nerveuses sectionnées*, et l'autre, quel que soit son sens par rapport à la conduction, est voué à la destruction.

Dans le langage nouveau, ces faits s'expriment de la façon

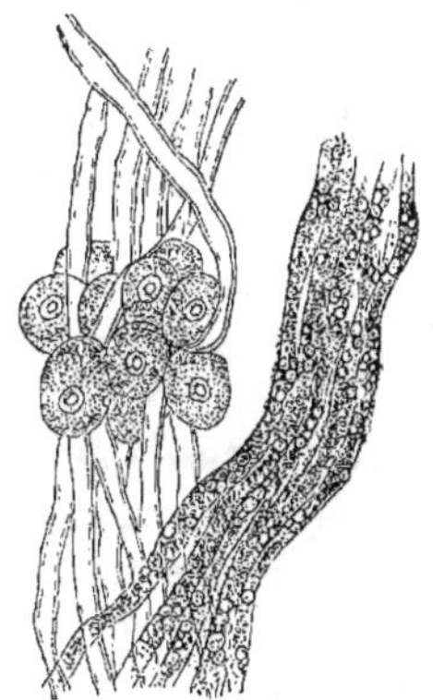

Fig. 19. — *Section de la racine antérieure et de la racine postérieure près de la moelle. Aspect des fibres après plusieurs jours.*

A gauche, racine postérieure dont les fibres ayant conservé leurs connexions avec les cellules du ganglion spinal sont restées saines; à droite, racine antérieure dont les fibres séparées de leurs cellules d'origine sont dégénérées (segmentation de la myéline). Dessin d'Augustus WALLER.

suivante : la racine antérieure et la racine postérieure sont formées par les prolongements de neurones dont les cellules d'origine sont, pour la première, dans la moelle et, pour la seconde, dans le ganglion rachidien. Tout prolongement séparé de sa cellule est voué à la destruction : axone, dendrite, ou équivalent de quelqu'une de ces parties, son sort sera le même. La cellule, au contraire, qui a été originellement le germe du neurone et qui a pouvoir pour le conserver, comme elle a eu pouvoir pour l'édifier, la cellule se maintient intacte, elle et les fibres ou segments de fibres restés en connexion avec elle.

Remarque. — Les neurones des racines postérieures, si favorables à l'analyse par la disposition de leurs prolongements dans les deux directions polaires, ne constituent pas moins un cas particulier assez rare au milieu de toutes les dispositions affectées par les neurones. En général, le corps de cellule est à l'origine du neurone, de sorte que, au point de vue de l'expérience, la section ne peut pratiquement porter que sur l'axone ou prolongement cylindraxile. Dans ces conditions qui sont la règle, la dégénération se fait dans le sens de la conduction. Aussi emploie-t-on la dégénération pour savoir dans quel sens certains faisceaux nerveux conduisent (dans la moelle et le cerveau notamment).

Lois de Waller. — I. *Les nerfs (fibres nerveuses) séparés de leurs centres trophiques (cellules nerveuses) dégénèrent.*

II. *Le sens de la dégénération est indépendant de celui de la conduction nerveuse.*

Nutrition et conduction. — On a souvent cherché à lier le sens de la dégénération à celui de la conduction des excitations, de manière à faire rentrer les deux phénomènes dans une même loi exprimée par une seule formule. L'exemple des nerfs sensitifs, dans les racines postérieures, montre qu'il n'y a aucune liaison nécessaire entre eux. Le processus par lequel le neurone conserve son existence et celui par lequel il conduit l'excitation peuvent bien être dans un certain état de mutuelle dépendance, mais ils sont au fond essentiellement distincts. Il faut seulement se rappeler qu'au point de vue de la morphologie, le cas des racines postérieures est particulier. Les prolongements cellulipètes et cellulifuges de la cellule spinale y ont la même organisation, celle des axones ou fibres à myéline ; et nous voyons, par cet exemple, que ces fibres myéliniques dépendent de la cellule, quelle que soit la place qu'elles occupent par rapport à elle. Par contre, nous ne sommes pas renseignés sur ce qui se passe dans les prolongements protoplasmiques ou dendrites, quand ils viennent à être séparés de la cellule nerveuse. Il est à supposer qu'ils dégénèrent et finalement disparaissent par résorption de leur substance.

Centres trophiques et centres fonctionnels. — De la distinction ainsi établie entre le processus de conservation (ou de dégénération) et celui de fonctionnement nerveux en découle une autre qui a son importance. D'ordinaire on appelle « centres » les lieux où s'organisent les connexions des parties semblables ou différentes, solidarisées en vue d'une force commune. Les expériences de WALLER montrent que les connexions qui solidarisent les différentes parties du neurone sont réalisées dans la cellule nerveuse : d'où le nom de *centre trophique* donné à celle-ci. A leur tour les neurones s'associent et se solidarisent en des systèmes plus ou moins indépendants, dans les *centres fonctionnels* (ou nerveux proprement dits). Cette association des éléments nerveux est réalisée par leurs prolongements dans les rapports compliqués contractés par ceux-ci à l'intérieur de la substance grise. Les centres fonctionnels sont donc distincts des centres trophiques avec lesquels on les avait confondus.

Généralité. — Les lois de WALLER sont générales. On peut les vérifier sur tous les nerfs, sur les tractus de la moelle et du cerveau, sur le système grand sympathique.

Lois cellulaires. — J'estime que *ces lois ne sont pas valables seulement pour les éléments composants du système nerveux, mais pour tout élément cellulaire*. Toute cellule contient une partie originelle, germinative, édificatrice et conservatrice de la forme et de la structure, et une partie différenciée en vue de ses connexions fonctionnelles avec les autres éléments. Celle-ci est sous la dépendance de celle-là et ne saurait subsister sans elle, tandis que l'inverse est possible, au moins pour un certain temps, dans certaines conditions.

Perte de l'excitabilité. — Le nerf sectionné ne perd pas extemporanément ses propriétés. La rupture d'équilibre, qui résulte de son isolement d'avec son centre nutritif, n'a son plein effet qu'après quelques jours. Jusqu'à ce moment il conserve une vie locale, grâce à ses connexions vasculaires. Après vingt-quatre heures on le trouve encore excitable, voire même son excitabilité a augmenté. *Chez le chien*, d'après LONGET, cette *excitabilité a complètement disparu après quatre jours. Chez le lapin*, d'après RANVIER, *elle disparaît au bout de quarante-huit heures*; chez le pigeon, après deux jours et demi à trois jours (WALLER). — Chez la grenouille et les animaux à sang froid, elle est conservée beaucoup plus longtemps que chez les mammifères. Chez les premiers, elle varie surtout énormément, suivant la saison, autrement dit, suivant la température. Chez la grenouille, en saison d'hiver, l'excitabilité persiste jusqu'à trente jours après la section (BROWN-SÉQUARD). Ces délais sont du reste variables chez le même animal suivant les conditions de nutrition et de vitalité qu'il présente.

Altérations structurales. — Le neurone est une symbiose. Des cellules surajoutées forment à son axone une sorte de gaine ou d'étui (gaine de SCHWANN) qui est séparée du cylindraxe par un manchon intérieur de myéline. Dans le nerf coupé, l'accord entre ces parties est rompu ; la myéline se segmente ; le protoplasme des cellules de la gaine s'épaissit ; le cylindraxe est fragmenté et résorbé ; les noyaux se multiplient ; parallèlement la gaine reste comme seul témoin du nerf ainsi détruit dans sa structure et perdu pour ses fonctions (RANVIER).

Dans la moelle et le cerveau, où une véritable gaine de SCHWANN fait défaut, le processus d'altération est un peu différent, mais le résultat essentiel, perte d'excitabilité et disparition du cylindraxe, y est le même. La névroglie, en comblant le vide du faisceau disparu, donne à la coupe de ceux-ci un aspect particulier, caractéristique de la dégénération, quand elle est un peu avancée.

II. Dégénération ascendante. — Si la partie du neurone qui est séparée de sa cellule d'origine est vouée à la destruction certaine, l'autre partie, qui a conservé ses relations avec cette cellule, n'est pas sans éprouver le contre-coup de cette amputation (NISSL). Il peut arriver qu'elle dégénère elle-même en totalité, la cellule comprise ; il peut arriver qu'elle survive et, dans ce cas, régénère plus ou moins complètement le membre perdu : mais, même dans cette alternative, elle présentera des changements dans son aspect, indices d'altérations intérieures de sa structure.

Conditions de la survie. — La dégénération, avons-nous vu, se fait indifféremment dans les prolongements d'amont ou les prolongements d'aval des cellules (par rapport à la conduction des excitations), toutes les fois que ces prolongements sont séparés d'elles : mais, pour vivre, il n'est pas indifférent à un élément cellulaire, mutilé ou non, de recevoir des excitations ou d'en être complètement privé. Or, si la section est en aval, il en reçoit, bien qu'incapable de les transmettre ; si la section est en amont, il en est privé et, dans ce second cas, la cellule, après avoir d'abord survécu à son membre amputé, finit par s'atrophier et disparaître (Van GEHUCHTEN). On comprend, d'après cela, que la section d'une racine postérieure entre la moelle et le ganglion laisse persister les cellules de celui-ci, tandis que la section du nerf sensitif entre le ganglion et la peau amène leur destruction (LUGARO). On comprend de même que la section d'un nerf moteur laisse persister son centre d'origine. Cette persistance est due sans doute aux excitations réflexes ou volontaires transmises à ce centre par les connexions qu'il a conservées (MARINESCO, GOLDSCHEIDER).

Nature de l'altération ; chromatolyse. — Que la cellule doive survivre ou mourir, elle présentera au début les mêmes modifications. Celles-ci consistent, pour l'essentiel, en une *dissolution de la substance chromatique* dans l'enchylème (*chromatolyse*), déjà apparente au bout d'un jour et demi à deux jours, mais surtout après quatre ou cinq jours, et qui atteint son maximum vers le quinzième jour. Cette chromatolyse, commençant vers le noyau, s'avance dans le corps cellulaire pour atteindre ses prolongements ; elle s'accompagne de gonflement de la cellule et de déplacement du noyau. Si le phénomène s'arrête là, la cellule survivra et il y aura régénération. Tout ce désordre accuse du reste un effort

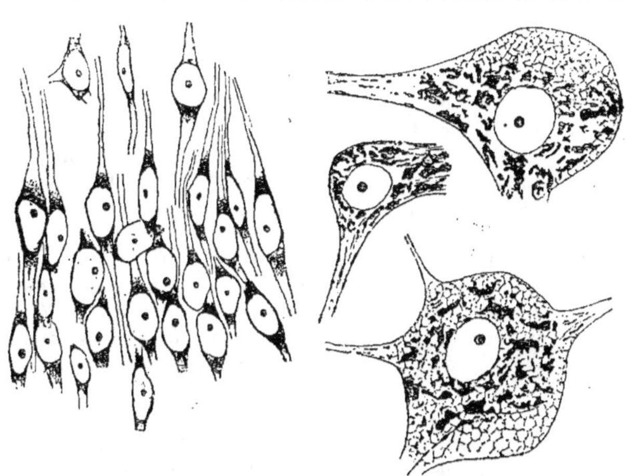

Fig. 20. — *Substance chromophile (granulations représentées ici en noir) de quelques types de cellules nerveuses* (d'après Van Gehuchten).

À gauche, cellules bipolaires de la corne d'Ammon du lapin ; à droite, trois cellules multipolaires du noyau d'origine du moteur oculaire commun. Dans la dégénérescence de Nissl, la substance chromatique se dissout à partir du noyau en allant vers les prolongements.

pour la reconstitution du type de l'élément mutilé. Par contre, si les choses vont plus loin, il y aura destruction du réseau fibrillaire de la cellule, désorganisation de son protoplasme et disparition de celle-ci (Van Gehuchten).

Ses phases. — L'altération qui s'empare de la cellule neuronique, après la séparation de ses prolongements, n'est donc une dégénération vraie que dans certains cas : elle se limite, dans d'autres circonstances (plus haut précisées), à une réaction passagère, que l'on comprend être inévitable, après une mutilation aussi importante du neurone. De ce fait, l'altération présentera des phases dont l'issue est différente suivant les cas. La première phase sera dite de *réaction* ; le processus continuant son évolution, elle aboutira parfois à une dégénérescence vraie ou *destruction* de la cellule nerveuse ; elle aboutira d'autre part souvent à une *réparation* des désordres observés dans celle-ci. Cette reconstitution s'accuse par une hypertrophie très marquée de la cellule et par sa coloration foncée due à l'abondance des éléments chromatophiles ; la suture des bouts du tronc coupé facilite cette réparation (Marinesco).

Application. — La réaction de Nissl a été employée, notamment par Marinesco, pour la détermination des noyaux d'origine des nerfs après section totale de ces derniers ou d'une partie seulement de leurs faisceaux de distribution, pour établir la situation de ces noyaux ou des parties de ceux-ci qui correspondent individuellement à ces faisceaux.

Altération des fibres. — Non seulement les cellules, mais les fibres elles-mêmes, dans leur trajet jusqu'aux cellules, présentent des modifications consécutives à la section : modifications en somme très différentes de celles de la dégénération wallérienne qui frappe le fragment retranché de l'axone. Elles sont plus tardives que ces dernières, et moins profondes : elles laissent persister le cylindraxe.

Cette dégénération dite *rétrograde*, qui, après section d'un nerf, envahit les extrémités des fibres attenant à la cellule, doit être bien distinguée de la réaction qui se manifeste dans cette cellule, d'une façon contemporaine à la dégénération wallérienne. La réaction de Nissl et la dégénération de Waller sont les manifestations *immédiates* du trouble apporté dans le neurone par sa mutilation, manifestations qui affectent des allures différentes dans la cellule et dans l'axone retranché. La dégénération rétrograde est une manifestation *consécutive* de cette mutilation et du désordre qui la suit.

Toutes ces altérations peuvent s'observer dans les nerfs périphériques et leurs cellules d'origine (spinales ou médullaires) dans les éléments du grand sympathique, dans les nerfs propres à la moelle et au cerveau. La dégénération rétrograde est le plus souvent signalée dans ces derniers organes, de même qu'on ne parle guère de leur régénération, contrairement à ce qu'on observe dans les nerfs périphériques.

Sens équivoque des mots. — Les mots « descendante et ascendante », employés dans le sens qui a été indiqué plus haut, sont mauvais. D'abord ils sont fautifs, en ce que *la dégénération ne progresse pas en envahissant successivement les différentes parties de la longueur du nerf, mais les frappe simultanément et se développe d'un pas égal dans toutes à la fois*. Ensuite ils sont équivoques, en ce qu'ils n'ont aucun rapport avec la position réelle dans l'espace des segments dégénérés.

Il vaudrait mieux dire dégénération *proximale*, pour le segment qui tient à la cellule, et dégénération *distale* pour celui qui en a été séparé.

Par contre, lorsqu'il s'agit uniquement de dégénération wallérienne, de beaucoup la plus reconnaissable, dans le cas de section de la moelle, elle sera descendante pour les fibres ayant leurs cellules au-dessus de la section et ascendante pour celles les ayant au-dessous, sans cesser dans ce cas d'être distale.

Névrite ascendante. — La description qui précède vise uniquement les altérations qui succèdent à l'interruption de continuité des fibres nerveuses et à la rupture de l'équilibre nutritif, qui en est la conséquence directe dans le neurone. Sous des influences toxiques ou pathologiques diverses, le nerf peut présenter des altérations assez variées parmi lesquelles les précédentes, mais qui ne ressortissent plus directement à l'étude physiologique du tissu nerveux.

III. **Dégénération atrophique**. — Comme tout élément cellulaire, le neurone est susceptible de subir, *par défaut de fonctionnement prolongé, une atrophie* ou réduction de toutes ses parties composantes, sans changement notable dans sa structure. Cette atrophie est la conséquence de l'isolement, qui atteint à la longue certains neurones, lorsque ceux qui les précèdent, eux-mêmes détruits par altération dégénérative, cessent de leur fournir l'excitation que normalement ils leur distribuaient. Vu l'enchaînement

qui existe entre les éléments du système nerveux, la section d'un
faisceau de nerfs peut, dans de certaines conditions, entraîner les
trois ordres de dégénération : la dégénération vallérienne dans les
fibres séparées de leurs cellules ; la dégénération ascendante dans
les fibres tenant aux cellules, la dégénération atrophique dans les
éléments qui sont privés d'excitation par la dégénération des précédents.

Remarque. — Par ces expériences de *mérotomie*, nous arrivons bien à
démontrer l'existence, dans le neurone, de fonctions intérieures établissant des
dépendances entre ses parties. Nous arrivons même, dans une certaine mesure,
à localiser ces fonctions, en montrant que les parties du neurone, qui ont
conservé leurs relations avec le noyau de la cellule nerveuse, sont susceptibles
de survie, le noyau apparaissant ainsi comme un organe essentiel de la conservation et de la nutrition. Mais nous ne savons pas dire
pourquoi : le détail intime de ces relations nous étant pour
le moment ignoré. Et il nous est aussi inconnu dans toute
cellule quelconque que dans la cellule nerveuse.

IV. **Régénération**. — Lorsque la cellule ner-

veuse échappe à la destruction (ce qui est la règle
dans les conditions ordinaires), elle fait les frais
de la reconstitution du segment de fibre dégénéré.
L'extrémité du bout distal se gonfle, se divise
même parfois et fournit de la sorte un ou plusieurs cônes d'accroissement, d'où partent des
fibres cylindraxiles, qui vont rétablir plus ou
moins exactement les anciennes connexions. C'est
lorsque ces fibres ont retrouvé leur chemin au
dedans ou entre les anciennes membranes de
Schwann vides que la régénération marche régulièrement. Vanlair estime la *vitesse d'accroissement* à environ *un millimètre par jour*. Les fibres
dégénérées qui ont repris leurs connexions reprennent leurs fonctions disparues, et aussi leur
excitabilité locale. La conductibilité fait retour
avant l'excitabilité (Duchenne, Erb, Ziemsenn,
Weiss).

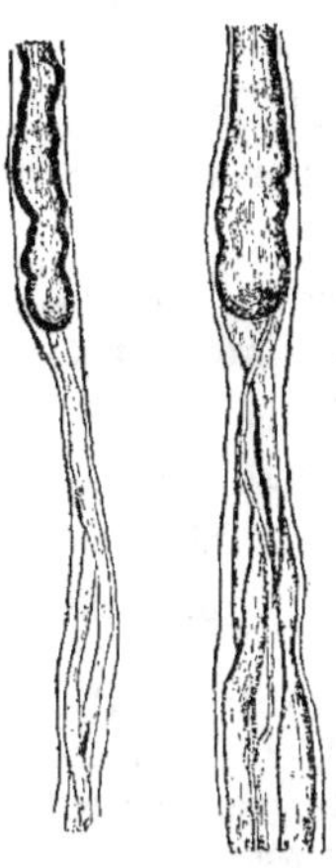

Fig. 21. — *Régénéra-
tion des fibres ner-
veuses, plusieurs
mois après la sec-
tion* (d'après Ran-
vier).

De l'extrémité cou-
pée de l'ancienne
fibre nerveuse, naît
par bourgeonnement
une et souvent plu-
sieurs fibres nou-
velles plus petites.

Suture nerveuse. — La suture des deux bouts
du nerf coupé est ainsi une condition très favorable, pour hâter la régénération du segment
retranché et dégénéré. Dans certains cas, la réapparition des
fonctions du nerf lésé se fait si vite qu'on en a conclu à la réunion immédiate des fibres sectionnées (Schiff, Herzen). Il n'y a

évidemment pas de fin de non-recevoir à opposer contre la possibilité d'une telle réunion. Mais, outre qu'elle resterait un fait exceptionnel, il faut se défier des phénomènes de suppléance de tous ordres, qui sont susceptibles de restaurer plus ou moins complètement les fonctions nerveuses troublées ou disparues. On ne pourrait affirmer le rétablissement de la continuité du nerf que sur des preuves directes : telles que l'excitation d'un nerf préalablement coupé, puis isolé sur une certaine longueur et excité en amont de la suture, et dans le cas où cette excitation produirait ses effets habituels avant le délai nécessaire à la régénération des fibres coupées.

Non-régénération des cellules nerveuses détruites. — Duval et Laborde, Brown-Séquard, Vitzou ont conclu de leurs expériences à la régénération possible des centres nerveux, après ablation partielle de certaines de leurs parties. Juliano, Magini, Schiefferdecker, Cohen et beaucoup d'autres se sont inscrits contre ces résultats et admettent avec Bizzozero que *le tissu nerveux est un tissu à éléments perpétuels*, incapables de multiplication et de repeuplement après destruction. On observe seulement une tendance à la régénération : la caryocinèse n'aboutit pas à une division du protoplasme. Les tissus de soutènement, dont la puissance de multiplication est très considérable, l'emportent sur la cellule nerveuse et comblent les vides laissés par sa destruction (Marinesco).

Suture entre nerfs centrifuges de fonctions différentes. — Calugaréanu et V. Henri, après avoir sectionné sur leur trajet le nerf hypoglosse et le nerf lingual, ont suturé le bout central du premier avec le bout périphérique du second. Après quelques mois ils ont constaté une salivation exagérée de la glande sous-maxillaire du côté correspondant, chaque fois que l'animal faisait des mouvements de mastication ; comme si les impulsions motrices du noyau de l'hypoglosse, au lieu d'aller à la langue, allaient désormais à la glande sous-maxillaire. Ayant découvert le nerf hypoglosse au-dessus du lieu de sa réunion avec le lingual, ils ont vu que son excitation faisait sécréter, dans la glande correspondante, une abondante salive capable de transformer l'amidon en sucre.

Le nerf lingual contient non seulement des fibres centripètes, mais des fibres centrifuges, qui lui viennent de la corde du tympan, et dont certaines vont à la glande sous-maxillaire. Le fait découvert par ces auteurs s'explique en admettant non que les fibres de l'hypoglosse se sont soudées à celles de la corde du tympan, mais que ces fibres (à partir de son bout central coupé et réuni au lingual) ont bourgeonné dans les gaines vides de la corde dégénérée et sont allés prendre contact par leurs terminaisons nouvelles avec les cellules de la glande sous-maxillaire qu'elles provoquent au fonctionnement. Les impulsions motrices du nerf hypoglosse (quand l'animal mange) deviennent, par ce changement de voie, des impulsions sécrétrices. Le fait est intéressant en ce qu'il démontre qu'un *nerf moteur ordinaire peut devenir un nerf sécréteur*. L'excitation que le premier fournit au muscle doit être de même nature que celle que le second fournit à la glande, puisque l'un peut fonctionnellement prendre la place de l'autre.

En d'autres termes, le processus (inconnu dans sa nature intime) de l'excitation des organes par leurs nerfs semble être le même dans tous les tissus.

LANGLEY avait vu également que le bout central du vague peut, quand on le réunit au bout périphérique du sympathique, donner lieu à des phénomènes du même genre. L'excitation du vague en amont de la réunion des deux nerfs manifeste les effets ordinaires de l'excitation du sympathique.

2. — *Fonctions de liaison extérieure ou nerveuses proprement dites.*

Le neurone, une fois son existence personnelle assurée, assume, comme toute cellule dans l'organisme, une fonction particulière, en vue de laquelle il s'est différencié. Nous avons déjà dit que *cette fonction* se distingue des autres, en ce qu'elle *n'est pas, à proprement parler, une fonction énergétique, mais une fonction directrice des énergies développées par les autres cellules.*

Cette fonction nous est à peu près inconnue dans ses moyens, mais elle nous est connue dans son but. Dans le nerf quelque chose est transmis suivant un sens déterminé : la nature de ce quelque chose nous échappe ; sa destination au contraire est claire : c'est de faire passer les organes de l'état de repos à l'état d'activité ; en langage moderne, de libérer leurs tensions, de dépenser leur potentiel énergétique. Ce quelque chose, nous l'appelons l'**excitation**, d'un nom qui rappelle sa fin et nullement sa modalité et qui, pour cette raison, n'a guère d'équivalent en physique, où la fin des phénomènes n'entre pas en considération.

Le nerf reçoit des excitations à l'une de ses extrémités et les transmet à l'autre extrémité.

Actes intérieurs et extérieurs ; propriétés et fonctions. — Les manifestations extérieures à eux-mêmes, par lesquelles les éléments cellulaires de l'organisme trahissent leurs *fonctions*, procèdent d'actes intérieurs à ces éléments, qui sont appelés parfois leurs *propriétés*. Exemple : le mouvement amplifié des leviers osseux, qui traduit la fonction motrice des muscles, procède d'un acte intérieur au muscle, la contraction ou, si on préfère, d'une propriété spécifique de l'élément musculaire, la contractilité. Pour caractériser le muscle au point de vue dynamique, nous pouvons donc rappeler indifféremment sa propriété ou sa fonction, parce que l'une ou l'autre nous sont suffisamment connues et que les relations de l'une à l'autre sont évidentes.

Quand nous voulons caractériser le nerf *in actu*, nous sommes beaucoup plus embarrassés, et les expressions « *esprits animaux, influx nerveux, neurilité*, etc... » qui se sont succédé dans la langue physiologique, sans qu'aucune soit un progrès sur l'autre, le montrent suffisamment. La contractilité est l'expression d'un changement *défini* dans la forme du muscle, changement vers lequel convergent tous les actes intimes du tissu musculaire. La neurilité n'exprime que l'idée d'un changement *localisé dans le nerf*, changement que nous savons devoir exister, mais que nous sommes dans l'impossibilité de définir.

Incapable de caractériser l'acte nerveux intérieur, il nous reste à considérer la fonction de cet acte, c'est-à-dire son utilisation en dehors de l'élément nerveux lui-même, pour lui imposer un nom approprié, qui le fasse reconnaître toutes les fois que nous aurons à le désigner. Cette fonction ne nous est connue que d'un point de vue tout à fait général, mais, à ce titre encore, sa connaissance nous est très précieuse. Cette fonction, c'est la *fonction* que nous appelons *d'excitation*.

Au point de vue fonctionnel, les courants, qui traversent le système nerveux dans des sens si multipliés, sont des courants d'excitation. Le système nerveux a pour fonction essentielle d'être excité et de transmettre cette excitation aux organes.

Cette fonction, c'est celle de chacun de ses éléments composants qui s'excitent successivement ou parallèlement, et finalement font aboutir l'excitation aux organes qui emploient l'énergie sous toutes ses formes.

1. **Rapport numérique de l'énergie excitante à l'énergie fournie par le muscle.** — L'idée que l'énergie dépensée par le tissu musculaire lui est fournie par le système nerveux est encore si répandue, qu'il n'est pas inutile de la réfuter par un fait d'expérience. — Soit un muscle gastrocnémien de grenouille en relation avec son nerf moteur (le sciatique); nous pratiquons sur ce nerf une excitation artificielle de nature électrique, qui représente une dépense d'énergie à nous connue; du fait de cette excitation, le gastrocnémien produit un travail qui nous est également connu. Nous pouvons de la sorte comparer la quantité d'énergie, que notre appareil excitateur fournit au nerf, à celle que notre appareil myographique reçoit du muscle.

Énergie fournie. — L'énergie fournie au nerf par un condensateur est de moins de 0,001 Erg (un millième d'Erg).

Énergie récupérée. — L'énergie dépensée par le muscle pour élever un poids de 200 grammes à 0,5 centimètre égale 100 grammes-centimètres qui font 100 000 Ergs (cent mille Ergs). D'après WEISS, qui a établi les éléments de ce calcul, le rapport du travail produit au travail dépensé est :

$$\frac{100\ 000}{0,001} = 100\ 000\ 000.$$

L'énergie récupérée est CENT MILLIONS *de fois plus forte que l'énergie fournie au* petit *système sur lequel on expérimente.*

Si on remarque que le travail mécanique du muscle ne représente qu'une fraction de son énergie totale, dont une notable partie se dissipe en chaleur, on voit que le chiffre précédent est encore très au-dessous de la réalité et que le rapport cherché grandit en conséquence.

Si enfin on réfléchit que l'excitation électrique, quelque efficace qu'elle soit, a un rendement probablement inférieur à l'excitation d'un nerf par un muscle ou d'un nerf par un autre, on voit que, dans la somme des énergies dépensées par l'organisme, celle des nerfs est tout à fait négligeable, sans cesser pourtant d'être réelle.

Les excitations artificielles comparées entre elles ont du reste des rendements assez différents. D'après TIGERSTEDT, quand on emploie l'excitation mécanique, le rapport du travail rendu à l'énergie de l'excitation est d'environ 320 : rendement très faible, comparé à celui de l'excitation électrique.

Conclusion. — Il faut donc abandonner l'idée (combattue depuis longtemps par les physiologues, mais admise encore sans discussion par les médecins) que le système nerveux est le chemin de la force dans l'organisme ; il est en réalité un chemin suivi par une partie infime de l'énergie extérieure, utilisée à organiser l'emploi de la force et que nous appelons l'énergie *excitante* par opposition aux énergies *efficientes*, lesquelles entrent en nous avec les ingesta, circulent dans les vaisseaux avec le sang, sont mises en réserve dans les tissus et sortent de nous avec les excreta.

II. **Excitabilité et conductilité.** — Par un de ses pôles le neurone reçoit des excitations ; par l'autre il en fournit à ce qui lui fait suite. Il y a évidemment transport de celles-ci dans l'intervalle des deux pôles. Ces trois phénomènes, de *réception*, de *conduction* et de *transmission* ou *émission*, qui naissent et se déroulent dans l'intimité de l'élément nerveux, depuis ses dendrites jusqu'à ses ramuscules terminaux, en passant par le cylindraxe, nous les rapportons volontiers à des mouvements de la matière nerveuse. Ces mouvements sont invisibles ; ils échappent aux plus forts grossissements de nos microscopes, ils sont sans doute de grandeur moléculaire : ce qui ne doit pas être considéré comme un obstacle invincible à leur connaissance. Mais, dans l'état présent de la science, les renseignements que nous avons sur eux sont trop insuffisants pour nous en donner une figuration tant soit peu correcte.

Ébranlement initial. — Inconnu est pour nous le phénomène initial de réception qui communique l'ébranlement aux dendrites du neurone ; inconnue la progression de cet ébranlement dans l'axone ; inconnue la modalité qu'il affecte en quittant ses terminaisons pour gagner l'élément (nerveux, musculaire, glandulaire ou tout autre) qui lui fait suite. Nous avons seulement des raisons de croire que tous ces phénomènes se ressemblent étroitement, soit dans les différents neurones comparés entre eux, soit même dans les extrémités et la continuité d'un même neurone. L'infinie variété des actions nerveuses dépend, moins de la variété individuelle des éléments composants du système nerveux, que de la variété des connexions et rapports établis entre ces éléments eux-mêmes.

A cet égard, ce qui se passe à l'origine et à la terminaison du système nerveux, pris dans son entier, ne doit pas nous donner le change. Ce ne sont pas des ondes lumineuses qui progressent dans le nerf optique, ni des ondes sonores dans le nerf acoustique, ni une pression mécanique dans les nerfs du tact. Les unes et les autres ont été originellement transformées par des appareils spéciaux (les organes des sens) qui les ont ramenées à cette modalité que nous supposons uniforme et que, pour la commodité du langage, nous appelons l'*onde nerveuse*.

Même raisonnement pour ce qui se passe à l'autre bout du système nerveux : Les cellules de fonctions si variées, qui reçoivent cette onde, doivent posséder individuellement quelque appareil, qui adapte l'ébranlement uniforme, venu des différents nerfs, à la structure et fonction particulière de chacune d'elles. L'équilibre moléculaire instable, que les nerfs ont pour fonction d'y détruire, demande probablement d'être attaqué d'une façon un peu différente, suivant ses conditions propres dans chaque cas.

Excitants spécifiques et excitants généraux. — On appelle *excitant spécifique* celui qui n'agit que sur une catégorie déterminée, bien définie, d'éléments : par exemple, la lumière pour la rétine, le son pour l'oreille interne.

On appelle *excitants généraux* ceux qui agissent indifféremment sur tout élément vivant, toute substance organisée.

Toute action destructive, telle que piqûre, traumatisme, brûlure, modification chimique, etc., provoque des réactions dans la substance qu'elle tend à détruire ; il y a là une cause générale d'excitation utile à connaître, mais peu utilisable comme procédé d'étude.

L'électricité sous forme de courants, pénétrant brusquement les tissus (ou même par ses effets à distance, quand la perturbation électrique est très forte), est au contraire un très bon excitant. Cet excitant est général, c'est-à-dire propre à réveiller toutes les activités cellulaires. De plus, son action destructive peut être rendue sensiblement nulle, quand on sait choisir les conditions de son emploi.

L'excitation électrique a constitué un grand progrès en physiologie nerveuse, parce que ce procédé a rendu bien plus facile l'analyse des diverses fonctions systématiques et cellulaires : on lui doit en plus le peu qu'on a réalisé de l'analyse du nerf lui-même.

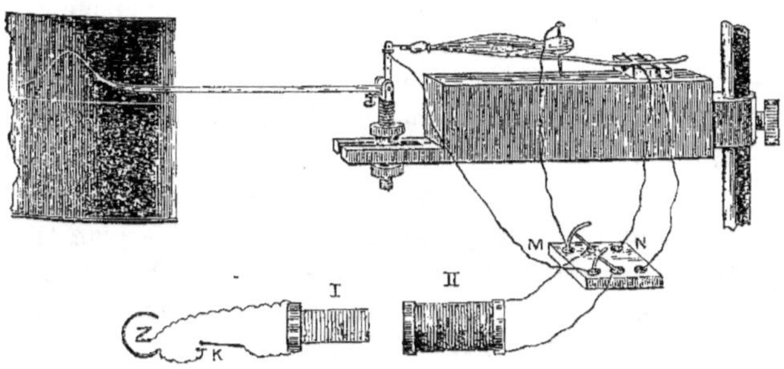

Fig. 22. — *Expérience d'excitation comparative d'un muscle et de son nerf, avec inscription de la contraction sur un cylindre en rotation.*

Z, pile électrique ; K, rhéotome ou coupe-courant ; I, bobine inductrice ; II, bobine induite ; MN, distributeur de l'excitation qui la porte à volonté au muscle par des fils en rapport avec ses deux extrémités, et au nerf par des fils en rapport avec une partie de sa longueur (empruntée à WALLER).

Témoins et mesures de l'activité du nerf. — Nous disons que le nerf est excitable ; nous remarquons, d'autre part, qu'on ne saisit en lui aucune déformation visible, aucun mouvement apparent ; quelle preuve avons-nous de son activité, si celle-ci consiste en mouvements de l'ordre purement moléculaire ? — Nous avons, pour la démontrer et l'étudier, deux moyens, l'un et l'autre indirects.

1° Nous observons la répercussion de son activité sur celle des éléments déformables (les muscles notamment) auxquels il communique son état d'excitation. Le mouvement moléculaire du nerf suscite dans le muscle un mouvement également moléculaire, qui se transforme dans celui-ci en un mouvement mécanique, en un travail, d'autant plus facile à évaluer qu'il est considérablement plus grand que celui du nerf, tout en lui étant (on le suppose du moins) proportionnel. Le *travail mécanique du muscle* atteste et mesure le travail moléculaire du nerf (1).

2° Nous rendons visible et nous mesurons avec le galvanomètre ou l'électromètre les forces électromotrices, que l'état d'activité fait apparaître dans le nerf, ce qu'on appelle communément sa *variation négative* ou son *courant électrique d'activité*.

Ces deux méthodes ont chacune leurs avantages et leurs inconvénients. — Tant qu'on opère sur des nerfs purement moteurs, la première est incontestablement la plus commode et la plus sûre : mais quand le point de départ de l'excitation est séparé des muscles par un certain nombre de relais de substance grise, les transformations que ceux-ci font subir à l'excitation qui les traverse empêchent évidemment les muscles de traduire d'une façon fidèle, en grandeur et en succession, les états d'activité du nerf excité. Ce sont, en effet, alors ces transformations mêmes que les muscles reproduisent par leurs contractions. Il n'y a donc guère que les nerfs ayant des connexions directes avec les muscles, qui pourront nous servir pour étudier les conditions de l'activité nerveuse et sa manière de se comporter à l'égard des ébranlements extérieurs. Mais nous admettons en principe que tous les neurones ont, au degré près, la même façon de répondre à l'excitation. En application de ce principe, les lois générales de l'excitation des nerfs ont été déduites surtout des recherches faites sur les nerfs directement moteurs.

La deuxième méthode est applicable à tout nerf, à tout tronçon nerveux, même isolé et détaché de l'animal, pendant qu'il est vivant. Elle exige même que le nerf soit sectionné à une extrémité, pour recueillir la dérivation du courant électrique qu'il s'agit de mesurer. Elle est délicate dans son application; elle est, faute de mieux, dans beaucoup de cas, un moyen d'analyse non à dédaigner.

III. Conduction isolée. — On admet et on démontre que *les fibres d'un même tronc nerveux ne se communiquent de l'une à l'autre aucune des excitations qui les parcourent isolément.* Les seuls points par lesquels les neurones se transmettent l'excitation sont à leurs extrémités initiales ou terminales dans la substance grise du cerveau, de la moelle ou des ganglions. On comprend la nécessité d'une conduction ainsi isolée, pour le bon ordre des fonctions. Les fonctions nerveuses seraient impossibles sans cela.

Une difficulté se présente pour concilier cette loi avec ce qui

---

(1) Le mot *travail* est ici pris dans le sens de « dépense d'énergie », suivant la définition, acceptée par beaucoup de physiologistes, qu'en donne M. Chauveau.

vient d'être dit de l'excitabilité des fibres sur leur trajet et de la facilité avec laquelle les excitations y peuvent pénétrer. On la résout en observant que cette facilité est toute relative. Elle est assez grande pour que sur nous-mêmes nous puissions, par des pressions ou des courants électriques, atteindre à travers la peau les troncs nerveux et les mettre en activité. Elle ne l'est pas assez pour que les actions mécaniques ou électriques beaucoup plus faibles, qui résultent de la déformation des muscles ou de leur courant propre, agissent efficacement sur eux. On doit se rappeler d'autre part que ces excitations sont artificielles, et que nous n'avons aucun droit de les comparer (comme efficacité) aux excitations spécifiques de nature inconnue (mais probablement ni mécaniques ni électriques) qui pénètrent normalement dans le nerf et se propagent dans son étendue.

Induction nerveuse. — Lorsque deux corps ou deux systèmes de corps semblables sont en présence et que le jeu des forces dans l'un d'eux suscite dans l'autre des actions semblables ou analogues à celles qui s'opèrent dans le premier, on dit qu'il y a induction. L'étude de l'électricité nous en offre un exemple des plus nets, dans l'*induction* dite *électrique* et dans celle dite *magnétique*. Le mot a, dans ces deux cas, une signification précise, parce que les conditions de l'induction y sont rigoureusement déterminées. Dans l'étude de la lumière, la phosphorescence et la fluorescence sont parfois assimilées à des phénomènes du même ordre, bien que les conditions qui leur donnent naissance soient beaucoup moins connues. Lorsque, par l'excitation d'un nerf sensitif, nous suscitons l'activité d'un ou plusieurs nerfs (moteurs ou autres) qui sont à sa suite, nous pouvons, de notre côté, voir dans ce retentissement de proche en proche du même phénomène à travers des éléments séparés, un phénomène d'induction, mais il doit être bien entendu que le mot « induction » n'a ici (comme tous ceux, également pris à la physique, de conduction, de réflexion ou de polarisation, d'interférence, etc.) qu'une valeur de comparaison et nullement une valeur explicative. Il peut donc y avoir une induction nerveuse, comme il y a une conduction nerveuse, sans que cela préjuge en rien la nature électrique du phénomène dans les deux cas. Ou, pour mieux dire, nous pouvons constater dans le nerf une certaine conductilité électrique et certains phénomènes d'induction électrique ou magnétique, sans que cela préjuge la nature réelle du mécanisme de l'excitation d'un nerf par un autre nerf. Nous sommes pour ainsi dire assurés par avance que les conditions du phénomène physiologique ne sont pas réductibles à l'un de ces phénomènes énergétiques élémentaires, que la physique sait réaliser à l'état d'isolement, dans ses expériences schématiques. En ce qui concerne particulièrement l'induction magnétique, il faut de nouveau remarquer ici que des précautions particulières ont été prises, pour qu'elle ne se produise pas d'une fibre nerveuse sur une autre, dans toute la longueur des axones de fonction différente, qui sont disposés parallèlement dans le même tronc nerveux. Jamais l'activité d'une fibre nerveuse n'entraîne celle de ses voisines. Elle ne l'entraîne qu'autant qu'elle est mise en relation avec elle, dans l'intérieur des noyaux de substance grise ou des ganglions. C'est ce fait, démontré à l'évidence, qui est exprimé par la loi dite de la conduction isolée. Sur tout le trajet des fibres, non seulement la conduction (électrique ou non) est isolée, mais l'induction (électrique ou non) n'existe pas. Et il fallait qu'il en fût ainsi pour que le système nerveux pût remplir ses fonctions de direction, de répartition à la fois variable et compliquée de l'excitation, à travers les tissus de l'organisme.

La fibre nerveuse, l'axone, est un système clos analogue à celui de nos téléphones. S'il est un point par lequel ce système puisse déperdre ses lignes de forces pour les faire agir sur les lignes de forces de systèmes semblables, ce ne peut être qu'à ses extrémités, au niveau de ses pôles récepteur et émissif. La structure encore trop mal connue de ces parties délicates ne nous y révèle rien qui nous impose l'idée d'un phénomène de ce genre. Les expériences qui seraient propres à mettre ce phénomène en évidence sont de tout point irréalisables. Propriétés des corps et des milieux, nature, origine et transformation de l'énergie, dans le cas particulier tout nous est inconnu. Les nerfs se transmettent l'excitation avec la plus grande facilité suivant des directions que nous pouvons connaître, la façon dont ils se la transmettent nous est totalement inconnue.

IV. **Propagation dans les deux sens**. — Dans le jeu normal de ses fonctions, le neurone reçoit l'excitation exclusivement par l'un de ses pôles, toujours le même ; d'où il suit qu'elle se propage invariablement dans le même sens, c'est-à-dire, par exemple, de la moelle aux muscles pour les nerfs moteurs, de la peau à la moelle pour les nerfs sensitifs. Quand nous l'excitons artificiellement en son milieu, nous venons de voir qu'à partir du point excité elle s'écoule de même vers son lieu habituel de destination. Mais peut-elle en même temps, de là, se propager dans le sens opposé, à contre-sens de son cours normal ? La question n'a pas grand intérêt pratique, puisqu'elle nous place en dehors des conditions normales : mais elle en a au point de vue des propriétés générales de la substance nerveuse.

Pour la résoudre, il faudrait que nous pussions retourner le neurone, bout pour bout, en invertissant ses deux pôles, le récepteur devenant distributeur, le distributeur récepteur, et voir si les excitations (normales ou artificielles) consentent à le parcourir dans cette position nouvelle. Ce retournement en totalité étant impossible, il faudrait tout au moins que, après avoir détaché un segment de l'axone entre deux sections, nous lui fissions subir cette inversion, c'est-à-dire, il faudrait le souder aux deux bouts dans cette position nouvelle et voir ce qui se passe.

Cette expérience a été essayée par divers auteurs, elle a été tentée notamment par P. Bert de diverses façons, principalement sur la queue du rat, et entre ses mains elle paraissait avoir résolu la question. Toutefois, à la considérer de près, elle n'échappe pas à l'objection que le segment ainsi coupé et retourné (même quand on fait l'opération en plusieurs temps) dégénère et est remplacé, dans sa fonction, par des fibres nouvelles ayant l'orientation des anciennes, ce qui lui enlève sa valeur démonstrative.

Étant connues les lois de la dégénération, il semble qu'il faille renoncer à vouloir donner aux nerfs des connexions autres que celles qu'ils acquièrent dans leur développement. Un moyen cependant nous reste pour reconnaître l'état d'activité du nerf dans l'extrémité où nous supposons que l'excitation peut se propager. Ce moyen, c'est la variation négative des courants électriques du nerf.

Si on pouvait disposer d'un tronc nerveux ou exclusivement sensitif ou exclusivement moteur (ne contenant pas ces fibres mélangées, en aucune proportion), on pourrait trancher la question par ce moyen. Malheureusement de tels nerfs n'existent pour ainsi dire pas d'une façon absolue, de sorte qu'elle peut rester encore indécise.

Incontestablement il existe dans le système nerveux une disposition qui assure l'écoulement des excitations dans un sens défini, de même qu'il en existe une dans le système circulatoire. L'observation nous le démontre, avec la même évidence dans les deux systèmes. Dans le second, l'appareil directeur nous est connu : c'est l'ensemble des valvules qui séparent les cavités du cœur. Dans le premier, il échappe à notre analyse et à notre compréhension. Mais il se peut qu'il ait quelque lointaine analogie avec celui des vaisseaux ; il serait, dans cette hypothèse, localisé aux points d'union des neurones. Entre ces points l'excitation aurait la voie libre dans les deux sens, mais ces points une fois franchis, elle serait empêchée de revenir en arrière.

V. **Intégrité de structure.** — Si un nerf est coupé sur son trajet, il cesse de transmettre les excitations au delà du point sectionné. Même si on affronte aussi exactement que possible ses deux bouts, la conduction cesse de se faire. Elle dépend d'une structure particulière qui a été détruite sur les axones, en un point de leur trajet. La conduction du nerf est, en effet, un processus d'ordre moléculaire ; il suffit d'un dérangement local, même très limité, dans l'arrangement des molécules de la structure nerveuse, pour la rendre impossible.

Soudure des nerfs. — Schiff, Herzen ont soutenu, et des chirurgiens avec eux, que les deux bouts d'un nerf frais coupé, réaffrontés et suturés, pouvaient s'unir par première intention, empêcher la dégénération et prévenir la perte de sa fonction. Par contre, Ranvier, Vanlair, et avec eux la plupart des physiologistes, considèrent la dégénération comme une conséquence fatale de la section.

VI. **Excitabilité locale des différentes parties du neurone.**
— Normalement, le nerf transmet des excitations d'un de ses pôles à l'autre. Artificiellement, il en peut recevoir sur son trajet qui se comportent comme les précédentes.

S'il est coupé sur sa longueur, le segment attenant à son pôle émissif ou distributeur cesse d'en recevoir du pôle récepteur et cesse par conséquent d'en distribuer aux éléments nerveux ou autres qui reçoivent ses terminaisons. Ce segment isolé garde néanmoins son excitabilité jusqu'à ce qu'il dégénère, c'est-à-dire pendant deux, trois, quatre jours ou plus, suivant les animaux.

Cette conservation temporaire de l'excitabilité dans l'axone détaché de sa cellule a une signification importante. L'axone (comme tous les autres prolongements) dépend de la cellule pour sa nutrition, pour la conservation de son organisation intérieure. Il n'en dépend pas d'une façon immédiate, extemporanée, pour ce que nous appelons son fonctionnement. Isolé d'elle, il se comporte encore comme un neurone entier. Il est apte à recevoir les excitations et à les transmettre à son extrémité. C'est là expressément le rôle du système nerveux dans l'organisme, à savoir : transmettre une excitation d'un point à un autre. *Le corps de cellule du neurone est un organe nécessaire à l'organisation et à la conservation de celui-ci, mais qui n'a pas de part directe et nécessaire à son fonctionnement proprement dit.*

C'est une conséquence, si l'on veut, de l'excitabilité générale de la matière vivante, mais la manifestation réactionnelle est ici extrêmement nette. Tout le long de l'axone on peut faire pénétrer en lui des excitations : il suffit d'attouchements, de compressions légères, de courants électriques extrèmement faibles, pour lui faire manifester sa réaction ordinaire.

Entre le pôle récepteur et le reste du neurone il n'y a donc pas de différence essentielle de propriétés.

Excitabilité et conductilité. — L'*excitabilité* est la propriété qu'a le nerf de réagir à des irritations qu'il reçoit non seulement de son pôle initial, mais dans tout point de son parcours. La *conductilité* est la propriété qu'il a de transmettre, dans sa longueur, jusqu'à son extrémité terminale, l'état d'excitation qu'il a reçu. On a recherché expérimentalement à savoir s'il n'y a là au fond qu'une seule et même propriété, la conduction résultant de la mise en état d'excitation des parties du nerf successivement les unes par les autres; comme si l'énergie libérée en chaque point agissait sur le point suivant pour lui faire dépenser son énergie propre, et ainsi de suite. Ces observations ont consisté à faire agir sur le nerf différentes influences pour voir si les deux phénomènes présentent des variations parallèles ou divergentes, ou même inverses.

On peut dire que, règle générale, les influences qui modifient l'excitabilité locale modifient peu ou pas la transmission de l'excitation à travers la partie du nerf ainsi influencée. Exemple : une petite portion d'un nerf étant soumise à l'action de CO_2, on pratique des excitations comparativement sur la partie influencée et en amont de celle-ci (par rapport au sens de la transmission); on voit que l'excitabilité locale est très abaissée, alors que les excitations portées au-dessus gardent leur efficacité (Grunhagen). Il en est de même avec les variations de la température locales ou générales (G. Weiss). Quand un nerf dégénère (après écrasement), les excitations volontaires redeviennent efficaces alors qu'il est encore inexcitable localement par l'électricité (Enb).

Dans le raisonnement qui est à la base de ces comparaisons, on suppose que, dans l'hypothèse où la conductilité et l'excitabilité seraient une même chose, l'excitant artificiel (électricité) et l'excitant naturel (excitation physiologique d'une tranche par une autre) doivent avoir la même efficacité. Il y a, au contraire, des raisons d'admettre que l'excitant artificiel est moins efficace et que, si l'excitabilité décroît, l'avantage final doit rester à l'excitant naturel. L'argument le plus fort à faire valoir en faveur de la dissociation des deux propriétés, c'est le fait que la température ne modifie pas la conduction et que celle-ci reste égale à elle-même dans tout le trajet du nerf; il y a seulement sur ces deux points encore contradiction entre les expérimentateurs.

VII. **Vitesse de conduction.** — Les excitations qui atteignent

un nerf, à son origine ou en un de ses points, parcourent ce nerf avec une vitesse définie qui a pu être appréciée. HELMHOLTZ, qui a le premier fait cette mesure sur les nerfs de la grenouille, l'a trouvée de 27 mètres environ à la seconde. CHAUVEAU, qui l'a étudiée sur les animaux à sang chaud, l'a vue variable suivant les nerfs considérés et aussi suivant certaines circonstances, tenant au sujet ou au nerf lui-même. Elle est, chez le cheval, de 70 mètres environ dans les nerfs moteurs du larynx et de 8 mètres seulement dans les nerfs moteurs de l'œsophage.

Méthode. — La vitesse (quand elle est uniforme) est le chemin parcouru dans l'unité de temps : $V = \frac{c}{t}$. Dans l'application que nous faisons de cette formule, c représente la longueur du nerf depuis le point excité jusqu'au muscle : on l'évalue sans difficulté, en fractions de mètre, par mensuration directe. t est le temps qui s'écoule entre l'excitation du nerf en un point donné et la contraction du muscle ; sa détermination est plus délicate et nécessite quelque artifice. La méthode la plus généralement employée consiste à inscrire, sur une surface qui se déplace d'un mouvement uniforme (cylindre en rotation) de vitesse connue, l'excitation et le mouvement musculaire, sur deux lignes parallèles, à l'aide de styles exactement superposés, l'un mû par le courant électrique excitateur (signal électrique), l'autre par le muscle qui se contracte. Le temps qui s'écoule entre les deux inscriptions est mesuré par la distance qui les sépare, dans le sens du mouvement de la surface. Cette mesure est rendue très facile si, sur une troisième ligne parallèle aux deux premières, on inscrit les mouvements d'un diapason donnant 100 ou 200 oscillations à la seconde.

Temps de propagation et temps de latence. — La mesure ainsi faite ne serait néanmoins pas correcte, parce que l'expérience a montré que, dans son passage du nerf au muscle, et indépendamment de son transport dans le nerf, l'excitation subit un retard (temps perdu, ou temps de latence) qu'il faut défalquer de la durée inscrite sur le cylindre enregistreur. Pour tourner cette difficulté, on fait sur le nerf deux épreuves d'excitation successives, en choisissant pour cela deux points du nerf suffisamment espacés. Soit t la durée du transport de l'excitation du point le plus éloigné du muscle et t' cette durée pour le point le plus rapproché ; $t - t'$ est le temps mis par l'excitation pour aller du premier de ces points au second ; quant à l'espace parcouru, il est la distance qui sépare les deux points et qu'on mesure directement sur le nerf préparé et étalé.

Dans les premières expériences d'Helmholtz, les valeurs de t et de t' étaient déterminées en utilisant la méthode dite de Pouillet. Soit un galvanomètre intercalé dans un circuit conducteur. Si on fait passer dans ce circuit un courant d'une durée donnée (assez courte), la déviation de l'aiguille est dans un rapport déterminé avec cette durée du passage du courant. On dispose l'expérience de manière que le courant qui doit passer dans le galvanomètre soit fermé (c'est-à-dire commence) au moment précis de l'excitation du nerf et soit ouvert (c'est-à-dire cesse de passer) au moment précis de la contraction du muscle. Autrement dit : on arrange les choses de manière que l'excitation ferme ce courant et que la contraction qui s'ensuit rompe le contact qui lui permettait de passer. On fait deux déterminations, en excitant le nerf en deux points inégalement distants du muscle. On a de la sorte les deux valeurs inégales t et t', dont la différence représente le temps T cherché.

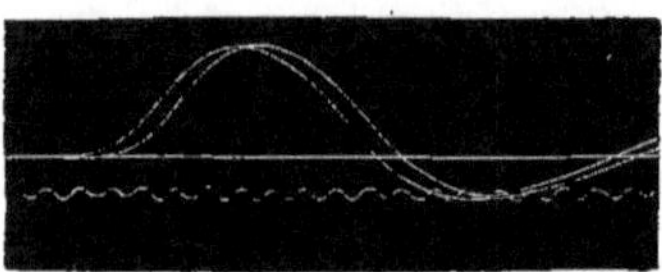

Fig. 23. — *Mesure de la vitesse de conduction dans un nerf.*

Deux secousses obtenues en excitant deux points du nerf séparés par un certain intervalle. L'excitation est faite automatiquement par le cylindre en rotation à la même phase de sa rotation. Le retard de l'une des constructions sur l'autre mesure le temps employé par l'excitation pour franchir l'espace situé entre les deux points du nerf successivement. La durée de ce retard se traduit par une longueur qu'on évalue en la comparant à d'autres longueurs représentant des centièmes de seconde (ligne ondulée tracée par les vibrations d'un diapason).

Chauveau, en expérimentant sur les nerfs du larynx des grands mammifères, qui ont, comme on sait (à cause de leur trajet récurrent) une grande longueur, a combiné l'inscription graphique de la contraction musculaire avec les indications d'un signal de Marcel Depretz actionné directement par le muscle, pendant qu'un autre signal marquait le moment de l'excitation et que le style vibrant d'un chronographe inscrivait des 1/250 de seconde.

De plus, cet auteur, au lieu de deux déterminations, en fait trois, en excitant le nerf sur trois points différents. La comparaison des temps avec les espaces parcourus l'amène à conclure que la vitesse de propagation de l'excitation n'est pas uniforme mais va se modifiant pendant le trajet à travers le nerf.

C. — EXCITATION DES NERFS.

L'excitation est une communication d'un mouvement extérieur à nos propres tissus. Cette communication, il faut aussitôt l'ajouter, est de l'ordre des *ébranlements* ou des *ruptures d'équilibre* ; le mouvement, une fois amorcé, se continuant par la dépense d'un potentiel préexistant. Dans ce phénomène que nous appelons excitation, il y a donc un mouvement-cause (de provenance extérieure) et un mouvement-effet (intérieur au tissu excité). Ce dernier surpasse le plus souvent de beaucoup le premier en grandeur ; cela tient à ce qu'il se divise lui-même en deux effets, dont l'un est proprement le travail de rupture ou d'ébranlement (égal au travail excitateur); tandis que l'autre, entraîné secondairement, mesure l'énergie potentielle libérée.

Gradation des effets. — Pour que les effets de l'excitation se réalisent, il faut que la cause excitatrice atteigne une certaine grandeur, au-dessous de laquelle elle est inefficace ou insuffisante. Ce degré correspond à ce qu'on appelle l'excitation *minima* ou encore le *seuil de l'excitation*. Si, à partir de ce degré, la grandeur de l'excitant varie, deux cas peuvent se présenter. Dans certains tissus, comme le muscle du cœur, l'effet est sans augmentation : c'est tout ou rien. Dans beaucoup d'autres, il y a une certaine proportionnalité entre la grandeur de l'excitant, ou grandeur de l'ébranlement, et celle de l'effet produit. La réaction du tissu excité va croissant et atteint un maximum qu'elle ne peut pas dépasser: c'est l'excitation *maxima*. Au moment précis où elle atteint ce maximum, elle est *optima*.

Si l'excitant croît toujours, on assiste à un phénomène inverse de décroissance de l'effet produit, qui peut aller jusqu'à son annulation : c'est l'excitation *pessima*.

Tous les tissus sont excitables : certains d'entre eux, comme le tissu nerveux, le sont à un haut degré et sont organisés de manière à transmettre et communiquer leur excitation à d'autres tissus. Un muscle muni de son nerf (pratiquement une patte de grenouille dont on a isolé le tronc nerveux : patte galvanoscopique) est l'objet le plus convenable pour l'étude de l'excitation et de ses lois.

Excitants divers. — Les excitants peuvent être de nature très diverse. Les uns sont *naturels* : la lumière pour la rétine, le son pour l'oreille interne, l'énergie inconnue par laquelle le nerf moteur agit sur le muscle,... sont de cet ordre ; chacun d'eux, dans ces conditions, agit sur un appareil qui, au cours du développement phylogénique et ontogénique, s'est adapté à cet excitant plutôt qu'à tout autre. Les autres sont *artificiels* : les chocs mécaniques, l'électricité, les agents chimiques,... en s'attaquant à chacun des organes précédents, lui feront donner sa réaction particulière, bien que, dans l'exercice des fonctions de celui-ci, ces agents n'aient pas à intervenir. Les mêmes faits peuvent s'exprimer en d'autres mots, si nous disons que, de ces excitants, les premiers sont *spécifiques*, c'est-à-dire traduisent une adaptation évolutive, tandis que les seconds sont *généraux*, c'est-à-dire traduisent une propriété commune de tout protoplasme à réagir contre les actions extérieures.

Excitant électrique. — Parmi les excitants artificiels, le plus convenable pour l'étude générale des lois de l'excitation est l'électricité. Les pressions ou chocs mécaniques, même très légers, peuvent exciter les nerfs moteurs ou sensitifs, et ce moyen a été très employé au début des expériences de détermination des fonctions nerveuses. Certains agents chimiques faibles, comme la glycérine, le chlorure de sodium,... peuvent également produire l'excitation ; mais les effets rapidement destructeurs de ces excitants et les difficultés inhérentes à leur graduation en limitent singulièrement l'emploi.

NOTIONS PRÉLIMINAIRES.

Il est de plus en plus indispensable au physiologue et au médecin de se familiariser avec le langage de l'électrologie et de connaître la signification exacte des termes usités dans cette science, à laquelle de plus en plus on demande des moyens d'étude et d'action sur les êtres vivants.

A. — ÉNERGIE ÉLECTRIQUE. — SES UNITÉS.

Énergie potentielle. — Métaphoriquement nous pouvons définir le potentiel : une *différence de niveau*. Deux biefs, deux lacs dont les niveaux supérieurs sont à une hauteur différente au-dessus de la surface de la mer, présentent une différence de potentiel ; si on les réunit par une conduite à leur partie inférieure, il se manifeste une force *motrice* d'écoulement, un *courant* d'eau d'autant plus fort que la différence de niveau est plus considérable. — Deux sphères métalliques égales isolées, pourvues de charges électriques inégales, réunies par un conducteur, donneront de même naissance, dans ce conducteur, à un courant électrique.

Force électromotrice. — La force électromotrice a donc pour origine une différence de potentiel électrique entre deux points choisis sur le conducteur. La valeur absolue de ce potentiel n'est pas à considérer, pas plus que le niveau absolu des vases communicants, mais bien la différence entre deux valeurs données. Pour des réservoirs pleins d'eau, le potentiel zéro serait la mer : l'eau des lacs et de tous les réservoirs s'y écoulent jusqu'à épuisement, s'ils sont munis de conduites profondes et si l'eau n'est pas renouvelée. — Pour des corps chargés électriquement, le potentiel zéro est la terre : tout corps relié électriquement à la terre prend son potentiel, si sa charge n'est pas renouvelée.

Son unité : le volt. — La différence de potentiel entre deux points d'une conduite d'eau se mesure en mètres ou fractions de mètre (comptés verticalement); la différence de potentiel entre deux points d'un conducteur électrique s'estime en volts. Le *volt* est l'unité de force électromotrice ; il égale sensiblement la différence de potentiel existant entre les deux pôles d'une pile Daniell.

Unité de résistance : l'ohm. — Une force qui est canalisée éprouve, du fait même de sa canalisation, une résistance qui la transforme partiellement en chaleur, et qui ménage plus ou moins sa dépense. Pour un conducteur donné (électrique ou non), la résistance sera d'autant plus forte que sa longueur est plus grande et sa section plus étroite. L'unité de résistance électrique est l'*ohm*; elle est pratiquement égale à celle d'un fil de cuivre recuit de 50 mètres de long sur 1 millimètre de diamètre.

L'inverse de la résistance s'appelle la *conductibilité*, elle est d'autant plus grande que le conducteur est plus court et que sa section est plus large.

Unité d'intensité : l'ampère. — L'intensité d'un courant d'eau, c'est son débit (quantité écoulée dans l'unité de temps) ; ce débit est proportionnel à la différence de potentiel (différence de pression, force motrice); il est inversement proportionnel à la résistance ou directement proportionnel à ce qu'on pourrait appeler la conductibilité de la conduite. Si l'on n'avait pas des moyens plus simples de le mesurer, on pourrait l'exprimer par une relation entre ces quantités.

Loi d'Ohm. — Le débit électrique, ou intensité du courant, s'exprime, lui, d'une façon nécessaire par cette relation même. Soit I l'intensité, E la force électromotrice et R la résistance ; on a :

$$I = \frac{E}{R}.$$

Si on choisit E = 1, c'est-à-dire une force électromotrice égale à un Daniell environ, et R = 1, c'est-à-dire une résistance égale à un ohm, on a l'unité d'intensité, c'est-à-dire l'*ampère* :

$$I = \frac{1 \text{ volt}}{1 \text{ ohm}} = 1 \text{ ampère.}$$

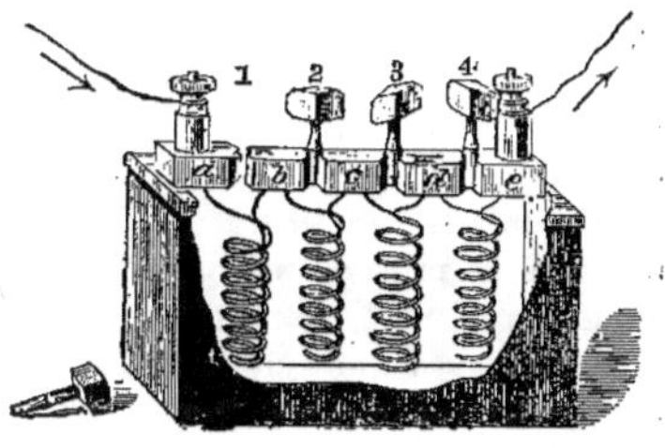

Fig. 24. — *Bobine de résistance ou rhéostat.*

La résistance va croissant à mesure qu'on enlève les clefs 1, 2, 3, 4.

Quantité d'électricité : coulomb. — En définissant l'intensité par le rapport de la force électromotrice à la résistance, nous laissons le temps indéterminé. Si nous multiplions le temps écoulé par l'intensité, nous aurons la quantité :

$$Q = I \times t,$$

et si nous convenons que l'unité de temps soit la seconde, l'unité de quantité sera la quantité d'électricité écoulée quand un ampère est débité en une seconde : c'est le *coulomb* ou *ampère-seconde*. Dans l'industrie on a adopté l'*ampère-heure*.

B. — Flux électriques divers. — Décharges. — Courants proprement dits.

Soient deux surfaces de potentiel différent ; lorsqu'on les réunit par un conducteur, elles donnent naissance à un flux d'électricité qu'on appelle un *courant*. Ce courant peut affecter des formes et des durées extrêmement différentes.

Courants instantanés : décharges. — Si les surfaces portent des charges opposées ou inégales qui s'égalisent à travers un simple conducteur rectiligne, le flux affecte une forme extrêmement brève, pratiquement instantanée ; c'est le cas des *décharges* d'électricité statique. Ces flux peuvent être utilement employés à l'excitation des nerfs dans des conditions suffisamment correctes, quand on se sert de condensateurs de capacité connue, auxquels on communique des charges de grandeurs connues, qu'on peut diriger à travers le nerf, soit à leur entrée dans le condensateur, soit à leur sortie de celui-ci, dans un sens ou dans l'autre.

Courants continus. — Si les surfaces sont en contact avec une source d'énergie (chimique, thermique, etc.) qui renouvelle la différence de potentiel à mesure qu'elle tend à s'affaiblir, le flux est alors continu, comme dans les piles et les accumulateurs. Le renouvellement du potentiel, à mesure de sa chute, peut encore être réalisé par une énergie mécanique, comme dans la machine Gramme.

Courant constant. — Un courant est dit constant, lorsqu'il conserve la même valeur très sensiblement pendant son passage.

Polarisation. — Dans certaines piles, du genre de celle de Volta par exemple, il se développe, du fait même du passage du courant dans leur intérieur, une force contre-électromotrice, due à la formation de pôles inverses par les réactions chimiques et le transport des ions. L'hydrogène, mis en liberté dans l'attaque du zinc par l'acide sulfurique, se porte sur l'électrode positive, dont il diminue la conductibilité apparente ; de plus cet hydrogène, à mesure qu'il augmente de quantité, tend de plus en plus à réduire le zinc du sulfate de zinc formé, d'où naissance d'un contre-courant inverse du premier, moins fort que lui, mais dont l'intensité va en augmentant par le fonctionnement de la pile.

Piles impolarisables. — On a réussi à supprimer cet inconvénient par certains artifices, consistant, en principe, à donner aux produits formés pendant la réaction une destination immédiate, qui les empêche de refaire sur place le corps qui vient d'être détruit, et supprime de la sorte la polarisation, en supprimant la réaction inverse de celle qui donne naissance au courant. C'est ainsi que, dans la pile Daniell, l'hydrogène formé dans l'attaque du zinc par l'acide sulfurique est repris pour former de l'eau (au lieu de réduire le zinc du sulfate de zinc formé).

Accumulateurs. — Les accumulateurs sont des appareils construits en vue d'utiliser uniquement le courant de polarisation ou courant secondaire inverse, qui se développe dans les piles après le passage de leur courant propre, ainsi que dans le voltamètre après le passage d'un courant extérieur. On a donc cherché dans ces appareils (contrairement à ce qu'on vise dans les piles) à rendre la modification polarisatrice aussi profonde que possible. On les *charge* en les faisant traverser par un courant extérieur, pendant un certain temps, dans un sens. La polarisation une fois produite, on en recueille un courant inverse de *décharge*, qui est d'une constance remarquable et qui peut rendre, soit en quantité, soit en énergie, la plus grande partie de l'électricité qu'il a accumulée.

Comme le condensateur, l'accumulateur est un réservoir d'énergie. Dans le premier, cette énergie est électrique ; dans le second, elle est chimique. Dans le premier, elle ne subit point de transformation essentielle ; dans le second, cette énergie passe, pendant la charge, de l'état électrique à l'état chimique, et inversement pendant la décharge.

Courant oscillatoire. — Le courant, sans cesser d'être continu, peut présenter des augmentations et des diminutions périodiques de son intensité ; il sera dit dans ce cas *oscillatoire*.

Courant alternatif. — Dans les machines électro-magnétiques du genre de celles de Pixii et de Clarke (rotation d'un aimant devant un courant ou réciproquement), le courant obtenu, non seulement présente des périodes d'augmentation et de diminution, mais se renverse complètement à chaque demi-tour, à moins que, par un artifice, il ne soit redressé. Dans les deux cas il est oscillatoire, mais dans le cas de non-redressement il est *alternatif*.

Courant sinusoïdal. — Si, de plus, la succession des valeurs du courant se fait suivant la loi qui règle l'oscillation d'un pendule, le courant est dit *sinusoïdal*.

Courant diphasé, continu, triphasé. — Dans les machines électro-magnétiques anciennes, le courant, qui se renverse à chaque demi-rotation, présente deux phases à chaque rotation complète : il est *diphasé*. — Dans la machine Gramme, une disposition particulière de l'enroulement du fil dans l'électro-aimant permet d'avoir un courant continu. D'autres combinaisons de l'enroulement permettent d'avoir des courants triphasés.

C. — INDUCTION.

Entre deux corps électrisés il se produit des attractions ou des répulsions qui, lorsqu'elles sont satisfaites, aboutissent à des déplacements de ces corps.

Lignes de force; champ de force. — Ces déplacements se font suivant des lignes étendues entre ces corps et qu'on appelle pour cette raison *lignes de force*. L'espace parcouru par ces lignes s'appelle *champ de force*. Par leur nombre dans un espace donné, ces lignes indiquent la valeur du champ dans cet espace. Le champ est dit d'autant plus grand que les lignes y sont plus resserrées et plus nombreuses, dans un espace donné. Elles sillonnent les espaces compris entre les conducteurs électrisés et traversent par conséquent les corps isolants qu'on appelle pour cette raison les *diélectriques*.

Induction électrique. — Lorsqu'un conducteur (sphère métallique par exemple) isolé est pourvu d'une charge positive ou négative, il induit par ses lignes de force, dans un ou des conducteurs voisins, une quantité d'électricité de nom contraire rigoureusement égale à la sienne propre : c'est l'*induction statique* ou électrique proprement dite par les *lignes de force électriques*.

Induction magnétique. — Lorsqu'un circuit conducteur est parcouru par un courant, il se développe dans l'espace qui l'entoure de nouvelles lignes de force, fermées sur elle-mêmes, perpendiculaires aux lignes de force électriques ou lignes de flux du courant, perpendiculaires par conséquent à la direction du conducteur qu'elles enveloppent comme des anneaux, en créant dans l'intérieur du circuit et autour de lui un *champ de force magnétique*.

Si, dans ce champ, est disposé un autre circuit conducteur fermé sur lui-même et que l'intensité du courant vienne à varier dans le circuit primaire, le nombre des lignes de force varie dans le champ magnétique ; cette variation (positive ou négative), au moment où elle se produit, induit un courant (inverse dans le premier cas, direct dans le second) dans le circuit secondaire.

Dans les conditions qui viennent d'être décrites, *c'est l'état variable du courant primaire qui détermine l'induction produite dans le circuit de voisinage*; pendant l'état permanent, l'équilibre règne de nouveau. On peut produire l'induction, mais d'une autre façon, en rapprochant ou éloignant la distance qui sépare les circuits. Dans un cas comme dans l'autre, l'induction se produit lorsque les lignes de force magnétiques du courant primaire viennent à changer de nombre dans le circuit secondaire.

Le nombre des lignes de force qui du circuit primaire pénètrent dans le circuit secondaire est d'autant plus grand : 1° que la distance des deux circuits est plus courte (ces lignes fermées sur elles-mêmes autour du fil conducteur vont, en effet, en divergeant de plus en plus à mesure qu'on s'éloigne du plan dans lequel est contenu le circuit); 2° que les plans dans lesquels sont contenus les deux circuits sont plus près d'être parallèles (quand ils sont perpendiculaires l'un à l'autre, aucune ligne de force ne passe du premier dans le second, et l'induction est nulle).

Solénoïdes. — Un circuit de pile est un solénoïde élémentaire, c'est-à-dire réduit à un seul tour de spire; comme le solénoïde, il est assimilable à un aimant, mais extrêmement aplati et ayant un pôle nord et un pôle sud placés très près l'un de l'autre, sur l'axe du circuit, de chaque côté du plan qui le contient. Parcouru par un courant et libre de se mouvoir, un tel système (pile fermée flottant sur l'eau) s'orienterait comme un aimant, en dirigeant son axe dans le méridien magnétique. Un solénoïde est constitué par un fil conducteur isolé, enroulé un certain nombre de fois sur lui-même ; les tours de spire forment

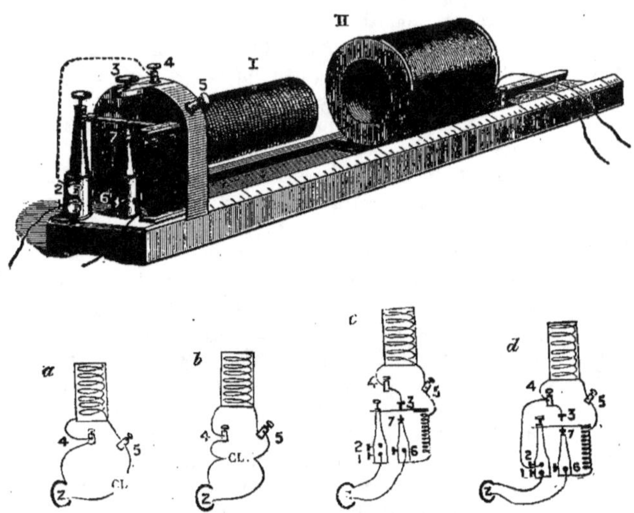

Fig. 25. — *Appareil d'induction de Du Bois-Reymond* (d'après WALLER).

I, bobine inductrice ; II, bobine induite pouvant s'éloigner ou se rapprocher de la première pour faire varier l'intensité du courant induit.

a, place de la clef ou coupe-courant CL pour avoir des décharges isolées ; *b*, place de la clef en court circuit ; *c*, disposition ordinaire pour avoir une série de décharges à action tétanisante ; *d*, autre disposition pour modifier les intensités relatives des décharges d'ouverture et de fermeture.

une série de courants circulaires et parallèles. Une bobine, comme celle des appareils d'induction ou celle d'un galvanomètre, est un solénoïde.

Aimant. — Un aimant est assimilé à un solénoïde formé par des courants moléculaires, orientés comme celui des spires du solénoïde dans un sens déterminé ; il est pourvu de lignes de force qui, partant d'un pôle (le pôle nord par exemple), vont en divergeant dans le champ magnétique (espace environnant), se recourbent de plus en plus et vont ensuite se concentrant sur le pôle opposé (pôle sud), puis, allant en sens inverse (du pôle sud au pôle nord) dans l'intérieur de l'aimant, se ferment sur elles-mêmes. Un solénoïde peut remplacer un aimant, et réciproquement, dans nombre de circonstances.

a. Aimant permanent. — L'aimant qui garde son aimantation (sauf décroissance lente) est dit permanent.

b. Aimant temporaire. — La supériorité du solénoïde vient de ce qu'on peut à volonté lui supprimer ou lui rendre ses propriétés essentielles, en rompant ou fermant le circuit électrique qui l'alimente : c'est un aimant temporaire.

c. Électro-aimant. — Si on place dans un solénoïde une tige (ou un faisceau de fils) de fer doux, les lignes de force sont absorbées en très grand nombre par le métal, qui est magnétiquement plus perméable à ces lignes de force que l'espace environnant ; pendant le passage du courant, il se crée en regard des pôles un champ de force très puissant, par l'orientation des courants moléculaires du fer doux ; à la rupture du courant, cette orientation cesse et les lignes de force disparaissent. Un électro-aimant est un aimant temporaire plus puissant que le solénoïde ordinaire.

L'aimantation et l'induction sont deux phénomènes bien différents. Dans l'aimantation, il y a simplement orientation des courants, qui circulent, *sans résistance aucune*, dans les molécules de l'acier (aimant permanent) ou du fer doux (aimant temporaire), ces molécules étant assimilées à des conducteurs parfaits. Dans l'induction, au moment de l'augmentation ou de la diminution des lignes de force dans le champ magnétique, il y a de même entraînement et production d'un mouvement de l'électricité dans le circuit secondaire ; mais ce mouvement, se produisant dans un conducteur imparfait, est bientôt arrêté par la résistance du circuit et cesse de se produire dès que le courant primaire a pris son état permanent ou bien s'est arrêté lui-même.

D. — Appareils pour l'excitation.

Les ondes électriques dont on se sert pour l'excitation sont demandées à des appareils assez divers.

Condensateur. — Si un nerf est relié électriquement, d'une part à un condensateur chargé, d'autre part à la terre, le *flux de décharge* constitue une onde capable de l'exciter. On peut aussi l'exciter en le plaçant dans le *flux de décharge*. La décharge et la charge forment deux ondes à peu près égales en intensité et durée. On a différents moyens de faire varier ces deux conditions, mais la forme de l'onde est mal connue.

La charge et la décharge dépendent de la résistance R, de la capacité C et de la self-induction L de la ligne.

Pour $R > \sqrt{\dfrac{4L}{C}}$ la décharge est continue.

Pour $R < \sqrt{\dfrac{4L}{C}}$ la décharge est oscillante.

Avec des fils ordinaires non enroulés, la self-induction est négligeable.

Appareil d'induction. — Le courant induit qui naît dans la bobine secondaire d'un appareil de Du Bois-Reymond est très couramment employé pour l'excitation électrique. Les deux courants induits, l'un inverse de clôture, l'autre direct de rupture, sont égaux en quantité, mais inversement inégaux en durée et intensité. La self-induction allonge considérablement le premier, surtout si un fer doux est dans la bobine. On gradue l'intensité (assez peu correctement) en faisant varier la distance des deux bobines le long d'une échelle. L'intensité de l'induit décroît comme le carré de cette distance.

Piles ; accumulateurs. — Pratiquement, on n'a guère de moyen à la fois facile et correct de découper dans un courant continu des ondes dans le genre de celles qui seront décrites plus loin à propos de la loi de l'excitation. On se sert de l'onde d'établissement du courant (fermeture) et aussi de l'onde de cessation (rupture du circuit). L'action de la seconde se trouve compliquée énormément par les effets (électrolytiques entre autres) dus au passage du courant.

Rhéotomes. — Pour fermer ou rompre le courant, on peut employer des appareils divers, pendules oscillants (Chauveau), contacts mus par un mouvement rotatif (Bernstein), qui réalisent ces fermetures et ouvertures à des intervalles égaux avec la même vitesse.

E. — Appareils pour la constatation et la mesure des phénomènes électromoteurs.

On se sert de galvanomètres et d'électromètres, principalement de l'électromètre de Lippmann.

Galvanomètres. — Deux courants, deux solénoïdes, deux aimants, un solé-

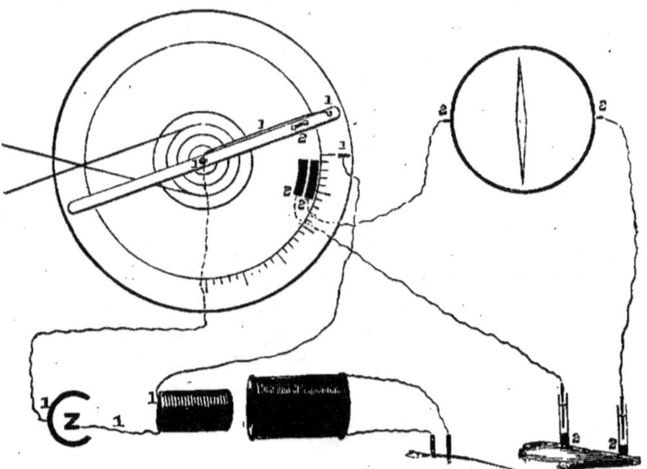

Fig. 26. — *Rhéotome de Bernstein (application de la méthode de Guillemin).*

Une tige, qui porte un contact 1, ferme périodiquement (par un mouvement de rotation de l'axe qui la supporte) un courant de pile qui induit un courant qui excite le nerf. — De plus, un autre contact 2 (en forme de pont) ferme sur un galvanomètre un autre circuit, dans lequel est compris le muscle, et permet de constater les phénomènes électromoteurs qui naissent dans celui-ci du fait de l'excitation.

Le contact 1 et le contact 2 peuvent être déplacés l'un par rapport à l'autre de manière que (pour une vitesse donnée de la rotation) l'intervalle de temps qui les sépare puisse grandir ou diminuer. On peut de la sorte étudier le sens et les intensités successives du phénomène électromoteur qui se développe dans le muscle dans le temps qui succède à l'excitation.

noïde et un aimant sont capables d'agir l'un sur l'autre. Si l'un est fixe et l'autre mobile, lorsque le courant traverse le solénoïde il s'ensuit des déplacements qui peuvent être utilisés pour la constatation d'un tel courant, la détermination de sa direction et la mesure de son intensité.

Électromètre de Lippmann. — Soit un tube terminé par une pointe conique capillaire, plein de mercure, trempant dans une solution d'acide sulfurique, reposant elle-même sur du mercure ; lorsque cet ensemble est traversé par un courant, la constante capillaire est changée et le mercure se déplace dans la pointe d'une certaine quantité suivant le sens du courant. La valeur du déplacement (dans de certaines limites) mesure la différence du potentiel.

Électrodes impolarisables. — Le contact de fils métalliques avec les tissus donne naissance à des polarisations qui produisent des contre-courants capables d'altérer gravement les observations. On évite ces difficultés en se servant d'électrodes non métalliques et à peu près impolarisables.

D. — LOIS DE L'EXCITATION ÉLECTRIQUE.

I. Problème à résoudre. — L'électricité agit comme excitant sur tout organe excitable, spécialement sur le nerf, lorsqu'elle le traverse sous forme de courant, de quelque nature que soit celui-ci. Elle n'a son effet d'excitation ou d'entraînement qu'autant qu'elle-même est en mouvement.

Un courant a nécessairement une phase d'établissement (*variation plus ou moins rapide* de son intensité à partir de zéro), une phase d'état dans certaines conditions (constance du courant), une phase de cessation (variation plus ou moins rapide inverse de la première). Il a à tout instant une *intensité* déterminée ; il a une *durée totale* ; il représente une *quantité d'électricité* mise en jeu, et il représente une *énergie dépensée*. Quel de ces facteurs intervient dans l'excitation d'une façon exclusive ou prépondérante ?

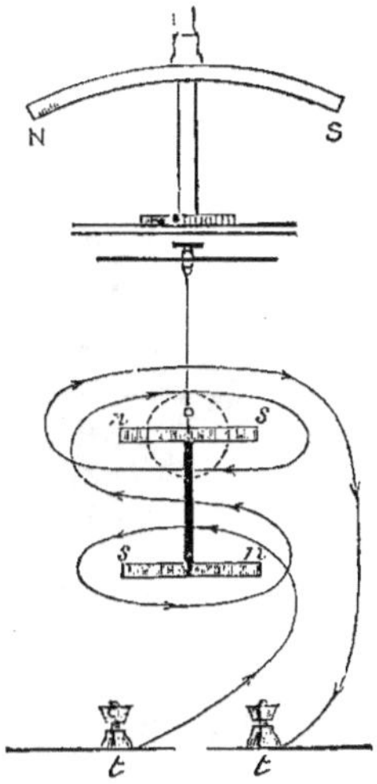

Historique ; faits et opinions. — Ces questions se sont posées depuis le début des études méthodiques des effets de l'électricité sur les nerfs et autres tissus excitables. Les recherches faites dans ce sens s'ouvrent par un travail de Du Bois-Reymond (1848).

Expérience. — Un nerf est traversé par un courant : à la fermeture de celui-ci, il y a contraction du muscle ; pendant le passage, l'organe est au repos ; à la rupture du circuit, il y a de nouveau contraction. — Autre fait du même genre : un nerf est compris dans un circuit de pile ; on fait (à l'aide d'un rhéocorde) varier *lentement* l'intensité du courant, jusqu'à lui faire prendre des valeurs très grandes : il n'y a pas excitation ; mais si on produit une *variation brusque* du courant en plus ou en moins, il y a contraction.

II. Ancienne formule. — Du Bois-Reymond en avait conclu que *ce n'est pas la valeur absolue de l'intensité, mais la variation d'inten-*

Fig. 27. — *Schéma d'un galvanomètre astatique.*

Le courant apporté aux deux bornes *tt* suit un fil qui s'enroule successivement et en sens inverse sur deux aimants *sn* et *ns* solidaires et formant un équipage mobile suspendu. L'aimant supérieur de cet équipage porte un miroir sur lequel se réfléchit un rayon lumineux allant former image sur une échelle graduée, — le déplacement de l'image mesure l'intensité du courant.

NS, aimant fixe destiné à donner aux deux autres une position de repos choisie à volonté.

sité du courant, qui joue le rôle d'excitant ; autrement dit : si deux

Fig. 28. — *Galvanomètre à miroir avec son échelle pour la lecture des déviations.*
Un compensateur est interposé entre le galvanomètre et la source du courant à mesurer.

nerfs identiques sont parcourus par deux courants I et I' très diffé-

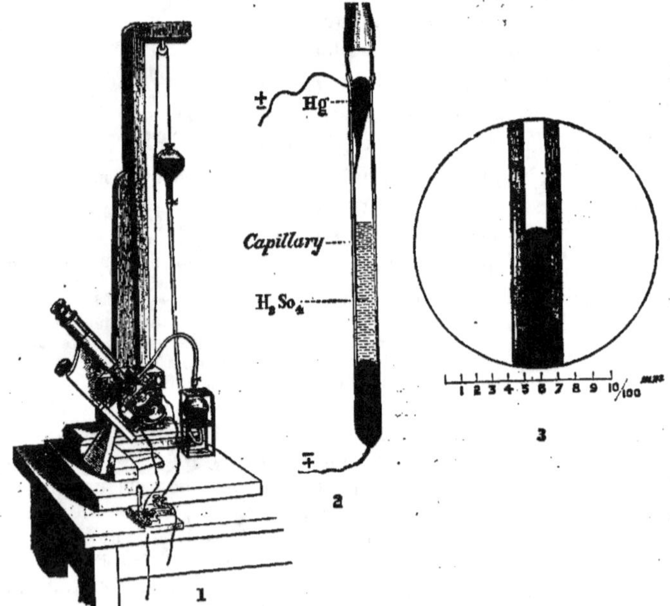

Fig. 29. — *Électromètre capillaire de Lippmann.*

A gauche, ensemble de l'appareil. — Au milieu, le schème de l'appareil ; tube capillaire plein de mercure plongeant dans une solution d'acide sulfurique reposant sur une
couche de mercure. — A droite, aspect de la colonne capillaire vue à son extrémité
dans le champ de l'objectif du microscope.

rents, et que l'on fasse croître (ou décroître) ces deux courants différents de la même quantité $d\mathrm{I}$, pendant le même temps et de la

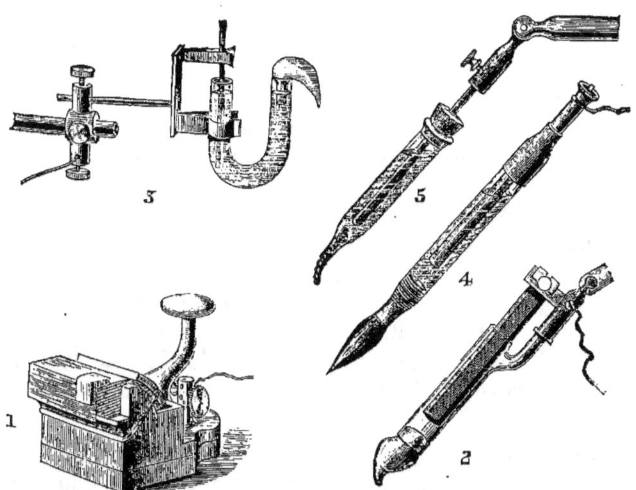

Fig. 30. — *Électrodes impolarisables pour recueillir les courants des muscles ou des nerfs.*

1 et 2, celles de Du Bois-Reymond; 3, celles de Burdon-Sanderson; 4, celles de V. Fleischl; 5, celles de d'Arsonval.
Le fil métallique dont il faut éviter le contact avec les tissus vivants plonge dans un tube rempli d'une solution d'un sel de même métal (zinc dans sulfate de zinc, cuivre dans sulfate de cuivre). L'extrémité du tube est fermée par un bouchon de kaolin imprégné d'une solution neutre de chlorure de sodium et reçoit la forme convenable pour être appliquée sur le nerf ou sur le muscle.

même façon, les deux nerfs seront excités également. L'excitation sera d'autant plus grande que la variation $d\mathrm{I}$ sera plus grande dans l'unité de temps, c'est-à-dire que la période variable sera plus rapide, l'onde plus brève.

Faits contradictoires. — On a pu croire tout d'abord que le fait d'expérience sur lequel s'appuie cette théorie de l'excitation est général. En réalité, il ne l'est pas. En opérant sur d'autres animaux, on peut le trouver en défaut. Grützner (1887) a vu que le nerf moteur du crapaud répond mieux à des variations lentes et prolongées du courant qu'à des variations rapides. Fick trouve que, même pour la grenouille, on cesse d'avoir une réponse musculaire pour une durée très courte du passage de l'onde. Brucke voit qu'il en est de même pour des nerfs curarisés, pendant la phase d'empoisonnement. Pflüger observe que les nerfs réagissent, dans certaines conditions, même au courant constant. — On ne peut donc pas admettre que la variation d'intensité soit le seul et unique facteur de l'excitation.
Pour Cybulski et Zanietowski, pour Waller également, le facteur important

serait l'énergie électrique. Mais BOUDET (de Paris) avait trouvé déjà que « une même quantité d'énergie électrique dépensée ne produisait pas toujours le même effet ».

FICK (1869), WERTHEIM-SALOMONSON attribuent à la quantité d'électricité une influence directe sur la grandeur de la secousse, mais sans en faire l'unique facteur de l'excitation.

G. WEISS (1901) a repris cette étude à l'aide de méthodes d'une grande rigueur et prouve que la quantité d'électricité mise en jeu est le facteur de l'excitation électrique.

III. Conditions à réaliser ; méthode. — Il faut que nous puissions lancer dans le nerf une onde de forme simple, dont la durée, aussi bien que l'intensité, soit exactement connue. Maître de la durée comme de l'intensité, on déterminera, dans des essais préliminaires, le seuil de l'excitation, c'est-à-dire l'intensité qui, pour une durée donnée, est juste suffisante pour obtenir la contraction. Ayant ainsi déterminé l'onde qui donne le seuil de l'excitation, on y pratiquera une coupure, de manière à en retrancher quelque chose dans la durée, en formant deux ondes d'une durée totale moindre que l'onde étalon. La contraction ne se produit plus (ou, pour l'obtenir dans ces conditions, il faut augmenter le voltage). Si l'excitation était due à la variation du potentiel, conformément à l'hypothèse de DU BOIS-REYMOND, elle devrait avoir lieu. Si on lance dans le nerf deux ondes d'une durée totale égale à celle de l'onde étalon, la contraction se produit.

Résultat. — On voit donc bien, dans tous les cas, que *c'est la quantité d'électricité qui est ici le facteur important* et *ce n'est pas l'énergie*, car celle-ci peut être égale pour une quantité moindre ou plus grande pour une quantité égale, sans que les résultats changent.

Dispositif. — Pour avoir à volonté une onde électrique d'intensité et de durée connues parfaitement déterminées, la plupart des appareils employés usuellement (condensateurs, bobines d'induction, etc.) ne valent rien. G. WEISS a imaginé la disposition suivante, qui remplit le but et offre toute garantie.

a. *Mesure de la durée.* — On intercale le nerf dans le circuit d'une pile constante. Ce circuit porte une dérivation d'une résistance relative telle (par rapport aux fils allant aux nerfs) que, tout étant fermé, le nerf ne reçoit aucune quantité appréciable d'électricité. Si alors on rompt un point de la dérivation, le courant passe dans le nerf ; si on rompt un second point du circuit, le courant cesse de passer, l'onde est terminée. Sa durée est mesurée par le temps écoulé entre les deux coupures. Ces coupures sont réalisées par la balle d'une carabine à acide carbonique liquide, dont la vitesse est de 130 mètres à la seconde (à la température du laboratoire). L'intervalle entre les deux coupures dépend de la distance entre les fils, ceux-ci étant disposés parallèlement dans le plan du trajet de la balle. Pour un intervalle de 1 centimètre, la durée de l'onde sera de 0^{sec},000077, etc. En compliquant le dispositif, on peut obtenir plusieurs ondes successives ayant des durées définies, se succédant à des intervalles de temps définis, et faire les comparaisons et contrôles indiqués plus haut. Tel est le moyen pour connaître la durée de l'onde.

b. *Mesure de l'intensité.* — Pour mesurer l'intensité, un voltmètre est réuni au bornes de la pile ou distributeur de potentiel. Ce voltmètre donne un chiffre proportionnel à l'intensité du courant, puisque dans les expériences successives la résistance du circuit ne varie pas ($E = IR$; $E' = I'R$; EE' est proportionnel à II). Si le courant ne prend pas immédiatement sa valeur, il s'en faut de très peu.

c. *Rapport de l'énergie à la quantité.* — L'énergie d'un courant s'écrit : $EIt = E^2t \times R$. On a, à un facteur constant près, $W = E^2t$.

La quantité d'électricité mise en jeu est $Q = It = Et \times R$. On a, à un facteur constant près, $Q = Et$. — On voit que la quantité d'électricité varie comme E, tandis que l'énergie varie comme son carré E^2.

Fixité de la quantité pour une durée donnée. — Ainsi un premier point est acquis. *Pour une durée donnée, qui est maintenue fixe, il faut, pour obtenir l'excitation minima, toujours la même quantité d'électricité.* Si on ne fournit pas au nerf cette quantité nécessaire, le seuil de l'excitation s'élève. Ce seuil est d'autant plus élevé que l'onde est plus fréquente, c'est-à-dire plus courte. Par une fréquence suffisante, on peut arriver à de très hauts voltages, sans atteindre le seuil de l'excitation.

Le seuil de l'excitation implique, pour une durée donnée, une quantité donnée d'électricité. Si maintenant nous faisons varier la durée, cette quantité restera-t-elle fixe ou variera-t-elle elle-même, et dans quel sens?

Variation de la quantité en fonction de la durée. — D'après la formule $Q = Et$, on voit qu'une quantité d'électricité reste égale à elle-même, si on modifie en sens proportionnellement inverse ses deux facteurs, intensité et durée. Conserverons-nous le même seuil d'excitation si nous modifions t et E inversement, de manière à conserver Q égal à lui-même? L'expérience apprend qu'il n'en est pas ainsi.

A mesure que la durée t augmente, la quantité Q augmente également. Cela tient à ce que la quantité Q est la somme de deux termes, l'un fixe que nous appellerons A, l'autre B, proportionnel à la durée de l'excitation. La quantité nécessaire pour produire l'excitation devient de la sorte :

$$Q = A + Bt.$$

Pour le bien montrer, on fait sur un même nerf, dans des conditions identiques, une série d'excitations commençantes, avec des ondes de durée variable, mais ne dépassant pas $0^{sec},0023$, tout en déterminant dans chaque cas la quantité d'électricité. On porte en abscisses la durée de l'onde (temps de l'excitation); on porte en ordonnées la quantité d'électricité mise en jeu. On obtient de la sorte une droite qui ne passe pas par l'origine. Elle représente la quantité d'électricité nécessitée pour l'excitation minima du nerf en fonction de la durée de l'excitation.

IV. **Loi de l'excitation électrique.** — Les recherches de G. Weiss rendent compte des faits paradoxaux de Grutzner, de

Brucke, et, de plus, elles conduisent à une loi générale qui s'applique en même temps à la réaction plus prompte du nerf de la grenouille. Elle est en accord avec les résultats de Dubois (de Berne) et de Horweg, obtenus en se servant du condensateur. Elle peut s'exprimer ainsi :

L'excitation électrique, pour obtenir la réponse commençante d'un nerf ou d'un muscle, doit mettre en jeu une quantité d'électricité constante, plus une quantité proportionnelle à la durée de la décharge.

D'après cet observateur, « tout se passe comme s'il fallait, pour exciter un nerf, une quantité constante d'électricité, mais qu'il fallût en plus, pendant toute l'opération, combattre sans cesse un processus de retour à l'état premier, à l'aide d'une autre quantité d'électricité proportionnelle à la durée de l'action ».

V. **Méthodes d'excitation**. — Pour que le nerf soit excité par un courant, on dispose les choses le plus généralement de

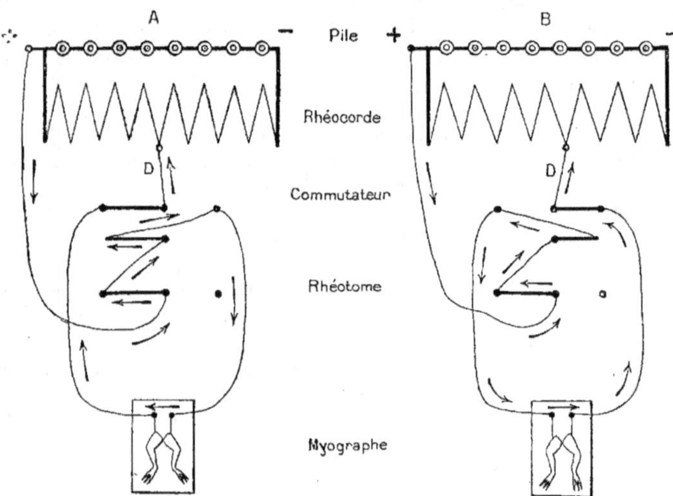

Fig. 31. — *Dispositif pour l'excitation des nerfs.*

Action du courant constant.

manière qu'il fasse partie du circuit traversé par ce courant, au moins sur une faible longueur. Suivant les cas, deux dispositions sont employées. Dans l'une, le nerf isolé touche les deux électrodes placées sur lui à une certaine distance l'une de l'autre. Les lignes de flux suivent la direction du nerf comme dans un cylindre régulier ; la densité du courant est la même à l'entrée, à la sortie et dans les points successifs de l'intervalle : c'est la *méthode bipolaire*. — Dans l'autre, le nerf généralement superficiel, mais adhérent à la masse des tissus sous-jacents, est en contact (souvent à travers la peau) avec l'un des deux pôles, l'autre pôle étant placé à

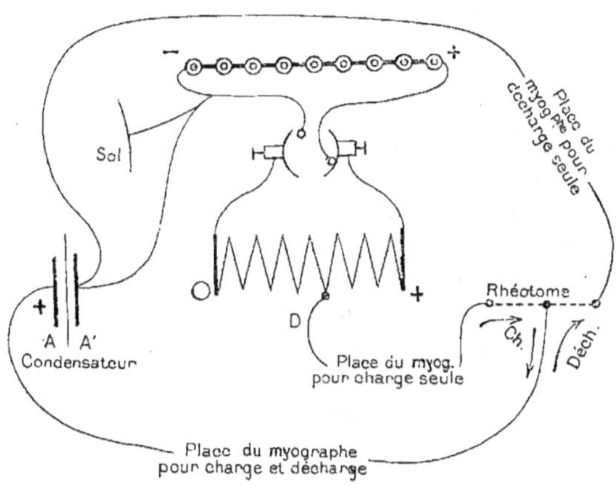

Fig. 32. — *Dispositif pour l'excitation des nerfs.*

Action de la charge et de la décharge du condensateur.

bonne distance. Les lignes de flux, si le pôle positif est sur le nerf, divergent à partir du point touché dans toute direction et vont se fermer à l'autre pôle ; ou, si le pôle négatif est sur le nerf, convergent pareillement sur lui à partir du pôle de nom contraire : c'est la *méthode monopolaire*.

Influence polaire. — Cette seconde disposition, imaginée et préconisée par Chauveau, met en relief *la différence d'action des deux pôles*. Supposons que les deux électrodes soient placées symétriquement sur deux nerfs de même nom, comme les faciaux des mammifères ou les sciatiques de la grenouille, et que le courant soit lancé alternativement dans les deux directions. *En faisant croître l'intensité à partir de zéro, la première contraction se montrera du côté du pôle négatif,* soit quand il est à droite, soit quand il est à gauche, alors que du côté du pôle positif le muscle reste en repos. *En la faisant croître à partir de ce point, on obtient un nouveau seuil d'excitation pour le pôle positif ; puis les contractions s'égalisent ; puis celles du pôle positif deviennent prédominantes, tandis que celles du pôle négatif tendent à s'amoindrir.* Enfin, d'après Boudet (de Paris), si l'intensité augmente encore, les contractions du pôle positif diminuent à leur tour, s'égalisent à nouveau avec celles du pôle négatif, puis diminuent plus vite que ces dernières et cessent avant que celles-ci cessent elles-mêmes.

Les effets dus à chacun des deux pôles peuvent être figurés par deux courbes, l'une plus étendue et plus surbaissée (pôle négatif), l'autre plus courte et à sommet plus élevé (pôle positif), qui présentent deux points de croisement.

Pôle actif; pôle indifférent. — En électrothérapie, on n'a généralement pas de raison d'exciter symétriquement et alternativement les deux nerfs qui portent le même nom, mais le plus souvent un seul nerf en particulier. On place alors sur lui le pôle qu'on veut faire agir et sur une

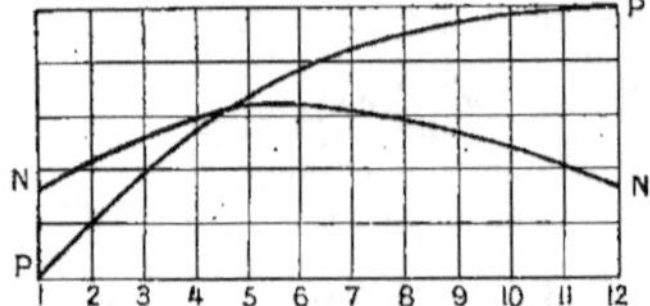

Fig. 33. — *Inégalité des actions polaires du courant* (d'après Chauveau).

NN, courbe représentative des valeurs des contractions du pôle négatif à la fermeture du courant. — PP, courbe des contractions du pôle positif. Égalité au niveau du croisement des deux courbes ; inégalité de sens inverse avant et après lui. — 1, 2... 12, intensités successives du courant excitant.

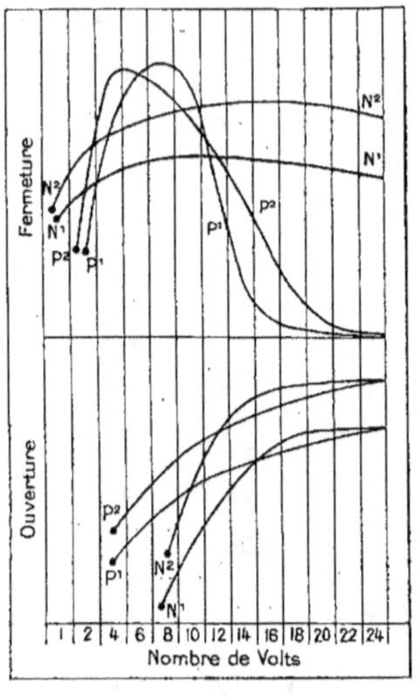

Fig. 34. — *Inégalité des actions polaires* (d'après Boudet, de Paris).

Les effets de la fermeture et de l'ouverture sont examinés séparément dans deux expériences. — N1 N2, pôle négatif; P1 P2, pôle positif.

La force électromotrice du courant va de 1 à 24 volts.

autre région éloignée, peu sensible, l'autre pôle, qu'on appelle *indifférent*, et auquel on donne une large surface (éponge mouillée).

Cathode; anode. — On appelle généralement *cathode* le pôle négatif (le plus excitant dans le cas de courant faible) et *anode* le pôle positif (le plus excitant dans le cas de courant fort).

Direction du courant. — Dans la méthode bipolaire, les lignes de flux du courant sont lancées, suivant la direction du nerf, alternativement dans un sens et dans l'autre, c'est-à-dire suivant le sens de sa conduction (courant *descendant*) ou en sens inverse (courant *ascendant*). Les effets sont différents dans les deux cas. Contrairement à ce qu'on a pu croire, les différences ne sont pas imputables à une influence attribuable à la conduction physiologique du nerf, mais encore une fois à l'influence polaire. On voit en effet les résultats s'inverser, comme plus haut, suivant l'intensité du courant, et suivre, au fond, la même loi que dans l'excitation monopolaire. Il suffit, pour le reconnaître, de remarquer que, dans l'excitation bipo-

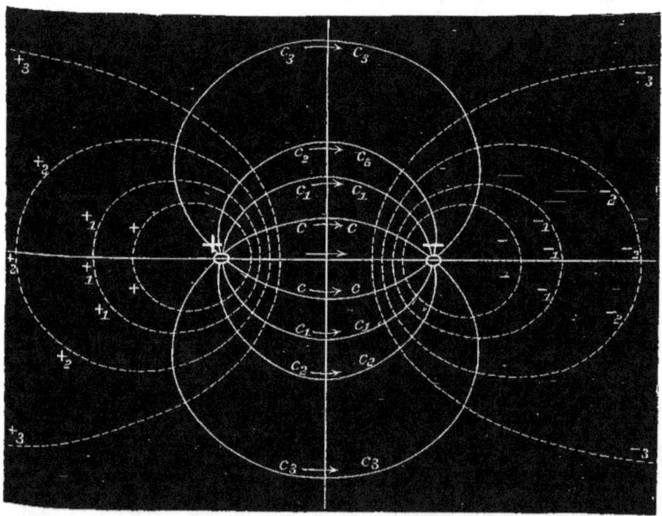

Fig. 35. — *Diffusion du courant électrique dans un milieu conducteur homogène, tir des points d'application des deux pôles.*

Le courant se forme par des *lignes de flux* dont une seule est droite et dont les autres font des inflexions plus ou moins grandes : c, c_1, c_2, c_3, et représentent des dérivations du courant d'autant plus faibles qu'elles s'éloignent davantage du trajet direct. Ces lignes de flux sont coupées par des *lignes équipotentielles* (représentées en traits) $+$, $+_1$, $+_2$, $+_3$: $-$, $-_1$, $-_2$, $-_3$. Ces lignes réunissent des points du milieu conducteur ayant le même potentiel, la même tension positive à droite, négative à gauche d'une ligne de potentiel zéro, qui coupe perpendiculairement la droite qui réunit les deux pôles.

laire avec le courant descendant, les lignes de flux ont la même orientation que dans l'excitation monopolaire avec le pôle négatif sur le nerf; et de même, avec le courant ascendant dans l'excitation bipolaire, la même qu'avec le pôle positif dans la monopolaire.

Excitation unipolaire en circuit ouvert. — Quand les deux pôles du circuit excitant sont placés sur le même nerf, l'excitation est dite bipolaire. Quand un seul pôle est placé sur le nerf, l'autre pôle muni d'une large surface étant placé sur une région éloignée du corps de l'animal, c'est l'excitation monopolaire ou unipolaire, telle qu'elle a été préconisée par CHAUVEAU et qu'elle est ordinairement employée en électrothérapie. Mais on peut encore exciter un nerf unipolairement en procédant autrement. On peut, par exemple, réunir électriquement à la terre, d'une part le pôle indifférent, d'autre part le corps de l'animal excité. Cette méthode se rapproche au fond de la précédente; elle en diffère en ce que la terre est interposée dans le circuit. On peut enfin, après avoir isolé et l'animal et le distributeur de potentiel, établir la communication d'un seul pôle avec un nerf de l'animal et obtenir encore des effets moteurs.

L'efficacité de ce genre d'excitation, qui, à un premier examen, paraîtrait devoir être nulle, est en réalité assez grande. Dans ce cas comme dans tous les autres, *l'excitation est due à un mouvement de l'électricité dans le tissu* (le nerf) *mis en rapport avec le pôle actif*. Quand, en effet, on produit un choc d'induction, si

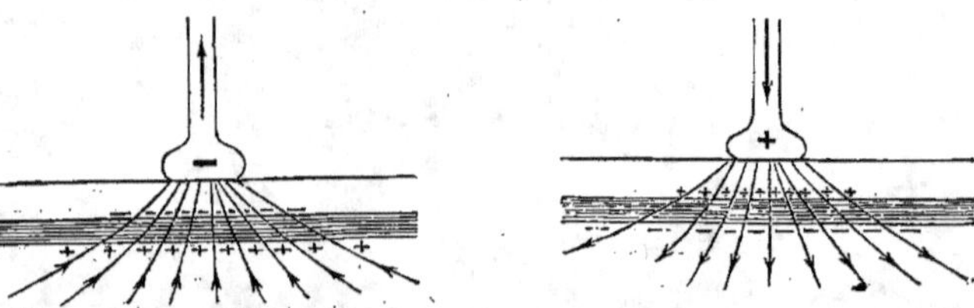

Fig. 36. — *Schéma montrant la polarisation intérieure des tissus* (d'après WALLER).

Le long des lignes de flux du courant, allant d'un de ses pôles à l'autre, des polarités secondaires se développent à travers les parties hétérogènes, traversées par conduction électrolytique.

l'induit est ouvert, il se forme un nombre plus ou moins grand d'oscillations électriques, dont la fréquence dépend de plusieurs conditions et en particulier de la capacité du système (SCHILLER et MOUTON). Cette fréquence est de l'ordre des 10 000 par seconde. Les courants fournis par cette excitation unipolaire sont donc des courants alternativement positifs et négatifs, ou courants diphasés, durant plus ou moins longtemps, suivant les cas.

A. CHARPENTIER a fait une étude méthodique de l'action de ces courants particuliers (*Archives de physiologie*, 1893-1896).

Excitations périodiques. — Jusqu'ici nous avons supposé une excitation simple, faite par une onde isolée. Mais, dans la pratique, quand, au lieu d'étudier les lois de l'excitation, on veut simplement se servir de celle-ci pour manifester les fonctions d'un nerf donné, on la prolonge en la renouvelant dans le nerf, par le passage d'une série périodique d'ondes semblables, successives et inverses. C'est ce qu'on obtient avec le trembleur de l'appareil de DU BOIS-REYMOND. Ces *courants* sont dits *tétanisants*, parce que les contractions musculaires qui se succèdent dans le muscle sont assez rapprochées pour se fusionner en un *tétanos physiologique* qui maintient la tension du muscle.

Chez l'homme, l'excitation a pour but non la détermination des fonctions, mais une indication diagnostique ou une action thérapeutique sur le nerf. Chez les animaux, c'est l'inverse. Dans le premier cas, la méthode monopolaire, seule applicable, convient très bien; dans le second, la méthode bipolaire est parfois préférable, parce qu'elle permet de localiser l'excitation sur un nerf donné. Le nerf généralement a été coupé et est soulevé sur les électrodes du courant, en s'aidant d'un fil de soie blanche bien sec: on évite ainsi toute dérivation sur des parties excitables autres que le nerf étudié.

Remarque. — Nous avons d'autre part supposé que l'excitant est appliqué à un élément nerveux ou à un faisceau d'éléments nerveux de même fonction, qui constitue en somme un objet simple. Dans la pratique, il en sera rarement ainsi. Le faisceau nerveux excité contiendra souvent des éléments parallèles, se terminant dans des organes périphériques à fonction distincte, que l'excitation pourra de la sorte dissocier, en les mettant en évidence. Parfois même il contiendra des éléments antagonistes, par exemple un mélange d'éléments moteurs et inhibiteurs, tellement que l'action produite sera la résultante de deux actions contraires. L'effet produit, dans ce cas, n'est plus la mesure de l'excitabilité d'un nerf donné, mais quelque chose de beaucoup plus complexe. C'est pour des raisons de ce genre probablement que l'excitabilité du grand sympathique et d'autres nerfs analogues, celle des faisceaux de la moelle épinière et des différentes parties du cerveau, nous paraît moindre que celle des nerfs moteurs périphériques des muscles squelettiques; ces derniers sont les seuls objets nerveux réellement simples sur lesquels nous puissions agir.

BIBLIOGRAPHIE

Éléments nerveux. — APATHY, *Mittheilung. aus der Zool. Stat. zu Neapel*, vol. LII, 1897. — ARNOLD, Struct. und Architect. d. Zellen, *Arch. f. mikr. Anat.*, vol. LII, 1898. — AUERBACH, *Neurol. Centralbl.*, vol. XVII. 1898; *Monatschr. f. Psych. und Neurol.*, vol. IV, 1898. — BERDER, La cellule nerveuse, thèse d'habilitation, Lausanne, 1893. — BETHE, *Arch. f. mikr. Anat.*, vol. L, 1897; *Anat. Anz.*, XIV, suppl., 1878; *Morphol. Arbeit. v. Schwälbe*, VIII. 1898; *Neurol. Centralbl.*, XVII, 1898. — DEITERS, Unters. üb. Gehirn und Rückenm.. Braunschweig, 1865. — BIDDER et KUPFFER, Untersuch. üb. die Text. d. Rückenmarks, Leipzig. 1857. — DOGIEL, *Arch. f. mikr. Anat.*, Bd XLVI, 1895. — DOHRN, *Mitth. d. Zool. Naples*, 1891; *Anat. Anz.*, 1892. — FLECHSIG, Die Leitungsbahn. im Gehirn und Rückenm., Leipzig, 1876; Entwicklung..., *Arch f. Anat. und Entwik.*, 1881, p. 12. — FOREL. Einige hirnanat. Bechtr. und Ergebn., *Arch. f. Psych. und Nervenkrank.*, Bd XVIII, 1887. — GARBOWSKY, Doctrine d'Apathy, *Biol. Centralbl.*, 1898. — GERLACH, Article « Rückenmark » *in* Stricker's Handb., Bd II, 1871. — C. GOLGI, Sulla fina struttura d. bulb. olfatt., Reggio Emilia, 1875; Localis. cérébrales *Arch. ital. de biol.*, 1882; Rech. sur l'histol. des centres nerveux, *Ibid.*, t. III, 1883, t. IV, 1883, t. VII, 1886; Sulla fina anatomia degli organi centrali del syst. nerv., Milan, 1886; Rückenmark.. *Anat. Anz.*, 1890; La rete nervosa diffusa degli organi centrali del syst. nervoso, suo significato fisiologico, *Rend. del R. Istit. Lombardo*, 1891; Gangl. spin., *Bull. Soc. méd. chir. Pavie*, 1898; *Arch. ital. de biol.*, vol. XXX, 1898; Struct. cell. nerv., *Gaz. med. lomb.*. L. VII; Termin. nerv. intracell., *Arch. ital. de biol.*, vol. XXX. — HIS. Histogenèse et connex. des élém. nerv., *Arch. f. Anat. und Physiol.*, suppl., vol. VII, 1890; *Berlin. klin. Wochenschr.*, 1893. — KÖLLIKER, Handbuch... Leipzig. 1893; Bulb. olfact., *Sitz. d. Wurburg. Phys. med. Gesellsch*, 1891. — V. LENHOSSEK, *Anat. Anz.*, 1890; *Correspondenzbl. f. Schweiz. Aerzte*, 1891; *Forschritte der Medicin*, 1892; *Arch. f. mikr. Anat.*. Bd XXXIX, 1892; Spinalgangl., *Beitrage zur Histol. des Nerv. Syst. und Sinnesorgane*. Wiesbaden. 1894. — LEEUWENHOEK, Opera, t. II. p. 351. — MARTINOTTI, *Internat. Monatschr. f. Anat. und Phys.*, Bd VII, 1890. — MONTI, Signif. physiol. des prolong. protoplasm. des cell. nerveuses. *Arch. ital. de biol.*, t. XXIV, 1895. — NANSEN, Die Nervenelemente..., *Anat. Anz.*, 1888. — PIERRET, Relations existant entre le volume des cellules motrices ou sensitives des centres nerveux et la longueur du trajet..., *C. R. Acad. sc.*, 1878. — RAMON Y CAJAL, *Revista trimestrial de histologia normal y pathologica*, 1888-1889; *Internat. Monatschr.*, Bd VI, Heft 3 et 4, 1889 et 1890; *Anat. Anz.*, 1890; *Gaceta sanit. d. Barcelona*, 1890; Encéphale des reptiles. Barcelone. 1891; Les nouvelles idées sur la structure du système nerveux. Paris, Reinwald et Cie, 1894; *Revue trimestr. de micrographie*, 1896-1898. — P. RAMON, *Gaceta sanit. de Barcelona*, 1890. — RANVIER, *C. R. Acad. sc.*. et *Arch. physiol.*, 1871; Leçons sur l'histologie du syst. nerveux. Paris. Savy. — SCHAFFER, The nerve cell considered as the basis of the Neurologic, *Brain*, 1893. — VAN GEHUCHTEN. in *La cellule*, 1891 et 1892; Anatomie du système nerveux, *Bibl. analom.*, 1899; Lobe olfact. de l'homme, Paris, Levrault, 1895. — VAN GEHUCHTEN et NELIS, Gangl. spin., *Bull. Acad. roy. méd. Belgiq.*, 1898. — VERRATI. *Anat. Anz.*, vol. XIII et XV. — VIGNAL, Développement..., *Arch. physiol.*, 1884 et 1888; *C. R. Acad. sc.*, 1886. — WALDEYER,.... Neure Forschungen... Central Systeme, *Deut. medic. Wochensch.*, 1891. Traduit en français par DEVIC, *Province médicale*, 1893-1894.

Rapport des fibres et cellules. — Cajal, *Journ. de l'anat. et de la physiol.*, 1896. — Dogiel, *Anat. Anz.*, vol. XXXIII, 1896. — Donaggio, *Rivista sperim. di frenatria*, XXIV, 2, 1898. — Golgi, *Arch. ital de biol.*, vol. XXX; *Rend. R. Istit. Lomb. di sc. e litt.*, vol. XXXI, 930. — Lenhossek, *Biol. Centralbl.*, 1898, vol. XVIII, p. 843; *Neurol. Centralbl.*, 1899; *Revue neurol.*, 1899. — Mann, *Anat. Anz.*, suppl., 1892. — Martinotti, *Annali di frenatria*, vol. IX, 1899. — Ranvier, Des tubes nerveux en T et de leurs relations avec les cellules ganglionnaires, *C. R. Acad. sc.*, 2 fév. 1875; Sur les ganglions cérébro-spinaux, *Ibid.*, 4 déc. 1882. — Redlich, *Bull. méd. Paris*, 1895. — Waldeyer, *Abh. d. k. preuss. Akad. d. Wissen. zu Berlin*, 1888-1889.

Structure des fibres nerveuses. — Frommann, *Virchow's Archiv*, 1864, t. XXXI, p. 151. — Lanterman, *Arch. f. mikr. Anat.*, 1876. — Mauthner, *Acad. des sc. de Vienne*, t. XXXIX. — Purkinje, *Encyclop. anat.*, t. VII, p. 348. — Ranvier, *C. R. Acad. sc.*, 1871, et *Arch. de physiol.*, 1871; Leçons sur l'histologie du système nerveux; Traité technique d'histologie. — Remak, *Froriep's Neu Notizen*, n° 47, 1837. — Schmidt, *Monthly microscopic Journal*, 1874. — Schwann, Microscop. Untersuch., p. 174; *Encyclop. Anat.*, t. VII, p. 347. — Waldstein et Weber, Études histochimiques, *Arch. de physiol.*, 1882, 2ª série, t. X.

Spécificité des neurones. — Demoor, *Journal médical de Bruxelles*, n° 38, 1897; *Arch. de biol.*, t. XIII et XIV. — Heger, *Trav. Institut Solvay*, fasc. III. — H. Held, *Arch. f. Anat. und Physiol.*, Anat. Abth., 30 juillet 1897. — Kölliker, *Handbuch der Gewebelehre*, 1896. — Lenhossek, Der feinere Bau des Nervensystems, Berlin, 1897. — Fr. Nissl, Die Hypothese der specifisch. Nervenzellenfunct., *Allg. Zeitsch. f. Psychiatr.*, Bd CCLXI et 2 Heft, 1897.

Polarisation dynamique. — Lugaro, *Monitore zoologico ital.*, an VIII, 1897. — S. Ramon y Cajal, *Rev. trimestrial micrografica*, 1897, II. — Van Gehuchten, Syst. nerveux de l'homme, 2ª édition, 213.

Amiboïsme nerveux. — Azoulay, *Année psychologique*, 1896. — J. Demoor, Plasticité des neurones, mécan. et signif. de l'état monilif. des neurones, *Trav. Instit. Solvay*, t. II, fasc. I, 1896 et 1898, et *Arch. de biol.* de Bruxelles. — R. Deyleer, État actuel de la question de l'amiboïsme nerveux, Paris, 1896. — Mathias Duval, L'amiboïsme des cellules nerveuses, *Revue scient.*, 1898, p. 329; *Soc. de biol.*, 2 fév. 1895; Précis d'histologie, Paris, Masson, p. 971. — J. Havet, État monilif. des neurones chez les invertébrés, *La cellule*, t. XV, fasc. I, 1899. — Lépine, Sur un cas d'hystérie à forme particulière, *Revue de médecine*, 1894, p. 713. — Lugaro, Modific. morfolog. funzional, *Rivista di Pathol. nervosa*, 1896 et 1898. — Manouélian, *Revue scientif.*, 1898, p. 328; *Année psychol.*, 1898, p. 439. — Morat, *Biol.*, 1895. — Robert Odier, Rech. expér. sur mouv. cell. nerv., Genève, 1899. — Pergens, Action de la lumière sur la rétine, *Ann. Soc. roy. sciences méd. et nat. de Bruxelles*, t. V, fasc. III, 1896. — Ch. Pupin, Le neurone et les hypothèses histologiques sur son mode de fonctionnement; théorie histologique du sommeil, Paris, 1896. — L. Querton, Sommeil hivernal mod. des neurones, *Trav. lab. Instit. Solvay*, t. II, fasc. I, Bruxelles, 1898. — Rabl-Rückard, Sind die Gangl. zell. amib., *Neurol. Centralbl.*, p. 199, 1890. — M. Schultze, *Stricker's Handbuch*. — Stefanowska, Append. terminaux des dendrites, *Trav. lab. Instit. Solvay*, fasc. III, Bruxelles, 1897. — Tanzi, *Rivista speriment. di frenat. e di medicina legale*, vol. XIV, fasc. II-III, p. 419.

Métabolisme du nerf; acidité pendant le fonctionnement. — Boll, *Arch. f. Physiol.*, Leipzig, 1873, s. 99. — Funke, *Centralbl. f. die med. Wissensch.*, Berlin, 1868. — Heidenhain, *Centralbl. f. die med. Wissench.*, Berlin, 1868. — Föhne, Causation of vital movement. Croonian Lecture, 1888, *Proc. Roy Soc.*, London. — Marcuse, Inaug. Dissert., Breslau, 1891. — Röhmann, *Arch. f. Physiol.*, Leipzig, 1893, s. 423. — Waller, Croonian Lectures, *Philos. Trans.*, London, 1896. — Weyl, *Arch. f. Physiol.*, Leipzig, 1893, supplém. s. 109.

Échauffement (Voy. *Chaleur animale*). — Heidenhain, *Stud. d. physiol.*, Inst. zu Breslau, 1868. — Hill et Nabarro, *Journ. of Physiol.*, Cambridge and London, 1895. — Mosso, Die Temp. des Gehirns, Leipzig, 1894.

Dégénérations; dégénération wallérienne; altérations structurales. — Arloing, *Biol.*, 1886. — Eichort, *Arch. de Wirchow*, 1873, t. LIX, p. 1. — Engelmann, *Arch. f. die ges. Phys.*, 1876, t. XIII, p. 480. — Eulenbourg et Landois, *Berlin. klin. Woch.*, 1865, nos 45 et 46. — Fontana, *Ricerche filosofiche sopra la fisica animale*, Florence, 1775. (Voy. art. de Brown-Séquard in *Journ. de la physiol.*, t. II, p. 75.) — Kickhepel, *Virchow's Arch.*, CXXIX. — Sent, *Zeitschr. f. Wissensch. Zool.*, t. VII, p. 145. — Mott et Halliburton, Chimie de la dégénération, *Philos. Trans.*, London, 1901. — Muller, Manuel de physiologie, traduction française, t. I, p. 351. — Nasse, *Muller's Arch.*, 1839, p. 413. — Neumann, Dégénér. et régén., *Arch. f. Heilkunde*, t. IX,

1868, p. 201. — Philipeaux et Vulpian, *Biol.*, 1859, p. 343. — Ranvier, Leçons sur l'histologie du syst. nerv., Paris, Savy, 1878; *C. R. Acad. sc.*, 1872. — Remak, *Arch. de Virchow*, 1862, t. XXIII, p. 441. — Schiff, Recueil de mémoires, *Arch. des Vereins f. gemeinschaftliche Arbeiten*, t. I. — Ströbe, *Ziegler's Beiträge*, XIII, 2, p. 160; *Centralbl. f. Physiol.*, 1893. — A. Waller, Nouvelle méthode pour l'étude du système nerveux applicable à l'investigation de la distribution des cordons nerveux, *C. R. Acad. sc.*, 1852, t. XXXIII, p. 606; Nouv. obs. sur régén. des nerfs, XXXIV, p. 393 et p. 675; Recherches expér. sur struct. et fonct. des ganglions, XXXIV, p. 523; Observ. sur effets de la section des rac. spinales du nerf pneumogastrique au-dessus de son ganglion inférieur chez les mammifères, XXXIV, p. 582; Examen des altérat. qui ont lieu dans les filets d'origine du nerf pneumogastrique et des nerfs rachid. par suite de la section de ces nerfs au-dessus de leurs ganglions, XXXIV, p. 843; Mémoire sur le syst. nerveux, XXXIV, p. 979; XXXV, p. 301, 561, 378. — Vulpian, *Arch. de pysiol.*, 1871-1872.

Modifications de l'excitabilité. — Arloing, *Arch. physiol.*, 1896. — Arloing et Tripier, *Arch. physiol.*, 1876. — Brown-Séquard, Rech. sur l'irritabilité musculaire, *Bull. Soc. philom.*, 1847, p. 74 et 83; *Journ. anat. et physiol.*, t. II, 1859, p. 75. — Longet, Traité de physiologie, 2e édition, t. II, p. 225. — Ranvier, Leçons sur l'histologie du syst. nerveux. — Waller, Sur la reproduction des nerfs et sur la structure et les fonctions des ganglions spinaux, *Arch. de Müller*, 1852, p. 597.

Substance chromophile; chromolyse; réaction à distance. — Ballet et Faure, Atrophie gr. cell. pyram. zone mot. après section des fibres de project. chez le chien, *Semaine médicale*, 1899. — Dejerine, Chromatolyse dans infections av. hyperthermie, *Biol.*, 1897. — Lugaro, *Rivista di pathol. nervosa e mentale*, vol. I, 1896. — Marinesco, Pathologie générale de la cell. nerv., *Presse médicale*, 1897; Recherch. sur hist. cell. nerv. consid. physiol., *C. R. Acad. sc.*, 12 avril 1898. — Nissl, *Tagebl. der Naturforsch. zu Strassburg* 1885... zu Cöln 1889... zu Heidelberg 1890; *Allgem. Zeitsch. f. Psychiat.*, 1893; *Neurol. Centralbl.*, 1894 et suivants; *Centralbl. f. Nervenheilkunde*, Jhg., 18. Ne. — Onufrowicz, *Journ. of nerv. and ment. dis.*, 1895. — Pugnat, Modif. cell. nerv. fatigue, *C. R. Acad. sc.*, 8 nov. 1897. — Ramon y Cajal, *Revista trimestrial micrografica*, vol. I, fasc. I, 1896. — Ranvier, Traité technique d'histologie. — De Quervain, *Arch. de Virchow*, Bd CXXXIII, 1895. — Schaffer, *Neurol. Centralbl.*, 1893. — Schwalbe, *Ienaische Zeitsch.*, Bd X. — Van Gehuchten, *Bull. Acad. méd. de Belgique*, 1897; *Acad. roy. Belgique*, 1898.

Dégénération ascendante. — Dejerine et Sottas, *Biol.*, 1895. — Durante, *Assoc. avanc. des sc.*, Bordeaux, 1895; *Éditions scient.*, Paris, 1895. — Klippel et Durante, *Rev. de méd.*, 1895. — G. Ballet, *Congr. neurol.*, Nancy, 1896. — Lugaro, *Rivista di path. nerv. et ment.*, vol. I, 1896. — Monakow, *Congr. natur. all.*, Nurenberg, 1893. — Marinesco, *Neurol. Centralbl.*, 1892; *Presse médicale*, déc. 1895; *Biol.*, 1896. — Mouratow, *Soc. neur. et psych.*, Moscou, 1893.

Atrophie de la moelle épinière après amputation. — Berg, *Thèse Paris*, 1896. — Friedlander et Krauze, *Forschr. d. Med.*, 1884, n° 4. — Hayem et Gilbert, *Arch. physiol. norm. et path.*, 1884, III, p. 430. — Marinesco, *Neurol. Centralbl.*, 1892, p. 463. — Redlich, Obs. sur cobayes, *Centralbl. f. Nervenheilk.*, 1893. — Vanderveld et Hemptinne, *Journ. méd. Bruxelles*, 1893. — H. Will, *Arch. f. Psychiat.*, 1895, XXVII, p. 585.

Suture nerveuse; réapparition des fonctions. — Bachowiecki, *Arch. f. microsc. Anat.*, t. XIII, 1876, p. 420. — Calugareanu et Victor Henri, Régénération fonctionnelle de la corde du tympan suturée avec le bout central de l'hypoglosse, *Biol.*, janvier et décembre 1901. — Herzen, Doctrine de Schiff, *Rev. scient.*, 1894. — Langley, *Journ. of Physiol.*, 1899, vol. XXIV. — Laugier, *C. R. Acad. sc.*, 20 juin 1864. — Nelaton, *Soc. de chir.*, 22 juin 1864. — Schiff, *Rec. de mém.*; Vanlair, *Assoc. avanc. des sc.*, Toulouse, 1887; *Arch. biol. de Van Beneden*, 1893, t. XXIII; *Rev. scient.*, 4 août 1894; *Ann. Soc. médico-chirurg. de Liége*, 1895.

Régénération. — Brown-Séquard, *Biol.*, 1882. — Marinesco, *Biol.*, 1894, p. 389, et nov. 1896. — Philipeaux, Retour des fonctions du vague en trente jours, *Biol.*, 1876.

Conduction dans les deux sens. — Ambrosoli, *Schmidt's Jahrb.* 1860, p. 289. — Arloing et Tripier, *Arch. f. Physiol.*, 1876. — Babuchin, *Arch. f. Physiol.*, Leipzig, 1877; *Arch. f. Anat. und Phys.*, 1877. — P. Bert, Greffe animale, *Biol.*; *Soc. philom.*; *Thèse de médecine*, Paris; *Journ. anat. et physiol.*; *Ann. sc. nat.*; *Soc. des sc. de Bordeaux*, 1863 à 1865; Transmission dans les nerfs de sensibilité, *C. R. Acad. sc.*, 1877. — Bidder,... lingual... hypoglosse.... *Arch. de Reichert et du Bois-Reymond*, 1865, p. 246. — Flourens, Syst. nerveux. — Gotch et Horsley, *Philos. Trans.*, London, 1891, vol. CLXXXII, p. 483. — Helmholtz, *Monatsb. d Berl. Acad.*, 1894, p. 328. — W. Kühne, *Monatsb. der Kön.

Akad. der Wissensch. zu Berlin, 1859, p. 400; *Zeitsch. f. Biol.*, Bd XXII, p. 305; *Arch. f. Anat. und Physiol.*, 1859. — LANGLEY, *Journ. of Physiol.*, 1899, vol. XXIV. — PHILIPEAUX et VULPIAN, *Journ. de la physiol. de l'homme et des anim.* et *C. R. Acad. sc.*, 1863. — ROSENTHAL, *Centralbl. f. d. med. Wiss.*, 1864, p. 449. — THIERNESSE et GLUGE, *Bullet. Acad. roy. Belgique*, t. VII, n° 7. — VULPIAN, *C. R. Acad. sc.*, 1873, t. LXXVI, p. 146; *Arch. physiol.*, 1876, p. 597; Leçons sur la physiol. gén. et comparée du syst. nerveux.

Sens de la transmission; rôle des dendrites. — MISLAWSKY, *Biol.*, 1895, p. 489.

Vitesse de transmission des excitations. — BERNSTEIN, *Centralbl. f. d. med. Wiss.*, 1866; *Arch. f. d. ges. Physiol.*, 1868; Unters. und d. Erregungs vorgang in Nerven u. Muskeln, 1891. — DU BOIS-REYMOND, *Jahresb. d. phys. Ges. zu Berlin*, II, 1845. — CHAUVEAU, *C. R. Acad. sc.*, t. LXXXVII, 1878, p. 95, 138, 238. — GRIGORESCU, *Biol.*, 1891; *Biol.*, 1892, p. 634; *Arch. physiol.*, 1894; HELMHOLTZ, *Monatsb. d. Berl. Acad.*, 1850, 1854; *Arch. f. Anat. und Phys.*, 1850, 1852. — HELMHOLTZ et BAXT (mesure chez l'homme), *Monatsb. d. Berl. Acad.*, 1867, 1870. — HERMANN, *Handbuch*, 2° vol., 4°° partie. — MAREY, *Gaz. méd.*, Paris, 1866; Du mouvem. dans les fonctions de la vie, Paris, 1868. — H. MUNK, *Arch. f. Anat. und Physiol.*, 1860. — PLACE, *Arch. v. Pflüger*, 1870, t. III, p. 424. — REGNARD, Influence des hautes pressions, *Biol.*, 1887, p. 406. — VALENTIN, *Molesch. Unters.*, X, 1868. — WUNDT, *Arch. f. d. ges. Physiol.*, 1870; Unters. z. Mechan. d. Nerv. und Musk., II, Stuttgart, 1876.

Vitesse : nerfs sensitifs. — BLOCH, *Arch. d. physiol. sc. exp.*, 1875, p. 588. — HIRSCH, *Molesch. Unters.*, IX, p. 183. — DE JAAGER, *Arch. f. Anat. und Phys.*, 1868, p. 657. — KOHLRAUSCH, *Zeitsch. f. rat. Med.*, XXVIII, 1866 et XXXI, 1868. — SCHELSKE, *Arch. f. Anat. und Phys.*, 1864, p. 151. — V. WITTICH, *Zeitsch. f. rat. Med.*, XXXI, 1868, p. 87.

Électricité (Ouvrages généraux à consulter). — BORDIER, Précis d'électrothérapie, Paris, J.-B. Baillière et fils; Précis de physique biologique (Collection Testut), Paris, O. Doin. — BROCA, Art. « Electricité », *Diction. de physiol.* de RICHET. — JOUBERT, Traité élémentaire d'électricité. — O. LODGE, Les théories modernes de l'électricité, traduit de l'anglais par MEYLAN, Paris, Gauthier-Villars et fils, 1891. — C. MAXWELL, Traité élémentaire d'électricité, traduit de l'anglais par G. RICHARD, Paris, Gauthier-Villars, 1884. — POINCARÉ, La théorie de Maxwell et les oscillations hertziennes (Collection *Scientia*), Paris, G. Carré et C. Naud.

Excitabilité des nerfs. — D'ARSONVAL, Durée après la mort, *C. R. Acad. sc.*, t. CXVI, 1893, p. 1530. — C. BERNARD, Œuvres diverses, Leçons sur le syst. nerveux. — BROWN-SÉQUARD, *Arch. physiol.*, 1892. — GOTCH, Infl. tempér., *Journ. of Phys.*, 1896, p. 247. — HOWELL, BUDGETT and LÉONARD, *Journ. of Physiol.*, 1894, p. 298. — STEFANI, *Arch. ital. de biol.*, 1899, t. XXXII, p. 439. — TISSOT, Persist. après la mort, *Arch. de physiol.*, 1894, p. 142. — TSCHIRIEW, *Arch. f. Anat. und Phys.*, 1877, p. 489. — G. WEISS, Légère traction, *C. R. Acad. sc.*, 1899, t. CXXVIII, p. 452. — ZEDERBAUM, Einfl. d. Dehnung, *Arch. f. Anat. und Phys.*, 1882, p. 116.

Excitabilité et conductilité. — GAD, *Arch. f. Anat. und Phys.*, 1887, p. 363; 1888, p. 395, et 1889, p. 350. — PISTROWSKI, *Arch. f. Anat. und Phys.*, 1893, p. 205.

Excitation des nerfs. — D'ARSONVAL, *C. R. Acad. sc.*, 1881, t. XCII, p. 1520; 1891, t. CXII, p. 625; *Arch. de physiol.*, 1889, p. 246 et 1893, p. 387. — BERNHEIM, *Arch. v. Pflüger*, 1874, t. VII, p. 60. — BORDIER, *Arch. de physiol.*, 1897, p. 543. — BOUDET (de Paris), *Trav. lab. Marey.* — CHARBONNEL-SALLE, Thèse Fac. sc. Paris, 1881. — DUBOIS, *Arch. de physiol.*, 1897, p. 746. — ENGELMANN, Beweg. an Nervenfas. b. Reizung mit Induct. schl., *Arch. v. Pflüger*, 1872, t. V, p. 31. — HALLSTEN, *Arch. f. Anat. und Phys.*, 1881, p. 90. — HOORWEG, *Arch. de physiol.*, 1898, p. 269. — KRIES, *Arch. f. Anat. und Phys.*, 1884, p. 337. — LEWANDOWSKY, *Arch. f. Anat. und Phys.*, 1899, p. 352. — MARCHAND, Excit. des centres, *Arch. v. Pflüger*, 1878, t. XVII, p. 514. — OELH, *Arch. ital. de biol.*, 1891, 1893, 1898. — SESTCHENOW, *Arch. v. Pflüger*, 1872, t. V, p. 114. — TIEGEL, *Arch. v. Pflüger*, 1876, t. XIII, p. 598. — WEDENSKI, *Arch. de physiol.*, 1891, p. 687. — G. WEISS, *C. R. Acad. sc.*, 1897; *Biol.* et Congrès de physiol. de Turin, 1901.

Interférences. — CHARPENTIER, *C. R. Acad. sc.* et *Arch. de physiol.* — PATRIZZI, *Arch. ital. de biol.*, 1896, t. XXV, p. 1. — VALENTIN, *Arch. v. Pflüger*, t. XIII, 1876, p. 320. — WEDENSKY, *C. R. Acad. sc.*, 1893, t. CXVII, p. 240.

Excitants chimiques. — E.-W. GROVES, *Journ. of Physiol.*, 1893, p. 221. — STEFANI, *Arch. ital. de biol.*, 1895, t. XXII, p. 183. — SVEN AKERLUND, *Arch. f. Anat. und Phys.*, 1891, p. 279. — WERTHEIMER, *Arch. de physiol.*, 1890, p. 790.

Action polaire; excitation unipolaire. — A. CHARPENTIER, *C. R. Acad. sc.*, 1893 et 1899; *Arch. de physiol.*, 1893 à 1899. — CHAUVEAU, Effets physiol. électric. *J. Anat. et Phys.*, de B. S., 1859; Utilisation de la tension électroscopique, *Soc. avanc. sc.*,

Lyon, 1874 ; Excitation unipolaire, *C. R. Acad. sc.*, 1875-1876. — Courtade, *Arch. physiol.*, 1890, p. 579. — Engesser, *Arch. v. Pflüger*, 1875, t. X, p. 147. — Leduc, *C. R. Acad. sc.*, 1900, t. CXXX, p. 524 et 730. — Magini, *Arch. ital. de biol.*, 1883, t. IV, p. 278. — O. Nasse, *Arch. v. Pflüger*, 1870, t. III, p. 476. — H. Sewall, *Journ. of Physiol.*, 1880, 2, vol. III, p. 175.

Voltaïsation sinusoïdale. — D'Arsonval, *Arch. de physiol.*, 1893, p. 387.

Courants de haute fréquence. — D'Arsonval, *Arch. de physiol.*, 1893, p. 401. — Bordier et Lecomte, *C. R. Acad. sc.*, 1901. — Radzikowski, *Trav. lab. Instit. Solvay*, t. III, fasc. 1.

Champ magnétique ; ondes, rayons électriques. — Danilewski, *Arch. de physiol.*, 1897. — Radzikowski, *Trav. lab. Instit. Solvay*, t. III, fasc. 1.

Excitation latente. — Bernstein, *Arch. f. Anat. und Phys.*, 1882, p. 329. — Boruttau, *Arch. f. Anat. und Phys.*, 1892, p. 454. — Johan. Gad, *Arch. f. Anat. und Phys.*, 1886, p. 263. — Mendelsohn, *Arch. de physiol.*, 1880, p. 193.

Excitabilité locale des différentes parties du nerf. — A. Beck, *Arch. f. Anat. und Phys.*, 1897, p. 415, et 1898, p. 281. — Imm. Munk et P. Schultz, *Arch. f. Anat. und Phys.*, 1898, p. 297.

Excitations répétées ; tétanos physiologique. — Ch. Bonn, *Arch. f. Anat. und Phys.*, 1882, p. 233. — Cyon, *Électrothérapie.* — Duchenne, *Électrisation localisée.* — Grünhagen, *Arch. v. Pflüger*, 1872, t. VI, p. 157. — Kohnstamm, *Arch. f. Anat. und Phys.*, 1893, p. 125. — Kries und Sewall, *Arch. f. Anat. und Phys.*, 1881, p. 66. — Kronecker und Nicolaïdes, *Arch. f. Anat. und Phys.*, 1883, p. 27. — Kronecker und Stirling, *Arch. f. Anat. und Phys.*, 1878. — Von Frey, *Arch. f. Anat. und Phys.*, 1883, p. 43. — Fried. Martius, *Arch. f. Anat. und Phys.*, 1883, p. 542. — Schoenlein, *Arch. f. Anat. und Phys.*, 1882, p. 357 et p. 369. — Valentin, *Arch. v. Pflüger*, 1875, t. XI, p. 481.

CHAPITRE II

ÉNERGIES DU NERF.

L'étude du muscle a servi de modèle pour celle du nerf ; cette dernière est incomparablement moins avancée, ce qui tient aux conditions particulières de l'expérimentation sur le nerf, moins favorables que pour le muscle.

A. — ÉNERGIES DÉCELABLES DANS LE NERF ; ORIGINE ET SUCCESSION.

Dans le muscle, l'énergie dans son état initial est de nature chimique ; dans son état final, elle est devenue de la chaleur et du travail mécanique : ses transformations intermédiaires nous échappent ; nous savons toutefois qu'à la production de ce travail sont liés certains phénomènes électromoteurs. Dans le nerf, nous devons supposer qu'il existe un cycle du même genre ; seulement, loin d'être à même de préciser les différents états de la transformation de l'énergie, nous ne pouvons que vaguement les indiquer.

État initial. — Dans le nerf, l'énergie initiale doit être chimique également : nous en avons pour preuve la faculté qu'a le nerf (comme tout tissu) de respirer, c'est-à-dire de comburer quelque chose, en prenant au sang de l'oxygène et en lui rendant de l'acide carbonique ; — l'énergie finale et les énergies intermédiaires nous sont beaucoup moins connues; on saisit toutefois dans le nerf également des phénomènes électromoteurs ayant de l'analogie avec ceux du muscle.

État final. — CHAUVEAU enseigne que l'énergie nerveuse doit se retrouver intégralement sous forme de chaleur, à peu près comme dans le muscle qui se contracte à vide, quand il ne produit pas de travail mécanique. D'après lui, cette chaleur, développée au niveau des terminaisons nerveuses intramusculaires, se surajoute à celle du muscle et peut même la surélever, d'une façon appréciable au thermomètre.

Toutefois, cet état ultime de toute l'énergie nerveuse n'est pas celui qu'envisage notre esprit, quand il veut désigner le travail particulier d'ébranlement que le nerf accomplit contre le muscle (ou tout organe extérieur à lui) pour rompre son équilibre moléculaire et lui faire dépenser son énergie propre. Il n'est guère admissible que ce soit par des vibrations calorifiques que cet ébranlement est produit. La chaleur ne fait ici, probablement, comme dans la plupart des organes, que suivre ou accompagner un travail moléculaire de nature spécifique, qui est accompli par les terminaisons du nerf moteur contre le muscle, pour le mettre en état d'excitation.

On s'est demandé, sans pouvoir en donner aucune preuve, si ce travail est de nature électrique. Cette idée a été suggérée par l'analogie qu'on a cru remarquer entre le nerf et certains appareils électriques, et aussi par ce fait que, parmi les excitants artificiels du muscle et des tissus, l'électricité est le meilleur que l'on connaisse. Mais ce sont là des analogies grossières dont on voit facilement l'insuffisance. Une opinion motivée sur ce sujet ne peut être assise que sur des expériences directes et probantes. Nous n'avons malheureusement aucun moyen d'isoler les terminaisons nerveuses, pour recueillir d'elles, d'une façon immédiate, les énergies qui s'en dégagent et voir comment elles influencent les appareils ordinaires de la physique.

Énergies transmises et énergies localisées. — Les états initial et final de l'énergie dans le nerf peuvent s'entendre de deux façons différentes. Ils peuvent, par exemple, désigner le premier la forme affectée par l'énergie à son entrée dans le pôle récepteur du neurone et le second celle à sa sortie des extrémités ramifiées du pôle distributeur : on vise alors le processus de conduction des nerfs. Ils peuvent aussi désigner, et c'est leur sens le plus général, les formes successives de l'énergie en chaque tranche ou chaque point du nerf considéré isolément.

Source de l'énergie et source de l'excitation. — Quelque idée en effet qu'on se fasse du processus de conduction, ou circulation de l'énergie dans le sens de la longueur des fibres, on est obligé d'admettre que dans chacun des points du nerf il se fait, de l'intérieur à l'extérieur, une circulation locale de l'énergie, qui nous est attestée par ses échanges avec le sang, au contact des capillaires qui l'accompagnent sur toute sa longueur. On peut même dire, pour lui comme pour le muscle, que c'est là la source où il s'alimente d'énergie, et non pas à son origine dans les centres ou dans les organes spéciaux des sens. Comme pour le muscle aussi, il faut distinguer en lui la source proprement dite de l'énergie, qui est dans les vaisseaux, et la source de l'excitation, qui lui vient d'autres nerfs ou du milieu ambiant par l'intermédiaire d'organes périphériques différenciés. — La différence avec le muscle consiste en ce que, chez celui-ci, la dépense d'énergie étant la fin de la fonction, cette énergie y circule en quantité relativement énorme ; tandis que dans le nerf, la conduction et l'excitation étant la fin de la fonction, le courant y affecte un taux incomparablement plus faible, d'où la difficulté pour nous de le mesurer et même de le constater.

Réserve énergétique. — Comme pour le muscle encore, cette énergie n'est pas soutirée du sang par le nerf, d'une façon immédiate, à chaque instant de son fonctionnement, mais mise en provision dans son tissu, sous forme d'une réserve alimentaire intracellulaire, qui se dépense (probablement en se comburant), à mesure de son activité. Par là nous nous expliquons comment cette activité peut persister, dans le nerf, un certain temps après qu'on a détruit toutes ses connexions avec le système vasculaire, et comment cette activité cesse définitivement, quand cet isolement a duré un temps trop long. — Nous ignorons la nature de la substance énergétique, qui peut être, sous sa forme de réserve mobile et prochainement utilisable, un hydrate de carbone, comme pour le muscle, et, sous sa forme dormante, une des graisses qui entourent l'axone.

L'expérience nous apprend encore que la réserve énergétique du nerf, qui est immédiatement disponible, n'est qu'une faible partie de sa réserve totale. Chaque excitation isolée donne lieu, dans le nerf (et par contre-coup dans le muscle), à une dépense très limitée de son potentiel total. La reconstitution de la portion dépensée se fait avec une promptitude telle, qu'elle apparaît comme une phase inverse et nécessaire de cette dépense, tant que la provision n'est pas épuisée. Lorsque le nerf est séparé de ses vaisseaux, cet épuisement est fatal ; quand le nerf garde ses connexions vasculaires, cet épuisement est très difficile à obtenir, d'où l'idée un peu exagérée, mais relativement vraie, de l'*infatigabilité des nerfs*.

Cette limitation dans la dépense s'accorde avec cet autre fait d'expérience que l'activité du nerf, comme celle du muscle, ne peut s'entretenir que par un renouvellement incessant de l'excitation en lui. Depuis Weber, chaque fois que nous voyons un muscle en contraction tonique, c'est-à-dire soutenue, nous nous le figurons recevant de son nerf moteur des impulsions successives rapprochées, mais discontinues, pendant que celui-ci en reçoit de même ordre de l'appareil qui l'excite. Nous savons, en effet, que la seule façon correcte d'obtenir cette tension prolongée du muscle est de lui fournir des impulsions de cet ordre, et c'est à cette nécessité que répond l'usage du trembleur de Du Bois-Reymond.

Pour en revenir aux énergies décelables dans le nerf, il en est deux qu'on a surtout recherchées et constatées en lui : la chaleur et l'électricité.

Chaleur développée par le nerf. — La chaleur dégagée par le tissu nerveux est extraordinairement faible. Dans les troncs nerveux isolés, elle échappe à toute constatation, comme l'ont prouvé les expériences de Rolleston, de Stewart et de De Bœck, qui l'ont recherchée sans résultat avec des appareils (bolomètres) pouvant apprécier jusqu'à 1/5 000ᵉ de degré. — Dans le cerveau, Mosso est arrivé, par l'excitation asphyxique, à produire des échauffements sensibles et qu'on peut légitimement rattacher à un processus local, sans complication d'un déplacement de chaleur apportée d'autre part par la circulation (Voy. *Chaleur animale*, p. 389 à 396). Chauveau pense de son côté qu'une faible fraction de l'échauffement du muscle, pendant les excitations, est imputable aux terminaisons nerveuses. A cela se bornent nos connaissances sur la chaleur dégagée par le système nerveux. L'électricité développée dans le nerf a donné naissance à un très grand nombre de recherches et de travaux et, pour cette raison, mérite une étude séparée.

B. — ÉNERGIE ÉLECTRIQUE DU NERF.

Le nerf est le siège de *forces électromotrices* qu'on peut assez facilement déceler. Seulement leur constatation nécessite une mutilation de l'organe examiné et complique d'autant les conditions de l'expérience et les explications que l'on en donne.

I. **Courant de repos.** — Comme nous l'avons déjà remarqué plus haut, nous n'avons aucun moyen d'isoler les neurones, en les détachant de leurs connexions à leurs deux extrémités, et de rechercher ce qui se passe au niveau de ces extrémités. Nous sommes réduits à agir sur des fragments pris dans la continuité des nerfs.

Expérience. — Soit donc un tronçon de nerf isolé par deux sections : on montre que ce petit cylindre nerveux présente sur sa surface une distribution tout à fait singulière du potentiel électrique. — *En partant d'une zone moyenne qu'on appelle son équateur, on voit ce potentiel présenter une chute graduelle, à mesure qu'on se rapproche de ses deux extrémités.* Entre l'équateur et chacune des extrémités, cette différence est maxima ; entre des points plus rapprochés, elle est d'autant moindre que la distance est elle-même moindre. Entre les deux extrémités, comme entre tous les points symétriques par rapport à l'équateur, elle est nulle.

Si on coupe ce tronçon en deux, chacune des deux moitiés présente individuellement la même distribution du potentiel. Il y a là quelque chose d'analogue à l'aimant qu'on brise et dont chaque fragment retrouve deux pôles, comme l'aimant primitif d'où il provient, avec cette différence que les tronçons détachés du nerf n'ont pas des pôles contraires à leurs extrémités, mais deux pôles de même nom opposés électriquement à leur équateur. — Aussi loin qu'on pourra pousser cette analyse, on trouvera cette orientation et cette distribution du potentiel, répétée symétriquement sur les deux moitiés de tous les fragments ainsi réalisés. Un fragment de fibre nerveuse se comporterait de même. Il est à croire que les particules composantes de la fibre, en tant que ces particules représentent l'organisation élémentaire du protoplasme nerveux, seraient encore dans le même cas. On raisonne en effet pour le nerf comme pour l'aimant ; l'analyse, dans les deux cas, montre que la répartition des polarités est attachée à la structure moléculaire ou, de toute façon, à des particules composantes d'une grande ténuité.

Intensité. — Lorsqu'on prétend mesurer l'intensité du courant de repos, ce qu'on apprécie, c'est l'intensité de la dérivation recueillie dans le galvanomètre. L'intensité de la dérivation est d'environ 0,02 Daniell (ou environ 0,02 volts).

Elle varie peu d'un animal à l'autre, peu également d'un nerf à l'autre, qu'il soit moteur, sensitif, mixte ; mais elle est plus forte dans les nerfs sans myéline que dans ceux pourvus de myéline (KUHNE et STEINER). FRÉDÉRICQ l'a trouvée de 0,048 Daniell chez le homard.

Origine des courants électriques du nerf. — A quoi faut-il rapporter les courants qu'on observe ainsi dans le nerf ? Résulteraient-ils d'une réaction toute locale des électrodes métalliques sur le tissu nerveux ? Non, car on les observe tout aussi bien et même mieux quand on se sert, pour les recueillir, d'électrodes *inactives* et *impolarisables*. Les différences de potentiel, qui leur donnent naissance, préexistent donc certainement dans le tronçon nerveux séparé, avant tout contact des conducteurs qui doivent les faire circuler dans le galvanomètre. — Le tronçon nerveux, disons mieux, les particules qui le composent paraissent de prime abord assimilables à des piles ouvertes, dans lesquelles le courant ne circule que quand on a réuni leurs fils polaires.

Courants dérivés. — On peut faire cette hypothèse : mais on peut aussi admettre, et avec plus de vraisemblance, que ces particules (comme celles de l'aimant) sont le siège de courants fermés sur eux-mêmes (beaucoup plus compliqués, il est vrai, que ceux de l'aimant). — Quand on relie le tronçon nerveux considéré à un galvanomètre, par deux des points de sa surface situés dissymétriquement, on prend simplement une dérivation de ses courants propres, semblable à celle qu'on prend sur un circuit de pile, quand on réunit deux des points de son fil interpolaire, par un second fil fermé, qui traverse un galvanomètre.

Les courants du nerf sont-ils préexistants ? — Nous venons de voir qu'ils préexistent à l'application des électrodes, mais préexistent-ils à la mutilation du nerf qui a été faite pour enlever le segment qu'on examine ? Autrement dit, un neurone isolé, non fragmenté par l'instrument tranchant, les présenterait-il ? — Cette question est encore, à l'heure qu'il est, discutée : néanmoins, avec HERMANN beaucoup de physiologistes penchent pour la négative. Pour DU BOIS-REYMOND, les courants observés ainsi sur le nerf en dehors de tout fonctionnement étaient des *courants de repos* ; pour HERMANN, ils sont des *courants d'altération*.

Courant d'altération. — La section d'un tronc nerveux, avec l'instrument tranchant, ne peut pas avoir la prétention de séparer simplement les particules composantes des fibres de ce nerf ; forcément elle détruit la structure de ces fibres sur une certaine étendue, mélange des substances séparées, qui aussitôt réagissent entre elles, sans compter l'air qui pénètre et probablement intervient dans ces réactions : d'où la naissance de courants d'origine chimique, mais se produisant dans des conditions tout artificielles. Ils n'auraient pas beaucoup d'intérêt pour nous, s'ils n'étaient eux-mêmes l'image de courants inverses, plus faibles mais, à part cela, tout semblables, qui sont liés à l'état d'activité ou de fonctionnement du nerf, au moment qu'on l'excite. On ne peut du reste observer ces derniers sans la complication des premiers.

Courant transverso-longitudinal ; courant axial. — Sur un segment de nerf détaché, la différence la plus grande du potentiel est entre son équateur et l'une ou l'autre de ces extrémités coupées. C'est ce qu'on voit en reliant au galvanomètre l'équateur et l'une des deux extrémités (par des électrodes impolarisables). Mais entre les deux extrémités la valeur du potentiel n'est pas égale : si en effet on relie au galvanomètre les deux bouts du segment de nerf, on constate, comme l'a vu MENDELSSOHN, l'existence d'un courant beaucoup plus faible et que cet auteur a appelé le *courant axial*, par opposition au précédent qui est le courant *transverso-longitudinal* ; *son intensité est environ dix fois moindre* que celle de ce dernier. L'intérêt du courant axial vient de ce qu'il a une orientation définie par rapport à la conduction physiologique du nerf examiné. *Il est de sens inverse par rapport à cette conduction* : il est ascendant dans les racines postérieures (centripètes) et descendant dans les racines antérieures (centrifuges). Cette orientation du courant axial est-elle liée au mécanisme du phénomène de la conduction, ou bien tient-elle à un phénomène, en quelque sorte trophique, d'altération, qui serait inégal dans les deux bouts suivant la place respective qu'ils occupaient dans le nerf intact par rapport à la cellule? On ne sait exactement. — Comme le courant transverso-longitudinal, le courant axial subit une modification de son intensité (une variation négative) par le fait de l'activité du nerf, lorsque celui-ci est excité.

II. Variation négative ; courant d'action. — Soit un tronçon de nerf dont deux points dissymétriques sont reliés aux bornes d'un galvanomètre. L'aiguille de celui-ci est déviée dans un certain sens d'une certaine quantité que nous notons. Nous pratiquons une excitation sur l'autre extrémité de ce nerf : nous voyons alors

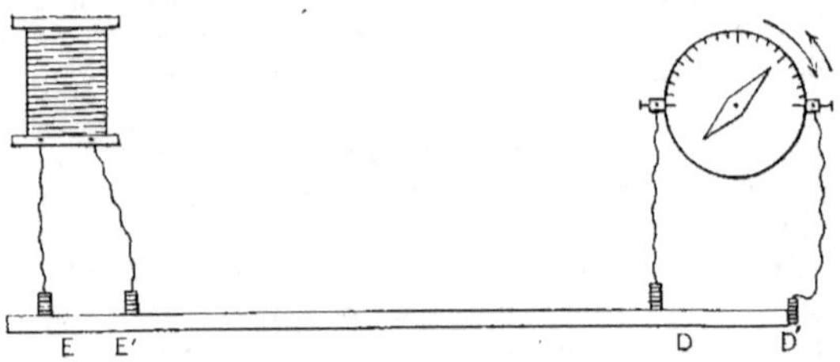

Fig. 37. — *Schéma de l'expérience pour la constatation et la mesure de la variation négative.*

EE′DD′, nerf vivant. — En EE′ excitation. — En DD′ dérivation du courant longitudino-transversal, dit de repos ou d'altération, dont le sens est indiqué par la plus grande des deux flèches. — Au moment de l'excitation, courant inverse de moindre intensité qui apparaît comme une variation négative du courant longitudino-transversal.

l'aiguille revenir du côté du zéro, mais sans l'atteindre, indiquant ainsi ou une diminution de l'intensité du courant dit de repos, c'est ce qu'on appelle la *varation négative* (du Bois-Reymond); ou un courant inverse de moindre intensité que le courant d'altération et que, dans cette hypothèse, on appelle le *courant d'action*.

Son importance. — Quelque explication qu'on lui donne, ce phénomène a une grande importance, parce que manifestement il est lié à l'état d'activité des nerfs; c'est ce que l'on peut déduire des observations suivantes :

a. *La grandeur de la variation négative est dans un rapport défini avec celle de l'excitation*, exactement comme la grandeur de la contraction musculaire. A. Waller a vérifié ce point sur des segments de nerfs détachés, expérimentés dans la chambre humide. Il a vu, il est vrai, que, lorsque la grandeur de l'excitation dépasse celle qui, sur un nerf en place, donnerait des contractions maximales, la grandeur de la variation négative est susceptible de croître encore. La variation négative étant la réponse propre du nerf à l'excitation et la contraction celle du muscle à l'excitation transmise par le nerf, il n'y a aucune raison pour que les limites de la sensibilité

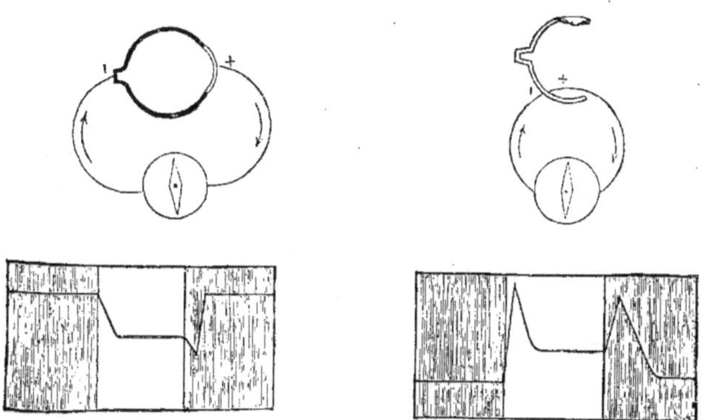

Fig. 38. — *Courants du nerf optique et de la rétine.*

En haut, schéma du dispositif de l'expérience. En bas, expression graphique des modifications de ces courants pendant le repos (obscurité) et pendant l'activité (éclairage). L'obscurité est marquée par des hachures.

A gauche, *courant d'altération du nerf optique.* La surface de section est négative par rapport à la surface longitudinale. — Pendant l'éclairage, cette négativité diminue. A la cessation de l'éclairage, elle diminue encore légèrement ; puis le courant revient à sa valeur initiale (Kuhne et Steiner).

A droite, *courant rétinien.* La surface des bâtonnets est négative par rapport à celle des fibres. — Pendant l'éclairage, cette négativité augmente d'abord ; se maintient ensuite moins augmentée (parfois diminuée). A l'interruption de l'éclairage, nouvelle augmentation ; puis retour à l'état initial (Kuhne et Steiner).

soient les mêmes dans les deux organes. Mais la marche parallèle des deux réactions montre leur liaison dans le fonctionnement névro-musculaire.

b. *Son temps de propagation* (intervalle de temps qui la sépare de l'excitation) *est dans un rapport défini avec la longueur du trajet parcouru* par elle, et il est le même que pour la contraction musculaire. — Nous pouvons donc substituer la variation négative à la contraction musculaire, comme témoin de l'activité nerveuse. Pour les nerfs superficiels ou profonds, qui n'ont pas de connexion directe avec les muscles, elle peut être un moyen de recherche et de contrôle, dans l'étude de leurs fonctions propres.

Morat et Doyon. — Physiologie. II. — 6

c. *La variation négative est indépendante de la nature de l'excitant employé.* On la provoque par les excitants autres que l'électrique et en particulier par l'excitant physiologique, autrement dit normal, du nerf. HOLMGREN, KUHNE et STEINER l'ont constatée dans le nerf optique et la rétine, en soumettant celle-ci à son excitant spécifique, la lumière. BEAUREGARD et DUPUY l'ont observée dans le nerf acoustique, en excitant l'oreille interne par des ondes sonores. DU BOIS-REYMOND avait déjà vu qu'on peut la provoquer dans le nerf moteur, en excitant celui-ci par voie réflexe, à l'aide d'un nerf sensitif. On peut de même la provoquer par l'excitation de la zone motrice cérébrale.

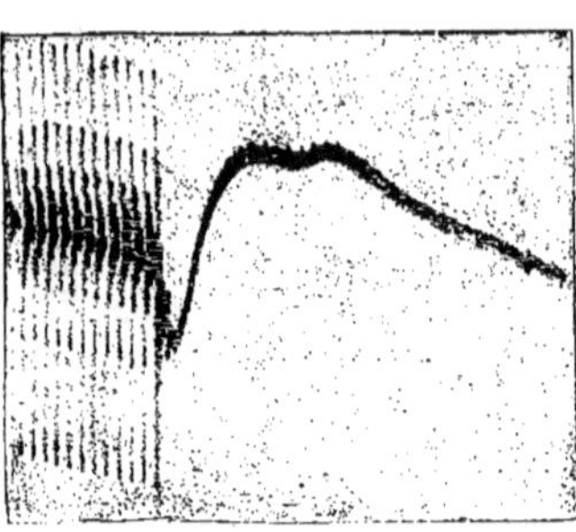

Fig. 39. — *Action des anesthésiques* (chloroforme) *sur l'activité intérieure du nerf* (variation négative), d'après WALLER.

A gauche, série de variations négatives obtenues en excitant le nerf non soumis aux vapeurs anesthésiques. — A droite, absence des variations négatives pendant l'anesthésie. — Le courant de repos présente à ce moment de lentes variations dans son intensité.

d. *La variation négative cesse de se produire quand le nerf est soumis à l'action des anesthésiques* (WALLER). De toute façon elle est donc bien liée à l'activité du nerf et peut être prise comme témoin et mesure de cette activité.

Onde d'excitation ou de propagation de l'excitation. — De ce qui vient d'être dit, on peut conclure que *la variation négative est liée, en chaque tranche du nerf, à l'excitation de cette tranche, pendant le passage de celle-ci.* Autrement dit, elle est liée à ce qu'on appelle communément l'*onde d'excitation* ; phénomène sûrement très complexe, dans lequel, ainsi qu'on voit, l'électricité intervient, mais que nous n'avons aucun droit, ni même aucune raison plausible, d'appeler une onde électrique, c'est-à-dire semblable à celles qui suivent les fils de télégraphe ou qui se propagent à travers les diélectriques.

Si, à l'exemple de la plupart, nous faisons abstraction du courant d'altération, qui manque dans les conditions normales, nous nous représenterons la variation négative comme une *onde de potentiel négatif* (par abréviation *onde négative*), qui suit le nerf d'une extrémité à l'autre. Comme un potentiel de signe donné ne peut pas exister sans un potentiel de signe contraire, il s'ensuit qu'à son entrée dans le nerf, elle confine à une zone positive, qui est en avant d'elle ; à sa sortie, à une zone positive, qui est en arrière ; dans son parcours, elle est comprise entre deux zones positives, l'une en avant, l'autre en arrière d'elle.

Courant diphasique. — En se propageant du commencement à la fin du nerf, le rapport des zones négative et positive s'est inversé. Ce que nous appelons le courant d'action en fait autant. Soit un nerf (tronçon nerveux) dont les deux bouts sont reliés à un galvanomètre ; si une excitation le parcourt d'un bout à l'autre, le galvanomètre (en le supposant assez mobile) éprouvera deux oscillations inverses l'une de l'autre, correspondant à l'entrée et à la sortie de l'excitation.

La variation diphasique des courants est difficile à mettre en évidence sur les nerfs, mais elle s'observe facilement sur les muscles, sur le cœur notamment qui présente une onde réelle et assez lente de propagation de l'excitation à travers ses fibres. Les courants électriques du nerf et du muscle se ressemblent assez pour qu'on puisse donner des uns et des autres la même formule générale.

Forme des lignes de flux du courant d'action dans le point excité. — Considérée dans une tranche donnée de la continuité du nerf (dans le milieu de la longueur de celui-ci, par exemple), la variation négative, à cela près que ses différences de potentiel sont plus faibles et ses polarités inversées, nous rappelle la distribution du courant dit de repos ou d'altération du nerf : elle se prête à des figurations semblables. — L'équateur est ici de potentiel plus élevé que les extrémités. — Comme pour le courant de repos, on peut se demander si ces potentiels répondent à des tensions opposées non satisfaites ou bien à de véritables courants circulant dans des circuits fermés.

Cette dernière supposition est probablement la vraie. On peut donner de ces circuits la figuration suivante : sur la surface du nerf excité (ou celle des molécules nerveuses), leurs lignes de flux vont à la rencontre les unes des autres, mais sans s'atteindre, parallèlement à la longueur du nerf ; arrivées à la zone négative, elles se retournent, suivent un chemin inverse dans la profondeur et se ferment sur elles-mêmes. Ces courants forment de la sorte une double série d'anneaux disposés autour d'un axe commun. On pourrait les comparer à deux tores fixés sur le même axe, dans lesquels les courants circulent en sens inverse. — On remarquera que dans un tore de ce genre *les lignes de force circulent uniquement à l'intérieur*.

Déplacement du phénomène avec la propagation de l'excitation. — A mesure que l'onde progresse dans le nerf, le potentiel s'inverse dans les tranches qui se succèdent. Chaque tranche considérée isolément est en effet positive, quand l'excitation l'approche ; puis négative, quand celle-ci l'atteint ; puis positive de nouveau, quand elle s'en éloigne.

Nous connaissons la vitesse de progression de cette onde, mais nous ignorons quelle en est la longueur : en opérant comme il vient d'être dit, nous ne disposons, en effet, d'aucun moyen direct ou indirect un peu correct pour l'apprécier. Nous exposerons un peu plus loin une méthode, différente de la précédente, imaginée en vue de la mesurer.

Si le nerf est atteint par une série d'excitations successives (comme des décharges d'induction) rapprochées les unes des autres, il sera évidemment parcouru par une série de ces ondes qui, arrivant isolément à son extrémité, y donneront lieu à une série de variations du courant de même rythme qu'elles-mêmes. Si ces courants variables sont reçus dans un téléphone, elles donneront lieu à un son dont la tonalité indique leur nombre dans un temps donné. Si elles sont reçues dans un galvanomètre, l'aiguille, en raison de son inertie, ne pourra pas revenir à sa position initiale pendant les intervalles très rapprochés de ces variations successives, et gardera une position moyenne pendant toute la durée de ces excitations.

Intensité du courant d'action, ou de la variation négative. — Comme pour le courant de repos, il faut entendre ce mot « intensité » dans un sens purement relatif, car nous ignorons la valeur absolue du phénomène. Voici pourquoi.

— Les fils du galvanomètre étant disposés sur une tranche du nerf comme il convient, au moment où les courants se développent dans cette tranche, ils se divisent en deux parts : l'une (courant principal) circule dans le nerf, l'autre (courant dérivé) circule dans le galvanomètre. Nous n'avons, dans ce cas, aucun moyen de savoir le rapport de grandeur existant entre le courant principal et le courant dérivé. Nous savons seulement que *le sens du courant dérivé est le même que celui du courant principal et que son intensité lui est proportionnelle* : ce qui est toutefois un renseignement d'assez grande valeur. Il est possible que le courant dérivé ne soit qu'une fraction très faible du courant intérieur du nerf, et qu'il n'en représente que les pertes dues au défaut d'isolement, pertes du reste trop minimes pour altérer le fonctionnement nerveux. Il est remarquable que, sur le nerf en place et exempt de toute mutilation, on ne recueille, en opérant comme il vient d'être dit, qu'une dérivation très faible ; pour voir la variation négative, il faut agir sur un nerf coupé, comme si la section avait pour effet d'ouvrir quelques-unes des chaînes fermées dans lesquelles circulent les courants.

a. *Intensité par rapport au courant de repos ou d'altération.* — Mesurée, comme il vient d'être dit, par le courant dérivé qui est recueilli dans le galvanomètre, *l'intensité de la variation négative est beaucoup plus faible que celle du courant dit de repos ou d'altération.* — Elle en représente, chez la grenouille, la dixième partie environ et moins encore chez les mammifères. Son nom de variation négative lui vient précisément de ce qu'elle ne se présente à nous jamais que comme une diminution de ce courant de repos. Soit en effet que le courant de repos préexiste réellement, soit qu'il prenne naissance par la mutilation du nerf, qui est nécessaire pour ouvrir à nos galvanomètres les circuits intérieurs des éléments nerveux, le phénomène électrique, qui est lié à l'activité du nerf pendant son excitation, ne nous apparaît que comme une modification inverse (mais inégale) de ce courant que nous ne pouvons pas éviter dans les conditions ordinaires de l'expérience. Toutes choses égales, la variation négative sera d'autant plus grande que le courant de repos est plus grand. Là où il n'y a pas de courant de repos, il n'y a pas de variation négative.

b. *Intensité par rapport à la grandeur de l'excitation.* — Comme il a été dit plus haut, l'intensité de la variation négative est dans un rapport défini de grandeur avec l'intensité de l'excitation. Elle croît avec celle-ci jusqu'à un maximum qu'elle ne saurait dépasser. Elle se comporte en cela comme la contraction musculaire : elle a à peu près le même seuil que celle-ci ; elle suit assez bien ses variations.

Remarque. — Les excitations que nous pratiquons sur un nerf sont les unes *simples* (fermeture ou ouverture isolée d'un courant, choc d'induction, décharge statique), les autres *composées* (formées par la répétition d'un certain nombre des précédentes, dans un intervalle de temps donné). — Pour observer la variation négative, on se sert habituellement d'excitations composées (dites tétanisantes). La raison en est que, pour vaincre l'inertie de l'aiguille du galvanomètre ou celle de la colonne de mercure d'un électromètre capillaire, il faut que les impulsions, qui naissent du courant électrique, soient répétées un certain nombre de fois. Ces impulsions successives fixent l'aiguille dans une position moyenne d'immobilité relative. La forme du mouvement de l'aiguille galvanométrique ne reproduit pas, dans ce cas, la forme élémentaire du phénomène électrique étudié, ni ses périodes ; elle en indique seulement le sens général. En expérimentant, non plus sur des nerfs à myéline, mais sur des nerfs amyéliniques, chez lesquels le courant de repos est plus fort et la variation négative plus grande, les excitations simples, produites par des chocs d'induction ou même la fermeture ou l'ouverture d'un courant constant, deviennent aptes à produire une variation négative isolée correspondante. Dans ces conditions et grâce à certains artifices dans le détail desquels nous ne pouvons entrer ici, on peut suivre de plus près la forme générale de la modification électrique ainsi produite.

Forme de la variation négative. — Cette forme est à peu près celle d'une secousse musculaire. La période d'augmentation en est brusque et aussitôt suivie d'une période de décroissance beaucoup plus longue.

Variation positive. — Quand la variation négative est terminée, elle est suivie d'une variation inverse de sens positif plus ou moins accusée et qui peut faire défaut. Sur un nerf que nous avons mutilé pour établir la dérivation allant au galvanomètre, nous constatons avant toute excitation : 1° un courant dit de repos; 2° au moment de l'excitation, une variation négative de ce courant de repos; 3° une variation positive de ce courant de repos. Quelques auteurs avec Hering pensent que la variation positive est liée aux phénomènes de restauration du nerf après l'excitation, comme la variation négative est liée à la dépense de ce nerf pendant son excitation.

Méthode unipolaire pour l'étude des variations électriques du nerf. — Dans les expériences précédentes, les excitations fournies au nerf sont des excitations bipolaires et la manifestation électrique, qui en est la conséquence, est une modification de son courant d'action, recueilli dans un circuit dérivé qui passe par le galvanomètre. Autrement dit, le nerf, en deux régions distantes l'une de l'autre, est intercalé dans deux circuits, l'un destiné à lui fournir le courant qui l'excite, l'autre destiné à recueillir le courant qui naît en lui du fait de l'excitation. Mais on peut aussi exciter le nerf unipolairement, en un point unique de son trajet : et, d'autre part, si le nerf présente à distance une variation de son potentiel, on peut de même, en le reliant à la terre par un conducteur qui traverse un galvanomètre, un électromètre, ou une patte galvanoscopique, agir unipolairement sur ces différents rhéoscopes, qui manifesteront, chacun à sa manière, le courant qui les traverse; les deux premiers subiront une déviation qui sera de sens différent suivant le sens du courant (négatif ou positif), le dernier réagira par une secousse de son muscle. Des précautions doivent être prises pour que le courant excitateur n'atteigne pas directement le rhéoscope, destiné à manifester le courant qui prend naissance dans le nerf excité. On pourrait donc, par ce moyen, rendre sensible le courant d'action du nerf, sans mutilation de celui-ci et sans créer par avance un courant d'altération. C'est ce qu'admet Charpentier qui a imaginé cette méthode.

Variation oscillatoire du potentiel électrique du nerf pendant son excitation. — D'après cet auteur, le nerf ainsi excité est parcouru, à partir du point d'excitation, par une onde, qui a sensiblement la vitesse de propagation de la variation négative. Cette onde s'accompagne d'une variation de potentiel et, à son passage au point où un conducteur relie le nerf au rhéoscope, cette variation se fait sentir sur ce dernier. En raison de sa vitesse très lente, cette onde n'est pas celle même du courant excitant, mais une onde physiologique, dans laquelle interviennent des phénomènes électriques au milieu de beaucoup d'autres. Notons que l'excitation qui lui donne naissance n'a pas besoin d'être tétanisante, mais peut consister en une excitation simple, comme celle qui naît dans le nerf d'une fermeture ou d'une rupture de courant. Jusqu'ici le phénomène ne diffère pas de ce que nous connaissons, sauf dans la manière employée pour le rendre évident. Le fait nouveau mis en évidence par Char-

PELTIER consiste dans la *nature oscillatoire de la variation de potentiel* qui prend naissance au point excité et se propage ensuite le long du nerf. Une excitation simple (choc d'induction, fermeture de courant) produit, d'après cet auteur, non pas une demi-oscillation, comme celle qu'on appelle variation négative, ou même une oscillation entière, mais une série d'oscillations, qui décroissent sur place, pendant qu'elles se propagent à distance. Pour montrer la nature oscillatoire du phénomène, on se ménage la possibilité de réaliser la communication du conducteur avec l'électromètre à des temps déterminés et successivement variables après l'excitation du nerf. On voit que la déviation de l'instrument se fait, suivant la longueur de ces temps, dans un sens ou dans l'autre, un certain nombre de fois. De ces différents temps qui s'écoulent entre le moment de l'excitation et celui où la déviation commence à se produire, le plus court sert à déterminer la vitesse de propagation d'après la formule $V = \dfrac{c}{t}$.

On trouve une vitesse de propagation de $26^m,43$ par seconde, c'est-à-dire sensiblement celle que BERNSTEIN a indiquée pour la propagation de la variation négative dans les nerfs de la grenouille.

En comparant ces différents temps entre eux, on voit qu'une oscillation complète dure $\dfrac{1}{670}$ à $\dfrac{1}{800}$ de seconde $= 0^{sec},00134 = t$.

D'après la formule $Vt = \lambda$ (longueur d'onde), $26,43 \times \dfrac{1}{747,5} = 0^m,035$; d'où $1/2\,\lambda = 17^{millim},5$.

La longueur d'une onde $= 3^{cent}1/2$.

La fréquence ou nombre d'oscillations par seconde $= 750$ environ.

Nature du phénomène. — On peut se demander si ce phénomène oscillatoire représente une variation négative (courant d'activité) ou une modification électrotonique du nerf (polarisation à distance), l'une ou l'autre étant ainsi démontrée moins simple qu'on les supposait jusqu'ici. L'auteur de ces recherches admet que c'est non un phénomène électrotonique, mais une variation négative.

Interférences nerveuses. — Puisque le nerf est, sur sa longueur, le siège d'une série d'ondes qui s'y propagent et que nous pouvons faire agir ces ondes sur un rhéoscope, il nous sera possible de les faire agir sur lui de manière qu'elles y interfèrent d'une certaine façon. Pour cela nous choisirons deux points du nerf séparés par une longueur ou une demi-longueur d'onde et nous relierons ces deux points à un même électromètre ou à une même patte galvanoscopique. Dans le premier cas (une longueur d'onde) les phases seront concordantes, elles s'ajouteront comme effet électromoteur, il y aura déviation plus forte de l'instrument ou contraction plus forte de la patte de grenouille; dans le second cas (une demi-longueur d'onde) les phases seront discordantes et opposées, elles se neutraliseront, il y aura immobilité de l'instrument et repos de la patte de grenouille.

Résistance électrique du nerf. — Comparé à une tige de cuivre de même forme et mêmes dimensions, un nerf est un très médiocre conducteur. Les estimations numériques qui ont été faites de sa résistance n'ont pas grand sens, parce que sa substance électriquement active peut être extrêmement réduite par rapport aux matériaux protecteurs ou nourriciers, qui entrent dans la composition tant du nerf que de ses éléments constituants. C'est comme si on comparait à un cube de cuivre un cube égal de paraffine, contenant des fils de cuivre extrêmement fins dans son intérieur. Ce qui est plus intéressant, c'est de constater les variations de cette résistance dans leur rapport avec l'activité du nerf. CHARPENTIER a trouvé que *la résistance électrique du nerf augmente avec son état d'activité; qu'elle diminue, au contraire, quand ses propriétés physiologiques disparaissent.* La cocaïne la diminue, le curare et la strychnine la diminuent d'abord pendant quelque temps pour l'augmenter ensuite, l'écrasement du nerf la fait tomber de moitié. Cette augmentation de la résistance du nerf pendant son activité est attribuable, d'après cet auteur, au développement d'une force contre-électromotrice qui représenterait le travail physiologique (la dépense d'énergie du nerf) et lui servirait de mesure, il a trouvé dans une expérience cette dépense égale à 1/20 000 000 de kilogrammètre.

Pas d'influence latérale. — Des courants électriques, dont l'intensité est susceptible de changer ainsi brusquement, sont, par là même, aptes à induire des courants dans les circuits placés près de leur voisinage, si des précautions particulières ne sont pas prises pour éviter cette influence à distance.

Les courants d'action d'une fibre peuvent-ils exciter par influence des courants dans une fibre voisine? L'expérience répond non, et le plus simple raisonnement montre qu'il en doit être ainsi, sous peine de condamner des nerfs à fonctions variées et indépendantes à n'agir jamais que simultanément.

Rôle de la cellule dans la transmission de l'excitation. —

L'excitation, en se propageant du pôle récepteur au pôle distributeur du neurone, traverse le corps de sa cellule. Y subit-elle quelque modification? On l'a admis et la plupart des neurologistes l'admettent encore, comme une chose qui ne souffre pas discussion. J'estime que l'expérience et le raisonnement plaident pour la thèse opposée.

a. *Arguments tirés de l'analogie.* — Dans l'élément musculaire, ce n'est pas le protoplasme granuleux qui entoure le noyau qui représente la fonction contractile, mais bien sa partie extérieure, différenciée, striée : dans le neurone, la fonction différenciée, nerveuse à proprement parler, n'est pas davantage dans la masse qui entoure le noyau, mais dans les fibres qui sont nées de cette masse et la traversent pour s'étendre à de plus ou moins grandes distances.

b. *Arguments tirés de l'expérience.* — Il est des neurones, tels que ceux des racines postérieures, qu'on peut exciter à volonté, soit en amont, soit en aval de leur corps de cellule; il est impossible de trouver aucune différence bien réelle et bien constante dans les effets de ces excitations; la cellule n'y change rien, ni l'intensité, ni le temps de latence, ni la forme, ni la distribution des excitations. — Les changements de cet ordre deviennent par contre saisissants dès que l'excitation passe d'un neurone à l'autre, dans les feutrages de la substance grise médullaire. L'expérience a été faite sur la grenouille (MORAT).

BETHE a réalisé une expérience plus saisissante encore. Profitant de ce que chez certains animaux, comme le crabe, ces cellules sont rattachées aux fibres par des pédicules allongés, parallèles entre eux et perpendiculaires aux fibres, il coupe ces pédicules et sépare ainsi les cellules d'un trait, en respectant la continuité des fibres dans leur longueur. La transmission des excitations et les mouvements réflexes auxquels elles donnent lieu restent possibles pendant plusieurs jours. Le fonctionnement au bout de ce délai devient impossible, en raison de la dégénération qui s'empare des nerfs isolés de leurs cellules trophiques. Cette élégante expérience montre tout à la fois l'indépendance des fibres à l'égard des cellules pour ce qui concerne le fonctionnement externe ou nerveux de ces fibres, et leur dépendance pour ce qui concerne l'entretien de leur nutrition.

EXNER (antérieurement aux auteurs précédents) avait étudié, avec la méthode galvanométrique, l'influence des cellules des ganglions spinaux sur la transmission des excitations par les racines postérieures. Ces racines, coupées très près de la moelle épinière, sont reliées par leur extrémité ainsi sectionée à un galvanomètre ; une excitation est portée sur le nerf au-dessous du ganglion ; la transmission de l'excitation se fait à travers les ganglions comme à travers un nerf ordinaire, sans exagération du temps de latence.

Expériences contradictoires. — Par contre, GAD et JOSEPH, en expérimentant sur le ganglion jugulaire du vague, assimilé à un ganglion spinal, et en prenant pour témoin de la réaction les mouvements de la respiration, ont trouvé une différence dans le temps de latence quand les excitations étaient faites au-dessous ou au-dessus du ganglion. D'après ces auteurs, le retard est dans le premier cas de 0,123 seconde, dans le second de 0,087 ; la différence de 0,036 entre les deux indiquant le retard subi par les excitations dans la traversée du ganglion.

La structure de ces ganglions, en réalité moins simple qu'on ne l'avait d'abord trouvée, donnera peut-être l'explication de ces divergences.

On a fait encore l'expérience suivante. — Soit un segment isolé de la moelle, dont on a coupé toutes les racines sensitives et motrices, sauf une de ces dernières. On excite cette racine entre la moelle et le muscle auquel elle commande. On enregistre la secousse musculaire. On coupe alors cette racine près de la moelle ; on répète l'excitation et on enregistre de nouveau la secousse musculaire. D'après CROX, la première des deux secousses est plus longue que la seconde ; ce qu'il attribue à une réflexion de l'excitation qui, partant du point excité, remonterait vers la moelle, en redescendrait et arriverait au muscle à la suite de l'onde directe, de manière à l'allonger notablement. — J'ai refait cette expérience avec soin ; je n'ai jamais trouvé aucune différence appréciable entre les secousses obtenues dans les deux conditions.

Modifications du corps de la cellule pendant le repos et le fonctionnement. — Le fonctionnement et la nutrition des organes, des cellules, sont deux choses qu'en principe nous pouvons distinguer. Nous voyons souvent l'un s'exagérer alors que l'autre diminue, et inversement : mais leurs limites sont indécises et, dans le fond, ils se conditionnent réciproquement. L'activité des éléments nerveux se traduit non seulement par des changements extérieurs à eux-mêmes (mouvement et sensibilité), mais aussi par des modifications visibles du protoplasme de la cellule nerveuse. Ces modifications, consistant en changement de volume de la cellule, déplacement du noyau, répartition de la substance chromatique, ont été étudiées par un assez grand nombre d'auteurs sur des objets divers, tels que substance grise bulbaire, ganglion du grand sympathique, rétine, etc. Les conclusions sont quelque peu différentes et parfois inverses d'un auteur à l'autre. LUGARO, qui a fait un travail critique sur la question, admet que la cellule augmente de volume par une excitation (électrique) modérée, puis rediminue si l'excitation est excessive. — D'une façon générale, un organe, quand il entre en travail, tend à augmenter parallèlement ses réserves nutritives, par exagération compensatrice de l'assimilation sur la désassimilation ; mais si le travail est exagéré, la compensation est insuffisante et les réserves tendent à s'épuiser.

Chromatolyse. — Le cytoplasme de la cellule nerveuse contient, entre les mailles de son réseau, une substance colorable par le bleu de méthylène (chromatine de Nissl). C'est cette substance qui est désignée par les histologues comme étant la réserve du neurone et qu'on voit disparaître, à partir du noyau, dans les cellules des nerfs fatigués par l'excitation (Vas, Mann, Lambert, Lugaro).

On a donné le nom de *chromatolyse* au phénomène de disparition de cette substance, allant de pair avec les changements de volume de la cellule et les déplacements mécaniques du noyau.

C. — EFFETS CONSÉCUTIFS DE L'EXCITATION : LA FATIGUE.

Définition. — Le mot *fatigue* a, dans la langue ordinaire et dans la langue physiologique, deux sens bien différents. Dans la première, il exprime une *sensation* qui est liée à un travail de nos organes, quand ce travail tend à devenir excessif, et qui nous avertit que le repos est devenu nécessaire ; dans la seconde, il exprime non plus seulement une sensation, mais le *phénomène objectif* d'épuisement et d'usure de ces organes, qui ralentit leur mouvement.

L'excès d'activité tend ainsi à se limiter de lui-même ; mais il a deux moyens de le faire : l'un plus parfait, dans lequel la régulation s'opère par un enchaînement complexe, où intervient le système nerveux et où nous voyons une fois de plus le mouvement et la sensibilité dans une mutuelle dépendance ; l'autre plus élémentaire, dans lequel le travail cesse, faute de substances et de conditions qui l'alimentent.

Pour étudier dans son détail ce phénomène objectif d'épuisement, le physiologue le provoque lui-même, dans les différents organes, y compris les nerfs, en les mettant en état de travail prolongé. Seulement, l'activité du nerf étant d'habitude mesurée par celle de l'organe auquel il communique l'excitation, il faut avoir recours à certains artifices pour reconnaître sa fatigue individuelle, dans celle de l'ensemble auquel il appartient.

Résistance des nerfs à la fatigue. — Quand l'excitation d'un nerf (moteur par exemple) se prolonge au delà d'une certaine limite, variable suivant les circonstances, les contractions décroissent, puis disparaissent. On attribue ce résultat à la fatigue liée à l'usure, à l'épuisement de la substance excitable. — De prime abord, on a supposé que cette fatigue était égale dans le nerf et dans le muscle. Bernstein fit voir qu'elle est le fait du muscle beaucoup plus que du nerf.

Comment peut-on s'en rendre compte ? — Tous les moyens

employés reviennent à ceci : on interrompt pour un temps la transmission des excitations entre le nerf et le muscle ; on excite vivement et longuement le travail du premier (en d'autres mots, on s'efforce de le fatiguer) pendant que le second est ainsi au repos ; on rétablit ensuite (ou on laisse se rétablir) la communication du nerf au muscle ; on recherche enfin si les excitations du premier parviennent au second. Si oui, c'est qu'il a résisté à la fatigue que la longue et forte excitation faite sur lui n'aurait pas manqué de produire dans le muscle.

Dissociation temporaire des tissus musculaire et nerveux. — Quel moyen a-t-on pour réaliser cette interruption qui ne doit être que temporaire ? On en a deux : l'action du courant continu, et l'action de certains poisons spéciaux. BERNSTEIN et après lui WEDINSKI réalisaient l'interruption temporaire en électrotonisant le nerf à son entrée dans le muscle, pendant un temps déterminé. BOWDITCH eut recours au curare, qui est censé n'agir que sur les terminaisons des nerfs moteurs, et LAMBERT à l'atropine, qui agit de même sur les nerfs des glandes, dans des expériences instituées sur les nerfs sécréteurs. La levée de l'obstacle se fait par l'élimination graduelle et spontanée du poison. L'excitation étant maintenue sur le nerf pendant toute la durée de l'empoisonnement curarique ou atropique, on est surpris de voir, lorsque cet empoisonnement cesse, le muscle se contracter et la glande sécréter, accusant ainsi l'un et l'autre une transmission des excitations, partant une absence de fatigue, dans ce nerf si longtemps maintenu en activité. Mais l'empoisonnement curarique ou atropique, comme aussi le courant constant, répond-il à une simple interruption entre les nerfs et les organes témoins, ou bien frappe-t-il d'inertie l'élément nerveux dans sa longueur, auquel cas il le soustrairait à l'excitation et à la fatigue ? HERZEN préfère cette seconde explication, qu'il appuie sur des expériences faites sur des animaux convulsés par la strychnine : de fait, chez ces animaux le nerf paraît aussi inexcitable et partant aussi fatigué que le muscle lui-même.

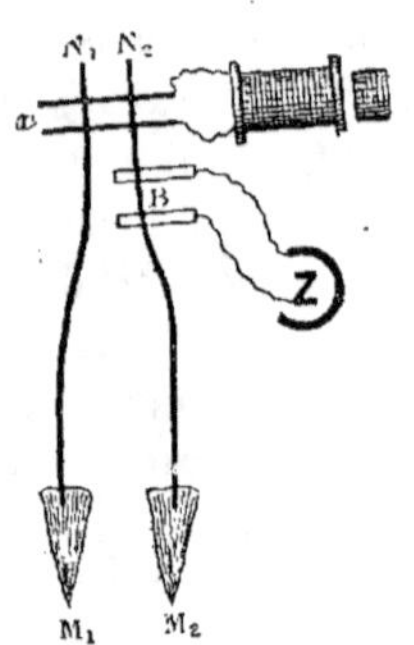

Fig. 40. — *Infatigabilité des nerfs.*

Deux muscles M_1, M_2, munis de leurs nerfs N_1, N_2, sont excités simultanément en x par un courant d'induction. Le nerf N_2 est anélectrotonisé en B par un courant constant Z, de manière à empêcher l'excitation de parvenir au muscle M^2 et soustraire ce muscle à la fatigue. — Le muscle M^1 se fatigue rapidement et cesse de se contracter. — Si alors on rompt le courant de la pile Z, pendant que l'excitation continue de se faire sur les deux nerfs en x, on voit que le muscle M_2 se contracte ; donc son nerf n'a pas subi les effets de la fatigue.

WEDINSKI, pour éliminer ces causes d'erreur, constate l'activité du nerf d'une façon directe, par sa variation négative, mesurée à l'aide du galvanomètre ou du téléphone : il trouve que cette variation se maintient aussi longtemps que l'excitation elle-même, témoignant ainsi de nouveau en faveur de l'*infatigabilité* au moins relative du nerf.

Autre méthode. — Dans les expériences qui précèdent, on suppose que l'agent (curare, atropine, courant électrotonisant, etc.) employé pour séparer physiologiquement le nerf du muscle, localise son action sur une région définie et restreinte du premier (par exemple, le curare sur la plaque motrice) exclusivement, et que le reste du nerf conserve son activité normale, tout en étant empêché de la manifester, de par sa séparation d'avec le muscle. Mais il peut se faire que cette hypothèse soit fausse. Cl. BERNARD admettait plus volontiers que le curare agit électivement sur tout le nerf moteur; l'électrotonus se propage certainement à une certaine distance, et nous ignorons si l'activité intérieure d'un nerf, séparé de son muscle, est exactement la même que celle d'un nerf qui a conservé avec lui ses connexions naturelles.

Pour toutes ces raisons, CARVALLO a eu recours à une méthode différente des précédentes, permettant d'apprécier d'une façon indépendante la fatigue du muscle et celle du nerf. — Deux muscles similaires munis de leurs nerfs sont maintenus exactement à la même température fixe. L'un des deux nerfs est, pendant ce temps, porté à des températures variables de 0° à 30°, en examinant ce qui se passe de 10 degrés en 10 degrés : on constate qu'*il est pour le nerf moteur de grenouille une température optima qui est de 20°.* Au-dessus et au-dessous l'excitabilité décroît. Le nerf refroidi se fatigue plus rapidement que le nerf à 20°. Dans une série répétée d'excitations, on voit la décroissance des contractions (la courbe de fatigue) s'accuser d'autant plus vite que la température est plus basse. Or, le nerf porté à 0° et fatigué par les excitations reprend sans délai son excitabilité première lorsqu'on lui restitue une température favorable ; c'est-à-dire que, excité, il fait alors produire au muscle un travail égal à celui que cet organe produisait auparavant. Ce résultat indique bien que, pendant qu'il était refroidi, *le nerf s'est fatigué indépendamment du muscle* et uniquement du fait des conditions de température dans lesquelles il était placé ; le muscle maintenu pendant ce temps à la même température n'avait aucune raison de subir les effets de la fatigue. Dans ces conditions et d'après les conclusions de l'auteur, la fatigue appartiendrait bien aux nerfs et non aux muscles.

Ces expériences ont encore montré que, lorsqu'un nerf est refroidi à 0° sur une portion limitée de son trajet et fatigué par des excitations successives, la portion ainsi refroidie et fatiguée (localement inexcitable) conduit néanmoins les excitations comme les parties non refroidies et non fatiguées. Ce fait plaide en faveur de la non-identité des deux processus d'excitation et de conduction.

Conclusion. — Du fait que la chaleur a une semblable influence sur l'excitabilité du nerf, il faut conclure que ce phénomène d'excitabilité (sinon celui de conductilité) est de nature au fond chimique et non purement physique, malgré la petite quantité d'énergie qu'il met en jeu pour se produire. L'infatigabilité des nerfs est seulement une moindre fatigabilité si on les compare aux muscles.

Mécanisme de la fatigue névro-musculaire. — La fatigue musculaire ou nerveuse est généralement attribuée à un épuisement des éléments cellulaires trop longtemps actifs. ABELOUS remarque qu'il en revient une part aux *produits de déchet* formés par cette activité même et qui agissent comme substances paralysantes ou proprement « curarisantes » de l'élément nerveux. Ces déchets formés par le muscle agissent sur les terminaisons du nerf moteur, par une sorte d'*autocurarisation.* Lorsqu'un nerf est soumis à l'action d'un courant tétanisant, il vient un moment où les contractions cessent d'avoir lieu ; mais si alors on excite le muscle directement, on voit celui-ci répondre à l'excitation : c'est en somme l'expérience qu'on fait avec le curare ; à cela près que la substance paralysante s'est élaborée ici sur place, du fait du chimisme musculaire pendant la contraction. La fatigue survient promptement chez les individus ou animaux dont les capsules surrénales sont altérées (addisoniens) ou enlevées. Ces organes auraient pour fonction de neutraliser l'action curarisante ou paralysante des déchets musculaires (ABELOUS, CHARRIN et LANGLOIS). Voy. également ALBANESE (*Arch. ital. de biologie*, 1892).

D. — ÉLECTROTONUS.

On donne le nom d'*électrotonus* à deux ordres de phénomènes, les uns physiques (polarisations), les autres physiologiques (modifications de l'excitabilité), qui naissent dans ce nerf quand il est traversé par un courant. Pour les uns (DU BOIS-REYMOND, PFLÜGER), il y aurait un rapport étroit entre les deux ordres de phénomènes : pour d'autres (MATTEUCCI, HERMANN), ils seraient tout à fait indépendants. Quelle que soit la réalité sur cette relation possible, on pourrait réserver le nom d'*état électrotonique* à la modification physique, et celui d'*électrotonus* à la modification physiologique du nerf : néanmoins on se sert indifféremment des deux expressions pour exprimer, soit la modification physique, soit la modification physiologique, qui résulte du passage du courant.

1. ÉTAT ÉLECTROTONIQUE. — Soit un tronçon de nerf d'une certaine longueur : nous le plaçons sur les deux électrodes (impolarisables) d'un courant continu, de manière qu'il les dépasse des deux côtés, en dehors de la portion affectée au circuit. Nous distinguons dans ce tronçon nerveux trois portions : l'une *intrapolaire*, et deux autres *extrapolaires*.

Si le tronçon ainsi disposé était un conducteur ordinaire (ou s'il avait perdu par l'écrasement sa structure de nerf), le courant circulerait uniquement dans la portion intrapolaire. Si c'est un nerf ayant conservé sa structure et sa vitalité, en plus du courant qui circule dans la portion intrapolaire, il se développe dans les portions extrapolaires des forces électromotrices qui y établissent des différences de potentiel entre les différents points de sa longueur, de telle façon que, en reliant deux de ces points à un galvanomètre, on constate l'existence d'un courant.

Historique. — LONGET et GUÉRARD les premiers ont observé que, lorsqu'une certaine longueur du nerf est soumise à l'action d'un courant de pile, il se développe un courant (qu'ils appellent *dérivé*) dans la région extrapolaire du nerf (LONGET, *Anat. et physiol. du syst. nerv. de l'homme*, t. 1, 1842, p. 143). — MATTEUCCI, GRUENHAGEN, HERMANN ont cherché à établir la théorie de ces dérivations qu'ils attribuent pour l'essentiel à l'existence d'une différence de conductilité électrique entre les couches superposées du nerf ou de l'élément nerveux. — DU BOIS-REYMOND a étudié le phénomène dans son détail. Il cherche à l'expliquer par sa théorie moléculaire (aujourd'hui généralement abandonnée). — PFLÜGER, CHAUVEAU et beaucoup à leur suite ont étudié les modifications de l'excitabilité du nerf qui accompagnent les courants électrotoniques.

Désignations. — On appelle courant *influençant*, courant *polarisant*, le courant de la pile (ou tout autre apporté au nerf); courant *dérivé*, courant *électrotonique*, courant *de polarisation*, celui qui naît dans les régions extrapolaires, qui sont les régions influencées, polarisées ou électrotonisées, et dans l'une ou l'autre desquelles on choisit deux points de dérivation pour les relier au galvanomètre.

On appelle région *anodique* celle qui avoisine l'anode (pôle positif du courant de la pile), et région *cathodique* celle qui avoisine la cathode (pôle négatif). On appelle courant anélectrotonique ou *anélectrotonus*, courant catélectrotonique ou *catélectrotonus* le courant dérivé dans chacune des régions portant ces noms.

1. Courants électrotoniques : sens, durée, intensité. — *Les courants électrotoniques sont de même sens que le courant influençant ; ils subsistent pendant la durée du passage du courant ; leur intensité va décroissant à mesure qu'on s'éloigne de la portion influencée dans les deux régions extrapolaires.* — Ces caractères suffisent à distinguer nettement les courants électrotoniques du courant d'action ou variation négative du nerf, dont le sens est constant et qui est liée à l'état d'excitation du nerf, quels que soient la nature de l'excitant et le sens du courant excitateur, si l'on emploie l'électricité.

L'intensité des courants électrotoniques varie en outre avec l'intensité du courant influençant et la longueur de la portion polarisée. Elle n'est pas égale pour les deux régions influencées, mais l'anélectrotonus est plus fort que le catélectrotonus. Cette intensité ne se maintient pas égale à elle-même pendant le passage du courant polarisant, mais présente un développement qui n'est pas le même pour les deux portions extrapolaires : le catélectrotonus décroît d'emblée pendant que l'anélectrotonus croît progressivement, puis décroît lui-même.

Interférence avec le courant propre du nerf. — Lorsqu'on choisit pour en faire la région influencée le segment moyen du nerf, comme dans l'expérience schématique qui vient d'être indiquée, et pour région dérivée l'une de ses extrémités, cette dernière est déjà le siège d'un courant de sens défini (courant de repos ou d'altération longitudino-transversal) dont l'action s'accuse au galvanomètre ; ce courant s'additionne algébriquement au courant électrotonique, qui peut être beaucoup plus fort que lui-même et qui peut s'en trouver renforcé ou affaibli, suivant qu'il a le même sens ou qu'il est de sens inverse. C'est ce qu'on avait appelé d'abord la phase *positive* et la phase *négative* de l'électrotonus, désignation impropre, car le courant électrotonique est tout à fait indépendant du courant de repos du nerf. Pour le montrer, il suffit de modifier le schéma de l'expérience et de remplacer la portion dérivée par la portion influencée et réciproquement. La dérivation prise sur le segment moyen du nerf, en deux points parfaitement isoélectriques, présente des courants électrotoniques quand on excite l'une des extrémités, et ces courants sont encore de même sens que le courant polarisant, sans complication du courant propre du nerf.

Vitesse de propagation. — L'électrotonus se propage de la portion influencée à la portion dérivée avec une vitesse qui paraît être sensiblement celle de la propagation des excitations (DU BOIS-REYMOND, BERNSTEIN) ; d'autres, il est vrai, ont admis que son développement est instantané comme celui du courant électrique lui-même. En tout cas, il est très rapide, et on comprend par là que les courants d'induction peuvent lui donner naissance comme le courant continu. CHAUVEAU, CHARBONNEL-SALLE l'ont vu se produire également après les décharges d'électricité statique.

2. Contraction paradoxale. — Si, au lieu de relier la portion influencée aux fils d'un galvanomètre, on met celle-ci en contact avec le nerf fraîchement coupé d'une patte galvanoscopique et qu'on produise l'électrotonus par des courants de pile ou des décharges instantanées, on voit à chaque passage du courant la patte galvanoscopique se contracter. Le rhéoscope physique a été ici remplacé par un rhéoscope physiologique qui en reçoit des excitations, et ces excitations ne sont autres que les courants électrotoniques développés dans le nerf primaire, qui atteignent l'extrémité coupée du nerf secondaire (nerf de la patte galvanoscopique).

Le paradoxe consiste en ce que l'excitation du premier nerf semble se propager au second en violation de la loi de l'intégrité de structure et de celle de la conduction isolée. Mais cette violation n'est qu'apparente, car, de ces deux lois, la seconde ne s'applique qu'aux nerfs non coupés, et la première est vérifiée par ce fait que, si les deux nerfs sont mis en contact bout à bout, la contraction ne se produit pas, les différences électriques créées par l'électrotonus n'étant pas alors réalisées.

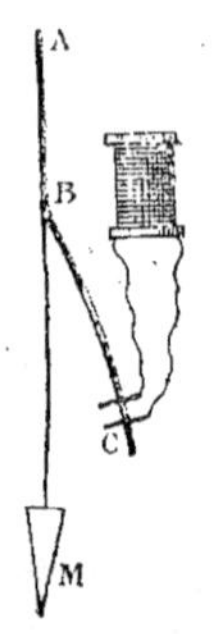

Fig. 41. — *Contraction paradoxale.*

Soit un tronc nerveux coupé AB, d'où partent deux branches BC et BM, cette dernière allant au muscle M. Si on excite en C le rameau BC qui est sans relation physiologique avec le muscle M, on voit celui-ci se contracter.

On peut donner à l'expérience plusieurs formes équivalentes et accoler simplement l'un à l'autre deux tronçons nerveux dont l'un muni de son muscle. La condition est qu'il y ait entre eux contact sur une certaine longueur.

Expérience. — Dans sa forme classique, l'expérience se fait de la façon suivante : on prépare sur une grenouille deux branches principales du nerf sciatique, le nerf péronien et le nerf du gastrocnémien, et on coupe le tronc sciatique au niveau de la cuisse. Si on excite (en évitant les dérivations) l'un de ces nerfs, il se produit une contraction non seulement dans son muscle, mais aussi dans le muscle de l'autre nerf. Dans le cas où le tronc du sciatique ne serait pas coupé, on n'obtiendrait pas la contraction paradoxale, mais tout au plus des contractions réflexes, qui se reconnaîtraient à leur temps de latence beaucoup plus long.

Différence de la contraction paradoxale avec la contraction indirecte ou secondaire. — La contraction paradoxale, obtenue en mettant nerf contre nerf, n'est pas comparable à la contraction dite *induite* ou secondaire, qui s'obtient en mettant nerf contre muscle (en état de contraction). Dans ce dernier cas, c'est la variation négative du muscle excité (par l'électricité ou autrement) qui est l'excitant de la patte galvanoscopique; dans le premier, c'est uniquement l'électrotonus et non la variation négative du nerf électrisé qui excite le rhéoscope physiologique. La variation négative du nerf est beaucoup trop faible pour donner lieu à cet effet d'excitation : c'est pour cela que l'excitation mécanique ou chimique dans le nerf est toujours sans effet sur le nerf secondaire. Les courants électrotoniques susceptibles d'être beaucoup plus forts que la variation négative ont, pour cette raison, un effet excitant certain.

Inégalité des phases. — A intensité égale du courant influençant, nous avons vu que les courants électrotoniques sont inégaux; la polarisation du côté de l'anode l'emporte sur celle qui se produit du côté de la cathode, indépendamment du courant de repos, qui se retranche ou qui s'ajoute suivant le sens du courant polarisant; il suit de là que lorsque des courants alternatifs égaux et pas trop forts se succèdent avec une certaine fréquence, l'effet résultant se traduit par un faible courant anélectrotonique. Ce courant ne devra pas être confondu avec la variation négative, telle qu'elle peut résulter elle-même de l'emploi des courants dits tétanisants. CHARBONNEL-SALLE a constaté l'état électrotonique développé par les courants brefs à l'aide de l'électrotomètre de Lippmann et vérifié, dans ces conditions, qu'il suit les mêmes lois régulatrices que lorsqu'il est produit par les courants continus.

Différence entre l'électrotonus et la variation négative. — L'électrotonus et la variation négative présentent ceci de commun qu'ils se propagent l'un et l'autre, le long du nerf, en dehors de la portion influencée par le courant excitant ; ils dépendent l'un et l'autre de l'intégrité de la structure du nerf et disparaissent quand on a lié ou écrasé celui-ci entre la portion influencée et la portion dérivée. Ils se distinguent par contre essentiellement à l'aide des trois caractères

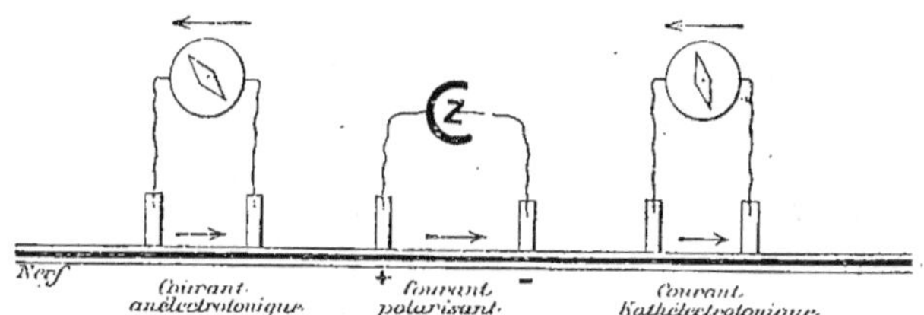

Fig. 42. — *Polarisation du nerf dans ses deux segments extrapolaires et production de courants électrotoniques dans ces deux segments.*

La région moyenne est traversée par un courant constant (courant polarisant). — Les régions extrapolaires montrent des courants de polarisation de même sens que le précédent, mais inégaux en intensité. Le courant anélectrotonique est plus intense que le courant catélectrotonique.

suivants : 1° la modification électrotonique peut se constater en reliant au galvanomètre deux points isoélectriques du nerf, tandis que la variation négative ne s'observe qu'en reliant deux points de potentiel différent ; 2° *la modification électrotonique va en décroissant avec la distance entre la partie influencée et la partie dérivée, tandis que la variation négative conserve la même intensité quelle que soit la longueur du nerf interposée entre l'endroit excité et l'extrémité sur laquelle est prise la dérivation* ; 3° la variation électrotonique est dans un rapport défini avec le sens du courant influençant, tandis que la variation négative a son sens indépendant de celui du courant employé pour exciter le nerf.

3. **Théories de l'électrotonus.** — Le courant électrotonique a pour origine une polarisation produite par le courant influençant dans les régions extrapolaires. Cette polarisation est comprise de façon différente par les différents auteurs. Pour les uns, comme DU BOIS-REYMOND, elle serait (bien que liée à la structure particulière du nerf) de nature purement physique, dans le genre, bien qu'assurément plus compliquée, de celle que présentent les molécules du fer doux, quand on y fait passer un courant ; pour d'autres, comme MATTEUCCI, HERMANN, elle serait attribuable à des phénomènes chimiques d'électrolyse dus à la différence de conductilité électrique des différentes parties du nerf ou plutôt de l'élément nerveux, le cylindraxe étant beaucoup plus conducteur que la myéline par exemple. Si on ferme un courant sur la gaine mauvaise conductrice, il se produit à la limite des deux corps une polarisation (contre-courant augmentant la résistance au passage du courant de la gaine au cylindraxe). En raison de cette résistance, le courant pousse à droite et à gauche de son point d'application des ramifications étendues, véritables courants dérivés de même sens que le

courant de la pile et qui vont en diminuant d'intensité, à mesure qu'on s'éloigne
des points d'application du courant principal ; ce sont elles qu'on recueille dans
le galvanomètre appliqué sur le nerf et qui représentent les courants électrotoniques.

Nerfs de structures différentes. — Dans les nerfs sans myéline, l'électrotonus fait défaut généralement (BIEDERMANN) ; toutefois cette absence ne serait
pas totale (BORUTTAU) ; la différence serait seulement quantitative (MENDELSSOHN),

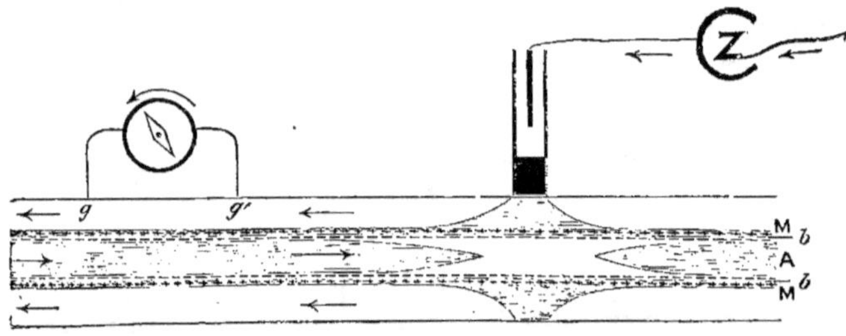

Fig. 43. — *Polarisation intérieure d'une fibre nerveuse, donnant naissance à un courant électrotonique, dans la région extrapolaire.* — On n'a représenté que l'un des
pôles influençants (dessin de WALLER).

A, cylindraxe : — M, M, myéline ; — b, b, surface de contact entre A et M, où l'on suppose que la polarisation engendre une résistance qui oblige le courant à se diffuser
suivant cette surface. L'intensité de la polarisation va diminuant à partir du point d'application du pôle considéré du courant influençant.

les phénomènes restant qualitativement les mêmes. — Les nerfs amyéliniques,
en général peu expérimentés, conviendraient donc particulièrement pour étudier
la variation négative sans complication de l'électrotonus.

Intégrité de structure. — L'électrotonus disparaît quand on écrase le nerf
entre sa partie influencée et sa partie dérivée, ainsi que l'avait déjà vu LONGET.

Reproductions schématiques. — On peut, sur des appareils schématiques,
comme l'ont fait MATTEUCCI, GRUENHAGEN, HERMANN, reproduire les principaux phénomènes physiques de l'électrotonus. Et on peut admettre que les conditions
essentielles et très simples de ces schémas sont reproduites dans le nerf ; mais
ce dernier en réalise d'autres encore qui s'y surajoutent et qui rattachent l'électrotonus aux manifestations des tissus organisés.

C'est ainsi que ce phénomène disparaît sur le nerf mort et sur le nerf dégénéré (SCHIFF, VALENTIN), qu'il diminue ou disparaît pour un temps plus ou moins
long sous l'action des anesthésiques (WALLER, BIEDERMANN).

Effet consécutif. — **Courant post-électrotonique.** — Avant de disparaître
totalement à l'ouverture du courant polarisant, l'électrotonus est d'abord suivi
d'une inversion du sens du courant (FICK), bien constatable seulement dans
l'anélectrotonus (HERMANN).

II. ÉLECTROTONUS. MODIFICATIONS DE L'EXCITABILITÉ. — *Le courant
influençant,* qui a ces effets soit sur la région interpolaire, soit sur
les régions avoisinantes situées en dehors de ses pôles, y *détermine parallèlement des modifications locales de l'excitabilité,* dont

la teneur générale a plus d'un rapport avec ses effets de nature physique. — Pour étudier ces modifications, le nerf sera laissé en connexion avec son muscle ; il sera, par son autre extrémité, laissé ou non en connexion avec son centre. Le courant polarisant traversant son segment moyen ou *interpolaire*, le segment extrapolaire en connexion avec le muscle s'appellera *myopolaire* ; l'autre s'appellera *centropolaire*. Quand le courant influençant sera de même

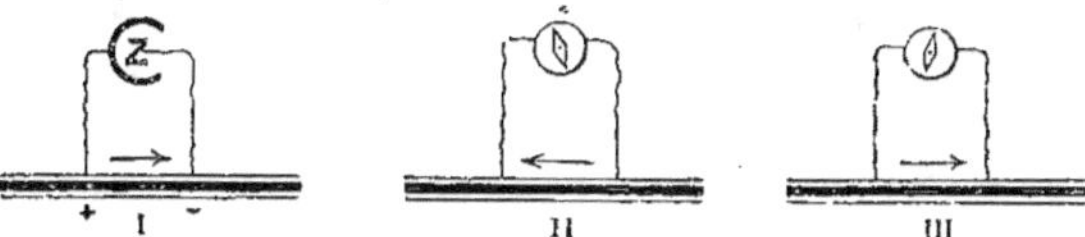

Fig. 44. — *Courants post-électrotoniques intrapolaires se produisant après la cessation du courant polarisant* (d'après WALLER).

I, courant polarisant ; — II, post-courant ordinaire de sens inverse ; — III, post-courant de même sens que le courant polarisant.

sens que celui suivi par les excitations pour aller au muscle, il sera dit *descendant* : la cathode (pôle négatif) est alors du côté du muscle et le segment myopolaire est catélectrotonisé ; tandis que l'anode (pôle positif) est du côté des centres et le segment centropolaire anélectrotonisé. De sens inverse, il est dit *ascendant* : la cathode et le segment catélectrotonisé sont alors du côté du centre ; l'anode et le segment anélectrotonisé, du côté du muscle.

Épreuve de l'excitabilité. — Avant, pendant, après le passage du courant influençant, on interrogera l'excitabilité locale des différents points des différents segments, en y pratiquant de brèves excitations, et les effets augmentés ou amoindris de celles-ci se traduiront par des contractions du muscle qu'on pourra inscrire pour les comparer entre elles. Dans les régions extrapolaires, l'excitation pourra se faire électriquement par des courants d'induction, sans aucune difficulté ; dans la région intrapolaire, cette excitation pourra se faire soit électriquement, grâce à certaines précautions pour ne pas déranger le courant polarisant, soit mécaniquement ou chimiquement.

Ébauchée et poursuivie successivement par RITTER, NOBILI, MATTEUCCI, VALENTIN, formulée dans ce qu'elle a d'essentiel par ECKHARD, l'étude de l'électrotonus a été complétée et mise au point par l'œuvre à la fois très considérable et très méthodique de PFLÜGER.

Formule générale. — Si nous supposons la portion moyenne du nerf traversée par un courant d'une intensité que nous appellerons moyenne, l'excitabilité du nerf est modifiée dans toute son étendue. *Elle est augmentée dans le voisinage du pôle négatif* (cathode) : *c'est le catélectrotonus ; elle est diminuée dans le voisinage du pôle positif* (anode) : *c'est l'anélectrotonus.*

Le nerf est de la sorte partagé en deux régions, l'une d'excitabilité augmentée, l'autre d'excitabilité diminuée, qui sont séparées par un point dit *neutre* ou *indifférent*, situé dans la région intrapolaire et qui conserve son excitabilité initiale.

Modifications positive et négative. — La modification, positive ou négative, a son *summum* au niveau de chaque pôle (positive sur le négatif, et réciproquement) et de là va décroissant dans la région extrapolaire avoisinante, ainsi que dans la partie de la région intrapolaire qui confine au pôle considéré. Une courbe en forme d'S couché, construite sur le nerf pris comme axe, exprime

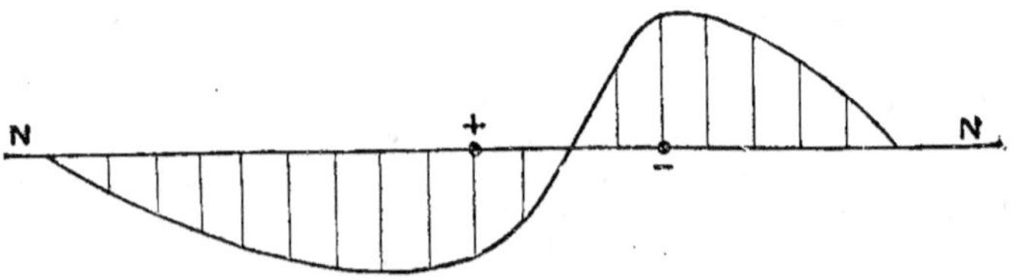

Fig. 45. — *Schéma représentant les variations inverses de l'excitabilité dans les régions avoisinant le pôle négatif et le pôle positif.*

NN, nerf sur lequel sont appliqués les deux pôles d'une pile constante. Les deux variations inverses ne sont jamais exactement symétriques. — Quand le courant est fort, il y a tendance à l'envahissement de tout le nerf par l'anélectrotonus. Le point neutre se déplace de plus en plus vers le pôle négatif. Quand le courant est faible, ce déplacement se fait en sens opposé.

assez bien le graphique de ces modifications, à cela près que les extrémités s'infléchissent fortement en dehors, la décroissance de la modification se faisant par une pente beaucoup plus lente dans les régions extrapolaires que dans la région intrapolaire.

A. *Courant moyen.* — Dans le courant que nous appelons *moyen*, cette courbe est à peu près symétrique ; et le courant est dit moyen *par définition*, quand les modifications inverses de l'excitabilité affectent cette forme symétrique. Pour des intensités supérieures ou inférieures à celle qui donne ce résultat, la courbe prend des formes un peu différentes, caractérisées non seulement par ses infléchissements plus grands ou plus faibles au niveau des pôles, mais aussi par le déplacement du point neutre ou indifférent, soit dans un sens, soit dans l'autre. Ce déplacement, d'autant plus grand que le courant est plus fort ou plus faible, contribue à donner à la courbe la forme dissymétrique dont il a été parlé plus haut. — Pour les courants *faibles*, le point neutre se rapproche de l'anode et avantage par conséquent l'augmentation relative de l'excitabilité, tend en un mot à faire prédominer le catélectrotonus ; pour les courants *forts*, c'est le contraire : le point neutre se déplace du côté de la cathode et fait prédominer l'anélectrotonus, qui tend à envahir tout le nerf.

Courant ascendant, descendant. — Suivant que le courant est ascendant ou descendant, ces modifications sont, dans chaque cas, de sens opposé. Dans le cas du courant ascendant, la zone anélectrotonisée affecte le segment myopolaire (celui tourné du côté du muscle) ; dans le cas du courant descendant, c'est l'inverse. Comme c'est le muscle qui, par ses contractions, traduit l'état de l'excitabilité du nerf, on comprend que ces contractions varieront de grandeur, suivant le sens du courant et suivant que celui-ci sera faible, moyen ou fort, d'après la définition qui a été donnée de ces mots dans le cas particulier.

Nous avons déjà signalé, en plus de l'*intensité* et du *sens* du courant, l'influence de la *distance* entre le point excité et la région polarisée : il faut encore tenir compte de la *longueur* de la région interpolaire et de la *durée* du passage du courant. C'est l'étude minutieuse de toutes ces circonstances dans les associations multiples qu'elles réalisent qui donne au travail de PFLÜGER une très grande valeur.

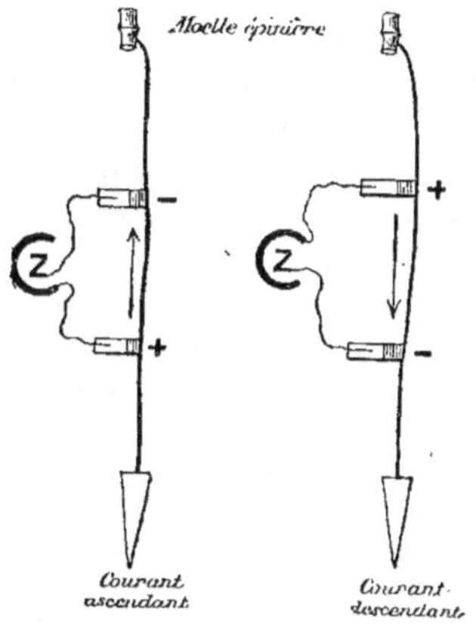

Excitabilité et conductilité. — L'excitabilité est l'aptitude plus ou moins grande du nerf à recevoir localement l'ébranlement excitateur ; la conductilité est l'aptitude plus ou moins grande du nerf à transmettre cette excitation suivant sa longueur jusqu'au muscle. La modification de l'une et de l'autre de ces deux aptitudes aura une seule et même conséquence : celle d'augmenter ou diminuer la grandeur des contractions. L'analyse des cas particuliers montre que c'est tantôt à l'une, tantôt à l'autre de ces deux modifications qu'est dû le changement observé.

B. *Courant fort*. — Supposons un courant fort ou très fort influençant la région moyenne du nerf et que ce courant soit descen-

Fig. 46. — *Schéma de l'expérience pour l'étude de l'électrotonus.*

N, pile reliée à un nerf moteur par deux électrodes impolarisables. — Entre les deux pôles est le segment interpolaire ; — en bas, le segment myopolaire, avec son muscle ; — en haut, le segment centropolaire.

Dans la figure de gauche, le courant est ascendant ; dans celle de droite, il est descendant.

dant, l'excitabilité sera considérablement augmentée dans la zone avoisinant le pôle négatif et par conséquent dans le segment myopolaire : les moindres excitations de cette région provoqueront de fortes contractions ; l'excitabilité sera, d'autre part, extrêmement diminuée dans le segment centropolaire, et les excitations de ce segment, surtout au voisinage immédiat du pôle positif, resteront sans effet. C'est ici l'excitabilité locale qui est d'un côté exaltée et de l'autre réduite.

Supposons inversement que ce même courant fort soit ascendant. Les zones catélectrotoniques et anélectrotoniques se sont inverties. Le segment myopolaire est anélectrotonisé et son excitation ne donne pas de contractions, parce que son excitabilité locale est extrêmement amoindrie. Le segment centropolaire est catélectrotonisé ; mais, malgré que l'excitabilité locale de ce segment soit augmentée, il n'en donne pas davantage, parce que la transmission de l'excitation est arrêtée dans la région myopolaire anélectrotonisée. Cette façon univoque de se comporter de l'excitabilité et de la conductilité devant l'électrotonus est un argument à faire valoir en faveur de leur identité.

Anélectrotonus et inhibition. — On a souvent comparé l'arrêt des contractions dues à l'anélectrotonus à l'inhibition, au point d'assimiler complètement ces deux phénomènes. Si par inhibition on entend tout arrêt dû à l'intervention d'une force quelconque, on en a le droit ; mais il faut se rappeler que les phénomènes ordinairement désignés sous ce nom, l'arrêt du cœur par excitation des vagues et nombre d'autres phénomènes de tout point analogues, reconnaissent pour cause, non l'action particulière d'une modalité de l'excitant sur un nerf quelconque, mais l'*action d'un nerf sur d'autres nerfs*, action du reste *provoquée par une excitation banale*. Si on généralise le phénomène de l'inhibition, il faut de toute nécessité établir des catégories dans l'ensemble disparate des faits qu'on y comprend. En attendant, rien ne nous prouve que l'inhibition d'un nerf par un autre nerf soit due à une action anélectrotonique du pôle terminal du second sur le pôle initial du premier.

C. Courant faible. — A mesure que l'intensité du courant polarisant décroît, l'action catélectrotonisante tend à augmenter relativement à l'action inverse et peut arriver à la primer. Aussi obtient-on avec ces courants plus faibles des contractions soit avec le courant ascendant, soit avec le courant descendant.

Électrotonus chez l'homme. — Depuis Helmholtz, un assez grand nombre d'auteurs ont essayé de reproduire l'électrotonus chez l'homme, mais le plus souvent avec des résultats variables, incertains et paradoxaux. Waller et Watteville sont arrivés à démontrer que l'excitabilité est augmentée à l'anode et dans la région anodique, tandis qu'elle est diminuée à la cathode et dans la région cathodique. Autrement dit, l'électrotonus suit chez l'homme les mêmes lois que chez les animaux.

Conditions diverses influençant l'électrotonus.

SENS DU COURANT PAR RAPPORT A LA CONDUCTION PHYSIOLOGIQUE DU NERF.		INFLUENCE DE L'INTENSITÉ DU COURANT POLARISANT.	ÉTABLISSEMENT ET EFFETS CONSÉCUTIFS.	INFLUENCE DE LA LONGUEUR DE L'ESPACE INTRAPOLAIRE.
RÉGIONS EXTRAPOLAIRES.	COURANT AS-CENDANT. (Segment centropolaire). *Catélectrotonus extrapolaire ascendant.*	Effet croît d'abord puis diminue et se renverse.	Établissement rapide; laisse après lui une modification positive précédée d'une courte phase négative.	Effet croît d'abord puis devient nul et se renverse.
	COURANT AS-CENDANT. (Segment myopolaire). *Anélectrotonus extrapolaire ascendant.*	Effet croît progressivement sans changement de signe.	Établissement lent; maximum après plusieurs minutes.	Effet croît sans changer de signe (moins vite que pour l'intensité).
	COURANT DES-CENDANT. (Segment myopolaire). *Catélectrotonus extrapolaire descendant.*	Effet va croissant.	Début rapide, accroissement lent; laisse une modification négative, puis une modification positive qui disparaît.	Effet croît rapidement.
	COURANT DES-CENDANT. (Segment centropolaire). *Anélectrotonus extrapolaire descendant.*	Effet croît progressivement sans changer de signe.	Établissement lent.	Effet croît sans changer de signe.
RÉGION INTRAPOLAIRE.	COURANT AS-CENDANT ou COURANT DES-CENDANT.	La longueur de la région intrapolaire polarisée est sans effet sur sa propre excitabilité. — L'extension de la modification est limitée par la place des pôles. — La modification est positive vers l'un d'eux et négative près de l'autre. — Un point neutre d'excitabilité non modifiée existe dans l'intervalle entre les pôles. — Avec l'augmentation d'intensité du courant, ce point se déplace de l'anode vers la cathode (dans le sens par conséquent du courant). — Suivant la place de ce point, l'excitabilité totale de la zone intrapolaire est augmentée ou diminuée. — Quel que soit le sens du courant (surtout ascendant), on voit qu'avec les courants faibles cette excitabilité totale est d'abord augmentée, atteint peu à peu un maximum, puis rediminue.		

III. Loi des secousses. — Dans le schéma qui vient d'être exposé, l'action modificatrice est demandée à un courant (continu), pendant que l'action excitatrice est réalisée par un autre courant (induit), avec lequel on interroge les différents segments du nerf influencé. Mais le courant de la pile au moment qu'on le ferme sur le nerf, réalise une excitation, et quand on l'ouvre, il en réalise une autre, d'après les lois mêmes qui président à la naissance de l'excitation. En faisant une série graduée de fermetures et d'ouvertures du courant continu sur un nerf, dans le sens soit ascendant, soit descendant, on réalise donc tout à la fois une série d'excitations et de modifications

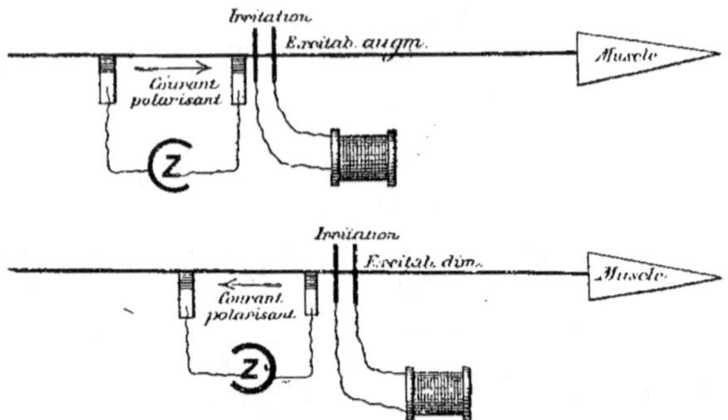

Fig. 47. — *Épreuve de l'excitabilité faite sur le segment myopolaire, pendant le passage d'un courant sur une certaine longueur du nerf.*

Dans la figure supérieure, le courant polarisant est ascendant, l'excitabilité est diminuée dans le segment myopolaire. — Dans la figure inférieure, le courant polarisant est descendant, l'excitabilité du segment myopolaire et augmentée. (Dessin de Waller.)

de l'excitabilité dont les effets (contractions musculaires) seront explicables par les lois formulées plus haut.

Tableau schématique. — Les résultats de ces séries peuvent être schématisés dans le tableau suivant :

COURANT.	DESCENDANT.		ASCENDANT.	
	FERMETURE.	OUVERTURE.	FERMETURE.	OUVERTURE.
Faible...........	Secousse.	—	Secousse.	—
Moyen..	Secousse.	Secousse.	Secousse.	Secousse.
Fort.......	Secousse.	—	—	Secousse.

Discussion. — Ainsi qu'on voit, le courant faible réalise deux contractions placées à sa fermeture, qu'il soit descendant ou ascendant. Le courant moyen réalise les quatre contractions. Le courant fort en réalise de nouveau deux, l'une à la fermeture du courant descendant, l'autre à l'ouverture du courant ascendant. Il faut chercher à expliquer l'absence des contractions qui font défaut.

a. *Courant faible.* — Pour les courants faibles, les deux contractions d'ouverture manquent du fait même de la faiblesse du courant, l'action excitante de l'ouverture étant considérée comme inférieure à celle de la fermeture, peut-être à cause de l'altération résultant du passage du courant.

b. *Courant fort.* — Dans le courant fort, l'absence de la contraction de fermeture du courant ascendant tient à la valeur considérable de l'anélectrotonus (diminution de l'excitabilité) dans le segment du nerf qui attient au muscle et qui est en contact avec le pôle positif. D'autre part, la grandeur si considérable de la contraction d'ouverture de ce même courant ascendant est due, après la cessation de l'anélectrotonus de cette même région, à une modification inverse qui agit comme le catélectrotonus, en augmentant l'excitabilité. *Après la cessation du passage du courant de la pile, il se développe en effet dans le nerf* (pour des raisons multiples parmi lesquelles l'électrolyse) *un post-courant de sens inverse,* comme dans tout circuit polarisé. Enfin l'absence de la contraction d'ouverture du courant descendant s'explique par l'établissement d'un post-courant du même genre qui, après la cessation du catélectrotonus développé par le passage du courant polarisant, donne naissance à une modification inverse équivalant au développement d'un fort anélectrotonus.

c. *Courant moyen.* — Dans le courant moyen, l'effet excitant de l'ouverture est devenu suffisant pour réaliser l'excitation, et d'autre part les modifications anélectrotoniques, tant directes que consécutives, sont encore assez faibles pour ne pas empêcher la contraction d'avoir lieu ; d'où les quatre contractions, deux à la fermeture et deux à l'ouverture des deux courants.

Théorie électrotonique de l'excitation. — En considération de ces faits, Pflüger donne la formule suivante de l'excitation électrique : *L'excitation naîtrait par la production du catélectrotonus et par la cessation de l'anélectrotonus.*

Tétanos du courant continu. — Quand le nerf est traversé sur une grande longueur par un courant continu (surtout descendant), il peut se produire pendant son passage une contraction soutenue, tétanique du muscle.

Tétanos d'ouverture. — Inversement, le courant ascendant, quand il est fort et qu'il a une longue durée, peut donner à son ouverture, au lieu d'une secousse, une contraction tétanique, semblable à la précédente. Ces contractions d'aspect tétanique paraissent être des secousses démesurément allongées, comme on en obtient quand le nerf ou le muscle est altéré par la fatigue, le froid ou certains poisons (vératrine). Ni le tétanos de fermeture (Morat et Toussaint), ni le tétanos d'ouverture (Hering et Friedrich) ne provoquent de tétanos secondaire dans la patte galvanoscopique.

Alternatives de Volta. — Entrevue par Ritter, incomplètement formulée par Volta, la loi de ce phénomène s'exprime de la façon suivante d'après Rosenthal et Wundt : *Le passage continu d'un courant de sens donné augmente l'excitabilité pour l'ouverture du courant de même sens et pour la fermeture du courant de sens contraire ; il l'affaiblit pour la fermeture du premier et l'ouverture du second.* Si on admet l'existence du post-courant de polarisation et qu'on rapporte à la fermeture de ce courant inverse la contraction dite d'ouverture, la loi devient plus simple et se formule ainsi : *Le passage dans le nerf d'un courant de sens donné augmente l'excitabilité de ce nerf pour le courant de sens contraire.*

Succession des effets avec les courants faibles. — La loi des secousses, chez les auteurs qui l'ont étudiée et suivant le point de vue que chacun d'eux a suivi, prend une expression particulière, qui se reflète dans les tableaux qu'ils en ont dressés. Le tableau de Pflüger la schématise dans ses grandes lignes. Celui de Heidenhain exprime dans leur détail les effets croissants des courants faibles, jusqu'à ce qu'ils atteignent l'intensité que nous appelons moyenne.

COURANT. — INTENSITÉ.	DESCENDANT.		ASCENDANT.	
	FERMETURE.	OUVERTURE.	FERMETURE.	OUVERTURE.
I................	—	—	Secousse.	—
II................	—	Secousse.	Secousse.	—
III...............	Secousse	Secousse.	Secousse.	—
IV...............	Secousse.	Secousse.	Secousse.	Secousse.

Disparition des secousses dans le dépérissement graduel du nerf. — Le tableau suivant, dû à Nobili, exprime l'intervention d'une autre condition, celle de la *variation de l'excitabilité du nerf* coupé, appartenant à un membre séparé de l'animal. Ce qui suppose que les excitations ne sont plus extemporanées, mais se suivent de loin en loin en laissant au temps le soin de faire son œuvre. L'excitabilité du nerf va d'abord croissant; puis elle décroît régulièrement, et cette décroissance se marque par la disparition graduelle des contractions l'une après l'autre. Soit un nerf ayant son maximum d'excitabilité; on aura :

DEGRÉ DE L'EXCITABILITÉ.	COURANT DESCENDANT.		COURANT ASCENDANT.	
	FERMETURE.	OUVERTURE.	FERMETURE.	OUVERTURE.
I................	Secousse.	Secousse.	Secousse.	Secousse.
II................	Forte secousse.	Faible secousse.	—	Forte secousse.
III...............	Forte secousse.	—	—	Forte secousse.
IV...............	Secousse.	—	—	—
V................	—	—	—	—

Loi de Ritter-Valli. — Ce tableau exprime les variations de l'excitabilité nerveuse envisagées dans leur *succession suivant le temps*. Il faut ajouter que cette perte d'excitabilité n'est pas totale; elle ne frappe pas le nerf dans son entier, mais suit une progression *dans le sens de sa longueur*. Dans le nerf moteur elle frappe d'abord l'extrémité la plus éloignée du muscle, puis progressivement les parties du nerf les plus voisines de celui-ci. — Ce mode de disparition de l'excitabilité est le même quelle que soit la nature de l'altération qui produit le dépérissement du nerf (anémie, curare, Cl. Bernard ; anesthésie locale, Ioteyko et Stefanowska). — Dans les nerfs sensitifs, dont la conduction est inverse de celle des nerfs moteurs, la marche de la perte d'excitabilité est inverse et se fait de la périphérie aux centres (mêmes auteurs).

Électrotonus dans l'application monopolaire de l'électricité. — On peut exciter un nerf, comme l'a montré Chauveau, en plaçant sur lui une seule électrode du courant, pendant que l'autre électrode est placée sur une région éloignée (plus ou moins symétrique). Il suit de là, sans erreur possible et contrairement à ce que prétend Hermann, que l'électrotonus (autrement dit la modification de l'excitabilité qui accompagne les courants électrotoniques) peut et doit se développer dans ces conditions (Morat et Toussaint). Évidemment les résultats de ce mode d'application unipolaire de l'électricité doivent avoir un lien commun avec ceux de l'application bipolaire, et on met ce lien en évidence en dressant, comme je l'ai fait, un tableau parallèle des résultats obtenus dans ces deux modes d'opérer. Cette concordance est d'autant plus utile à connaître que, si l'application bipolaire est presque exclusivement employée en physiologie, l'application unipolaire est en clinique la seule pratique et correcte; d'où la nécessité d'établir l'équivalence des deux méthodes pour faire bénéficier la clinique des résultats expérimentaux.

Au point de vue théorique, pour l'explication des effets de l'électricité, cette

Fig. 48. — *Perte progressive de l'excitabilité dans le nerf moteur coupé.*

Les points A, B, C, D deviennent successivement inexcitables après avoir présenté une légère phase d'hyperexcitabilité.

confrontation n'est pas non plus sans intérêt. Elle montre jusqu'à l'évidence que la spécificité d'action attribuée pendant longtemps au sens du courant, appartient en réalité à la nature du pôle en contact avec le nerf excité (dans la méthode unipolaire); avec le segment myopolaire du nerf (dans la méthode bipolaire). C'est ce qui ressort du tableau suivant, dans lequel est notée la succession des effets dus à une intensité croissante des courants dans les deux modes d'excitation.

COURANT.		FERMETURE.	OUVERTURE.	POLE.	FERMETURE.	OUVERTURE.
FAIBLE.	Ascendant..	Secousse.	—	Négatif.	Secousse.	—
	Descendant.	—	—	Positif.	—	—
	Ascendant..	Secousse.	—	Négatif.	Secousse.	—
	Descendant.	Secousse.	—	Positif.	Secousse.	—
MOYEN.	Ascendant..	Secousse.	—	Négatif.	Secousse.	—
	Descendant.	Secousse.	Secousse.	Positif.	Secousse.	Secousse.
	Ascendant..	Secousse.	Secousse.	Négatif.	Secousse.	Secousse.
	Descendant.	Secousse.	Secousse.	Positif.	Secousse.	Secousse.
FORT...	Ascendant..	Secousse.	Secousse.	Négatif.	Secousse.	Secousse.
	Descendant.	Secousse.	—	Positif.	Secousse.	—
	Ascendant..	—	Secousse.	Négatif.	—	Secousse.
	Descendant.	Secousse.	—	Positif.	Secousse.	—

Électrotonus dans les nerfs de fonctions diverses. — L'électrotonus, en tant que modification de l'excitabilité, est une propriété absolument générale des nerfs, comme l'excitabilité elle-même ou la conduction des excitations, et qui s'y montre, comme celles-ci, indépendante des fonctions particulières de ces nerfs. Les fonctions des nerfs dépendent de leurs connexions avec les éléments nerveux ou non nerveux, auxquels ils commandent ou dont ils reçoivent l'excitation.

a. *Nerfs sécréteurs*. — Si à la place d'un nerf moteur on excite un nerf sécréteur, au lieu d'une déformation musculaire on aura un flux liquide sortant de la glande. On peut vérifier la loi des secousses dans ces conditions nouvelles, comme l'a fait Biedermann. Cet auteur, opérant sur le glosso-pharyngien de la grenouille et les nerfs de la langue, a trouvé plus avantageux de mesurer au galvanomètre le courant de sécrétion, plutôt que la sécrétion elle-même.

b. *Nerfs inhibiteurs*. — En excitant le pneumogastrique, type des nerfs inhibiteurs, par des courants continus d'intensité et de sens variés, Donders a pu dresser un tableau de la loi des secousses semblable à celui de Pflüger, sauf que la contraction y est remplacée par l'arrêt de la contraction cardiaque, et le repos ou défaut de contraction par la continuation du mouvement du cœur.

c. *Éléments d'association*. — Les nerfs inhibiteurs ne sont pas des neurones terminaux, comme ceux des racines antérieures allant aux muscles du squelette ; par définition nous les considérons comme des éléments d'association dont la fonction, déterminée par leurs connexions particulières avec les éléments moteurs proprement dits, aboutit à ce phénomène en apparence étrange qui est l'arrêt du mouvement. Les éléments intérieurs au système nerveux (éléments intercentraux) présentent donc l'électrotonus. Ceci revient à dire que les phénomènes de l'électrotonus appartiennent à tout élément nerveux quelconque.

Nerfs sensitifs. — Les nerfs initiaux, comme les terminaux et les intercentraux, doivent présenter les modifications électrotoniques. Sur de tels nerfs et pour des raisons faciles à comprendre, elles ne sont pas faciles à déceler chez les animaux, dont nous ne pouvons guère mesurer la sensibilité que sous sa forme réflexe et non sans difficultés (Zurhelle).

Nerfs sensoriels. — Chez l'homme, on a essayé cette étude sur les nerfs sensoriels.

a. *Goût*. — Le passage d'un courant à travers la langue produit une sensation gustative, acide à son entrée, alcaline (presque amère) à sa sortie (Pfaff, Volta, Ritter).

b. *Vue*. — Un courant qui se dirige vers les cellules ganglionnaires (courant descendant) produit une sensation d'obscurité ; un courant de sens inverse (courant ascendant) produit une sensation de clarté (Helmholtz).

c. *Ouïe*. — On arrive, non sans difficultés, à montrer que la loi des secousses s'applique aussi au sens de l'audition (Brenner).

Influence polaire sur le protoplasme non différencié. — Kühne a le premier constaté l'action de l'électricité sur le protoplasme non différencié ou peu différencié des animaux les plus inférieurs. Verworn a fait une étude méthodique de cette action. On suppose généralement que le protoplasme des êtres unicellulaires doit représenter la substance vivante sous une forme élémentaire, dégagée de toutes les structures qui s'y superposent chez les êtres hautement organisés.

En conséquence, on suppose que la réponse d'une telle substance à l'égard des excitants équivaut à celle des cellules les moins différenciées des animaux supérieurs, et même à celle de la substance la moins différenciée qui existe dans ces cellules ; qu'en un mot elle doit être univoque et très simple dans son expression. En réalité, la réponse aux excitations électriques des êtres monocellulaires est plutôt compliquée. Ce résultat semble indiquer que les comparaisons ou assimilations que nous faisons entre les êtres d'organisation différente ne sont peut-être pas très justes. La simplicité des êtres monocellulaires (amibes, infusoires, etc.) est moins grande que nous ne supposons et surtout son expression est autre que celle que nous lui donnons. Dans une amibe, toutes les fonctions essentielles de la vie sont déjà représentées, mais en quelque sorte indivises, dans son protoplasme. Au cours de l'évolution phylogénique, un partage d'attributions s'est fait entre les différentes parties de ce protoplasme, partage en vertu duquel chacune d'elles a augmenté ses aptitudes dans un sens donné, en vue d'une fonction donnée, pendant qu'elle les perdait dans une direction opposée, au profit d'autres parties différenciées en vue d'autres fonctions. L'évolution, la différenciation, a donc pour résultat, à la fois, une perfection plus grande des fonctions de l'ensemble et une spécialisation, c'est-à-dire une réduction des fonctions de la partie, d'où l'inaptitude de cette dernière à vivre seule, quand elle est détachée du tout auquel elle appartient.

Galvanotropisme. — Une amibe, placée dans une goutte d'eau que l'on fait traverser par un courant, réagit sous l'action de ce courant. *La partie tournée vers l'anode (pôle positif) se rétracte, tandis que la partie tournée vers la cathode (pôle négatif) s'allonge* et forme un pseudopode. Si l'on renverse le courant, les mêmes phénomènes se produisent en sens contraire. Une double déformation inverse se produit ainsi sous l'action des deux pôles opposés. Quelle est celle des deux qui équivaut à la contraction musculaire? Grand embarras pour le savoir. Dans un protoplasme orienté, différencié, comme celui du muscle, rien de plus net que les états opposés de repos et de contraction. Dans le protoplasme diffus de l'amibe, la direction des forces change au contraire suivant les circonstances. En réalité, l'une et l'autre déformation procède en somme à la fois d'une rétraction dans un sens et d'un allongement compensateur dans un autre. La rétraction est toujours le phénomène actif. Quand la force est parallèle au pseudopode, elle le fait rétracter; quand elle lui est circulairement perpendiculaire, elle le fait s'allonger. Dans les deux cas, il y a dépense d'énergie; dans les deux cas, il y a contraction, et à certain point de vue le phénomène est moins simple dans l'amibe que dans la fibre musculaire. Il est seulement remarquable que l'anode excite l'un de ces mouvements et la cathode l'autre, d'une façon prédominante ou particulière.

Une double déformation inverse, comme celle qui vient d'être indiquée, implique déjà une tendance à la locomotion. Certains êtres unicellulaires, ciliés ou non, présentent, sous l'influence du courant, un véritable déplacement auquel on donne plus particulièrement le nom de *galvanotropisme*. L'électrotonus, les réactions des substances excitables, variables suivant la nature du pôle ou le sens du courant, ne sont que des modalités du galvanotropisme.

E. — EMPLOIS ET EFFETS DIVERS DE L'ÉLECTRICITÉ.

Action du champ magnétique; ondes électriques; rayons électriques. — Lorsqu'un courant est lancé dans un circuit, il se développe autour de ce dernier des lignes de force, qui créent autour de lui un champ de force, dit *champ magnétique*. Si un autre circuit est placé dans ce champ de force (en position convenable), il y a induction, mouvement électrique dans ce second circuit. Si, au lieu de ce second circuit, nous plaçons dans le champ magnétique un tissu excitable, comme une patte galvanoscopique de grenouille, qu'arrivera-t-il? Plusieurs auteurs, en particulier DANILEWSKY, plus récemment RADZIKOWSKY, ont étudié cette question.

En réalité, *quand un nerf de grenouille est placé dans un champ de force, il est excité par les variations de l'intensité de ce champ.* Dans ce tissu de structure très compliquée, on peut admettre qu'il se développe des courants induits, qui mettent en activité sa substance très excitable. L'excitation est maxima pour certaines positions du nerf, par exemple dans celle où il est placé dans un même plan que le circuit inducteur et perpendiculaire à un élément de ce circuit, le muscle étant tourné en dehors. On peut du reste varier beaucoup la disposition de l'expérience et placer le nerf dans le champ au voisinage de l'un des pôles isolés (excitation unipolaire). Il faut de plus que le nerf soit isolé : si on le laisse en place au milieu des autres tissus, ou si, après l'avoir dénudé, on le recouvre d'une enveloppe conductrice, il est soustrait à l'action du champ de force. Le tissu environnant agit comme un schunt (Radzikowsky) ou, pour mieux dire, comme un écran (Danilewsky).

Opacité et transparence électriques. — Si, en effet, dans le champ magnétique, on interpose sur le trajet des ondes électriques un corps conducteur quelconque (une plaque de métal, la main), l'excitation par induction cesse aussitôt; l'interposition d'un diélectrique quelconque (une plaque de verre) laisse passer les ondes. Le conducteur est *opaque* aux rayons électriques (comme aux rayons lumineux); le diélectrique, qu'on appelle souvent l'isolant, est *transparent* pour ces rayons.

Immunité électrique. — On comprend, d'après cela, que des tissus peu excitables, mais conducteurs de l'électricité, contribuent à soustraire les tissus les plus excitables à l'action du champ magnétique, créé autour d'eux par les phénomènes électriques développés dans l'organisme. De même, dans une cellule ou fibre excitable, une enveloppe conductrice peut la préserver de l'excitation, qui naîtrait de cette cause. Pour se garantir contre les excitations qui ne leur sont pas destinées, les éléments vivants auraient donc deux moyens : l'un consistant à s'entourer de *diélectriques* qui les préservent de l'excitation par conduction, l'autre consistant à s'entourer de *conducteurs* qui les préservent de l'excitation par induction. Le même élément peut employer ces deux moyens. Cette organisation particulière permet à l'élément de refuser l'excitation au niveau de certaines de ses parties et de la recevoir sur certains points choisis.

Courants de haute fréquence. — Les courants dits de haute fréquence sont ceux qui atteignent le nombre de 500 000 à 1 000 000 par seconde. On a étudié leur action sur les êtres vivants, soit par application directe, soit en plaçant le sujet dans un solénoïde qui crée autour de lui un champ de force (d'Arsonval).

a. *Action directe.* — La très haute fréquence de ces courants constitue à l'organisme qu'ils traversent une sorte d'immunité à leur endroit. A voltage égal, ils sont infiniment mieux supportés que les courants d'un rythme ordinaire (soit 100 à la seconde). Toutefois, en augmentant l'intensité, on peut les rendre nocifs et la mort peut survenir chez les animaux (Bordier et Lecomte).

b. *Action indirecte par un champ de force.* — Lorsqu'un animal est placé à l'intérieur d'un solénoïde dans lequel circulent de tels courants, on constate une augmentation des échanges respiratoires (d'Arsonval). Cet effet sur les échanges ne serait néanmoins pas dû à l'action propre des courants induits agissant sur le système nerveux ou les tissus, mais serait un effet secondaire attribuable à la chaleur développée par le courant. On sait, en effet, que la chaleur augmente par elle-même l'activité des échanges, quand elle tend à devenir exagérée au point que l'animal a peine à s'en défendre.

La mort par l'électricité. — Prévost et Battelli ont fait une étude circonstanciée sur le mécanisme de la mort par l'électricité et les conditions qui la provoquent du côté de l'agent électrique. Ils ont expérimenté sur des chiens, des lapins, des cobayes, des rats, en les faisant traverser par le courant de la tête à l'anus. La résistance de l'animal variait de 400 à 900 ohms. La durée de l'application variait de quelques centièmes de seconde à deux ou trois secondes. Les résultats peuvent différer suivant les animaux. Les auteurs ont essayé l'action de courants, les uns continus, les autres alternatifs.

a. *Courants alternatifs.* — Il faut distinguer entre les courants à *basse tension* (10 à 120 volts), à *moyenne tension* (620 volts environ) et à *haute tension* (1 200 à 4 800 volts).

Avec les courants à basse tension on note, chez le chien, un *arrêt du cœur avec trémulations fibrillaires.* La respiration continue quelques minutes, mais s'arrête à son tour, par anémie bulbaire. L'animal est perdu. Le lapin et le rat résistent beaucoup mieux. 10 volts peuvent suffire parfois à amener la mort d'un chien.

Les courants de moyenne tension produisent, chez le chien, un arrêt de la respiration avec arrêt du cœur. Chez les autres animaux, c'est l'arrêt de la respiration seul qu'on observe communément ; de plus, il y a tétanos généralisé et anesthésie.

Les courants de haute tension produisent, chez tous les animaux, un arrêt de la respiration, alors que le cœur continue de battre. Dans ce cas, la respiration artificielle peut sauver les animaux. Dans le cas, au contraire, d'arrêt primitif du cœur, la respiration artificielle est forcément inefficace.

b. *Courant continu.* — Ces courants ont été portés jusqu'à 540 volts. Bien que la rupture soit plus dangereuse, ce n'est pas exclusivement ni la rupture ni la fermeture qui occasionnent les accidents. Au reste, les phénomènes diffèrent peu de ce qu'ils sont avec les courants alternatifs.

Toutes choses égales du côté de la tension, quand on agit avec les courants alternatifs, le nombre des périodes à la seconde intervient comme facteur important. Les auteurs ont fait varier la période de 9 à 1 720 à la seconde. Un rythme de 150 à la seconde est celui pour lequel la mort arrive avec l'intensité la moins élevée. Au-dessous, mais surtout au-dessus de ce nombre, il faut augmenter considérablement le voltage, pour avoir les mêmes effets. Un courant continu agit comme un courant alternatif de même voltage ayant 350 périodes à la seconde.

Chose curieuse, le cœur arrêté par un courant à basse tension peut être ramené en fonction par un courant à haute tension.

Les conclusions auxquelles conduisent les résultats de ces expériences sont quelque peu différentes de celles qui ont cours généralement.

Mécanisme de la mort. — Suivant les animaux, suivant le voltage du courant, suivant son rythme s'il est alternatif, l'arrêt primitif peut porter, soit sur la respiration (haute tension), soit sur le cœur (basse tension). L'arrêt du cœur est évidemment le seul qui occasionne la mort, en raison de ce que la respiration artificielle est possible et que la respiration normale peut revenir spontanément, ce qui n'a pas lieu pour le cœur.

Les courants de moyenne et basse tension seraient donc plus dangereux que ceux de haute tension. En fait, quand *la mort survient*, c'est toujours *par arrêt du cœur*. La respiration artificielle doit néanmoins être tentée avec persévérance.

Les observations de cas de mort survenus dans l'exploitation industrielle de l'énergie électrique à haute tension ne sauraient être tenus pour contradictoires : la tension du courant qui a atteint la victime, par dérivation ou autrement, n'étant ordinairement pas celle du courant direct qui circule dans la ligne, mais le plus souvent beaucoup plus basse et généralement inconnue.

F. — POISONS DES NERFS.

Cl. Bernard le premier a eu l'idée nette d'une analyse des tissus et de leurs fonctions, réalisée par le moyen des poisons, que pour cette raison il appelle les « réactifs du physiologiste ». Dans cet ordre de recherches, il nous a laissé des exemples et des méthodes qui n'ont pu qu'être imités et employés par ses successeurs, sans perfectionnement essentiel. — Il divise les poisons en *généraux* et *spéciaux*, suivant que leur action s'étend à toute cellule, ou seulement à certaines espèces cellulaires, ou encore à certaines variétés d'entre elles, comme il arrive pour le système nerveux.

I. Poisons généraux. — Anesthésiques. — Pour Cl. Bernard, les substances anesthésiques sont des poisons généraux, capables de suspendre (sans les détruire, lorsque leur action n'est pas indéfiniment prolongée) les manifestations de tout protoplasme cellulaire. Elles sont pour lui les *réactifs de la vie*. La germination des graines, l'accroissement des plantes, les mouvements de la sensitive, sont suspendus par les vapeurs du chloroforme ou de l'éther, comme l'est la sensibilité chez les animaux. Dans ces derniers, les mouvements des cils vibratiles, la contraction des muscles, l'excitabilité des nerfs moteurs, celle de tous les tissus en un mot peuvent être paralysés, si la tension des vapeurs est suffisante et leur action suffisamment prolongée. Mais il faut aussitôt ajouter que, entre les différentes espèces cellulaires et entre les différentes systématisations qui peuvent être réalisées par ces espèces cellulaires, il y a des susceptibilités et des gradations assez grandes, qui font qu'en limitant exactement les doses (tensions des vapeurs), on peut atteindre ces systèmes et ces éléments les uns après les autres ; ce qui est une autre forme donnée à l'analyse physiologique réalisée à l'aide de poisons.

Anesthésie chloroformique et éthérée. — L'action des anesthésiques (si on a en vue spécialement le chloroforme et l'éther) peut se décomposer en trois périodes, jusqu'au moment où l'insensibilité est complète.

La *première période* est caractérisée par une sorte d'ivresse qui rappelle par plus d'un trait l'ivresse alcoolique : vertige, défaut d'équilibre, exaltation des différents sens et de l'activité cérébrale, excitation générale. C'est la période dite d'excitation, qui ne fait jamais complètement défaut et qui ne doit pas être confondue avec l'irritation purement locale des vapeurs anesthésiques sur les premières voies respiratoires. Les sensations d'abord exaltées s'émoussent et, avant que la sensibilité ait disparu, on assiste à un état fugace, difficile à obtenir et à maintenir à volonté, qui n'est pas encore l'anesthésie, mais l'*analgésie*, et pendant lequel les sensations douloureuses seules sont supprimées.

La *deuxième période* correspond à un état véritable d'anesthésie, caractérisé par l'insensibilité aux excitations ordinaires douloureuses ou non, mais dans lequel *l'excitabilité réflexe est entièrement conservée*, sinon accrue. L'action anesthésique doit être poussée à un degré légèrement plus avancé, pour obtenir la résolution musculaire favorable aux opérations et aux manœuvres de la chirurgie.

Dans la *troisième période*, dite d'anesthésie confirmée, on assiste à la disparition des réflexes de la vie de relation : notamment le clignement des paupières consécutif à l'attouchement de la cornée, le réflexe dit patellaire, le réflexe labio-mentonnier (Dastre et Loye) disparaissent. Les muscles des membres sont en relâchement. Les réflexes respiratoires, tous ceux qui entretiennent les actes de la vie de nutrition et dont la sphère est dans les organes internes, sont conservés. Non pas que ces fonctions ne reçoivent le contre-coup de l'action toxique qui envahit graduellement le système ner-veux, témoin les modifications de la circulation et de la tempé-rature, mais les systèmes plus simples et plus résistants qui les gouvernent conservent à un degré suffisant leur jeu d'ensemble.

Syncope anesthésique. — Si l'intoxication est poussée plus loin, un phéno-mène grave va survenir qui met la vie en danger, c'est la *syncope respiratoire*, l'arrêt des mouvements de la respiration qui peut être combattu par l'établis-sement d'une respiration passive faite artificiellement à l'aide de manœuvres sur le thorax. Dans l'anesthésie chloroformique, ce peut être d'emblée la *syn-cope cardiaque*, accident à peu près irrémédiable, et cet accident peut se montrer parfois dès le début de l'anesthésie. Chez les animaux, dont quelques-uns, comme le chien, ont une tendance à cette complication, on la combat effica-cement par l'injection préalable d'une dose limite (un demi-milligramme) de sulfate d'atropine, qui diminue l'action inhibitrice du vague sur le cœur (Dastre et Morat). On peut combiner cette méthode avec celle de Cl. Bernard, qui soumet l'animal à anesthésier à l'action également préalable de la morphine.

Pendant le cours de l'anesthésie confirmée, la pupille reste contractée, même sous les paupières closes. Au moment où survient l'asphyxie respiratoire, on la voit se dilater brusquement. L'état de la pupille est à surveiller dans tout le cours de l'anesthésie.

Cocaïne. — La cocaïne peut être comptée au nombre des poisons généraux du système nerveux, à peu près au même titre que les anesthésiques. Employée en solution dans l'eau, partout où elle entre en contact avec le protoplasma ner-veux, elle suspend ou détruit son excitabilité. Nerfs sensitifs, nerfs moteurs, substance blanche, substance grise éprouvent son effet paralysant. Elle est employée localement (en clinique) pour éteindre pendant un temps la sensibi-lité de certaines surfaces, comme le larynx ou la cornée.

La cocaïne a été considérée, tour à tour, par les uns (Laborde, Arloing, Laffont) comme un poison spécial, un *curare sensitif*, par les autres (U. Mosso, Danilewsky, Charpentier) comme un poison général, un véritable *anesthésique*.

La première de ces deux opinions est fondée sur l'effet anesthésique *local*, faci-lement obtenu en badigeonnant les muqueuses ou la peau avec une solution de cocaïne, pendant que l'excitation des nerfs sensitifs qui partent de ces régions les montre très sensibles; les ramifications ultimes seraient ainsi seules atteintes et non les troncs nerveux, pas plus que les centres cérébraux. La conclusion n'a rien de fondé. Nous savons, par l'exemple de l'atropine, qu'une action purement locale sur la pupille, après instillation dans l'œil, n'exclut pas une action géné-rale de la même substance diffusée dans le sang, à dose même minime. La comparaison des poids relatifs de la substance employée, d'une part, et du tissu réagissant, d'autre part, montre au contraire (pour les deux poisons), que l'action locale ne s'obtient qu'à doses massives, tandis que l'action générale s'obtient pour des doses en comparaison très faibles (soit 2 milligrammes par kilo-gramme chez le chien).

L'opinion que la substance injectée dans le sang n'atteindrait spécifiquement que les ramifications périphériques des nerfs sensitifs n'est pas soutenable. Un tronc nerveux étant mis à nu, on peut le soumettre localement sur son trajet à l'action de la cocaïne : il perd alors en ce point son excitabilité et sa conductibilité. Les excitations faites en amont du point touché ne sont plus transmises aux organes terminaux sensitifs ou moteurs. Cet effet se dissipe ensuite par l'élimination de la substance. On a vu dans cette action locale un moyen élégant de remplacer la section des nerfs, permettant d'autre part le retour intégral de la fonction (2 à 4 gouttes de la solution à 1 p. 100 injectée sous la gaine du vague suffisent à le paralyser).

L'action de la cocaïne s'étend ainsi à tous les protoplasmes nerveux (nerfs sensitifs, moteurs, volontaires, involontaires, etc.) Elle s'étend même aux protoplasmes musculaires. Quand on met la substance en contact avec les muscles, elle modifie leur aptitude à se contracter (Sighicelli, U. Mosso). L'effet anesthésique, dans le sens tout à fait général du mot, se montre dans tous les embranchements, qu'ils aient ou non un système nerveux (Danilewsky). Elle empêche la diapédèse des globules blancs, sans toutefois suspendre le chimiotactisme, comme le fait le chloroforme (Massart et Bordet). Elle arrête la fermentation, la germination (A. Charpentier).

Ainsi donc, action très générale sur tous les protoplasmes, mais action inégale suivant la nature de l'élément, du tissu; ajoutons : action variable suivant les doses (excitante à dose faible, paralysante à dose forte). Diffusée dans l'organisme, la cocaïne se traduira par des effets quelque peu complexes, comme du reste tous les anesthésiques, mais qui, par leur nature particulière, rendent cette substance inutilisable pour l'anesthésie ordinaire, telle qu'on l'emploie chirurgicalement. Aussi l'a-t-on réservée pour les applications locales, surtout superficielles, n'exposant pas aux absorptions un peu prononcées de cette substance pouvant entraîner des effets généraux.

Expérimentalement, on démontre que la cocaïne agit sur les masses grises du système nerveux, comme elle agit sur ses terminaisons ou sur ses conducteurs. Appliquée directement sur l'écorce cérébrale (zone motrice), elle diminue son excitabilité (Charpentier, Carvallo); mise en circulation dans un segment de la moelle, elle diminue son pouvoir réflexe (U. Mosso). Gaglio l'a utilisée pour étudier les fonctions des canaux semi-circulaires.

Mise en circulation dans l'organisme, elle atteint primitivement les fonctions supérieures du système nerveux et en particulier sa sensibilité, mais elle n'y produit pas cette dissociation à la fois régulière, prompte et graduelle qui fait la valeur thérapeutique de l'éther, du chloroforme et du protoxyde d'azote. *Théoriquement*, elle est un anesthésique, mais non pas *pratiquement* (Dastre).

II. Poisons spéciaux. — La spécificité ne doit probablement pas s'entendre au sens absolu du mot. Mais on peut l'admettre quand il s'agit d'agents qui à dose infime paralysent certains éléments, tandis qu'à dose massive ils laissent intactes les propriétés des autres. C'est le cas du curare et d'un certain nombre de substances à effets semblables ou analogues.

Curare. — Le curare s'emploie en solution aqueuse au centième injectée généralement sous la peau ou encore dans les veines. Suivant sa provenance, la toxicité en peut varier. Un curare de bonne qualité produit ses effets habituels à la dose de 1 centigramme

(1 centimètre cube de la solution au centième) par kilogramme d'animal injecté sous la peau ; en injection intraveineuse, la dose peut être diminuée de moitié. Sur une grenouille de taille ordinaire, il suffit de 2 à 4 gouttes de la solution en injection sous la peau.

Le curare paralyse les nerfs moteurs à l'exclusion des autres éléments du système nerveux et de ceux des autres tissus. Un animal intoxiqué par le curare est frappé d'immobilité. Si immédiatement on interroge l'excitabilité de ses nerfs et de ses muscles, on voit que ces derniers répondent très bien à l'excitant électrique, tandis que l'excitation des nerfs moteurs est sans effet.

L'intoxication curarique se fait par l'extrémité terminale du nerf ; dans le langage nouveau, par le pôle distributeur du neurone moteur. On le prouve par l'expérience suivante : sur une grenouille, on place au niveau des lombes une ligature fortement serrée, qui interrompt toute communication vasculaire entre la partie antérieure et la partie postérieure du corps, mais respecte les nerfs lombaires, laissés en dehors de la ligature. En injectant le curare dans la partie antérieure, les membres antérieurs et la tête sont paralysés du mouvement ; les membres postérieurs échappent au contraire à la paralysie, et cela malgré que les origines de leurs nerfs moteurs et la moelle elle-même baignent dans le poison diffusé à toutes les parties situées en avant de la ligature. Si la grenouille est jetée dans l'eau, elle nage avec ses membres postérieurs jusqu'à ce qu'elle atteigne le bord du vase.

L'intoxication curarique respecte les nerfs sensitifs. En effet, si sur la grenouille ainsi préparée on pince une des pattes antérieures paralysées du mouvement, l'animal réagit par des mouvements de ses pattes postérieures.

L'intoxication curarique distingue entre les nerfs de la vie animale et ceux de la vie organique. Si l'intoxication est faite à la limite, les nerfs moteurs squelettiques sont seuls paralysés, les nerfs de la vie organique restent excitables : la pupille se dilate et se contracte, de même les vaisseaux, l'estomac, l'intestin, etc. Mais si on augmente la dose, ces nerfs seront paralysés à leur tour. Les nerfs propres du cœur résistent le plus longtemps et, chez les animaux à sang froid, le cœur conserve ses mouvements même pour des doses massives.

Frappé du fait que la paralysie du nerf moteur ne se produit qu'autant que le curare lui est offert par son extrémité musculaire, VULPIAN en concluait que cette substance agit localement et d'une façon élective sur la plaque terminale du nerf moteur, le reste du nerf conservant ses propriétés, mais sans avoir la possibilité de les manifester, à cause de sa séparation temporaire d'avec le muscle. A cette façon de voir Cl. BERNARD objectait le fait suivant, dont la connaissance lui est due, comme celle de tous les précédents. Si, pendant le temps que l'intoxication se produit, on interroge *l'excitabilité des différentes parties du nerf*, on voit que celle-ci *disparaît*, non d'une façon totale, mais *graduellement et successivement de la moelle au muscle.* Il y a une sorte de paradoxe dans ce fait que la paralysie débute par l'extrémité opposée à celle où le poison est tenu d'entrer en contact avec le nerf pour l'influencer.

A.-D. WALLER fait la remarque que les différents curares ne sont pas identiques. Ayant expérimenté avec la *curarine* isolée chimiquement du curare, il voit que cette substance produit la paralysie motrice, comme le curare, mais laisse subsister la variation négative du nerf moteur. La paralysie motrice serait donc due à une dissociation fonctionnelle du nerf et du muscle, d'après l'hypothèse de VULPIAN. Les anesthésiques ou poisons généraux s'attaquent au contraire au protoplasma nerveux et suppriment la variation négative, autrement dit l'activité même de ce protoplasma.

Strychnine. — A première vue, la strychnine a des effets exactement inverses de ceux du curare. L'intoxication strychnique s'accuse par des accès convulsifs, qui naissent sous la plus légère excitation des extrémités des nerfs sensitifs. On exprime le fait en disant que cette substance *augmente l'excitabilité réflexe de la moelle épinière.* Lorsque les accès convulsifs se sont répétés un certain nombre de fois avec violence, les nerfs moteurs sont eux-mêmes inexcitables ; ce qui peut être dû pour partie à la fatigue du système, qui résulte de son hyperexcitation. MARTIN-MAGRON, VULPIAN ont vu néanmoins que, lorsqu'elle est donnée à dose massive, la strychnine détruit l'excitabilité des nerfs moteurs, même si ceux-ci ont été préalablement séparés de la moelle épinière. C'est un fait dont il faut tenir compte, mais il n'est pas de nature à nous expliquer les convulsions du début qui sont le fait saillant et se produisent pour des doses moins que massives. Sachant, comme il sera expliqué plus loin, que la moelle épinière renferme des éléments, les uns moteurs, les autres inhibiteurs du mouvement, on peut comprendre que l'hyperexcitabilité médullaire résulte d'une action paralytique, *si cette paralysie frappe inégalement les deux espèces d'éléments, les inhibiteurs plus que les moteurs.* On s'explique d'autre part comment des doses un peu fortes de strychnine paralysent sans convulsions les nerfs moteurs squelettiques, quand ceux-ci sont séparés de la moelle, ces nerfs ne contenant pas, comme la moelle, des éléments inhibiteurs.

La strychnine serait bien un curare, mais frappant de préférence les nerfs inhibiteurs du système nerveux animal, lesquels sont réfugiés à l'intérieur du rachis, dans la moelle et les centres supérieurs.

Il suffit d'un milligramme de chlorhydrate de strychnine pour tuer un lapin adulte ; 2 milligrammes et demi à 3 milligrammes peuvent tuer un chien de taille moyenne ; 1 centigramme en injection sous-cutanée, 2 centigrammes pris par la voie gastrique peuvent mettre la vie de l'homme en danger (VULPIAN). L'*upas-antiar* a une action assez analogue à celle de la strychnine au moins par certains de ses effets (DOYON).

Belladone ; atropine. — L'atropine, comme les substances dont il reste à parler, agit électivement sur le système nerveux végétatif et plus particulièrement sur certains de ses nerfs. — A l'égard des nerfs sécréteurs, spécialement des nerfs sudoraux et salivaires, elle agit comme un curare, en détruisant leur excitabilité, en empêchant par conséquent la sécrétion de ces glandes. — A l'égard des nerfs du cœur, elle choisit en eux leurs éléments inhibiteurs ; elle produit une sorte de convulsion du cœur, en précipitant ses battements. Dans ce cas, comme les inhibiteurs cardiaques (par la voie du pneumogastrique) s'étendent en dehors du rachis et sont distincts de ses nerfs moteurs (contenus dans le grand sympathique), on a pu vérifier directement que l'atropine les rend inexcitables.

Un demi-milligramme de sulfate d'atropine en injection sous-cutanée suffit, chez l'homme, pour traduire l'effet du poison par une diminution des sécrétions salivaire et sudorale et accélérer très légèrement le cœur. — L'atropine a des succédanés dans l'*hyosciamine,* la *daturine,* la *duboisine.*

Jaborandi ; pilocarpine. — La pilocarpine a des effets en apparence tout à fait inverses de la substance précédente. Elle paralyse les accélérateurs du cœur (ralentit par conséquent ses battements que l'atropine précipite) ; elle convulse les glandes sudoripares et salivaires, dont nous pouvons admettre qu'elle paralyse les éléments inhibiteurs. Cet antagonisme est même *reversible*, ou, comme on dit encore, *bilatéral*, en ce sens qu'on peut, par l'action alternative et superposée de deux poisons, inverser les effets un certain nombre de fois (pourvu qu'on ne dépasse pas une certaine dose). *L'antagonisme n'est pas entre les deux substances qui se neutraliseraient chimiquement, mais entre les systèmes de nerfs (moteurs et inhibiteurs) qui s'opposent l'un à l'autre* dans leur fonctionnement et que les substances atteignent électivement, l'un de préférence à l'autre suivant les cas. — La pilocarpine a des succédanés dans l'*ésérine* et la *muscarine*.

BIBLIOGRAPHIE.

Fatigue des nerfs. — Altérations diverses, infatigabilité. — ABELOUS, *Arch. de phys.*, 1893, p. 437. — ABELOUS, CHARRIN et LANGLOIS, *Ibid.*, 1892, p. 721. — ABELOUS et LANGLOIS, *Ibid.*, 1892, p. 465. — ALDANESE, *Arch. ital. de biol.*, 1892 et 1893. — BOWDITCH, *Arch. f. Anat. und Phys.*, 1390, p. 505. — CARVALLO, *C. R. Acad. sc.*, 1900, t. CXXX, p. 1212. — GUERRINI, *Arch. ital. de biol.*, 1899, t. XXXII, p. 62. — LAMBERT. — LÉVY-DORN, *Arch. f. Anat. und Phys.*, 1895, p. 199. — MARINESCO, Sénilité et mort cell. nerv., *C. R. Acad. sc.*, 1900, t. CXXX, p. 1136; Lésions..., hyperthermies..., 1898, t. CXXVII, p. 774. — MOLESCHOTT et BATTISTINI, *Arch. ital. de biol.*, 1887, t. VIII, p. 90. — MONTI, Alter. dans inanition, *Arch. ital. de biol.*, 1895, t. XXIV, p. 347. — PUGNAT, *C. R. Acad. sc.*, 1897, t. CXXV, p. 736. — ROSSI, *Arch. ital. de biol.*, 1895, t. XXIII, p. 49. — SZANA, *Arch. f. Anat. und Phys.*, 1891, p. 315.

Courant de repos, d'altération, de démarcation. — D'ARSONVAL, *Biol.*, et *Arch. de phys.*, depuis 1880. — BECQUEREL, *C. R. Acad. sc.*, et *Journ. d'anat. et de phys.*, 1870 et 1874. — BEZOLD (curare), *Arch. f. Anat. und Phys.*, 1860, p. 398. — BIEDERMANN, *Sitz. Wien. Acad.*, XCIII, Abt. III. — DU BOIS-REYMOND, *Untersuch. ub. thier. Electr.*, 1848, et *Archiv.* — ENGELMANN, *Arch. f. d. ges. Phys.*, XV, 1871, 1877. — FRÉDÉRICQ, *Arch. f. Anat. und Phys.*, 1880. — GALVANI, De viribus electricitatis in motu musculari commentarius, *Inst. de Bologne*, 1791. — GRUNHAGEN (curare), *Königsberg. med. Jahrb.*, IV, 1864, p. 199. — HELLWIG, Courant axial, *Arch. f. Anat. und Phys.*, 1898. — HELLWIG, Axial strom, *Journ. of Phys.*, 1898. — HERING, Theorie der Vorgänge in der Lebend. Subst., *Lotos*, IX, Prag. 1888. — HERMANN, Untersuch. z. Physiol. der Muskeln und Nerven. Berlin, 1868; *Handbuch d. Physiol.*, 1re partie, 2o vol., p. 144, index bibliographique jusqu'à 1879. — DE HUMBOLDT, Expér. sur le galvanisme, 1799. — MATTEUCCI, Essai sur les phénom. électr. des anim., Paris, 1844; Leçon sur électr. animale, Paris, 1856; Cours d'électrophysiol., Paris, 1858. — MENDELSSOHN, Courant axial, *Arch. f. Anat. und Phys.*, 1885; Art. « Electricité » dans *Dict. de phys.*, index bibliographique. — MORAT, Art. « Electrophysiologie » dans *Dict. encyclopéd. des sc. méd.* — CH. RICHET. Physiol. des muscles et des nerfs. — SCHIFT, Lerbuch d. Musk. und Nerv., *Phys. physiol.*, 1858. — STRONG, Physical theory, *Journ. of Phys.*, 1900. — VALENTIN, *Arch. f. d. ges. Phys.*, I. — VOLTA, Électricité dite animale, *Ann. de chimie*, 1797-1799; Collez. dell. opere, Firenze, 1816. — G. WEISS, Technique d'électrophysiologie, Paris, Masson. Encyclopédie des aide-mémoire. — WEDINSKY, *Arch. f. Anat. und Phys.*, 1883. — WUNDT, Traité de phys. et mécanique des nerfs.

Variation négative. — BERNSTEIN, Ub. reflector. neg. Schwank. d. Nerv. strom. und die Reizleit. im Reflexwegen, *Arch. Psychiatr. Nervenkr.*, XXX, 651. — BIEDERMANN, Nerfs sans myéline..., *Sitz. Wien. Acad.*, XCIII, Abt. III. — BORRUTTAU, Seuil de la variation, *Arch. f. d. ges. Phys.*, LXV, 1. — DANILEWSKY, Cerveau... C. P. 1891. — DU BOIS-REYMOND, Untersuchungen. — CHARPENTIER, Oscill. nerveuses, *C. R. Acad. sc.*, 1899, t. CXXI, p. 38. — ENGELMANN, *Arch. f. d. ges. Phys.*, 1871. — GOTCH et HORSLEY, Excit. centres, *Philosoph. Trans.*, 1891. — EXNER, In welcher weise tritt die negat. Schwank. d. spinal ganglion, *Arch. f. Anat. und Phys.*, 1877, p. 567. — GRUTZNER, *Arch. f. d. ges. Phys.*, XXVIII et XXXII. — HEAD, Variation négative et variation positive, *Arch. f. d. ges. Phys.*, XL, p. 207. — HERING, *Sitz. Wien. Acad.*, LXXXVIII et LXXXIX. — HERZEN, *Revue scient.*, 4o série, t. XIII. — HOORWEG, *Arch. f. d. ges. Phys.*, LIII et LIV. — HERMANN, *Arch. Pflüger*, 1878, t. XVIII, p. 574. — MACDONALD et W. REID, Phrenic. resp. centres, *Journ. of Phys.*, 1898-9, p. 100. — MENDELSSOHN, Var. cour. axial., *C. R. Acad. sc.*, 1899. — J.-J. MÜLLER, Rapport avec la grandeur de l'excitation, *Unter. phys.*

Labor., Zurich, 1869. — Setchenow, Moelle épin., *Arch. f. d. ges. Phys.*, 1886. — Schönlein, Summation... *Arch. f. Anat. und Phys.*, 1886. — Steiner, Temperat... *Arch. f. Anat. und Phys.*, 1883. — Tigerstedt, *Arch. phys. Labor.*, Stockholm, fasc. II. — A.-D. Waller, Action des substances toxiques, *Brain*, XIX, 43, 277, 569. — *Journ. of Phys.*, XIX.

Electrotonus. — Baranowski et Garré, *Arch. Pflüger*, 1880. — Bernstein, *Arch. f. Anat. und Phys.*, 1886. — Biedermann, Electrophysiologie, 1895; *Wiener Acad. Wissensch.*, 1887. — Du Bois-Reymond, Unters. üb. thier. Electric., 1848; *Ges. Abhandl.*, 1859; *Berliner Acad. Wissen* et *Arch. f. Anat. und Phys.*, 1859 et suiv. — Bordier, *Arch. de phys.*, 1897. — Brenner, Unters. und Beob. auf d. Gebiete d. Electrotherap., 1869. — Charbonnel-Salle, *Biol.*, 1893 et année suiv., *Arch. de phys.*, 1893 à 1896. — Charpentier, *Biol.*, 1893 et suiv., *Arch. de phys.*, 1893 et suiv.; *C. R. Acad. sc.* — Chauveau, Effets physiol. de l'électr., *Journ. de la phys.*, 1858-1860. — Donders, *Arch. f. d. ges. Phys.*, 1871. — Fick, Unters. üb. electr. Nervenreiz., 1864. — V. Fleischl, *Arch. f. Anat. und Phys.*, 1885. — Gad et Piokowsky, *Arch. f. Anat. und Phys.*, 1893. — Grünhagen, Die electromot. Eigensch. lebend. Gewebe, Berlin, 1873, et *Arch. f. d. ges. Phys.*, 1873. — Grützner, *Arch. f. d. ges. Phys.*, XXVIII. — Hallsten, Nerfs sensibles, *Arch. f. Anat. und Phys.*, 1880. — Helmholtz, Opt. phys. — Hermann, *Arch. Pflüger*, 1874 et 1879. — Kuhne, Unters. üb. d. Protoplasma, 1864. — Martin-Magron et Fernet, *C. R. Acad. sc.*, 1860. — Matteucci, *C. R. Acad. sc.*, 1838, 1863, 1867, 1868; Traité des phénom. électrophysiol. des animaux, 1844. — Mendelssohn, Electrotonus des nerfs sans myéline, *Biol.*, 1900; N. sensitif, *C. R. Acad. sc.*, 1884; Art. « Electrotronus » dans *Dict. de phys.*, index bibliographique. — Morat et Toussaint, Electrotonus dans l'excitation unipolaire, *C. R. Acad. sc.*, LXXXIV. — Nobili, *Ann. de chimie et de physique*, 1830. — Piotrowski, *Arch. f. Anat. und Phys.*, 1893. — Pflüger, Unters. üb. d. Physiol. d. Electrotonus, 1859. — Regnauld, *Journ. de physiol.*, 1588. — Schiff, Lehrb. d. Muskel und Nervenphys., 1858. — Stewart, *Journ. of Phys.*, 1888 et 1889. — Tigerstedt, Studien üb. mechan. Nervenreizung, *Acta Soc. Fennicae*, 1880; *Arbeit. phys. Lab.*, Stockholm, III. — Teschiriew, *Arch. f. Anat. und Phys.*, 1879-1883. — Valentin, Lehrb. Physiol. d. Mensch., 1848. — Verworne, Galvanotropisme; Act. électr. sur protoplasma, *Allgem. Physiol.*, 1895; *Arch. f. d. ges. Phys.*, LXII. — Waller, *Journ. of Physiol.*, 1898. — Waller et Watteville, Electrotonus chez l'homme, *Philos. Trans.*, 1882. — Watteville, Electrot. chez l'homme, Thèse, 1883. — Wedensky, *Arch. de phys. norm. et path.*, 1891. — Werigo, *Arch. f. d. ges. Phys.*, 1885. — Wundt, Unters. z. Mechan. d. Nerven und Nervencentra, 1871. — Zurhelle, Nerfs sensitifs, *Unter. Lab.*, Bonn, 1865; Thèse Berlin, 1864.

Anesthésiques. — Arloing, Thèse doctorat, Lyon, 1879; Identité des conditions pour obtenir l'anesthésie générale dans les animaux et les végétaux, *Soc. sc. méd.*, Lyon, 1882; *Biol.*, 1882; Nouveau mode d'administr. éther, chlorof., chloral à la sensitive; application à la détermination de la vitesse des liquides dans les organes de cette plante, *C. R. Acad. sc.*, 1879; Influence des feuilles envisagées comme cause de la circulation des liquides nutritifs, *Soc. agricult.*, Lyon, 1883. — Cl. Bernard, Leçons sur les anesthésiques et l'asphyxie, Paris, 1875. — Budin et Coyne, État de la pupille, *Biol.*, 1875; *Arch. de phys.* — Dastre, Les anesthésiques, physiologie et applications chirurgicales, Paris, 1890; *Revue sc. méd.*, art. « Chloral », 1881. — R. Dubois, Anesthésie physiologique et ses applications, Paris, 1894. — Flourens, *C. R. Acad. sc.*, 1851. — Joteyko et Stefanowska, Anesth. gén. et anesth. locale, *C. R. Acad. sc.*, 1889; *Biol.*, 1902. — Richet, Art. « Anesthésie » dans *Dictionnaire*, index bibliographique. — Soulier, Traité de thérapeutique. — Vulpian, *C. R. Acad. sc.*, 1878.

Cocaïne. — Albertoni, Protoplasma, *Arch. ital. de biol.*, 1891. — Von Anrep, *Arch. de Pflüger*, 1880, p. 38. — Belmondo, Écorce cérébrale, *Lo Sperimentale*, 1891. — Dastre, *Revue sc. méd.*, 1892. — Ferreira da Silva, Réaction..., *Journ. de pharm. et de chim.*, XII. — François-Franck, Techn. expér., *Arch. de phys.*, 1892. — Gley, *Biol.*, 1891. — Mosso, *Arch. ital. de biol.*, 1891.

Curare. — Cl. Bernard, Physiologie expérimentale; subst. toxiq. et médic.; science expérimentale. — Bezold, *Arch. Reich. et du Bois Reymond*, 1860. — Bochefontaine et Tiryakan, Conine..., *C. R. Acad. sc.*, 1878. — Boehm, Chemisch. Stud., *Beitrag. z. Phys. Carl Ludwig. Festschr.*, 1887; *Arch. de Pflüger*, 1875 et 1894; *Arch. de pharm.*, 1897. — Couty, Act. convulsiv., *C. R. Acad. sc.*, 1882. — Curare et strych., *Ibid.*, 1882. — Couty et Lacerda, Excit. muscul. du début..., *Biol.*, 1880; Le curare, son origine, son action, ses usages, *Arch. de phys.*, 1880. — Dastre, Action du curare, *Biol.*, 1884. — Jolyet et Pelissard, *Biol.*, 1868. — Joteko, Curare et poisons curarisants, *Dict. de phys.*, index bibliogr. — Hermann, *Revue sc. méd.*, 1879, t. XIV. — Kölliker, *Arch. f. Anat.*

und Phys., 1856. — W. Mitchell, *Journ. de la phys.*, 1862. — A. Moreau, *C. R. Acad. sc.*, 1860. — Pélikan, *Bull. Acad. sc.*, Saint-Pétersbourg, 1857, t. III. — Pollitzer, *Journ. of Phys.*, 1886. — Schiff, *Ges. Beitr. z. Phys.* 1896. — Tarchanoff, *Arch. de phys.*, 1875. — Voisin et Liouville, *Journ. d'anat. et de physiol.*, 1867. — Vulpian, *Arch. de phys.*, 1876 ; Leçons sur les subst. toxiques.

Strychnine. — Cl. Bernard, Subst. toxiq. et médicamenteuses. — Couty, *C. R. Acad. sc.*, 1883. — Delaunoy, *C. R. Acad. sc.*, 1881. — Delezenne, Act. vaso-dilat., *Arch. de phys.*, 1894. — M. Doyon, Upas antiar, *Arch. de phys.*, 1882. — E. Heckel, *Revue scient.*, 1879. — Magendie, *C. R. Acad. sc.*, mémoire, 1809. — Martin-Magron et Buisson, Strych. et curare, *Journ. de Br.-Séq.*, t. II, III et IV. — Th. Mays, Brucine et strychnine, *Journ. of. Phys.*, 1887. — A. Moreau, *Biol.*, 1865. — Ch. Richet, *C. R. Acad. sc.*, 1880, t. XCI, p. 131. — Schiff, Infl. pupille, *Arch. de Pflüger*, 1871. — Stannius, *Müller's Arch.*, 1837, p. 223. — Verworn, *Arch. f. Anat. und Phys.*, 1900. — Vulpian, *Arch. de phys.*, 1870 ; *C. R. Acad. sc.*, 1882, t. XCIV, p. 555 ; Leçons sur subst. toxiq. et médicament., Paris, O. Doin, 1882.

Atropine. — Heidenhain, *Arch. de Pflüger*, 1872. — Keuchel, Thèse Dorpat, 1868. — A. Marcacci, Cinchonamine..., *Arch. ital. de biol.*, 1888. — A. Meuriot, Thèse Paris, 1868 (bibliographie). — Nuel, Art. « Atropine », *Dict. de phys.*, index bibliogr. — Schmiedeberg, *Ber. d. Sach. Gesell. f. Wiss.*, 1870. — Schiff, *Moleschott's Unters.*, 1865.

Jaborandi. — **Pilocarpine**. — Gysi, Thèse Berne, 1879. — Hardy, *Revue sc. méd.*, t. XI, 1878, p. 767. — Langley, *Stud. fr. the Phys. Labor.*, Univers. Cambridge, 1877. — Ortille, *Bull. thérap.*, 1879. — Oulmont et Laurent, Hyosc. et datur., *Arch. phys.*, 1870. — Pilicier, Thèse Berne, 1875. — Pitois, Thèse Paris, 1879, n° 162. — Rabuteau, *Union médicale*, 1874. — Robillard, Thèse de Lille, 1881. — A. Robin, Étud. physiol. et thérap. sur jabor., Paris, Masson. — Vulpian, Leçons sur les subst. tox. et médicam.

Antagonisme. — J.-N. Langley, *Brit. med. Journ.*, 1875 ; *Journ. of Anat. and Phys.*, 1880-1882. — Luchsinger, *Arch. de Pflüger*, 1877 et suiv. — Morat, *Revue scient.*, 1892 ; *Dict. de phys.*, art. « Antagonisme ». — Is. Ott, Muscar. et atrop., *Journ. of Phys.*, 1878-1879. — Prévost, *Arch. de phys.*, 1877, et *C. R. Acad. sc.* — Rossbach, *Arch. de Pflüger*, 1875. — Sydney Ringer and Morshead, Atrop. piloc., *Journ. of Phys.*, 1879-1880. — Schmiedeberg, Elem. de pharmacodyn., trad. franç., 1893. — Sticker, *Centralbl. f. klin. Med.*, 1892.

Anémie. — Cl. Bernard, Rapport sur la physiologie, 1867. — Richet, Les nerfs et les muscles. — Stefani et Cavazzani, *Arch. ital. de biol.*, 1888, t. X, p. 202.

DEUXIÈME PARTIE
FONCTIONS SYSTÉMATIQUES

Les fonctions que nous appelons systématiques se distinguent des fonctions cellulaires, comme le tout se distingue de la partie; ce sont des *fonctions qui naissent d'associations et de rapports définis établis entre ces fonctions cellulaires*, comme les systèmes qui les supportent naissent eux-mêmes de l'association et des rapports établis entre leurs cellules composantes. Ces fonctions et ces systèmes forment, les premières au point de vue dynamique, les seconds au point de vue statique, des ensembles parfaitement cohérents; l'organisme animal n'est lui-même qu'un ensemble de ce genre dont le système nerveux contribue à solidariser étroitement toutes les parties. A l'analyse, cet organisme se résoud en des ensembles faits à son image, véritables systèmes partiels, dont les surfaces de partage se prolongent dans le système nerveux, en différents sens. Établir leurs limites souvent changeantes, leurs fonctions spécifiques, leurs rapports mutuels, tel est le but que se propose l'étude du tissu nerveux considéré en tant que système et qui, dans l'état présent de nos connaissances, n'est encore que très imparfaitement atteint.

La notion de système. — Un système est un tout composé de parties ayant entre elles une liaison déterminée qui donne à l'ensemble, c'est-à-dire au système, sa cohésion, son existence. Un système est à la fois une *unité* et une *multiplicité*: il est l'un ou l'autre, suivant le sens de l'analyse idéale ou expérimentale à laquelle nous le soumettons.

Rien n'est isolé dans l'univers: tout système est rattaché à d'autres systèmes par des liens extérieurs à lui-même; rompons ses liens avec le dehors, il nous apparaît dans son unité; rompons ensuite ses liens intérieurs, il nous livre ses éléments composants.

Tous les développements qui vont suivre sur le système nerveux vont nous le montrer tel: il établit des liens qui nous rattachent à l'extérieur; d'autre part, ses parties constituantes sont solidarisées de manière à réaliser une unité dont nous avons nous-même conscience.

La notion d'élément. — Pris dans un sens absolu, le mot *élément* désigne le terme irréductible auquel nous conduit l'analyse dans une science donnée. Pris dans un sens relatif, il signifie une partie composante quelconque que l'analyse a retirée d'un ensemble systématisé. — Dans un ensemble organisé comme l'être vivant, les parties composantes que nous livre l'analyse immédiate sont elles-mêmes des ensembles organisés, des systèmes au sens propre du mot, et ces systèmes se résolvent eux-mêmes en d'autres plus simples. — Les biologistes appellent souvent éléments les *cellules* composantes des tissus. Malgré qu'on se rende bien compte maintenant que la cellule n'est pas un élément irréductible, mais qu'elle est elle-même un système de grandeur microscopique, cette appellation sera conservée, parce que, dans l'analyse biologique, la cellule marque un terme bien mieux caractérisé que tous les autres ; ce qu'elle doit à ses limites mieux définies et à son unité évidente.

Le système nerveux est donc *composé de systèmes partiels* ou sous-systèmes, *plus ou moins formés à son image*, et l'analyse de ces systèmes partiels nous conduit, comme dans les autres appareils, à des éléments cellulaires. Ce sont ces éléments qui ont été étudiés dans la première partie et qui, mieux connus maintenant dans leurs limites et leur constitution, sont les neurones. Nous avons fait voir que, loin d'être homogènes et irréductibles, ils nous présentent eux aussi une organisation intérieure et des fonctions différenciées.

La notion de fonction. — Dans l'être vivant tout est fonction, parce que tout y tend vers une fin déterminée. La notion de fonction se relie étroitement et se superpose à la notion de système. La fonction représente le côté dynamique de l'être vivant, dont le système représente le côté statique : elle n'est autre que le lien qui coordonne les pièces d'un système et lui confère son unité.

Deux espèces de fonctions. — L'étude de l'organisme, celle de son système nerveux qui reproduit ses grands traits, celle des systèmes partiels en lesquels il se décompose, nous y montrent deux espèces de liens : les uns, purement intérieurs, solidarisent les pièces du système et font son unité; les autres, extérieurs, le rattachent à des ensembles plus grands dont il dépend et fait partie. De par la nature même des choses, il y a donc toujours deux espèces de fonctions : les unes, de relation purement intérieure, dites *de conservation*, que dans les êtres doués de vie on appelle généralement *de nutrition* ; les autres, de *relation* au contraire *extérieure*, ou de relation proprement dite de l'organisme ou du système considéré avec d'autres organismes ou d'autres systèmes de même valeur.

Relations externes et relations internes. — Le système nerveux présente avec évidence ces deux ordres de relations et de fonctions. Il nous rattache à nos semblables et il rattache intérieurement les parties composantes de notre être. Mais à mesure que nous le décomposons, par l'expérience ou simplement par la pensée, en ses sous-systèmes composants de valeur successivement décroissante, les deux ordres de fonctions deviennent attribuables à chacune de ces unités : chacune a ses fonctions de conservation et ses fonctions de relation, et la même fonction est à la fois de relation et de conservation, suivant qu'on envisage les organes qu'elle réunit comme des systèmes séparés ou comme un seul ensemble cohérent.

Plasticité du système nerveux. — Et, de fait, ces systèmes sont susceptibles d'isolement et de fusion ; grâce à l'extrême plasticité du système nerveux, ils se rassemblent et se séparent, suivant des plans extrêmement variés. Sans se rompre absolument, les liens se relâchent à certains endroits, pendant qu'ils se renforcent à d'autres. Cette mobilité et ce nuancement rendent extrêmement difficile l'étude des fonctions des systèmes : cette étude n'en est pas moins essentielle. Pour le bien comprendre, il faut savoir que les phénomènes de la sensibilité consciente réclame l'association d'un grand nombre d'éléments coordonnés, autrement dit ne se développent que dans des ensembles systématisés de neurones. Si, en effet, le mouvement est présent partout (sous forme visible ou invisible) dans la fonction cellulaire, il n'en est pas de même de la conscience : *les fonctions conscientes sont essentiellement des fonctions systématiques.*

DONNÉES PRIMORDIALES.

Relations de la sensibilité et du mouvement. — Que les fonctions expriment des relations extérieures ou intérieures à l'organisme, extérieures ou intérieures à un système considéré, elles ont toutes pour fondement des relations définies entre ces deux choses que nous appelons le mouvement et la sensibilité. De la liaison plus ou moins compliquée qui existe entre ces deux phénomènes dépend la valeur de la fonction et celle du système qui la réalise. A mesure que l'organisation se complique, c'est-à-dire que les systèmes s'associent et se superposent, le phénomène sensitif devient plus évident et à son tour gouverne des mouvements plus différenciés et plus variés. C'est ce qui apparaîtra clairement par l'étude analytique et détaillée de chacune des fonctions de système. Seulement, pour rendre cette étude elle-même plus claire à mesure qu'elle se poursuivra, il faut rappeler quelques définitions et donner quelques éclaircissements sur les deux phénomènes essentiels à toute fonction de l'être vivant.

L'étude de la fonction d'innervation nous met, disons-nous, en présence de deux catégories de faits, que nos moyens présents d'observation et d'analyse nous font considérer comme irréductibles ; ce sont, d'une part, le *mouvement*, et, d'autre part, la *sensation*. Non pas que cette étude ne nous fasse voir, à chaque instant, leurs relations et leurs dépendances ; mais, en raison sans doute de l'imperfection des renseignements qu'elle nous fournit sur l'un aussi bien que sur l'autre, elle n'arrive pas à combler la lacune qui les sépare ; force nous est, par conséquent, d'accepter la dualité phénoménale qui les distingue.

Origine des deux notions. — La notion de mouvement nous vient primitivement de l'*extérieur*. Nos propres mouvements ne nous sont connus comme tels que par artifice et raisonnement (contrôle réciproque des différents sens) ; quant aux mouvements les plus intimes de notre être, ils ne parviennent et ne parviendront à notre connaissance que par les efforts de plus en plus grands du raisonnement et de l'analyse scientifiques.

La sensation est, par contre, un fait *intérieur* à nous-mêmes. — Les sensations des autres, semblables à celles que nous constatons chez nous, ne nous sont connues que par artifice et raisonnement (comparaison des effets moteurs de ces sensations chez nous et chez eux) ; quant aux sensations les plus élémentaires des êtres autres que nous, elles ne nous sont et ne nous seront de leur côté connues que par les efforts persévérants du raisonnement et de l'analyse scientifiques ; les procédés d'étude des deux phénomènes, pour inverses qu'ils soient, ne pouvant différer fondamentalement.

En somme, nous voyons bien que le mouvement extérieur se prolonge en nous et que la sensation existe hors de nous ; mais nous n'arrivons pas à superposer les deux choses (ni en nous, ni hors de nous) assez exactement pour que les deux phénomènes nous apparaissent comme deux points de vue, deux faces, deux modalités d'une seule et même chose, au lieu de rester deux catégories séparées de phénomènes irréductibles.

Analyse des deux phénomènes. — Dans l'état présent de nos sciences, l'étude du mouvement est infiniment plus avancée que celle de la sensation. Pour cette raison, le mouvement sert non seulement de témoin, mais aussi de modèle à l'étude de la sensation.

Nous savons que les mouvements complexes sont décomposables en mouvements plus simples et que cette décomposition peut être poussée plus ou moins loin, sans que nous puissions atteindre d'une façon certaine les éléments premiers du mouvement. — Il en est de même pour les sensations : il y en a de complexes qui enveloppent des éléments isolables, lesquels sont à leur tour plus ou moins facilement décomposables en éléments encore plus simples.

A première vue, il saute aux yeux que l'analyse peut être poussée beaucoup plus avant dans l'ordre du mouvement que dans celui de la sensation. Pour qu'une sensation soit présente à notre conscience, il faut qu'elle se développe dans un champ nerveux qui réalise une organisation très complexe. — Inversement, si nous essayons de faire la synthèse des mouvements qui lui correspondent, dans le système nerveux notamment, nous serons tout aussi empêchés d'y réussir (1). Encore une fois, les deux ordres de connaissances se rejoignent par des limites qui s'imbriquent, mais ne se superposent pas.

Processus d'association. — La sensation la plus simple de celles qui arrivent à notre conscience est donc déjà en soi-même un complexus, qui couvre une série progressive d'opérations, fondues en quelque sorte dans l'unité du résultat. Pour parler le langage plus concret de l'anatomie, *elle n'est pas un phénomène cellulaire, elle est une fonction systématique*. — Si la sensation est actuelle, elle implique l'association d'éléments qui vont de l'un de nos sens à l'écorce cérébrale ; si elle est une sensation rappelée, un souvenir, elle implique la coopération d'éléments cérébraux appartenant pour le moins à l'écorce et peut-être à d'autres parties du cerveau, car la limite, ici, n'est pas facile à déterminer. Dans tous les cas, elle est un phénomène évolutif, qui suppose un processus d'association des éléments cellulaires du système nerveux ou, plus exactement, des unités dynamiques qui correspondent à ces unités cellulaires.

Seuil de la conscience. — La conscience a des degrés en même temps que son champ a des limites variables. Tel acte qui s'opère en nous et qui n'est pas présent à notre conscience peut le devenir par le mécanisme du phénomène intérieur qu'on appelle l'*attention*. L'instant d'avant, cet acte était au-dessous du seuil de la conscience ; puis il a atteint le degré où il devient nettement conscient. Ce seuil correspond donc à un degré de la conscience, fixé un peu arbitrairement, pour éliminer du conscient tout ce qui n'en représente qu'une valeur douteuse ou difficilement perceptible. En pratique, nous faisons rentrer dans l'inconscient toute conscience nue de l'être et nous réservons le nom de *conscient* à la reconnaissance plus ou moins analytique et détaillée de l'être.

Sensation simple. — Si la sensation présente des degrés et des nuances dans son intensité, elle en présente plus encore dans sa complexité. — Nous acceptons, avons-nous dit, comme élémentaire un fait que nous savons au fond

---

(1) Si l'on s'en étonne, il faut réfléchir que notre organisme est construit dans un but pratique et non dans un but de spéculation. Des sensations qui seraient localisées à des territoires correspondant à nos cellules composantes seraient, par leur excès de localisation, sans utilité pour nous ; comme la vue synthétique directe des mouvements qui correspondent à une sensation ordinaire nous détournerait de la considération des mouvements extérieurs beaucoup plus simples, qu'il nous importe au contraire de connaître.

complexe, mais qui résiste à l'analyse intérieure que nous tentons d'en faire en nous-mêmes. Ce fait, c'est ce qu'on appelle la *sensation simple*. Une piqûre d'aiguille, la vision d'un point lumineux, l'audition d'un son bref, peuvent nous en fournir des exemples vulgaires. La sensation simple s'accompagne déjà de perception; l'objet est perçu comme tel, c'est-à-dire reconnu. Si la perception fait défaut, c'est alors la *sensation brute*.

Modalités spécifiques. — Ces différents exemples de sensation, de contact, de lumière, de sonorité, etc. représentent ce qu'on appelle des modalités spécifiques (non réductibles les unes aux autres) de la sensation; chacune d'elles peut, du reste, embrasser des nuances variées (couleur, tonalité, etc.).

Sensations complexes. — Les sensations simples de nuances différentes s'associent entre elles, pour former des sensations complexes, dans lesquelles les éléments composants sont assez bien fusionnés pour ne plus apparaître distinctement : chaque sens nous fournirait des exemples de ce genre. Les sensations spécifiques des différents sens s'associent à leur tour dans un phénomène qui ne porte plus le nom de *sensation* et qui marque un progrès définitif, dans l'évolution de cette série de phénomènes intérieurs.

Idée. — Par leurs associations, ces sensations, de forme, de provenance et de complexité si diverses, donnent à leur tour naissance à un processus psychique nouveau, plus compliqué qu'elles-mêmes, qui est l'*idée*. La genèse de la sensation, à partir de ses éléments, ne nous est pas connue dans son mécanisme, parce que ces éléments eux-mêmes ne sont pas accessibles à la conscience : autrement dit, la conscience ne commence à devenir claire qu'autant que ces éléments sont associés dans une sensation ; isolés, ils lui échappent. La genèse de l'idée, par l'association des sensations, devient par contre accessible à l'*observation intérieure*. La psychologie a, de tout temps, largement utilisé ce moyen, pour l'étude de la formation des idées. Le progrès a consisté, de nos jours, à faire pénétrer l'*observation extérieure* et l'*expérience* jusque dans ce domaine. Chez l'homme et chez les animaux, on trouve réalisées ou on réalise expérimentalement des lésions du système nerveux, qui dissocient ces manifestations complexes de la conscience, suppriment les unes, laissent persister les autres, et nous éclairent ainsi, bien que d'un jour encore faible et trop souvent incertain, sur les conditions de leur existence.

Connaissance; reconnaissance. — Les éléments psychiques qui forment les sensations et les idées ne sont pas seulement associés d'une façon actuelle ou contemporaine; le fonctionnement régulier du système nerveux leur assure en plus une liaison, une association, partant une continuité à travers le temps. — Les sensations et les idées nouvelles, qui se forment en nous, rappellent à l'existence les sensations et les idées antérieures du même ordre : nous reconnaissons les objets, les mouvements, les phénomènes, les signes, les symboles, qui antérieurement ont fait déjà impression sur nous, quand cette impression vient à se renouveler. Ce rappel à l'existence de sensations et d'idées antérieures, qui semblaient effacées en nous, implique qu'elles s'y étaient en réalité conservées, à un état comme latent, dissimulé, que, dans l'espèce, on appelle l'*état inconscient*. Les impressions nouvelles les ramènent au seuil de la conscience. C'est le souvenir ou reconnaissance des phénomènes avec lesquels nous avons déjà eu contact.

Résidu. — Autrement dit, toute impression, toute sensation laisse en nous un *résidu*. Les sensations nouvelles du même ordre s'y superposent, par conséquent s'y associent, en le rappelant à l'actualité. Cette identification du phénomène nouveau avec l'ancien, à travers le temps, nous permet de le reconnaître; à défaut de cette identification, l'expérience du passé n'existerait pas pour nous, l'action du monde extérieur sur nos sens représenterait un perpétuel nouveau, c'est-à-dire un perpétuel inconnu.

Remarque. — Il peut sembler que ces données sur les processus psychiques seraient mieux à leur place à la fin de l'étude des fonctions nerveuses, comme leur conclusion dernière, et non à son début. Nous les y retrouverons effectivement dans l'analyse d'un certain nombre de cas particuliers, notamment de la fonction du langage; mais, dès les premiers pas que nous ferons dans cette étude, nous allons rencontrer précisément ces phénomènes de sensibilité, s'offrant à nous comme conséquence inévitable de toute expérience, de toute analyse du système nerveux. — Dans l'ordre du mouvement, nous pouvons, si nous le voulons, aller du simple au composé ; dans l'ordre de la sensibilité, c'est un phénomène déjà synthétique qui s'offre à nous, comme première donnée saisissable. Force nous est de le décrire sommairement tout d'abord, quitte à justifier nos affirmations, à mesure que les faits d'observation et d'expérience se dérouleront devant nous. Moins que toute autre science, la physiologie peut procéder par voie déductive ; dans l'être vivant tout se tient, tout s'enchaîne étroitement ; ce qui fait que, dans l'étude de ses fonctions, c'est du composé au simple que nous procédons assez souvent.

PREMIÈRE SECTION

L'ORGANISATION NERVEUSE

L'organisation nerveuse a pour base une liaison, une dépendance réciproque de la sensibilité et du mouvement. Ses perfectionnements lui viennent des formes multiples et nuancées qu'affectent l'un et l'autre phénomène, ainsi que des associations sans nombre qu'ils sont susceptibles de réaliser. Les voies centripètes canalisent des excitations qui sont multiples et diverses dès leur origine (organes des sens) ; les voies centrifuges aboutissent à des muscles (ou organes équivalents), eux-mêmes nombreux et divers, pour la réalisation d'actes visibles ou cachés, qui marquent la fin de l'évolution du processus nerveux. Du début à la fin de celui-ci s'intercale le phénomène de sensibilité : sa valeur va croissant avec la complication des voies nerveuses, suivies par l'excitation, et aussi par le séjour qu'elle fait dans ces voies.

Cette complication est ordonnée ; elle procède de lignes simples et d'un plan reconnaissable. Il nous faut d'abord indiquer ce plan général, par lequel se dessine aux yeux l'organisation des excitations. En lui superposant les données de l'expérimentation, il nous fera voir la marche de celles-ci ; leurs courants tantôt divergents, tantôt parallèles et tantôt confluents ; leurs conflits multipliés ; leurs renforcements, leurs partages et leurs ajournements ; toutes circonstances qui ne nous expliquent pas encore ces faits de l'observation intérieure que nous appelons la sensation et l'idée, mais qui manifestement les conditionnent et nous donnent prise sur eux, dans la pratique expérimentale et d'ores et déjà dans le traitement des maladies nerveuses.

Son schème. — On distingue en anatomie un système nerveux *périphérique* et un système nerveux *profond* (celui qu'on appelle généralement *central*).

a. *Système inférieur.* — Cette distinction est justifiée physiologiquement, à la condition de faire le partage, non pas à la terminaison et à l'origine apparentes des racines sensitives et motrices, mais à leur terminaison et à leur origine réelles dans la substance grise bulbo-médullaire. La limite conventionnelle des deux systèmes est découpée dans cette substance grise.

Le long cylindre qui représente celle-ci est le rendez-vous *direct* des impressions périphériques, en même temps que le point de départ *immédiat* des réactions motrices ; il est un lieu de systématisation et d'organisation des excitations ; il est la clef de voûte du système périphérique ou *inférieur*.

b. *Système supérieur*. — Un autre lieu de substance grise, ayant la forme d'une sphère plissée, existe à la surface du cerveau : il est relié au précédent par des connectifs à conduction pour les uns ascendante et pour les autres descendante, qui lui apportent les excitations reçues par celui-ci et qui les lui remportent. Il n'a de communication avec l'extérieur que de façon *indirecte* et *médiate* ; il travaille sur les matériaux préparés par l'axe gris, auxquels il donne une nouvelle organisation, et il réagit sur l'extérieur par l'entremise de ce même axe gris, dont il utilise les associations motrices également toutes préparées : c'est la clef de voûte du système profond ou *supérieur*.

Les conducteurs qui projettent l'excitation (en deux sens différents) entre la périphérie et l'axe gris sont les *fibres de projection* dites *du premier ordre*. Celles qui la projettent entre les deux lieux sus-indiqués de substance grise sont les *fibres de projection du second ordre*.

Extension de l'axe gris hors du rachis. — Ganglions du grand sympathique. — Ce schème si simple demande aussitôt quelques corrections et adjonctions pour ne pas rester en dehors de la réalité. Extérieurement au canal rachidien, l'axe gris se prolonge sous forme de petites masses grises disséminées, les *ganglions du grand sympathique*, qui ont les fonctions sensitivo-motrices de la moelle épinière.

Prolongements supérieurs de l'axe gris. — Tout en haut, au-dessus du bulbe rachidien, après que l'axe gris a récolté tous les conducteurs de la sensibilité générale, on le voit surmonté par des masses discontinues (les *corps genouillés* interne et externe, les *tubercules quadrijumeaux* postérieur et antérieur, les *corps mamillaires*), qui appartiennent à des sens spéciaux (audition, vision, olfaction) et forment, au point de vue fonctionnel, comme des prolongements différenciés de cet axe lui-même. — Plus haut encore, nous trouvons une masse grise importante, le *thalamus* ou *couche optique*, qui apporte une complication nouvelle dans cette architecture jusqu'ici en apparence si simple. Cette masse, composée de territoires distincts, dont chacun appartient à l'un des sens qui se partagent le système nerveux, n'est plus placée à l'union des fibres de projection du premier et du second ordre, mais sur le trajet même de ces dernières. Pour mieux dire, les voies ascendantes ou sensitives, qui vont de l'axe gris à l'écorce cérébrale, sont interrompues dans la couche optique, en majeure partie pour la plupart des observateurs, toutes même pour quelques-uns. Cette interruption si visible n'est pas la seule que subissent les chemins de l'excitation ascendante ; nous en trouvons de semblables dès la moelle épinière, ce qui fait qu'on divise ces voies en deux espèces : les unes *longues*, allant de l'axe gris à l'écorce ; les autres *courtes*, affectant suivant les cas toutes les longueurs.

Un autre organe, qui lui aussi a la valeur d'un système, le *cervelet*, par les connexions qui le relient à l'axe gris et à l'écorce, complique encore cet ensemble que nous appelons dans sa totalité le système supérieur ou profond. De toutes façons, le trajet des excitations, qui parcourent ce système supérieur, est extrêmement accidenté et, à ce point de vue, contraste avec la simplicité relative de leur marche dans le système inférieur.

Systèmes juxtaposés équivalents. — En plus des divisions qui viennent d'être indiquées, le système nerveux en offre encore d'autres, dans un sens tout différent. En plus des coupures transversales qui en marquent les étages, il présente des fissurations sur sa longueur, qui répondent elles aussi à des systématisations différenciées. — A son origine dans les organes des sens, le système nerveux affecte des territoires en même temps que des fonctions nettement séparés : à la surface du cerveau, l'écorce (chose remarquable) reproduit ces divisions. Elle les reproduit en répétant non seulement les territoires affectés à chaque sens, mais certaines divisions et subdivisions topographiques de ces territoires eux-mêmes. Le cerveau est métamérisé comme la moelle épinière, en prenant, il est vrai, le mot *métamérisé* dans son sens le plus général et non pas étroitement embryologique. La couche optique présente une métamérisation semblable, qui répète celle des territoires sensoriels, périphériques, médullaires, et finalement corticaux. Le cervelet, organe le moins métamérisé parmi ces masses grises, a des connexions plus spéciales avec certains sens qu'avec d'autres (équilibration, vision, tact).

Associations des systèmes. — Tel est le plan de nouveau très simple, qui partage le système nerveux en systèmes, non plus superposés, mais juxtaposés, qui prennent dans les précédents leurs éléments constitutifs. Mais de nouveau aussi il faut dire que ce ne sont là que des lignes de structure principales. Elles en supportent d'autres, qui assurent des connexions multipliées entre ces systèmes équivalents spécifiquement différenciés, qu'elles font ressortir à nos yeux. Dès la moelle épinière, les excitations venues de la périphérie sont coordonnées par les associations réalisées dans la substance grise de celle-ci, et les impulsions qui de la moelle sont renvoyées aux muscles sont de même organisées par elle. De la métamérisation originelle de la moelle, il reste en effet peu de chose, chez les mammifères supérieurs et surtout chez l'homme, à l'époque de leur complet développement. Les segments de l'axe gris se sont fusionnés dans des associations fonctionnelles de plus en plus nombreuses, et il faut des conditions choisies pour retrouver la fonction isolée de ces segments. La couche optique nous présente des connexions du même genre encore plus accusées. Ce lieu de substance grise rassemble, non plus seulement les impressions venues d'un seul sens, comme la moelle épinière, les corps genouillés et les tubercules quadrijumeaux, mais celles venues de tous les sens qui y sont représentées et dans une certaine mesure organisées. Ce gros ganglion est apte à réfléchir ces impressions transformées sur les organes du mouvement; on lui attribue un rôle essentiel dans les manifestations *instinctives* et *émotionnelles*.

Chez l'homme, l'organe le plus puissant d'association est le cerveau. — Les systèmes sensoriels, qui viennent se parachever dans son écorce, trouvent dans celle-ci et dans les fibres tangentielles immédiatement sous-jacentes les liens intérieurs qui les organisent. Ces mêmes systèmes trouvent dans les commissures de toutes longueurs et de toutes directions, qui sillonnent la masse cérébrale, les liens qui, à leur tour, les solidarise dans des fonctionnements communs.

Localisations fonctionnelles. — Le système nerveux est composé d'unités, d'éléments, qui du premier au dernier ont leur rôle fonctionnel différencié et, dans une certaine mesure, spécifique. Mais cette différenciation est généralement progressive et nuancée et elle réside principalement dans les connexions de ces éléments entre eux. Pour la commodité de l'étude, tantôt nous faisons volontairement abstraction de ces nuances, afin de ramener les objets et les phénomènes à des types communs; tantôt, au contraire, nous les accusons outre mesure, pour nous donner, dans les deux cas, les divisions qui nous conviennent et celles-là seulement, car le détail infini nous perdrait. De là sont nées les discussions entre localisateurs et antilocalisateurs des fonctions nerveuses, discussions tenant beaucoup plus à des exagérations du point de vue de chacun qu'à des erreurs absolues.

Trois points de vue. — Pour éclairer ces discussions, il faut avoir présentes à l'esprit la notion de système et la notion de fonction, telles qu'elles ont été exposées plus haut. En ce qui concerne le système nerveux, on a souvent confondu trois points de vue qui méritent d'être séparés. Ces trois points de vue visent, l'un la *succession* des phénomènes, l'autre leur *équivalence*, le troisième leur *gradation*; d'où trois ordres de localisations qu'on n'a pas toujours suffisamment distingués.

a. Les parties du système nerveux se communiquent l'activité dans un sens déterminé. Dans cette évolution, nous voyons apparaître d'abord la sensation, puis le mouvement apparent qui est exécuteur des fonctions : c'est ce qui nous fait distinguer dans le système nerveux une partie sensitive et une partie motrice placées en succession.

b. Dans le système nerveux, la sensibilité et la motricité affectent des modalités différentes, qui se développent dans des systèmes parallèles et équivalents. C'est la distinction de ces systèmes qui répond surtout à la notion de localisation, telle qu'on la comprend communément, c'est-à-dire en tant que ces systèmes viennent affleurer l'écorce cérébrale par leur couronnement supérieur.

c. Enfin, quel que soit l'ordre de sensibilité qui commande à l'acte moteur (quel que soit l'organe sensoriel qui fournisse les impressions), cette sensibilité comporte des degrés, suivant les voies plus ou moins profondes dans lesquelles s'engagent les excitations reçues dans les organes des sens, autrement dit suivant la hauteur du lieu de réflexion de ces excitations ; d'où la distinction des actes en nouvelles catégories de valeur inégale, dont les trois principales sont, de ce point de vue, appelées *automatiques* (réflexion dans la moelle), *instinctives* (réflexion dans la couche optique), *volontaires* (réflexion dans l'écorce cérébrale). La conscience a ses degrés conditionnés par l'organisation plus ou moins complexe des excitations.

Restriction. — Aucune de ces indications ne doit être prise dans un sens absolu ; aucun des phénomènes qu'elles visent n'est isolé ; aucun des systèmes qui en est le support n'est foncièrement indépendant : tous s'influencent mutuellement.

Toutes les fois que nous excitons ou supprimons quelque partie du système nerveux, il y a un retentissement au moins temporaire de cette modification sur l'ensemble. Ce retentissement est prochain ou éloigné et, dans ce dernier cas, il est souvent assez faible pour devenir inappréciable. La perturbation ainsi produite diffère suivant la partie du système nerveux que nous avons modifiée. Nous en concluons avec raison à une différence de fonctions des parties expérimentées. Mais on va souvent plus loin, on localise la fonction dans la région expérimentalement modifiée qui a été le point de départ du trouble observé et, en ce faisant, on dépasse manifestement les enseignements de l'expérience. Le système nerveux est formé de parties tout à la fois solidaires et fonctionnellement différenciées.

CHAPITRE PREMIER

LA SENSIBILITÉ ET LE MOUVEMENT. — LEURS RAPPORTS.

Notre « moi » en lui-même ne saisit que sensations, en dehors de lui il ne saisit que mouvements. Les mouvements de nos propres membres seraient pour lui comme ceux de corps étrangers, n'étaient les sensations qui les lui rattachent, et, quand leur sensibilité vient à disparaître, ils lui deviennent tels. Comment notre moi peut-il reconnaître l'existence de la sensation chez des êtres autres que nous-même? Par un raisonnement fondé sur l'analogie, et pas autrement.

Preuve analogique. — Si je blesse un animal et qu'il se débatte et crie, je dis, à n'en pas douter, qu'il sent : en voyant chez lui les réactions par lesquelles j'exprime ma propre sensibilité, j'affirme la sienne et j'en apprécie la qualité et la grandeur. Entre lui et moi, comme entre moi et lui, il n'y a que mouvement; mais en moi, il y a entre la sensibilité et le mouvement une liaison définie, qui me fait reconnaître la sensibilité sous ses mouvements et me la livre, par ce moyen indirect, comme un fait accessible à l'observation et à l'expérimentation.

Loi de continuité. — Plus les réactions motrices d'un être ressemblent aux miennes, plus grande je suppose la ressemblance de sa sensibilité avec la mienne propre. A mesure que cette ressemblance fait place à une analogie plus lointaine, le fond de sensibilité qu'il couvre se dégrade lui-même et s'éloigne de celui qui m'est personnel. Si toutefois cette dégradation se fait en suivant quelque progression régulière, j'aurai encore quelque motif de rattacher le fait ainsi transformé et amoindri à ma sensibilité, seul critère que j'aie des faits de ce genre. Il en est de la sensibilité comme de la vie qu'au surplus elle caractérise : nous voyons son champ constamment s'agrandir, sans que nous puissions préciser exactement ses limites ; et cet agrandissement se fait, à chaque étape nouvelle, par l'adjonction d'êtres d'une nature à la fois inférieure et analogue à celle des êtres considérés précédemment comme les plus simples.

Raisonnement anthropomorphique. — Sauf de l'infime partie que chacun de nous en forme, la connaissance du monde vivant repose sur un raisonnement anthropomorphique, et il est impossible de l'établir sur un autre raisonnement.

Cette remarque nous invite à une grande prudence dans son emploi.

A. — LES RACINES DU SYSTÈME NERVEUX. — LEURS FONCTIONS.

La liaison entre la sensibilité et le mouvement dans l'être vivant est un fait évident.

Cette liaison, nous pouvons la détruire ; faire apparaître, en tout cas, le mouvement ou la sensibilité d'une façon isolée, en nous adressant à des parties différentes du système nerveux.

1. — *Les faits simples ; lois générales.*

I. Paires nerveuses. — Le système nerveux étant envisagé dans sa totalité avec son couronnement supérieur, le cerveau, son corps fondamental, la moelle épinière, et son chevelu périphérique, les nerfs, on voit que ces derniers s'implantent tout le long de la moelle, de chaque côté, par deux racines, l'une *dorsale* (postérieure

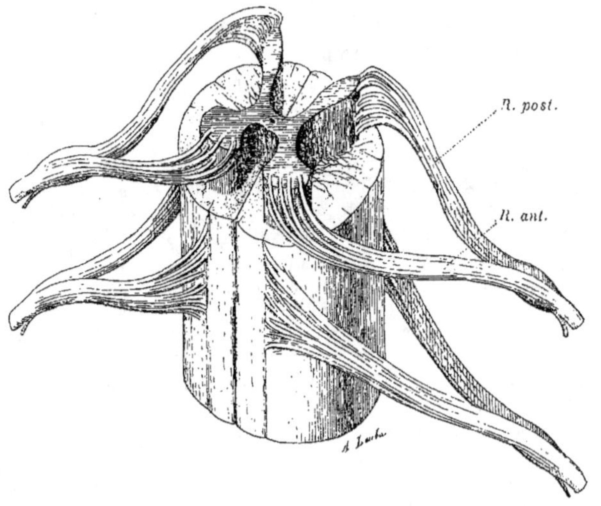

Fig. 49. — *Deux paires nerveuses à leur naissance dans la moelle épinière.*
Racine antérieure et racine postérieure.

Pour la paire supérieure, la figure montre les rapports des racines avec l'axe gris et la forme cannelée de celui-ci. — Pour la paire inférieure, on voit l'émergence des racines antérieures, à la surface de la moelle, au niveau des sillons collatéraux antérieurs.

chez l'homme, supérieure chez les animaux), l'autre *ventrale* (antérieure chez l'homme, inférieure chez les animaux). Ce sont bien là en effet les racines du système nerveux, c'est-à-dire les voies par lesquelles s'établissent les relations de ce système avec l'extérieur dans un double sens, du dehors avec lui et de lui au dehors. Disposées ainsi symétriquement, elles forment des paires nerveuses, une de chaque côté, répondant à chacune des divisions métamériques de la moelle épinière.

Fonctions distinctes. — Depuis fort longtemps on avait soupçonné que ces racines ont des fonctions différentes, et l'on avait fait des hypothèses en vue d'indiquer la nature de ces fonctions.

Ch. Bell (1811) eut le mérite d'appeler l'expérience à son aide pour la solution de ce problème ; mais, opérant sur des animaux au moment où ils venaient d'être mis à mort (lapins tués par la distension du bulbe), il ne put reconnaître la fonction des racines postérieures, qu'il suppose étrangères à la sensibilité, et vit seulement l'excitabilité motrice des racines antérieures, auxquelles il confère en plus la sensibilité.

Pour comprendre l'expérience de Ch. Bell et la signification qu'il lui attribue, il faut connaître son point de départ. Imbu des idées alors régnantes de Willis sur le système nerveux, il cherche à les vérifier. Pour Willis le cerveau est le centre de la sensibilité et du mouvement, tandis que le cervelet préside aux actions vitales (circulation, nutrition, sécrétions, etc.). Guidé par les apparences anatomiques, Ch. Bell se représente les racines antérieures comme des voies en continuation directe avec le cerveau, par l'intermédiaire des pédoncules cérébraux, et les racines postérieures comme des voies en continuation directe avec le cervelet, par l'intermédiaire des corps restiformes (on sait maintenant combien la réalité est moins simple). Les racines antérieures traduiront donc les fonctions du cerveau (sensibilité et mouvement) ; les racines postérieures traduiront la fonction du cervelet (phénomènes de nutrition).

L'expérience, telle que l'a réalisée Ch. Bell, ne vérifie pas tous ces points : elle n'en vérifie même qu'un seul, la motricité des racines antérieures, et reste muette sur tous les autres. A cause de cela même elle ne lui semble pas contraire à l'hypothèse qui lui a servi de point de départ : quoi qu'il en soit, elle lui suffit pour appuyer la doctrine de Willis qu'elle avait pour but de vérifier. Débarrassée de toute hypothèse, l'expérience de Ch. Bell contient cependant un fait nouveau pour son époque ; à savoir que la racine antérieure manifeste des fonctions que ne manifeste pas la racine postérieure ; autrement dit, qu'il y a une différence fonctionnelle entre l'une et l'autre racine. Quant à la nature de cette différence, elle lui échappe totalement. Elle ne deviendra clairement compréhensible (pour lui comme pour tout le monde) que quelques années plus tard, après les recherches de Magendie sur ce sujet.

Nature de ces fonctions. — A Magendie revient incontestablement le mérite d'avoir établi sur ce point la vérité d'après des expériences décisives (1821) (1).

Expérience. — L'expérience se fait facilement sur le chien et de préférence sur un animal encore jeune (dureté moindre des os, longueur des racines et disposition particulière de la dure-mère qui recouvre directement la moelle épinière). L'animal a été anesthésié

---

(1) En France, aussi bien qu'à l'étranger, on attribue le plus souvent à Ch. Bell la découverte des fonctions séparées des racines des nerfs. La vérité est qu'il les a méconnues et qu'elles ont été formulées exactement pour la première fois par Magendie, d'après des expériences très propres à les mettre en relief. C'est ce qui a été reconnu et proclamé par tous les auteurs qui, pièces en mains, ont étudié cette question de priorité. (Cons. Cl. Bernard. *De la physiologie générale*, p. 15 et p. 216. — Vulpian, *Leçons sur la physiologie générale du système nerveux*, p. 109 et suiv. — Chauveau, *Journal de l'anatomie et de la physiologie*. — A. Waller. *Éléments de physiologie humaine*, p. 596.)

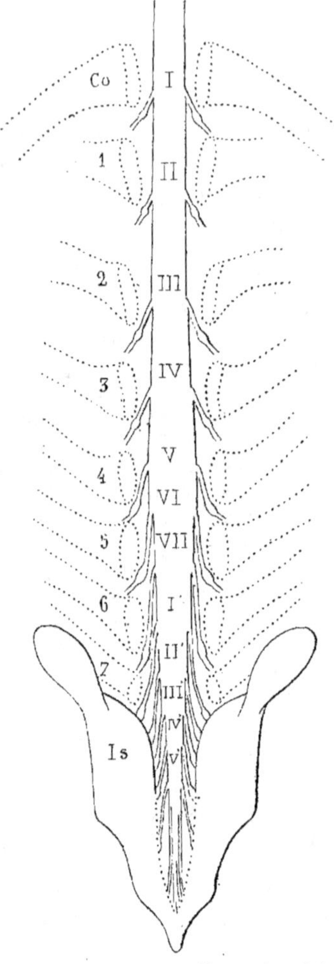

Fig. 50. — *Racines médullaires des régions lombaire et sacrée chez le chien.*

La figure représente le niveau d'émergence médullaire de chacune des racines par rapport à sa sortie du trou de conjugaison. — Obliquité et longueur relative des sixième et septième lombaires et de la première sacrée.

Co dernière côte. — 1 à 7, apophyses transverses des vertèbres lombaires, dont l'arc postérieur est détaché. — *Is*, os iliaque.

et on le maintient endormi pendant toutes les opérations préliminaires. On le laisse se réveiller au moment d'agir sur les racines. Étant donné un territoire limité, comme celui des membres postérieurs, on met à nu les racines des nerfs qui leur correspondent dans la région lombo-sacrée de la moelle épinière. On coupe à droite par exemple toutes les racines dites postérieures (supérieures chez l'animal) et à gauche toutes les racines dites antérieures (inférieures chez l'animal).

a. *Effets de la section des racines.* — A la suite de ces sections, le membre de droite continue de se mouvoir, mais *cesse d'être sensible*; on peut le piquer, le comprimer, le brûler sans provoquer de réactions de la part de l'animal. Le membre de gauche continue de sentir, mais *cesse de se mouvoir*; l'animal est incapable de s'en servir pour marcher ou réagir d'une façon quelconque.

Nous disons : *la racine postérieure est sensitive,* c'est-à-dire liée à l'exercice de la sensibilité; *la racine antérieure est motrice,* c'est-à-dire liée à l'accomplissement des mouvements.

b. *Effets de l'excitation.* — En coupant les racines postérieures et antérieures, nous n'avons pourtant pas détruit ou supprimé les organes de la sensibilité et du mouvement, mais nous avons interrompu les voies des excitations qui réveillent la première ou provoquent le second. En effet, *si nous irritons le bout central d'une racine postérieure*, l'animal réagit, c'est-à-dire *sent*; *si nous irritons le bout périphérique d'une racine antérieure*, son membre correspondant se *meut*.

Si, inversement, nous irritons le bout périphérique d'une racine postérieure, ou le bout central d'une racine antérieure, nous ne provoquons aucune manifestation, ni sensitive ni motrice, du genre de celles qui viennent d'être indiquées.

Par cette seconde épreuve, à la notion de séparation ou de distinction entre la sensibilité et le mouvement, nous en ajoutons une nouvelle tout aussi importante, celle de direction, d'orientation ou de *polarisation*, comme l'on dit actuellement.

Lois de Magendie. — I. *La racine postérieure ou dorsale conduit les excitations de la périphérie aux parties centrales du système nerveux, aux organes propres de la sensibilité; elle est sensitive.*

II. *La racine antérieure ou ventrale conduit les excitations des parties centrales à la périphérie, aux organes propres du mouvement; elle est motrice.*

Polarité dynamique. — La polarité dynamique des neurones n'a pas d'autre fondement expérimental que celui-là. On dit actuellement des neurones exactement ce qu'on disait, depuis Magendie, des fibres sensitives et des fibres motrices : à savoir, que les unes conduisent dans un sens et les autres dans l'autre; ce qui leur suppose à chacune deux pôles. Il est vrai, l'anatomie nous a fait voir la place exacte de ceux de ces pôles qui sont dans la substance grise, ce qui est un progrès incontestable; mais la notion de direction a été fournie par la physiologie et ne pouvait être fournie que par elle.

II. **Courant d'entrée, courant de sortie**. — Ainsi, dans les fibres toutes semblables de ces deux troncs nerveux parallèles (racine postérieure et racine antérieure), circulent des excitations, dont les unes représentent un *courant d'entrée dans le système nerveux* et les autres un *courant de sortie*. Les phénomènes nerveux par excellence (phénomènes psychiques ou de la sensibilité), se déroulent dans l'intervalle, c'est-à-dire dans le réseau compliqué que forment entre eux les éléments de la moelle et du cerveau. Le mouvement visible est à l'extérieur, dans les muscles ou organes analogues.

Ordre de succession des deux phénomènes, sensitif et moteur. — Dans le processus nerveux total, le mouvement se place après la sensibilité, dont il est visiblement la conséquence. Ce courant général de forme cyclique, qui a son commencement dans les organes des sens et sa fin dans les muscles, ne s'invertit jamais. *Dans le système nerveux*, comme dans le système vasculaire, *la cir-*

culation se fait dans un sens défini. Elle peut présenter des arrêts temporaires, ou suivre des branchements différents, elle ne comporte pas de retour sur elle-même.

Image raccourcie du cycle d'ensemble. — Si l'on veut voir ce processus cyclique dans son ensemble, que l'on répète l'expérience dans des conditions différentes : qu'on ne laisse subsister entre la racine postérieure et l'antérieure que le tronçon de moelle correspondant, en coupant celle-ci au-dessus de la région lombaire, de manière à ne plus laisser place qu'à l'action dite *réflexe*. Limité à ce cadre restreint, le phénomène perd de sa complexité et ne laisse plus apercevoir ses détails les plus saillants, mais en revanche il accuse la direction qu'il suit dans le système nerveux.

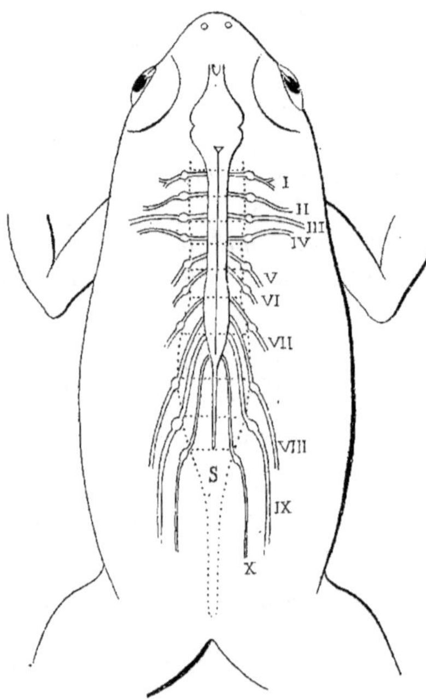

Fig. 51. — *Schéma représentant les racines médullaires chez la grenouille.*

S, sacrum représenté en pointillé. — Au-dessus de lui sont représentées également en pointillé les limites des vertèbres, entre lesquelles les paires nerveuses viennent faire issue par les trous de conjugaison, après un trajet plus ou moins oblique. La moelle épinière est beaucoup plus courte que le canal médullaire, qui finit à la base du sacrum.

I à X, paires nerveuses rachidiennes, dont on voit la racine postérieure et le ganglion dans le canal rachidien, et le tronc mixte en dehors de lui.

Physiologie comparée. — *Batraciens.* — Fodera, J. Müller ont étendu la découverte de Magendie aux animaux à sang froid. La grenouille, en raison de la brièveté de sa moelle et de la longueur relative des racines lombaires, est un des animaux de choix pour toutes les expériences sur les racines.

Oiseaux. — Schiff, mais surtout A. Moreau, ont vérifié le fait sur les oiseaux.

Poissons. — A. Moreau l'a également vérifié chez les poissons, en utilisant la raie bouclée, la torpille, la bouille (*Squalus cornubicus*), espèces chez lesquelles les racines, après leur réunion au niveau du ganglion, restent dissociables encore sur une certaine longueur, avant de constituer le nerf mixte.

Invertébrés. — On a cherché également à vérifier si les invertébrés présentent une dissociation analogue des nerfs de sentiment et de mouvement, à l'endroit où les nerfs périphériques quittent la chaîne ganglionnaire, qui chez eux représente la moelle.

Newport, Longet, Faivre, Vulpian ont cherché à s'en rendre compte, le premier par des dissections, les autres par des expériences de section et d'excitation sur ces nerfs mis à nu, chez des animaux tels que la langouste, l'écrevisse, etc. — On n'est pas arrivé à démontrer que, chez ces animaux, les éléments sensitifs et moteurs soient groupés en fasciculations distinctes, comme chez les vertébrés. D'après Vulpian, les éléments des deux ordres doivent être mélangés, car tous les nerfs qui peuvent simuler des racines présentent à la fois les manifestations de la sensibilité et de la motricité.

Distinction non absolue entre la sensibilité et le mouvement. — La distinction entre le sentiment et le mouvement ressort donc, dans l'expérience de Magendie, d'une façon très claire. Mais comment faut-il l'entendre ? Est-ce dans le sens d'une localisation absolue et à frontières arrêtées ; ou bien, les deux phénomènes étant partout étroitement associés, y a-t-il seulement un grossissement soit de l'un, soit de l'autre, dans des organes particuliers ? C'est cette dernière interprétation qui est la vraie.

Mouvement dissimulé sous le phénomène sensible. — Et d'abord, pour ce qui est de la sensibilité, ce n'est que d'une façon abstraite que nous pouvons la considérer en dehors du mouvement. Non seulement, en effet, elle naît d'un mouvement (ébranlement excitateur des racines postérieures), mais, dans tout son développement à travers les masses profondes du système nerveux, elle s'accompagne d'un mouvement, invisible, moléculaire, mais réel néanmoins. Ce qui fait la valeur de ce mouvement, ce n'est pas sa quantité qui est infime : c'est sa complexité, qui est extrême ; c'est la coordination et la synthèse de ses éléments composants, qui lui confèrent son unité. Et c'est là ce qui fait que chercher l'équivalent mécanique de la sensibilité est un non-sens. Ainsi, dans l'excitation de la racine postérieure, le phénomène de sensibilité est si évident, si développé, qu'il accapare toute notre attention ; mais il ne doit pas nous faire oublier le phénomène de mouvement, auquel il se superpose et qui le conditionne.

Sensibilité dissimulée sous le phénomène moteur. — Inversement, quand l'excitation de la racine antérieure fait éclater le mouvement dans le muscle, toute trace de sensibilité semble être absente de cet organe et du nerf moteur : pourtant ils sont composés l'un et l'autre d'éléments excitables, c'est-à-dire ayant le germe premier de la sensibilité ; de sorte que là encore, sous un phénomène plus saillant qui est cette fois le mouvement, nous en devons soupçonner un autre, latent et dissimulé, qui est ici la sensibilité. Les deux phénomènes ne s'abandonnent pas dans aucune partie vivante. Mais ce qui met en évidence la sensibilité, nous le voyons bien, c'est l'organisation, la synthèse des éléments vivants en un système coordonné. Ce qui la dégrade et la ramène à son expression la plus simple, c'est la dislocation du système, sa réduction à ses éléments premiers, dans lesquels le mouvement semble exister seul, comme dans la matière non organisée.

Voilà pourquoi l'excitation des deux racines du système nerveux (racine postérieure et racine antérieure) a des effets si différents. Individuellement elles ont même valeur entre elles ou que tout autre tractus de la moelle ou du cerveau, mais l'une est à l'entrée du système et son excitation, répartie dans l'ensemble de ce système, en fera éclater les manifestations les plus hautes ; l'autre est à sa sortie et, comme telle, ne peut manifester que les propriétés de l'élément isolé auquel elle commande : l'une nous fait assister à un phénomène de *synthèse*, l'autre à un phénomène d'*analyse*.

III. **Liaisons fonctionnelles**. — Les racines des nerfs manifestent des fonctions distinctes, mais ces fonctions ne sont pas indépendantes. La liaison qui existe entre la sensibilité et le mouvement apparaît, pour peu qu'on la recherche, dans toutes les expériences faites sur ces racines.

Influence des racines postérieures sur l'excitabilité des racines antérieures. — Harless, Cyon, Dastre et Marcacci ont vu que, après la section d'une racine postérieure, l'excitabilité de la racine antérieure correspondante (par un courant d'induction) est modifiée. Les premiers de ces auteurs l'ont vue diminuée, les autres l'ont vue au contraire exaltée. Belmondo et Oddi, recherchant la cause de ces variations, pensent la trouver dans ce fait que la section de la racine postérieure agit, pendant un certain temps, comme une irritation plus ou moins persistante, avant de supprimer la propagation des excitations, qui suivent sa voie en venant de la périphérie. Pour éviter l'action irritante de la section mécanique, ils ont eu recours à la cocaïnisation de la racine qu'ils voulaient supprimer et ils ont vu alors l'excitabilité de la racine antérieure toujours abaissée après son interruption physiologique.

D'après ces faits, on admet que, en plus des excitations *accidentelles* plus ou moins vives qui lui sont fournies, la racine postérieure est le siège d'une sorte de flux léger mais *constant* d'excitations, qui arrivent à la moelle et par elle aux racines motrices. Lorsque le système diastaltique n'est interrompu en aucun de ses points et qu'on vient à exciter la racine antérieure sur son trajet, cette excitation s'ajoute à celles qui y circulent déjà et l'effet en est plus grand que si, la racine postérieure étant coupée, cette circulation était de ce fait interrompue. Il y a donc dans le nerf sensitif un état continu d'excitation tonique, état semblable à celui qu'on sait exister dans le muscle et dont il est la cause provocatrice. Quand une excitation forte survient et que le mouvement visible se produit, c'est cette tension qui s'exagère; quand toute voie est coupée aux excitations, cette même tension disparaît et on dit que le tonus cesse. La source du tonus est, en effet, dans ce courant permanent d'excitations, légères et non perçues.

Influence des racines postérieures sur les fonctions motrices. — Lorsqu'on ne coupe qu'une racine postérieure, sa suppression n'agit pas d'une façon bien apparente sur la motricité de la racine antérieure correspondante. Cela tient à ce que la substance grise de la moelle est un lieu où convergent un grand nombre d'autres excitations, tant celles venant des racines postérieures non coupées, que celles qui ont été retenues en provision dans les parties supérieures du système nerveux et qui suppléent facilement au déficit d'une lésion si limitée. Mais si on coupe un certain nombre de racines sensitives, toutes celles par exemple qui correspondent au membre postérieur, on voit que les mouvements de ce membre, sans être abolis, sont singulièrement troublés. Cl. Bernard, Chauveau, Tissot et Contejean, qui ont fait cette expérience, signalent l'incoordination des mouvements qui en est la conséquence. Chez les tabétiques, c'est une lésion de ce genre portant sur les prolongements intramédullaires des racines postérieures qui engendre l'incoordination des mouvements, si apparente dans la locomotion. On a signalé l'existence d'un tabes purement sensitif, résultant de l'altération des nerfs de la sensibilité (polynévrite) en dehors de la moelle épinière.

2. — *Complications organiques; la sensibilité récurrente.*

La distinction qui s'accuse si nette entre les nerfs de sensibilité et de mouvement, dans les racines postérieures, présente néanmoins un paradoxe qui a compromis pendant un temps la loi si claire posée par Magendie sur les fonctions de ces racines, et cela jusqu'à ce qu'on eût trouvé l'explication rationnelle qu'il convient d'en donner.

I. **Le fait et ses conditions.** — Les racines étant à nu, si, avant de les couper, on pince la racine postérieure, on la trouve très sensible ; mais *si on pince la racine antérieure, on la trouve sensible également*. Le fait fut observé initialement par Magendie, successivement accepté et nié par Longet (1840, 1841), puis retrouvé par Cl. Bernard qui en fixa les conditions déterminantes. Pour le bien voir, il faut attendre que l'animal soit remis du choc opératoire par un repos suffisamment prolongé. On devrait toutefois à LONGET la solution logique du paradoxe. Les éléments sensitifs contenus dans la racine antérieure ne proviennent pas des origines de cette racine, mais ne sont autres que des éléments de la racine postérieure qui, au lieu d'aller à la peau, remontent dans la racine antérieure par un trajet récurrent, pour donner la sensibilité aux membranes enveloppant la moelle épinière.

Analyse du phénomène. — Si, en effet, *on coupe la racine antérieure et qu'on interroge ses deux bouts, c'est l'inférieur qui est sensible* (en même temps que moteur) et non le supérieur, qui ne provoque aucune manifestation d'aucune sorte. — *Si on coupe la racine postérieure correspondante, toute sensibilité disparaît de la racine antérieure*, qu'elle ait été coupée ou non. La sensibilité de la racine antérieure est donc bien une sensibilité d'emprunt ; la racine antérieure n'est qu'un lieu de passage pour les fibres de sensibilité qui vont aux membranes soit de la moelle, soit de ces racines elles-mêmes. — Ainsi le paradoxe a disparu ; *la sensibilité dite récurrente n'est qu'un cas particulier de la sensibilité générale.* L'apparente exception à la loi de MAGENDIE rentre dans cette règle même et la confirme pleinement.

Preuve anatomique. — Si, en réalité, des fibres sensitives, qui ont leurs centres trophiques dans les cellules du ganglion rachidien, s'engagent par récurrence dans la racine antérieure, il est possible de les mettre en évidence par la méthode de la dégénération wallérienne. En coupant la racine antérieure, on coupe ces fibres, en même temps que celles incomparablement plus nombreuses (fibres motrices) qui ont leurs cellules trophiques dans les cornes antérieures de la moelle épinière. Les unes et les autres dégénéreront, mais en sens inverse, les unes dans un des deux bouts de la racine coupée, les autres dans l'autre, et se reconnaîtront de la sorte, les dégénérées au milieu des saines, les saines au milieu des dégénérées. C'est ce qui arrive en effet : le bout médullaire de la racine antérieure sectionnée contient quelques fibres dégénérées parmi ses fibres saines, et le bout périphérique quelques fibres saines parmi la masse de ses fibres motrices dégénérées. Ces fibres en petit nombre, qui ont une orientation inverse des autres, sont évidemment les fibres sensitives récurrentes. Cette expérience a été faite en premier lieu par SCHIFF sur les racines (1850). PHILIPPEAUX et VULPIAN l'ont répétée sur le grand hypoglosse et le facial.

ARLOING et TRIPIER se sont servis également de cette méthode de contrôle lorsqu'ils ont porté la question de la sensibilité récurrente sur un nouveau terrain.

II. **Raison d'être**. — La présence d'éléments sensibles dans des membranes, comme celles qui recouvrent la moelle ou les enveloppes des troncs nerveux, surprend au premier abord ; parce que, en fait, on les trouve généralement insensibles dans les expériences que, et en théorie, les seules membranes qui aient besoin de sensibilité sembleraient être celles qui sont tournées contre le dehors, comme la peau ou les muqueuses.

Mais *la sensibilité* ne nous est pas nécessaire seulement dans nos relations avec le monde extérieur, elle *est indispensable à la relation de tous nos organes entre eux*, de toutes nos cellules entre elles ; elle est le grand régulateur des fonctions. Seulement, cette sensibilité n'est pas consciente dans le sens personnel du mot : toutefois elle le devient, à la suite des changements apportés par le traumatisme, dans les parties profondes de l'organisme. C'est là une des raisons qui la font apparaître (en la rendant consciente d'obscure ou subconsciente) sur la dure-mère et les racines, un certain temps après l'ouverture du rachis, quand de plus l'animal est reposé.

Sur la dure-mère cranienne, on a constaté des filets émanant du trijumeau, et cette membrane avait été déjà trouvée sensible par les anciens. Elle possède des fibres nerveuses en grand nombre et ces dernières sont munies d'appareils récepteurs analogues à ceux du tact ou de la sensibilité générale.

Lieu de la récurrence. — La récurrence des fibres, qui de la racine postérieure s'engagent dans la racine antérieure, ne se fait pas à l'union même des deux racines, dans le tronc mixte qui en provient ; elle se fait beaucoup plus loin, dans les plexus qui naissent de la combinaison de ces troncs. La section du tronc mixte dans le voisinage des racines a pour effet d'abolir la sensibilité de la racine antérieure, comme si on avait coupé la racine postérieure elle-même (Cl. BERNARD).

Cl. BERNARD admet que toute racine antérieure tient sa sensibilité récurrente de la racine postérieure correspondante et non d'une autre. Cette correspondance serait, d'après lui, une des caractéristiques de la paire nerveuse physiologique : il l'invoque, en particulier dans l'étude des nerfs bulbaires, pour la détermination des éléments sensitifs et moteurs qui forment les paires craniennes fonctionnelles. — Ce caractère peut avoir sa valeur, mais il n'est pas absolu. La récurrence peut s'observer non seulement de nerf sensitif à nerf moteur, mais de nerf sensitif à nerf sensitif (ARLOING et TRIPIER).

III. **Généralisation du fait.** — Avec les travaux d'ARLOING et TRIPIER, la question de la sensibilité récurrente s'est à la fois étendue et renouvelée. La récurrence des fibres de la sensibilité n'est pas un fait particulier aux racines motrices, mais beaucoup plus général. Elle n'est pas seulement un artifice pour sensibiliser les membranes médullaires ou profondes, mais elle intervient dans la distribution des nerfs sensibles à la peau elle-même et y joue un grand rôle. *Plus on se rapproche du revêtement cutané, plus cette récurrence* *prend d'importance et d'extension.* Elle s'y présente aussi avec un caractère nouveau : au lieu de rester confinée dans le territoire d'un tronc nerveux, elle mélange les extrémités des fibres sensitives dans un champ plus ou moins étendu.

Expérience. — Une des expériences les plus significatives de ces auteurs est la suivante : sur le chien, on découvre les quatre nerfs collatéraux (les deux palmaires et les deux dorsaux) de l'un des doigts d'une extrémité. On coupe ces nerfs successivement et, après chaque section, on interroge la sensibilité du doigt. Après la section du premier, du second, du troisième, elle a subi une certaine diminution, mais le doigt ne présente aucune bande, aucun territoire complètement anesthésié. Mais si on coupe le quatrième nerf, tout le doigt se trouve alors complètement insensibilisé. — La conclusion à tirer, c'est que les quatre nerfs collatéraux n'ont pas individuellement chacun un territoire de distribution, mais qu'ils échangent leurs fibres au moyen des anastomoses terminales que l'anatomie montre exister entre eux. Ces anastomoses se font par récurrence ; car, après section de l'un des nerfs, la méthode des dégénérations montre toujours une petite quantité de fibres dégénérées au milieu des fibres saines du bout central, et inversement.

Applications. — Ces faits, bien constatés anatomiquement et physiologiquement, fournissent une explication plausible des cas de persistance ou de retour rapide de la sensibilité, après la section de troncs nerveux plus ou moins importants (nerf médian), à la suite de sutures nerveuses, comme en l'absence de celles-ci. Le rétablissement de la sensibilité est dû vraisemblablement à ce que le territoire apparent de distribution du nerf coupé est envahi par les fibres des troncs nerveux voisins, grâce aux anastomoses récurrentes qui sont en si grand nombre à la périphérie.

IV. **Motricité récurrente.** — Les raisons qui obligent quelques fibres des racines postérieures à remonter dans les antérieures, pour donner la sensibilité au territoire médullaire qui leur correspond, doivent obliger aussi certaines fibres des racines antérieures à remonter dans les postérieures, pour donner la motricité aux organes de mouvement qui se trouvent dans l'intérieur de la moelle et à sa surface. Aussi bien que la sensibilité, le mouvement est partout, sous une forme visible ou invisible, mécanique ou moléculaire. Du mouvement visible il y en a dans la moelle (comme dans le cerveau) puisqu'elle contient (comme lui) des vaisseaux contractiles, auxquels se rendent évidemment des fibres vaso-motrices. Indépendamment de ces mouvements invisibles, il y a dans les cellules fixes de ses membranes des activités intrinsèques, des échanges avec le milieu sanguin qui impliquent une excitation et une direction donnée par la partie motrice du système nerveux.

Remarque. — Des éléments sensitifs et des éléments moteurs partent ainsi de la moelle et, après un trajet plus ou moins long en dehors d'elle, y reviennent, ayant leur point d'aboutissement (ou pouvant l'avoir) tout près de leur point de départ. Le centre et la périphérie se trouvent ainsi dans le même organe, et cet organe est ici la moelle épinière. Rien de plus propre à faire voir que ces expressions de *centre* et de *périphérie* n'ont qu'une valeur toute conventionnelle et relative. Il faut prendre garde en effet que les deux mots ont un sens tantôt anatomique et concret, tantôt au contraire métaphorique et abstrait. Dans un système différencié, comme est l'organisme animal, chaque organe, chaque partie constituante est, en vertu même de sa différenciation dans un ordre donné de fonctions, un centre pour les autres parties, que nous appelons alors la périphérie, faute d'un mot meilleur; et réciproquement.

Le trajet en somme allongé de ces fibres, qui quittent la moelle pour y rentrer semble contraire à l'économie qui préside à l'organisation vivante; mais ce trajet est commandé par une raison d'ordre embryologique. L'origine des fibres sensitives est dans les ganglions spinaux, celle des fibres motrices involontaires est dans les ganglions du grand sympathique : il faut qu'elles passent par ces masses ganglionnaires, d'où qu'elles viennent et où qu'elles aillent.

VULPIAN a recherché cette motricité récurrente, en excitant le bout périphérique d'une racine antérieure, pendant qu'il observait l'état de la circulation à la surface de la moelle épinière, dans son tronçon correspondant. Il n'a observé aucun changement. Mais il est possible que les vaso-moteurs de la moelle, comme ceux du cerveau, aient dans la chaîne du sympathique un trajet en longueur plus ou moins considérable, qui fait que, sortant par une racine antérieure (ou même postérieure) de la région dorsale par exemple, ils rentrent dans la moelle par une racine postérieure (ou même antérieure) d'une autre région plus haut ou plus bas située.

Expérience probante. — Quand on excite le sympathique au cou et qu'on constate, comme l'ont fait quelques-uns, des changements dans la vascularisation du cerveau (dure-mère ou substance cérébrale), on a affaire, au fond, à un phénomène de motricité récurrente. Partie d'un centre nerveux, qui est ici la moelle épinière (qui peut la tenir du cerveau), l'excitation motrice est revenue dans l'intérieur d'un centre nerveux (le cerveau), aux éléments moteurs que celui-ci contient : nul doute qu'elle ne revienne semblablement aux vaisseaux de la moelle épinière, par des voies qu'il reste à préciser exactement.

3. — *Définitions conventionnelles ; le champ sensitif et le champ moteur.*

La racine postérieure est appelée sensitive, non pas précisément parce qu'elle sent, mais parce qu'elle provoque la sensibilité dans un système qui lui fait suite ; la racine antérieure de son côté est dite motrice, non parce qu'elle se meut, mais parce qu'elle fait naître le mouvement dans des organes placés aussi à son extrémité. Quelles sont exactement les limites du système sensitif, et où commence le système moteur ? Une idée simpliste avait d'abord fait admettre dans la moelle, puis dans le cerveau, une région postérieure affectée à la sensibilité et une région antérieure affectée à la motricité ; l'une et l'autre continuant en quelque sorte les racines, sans grand changement, jusqu'aux deux extrémités. Mais les données, tant de l'anatomie de structure que de l'expérimentation physiologique, ne confirment nullement une telle supposition.

I. **Comparaison des parties postérieure et antérieure de la moelle et du cerveau.** — En ce qui concerne la moelle, on peut bien, en excitant certains faisceaux, réveiller la sensibilité et, en excitant certains autres, provoquer le mouvement : seulement, ces phénomènes sont loin de reproduire quantitativement et qualitativement ceux qui naissent de l'excitation des racines. Pour ce qui est de l'écorce cérébrale, les zones sensitives et motrices, au lieu d'y affecter des départements séparés, paraissent s'y superposer sensiblement, ce qui vérifie l'idée d'un processus cyclique, substituée à celle d'une localisation isolée de la sensibilité et de la motricité.

Limites indécises de la sensibilité et de la motricité. — Il est par conséquent impossible d'indiquer exactement là où le phénomène de sensibilité cesse pour faire place à un phénomène de motricité, le passage de l'un à l'autre étant graduel. Tout ce que l'on peut dire, c'est que, *des organes des sens au cerveau, le développement du phénomène psychique de sensibilité suit une marche progressive ;* tandis que, *du cerveau aux muscles, il suit une marche régressive,* pour finir par le mouvement dirigé contre l'extérieur. Les premières de ces voies sont *ascendantes,* l'usage s'est répandu de les appeler *sensitives*; les autres sont *descendantes,* on les appelle généralement *motrices.* Il serait, à l'heure qu'il est, impossible de changer ces noms contre de meilleurs, mais il faut se rappeler qu'ils n'ont qu'une valeur conventionnelle et que la différence de fonctions qu'ils traduisent va s'atténuant, à mesure qu'on remonte plus près de l'écorce du cerveau.

Sur les excitations qu'il reçoit, le système nerveux opère d'abord une dispersion, dans ses régions supérieures si singulièrement dénommées des centres, puis une concentration sur les organes du mouvement.

Les anciens critères. — On voit bien ce qui, au début, a embarrassé les auteurs dans les tentatives de définition et de classement qu'ils ont faites des fonctions de la moelle et du cerveau, et surtout de l'écorce cérébrale. Dans leur esprit, la motricité était exclusive de la sensibilité, et réciproquement la sensibilité exclusive de la motricité. Dans la réalité, les caractères de ces deux fonctions se trouvent au contraire confondus et inextricablement mélangés.

Suivant donc que les uns ou les autres de ces caractères les frappaient davantage dans quelque ensemble nerveux, ils optaient pour la sensibilité ou pour le mouvement. — Lorsque par exemple, avec Schiff et François-Franck, on compare la surface du cerveau à une surface sensible, comme la peau, l'assimilation est très juste au point de vue purement expérimental, mais à ce point de vue seulement, car elle vise un cas très particulier, celui où, l'écorce étant mise hors de cause comme appareil transformateur de l'excitation, cette dernière n'a plus qu'à se réfléchir sur la moelle épinière, pour atteindre les organes proprement moteurs. Mais si, l'écorce étant intacte, l'excitation partie de la peau se trouve à passer par elle, des caractères nouveaux lui sont imposés dans cette traversée, qui priment singulièrement ceux qui sont acquis dans la moelle épinière.

Dans le double trajet qu'elle fait, l'un ascendant (de la moelle au cerveau), l'autre descendant (du cerveau à la moelle), l'excitation va de réflexion en réflexion, ou mieux encore de transformation en transformation : seulement, ces transformations ont des valeurs très inégales dans la moelle et le cerveau. Lorsqu'elle va du premier de ces organes au second, c'est le caractère sensitif qui domine, témoin l'absorption que peut faire le cerveau des excitations, sans effet moteur immédiat; quand elle descend du second au premier, c'est le caractère moteur qui déjà domine dans le processus, sans qu'on puisse dire qu'il n'a rien à voir avec la sensibilité, car il la rappelle encore dans ses degrés les plus inférieurs.

Au sens *absolu* que ces deux mots « sensibilité » et « motricité » ont conservé jusqu'ici, il faut donc substituer un sens *relatif*, qui seul correspond à la nature des choses; à *l'opposition* qu'ils exprimaient il faut substituer un *nuancement*, une *progression* qui les rattachent l'un à l'autre : mais comme, en l'absence d'expressions qui rendent les valeurs différentes de cette gradation, les anciennes nous restent indispensables, nous appellerons *champ sensitif* toute la partie du système nerveux dans laquelle les caractères de la sensibilité priment ceux de la motricité, et *champ moteur* toute celle dans laquelle la motricité prime la sensibilité. Tout arbitraire qu'elle soit, cette définition a son fondement dans les faits.

Excitation sensitive et excitation volontaire. — Notre propre observation nous montre que la *sensibilité* peut exister chez nous indépendamment du mouvement musculaire, et de même elle nous montre que le mouvement peut naître en nous, d'une façon en apparence spontanée, sous l'influence de certaines déterminations que nous appelons *volontaires*. Dans l'interprétation de ces deux faits, on semble souvent croire que la sensibilité est localisée à la terminaison des conducteurs ascendants, et la volonté à l'origine des conducteurs descendants, comme s'il existait entre les deux un plan de partage nettement défini dans le système nerveux. La réalité n'est pas aussi simple que ce schème.

1° Quand une excitation sensitive actuelle ne se réfléchit pas jusque sur les muscles, nous n'avons aucune raison de croire qu'elle s'arrête au plan idéal dont il vient d'être question, et nous en avons de croire que souvent elle le dépasse. Si, en effet, elle ne produit pas de mouvement immédiat, elle produit le plus souvent une *tendance au mouvement* (parfois une tension légère des muscles), arrêtée dans son effet par des influences antagonistes à l'intérieur même du système nerveux.

2° Quand, d'autre part, une excitation volontaire met les muscles en action,

nous n'avons aucune raison de croire qu'elle naît dans ce plan de séparation, et
nous en avons d'admettre qu'elle procède des conducteurs nerveux qui le pré-

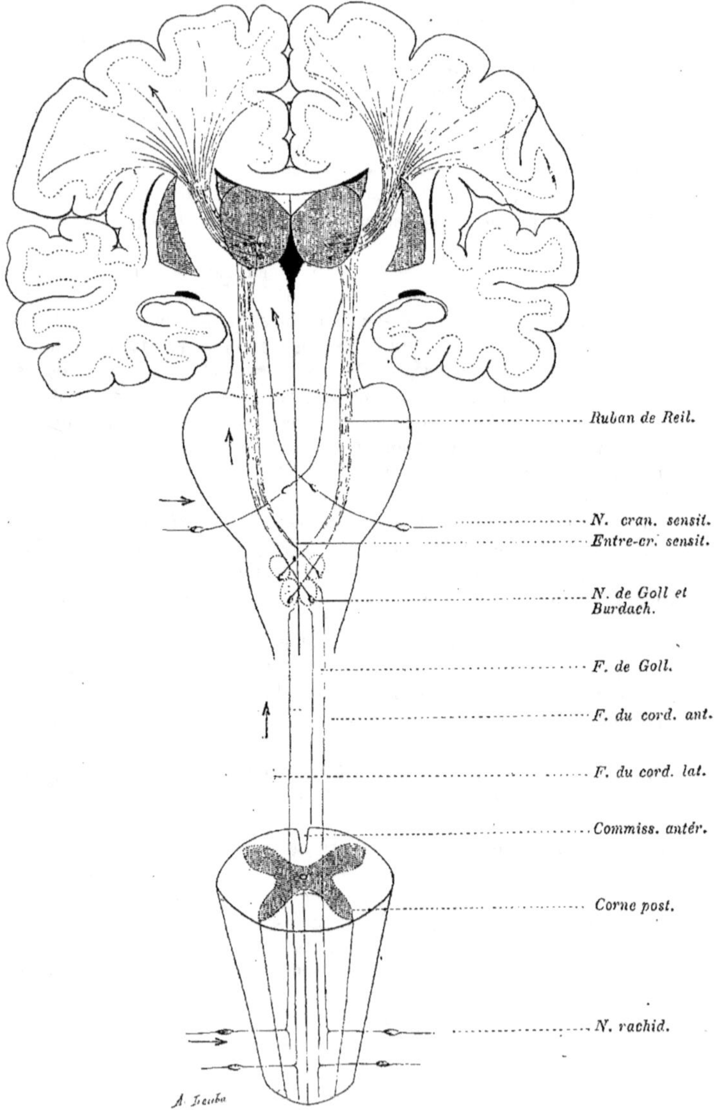

Fig. 52. — *Champ sensitif, avec ses deux ordres de fibres de projection principales.*

cèdent. Elle naît, en effet, d'un souvenir qui équivaut à un *rappel des excitations
sensitives* antérieures.

Dans le premier cas, l'excitation, après avoir parcouru les voies ascendantes,

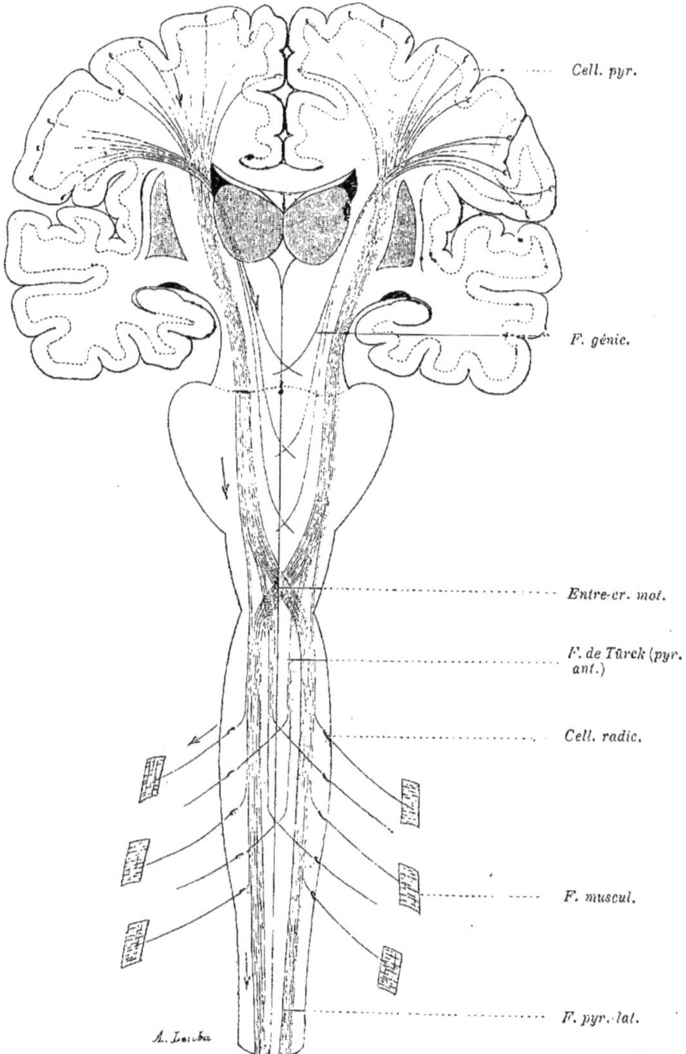

Fig. 53. — *Champ moteur, avec ses deux ordres de fibres de projection principales.*

s'éteint dans le parcours des voies descendantes, sans atteindre les muscles : son effet n'est pas perdu, mais il est ajourné.

Dans le second cas, l'excitation, qui parcourt les voies descendantes jusqu'aux muscles, procède encore des voies ascendantes, mais non de leurs origines dans les organes des sens. Elle solde l'arriéré des excitations antérieures maintenues en provision dans le système nerveux, notamment dans le cerveau.

Dans les deux cas, le cycle excitateur s'est dessiné dans la partie que nous appelons supérieure de l'arc nerveux, celle qui donne aux phénomènes de l'innervation leur valeur psychique et que nous localisons dans le cerveau, sans pouvoir lui assigner aucunes limites précises.

Le processus qui maintient l'excitation dans le cerveau à l'état en quelque sorte potentiel n'est-il pas lui-même de nature cyclique, destiné à l'entretenir en la faisant renaître d'elle-même, d'une façon automatique et inconsciente? Nous pouvons nous le demander, étant connues la généralité de ce processus et la faible dépense d'énergie que nécessitent les actions nerveuses. La vérification d'une semblable hypothèse échappe toutefois présentement à tout contrôle expérimental.

Double difficulté. — La difficulté qui nous attend dans l'analyse des fonctions de la moelle et du cerveau est double. Une première vient de ce que les cacactères moteur et sensitif, si nettement reconnaissables aux deux extrémités du cycle, s'altèrent graduellement, en allant de son origine à sa fin. Une seconde naît de ce que les éléments nerveux, qui représentent ces fonctions plus ou moins modifiées dans leur aspect, au lieu de rester séparés les uns des autres, en formant des fasciculations dictinctes comme dans les racines, souvent se mélangent fibre à fibre. Ce mélange commence du reste à s'opérer dans les racines elles-mêmes.

II. Mélange des éléments sensitifs et moteurs dès les racines médullaires.

— La distinction des éléments périphériques du système nerveux en deux classes, dont les uns font pénétrer l'excitation dans ce système et dont les autres la font s'en échapper, est une notion absolument fondamentale dans la physiologie et sur laquelle aucune contestation n'a cherché à s'élever. Elle ne ressort pourtant pas de l'expérience, d'une façon aussi claire que cela paraissait aux premiers observateurs, parce que ceux-ci ignoraient certaines complications, qui se sont révélées depuis dans les organes nerveux (racines) qu'ils considéraient comme simples, et ces complications altèrent, dans son énoncé anatomique, la formule primitive de la loi de MAGENDIE.

Autrement dit, la distinction des éléments périphériques en centripètes et centrifuges ne se tire plus, à l'heure présente, d'une expérience brute et unique, mais elle est déduite d'un raisonnement qui s'appuie sur un ensemble varié de faits expérimentaux.

Néanmoins, au milieu de ces faits secondaires, l'expérience de MAGENDIE reste si démonstrative, qu'on a l'habitude d'abstraire ces derniers, en donnant aux termes anatomiques (racines postérieures et racines antérieures) une valeur symbolique, équivalente à celle de nerfs centripètes et nerfs centrifuges.

Complications structurales. — Des troncs nerveux formés

exclusivement d'éléments identiques n'existent pas dans l'organisme. Les racines médullaires représentent ceux de ces troncs qui approchent le plus de cette simplicité, mais sans toutefois l'atteindre.

Fonctions mixtes des racines postérieures. — Les racines postérieures, presque exclusivement composées des éléments centripètes, *contiennent une très minime proportion d'éléments centrifuges.* L'anatomie le démontre par ses moyens propres. Les racines postérieures renferment des neurones qui ont les caractères morphologiques (l'orientation polaire) des éléments centrifuges (LENHOSSECK, CAJAL). La méthode des dégénérations confirme cette donnée. Après la section des racines postérieures on trouve dans le bout médullaire quelques fibres saines au milieu des autres dégénérées, et dans le bout ganglionnaire quelques fibres dégénérées au milieu de la masse des fibres sensitives restées saines : preuve que la racine postérieure contient des éléments ayant leur centre trophique dans la moelle (MORAT et BONNE).

III. **Preuves physiologiques**. — Si, après avoir mis à nu les racines lombo-sacrées (chez le chien), on choisit l'une d'elles (la

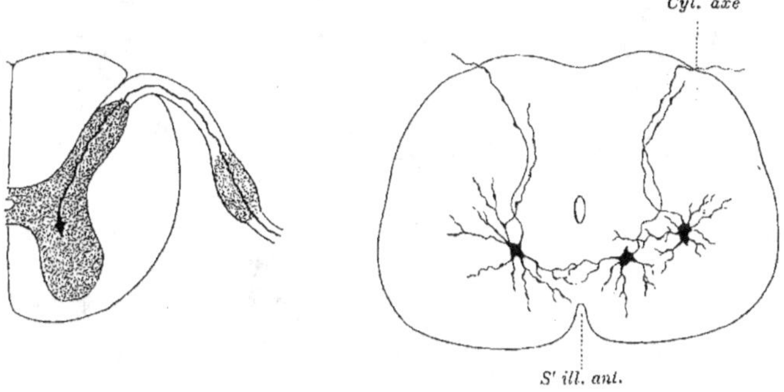

Fig. 54 et 54 *bis.* — *Fibres motrices des racines postérieures.*

A droite, dessin d'après nature (VAN GEHUCHTEN, sur l'embryon de poulet); à gauche, dessin schématisé.

sixième lombaire par exemple), qu'on la coupe sur son trajet et qu'on excite son bout périphérique, on constate que la température du membre postérieur correspondant s'élève notablement (STRICKER, GÄRTENER). Si, choisissant un animal non pigmenté, on examine (après soigneux lavage) la coloration de la pulpe des doigts, on la voit pendant l'excitation se foncer progressivement, pour reprendre ensuite sa pâleur, quand l'excitation a cessé (MORAT) ; c'est la preuve que ces troncs nerveux contiennent une certaine proportion

d'éléments *vaso-dilatateurs*. — La section des racines postérieures
est suivie, au bout d'un certain temps, de *troubles trophiques*, tels
que : ulcérations cutanées, chute des ongles et des poils, épaississement du derme et du squelette, principalement à l'extrémité du
membre, troubles qui ne s'expliquent en réalité ni par les altérations vaso-motrices ni par celles de la sensibilité (Morat).

Ces phénomènes sont de l'ordre moteur et, comme tels, obéissent
à des nerfs centrifuges : mais leur motricité est d'un ordre particulier, ignoré au temps de Magendie, où on ne connaissait que le mouvement volontaire à la fois extérieur et évident des muscles du
squelette.

**Éléments radiculaires d'un système mélangés aux élé-
ments intercentraux d'un autre.** — Appliquées aux racines

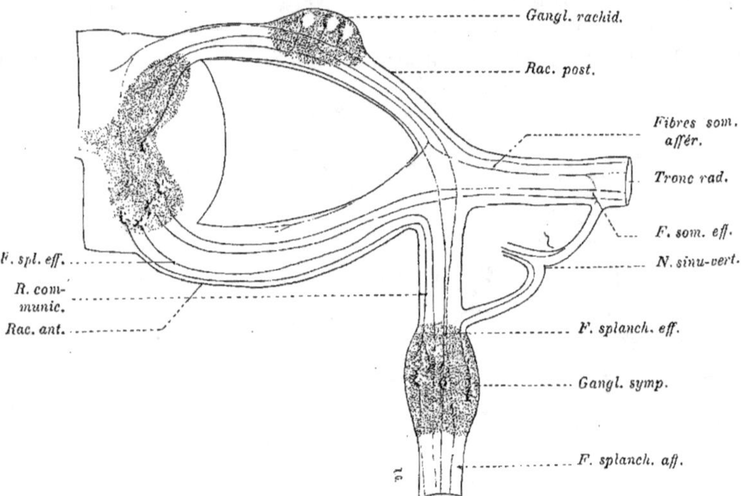

Fig. 55. — *Les racines médullaires, le grand sympathique, le nerf mixte.*

Partage entre la sensibilité (fibres bleues) et la motricité (fibres rouges).
Après leur mélange, au point de rencontre d'où naît le nerf mixte, nouveau partage
entre le conscient (fibres somatiques) et l'inconscient (fibres splanchniques ou sympathiques).
Complications structurales provenant de la présence d'éléments centrifuges dans les
racines postérieures, de la présence de fibres sensitives récurrentes dans les racines
antérieures, de la présence de fibres sympathiques récurrentes s'engageant dans le nerf
sinu-vertébral, et enfin de fibres sympathiques rejoignant le nerf somatique (non
indiquées).

nerveuses, les expressions *postérieures* et *sensitives*, *antérieures* et
motrices, sont rigoureusement équivalentes, à une condition : c'est

qu'il s'agisse de la sensibilité consciente et du mouvement volontaire. S'il s'agit du mouvement et de la sensibilité des organes viscéraux, elles cessent de l'être. C'est qu'en réalité, ainsi qu'il sera expliqué plus loin, les racines médullaires ne méritent le nom de *racines* que pour une partie du système nerveux, celui qu'on appelle conscient volontaire ou de la vie animale : pour une autre partie, qui est le système inconscient involontaire et qui est représenté par le grand sympathique, elles ne sont plus des racines, mais des *fibres intercentrales*, étendues entre les ganglions de ce dernier et la moelle épinière qu'elles mettent en échanges d'excitation, et, comme telles, elles nous présentent déjà les intrications qui contribuent à rendre si difficile l'étude des masses centrales du système nerveux.

Racines médullaires ou du système conscient volontaire et racines ganglionnaires ou du système inconscient involontaire. — Les racines du grand sympathique ne sont donc point à rechercher au niveau de la moelle, mais en dehors de ses ganglions, du côté de la périphérie. On a la preuve (en particulier par les données de l'histologie) que des neurones orientés en sens inverses mettent ces ganglions en relation avec des surfaces sensibles et des organes moteurs. On peut même physiologiquement dissocier ces deux effets en excitant comparativement le bout central et le bout périphérique d'un rameau du sympathique après l'avoir coupé ; mais, dans le sympathique, on ne trouve nulle part de fasciculations qui réalisent une dissociation anatomique de ces deux espèces de nerfs, comparable à celle des racines médullaires du système de la vie de relation.

B. — NERFS RACHIDIENS. — MÉTAMÉRIE.

La répétition des racines des nerfs qui s'échelonnent tout le long de la moelle, avec des caractères et des connexions identiques, est un fait qui de lui-même appelle l'attention. Rapproché de la forme du squelette chez l'adulte, et surtout des données de l'embryologie et de l'anatomie comparée, il acquiert une haute signification. MOQUIN-TANDON (1827) avait appelé *zoonites* les segments qui s'accusent d'une façon si reconnaissable dans la forme extérieure de beaucoup d'invertébrés. DUGÈS étendit cette conception à tous les embranchements : tous les animaux étant, au début de leur développement, formés de parties sériées, qui, en dépit de leur pénétration réciproque, conservent les traces anatomiques et même fonctionnelles de leur primitive séparation. Les métamères des vertébrés (HŒKEL) ne sont donc autres que les zoonites des invertébrés.

La segmentation qui, chez l'adulte, s'accuse par la répétition des racines médullaires et des ganglions du grand sympathique, est, au début, beaucoup plus profonde ; elle fragmente les muscles, l'axe nerveux, la peau elle-même, en territoires distincts (*myomères*, *neuromères*, *dermatomères*), qui se correspondent dans chaque métamère. Le squelette osseux, à développement plus tardif, reproduit cette disposition dans le rachis où elle devient permanente.

Pour revenir à l'adulte, si, partant des racines médullaires, on suit leurs faisceaux, soit intérieurement dans la moelle, soit extérieurement vers les plexus et les troncs nerveux qui en naissent, la disposition métamérique semble avoir plus ou moins disparu, du fait de l'intrication des troncs nerveux périphériques et de l'expansion parfois démesurée des racines dans les faisceaux médullaires. Pour la reconnaître, il faut des artifices d'analyse que la pathologie réalise d'une façon quelquefois très parfaite.

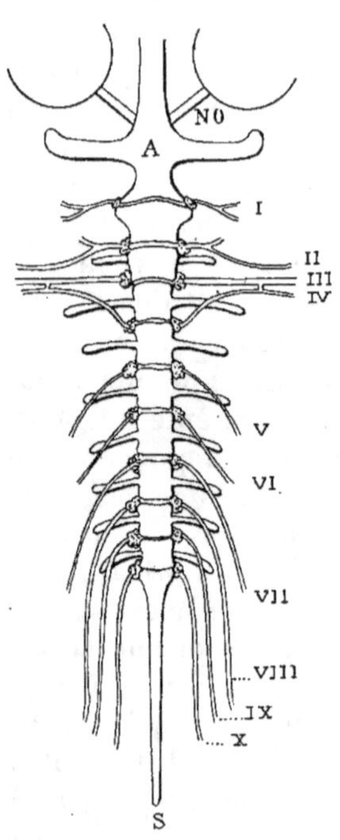

Fig. 56. — *Nerfs rachidiens de la grenouille et sa colonne vertébrale vus par la face antérieure.*

NO, nerf optique ; A, atlas ; I à X, paires rachidiennes.

I. **Métamérie radiculaire et métamérie spinale.** — Brissaud, qui a fait de la métamérie nerveuse une étude très approfondie, distingue une métamérie radiculaire (celle que la disposition anatomique des racines nerveuses fait apparaître) et une métamérie spinale ou médullaire (celle qui a pour base les segments de la moelle correspondant à l'implantation des racines ou myélomères), mais il a soin de prévenir que l'une ne se superpose nullement à l'autre : et la raison de cette différence est facile à saisir. La métamérie radiculaire est une métamérie *vraie* : chaque paire nerveuse en particulier est la reproduction parfaite des paires nerveuses situées au-dessus et au-dessous. Suivie du côté de la périphérie, la paire nerveuse nous mène à des territoires (cutanés ou musculaires), sinon entièrement indépendants, du moins nettement circonscrits et bien délimitables. — La métamérie spinale est, par contre, une métamérie *réduite* à l'état de trace. Les segments médullaires primitivement indépendants (dans l'évolution tant phylogénique qu'ontogénique) se sont mutuellement compénétrés par leurs éléments exogènes, endogènes et d'association, de manière à se solidariser pour des fonctions d'ensemble, plus étendues, plus précises et plus parfaites, substituées à leurs fonctions uniformes et rudimentaires : et plus nous nous élèverons dans les structures superposées du système nerveux, plus il en sera ainsi. — Le peu qui subsiste de l'indépendance des myélomères est représenté par les connexions fonctionnelles, qui rattachent l'une à l'autre la racine postérieure et la racine antérieure d'une même paire nerveuse, dans l'exercice des réflexes les plus simples. Après isolement d'un segment médullaire (myélomère), chaque tronçon séparé, muni de ses nerfs sensitifs et moteurs, peut encore de la sorte fonctionner comme un système partiel indépendant. En dehors de ces actes élémentaires, il s'est étroitement solidarisé avec les autres.

Nombre des métamères. — Chez l'homme, on compte 7 paires cervicales, 12 pectorales, 5 lombaires, 5 sacrées, 1 coccygienne.

Chez le chien, 7 cervicales, 13 ou 14 dorsales, 7 lombaires, 5 sacrées, plusieurs coccygiennes. La moelle n'occupe pas la longueur du canal, d'où l'existence d'une queue de cheval comme chez l'homme.

Chez l'oiseau, on compte 12 paires cervicales, 7 paires pectorales, 13 paires lombaires et 7 paires caudales. La moelle occupe la longueur du canal, par conséquent point de queue de cheval ni de *filum terminale*.

Chez la grenouille, on compte 10 paires rachidiennes. La moelle est très courte par rapport au rachis et se termine par un long *filum*.

Chez l'homme et la plupart des animaux, la dure-mère est séparée de la moelle par un certain espace. Chez les carnivores, notamment le chien, la dure-mère recouvre la moelle avec laquelle elle est en contact. Ces deux dispositions, longueur de la queue de cheval, application de la dure-mère sur la moelle avec espace extradural rempli par de la graisse, facilite beaucoup la section des vertèbres, la découverte de la moelle et les opérations (section, excitation) exécutées sur les racines en vue de déterminer leurs propriétés. Chez les herbivores, notamment chez le lapin, ces facilités exceptionnelles n'existent pas ou sont très réduites.

II. Territoires radiculaires cutanés ; zones d'anesthésie.

— Une racine postérieure étant interrompue, on trouve sur la peau un territoire anesthésié (ou mieux hypoesthésié), de situation et de forme déterminées. Ce territoire, c'est la dermatomère correspondante.

Pour les racines de troncs à trajet régulier et non plexiforme, comme les nerfs intercostaux, on comprend que ce territoire soit lui-même régulier, affectant la forme de zones ou de ceintures ;

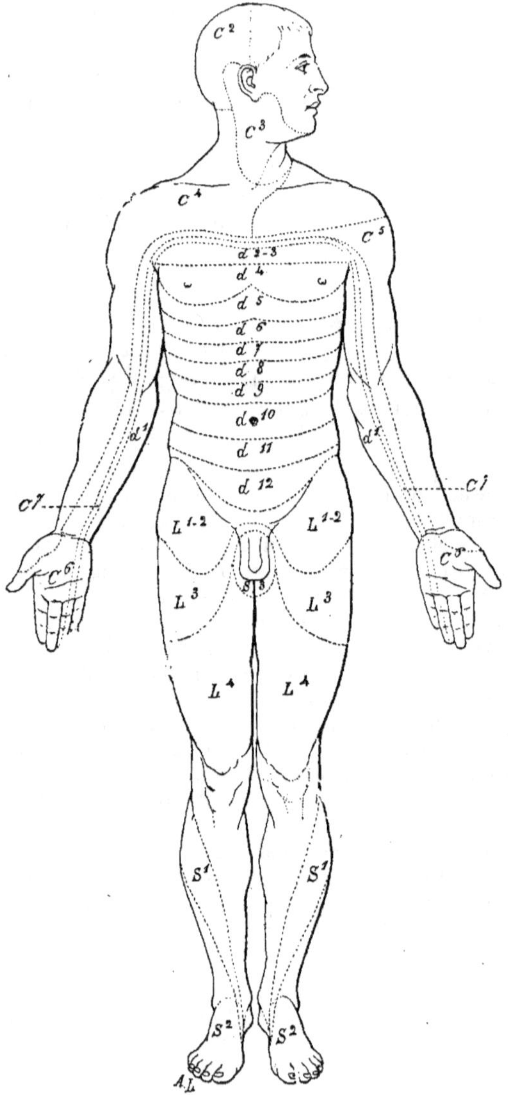

Fig. 57. — *Territoires de distribution radiculaire des nerfs rachidiens* (d'après Kocher). Face antérieure.

mais que pour les racines des nerfs lombaires, sacrés, ou brachiaux, il en soit encore de même, en dépit des plexus qui les

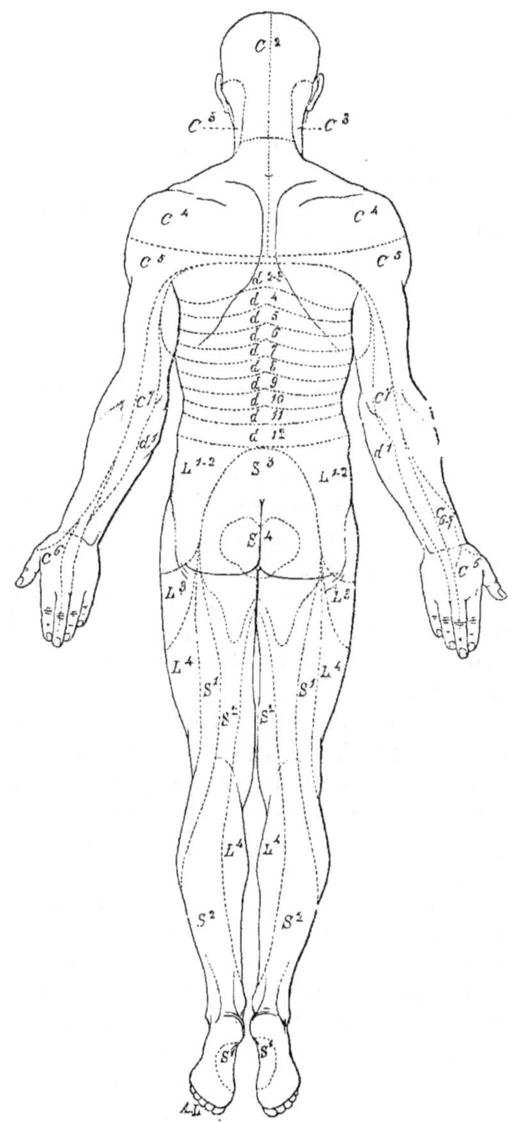

Fig. 58. — *Territoires de distribution radiculaire des nerfs rachidiens* (d'après KOCHER).
Face postérieure.

recueillent, ceci est plus inattendu : en réalité, c'est ce qui est.

Si l'on suppose un individu placé dans la situation d'un quadru-
pède, ou bien les membres écartés et perpendiculaires au tronc,
on peut partager la peau de cet individu en autant de zones superposées qu'il y a de paires nerveuses (tout au moins rachidiennes).
Les dermatomères affectent la forme de bandes circulaires étagées.
Au niveau du membre supérieur, elles se prolongent sur la longueur de ce membre, en bandes parallèles, plus ou moins régulières, mais continues. Au niveau du membre inférieur, elles sont
toujours allongées, mais sont discontinues par la déformation des
territoires de cette région plus bouleversée au moment du développement.

Les plexus sont, de la sorte, comme s'ils n'existaient pas. Les
troncs nerveux qui en émanent (radial, médian, cubital ; crural,
sciatique, etc.) sont un groupement artificiel des fibres radiculaires,
auquel on ne voit plus de raison fonctionnelle bien évidente. La
connaissance des territoires affectés à ces groupements a son utilité, dans le cas où la paralysie frappe individuellement leurs troncs
respectifs, ou encore si l'expérimentateur veut agir sur eux. Mais
le groupement de ces fibres, prises sur leur trajet, loin de leur
origine et loin de leur terminaison, ne répond à aucune systématisation réelle : par contre, les racines ont avec leurs dermatomères des rapports d'une grande simplicité, la forme de la dermatomère étant généralement simple et leur succession dans l'ordre
de celle des racines elles-mêmes.

Pénétration mutuelle des territoires. — Tel est le schème
très simple des territoires cutanés en correspondance avec les racines rachidiennes. Il ne faudrait pas cependant se figurer ces territoires avec des limites arrêtées. Chacun d'eux est envahi, sur ses
confins, par les nerfs sensitifs des territoires voisins (supérieur et
inférieur), qui se superposent au sien propre, les uns dans une
moitié, les autres dans l'autre moitié de sa largeur. Ces zones de
recouvrement élargissent naturellement les territoires de chaque
racine, mais elles n'en changent pas la forme générale, comme on
peut le comprendre. Il s'ensuit seulement que la section isolée
d'une racine postérieure n'aura jamais pour conséquence l'anesthésie nettement accusée d'une bande cutanée dermatomérique :
pour mieux dire, l'expérience montrant qu'il en est ainsi, on en a
conclu à l'existence de ces zones de recouvrement. La section isolée
d'une seule racine postérieure ne pourra donc pas nous indiquer
son territoire de distribution cutanée.

Averti par ce fait d'expérience, Sherrington a tourné la difficulté, en laissant une seule racine persister, entre plusieurs autres

coupées, soit en avant, soit en arrière d'elle (chez les animaux). On constate alors une zone sensible (celle de la racine ménagée) entre deux surfaces anesthésiques.

Chez l'homme, qui est à même de rendre compte de ses sensations, on peut noter, à la suite des lésions multiples ou isolées des racines (contrôlées à l'autopsie), non seulement les paralysies

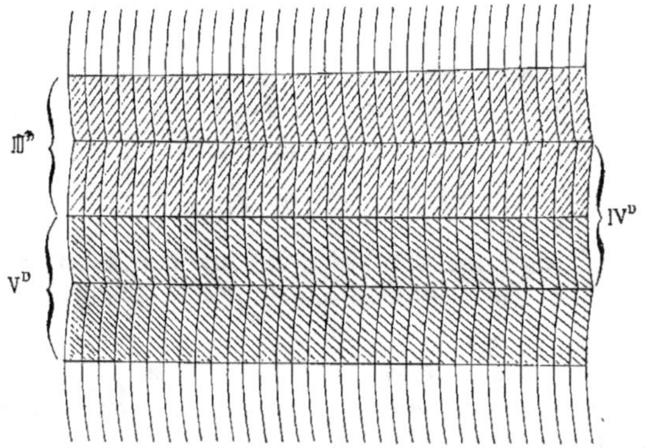

Fig. 59. — *Distribution des fibres sensitives des nerfs thoraciques* (schéma)
(d'après Sherrington).

Les territoires de la IIIe et de la Ve dorsale se rejoignent en recouvrant chacun une moitié du territoire intermédiaire de la IVe.

totales, mais les diminutions de la sensibilité qui en sont la conséquence, et en déduire la topographie des innervations radiculaires individuelles (Thornburn, Allen Star, Head).

Les résultats ainsi fournis par la clinique concordent assez bien avec ceux de l'expérimentation physiologique.

III. **Territoires radiculaires musculaires.** — L'excitation isolée d'une racine motrice fait contracter plusieurs muscles, parfois un assez grand nombre, suivant sa grosseur et la multiplicité de ses éléments composants. Elle a donc son territoire propre d'action motrice, comme la racine postérieure correspondante a son territoire sensitif sur la surface de la peau. Mais le premier est loin d'avoir la régularité du second. D'autre part, *chaque muscle* en particulier *reçoit* généralement *des éléments moteurs de plusieurs racines antérieures* voisines ; il suit de là que les territoires d'innervation motrice musculaire se pénètrent les uns les autres (comme les zones sensitives de la peau), et cette pénétration n'a pas non plus, dans les myomères, la régularité qu'elle affecte dans les dermatomères.

Au point de vue pratique (diagnostic des paralysies motrices, intervention chirurgicale sur les nerfs), il y a donc une série de tableaux à construire, mettant en regard de chaque racine antérieure d'un numéro donné son territoire musculaire, et de chaque racine postérieure son territoire cutané : les traités d'anatomie ont dressé jusqu'ici préférablement des tableaux qui indiquent le champ de distribution musculaire et cutanée des troncs nerveux (radial, cubital, médian, crural, sciatique, etc.), nés des plexus, c'est-à-dire après mélange des racines dans ces plexus, et qui sont utilisables dans le cas de lésion de ces troncs ou d'intervention sur eux. La connaissance des seconds ne dispense nullement de la connaissance des premiers ; car, ainsi qu'on voit, ils ne se superposent en aucune façon.

Un tronc radiculaire n'est pas une unité fonctionnelle. — Les racines qui se suivent numériquement à l'origine d'un ensemble nerveux, comme le plexus brachial, ont-elles individuellement des fonctions particulières, comme serait l'extension, la flexion, l'adduction, l'abduction, pour les racines motrices du membre supérieur ? FERRIER et YEO, P. BERT et MARCACCI, qui ont les premiers étudié expérimentalement la question, avaient conclu pour l'affirmative. Mais leurs résultats ont été contredits par LANNEGRACE et FORGUE, qui n'ont pu voir, entre chaque racine motrice et son territoire musculaire, qu'une correspondance purement anatomique ou topographique, sans aucune indication de la fonction. Les éléments d'une même racine se ressemblent en ce qu'ils ont tous la fonction motrice ; mais ces éléments entrent dans des complexus qui utilisent leur fonction de façon variée. Les mouvements naturels, même les plus simples, impliquent en effet une action à la fois graduée et successive des muscles qui les exécutent ; autrement dit, il y faut une coordination à la fois dans le temps et dans l'espace des contractions de ces muscles : celle-ci est le fait d'associations réalisées dans la substance grise, entre neurones plus ou moins voisins ou éloignés et n'appartenant par conséquent pas nécessairement au même groupe de cellules originelles donnant naissance à une racine.

Dissociation de la racine en ses faisceaux. — En fait, l'excitation artificielle totale d'une racine antérieure isolée peut bien produire un mouvement défini dans le membre correspondant (flexion, extension, adduction, etc.), mais cela tient simplement à ce que, l'excitation portant sur un ensemble de fibres à fonctions différentes ou antagonistes, l'effet résultant se dessine dans le sens du muscle le plus puissant ou qui reçoit l'excitation la plus forte.

Si, comme l'a fait Russell, on dissocie une racine antérieure en ses faisceaux composants et qu'on excite isolément chacun d'eux, on détermine par ces excitations localisées des mouvements diffé-rents et parfois même antagonistes. C'est la preuve qu'*une même racine se distribue à plusieurs muscles, de fonction* du reste *non uni-voque.* Inversement, *un même muscle reçoit des fibres de plusieurs racines.* Pratiquement, ces données nous expliquent comment la paralysie isolée d'une racine antérieure ne cause que des troubles transitoires de la motilité.

Ces faits sont en accord avec ceux du même ordre observés en clinique (Allen Star, Mills, Kaiser).

IV. **Nerfs mixtes**. — La racine antérieure et la racine posté-rieure mélangent leurs fibres, un peu au delà du ganglion spinal, et forment ainsi un *nerf mixte*.

A l'endroit où le tronc mixte de la paire nerveuse sort du trou

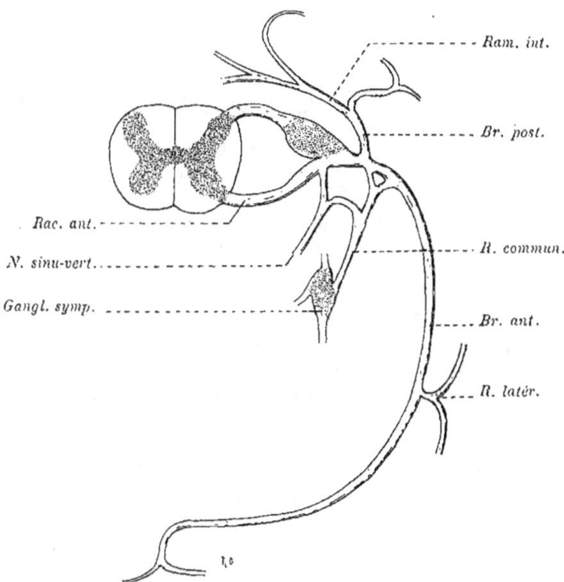

Fig. 60. — *Disposition générale d'un nerf rachidien* (schéma).
Un nerf intercostal est pris comme type.

de conjugaison situé entre les vertèbres, il reçoit des ganglions du grand sympathique des éléments sensitivo-moteurs d'un ordre nouveau, qui viennent encore compliquer sa composition. Il est donc mixte non seulement par le mélange d'éléments sensitifs et moteurs, mais encore par celui d'éléments de sensibilités et de motricités différentes.

Ainsi constitués et complétés, les troncs mixtes, qui font suite aux paires nerveuses, s'étendent à la périphérie, où ils se distribuent à des territoires délimités, qui s'échelonnent dans l'ordre même (ou à peu près) des racines d'où ils proviennent.

Ces territoires sont les uns cutanés (*dermatomères*), les autres musculaires (*myomères*), les autres enfin viscéraux (on peut les appeler *splanchnomères*).

Définitions et distinctions. — Ces divisions ne sont pas aussi absolues qu'elles paraissent au premier abord. La peau ne représente pas uniquement la sensibilité tactile, dont elle est, il est vrai, l'organe attitré ; les viscères la pénètrent forcément sous forme de vaisseaux, de glandes, ou autres organes à fonction inconsciente involontaire. Les muscles ne représentent pas uniquement le mouvement de la vie animale ; les vaisseaux les pénètrent également et de plus une sensibilité leur est acquise, intermédiaire entre celle de la peau et celle des viscères. Quant aux viscères proprement dits, s'ils envoient leurs prolongements dans la peau et les muscles, ils ne reçoivent en retour rien de ces organes, auxquels ils servent de base première et indispensable. Les mots *dermatomère* *myomère*, *splanchnomère*, auront ainsi des sens différents, suivant qu'on envisagera seulement la fonction essentielle ou l'ensemble des fonctions qui y sont représentées, suivant aussi qu'on envisagera la partie essentielle d'un organe ou les prolongements qu'il fournit à travers les autres.

La constitution de la métamère, celle surtout de son système nerveux, éclaire ces distinctions. La partie réellement fondamentale de ce dernier est dans les ganglions du grand sympathique. Du ganglion vertébral partent des rameaux qui vont aux viscères et qui, suivant les vaisseaux partout où ils pénètrent, atteignent tout le champ de la métamère : c'est l'origine du système végétatif. Du côté de l'intestin (et des gros viscères), ces rameaux restent isolés. Du côté de la peau et des muscles, ces rameaux sont bientôt doublés par d'autres, qui les longent et qui représenteront la sensibilité consciente et le mouvement volontaire : c'est l'origine du système animal. Leurs origines sont distinctes de celles des précédents et sont dans les ganglions spinaux et la substance grise de la moelle épinière. Ils accompagnent les rameaux sympathiques (comme leur volume devient prépondérant, on dit ordinairement qu'ils sont accompagnés par eux) dans la myomère et la dermatomère. Ce sont eux qui, par rapport aux autres, forment un système différencié surajouté et de perfectionnement. Ils assument la fonction de la vie extérieure et n'ont de ce fait rien à voir avec les viscères, organes de nutrition, tandis que l'inverse n'est pas.

Lorsque, pour définir les parties du système nerveux qui (le développement terminé) sont restées métamériques, nous désignons les racines médullaires, nous omettons une partie importante du système nerveux, qui a conservé cette disposition ; ce sont les rameaux (directs ou mélangés au tronc mixte) qui émanent des ganglions de la chaîne sympathique, lesquels suivent la même distribution que les racines correspondantes. D'autre part, lorsque, pour donner un exemple de métamérie vraie, nous désignons ces mêmes racines, la désignation n'est juste qu'autant que nous la restreignons aux éléments conscients volontaires de ces racines ; eux seuls suivent les lois régulières de la métamérie, les éléments inconscients involontaires ou végétatifs y échappent. Ces derniers, en effet, n'ont pas, comme les premiers, un trajet direct du tronçon de moelle au nerf périphérique auquel ils sont destinés par les racines correspondantes, mais, naissant ou plus bas ou plus haut que le ganglion qui les recueille, ils font un certain trajet vertical dans la chaîne du grand sympathique. *La chaîne du sympathique détruit la métamérie du système végétatif, comme l'organisation de la moelle épinière détruit celle du système animal.*

Troubles trophiques. — Parmi les faits qui manifestent la métamérie du système nerveux, on a souvent mis en avant les troubles trophiques de la peau. Les troubles trophiques sont des phénomènes moteurs d'un ordre particulier. On a la preuve expérimentale et clinique que, dans beaucoup de cas, leur apparition dépend du système nerveux. On n'admet plus l'existence de nerfs à fonctions uniquement, spécifiquement trophiques, mais on fait de la trophicité une fonction du système nerveux. Les désordres de la nutrition peuvent affecter parfois la même distribution que les plaques anesthésiques ; quelques-uns s'accompagnent de douleur, comme le *zona*. Ces particularités les ont fait rattacher à une altération des troncs sensitifs, notamment des ganglions des racines postérieures (BAERENSPRUNG). On s'est cru autorisé à voir dans cette altération des nerfs sensitifs le point de départ de l'action nerveuse, dans ce cas forcément réflexe, qui retentit sur la peau (BRISSAUD).

Nerfs cutanés centrifuges. — Mais les racines postérieures contiennent des fibres centrifuges et il est vraisemblable que certaines de ces fibres vont aux éléments cellulaires fixes de la peau, comme il en est qui vont aux cellules glandulaires de cet organe. L'altération de ces fibres et la perversion du fonctionnement qui en résulte dans le revêtement cutané amènent, à la longue, sa modification de structure (trouble trophique). Les territoires de ces dermatoses d'ordre névrotrophique peuvent donc se superposer à ceux des zones anesthésiques, si (ce qui est probable) les fibres centrifuges d'une racine postérieure ont plus ou moins sensiblement la distribution des fibres centripètes de la même racine.

Altérations segmentaires de la sensibilité et de la nutrition. — Les troubles trophiques et les anesthésies partielles affectent, dans certains cas, une forme également très régulière, mais ayant une orientation tout autre que la précédente. Au lieu d'être *zonales*, les lésions cutanées sont *segmentaires*. C'est surtout sur les membres que cette disposition est saisissante (dermatoses en gant, en manchette, en caleçon, etc.). Pour que de telles formes soient réalisables du fait de lésions limitées de la substance grise de la moelle, il faut qu'elles y soient inscrites dans la disposition des origines des nerfs. D'après BRISSAUD, la moelle n'est pas seulement formée de neurotomes superposés (correspondant primitivement aux racines superposées dans le même ordre) ; mais sa substance grise présente, dans son épaisseur latérale, des couches surajoutées, qui la renforcent au niveau des parties également surajoutées, qui sont les membres (supérieur et inférieur), en donnant lieu à ses renflements (cervical et lombaire). Dans ces renflements, les couches les plus superficielles sont celles qui fournissent les nerfs de la main ou du pied ; les plus profondes, celles qui fournissent les nerfs de l'épaule et de la hanche. On comprend dès lors comment l'altération isolée de ces couches peut donner lieu à des lésions d'une forme aussi singulière dans sa régularité. Les anesthésies obéissent aussi à cette disposition.

Territoires viscéraux sensitifs. — Lorsque les gros viscères sont le siège d'une lésion (surtout inflammatoire), leur sensibilité d'ordinaire inconsciente devient consciente et nous percevons l'excitation pathologique de leurs nerfs sensitifs sous forme de douleur. Seulement cette excitation, en arrivant dans un segment médullaire, est (par suite de son anormalité et de l'erreur qui en résulte) *extériorisée* souvent *dans les nerfs cutanés* qui aboutissent à ce segment. Head a utilisé cette circonstance pour déterminer les segments médullaires qui correspondent à chacun des grands viscères et à chacune de leurs parties principales.

La clinique connaît de longue date des phénomènes de ce genre ; par exemple :

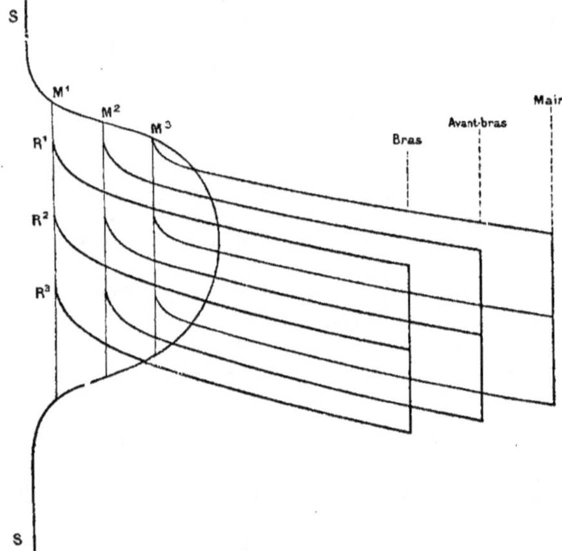

Fig. 61. — *Schéma de la distribution à la fois métamérique et segmentaire des nerfs du membre supérieur* (d'après Brissaud).

Le renflement cervical de la moelle est partagé par des lignes horizontales en trois métamères auxquelles correspondent les racines R¹, R², R³, allant au membre thoracique, et par des lignes verticales en trois segments M¹, M², M³, dont le plus profond donne les nerfs du bras, le moyen les nerfs de l'avant-bras, le plus superficiel les nerfs de la main.

la douleur du bras et du petit doigt gauches dans l'angine de poitrine ; la douleur à l'épaule droite dans la crise hépatique ; celle du testicule dans la crise néphrétique. Mackensie a encore observé que, dans les obstructions intestinales, la douleur cutanée est située au-dessus de l'ombilic, quand l'obstacle siège dans l'intestin grêle ; et, au contraire, entre l'ombilic et la symphyse pubienne, quand l'obstruction est dans une anse du gros intestin.

Pour établir les territoires sensitifs viscéraux, Head tient compte, non seulement de ces irradiations douloureuses, mais de l'*hyperesthésie* qui se manifeste dans certaines zones cutanées, sous l'influence d'excitants légers (pression). Il a constaté l'existence d'un grand nombre de ces zones hyperesthésiques, très diversement situées, zones dont il a cherché à déterminer la relation avec les racines des nerfs et, par extension, avec les segments médullaires correspondants.

Le raisonnement qui est à la base de ces recherches est le suivant : ces zones hyperesthésiques (dans la pensée de Head) sont superposables aux zones anesthésiques, qui s'observent dans les lésions des racines et des segments médullaires correspondants, et dont les territoires ont été établis par les méthodes physiologiques et anatomo-cliniques. La zone hyperesthésiée indique la racine affectée. La clinique, d'autre part, montrant que telle zone est hyperesthésiée quand tel viscère est malade, nous devons en conclure que les nerfs sensitifs de ce viscère et de la zone hyperesthésiée (fût-elle topographiquement très éloignée) aboutissent dans la moelle épinière à des noyaux communs. Ce sont ces noyaux communs qui, recevant les irritations pathologiquement exagérées du viscère enflammé, les extériorisent du côté de la peau. Cette extériorisation peut devenir un élément de diagnostic topographique du viscère affecté.

Tel est le principe de la méthode. Dans l'application, il présente encore trop d'incertitude et les résultats se sont montrés trop discordants, pour que nous en donnions ici un tableau détaillé, ce tableau devant nécessiter ultérieurement d'assez importantes retouches. Ajoutons que les preuves fournies sont de nature trop indirecte et prêtent à trop d'objections pour qu'elles soient acceptées sans discussion.

Les relations indiquées entre les zones hyperesthésiques de Head et les lésions viscérales peuvent du reste garder leur valeur symptomatologique, en laissant intact le problème de la systématisation des nerfs sensitifs viscéraux.

C. — NERFS CRANIENS. — DÉTERMINATIONS FONCTIONNELLES.

I. **Régularité morphologique de la moelle épinière**. — Dans la moelle épinière, les origines des nerfs sensitifs et des nerfs moteurs ont une disposition systématique, à la fois simple et régulière, qui les fait reconnaître à première vue, étant donné que l'expérience a prononcé sur leurs fonctions. *Toute paire nerveuse a ses éléments constituants disposés de la même manière, et les expériences faites sur l'une d'elles valent pour toutes.*

II. **Irrégularité du bulbe**. — Dans la moelle allongée, cette disposition systématique a disparu, ou est devenue en grande partie méconnaissable ; c'est pour cela qu'il y a une question dite des *nerfs craniens*. Les éléments sensitifs et moteurs y forment, en effet, des groupements irréguliers qui détruisent la systématisation qui les fait reconnaître si facilement ailleurs, par la simple vue de leur position relative ; d'où l'obligation de rechercher ces éléments de fonctions différentes, en instituant des expériences directes sur chacun des troncs nerveux qui émanent du bulbe rachidièn.

Formations nouvelles surajoutées. — La moelle allongée est un lieu de transition : le cylindre médullaire symétrique et régulier y prend fin ; l'expansion cérébrale y commence ou tout au moins s'y prépare par des formations surajoutées. Ces masses nouvelles, de fonction et de type différents, bouleversent à première vue le plan primitif de l'édifice médullaire. On peut toutefois en retrouver les traces modifiées, mais ce n'est pas trop, pour cela, de réunir les données de l'expérimentation à celles de la morphologie.

THÉORIE VERTÉBRALE DU CRANE. — La classification des nerfs craniens se rattache à l'ancienne théorie vertébrale du crâne de GŒTHE et OKEN, théorie souvent remaniée et dont nous pouvons essayer de donner en quelques mots la forme actuelle.

Pour ce qui concerne les nerfs du crâne, le problème est double : 1° reconnaître les équivalents des racines antérieures et postérieures ; 2° les paires nerveuses étant constituées, déterminer leur métamérie.

Nerfs ventraux et nerfs dorsaux. — Dans la moelle épinière, nous voyons chaque paire formée par un nerf *ventral* (qui est la racine antérieure), et un nerf *dorsal* (qui est la racine postérieure). Le nerf ventral est en communication exclusive avec des muscles ; ce qui veut dire que fonctionnellement il est *moteur*. — Le nerf dorsal est en relation avec la peau ; autrement dit, il est *sensitif*. Ajoutons que dans le nerf dorsal existent, en nombre restreint, quelques éléments centrifuges, qui en font (quelque petits que soient leur nombre et leur importance) un nerf mixte.

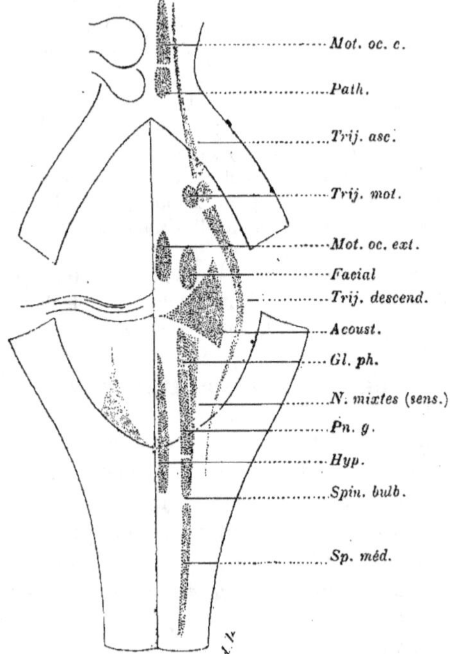

Fig. 62. — *Topographie des noyaux des nerfs craniens sur le plancher du 4° ventricule.*

Les noyaux moteurs en rouge ; les noyaux sensitifs en bleu.

Les nerfs ventraux (nerfs moteurs) proviennent des cellules des cornes antérieures, émergent de la partie ventrale du névraxe et se distribuent aux muscles dérivés des myotomes.

Les nerfs dorsaux (nerfs sensitifs) proviennent des cellules des ganglions spinaux, pénètrent la moelle par la partie dorsale du névraxe et sont en relation fonctionnelle avec les organes du tact situés dans la peau. Leurs fibres motrices, très rares, n'ont été encore étudiées fonctionnellement que pour des espèces qui rendent leur classement difficile (éléments vaso-dilatateurs).

Dans le crâne, la série des nerfs ventraux serait représentée par les *nerfs moteurs de l'œil* (oculo-moteur commun, oculo-moteur externe, pathétique) et le *grand hypoglosse*. Encore le pathétique prête-t-il à discussion à cause de son

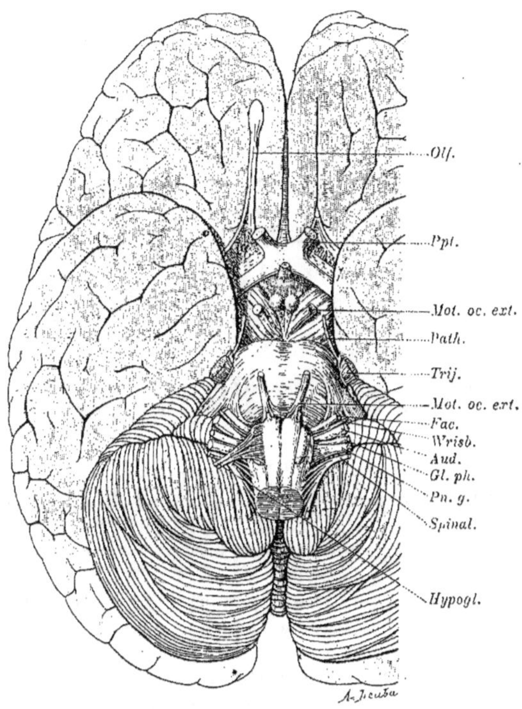

Fig. 63. — *Origine apparente des nerfs craniens à la base de l'encéphale*
(d'après HIRSCHFELD).

émergence postérieure ; — la série des nerfs dorsaux serait représentée par le *trijumeau*, le *facial*, le *glosso-pharyngien*, le *pneumogastrique* et le *spinal*.

Les nerfs des sens sont généralement laissés de côté comme échappant à la classification, en raison de leur différenciation extrêmement prononcée.

Morphologie comparée. — Envisagée chez l'homme, la disposition, l'une dorsale, l'autre ventrale, de ces deux séries n'est guère évidente, mais elle l'est davantage chez les vertébrés inférieurs. La série ventrale représente en tout cas manifestement des nerfs qui sont, dans le crâne, la continuation de ceux qui naissent du groupe antéro-externe de la corne antérieure de la moelle, et qui se rendent à des muscles dérivés des myotomes. Les difficultés et les objections naissent, par contre, quand on compare les nerfs dorsaux craniens avec les racines postérieures médullaires. Les éléments moteurs, qui entrent dans le trijumeau, le facial, le pneumogastrique et le spinal, sont d'une telle importance qu'on ne peut guère les assimiler aux rares fibres centrifuges des racines

11.

postérieures. De plus, tandis que celles-ci n'ont de connexion qu'avec la peau,
les nerfs sensitifs craniens s'étendent à la muqueuse digestive.

Appareil nerveux surajouté, nerfs branchiaux. — Cette différence
s'explique, d'après Kuppfer, par l'existence, au niveau des nerfs craniens dorsaux, d'un système surajouté, le *système des nerfs branchiaux*, qui fait défaut
dans les nerfs spinaux. — Ce nerf branchial distribue ses ramifications motrices,
non pas aux muscles dérivés de la portion dorsale segmentée du mésoderme
(somites, myomères, myotomes), qui dans le crâne comme à la tête sont inner-

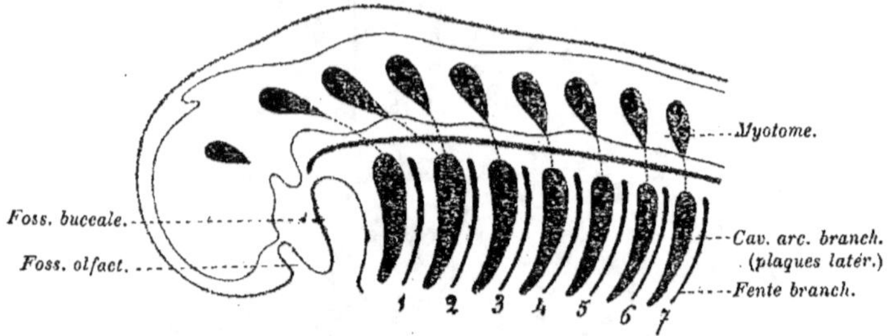

Fig. 64. — *Représentation schématique de l'extrémité céphalique d'un vertèbre*
inférieur (d'après la description de Van Wijhe).

Le mésoderme céphalique (myotomes et plaques latérales) est en rouge.

vés par les nerfs ventraux (muscles de l'œil et de la langue ; nerfs oculo-moteurs
et hypoglosse), mais à d'autres muscles, qui font défaut au niveau du tronc et
existent dans la tête, et qui dérivent du mésoderme latéral, segmenté par les
fentes branchiales.

Les nerfs dorsaux, dans la région cranienne, sont donc la réunion d'une
racine postérieure avec un nerf branchial.

Métamérie. — Dans le tronc, la métamérisation primitive de l'individu
s'accuse, chez l'adulte, par les pièces du squelette (vertèbres) et les paires nerveuses correspondantes, qui font issue dans leur intervalle, par les trous de
conjugaison. Dans les autres organes, y compris le névraxe et l'ensemble des
muscles, la trace en a comme disparu. — Dans le crâne, le squelette, aussi bien
que les muscles, est un témoin des plus infidèles ou des plus arbitraires, si on
l'examine chez l'adulte. Il faut se reporter aux dispositions qui l'ont précédé
pour reconnaître la métamérisation de cette région, et Huxley, puis après lui
Gegenbaur, la trouvent dans la disposition de l'appareil branchial, dont chacun
des arcs viscéraux correspondrait à une métamère pourvue de sa paire nerveuse.

Myomères et branchiomères. — Mais, avec Van Wijhe, il faut tenir
compte aussi de la segmentation du mésoderme céphalique, qui donne, dans le
crâne comme dans le tronc, naissance à un certain nombre de somites ou myomères, et cela d'autant mieux que, étant donnée la relation étroite et exclusive des
somites avec les racines ventrales, nous aurons ainsi une base fixe pour le
dénombrement des métamères. — La solution de la question serait claire et
définitive si l'on pouvait s'entendre sur le nombre exact des segments. Mais les
changements rapides qui s'y font au cours de l'évolution viennent bouleverser
à chaque instant l'état des choses, certaines de ces myomères s'atrophiant peu
après leur apparition. Bien plus, le parallélisme entre les somites et les arcs

viscéraux est lui-même de courte durée et prête à l'incertitude, la myomérie et la branchiomérie ne marchant pas de pair. Il en résulte que les nerfs dorsaux et les nerfs ventraux ne peuvent guère être classés que séparément, sans chercher à les rassembler en paires exactement correspondantes, et encore la détermination des nerfs ventraux reste difficile au point de vue de la métamérie.

A. Caractères physiologiques de la paire nerveuse. — Le physiologue, qui se guide, lui, surtout sur l'étude du fonctionnement, assigne à la constitution de la paire nerveuse d'autres caractères, tirés surtout de l'expérimentation. *La paire nerveuse est*, à ses yeux, *constituée essentiellement par des éléments associés fonctionnellement dans la constitution d'un axe réflexe simple*, comme ils le sont dans la métamère. Cl. Bernard avait donné un autre caractère qui accuse la signification du précédent. *Deux nerfs, l'un sensitif, l'autre moteur, forment une paire physiologique, quand le premier donne au second sa sensibilité récurrente.* Si l'on se rappelle que, pour Cl. Bernard, les appareils terminaux de cette sensibilité de retour sont à la surface de la moelle épinière et de ses membranes considérées comme réceptrices de l'excitation, au niveau même des racines considérées, l'association fonctionnelle des deux nerfs s'en trouve renforcée.

Contingence des associations au cours du fonctionnement. — Mais le physiologue sait aussi que ces connexions sont changeantes, suivant la marche et les besoins des fonctions, et il s'étonne moins des difficultés qui s'opposent à une classification rigide de ces associations. La conception de la paire nerveuse garde pour lui une valeur symbolique ou de commodité descriptive. — Ces réserves faites, il peut être utile d'indiquer quels sont, parmi les nerfs craniens, ceux qui se rapprochent le plus du schème primitif et idéal étudié à propos des racines rachidiennes.

C'est ainsi que nous trouvons, dans le *trifacial* ou *trijumeau*, les caractères nettement reconnaissables d'une paire nerveuse sensitivomotrice, mais d'une paire nerveuse qui a déjà perdu sa régularité et sa symétrie et qu'il faut compléter ou dissocier, si on veut y rétablir l'équilibre entre les éléments de la sensibilité et ceux du mouvement.

Paire nerveuse se rapprochant du type rachidien. — Le nerf trijumeau naît du bulbe à travers la protubérance par deux racines, une *sensitive*, qui porte un *ganglion* (ganglion de Gasser) manifestement l'équivalent de celui d'une racine postérieure médullaire ; l'autre *motrice*, qui va former avec la précédente un tronc mixte en mélangeant ses fibres. Ce n'est pas là seulement une induction tirée de la ressemblance des formes : on agit (avec plus de difficultés, il est vrai), sur les racines du trijumeau, comme sur celles des nerfs rachidiens ; on fait naître par sa section des paralysies sensitives et motrices ; on réveille par l'excitation de chacune de ses deux racines de la sensibilité et du mouvement.

Mais ce nerf (comme son nom l'indique) a trois branches, dirigées dans le sens des trois grandes cavités de la face, et de ces trois branches, la troisième seule (nerf *maxillaire inférieur*) reçoit les élé-

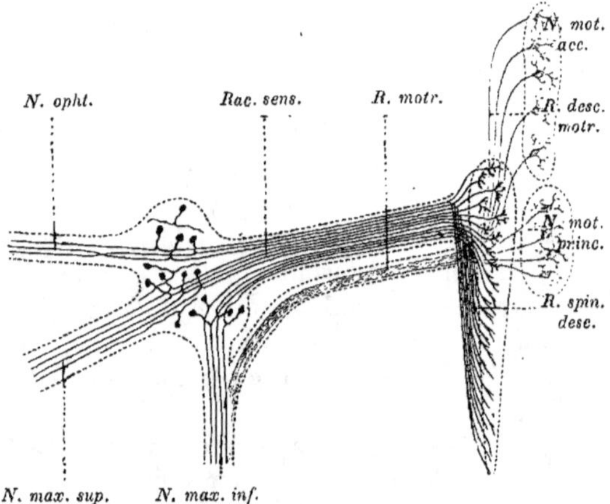

Fig. 65. — *Schéma des origines réelles et de la constitution du trijumeau* (d'après Van Gehuchten).

ments de la racine motrice. Il faut donc compléter la paire trifaciale par des éléments moteurs surajoutés. Ces éléments, nous les trouvons dans des troncs purement moteurs qui se distribuent aux muscles de l'orbite et font le pendant de la première branche du trijumeau (*branches ophtalmiques*) qui donne la sensibilité à la région oculaire ; ce sont les nerfs *oculo-moteur commun*, *oculo-moteur externe* et *pathétique*.

Association fonctionnelle des éléments radiculaires. — La paire trifaciale est manifestement sensitivo-motrice. Elle appartient au même sens que les racines postérieures, à savoir au *sens tactile* ou *sensibilité générale*. Les autres paires craniennes plus ou moins légitimes qui naissent du bulbe ont pour base, soit des nerfs purement sensoriels, comme l'olfactif, l'acoustique ou l'optique ; soit des nerfs où les éléments sensoriels sont mélangés aux éléments sensitifs, comme le glosso-pharyngien ; soit enfin des troncs où la sensibilité générale est mélangée à une sensibilité obtuse et subconsciente, comme le pneumo-spinal.

Leur complexité. — Ces associations entre nerfs sensitifs ou sensoriels et nerfs moteurs sont, au point de vue fonctionnel, à la fois multiples et changeantes. Elles ne sont par conséquent nulle ment exclusives les unes des autres. Les nerfs moteurs de l'œil, qui sont associés par la branche ophtalmique du trijumeau à la sensibilité générale, le sont également, par le nerf optique, au sens de

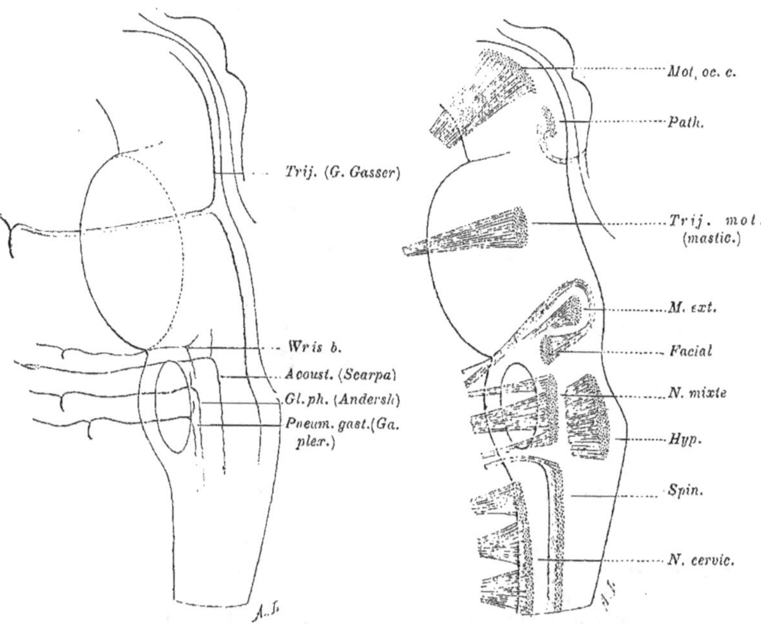

Fig. 66. — *Ganglions d'origine des nerfs sensitifs craniens.*

Leurs racines et les branches ascendantes et descendantes de ces racines.

Fig. 66 bis. — *Noyaux d'origine des nerfs craniens moteurs (figure schématique).*

Les noyaux sont vus latéralement à travers le tronc cérébral supposé transparent.

la vue et peuvent l'être à celui de l'audition ou à tout autre, par les conducteurs spéciaux de ces sens. Et il ne faut pas oublier qu'il en est de même dans la moelle épinière ; le lien fonctionnel qui subsiste entre la racine postérieure et l'antérieure et qui se traduit par un réflexe est intéressant, parce qu'il dessine l'ébauche du système nerveux ; mais il n'est pas étroit et nécessaire, et les muscles des membres ou du tronc, aussi bien que ceux de la face, sont associés fonctionnellement à chaque instant aux sens supérieurs.

11...

Autre exemple. — Le *facial* avec ses deux racines, dont l'une (petite racine) porte un petit ganglion (*ganglion géniculé*), est lui aussi souvent assimilé à une paire nerveuse rachidienne.

La grosse racine est manifestement motrice ; la petite, dite nerf de Wrisberg, est désignée comme sensorielle, elle partage avec le glosso-pharyngien la sensi-

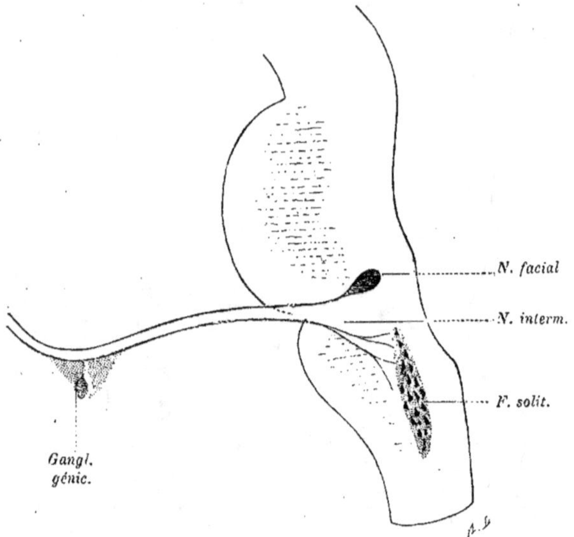

Fig. 67. — *Nerf facial et nerf intermédiaire de Wrisberg*. Paire faciale.

bilité gustative ; par la corde tympanique elle va à la pointe de la langue, tandis que le glosso-pharyngien va à la base : la pointe et la base de la langue représentent le territoire du sens du goût.

Associations multiples des éléments originels. — La partie motrice du facial ne va nullement aux muscles de la langue, mais aux muscles peauciers de la face et n'est, par conséquent, associée au sens du goût que d'une façon tout à fait contingente. La partie motrice du facial est au contraire associée d'une façon plus directe, bien que très partielle, au sens de l'ouïe par les rameaux qu'elle fournit à certains muscles de l'oreille (muscle du pavillon, muscle de l'étrier). Le nerf acoustique est accolé, à ses origines, aux deux racines du facial et pénètre dans le même orifice que lui (conduit auditif interne) avant de s'en séparer pour aller à l'oreille interne.

Au point de vue fonctionnel, le facial est encore associé à l'olfaction pour les mouvements de la narine liés à l'exercice de ce sens ; à l'optique pour les mouvements de la paupière supérieure, et très généralement à la sensibilité tactile ou générale du trijumeau.

Grand hypoglosse, sa petite racine inconstante. — Le nerf moteur propre de la langue, dont la muqueuse possède les organes du goût, est le grand hypoglosse. Habituellement il est formé d'un seul ordre de racines (racines motrices) ; mais il présente parfois une petite racine munie d'un ganglion et reproduit le type des paires nerveuses rachidiennes.

Glosso-pharyngien ; pneumo-spinal. — Le glosso-pharyngien, le pneumo-spinal (réunion des origines du pneumogastrique et du spinal) contiennent originellement des éléments de motricité et de sensibilité diverses qui les ont fait assimiler, eux aussi, à des paires fonctionnelles. Leurs éléments centrifuges et centripètes sont mêlés dès leur sortie de la moelle allongée ; les ganglions qu'ils traversent (ganglion d'Ehrenritter et ganglion d'Andersch pour le premier ; ganglion jugulaire et ganglion plexiforme pour le second) sont pour partie assimilables aux ganglions spinaux des racines postérieures.

Chevauchement et pénétration réciproque des territoires. — En somme, tous les troncs nerveux moteurs, sensoriels et sensitifs que nous venons de désigner ont des territoires qui chevauchent les uns sur les autres, s'engrènent, se pénètrent ou se superposent ; tellement que l'expérimentation seule peut arriver à fixer leurs limites et à débrouiller l'écheveau compliqué des fibres de toutes fonctions, qui est tressé dans les tissus de la face et du cou par leurs multiples anastomoses.

Tels qu'ils se présentent à notre observation et à l'expérimentation chez l'animal adulte, les nerfs craniens sont les uns isolés, comme l'olfactif, l'acoustique ; les autres reproduisent de plus ou moins loin la disposition rachidienne (trijumeau, facial) ; les autres enfin ont leurs éléments sensitivo-moteurs mélangés dès leur émergence.

Plan d'étude et de description. — Le plan d'étude de ces groupements anatomiques repose sur une double analyse consistant : 1° à séparer en eux les éléments *sensitifs* et *moteurs* ; 2° à séparer de plus, dans ces groupements, les éléments de sensibilité et de motricité différentes. A ce deuxième point de vue les éléments se trient en deux nouvelles catégories générales, celle du *conscient* et celle de l'*inconscient*, ainsi qu'il sera expliqué plus loin. — Anatomiquement, l'inconscient est représenté par le *grand sympathique* et ses équivalents bulbaires. En raison de l'intrication de ses éléments avec la plupart de ces nerfs à morphologie irrégulière, nous devons pour motif de clarté décrire dès maintenant le sympathique cranien, quitte à présenter de nouveau cette description quand nous ferons, dans son ensemble, l'étude du système inconscient.

B. Relations avec le grand sympathique. — Dans la moelle épinière, chaque paire nerveuse est rattachée à un ganglion du grand sympathique et complétée en quelque sorte par ses connexions avec ce système particulier. Dans la moelle allongée, il en est exactement de même ; seulement la détermination des éléments qui lui appartiennent y présente de plus grandes difficultés. En effet, le grand sympathique, dans sa portion à proprement parler vertébrale, se désigne de lui-même par sa disposition typique et régulière, comme les paires nerveuses avec lesquelles il échange ses rameaux communicants. Dans sa portion cranienne, les bouleversements qui ont dissocié les paires nerveuses primitives ont, du même coup, altéré les caractères morphologiques qui le font reconnaître et nous obligent à l'identifier par la constatation directe de sa fonction.

Type normal de ces relations. — Toutefois le type normal des relations du grand sympathique avec les autres nerfs n'a pas totalement disparu, et c'est encore dans les dépendances du trijumeau que nous le retrouvons. — Aux trois branches de distribution de ce nerf (branche ophtalmique, nerf maxillaire supérieur, nerf maxillaire inférieur) sont rattachés trois ganglions (*ganglion ophtalmique*, *ganglion sphéno-palatin*, *ganglion otique*), plus un quatrième

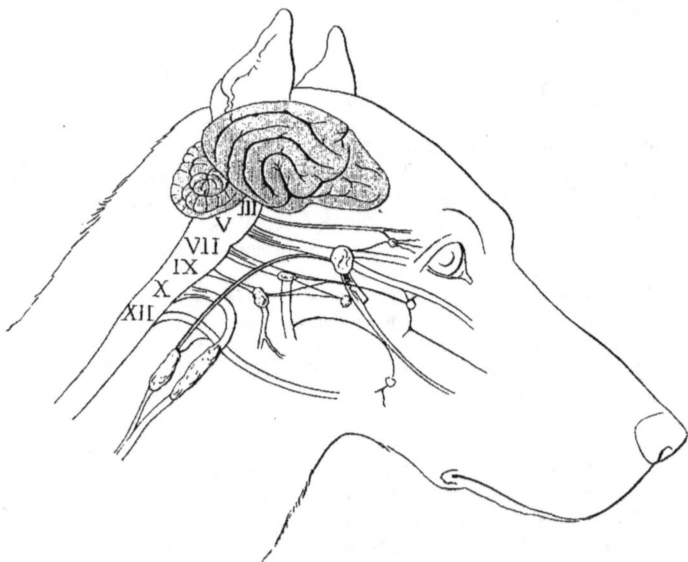

Fig. 68. — *Schéma représentant les principaux nerfs craniens et leurs principales anastomoses par l'intermédiaire de leurs ganglions, chez le chien.*

III, oculo-moteur commun; V, trijumeau; VII, facial; IX, glosso-pharyngien; X, pneumogastrique; XII, grand hypoglosse.

Le grand sympathique forme au cou un tronc commun (vago-sympathique) avec le pneumogastrique, et devient distinct avant de se jeter dans le ganglion cervical supérieur. Dans le crâne, la chaîne sympathique est représentée par une branche allant du ganglion cervical supérieur au ganglion de Gasser et de là aux ganglions ophtalmique, sphéno-palatin et otique du trijumeau.

(*ganglion sous-maxillaire*) rattaché à une branche considérable du nerf sous-maxillaire, le nerf lingual, lesquels tous sont manifestement des ganglions du grand sympathique. La paire trifaciale, qui est comme condensée, quand on considère ses racines et son ganglion de Gasser (équivalent d'un ganglion spinal), se trouve au contraire dissociée, quand on envisage ses ganglions sympathiques.

Sympathique cranien. — Les trois premiers de ces ganglions sont rattachés à la chaîne du grand sympathique par un double rameau qui, partant du ganglion cervical supérieur, va les rejoindre ; l'un de ces rameaux forme le plexus carotidien et va les retrouver isolément ; l'autre (et c'est celui que je considère comme formant le *prolongement cranien du cordon cervical*) aboutit au ganglion de Gasser, se distribue dans les trois branches du trijumeau, et par leur intermédiaire entre en relation avec les trois ganglions (ophtalmique, sphéno-palatin et otique). L'expérience démontre la réalité de ces connexions : les excitations faites sur le cordon cervical traversent ces ganglions pour dilater la pupille, faire sécréter certaines glandes, et agir sur la circulation de certaines régions de la face.

Rameaux de distribution et rameaux d'origine du sympathique dans le crâne. — Comme les paires rachidiennes, le trijumeau, ainsi qu'on voit, reçoit des éléments du grand sympathique, qui se mêlent à ses branches de distribution et vont trouver les appareils auxquels il a pour fonction de commander (vaisseaux, glandes, muscles involontaires) ; mais, comme les paires rachidiennes également, il fournit à son tour des rameaux d'origine aux ganglions qui lui correspondent, et c'est ce que l'expérience prouve de son côté : l'excitation des origines du trijumeau dans le crâne a les mêmes effets que celle du sympathique cervical ; elle agit sur la pupille, sur certains vaisseaux et sur certaines glandes.

Connexions avec les oculo-moteurs. — Les nerfs moteurs de l'œil, eux aussi, entrent en connexion avec le grand sympathique ; ils en reçoivent de grêles rameaux, qui sont pour les vaisseaux des muscles auxquels ils commandent ; de plus, par le moteur oculaire commun, ils lui donnent plus encore qu'ils n'en reçoivent, car c'est lui qui fournit le rameau gros et court, qui est une des racines du ganglion ophtalmique et qui représente le *nerf constricteur de la pupille*. Le rameau long et grêle qui est fourni par la branche ophtalmique en est le nerf dilatateur.

Connexions avec l'hypoglosse. — A l'autre extrémité du bulbe rachidien, les connexions de l'hypoglosse s'établissent avec le ganglion cervical supérieur, qui lui fournit une anastomose très visible et de fonction bien déterminée (nerf constricteur des vaisseaux de la langue). Par contre, l'hypoglosse fournit peu ou pas d'éléments originels au grand sympathique (l'expérience n'en décèle pas).

Éléments ganglionnaires du facial. — Dans l'intervalle qui sépare l'hypoglosse de la paire trifaciale, les relations du grand sympathique avec les nerfs facial, glosso-pharyngien et pneumospinal semblent tout à fait interrompues. Ces relations existent cependant, mais pour les établir il faut encore recourir à l'expérience. — Le facial envoie à trois des ganglions du trijumeau trois rameaux importants : les deux nerfs pétreux superficiels (grand et petit) pour les ganglions sphéno-palatin et otique, et la corde tympanique pour le ganglion sous-maxillaire. Ces rameaux agissent manifestement sur les vaisseaux (nerfs dilatateurs) et sur les glandes (nerfs sécréteurs) des régions correspondantes. Ce sont donc des origines du grand sympathique à ajouter à celles signalées plus haut.

Ganglion géniculé, sa nature. — On fait d'ordinaire provenir ces trois rameaux du nerf de Wrisberg par l'intermédiaire du ganglion géniculé. La question est de savoir si ce ganglion est uniquement sensitif ou s'il est mixte. Même pour les ganglions des racines postérieures, cette question n'est pas absolument résolue. D'après Oxodi, les ganglions du grand sympathique et les ganglions spinaux naissent au voisinage immédiat les uns des autres et ne se séparent qu'ultérieurement : une partie des premiers reste-t-elle incorporée à la masse des seconds ? c'est ce qu'on peut se demander, mais la question n'est pas résolue.

Ganglions d'Andersch, jugulaire et plexiforme. — Le glosso-pharyngien et le pneumogastrique traversent des ganglions auxquels on attribue de confiance la nature sensitive des ganglions spinaux ; mais, étant donné que ces deux nerfs ont des fonctions vaso-motrices et sécrétoires importantes et qu'ils les possèdent dès leur origine, il est probable que ces ganglions également sont mixtes, c'est-à-dire mi-partie sensitifs comme les ganglions spinaux, mi-partie moteurs de la vie végétative comme ceux du grand sympathique.

1. — *Nerfs sensoriels.*

On appelle *sensoriels* les organes, et partant les nerfs, qui sont au service de sensibilités spéciales, autres que la sensibilité tactile dite générale. Cette convention peut laisser supposer que la sensibilité tactile n'est qu'un élément commun aux autres sensibilités, qui la représentent à un état seulement différencié. En réalité, le tact proprement dit est lui-même une sensibilité différenciée en un sens particulier. Ce qui lui vaut le nom de sensibilité générale, ce n'est pas sa modalité physiologique plus simple, mais sa distribution anatomique plus étendue. Comme les autres sens, il présente lui-même des nuances variées.

Parmi les nerfs des sensibilités spéciales ou nerfs sensoriels, il en est qui reproduisent au niveau du bulbe à peu près la disposition d'une racine postérieure : tels le glosso-pharyngien et l'auditif, qui ont des noyaux d'origine analogues à ceux du trijumeau, nerf bulbaire du tact; mais il en est d'autres, comme l'olfactif et surtout l'optique, dont la morphologie a rompu tout à fait avec la disposition des racines. Ces nerfs sont en réalité des faisceaux de la moelle ou du cerveau prolongés jusqu'au voisinage des organes du sens (neurones de projection du deuxième ordre), à l'extrémité desquels se trouvent de la substance grise (rétine) et, à partir de celle-ci, des éléments nerveux microscopiques (bâtonnets, cônes) qui représentent les neurones du premier ordre ou périphériques.

a. — **Nerf olfactif.**

Il faut réserver ce nom à l'ensemble plexiforme de filets nerveux qui rampent dans la muqueuse pituitaire, et vont rejoindre le bulbe

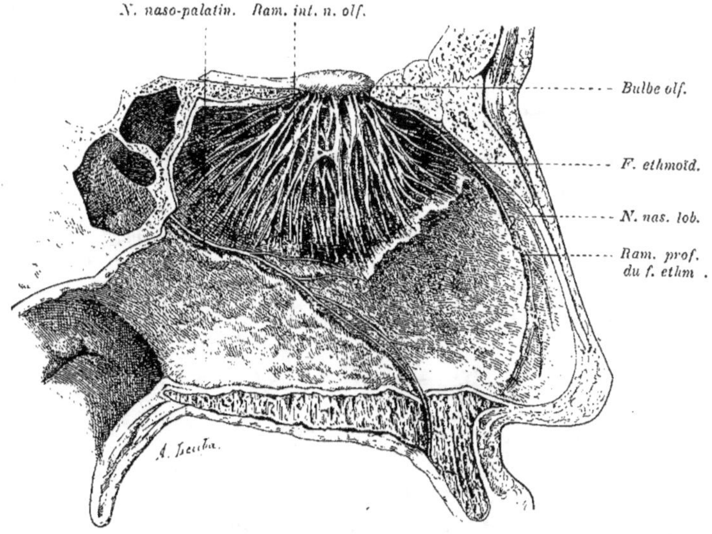

Fig. 69. — *Rameaux du nerf olfactif.*

Cette figure ne représente que les rameaux se distribuant à la face interne de la fosse nasale (d'après HIRSCHFELD).

olfactif, en traversant les trous de la lame criblée de l'ethmoïde. Ces faisceaux ne présentent point de ganglion sur leur trajet; mais leurs fibres sont nées de cellules, qui sont restées dans la muqueuse olfactive, au niveau même des éléments épithéliaux qui recouvrent celle-ci. C'est là une forme qui est commune aux neurones sensoriels et les distingue des neurones de la sensibilité générale. C'est, du reste, la forme commune des nerfs de sensibilité chez les invertébrés.

On admet sans discussion que le nerf olfactif est le conducteur des impressions olfactives et qu'il en est l'unique conducteur. Sa fonction a pourtant été contestée par Magendie, qui croyait à une conservation de l'olfaction chez les animaux chez lesquels il avait détruit le bulbe olfactif. L'odorat eût appartenu à la cinquième paire, dont les filets se répandent dans la muqueuse nasale en même temps que ceux du nerf olfactif. Mais la substance qui était donnée à respirer aux animaux (ammoniaque) était une vapeur irritante agissant sur les terminaisons des nerfs du tact, ce qui explique les signes de dégoût donnés par l'animal. D'autre part, la section du trijumeau entraîne, au bout d'un certain délai, des troubles trophiques dans les appareils des sens, auxquels ce nerf distribue ses rameaux. Il en résulte des paralysies ou parésies sensorielles *secondaires*, d'un mécanisme tout autre que celles résultant du nerf sensoriel lui-même, mais qu'on peut être tenté de lui attribuer, si on ignore cette circonstance.

Cl. Bernard, Le Bec, Testut ont constaté une absence du bulbe et du tractus olfactifs (ce qu'on appelait autrefois le nerf olfactif) chez des sujets chez lesquels l'odorat avait existé pendant la vie. Le cas de Le Bec a été soumis par M. Duval à une analyse histologique. Cet auteur a constaté, d'une part, la présence dans la pituitaire de filets olfactifs, et, d'autre part, sur le cerveau, l'existence d'une implantation réelle du tractus olfactif ; d'où la conclusion que les conducteurs intermédiaires devaient exister, en suivant un trajet anormal.

b. — Nerf optique.

De même que le tractus olfactif auquel on refuse actuellement le nom de nerf olfactif, le nerf optique ne devrait plus être compris comme étant le cordon étendu de la rétine au cerveau et passant par le chiasma, mais seulement les neurones qui reçoivent directement l'impression lumineuse et la communiquent aux éléments ganglionnaires de la rétine. Dans l'épaisseur restreinte qui sépare la surface rétinienne de ces cellules ganglionnaires, on compte deux rangées superposées de neurones : 1° les bâtonnets et les cônes, 2° les cellules bipolaires, et il y discussion sur la question de savoir si ce sont les premières ou les secondes qui représentent le nerf sensoriel de la vision et sont, de ce fait, équivalentes aux neurones des racines postérieures dans l'exercice du tact. Les fonctions de ces éléments ne doivent pas s'isoler de celle de la rétine, sur laquelle nous aurons à revenir à plusieurs reprises.

c. — **Nerf auditif**.

Le nerf auditif rappelle beaucoup mieux que les formations précédentes la disposition typique d'un nerf sensitif ordinaire. Il est ramassé en un tronc qui de l'oreille profonde s'étend aux parties latérales du bulbe rachidien ; il côtoie le nerf facial et le nerf intermédiaire de Wrisberg dans son trajet intra-osseux à travers le conduit auditif interne. Comme les autres nerfs sensoriels, il a néanmoins ses cellules d'origine à la périphérie, dans des ganglions inclus à l'intérieur des appareils spéciaux du sens de l'ouïe. — En réalité, ce nerf est double et répond à deux fonctions distinctes : celle de l'*audition* ou *réception des sons* par un appareil spécial contenu dans le *limaçon*, et celle de la réception d'excitations particulières liées à la notion de *mouvement* ou de *position dans l'espace* par un autre appareil également spécial, contenu dans les *canaux demi-circulaires*. L'un est le nerf *cochléaire*, l'autre, le nerf *vestibulaire* ; le premier a ses cellules d'origine dans le ganglion de Corti ou ganglion spiral ; le second dans celles du ganglion de Scarpa.

d. — **Nerfs du goût**.

Les éléments de la sensibilité spéciale gustative sont contenus pour la plus grande partie (base de la langue et isthme du gosier) dans le glosso-pharyngien, et pour une faible partie (pointe de la langue) dans la corde du tympan, branche du facial, mélangés à des éléments de fonctions diverses. Leur étude expérimentale est incluse dans celle de ces troncs nerveux.

2. — *Nerfs sensitifs et moteurs*.

Dans un premier groupe naturel viennent les nerfs moteurs de l'œil, à savoir : l'*oculo-moteur commun* (3ᵉ paire), le *pathétique* (4ᵉ paire), l'*oculo-moteur externe* (6ᵉ paire) ; puis des nerfs importants et compliqués comme le *trijumeau* (9ᵉ paire), le *facial* (7ᵉ paire), le *glosso-pharyngien* (9ᵉ paire), le *vague* ou *pneumogastrique* (10ᵉ paire), le *spinal* (11ᵉ paire), le *grand hypoglosse* (12ᵉ paire). — Appliquée aux nerfs craniens, l'expression « paire nerveuse » est dépourvue de toute signification physiologique, dans le genre de celle qu'on lui attribue pour les nerfs rachidiens (réunion d'une racine sensitive et d'une racine motrice) ; elle désigne simplement les deux nerfs qui symétriquement se détachent de la moelle allongée au même niveau.

a. — Oculo-moteur commun.

L'oculo-moteur commun innerve le muscle releveur de la paupière supérieure, plus quatre (sur six) des muscles du globe oculaire, à savoir : le droit supérieur, le droit interne, le droit inférieur et le petit oblique. Sa paralysie s'accuse par un *strabisme externe* (contraction non équilibrée du droit externe) et un déplacement de l'œil à la fois en bas et en dedans avec légère rotation due au grand oblique. Les mouvements du regard en bas et en haut sont impossibles. Il y a *chute de la paupière supérieure* due à la prédominance d'action de l'orbiculaire.

Éléments sensitifs d'emprunt. — L'oculo-moteur commun reçoit un filet anastomotique de la branche ophtalmique, qui est de fonction sensitive (sensibilité musculaire).

Éléments ganglionnaires originels. — Ce nerf renferme à ses origines la plus haute racine du grand sympathique. Elle se détache de lui sous forme d'un filet gros et court, qui se rend au ganglion ophtalmique et de là, par les nerfs ciliaires, à l'appareil irien et à celui de l'accommodation. En plus donc des mouvements des muscles plus haut cités, l'excitation de l'oculo-moteur commun fait contracter l'iris et fait bomber le cristallin. L'action antagoniste (dilatation irienne et aplatissement du cristallin) est exercée par la branche grêle du nerf nasal qui provient originellement soit du grand sympathique, soit du trijumeau lui-même. L'oculo-moteur commun reçoit des éléments ganglionnaires non seulement par ses racines propres, mais aussi par ses anastomoses avec la chaîne proprement dite du grand sympathique.

b. — Oculo-moteur externe et pathétique.

L'oculo-moteur externe va au muscle droit externe ; sa paralysie s'accuse par du *strabisme interne*.

Le pathétique va au grand oblique ; sa paralysie est suivie d'une *déviation du globe oculaire* en haut et en dehors.

Seul parmi les nerfs moteurs du globe oculaire, le moteur commun paraît fournir des rameaux d'origine aux ganglions craniens du grand sympathique, mais tous reçoivent de ce nerf des rameaux de distribution qui, sans aucun doute, sont destinés aux vaisseaux des muscles de l'œil.

Éléments sensitifs. — Tous les nerfs moteurs de l'œil sont, d'autre part, en relation anastomotique avec la branche ophtalmique, tant par récurrence près de leurs extrémités, que directement au niveau du sinus caverneux. Ces éléments sensitifs sont,

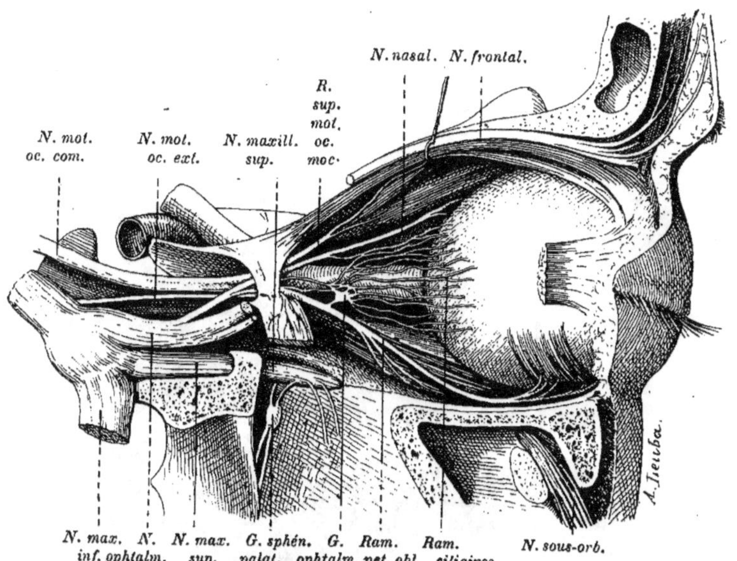

Fig. 70. — *Principaux nerfs de l'œil, moteurs, sensitifs, sensoriels, ganglionnaires.*
Leurs relations anatomiques.

Ganglion ophtalmique ; nerfs ciliaires directs et indirects.

eux aussi, pour les muscles oculaires, dont ils·estiment et *mesurent*

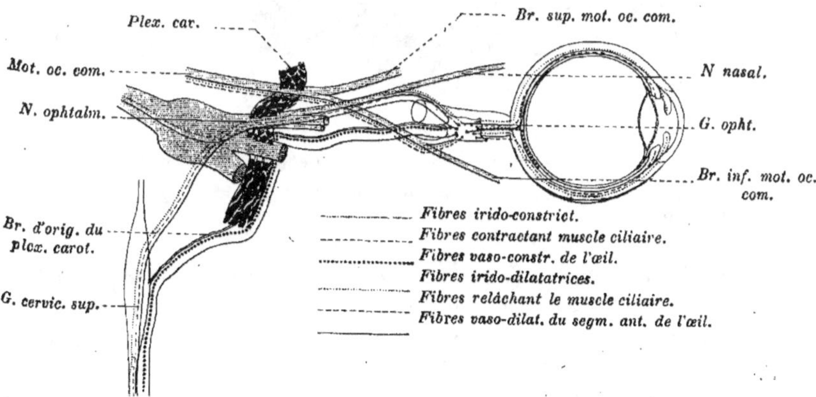

Fig. 71. — *Constitution du ganglion ophtalmique* (figure schématique de CUNÉO).

le degré de contraction, pour le proportionner au mouvement à
accomplir.

c. — Facial.

Le nerf facial naît du bulbe par deux racines : l'une plus grosse, *motrice* ; l'autre très grêle (*nerf intermédiaire* de WRISBERG), aboutis-

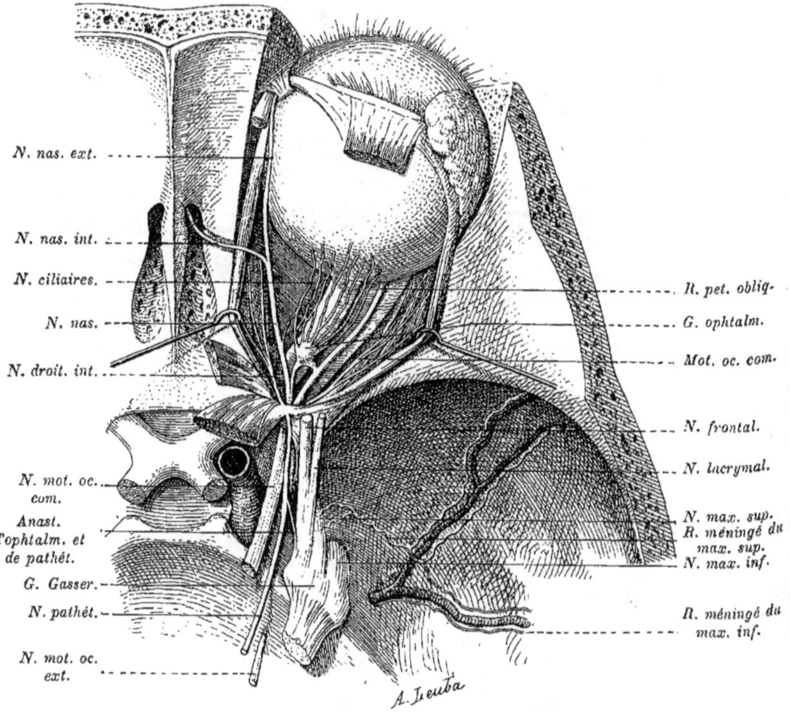

Fig. 72. — *Principaux nerfs de l'œil et leurs anastomoses.*

En particulier, rameaux de la branche maxillaire supérieure du trijumeau allant à la dure-mère.

sant à un ganglion (*ganglion géniculé*) placé sur l'un des coudes du nerf, dans son trajet intrapétreux, et qui serait *sensorielle.*

Le facial a en plus des fonctions de sensi-motricité végétative dans le genre de celles du grand sympathique ; ce nerf était le *petit sympathique* des anciens.

Section intracranienne. — On peut couper le facial par plusieurs procédés, de préférence le suivant : incision en arrière de l'oreille ; mise à nu de l'occipital entre le condyle et la ligne courbe occipitale supérieure. Perforation de la paroi de l'occipital, très mince en cet endroit. Le névrotome glisse le long du rocher jusqu'au trou auditif interne, où on sectionne le nerf (avec l'auditif forcément).

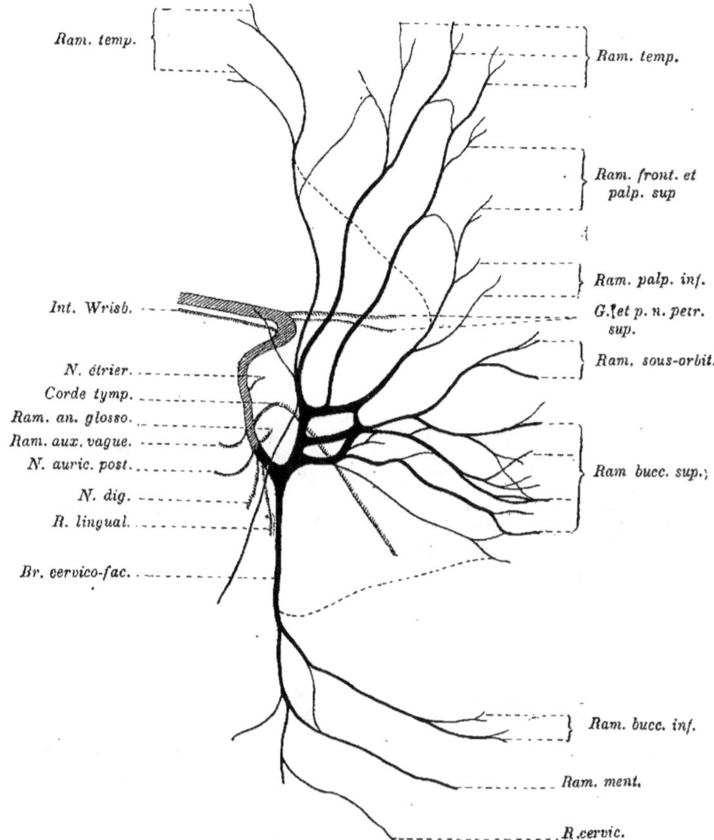

Fig. 73. — *Schéma du facial* (dessin de CUNÉO).

Les branches terminales sont en noir plein, les branches collatérales en grisé.

La section intracranienne faite par un tel procédé reproduit les symptômes d'une paralysie à la fois *périphérique* et *profonde* du nerf facial.

A. PARTIE PÉRIPHÉRIQUE. — La paralysie dite *périphérique* est celle qui affecte les muscles de la face, quand l'interruption du nerf est réalisée (expérimentalement ou pathologiquement) à sa sortie du crâne, au niveau du trou stylo-mastoïdien. Ces muscles, insérés par une de leurs extrémités à la peau de la face, y produisent ou y dérangent certains plis et donnent à la physionomie l'expression

12.

particulière qui trahit extérieurement chacune de nos émotions. Pour cette raison le facial est appelé le *nerf de l'expression*.

En plus de ces *fonctions émotives* ou instinctives, il en a de *volontaires*, comme nous pouvons nous en assurer sur nous-mêmes ; il en a aussi de purement *réflexes* ou automatiques, comme l'occlusion des paupières qu'il produit par l'orbiculaire sous la menace d'un corps étranger, la dilatation des narines qui accompagne chaque inspiration, les mouvements des lèvres qui accompagnent la mastication.

I. **Déviation des traits de la face**. — Dans la paralysie unilatérale, la perte du tonus musculaire du côté correspondant à la paralysie fait que les traits sont tirés du côté opposé par les muscles non paralysés. En raison de la paralysie de l'orbiculaire, l'œil est grand ouvert. La paralysie du buccinateur fait qu'à chaque expiration la joue est distendue, ce qu'on caractérise en disant que le malade « fume la pipe ». L'oreille, mais seulement chez les animaux, est abaissée par défaut d'action de quelques-uns de ses muscles extérieurs.

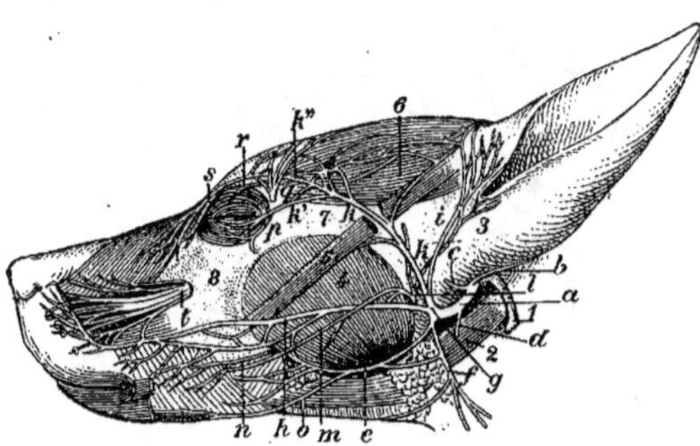

Fig. 74. — *Nerfs superficiels de la tête chez le chien* (d'après ELLENBERGER et BAUM).

a, facial ; *b*, auriculaire postérieur ; *c*, auriculaire interne ; *d*, rameau du digastrique ; *e*, buccal inférieur ; *f*, cervical transverse supérieur ; *g*, rameau zygomatico-temporal du facial ; *h*, buccal supérieur ; *i*, son rameau temporal ; *k*, son rameau zygomatique ; *k'*, sa branche pour la paupière inférieure ; *k"*, pour la paupière supérieure ; *l*, temporal superficiel ; *m*, branche malaire ou parotidienne ; *n*, buccinateur ; *o*, branche du mylo-hyoïdien ; *p*, rameau orbitaire du maxillaire supérieur ; *q*, lacrymal ; *r*, frontal ; *s*, sous-trochléaire ; *t*, sous-orbitaire.

1, apophyse styloïde ; 2, digastrique ; 3, pavillon de l'oreille ; 4, masséter ; 5, grand zygomatique ; 6, scutellaire ; 7, arcade zygomatique ; 8, maxillaire supérieur.

Quand la paralysie est bilatérale, la face a tout à fait l'apparence d'un masque.

II. **Éléments de sensibilité générale. Sensibilité par récurrence et par anastomose**. — La portion périphérique du facial contient des éléments de sensibilité générale. Si, après avoir coupé ce nerf à sa sortie du trou stylo-mastoïdien, on pince successivement son bout périphérique et son bout central, on voit qu'ils sont sensibles tous les deux : le premier par *récurrence* des fibres du trijumeau, qui forment des plexus avec les rameaux terminaux du facial ; le second par *anastomose* du rameau de la fosse jugulaire du pneumogastrique qui fournit ainsi quelques fibres de sensibilité au facial (CL. BERNARD).

B. PARTIE PROFONDE. — La partie *profonde* du facial est représentée par les rameaux qu'il fournit dans son trajet dans le rocher ou immédiatement à la sortie de cet os.

I. **Éléments moteurs.** — Dans l'ordre de la *motricité*, la paralysie de ces rameaux (suite d'une section intracranienne du facial) s'accuse par une *gêne* de la *déglutition*, du *nasonnement*, de la déviation de la luette du côté opposé à la paralysie. La difficulté de déglutir tient à la paralysie du digastrique et du stylo-hyoïdien et aussi du glosso-staphylin et du pharyngo-staphylin ; le nasonnement à celle du muscle péristaphylin interne, élévateur du voile du palais ; la déviation de la luette à celle du muscle palato-staphylin.

Les fibres qui vont au voile du palais et à ses piliers s'y rendent par les nerfs palatins postérieurs, lesquels procèdent du ganglion géniculé, par l'intermédiaire du grand nerf pétreux superficiel et du ganglion sphéno-palatin. C'est une question de savoir si ces nerfs ne font que s'accoler à ces ganglions, ou bien si, comme le veut LONGET, ils prennent part à leur constitution. La détermination exacte des origines des nerfs moteurs du voile n'est pas absolument élucidée.

II. **Éléments sensoriels.** — Le voile reçoit pour ses piliers quelques éléments sensoriels *gustatifs* qui lui viennent par le nerf palatin du nerf de Wrisberg (VULPIAN).

III. **Éléments ganglionnaires. Nerfs pétreux superficiels.** — Le facial contient une notable proportion de nerfs légitimement ganglionnaires (de fonction végétative), qu'il tire de ses propres origines (petite racine, nerf de Wrisberg). Le même nerf palatin dont il vient d'être question, comme le nerf *grand pétreux superficiel* qui lui donne naissance, contient des éléments sécréteurs pour les glandes de la muqueuse du voile ; il contient aussi des vasodilatateurs pour ce même organe. Les vaso-constricteurs s'y rendent par le filet du grand sympathique qui s'accole au grand pétreux, pour former le nerf vidien.

Le *petit pétreux superficiel*, qui du facial va au ganglion otique, est moins connu comme fonction.

Nerfs pétreux profonds. — Le grand pétreux et le petit pétreux superficiels reçoivent chacun du glosso-pharyngien, par le rameau de Jacobson, une anasto-

mose qui est, pour le premier, le petit pétreux profond interne et, pour le second,
le petit pétreux profond externe. Le premier est peu connu comme fonction ;
le second contient les éléments sécréteurs et vaso-dilatateurs de la glande parotide. Émanés du glosso-pharyngien, ils suivent donc un filet du facial, puis
traversent le ganglion otique, se jettent dans la branche auriculo-temporale du
maxillaire inférieur et de là dans la parotide. Le glosso-pharyngien et le facial
partagent ainsi l'innervation vaso-motrice et sécrétoire des glandes salivaires et

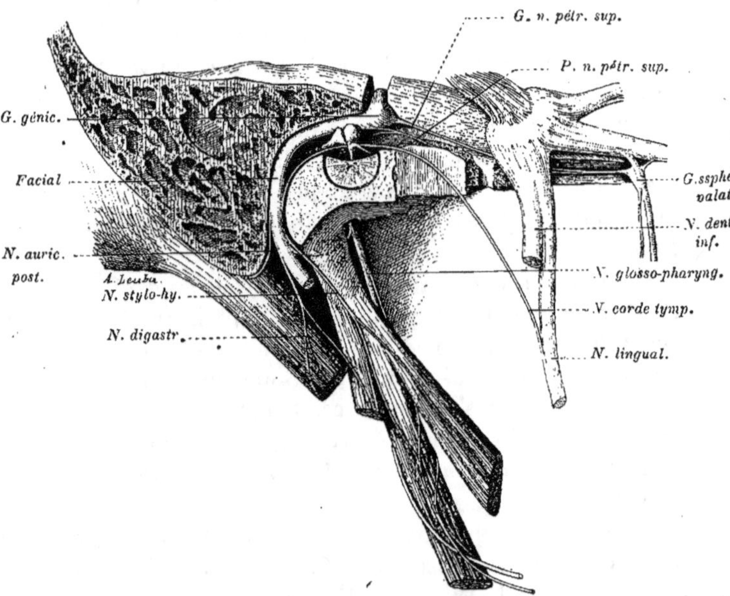

Fig. 75. — *Rameaux profonds du facial.*

En particulier la corde du tympan, les nerfs pétreux superficiels, les rameaux des
muscles styliens et leur anastomose avec le glosso-pharyngien.

du voile du palais. On le prouve en excitant ces deux nerfs à leurs origines mêmes
dans le crâne (VULPIAN).

Filet du muscle de l'étrier. — Le facial fournit un petit filet
qui se rend dans l'oreille moyenne au muscle de l'étrier. Sa fonction
est antagoniste de celle du filet du muscle interne du marteau qui
provient du trijumeau ; il relâche la membrane tympanique et
abaisse la pression dans le labyrinthe.

Corde du tympan. — Du facial au lingual s'étend un rameau
anastomotique qui côtoie la face interne de la membrane du tympan
et que pour cette raison on a appelé la corde tympanique. Distri-
bué à la langue et aux glandes sous-maxillaire et sublinguale, ce

rameau est *vaso-dilatateur* pour ces trois organes ; il est *sécréteur* pour les deux glandes. Nous allons voir un peu plus loin que cet important rameau contient aussi des éléments centripètes. On le considère avec les deux nerfs pétreux superficiels comme la continuation principale de la petite racine ou nerf de Wrisberg.

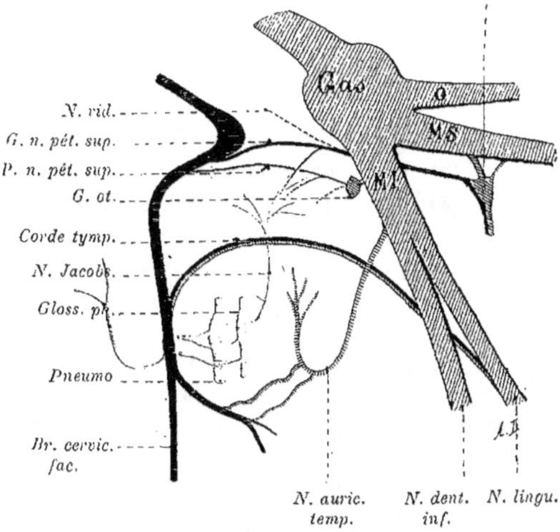

C. ORIGINES. — Cette analyse, faite en remontant de la périphérie au centre, nous conduit aux origines du facial, formées par le tronc proprement dit de la septième paire ou grosse racine et le nerf de Wrisberg ou petite racine.

Excitation intracranienne. — L'excitation isolée des deux racines du facial (même après ouverture du crâne) n'est pas facile. Au moins peut-on lui demander s'il existe dans l'une ou dans l'autre des éléments de sensibilité générale. CL. BERNARD le nie, se fondant sur ce que cette excitation était restée indolore, alors que sur le même animal la racine du trijumeau était très sensible. Les éléments de la sensibilité ordinaire y seraient donc pour le moins peu nombreux. Cette excitation met au contraire en jeu assez facilement les éléments moteurs volontaires et involontaires dont il a été question plus haut.

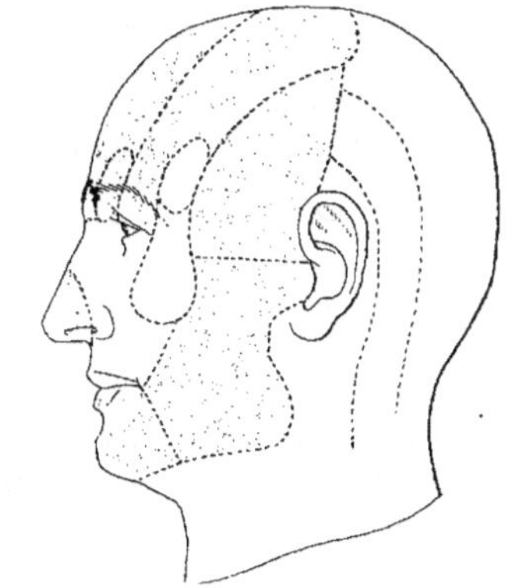

Fig. 76. — *Schéma des anastomoses du facial avec le trijumeau, le glosso-pharyngien et le pneumogastrique. Nerfs pétreux superficiels et profonds.*

Les couleurs ne symbolisent pas des fonctions, mais des groupements nerveux purement anatomiques.

Fig. 77. — *Territoires sensitifs des branches du trijumeau.*

Le territoire de l'ophtalmique en rouge ; celui du maxillaire supérieur en jaune ; celui du maxillaire inférieur en bleu.

12.

Sensibilité gustative. — L'opinion qui a prévalu sur la fonction de la petite racine du facial ou nerf de Wrisberg, c'est qu'elle représente une origine aberrante du glosso-pharyngien, qui est destinée à la pointe de la langue par la voie de la corde du tympan, et au voile du palais par le grand nerf pétreux superficiel et le nerf palatin postérieur qui est une de ses branches de continuation. Son noyau bulbaire semble en effet continuer en haut et en avant le noyau de la neuvième paire (M. Duval, Vulpian).

La paralysie intracranienne du facial et la section de la corde sont accompagnées d'une *diminution prononcée du goût à la pointe de la langue et des piliers du voile du palais.*

Action sécrétoire et vaso-dilatatrice. — Dans le domaine du mouvement, l'excitation intracranienne du facial, outre la contraction des muscles de la face, du digastrique, du styloïdien, du péristaphylin interne, du palato-staphylin, etc., fera sécréter les glandes sous-maxillaire, sublinguale et du voile du palais; elle fera congestionner ces mêmes organes et la muqueuse de la langue et le voile du palais.

Action indirecte sur plusieurs sens. — Le facial est donc lié d'une façon directe au sens du goût, au moins pour la pointe de la langue et le voile du palais.

Mais sa paralysie peut aussi apporter d'une façon détournée quelques troubles dans les autres sens. L'œil est privé de son clignement protecteur de la paupière; pourtant il ne s'enflamme pas comme après la section du trijumeau. — L'oreille moyenne est paralysée d'un de ses muscles. — L'olfaction elle-même est gênée par le défaut de dilatation des narines et la paralysie du voile (Longet).

Nature mixte du ganglion géniculé et du nerf de Wrisberg. — Le ganglion géniculé a été décrit tantôt comme un ganglion du grand sympathique, tantôt comme un ganglion spinal, et ceux qui admettent l'une des deux opinions récusent l'autre : elles ne sont pourtant pas incompatibles et il est probable que le nerf de Wrisberg contient à la fois des éléments végétatifs et des éléments sensitifs ou plutôt sensoriels, comme cela se voit dans les racines postérieures rachidiennes.

d. — Trijumeau.

Le trijumeau a un territoire sensitif qui correspond à toute la *face* (y compris le front) ainsi qu'aux cavités correspondantes (c'est celui de sa racine *sensitive* ou ganglionnaire). Il fait contracter les muscles masséter, temporal, ptérygoïdiens interne et externe, et mylo-hyoïdien qui ont une action essentielle dans l'acte de la mastication (c'est le territoire de sa petite racine, racine *motrice*, nerf masticateur de Bellingeri).

Section intracranienne du trijumeau. — La section intracranienne du trijumeau, avec survie de l'animal, a été faite la première fois par Magendie et est devenue une des opérations classiques de la neurologie. Elle se fait facilement chez le lapin, dont les parois craniennes sont minces, et peut se faire chez le chien. — Le névrotome employé est une tige mince, terminée par un triangle à la fois piquant et coupant, avec lequel on perfore la paroi cranienne, au niveau de la fosse temporale moyenne, immédiatement en arrière du tubercule condylien de la mâchoire inférieure. L'instrument, une fois dans le crâne, est dirigé contre la face antérieure du rocher, jusqu'au niveau de la dépression qui loge le trijumeau et son ganglion. On appuie alors l'instrument en bas, en même temps qu'on le retire pour accrocher le nerf et le sectionner par le triangle d'acier qui termine le névrotome. A ce moment l'animal pousse des cris et le globe oculaire fait saillie en dehors.

A. FONCTIONS SENSITIVES ET MOTRICES. — Anatomiquement le trijumeau a la constitution d'une paire rachidienne; l'expérimentation vérifie cette induction sur tous les points.

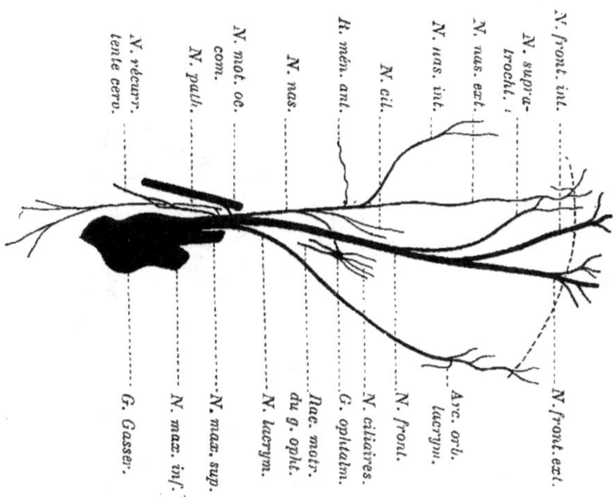

Fig. 78. — *Schéma du nerf ophtalmique et de ses branches.*

Paralysie sensitive. — Après la section de la cinquième paire, on peut constater que la cornée, la conjonctive, la langue, la peau de la face, les muqueuses de ces cavités sont insensibles du côté opéré, sauf dans leurs parties tout à fait profondes, où le territoire du trijumeau se confond avec celui d'autres nerfs. L'oreille est restée sensible à cause des branches importantes qu'elle reçoit tant du plexus cervical que du pneumogastrique.

Éléments sensoriels d'emprunt. — La section isolée du nerf lingual a pour effet de faire disparaître dans la pointe de la langue à la fois la sensibilité générale et la sensibilité gustative. Mais, tandis que les éléments tactiles de cette région viennent des origines du trijumeau, ses éléments gustatifs lui sont fournis par le nerf de Wrisberg par l'intermédiaire du facial et de la corde du tympan.

Paralysie motrice. — Si la section porte sur les deux trijumeaux, la *mastication* est devenue *impossible*. Si la section est unilatérale, les deux branches de la mâchoire inférieure formant un tout solidaire, la mastication peut encore se faire partiellement, par les muscles du côté préservé ; seulement la mâchoire est *déviée* et attirée du côté sain ; les dents portent à faux ; une seule incisive de la mâchoire supérieure s'oppose à une seule incisive de la mâchoire inférieure ; les deux autres n'étant plus limitées par l'opposition et l'usure régulière, elles s'allongent.

Excitation intracranienne. — Si l'on met à nu les racines du trijumeau dans le crâne, on peut voir par excitation directe que la *grosse racine* est douée d'une *vive sensibilité* tandis que la *petite* est *motrice* des muscles *de la mâchoire* (masséter, temporal, ptérygoïdiens interne et externe et mylo-hyoïdien).

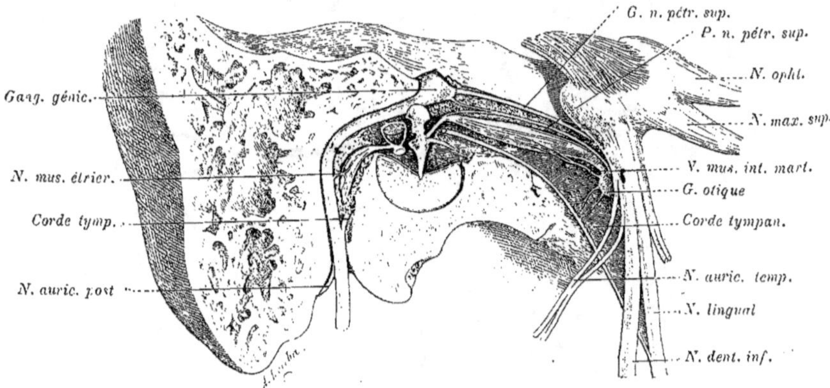

Fig. 79. — *Innervation des muscles des osselets et corde du tympan.*

Muscle interne du marteau recevant un filet du trijumeau par l'intermédiaire du ganglion otique. Muscle de l'étrier recevant un filet du facial.

B. Connexions avec le grand sympathique. — Comme tous les troncs nerveux qui procèdent de la moelle épinière ou allongée, *le trijumeau renferme des éléments d'origine du grand sympathique et reçoit des filets de distribution de ce nerf.* Ces éléments sensitivo-moteurs (de sensibilité subconsciente et de mouvement involontaire) se rapportent à des fonctions assez diverses, mais qui toutes visent des relations entre organes et qu'à cause de cela on rapporte à la nutrition.

Éléments sécréteurs. — Pour ne parler ici que des éléments sécréteurs, le trijumeau en fournit à la glande lacrymale, aux glandes sudoripares de la face, et à l'œil lui-même pour la régulation de sa tension intérieure ; ils lui viennent soit du sympathique cranien, soit de ses origines propres. — Il en fournit aux glandes du voile du palais, à la sous-maxillaire et à la sublinguale, qui lui viennent du nerf de Wrisberg. Il en fournit à la parotide et à la glande molaire dite glande de Nück, qui lui viennent du glosso-pharyngien, sans participation de ses origines ni du sympathique cranien. Mais le nerf de Wrisberg et le glosso-pharyngien font particllement partie, comme le pneumogastrique, du système gan-glionnaire. — Les éléments vaso-dilatateurs des mêmes organes ont même origine. Les constricteurs viennent généralement du sympa-thique cervical.

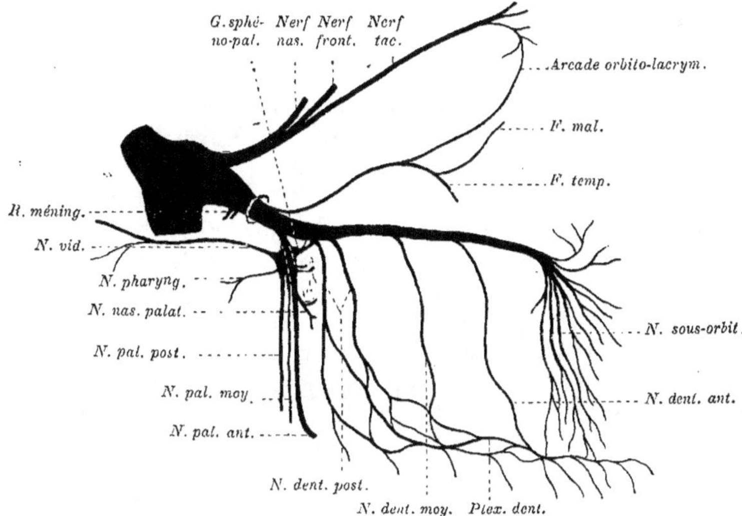

Fig. 80. — *Schéma du nerf maxillaire supérieur et de ses branches.*

C. Troubles trophiques. — La section intracranienne du trijumeau retentit de diverses façons sur la nutrition de la face par voie plus ou moins directe ou indirecte. Magendie a vu qu'après cette section l'œil perd son brillant et son poli. L'altération, qui est déjà visible quelques heures seulement après l'opération, débute généra-lement par le centre de la cornée sous forme d'une tache qui va s'opacifiant de plus en plus. En même temps, une sorte de nuage apparaît dans la chambre antérieure. On peut voir également après quelques jours un envahissement très régulier de la cornée par un lacis vasculaire, qui part de son bord cornéen et s'arrête nettement à une certaine distance de son centre. Chez des animaux affaiblis ou mal nourris, elle peut aboutir à la fonte de l'œil, par perforation cornéenne, issue du cristallin et des humeurs (Cl. Bernard). Magendie aurait vu, dans certains cas, la gangrène s'étendre à toute la face.

Leur contingence. — Chez l'homme, des troubles trophiques de l'œil, analogues, moins la gravité, à ceux qui viennent d'être décrits, ont été notés plusieurs fois, à la suite des altérations du nerf trijumeau. Ces troubles toutefois n'apparaissent pas forcément, et notamment dans la section chirurgicale intracranienne ils ont pu être enrayés ou évités. On ne doit pas oublier toutefois que la vulnérabilité des parties énervées s'est accrue et que ces troubles pourraient apparaître sous l'influence de causes banales et parfois légères.

Siège varié. — Magendie, Cl. Bernard, tous ceux qui à leur suite ont fait la section intracranienne du trijumeau sur les animaux ont vu assez souvent des *ulcérations* des lèvres supérieure et inférieure et des altérations des muqueuses conjonctivale, nasale ou buccale portant sur la vascularisation et la sécrétion de ces surfaces.

Photophobie. — Lorsque l'œil est enflammé, spécialement l'iris et la cornée, il s'y développe une sensibilité particulière douloureuse à la lumière, qui oblige le patient à se soustraire aux rayons lumineux, en fermant la paupière. Bien que l'irritant soit la lumière, l'origine de cette sensation douloureuse n'est pas dans la rétine. La photophobie, en effet, peut exister chez les amaurotiques, dans lesquels la sensation visuelle n'existe plus. Chez les animaux auxquels on a préalablement coupé le nerf optique, une plaie de la cornée détermine de la photophobie (Cl. Bernard, Castorani). La photophobie n'existe pas quand la conjonctive est seule enflammée.

L'iris paraît avoir une sensibilité spéciale à la lumière et peut se contracter directement sous l'influence des rayons lumineux (Brown-Séquard). La sensibilité est donnée à la cornée par les nerfs ciliaires dits indirects qui traversent le ganglion ophtalmique ; celle de l'iris par les nerfs ciliaires tant directs qu'indirects (Cl. Bernard).

Ganglion ophtalmique ; sa nature. — Certains auteurs ont discuté la question de savoir si le ganglion ophtalmique (que quelques-uns appellent aussi ganglion ciliaire) est l'équivalent d'un ganglion sympathique ou d'un ganglion spinal. Il est vraisemblable que ses fonctions sympathiques, très évidentes de par l'expérience, ne sont pas exclusives de fonctions sensitives conscientes, dans le genre de celles de la racine ganglionnaire du trijumeau, dont il représenterait une masse aberrante de très petites dimensions.

Chez l'homme, on a pu voir une paralysie sensitive complète du trijumeau à l'exception de la cornée, ce qui se comprendrait par une altération du nerf qui respecte le ganglion ophtalmique (Thèse de Demaux, 1843).

Classification des éléments. — Dans tous ces troncs nerveux compliqués qui forment les nerfs craniens, l'expérimentation vise à distinguer trois ordres d'éléments : les uns *sensitifs* ou *sensoriels*, les autres *moteurs*, les autres enfin qu'on appelle *ganglionnaires* ou du grand sympathique. Ces derniers sont au fond, eux aussi, des éléments sensitifs et moteurs, mais d'un ordre un peu particulier ; ils ont une double caractéristique anatomique et physiologique. Les neurones qui les composent, au lieu d'aller d'une seule venue de la moelle aux organes, sont coupés sur leur trajet par la substance grise des ganglions ; et, d'autre part, leur sensibilité est obscure et leur motricité automatique, c'est-à-dire involontaire.

La variété des troubles plus haut signalés concorde avec celle des éléments de fonctions diverses contenus originellement dans le trijumeau, ou cédés à ses branches de distribution par les anastomoses qui lui viennent du grand sympathique : éléments vaso-moteurs, sécréteurs, avec en plus des éléments d'espèce encore mal déterminée.

Éléments vaso-moteurs. — Le trijumeau contient des éléments vaso-moteurs qui lui viennent du grand sympathique et dont les origines sont dans les deuxième, troisième, quatrième et cinquième racines de la moelle thoracique. Ces éléments sont les uns constricteurs et les autres dilatateurs des vaisseaux de la face (Dastre et Morat). Ils sont inégalement distribués dans ses différentes régions ou cavités (Voy. *Grand Sympathique*). Ils rejoignent le tronc de la cinquième paire en passant principalement par l'anastomose qui du ganglion cervical supérieur se rend au ganglion de Gasser. Une section qui porte, soit sur ce dernier ganglion, soit en avant de lui, interrompt la continuité de ces éléments et explique les désordres vasculaires qui sont la conséquence de cette section, dans les parties profondes et superficielles de l'œil, comme sur la muqueuse nasale et, à un degré moindre, sur la muqueuse buccale.

a. *Éléments constricteurs.* — Le grand sympathique fournit des éléments constricteurs, soit aux branches, soit au tronc du trijumeau. La rétine, la région bucco-faciale en reçoivent par l'anastomose qui va du ganglion cervical supérieur au ganglion de Gasser. Le segment antérieur de l'œil paraît les recevoir par une voie indépendante de cette anastomose (MORAT et DOYON).

b. *Éléments dilatateurs.* — Le prolongement cranien du grand sympathique qui va du ganglion cervical supérieur au ganglion de Gasser contient la majeure partie des dilatateurs fournis par le grand sympathique au trijumeau (MORAT).

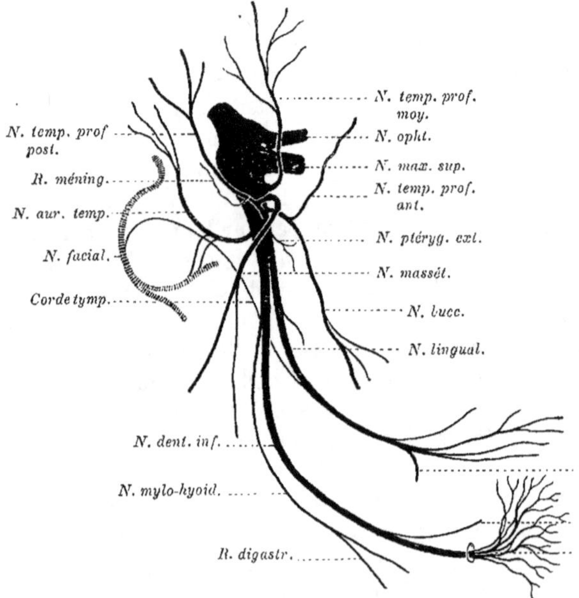

Fig. 81. — *Schéma du nerf maxillaire inférieur.*

Éléments à fonction indéterminée. — Les troubles trophiques de l'œil et de la face, qui surviennent à la suite de la section ou de la paralysie de ces troncs nerveux, ne peuvent recevoir d'explication satisfaisante ni du fait que la sensibilité a disparu, ni de la circonstance que la circulation a été troublée, ni même de ce que des altérations parallèles de la sensibilité et de l'irrigation sanguine se montrent concurremment. Nombre d'auteurs ont vu là la preuve qu'il doit exister dans le système nerveux des éléments particuliers, régissant d'une façon spéciale la nutrition cellulaire, et que pour cette raison ils appellent les *nerfs trophiques.*

Position de la question. — Présentée de cette façon, la question est mal posée, et il importe de la remettre sous son vrai jour. — C'est un fait très évident et hors de conteste que l'activité cellulaire est commandée par le système nerveux ; mais cette activité se présente à nos yeux sous des aspects variés ; elle se décompose en phénomènes multiples, et qui ont entre eux des liaisons de dépendance. Nous posons en principe que *le système nerveux n'intervient pas d'une façon séparée sur chacun de ces phénomènes par des éléments distincts, mais qu'il donne seulement à la cellule l'impulsion initiale qui les fait se dérouler dans l'ordre commandé par leur enchaînement.*

Exemple typique. — Comme exemple clair, nous pouvons prendre le muscle. Sous l'influence de l'excitation de son nerf, cet organe manifeste : 1° de la chaleur, 2° un mouvement apparent, 3° des échanges de substance avec le sang qui le traverse. — La liaison entre tous ces phénomènes intérieurs et extérieurs est en lui assez évidente pour que nous ne les rapportions pas à trois ordres de nerfs, qui seraient désignés d'après chacun de ces phénomènes particuliers, mais à un seul ordre de fibres que nous appelons motrices, d'après le phénomène le plus saillant et plus anciennement connu qui résulte de leur excitation. Ces phénomènes dans leur ensemble sont souvent syncrétisés sous le nom de *nutrition*, qui implique un échange de substance et d'énergie avec le milieu qui entretient la dépense due au travail musculaire.

Dégénération. — Il faut ajouter qu'il n'est pas indifférent pour un muscle de recevoir des excitations ou d'en être privé, de fonctionner normalement ou d'être condamné à un repos définitif. La privation absolue d'excitation a pour

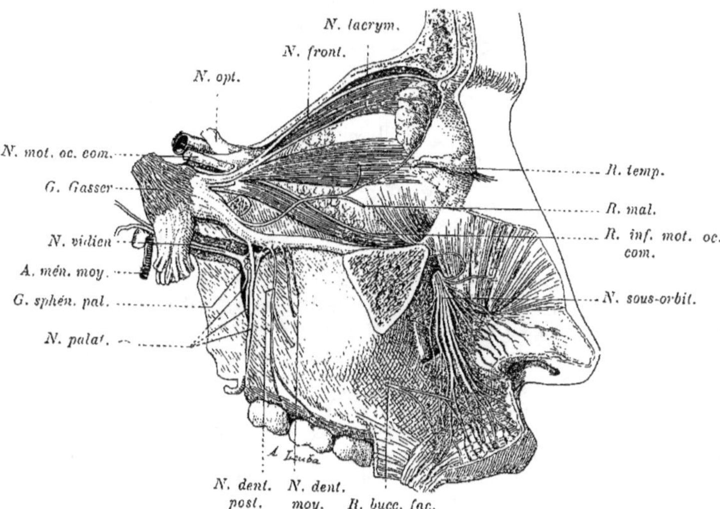

Fig. 82. — *Nerf maxillaire supérieur ; ses branches superficielles.*

conséquence une déviation de la composition et de la structure intime de la cellulaire musculaire. On appelle *dégénération* ou *altération trophique* cette déviation structurale, quand elle est devenue évidente dans l'élément resté trop longtemps inactif. Le nerf moteur qui commande les phénomènes chimiques, moléculaires, qui entraînent toutes ces conséquences, est donc tout à la fois un nerf de mouvement, un nerf de chaleur, un nerf de mutations chimiques, et un nerf de nutrition. — Tout nerf qui a pouvoir sur une cellule quelconque, pour la provoquer à son activité spécifique, tient par là-même sous sa dépendance une série de phénomènes analogues ou équivalents qui s'enchaînent dans le même ordre, et qui sont les uns immédiats, les autres lointains. — Ces phénomènes peuvent, d'autre part, n'être pas également visibles; les premiers (phénomènes fonctionnels), en raison de leur nature même, peuvent dans certains cas échapper à notre observation, alors que les derniers (altérations structurales) sont forcément apparents.

Fonction non visible extérieurement. — C'est vraisemblablement ce qui arrive pour des organes comme la peau et la cornée, dont les cellules fixes, épithéliales ou autres, ont une activité tout intérieure, ne se traduisant en tout cas par aucun mouvement visible. Cette activité est sans doute réglée par des nerfs à la façon de celle des glandes; seulement l'excitation de ces nerfs n'a point d'effet directement visible pour nous; tandis que la perte définitive de cette activité par suite de la suppression de ces nerfs se traduit, au bout de quelque temps, par les altérations qui en sont habituellement la conséquence.

Conclusion. — *La peau et la cornée n'ont pas d'autres nerfs trophiques que ceux qui gouvernent l'activité fonctionnelle de leurs éléments. Cette activité dans son détail échappe à nos méthodes actuelles d'observation. Seule la cessation de cette activité se décèle par un désordre structural résultant de la perte de l'équilibre nutritif.*

Analogies fonctionnelles. — Si l'on admet cette explication, si on accepte l'existence de nerfs centrifuges allant aux éléments fixes de ces tissus qu'on considère encore comme privés d'une telle innervation, leurs éléments doivent prendre place à côté de ceux qui se rendent dans les cellules glandulaires. Les épithéliums dits de revêtement, dont la fonction n'est certainement pas réduite au rôle de protection mécanique qu'on leur attribue, ont le même droit que les glandes à être excités et dirigés dans leur fonctionnement par des impulsions distribuées par le système nerveux. Ces nerfs centrifuges, analogues aux nerfs sécréteurs, appartiennent sans aucun doute, comme eux, au système ganglionnaire.

Section des racines postérieures, troubles trophiques. — La section des racines postérieures lombaires et sacrées entraîne souvent dans le membre postérieur correspondant des ulcérations avec chute des ongles et des poils de la région, épaississement de la peau, et hypertrophie des métatarsiens et des phalanges. Ces faits sont à rapprocher de ceux qui suivent la section du nerf trijumeau. Comme le trijumeau, les racines postérieures de cette région renferment des éléments sensitifs et, au milieu d'eux, des éléments centrifuges dont on a démontré la fonction vaso-dilatatrice à l'égard du membre correspondant. Mais là non plus les troubles trophiques ne paraissent point en rapport constant avec les modifications de la sensibilité et de la vascularisation. Il faut donc admettre là encore des éléments centrifuges, destinés non plus seulement aux vaisseaux, mais aux tissus mêmes de la peau, éléments appartenant de même au système ganglionnaire.

D. Action indirecte sur les sens. — Le trijumeau répand ses ramifications dans quatre cavités de la face renfermant les organes de quatre sens importants : la cavité orbitaire (vision); la cavité nasale (olfaction); la cavité buccale (goût); la cavité auriculaire (audition). Tous ces organes sensoriels sont comme enclavés dans un champ de sensibilité générale, dont le territoire lui appartient. Le sens tactile est ainsi appelé indirectement à prêter son concours aux fonctions compliquées des sens supérieurs.

Le trijumeau concourt à l'exercice de ces sens, non seulement par ses éléments sensitifs, mais aussi par les éléments moteurs involontaires qu'il tient tant de ses origines que de ses anastomoses avec le grand sympathique. Sans parler des vaso-moteurs qui règlent la circulation dans tous ces organes, il participe à une série de réflexes d'adaptation ou de défense dont on peut rappeler ici les principaux.

a. *Vision*. — Le ganglion ophtalmique fournit à l'œil les nerfs ciliaires qui sont les uns constricteurs, les autres dilatateurs de la pupille : les premiers viennent de l'oculo-moteur commun, les seconds du trijumeau, qui les tient tant du grand sympathique que de ses origines. — Les premiers agissent en plus pour augmenter la courbure du cristallin et accommoder l'œil aux objets rapprochés ; les seconds agissent en sens inverse pour diminuer sa courbure et l'accommoder à la vision éloignée (MORAT et DOYON).

La tension intra-oculaire est entretenue dans son état normal par une sorte d'équilibre entre la sécrétion interne des humeurs du globe oculaire et la déplétion de celui-ci.

b. *Audition*. — Le ganglion otique fournit à l'oreille moyenne un filet qui va au muscle interne du marteau et règle la tension de la membrane du tympan. A sa pénétration dans le muscle, ce filet traverse un petit ganglion qui est l'équivalent du plexus ciliaire.

c. *Olfaction*. — Des éléments sécréteurs du ganglion sphéno-palatin règlent le degré d'humidité de la muqueuse nasale.

d. *Gustation*. — Par sa branche linguale, le trijumeau donne un rameau important, la corde tympanique, qui commande la sécrétion de la glande sous-maxilliaire et, par là-même, l'état d'humidité de la langue favorable au sens du goût. La corde tympanique est un rameau d'emprunt qui provient originellement du facial et aboutit au ganglion sous-maxillaire.

e. — Glosso-pharyngien.

Le glosso-pharyngien est un nerf mixte dès ses origines : fibres de sensibilité générale, de sensibilité gustative et de motricité de tous ordres s'y côtoient dans des faisceaux radiculaires, où il serait impossible de les séparer expérimentalement. Ces fibres de différente fonction ont toutefois des noyaux d'origine et de terminaison distinctes dans la substance grise bulbaire.

I. *Section*. — **Paralysie gustative**. — La section intracranienne du glosso-pharyngien n'est pas réalisable d'une façon isolée. Sa section à la sortie du crâne abolit la sensibilité gustative dans la partie postérieure de la langue, c'est-à-dire dans tout le champ situé en arrière du V lingual. La pointe de la langue reçoit ses fibres sensorielles du tronc du lingual, mais en réalité par l'intermédiaire de la corde tympanique qui les tient du nerf de Wrisberg.

Paralysie sensitive. — Avec ses fibres gustatives, le glosso-pharyngien contient des éléments de sensibilité générale. Sa section à la sortie du trou déchiré est douloureuse et son excitation par le pincement est accompagnée de cris et de réactions défensives. La neuvième paire représente la sensibilité générale de la base de la langue et en partie celle du pharynx, le plexus pharyngien étant

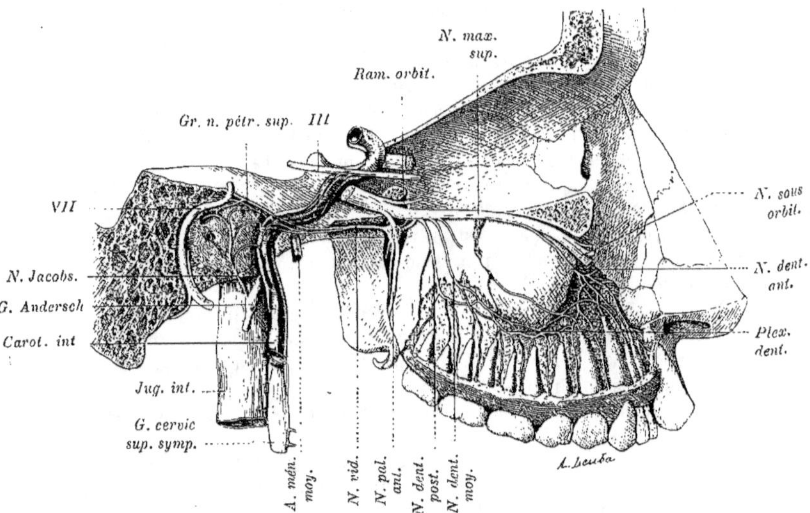

Fig. 83. — *Nerf maxillaire supérieur; ses branches et anastomoses profondes.*

formé par des éléments venant du glosso-pharyngien, du vague et du grand sympathique.

II. *Excitation dans le crâne.* — Par l'excitation de ses racines en dedans du crâne, on montre que le glosso-pharyngien contient dès ses origines des éléments moteurs de différentes catégories.

On opère sur des animaux venant d'être sacrifiés, de grands animaux autant que possible; sa motricité dans ces circonstances persiste un certain temps après que toute sensibilité est éteinte, ce qui donne un délai suffisant pour l'étudier et élimine les effets réflexes qui pourraient être dus à la sensibilité. CHAUVEAU a vu dans ces conditions l'excitation des racines du glosso-pharyngien faire contracter le *constricteur inférieur du pharynx* et une *partie des muscles du voile du palais.*

Éléments vaso-dilatateurs. — De même que les fibres gusta-tives du lingual et de la corde sont accompagnées d'éléments vaso-dilatateurs, de même aussi celles du glosso-pharyngien. En faisant l'excitation extracranienne ou intracranienne de la neuvième paire sur des animaux dont la circulation est conservée, VULPIAN a vu se produire une vive *congestion à la base de la langue*, dans le champ de distribution de ce nerf. Il y a également dilatation des vaisseaux parotidiens.

Éléments sécréteurs. — Le même auteur a vu que cette excitation (faite en dedans du crâne) fait *sécréter la glande parotide*. En combinant ce résultat avec ceux obtenus antérieurement par

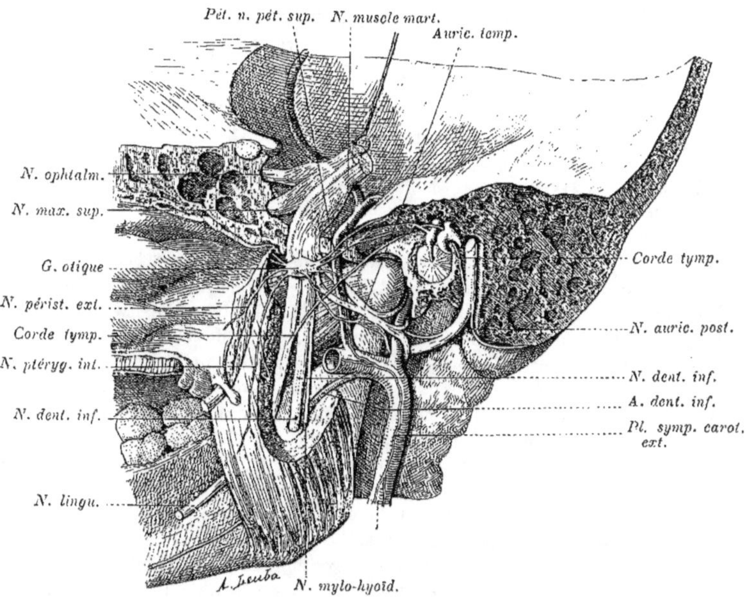

Fig. 84. — *Nerf maxillaire inférieur* (vue interne).

Cl. BERNARD, SCHIFF, etc., le trajet du nerf sécréteur de cette glande est le suivant : origine du glosso-pharyngien, ganglion d'Andersch, rameau de Jacobson, petit pétreux profond externe, ganglion otique, branche auriculo-temporale dont certains rameaux se distribuent à la parotide.

Ganglions ; leur nature fonctionnelle. — Sur les ganglions du glosso-pharyngien (ganglion d'Ehrenritter et ganglion d'Andersch) on peut faire la même remarque que sur ceux de la plupart des nerfs craniens ; ces masses ganglionnaires équivalent sans doute pour partie aux ganglions spinaux des racines postérieures (fibres sensitives et sensorielles); mais il est probable qu'elles représentent aussi des ganglions du grand sympathique. Le rameau de Jacobson qui se détache du ganglion d'Andersch est manifestement un nerf de la vie végétative, comme l'indiquent ses connexions avec l'une des glandes salivaires.

f. — Pneumogastrique.

Le nerf pneumogastrique (encore appelé nerf *moyen sympathique*, nerf *vague* ou nerf de la dixième paire) étend ses rameaux de distribution à la tête, au cou, au thorax et à l'abdomen, c'est-à-dire à des organes nombreux et importants qui participent à des fonctions très variées. Il renferme des éléments *sensitifs* et *moteurs* tant de la *vie de relation* que de la *vie organique*, et cela dès ses origines dans le sillon latéral du bulbe.

Disposition atypique. — Dans la constitution d'une métamère, telle que celle qui répond à une paire nerveuse rachidienne, ou encore au trijumeau, le partage des fonctions sensitives et motrices d'une part, conscientes et inconscientes de l'autre, affecte une disposition typique, qui facilite beaucoup l'analyse et la description du détail de ces fonctions. Dans le nerf pneumogastrique, cette systématisation extérieurement apparente a à peu près disparu, par le mélange et l'intrication des différents éléments à partir de leur lieu de naissance.

Noyau d'origine. — Le noyau d'origine de la dixième paire est un noyau mixte, renfermant des éléments de valeurs fonctionnelles très différentes. Il reçoit un grand nombre de fibres centripètes, parmi lesquelles dominent les éléments de sensibilité inconsciente, à côté de fibres de sensibilité consciente. Il est le lieu d'origine d'un certain nombre de neurones terminaux, allant à des muscles volontaires : il en émet un beaucoup plus grand nombre, dont les terminaisons vont s'échelonner dans les masses ganglionnaires qui appartiennent au grand sympathique, montrant ainsi d'une façon évidente les relations fonctionnelles que ce nerf entretient avec le système de la vie végétative.

Ganglions jugulaire et plexiforme. — A sa sortie du crâne, le pneumogastrique présente deux renflements ganglionnaires (*ganglion jugulaire* et *plexus gangliforme*), que leur structure désigne comme les équivalents d'un ganglion spinal, au moins pour la plus grande partie de leurs éléments, mais sans toutefois qu'on puisse affirmer qu'ils ne correspondent pas partiellement à un ganglion du grand sympathique.

Champ de distribution. — Né du bulbe et anastomosé de bonne heure avec des nerfs importants, parmi lesquels le spinal qui lui cède sa branche interne, le pneumogastrique épuise ses ramifications successivement au cou, au thorax, à l'abdomen. Ses limites inférieures sont indécises parce que, tombant dans un système compliqué, formé de relais ganglionnaires qui contiennent également des fibres de passage, nous n'avons pas de moyen anatomique ni expérimental bien précis de reconnaître les lieux de terminaison de ses fibres, ces terminaisons étant du reste échelonnées sur un certain nombre de ses relais. Le pneumogastrique est formé de fibres, les unes myéliniques, les autres amyéli-

niques. Ces dernières y existent en assez grand nombre, et les premières y sont
d'un calibre réduit. Ces deux caractères les rapprochent de celles du grand
sympathique.

Protoneurones et neurones intercentraux. — Les éléments de sensibilité consciente et de mouvement volontaire que contient le pneumogastrique
ne dépassent pas le cou et se rendent principalement au larynx. De ce fait, ils
obéissent encore à la loi de la métamérie, qui veut que leurs terminaisons
soient contenues dans le même segment du corps qui renferme leurs origines,
ou à peu près. Ce sont des *neurones initiaux* ou *terminaux*, ou *protoneurones*.
Par contre, les éléments de fonctions inconscientes et involontaires rompent
tout à fait avec la métamérie : en cela, ils reproduisent la disposition de la
chaîne du grand sympathique, qui établit des communications, non plus entre
les organes d'une même métamère, mais entre les différentes métamères elles-

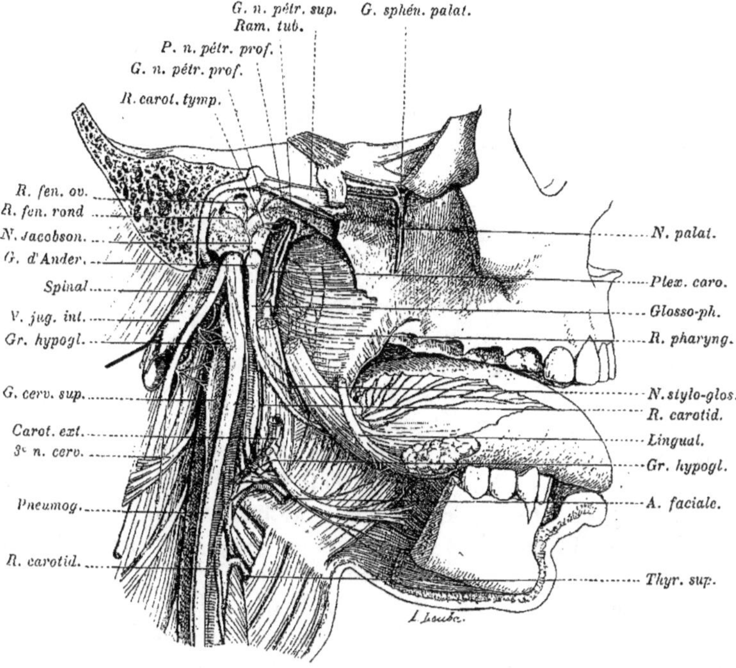

Fig. 85. — *Nerf glosso-pharyngien* (d'après Hirschfeld).

mêmes, pour des fonctions d'ensemble. La plus grande partie des fibres du
pneumogastrique ont ainsi la valeur de *fibres intercentrales*, qui relient une
région importante de l'axe gris (le bulbe rachidien) aux noyaux directement
moteurs d'organes essentiels à la vie (ganglion du grand sympathique).

Fonctions spécifiques. — Si, dans le pneumogastrique, le partage entre
la sensibilité et le mouvement et même entre le conscient et l'inconscient n'est

pas clair à première vue, il en est un autre, celui qui vise la spécificité des fonctions, qui est au contraire très apparent. Ce grand ensemble de nerfs épuise ses ramifications dans trois grands appareils : celui de la *respiration*, celui de la *circulation* et celui de la *digestion*, qu'il contribue à gouverner individuellement et aussi à harmoniser entre eux, de concert avec d'autres portions du système grand sympathique. Encore les éléments de fonctions spécifiques, outre qu'ils sont dans chacune d'elles de modalités diverses (centripètes, centrifuges ;

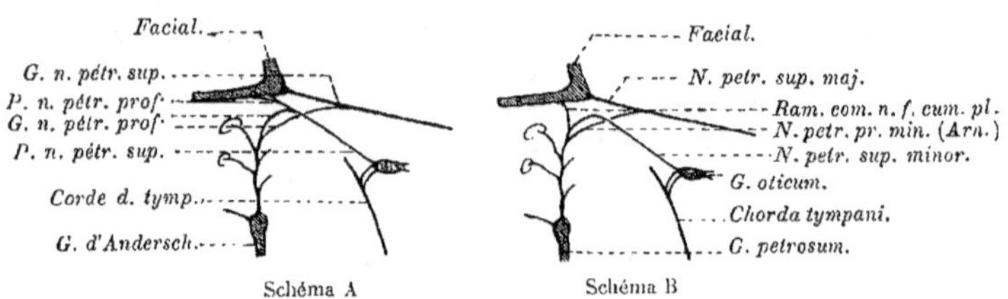

Fig. 86. — *Schéma des branches terminales du rameau de Jacobson*

A, nomenclature française ; B, nomenclature allemande.

moteurs, inhibiteurs ; sécréteurs, etc.), se présentent, avant d'atteindre leurs terminaisons, mélangés dans des rameaux, qui les contiennent souvent réunis. Aussi sommes-nous astreints à en faire une revue analytique et détaillée, en les rapportant seulement à leur fonction principale.

A. Respiration. — Elle est représentée dans le vague par des nerfs, les uns centripètes, les autres centrifuges, gouvernant des actes de modalités très diverses.

Rameau laryngé supérieur. — La région supérieure du larynx, les replis aryépiglottiques, l'épiglotte, la partie postéro-inférieure de la langue tiennent de lui (en grande partie par le rameau *laryngé supérieur*) la vive sensibilité dont ces parties sont douées et qui provoque la toux expulsive qui suit l'introduction de la moindre goutte liquide tombant sur l'entrée de la glotte.

Le tronc du vague, lorsqu'on le coupe dans la région du cou, est peu sensible : il renferme néanmoins une grande quantité d'éléments sensitifs subconscients pour la partie inférieure du larynx et la trachée (*rameau laryngé inférieur* ou *récurrent*), l'œsophage, le tissu pulmonaire, l'estomac et sans doute aussi l'intestin et le foie.

Par l'*anastomose de Galien*, qui unit le laryngé supérieur au récurrent, la partie inférieure du larynx et la trachée reçoivent des éléments sensitifs du premier de ces nerfs (Philippeaux et Vulpian ; Fr. Franck), en plus de ceux qu'ils reçoivent du second.

Sensibilité des différentes régions du larynx. — Expérimentalement, on peut montrer la grande différence qu'il y a entre la sensibilité des portions supérieure et inférieure du larynx : de l'eau injectée de haut en bas (sur l'orifice glottique) provoque une forte toux expulsive ; injectée de bas en haut (par un orifice fait dans la trachée) dans la partie inférieure du larynx, elle ne provoque pas ce réflexe défensif.

Dyspnée. — Pas plus qu'elle ne supprime la faim, la section des deux vagues au cou ne fait cesser le besoin de respirer. On dirait, au contraire, qu'elle l'augmente. La respiration devient plus rare et plus profonde et prend le caractère dit dyspnéique.

Effets de l'excitation sur les mouvements respiratoires. — *L'excitation du bout supérieur du vague* coupé *précipite* au contraire le *rythme respiratoire*, et cela d'autant plus qu'elle est elle-même plus intense : elle peut immobiliser le diaphragme et le thorax, soit en inspiration, soit en expiration, suivant les rameaux excités, ou suivant les changements de la composition gazeuse du sang. Cet arrêt est dû à une contraction tétanique de l'un des deux ordres de muscles, combinée avec une inhibition de ceux de l'ordre opposé.

Sensibilité réflexe des viscères. — Sans doute le vague représente l'élément sensitif d'un assez grand nombre de phénomènes réflexes dans les fonctions végétatives, et sa double section doit amener dans celles-ci de nombreuses perturbations. Seulement celles-ci ne s'accusent pas par des désordres immédiatement visibles comme les précédents.

Nerf récurrent. — A l'exception du crico-thyroïdien qui est innervé par le laryngé supérieur, tous les muscles du larynx sont sous la dépendance du nerf récurrent ou laryngé inférieur.

Éléments originels et éléments d'emprunt. — Le pneumogastrique, dans la région du cou, contient un grand nombre de fibres participant à des fonctions motrices très diverses : ces fibres viennent les unes des origines mêmes de la dixième paire et les autres d'anastomoses avec des nerfs voisins, notamment le spinal à propos duquel nous les signalerons de nouveau. Les mouvements de dilatation que la glotte exécute à chaque inspiration doivent également appartenir en propre au pneumogastrique, car ils persistent après l'arrachement du spinal : mais les mouvements vocaux du larynx (resserrement de la glotte et tension des cordes vocales) sont alors supprimés (Cl. BERNARD).

Nerfs pulmonaires : moteurs, inhibiteurs. — La membrane de la trachée, les bronches grosses et petites et jusqu'aux vésicules pulmonaires (d'après quelques auteurs), contiennent des éléments musculaires lisses (fibres de Reissessen) à contractions très lentes. Le pneumogastrique leur fournit des éléments moteurs (WILLIAMS, P. BERT), et aussi des éléments inhibiteurs (M. DOYON). L'action des

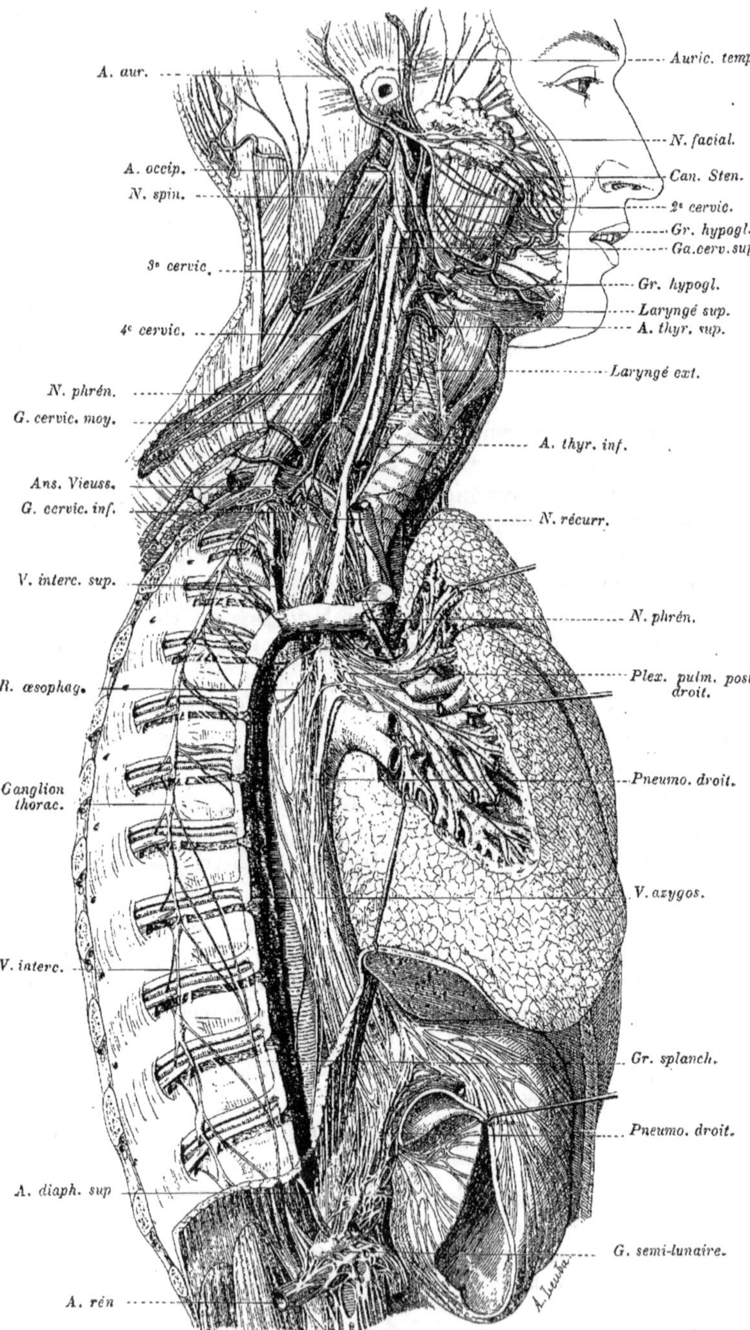

Fig. 87. — *Pneumogastrique droit.*

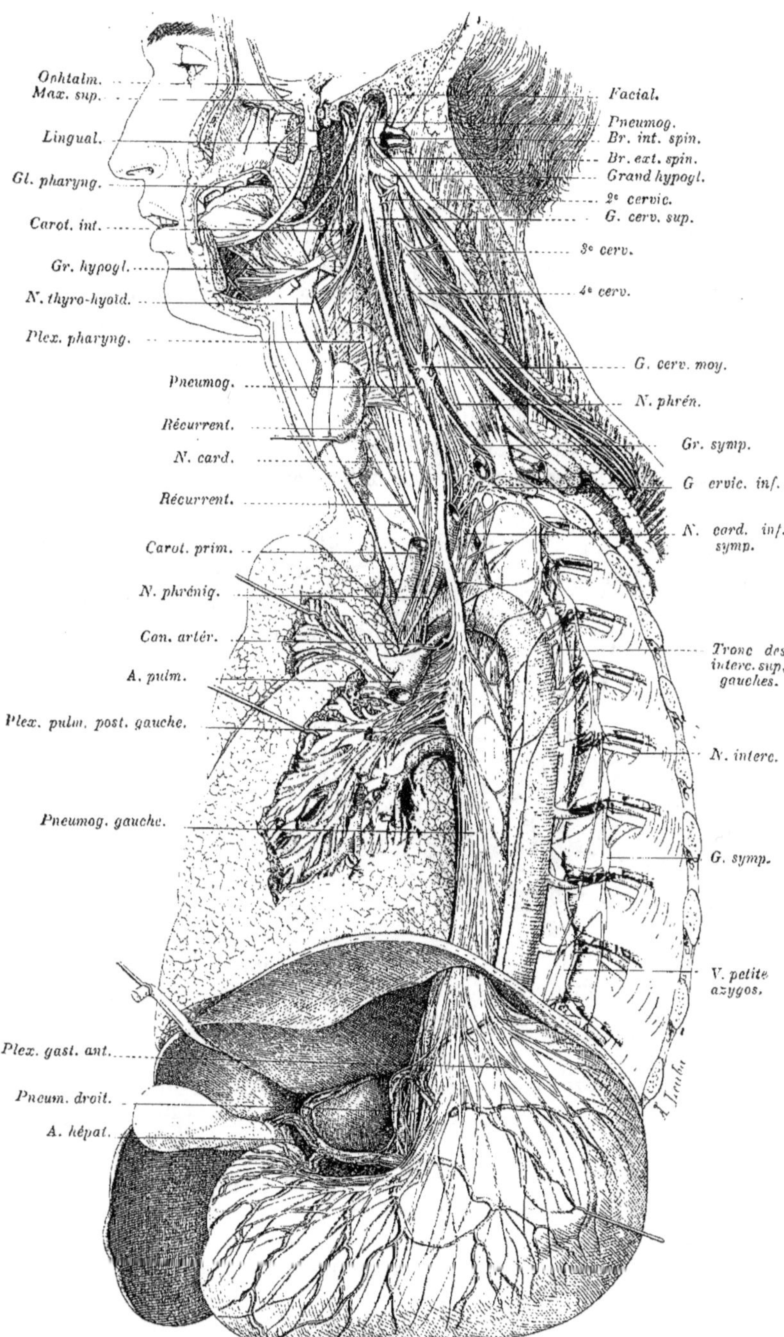

Fig. 88. — *Pneumogastrique gauche.*

uns fait resserrer dans leur ensemble les voies pulmonaires, celle des autres les laisse se distendre sous l'influence d'une très faible pression de l'air qu'elles contiennent. Pour faire apparaître l'effet inhibiteur, il faut user d'artifice afin de dissocier les deux effets. L'effet ordinaire de l'excitation du vague est le resserrement (effet moteur). Chez l'animal soumis à l'action de la pilocarpine, c'est au contraire l'effet inhibiteur ou de dilatation qui apparaît.

Effets vaso-moteurs. — La section des vagues est suivie de congestions pulmonaires allant jusqu'à l'hépatisation rouge. Les nerfs laryngés, notamment le supérieur, contiennent des fibres vaso-dilatatrices et sécrétoires pour la muqueuse du larynx (HÉDON).

B. CIRCULATION. — Le vague fournit au cœur des éléments, les uns centripètes, les autres centrifuges, dont les modes d'action sont très caractéristiques, au point qu'on les cite à titre d'exemples généraux de ces modalités fonctionnelles.

Rameau dépresseur. — Chez le lapin, le vague possède un rameau de nature sensitive qui lui vient du tissu du cœur, et qui le rejoint dans l'angle de séparation que le rameau laryngé supérieur forme avec lui. L'excitation du bout périphérique de ce filet cardiaque est sans effet sur le cœur, mais celle du bout central retentit sur la circulation générale, *en abaissant la pression artérielle aortique* par un double mécanisme : *l'excitation* est en effet *réfléchie* d'une part sur les éléments d'arrêt du cœur, d'où ralentissement des battements de celui-ci, et d'autre part *sur les vaso-dilatateurs des régions profondes*, notamment de l'intestin, d'où diminution des résistances opposées au cours du sang par les capillaires généraux et baisse, par conséquent, de la pression générale artérielle (LUDWIG et CYON). C'est en considération de ce dernier phénomène que ce nerf a été appelé *dépresseur*.

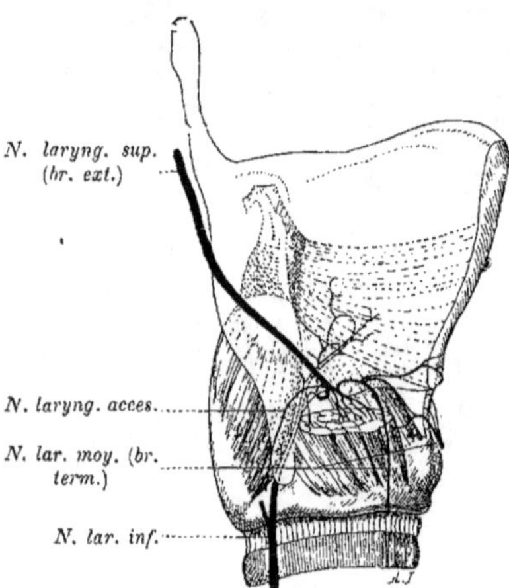

Fig. 89. — *Distribution des nerfs dans le larynx humain* (demi-schématique) (d'après EXNER).

Vue latérale. — Le cartilage thyroïde est supposé transparent.

L'excitation du nerf dépresseur a, en somme, des effets complexes ; il agit même en sens opposé sur certains départements vasculaires :

c'est ainsi que, pendant qu'il dilate les vaisseaux intestinaux, il resserre les capillaires cutanés, ce qui est surtout visible quand on observe l'artère auriculaire (DASTRE et MORAT), mais l'effet prédominant n'en reste pas moins la baisse générale de la pression artérielle. Le nerf dépresseur est un régulateur de la tension artérielle.

Éléments cardio-inhibiteurs. — L'excitation du pneumogastrique au cou (ou celle de ses rameaux cardiaques) *arrête les contractions du cœur en mettant le myocarde en diastole*. — C'est le premier exemple d'une action nerveuse d'arrêt ou, comme on dit maintenant, d'inhibition, qui ait été observé (WEBER, 1845).

Suivant l'intensité de l'excitation, le cœur est totalement arrêté ou bien seulement *ralenti*. L'excitation d'un *seul* des deux vagues suffit à produire le ralentissement ou l'arrêt. L'action inhibitrice du vague droit est en général beaucoup plus accusée que celle du vague gauche (ARLOING et TRIPIER).

Leur origine. — Les éléments cardio-inhibiteurs contenus dans le pneumogastrique viennent non de ses origines mêmes, mais de la branche interne du spinal, comme un certain nombre d'autres éléments centrifuges de la dixième paire. Ils proviennent donc de la partie inférieure du bulbe.

Éléments cardio-accélérateurs. — L'atropine employée à très faible dose (moins d'un milligramme) paralyse ces éléments cardio-inhibiteurs, qui sont alors inexcitables. L'excitation du tronc du vague (dont on a par ce moyen éliminé l'action de ces fibres) accélère alors le cœur, ce qui prouve qu'il contient un certain nombre d'éléments accélérateurs, indépendamment de ceux qui sont fournis au cœur par le grand sympathique (Fr. FRANCK).

Leur origine distincte de celle des précédents. — Si on excite le tronc du vague, on peut ainsi avoir, suivant les circonstances, ou l'accélération ou le ralentissement du cœur. Si on excite au contraire la partie inférieure du bulbe, après séparation d'avec la moelle, on n'observe jamais que le ralentissement ou l'arrêt (HEIDENHAIN). C'est donc que les éléments cardio-inhibiteurs sont de provenance bulbaire, tandis que les cardio-accélérateurs (même ceux contenus dans le tronc du vague) sont de provenance médullaire.

C. DIGESTION. — Comme l'appareil respiratoire et comme le cœur, le tube digestif, dans toute sa partie supérieure, sur une grande étendue, tire une partie de son innervation du pneumogastrique. Comme ces mêmes appareils, il ne la tire pas complètement de ce nerf, mais la complète, en en demandant une partie au grand sympathique. Il est à remarquer que le sens de l'action exercée par chacun des deux nerfs sur chacun de ces appareils est différent, voire même inverse, en ce que l'un est par exemple inhibiteur, tandis que l'autre est moteur pour un organe donné. Il est à remarquer encore que le sens de l'action de chaque nerf n'est pas univoque, tel des deux nerfs étant moteur pour un organe, tandis qu'il est inhibiteur pour l'autre. L'opposition fonctionnelle qui existe entre les deux nerfs n'est du reste pas absolue : chacun des deux nerfs est un mélange de fibres antagonistes, en proportion seulement inégale.

Rameau pharyngien. — Le pharynx, surface sensible, est innervé par le rameau pharyngien concurremment avec les branches de la neuvième paire. Ce rameau est en même temps moteur pour les trois muscles constricteurs du pharynx.

Déglutition. — Comme l'estomac, comme le pharynx, l'œsophage reçoit du pneumogastrique des éléments, les uns sensitifs et les autres moteurs, qui concourent à la réalisation de l'acte si compliqué de la déglutition. Bien que réduit dans l'œsophage à un mouvement de propagation péristaltique, le mécanisme musculo-nerveux qui en fait le fond est loin d'être connu, malgré l'analyse expérimentale à laquelle il a été soumis par divers.

Chez le chien on constate une disposition particulière : la partie supérieure de l'œsophage reçoit ses nerfs d'un rameau émané du ganglion cervical supérieur du sympathique (Espézel).

Sensibilité musculaire de l'œsophage. — Le pneumogastrique donne à l'œsophage des nerfs sensibles ; il les distribue non seulement à la muqueuse, mais aux muscles œsophagiens dont ils coordonnent les mouvements par un de ces actes à la fois réflexes et automatiques, dont on connaît d'ores et déjà tant d'exemples.

Rôle de la sensibilité dans les mouvements de l'œso-phage. — La section des fibres sensitives trouble les mouvements de l'œsophage à peu près aussi profondément que celle de ses nerfs moteurs. La section indépendante des unes et des autres est possible chez certains animaux et pour une région donnée du conduit, au moins dans une certaine mesure. Chez quelques-uns en effet, comme le cheval, l'âne, le chien, le mouton, les fibres motrices destinées à la partie cervicale de l'œsophage quittent le vague avec ses rameaux pharyngien et laryngé externe ; tandis que les fibres sensitives procèdent des rameaux émis plus bas. Chez d'autres, comme le lapin et peut-être l'homme, les éléments moteurs gagnent l'œsophage par la voie détournée du récurrent (Chauveau).

L'excitation des fibres sensitives, comme celle des fibres motrices, fait contracter l'œsophage, mais ne détermine pas le péristaltisme qu'on remarque dans ses mouvements normaux : elle produit seulement une contraction *tétanique* plus ou moins totale de ses muscles (Chauveau).

Sensibilité gastrique. — En voyant le pneumogastrique se rendre à l'estomac, on s'était demandé s'il n'est pas le « nerf de la faim », considéré ainsi comme une sensation spéciale dont le champ extérieur serait le tube digestif (en totalité ou en partie), et le nerf vague, l'ensemble des éléments conducteurs. Il n'en est rien ; l'animal, après la section des deux vagues, éprouve la faim comme avant.

Besoins généraux. — La faim, comme la soif ou le besoin de respirer, est bien une sensation spécialisée, en ce sens que nous la distinguons d'entre les autres ; mais le champ des excitations qui lui donnent naissance est (comme celui de ces autres sensations analogues) généralisé plus ou moins à tous les tissus, à toutes les cellules de l'organisme. La nutrition à laquelle elle correspond n'est pas, en effet, limitée aux organes digestifs, mais est un fait général comme la vie elle-même.

Spécificité et inconscience. — A un autre point de vue, la sensibilité de la muqueuse gastrique paraît spéciale et en rapport avec certains actes qu'elle gouverne et provoque ; seulement cette sensibilité est inconsciente ou subconsciente : c'est ainsi que *le pylore ne s'ouvre pour le passage des aliments dans l'intestin, que lorsque la digestion gastrique est terminée*, ce qui implique un phénomène de sensibilité que par comparaison on pourrait appeler gustative.

Excitation des origines du vague. — L'excitation des racines du vague fait naître des contractions dans les muscles du pharynx et dans ceux de l'œsophage, en même temps qu'elle provoque des mouvements de l'estomac (Chauveau).

Excitation du tronc. — L'excitation du vague au cou donne toute facilité non seulement pour constater les mouvements de l'estomac qui en sont la conséquence, mais aussi pour étudier leurs caractères. Ces mouvements sont rythmiques, comme l'indiquent les tracés qu'on en peut prendre en plaçant une ampoule dans la cavité gastrique, et sans doute aussi ils se propagent d'une façon péristaltique, dans la longueur de l'organe, de l'un de ses orifices à l'autre. La ligne du tracé ne revient pas au zéro tant que dure l'excitation, ce qui indique une certaine pression continue exercée par l'estomac sur son contenu.

Ainsi le vague est excito-moteur de l'estomac, mais il contient aussi quelques éléments inhibiteurs qu'on manifeste par voie réflexe, en excitant par exemple le bout central du vague opposé

(Morat), ou en excitant un nerf de sensibilité générale (Wertheimer).

Chez quelques animaux, l'excitation du vague suscite des contractions rythmiques de la partie supérieure de l'intestin. Les effets moteurs sont mêlés ou suivis d'effets inhibiteurs. — On concède également au pneumogastrique une influence vaso-motrice sur l'estomac et la partie supérieure de l'intestin (Pincus).

Éléments sécréteurs. — Peu faciles à démontrer pour l'estomac, les effets sécréteurs de l'excitation du vague sont très nets pour le *pancréas* (Afanasiew et Pawlow, Morat). En ce qui concerne le *foie* (sécrétion de la bile, formation du sucre), l'action de la dixième paire n'est pas facile à préciser. L'excitation du bout central du vague fait en général dilater le sphincter qui est à l'extrémité du canal cholédoque, pendant qu'elle fait contracter le vésicule biliaire (Doyon). L'excitation du bout central retentirait aussi sur le foie pour augmenter la sécrétion glycogénique (Cl. Bernard, Filhene, Laffont).

L'excitation du bout périphérique diminue en général la circulation rénale et la sécrétion de l'urine (Arthaud et Butte); elle agirait également sur la vessie en la faisant contracter (OEhl). Par l'irritation du bout central, Germain Sée et Glev ont provoqué l'azoturie.

D. **Action trophique.** — La section des vagues est suivie d'altérations très diverses atteignant les organes qui sont dans le champ de distribution de ce nerf, altérations portant sur les muscles, sur les muqueuses et sur les parenchymes de ces organes. On a vu des atrophies des muscles du larynx, des dégénérations (mais limitées à quelques fibres) du myocarde, des lésions hémorragiques et interstitielles de la muqueuse gastrique. Dans le poumon notamment, on a noté de l'emphysème, des noyaux de congestion et d'hépatisation rouge ; dans le rein, des dégénérations graisseuses et hyalines. A côté de ces désordres anatomiquement visibles, on en a constaté d'autres qui relèvent de l'étude chimique des organes et des milieux : à savoir une diminution dans le taux des échanges gazeux à travers le poumon, une diminution du glycogène hépatique, laquelle s'accompagne d'abord d'une hyperglycémie, puis d'une hypoglycémie. Ces troubles dans le chimisme animal, que l'usage est d'appeler *trophiques*, sont au fond des troubles fonctionnels d'organes spécialement préposés à la nutrition générale de l'organisme : ceci dit pour montrer que l'expression *trophique* ne suffit pas à les caractériser. Dans l'espèce, ils sont d'un mécanisme très compliqué, la lésion d'un organe retentissant sur le fonctionnement d'autres organes éloignés, en entraînant de ce chef des altérations nouvelles.

Son mécanisme complexe. — Lorsqu'on a coupé les vagues et qu'on a de la sorte supprimé l'excitation que ces nerfs fournissent à certains organes, la lésion initiale de ces organes est de l'ordre des dégénérations qui suivent le défaut de fonctionnement (dégénération atrophique des muscles, altérations analogues des glandes, des parenchymes et des épithéliums). Ces altérations sont aggravées par les troubles circulatoires résultant de la section des nerfs vaso-moteurs contenus dans le pneumogastrique. L'inertie fonctionnelle qui est à l'origine de ces dégénérations peut résulter de la suppression des influences nerveuses, les unes directement motrices (c'est le cas ordinaire), les autres indirectement motrices par action réflexe (ce serait le cas de l'atrophie du larynx qui suit, comme l'a vu EXNER, la section du laryngé supérieur, nerf surtout sensitif).

La lésion une fois établie, quand elle siège dans un organe comme le poumon, gêne une fonction essentielle, l'hématose. Il s'ensuit un certain degré d'asphyxie, dont les conséquences habituelles se déroulent alors. Elles s'accusent en particulier par la consommation hâtive du glycogène hépatique, l'hyperglycémie, et finalement l'hypoglycémie avec ses conséquences très graves (COUVREUR).

Retentissement à distance. — Des organes importants, comme le foie, le pancréas, sans parler du rein et du tube digestif, se trouvent de la sorte atteints, et directement, par la suppression de relations tant centripètes que centrifuges qu'ils entretiennent avec les centres supérieurs, et indirectement, par les changements de la composition du sang sur lesquels ils règlent eux-mêmes leur activité fonctionnelle. La section des deux vagues, en raison du grand nombre des organes auxquels ces nerfs se distribuent, apporte donc un trouble extrême dans les conditions d'où dépend l'équilibre nutritif de l'organisme. C'est par la perte définitive de cet équilibre, bien plus que par quelque phénomène ou accident localisé, que la mort survient après la double vagotomie.

Double vagotomie. — La section d'un seul pneumogastrique n'entraîne pas la mort. Les deux nerfs se suppléent en effet facilement, en raison sans doute de la pénétration réciproque de leurs territoires de distribution. La double section entraîne la mort chez le chien dans l'espace de trois ou quatre jours environ, mais parfois le délai est plus long. Il est variable suivant les animaux : la survie est notablement plus longue chez les oiseaux et les reptiles. Si entre les deux sections on laisse un intervalle de temps suffisant pour la régénération, l'animal survit (PHILIPPEAUX).

g. — Spinal.

Le nerf spinal, nerf *accessoire* de WILLIS ou de la onzième paire, présente une disposition et exerce des fonctions assez particulières. Ce nerf a des origines bulbaires qui font suite à celles du pneumogastrique (dans le sillon collatéral) et des origines médullaires qui sont indépendantes de celles des nerfs cervicaux. A ce point de vue, c'est bien un nerf spinal supplémentaire, plutôt qu'accessoire, car sa fonction est importante. Ce nerf n'existe pas chez les poissons et les amphibiens ; il commence à se montrer chez les reptiles comme une branche du vague.

Limites. — Pour WILLIS, ces origines médullaires et la branche dite externe qui leur fait suite étaient tout le nerf spinal ; les racines bulbaires et la branche interne qui en procède étaient au contraire par lui rattachées au tronc du pneumogastrique. C'est SCARPA qui a réuni les deux branches (médullaire et bulbaire) dans une même description, en raison de ce que, accolées l'une à l'autre dans le trou déchiré postérieur, elles y forment un seul tronc nerveux, et c'est la description qui depuis a prévalu.

Fonction essentiellement motrice. — Ses rameaux d'origine

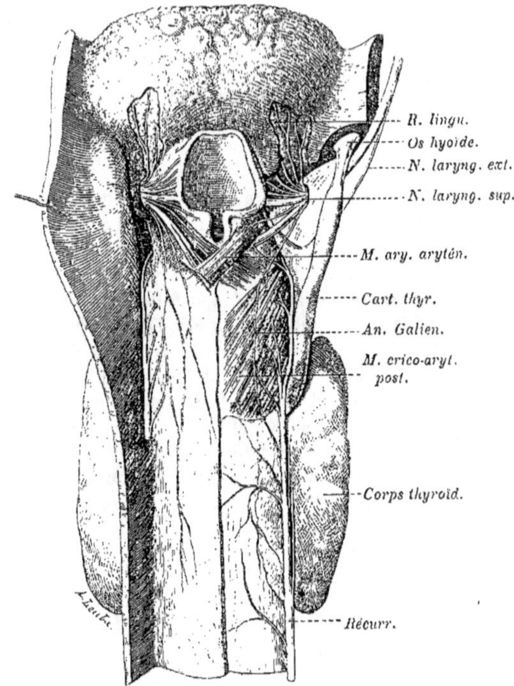

Fig. 90. — *Branches terminales du récurrent.*

portent parfois l'un ou l'autre exceptionnellement, sur leur trajet, un ganglion dont il est difficile de systématiser la nature sensitive ou sympathique. Expérimentalement on ne connaît pas d'éléments sensitifs dans ce nerf, qui passe pour exclusivement affecté aux fonctions du mouvement.

Destruction isolée par arrachement. — Cl. Bernard a indiqué une méthode qui permet, chez les animaux jeunes, de détruire isolément les racines du spinal, par une opération très peu grave, sans grand délabrement, et en assurant la survie du sujet. Elle consiste dans l'arrachement du nerf, préalablement mis à nu à sa sortie du trou déchiré postérieur.

Des tractions ménagées et progressives exercées sur lui rompent les adhérences qui rattachent sa gaine conjonctive au canal osseux, et la pince qui le saisit amène un long chevelu, qui représente ses racines tant médullaires que bulbaires.

On peut même, mais un peu au hasard de l'expérience, arracher isolément soit les racines médullaires, soit les racines bulbaires, en saisissant à part ou la branche externe ou la branche interne (Cl. BERNARD).

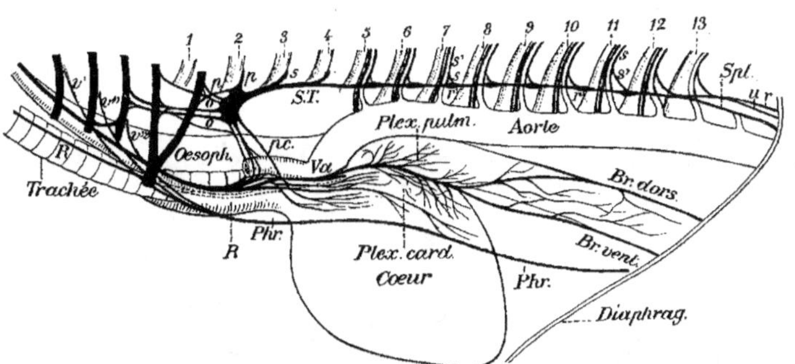

Fig. 91. — *Les principaux nerfs du thorax chez le chien* (imitée de ELLENBERGER et BAUM).

Phr, phrénique (en rouge) avec ses trois racines *v'*, *v'*, *v"* naissant des 5e, 6e et 7e cervicales.

Va, pneumogastrique avec ses rameaux œsophagiens cardiaques, pulmonaires et le nerf récurrent R.

ST, chaîne sympathique thoracique avec ses ganglions *r*, *r'* ; *s*, *s'*, nerfs intercostaux et leurs rameaux communicants allant à la chaîne sympathique ; *p*, ganglion premier thoracique et ses rameaux d'union avec les premiers nerfs thoraciques ; *o*, ses rameaux d'union avec les dernières paires cervicales (nerf vertébral) ; *pc*, son rameau cardiaque et à gauche de celui-ci l'anse de Vieussens par laquelle le sympathique thoracique se continue avec le sympathique cervical accolé au tronc du pneumogastrique ; *Spl*, grand splanchnique ; *u*, petit splanchnique ; 1 à 13, côtes sectionnées accompagnées par les vaisseaux et nerfs intercostaux.

A. BRANCHE INTERNE. — **Fonction vocale du spinal.** — La destruction du spinal ou simplement de sa branche interne, si elle est faite d'un seul côté, produit la *raucité de la voix* et, si elle faite *des deux côtés, supprime* complètement l'*émission des sons* (Cl. BERNARD).

Raucité, aphonie. — La raucité ou l'aphonie sont la conséquence de la paralysie des muscles principalement constricteurs de la glotte.

Si en effet, sur l'animal dont le spinal est détruit, on fend la membrane hyo-thyroïdienne pour observer directement les mouvements du larynx, on voit que son orifice supérieur reste alors dilaté sans pouvoir se resserrer complètement. Il y a bien encore de légers mouvements alternatifs de dilatation et de resserrement ; mais ces mouvements sont ceux qu'on remarque en tout temps dans le larynx, où ils accompagnent chaque mouvement d'inspiration et d'expiration de l'air, au même titre que les mouvements de dilatation et de resserrement des narines.

Fonction respiratoire du vague. — Si, après avoir, par la destruction du spinal, rendu impossible les mouvements vocaux du larynx, on coupe le tronc du vague ou les récurrents, on fait disparaître à leur tour les mouvements respiratoires de cet organe L'orifice du larynx non seulement ne se dilate plus, mais se rétrécit et s'immobilise, et si l'expérience est faite chez un animal jeune (dont les membranes plus molles se déforment sous le courant d'air inspirateur), l'asphyxie peut en être la conséquence.

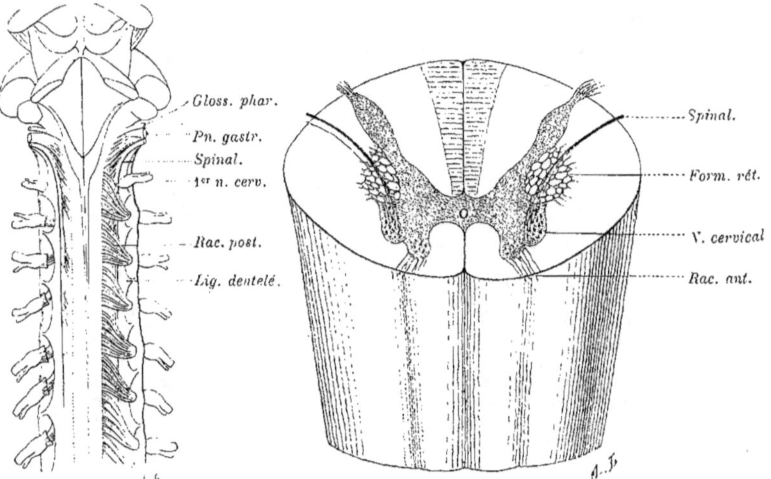

Fig. 92. — *Origines apparentes des nerfs glosso-pharyngien, pneumogastrique et spinal.*

Fig. 93. — *Origines réelles de la partie médullaire du spinal.*

Muscles et nerfs antagonistes. — Ainsi le larynx exécute deux ordres de mouvements, répondant à deux fonctions distinctes, dans une certaine mesure antagonistes : la fonction *vocale* et la fonction *respiratoire*. Certains muscles, comme les crico-aryténoïdiens postérieurs, dont l'action dilatatrice est évidente, ont une fonction plus exclusivement respiratoire ; certains autres, comme les crico-aryténoïdiens latéraux, les thyro-aryténoïdiens, les aryténoïdiens, les crico-thyroïdiens, qui rapprochent et tendent les cordes vocales inférieures, ont une fonction plus exclusivement vocale.

Toutefois la fonction vocale et la fonction respiratoire utilisent soit les uns, soit les autres de ces muscles, pour des mouvements qui sont seulement différents dans leur résultat ; ce sont donc plutôt les éléments nerveux qui leur commandent qui sont fonctionnellement distincts et dans une certaine mesure antagonistes. Analdson, Fr. Hooper, Livon ont cherché à dissocier par des moyens physiologiques ces éléments répartis dans le tronc des récurrents. D'après Livon, on peut, en faisant varier le *rythme* des excitations portées sur ces derniers nerfs, obtenir des effets distincts d'*occlusion* ou de *dilatation* de la glotte. La dilatation est toutefois accompagnée de mouvements synchrones aux excitations (animaux chloralisés et morphinés, ampoule dans la glotte pour l'inscription des mouvements).

Nerfs récurrents. — Les fibres nerveuses venues, les unes des origines du spinal (fibres vocales), les autres de celles du vague (fibres respiratoires), mélangées un moment dans le tronc du vague, se rendent au larynx, principalement par la voie des récurrents, à l'exception de celles qui vont au crico-thyroïdien, qui passent par le laryngé supérieur. En coupant soit le tronc du vague, soit le récurrent, on divise donc à la fois les unes et les autres : on rend la phonation impossible et on gêne la respiration.

Asphyxie. — Chez les animaux très jeunes, la section des récurrents (et par conséquent des vagues) peut amener l'asphyxie d'une façon immédiate : tandis que chez les animaux plus vieux, la respiration reste possible, bien qu'un peu gênée (Legallois). Cela tient à ce que chez les premiers, la mollesse des membranes du larynx (lèvres de la glotte) fait qu'elles s'affaissent comme des soupapes sur son ouverture à chaque inspiration et obstruent de la sorte l'entrée de l'air, tandis que, chez les seconds, la rigidité plus grande de ces pièces maintient un espace béant où l'air peut pénétrer : cet espace existe surtout entre les cartilages aryténoïdes (portion intercartilagineuse) plutôt qu'entre les cordes vocales (portion interligamenteuse de la glotte) (Longet).

Laryngé supérieur, sa fonction motrice. — La section du laryngé supérieur produit seulement de la raucité de la voix, par paralysie du crico-thyroïdien et défaut de tension des cordes vocales.

Excitation des origines ; effets moteurs. — L'excitation des origines bulbaires du spinal fait contracter le muscle constricteur supérieur du pharynx (Chauveau). Ces éléments moteurs sont fournis au plexus pharyngien par la branche interne du spinal, après sa pénétration dans le ganglion jugulaire du vague, conjointement avec d'autres venant du vague lui-même et du glosso-pharyngien.

Effets cardio-inhibiteurs. — La branche interne du spinal contient originellement les fibres inhibitrices qui sont dévolues au muscle cardiaque. Si, en effet, on coupe ou arrache cette partie du spinal et qu'après un délai de quelques jours (nécessaire pour amener la dégénération des fibres coupées) on excite le vague, cette excitation n'amène plus le ralentissement ni l'arrêt du cœur (Waller). Ce fait a été contesté par plusieurs : il peut y avoir des variations individuelles dans les origines de ces nerfs, et celles-ci être présentes dans les deux noyaux.

B. Branche externe. — **Sa fonction dans l'effort.** — La partie médullaire des origines du spinal va former en dehors du crâne la branche externe de ce nerf, laquelle se rend aux muscles sterno-mastoïdien et trapèze. Elle constitue, pour ces muscles, une innervation surajoutée à celle qu'ils reçoivent des paires cervicales voisines et qui paraît, elle aussi, en rapport avec la phonation ou mieux avec tout effort qui nécessite la suspension de la respiration. La section du spinal sur les muscles trapèze et sterno-mastoïdien aurait pour fonction d'immobiliser le thorax, ou tout au moins de *suspendre l'expiration*, pour lui permettre d'adapter la colonne d'air expirée aux modulations de la voix.

La section de la branche externe laisse persister la voix, mais les cris sont plus brefs, et l'animal est vite *essoufflé*. Le nerf spinal, de ce point de vue, pourrait être appelé le *nerf de l'effort* (Cl. Bernard).

h. — Grand hypoglosse.

Le nerf grand hypoglosse, ou de la douzième paire, est moteur des muscles propres de la langue et de certains muscles du cou. Comme

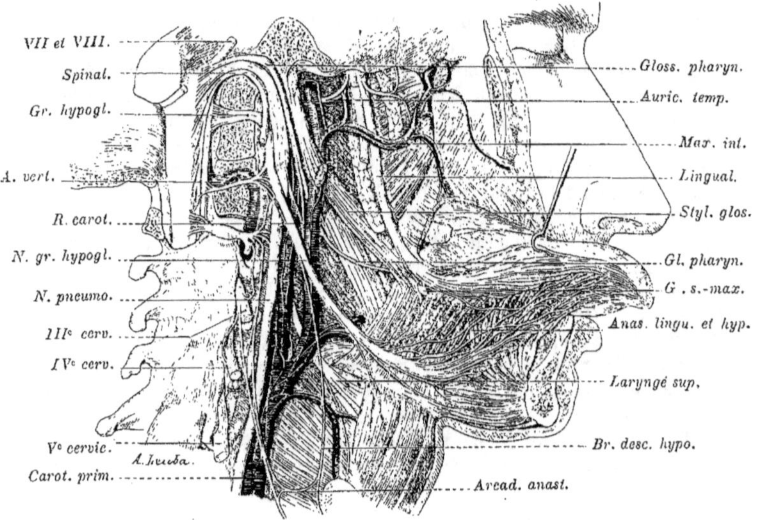

Fig. 94. — *Le grand hypoglosse* (d'après Hirschfeld).

tel, il contribue aux mouvements de la *mastication* et de la *déglutition*.

1. **Effets de la section ; paralysie motrice.** — La section des deux hypoglosses faite sur un chien gêne considérablement ces deux ordres de mouvements. Toutefois, au dire de Philippeaux et Vulpian, elle ne les rendrait pas absolument impossibles, comme l'affirmait Panizza. L'animal, au bout de quelque temps, arrivait à

suppléer par des mouvements divers à l'inactivité de la langue. Celle-ci, bien qu'ayant perdu ses mouvements propres, n'est pas pour cela complètement immobile, mais des mouvements lui sont communiqués par des muscles de la région du cou innervés en partie tant par le trijumeau que par le facial ou les nerfs cervicaux.

L'hypoglosse se distribue d'une façon apparente, non seulement aux muscles propres de la langue, mais à un bon nombre de ceux de la région antérieure du cou. Seulement, pour plusieurs d'entre

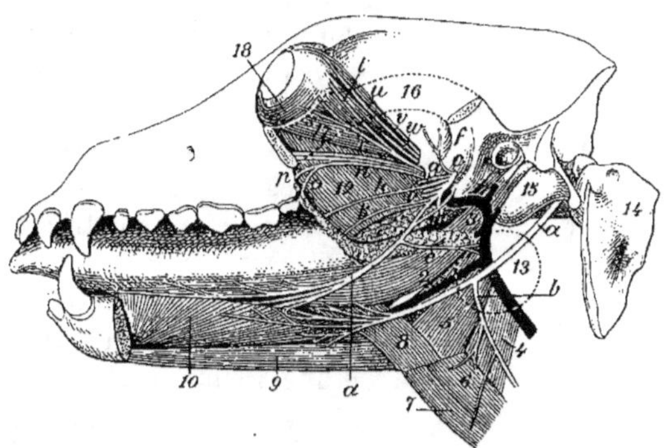

Fig. 95. — *Principaux nerfs de la tête chez le chien* (d'après ELLENBERGER et BAUM).

a, nerf hypoglosse; *b*, sa branche descendante; *c*, branche maxillaire inférieure du trijumeau; *d*, nerf lingual; *e*, corde du tympan; *f*, nerf temporal profond; *g*, nerf ptérygoïdien; *h*, nerf buccinateur; *i*, nerf dentaire inférieur; *k*, filet allant au voile du palais; *l*, corde du tympan avant son entrée dans le nerf lingual; *m*, nerf mylo-hyoïdien; *n*, nerf sphéno-palatin; *o*, nerf palatin postérieur; *p*, nerf palatin antérieur; *q*, nerf sous-orbitaire; *r*, rameau orbitaire du nerf maxillaire supérieur; *s*, rameau du moteur oculaire commun allant au muscle petit oblique; *t*, nerf lacrymal; *u*, nerf frontal; *v*, nerf pathétique; *w*, nerf moteur oculaire externe.
1, artère carotide primitive (en noir); 2, artère linguale; 3, artère maxillaire interne; 4, muscle pharyngien inférieur; 5, pharyngien moyen; 6, thyro-hyoïdien; 7, sterno-hyoïdien; 8, hyoglosse; 9, génio-hyoïdien; 10, génioglosse; 11, styloglosse; 12, ptérygoïdien interne; 13, place occupée par la glande sous-maxillaire enlevée; 14, atlas; 15, bulle tympanique; 16, arcade zygomatique; 17, muscle droit inférieur de l'œil; 18, petit oblique.

eux, cette motricité est d'emprunt, car le nerf de la douzième paire a deux anastomoses importantes avec le plexus cervical.

Anastomose supérieure. — L'une se fait au niveau de la première arcade cervicale, et l'autre, beaucoup plus bas, par la branche descendante.

Branche descendante. — La branche descendante de l'hypoglosse descend à la rencontre de la branche du même nom émanée du plexus cervical, en formant une anse, de laquelle se détachent des filets de distribution pour les muscles sous-hyoïdiens (omoplat-hyoïdien, sterno-hyoïdien, sterno thyroïdien). Quelques-uns, avec

Holl, Bewor et Horseley, admettent que l'hypoglosse se rend uniquement aux muscles propres de la langue et que les rameaux qui s'en détachent avant sa terminaison sont alimentés par ces deux anastomoses, suivant deux trajets directs ou plus ou moins récurrents. Wertheimer a vu (sur le chien) qu'après section et dégénération de la branche descendante du plexus cervical, l'excitation de l'hypoglosse fait contracter le sterno-hyoïdien et le thyro-hyoïdien, muscles de la région sous-hyoïdienne.

II. Sensibilité par anastomose. — Les origines de l'hypoglosse sont exclusivement motrices (sauf une petite racine ganglionnaire qui n'est nullement constante et qui, lorsqu'elle existe, doit être l'équivalent d'une racine postérieure). Après sa sortie du trou condylien antérieur, ce nerf devient sensible par le fait d'anastomoses qui lui viennent soit du plexus cervical, près de sa sortie, soit du lingual, près de son extrémité. Cette sensibilité d'emprunt lui vient par anastomoses, les unes directes, les autres récurrentes, notamment par l'anse anastomotique qu'il forme avec le lingual.

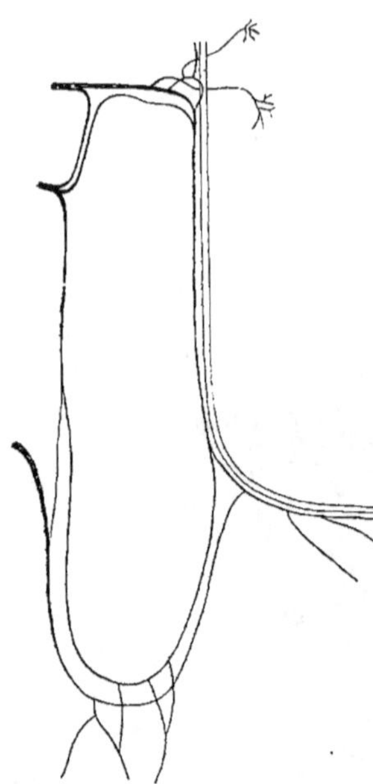

Fig. 96. — *Schéma montrant les rapports du grand hypoglosse et des premiers nerfs cervicaux* (d'après M. Holl).

Les racines cervicales, en noir ; le grand hypoglosse, en jaune.

III. Anastomose ganglionnaire ; éléments vaso-constricteurs. — L'hypoglosse reçoit du ganglion cervical supérieur une anastomose par laquelle le grand sympathique fournit aux vaisseaux de la langue une grande partie de leurs éléments constricteurs ; les autres lui viennent par le lingual en même temps que les dilatateurs.

Si, en effet, sur un animal curarisé à la limite (pour éviter les contractions propres de la langue), on excite le bout périphérique de l'hypoglosse coupé, on voit nettement la langue pâlir par constriction de ses vaisseaux.

BIBLIOGRAPHIE.

Métamérie ; données embryologiques. — E. PERRIER, Les colonies animales. — PRENANT, *Internation. Monatschr. f. An. und Phys.*, 1894, X, 6. — REMAK, Untersuchung üb. die Entwikel. der Wirbelth., Berlin, 1850, 1855.

Métamérie ; troubles de la sensibilité et de la nutrition. — BRISSAUD, *Presse méd.*, 1891, p. 17 ; *Sem. méd.* 1898, p. 385 ; Leçons sur les maladies du système nerveux. — DROUIN, Thèse Paris, 1898. — FIRMIN, Thèse Paris, 1850. — HEAD, *Brain*, 1893, p. 94. — HOUSSAY, *Arch. zool. exp. et gén.*, 1890, p. 187. — J. MACKENSIE, *Journ. of Path. and Bacter.*, 1893. — MARINESCO, *Neurol. Centralbl.*, 1892 ; *Arch. Phys.*, 1894 : *Sem. méd.*, 1896. — ROSS, *Brain*, 1888. — THORNBURN, A contribut. to the surgery of the spin. cord., 1889 ; Sensor. distrib. of spin. nerves, *Brain*, 1893. — SHERRINGTON, *Philosoph. Transact.*, 1893 : *Journ. of Anatomy*, 1896. — STARR, *Brain*, 1894.

Fonctions des racines nerveuses. — Opinions anciennes. — BOERRHAAVE, De morbis nervorum, in-12, 1761, t. II, p. 695 et 696. — DULAURENS, Historia anat. hum. corp. et sing. ejus part. Trad. en français par Théophile Gelée, Paris, 1639. — GALIEN, De anatom. administr. lib. VIII, cap. v, p. 676 et suiv., édit. de Kühn, Leipzig, 1821 ; cap. IX, p. 696 et 697 ; cap. VI et VIII ; — De methodo medendi ; — De locis affectis, lib. I, cap. VI ; lib. III, cap. XIV ; lib. IV, cap. v et VII, d'après Longet. — LAMARCK, Philosophie zoologique, t. II, 1809, p. 260 et suiv. — RUFUS (d'Éphèse), De partibus corporis humani, trad. latine, édit. de Goupyl, Paris, 1554. — ALEX. WALKER, *Arch. of universal Science*, juillet 1809, t. III, p. 172.

Racines des nerfs. — Période expérimentale. — CH. BELL, An idea of a New Anatomy of the Brain, London, 1811 (travail à peu près introuvable, inexactement reproduit dans les éditions et publications ultérieures de CH. BELL et de SCHAW) ; exposition du syst. naturel des nerfs, trad. franç., Genest, Paris, 1825. — An exposition of the natur. syst. of nerves of the hum. body, with a republication to the papers delivered to the Roy. Society..., London, 1824 ; The nervous system of the hum. body, London, 1830. — E. FAIVRE, Étud. sur histol. comp. syst. nerv. Invertébr., Paris, 1857 ; *C. R. Ac. sc.*, 1857. — LONGET. *Arch. gén. de méd.*, 1841 ; Traité de physiologie, 3e édition, t. III, p. 102 et suiv. — MATTEUCCI et LONGET, *Ann. ch. et phys.*, 1844 ; *Ann. méd. psychol.*, 1844. — MAGENDIE, *Journ. phys. expér.*, t. I, 1821 ; t. II, 1822 ; t. III, 1823 ; Leçons sur les fonct. et les mal. du syst. nerv., 1839, t. II. — A. MOREAU (oiseaux, poissons), *Biol.*, 1858, 1859, 1860 ; *Ann. sc. nat.*, 4e série, t. XIII, 1860. — JEAN MULLER (expér. sur les grenouilles), *Ann. sc. nat.*, 1831, t. XXII, p. 95 ; Physiol. du syst. nerv., trad. Jourdan, t. I, p. 85 ; Manuel de physiol., trad. Jourdan, 1845, t. I, p. 559. — PANIZZA (chevreaux, grenouilles), Ricerche sperim. sopra i nervi, Pavie, 1834. — SCHIFF, Lehrb. d. Physiol. d. Mensch., p. 143. — VOLKMANN, *Arch. f. An. und Phys.* Wissensch. Med., 1838, p. 15 ; 1841, p. 354. — VULPIAN, Leçons sur la physiol. gén. et comp. du syst. nerv., 1866. — WAGNER, Handwörterb. d. Phys. 1846. — YERSIN, *Bibl. univers. de Genève*, 1857.

Ganglions spinaux. — BARBIER, *C. R. Ac. sc.*, 1900, t. CXXX, p. 1039. — BETHE, *Arch. f. microsc. Anat.* Bonn, 1897-98. — H. DALE, ...Numeric. compar. of centrip. und centrifug. medull. nerv. fibres... spin. gangl., *Journ. of Phys.*, 1899-1900, p. 196. — EXNER, *Arch. f. Phys.*, Leipzig, 1878 ; *Sitz. d. K. Acad. d. Wiss.*, Wien, 1877. — GAD, Anat. et physiol..., *Arch. f. An. und Phys.*, 1887, p. 570. — GAD et JOSEPH, *Ibid.*, 1889, p. 199. — HUBER, *Journ. Comp. Neurol.*, 1897. — MAX JOSEPH, *Arch. f. An. und Phys.*, 1887, p. 296. — LANGLEY et ANDERSON, Action de la nicotine, *Journ. of Phys.*, 1892. — MORAT, Pouvoir transformateur des cell. nerveuses, *Arch. Phys.* — MOORE et REYNOLDS, *Journ. of Phys.*, 1898. — STEINACH, *Arch. f. d. ges. Phys.* LXXVIII. — WUNDT, Mekan. d. Nerv. 1876, Abth. 2, S. 567.

Éléments centrifuges des racines postérieures. — BAYLISS, *Journ. of Phys.*, 1900. — BONNE, Thèse Lyon, 1897. — CAJAL, *Anat. Anz.*, Iena, 1890, p. 112. — COSSY, *Arch. Phys.*, 1876. — GARTENER, *Wiener klin. Wochensch.*, 1889. — VAN GEHUCHTEN, *Anat. Anz.*, 1893, p. 215. — HERING, *Arch. f. d. ges. Phys.*, LXVIII, p. 6. — J.-F. HEYMANS et Ov. d. STRICHT, Sur le syst. nerv. de l'Amphioxus et sur la constitution des racines sensibles, Bruxelles, 1898. — HORTON-SMITH, *Journ. of Phys.*, vol. XXI, p. 101. — JOSEPH, *Arch. f. Phys.*, Leipzig, 1887, p. 296. — KUHLWETTER, *Beitrag. z. An. und Phys.* (Eckhard), Giessen, 1885. — LENHOSSEK, *Anat. Anz.*, 1890. — MARTIN, *La cellule*, Louvain, 1895. — MORAT, *Arch. Phys.*, 1892, p. 689. — MORAT et BONNE, *C. R. Ac. sc.*, 1897. — RETZIUS, *Biol. Unter.*, Stockholm, 1892. — SHERRINGTON, *Journ. of Phys.*, 1894, p. 21 ; 1897, p. 209. — STEINACH, *Lotos*, 1893, t. XIV, *Arch. f. d. ges. Phys.*, LXXI, p. 554. — STEINACH et

Wiener, *Arch. f. d. ges. Phys.*, t. LX, p. 593. — Stricker, *Sitz. d. K. Acad. d. Wiss.*, Wien, 1876, t. LXXIV, Abth. 3; *Med. Jahrb.*, Wien, 1878. — Veias, Beitrag. z. Anat. und Phys. d. spin. gangl., Munich, 1883. — Vulpian, *Arch. Phys.* 1878. — Wana, *Arch. f. d. ges. Phys.*, LXXI, p. 555. — Verziloff, *Centralbl. f. Phys.*, 1896.

Racines postérieures, nerfs sensitifs, troubles trophiques. — Baerensprung, 1861. — Brissaud, Leçons sur les maladies du syst. nerveux. — Dejerine, *C. R. Ac. sc.*, 1876, t. LXXXIII, p. 281. — Morat. *C. R. Ac. sc.*, 1897, t. CXXIV, p. 1173.

Sensibilité récurrente. — Cl. Bernard, *C. R. Ac. sc.*, t. XXV, p. 104; Leçons sur la physiol. et la pathol. du syst. nerv., 1858, t. I, p. 25-112. — Brown-Séquard, *Biol.*, 1850, t. II, p. 171. — Arloing et Tripier, Des conditions de la persistance de la sensibilité dans le bout périphérique des nerfs sectionnés, *Arch. de Phys.*, 1876, 2e série, t. III. — Longet, *Gaz. des hôp.*, 1839; *Arch. gén. de méd.*, 1841. — Magendie, *C. R. Ac. sc.*, 1839. — Philippeaux et Vulpian, *Biol.*, 1859. — Vulpian, Leçons sur la physiol. gén. et comp. du syst. nerv., 1866.

Influence des racines postérieures sur les antérieures. — Belmondo et Oddi, *Arch. ital. biol.*, 1891, t. XV, p. 17. — Dastre et Marcacci. — Cyon, *Arch. v. Pflüg.*, 1874, t. VIII, p. 347. — Harless, Abhandl. d. K. Acad. Physik, 1858, t. XXXI. — Heidenhain, *Arch. v. Pflüg.*, 1871, t. IV, p. 433. — Hering, *Neurol. Centralbl.*, Leipzig, 1897; *Arch. f. exper. Path. und Pharm.*, 1898. — Marcacci, *Arch. p. le sc. med.*, Torino, 1882, t. V, p. 283. — Mott et Sherrington, *Proc. Roy. Soc.*, 1895. — Sherrington, *Proc. Roy. Soc. London*, 1893. — Steinmann, *Bull. Acad. imp. d. sc. St-Pétersb.*, 1871, t. VII. — Stilling, *Arch. f. physiol. Heilk.*, Stuttgart, 1842.

Racines motrices, localisations fonctionnelles, constitution des plexus. — Bert et Marcacci, *Lo Sperimentale*, 1881; *Biol.*, 1881. — Ferrier et Yeo, *Proc. Roy. Soc.*, 1881. — Forgue, Thèse Montpellier, 1893. — Forgue et Lannegrace, ...Distrib. dans les muscles, *C. R. Ac. sc.*, 1884, t. XCVIII, p. 685 et 1068. — Herringham, *Proc. of Roy. Soc.*, London, 1886. — Paterson, *Journ. of Anatomy*, 1894 et 1899. — Polimanti, *Arch. ital. biol.*, 1895, t. XXIII, p. 333. — Russel, Plex. brach. chien, *Philosoph. Transact.*, 1892. — Sherrington, Plex. lombo-sacré, *Journ. of Phys.*, 1892, p. 708. — Simon, Dissertat., Strasbourg, 1892.

Nerfs craniens. — Voyez spécialement Cl. Bernard, Leçons sur le syst. nerv. — Longet, Traité de physiol., 3e édit. — Magendie, *Journ. de Phys.* — W.-H. Gaskell, *Journ. of Phys.*, 1889, p. 153. — His, Morph. Betracht. der Kopfnerv., *Arch. f. An. und Phys.*, 1887. — Kupffer, ... Entwickel...Verh. d. anat. Gesellsch., 1891. — Bulloch, *Brain*, 1894.

Nerfs moteurs des yeux. — Adamuk, *Centralbl.*, 1870. — Bruce, Article de Marinesco, *Sem. med.*, 1896. — M. Duval, Origines, mouvem. associés, *Biol.*, 1878 et 1879; *Journ. de l'anat.*, 1880. — Duval et Laborde, *Journ. de l'anat.*, 1880. — Francès, Essai sur la paralysie de la 3e paire, 1854. — Laborde, Procédé d'arrachement, *Biol.*, 1879 et 1896; *Journ. de l'anat.*, 1880. — Landouzy, *Arch. gén. méd.*, 1878; *Biol.*, 1879. — Parinaud, Paralysie dissociée, 3e paire, *Biol.*, 1880. — Stuelp, *Graefes Arch.*, XLI.

Nerfs et ganglion ciliaires; accommodation. — Boucheron, N. ciliaires, *Biol.*, 1891 et antér. — Hensen et Wolckers, *Arch. de Gräfe*, 1878. — Iegorow, *Arch. slaves de biol.*, 1886 et 1887. — Schwalbe, ... Gangl. cil., *Iena Ges. et Iena Zeit.*, 1878 et 1879.

Nerf trijumeau. — Althaus, *Arch. f. klin. Med.*, 1870. — Bastianelli, *R. acad. med. d. Roma*, 1895. — Bellingeri, De nervis faciei, 1848. — Debierre et Lemaire, *Biol.*, 1895. — Eschricht, *Journ. de Magendie*, t. IV. — Hirschberg, *Berlin. klin. Woch.*, 1868. — Guttmann, *Berlin. klin. Woch.*, 1868. — Krueckmann, Sensib. de la cornée, *Graefes Arch.*, vol. XLI. — Laffont. Trij. fac. symp. chez oiseau, *C. R. Ac. sc.*, 1885, t. CI, p. 1286. — Long et Egger, Paralysie chez l'homme, *Arch. phys.*, 1897, p. 905. — Lugaro, Rac. desc., *Arch. ital. biol.*, 1895. — Prevost, Fonct. gust. du lingual, *Arch. Phys.*, 1873, p. 253 et 375. — Quenu, Tic doul. *Gaz. des hôp.*, 1894.

Fonctions vaso-motrices. — Dastre et Morat, *Biol.*, Rech. sur le syst. nerv. vaso-moteur, Paris, Masson. — Jolyet et Laffont, *Biol.*, divers. — Laffont, *Biol.*, divers. — Vulpian, *C. R. Ac. sc.*, 1885, t. CI, p. 984.

Troubles trophiques. — Antona, *Il Policlinico*, 1894. — Doyen, Extirp. gangl. de Gasser, *Arch. prov. de chir.*, 1895. — Krause, 24e congr. chirurg. allem. 1895. — Léonard, Thèse Paris, 1894. — Marinesco et Sérieux, *Arch. Phys.*, 1893, p. 455. — Ramier, Plexus nerv. de la cornée, *C. R. Ac. sc.*, 1879, t. LXXXVIII, p. 1087. — Schmidt, *Deutsch. Zeitsch. f. Nerv. heilk.*, 1895.

Troubles trophiques : œil. — Cl. Bernard, *Biol.*, 1874. — Bezold, *Deutsch. Klin.*, 1867. — Hippel, *Arch. f. Ophthalm.*, 1867. — Magendie, *Journ. de Phys.*, t. IV. — Meissner, *Zeitsch. f. vral. Med.*, 1867. — Ranvier, Anatomie de la cornée. — Schiff,

Zeitsch. f. vral. Med., 1867. — Snellen, Nederl. Tij. voor Geneesk., 1864; De vi nervo-rum in inflammationem, 1857.

Tension intra-oculaire. — Adamuk, Wien. Acad., 1869. — Hippel et Grunhagen, Arch. f. Ophthalm., 1868, 1869. — Hirschberg, Centralbl., 1875.

Troubles trophiques : oreille. — Gellé, Gaz. méd., 1878. — Hagen, Arch. f. exper. Path., 1879.

Fonction vaso-motrice et adaptatrice ; vision, audition, etc. — Doyon, Vaso-mot. rétine, Arch. Phys., 1891. — Eckhard, Centralbl. f. Phys., 1892, p. 129. — Jolyet et Laffont, C. R. Ac. sc., 1879. — Laffont, Biol., 1880. — Morat, Ganglion du muscle du marteau, Congrès de Liège, 1892. — Politzer, Wurzb. nat. Zeit., 1861; Arch. f. Ohrenheilk., 1876. — Prévost, Gangl. sphéno-palatin, Arch. Phys., 1868, p. 7 et 207. — Voltolini, Arch. f. path. An. 1875. — Vulpian, C. R. Ac. sc., 1885, p. 851, 981, 1037, 1448.

Facial. — Beaunis, Biol., 1887, p. 205. — Bérard, Journ. des connaiss. méd., 1834-35. — Cl. Bernard, Gaz. méd., 1857. — Bikeles, Dégén. asc., Wiener med. Presse, 1893. — Bochefontaine, Procédé de section intracran., Biol., 1879. — Brown-Séquard, Gaz. méd. Biol., 1849 et 1869. — Chantre, Arch. Phys., 1891, p. 629. — Dexler, Paralysie chez le cheval, dyspnée par occlusion des narines, Wiener med. Presse, 1896. — Goedechens, N. facialis physiol. et path., 1832. — Halloreau, Trajet intracérébr. ram. supér., Biol., 1879, p. 244. — Laffay, Sect. intracran., Arch. Phys., 1897, p. 698. — Lci, Paralysie... mouvem. des paupières, Archivio per les sc. med., 1884. — Vulpian, C. R. Ac. sc., 1878; Biol., 1861 et 1879.

Nerf de Wrisberg ; ganglion géniculé. — Birmingham, Journ. of An. und Phys., 1895. — Cannieu, C. R. Ac. sc., 1895, t. CXX, p. 880, et Revue de laryngol., 1894. — Chiarugi, Monit. zool. ital., 1896. — Froriep, Corde tymp., Anat. Anz., 1887. — Penzo, Anat. Anz., 1895. — Vulpian, C. R. Ac. sc., 1885, t. CI, p. 1037; 1886, t. CIII, p. 671.

Corde du tympan : fonctions vaso-motrices ; fonctions gustatives. — Blau, Berlin. klin. Woch., 1879. — Cahl, Fonct. gustat., Arch. f. Ohrenheilk., 1875. — Lussana, Sui nervi del gusto, Gaz. méd. ital., 1871. — Stich, Ann. d. Charité Frank. z. Berlin, 1857. — Vulpian, C. R. Ac. sc., 1872, et Biol.

Glosso-pharyngien. — Biffi et Morganti, Ann. univ. di med., 1846. — Cadman, Glosso-phar. vague et spinal, Journ. of Phys., 1901, 1, p. 42. — Isergin, Arch. f. An. und Phys., 1894, p. 441. — Katzenstein, Arch. f. An. und Phys., 1894, p. 192. — Kronecker et Meltzer, Arch. f. An. und Phys., 1883, suppl. p. 328. — Lussana, Nerfs du goût, Arch. Phys., 1871, 2, p. 150, 334, 522. — Marinescu, Innerv. drüs. zungenbasis, Arch. f. An. und Phys., 1894, p. 357. — Muchin, Centralbl. Nerv. heilk., 1893. — Pope, Brit. med., 1889, 1. — Sandmeyer, Arch. f. An. und Phys., 1895, p. 269. — Vintschgau et Hönigschmild, Arch. v. Pflüg., 1877, t. XIV, p. 443. — Vulpian, C. R. Ac. sc., 1880, t. XCI, p. 1032.

Pneumogastrique. — Arthaud et Butte, Du nerf pneumogast. physiol. norm. et path., Paris, 1892. — Van Kempen, Thèse Louvain, 1842.

Respiration ; poumon. — D'Arsonval, Thèse Paris, 1877. — Beer, Arch. f. An. und Phys., 1892, suppl., p. 101. — P. Bert, Leçons sur la respiration. — Boris Biruckoff, Arch. f. An. und Phys., 1899, p. 525. — Brown-Séquard, Arch. de Phys., 1882 à 1891. — G. Brown, Journ. of Phys., t. VI, 1885. — Consiglio, Arch. ital. de biol., 1892, t. XVII, p. 49. — Couvreur, Circul. pulmon. gren., C. R. Ac. sc., 1889, t. CIX, p. 823. — Doyon, Arch. Phys., 1893, p. 93. — J. Gard, Arch. f. An. und Phys., 1881. — Gréhant, Éch. resp., Biol., 1882. — Frédéricq, Traité de physiologie, Bull. Ac. roy. Belg., 1879. — Kohts et Tiegel, Arch. v. Pflüg., 1876, t. XIII, p. 84. — Hering et Breuer, 1868. — Rosenthal, Arch. f. An. und Phys., 1862 à 1881; C. R. Ac. sc., 1861. — Schiff, Arch. v. Pflüg., 1871, t. IV, p. 226; C. R. Ac. sc., 1861; Lehrbuch. Musk. and Nerv. physiol., 1858-59. — Spallita, Arch. ital. de biol., 1891, t. XV, p. 376. — Stefani et Sighicelli, Arch. ital. de biol., 1889, t. XI, p. 143. — Thèves, Arch. ital. de biol., 1897, t. XXVII, p. 169.

Nerfs laryngés. — Bedor, Thèse Paris (ictus laryngé), 1895. — Boddaert, Arch. Phys., 1862, p. 443. — Cagney, Abduct. et adduct., Deutsch. Zeitschr. f. Nervenheilk., 1895. — Donaldson, Americ. Journ. of the med. sc., 1886. — Exner, Arch. f. ges. Phys., 1893; Arch. f. An. und Phys., 1891. — Fr. Franck, Journ. de l'anat., 1877, p. 560; Anast. de Galien, C. R. Ac. sc., 1879. — Katzenstein, Arch. f. An. und Phys., 1894 à 1899. — Krishaber, Biol., 1880. — Hedon, Élém. vaso-dilat. et sécrét., C. R. Ac. sc., 1896, t. CXXIII, p. 267. — Howell et Huber, Journ. of Phys., 1891, p. 5. — Jean, Soc. anat., 176. — Legallois, OEuvres, 1830. — Livon, Act. des récurrents, Biol., 1890; Arch.

Phys., 1890, p. 587, et 1891. — Lœwy, *Arch. f. d. ges. Phys.*, 1893. — Masini, *Acad. de Gênes*, 1893. — H. Munk, *Arch. f. An. und Phys.*, 1891, p. 175 et 542, et 1894. p. 192. — Neumann, *Centralbl. f. med. Wiss.*, 1893. — Onodi, Muscle crico-thyroïdien, *Revue de laryng., otol. et rhinol.*, 1893. — Pineles, *Centralbl. f. Phys.*, IV, n° 24, p. 741. — Raugé, *Arch. de Phys.*, 1892. — Todd et Gardner, *Arch. gén. méd.*, 1853. — Zuntz, *Arch. f. An. und Phys.*, 1892, p. 163.

Cœur. — Arloing, Tétanos du myocarde, *Arch. Phys.*, 1893, p, 103, et 1894. p. 85 et 163. — Arloing et Tripier, *Arch. Phys.*, 1871, 72, 73. — François Franck, *C. R. Ac. sc.*, 1880; Action antitonique, *Arch. Phys.*, 1891. — A. Gamgee, Excit. alternat..., *Journ. of Phys.*, 1879-80, vol. I, p. 39. — Gaskell, Changem. électr..., *Journ. of Phys.*, 1886. p. 451. — Gurbski, Sensib. du cœur, *Arch. v. Pflüg.*, 1872, t. V, p. 289. — Laborde, *Arch. Phys.*, 1888. — Laulanié, Effets second., *C. R. Ac. sc.*, 1889, t. CIX, p. 377 et 407. — Legros et Onimus, *C. R. Ac. sc.*, 1872, t. LXXV, p. 1192. — W. Mills, *Journ. of Phys.*, 1884, t. V, p. 359. — Munzel, *Arch. f. An. und Phys.*, 1887, p. 120. — Onimus, *C. R. Ac. sc.*, 1876, t. LXXXIII, p. 988. — H. Sewald et F. Donaldson., *Journ. of Phys.*, 1880-82, vol. III, p. 357. — Stefani, Act. protect., *Arch. ital. de biol.*, t. XXIII, p. 175. — Stewart, Températ., *Journ. of Phys.*, 1892, p. 59. — Tarchanoff, *Arch. Phys.*, 1875, p. 498. — Tarchanoff et Puelma, Excit. alternat. des deux vagues, *Arch. Phys.*, 1875, p. 757. — Zander, Oiseaux..., *Arch. v. Pflüg.*, 1879, t. XIX, p. 263.

Pharynx, œsophage, estomac et intestin. — Cl. Bernard, Sécrétion..., *Bull. Acad. de méd.*, 1852. — V. Braam Houckgeest, Mouvements..., *Pflüg. Arch.*, Bd VI, p. 266, et Bd VIII, p. 163. — Chauveau, N. pneumogast. ag. excit. contr. œsophagiennes, *Journ. Phys. de l'homme et des animaux*, t. VI, 1862; Excitation des nerfs craniens, *Ibid.* — Ehrmann, Intestin..., *Wiener med. Jahrb.*, 1885. — Espezel, Innerv. œsoph., *Journ. de Phys. et pathol.*, 1901. — Longet, Mécan. occlusion de la glotte, déglutition, *Arch. gén. méd.*, 1841. — Morat, *Lyon méd.*, 1882.

Foie. — Cl. Bernard, Leçons sur la physiol. expérim, 1854. t. I, p. 336. — Doyon, Voies biliaires, thèse Fac. sc. Paris. — Filehne, *Centralbl. f. Med.*, 1878. — Heidenhain, *Stud. Phys. Inst. z. Breslau*, Heft 2 und 4. — Laffont, *C. R. Ac. sc.*, 1880; *Journ. anat. et Phys.*, 1880.

Rein, vessie. — Arthaud et Butte. — Masius, *Bull. Ac. roy. Belg.*, 1888. — Oehl, *C. R. Ac. sc.*, 1865. — G. Sée et Gley, Azoturie..., *Biol.*, 1888. — Vulpian, Vaso-moteurs, t. I.

Rate. — Bochefontaine, *Arch. Phys.*, 1873. — Oehl, *Schmidt's Jahrb.*, 1869. — Tarchanoff, *Arch. Pflüg.*, 1873.

Spinal. — Th. Bischoff, Nervi accessor. Will. an. et phys., Heidelberg, 1832. — Biscons et Mouret, *Biol.*, 1894. — Cl. Bernard, *Arch. gén. méd.*, 1844; Leçons sur le syst. nerveux. — Longet, *Gaz. méd.*, 1841. — Mirto et Pusateri, *Riv. di pathol. nerv. e ment.*, 1896. — Scarpa, De gangliis nervorum..., H. Weber. Milano, 1831. — W. Schlottmann, *Deut. Zeitsch. f. Nervenheilk.*, 1894.

Nerf grand hypoglosse. — Dieloff, *Clin. neuro-psych.*, 1896. — Duval, Noy. d'origine différents pour la parole et pour la déglutition, *Biol.*, 1879. p. 239. — Féré, Spasme des muscles..., *Biol.*, 1827, p. 239. — Laffont, *Année méd.*, 1883. — Wertheimer, Anastom. br. descend., *Biol.*, 1884, p. 589.

CHAPITRE II

SYSTÉMATISATIONS PRIMAIRES.

La sensi-motricité existe en nous sous des formes extrêmement nuancées. Celles de ces formes qui répondent à l'idée ordinaire qu'on se fait de la sensibilité (sensibilité consciente) et du mouvement (mouvement volontaire) sont les plus perfectionnées, mais aussi les plus complexes. Elles ont à leur base des associations plus élémentaires de la sensibilité et du mouvement que nous devons connaître. Nous en examinerons trois : c'est en premier lieu l'*acte*

réflexe, qui nous montre dans sa plus grande simplicité la transformation de l'excitation sensitive en excitation motrice, avec le mouvement pour fin. C'est ensuite un phénomène qui intervient souvent (peut-être même habituellement à un degré quelconque) dans
l'acte réflexe qu'il complique et auquel il donne une allure et une
physionomie nouvelles :
l'*inhibition* ou l'*arrêt*,
phénomène en vertu
duquel l'excitation sen-
sitive n'a pas son effet
immédiat, mais au con-
traire suspend, ajourne
l'effet moteur et aug-
mente ainsi sa variété.
C'est enfin la liaison
inverse qui existe entre
le mouvement et la
sensibilité et qui leur
permet de s'entretenir
dans l'organisme l'une
par l'autre, à la façon
d'un acte automatique,
qui conserve ainsi

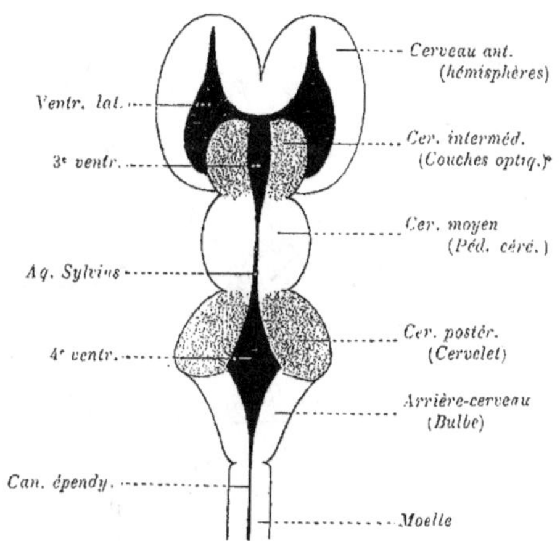

Fig. 97. — *Les vésicules cérébrales de l'embryon*
(schéma imité de Gegenbaur).

l'excitation dans l'intérieur de l'organisme, voire même dans l'intérieur du système nerveux, par une véritable *circulation*, comparable
à celle de la substance et de l'énergie.

Origine du système nerveux. — Le système nerveux est rendu nécessaire par les complications de l'organisation chez les animaux dans la série.
A mesure que les fonctions se multiplient, en se différenciant par la division
du travail, un tissu particulier s'organise en système pour harmoniser ses parties
et maintenir son organisation.

Chez les *hydres* d'eau douce, la paroi du corps, en allant de l'extérieur à l'intérieur, se décompose en deux feuillets épithéliaux, l'un externe, l'autre
interne. Entre les deux est une sorte de feuillet intermédiaire de nature contractile. Ce feuillet interposé n'est pas formé d'éléments indépendants, mais les
fibres d'aspect musculaire qui le composent sont rattachées par un pont de substance continue aux éléments épithéliaux de la superficie. Les excitations reçues
par la surface extérieure de ces derniers se transmet ainsi par continuité de
substance à leur partie profonde, musculaire ou tout au moins contractile. Ces
tractus, qui réunissent deux parties fonctionnellement différenciées d'un même
élément, sont l'ébauche d'un tissu nerveux.

Chez d'autres animaux d'organisation encore très rudimentaire, nous trouvons ce tissu isolé des autres et constitué à l'état de système rudimentaire. Tel
est le système nerveux d'une *ascidie*, formé d'un ganglion relié par des connec-

tifs ou nerfs proprement dits à des organes, les uns récepteurs de l'excitation, les autres exécuteurs des fonctions. Ce petit système élémentaire est un arc réflexe, comme il s'en trouve d'innombrables dans les animaux supérieurs, mais alors coordonnés entre eux et organisés en une série de systèmes compliqués dans lesquels ils entrent eux-mêmes comme éléments constituants.

Son développement. — Le système nerveux chez les *vertébrés* apparaît dès es premiers jours du développement. Il naît de l'*ectoderme*. Il existe tout d'abord sous la forme d'une bandelette épaissie, *plaque neurale* ou *sillon neural*. Ce sillon se transforme en gouttière (*gouttière médullaire* ou *neurale*) qui est orientée dans le sens de l'axe du corps. Ses bords se relèvent, se soudent et forment le *canal médullaire* ou *neural*. Ce canal s'isole du reste de l'ectoderme qui se referme par-dessus lui. Il nous représente déjà la moelle épinière avec son canal épendymaire. — A son extrémité antérieure, ce canal présente ensuite trois dilatations qui sont les *vésicules cérébrales* (*antérieure*, *moyenne*, *postérieure*), et qui donneront naissance à l'encéphale. La division des vésicules antérieure et postérieure, chacune en deux vésicules nouvelles,

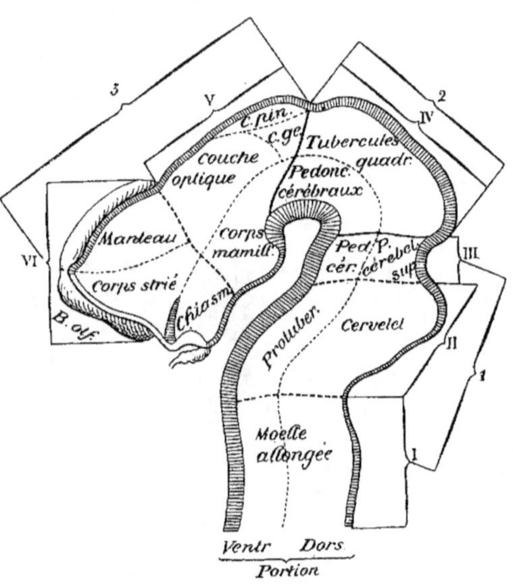

Fig. 98. — *Coupe de l'encéphale d'un embryon humain d'un mois environ* (d'après W. His).

Les chiffres 1, 2, 3 correspondent aux vésicules primitives : 1, rhombencéphale (cerveau rhomboïdal); 2, mésencéphale (cerveau moyen); 3, prosencéphale (cerveau antérieur).

Les chiffres I, II, III, IV, V, VI correspondent aux vésicules secondaires : I, myélencéphale (arrière-cerveau); II, métencéphale (cerveau postérieur); III, isthmencéphale (isthme du rhombencéphale); IV, mésencéphale (cerveau moyen); V, diencéphale (cerveau intermédiaire); VI, télencéphale (cerveau terminal).

porte à cinq le nombre des vésicules *secondaires*, ce qui nous donne un *cerveau antérieur*, un *cerveau intermédiaire*, un *cerveau moyen*, un *cerveau postérieur*, un *arrière-cerveau*. La vésicule primitive moyenne est devenue le cerveau moyen. Le cerveau antérieur (la plus antérieure des vésicules secondaires) prend chez l'homme un développement très considérable. Il se divise sur la ligne médiane et donne naissance aux deux hémisphères séparés par la scissure interhémisphérique. Toutes ces vésicules et les cavités qu'elles renferment prendront des configurations très différentes et donneront naissance à des formations nouvelles.

La partie du canal primitif qui correspond au cerveau moyen se rétrécit relativement et forme l'aqueduc de Sylvius, lequel communique en arrière avec une partie élargie de l'arrière-cerveau, le quatrième ventricule faisant suite lui-même au canal épendymaire de la moelle. L'aqueduc de Sylvius se continue en avant avec le troisième ventricule (du cerveau intermédiaire) et par là communique avec le ventricule latéral creusé dans chaque hémisphère. — Dans la nomenclature de His, la vésicule primitive postérieure comprend une division de plus, l'*isthme du rhombencéphale*, ce qui porte à six les divisions secondaires.

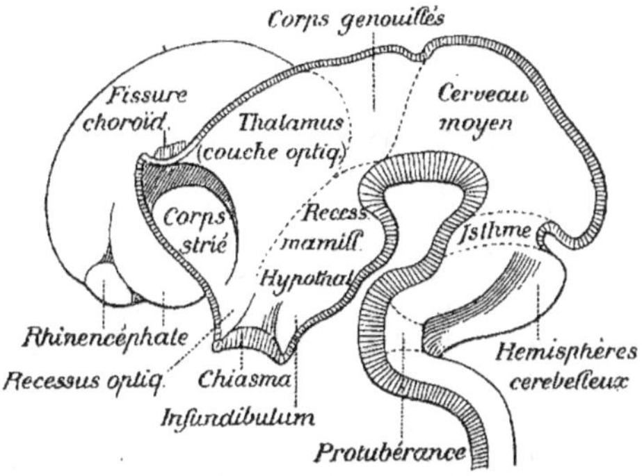

La paroi du canal neural est d'abord constituée par une seule rangée de cellules qui en mesurent l'épaisseur. Toutefois, à côté de ces cellules épithéliales qui resteront à demeure et deviendront les éléments de l'épendyme, d'autres existent, qui sont en voie de division caryocinétique, auxquelles His, qui les a observées, a donné le nom de *cellules germinatives*. A un moment donné variable pour chacune d'elles, celles-ci cessent de se multiplier et deviennent les *neuroblastes*,

Fig. 99. — *Coupe de l'encéphale d'un embryon humain de cinq semaines* (d'après W. His).

Développement plus avancé des diverses formations qui naissent des vésicules cérébrales, et en particulier des hémisphères.

c'est-à-dire les éléments cellulaires qui deviendront les *neurones*. — En développant leurs prolongements en dehors du cylindre médullaire, certains iront rejoindre les muscles. En poussant ces prolongements à l'intérieur même de la moelle et du cerveau, les éléments qui les constituent entreront en rapport les uns avec les autres. Reste à établir la connexion des parties centrales avec la peau et les organes des sens. — Elle se fait par des éléments restés en dehors de ces masses au moment qu'elles se constituent.

Dans le temps où la gouttière neurale se creuse, ses bords présentent une crête (*crête neurale ou ganglionnaire*) : c'est de cette double crête d'abord fusionnée puis dissociée que naîtront les *ganglions spinaux*. Les cellules de ceux-ci rejoignent d'une part la peau et d'autre part la moelle, et ferment ainsi le cycle excitateur. Chez les invertébrés (et jusque chez les vertébrés dans les organes des sens autres que le tact), ces cellules restent éparses à la périphérie et en contact avec l'ectoderme et rejoignent l'axe gris par leurs axones.

A. — COMMUNICATION DES EXCITATIONS; ACTE RÉFLEXE.

L'acte réflexe est, de tous les actes nerveux systématiques, le plus simple qu'on puisse considérer. Théoriquement, il réclame la participation de deux éléments nerveux, dont l'un transmet à l'autre l'excitation que lui-même a reçue. On démontre facilement l'existence de cette connexion simple entre certains neurones, notamment entre les éléments des racines postérieures et ceux des racines antérieures médullaires.

Si par exemple, sur une grenouille, on isole entre deux sections le petit tronçon de moelle épinière (segment métamérique) qui correspond à une paire nerveuse et qu'on excite le nerf sensitif directement ou par irritation de la peau, les muscles auxquels se rend le nerf moteur répondent par une contraction. L'excitation partie de la peau est, comme on dit, réfléchie par la moelle épinière, de manière à retourner près de son point de départ.

Historique. — Très anciennement on avait déjà remarqué que certains mouvements tout à fait involontaires se produisent, comme réponse à des excitations sensitives ou sensorielles. MONTAIGNE, DESCARTES avaient aperçu le phénomène et l'avaient distingué; ASTRUC, paraît-il, l'avait déjà dénommé « *réflexe* » (1743); mais, d'après LONGET, c'est à PROCHASKA (1784) qu'on doit les premières données expérimentales sur la question. Le premier il observe les mouvements de réponse de la grenouille décapitée dont on irrite la peau; ces mouvements, il les rapporte à un phénomène qui a pour théâtre la moelle épinière et qu'il appelle du nom qu'il a conservé depuis : « *impressionum sensoriarium in motorias reflexio* » ; il voit ainsi clairement la relation simple qui existe, dans ce cas, entre la sensibilité et le mouvement. Il rapproche de ces faits les actes involontaires qu'on observe chez l'homme, tels que clignement des paupières, éternuement, toux, vomissement succédant à une impression sensorielle ou sensitive un peu vive et inattendue ou extrafonctionnelle, et aussi les mouvements des membres succédant à des irritations de la peau pendant le sommeil ou encore chez les apoplectiques, c'est-à-dire en dehors de la conscience et de la volonté.

LEGALLOIS a reproduit ces faits et ces observations sans les connaître. Ses expériences établissent de même le pouvoir réflexe ou *pouvoir propre* de la moelle épinière, qu'il sait observer chez les mammifères après section du bulbe, en faisant l'insufflation pulmonaire. LALLEMAND observe des faits de ce genre chez des anencéphales. CALMEIL insiste également sur la fonction de coordination motrice de la moelle indépendante de celle de l'encéphale. J. MÜLLER et MARSHALL-HALL étendent ces données et les approprient à l'explication d'un grand nombre de faits pathologiques.

Extension du phénomène. — Le mouvement musculaire étant, dans l'organisme, le plus visible de tous, il était naturel qu'il servît d'abord à caractériser le phénomène réflexe. Lorsque Cl. BERNARD et LUDWIG eurent étendu l'action du système nerveux aux vaisseaux et glandes, le champ des réflexes prit du même coup une extension nouvelle, une sorte de généralisation. Comme d'autre part l'influence nerveuse vaso-motrice et sécrétoire est toujours involontaire, l'acte réflexe, de phénomène en quelque sorte exceptionnel qu'il avait paru être d'abord, se trouva devenir la forme primaire et essentielle de la fonction d'innervation. Le mouvement volontaire n'est qu'une forme perfectionnée de l'action réflexe; le mouvement musculaire n'est lui-même qu'une forme différenciée du mouvement organique, le plus souvent caché et invisible.

1. **Actes réflexes localisés.** — Masius et Vanlair, en pratiquant dans le myélaxe des sections méthodiques, ont prouvé que
*chaque segment de la moelle épinière, correspondant à une paire
nerveuse, peut servir de lieu de réflexion aux impressions de la
racine sensitive sur la motrice correspondante.* Chacun de ces
segments est limité par deux plans passant, le postérieur immédiatement en arrière de l'insertion des racines correspondantes, l'antérieur immédiatement en arrière des racines de la paire située en
avant. C'est, en tout cas, avec cette limitation donnée aux segments que la réflexion se voit le mieux. Le renflement lombaire de
la moelle est très propre à cette analyse. Le segment qui correspond
à la dixième paire des racines médullaires se laisse isoler parfaitement des autres, le segment de la septième paire également; il
est plus difficile de dissocier le huitième et le neuvième segment,
ce qui tient surtout à ce que les territoires sensitifs de ces deux
paires nerveuses sont moins distincts.

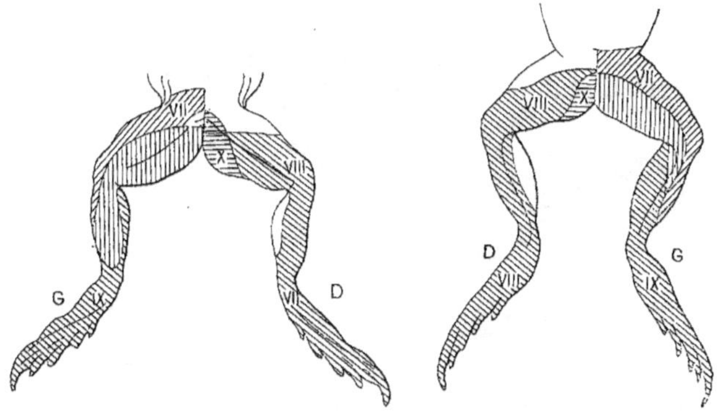

Fig. 100. — *Territoires cutanés des VIIᵉ, VIIIᵉ, IXᵉ et Xᵉ nerfs de la grenouille.*

Vus à droite sur la face antérieure et à gauche sur la face postérieure de l'animal.
D, membre droit; G, membre gauche.
Ces territoires sont déterminés par les réponses réflexes aux excitations portées
sur eux.

Les auteurs ont, en effet, commencé par établir les territoires
cutanés correspondant aux racines sensitives de chaque paire nerveuse en coupant isolément ces racines pour établir la zone d'anesthésie correspondante. Ils agissaient ensuite sur ces territoires ainsi
délimités pour produire l'excitation. Les mouvements réflexes sont
plus marqués en agissant sur l'appareil sensitif récepteur adapté à
l'excitation fonctionnelle qu'en agissant sur le nerf sensitif lui-
même.

Données anatomiques. Connexions entre éléments. — L'anatomie, grâce à l'emploi des méthodes nouvelles (méthode de GOLGI), a démontré l'existence de ces connexions. Sur une coupe de la moelle épinière, on peut suivre *certaines collatérales des racines postérieures, qui vont, dans la substance grise, se mettre en contact avec les dendrites des racines antérieures* (CAJAL). — Ainsi l'arc réflexe est constitué par un système de deux éléments nerveux au moins, associés en succession, mais cette association n'est pas aussi simple qu'on semble se le figurer communément. En voyant en effet, dans un segment médullaire isolé artificiellement comme plus haut, la racine sensitive correspondre à une racine motrice, on peut supposer que chaque fibre de l'une correspond de même à une fibre de l'autre; mais il n'en est rien. Le champ de distribution d'un neurone sensitif correspond à plusieurs neurones moteurs (certains d'entre eux s'étendent même à une grande longueur de la moelle épinière). Inversement, les arborisations initiales des neurones moteurs, bien que couvrant un champ beaucoup moins étendu, sont en relation avec plusieurs neurones sensitifs. Il y a

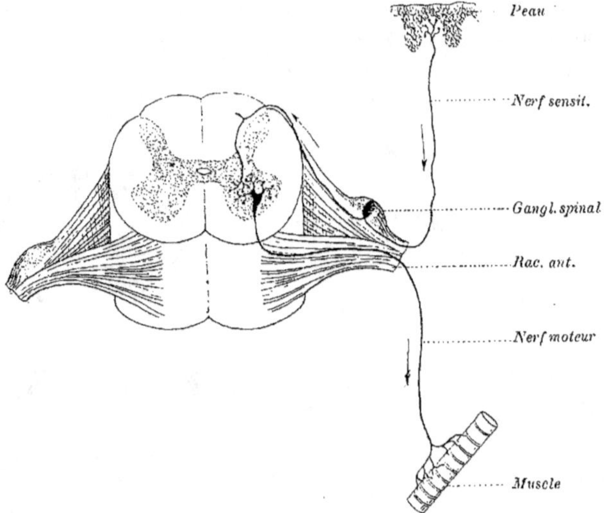

Fig. 101. — *L'arc réflexe élémentaire.*

Trajet d'une impression sensitive et d'une excitation motrice passant dans un même étage de la moelle.

chevauchement réciproque, bien qu'inégal, des territoires qui assurent ces contacts. *L'excitation apportée par un seul élément sensitif est transmise, dans un certain ordre, à plusieurs éléments moteurs, et l'excitation, apportée simultanément par plusieurs éléments sensitifs, peut converger sur un seul élément moteur.* Du fait de semblables connexions, l'excitation subit dans la substance grise un arrangement particulier qui lui donne une forme d'ensemble toute nouvelle. Elle est, comme nous disons, transformée.

Éléments d'association. — Non seulement les deux neurones dits sensitifs et moteurs ont ces connexions compliquées, mais il n'est pas prouvé que, même pour les plus simples des réflexes, ces conditions suffisent, et il faut encore tenir compte d'éléments surajoutés aux précédents. — Aux arborisations terminales et initiales des neurones ainsi conjugués viennent se mélanger les ramifications de cellules courtes découvertes par Golgi ; ces éléments sont des neurones à court trajet, qui paraissent servir de moyen d'association entre les précédents. L'excitation a donc, pour aller du nerf sensitif au nerf moteur, des chemins, les uns directs, les autres détournés, qui contribuent, chacun dans leur sens, à donner au processus d'excitation une forme forcément compliquée.

Formes variées du mouvement réflexe, suivant le point de départ ou l'intensité de l'excitation. — Expérimentalement, on montre que l'irritation de points différents de la peau peut produire des mouvements réflexes différents des différentes articulations (Sanders-Hezn); de même, la différence d'intensité de l'excitation provoquera, faible, un mouvement de retrait (flexion), forte, un mouvement de répulsion (extension) du membre postérieur (Vulpian).

II. **Figure symbolique**. — Étymologiquement, le mot *réflexe* signifie « retour de l'excitation vers son lieu de départ, en passant par ce qu'on appelle un centre ». Les ganglions du grand sympathique, la substance grise de la moelle épinière nous montrent des exemples simples de ce phénomène. Mais, suivant que l'excitation pénètre plus ou moins profondément dans les masses centrales du système nerveux, qu'elle atteint le bulbe, les ganglions de la base ou même l'écorce du cerveau, l'acte réflexe va se compliquant de plus en plus, sans qu'il cesse au fond d'être un phénomène de communication et de transmission de l'excitation à travers une chaîne d'éléments. Il y a donc, entre les actes les plus simples et les plus compliqués des fonctions nerveuses, une continuité qui fait dériver les seconds des premiers par une gradation insensible. C'est ce qui a fait dire que la fonction du système nerveux, dans son ensemble comme dans son détail, n'est qu'un réflexe. L'acte réflexe est, en tout cas, l'image la plus simple que nous puissions employer pour caractériser cet ensemble.

Sens ordinaire du mot. — Toutefois, dans le langage courant, le mot *réflexe* sert à désigner les actes nerveux les plus simples, les plus uniformes, les plus circonscrits dans le temps et l'étendue, par opposition à ceux que leur complication, leur contingence, leur extension dans le système nerveux et leur durée éloignent du type primitif d'où ils dérivent. Et il y a une autre raison à cela.

III. **Réflexes conscients, subconscients, inconscients.** — Le réflexe simple, le réflexe ordinaire a les allures d'un acte de transmission purement mécanique du mouvement. La conscience et la spontanéité en paraissent totalement absentes ; par contre, cette spontanéité et cette conscience semblent caractériser les actes qui réclament l'intervention des parties supérieures du système nerveux et notamment de l'écorce cérébrale. On a donc opposé et on oppose d'habitude l'acte réflexe à l'acte volontaire. Cette opposition dans la pratique est fondée, à la condition qu'on ne la considère pas comme absolue.

De même en effet que, dans l'ordre du mouvement, nous passons du réflexe simple, du réflexe ganglionnaire ou médullaire à l'acte cérébral le plus complexe, de même, de cet acte si perfectionné nous redescendons, dans l'ordre psychique, sans solution de continuité, à l'acte nerveux, base première de tous les autres, et nous y soupçonnons des traces de cette conscience et de ce choix qui n'apparaissent dans leur plénitude et leur évidence que dans les systématisations supérieures que le cerveau réalise. On peut distinguer trois degrés principaux dans cette succession, répondant 1° à l'acte *réflexe*, 2° à l'acte *instinctif*, 3° à l'acte *volontaire*.

IV. Réflexe élémentaire — Toutes les fois que l'excitation est communiquée d'un élément nerveux à un autre élément nerveux qui lui fait suite, il y a en somme réflexion de celle-ci, dans le sens le plus général du mot, quel que soit son point de départ et son point d'aboutissement. En ce sens, on dit parfois que l'excitation est réfléchie des racines postérieures sur les faisceaux de la moelle, dans les impressions conscientes, et de ces derniers sur les racines antérieures, dans les mouvements volontaires, absolument comme elle l'est des racines postérieures sur les racines antérieures dans les réflexes proprement dits.

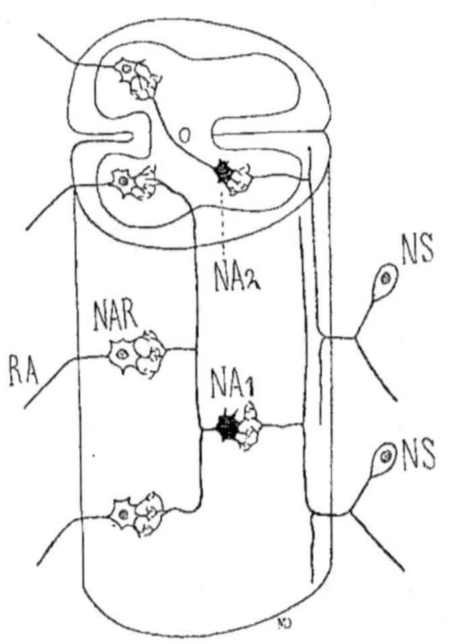

Fig. 102. — *Éléments d'association* (en noir plein), chevauchement des champs polaires (d'après M. DUVAL).

NS, neurone sensitif; NAR et RA, neurone moteur radiculaire; NA₁, neurone d'association tautomère (situé dans la même moitié); NA₂, neurone d'association hétéromère (passant d'une moitié à l'autre de la moelle).

Centre de réflexion. — Le lieu où l'excitation change de voie et se réfléchit est ordinairement appelé *centre de réflexion*. Ce lieu est manifestement celui où les arborisations terminales du premier neurone atteignent les arborisations initiales du deuxième neurone ; autrement dit, le lieu de réflexion est à l'union des deux neurones, toujours dans l'hypothèse d'un réflexe élémentaire. À mesure que des éléments d'association se surajoutent à ce système primitif, le lieu de réflexion prend une figure plus compliquée, comme le système lui-même. Le mot *centre* si souvent employé est, comme on voit, très détourné de son sens étymologique.

V. **Données expérimentales**. — Les données de l'anatomie, tout incomplètes qu'elles soient encore, nous ont montré plus haut suivant quelles lois complexes s'établissent les *rapports* des éléments nerveux qui s'actionnent par voie réflexe. La physiologie, de son côté, nous montre quelles *transformations* subissent les excitations du fait de leur passage à travers la substance grise où ces connexions sont réalisées.

Soit un petit système réflexe formé d'un tronçon de moelle épinière, muni de son nerf sensitif et de son nerf moteur ayant conservé leurs relations avec les organes de la périphéric (muscles et peau); on peut porter des excitations sur la peau, sur le nerf sensitif, sur le nerf moteur, sur le muscle : toutes auront des résultats dissemblables ; mais c'est surtout quand on excite comparativement le nerf sensitif et le nerf moteur que les résultats diffèrent et sont instructifs. Cela revient à faire sur le trajet nerveux qui conduit au muscle, deux excitations, l'une en amont, l'autre en aval de la substance grise ou lieu d'association.

Retard de l'excitation. — Un premier résultat très visible, c'est le retard apporté à la transmission de l'excitation dans sa traversée à travers la substance grise. Ce retard est même assez considérable, à en juger par les résultats de l'expérience chez les animaux. Chez la grenouille, il peut égaler un quatorzième de seconde. Il a été souvent mesuré chez l'homme dans certains réflexes communs, comme le réflexe rotulien. Il représente, dans la transmission de l'excitation de nerf à nerf, un temps de latence analogue à celui de la transmission de nerf à muscle.

Intensité. — Pour obtenir la même grandeur de contraction, l'intensité des excitations doit être souvent très différente, suivant que celles-ci s'adressent au nerf sensitif ou au nerf moteur. Il y a donc aussi, à cet égard, un changement qui s'opère dans le lieu de la transmission.

Pour mieux dire, les résultats de l'excitation du nerf moteur présentent une fixité (au moins relative) que ne présentent pas au même degré ceux de l'excitation du nerf sensitif. C'est ce qu'on exprime en disant que *l'excitabilité réflexe est variable*. Il est à présumer, en effet, que les conditions de cette variabilité sont à rechercher dans le lieu des associations sensitivo-motrices, et non ailleurs. En principe, l'excitabilité du nerf sensitif doit avoir la même fixité que celle du nerf moteur ; mais la substance grise, suivant les circonstances, n'est presque jamais égale à elle-même. Du fait des changements dont elle est le siège, il y aura donc entre les effets de l'excitation,

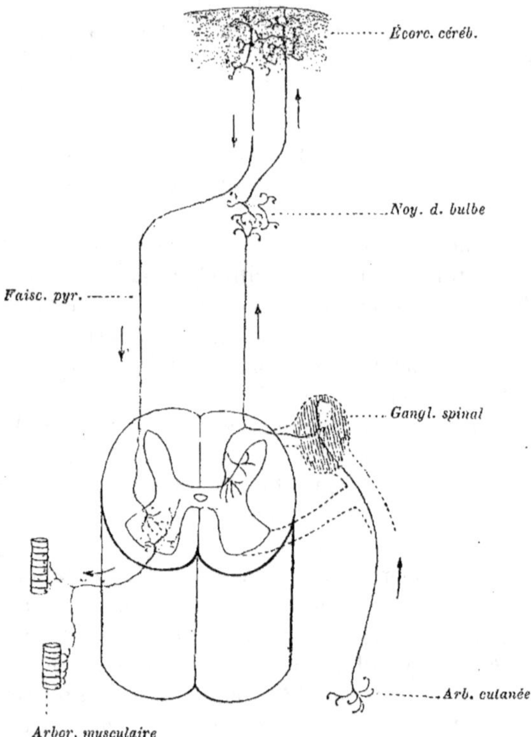

Fig. 103. — *Réflexe cérébral comportant la succession de plusieurs réflexes élémentaires. Voies sensitives en bleu ; voies motrices en rouge.*

en amont et en aval du lieu de réflexion, prédominance des effets : tantôt de l'excitation sensitive, c'est rare ; tantôt de l'excitation motrice, c'est la règle ; exceptionnellement égalité.

Absorption et restitution. — A en juger par le résultat brut de l'expérience, les effets ordinaires de l'excitation sensitive accusent ainsi une perte de son intensité dans la traversée de la substance grise. Cette perte est probablement plus apparente que réelle. En tout cas, il ne faudrait pas conclure que, dans l'exercice normal des fonctions, les choses doivent se passer nécessairement de cette façon. Les excitations, que nous faisons pénétrer ainsi artificiellement dans le tronc d'un nerf moteur ou d'un nerf sensitif, ne sont pas rigoureusement équivalentes à celles qu'il reçoit, par ses dendrites, des organes particuliers qui sont chargés de les lui fournir, et les effets qui en peuvent naître ne sont pas aussi limités que ceux qui d'ordinaire attirent notre attention ; mais l'analyse qu'elles nous permettent de faire est instructive. Nous voyons que l'excitation est tantôt absorbée et retenue par la substance grise et les systèmes dont elle assure les connexions, tantôt au contraire déchaînée de manière à épuiser ses provisions.

Forme des mouvements. — Très différents peuvent être les mouvements, suivant qu'on excite la racine sensitive ou la racine motrice correspondante. Portée sur le nerf moteur, l'exci-

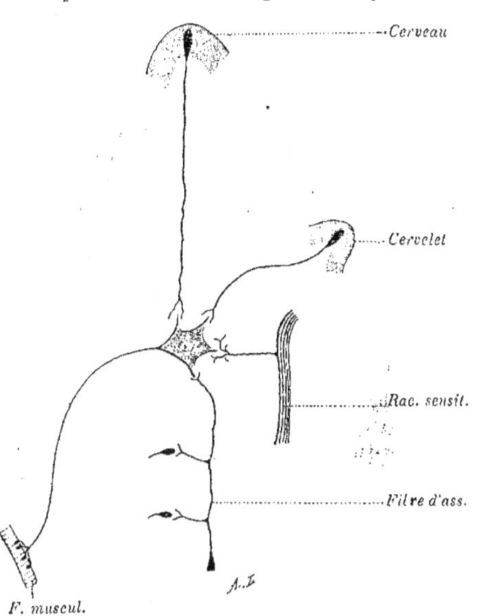

Fig. 101. — *Convergence d'excitations de sources diverses sur un élément moteur radiculaire.*

Chevauchement des champs polaires.

tation provoque une contraction *simultanée* de tous les muscles auxquels celui-ci se rend. Portée sur le nerf sensitif, elle subit, en traversant la substance grise, une *répartition* qui donne au mouvement un sens défini ; sans compter qu'elle peut diffuser dans le territoire des racines motrices du voisinage.

VI. Sens général des courants d'excitation ; méthodes pour sa détermination. — Pour définir le sens suivant lequel se propage l'excitation, dans les différents nerfs et dans les systèmes qu'ils constituent, nous avons deux méthodes, l'une *indirecte*, l'autre *directe.*

La méthode indirecte consiste à prendre en témoignage certains phénomènes de mouvement ou de sensibilité, dont on note la situation dans l'animal en expérience, par rapport au nerf excité.

15..

La méthode directe consiste à recueillir, sur les nerfs eux-mêmes, des indices de leur activité, dans les différents points du trajet supposé parcouru par l'excitation, en constatant leur variation négative ou courant d'action. Il faut, il est vrai, mutiler le nerf, au point même où on veut recueillir son courant électrique.

Les renseignements des deux méthodes sont, du reste, concordants et se complètent mutuellement.

Irréversibilité du cycle réflexe. — Les racines postérieures et antérieures étant découvertes et préparées, relions les premières à un appareil excitateur (chariot de Du Bois) et les secondes à un galvanomètre. Chaque fois que nous exciterons le bout central de la racine postérieure, nous aurons une déviation galvanométrique de la racine antérieure. Le galvanomètre nous indique, comme le ferait le muscle (mais d'une façon plus directe), que l'excitation de la racine postérieure se transmet à la racine antérieure.

Inversons alors la disposition des appareils, comme l'a fait Mislawsky, en reliant la racine antérieure à l'excitateur et la racine postérieure au galvanomètre. L'excitation de la racine antérieure ne produira aucune déviation du galvanomètre relié à la racine postérieure. En réalité pourtant, l'excitation de la racine antérieure se propage jusqu'à la moelle épinière. Si en effet nous détachions cette racine de la moelle, pour mettre son bout central en relation avec le galvanomètre, nous constaterions une déviation, au moment de l'excitation. C'est même sur la foi d'expériences de ce genre qu'on admet la conductilité indifférente des fibres nerveuses. — Mais si l'excitation, reçue par un neurone, peut ainsi le parcourir librement dans les deux sens, cette excitation n'a qu'un seul sens pour se propager d'un neurone à l'autre, ainsi que le montre l'expérience de Mislawsky.

Pour employer les expressions en usage, *l'excitation va des ramifications terminales ou collatérales, aux dendrites des autres neurones* (quand ces neurones sont associés entre eux) *et non inversement.* On peut encore dire : *elle va d'un pôle émissif à un pôle récepteur, mais jamais d'un pôle récepteur à un pôle émissif.* Il y a là manifestement une disposition, de nature inconnue, qui empêche l'excitation de refluer du second au premier et qui décide du sens des courants de l'excitation à travers le système nerveux. On peut la comparer aux valvules du système circulatoire qui, situées dans le cœur, impriment au mouvement du sang une direction définie, alors que ce mouvement est libre de sa direction dans tout le reste du système.

Autres exemples. — Si on excite une racine postérieure et qu'on recueille une dérivation des courants d'action de la moelle épinière (après section de celle-ci au-dessous du bulbe rachidien), on constate une déviation. Si on excite une racine antérieure, il n'y a aucune déviation. — Si on excite la moelle et qu'on recueille le courant de la racine antérieure, il y a déviation.

Tous ces faits sont en accord avec les anciennes expériences de Magendie qui, par les effets moteurs et sensitifs de l'excitation des racines, ont montré le sens général de la propagation de cette excitation. Le fait nouveau, c'est d'avoir localisé la condition directrice dans la substance grise et, pour préciser, à l'union des pôles de nom contraire des neurones. Il est à remarquer que cette condition directrice, qui est une fonction importante des *centres nerveux*, n'est pas localisée dans les cellules nerveuses.

L'organe directeur. — Les cellules nerveuses sont le plus souvent dans le voisinage immédiat des arborisations polaires des neurones, ce qui fait qu'en s'en tenant aux indications frustes de l'expérience, on peut leur attribuer, aussi bien qu'à ces arborisations elles-mêmes, le rôle d'organes directeurs de l'excitation. Il en est ainsi dans les ganglions du grand sympathique aussi bien que dans la moelle épinière et le cerveau, ce qui a accrédité l'idée que les cellules nerveuses sont les véritables centres, d'après la signification qu'on attache à ce mot. Il existe toutefois des neurones dont les cellules originelles sont à une grande distance de leurs extrémités polaires. Ce sont les nerfs de la sensibilité cutanée, qui traversent, comme on sait, les ganglions spinaux, placés sur le trajet des racines postérieures. Si la cellule spinale est un centre réflexe, elle doit se comporter comme tout centre réflexe, c'est-à-dire ne laisser passer l'excitation que dans un sens, de la peau à la moelle et non inversement. Or on ne connaît aucune expérience qui prouve qu'il en soit ainsi et on admet au contraire, sans conteste, que l'excitation peut passer du segment post-ganglionnaire au segment préganglionnaire du nerf sensitif. Une autre expérience due à Langley est tout aussi significative. Lorsqu'on soumet à l'action de la nicotine certains ganglions du grand sympathique, le segment préganglionnaire devient inexcitable, tandis que le segment post-ganglionnaire conserve son excitabilité : autrement dit, la nicotine mise en contact avec un ganglion du grand sympathique empêche que l'excitation le traverse. Si on refait cette expérience en agissant sur un ganglion spinal, il n'en est plus de même; les deux segments pré- et post-ganglionnaires restent excitables. Ainsi le réactif physiologique employé, la nicotine, trouve dans les ganglions du grand sympathique une condition d'action qu'elle ne trouve pas dans les ganglions spinaux. Comme des cellules nerveuses existent dans les uns et les autres, cette condition n'est pas la cellule : comme des connexions polaires existent dans les premiers et non dans les seconds (au moins en tant qu'il s'agit de la transmission des impressions cutanées à la moelle épinière), il est rationnel d'admettre que ces connexions polaires sont l'organe sur lequel agit le réactif employé.

VII. Dispersion de l'excitation ; ses lois. — L'excitation d'une partie sensible ou d'un nerf sensitif se réfléchit sur la substance grise de la moelle, pour revenir aux muscles par les nerfs moteurs. Suivant l'intensité de l'excitation, les mouvements produits seront *localisés* ou plus ou moins *généralisés*. La dispersion de l'excitation suit certaines lois qui ont été formulées par Pflüger dont elles portent le nom, mais qui s'appuient sur des données isolément recueillies ou reconnues par nombre d'auteurs antérieurs (Herbert-Mayo, Calmeil, etc., etc.). *1° Si les mouvements sont unilatéraux, ils ont lieu du côté du nerf sensitif excité. 2° Si les mouvements sont bilatéraux, ils se font dans des muscles symétriques. 3° Les mouvements bilatéraux succédant à une excitation unilatérale sont de même forme, mais plus forts du côté de l'excitation. 4° La propagation de l'excitation, lorsqu'elle se généralise, peut se faire aussi bien de l'extrémité céphalique à l'extrémité caudale qu'inversement.* Cette quatrième loi a pris la place d'une autre reconnue inexacte, d'après laquelle le sens de la propagation ne se ferait que du côté de l'extrémité céphalique.

D'après ces faits, l'excitation, en s'étendant dans le système nerveux, semble l'envahir des parties les plus proches aux plus éloignées, comme si elle franchissait une certaine résistance qui tend à limiter son extension, et elle y fait un chemin plus ou moins grand, suivant son intensité initiale ou suivant l'état d'excitabilité de la substance grise. C'est la loi simple de sa propagation et de sa dispersion, vérifiée sur un appareil d'organisation lui-même relativement simple, la moelle épinière séparée du bulbe rachidien ; mais il ne faut pas oublier que *l'exercice des fonctions crée des voies de moindre résistance, par lesquelles les organes les plus éloignés peuvent se transmettre l'excitation*, à l'exclusion d'autres plus rapprochés. Applicable à des excitations cutanées ou artificielles des nerfs sensitifs, les lois précédentes ne se vérifieraient plus en entrant dans le détail des fonctions.

Si seulement le bulbe rachidien est conservé, c'est sur lui que les excitations tendent à se concentrer et c'est lui qui se charge plus volontiers de les répartir et les distribuer. Si le cerveau intervient, toute trace de la simplicité précédente a comme disparu.

Nombreuses exceptions. — Même en opérant sur la moelle séparée, les lois de Pflüger subissent de nombreuses exceptions, ainsi que l'ont remarqué beaucoup d'observateurs et en particulier Sherrington, qui a fait une étude détaillée de la question. Ces soi-disant lois n'ont que la valeur de schèmes, qui sont à rectifier dans chaque cas particulier. Il est facile de comprendre, en effet, que des fonctions spéciales, comme la marche, le regard, etc., qui nécessitent des combinaisons de mouvements, les uns alternatifs, les autres simultanés, les uns symétriques, les autres asymétriques, ne sauraient se plier à des formules aussi simples. Ces formules expriment une tendance, mais rien de plus.

VIII. Classification des réflexes.

VIII. **Classification des réflexes**. — Longet a réuni un certain nombre d'exemples d'actes réflexes, qu'il a groupés en catégories, en se basant sur le point de départ de l'excitation et le point d'aboutissement de la réaction motrice. On distingue communément deux systèmes nerveux, correspondant à deux ordres de fonctions et d'organes, l'un approprié aux actes de la nutrition, l'autre aux relations avec l'extérieur. Les exemples rappelés par Longet montrent que chacun de ces systèmes contient des cycles réflexes intrinsèques, mais que de plus chacun s'associe à l'autre, nerfs sensitifs de l'un à nerfs moteurs de l'autre et inversement.

Soit N la nutrition, R les relations avec l'extérieur, et que par une flèche on indique le sens de la propagation de l'excitation. Il y a quatre combinaisons possibles : NN ; RR ; NR ; RN. Nous pouvons rappeler sous forme de tableau les exemples les plus connus.

ÉLÉMENTS DU CYCLE.	EXCITATIONS SENSITIVES.	RÉACTIONS MOTRICES.
N → N	Arrivée des aliments dans le tube digestif.	Mouvement de l'œsophage, de l'estomac et de l'intestin.
R → R	Brusque mouvement menaçant l'œil.	Clignement des paupières.
N → R	Présence de vers irritant l'intestin.	Convulsions des membres.
R → N	Excitation douloureuse de la peau.	Constriction vasculaire généralisée.

Ces exemples pourraient être multipliés à l'infini. Il y aurait peu d'effort à faire pour établir dans chacune de ces catégories de nombreuses divisions et subdivisions, répondant aux différents ordres de la sensibilité et de la réaction motrice. Le nombre des combinaisons s'y accroîtrait de manière à défier toute description et toute représentation schématique. Il est plus simple de dire que *tout élément sensitif quelconque peut être mis en relation réflexe avec tout élément moteur également quelconque* pour l'exercice des multiples fonctions de détail ou d'ensemble par lesquelles s'entretient la vie.

IX. Centres réflexes de la moelle épinière. — Les centres réflexes existent partout où existe de la substance grise. La moelle épinière en présente tout le long de son trajet. La physiologie le démontre, en constatant qu'après isolement de chacun des tronçons métamériques de cet organe, l'excitation trouve à travers lui un chemin, pour aller de la racine postérieure à la racine antérieure. L'anatomie précise cette donnée, en montrant les arborisations terminales des neurones de la première allant au contact des arborisations initiales de ceux de la seconde.

Centre principal médullaire, noyau de Goll. — La physiologie désigne également depuis longtemps (même chez le chien et la grenouille) un ou des centres réflexes plus importants que les autres, situés dans la partie tout à fait supérieure de la moelle épinière et empiétant même sur la moelle allongée. Des expériences anciennes ont montré quel gain il y a pour les excitations sensitives à passer par ces régions élevées, pour atteindre avec sûreté et efficacité les nerfs de la vie organique (nerfs pupillaires, nerfs vasomoteurs). Les expériences un peu plus récentes de ROSENTHAL et de MENDELSOHN ont montré qu'il en est de même pour celles qui vont atteindre les nerfs moteurs des membres (nerfs de la vie dite de relation) ; elles n'ont tout leur effet, au point de vue réflexe, qu'autant qu'elles passent par le noyau dit de Goll situé à la partie supérieure de la moelle, et l'anatomie, là encore, précise la donnée physiologique en nous faisant suivre les prolongements intramédullaires des racines postérieures, dont les branches ascendantes (tout en donnant sur leur trajet les collatérales déjà mentionnées) montent jusqu'au noyau de GOLL, pour trouver des voies qui ramènent l'excitation sur les organes des nerfs moteurs. C'est là un centre réflexe important.

X. Centres encéphaliques, sous-corticaux. — Les corps opto-striés sont, eux aussi, des centres de cette nature plus élevés en organisation et en fonction, mais réflexes encore, présidant à des mouvements instinctifs, intermédiaire entre l'automatisme réflexe et l'allure contingente des mouvements volontaires.

XI. Centres réflexes corticaux. — L'écorce du cerveau fonctionne comme centre réflexe dans une foule de circonstances ; les actes (de leur nature involontaires) des organes profonds trouvent en elle des centres automatiques de régulation. Les actes les plus compliqués de la vie de relation peuvent être, comme les précédents, réalisés d'une façon automatique, sans participation directe de la conscience individuelle et de la volonté.

LES RÉFLEXES EN PATHOLOGIE. — Les cliniciens ont depuis longtemps observé que, dans les cas d'interruption plus ou moins totale des conducteurs de la moelle épinière, les mouvements réflexes persistent dans le membre inférieur et même sont souvent augmentés d'intensité. A ces faits cliniques on trouvait une explication toute naturelle dans les données si nettes de l'expérimentation physiologique. Mais, en y regardant de plus près, il a fallu reconnaître que les conditions de part et d'autre n'étaient pas aussi identiques qu'on avait pu le supposer d'abord.

Réflexes médullaires. — Des anciennes conclusions qui avaient été admises sans partage, il reste ceci : ces mouvements réflexes tant normaux que provoqués par excitation des régions ou des nerfs sensibles peuvent être observés, même chez l'homme, après l'interruption complète de la moelle épinière. On les observe également chez le singe après section expérimentale de la moelle. — Seulement, au lieu de se rétablir très vite comme chez le chien et la grenouille et de s'exagérer comme chez ces animaux, ils peuvent manquer pendant des jours, des semaines, ne se rétablissent que lentement et restent affaiblis.

Réflexes cérébraux. — Les mouvements que nous appelons réflexes, en raison de leur allure automatique, ne sont pas l'attribut exclusif de la moelle épinière et de son prolongement bulbaire, pendant que les mouvements volontaires seraient celui du cerveau, comme on l'a longtemps admis. *Toutes les régions de la substance grise, y compris l'écorce cérébrale, sont aptes à réfléchir automatiquement les excitations* : c'est la fonction primordiale de la substance grise. A cette fonction, la plus simple qui réalise des mouvements adaptés à un but général suivant une loi simple, s'en surajoute une autre, qui n'en est au fond que l'expression perfectionnée, celle de produire des mouvements variés suivant des indications contingentes, mouvements que nous appelons alors volontaires. Cette fonction n'est pas l'attribut d'une substance grise d'une nature particulière et par cela même privilégiée, mais dépend d'une union plus complète des groupements nerveux entre eux. Le privilège de la substance grise de l'écorce réside dans le nombre et la puissance de ses associations, qui conditionnent l'exercice de ce que nous appelons l'intelligence et la volonté. Ces associations viennent-elles à se dissoudre en leurs systèmes élémentaires composants, le cerveau fonctionne alors comme organe réflexe ou automatique. Non seulement le cerveau n'est pas dépourvu de la fonction réflexe, mais les réflexes cérébraux sont les plus nombreux de tous, à cause du grand nombre de systèmes élémentaires qui entrent dans sa constitution.

Contracture post-hémiplégique. — On remarque souvent, mais non toujours, chez les hémiplégiques une augmentation du tonus musculaire des membres paralysés qui rentre dans le cadre des phénomènes réflexes (réflexe tonique et non plus clonique). Son explication est moins simple que celle des faits précédents. En fait, elle en différerait surtout en ceci, que l'interruption totale de la moelle épinière non seulement n'en est pas une condition déterminante, mais le rendrait impossible. On en a proposé des explications multiples, dont chacune est fondée sur quelque hypothèse touchant la fonction des conducteurs qui relient les masses ou surfaces grises supérieures à la colonne grise de la moelle épinière ; toutes s'accordent en ceci qu'il y a, du fait de la lésion qui a produit l'hémiplégie, perte de quelque force antagoniste qui, n'étant plus contre-balancée, laisse le champ libre à l'action motrice réflexe. Pour les uns, cet antagonisme est purement moteur et s'exerce entre les puissances musculaires épargnées par la paralysie, au profit de celles dont les centres ont été le mieux conservés. Elle a frappé par exemple inégalement les extenseurs et les fléchisseurs, plus les premiers que les seconds : le membre alors se rétracte. Pour d'autres, l'antagonisme est entre les deux puissances nerveuses, l'une excitatrice, l'autre inhibitrice, que de plus en plus on admet coexister dans le système nerveux, représentées qu'elles sont par des fibres individuellement distinctes, bien que souvent mélangées dans les cordons. Du cerveau, une influence inhibitrice descendrait dans la moelle en suivant les faisceaux pyramidaux. La dégénération de ceux-ci, en supprimant cette influence, laisserait le champ libre aux excitations motrices et entraînerait de ce fait la contracture. Seulement, pour ce qui est du lieu où ces excitations se réfléchissent, les uns le placent simplement dans la moelle épinière, comme dans l'ancienne théorie du réflexe (P. Marie). Pour ceux-là, la condition nécessaire et suffisante de la contracture, c'est l'interruption des faisceaux pyramidaux. Pour d'autres, ces excitations devraient remonter jusqu'au cerveau, d'où elles redescendraient par des voies spéciales, les voies cérébro-ponto-cérébelleuses, pour atteindre la moelle épinière. Pour ces derniers, la contracture réclame comme condition, non plus seulement la destruction des pyramides, mais encore la conservation des voies cérébro-ponto-cérébelleuses.

B. — SUSPENSION DES EXCITATIONS; ACTION D'ARRÊT
OU D'INHIBITION.

Dans l'acte réflexe, l'excitation d'un élément est communiquée à un ou plusieurs autres éléments qui lui font suite. *Dans l'acte inhibitoire, l'excitation d'un élément a pour effet de suspendre ou de rendre momentanément impossible cette transmission de l'excitation d'un élément à un ou plusieurs autres éléments.*

1. **Son schème.** — Le schème du réflexe suppose deux neurones au moins, voire deux groupes de neurones, associés en succession.

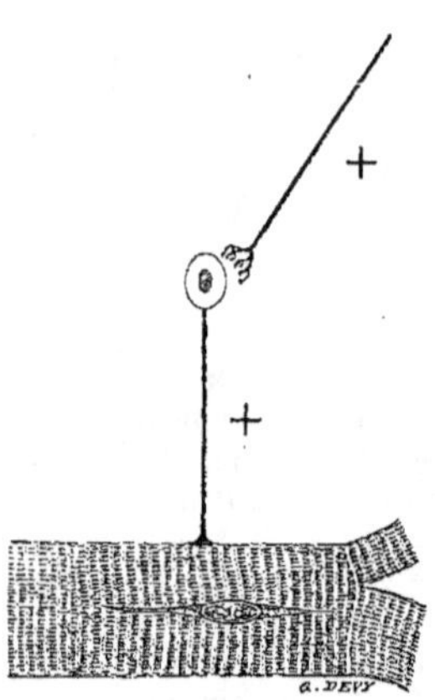

Fig. 105. — *Schéma de l'action antagoniste des nerfs exito-moteurs et inhibiteurs sur les nerfs terminaux.*

Cette action s'exerce par les connexions de ces différents éléments entre eux dans la substance grise des ganglions ou noyaux moteurs.

Le schème de l'inhibition, tel qu'on peut se le figurer d'après les faits connus qui ont servi à établir son existence, en suppose au moins trois : deux d'entre eux se succèdent bout à bout, pour constituer l'arc réflexe fondamental ; vers leur point d'association un troisième converge, qui a pour fonction d'empêcher la transmission de l'excitation du premier sur le second. Inutile d'ajouter que ce sont là des figurations idéales, et que dans la réalité nous opérons sur des masses nerveuses complexes que nous nous efforçons de ramener à leur type le plus simple, mais sans être jamais sûr d'y parvenir.

Son siège. — Le lieu où est réalisé ce phénomène d'arrêt est, une fois de plus, la substance grise partout où elle se rencontre (ganglion du grand sympathique, axe gris de la moelle épinière et de la moelle allongée, ganglions et écorce du cerveau, etc.). Et parmi les changements que cette substance imprime à la marche des excitations, celui-ci n'est pas un des moins remarquables. En même temps que le siège du phénomène, il importe de définir le sens du mot; il nous faut préciser les conditions à remplir pour qu'il existe et qui font qu'il se distingue d'autres phénomènes ayant même apparence.

Donnée en apparence paradoxale. — L'inhibition, l'arrêt nerveux n'est pas un fait dont l'existence s'impose à l'esprit d'une façon nécessaire. Tout au contraire, ce fait à première vue paraît paradoxal, et c'est l'expérience qui l'impose à notre esprit. On accepte comme un axiome que toute activité musculaire suppose (dans le fonctionnement normal de l'organisme) une activité nerveuse qui la conditionne. On a accepté de plus pendant longtemps, comme une conséquence nécessaire de cette donnée, que tout repos musculaire suppose le repos du système nerveux. Or l'expérience a appris (et c'est là l'essence même du phénomène d'inhibition) que *le repos musculaire peut être la conséquence d'une activité nerveuse.* Autrement dit : l'excitation de certains nerfs se traduit par l'activité des muscles avec lesquels ils sont en relation médiate ou immédiate ; mais, de plus, l'excitation de certains autres nerfs se traduit par l'arrêt ou la non-exécution du mouvement des muscles avec lesquels ils ont certaines relations qu'on considère comme médiates. Un exemple est nécessaire pour appuyer cette distinction.

Exemple. — Le cœur reçoit de la moelle épinière, par le grand sympathique, des nerfs dont l'excitation se traduit par l'exagération de son mouvement (battements ou systoles cardiaques); il en reçoit d'autres de la moelle allongée par le pneumogastrique, dont l'excitation se traduit par le ralentissement ou l'arrêt temporaire de son mouvement. Ces nerfs ont fourni le premier exemple d'arrêt nerveux connu. Le fait a été observé par les frères WEBER (1845) et contrôlé ensuite par de nombreux observateurs, non, il est vrai, sans qu'on ait longtemps discuté sur son exacte signification.

Sens multiples attribués au mot «inhibition». — Toutes les fois qu'un phénomène nouveau apparaît dans une science, il faut un terme nouveau et approprié pour le désigner. La suspension de l'activité d'un organe par la mise en activité d'un nerf ayant prise sur lui fut appelée d'abord « l'arrêt ». Plus tard BROWN-SÉQUARD proposa le mot « inhibition » qui a fait la fortune que l'on sait. BROWN-SÉQUARD ne se préoccupa pas de définir étroitement les caractères du phénomène, mais, sous le nom d'inhibition, rassembla au contraire tous les faits ayant avec lui une analogie lointaine ou approchée.

Au lieu d'une signification nettement définie, le mot nouveau prenait de la sorte un sens métaphorique et indéterminé.

L'inhibition et la paralysie. — Toutefois, dans sa définition de l'inhibition, le précédent auteur conservait encore (au moins théoriquement, s'il ne la justifiait pas dans les exemples par lui choisis) la notion du contraste existant entre la nature excitatrice de la cause et la forme dépressive de l'effet produit. On peut même dire qu'il l'exagérait, en voyant, dans toute perte de fonction, l'effet, non d'une destruction, mais d'une excitation. — Or, depuis quelques années, cette notion essentielle va elle-même en s'effaçant dans les esprits. On peut lire dans nombre d'ouvrages que le curare inhibe les nerfs moteurs, que le chloroforme inhibe la sensibilité, etc. (1). Pour désigner ces phénomènes

---

(1) Le mot est même employé par certains chimistes, pour qui l'acide sulfurique inhibe le sulfate de soude et réciproquement.

toxiques et les autres semblables qui entraînent une perte de fonction, on a depuis longtemps un mot très clair, celui de *paralysie*, qui est le seul qui convienne. En assimilant étroitement l'inhibition à la paralysie, on fait disparaître la notion même que ce mot nouveau était appelé à désigner. Pour faire cesser cette confusion, il faut revenir à la donnée expérimentale qui est à l'origine du concept de l'inhibition. *On donnera cette appellation à tout phénomène reproduisant les traits et les conditions essentiels de l'arrêt du cœur par excitation des vagues.* Parmi les nombreux phénomènes auxquels on a donné le nom d'inhibition, il en est un certain nombre qui ont quelque analogie avec l'arrêt cardiaque, à côté de beaucoup d'autres qui sont sans rapport avec lui. Il faut savoir que le classement des faits à ce point de vue est souvent incertain et difficile à établir. En attendant qu'il se précise, il convient d'être prudent

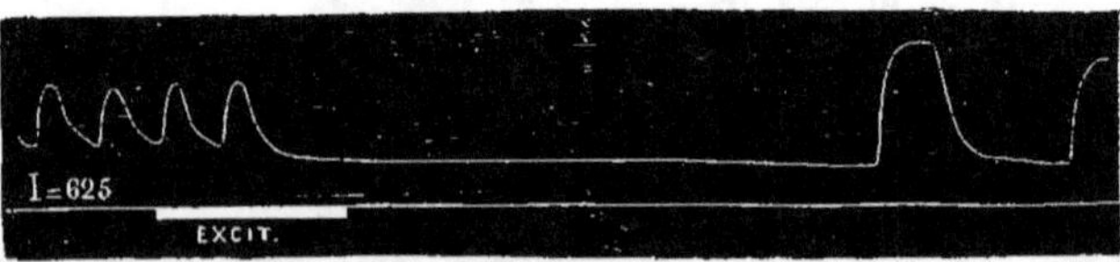

Fig. 106. — *Arrêt du cœur par excitation du vague chez la tortue* (tracé du laboratoire).

Temps de latence considérable de l'excitation. — Exagération post-compensatrice des systoles après l'arrêt.

dans l'emploi du mot. Il faut également savoir que, dans la littérature actuelle, il enveloppe des phénomènes, sans doute analogues, mais néanmoins très différents les uns des autres.

L'inhibition et le choc. — Lorsqu'un ébranlement d'une certaine violence agit sur un tissu (le nerveux principalement), il en peut résulter pour lui une altération temporaire, qui le rend inapte à manifester son activité. C'est ce qui se voit dans la *commotion* cérébrale, médullaire ou nerveuse. Cette inaptitude à réagir est manifestement de l'ordre de la *paralysie* survenant par perte directe de la fonction. C'est donc à tort qu'on le fait rentrer dans l'inhibition. En tout cas on peut discuter sur le mécanisme du phénomène et sur la convenance de la désignation qui lui convient.

Mais le phénomène pathologique auquel on a donné le nom de choc peut présenter des formes, des causes et des mécanismes divers. A la suite de blessures graves, atteignant des organes qui sont éloignés des centres, on constate parfois une dépression profonde de tout le système nerveux ; et on l'explique assez naturellement par une influence vraisemblablement irritative, émanée de la plaie, qui atteint les centres nerveux par la voie des nerfs sensitifs. Ce cas se rapproche de l'inhibition telle que nous la définissons en physiologie (une activité qui empêche d'autres activités de se manifester). Dans ce cas particulier, mais non dans celui où l'organe nerveux est directement lésé, on a le droit de parler d'inhibition.

L'inhibition et la fatigue. — Lorsque les nerfs d'un organe ont été vivement et longuement excités, cet organe devient pour un temps incapable de fonctionnement. Cette incapacité fonctionnelle n'est plus de la paralysie, mais de la fatigue. Quelques-uns n'hésitent pas à faire rentrer ce phénomène également dans l'inhibition. C'est une confusion nouvelle ajoutée aux précédentes. La paralysie, la fatigue et l'inhibition se ressemblent sans doute en ce qu'elles se traduisent par une inactivité (persistante ou temporaire) des organes; les trois termes ne sont pas toutefois pour cela synonymes d'inactivité. Chacun des trois a son sens précis; chacun désigne une inactivité d'un genre, d'un mécanisme particulier. C'est que si l'*effet* est au fond semblable, les *conditions* de la production diffèrent absolument dans les trois cas et les termes particuliers usités pour désigner les trois phénomènes visent précédemment les conditions dont ils relèvent.

II. Analyse du système. — On démontre maintenant assez facilement que le schème de l'innervation du cœur répond dans ses grandes lignes à celui que nous avons tracé plus haut d'un système capable de produire l'inhibition. Le cœur possède des ganglions qui ne sont autre chose que des masses dispersées de la substance grise nerveuse. De ces ganglions partent des neurones de peu de longueur allant au myocarde; ce sont les nerfs moteurs proprement dits du cœur. A ces ganglions aboutissent des neurones de grande longueur venant, les uns de la moelle épinière, les autres de la moelle allongée, et qui ont avec la substance grise des connexions telles que l'excitation des uns et des autres a des effets pour ainsi dire opposés : celle des premiers se transmet (non sans modification) aux éléments moteurs cardiaques; celle des seconds fait obstacle à une telle transmission et prive le myocarde de sa source habituelle d'excitations, d'où son arrêt temporaire.

Des trois pièces que nous jugeons nécessaires, les uns en suppriment une et font converger le nerf inhibiteur avec le nerf moteur sur le muscle, auquel chacune des deux apporterait une influence inverse ou réciproquement antagoniste; les autres en suppriment deux et n'admettent qu'un seul élément tour à tour moteur ou inhibiteur, suivant les circonstances. Mais les faits sont contraires à ces façons de voir.

Existence distincte des nerfs inhibiteurs. — L'inhibition (arrêt par excitation) dépend forcément de conditions qui appartiennent ou à l'agent excitant ou à la substance excitée. — Or elle ne dépend pas des conditions de l'excitation. Elle se produit, en effet, avec des excitations qui sont celles mêmes qui mettent en action les nerfs moteurs. Elle cesse d'autre part de se produire avec des excitations qui sont inefficaces (par défaut ou par excès) quand on les emploie sur les nerfs moteurs. — Donc, il existe des neurones dont la fonction spécifique est de produire l'inhibition. Il est possible qu'un même neurone produise l'inhibition par une de ses terminaisons et l'excitation par une autre; mais il faut toujours admettre l'existence d'un appareil spécifique inhibiteur terminal.

Objection. — Quelques-uns (Schiff, Moleschott) ont cherché à ramener l'inhibition à un phénomène de paralysie ordinaire. Ils admettent que l'arrêt du cœur par excitation du vague résulte simplement d'une altération des propriétés motrices des fibres de ce nerf, excitées dans des conditions spéciales et privées par là de leur pouvoir moteur.

Réponse. Preuves diverses. — L'objection tombe devant ce fait, facile à constater, que l'excitation requise pour obtenir l'arrêt en excitant le vague, a les mêmes qualités que celle requise pour mettre en jeu les nerfs accélérateurs du cœur.

Excitations en séries parallèles. — On peut donner à cette démonstration

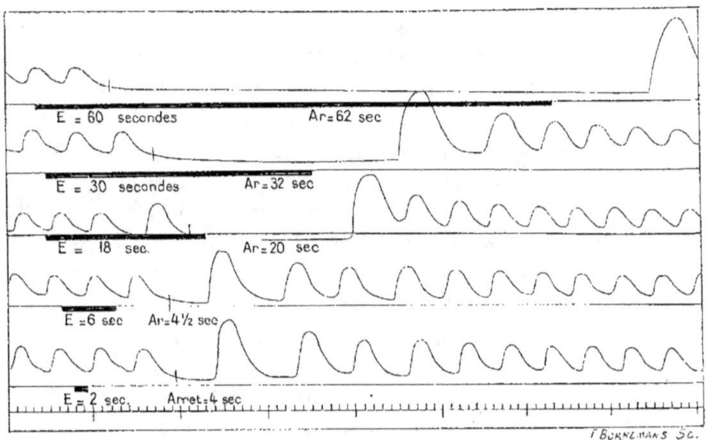

Fig. 107. — *Effets cardio-inhibiteurs de l'excitation du vague, chez la tortue* (tracé du laboratoire).

Dans les limites de l'intensité du courant qui correspond à une excitation optima, la durée de l'arrêt cardiaque est sensiblement proportionnelle à la durée de l'excitation.

L'intervalle entre le début de l'excitation et le début de l'arrêt (temps de latence) est remarquablement long, supérieur à la durée d'une et souvent de plusieurs pulsations.

La reprise des contractions du cœur s'accuse par une ou plusieurs contractions d'autant plus fortes que l'arrêt a été plus long. Il y a tendance à la compensation, en vue de maintenir constante la somme des travaux du cœur. — L'inhibition agit non en détruisant, mais en suspendant et en conservant l'excitation apportée au muscle par ses nerfs moteurs.

une forme très saisissante en faisant varier d'une façon sériée et graduelle les qualités ordinaires de l'excitation (intensité, fréquence, etc.). En pareil cas, la réponse du nerf moteur passe par une série de phases, caractérisées par un minimum, un optimun et un pessimum, indiquant que l'excitation est successivement inefficace par défaut, puis efficace et finalement de nouveau inefficace par excès. Or c'est exactement ce qu'on observe avec les nerfs inhibiteurs, mais avec cette différence conforme à leur fonction, que la réponse est ici non le mouvement, mais l'arrêt du mouvement (Morat).

Effets de la fatigue. — Autre preuve du même genre : dans l'excitation prolongée d'un nerf *moteur, la fatigue* des appareils, qui survient au bout d'un certain temps, *empêche la continuation du mouvement*. Dans l'excitation prolongée d'un nerf *inhibiteur, la fatigue* intervient de même, mais avec cette différence qu'elle *empêche la continuation de l'arrêt* et fait par conséquent réapparaître le mouvement. Donc l'arrêt est bien, dans ce cas, une conséquence de l'activité du nerf excité et non une conséquence de son altération : car, si l'activité connaît la fatigue, l'altération, c'est-à-dire la destruction, ne la connaît pas.

Invariabilité des effets de l'excitation. — Si l'inhibition tenait à certaines conditions variables suivant les cas que présente le nerf, on devrait pouvoir obtenir, dans certains cas, l'inhibition en excitant les accélérateurs du cœur et, inversement, l'accélération en excitant le pneumogastrique. Or, c'est ce qui n'est pas. Le tronc de la dixième paire contient, il est vrai, des fibres accélératrices, qu'on peut mettre en évidence, non en modifiant la nature de l'excitation, mais en paralysant les fibres inhibitrices par la belladone ; mais ses origines n'en contiennent pas, et l'effet univoque et invariable de l'excitation de ces origines est le ralentissement ou l'arrêt du cœur (HEIDENHAIN).

Autre objection. — En portant l'excitation sur la substance blanche du cerveau, on suscite tantôt des effets moteurs, tantôt des effets inhibiteurs, et néanmoins on n'observe dans cette substance aucune fasciculation distincte qu'on puisse attribuer à l'inhibition plutôt qu'à l'activité motrice ; d'où la supposition que, pour cet organe au moins, les mêmes fibres seraient, suivant les cas, motrices et inhibitrices.

Réponse. — Dans le même organe (le cerveau), les manifestations de la sensibilité et de la motricité se trouvent, en beaucoup de points, inextricablement mêlées. Or, nous n'en concluons pas qu'elles appartiennent aux mêmes éléments indifféremment, mais à des éléments distincts qui se trouvent confondus. Et ce raisonnement vaut pour l'inhibition, comme il vaut pour les autres fonctions spécifiques, qui assurent le fonctionnement nerveux. Il suffit qu'on ait fait la preuve de cette distinction fonctionnelle dans certains cas typiques, où l'analyse est possible. Les cas réfractaires à l'analyse ne sauraient être invoqués comme invalidant cette preuve, ou comme établissant l'existence de propriétés des éléments nerveux incompatibles avec celles qu'on leur connaît d'autre part.

Champ de l'inhibition. — Les exemples de nerfs authentiquement et invariablement inhibiteurs vont en se multipliant de plus en plus. Il en existe pour les vaisseaux, aussi bien qu'il en existe pour le cœur; il en existe pour l'intestin, aussi bien qu'il en existe pour l'appareil circulatoire.

L'inhibition est représentée dans tous les systèmes partiels qui composent le système nerveux : et elle y suit partout les mêmes lois. Elle y est gouvernée par des nerfs spéciaux.

Spécificité des rapports. — *Les trois éléments constituants du système ainsi réalisé ont chacun les propriétés fondamentales de l'élément nerveux* (excitabilité et conductibilité) et en cela ne se distinguent pas l'un de l'autre ; *mais ils ont chacun quelque chose de spécifique dans les rapports qu'ils contractent à leurs extrémités.* L'un entre en rapport avec le muscle cardiaque à la façon d'un nerf ordinaire, les deux autres entrent en rapport avec la substance grise ganglionnaire, et ces rapports, que l'anatomie ne peut préciser, sont manifestement différents pour chacun d'eux.

L'inhibition est un phénomène intérieur au système nerveux. — Ainsi l'inhibition, pour se produire dans ses conditions habituelles et normales, réclame l'activité d'un nerf dont les rapports avec les autres nerfs sont particuliers et n'existe pas en dehors de cette activité. Les conséquences très singulières de cette activité d'un nerf sont le repos d'un muscle (ou d'un organe analogue); mais ce repos musculaire est lui-même la conséquence du repos imposé à son nerf moteur C'est ce qui nous fait dire que *l'inhibition est un phénomène intérieur au système nerveux*. Le mécanisme encore inconnu qui lui donne naissance est consommé dans la substance grise partout où celle-ci existe, car le phénomène de l'inhibition est général et se retrouve dans toutes les fonctions, à tous leurs degrés. Les nerfs inhibiteurs ne dépassent jamais le rideau le plus superficiel de cette substance grise ; ils répondent à ce qu'on appelait autrefois des *fibres intercentrales* et à ce qu'on nomme maintenant des *éléments d'association*, éléments dont les deux extrémités initiale et terminale sont noyées dans les masses grises nerveuses et n'ont aucun contact direct avec les organes.

La substance grise présente dans le système nerveux des étages superposés : elle a de ce fait une limite supérieure et une limite inférieure. Pour les muscles du squelette, cette limite inférieure est dans l'axe gris médullaire ; pour les muscles et autres organes viscéraux, cette limite est dans les ganglions de la chaîne et des plexus du grand sympathique. Si notre schème de l'inhibition est exact, il ne doit y avoir dans les troncs nerveux qui s'étendent de la moelle aux muscles squelettiques aucun élément d'inhibition. L'expérience vérifie cette induction : jamais, en excitant un nerf moteur extramédullaire d'un muscle squelettique, on n'a obtenu autre chose que sa contraction, jamais l'arrêt de son mouvement. Mais ces fibres d'inhibition se retrouvent dans les tractus cérébraux et médullaires. Elles sont, à la vérité, difficiles à mettre en évidence par l'excitation, parce qu'elles sont mélangées aux fibres provocatrices du mouvement et que l'irritation n'a aucun moyen de les atteindre isolément; mais néanmoins on a la preuve de leur existence.

Le grand sympathique (auquel le pneumogastrique appartient par la plupart de ses éléments) offre par contre, en raison de la dissémination de ses rameaux à travers les autres tissus, une facilité exceptionnelle pour l'excitation isolée de ses faisceaux de fonction différente : c'est la raison sans doute pour laquelle les phénomènes d'arrêt ont été aperçus en lui, avant d'être soupçonnés dans le reste du système nerveux. Par contre, les neurones moteurs, qui de ses ganglions vont aux organes du mouvement viscéral, sont souvent enfouis dans le tissu de ceux-ci et d'un trajet si court, que l'inhibition semble consommée dans ces organes mêmes : c'est justement le cas du cœur. On peut néanmoins démontrer

que la substance grise des ganglions est un lieu de terminaison pour les éléments inhibiteurs du grand sympathique.

Expérience. — Sur un lapin on découvre la chaîne du grand sympathique, avant et après les ganglions de la base du cou : l'excitation faite en arrière, c'est-à-dire en amont de ces ganglions, inhibe les muscles vasculaires du pavillon de l'oreille, ce qui se traduit par une vaso-dilatation intense de cet organe (DASTRE et MORAT); l'excitation faite en avant, c'est-à-dire en aval de ces ganglions, contracte ces muscles vasculaires, ce qui se traduit par la pâleur du même organe. Le lieu de l'inhibition est évidemment dans les ganglions, qui marquent ainsi le point à partir duquel se fait cette inversion d'effet.

III. **Excitation et inhibition.** — En somme, le neurone inhibiteur reçoit normalement par ses dendrites, ou artificiellement sur son trajet, une excitation qui n'a besoin d'aucune qualité spéciale pour lui faire remplir sa fonction. Cette excitation suit sa longueur et gagne ses arborisations terminales. C'est arrivée là qu'elle a l'effet tout spécial qui se traduit par la mise au repos, la non-activité du neurone moteur qui lui fait suite. Cet effet, avec des intensités différentes, est invariablement le même pour l'appareil neuro-moteur ainsi mis en relation avec l'élément excité. Mais les connexions terminales du neurone inhibiteur sont multiples. Pendant que certaines d'entre elles sont en relation d'inhibition avec des éléments neuro-musculaires donnés, d'autres peuvent être en relation d'excitation avec d'autres éléments, de telle façon que l'excitation ait un double effet, l'un inhibiteur, l'autre moteur, non plus successifs mais simultanés, et c'est de cette façon seulement qu'on peut dire que la même fibre est à la fois motrice et inhibitrice. Cette double relation a sa raison d'être : lorsque, par exemple, deux muscles sont antagonistes et que le mouvement doit se produire dans le sens de l'un des deux, il y a économie de force à ce que le système nerveux relâche l'un pendant que l'autre se contracte.

Grâce à la multiplicité et à la variété de ses connexions polaires terminales, *une même fibre peut donc être excito-motrice pour certains* des *éléments* avec lesquels elle entre en rapport et *inhibitrice pour certains autres* de ces éléments. Mais l'expérience démontre que *ces rapports ne peuvent pas s'inverser.*

Réflexe et inhibition combinés dans le même cycle. — L'acte réflexe et l'acte inhibiteur peuvent ainsi coexister *simultanément* dans une masse de substance grise ; ils ne représentent en somme chacun qu'une face des multiples fonctions de cette substance. D'autre part, ces deux actes sont aussi associés en *succession*; par exemple, une excitation faite sur la peau et transmise à la moelle par les nerfs sensitifs s'y réfléchit sur des nerfs d'arrêt comme le vague, arrive par lui aux ganglions du cœur et détermine l'arrêt de cet organe : c'est une des façons de se produire de la syncope cardiaque. D'autre fois cette excitation est réfléchie sous forme inhibitoire sur quelque glande dont elle arrête la sécrétion, comme l'a vu GLEY pour la sous-maxillaire. D'autres fois encore elle sera réfléchie inhibitoirement sur quelque muscle squelettique dont elle suspend la contraction commencée, comme l'a vu BEAUNIS. Dans tous ces exemples elle suit une chaîne de neurones, au cours de laquelle à l'une des étapes elle change de signe, c'est-à-dire de promotrice devient suspensive. Il n'est pas toujours facile d'indiquer nettement le lieu de cette étape remarquable. Ce dont on peut être sûr, c'est qu'elle n'est ni tout à fait au commencement, ni tout à fait à la fin du cycle, mais quelque part sur son trajet, dans ce qu'on appelle les centres du système nerveux.

L'excitation, qui part d'un territoire sensitif limité (soit un point de la peau), pour arriver à un organe moteur également limité (soit le cœur), traverse un système de neurones d'abord *divergents* et ensuite *convergents*, qui lui impriment des modifications nombreuses et distinctes, les unes *parallèles*, les autres *successives*. Le sens de l'effet réactionnel traduit la *résultante* des conflits multipliés qui se produisent dans cet ensemble. La complexité intrinsèque de ce système est ce qui le rend apte à réagir différemment contre des excitations qui paraissent identiques. Ce qui est certain, c'est qu'il n'est pas toujours semblable à lui-même. — C'est ce *complexus de neurones* que beaucoup, pour motif de simplicité, s'efforcent de ramener à un seul élément, ayant tantôt la « propriété motrice », tantôt la « propriété inhibitrice ». La tentative est louable, mais elle a contre elle les données à la fois de l'anatomie et de l'expérimentation.

Inhibition, dynamogénie. — L'étude du système nerveux nous y fait soupçonner, à côté de fonctions clairement définies, comme l'acte réflexe et l'inhibition, d'autres fonctions plus obscures dont nous comprenons la nécessité sans pouvoir fixer leur déterminisme. L'excitation d'un nerf sensitif retentit souvent très différemment dans la substance grise qui reçoit cette excitation. Parfois elle supprime certaines des communications qui existent entre les éléments de celle-ci et diminue les effets moteurs auxquels cette substance grise commande : ce fait rentre dans l'inhibition. Parfois au contraire ces communications semblent se renforcer et s'étendre, et le flux excitateur se grossit en traversant la substance grise : c'est le phénomène auquel BROWN-SÉQUARD avait donné le nom de *dynamogénie*. D'après ces faits, nous voyons que la substance grise possède une fonction de direction ou d'orientation, non plus générale comme celle qui décide du courant d'ensemble, qui fait progresser les excitations en allant des organes des sens aux organes exécuteurs des fonctions, mais cette fois particulière, localisée et contingente, qui dans le réseau compliqué des voies nerveuses leur fait prendre tel embranchement, telle dérivation plutôt qu'une autre. C'est cette fonction que dans la langue allemande EXNER a désignée par le mot *Bahnung*, dont la traduction française n'existe pas mais qui serait, si l'on pouvait créer le mot, la « viatilité », c'est-à-dire la facilitation de la transmission.

IV. **Mécanisme de l'inhibition.** — Il nous est tout à fait inconnu, aussi bien du reste que celui de l'acte réflexe. Ce dernier toutefois est plus compréhensible, en ce sens qu'il nous montre le mouvement d'un corps se communiquer à un autre corps; tandis que, dans l'inhibition, c'est le mouvement d'un corps qui est employé à en immobiliser un autre. Sans doute la physique tant massive que moléculaire nous fournit des exemples d'effets de ce genre; mais, tant que nous ne pourrons pas préciser la nature du mouvement qui est ainsi produit et arrêté, tout essai de théorie dans ce genre n'aura que la valeur d'une comparaison. Ces rapprochements nous montrent que le phénomène rentre dans la catégorie des faits explicables, mais ils ne nous donnent pas cette explication.

V. **Effets secondaires de l'excitation inhibitrice.** — L'arrêt du mouvement des organes est le fait le plus saillant de l'activité inhibitrice, mais il n'est pas le seul. Le fait suivant est à prendre en considération. Si on inscrit les mouvements du cœur et qu'on excite le vague, le tracé indique la suspension de ses battements : puis ceux-ci reprennent après l'excitation; mais il y a ceci de remarquable que, pendant cette reprise, ils sont d'abord plus forts ou plus nombreux : de telle sorte que, si on fait la somme des travaux du cœur, avant et après l'excitation (pour des temps égaux), ces deux sommes sont sensiblement égales. On fait, du reste, la même constatation en sens inverse quand on excite les nerfs moteurs du cœur pour l'accélérer. L'accélération obtenue est suivie d'un retard compensateur (MAREY).

Sur les fonctions régulières, comme celle du cœur, l'excitation nerveuse, qu'elle soit provocatrice ou inhibitrice, n'aurait donc pas pour effet de changer la quantité totale du mouvement, mais seulement de la répartir dans le temps d'une façon différente.

On peut se demander de même si, au point de vue spatial, l'excitation qui semble disparaître et s'anéantir dans la substance grise n'est pas simplement changée dans sa direction pour un temps.

Inhibition et anabolisme. — On appelle *catabolisme* la dépense énergétique des tissus (du musculaire principalement) pendant leur activité ; on appelle *anabolisme* la reconstitution du potentiel qui suit cette activité : le *métabolisme* est l'ensemble de ces opérations. Le catabolisme des tissus est sous la dépendance du système nerveux, en ce sens que ceux-ci n'entrent en activité qu'autant que ce système intervient pour rompre l'équilibre instable dans lequel ils sont, à l'état dit de repos. Par raison de symétrie, on a pensé que l'anabolisme serait également sous la dépendance du système nerveux. Deux espèces de nerfs se rendraient aux organes : les uns, proprement moteurs, sont des nerfs cataboliques (poussant à la dépense); les autres, inhibiteurs, seraient des nerfs anaboliques (travaillant à la reconstitution). Cette idée est séduisante, mais, si on l'examine d'un peu près, on voit que rien ne la justifie. Prenons un exemple particulier, celui du cœur, et voyons comment ses nerfs d'activité différente influencent ses processus énergétiques.

a. *L'inhibition et la chaleur*. — Si nous excitons le nerf inhibiteur du cœur, la température de cet organe s'abaisse. Elle s'élève de nouveau quand il reprend son mouvement. Faut-il en conclure que, pendant l'excitation du vague et le repos qui s'ensuit, le cœur absorbe de la chaleur, qu'il restitue ensuite? Nullement; l'explication du phénomène est beaucoup plus simple. L'excitation du vague, en détournant du cœur les excitations qu'il reçoit, lui fait économiser ses réserves de combustible, restreint ses dépenses d'énergie, d'où l'abaissement relatif de sa température. Il y a diminution du phénomène énergétique préexistant; il n'y a pas inversion de ce phénomène.

b. *L'inhibition et le courant électrique*. — Le cœur (lorsqu'il est incisé) présente, comme les autres muscles, un courant de repos. Au moment de sa contraction, ce courant de repos présente une variation négative. Vient-on alors à exciter le vague, on observe une variation *positive* de ce courant de repos (GASKELL). Comment faut-il interpréter ce phénomène ? Est-ce l'indice d'un renversement des phénomènes énergétiques, qui d'analytiques deviendraient synthétiques dans le cœur ? En aucune façon non plus.

L'explication est là encore beaucoup plus simple. Un muscle en état de contraction tonique présente un courant de repos diminué de la variation négative qui correspond à son activité tonique. Diminuons ce tonus, en inhibant le muscle, le courant de repos augmentera ; d'où la variation en apparence positive du courant de repos. Augmentons ce tonus par l'excitation des nerfs moteurs : c'est alors la variation négative, telle qu'on l'observe ordinairement, qui se produira. En tout cas, lorsqu'on voit dans un circuit les polarités se renverser, on n'est pas en droit, sur cette seule indication, d'en conclure que les phénomènes chimiques qui sont à l'origine ont changé de sens ; une seule chose est certaine, c'est que le courant a changé de direction.

Dyssymétrie des phases anaboliques et cataboliques. — L'idée que la variation positive du courant serait liée à l'anabolisme musculaire, pendant que sa variation négative est liée à son catabolisme, correspond à cet autre concept que ces deux processus, l'un de destruction, l'autre de restauration des réserves musculaires, seraient à la fois symétriques et inverses, chacune des deux phases représentant l'opération exactement contraire de la précédente. Mais là encore, si nous examinons les choses de près, nous voyons que les faits ne justifient en rien cette façon de voir.

Les seuls renseignements un peu précis que nous ayons sur le métabolisme musculaire nous viennent de l'étude de ses échanges avec le sang. Nous voyons que le sang fournit au muscle du glycose et de l'oxygène, tandis que le muscle fournit au sang de l'acide carbonique. Si limité qu'il soit, ce renseignement a une grande valeur au point de vue énergétique. La substance (glycose) qui va du sang au muscle (pendant la phase anabolique) possède une grande quantité d'énergie ; tandis que celle (acide carbonique) qui va du muscle au sang (pendant la phase catabolique) en est à peu près totalement dépourvue. Ceci nous montre qu'au point de vue énergétique, la phase anabolique à proprement parler n'existe en somme ni dans les muscles ni dans aucun des organes de l'animal, mais bien dans le végétal, qui par ses synthèses chimiques accumule la provision d'énergie qu'il livrera à l'animal. Preuve que cet anabolisme est de nature à se passer du système nerveux, tandis que le catabolisme, si actif chez l'animal comparé au végétal, est au contraire sous la dépendance de ce système.

Comparaison de l'inhibition avec la paralysie névro-motrice. — Qu'il s'agisse des échanges musculaires, de son travail mécanique, de sa chaleur dégagée, de ses phénomènes électriques, nous devons être frappés du fait suivant : l'intervention du nerf inhibiteur agit comme si on faisait la section du nerf moteur du muscle considéré. Elle lui supprime les excitations qu'il recevait des centres ; il semble même qu'elle fasse plus encore et qu'elle le frappe lui-même dans toute son étendue, d'une incapacité momentanée à réagir : elle le met de ce fait dans un état d'inactivité que nous savons n'être que transitoire, mais qui équivaut, pour le temps qu'il dure, à la paralysie ; d'où le nom de *nerfs paralyseurs* qu'on a parfois donné aux nerfs d'arrêt ou d'inhibition.

La paralysie dont il s'agit ici (si notre comparaison est exacte) n'est donc pas une paralysie musculaire, mais une paralysie du nerf moteur. *C'est en frappant le nerf moteur et non la masse musculaire qui lui fait suite, que le nerf inhibiteur réalise*, à moindres frais et temporairement, *la paralysie particulière qui répond à l'inhibition* et qui se caractérise du fait qu'elle dépend de l'activité d'un nerf lui-même particulier, le nerf inhibiteur.

Allongement du muscle. — Soit que nous interrompions la continuité anatomique du nerf moteur, soit que nous suspendions son activité tonique par l'inhibition, l'effet dans les deux cas pourra être l'allongement, non pas actif, mais passif de ses muscles, qui cèdent alors aux efforts des puissances antagonistes. C'est ce qui arrive dans l'appareil vasculaire, tant par la section des vaso-constricteurs que par l'excitation des vaso-dilatateurs. De Varigny a vu chez les invertébrés, en opérant sur un muscle de *Stychopus regalis*, que l'excitation a parfois pour effet l'allongement très visible de ce muscle. Cet allongement a probablement son explication dans un phénomène d'inhibition de ce genre.

Paralysie névro-musculaire et anabolisme. — Poursuivons notre comparaison. Soit un muscle dont nous avons coupé le nerf moteur entre la moelle et lui. Nous ne choisirons pas le cœur, parce que ce muscle emporte avec lui sa portion de moelle, je veux dire ses ganglions, et beaucoup d'autres muscles de la vie organique lui ressemblent à cet égard ; mais nous avons les muscles squelettiques qui se prêtent à cette expérience d'énervation. Dans les premiers temps qui suivent la section du nerf moteur, c'est-à-dire avant que les processus dégénératifs s'emparent du nerf et du muscle, la paralysie de ces deux organes est purement fonctionnelle. L'un et l'autre cessent de recevoir les excitations, qui normalement leur sont envoyées par les centres nerveux ; ils sont dans un repos forcé. Le catabolisme qui dépend de ces excitations y cesse de ce fait, ou tout au moins est très réduit ; les échanges sont diminués ainsi que le dégagement de la chaleur ; le travail mécanique est nul ; mais l'anabolisme persiste sur ce muscle énervé, comme sur un muscle normal. Si nous en voulons la preuve, nous n'avons qu'à exciter son nerf artificiellement ; le muscle fournira jusqu'à épuisement une nouvelle quantité d'énergie sous forme de travail et de chaleur. Pour qu'il la récupère, il suffira de le laisser au repos pendant un certain temps. Nous pourrons ensuite de nouveau recommencer l'excitation et ainsi de suite. Si le muscle est resté en communication avec ses vaisseaux, les choses se passeront réellement ainsi. Si le muscle est détaché de l'animal, l'épuisement au bout d'un certain temps sera définitif, parce qu'alors l'élément musculaire travaille sur une provision qui n'est plus renouvelée.

Liaison réciproque entre l'anabolisme et le catabolisme. — Le catabolisme des tissus est directement dépendant du système nerveux; l'anabolisme n'en est pas directement dépendant : c'est ce qui ressort clairement des expériences qui précèdent. Il y a néanmoins entre l'anabolisme et le catabolisme des liaisons réciproques que des observations vulgaires mettent en évidence. Lorsqu'un organe est entièrement et définitivement privé d'excitations, loin que l'anabolisme s'y maintienne à son taux le plus élevé, cet organe au contraire s'atrophie par défaut d'exercice. Il est vrai que, si cet organe est excité outre mesure, il peut aussi être compromis par ce surmenage. La condition à remplir est qu'il reçoive des excitations en suffisante quantité, sans excès ni défaut. La vie est un équilibre, mais cet équilibre n'est pas statique, il est au contraire mobile; il s'établit sur un courant dans lequel les recettes et les dépenses se balancent régulièrement; l'irrégularité de ce courant, par quelque manière que ce soit, est une cause de destruction pour l'organisation vivante. Le système nerveux intervient à chaque instant pour l'empêcher soit de cesser, soit d'exagérer sa vitesse. Comme ce courant dans l'organisme animal est comparable à une chute d'eau, il suit de là que tout l'effort du système nerveux se borne à ouvrir les vannes quand il se ralentit, c'est l'excitation, et à les fermer quand il s'exagère, c'est l'inhibition.

C. — CONSERVATION DE L'EXCITATION.
CIRCULATION NERVEUSE.

Il est manifeste que l'excitation est conservée dans le système nerveux. Nous la voyons, en effet, sans cesse affluer en nous par la voie des sens, sans que le mouvement musculaire s'ensuive immédiatement; et, d'autre part, ce mouvement peut naître en nous sans provocation extérieure, c'est-à-dire longtemps après que la provocation a eu lieu. *Il y a une liaison dans le temps entre les actions motrices présentes et les excitations sensitives passées.* Comment nous expliquer cette liaison? Comment comprendre que l'ébranlement excitateur, qui n'a pas eu d'effet immédiat et qui semble s'être perdu et anéanti dans les voies nerveuses, puisse, à un moment donné, renaître avec son intensité primitive? Comment est comblé cet hiatus?

I. Circulation de l'excitation. — L'état d'excitation, avec les conséquences qu'il entraîne dans le système nerveux (sensation consciente ou inconsciente, mouvement volontaire ou involontaire), est conditionné par un mouvement intime qui est propagé dans les nerfs avec une vitesse définie. Malgré les retards ou les arrêts temporaires éprouvés par lui, ce mouvement moléculaire, qui a lieu dans un sens déterminé, se déchargera dans le tissu musculaire si quelque disposition particulière n'intervient pas pour le retenir dans le système nerveux. L'excitation, telle que nous la concevons d'après l'étude analytique des éléments nerveux, n'est pas un état stationnaire. A peine engagée dans un cycle, elle le traverse en entier dans sa longueur, comme l'acte réflexe nous le fait bien voir. Arrivée à sa fin, elle n'a, pour y persister, qu'un moyen, c'est d'y renaître par artifice, en pénétrant de nouveau dans ses voies originelles. En un mot, *elle ne s'y conserve que parce qu'elle y circule et qu'autant qu'elle y circule.* Comment s'effectue cette circulation et quelles sont les conditions anatomiques qui la rendent possible ?

II. **Excitation automatique.** — L'acte réflexe, dans nombre de cas, nous montre comment s'effectue ce renouvellement automatique et en quelque sorte indéfini de l'excitation. Dans le concept de cet acte, tel qu'il est actuellement dans les esprits, entre par-dessus tout l'idée d'une dépendance étroite du mouvement à l'égard de la sensibilité (consciente ou inconsciente) ; mais cette idée n'exprime qu'une partie de la vérité. Cette dépendance est réciproque, en ce sens que, si le mouvement musculaire y dépend d'une excitation sensitive, cette dernière à son tour y dépend du mouvement musculaire ; c'est du moins ce qu'il est facile de voir dans un grand nombre d'actes fonctionnels d'un ordre simple et régulier, comme ceux qui entretiennent les fonctions dites de la nutrition (mouvements du sang dans les vaisseaux ou de l'air dans les poumons, etc.).

Si cette réciprocité, si cet automatisme nous échappe de prime abord, c'est que, dans un but d'analyse, nous l'avons rompu pour mieux apercevoir le lien intérieur, *central*, comme l'on dit, qui rattache le mouvement à la sensibilité. Dans nos expériences, nous fournissons nous-mêmes l'excitation sensitive, pour être sûrs de sa provenance, et nous recueillons le mouvement musculaire dans un appareil myographique, pour le mieux voir et le mieux étudier. Mais ce système ouvert à l'extérieur est artificiel, répétons-le ; en tout cas, dans la réalité des choses, il est loin d'être la règle. Un lien extérieur, *périphérique*, rattache donc à son tour la sensibilité au mouvement et l'en fait dépendre. Le système cyclique, une fois amorcé, continue de lui-même son fonctionnement. Ses pertes en excitation sont minimes, sa dépense en énergie est extrêmement faible et au surplus couverte par les échanges qu'il fait avec le sang qui circule dans ses vaisseaux.

Arcs réflexes superposés. — Le système nerveux est formé de deux assises ou deux systèmes superposés, qui répètent l'un au-dessus de l'autre la même figure, le même schème, plus ou moins compliqué: celui d'un arc à deux branches, figurant une double canalisation, perméable en sens inverse aux excitations.

a. *Arc inférieur.* — Le système inférieur est formé par les racines mêmes du système nerveux ; ce sont des éléments étendus de la substance grise de la moelle épinière et des ganglions aux organes des sens et du mouvement. Ce système primitif est fondamental ; il est la voie obligée des échanges qui (au point de vue nerveux) se font entre nous et le milieu extérieur ; il peut se suffire à lui-même et fonctionner seul, comme il arrive dans les actes à proprement parler réflexes ; il est même capable de conserver en lui l'excitation par une sorte de circulation neuro-musculaire, ainsi qu'il vient d'être dit.

b. *Arc supérieur.* — Le système supérieur s'alimente (en fait d'excitations) dans le précédent ; il le prolonge à l'intérieur de nous, en le compliquant extra-ordinairement. L'observation la plus vulgaire nous apprend que sa capacité pour les excitations est presque infinie. Il représente de celle-ci un réservoir en quelque sorte inépuisable. Il les conserve donc également dans son intérieur, et cette conservation est la condition première de la continuité de la vie psychique (consciente ou inconsciente) et en particulier de la mémoire. Nous savons que cette vie psychique peut continuer et même être très intense en dehors de toute excitation extérieure et de toute réaction contre l'extérieur : elle est alors concentrée dans les parties supérieures du système nerveux, principalement dans le cerveau.

Leur fonctionnement indépendant. — Évidemment le système supérieur, en totalité et par parties, est susceptible de s'isoler comme l'inférieur ; ce qui veut dire que, ayant reçu de ce dernier une certaine provision d'excitations, il les conserve en lui, avant de les lui restituer.

Le mécanisme de cette conservation est en principe le même que celui que nous avons vu en œuvre dans le système inférieur ; il est assuré par un automatisme en vertu duquel l'excitation, après avoir parcouru ses voies, y rentre à nouveau par une sorte de circulation continue. — De fait, *l'anatomie nous montre,* là encore, *l'existence d'un véritable circuit fermé,* au lieu de l'arc ouvert qu'on admet généralement.

Leur forme cyclique. — Le cerveau et la moelle épinière sont formés, comme on sait, de faisceaux blancs et de masses grises. Les faisceaux blancs sont composés de fibres à direction inverse, les unes ascendantes, les autres descendantes, appelées les premières sensitives et les secondes motrices, par analogie avec les fonctions des racines médullaires. Ces fibres, indépendantes et isolées le long de leur trajet, entrent en relation les unes avec les autres dans les lieux occupés par la substance grise. Cette relation a été bien établie dans l'écorce cérébrale entre leurs extrémités supérieures, et la physiologie l'utilise pour expliquer le passage de l'excitation des premières aux secondes ; mais il y a plus : une connexion du même genre a été démontrée exister entre leurs extrémités inférieures. Le circuit postulé pour expliquer la conservation de l'excitation a, de par l'anatomie, une existence réelle.

Fermeture inférieure du circuit. — L'excitation, disons-nous, se communique des fibres ascendantes aux fibres descendantes (des fibres sensitives aux fibres motrices) : cette communication est visible dans l'écorce cérébrale ; mais elle se communique aussi des fibres descendantes aux fibres ascendantes : cette communication est visible dans certains organes sensoriels, notamment la rétine, le bulbe olfactif, les noyaux de l'acoustique. — Le nerf optique n'est pas formé uniquement de fibres ascendantes (centripètes), mais il contient aussi des fibres descendantes (centrifuges), dont les ramifications terminales s'épuisent dans l'épaisseur de la rétine. L'excitation que les fibres ascendantes ont une première fois propagée vers le cerveau se trouve ramenée par les fibres descendantes, vers son point de départ, et, par les connexions que ces fibres ont avec les fibres ascendantes du nerf optique, elle se trouve emportée de nouveau dans sa direction première. Il y a renouvellement périodique et automatique de l'excitation.

Dans le bulbe olfactif, les choses se passent de même, avec ce détail intéressant que l'on y voit distinctement les arborisations qui recueillent l'excitation descendante pour la maintenir dans le circuit. Les cellules mitrales du lobe olfactif présentent en effet, en plus de leur axone qui est dirigé du côté du cerveau, deux ordres de prolongements. L'un d'eux, dirigé verticalement, recueille les excitations extérieures transmises par le neurone primaire olfactif; les autres, dirigés latéralement, sont en connexion avec les fibres centrifuges du lobe olfactif (Van Gehuchten). Ce sont eux qui assurent la circulation des excitations dans le système.

Ce qui fait la valeur démonstrative de ces exemples, c'est qu'à l'extrémité de ces fibres centrifuges descendantes l'excitation n'a aucune connexion possible avec des organes de mouvement : on ne lui voit donc, d'après les propriétés connues des éléments nerveux, d'autre destination possible que de remonter du côté du cerveau. — Le cycle est ici fermé sur lui-même, sans interposition d'éléments étrangers. *La circulation*, ici, n'est plus neuro-musculaire; elle *est intérieure au système nerveux lui-même* : c'est une véritable *circulation nerveuse*.

Absence de preuve expérimentale. — Nos moyens expérimentaux, il faut bien le dire, ne nous permettent pas présentement de saisir *in actu* ce phénomène de circulation nerveuse. L'activité nerveuse, en effet, n'est pas saisissable en soi, et nous n'avons de témoin commode de son existence que le mouvement musculaire. Mais, d'un autre côté, la supposition contraire que l'excitation ne se communique jamais des fibres descendantes aux fibres ascendantes (supposition qui est au fond de toutes les théories actuelles des fonctions nerveuses) n'a pour s'appuyer, elle non plus, aucun fait d'expérience démontrant cette impossibilité. — L'arc réflexe cérébral existe, tout le monde l'admet; est-il ouvert à son extrémité inférieure ou est-il fermé? l'expérience est muette sur ce point. Mais si nous réfléchissons que l'anatomie nous montre à son extrémité inférieure, entre ses voies, des connexions en tout semblables (sauf que les rapports sont inverses) à celles qui existent à son sommet, l'hypothèse que ces connexions y assurent, comme dans le cerveau, une transmission de l'excitation des unes aux autres est assurément plausible et, comme telle, pouvait être présentée.

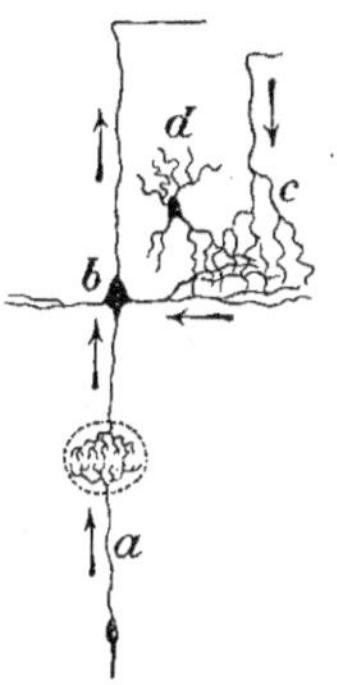

Fig. 108. — *Réflexion périphérique des excitations.*

a, cellule olfactive transmettant l'excitation jusqu'à l'intérieur d'un glomérule ; *b*, cellule mitrale du bulbe olfactif recueillant cette excitation par un prolongement protoplasmique particulier, et l'écoulant vers le cerveau ; *c*, terminaisons cylindraxiles d'un neurone qui ramène l'excitation du cerveau à la même cellule mitrale *b*, qui la recueille par un prolongement protoplasmique distinct ; *d*, cellule d'association.

Le courant des excitations va dans le sens des flèches. — De *a* en *b* il y a pénétration de l'excitation de l'extérieur à l'intérieur du système nerveux. — De *c* en *b* il y a circulation de l'excitation dans un système cyclique.

D. — CLASSIFICATION DES NERFS.

Une classification méthodique et raisonnée des nerfs d'après leurs fonctions suppose une connaissance de ces fonctions que nous sommes présentement loin de posséder. Toutefois, à mesure que les relations que le système nerveux présente avec les principaux actes de l'organisme ont été aperçues, on a dû les distinguer et on a cherché à les définir, en leur imposant certains noms. Il en résulte en fait une *nomenclature*, dont les termes sont plus ou moins justifiés et dont il nous faut discuter le bien fondé.

Remarque. — Aucun nerf n'est désigné d'après la nature de son activité intrinsèque (que nous supposons, du reste, uniforme dans tous les éléments nerveux), ni même par la nature du phénomène par lequel il agit à sa terminaison sur les éléments qui lui font suite (et qui, celle-là, peut varier suivant la nature de l'élément influencé, mais qui nous est inconnue dans son mécanisme). *Tous les nerfs* sans exception, toutes les espèces nerveuses que l'on distingue les unes des autres, *sont dénommés d'après la nature de l'activité qu'ils suscitent dans les éléments auxquels ils commandent immédiatement ou médiatement*, suivant les cas. Ces désignations, qui visent, les unes une fonction extrinsèque mais prochaine, les autres une fonction éloignée, peuvent prêter, si l'on n'y prend garde, à des confusions et à des doubles emplois.

Voici les catégories principales dont il y a à tenir compte d'après ce qui en est connu.

1. **Neurones initiaux et terminaux.** — **Nerfs sensitifs et nerfs moteurs.** — En suivant les voies nerveuses dans le sens des excitations qui les parcourent, on trouve des *neurones initiaux*, qui du dehors apportent l'excitation au système nerveux et y suscitent la sensation ; ceux-là sont manifestement *sensitifs* ; on trouve à l'autre extrémité des *neurones terminaux*, qui du système nerveux portent l'excitation aux muscles ; ceux-là sont manifestement *moteurs*. Entre les uns et les autres sont interposés des *neurones intermédiaires*, constituant ce qu'on appelle la masse nerveuse centrale, par opposition aux racines dont il vient d'être question. Conventionnellement, on répartit cette masse de neurones intermédiaires ou d'*association* en deux parties, ou deux lots de fibres, les unes dites encore sensitives, parce qu'elles font suite aux racines de ce nom, les autres motrices parce qu'elles aboutissent aux racines motrices. Mais il y a des réserves à faire sur la convenance de ces désignations et sur l'identification qui en serait faite avec leurs homonymes des racines, ainsi qu'on va voir.

a. *Espèces sensitives*. — Les nerfs sensitifs (neurones initiaux de la peau et des organes sensoriels) sont ainsi désignés d'après le phénomène tout *intérieur* de *sensation* qu'ils font naître dans les systèmes sensitifs ou sensoriels dont ils sont la porte d'entrée et qui sont situés dans la masse dite centrale, intermédiaire entre eux et les racines motrices. On peut établir, dans cette catégorie des nerfs du sentiment, autant de sous-classes ou d'espèces qu'il y a de *sens* distincts : chacune est définie à la fois par la nature de l'excitant du sens donné, et par celle de la sensation qu'elle fait naître, c'est-à-dire de la fonction systématique qui lui fait immédiatement suite (nerfs *optiques*, *acoustiques*, *tactiles*, *gustatifs*, *olfactifs*).

b. *Espèces motrices*. — Les nerfs moteurs (neurones terminaux) sont aussi désignés d'après le phénomène *extérieur* de *mouvement*, qu'ils font naître dans les cellules qu'ils abordent par leur terminaison.

A l'inverse des nerfs sensitifs qui provoquent l'accomplissement d'une fonction systématique, ils excitent, eux, une fonction purement cellulaire (contraction dans les éléments des muscles ; sécrétion dans les éléments des glandes, etc.). On les divise naturellement en catégories correspondant à ces fonctions (nerfs *moteurs* proprement dits, nerfs *sécréteurs*, etc.).

II. **Neurones intermédiaires**. — Les désignations précédentes sont à la fois compréhensibles et légitimes ; le problème à résoudre est au surplus relativement simple quand il s'agit des deux classes de nerfs précédentes, parce que, placés à l'entrée et à la sortie du système nerveux, ils nous laissent mieux voir leur rapport avec l'extérieur, qui reste notre critère. Des difficultés très grandes surgissent, quand on aborde les neurones de la masse intermédiaire et qu'on cherche à en donner une classification reposant sur leurs fonctions. Étant intérieurs au système nerveux lui-même, sans rapport direct avec les organes périphériques de réception de l'excitation ou d'exécution du mouvement, nous sommes privés des deux moyens qui nous ont servi plus haut pour choisir et justifier nos désignations.

L'excitation, ils la reçoivent d'autres nerfs qui les précèdent, et ils la restituent à d'autres nerfs qui les suivent. Leur fonction est ainsi de transmettre l'excitation d'un élément nerveux à un autre élément nerveux. Soit dans la façon dont ils reçoivent cette excitation, soit dans la façon dont ils la transmettent, il n'est pas douteux qu'ils doivent présenter entre eux des différences, dont les neurones initiaux et terminaux nous fournissent un modèle, du reste imparfait, mais qui sont plus obscures encore, à coup sûr. Toutefois, des faits positifs nous apprennent que cette transmission peut avoir, sur l'activité des neurones, deux résultats bien différents et opposés. *L'excitation transmise d'un neurone à un autre peut avoir pour effet :* a. *de le provoquer à l'activité,* b. *de le réduire à l'inactivité.* Ces deux effets sont évidemment exclusifs l'un de l'autre, et s'observent dans des circonstances particulières à chaque cas.

Neurones excitateurs et neurones inhibiteurs. — Les neurones intermédiaires peuvent donc avoir, avec les neurones avec lesquels ils entrent en rapport, deux fonctions différentes qui en font deux classes distinctes. Les uns excitent l'activité, manifestent la fonction de ceux qui leur font suite : on peut les appeler excito-fonctionnels ou simplement *excitateurs*, puisque nous ne préjugeons pas la fonction qu'ils excitent. Les autres interdisent la manifestation fonctionnelle des voies nerveuses subséquentes : on peut les appeler inhibito-fonctionnels ou simplement *inhibiteurs*, par opposition aux précédents.

Le rôle, soit de transmission, soit d'empêchement de la transmission des excitations, qui correspond à la fonction la plus générale de ces neurones, doit se décomposer en un certain nombre de fonctions secondaires, visant les modalités, certainement diverses, d'après lesquelles se fait cette transmission positive ou négative, suivant les cas.

Ces modalités que nous ne pouvons que supposer visent les *directions*, les *conflits* et, d'une façon très générale, les *rapports* imprimés aux excitations dans les systèmes compliqués de neurones qui constituent la partie la plus proprement nerveuse du système nerveux.

Présentement, nos méthodes d'analyse ne nous fournissent aucun moyen de saisir directement ces actions exercées par un élément nerveux sur un autre élément nerveux. Le peu que nous en connaissons nous est livré, d'une façon indirecte, par les témoins ultimes de l'activité nerveuse (organes du mouvement exécuteurs des fonctions).

III. **Systèmes fonctionnels de neurones**. — Une autre source de difficultés du classement des espèces nerveuses vient du fond même du sujet, je veux dire de la complexité des lois qui régissent l'organisation des éléments nerveux en systèmes hiérarchiquement superposés, lesquels sont, chacun à son tour, des pièces constituantes les unes des autres. Une nomenclature fondée sur des divisions dichotomiques, analogue aux classifications botanique ou zoologique, est toutefois insuffisante pour donner l'idée d'une telle organisation. Les divisions et subdivisions des fonctions nerveuses, quand on les connaîtra exactement, ne s'étaleront pas sur un même plan, mais s'étendront dans de multiples directions.

Une première distinction à faire est, une fois de plus, de ne pas confondre et, au contraire, de séparer les fonctions qui reviennent à des éléments de celles qui reviennent à des ensembles ; de distinguer les fonctions cellulaires des fonctions systématiques. Quelques exemples clairs feront ressortir cette différence.

Exemples. — Le nerf phrénique est le nerf moteur du diaphragme. A cet effet, il lui communique l'excitation pour l'accomplissement de sa contraction dans toutes les fonctions auxquelles ce muscle participe. Comme pour la plupart des muscles, ces fonctions sont multiples. Pour le diaphragme, on en peut citer au moins deux : la ventilation pulmonaire et la déglutition des aliments. Le diaphragme, dans la respiration, aspire l'air dans la poitrine ; dans la déglutition, il aspire le bol alimentaire dans l'œsophage. Dans le premier cas, il associe son action à un certain nombre de muscles thoraciques qui concourent à la respiration, à l'inspiration ; dans le second, il l'associe à des muscles buccaux, pharyngiens et œsophagiens qui concourent à la déglutition. Ces associations musculaires, et celles des neurones qui commandent directement à ces muscles, sont réalisées dans le système nerveux, à savoir dans la partie de celui-ci qui est intermédiaire aux nerfs moteurs et aux nerfs sensitifs proprement dits et qui est formée de ces neurones que l'on appelle d'association. Pour la fonction de déglutition, le nerf phrénique entre dans un ensemble, dans un système défini ; pour sa fonction de respiration, il entre dans un autre système également défini. — Ce n'est pas le nerf phrénique qui est respiratoire, comme on le dit quelquefois, mais bien le système auquel il appartient au moment où il entre dans l'accomplissement de la fonction que ce système réalise.

Le nerf hypoglosse, par les muscles qu'il innerve, peut de même concourir à plusieurs fonctions différentes : mastication, déglutition, langage articulé, etc. Cela également par les associations qu'il contracte avec d'autres nerfs commandant à d'autres muscles ; associations qui, suivant leur degré d'importance et de complexité, se font entre des neurones des régions bulbaire, pédonculaire ou corticale du système nerveux. — Le raisonnement, pour être précis, s'applique du reste non à l'hypoglosse, faisceau de neurones pris en masse, mais à chaque neurone composant de ce faisceau nerveux.

Le facial, tous les nerfs moteurs, prêteraient à des remarques du même genre, évidentes d'elles-mêmes, mais qui méritent d'être faites. Les expressions de nerfs respirateurs, nerfs phonateurs, nerfs de l'expression et autres semblables ne sont exactes qu'à la condition de transposer ces épithètes du nerf terminal, auquel on les applique d'habitude, à l'ensemble qui réalise la fonction ainsi désignée.

Dans l'exemple qui précède, il s'agit de mouvements consommés au même lieu et sensiblement dans les mêmes muscles, mouvements qui, suivant leur degré de complication, réclament une systématisation elle-même plus ou moins compliquée et étendue dans le système nerveux. Si nous considérons maintenant des mouvements consommés dans des lieux différents et en apparence indépendants, les systèmes qui les coordonnent fonctionnent, dans une certaine mesure, indépendamment les uns des autres ; mais cette indépendance n'est presque jamais absolue. Entre ces systèmes juxtaposés ou parallèles, des liaisons existent, tantôt plus serrées, tantôt plus lâches, par lesquelles ils se pénètrent les uns les autres et garantissent, au milieu d'une incessante variété, l'unité du système nerveux. Du reste, il faut comprendre que leur limitation, telle que nous la concevons pour pouvoir les décrire, est, dans une large mesure, arbitraire; elle répond, dans chaque cas, à un phénomène extérieur de mouvement que nous avons nous-même limité conventionnellement pour en faire l'analyse. Au lieu de limites nettes séparant des territoires nerveux définis, c'est plutôt une laxité progressive des liaisons entre éléments et systèmes voisins qu'il faut admettre pour rester dans la vérité. Ajoutons que ces limites vaguement indiquées changent à chaque instant, suivant les variations de la fonction.

IV. **Les centres.** — Cette organisation des éléments nerveux en systèmes et sous-systèmes de complexité variable, qui excitent et coordonnent les fonctions, doit se substituer, à notre sens, à la notion des centres auxquels on avait conféré, par *a priori*, cette faculté d'excitation et de coordination. Si toutefois, comme il est d'habitude de le faire, on appelle « centres » les régions de la substance grise où s'établissent les liaisons anatomiques et fonctionnelles entre éléments et systèmes, on peut conserver cette expression, mais il faut limiter la notion qu'elle implique à celle des rapports qui, dans la substance grise, s'établissent entre les composants des ensembles systématiques. Cette définition s'éloigne de l'étymologie du mot, mais elle correspond à l'exacte vérité. En fait, nous voyons que ces lieux de substance grise qu'on appelle des centres sont d'autant plus étendus et multipliés que la fonction est plus élevée, que ses mouvements sont plus complexes, et, on peut même dire, plus spontanés. Ces soi-disant centres sont une des conditions importantes de la systématisation : ils nous l'expliquent.

Pour prendre un exemple, les nerfs vaso-moteurs (c'est-à-dire de la circulation) sont un système de ce genre plus simple que les précédents, dont les neurones d'association s'étendent, en dehors du canal rachidien, vers les ganglions du grand sympathique. Ce dernier nous apparaît manifestement comme un ensemble systématisé de neurones qui gouverne non seulement la circulation, mais encore d'autres fonctions analogues.

1. *Le système nerveux et la chaleur. — Les nerfs thermiques.*

L'activité cellulaire se manifeste très généralement par du mouvement plus ou moins apparent; elle se manifeste plus généralement encore par un développement de chaleur. Le muscle qui se contracte, la glande qui sécrète, s'échauffent, l'un plus, l'autre moins, mais tous deux sensiblement. Cet échauffement est, comme le mouvement lui-même, un témoin de l'activité des organes et indirectement de l'activité des nerfs qui leur commandent. Les nerfs moteurs (ou sécréteurs) sont donc, de ce fait même qu'ils sont moteurs, des nerfs thermiques ou calorifiques. Les nerfs inhibiteurs ou d'arrêt sont des nerfs qui empêchent non seulement l'apparition du mouvement, mais le dégagement de la chaleur. Il ne faut pas les appeler frigorifiques, comme on l'a fait quelquefois, parce qu'en réalité ils ne font pas absorber la chaleur extérieure par les organes, mais empêchent seulement ceux-ci d'en produire.

I. **Fonction cellulaire excitatrice de dégagement de la chaleur.** — Quoi qu'il en soit, le dégagement de la chaleur étant le phénomène le plus général de l'activité des cellules, il n'est aucun nerf qui, de près ou de loin, n'influence la thermogenèse.

D'autre part, ce développement de la chaleur n'étant, comme le mouvement lui-même, qu'une des faces de la fonction cellulaire, il s'ensuit que tous les nerfs, qui de près ou de loin produisent le mouvement, sont de ce fait des nerfs thermiques, et réciproquement il n'y a de nerfs thermiques que ceux qui influencent le mouvement. Autrement dit, *les nerfs thermiques ne sont pas distincts des nerfs moteurs*, mais ne sont autre chose que ces nerfs eux-mêmes envisagés dans leur rapport avec la chaleur, au lieu d'être envisagés dans leur rapport avec le mouvement, les deux choses n'étant du reste que des aspects différents de la même fonction.

II. **Fonction systématique régulatrice de la température.** — Au point de vue cellulaire, la fonction des nerfs thermiques se confond avec celle des nerfs moteurs ; mais il n'en existe pas moins (chez les vertébrés supérieurs) une *fonction de régulation de la chaleur*, et cette fonction emploie un système particulier de nerfs coordonnés, en vue d'obtenir une température fixe ; système dans lequel les nerfs à proprement parler moteurs n'entrent que pour une part, en vue d'activer ou ralentir, suivant les cas, la chaleur formée, à côté d'autres nerfs qui activent ou ralentissent, également suivant les cas, sa déperdition par la peau et le poumon, de manière à assurer par des compensations ce niveau thermique fixe, au milieu et en dépit des variations de la température extérieure.

Cet exemple est un des plus propres à mettre en évidence la *dépendance de la partie à l'égard du tout et du tout à l'égard de la partie*, qui est un des traits de l'organisation animale.

Les systèmes qui, par l'association des éléments dans un ordre déterminé, réalisent ces fonctions d'où dépend la vie avec ses manifestations de toute nature, ne doivent pas être considérés comme des ensembles juxtaposés et entièrement indépendants. En effet, ils sont inclus les uns dans les autres, comme le composant l'est dans le composé. C'est ainsi que le système qui conditionne l'émission du cri est inclus dans ceux qui conditionnent la phonation, le langage articulé réflexe, le langage médité et réfléchi. Le premier est comme la base et le point de départ des autres, qui se constituent par des additions successives dont le couronnement est dans une région déterminée de l'écorce cérébrale.

2. *Le système nerveux et la nutrition.* — *Les nerfs trophiques.*

Parmi les phénomènes dont l'observation et l'expérience établissent la relation avec le système nerveux, il en est de simples comme la chaleur et le mouvement, mais il en est aussi d'autres compliqués et beaucoup plus vaguement définis, comme ceux qu'on désigne sous le nom général de *nutrition*. En agissant sur le système nerveux, on dérègle la chaleur, et nous avons vu que cette action n'implique pas des nerfs spéciaux, apportant aux cellules une influence spéciale, mais qu'elle se confond avec l'action excitatrice générale des nerfs du mouvement sur ces cellules. En agissant sur le système nerveux, on peut aussi troubler la nutrition des tissus en puissance de nerfs, et il faut montrer que cette perturbation n'est, une fois de plus, qu'une conséquence, celle-là plus éloignée, du défaut ou de l'excès de fonctionnement (suivant les cas) qui suit l'altération nerveuse, et non pas une influence spécifique, apportée aux cellules par des nerfs anatomiquement distincts, qui seraient les nerfs trophiques.

En principe, cette tendance à admettre autant d'espèces nerveuses que l'on aperçoit de relations entre le système nerveux et les organes qui en dépendent est antiscientifique, et le raisonnement en démontre aisément le mal fondé.

I. Influence immédiate et influence consécutive du système nerveux sur les tissus. — Altération des muscles. — La section des nerfs qui commandent aux muscles a pour conséquence *immédiate* leur paralysie, c'est-à-dire la cessation du dégagement d'énergie (chaleur et travail mécanique) par lequel se traduit leur activité. Elle a de plus comme conséquence *éloignée* une modification structurale de la fibre musculaire, qui perd ses caractères histologiques et s'atrophie : *cette dégénération atrophique est une conséquence du défaut permanent d'activité de l'élément musculaire.* Trois conditions sont essentielles à la vie cellulaire : apport de la substance de remplacement, apport de l'énergie (qui est du reste liée à cette substance), apport de l'excitation qui utilise cette énergie et cette substance : il suffit qu'une seule de ces conditions fasse défaut pour que la cellule soit en péril ; c'est une loi générale dont nous voyons ici seulement un cas particulier.

11. **Altérations de la peau et de la cornée**. — La section des troncs nerveux qui sont en relation avec la peau ou la cornée a pour conséquence également d'amener, au bout d'un certain temps, des altérations structurales de ces membranes (opacité, ulcérations, etc.). Ces troubles de la nutrition ont été et sont encore un des arguments les plus sérieux invoqués par ceux qui admettent l'existence d'une espèce nerveuse indépendante, spécifiquement trophique ; et la force de l'argument vient ici de ce qu'on ne connaît pas de nerfs, analogues aux nerfs excitateurs des muscles, se distribuant à la peau ou à la cornée, pour provoquer et régir la fonction de ces organes. Mais cela tient sans doute à ce que cette fonction elle-même d'ordre chimique ou moléculaire échappe à nos moyens de constatation, ne se traduit par rien de directement visible au moment de la section ou de l'excitation des nerfs cutanés ou cornéens. Elle n'en est pas moins gravement altérée par la lésion des nerfs qui lui commandent, et cette altération ne se révèle que par ses suites éloignées, à savoir la dégénération structurale, qui est la conséquence forcée de la perversion du fonctionnement.

En somme, *les nerfs* soi-disant *trophiques ne sont*, comme les nerfs soi-disant thermiques, *que les nerfs excitateurs de la fonction propre de l'organe auquel ils se rendent*. Ce sont les mêmes fibres, histologiquement parlant. — Il est à supposer que ces nerfs excitateurs se rendent à tous les éléments fixes de l'organisme, tout au moins à la plupart d'entre eux. Là où la fonction est évidente, ils se montrent à la fois excitateurs de la fonction et régulateurs de la nutrition. Là où elle est inconnue ou dissimulée, ils nous apparaissent seulement comme trophiques. C'est ce qui a fait croire à l'existence distincte et indépendante des nerfs spécialement dévolus à la nutrition.

Unité de fonction et unité d'excitation cellulaire. — Il n'existe, se rendant à un élément cellulaire donné, qu'un seul ordre de neurones, celui qui est excitateur de la fonction propre de l'élément. Dans cette fonction relativement simple (fonction cellulaire), mais qui a des aspects multiples et divers, tout se tient étroitement : l'excitation ou la non-excitation, à laquelle nous la condamnons par nos interventions sur le système nerveux, y font dérouler une suite nécessaire de phénomènes, rappelant ceux de son activité normale ou même pathologique. Le lien qui rassemble ces phénomènes dans une dépendance commune et donne à chaque cellule son unité fonctionnelle, ce lien n'a rien à voir avec le système nerveux ; il est intérieur à la cellule elle-même, bien différent de celui qui organise les systèmes fonctionnels et qui, réalisé entre les éléments du système, se trouve à son tour intérieur à celui-ci. Pour en revenir à la nature de l'action nerveuse qui établit cette liaison entre les éléments dans la constitution des systèmes, répétons qu'elle est univoque; elle ne peut être qu'excitatrice ou inhibitrice; elle fait éclater les manifestations fonctionnelles dans leur succession régulière, ou bien elle les empêche de se produire quelles qu'elles soient; elle n'en règle ni la nature, ni le sens particulier. Elle est une cause provocatrice, elle n'est pas une cause efficiente.

3. *Le système nerveux et la chimie animale.*

Les troubles trophiques qui résultent des altérations fonctionnelles du système nerveux ont des façons assez diverses de se manifester, telles que : atrophies, hypertrophies, déviations de la forme extérieure des appareils et des organes, directement appréciables à l'observation. Ces changements *macroscopiques* sont déterminés par les altérations d'ordre *microscopique* des cellules composantes de ces parties. Si nous poussons l'analyse encore plus loin, nous voyons que ces altérations dites élémentaires dépendent, à leur tour, de structures d'un ordre plus élémentaire encore, intérieures à la cellule, *moléculaires* en un mot, et qui sont ainsi la base première de l'organisation de l'être vivant. Ces structures moléculaires ne sont autre chose que celles que la chimie étudie par ses moyens propres, quand elle veut se rendre compte de la constitution des différentes substances, depuis les corps simples jusqu'à l'albumine par exemple.

Les degrés de l'organisation. — L'organisation de l'être vivant forme ainsi une série continue et étagée régulièrement, dont le point de départ est dans les éléments chimiques : toucher à cette dernière, c'est compromettre l'édifice entier ; la maintenir dans son intégrité est une des conditions essentielles de sa persistance et de sa solidité. Il est pour cette raison nécessaire que nous examinions les rapports du système nerveux avec le chimisme animal.

Convergence des phénomènes. — Entre un tissu aussi hautement différencié et des structures de l'ordre moléculaire (c'est-à-dire le plus inférieur), les rapports ne sont pas évidents à première vue. On les comprend mieux, si on réfléchit que les phénomènes moléculaires intérieurs à la cellule sont subordonnés les uns aux autres, cycliques, convergents vers un acte défini, et que leur résultat final peut être aussi simple que leur mécanisme est compliqué. Deux éléments cellulaires, deux systèmes organisés, ont ainsi la possibilité d'agir l'un sur l'autre par des actes d'une grande simplicité. L'excitation des tissus par les nerfs est un acte de ce genre. Assez simple en soi, elle est, pour le tissu excitateur, le phénomène terminal d'une série compliquée et, pour le tissu excité, le phénomène initial d'une autre série également compliquée d'actes cycliques et convergents.

Équilibre nutritif. — Les troubles trophiques nous sont décelés par un changement dans la forme et la structure des organes. Il faut, à ce propos, nous rappeler que la structure moléculaire (ou autre) de ces parties n'est pas un état statique, mais que la persistance de leurs formes masque un renouvellement incessant de la substance organisée. Cette persistance est l'indice de la régularité de ce renouvellement. Du fait que la structure des organes dépend d'un équilibre ainsi perpétuellement mobile, elle réclame une influence directrice capable d'établir entre les forces qui y coopèrent les compensations nécessaires pour le maintenir dans ses justes limites : et le système nerveux, de par les fonctions que nous lui connaissons, nous apparaît de nouveau comme étant le plus propre à assumer cette influence directrice et régulatrice.

Les actes de l'être vivant ont pour origine première des réactions chimiques de sa substance. Le système nerveux, quand il intervient, n'a pouvoir sur ces actes que par l'intermédiaire de ces réactions. Quel est le mode d'influence qu'il a sur elles? Mais d'abord quelles sont ces réactions elles-mêmes? Comment se classent-elles?

Réactions de l'organisme. — Les unes de ces réactions sont *réversibles*; les autres, *irréversibles*.

a. *Réactions réversibles.* — Un phénomène est dit réversible quand il consiste en un *changement ou une série de changements pouvant se faire indifféremment dans les deux sens, de l'état initial à l'état final et de l'état final à l'état initial, en repassant exactement par les mêmes intermédiaires.* Exemple : de l'oxygène et de l'hémoglobine étant soumis (toutes choses égales du côté de la température) à des pressions croissantes, un composé se formera, l'oxyhémoglobine, dont la quantité est dans un rapport défini avec cette pression. Si les pressions vont décroissant, la quantité d'oxyhémoglobine décroîtra en suivant la même courbe en sens inverse. Il y a ainsi tantôt association et tantôt dissociation des deux composants, et on dit que l'oxyhémoglobine est une combinaison *dissociable*.

b. *Réactions irréversibles.* — Un phénomène est irréversible, quand il consiste en un *changement ou une série de changements qui ne peuvent avoir lieu que dans un sens déterminé,* de sorte que, *pour revenir de l'état final à l'état initial, il faut suivre nécessairement un cycle différent de celui suivi en allant de l'état initial à l'état final.* Exemple : du glycogène étant brûlé au contact de l'oxygène, il se forme de l'acide carbonique et de l'eau; mais nous ne connaissons pas de moyens inverses (ni même aucun moyen en chimie ordinaire) de refaire avec cet acide carbonique et cette eau du glycogène et de l'oxygène. La formation du glycogène d'une part, sa destruction de l'autre, sont des réactions irréversibles.

Équilibre chimique. — Au point de vue énergétique, les réactions réversibles et irréversibles diffèrent également profondément.

1° **Dans les réactions réversibles.** — Dans les premières, *l'équilibre chimique est constant et stable* : suivant, en effet, l'état de la température et de la pression, la combinaison se fait ou se défait, dans les proportions voulues pour que cet équilibre soit aussitôt satisfait. Dans de telles combinaisons, les corps n'acquièrent aucune réserve d'énergie, aucun potentiel.

2° **Dans les réactions irréversibles.** — Dans les secondes, il n'en est pas de même : le cycle complet du phénomène, en partant d'un état initial donné pour revenir à cet état initial, comporte en effet à son tour deux ordres de réactions inverses, mais non symétriques comme pour les premières.

a. *Phase ascendante.* — Dans une première phase, les corps réagissants absorbent et accumulent en eux une certaine quantité d'énergie liée à la position particulière que prennent leurs molécules au-dedans d'eux; la réaction est dite alors *endothermique.* Exemple : l'énergie de la radiation solaire est absorbée par les plantes pour la synthèse de l'amidon; les molécules du corps ainsi formé sont dans un *équilibre instable*; l'énergie accumulée en lui, pour leur donner leur position particulière, est toujours prête à se dépenser, pour les en faire sortir et détruire le corps en donnant naissance à des composés nouveaux. L'énergie mise ainsi en provision est ce qu'on appelle sa réserve ou son potentiel énergétique; le corps est dit explosif.

b. *Phase descendante.* — Dans une seconde phase, cet équilibre instable est détruit, les molécules perdent leur situation relative, des composés nouveaux apparaissent, l'énergie tenue en réserve est rendue libre et se manifeste sous forme de chaleur ou de travail mécanique ; la réaction est dite alors *exother-mique*. Exemple : de l'amidon (ou du glycogène) au contact de l'oxygène se transforme en acide carbonique et eau, avec dégagement de toute l'énergie radiante absorbée par la plante pour former ce composé.

Rupture d'équilibre. — Le cycle irréversible se distingue, comme on voit, du cycle réversible, en ce qu'il a un sens défini dont les étapes sont reconnaissables. On peut lui reconnaître une phase *ascendante* de mise en réserve de l'énergie et une phase *descendante* de dépense de l'énergie. Entre les deux se place le phénomène de rupture de l'équilibre moléculaire, qui ouvre la seconde phase.

Énergie de dégagement. — Cette rupture d'équilibre nécessite l'intervention d'une énergie que, depuis Helmholtz, on appelle *énergie de dégagement*.

Action nerveuse directe. — Le principe suivant peut être considéré comme hors de conteste : *le système nerveux ne peut avoir d'action* DIRECTE *que sur les réactions exothermiques de l'organisme*, c'est-à-dire sur les réactions irréversibles qui dégagent de l'énergie. Représentant lui-même une énergie de quantité infime (énergie de dégagement), il ne peut avoir d'action efficace directe que pour rompre un équilibre instable. Son rôle est de faire dépenser l'énergie, non de la fournir aux tissus en la canalisant. L'énergie vient par une autre voie : elle est apportée par les aliments qui l'ont en provision et que la circulation distribue en eux, sous forme de réserves somatiques ou cellulaires.

La comparaison des *ingesta* avec les *excreta* montre bien cette *origine alimentaire* de l'énergie. La chaleur de combustion des premiers est considérable, celle des seconds est presque nulle ; la différence entre les deux mesure précisément la quantité d'énergie qui se dégage de l'organisme animal, dans le cours des transformations, qui font des premiers les seconds. Le système nerveux a pour rôle de commander et de diriger cette dépense énergétique, en suscitant les réactions transformatrices, qui tirent les excreta des aliments.

Synthèses dans les animaux. — Si toutefois ces transformations, dans leur ensemble, suivent une pente générale qu'on peut appeler descendante, il n'est pas moins certain que de leur état initial (aliments) à leur état final (excreta), elles présentent certaines oscillations, au cours desquelles l'énergie est tantôt libérée, tantôt absorbée, avant d'être finalement dépensée dans sa presque totalité. A côté des réactions analytiques, qui donnent au chimisme animal sa caractéristique dans le cycle général du règne vivant (végétal et animal), il y a des réactions synthétiques qui s'opèrent dans l'animal, à l'image, sinon à l'égal, de celles qui s'opèrent dans le végétal.

Action nerveuse indirecte. — Dans l'animal qui possède un système nerveux, comme dans le végétal qui n'en possède pas, ces réactions synthétiques échappent à l'action *directe* de ce système particulier.

a. *Sur les réactions irréversibles endothermiques.* — Elles peuvent néanmoins d'une façon *indirecte* retomber sous sa dépendance, en ce sens qu'une partie de l'énergie rendue libre par les réactions exothermiques peut être utilisée *in situ* pour l'accomplissement des réactions endothermiques, qui réclament une énergie disponible pour pouvoir s'opérer. La chaleur dégagée par les cellules, au cours de leur fonctionnement, ferait ici l'office des radiations solaires, qui accomplissent les synthèses des végétaux ; et ainsi s'expliquerait la liaison si étroite qui existe, dans les cellules, entre la dépense énergétique dont elles sont le siège et la reconstitution de leurs réserves disponibles, à mesure de leur épuisement.

b. *Sur les réactions réversibles.* — En ce qui concerne les réactions réversibles, leur caractéristique étant de présenter un équilibre moléculaire constant, l'énergie de dégagement qui circule dans le système nerveux n'a pas de prise sur elles. Là où l'équilibre est stable, il ne saurait y avoir rupture d'équilibre. Mais ces réactions peuvent également, comme les précédentes, retomber sous l'influence nerveuse par une voie détournée : il suffit, pour cela, que les conditions de température et de pression d'où elles dépendent soient elles-mêmes changées par l'action nerveuse, je veux dire par les conséquences directes de cette action.

Exemple. — C'est ce qui arrive dans le muscle, lorsque, du fait de l'excitation de son nerf, l'oxygène en dissolution dans son plasma se porte sur le glycogène pour le comburer : la condition de température n'est pas notablement changée, mais la tension des gaz l'est considérablement. Le glycogène, pour se transformer en acide carbonique, absorbe l'oxygène du plasma musculaire, abaisse par conséquent la tension de ce gaz dans le milieu liquide intracellulaire. De ce fait, l'hémoglobine musculaire, puis l'hémoglobine du sang, sont dissociées. Emportée par le sang veineux, cette hémoglobine retrouve dans le poumon une tension de l'oxygène suffisante, pour refaire la combinaison oxyhémoglobique détruite dans le muscle ; laquelle à son tour, emportée par le courant artériel au contact du muscle, s'y détruira de nouveau, et ainsi de suite.

Phénomène initial. — Le point de départ de ces changements n'est pas dans le poumon, comme on semble souvent le croire, mais bien dans les tissus, et *le phénomène initial est une excitation nerveuse*, dont les conséquences de proche en proche se sont fait ressentir dans toute l'économie : par voie indirecte, il est vrai, mais d'une façon inévitable.

BIBLIOGRAPHIE.

Mouvements réflexes ; pouvoir réflexe. — Beaunis, C. R. Acad. sc., 1883, p. 841. — Beyer, Arch. gén. de méd., 1834. — Brown-Séquard, Physiol. comparée, Biologie, 1849 et 1857. — Calmeil, Journ. des progrès, 828, t. XI. — Carpentier. Principles of Physiology, 3ᵉ éd., London, 1851. — Danileski, Arch. f. d. ges. Phys., 1892, Bd LII. — Debrou, Arch. gén. de méd., 1847, t. XV, p. 222. — Flourens, Fonct. du syst. nerveux. — Fodera, Journ. de la physiol. exp., t. III, p. 214. — Freusberg, Arch. v. Pflüg., 1874, t. IX, p. 358. — Van Gehuchten, Le mécanisme des mouvements réflexes, 1897. — Gergens, Arch. v. Pflüg., 1877, t. XIV, p. 340, et 1876, t. XIII, p. 61. — Grainger, Fonctions of spinal Cord, London, 1837. — Goltz... Nervencentra des Froscher, 1869. — Helmholtz, Monatbl. Berl. Acad., 1864. — Hering, Uber. d. Gedächtnis als allg. Funct. d. organisirt Materie, Sitz. d. k. Acad. d. Wiss. Wien, 1870. — Lallemand, Obs. path. propr. à éclair. plus. points de physiol., Dissert. inaug., Paris, 1818. — Legallois, Œuvres, Paris, 1830, t. I. — Loeb. Arch. f. d. ges. Phys., 1894. — Marshall-Hall, Philos. Trans., 1833 ; The Lancet, 1838 ; Ann. sc. nat., 2ᵉ série, 1837, t. VII ; Aperçu sur le syst. spin., Paris, 1855. — J. Müller, Manuel de phys., t. I, p. 608 (trad. Jourdan). — Os. Naumann, Arch. v. Pflüg., 1872, t. V, p. 196. — Pflüger... Zeistungesetze d. Reflexionen, 1852. — Prochaska, Operum minorum anat. phys. et path. argum., Viennæ, 1800. — Vulpian, Leçons sur la phys. comp. du syst. nerv. — Walton. Arch. f. Anat. und Phys., 1882, p. 46. — — Ward, Arch. f. Anat. und Phys., 1880, p. 72. — Whytt, On the vital and the other involuntary motions of animals, Edinburgh, 1750. — Wundt, Ub. reflex. org., 1876.

Inhibition des réflexes. — Albertoni, Arch. ital. de biol., 1887 ; Ch. Bernard, Leç. sur le syst. nerv., Paris, 1858, t. 1, p. 378. — Brown-Séquard, Arch. de phys., 1879, p. 495. — E. Cyon, Beiträge z. Anat. und Phys., 1875. — Gluge, Inhib. des mouv. rythm. du sphincter, Bull. Acad. Roy. Belg., 1868. — Goltz, Arch. f. d. ges. Phys., 1873. — A. Herzen, Unters. z. Naturlehre, t. IX. — Langendorff. Arch. f. Anat. und Phys., 1877, p. 96 ; 1877, p. 435. — P. Marie, Leçons sur les maladies de la moelle, 1892. — Nothnagel, Centralbl., 1869. — Ris. Russel, Brit. med. Journ., 1896. — Schlösser, Arch. f. Anat. und Phys., 1880, p. 303. — Setschenow, C. R. Acad. sc., 1863 ; Arch. v. Pflüg., 1875, t. X, p. 163 ; Zeit. f. rat. Med., XXIII et XXVI. — Simonoff, Arch. f. Anat., 1866. — Spode, Arch. f. Anat. und Phys., 1879, p. 113. — Tarchanoff, Arch. f. d. ges. Phys., 1887, Bd XL, p. 340. — Weil, Centralbl., 1871.

Réflexes fragmentaires. — Bethe, *Arch. f. d. ges. Phys.*, 1897, Bd LXVIII. — Goltz, *Centralbl. f. d. Wiss.*, Berlin, 1866. — Herbert Mayo, Anat. and Phys. Comment., London, 1823, vol. II. — Masius, *Mém. Acad. Roy. de Belgique*, 1870, t. XXI. — Sherrington. *Phil. Trans.*, 1893, vol. CLXXXIV, p. 641.

Tonus; contractures. — Bischoff, *Wien. klin. Woch.*, 1896. — Bouchard, *Arch. gén. de méd.*, 1866. — Brondgeest, *Arch. de Du Bois-Reymond*, 1860, p. 703. — Bruns. *Arch. f. Psych.*, 1893, XXV. — Van Gehuchten, *Journ. de neurol.*, 1897 et 1898. — Mann, *Neurol. Centralb.*, 1898. — P. Marie, Leçons sur mal. de la moelle. — Marinesco, *Sem. méd.*, 1896, p. 214, et 1898. — Verworn, *Arch. f. d. ges. Phys.*, 1896.

Réflexes médullaires. — A. Bickel, *Arch. f. d. ges. Phys.*, 1892, Bd. LII. — — Hallstein, *Arch. f. Anat. und Phys.*, 1885, p. 167; 1886, p. 92 et p. 500; 1887, p. 316; 1888, p. 163. — Loeb, *Arch. f. d. ges. Phys.*, Bd XLIX. — Mehnizen, *Arch. v. Pflüg.*, 1873, t. VII, p. 201. — Mendelssohn. *Sitz. d. k. pr. Acad. d. Wiss.*, 1882, 1883, 1885; *Congrès de neurologie de Bruxelles*, 1897. — J. Ott, Dil. pupill., *Journ. of Phys.*, 1879-80, t. II, p. 443. — Rosenthal et Mendelssohn, *Neurol. Centralb.*, 1897. — Sanderz-Hezn, *Arb. aus d. phys. Anat. z. Leipzig*, mit geth. d. Ludwig, 1867. — Sherrington, *Phil. Trans.*, 1897; Textbook of Physiol. of Schäffer.

Réflexe tendineux. — Barbé, *Biologie*, 1889. — Brown-Séquard, *Journ. de la phys.*, 1858. — Bouchard, *Arch. gén. de méd.*, 1866. — Brissaud, Recherches physiologiques, 1880. — Charcot et Joffroy, *Arch. de phys.*, 1869. — Gotch, *Journ. of Phys.*, 1897. — Heller, *Berl. klin. Woch.*, 1886. — Hug. Jackson et R. Russell, *Brit. Med. Journ.*, 1893. — Jendrassik, XIII° Congrès int. de méd. Paris, Neurologie, p. 155. — Joffroy, *Arch. de phys.*, 1881, p. 474. — Lombard, *Americ. Journ. of Phys.*, 1888; *Arch. f. d. ges. Phys.*, 1889, suppl. p. 292. — Meyer, *Berlin. klin. Woch.*, 1888. — Weir-Mitchell et Lewis, *Med. News Philad.*, 1886. — Muskens, *Neurol. Centralbl.*, 1899. — Plympton Lombard, *Arch. f. Anat. und Phys.*, 1889, suppl. p. 292. — Prevost, *Revue de la Suisse romande*, 1881. — Sherrington, *Journ. of Phys.*, 1892; *Proceed. Roy. Soc.*, 1892; XIII° Congrès intern. de méd. Paris, Neurologie, p. 149. — Schreiber. *Arch. f. exp. Path. und Pharm.*, 1885, Bd XVIII, p. 270. — Teschirjew, *Arch. f. Anat. und Phys.*, 1880, p. 566. — Waller. *Journ. of. Phys.*, 1890. — Westphal, *Arch. f. Psych.*, 1873. — De Watteville, *Brain*, 1886.

Réflexe cutané. — Babinski, *Biologie*, 22 fév. 1897; *Revue neurol.*, 1900. — Boeri, *Riforma medica*, 1899. — De Buck et de Moor, *Journ. neurol.*, 1900. — Cestan et Le Sourd, *Gaz. hôp.*, 1899. — Van Gehuchten, *Journ. de neurol.*, 1897. — Remak, *Neurol. Centralbl.*, 1893. — Walton et Paul, *Journ. of nerv. and ment. dis.*, 1900.

Réflexe crémastérien. — Marandon de Montyel, *Arch. de phys.*, 1895, p. 571.

Réflexes respiratoires. — François-Franck, *Arch. de phys.*, 1890, p. 508. — Gad. *Arch. f. Anat. und Phys.*, 1881, p. 566; 1886, p. 388; 1890, p. 588; 1891, p. 335. — Joseph, *Arch. f. Anat. und Phys.*, 1883, p. 463. — Sandmann, *Arch. f. Anat. und Phys.*, 1887, p. 483.

Réflexes vaso-moteurs. — Belfield, *Arch. f. Anat. und Phys.*, 1882, p. 298. — Couty et Charpentier, *C. R. Acad. sc.*, 1877, p. 161. — Cyon, *Arch. v. Pflüg.*, 1874, t. VIII, p. 327. — Dastre et Morat, Réfl. vaso-dilat. oreille, *C. R. Acad. sc.*, 1882, t. XCV, p. 929. — Dittmar, *Arb. phys. Aust. z. Leipzig*, 1870. — François-Franck, *C. R. Acad. sc.*, 1876, t. LXXXIII, p. 1109; 1879, t. LXXXVIII, p. 893; 1896, p. 179. — Heidenhain, *Arch. v. Pflüg.*, 1874, t. IX, p. 250. — Hallion et Comte, *Arch. de phys.*, 1895, p. 90. — Kabierske. *Arch. v. Pflüg.*, t. XIV, p. 518. — Kowalewsky et Adamuk, *Centralbl. f. d. med. Wiss.*, Berlin, 1868, p. 582. — Laffont, Reflex. Löven, *C. R. Acad. sc.*, 1882, t. XCV, p. 864. — Langley, *Phil. Trans.*, 1892 (bibliographie). — Luchsinger, *Arch. f. d. ges. Phys.*, 1878, Bd XVI, p. 518. — Ludwig et Thiry, *Acad. d. Wiss.*, Wien Bd XLIX. — Maragliano et Lusona, *Arch. ital. de biol.*, 1889 t. XI, p. 246. — Ranvier, *C. R. Acad. sc.*, 1892, t. CXIV, p. 629. — Stefani, Act. vaso-motrice; réflexe de la temp., *Arch. ital. de biol.*, 1895, t. XXIV, p. 414. — Reid Hunt, *Journ. of Phys.*, vol. XVIII, p. 381. — Vulpian, Leçons sur l'app. vaso-moteur.

Réflexes du grand sympathique. — François-Franck, Art. « Sympathique » du *Dictionnaire* de Dechambre. — J.-N. Langley, *Journ. of Phys.*, 1894, vol. XVI, p. 440. — Gaule, *Arch. f. Anat. und Phys.*, 1892, suppl. p. 29. — Goltz et Ewald, *Arch. f. d. ges. Phys.*, 1896, Bd LXIII. — Munck, *Arch. f. Phys.*, 1878. — Sokowin, Act. réfl. gangl. mésent. Beitr. z. Lehre d. Entleerung dex Harns, *Hoffmann und Schwalbe Jahrb.*, 1878. — Vulpian, Leçons sur les vaso-moteurs. — Wertheimer, *Arch. de phys.*, 1892.

Réflexe oculo-pupillaire. — Chauveau, *Journ. de la phys. homme et anim.*, 1861, t. IV. — Stefani et Nordera, *Arch. ital. de biol.*, 1900, t. XXXIII, p. 305. — Vulpian, *C. R. Acad. sc.*, 1878, t. LXXXVI, p. 1436.

Réflexes divers. — BERGER, Réflex. palpéb... anesthésie, *C. R. Acad. sc.*, t. XCIII p. 971. — CL. BERNARD, Réflex. intest. Leçons sur le syst. nerv., 1858, t. I, p. 378. — BICKEL, Défécation réfl.. *Rev. méd. Suisse romande*, Genève, 1897. — BOCHEFONTAINE. Excit. dure-mère. 1876-83. p. 397 ; *Arch. de phys.*, 1873. p. 1. — CYON. Contract. utérines. *Arch. f. d. ges. Phys.*, 1874, Bd VIII. — DASTRE, Réflexe labio-mentonnier, ultimum réflexe, *Biol.*, 1886. — DEJERINE, Tremblem. réflexe. *C. R. Acad. sc.*, 1878, t. LXXXVI. p. 1274. — FR.-FRANCK, *Arch. de phys.*, 1889, p. 538. — GOLTZ. Réflex. génit.. *Centralbl. f. d. med. Wiss.*, 1865, et *Arch. f. d. ges. Phys.*, 1874. — GUINARD et TIXIER, *C. R. Acad. sc.*, 1897, t. CXXV. p. 333. — ALF. HACE. Réflex. contract. sur un muscle inhibiteur sur l'autre. *Arch. f. d. ges. Phys.*, 1899, Bd LXXIII. p. 453. — KOCHER, Érection. Mitth. a. d. Grenzgeb. d. Med. und Chir.. Iéna. 1896, Bd I. p. 556. — LANGENDORFF, Réflexe croisé. *Arch. f. Anat. und Phys.*, 1887, p. 141. — MASIUS. Réfl. urinaire. *Bull. Acad. Roy. sc. Belg.*, 1868. — J. OTT, *Journ. of Phys.*, 1879. — CH. RICHET, Somnambulisme, *Arch. de phys.*, 1881. p. 145 ; Paralysie et anesthésie réflexes, *Ibid.*, 1883, t. II, p. 367. — SCHLESINGER, Réfl. utérus. *Gaz. hebd. méd. et chir.*, 1872, p. 847. — SPALLANZANI. Opera sopra la riproduzione animale. Modena, 1768 ; Exper. sopra la gener. dei anim. e veget., 1875. — C. STEWART. Réfl. vésic.. *Am. Journ. of Phys.*, Boston, 1899, vol. II. p. 182.

Autotomie réflexe. — JEAN DEMOOR. Trav. stat. zool. de Helder. 1891. — LÉON FREDERICQ, *Arch. zool. exp.*, 1883 ; *Arch. biol.*, Gand, 1882 : *Revue scientif.*, 1886 ; *Trav. lab. Marey.* 1887-88, t. II, p. 201. — PREYER, Mitth. a. d. zool. Stat. zu Neapel. 1887. Bd VII. p. 203.

Inhibition (Voy. également : *Nerfs craniens, Pneumogastrique*). — CL. BERNARD, Vaso-dilatation, *Journ. de l'anat. et de la phys.*, 1858. — BRODIE et RUSSELL. Réflex. card. inhib., *Journ. of Phys.*, 1900-1, p. 92. — BROWN-SÉQUARD. Champ de l'inhibition. *Dictionnaire de Dechambre* ; Ac. carb. inhib. de la sensibilité. *Arch. Phys.*, 1891, p. 645. — BUDGE, *Arch. de Roser et Wunderlich*. 1846. — GAD et ORCHANSKY, *Arch. f. Phys.*, Leipzig, 1887. — GASKELL. Variation électrique positive, *Journ. of Phys.*, 1887. — GLEY, Inhibition sécrétoire. *Arch. Phys.*, 1889, p. 151. — TH. HOUGH, *Journ. of Phys.*, 1895. p. 161, vol. XVIII, p, 161. — GOLTZ, Herzund Vagus, *Arch. f. Anat. und phys.*, 1863 et 1864. — HEIDENHAIN et BUBNOFF, *Arch. f. d. ges. Phys.*, 1881, Bd XXVI. — HERING et SHERRINGTON, *Arch. f. d. ges. Phys.*, Bd LXVIII. p. 222. — KNOLL. *Arch. f. d. ges. Phys.*, Bd XLVII. p. 595. — E. MEYER, Inhib. vascul. chez le nouveau-né, *Arch. de phys.*, 1893. — MORAT, Nerfs et centres inhibiteurs. *Arch. de phys.*, 1894 : L'inhibition dans ses rapports avec la température. *Arch. de phys.*, 1893. — W. MILLS, Hearth of Fish. *Journ. of Phys.*, 1886. p. 81. — H. MUNCK. Erregung und Hemmung. *Arch. f. Anat. und Phys.*, 1881, p. 553. — ODDI. Cerveau et moelle centres inhib., *Arch. it. biol.*, 1895, t. XXIV. p. 360. — E. MEYER, Inhib. vascul. nouveau-né, *Arch. Phys.*, 1893. — IS. OTT, *Journ. of Phys.*, 1880-82, vol. III, p. 163. — PFLÜGER. Ub. d. hemmungsnerv. Syst.. Berlin, 1857 : Fonct. des nerfs splanchniques. Berlin, 1855 : *Canstatt's Jahresb.*, 1856 ; *Biol.*, 1857. — SCHIFF, *Arch. f. phys. Heilkunde*. 1849, t. VIII. p. 179. — SHERRINGTON, *Proceed. Roy. Soc.*, 1893 ; *Journ. of Phys.*, 1894 ; Decerebrat. rigidity. *Journ. of Phys.*, 1898, vol. XXII. — MAX VERWORN, *Arch. f. Anat. und Phys.*, 1900, suppl., p. 105. — E.-H. et ED. WEBER in Handwörterb. d. Physiol. de Wagner, 1846 ; *Arch. d'anat. gén. et de phys.*, Paris, 1846, p. 9 ; Ann. Universali di Medicina del dott. Omodei, t. LXVI, p. 227. — MAC WILLIAM, Mammal. Heart. *Journ. of Phys.*, 1888, vol. IX, p. 345 ; *Journ. of Phys.*, 1885. — WERTHEIMER, Inhibit. réflexe du tonus de l'estomac, *Arch. de phys.*, 1892.

Inhibition chez les Invertébrés. — PHISALIX, Centres inhibitoires des taches pigmentaires des céphalopodes, *Arch. Phys.*, 1894, p. 92. — PIOTROWSKI, Muscle-nerve Physiol of the Crayfisch. *Journ. of Phys.*, 1893, p. 163.

Choc. — BASTIAN, *Med. chir. Trans.*, London, 1891. — BETHE. *Arch. f. d. ges. Phys.*, Bd LXVIII. — BRUNS, *Neurol. Centralbl.*, 1893. — CONTEJEAN. *Arch. Phys.*, 1894, p. 643. — FR.-FRANCK, *Biol.*, 1877 ; *Trav. lab. Marey*, 1877. — LOEB, *Arch. f. d. ges. Phys.*, 1894. Bd LVI. — MARSHALL HALL, Synopsis of the Diastaltic Nervous System. London, 1850. — W.-W. NORMAN. *Arch. f. d. ges. Phys.*, 1897. Bd LXVII. — PIÉCHAUD. Thèse de Paris. — ROGER. *Arch. Phys.*, 1893, p. 57, 601, 177 ; et 1894, p. 783. — SHERRINGTON, *Phil. Trans.*, London, 1897.

Arrêt des échanges. — BROWN-SÉQUARD. *C. R. Acad. sc.*, 1882, t. XCIV, p. 491 : *Arch. de phys.*, 1891, p. 848.

Nerfs trophiques. — CL. BERNARD, *Biol.*, 1873. — BICHAT, Rech. sur la vie et la mort. Paris, 1829, 5e édit.. p. 506. — BIDDER, *Centralbl. f. d. med. Wiss.*, 1874. — B. BRODIE cité par BROWN-SÉQUARD, *Journ. de la phys. homme et anim.*, 1859, p. 114. — CHARCOT, Leçons sur les maladies du syst. nerv.. 1872-1873, p. 133. — COUYBA, Thèse de

Paris, 1871. — Duplay et Morat, Mal perforant plantaire, *Arch. gén. de méd.*, 1873. — H. Frémy, Trophonévrose, Thèse de Paris, 1872. — Knoll, *Sitz. d. k. Acad. Wiss.*, Wien, 1893. — Le Lande, Aplasie lamineuse, Thèse de Paris, 1870. — Legros, Des vaso-moteurs, Thèse ag. Paris, 1873. — Longet, Traité de physiol., 3º édit, t. III, p. 539. — Magendie, *Journ. de phys. exp.*, 1824. — Marinesco, *Neurol. Centralbl.*, 1898. — G. Meissner, *Gaz. hebd.*, 1867. — Obolensky, *Gaz. hebd.*, 1868, p. 590. — Ollier, *Journ. de la phys. homme et anim.*, 1863, t. VI, p. 107. — Samuel, Die trophischen Nerven, Leipzig, 1860. — Schiff, *Biol.*, 1854, *Gaz. hebd.*, 1857. — Sherrington, *Proceed. Roy. Soc.*, 1896. — Stirling, *Journ. Anat. and Phys.*, 1876, vol. X, p. 514. — Vulpian, Leçons sur l'app. vaso-moteur, t. II. — Warington, *Journ. of Phys.*, 1897.

CHAPITRE III

LE CONSCIENT ET L'INCONSCIENT. — LEUR PARTAGE.

En un sens, nous avons vu que le système nerveux se divise en deux parties, que nous appelons l'une *sensitive*, l'autre *motrice*, et dont nous avons montré les caractères. Dans un autre sens, on le partage en deux grandes systématisations, qui ont pour base une autre opposition, celle qui existe entre le caractère *conscient* et le caractère *inconscient* de certains actes ou fonctions qu'il réalise. Pas plus que celle qui existe entre le sentiment et le mouvement, cette opposition n'est absolue ; mais elle nous paraît telle, à cause de la grandeur du degré qui sépare les différents états de conscience.

Les degrés de la conscience. — Il y a une conscience *obscure* de l'être qui n'analyse ni les formes, ni les mouvements, ni les causes de ces mouvements ; c'est celle qui n'abandonne jamais nos organes, tant qu'ils sont rattachés à l'ensemble du système nerveux, et que nous pouvons supposer à l'état de trace dans les éléments cellulaires séparés ; c'est l'inconscient, qui n'est en somme que le subconscient. — Il y a une conscience *claire* de l'être, qui l'oppose nettement à ce qui l'entoure, lui détaille les formes, les qualités, les mouvements qui l'assaillent de l'extérieur ; c'est la conscience du moi, le conscient proprement dit.

I. **Partage à la périphérie.** — Il est remarquable que la conscience la plus claire naisse de l'opposition la plus tranchée entre ce qui nous est intérieur et ce qui nous est extérieur ; à savoir des excitations de la surface de notre corps (organes des sens) répercutées sur des muscles capables de réagir contre les causes de ces excitations : tandis que nos propres organes, en échangeant entre eux des excitations et des réactions par l'intermédiaire du système nerveux, ne nous donnent que des sensations obscures, sans précision, sans netteté, sans analyse. Les nerfs sensitifs qui partent de la surface, les nerfs moteurs qui reviennent aux muscles superficiels : voilà pour le cycle du conscient. Les éléments sensitivo-moteurs enfouis dans les profondeurs du corps : voilà pour l'inconscient. Anatomiquement, le partage est ici très net; d'un côté un système *somatique*, de l'autre un système *splanchnique*, dont les caractères seront analysés ultérieurement.

II. Partage dans l'écorce cérébrale. — Partout ailleurs le partage est beaucoup plus difficile à faire. La sensation claire, le phénomène conscient, ne se développe que pour un cycle qui comprend l'écorce cérébrale. Mais l'inverse n'est pas vrai, malgré qu'on l'affirme souvent. Certains cycles, qui se ferment dans l'écorce, n'aboutissent pas à la conscience dans le sens ordinaire du mot. Cela tient à l'extension plus ou moins large ou restreinte que l'excitation prend dans l'écorce, et à la facilité de pénétration qui lui est offerte de ce côté, suivant le point de départ et l'intensité de l'excitation. Celles qui viennent des sens y ont un accès facile, celles venant des organes intérieurs y ont un accès difficile ; mais c'est question de degré.

III. Partage entre les systèmes profonds et périphériques. — D'autre part, l'excitation qui a pénétré dans le système nerveux, surtout quand elle est engagée dans l'écorce, a des moyens de s'y maintenir, d'y persister, alors que sont rompues les communications avec les organes des sens. Le cycle d'excitation se trouve alors dédoublé, dans le sens de sa hauteur, en un cycle supérieur *cérébral* et un cycle inférieur *médullaire*, capables de fonctionner isolément. D'où un nouveau partage entre le conscient et l'inconscient : la conscience reste attachée au cerveau, sous forme de souvenir ou rappel de la sensation antérieure; l'inconscient est dans le cycle inférieur qui, malgré ses relations persistantes avec les organes des sens et les muscles, est réduit à l'état de phénomène réflexe.

Variabilité des limites. — La conscience n'est donc pas attachée à un système rigide et permanent de nerfs, et encore moins à une espèce particulière d'éléments cellulaires. Elle naît des associations qui, suivant les besoins, s'organisent dans le système nerveux, et elle s'accroît en degré, suivant la complexité et la valeur particulière de ces associations. Plus uniformes, plus automatiques sont celles des fonctions viscérales ; plus contingentes, plus variées, plus complexes sont celles des fonctions somatiques, d'où leur valeur si inégale, au point de vue de la conscience.

Dans l'étude analytique qui va suivre, en passant en revue les lieux principaux où s'organisent les associations nerveuses, nous

aurons donc toujours présent à l'esprit ce double partage entre la
sensibilité et la motricité, entre le conscient et l'inconscient. Il est
à la base de l'organisation nerveuse. Il nous guidera donc constamment dans l'étude d'ensemble que nous allons faire de celle-ci,
avant de décrire les différentes modalités ou spécificités fonctionnelles, qui y introduisent, à leur tour, de nombreuses subdivisions.

**Le problème de la conscience, ses difficultés ; les hypothèses
actuelles.** — Par nature et par définition la conscience est un phénomène que
nous ne saisissons directement qu'en nous-mêmes. Le premier classement qui
se fait en nous est une distinction entre notre être et ce qui l'entoure. Le *moi*
s'oppose au *non-moi*. Le *moi*, qui est conscient de son être et qui voit des êtres
en dehors de sa conscience, leur attribue volontiers l'inconscience, par opposition avec ce qu'il se sent être lui-même.

Le conscient et l'inconscient en dehors de nous. — Cette illusion, il est
vrai, est assez rapidement rectifiée quand il s'agit d'êtres situés en dehors de
nous, qui par leurs caractères extérieurs nous ressemblent étroitement, comme
les êtres humains, ou qui ont avec nous de grandes analogies, comme les animaux. Par des procédés indirects, nous reconnaissons ainsi l'existence de con-
sciences autres que la nôtre. L'illusion est par contre plus tenace, dès que nous
nous éloignons de ces cas particuliers. La conscience, de prime abord, ne nous
paraît pouvoir exister que sous la forme et avec le degré que nous lui connaissons en nous. On peut se demander cependant si la conscience n'est pas un
attribut fondamental de l'être, attribut dont la forme chez nous à la fois complexe et très différenciée nous empêche de voir la nature première et la généralité. Les progrès contemporains de la biologie appuient cette façon de voir. A
mesure que, partant de nous-mêmes, nous avons mieux connu la filiation qui
nous rattache aux autres êtres, le champ de la conscience dans la nature
s'est élargi d'autant. Là seulement où la chaîne nous semble rompue, à la limite
de séparation de l'organique et de l'inorganique, ce champ nous paraît lui-même
s'arrêter. Mais la continuité pourra un jour s'établir là où présentement nous ne
savons voir que discontinuité. Quoi qu'il en soit, en restant sur le terrain
biologique tel qu'il est actuellement défini, on peut dire qu'en dehors de nous
le partage entre le conscient et l'inconscient ne se fait pas d'après une ligne nettement tracée, mais suivant une zone à dégradation progressive, sans limites
arrêtées.

Le conscient et l'inconscient en nous-mêmes. — Dans notre propre être,
il y a un partage entre le conscient et l'inconscient. Le *moi* n'occupe pas toujours
tout l'organisme et il n'y occupe pas toujours le même champ. Tout ce qui reste
en dehors du champ conscient nous l'appelons également l'*inconscient*. Or le
même problème se pose ici que plus haut.

Cet inconscient qui réside en nous est-il un inconscient dans le sens absolu
du mot, ou bien est-ce un conscient qui se limite en dehors du *moi* ? Si nous
remarquons que les mécanismes nerveux qui régissent ces fonctions dites inconscientes sont (bien que d'une perfection moindre) faits à l'image de ceux qui
interviennent dans les fonctions conscientes, nous devons admettre que c'est la
seconde supposition qui a pour elle la probabilité la plus grande. *L'organisme
animal peut être compris comme une association d'unités conscientes d'inégale valeur
et dans laquelle une de ces unités a pris le rôle de direction* (DURAND de GROS).

Les colonies animales. — Le développement phylogénique semble appuyer cette conception. Les invertébrés sont, comme on sait, composés de segments (zoonites) dont chacun représente en raccourci l'organisation de l'animal auquel ils appartiennent. Isolés les uns des autres, ces segments sont encore susceptibles de manifestations vitales, ayant un certain caractère d'indépendance (Dugès).

Chez les vertébrés, les zoonites sont devenus les *métamères* et ont, au fond, la même signification. La métamérisation, d'abord bien dessinée dans l'embryon, se trouve réduite à l'état de traces par les progrès du développement et fait ainsi place à une centralisation très accusée chez les animaux supérieurs, particulièrement chez l'homme.

Le vertébré n'en serait pas moins, d'après cette hypothèse, une *colonie animale* (E. Perrier), dans laquelle une des unités conscientes (celle que nous appelons le *moi*) a pris la direction de l'ensemble et réduit les autres unités rôle de serviteurs conscients mais sans initiative, serviteurs assez effacés pour qu'elle ignore jusqu'à la parenté initiale qui les relie à elle-même.

Difficultés de l'analyse des phénomènes de conscience. — Il y aurait donc dans l'être vivant une organisation de la conscience, comme il y a une organisation de la force et de la substance, et c'est cette organisation même dont les grands traits seraient rendus visibles par la forme et la structure des animaux. Ce sont là de simples indications réduites à l'état vague et indéfini. L'analyse, quand elle essaye de pénétrer dans ce domaine, rencontre d'inextricables difficultés. La conscience est le phénomène le plus insaisissable et le plus mobile que nous puissions étudier. Nous le savons susceptible d'augmentation, de réduction, de dédoublement, de synthèse. Son champ se déplace à chaque instant, absorbe les champs voisins ou se détache d'eux, se dégrade sur ses contours, passe, suivant les cas, au subconscient, à l'inconscient, à l'extraconscient. La conscience est, comme l'être vivant, en état de perpétuel renouvellement, c'est-à-dire de perpétuelle genèse.

A. — DISPERSION ET RÉFLEXION DES EXCITATIONS. LA MOELLE ÉPINIÈRE.

Les racines nerveuses ne sont que des conducteurs de l'excitation. La moelle épinière est un lieu d'association de ces conducteurs : par sa substance grise, elle est un *appareil de transformation de l'excitation* et, partant, d'*organisation des fonctions nerveuses*.

La substance grise partout où elle se rencontre est, si l'on peut dire, la clef de voûte des systèmes qui réalisent ces fonctions. C'est elle qui établit les connexions entre neurones qui les constituent et qui contient les coupures qui, en d'autres moments, les disloquent pour les substituer les uns aux autres. De [ce] point de vue on a depuis longtemps divisé les fonctions de la moelle épinière en deux groupes : l'un comprenant celles qui sont consommées dans des systèmes à la fois inférieurs et très simples, qui s'organisent en elle et suffisent à la réalisation de fonctions elles-mêmes très simples (*systèmes* et *fonctions réflexes*); l'autre comprenant celles dans lesquelles ces systèmes inférieurs, se disloquant, prêtent leurs éléments pour la constitution de systèmes beaucoup plus vastes (*systèmes* et *fonctions conscients volontaires*).

On les distingue en disant que, dans le premier cas, la moelle agit comme *centre de réflexion*, et dans le second comme *organe de transmission*. Au fond, les deux procédés ne sont pas foncièrement différents, car ils impliquent l'un et l'autre réflexion et transformation de l'excitation dans la substance grise. La différence consiste plutôt en ce que, dans le premier cas, la réflexion se fait *vers l'extérieur*, à la fois *directe* et *totale* ; tandis que, dans le second, elle se fait *vers les profondeurs du système nerveux*, dans lesquelles l'excitation *se disperse* en subissant des réflexions et transformations multiples et échelonnées qui *l'absorbent*, en grande partie, le plus souvent.

Le mot « moelle épinière », tel qu'il est compris en anatomie descriptive, ne désigne pas un organe ayant des limites naturelles, mais n'a que la valeur d'une expression topographique. Pour isoler ce soi-disant organe, le scalpel de l'anatomiste tranche dans des conducteurs qui le rattachent les uns au cerveau (neurones profonds ou du deuxième ordre), les autres aux organes non nerveux (neurones périphériques ou du premier ordre). Ces neurones entrent en connexions entre eux dans la moelle elle-même, ainsi qu'avec d'autres neurones qui lui sont propres. Les limites des éléments et des systèmes formés par l'association de ces éléments sont, au contraire, dans la substance grise. Cette dernière est ainsi, par définition, un lieu d'organisation des fonctions nerveuses. Pour l'atteindre, les conducteurs du premier et du deuxième ordre (périphérique et encéphalique) fournissent les uns et les autres un certain trajet dans les cordons blancs médullaires où, parfaitement isolés au point de vue de la conduction, ils sont mélangés plus ou moins intimement.

Une étude analytique des fonctions de la moelle épinière devra donc commencer par reconnaître ces divers éléments, chercher à les isoler fonctionnellement les uns des autres, interroger leurs propriétés par des excitations localisées sur eux ou par des mutilations également localisées, qui permettent de juger de leur fonction par sa provocation artificielle ou son déficit. Le modèle premier de ces expériences est dans celles qui ont été réalisées sur les racines, avec cette circonstance que l'objet étudié est devenu beaucoup plus complexe et que les difficultés expérimentales en sont accrues d'autant.

1. — *La sensibilité dans la moelle épinière.*

Il faut exposer à part les résultats dus aux excitations localisées et ceux dus aux interruptions ou sections également localisées des faisceaux médullaires.

A. Excitation de la substance grise. — Pendant longtemps les physiologues ont admis, comme une sorte de dogme, que la

substance grise nerveuse est complètement inexcitable par les
irritants expérimentaux (électricité, piqûre, action chimique, etc.).
CHAUVEAU avait cependant fait voir que l'excitation électrique, portée
sur le plancher du quatrième ventricule, met en jeu les noyaux des
nerfs moteurs qui y prennent naissance. L'idée fausse qu'on se
faisait sur ce point ne fut pleinement rectifiée que vers 1870, avec
les travaux de FRITSH et HITZIG, sur l'excitation de l'écorce cérébrale. En ce qui concerne la moelle épinière, VITZOU, en opérant
sur le ventricule inférieur (*sinus rhomboïdal*) de la moelle des
oiseaux, a montré que sa substance grise est directement excitable
par les agents mécaniques.

I. **Excitation des centres**. — Tout le monde sait maintenant
qu'on peut, en excitant certaines régions de la substance grise,
faire apparaître les propriétés motrices des nerfs moteurs qui en
partent : c'est ce qu'on appelle exciter les *centres* d'origine de ces
nerfs. Il semble néanmoins qu'il reste dans les esprits quelque
confusion sur ce qu'on doit appeler l'excitation d'un centre. Cette
confusion vient de ce que l'on se fait de l'organisation et de la
fonction des centres une idée peu claire et généralement fausse.

Comparaison fausse. — Portée sur un conducteur nerveux,
l'excitation fait apparaître la fonction de ce conducteur; portée sur
un centre, on admet de même qu'elle devra réveiller les fonctions
beaucoup plus complexes de ce centre et les faire apparaître dans
leur ordre normal. Or c'est là qu'est l'erreur; la comparaison porte
à faux. On ne réfléchit pas que, dans le premier cas, l'excitation
porte sur un objet simple (ou relativement simple), qui n'a qu'une
manière de répondre, en l'écoulant dans les organes sensitifs ou
moteurs, avec lesquels il est en connexion ; dans le second cas, elle
porte sur une association, un complexus d'éléments, qu'elle atteint
tous à la fois, sans égard à l'ordre particulier suivant lequel ils
doivent se transmettre cette excitation, pour lui garantir son effet
ordonné et harmonique. C'est comme si, dans un mécanisme
d'horlogerie, l'impulsion était communiquée à tous les rouages à
la fois, sans s'inquiéter du sens et de la vitesse de leurs rotations;
l'effet moyen en serait encore un mouvement, mais ne rappelant
pas forcément celui que donne régulièrement l'appareil quand il
est actionné par sa roue motrice.

Excitation simultanée d'éléments placés en succession. —
Quel que soit l'excitant employé, électricité, action mécanique (et
l'électricité est, dans l'espèce, presque le seul excitant efficace), il
atteindra dans la substance grise (dans ce que nous appelons les
centres) simultanément tous les éléments dont elle se compose,

sensitifs, moteurs, inhibiteurs, coordinateurs, associateurs, etc.; il les mettra en conflit irrégulier les uns avec les autres et donnera la prédominance à quelques-uns d'entre eux, de préférence à ceux qui prennent origine dans le centre; de sorte qu'exciter celui-ci revient à peu près à exciter ses nerfs moteurs ou inhibiteurs dans de mauvaises conditions. — Le seul moyen légitime et régulier que nous ayons de faire pénétrer l'excitation dans un tel complexus, c'est d'exciter un des nerfs ou, si nous le pouvons, un des éléments qui s'y rendent et dont la fonction propre est justement de le provoquer à l'action dans un sens régulier.

Ajoutons toutefois que, lorsque le soi-disant centre a une certaine étendue en longueur ou en surface (comme la moelle épinière ou le cerveau), l'excitation peut, du point directement excité, se propager, suivant ses lois normales, aux autres parties, de manière à provoquer le jeu régulier du système. Ce mode d'excitation peut être employé pour faire l'analyse du système considéré. Il n'est pas contraire à la règle que nous venons de formuler, dont il constitue un cas particulier.

II. **Détermination des centres réflexes.** — C'est ce que les physiologues avaient du reste bien compris, tant qu'il s'est agi des centres des actions réflexes, dans le genre de ceux qui s'échelonnent le long de la moelle épinière et allongée. *L'action de tels centres est définie par la comparaison des effets produits par l'excitation des nerfs centripètes et centrifuges.* L'excitation des centres est devenue en honneur seulement quand on a étudié le cerveau. Il s'agit ici de surfaces ou d'aires plutôt que de centres. Exciter un de leurs points revient à y faire pénétrer l'excitation, en un lieu quelconque, d'où elle se propage, par conduction physiologique, à d'autres parties. Elle peut donc manifester certaines des associations fonctionnelles qui sont réalisées par les aires qu'on appelle des centres. Elles ne sauraient les manifester dans leur intégralité ni surtout dans leur succession régulière. C'est ce qu'il faut savoir.

B. Excitation des faisceaux postérieurs. — Elle a été pratiquée sur la grenouille, le lapin, le chien, les grands solipèdes avec plus ou moins de commodité.

1. **Effet total.** — L'irritation des faisceaux postérieurs médullaires par piqûre détermine une *vive douleur* et de *violents mouvements réflexes.* Elle agit en cela comme l'irritation des racines postérieures et il n'y a pas lieu d'en être surpris, si on se rappelle que les cordons postérieurs de la moelle sont en grande partie constitués par les prolongements terminaux de ces racines elles-mêmes, qui y

suivent un trajet à la fois descendant et ascendant (ce dernier parfois très long).

Fibres endogènes et fibres exogènes. — Mais, malgré la place prépondérante qu'y occupent les épanouissements terminaux des racines postérieures (fibres *exogènes*), les faisceaux postérieurs médullaires contiennent un certain nombre de fibres propres (fibres *endogènes*). Nées de la substance grise des cornes postérieures, elles y retournent en établissant entre les différents étages de cette substance des commissures longitudinales, à trajet relativement court, comparables à celles qui existent dans le faisceau fondamental antéro-latéral. Ces fibres endogènes présentent ceci de remarquable, qu'après avoir reçu, par leurs dendrites, l'excitation dans la substance spongieuse ou la substance de Rolando, elles la répartissent dans deux directions inverses, l'une ascendante et l'autre descendante, par le moyen d'une bifurcation de leur axone, qui envoie une branche en haut et l'autre en bas, l'une et l'autre rentrant de nouveau dans la substance grise de la moelle. Les branches ascendantes forment un faisceau logé dans la partie antérieure ou ventrale du cordon (*faisceau ventral, zone cornu-commissurale ; champ de Westphal*) ; les branches descendantes forment un faisceau qui, suivant la région, dorsale, lombaire ou sacrée, où on l'examine, a la forme d'une virgule, d'une bandelette, d'un ovale ou d'un triangle.

Excitation isolée des fibres endogènes. — Quel est l'effet d'une excitation isolée des fibres endogènes ou propres du faisceau postérieur ? Quelle est la fonction de ces fibres ? Mais auparavant, quel moyen avons-nous de les exciter isolément à l'exclusion des fibres radiculaires postérieures ? Les physiologues se sont ingéniés à trouver ce moyen : 1° en agissant dans l'intervalle des racines, sur des points aussi distants que possible du champ d'implantation de ces racines, et en utilisant pour cela les grands animaux (Chauveau) ; 2° en supprimant d'une façon radicale, par la section sus-ganglionnaire des racines et la dégénération qui en est la conséquence, les éléments de ces racines elles-mêmes jusqu'à leur terminaison (Giaxuzzi).

II. **Conclusion.** — La conclusion à tirer de ces expériences, c'est que *l'excitation des faisceaux postérieurs, indépendamment des éléments radiculaires qu'ils contiennent, donne lieu chez l'animal à des manifestations de sensibilité, soit douloureuse, soit réflexe.* C'est la conclusion à laquelle, à l'exception de Van Deen, aboutissent tous les expérimentateurs, avec des nuances, il est vrai, dans les résultats obtenus. Tous sont également d'accord pour déclarer que cette sensibilité est moins manifeste que celle qui résulte de l'excitation des racines postérieures.

Cl. Bernard, opérant chez le chien, trouve le maximum de sensibilité en arrière, près de la ligne médiane ; Chauveau, opérant sur les solipèdes, le trouve en dehors, dans le voisinage des faisceaux postérieurs. Ces deux expérimentateurs sont d'accord pour admettre une grande différence entre la partie superficielle (très sensible) et la partie profonde (à peu près insensible) des faisceaux postérieurs.

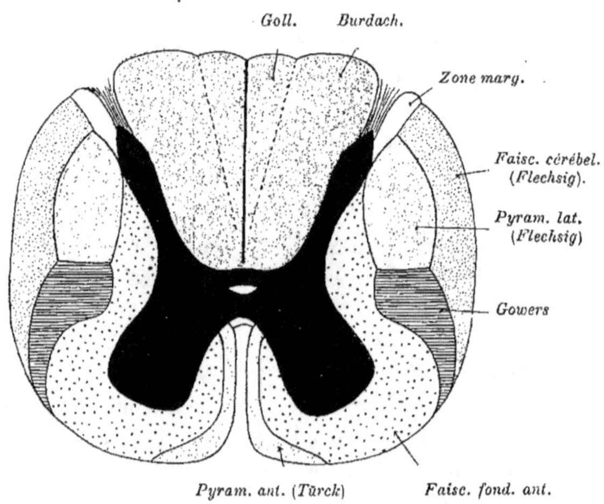

Fig. 109. — *Faisceaux de la moelle.*

Topographie des faisceaux à la région cervicale. Le faisceau pyramidal, rouge, le cérébelleux, bleu.

Étant donné ce que l'anatomie nous a appris depuis sur la constitution de ces faisceaux, il est certain que ces observateurs ont dû agir le plus souvent sur un mélange en proportion variable de fibres endogènes et de fibres exogènes, et l'insensibilité relative de certaines régions est à leurs yeux le seul critère de la proportion relative de ces deux espèces de fibres dont ils savent bien l'existence, sans connaître, comme nous la connaissons maintenant, leur répartition. En revanche, les expériences de Gianuzzi sont tout à fait catégoriques : elles nous apprennent qu'*après dégénération de fibres exogènes de nature radiculaire, il reste dans les faisceaux postérieurs des fibres propres ou endogènes dont l'excitation donne encore lieu, en l'absence des premières, à des manifestations douloureuses.*

Schiff, après avoir sectionné, sur un lapin éthérisé, les cordons postérieurs, les détache des parties antérieures de la moelle épinière, sur une certaine longueur, dans la direction de la tête de l'animal. Sur ces faisceaux ainsi détachés mais tenant encore à la moelle, il pratique des excitations (pincements) à leur extrémité libre (comme on le ferait sur un nerf sensitif) ; il provoque des manifestations douloureuses très évidentes, pourvu que l'excitation ne soit pas distante de plus de cinq ou six vertèbres du lieu où les faisceaux rejoignent la moelle. Cette expérience ne doit plus recevoir l'interprétation qu'on en donnait autrefois. Avant qu'on ne connût le trajet extrèmement oblique et allongé des branches supérieures de bifurcation des fibres radiculaires, dans les faisceaux de Burdach et de Goll, elle semblait une preuve à la fois de l'existence et de l'irritabilité sensitive de fibres propres endogènes (les seules qu'on supposât avoir un trajet aussi long dans le sens des faisceaux). Il est maintenant, au contraire, évident que ce qu'on excite dans les lambeaux fasciculés ainsi séparés de la substance grise sur une grande longueur, ce sont principalement les branches ascendantes des fibres radiculaires qui ont conservé leurs connexions avec la substance grise à la partie supérieure de la bandelette ainsi séparée. Les fibres endogènes ne doivent participer que pour une faible part à la provocation du phénomène sensitif ainsi produit.

Voies ascendantes ; voies descendantes de la sensibilité. — A l'exemple de Schiff, Brown-Séquard fait une section du faisceau postérieur et détache ce faisceau, non plus au-dessus, mais au-dessous de la section (sur une moindre longueur, il est vrai). L'excitation de ce faisceau produit également de la douleur et des réflexes, plus intenses même, au dire de Brown-Séquard, que ceux qu'on provoque dans l'expérience de Schiff. C'est un fait du reste constaté par nombre de physiologues, que l'excitation faite, soit au-dessus, soit au-dessous d'une section des faisceaux postérieurs, ou de la moelle entière, avec ou sans séparation des faisceaux postérieurs, trouve des voies aussi bien descendantes qu'ascendantes, pour aller au sensorium et donner lieu aux réactions conscientes ou inconscientes qui décèlent la sensibilité. Ces voies descendantes que l'expérimentation avait décelées, l'anatomie (qui les avait anciennement

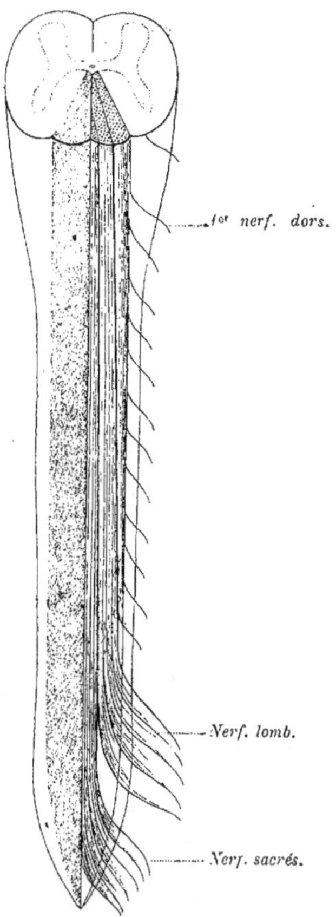

Fig. 110. — *Constitution du cordon de Goll* (dessin de Charpy).

Moelle vue par la face postérieure. A gauche, le cordon de Goll ombré. A droite, le dessin schématique montre que le cordon de Goll est formé par les longues fibres des racines postérieures, et que dans ce cordon les fibres sont d'autant plus internes et plus postérieures qu'elles viennent de plus bas.

18.

entrevues) les démontre maintenant d'une façon claire par ses nouvelles méthodes : ce sont aussi bien les *branches descendantes des fibres radiculaires*, que les *branches* également *descendantes des fibres endogènes*, qui dispersent aussi l'excitation dans la substance grise médullaire, soit en haut, soit en bas de son lieu de pénétration au point d'implantation de la racine dorsale.

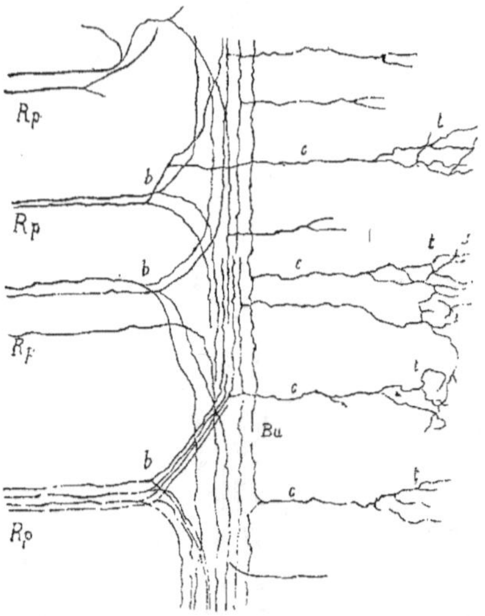

III. Prolongement direct et indirect des racines sensitives. —

Ainsi les faisceaux postérieurs sont, pour une part, la continuation *directe* des racines postérieures dont ils forment les prolongements terminaux éparpillés dans les différentes régions de la substance grise médullaire, et, pour une autre part, la continuation *indirecte* de ces mêmes racines après interruption de celles-ci dans la substance grise. Autrement dit, ils renferment des *éléments du premier ordre*, les neurones radiculaires, et des *éléments du deuxième ordre*, les neurones endogènes, qui reçoivent l'excitation des premiers et lui font franchir

Fig. 111. — *Ramifications collatérales des prolongements cylindraxiles.* Coupe longitudinale sagittale de la moelle d'un embryon humain de 20 cm. (d'après V. Lenhossék).

Rp, fibres des racines postérieures (prolongements centraux des cellules des ganglions spinaux); *b*, leur bifurcation; *Bu*, fibres longitudinales du cordon de Burdach ; *c*, collatérales; *t*, arborisations terminales des collatérales s'épuisant au voisinage des cellules de la substance grise médullaire.

une nouvelle étape. C'est un point intéressant de savoir, de par l'expérimentation physiologique, que l'excitation artificielle de ces neurones a des effets, sinon identiques, au moins du même gen que celle des racines elles-mêmes.

Étapes successives du cycle nerveux choisies expérimentalement comme point de départ de l'excitation. — Le système nerveux est comparable à un mécanisme dont les pièces se communiquent le mouvement des unes aux autres, de proche en proche, dans un sens défini. Normalement, l'impulsion qui agit sur lui l'atteint par la première de ces pièces, construite évidemment en vue de la recevoir. Mais si, artificiellement, elle lui est communiquée par la seconde ou par quelque autre de plus en plus éloignée dans la série des engrenages, l'effet moteur est encore possible, et c'est ce que l'expérience montre d'une façon évidente dans le système nerveux. Seulement, en raison de la multiplicité des transmissions, de la variété des prises de mouvement, de la complexité des connexions, à mesure qu'on s'éloigne de la pièce motrice initiale, l'effet produit perd de son caractère de normalité, en tout cas diffère de celui qui résulte de l'impulsion agissant au lieu d'élection. Et cela est facile à comprendre, si nous nous rappelons qu'à chaque transmission nouvelle, les rapports des éléments changent notablement.

Détermination du champ sensitif. — Si nous franchissons tout le système nerveux et que l'impulsion s'adresse aux muscles eux-mêmes ou à leurs nerfs moteurs, c'est encore du mouvement que nous obtenons ; mais un phénomène tout à fait caractéristique qui l'accompagnait a disparu, la sensibilité. Savoir quel champ le phénomène sensible occupe dans le système nerveux, quels systèmes le conditionnent pour leur fonctionnement partiel ou associé, est un des problèmes qui nous sont posés. Les expériences qui précèdent y répondent dans une mesure restreinte.

Elles nous montrent que, *privé de ses neurones du premier ordre, le système nerveux, quand on l'excite, est encore capable de sensibilité*, le champ dans lequel se poursuit l'excitation fournie artificiellement aux neurones du deuxième ordre étant encore apte à la laisser se développer.

Différence d'effet suivant la place choisie dans le cycle. — Mais ces mêmes expériences nous montrent en même temps que l'*effet sensitif* dû à ces excitations artificielles est *quantitativement moindre* que celui qui résulte de l'excitation des racines sensitives. Et peut-être est-il aussi *qualitativement différent* de ce dernier, car en dehors de la douleur, qui est l'apanage commun de toutes les parties sensibles, nous sommes dans l'impossibilité de savoir d'une façon certaine si les excitations des fibres endogènes des faisceaux postérieurs fournissent à l'animal aucune notion de sensibilité tactile proprement dite, et aucune notion de position dans l'espace.

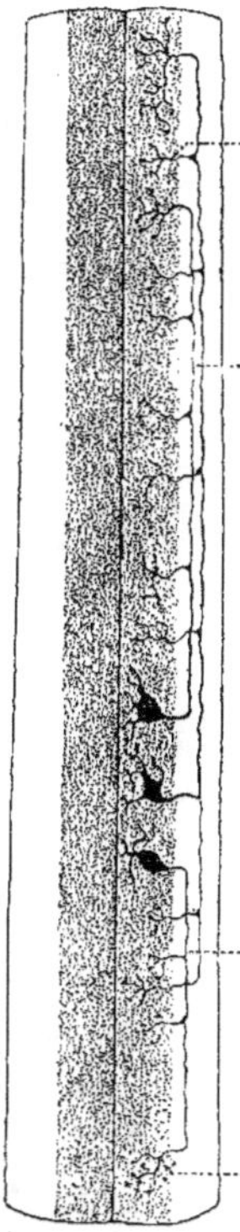

Voies de dispersion des excitations dans le champ sensitif. — Les fibres endogènes des faisceaux postérieurs sont, en effet, une continuation non pas seulement *indirecte* mais *particle* des racines postérieures. Elles ne recueillent qu'une partie de l'excitation qui est distribuée à la substance grise par les ramifications terminales des neurones radiculaires postérieurs. Le reste est recueilli par d'autres fibres formant d'autres faisceaux, qui, dans la moelle elle-même, constituent des formations parallèles aux faisceaux postérieurs. Ce sont, dans les cordons latéraux, le *faisceau de Gowers* et le *faisceau cérébelleux direct*.

Fig. 112. — *Cellules de cordon.*

Dessin schématique montrant sur une coupe longitudinale les trois types des cellules de cordon, celui du milieu étant le type ordinaire. Les teintes grise et blanche correspondent aux deux substances de la moelle.

Remarque. — Dans les conditions qui sont imposées à l'expérience pour la mise à nu de la moelle et la préparation de ses faisceaux, on peut même se demander si la sensibilité que ces faisceaux manifestent (même pour leurs fibres propres) n'est pas quantitativement exagérée, comme il arrive, en pareil cas, pour toutes les parties artificiellement mises à découvert. L'expérience pourrait ainsi nous tromper sur la valeur réelle du phénomène qu'elle sert à mettre en évidence.

Faisceau cérébelleux. — Le faisceau cérébelleux part de la colonne de Clarke et aboutit au cervelet, dans la substance grise du

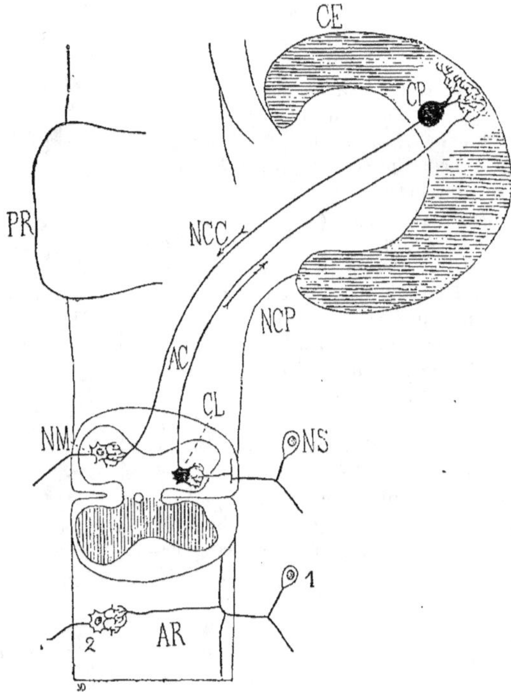

Fig. 113. — *Neurones cérébelleux ascendants et descendants* (d'après M. Duval).

PR, protubérance ; ÇE, écorce cérébelleuse.
AC, arc réflexe cérébelleux ; CL, cellule de la colonne de Clarke ; CP, cellule de Purkinje ; NS, nerf sensitif : NM, nerf moteur.
AR, arc réflexe médullaire.

vermis superior. On peut affirmer sa direction ascendante de par les résultats de sa dégénération. Ce faisceau dirige une certaine part des excitations tactiles vers cet organe à fonction encore très énigmatique, qui, dans la conscience générale de l'individu, repréente une modalité particulière de la conscience, nécessaire à l'exécution correcte de certains mouvements ou efforts coordonnés.

Chargé en particulier (ainsi que le démontre l'expérience) de la *fonction de l'équilibre*, le cervelet coordonne et rectifie les mouvements qui assurent cette fonction ; et il ne peut le faire qu'autant qu'il est lui-même à chaque instant renseigné sur l'attitude des parties et les changements de cette attitude. On comprend, de ce fait, qu'il existe en lui, comme dans le cerveau, une relation définie entre la sensibilité et le mouvement ; mais en quoi cette relation se distingue de celle qui existe dans le cerveau, c'est ce que nous ignorons, tant nous sommes peu renseignés sur la nature exacte et le mécanisme des fonctions de l'un comme de l'autre de ces deux organes. — Ce faisceau mériterait d'être appelé *faisceau de Foville*, du nom de l'auteur qui l'a pour la première fois constaté chez le nouveau-né et l'a suivi jusqu'au bulbe et au cervelet.

Faisceau de Gowers. — Le faisceau ascendant *antéro-latéral*, dit *faisceau de Gowers*, a une autre destination : il se rend, lui, au moins partiellement à l'écorce cérébrale. Nées des cellules commissurales de la corne postérieure, ses fibres passent d'un côté à l'autre, s'entre-croisent, en suivant la commissure antérieure, puis fournissent un long trajet dans la partie superficielle et antérieure du cordon latéral, atteignent le bulbe rachidien où elles rencontrent un *noyau de substance grise* qui les interrompt partiellement, s'accolent finalement au *ruban de Reil* et parallèlement à ce faisceau, qui

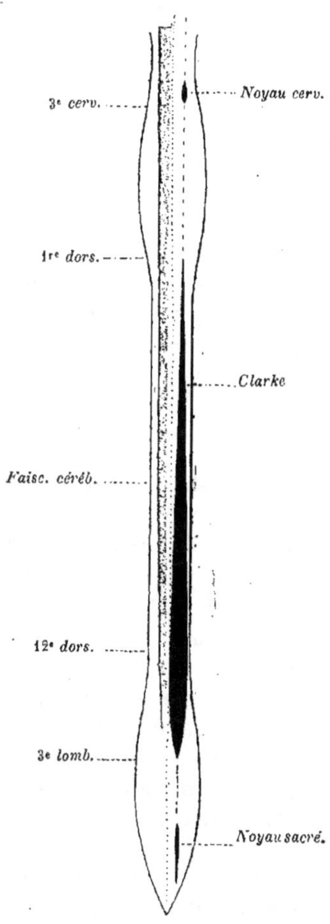

Fig. 114. — *La colonne de Clarke et le faisceau cérébelleux direct* (d'après CHARPY).

Rapports de situation et de volume de la colonne de Clarke (en noir et à droite) avec le faisceau cérébelleux (en bleu et à gauche).

est lui aussi d'origine sensitive, se rendent à l'écorce cérébrale. — Sur les origines de ce faisceau dans la moelle et sur ses terminaisons dans l'encéphale, il y a du reste quelques divergences entre les anatomistes. — Le faisceau de Gowers envoie, par le pédoncule cérébelleux supérieur, des fibres au vermis supérieur du cervelet. Il a donc en partie la distribution du faisceau cérébelleux direct.

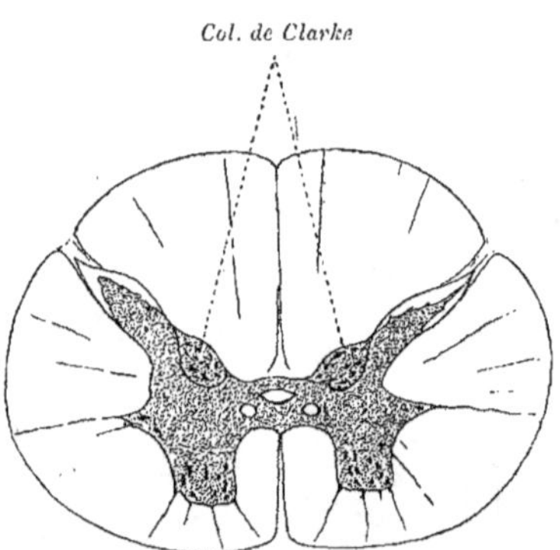

Fig. 115. — *Colonne de Clarke* (dessin de CHARPY).

Faisceau latéral profond et faisceau fondamental. — Le reste du cordon latéral est occupé par deux fasciculations, celle du *faisceau latéral profond*, qui touche la substance grise en arrière, et celle du *faisceau* dit *restant* ou *fondamental*, qui occupe le reste de la place. Ces fasciculations sont formées de fibres commissurales qui relient en arc des étages différents de la substance grise médullaire.

IV. **Excitation des cordons latéraux**. — On a expérimenté sur les cordons latéraux, comme sur le cordon postérieur et sur le cordon antérieur. Pour comprendre la relation de ces expériences, en même temps que leurs enseignements, il faut se rappeler que, pour la plupart, elles datent d'une époque antérieure à celle où on a reconnu, par l'étude de la myélinisation et par celle des dégénérations secondaires, la subdivision de ces différents cordons en fasciculations partielles, telles que nous venons de les indiquer.

On distinguait alors les trois cordons admis en anatomie descriptive (cordons antérieur, latéral, postérieur), et en réalité on n'en reconnaissait que deux réellement distincts (le cordon antéro-latéral et le cordon postérieur). — Les effets sensitifs de l'excitation sont bien moins accusés dans le cordon latéral que dans le cordon postérieur.

Depuis que ces détails sont connus, les expériences nouvelles tiennent naturellement compte de ces connaissances acquises. Comme d'autre part, la grande difficulté est d'agir isolément sur des faisceaux aussi rapprochés et parfois mélangés, on a songé à utiliser le fait de la myélinisation isolée et successive de chacun d'eux pour les interroger séparément sur des animaux nouveau-nés à divers états de développement. Si par exemple un seul faisceau est myélinisé et que l'ensemble réponde à l'exitation, c'est que l'effet produit est sous la dépendance de ce faisceau. Si inversement un seul faisceau est dépourvu de myéline et que l'effet recherché fasse défaut, c'est que cet effet appartient dans ce cas au faisceau non myélinisé (BECHTEREW). On sait que les faisceaux ne sont excitables que lorsque leurs fibres sont pourvues de myéline, c'est-à-dire que leur développement est complet.

Effets conscients. — On a donc coupé le cordon latéral dans sa totalité et on a excité son segment supérieur comme on l'avait fait pour le faisceau postérieur. On lui a trouvé un certain degré de sensibilité, moindre qu'au faisceau postérieur; ce qui s'explique par l'absence, dans le cordon latéral, d'éléments radiculaires sensitifs que (sauf dans l'expérience de GIANUZZI) on ne réussit pas à dissocier des éléments endogènes dans le faisceau postérieur. Ces éléments endogènes accusent ainsi d'une façon plus nette la faiblesse de leur effet sensitif.

Effets réflexes. — Les effets réflexes de l'excitation des faisceaux latéraux sont comme les effets conscients, plus faibles que ceux provoqués par l'excitation des faisceaux postérieurs dans la région voisine ou correspondante. Toutefois, ces effets réflexes sont très nets en ce qui concerne les *modifications cardio-vasculaires*. DITTMAR, qui les a étudiés, note que l'excitation centripète des faisceaux latéraux les produit sûrement, tandis que celle des faisceaux antérieurs ne les produit pas, ni celle de la substance grise.

D'après BECHTEREW, l'hémisection de la moelle cervicale s'accompagne de mouvements de rotation et de manège. Si de plus on excite le segment sus-jacent à la section dans la partie qui correspond au faisceau cérébelleux direct, chez le chien nouveau-né, on provoque un mouvement du tronc qui se tourne légèrement sur son axe et de la tête qui s'incline sur l'épaule du même côté. Or à ce moment du développement, le faisceau cérébelleux est complètement myélinisé, à côté de faisceaux qui ne le sont pas ou qui ne le sont qu'incomplètement. Les effets produits par l'excitation lui reviendraient donc légitimement. Ce faisceau serait ainsi conducteur d'impressions centripètes présidant à l'équilibration.

Le faisceau antéro-latéral ou de Gowers n'est excitable, chez le chien, qu'à partir du deuxième ou quatrième jour après la naissance. Son excitation centripète produit des mouvements réflexes du tronc et des membres thoraciques. Comme d'autres voies centripètes existent alors également développées dans la même région, la conclusion à tirer de cette expérience est moins rigoureuse. On peut admettre néanmoins avec vraisemblance que ce faisceau constitue une voie sensitive importante.

C. SECTION DES FAISCEAUX MÉDULLAIRES. — Une autre méthode, applicable à la moelle comme aux nerfs, consiste à faire dans celle-ci des sections limitées de son axe gris ou de ses faisceaux, pour apprécier soit le *déficit* qui se produit dans certaines fonctions, soit la *conservation* de certaines autres. Ce double contrôle n'est jamais oublié dans les expériences sur le système nerveux.

1. **Hémisection de la moelle ; conservation de la sensibilité dans les parties correspondantes.** — Quand elle est faite d'un seul côté de la moelle épinière, *la section des cordons postérieurs n'abolit pas la sensibilité dans les parties situées au-dessous de cette*

section. Ce résultat a dû étonner les anciens expérimentateurs, pour qui la moelle était simplement la réunion des nerfs périphériques en un seul tronc ; il se comprend au contraire assez bien, depuis qu'on a pénétré la structure de cet organe et en particulier celle des faisceaux postérieurs, et notamment des racines sensitives qui les composent en grande partie. Le champ de distribution de chacune de ces racines, de chacun des éléments qui les composent, est extrêmement considérable, grâce aux ramifications de ces éléments qui se dirigent, soit en haut, soit en bas, pour atteindre la substance grise médullaire, dans la plus grande partie de son étendue. Couper les faisceaux postérieurs, au-dessus du renflement lombaire par exemple, équivaut à interrompre une partie seulement des connexions des nerfs sensitifs des membres postérieurs avec l'axe gris médullaire. Les excitations apportées de la peau par les racines postérieures continuent donc d'y affluer, par des voies, il est vrai, plus limitées, mais atteignent néanmoins le sensorium. Doit-on conclure de là que le chemin qui leur est offert, dans le système si compliqué qui fait suite aux neurones radiculaires, est indéterminé et que toute voie leur est bonne, pourvu qu'elle soit perméable? L'expérience ne dit pas cela, et une telle supposition, à tout point de vue, paraît inadmissible.

Dans le système qu'ils contribuent à former, chacune des fasciculations, chacun des éléments que nous envisageons séparément a sa fonction particulière, jusqu'à un certain point spécifique, qui fait que, lorsque cet élément est détruit ou interrompu, le système n'est plus équivalent à lui-même, mais déséquilibré dans une certaine mesure. C'est ce que nous voyons par la section des faisceaux postérieurs, à cela près que la modification apportée par cette section dans l'exercice de la sensibilité est tout à fait imprévue.

Hyperesthésie. — FODERA le premier a observé qu'*après la section des faisceaux postérieurs de la moelle épinière, non seulement la sensibilité n'est pas abolie dans les membres sous-jacents au lieu de cette section, mais elle est au contraire exagérée*. Ce fait a depuis été revu par tous les expérimentateurs, et BROWN-SÉQUARD est de ceux qui l'ont étudié avec le plus de détails. D'après cet auteur, c'est non seulement la sensibilité à la douleur, mais tous les modes de la sensibilité (sensibilités au froid, au chaud, à la pression, au contact), qui se trouvent ainsi exaltés. Il est vrai de dire qu'en raison même de l'hyperesthésie, ces différents modes de sensibilité tournent facilement à la douleur.

La sensibilité réflexe est, elle aussi, considérablement exagérée. L'hyperesthésie porte sur toutes les formes connues de la sensibilité.

Anesthésie croisée. — Brown-Séquard a montré que, *si la section porte sur un seul des deux faisceaux postérieurs*, le phénomène de déséquilibration de la sensibilité prend une forme nouvelle : il y a *hyperesthésie du membre correspondant* et *hypoesthésie*, c'est-à-dire anesthésie incomplète, *du membre opposé* au côté de la section. — C'est ce qu'on appelle l'anesthésie croisée.

D'après Vulpian, il y a un rapport étroit, une sorte de *balancement* entre ces deux phénomènes, l'un d'exagération, l'autre de diminution de la sensibilité.

Lésions variées en situation et en étendue. — On peut faire apparaître ce phénomène par des lésions, en somme, variées en grandeur et en situation, mais à la condition toujours respectée qu'elles soient unilatérales.

Le moyen le plus simple, parce qu'il exige moins de précision, est de faire une hémisection de la moelle épinière, au-dessus de l'origine des nerfs correspondant à la partie dont on examine la sensibilité. — Le phénomène apparaît encore si on coupe *l'un des faisceaux latéraux* dans la région avoisinant les faisceaux postérieurs, ou si on coupe la corne postérieure d'un côté (Brown-Séquard). Il suffit d'un désordre extrêmement limité sur l'un des côtés de la moelle dans les régions sus-indiquées, une piqûre par exemple.

Persistance des effets. — A la condition que la lésion produite soit persistante, le phénomène de déséquilibration de la sensibilité persiste lui-même pendant des semaines et des mois ; pour des lésions irréparables, il paraît définitif.

Dans le sens, non plus de l'épaisseur, mais de la hauteur de la moelle, des lésions diversement situées peuvent le produire également. Si l'hémisection est faite dans la région cervicale, il y a hyperesthésie très considérable des deux membres correspondants et hypoesthésie de l'autre côté. Si elle est faite près du bulbe, il y a en plus hyperesthésie de l'oreille du même côté et hypoesthésie de l'oreille opposée.

Action sur la région immédiatement supérieure. — Turck, Chauveau ont observé, le premier sur la grenouille, le second sur les mammifères, qu'une hémisection incomplète de la moelle peut déterminer également une hyperesthésie des parties situées en avant de la lésion du même côté.

Une hémisection du corps restiforme ou du pédoncule cérébelleux antérieur, ou du cervelet ou des tubercules quadrijumeaux, détermine une hyperesthésie correspondante de toutes les parties du corps, mais assez faible.

Le retentissement de la lésion est, comme on voit, très lointain sur les régions sensibles situées en arrière (chez l'homme, en bas) de l'hémisection. Que la lésion soit une hémisection complète ou une destruction très limitée en épaisseur et en hauteur du faisceau postérieur, la conséquence s'en fait ressentir, non sur tel ou tel territoire cutané limité, mais sur tout le territoire sensitif placé en arrière, d'une façon à peu près uniforme.

II. Explication : entre-croisement des voies sensitives.

— L'anesthésie croisée, qui suit l'hémisection de la moelle, a paru avoir d'abord son explication très simple dans un entre-croisement des conducteurs, qui se ferait près du point de pénétration des racines sensitives dans le tronc médullaire. Cette opinion a été soutenue par Brown-Séquard qui l'avait d'abord appuyée par les observations qui suivent :

a. On fait d'un côté de la moelle (soit à droite) une hémisection au-dessus du renflement lombaire et on constate l'anesthésie qui en est la conséquence du côté opposé (anesthésie croisée) ; on fait alors une hémisection dans la moelle cervicale du côté gauche : la conséquence en serait une anesthésie du membre antérieur droit et une anesthésie du membre postérieur droit, qui avaient d'abord non seulement conservé leur sensibilité, mais qui étaient hyperesthésiés. L'hémisection dans les deux cas atteint des fibres décussées : la dorsale celles du membre postérieur opposé seulement ; la cervicale celles du membre antérieur et du membre postérieur opposés : l'animal aurait de la sorte trois membres paralysés de la sensibilité.

b. On sépare par une section longitudinale les deux moitiés du renflement lombaire de la moelle : la conséquence serait une anesthésie des deux membres postérieurs ; comme si on surprenait leurs éléments sensitifs dans le lieu de leur décussation.

c. On sépare par une section longitudinale les deux moitiés du renflement cervical ; la conséquence serait une anesthésie des deux membres antérieurs, mais sans lésion de la sensibilité des membres postérieurs ; la section porterait ici sur le lieu de la décussation des éléments sensitifs des membres antérieurs seulement, ceux des membres postérieurs étant déjà décussés.

Restrictions. — Ces faits, comme leur auteur l'a depuis reconnu, n'ont ni la généralité, ni la netteté qui seraient désirables pour imposer la conclusion qu'ils avaient d'abord étayée. L'anesthésie croisée qui suit les hémisections n'est, il faut le rappeler, jamais complète et parfois elle est peu accusée. Chez l'oiseau, cette hémisection est suivie d'une anesthésie du même côté. Chez le singe, l'anesthésie produite par l'hémisection est surtout directe (Mott). Chez la grenouille, l'hémisection amène un peu d'hyperesthésie du même côté et point d'anesthésie du côté opposé. La double hémisection, faite à des hauteurs différentes, laisse persister la sensibilité dans tous les membres ; elle la diminue seulement. La séparation longitudinale des deux moitiés du renflement lombaire ne produit également qu'une diminution de la sensibilité dans les deux membres.

Enfin la section longitudinale du renflement brachial agit d'une façon, non pas élective sur les membres antérieurs, mais seulement inégale sur les quatre membres et plus prononcée sur les membres antérieurs, par destruction de la substance grise dans ce renflement.

Ajoutons encore le fait suivant dû à Brown-Séquard. On fait (sur le lapin) une hémisection de la protubérance, par exemple à gauche : il y a anesthésie du côté opposé (à droite) et hyperesthésie du même côté (à gauche). On fait ensuite une hémisection de la moelle, à droite ; il y a alors inversion des phénomènes précédents ; l'anesthésie passe à gauche et l'hyperesthésie à droite.

Tous ces faits montrent que la moelle épinière a, dans le développement de la sensibilité, un rôle de grande importance, rôle que nous ne savons à l'heure qu'il est aucunement définir. Au nombre des explications qu'il faut rejeter, il convient de placer celle qui voit dans les éléments de la moelle de simples conducteurs transportant au cerveau l'excitation telle qu'elle a été reçue par les nerfs sensitifs de la peau.

Entre-croisement partiel et variable. — L'entre-croisement des voies sensitives, qu'on avait supposé se faire immédiatement au-dessus du point d'implantation des racines postérieures, n'est donc que partiel à cet endroit. Chez certaines espèces animales, il est très peu accusé : toutefois les faits ci-dessus énoncés démontrent qu'il est réel, quelque limité qu'il puisse être.

Données de l'anatomie. — Les données de l'anatomie acquises postérieurement à ces expériences se trouvent en accord avec elles. Parmi les faisceaux qui de l'axe gris remontent vers l'écorce cérébrale, nous en voyons un au moins, le faisceau antéro-latéral ou de Gowers, qui entre-croise ses fibres près de son lieu d'origine dans la colonne de Clarke et chemine dans la moitié de la moelle opposée à celle où il a pris naissance. Un autre entre-croisement des éléments sensitifs, plus important que le précédent, s'opère dans le bulbe rachidien, au voisinage presque immédiat de celui des éléments moteurs des faisceaux pyramidaux. Les branches ascendantes des neurones radiculaires, après avoir remonté dans les faisceaux postérieurs jusqu'à l'union de la moelle et du bulbe, tout en fournissant dans ce trajet de nombreuses collatérales à l'axe gris médullaire, épuisent leurs dernières ramifications dans deux noyaux (noyaux de Goll et de Burdach) qui sont les origines d'une voie sensitive très importante, le ruban de Reil. C'est ce ruban lui-même qui s'entre-croise tout près de sa naissance ; il s'adjoint, aussitôt après son entre-croisement, le faisceau de Gowers, se grossit encore des éléments sensitifs provenant des nerfs bulbaires et se dirige ainsi constitué vers les circonvolutions centrales de l'écorce cérébrale, non sans présenter sur son trajet un relai au moins partiel dans la couche optique.

Unilatéralité ou bilatéralité des représentations sensitives. — Toute la surface cutanée d'un côté du corps aurait donc de la sorte sa représentation sensitive dans l'écorce de l'hémisphère opposé : c'est ce qui ne faisait pas doute naguère encore et ce qu'on admet assez généralement ; mais l'exemple du sens de la vue, dans lequel l'entre-croisement n'est que partiel ; celui de l'appareil moteur, dans lequel le même côté du cerveau agit, bien que très inégalement, sur les muscles des deux côtés du corps, doivent nous faire faire quelques réserves, d'autant qu'il n'existe aucun contrôle absolu d'une décussation entière et parfaite.

Méthode galvanométrique. — La transmission de l'excitation s'accompagne, comme on sait, de phénomènes électromoteurs (variation négative ou courant d'action) décelables et mesurables au galvanomètre. Gotsh et Horseley ont vu qu'en excitant le nerf sciatique d'un seul côté, on provoque dans le segment lombaire de la moelle des courants de ce genre, accompagnant évidemment la propagation de l'excitation à travers ce segment. Or ces courants existent des deux côtés, mais se montrent toujours plus intenses du côté excité.

Syndrome de Brown-Séquard. — On donne ce nom à un ensemble symptomatique consistant, à la suite d'une *lésion unilatérale de la moelle épinière*, dans la *paralysie motrice du côté correspondant, combinée avec l'anesthésie du côté opposé* (avec ou sans hyperesthésie du côté de la lésion). Cet ensemble rappelle celui qui est réalisé expérimentalement, par une hémisection de la moelle épinière. Les combinaisons de l'anesthésie et de l'hyperesthésie peuvent s'y montrer très variables également.

III. **Voies sensitives médullaires des organes profonds.** — Les témoins les plus souvent invoqués, comme preuve des manifestations sensibles, sont les réactions défensives des animaux exécutées par les muscles du squelette ; mais certains mouvements des organes profonds, appartenant aux fonctions de la vie organique, peuvent également servir d'esthésiomètres parfois très sensibles. MIESCHER a fait des expériences de ce genre, en enregistrant la pression carotidienne, chez le lapin curarisé, et en notant les variations qu'elle éprouve du fait de l'excitation du nerf sciatique, dans l'état normal et dans le cas de section incomplète de la moelle épinière, pratiquée au-dessus des origines de ce nerf. En faisant des sections limitées aux deux faisceaux latéraux et allant à la rencontre l'une de l'autre, dans l'épaisseur de la moelle, la transmission de l'excitation aux centres vaso-moteurs se trouvait à peu près complètement supprimée. Inversement, si on coupait toute la moelle, moins l'un des deux faisceaux latéraux, l'excitation du sciatique du côté opposé faisait monter la pression presque autant que chez l'animal normal ; celle du sciatique du même côté était presque sans effet. L'auteur en a conclu que le lieu de passage des excitations ainsi faites sur le nerf du membre inférieur est principalement dans le faisceau latéral ; que, de plus, cette transmission est opérée par des voies, quelques-unes directes, mais la plupart croisées.

Nous rappelons que le faisceau latéral est formé de voies longues plus superficiellement placées et de voies courtes ou commissurales longitudinales adjacentes à la substance grise. Dans les recherches physiologiques, il faut renoncer présentement à opérer d'une façon séparée sur ces différentes fasciculations ; la difficulté est donc très grande d'isoler les uns des autres et encore plus de la substance grise les trois cordons fondamentaux de la moelle visibles à simple inspection.

Dans les faisceaux antérieurs, l'expérimentation physiologique pas plus que les données de l'anatomie n'ont fait reconnaître aucun élément à direction ascendante, autrement dit sensitif.

IV. Rôle important de la substance grise dans la transmission des impressions sensitives. — Un fait que la physiologie a également fait connaître, avant que l'anatomie déposât dans le même sens, c'est l'importance de la substance grise dans la transmission des excitations sensitives à travers le tissu de la moelle épinière, pour atteindre le cerveau. Qu'individuellement les faisceaux postérieurs et une partie des faisceaux latéraux aient un rôle évident dans cette transmission, c'est ce que les expériences plus haut décrites font bien voir ; mais, sans le concours de la substance grise, ces parties seraient impuissantes à assurer l'exercice de la sensibilité. On le prouve par l'expérience suivante :

Expérience. — On coupe toute l'épaisseur de la moelle, à l'exception des faisceaux postérieurs ; la sensibilité est abolie dans les régions sous-jacentes : même si, avec les faisceaux postérieurs, on laisse persister les faisceaux latéraux, lorsque le reste de la moelle est coupé, la sensibilité disparaît ; c'est que la substance grise médullaire a un rôle capital dans la fonction de sensibilité et que sa section, à elle seule, entrave complètement le fonctionnement du système sensitif tactile. Ce rôle ressortirait mieux et avec plus d'évidence si on pouvait la détruire isolément, sur une certaine longueur, en laissant intacts tous les faisceaux ; mais sa situation centrale interdit de faire sur elle une destruction isolée. On est réduit à la couper conjointement, soit avec un faisceau, soit avec un autre. On remarque seulement (et, d'une façon unanime, les expérimentateurs déposent dans ce sens) que *la section isolée ou même combinée des différents faisceaux n'a pas d'action anesthésique évidente, complète, tant que la substance grise n'a pas été atteinte dans toute son épaisseur, par la section.*

On peut dire cela tout au moins de la sensibilité à la *douleur*, car quelques-uns font des réserves pour certaines formes de la sensibilité auxquelles ils attribuent des voies distinctes. En particulier la sensibilité tactile aurait, dans les faisceaux postérieurs, ses conducteurs distincts de ceux qui transmettent les impressions douloureuses (Schiff), mais le fait est contesté.

Situation intercalaire de la substance grise dans le trajet des excitations. — Si l'on réfléchit que la substance grise de la moelle est le lieu où les neurones radiculaires ou du premier ordre entrent en connexion avec ceux du second ordre, qui la conduisent vers le cerveau, et qu'elle est, de ce fait, une étape forcée pour le courant d'excitation qui parcourt le système de la sensibilité tactile, on s'étonnera moins des résultats fournis par l'expérience et du rôle essentiel que celle-ci lui attribue dans les fonctions de ce système. Le courant d'excitation suit sans doute les conducteurs, tant du premier que du deuxième ordre, mais, pour passer des uns aux autres, il ne peut pas éviter la substance grise. Toute lésion grave de celle-ci peut donc détruire la sensibilité.

Paradoxe. — Seulement, ce qu'on s'explique difficilement même avec ces données, c'est qu'une section transversale de cette substance grise, pourvu qu'elle soit complète, suffise à abolir complètement la sensibilité dans les régions placées en arrière d'elle. On est étonné de voir que l'interruption de ce feutrage en un point ait un effet si décisif, comme si on coupait un faisceau de fibres parallèles. On est plus surpris encore, quand on voit des auteurs comme Vul-pian, qui ont étudié ce sujet avec une grande attention et une scrupuleuse conscience, affirmer qu'une série de sections pratiquées en différents sens, mais incomplètes, laissent persister au contraire la sensibilité; comme si le courant d'excitation, qui vient des racines postérieures, pouvait avoir dans cette substance grise un trajet indéterminé, un écoulement toujours possible, à la seule condition que la continuité de l'axe gris ne soit pas interrompue.

Enfin, fait non moins étonnant, après ces sections incomplètes pratiquées en sens différents, l'animal sait reconnaître le lieu de l'impression et se retourne du côté du membre qui a été excité (Vulpian).

Remarques. — Ces faits appellent deux remarques, déjà faites par les auteurs de ces expériences et qu'il convient de rappeler après eux, c'est que les tentatives en vue d'agir d'une façon isolée sur telle ou telle portion de la moelle sont extrêmement délicates et sujettes à erreur ; la seconde, c'est que la sensibilité manifestée dans ces expériences est à peu près exclusivement la sensibilité à la douleur, et que les conditions de sa production sont plus générales et peuvent être considérées comme moins précises que celles d'autres modes de sensibilité.

2. — *La motilité dans la moelle épinière.*

De la moelle épinière procèdent des nerfs moteurs allant à la plupart des muscles du corps. Ces nerfs représentent les neurones terminaux du système tactile ; ils propagent aux muscles l'excitation qu'ils ont eux-mêmes reçue dans la moelle.

Sources intérieures multiples de l'excitation motrice. — Cette excitation leur vient par des chemins assez divers, à savoir : 1° dans certains réflexes très simples, directement des racines sensitives ; 2° dans les réflexes plus compliqués, des noyaux gris ganglionnaires échelonnés dans la moelle, le bu... et la base du cerveau ; 3° dans les actes conscients volontaires, de l'écorce cérébrale. Il ne faut pas oublier que la source commune de ces excitations est toujours inévitablement dans les racines sensitives et les appareils sensoriels qui sont à leur extrémité. Mais cette transmission, qui est immédiate et prochaine pour l'exécution des actes réflexes, est au contraire médiate et d'autant plus lointaine qu'il s'agit d'actes et de fonctions relevant de l'instinct et surtout de l'intelligence : plus s'accusent les caractères psychiques de ces fonctions, plus long est le séjour que l'excitation fait dans le système nerveux, plus compliqué est le trajet qu'elle y accomplit, plus détournées et allongées sont les voies qui, en l'obligeant de passer par l'écorce, la ramènent dans les noyaux moteurs de la moelle.

Champ moteur. — De même que, par comparaison avec les neurones des racines postérieures, nous appelons *sensitifs* ceux qui de la moelle remontent vers l'encéphale, de même, par comparaison avec les neurones des racines antérieures, nous appelons *moteurs* ceux qui de l'encéphale descendent vers la moelle épinière et le bulbe rachidien.

Ce qui les distingue les uns et les autres des nerfs proprement sensitifs et proprement moteurs, c'est, les premiers, de ne plus recevoir l'excitation directement de l'extérieur ; les seconds, de ne plus la transmettre directement aux organes du mouvement, mais seulement par l'intermédiaire obligé des nerfs du système primaire ou système inférieur. Les premiers sont des nerfs excités par des nerfs et qui réagissent suivant leur nature et leur organisation ; les seconds sont des nerfs qui excitent des nerfs et utilisent également l'organisation de ceux-ci et non plus, comme eux, simplement l'activité musculaire. La différence des effets dans les deux cas tient précisément aux transformations qui s'opèrent dans la transmission, du fait de cette organisation dont elles nous révèlent l'existence, sinon les détails intérieurs.

Voies motrices cérébro-spinales. — Faisceau pyramidal. — De ces voies descendantes, la mieux connue est celle qui constitue le faisceau dit *pyramidal*. Son origine est dans les circonvolutions centrales. Ses fibres, mêlées d'abord à celles de la couronne rayonnante, passent ensuite par la capsule interne, suivent le pied du pédoncule cérébral, traversent la protubérance, s'entre-croisent partiellement dans le bulbe, dont elles forment le faisceau dit pyramide antérieure ; la partie non entre-croisée suit le faisceau antérieur de la moelle du même côté, tandis que la partie entre-croisée, beaucoup plus importante, suit la partie postérieure du faisceau latéral, dans lequel elle forme une fasciculation bien distincte. Le *faisceau pyramidal croisé* s'étend jusqu'à la quatrième paire sacrée ; le *faisceau pyramidal direct* jusqu'à la première lombaire (Dejerine et Thomas). Telle est la disposition chez l'homme.

Chez les animaux, il y a également un faisceau entre-croisé qui suit le cordon latéral de la moelle, mais le faisceau direct n'est pas différencié comme chez l'homme et ne suit pas le cordon antérieur ; il est représenté par des fibres qui suivent le cordon latéral du même côté, plus ou moins mêlées aux fibres croisées venant du côté opposé. Chez l'homme, on trouve parfois une disposition de ce genre, sans préjudice du faisceau de Türck qui suit le cordon antérieur. L'entre-croisement des voies motrices subit des variations très grandes suivant les espèces, et même chez les différents individus de la même espèce.

Autres voies descendantes. — Faisceau fondamental. — En plus de ces fibres descendantes de toute longueur, formant entre l'écorce cérébrale et l'axe gris médullaire une commissure si remarquable, il en est d'autres qui réunissent à l'axe gris de la moelle soit les ganglions de la base du cerveau, soit les autres parties de cet axe lui-même. Comme les fibres ascendantes, les fibres descendantes cérébro-spinales sont de longueur très variée et réalisent une infinité de connexions, dont nous n'apercevons bien que les plus saillantes.

Les fibres commissurales les plus courtes sont, comme d'ordinaire, celles qui avoisinent directement la substance grise, sur laquelle elles s'arquent, comme des ponts de différentes longueurs. — Notons encore dans le faisceau fondamental une formation importante, la *bandelette longitudinale postérieure* ou *faisceau longitudinal* dont il sera question à diverses reprises.

Voies motrices cérébello-spinales. — Faisceau marginal antérieur. — Comme son nom l'indique, ce faisceau est à la surface de la moelle, à la périphérie du cordon antérieur et un peu du cordon latéral. En descendant il se rapproche de la ligne médiane et du sillon antérieur qu'il

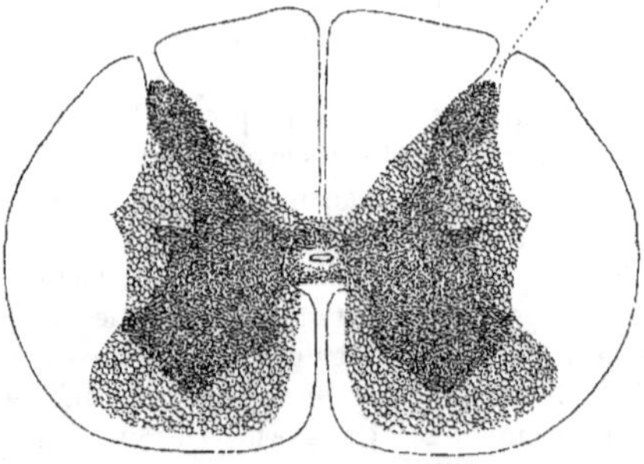

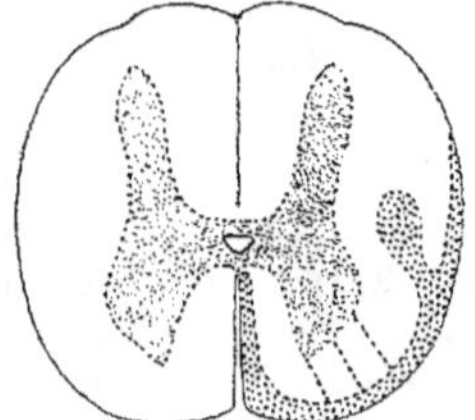

Fig. 116. — *Les voies courtes de la moelle épinière.*

Elles sont groupées autour de la substance grise ; le champ blanc correspond aux voies moyennes ou longues.

Fig. 117. — *Fibres cérébelleuses descendantes.*

Moelle lombaire : fibres de cordon et des racines antérieures dégénérées après extirpation du cervelet (MARCHI).

longe bientôt. Les dégénérations le désignent comme un faisceau descendant, autrement dit moteur (LÖWENTHAL). C'est une *voie cérébelleuse centrifuge* ; il dégénère après ablation unilatérale du cervelet (MARCHI) et après la section du pédoncule cérébelleux inférieur (BASILEWSKI). — HELWEG, BECHTEREW décrivent encore sous le nom de *faisceau pérolivaire* ou *olivaire* un petit tractus superficiellement placé, qui relierait l'olive aux différents étages de l'axe gris médullaire et se rattacherait au système des connexions cérébello-spinales. — Les fibres motrices d'origine cérébelleuse ne sont du reste pas cantonnées dans ces formations plus ou moins délimitées et reconnaissables, mais se trouvent disséminées jusque dans le faisceau pyramidal croisé. Ce sont celles qu'on y trouve dégénérées après ablation du cervelet ou section du pédoncule cérébelleux inférieur homolatéral. On en a même fait un faisceau dit *intermédiaire*.

Les voies motrices cérébello-spinales forment, ainsi qu'on voit, le pendant des voies sensitives spino-cérébelleuses. Les unes et les autres établissent entre le cervelet et la moelle un double courant d'excitations. Le cycle nerveux dans lequel elles entrent réalise une forme particulière de la coordination des mouvements, l'*équilibration*. Les éléments de ce système cyclique sont, comme on le verra plus loin, principalement organisés dans le cervelet.

    1. **Excitation des faisceaux descendants.** — On a excité les différents faisceaux de la moelle, en place, ou isolés après section

et séparation des parties avoisinantes, pour agir sur eux, comme on le ferait sur des nerfs ordinaires. On a excité ainsi soit les faisceaux antérieurs, soit les faisceaux latéraux.

Question préalable. — Pour tous ces faisceaux descendants, dès le début des recherches, la même question s'est posée que pour les faisceaux ascendants.

Comment distinguer les éléments propres de la moelle (les fibres endogènes), des éléments radiculaires proprement moteurs, qui y prennent naissance dans les cornes antérieures de la substance grise ? L'excitation isolée des uns et des autres est ici beaucoup plus facile que pour les éléments ascendants. Le champ d'origine du neurone moteur radiculaire n'a pas, dans la moelle épinière, la même extension que le champ de distribution du neurone sensitif radiculaire, dans sa partie postérieure. Au lieu de ces bifurcations qui suivent dans les faisceaux de Goll et Burdach une si grande étendue, le neurone radiculaire traverse le faisceau antéro-latéral perpendiculairement à ses fibres, de sorte qu'entre deux racines antérieures c'est bien les faisceaux propres de la moelle qu'on a sous les yeux.

Contradictions apparentes. — En portant l'excitation sur les faisceaux antérieurs dans l'intervalle des racines, après ou sans section préalable de la moelle ou de ces faisceaux, LONGET avait conclu à leur excitabilité et à leur fonction motrice. Ce résultat était alors interprété comme indiquant une continuation directe entre les faisceaux et les racines antérieures. CHAUVEAU, en expérimentant sur les grands animaux, conclut au contraire à l'inexcitabilité de ces faisceaux. Comme LONGET, il se sert de l'excitant électrique ; mais, préoccupé d'éviter sa diffusion sur les racines motrices voisines, il le gradue avec soin et le maintient une intensité qui est suffisante pour exciter les racines motrices. Il voit ainsi que l'excitant qui provoque les fonctions de ces dernières est inapte à produire aucun effet moteur, quand on l'applique sur les faisceaux dans leur intervalle. Et c'est la raison pour laquelle il refuse l'excitabilité motrice à ces faisceaux.

II. **Expérience décisive**. — VULPIAN a fourni sur ce point en litige une expérience qui est décisive. Sur un lapin ou sur un chien, après éthérisation, il découvre la moelle dans une étendue de 6 à 10 centimètres au-dessus de son renflement lombaire ; il coupe toutes les racines qui correspondent à cette étendue (pour n'avoir pas à tenir compte des mouvements qui résulteraient de leur excitation, par diffusion du courant excitant). Il coupe la moelle à la partie la plus antérieure de la région où elle a été mise à nu et, dans toute l'étendue de celle-ci, enlève les faisceaux postérieurs, une partie des faisceaux latéraux et, autant que possible, la substance grise, de manière que les faisceaux antérieurs ou antéro-latéraux (suivant les cas) ainsi séparés ne tiennent plus à la moelle que par leur extrémité postérieure. Si on pique ou comprime l'extrémité antérieure de ces faisceaux ainsi isolés, on provoque des soubresauts, c'est-à-dire des contractions des muscles du train postérieur de l'animal et des mouvements de la queue. Si, en suivant le sillon antérieur, on sépare exactement les deux faisceaux antérieurs l'un de l'autre, par une incision longitudinale, on voit, en excitant l'un des deux, les mouvements se produire beaucoup plus forts dans le membre correspondant que dans le membre du côté opposé.

Dans le chien nouveau-né, le faisceau pyramidal n'est pas encore myélinisé. L'excitation des cordons latéraux, quand on la fait à cette époque du développement, n'a pas les effets moteurs qu'elle a sur l'adulte ou seulement à partir de l'époque du complet développement de ces parties (Bechterew).

Effets principalement directs et partiellement croisés. — Il n'y a donc pas de doute que l'excitation des faisceaux antérieurs et aussi celle des faisceaux latéraux ne soit suivie de réactions motrices, imputables à cette excitation même. De plus, cette expérience nous montre que la transmission de l'excitation de ces faisceaux aux nerfs moteurs des racines antérieures se fait (dans la substance grise médullaire) principalement du côté correspondant et accessoirement du côté opposé, autrement dit qu'elle est surtout directe et très partiellement croisée.

III. **Différence quantitative**. — Les expériences de Chauveau ont néanmoins pour nous un enseignement d'une grande importance. Si, en effet, nous devons modifier la formule de sa conclusion et reconnaître avec Vulpian et Longet l'excitabilité motrice des cordons antéro-latéraux de la moelle épinière, nous voyons par ces mêmes expériences (comme aussi par celle de Vulpian) qu'*il existe, au point de vue quantitatif, sinon au point de vue qualitatif, une grande différence dans l'excitabilité des racines motrices et des cordons antéro-latéraux*, et ceci nous montre que, si ces deux formations participent à la même fonction générale, celle de la motricité, il existe des unes aux autres des différences fonctionnelles qui permettent de les distinguer expérimentalement. C'est qu'en réalité ces deux formations ne sont pas le prolongement immédiat l'une de l'autre, mais sont reliées l'une à l'autre par la substance grise, qui, en réalisant leurs connexions, transforme le courant d'excitation qui la traverse.

Faisceau direct et faisceau croisé. — L'excitation du cordon antérieur a des effets moteurs indéniables ; celle des cordons latéraux également. Mais ces cordons sont des formations complexes, et de plus, elles ne sont pas absolument équivalentes chez l'homme et les animaux.

Laissons de côté les fibres ascendantes, qui existent dans le cordon latéral, et que le sens même de leur conduction exclut de l'excitation, telle qu'elle est ici pratiquée. Le cordon antérieur contient la portion directe du faisceau pyramidal, le cordon latéral en contient la portion qui s'est croisée au niveau des pyramides bulbaires. Mais, dans l'un et l'autre cordon, à la fasciculation dite pyramidale s'en ajoute une autre, le faisceau fondamental, formé de fibres commissurales plus ou moins longues, reliant les étages superposés de l'axe gris. Les choses du moins sont ainsi chez l'homme ; chez les animaux, le faisceau direct manque presque complètement et ses éléments sont reportés dans le faisceau latéral du même côté. L'excitation expérimentale réalisée chez les animaux, quand elle s'adresse au faisceau antérieur, porte donc surtout sur des fibres commissurales et manifeste par conséquent leur fonction motrice ; quand elle s'adresse au faisceau latéral, elle porte, au contraire, sur un ensemble de fibres dans lequel le faisceau pyramidal tient une large place au point de vue moteur.

IV. **Section des cordons antéro-latéraux.** — D'un grand nombre d'expériences faites par différents auteurs, on peut conclure que *la section des cordons antéro-latéraux paralyse le mouvement des muscles sous-jacents.* Elle interrompt donc d'une façon complète la transmission des excitations qui descendent des régions supérieures du système nerveux et ne laissent subsister que les réflexes de l'espèce la plus simple.

Section de la moelle moins les cordons antéro-latéraux. — Si inversement on coupe toute la moelle à l'exception des cordons antéro-latéraux (un peu au-dessus, par exemple, du renflement lombaire), le mouvement est conservé dans les membres sous-jacents, c'est la contre-épreuve de l'expérience précédente et elle dépose dans le même sens qu'elle. Les mouvements qui sont ainsi conservés n'ont pas tous exactement la même signification : les uns sont *volontaires* et procèdent d'excitations partant de l'écorce cérébrale ; d'autres sont *émotionnels* et procèdent de la couche optique ; d'autres enfin sont *automatiques* et résultent d'incitations parties du mésocéphale. Tous les conducteurs, sans doute distincts, qui ont pour fonctions d'exciter, dans la moelle, les éléments exécuteurs de ces mouvements, sont contenus dans les cordons antérolatéraux ; c'est ce que prouvent les expériences précédentes.

V. Rôle de la substance grise dans la transmission motrice. — La section de la substance grise n'a plus, dans l'ordre du mouvement, l'effet si directement paralysant qu'elle nous a montré quand il s'agissait de la sensibilité. Il n'en faudrait pas conclure qu'elle n'a pas de rôle dans la transmission des excitations motrices. Qu'il s'agisse du mouvement ou de la sensibilité, c'est elle toujours qui réalise les connexions qui articulent ensemble les neurones d'ordre successif : elle est un lieu de passage obligé pour le courant d'excitation qui est transmis des uns aux autres. La différence, quand on compare, dans la moelle épinière, les territoires d'articulation des neurones ascendants et des neurones descendants, est que les premiers de ces territoires ont une grande extension, tandis que les seconds sont ramassés sur eux et condensés au lieu même qui correspond à l'implantation de chaque racine motrice. Au point de vue expérimental, la conséquence est que les premiers sont entamés par toute section qui porte sur la substance grise médullaire, tandis que les seconds échappent presque forcément à cette section, quand elle est faite un peu au-dessus des nerfs moteurs qu'on a en vue. Mais si la destruction de la substance grise porte à ce niveau, elle interrompt la communication entre les éléments cortico-spinaux et les neurones radiculaires moteurs, et une paralysie motrice en est la conséquence.

Transformation de l'excitation. — La substance grise des cornes antérieures est non seulement un lieu de passage, mais, comme on l'avait remarqué déjà (VULPIAN), un *lieu de transformation de l'excitation.* Les mouvements que nous provoquons, par l'excitation d'une racine motrice, ne sont nullement semblables à ceux que nous déterminons par l'excitation du faisceau pyramidal, depuis l'écorce cérébrale jusqu'à la substance grise médullaire elle-même. Les premiers représentent un effort brutal de muscles travaillant tous à la fois, sans direction et sans résultat utile ; les seconds représentent au contraire un mouvement ordonné, et dont le but est d'autant mieux défini que l'excitation porte sur une fasciculation plus restreinte, dans l'épaisseur du faisceau pyramidal.

Transportée du nerf radiculaire au nerf cortico-spinal, l'excitation a pris ce caractère nouveau : c'est donc que ce dernier nerf a les moyens de la distribuer ou de la faire se distribuer, suivant un ordre défini, à un groupe de neurones qui utilise un groupe de muscles, en vue d'un acte lui-même défini. C'est l'organisation de la fonction motrice, qui nous apparaît dans cet exemple et qui est réalisée par les connexions des neurones dans la substance grise.

VI. **Action directe et action croisée.** — On sait que les fibres descendantes cortico-spinales subissent leur entre-croisement principal au niveau des *pyramides bulbaires*. Lorsqu'on fait une hémisection de la moelle, qui forcément interrompt ces fibres descendantes du côté où elle porte, c'est le membre correspondant qui est paralysé du mouvement volontaire, comme l'avait vu primitivement GALIEN. Toutefois cette paralysie n'est pas absolument complète, car, ainsi que nous l'avons vu déjà par l'excitation des faisceaux antéro-latéraux, une petite partie des fibres s'entre-croisent encore, à ce niveau même, d'un côté à l'autre. La conservation du mouvement du côté hémisectionné varie en grandeur, suivant les espèces et aussi suivant les conditions de l'expérience.

Chez la grenouille, elle est très évidente (Van DEEN, VALENTIN, STILLING) ; chez les mammifères, elle est moins marquée mais peut s'observer (STILLING, BROWN-SÉQUARD). La paralysie motrice est d'autant moins accusée dans le membre correspondant que l'hémisection est faite plus en avant des organes moteurs considérés. D'après VULPIAN, une hémisection faite immédiatement en avant des nerfs destinés au membre postérieur paralyse complètement ce membre ; si elle est faite dans la région cervicale, c'est le membre antérieur qui est alors paralysé ; mais le membre postérieur correspondant conserve des mouvements, ainsi que celui du côté opposé qui est également quelque peu affaibli.

Syncinésies. — Évidemment, pour chaque mouvement d'un sens déterminé, tel que flexion, extension, abduction, adduction, etc., d'un membre ou de ses segments composants, il y a une association de muscles, les uns synergiques, les autres antagonistes, dont l'action résultante détermine le mouvement avec sa vitesse, son énergie et toutes ses circonstances particulières. Cette association ne peut avoir lieu que par le système nerveux et, dans celui-ci, que par la substance grise. Pour certaines de ces associations les plus simples, manifestement la substance grise médullaire est capable à elle seule de les réaliser. Si, en effet, sur une grenouille, on coupe la moelle dans la région dorsale et qu'on excite quelque point un peu sensible du membre postérieur, tel que l'extrémité des doigts, on provoque des mouvements dits réflexes, qui sont des mouvements coordonnés. C'est, par exemple, une flexion des différents segments du membre, qui se soustrait ainsi à l'excitation : ou, si l'excitation est plus forte, ce sera une brusque extension des deux membres de l'animal, comme s'il fuyait (VULPIAN).

Ces mouvements coordonnés, accomplis par la moelle séparée du bulbe (et par conséquent séparée de tous les centres supérieurs), ont été signalés par un grand nombre d'observateurs ; ils rendent à eux seuls très improbable l'opinion que la moelle, chez l'homme, serait privée de tout pouvoir réflexe. CHAUVEAU les a signalés chez les solipèdes, BROWN-SÉQUARD chez le lapin, TARCHANOFF chez le canard. Sur un cheval ou un âne à moelle coupée au-dessous du bulbe et respirant artificiellement, l'excitabilité réflexe de la moelle est très grande. Si on saisit le paturon du membre (opposé à celui sur lequel l'animal est couché pour qu'il ait la liberté du mouvement), ce membre est retiré vers le tronc par une brusque flexion, avec quelques alternatives d'extension, parfois même avec une extension brusque simulant un coup de pied.

Coordination dans le système réflexe. — Un canard qu'on vient de décapiter et qu'on met dans un bassin y exécute des mouvements réguliers de natation qui sont provoqués soit par l'excitation de la partie supérieure de la moelle, soit par l'excitation des nerfs périphériques.

Il n'y a pas ici d'autre système coordonnateur que le système réflexe et, dans celui-ci, pas d'autre lieu d'association de ses éléments que la substance grise du renflement lombaire. Si, au lieu d'exciter un nerf venant de la peau, nous excitons un nerf venant du cerveau, nous pourrons voir se produire des mouvements semblables ou très analogues, en tout cas coordonnés. Dans un cas comme dans l'autre, l'excitation communiquée à un conducteur est tombée dans un système arrangé pour lui donner la direction, la succession, l'intensité relative, en un mot, l'ordre convenable pour le résultat moteur à atteindre. Dans le premier cas (acte réflexe), elle vient de la peau, c'est-à-dire de l'extérieur directement : dans le second cas (acte volontaire), elle vient de l'écorce cérébrale, c'est-à-dire d'un autre lieu de substance grise, ou autrement dit encore, d'un ensemble systématisé infiniment plus complexe que ceux existant dans la moelle. Et c'est alors ce système supérieur qui emploie des systèmes plus simples, pour l'exécution des actes qu'il a lui-même préparés par le travail de comparaison, de coordination, d'élaboration, qu'il a fait subir aux excitations qui lui sont venues de la périphérie, c'est-à-dire toujours de l'extérieur.

Convergence des excitations dans le champ moteur. — Dans l'un et l'autre cas, il y a projection à grande distance d'une impression, d'une excitation. Et cette projection se fait sur le même appareil, le même petit ensemble d'éléments nerveux associés. La différence causale ou originelle est pourtant extrême, puisque, dans le premier cas, l'excitation est purement *mécanique* et que, dans le second, elle est *psychique*, c'est-à-dire liée à un phénomène de sensibilité qui la précède et la gouverne.

Systèmes simples et systèmes complexes. — Par cette analyse, nous mettons en évidence la systématisation du tissu nerveux ; j'entends dire l'association de ses éléments en systèmes d'abord très simples, qui, à leur tour, sont associés en succession ou en juxtaposition, pour en former de plus grands, et ceux-ci encore, de même, pour constituer le système nerveux proprement dit. Quel que soit le système, simple ou compliqué, sur lequel nous arrêtons nos regards, nous lui trouverons des *liaisons intérieures*, qui le font subsister et assurent son fonctionnement individuel, et des *liaisons extérieures*, qui le rattachent à d'autres dans un système plus grand et d'un autre ordre.

Limites indécises : constitution changeante. — La plus grande difficulté consiste à tracer les limites exactes de ces associations et leur ordre de superposition et d'emboîtement, parce que, manifestement, ces limites ne sont point arrêtées dans leur contour, ni fixes dans leur situation. Quand l'excitation aborde un système et l'envahit, il semble que ce soit par dégradation insensible qu'elle s'éteint sur ses limites, et, après qu'un système s'est constitué pour l'exécution d'un acte défini, il se décompose pour, avec certains de ses éléments, en reconstituer un autre, en vue d'un acte différent. C'est du moins ce qui existe de façon surtout manifeste dans les actes dits de la vie de relation avec l'extérieur ; les fonctions intérieures de la vie végétative sont beaucoup plus fixes et uniformes et leurs changements mêmes sont astreints à une évidente périodicité.

Mode d'association des neurones. — Sur le mode d'association des éléments nerveux, pour se constituer en groupements fonctionnels définis, l'anatomie a fourni quelques renseignements précieux. C'est par leurs prolongements ramifiés que ces éléments entrent en relation et se communiquent l'excitation qui les met en jeu. La connaissance de ces rapports, non plus dans leur généralité, mais dans leur détail, serait pour nous du plus haut intérêt, parce qu'évidemment de la disposition particulière de ces connexions dépendent les associations fonctionnelles que nous cherchons à connaître. Le peu que nous savons sur ce point mérite d'être consigné.

Chevauchement des champs polaires. — *Lorsque deux neurones se transmettent l'excitation, les champs polaires* (terminal de l'un et initial de l'autre), largement arborisés, par lesquels ils entrent en relation, *ne se superposent pas exclusivement, mais seulement partiellement*, pendant que le reste correspond à des portions de champs polaires appartenant à d'autres neurones.

De cette façon *un neurone transmet*, ou peut transmettre, *l'excitation à plusieurs autres* (parfois à un très grand nombre), et la distribue ainsi dans des régions très diverses et éloignées ; inversement, *un neurone reçoit l'excitation de plusieurs autres* (parfois d'un très grand nombre également) et la concentre sur un point après l'avoir reçue de régions multiples et distinctes.

Exemples. — La moelle épinière nous fournit des exemples très caractéristiques de l'une et l'autre disposition. Un élément d'une racine postérieure pris en particulier distribue l'excitation (par le moyen de la substance grise) à des neurones radiculaires moteurs, au cervelet, à l'écorce cérébrale, à la couche optique, pour ne parler que des lieux principaux vers lesquels elle est distribuée. Un élément d'une racine antérieure pris en particulier reçoit de même l'excitation (par le moyen de la substance grise) des neurones radiculaires postérieurs, du cervelet, de la couche optique, de l'écorce cérébrale, etc. (Voy. fig. 104).

Transmission directe et transmission par dérivation. — Une autre façon de formuler ces rapports d'une façon plus générale et plus synthétique est la suivante :

Lorsque deux neurones se transmettent l'excitation, ils le font généralement de deux façons, à savoir : 1° d'une façon directe, par leurs propres prolongements ; 2° d'une façon indirecte, par des neurones placés en dérivation sur ces terminaisons. Ces neurones de dérivation, quand ils sont courts, sont appelés neurones d'association. En réalité, ils ont toutes les longueurs possibles. Quand nous examinons notamment les connexions des neurones radiculaires postérieurs et antérieurs de la moelle, nous les voyons se communiquer l'excitation, en plus de leurs prolongements directs, par l'intermédiaire du cervelet, de l'écorce, des ganglions cérébraux. D'autres voies d'association, moyennes, courtes, très courtes, comblent les vides laissés entre ces masses éloignées.

Éléments de projection et éléments d'association. — A le bien prendre, les éléments dits de projection sont des éléments d'association, quand ils réunissent deux organes nerveux, deux lieux de substance grise, quelque éloignés que soient ceux-ci ; car ces éléments ont toutes les dimensions possibles.

Chaque tronçon de la moelle épinière, même supposé séparé de ses voisins par des sections, contient encore, pour son fonctionnement propre, de ces cellules courtes d'association, lesquelles interviennent sans doute dans les actions réflexes les plus simples suscitées dans ces tronçons. De plus, les tronçons voisins ou plus ou moins éloignés sont reliés par des éléments du même genre, de longueur progressivement plus grande. Ces cellules, dites cordonnales ou commissurales, présentent souvent une disposition qui explique la répartition qu'elles impriment à l'excitation qui les atteint. Leurs dendrites sont confinées autour de la cellule ; autrement dit, leur pôle récepteur couvre un champ limité. Leur axone, après un court trajet, se divise en deux branches qui sont généralement, l'une ascendante, l'autre descendante dans les cordons, et envoient des collatérales à la substance grise à laquelle elles retournent ; leur pôle distributeur couvre un champ relativement très étendu.

Les grandes commissures qui relient la moelle aux masses grises supérieures, quand elles abordent celles-ci, y suivent à leur tour la même loi. Les éléments ascendants et descendants qui les composent contractent dans ces masses des connexions directes par articulation des uns aux autres ; mais, de plus, ils sont reliés secondairement par des éléments d'association ou de dérivation de catégories diverses et extrêmement nombreux, d'où la structure si compliquée de ces organes.

Distribution extra- et intramédullaire de l'excitation par le même neurone. — C'est un progrès que nous devons aux méthodes anatomiques que de pouvoir dire, à l'inspection d'un neurone, quels y sont les points d'entrée et de sortie de l'excitation. Les neurones radiculaires moteurs de la moelle épinière reçoivent l'excitation par leurs dendrites (prolongements dits autrefois protoplasmiques) ; ils l'écoulent par leur cylindraxe ou axone, qui la porte aux muscles par ces terminaisons ramifiées ; mais, avant de quitter la moelle, ce cylindraxe donne, sur son trajet dans les cornes antérieures, des collatérales, qui, avant de sortir de cet organe, y distribuent déjà une partie de l'excitation aux éléments qui les avoisinent. Il suit de là que les muscles radiculaires excitent, non seulement les muscles, mais les neurones moteurs qui sont leurs voisins et qui à leur tour se déchargent finalement de l'excitation reçue dans les muscles ; autrement dit, et conformément à la formule générale, ils excitent les muscles d'une façon à la fois directe et indirecte et sont un nouvel exemple de cette imbrication des éléments nerveux les uns sur les autres, qui paraît être la règle fondamentale qui préside à leurs connexions.

Autre exemple. — Les neurones du faisceau pyramidal nous présentent une disposition du même genre encore plus accentuée. Leur cylindraxe, près de son origine, fournit des collatérales dont certaines, très longues, représenteraient au moins partiellement les fibres du corps calleux, qui associent l'un des hémisphères à l'autre dans son fonctionnement ; de plus, dans l'endroit où il traverse la protubérance, il en fournit d'autres non moins remarquables par leur situation, à mi-trajet de l'axone qui les fournit, et qui distribuent l'excitation à des éléments qui se rendent au cervelet par son pédoncule moyen.

Ainsi une excitation, même supposée localisée au panache dendritique d'un neurone du faisceau pyramidal, a plusieurs voies pour atteindre les noyaux moteurs de la moelle épinière : l'une directe, depuis longtemps connue ; les autres indirectes, par l'hémisphère opposé, par le cervelet, sans compter d'autres voies possibles, qui toutes convergent vers les cornes antérieures. Et arrivée là, le même schème se reproduit pour elle plus restreint, avec les neurones radiculaires, qui écoulent cette excitation aux muscles, directement par leurs terminaisons et indirectement par leurs collatérales. L'organisation nerveuse semble avoir ainsi, comme fin première et essentielle, de multiplier devant l'excitation les trajets et les conflits, de la répercuter d'élément en élément, d'échelonner ses vitesses, avant de la recondenser sur les terminaisons extrêmes des voies motrices, afin de lui imposer un ordre, une succession définie, adaptée au résultat à atteindre.

B. — LA VIE ANIMALE ET LA VIE ORGANIQUE. LE GRAND SYMPATHIQUE.

Les anatomistes, et avec eux beaucoup de physiologistes encore, divisent le système nerveux en deux grands systèmes secondaires : l'un dit *système cérébro-spinal*, l'autre dit *système grand sympathique*, reconnaissables à des caractères extérieurs très apparents. Dans leur esprit, et suivant les idées et les expressions de BICHAT, le premier participe aux fonctions de la *vie* dite *animale* ou *de relation*, le second aux fonctions de la *vie* dite *végétative* ou *de nutrition*. Ces expressions au premier abord et les idées qu'elles expriment paraissent très claires ; l'expérience ne les a du reste pas formellement démenties ; mais, en obligeant de les préciser, elle a montré peu à peu ce qu'elles ont de trop schématique et de trop absolu. Chacun de ces termes, au point de vue tant anatomique que physiologique, doit être défini ; or c'est en mettant ces définitions d'accord avec les données de l'expérience qu'on voit combien elles ont changé depuis BICHAT.

1. — *Les deux vies ; leurs représentations distinctes dans le système nerveux.*

Y a-t-il en réalité en nous deux vies, l'une animale, l'autre végétative ? L'animal représenté par un ensemble d'organes ayant sensibilité, intelligence, motricité est-il greffé sur un végétal représenté en lui par les organes de sa nutrition, à tel point qu'on pourrait désigner et suivre, le scalpel à la main, le plan de soudure qui unit l'un à l'autre ? Non : la définition de BICHAT n'a que la valeur d'une figure, d'une image. Elle est très profonde à coup sûr, mais, par là même, elle échappe à une localisation simpliste comme celle indiquée plus haut, qui a eu pourtant le grand mérite de la faire saisir pour sa simplicité même. ARISTOTE avait déjà vu qu'on peut partager les fonctions de l'être vivant en deux ordres : les unes visant plus spécialement sa conservation (fonctions végétatives ou de nutrition), les autres visant ses rapports avec le monde vivant extérieur à lui (fonctions sociales ou de relation). En voyant des organes intérieurs, comme le cœur, le poumon, l'intestin, il est évident qu'ils sont pour l'entretien de la vie, la nutrition ; par contre, les organes des sens, les appareils de l'expression et du mouvement extérieur, sont pour les rapports de l'animal avec le milieu qui l'entoure et spécialement le monde vivant. Seulement, la division ne s'arrête pas à ces organes directement visibles. Toute cellule, toute partie organisée, nous la présente à nouveau sur son terrain plus restreint : dans toute cellule, en effet, il y a une partie du protoplasme qui est spécialement affectée à son entretien et à sa conservation, et une autre partie qui assume une fonction sociale à l'égard des autres cellules, en les mettant en relation avec elle.

Et si jamais l'analyse peut pénétrer plus avant dans l'organisation de cet être complexe qu'est une cellule, la même division s'appliquera à toute partie différenciée de cet organisme en miniature. En résumé, la vie animale et la vie végétative sont, non pas deux choses séparées, mais deux aspects différents des fonctions de l'organisation vivante, aspects que l'on retrouve dans tout système d'organes compliqués, quand on leur applique l'analyse. *Chaque groupement se soude à des groupements analogues par des liaisons externes, pendant que ses parties constituantes se soudent entre elles par des liaisons intérieures au groupement lui-même.* L'ensemble du règne vivant

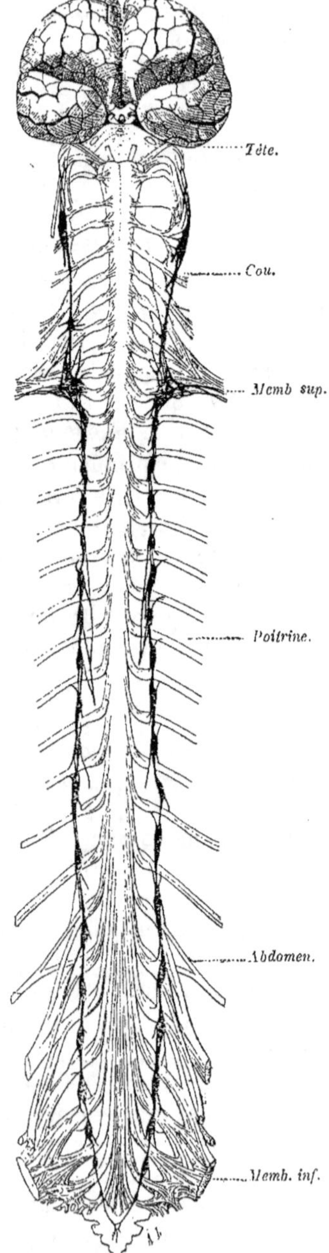

Fig. 118. — *Système nerveux profond.* — *L'encéphale, la moelle, le grand sympathique.*

est un système de ce genre que l'analyse décompose en groupements de plus en plus fractionnés, jusqu'à ce qu'on atteigne les éléments de la nature morte ou minérale.

Systèmes dits cérébro-spinal et grand sympathique. — Pour revenir aux systèmes dits cérébro-spinal et grand sympathique, leurs fonctions à l'un et à l'autre sont en somme des fonctions de relation (comme toute fonction nerveuse); seulement *le premier établit des relations entre l'organisme et l'extérieur, tandis que le second établit des relations entre les organes d'un même organisme,* d'une façon indirecte pour certains de ces organes, d'une façon directe pour ceux qui ont cette fonction de conservation que nous appelons la nutrition. Ceci dit sur leurs fonctions, comment faut-il limiter ces deux systèmes l'un par rapport à l'autre?

Signification attribuée à ces termes. — Sur ce point, comme sur le premier, le sens ordinaire attribué aux désignations *cérébro-spinal* et *grand sympathique* nous trompe, parce qu'il est trop absolu. Bien distincts à la périphérie, au niveau des organes différenciés entre lesquels ils se partagent, ces deux systèmes se fondent en un seul dans les parties supérieures du système nerveux, pour assurer l'unité de celui-ci et par là même celle de

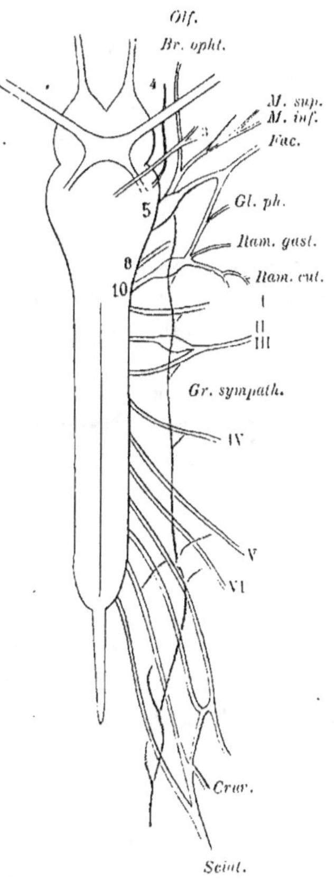

Fig. 119. — *Encéphale, moelle et grand sympathique chez la grenouille.*

3, oculo-moteur; 4, pathétique; 5, trijumeau; 8, auditif; 10, pneumogastrique.

l'organisme. Que l'anatomiste, pour sa convenance, trace entre les deux une limite conventionnelle de séparation, c'est là un artifice utile assurément, mais qui ne doit pas nous faire perdre de vue la réalité.

Le cerveau et la moelle enfermés dans une cavité ostéo-fibreuse (la cavité encéphalo-rachidienne) forment une masse d'apparence homogène, en tout cas compacte, qu'on appelle *centrale*. Des cordons issus de la moelle épinière et prolongée forment un chevelu de conducteurs qu'on appelle les nerfs *périphériques*. Cette masse centrale, avec son chevelu, est le système cérébro-spinal des anatomistes. — D'autre part on voit des racines des nerfs, au sortir de la moelle, se détacher de petits faisceaux (rameaux communicants), qui vont se jeter dans une double chaîne coupée de ganglions, de laquelle partent des cordons affectant un ensemble plexiforme, lui-même semé de ganglions, et qui vont aux appareils pulmonaire, digestif, vasculaire, c'est-à-dire aux organes de la nutrition : c'est le système grand sympathique, tel qu'on le décrit encore dans tous les traités.

Prolongement intrarachidien du système grand sympathique. — L'expérience a surabondamment démontré que ce second système communique avec la moelle, voire avec le cerveau lui-même, avec lequel il est en échange d'excitations. Le partage des nerfs est donc mal fait entre la nutrition et la relation extérieure, et trompeurs sont les noms qui le définissent; il avantage la seconde au détriment de la première. La masse cérébrale et spinale n'est, comme on voit, pas exclue du gouvernement de la nutrition, le grand sympathique n'est pas seul à veiller à la conservation de l'organisme. On s'en est aperçu depuis longtemps et c'a été, pour certains, une raison de nier toute distinction entre les fonctions animales et nutritives et renoncer à toute systématisation reposant sur cette distinction. C'est tomber dans le défaut contraire; c'est réintroduire la confusion dans un sujet qui ne peut s'éclairer que par les efforts persévérants de l'analyse.

De l'idée de Bichat il faut garder ce qu'elle a d'essentiel en la corrigeant dans sa formule, pour la mettre d'accord avec l'expérience. Il faudrait surtout renoncer à des désignations qui sont trompeuses, ou qui n'ont qu'un sens vague. Le système que la physiologie appelle « de la vie animale » n'est pas tout entier celui que l'anatomie appelle « cérébro-spinal » ; ses limites sont moins étendues que ne l'indique cette désignation, puisque la moelle et le cerveau ne se désintéressent pas de la vie végétative, mais contribuent à la régler aussi bien que celle dite animale. Inversement, comme on le comprend d'après cela, le système que la physiologie appelle « de la vie végétative » n'est pas uniquement celui que l'anatomie appelle « sympathique », désignation qui au surplus n'a plus guère de sens, les sympathies (sortes de consensus fonctionnels que l'ancienne physiologie admettait entre organes éloignés) étant assurées aussi bien par l'un des deux systèmes que par l'autre et réciproquement.

En dépit de ces raisons, les expressions anatomiques passées dans l'usage continueront à être employées même par ceux qui en comprennent la fausseté ou l'insuffisance. Nous devrons nous en servir, et c'est la raison pour laquelle il faut préciser le sens véritable qui s'y attache.

Différence anatomique entre les deux systèmes. — Du point de vue de l'anatomie descriptive, la différence qui existe entre le système de la vie animale et celui de la vie végétative, c'est que le premier a sa substance grise, ses centres, tout entiers, contenus dans la cavité encéphalo-rachidienne, tandis que le second a une partie de cette substance grise répartie en dehors de cette cavité. Cette substance grise extra-rachidienne, représentée par les ganglions tant de la chaîne que des cordons plexiformes du second système, est précisément ce qui distingue le grand

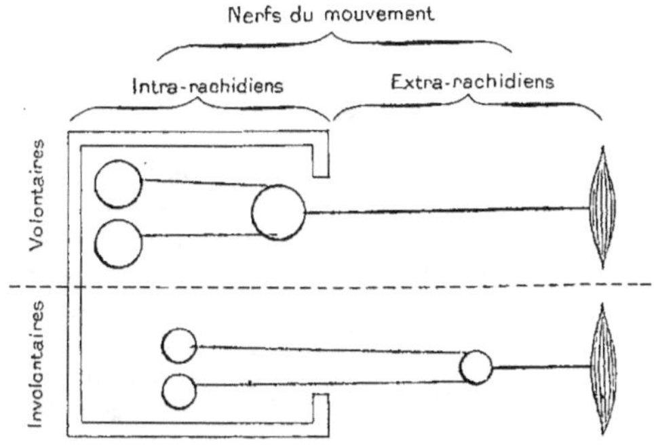

Fig. 120. — *Schéma montrant la caractéristique anatomique des systèmes moteurs, l'un volontaire, l'autre involontaire.*

Pour le premier (dit cérébro-spinal), le lieu de raccordement des deux ordres de neurones périphériques et profonds est intrarachidien ; pour le second (dit grand sympathique), il est extrarachidien.

Nerfs moteurs en noir, excito-moteurs en bleu, inhibiteurs en rouge.

sympathique des autres nerfs quelconques. *Le grand sympathique est une sorte de moelle, ou une portion de la moelle, disséminée dans les appareils de la nutrition.* Les mécanismes nerveux principaux, tels que réflexes, inhibition, sommation des excitations, etc., se retrouvent, à l'analyse expérimentale, les mêmes dans les segments métamériques de la moelle épinière et dans les ganglions du grand sympathique. La substance grise des ganglions est du reste constituée histologiquement dans ses grands traits de la même façon que celle de la moelle et du cerveau : des arborisations de neurones, les unes terminales, les autres initiales, s'y intriquent et s'y articulent comme dans l'axe gris médullaire et l'écorce cérébrale, et de plus les corps renflés de ces neurones y trouvent leur place, au milieu de ces arborisations.

Les limites du grand sympathique. — En acceptant le grand sympathique comme la portion extrarachidienne du système nerveux de la vie végétative, encore faut-il lui donner les limites qui lui conviennent, et c'est un point sur lequel la confusion a été grande. Le grand sympathique, avons-nous dit, est en relation de continuité et d'origine avec la moelle. Or celle-ci comprend deux parties, à savoir la moelle épinière et la moelle allongée. Les relations du

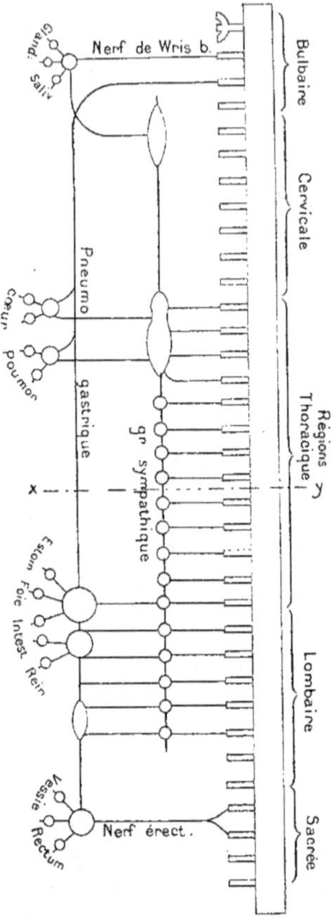

Fig. 121. — *Schéma du grand sympathique représentant sa distribution proprement viscérale.*

A droite, bulbe, moelle et racines. — Au milieu, chaîne vertébrale et ses ganglions. — A gauche, deuxième chaîne (prévertébrale), formée par le nerf pneumogastrique et les nerfs mésentériques, plexus solaire et plexus hypogastrique. — Tout à fait à gauche, ganglions et plexus terminaux des viscères.

La coupure entre les neurones périphériques et profonds se fait dans les ganglions soit caténaires, soit terminaux, soit intermédiaires.

Symétric par rapport à un plan *xy* qui coupe le thorax. — Origines principales condensées dans la région thoracique. — Origines supplémentaires provenant du bulbe (nerf de Wrisberg et pneumogastrique) et de la moelle sacrée (nerfs érecteurs).

grand sympathique avec la moelle épinière doivent être prises comme type pour la description, parce qu'elles sont simples et se répètent symétriquement dans toute la longueur du cylindre médullaire. Les relations du sympathique avec la moelle allongée, dans laquelle a disparu la forme typique de la moelle proprement dite, ne deviendront claires qu'en les comparant avec la disposition de cette dernière.

Ses rameaux communicants. — De chaque tronc mixte résultant de la fusion des racines antérieures et postérieures médullaires, se détache un petit rameau, dit *communicant*, qui va se jeter dans la chaîne du grand sympathique, au niveau de chacun de ses ganglions. Arrivées dans la chaîne, les fibres de ce rameau remontent ou descendent le long de celle-ci, sur une longueur variable, avant d'en ressortir également au niveau d'un ganglion. Les origines du grand sympathique sont et dans la moelle et dans les ganglions, y compris ceux de la chaîne; ce qui veut dire que les fibres issues de la moelle s'interrompent au moins partiellement dans la chaîne. De la chaîne donc partent des rameaux qui, après avoir formé des plexus et traversé de nouveaux ganglions, vont se répandre dans les trois grands appareils de la nutrition, le *tube digestif*, l'*appareil pulmonaire*, l'*appareil vasculaire*, plus l'appareil génital dans ses organes profonds.

Ses rameaux viscéraux et ses rameaux cutanés. — Pour les organes qui forment des masses bien individualisées, comme l'intestin et ses grosses glandes, ou le cœur et l'aorte, ces rameaux s'étendent directement de la chaîne à ces organes; mais pour ceux qui, comme les vaisseaux musculaires et cutanés ou les glandes cutanées, se trouvent disséminés interstitiellement dans les organes autres que ceux de la nutrition (afin d'assurer la nutrition de ces organes), ils prennent le chemin commun des nerfs de ces organes : à cet effet, ils s'étendent de la chaîne au tronc mixte rachidien, en suivant le rameau communicant en sens inverse des fibres venant de la moelle, et, arrivés à ce tronc, le suivent du côté de la périphérie, pour finalement atteindre les éléments contractiles ou sécrétants auxquels ils sont destinés. — Un nerf comme le radial, le sciatique ou le trijumeau, est donc mixte, non seulement parce qu'il contient des éléments sensitifs et moteurs de l'ordre conscient et volontaire, mais aussi parce qu'il en contient d'autres encore appartenant à ce système inconscient ou subconscient que le grand sympathique sert à caractériser.

Ses éléments sensitifs. — Dans la description qui précède, nous sommes censés suivre une fibre motrice involontaire depuis la moelle jusqu'à sa terminaison, dans le sens de sa conduction. Le grand sympathique contient, à côté de ces fibres motrices, des éléments sensitifs qui les doublent et dont la conduction est naturellement inverse : à cette réserve près, leur disposition doit être la même. A vrai dire, la constitution du grand sympathique a été établie d'après les expériences faites sur sa partie motrice : la sensibilité des organes de la nutrition est trop obtuse pour qu'on puisse l'invoquer en témoignage dans les expériences ; la sensibilité dite réflexe pourrait servir à une telle étude qui est encore très peu avancée.

Disposition métamérique ; ganglions. — La chaîne du grand sympathique en forme comme l'axe ou partie principale. Sa ressemblance avec la moelle épinière est frappante : elle compte en général autant de ganglions de chaque côté que de vertèbres, autant de rameaux communicants que de paires nerveuses. Toutefois, dans la région cervicale, il y a coalescence de quelques-uns de ces ganglions, qui sont réduits à trois pour sept vertèbres. Parmi ces trois ganglions, il en est un (le premier thoracique, dit encore ganglion étoilé) qui représente une fusion de ganglions appartenant les uns à la partie inférieure de la région cervicale, les autres à la partie supérieure de la région thoracique. Au-dessus du ganglion cervical supérieur, la chaîne du grand sympathique semble disparaître et manquer entièrement dans l'étendue de ce prolongement de la moelle qu'on appelle le bulbe ou moelle allongée. En réalité, on l'a retrouvée à l'état de trace, dans l'anastomose qui va du ganglion cervical supérieur au ganglion de Gasser : c'est du moins ce que je conclus de mes dissections et de mes expériences sur les animaux, où cette anastomose a plus d'importance, en raison de la prédominance de la face sur le cerveau. Du ganglion de Gasser, les fibres de ce rameau anastomotique suivent les branches du trijumeau, qu'elles quittent à nouveau pour atteindre les ganglions annexés à ces branches (ganglions ophtalmique, sphéno-palatin et otique).

Sympathique cranien. — La chaîne sympathique, à ce niveau, a les mêmes rapports avec la moelle prolongée que plus bas avec la moelle rachidienne. Par les racines du trijumeau, elle reçoit des origines nouvelles du prolongement rachidien de la moelle, pendant qu'elle fournit aux branches du trijumeau des filets de distribution, venus de plus bas (de la moelle épinière) et qui vont ensemble aux organes placés dans le champ de distribution de ce nerf. — Au-dessus de ce point, d'autres nerfs encore, les nerfs moteurs de l'œil, lui fournissent des filets d'origine semblables, tels que le filet gros et court de l'oculo-moteur commun. — Au-dessous, c'est-à-dire entre le trijumeau et la première paire cervicale, les rapports de la chaîne avec les nerfs bulbaires, tels que le facial, le glosso-pharyngien, le pneumo-spinal, sont peu apparents ou

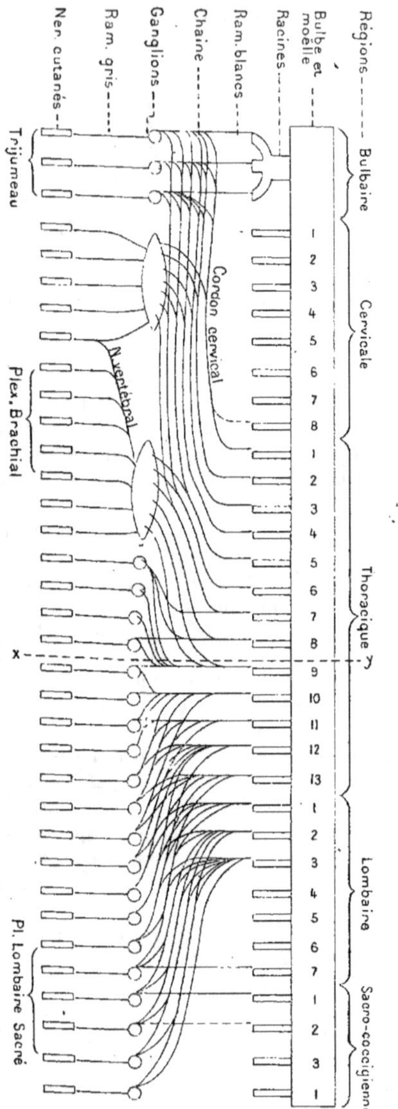

Fig. 122. — *Schéma du grand sympathique représentant sa distribution cutanée et ses deux ordres de fibres de projection.*

A droite de la figure, le bulbe, la moelle et leurs racines. — A gauche, les nerfs cutanés qui continuent ces racines (choisis en raison de leur distribution plus régulièrement métamérique). — Au milieu, les ganglions de la chaîne sympathique. Ces ganglions émettent des rameaux de distribution (en bleu) qui rejoignent le nerf cutané appartenant à la même métamère que le rameau lui-même et le ganglion qui l'a émis. D'autre part, ces ganglions reçoivent des rameaux d'origine médullaire (en rouge) qui

réduits à très peu de chose. Ce n'est pas à dire néanmoins pour cela que ces nerfs soient sans relation avec le grand sympathique ; seulement ces relations s'établissent d'une façon moins simple, moins nettement systématique qu'au niveau du trijumeau, où la figure d'une paire rachidienne se retrouve encore, et surtout qu'au niveau des racines médullaires. Le facial, par sa petite racine (nerf de Wrisberg), fournit des fibres qui, telles que celles des deux pétreux et de la corde du tympan, se rendant aux ganglions sphéno-palatin, otique et sous-maxillaire, sont manifestement des origines du grand sympathique. Le glosso-pharyngien, par son rameau de Jacobson, en donne de semblables. Quant au pneumo-spinal, ce gros nerf n'a que des anastomoses assez grêles avec la chaîne au niveau du ganglion cervical supérieur, mais, plus loin, une grande partie de ses fibres vont se jeter dans les plexus pharyngien, œsophagien, gastrique, pulmonaire, cardiaque, pendant que sa terminaison va former, dans l'abdomen, une des origines les plus importantes du plexus solaire. Le grand hypoglosse se rapproche beaucoup de la disposition d'une paire rachidienne dans ses rapports avec le grand sympathique.

Ses origines bulbaires. — Dans ces nerfs bulbaires qui paraissent échapper à la disposition typique des racines rachidiennes et auxquelles, pour cette raison, on a donné des noms propres au lieu de simples numéros d'ordre, on retrouve en somme cette disposition quand on la cherche ; elle est visible, soit qu'il s'agisse des rapports de la sensibilité avec le mouvement, soit qu'il s'agisse de ceux qui associent les nerfs volontaires aux involontaires, pour le consensus des fonctions. La différence est surtout en ceci : dans les régions de l'organisme (thorax, abdomen) où la division métamérique des vertèbres est à première vue reconnaissable, la similitude de forme permet de conclure à la similitude de fonction, dès que l'expérience a établi celle-ci sur l'un quelconque de ces groupements métamériques. Dans les régions où cette disposition a été bouleversée par des formations nouvelles surajoutées (crâne), une telle induction est impossible, et pour chaque nerf, chaque rameau nerveux, l'expérience est obligée d'intervenir quand on veut indiquer cette fonction. C'est ce qui fait qu'il y a un chapitre des nerfs dits *craniens* dont ne dispensent point les formules générales qui régissent le groupement des nerfs de différentes fonctions, formules établies d'après des expériences faites sur le rachis. La forme de ce groupement n'a en effet rien d'absolu ; le partage en métamères n'exprime pas une nécessité physiologique actuelle, mais un fait de développement, d'évolution, qui a sa raison dans le passé. Que les conducteurs soient rassemblés en faisceaux plus ou moins multipliés, plus ou moins volumineux ou plus ou moins ressemblants entre eux, peu importe pour la fonction : l'essentiel est qu'ils aient individuellement des rapports convenables à leur origine et à leur terminaison ; le reste est contingent.

Fibres myéliniques et amyéliniques. — Les fibres du grand sympathique sont des fibres *myéliniques* généralement *de petit diamètre*. Près de leur cellule d'origine et près de leur terminaison, elles se dépouillent de leur gaine de myéline, ce qui a fait admettre une catégorie de fibres dites *de Remak* ou fibres *amyéliniques*, qu'on a même considérées autrefois comme spéciales au grand sympathique : ce ne sont que les prolongements des premières. Cette disposition n'est pas, comme on l'a cru, spéciale au grand sympathique, mais s'y montre seulement très exagérée. Quand ces fibres amyéliniques prédominent sur les autres (comme dans le voisinage des ganglions), les cordons nerveux prennent une coloration grisâtre qui tranche sur l'aspect blanchâtre habituel des nerfs.

Rameaux blancs et rameaux gris. — OXODI, GASKEL ont remarqué que les rameaux communicants, qui unissent le tronc mixte rachidien à la chaîne sympathique, sont les uns blanchâtres et les autres gris. Les premiers contiendraient surtout des fibres d'origine, les seconds des fibres de distribution. Les rameaux communicants de la région thoracique sont *blancs;* ils représentent surtout des *fibres d'origine* faisant communiquer la moelle avec la chaîne ; ceux des autres régions, à mesure qu'on s'éloigne du thorax, sont *gris*, ils représentent surtout des *fibres de distribution* allant de la chaîne aux organes. Ces données sont d'accord avec la remarque que j'ai faite antérieurement d'après les indications de l'expérience, que *les origines du grand sympathique sont surtout condensées dans la région thoracique de la moelle épinière*.

Ganglions ; substance grise. — Les ganglions du grand sympathique, étudiés avec les nouvelles méthodes, présentent la structure générale et les carac-

proviennent de tronçons de la moelle situés ou plus haut ou plus bas que la métamère correspondante.

Origines médullaires condensées dans la région thoracique ; origines supplémentaires dans le bulbe et la moelle sacrée.

Disposition symétrique par rapport à un plan xy coupant la région thoracique en son milieu.

20.

tères de la substance grise. Dès longtemps on savait qu'ils contiennent des *cellules nerveuses* (corps de cellules des neurones). On a découvert depuis les prolongements ramifiés qui s'irradient autour de ces cellules et les font ressembler à celles de la moelle et du cerveau. On admet également que ces prolongements ont des *terminaisons libres*, qui prennent contact avec les ramifications cylindraxiles des neurones qui leur apportent l'excitation. Ce sont là tous caractères qui rapprochent les ganglions de ces organes nerveux qu'on appelle des centres et s'accordent d'autre part avec les données fournies sur eux par l'expérimentation.

Ils seraient de la sorte des lieux de coupure des conducteurs nerveux ou, ce qui revient au même, des lieux de raccordement et d'association des neurones qui entrent dans la constitution de ce système, en vue de ses fonctions particulières. C'est là essentiellement ce qui caractérise la substance grise : les ganglions du grand sympathique ne sont autre chose qu'une des régions remarquables de cette substance, rattachée à ses autres régions par des connectifs, comme ceux qui, dans la masse dite cérébro-spinale, rattachent l'axe gris de la moelle à l'écorce cérébrale. Il serait de la plus haute importance de connaître les lois, soit générales, soit particulières à chaque groupement, suivant lesquelles se fait cette association. On n'en connaît encore que très peu de chose ; néanmoins l'expérience a relevé quelques données qui ont leur intérêt.

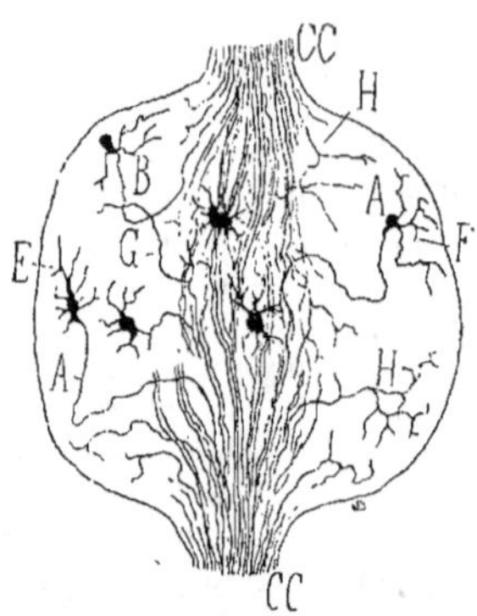

Fig. 123. — *Ganglion thoracique d'un embryon de poulet* (d'après CAJAL).

A, B, cellules dont les cylindraxes se creusent dans la chaîne CC ; E, F, prolongements protoplasmiques ; G, collatérales ; H, ramifications terminales des cylindraxes.

Isolement et dépendance. — A voir la chaîne ganglionnaire du grand sympathique avec sa forme typique et régulière, sa situation en dehors du rachis et ses prolongements dans les organes viscéraux, on est tenté, en exagérant plutôt l'idée de BICHAT, d'en faire un système indépendant, c'est-à-dire ayant son fonctionnement à part de celui du reste du système nerveux. L'expérience a réfuté de diverses façons cette conception absolue. L'influence de la moelle épinière et même du cerveau se transmet aux viscères à travers le grand sympathique, preuve d'une liaison assez étroite entre ces différents ensembles. Une opinion inverse, tout aussi manifestement exagérée dans sa simplicité, c'est que le grand sympathique n'est qu'un conducteur ordinaire sans influence propre sur les excitations qui le traversent. — La vérité est que *le grand sympathique représente des groupements systématisés, rattachés à d'autres groupements analogues, dont ils ne sont ni constamment solidaires, ni constamment isolés, mais dont ils sont isolables* : la liaison se faisant ou se défaisant suivant les besoins de la fonction. Isolables, l'expérience montre qu'ils le sont, en y manifestant des actes nerveux complexes, comme les réflexes ou l'inhibition. Dans l'exercice normal des fonctions, cet isolement a aussi, à certains moments, sa raison d'être. Dans un ensemble aussi essentiellement mobile que l'être vivant, la dépendance ou l'indépendance n'est pas chose fixe et invariable, mais au contraire mobile elle-même, contingente et nuancée.

Étude par la dégénération. — La méthode de la dégénération wallérienne (dégénération après section du segment séparé de la cellule nerveuse d'origine) a été employée, concurremment avec les méthodes ordinaires d'expérimentation physiologique, pour étudier les rapports des ganglions du sympathique, soit avec les autres centres, soit entre eux. Schiff, ayant détruit, chez des oiseaux, les racines des nerfs médullaires, trouva des fibres dégénérées dans le grand sympathique ; il en conclut naturellement que ce dernier a ses origines dans la moelle épinière, à l'inverse de ceux qui plaçaient cette origine dans les ganglions.

Une fois de plus, il faut montrer que ces deux opinions ne sont pas exclusives l'une de l'autre. *Le grand sympathique a des cellules d'origine dans la moelle épinière et il en a dans les ganglions. Ces cellules sont les lieux d'origine de deux ordres de neurones superposés l'un à l'autre et qui se transmettent l'excitation au niveau des ganglions où se fait leur raccordement.* Pour nous servir d'une comparaison qui rende claire cette disposition, il en est des nerfs moteurs du grand sympathique comme de ceux de la vie de relation : les origines de ces derniers ne sont, d'une façon totale et exclusive, ni dans le cerveau, ni dans la moelle épinière ; elles sont dans l'écorce cérébrale, d'où naissent des fibres qui descendent jusqu'à l'axe gris de la moelle, et elles sont dans cet axe gris lui-même, où l'excitation est reprise pour aller aux muscles.

Dans un cas comme dans l'autre, il y a un neurone *supérieur* et un neurone *inférieur*. Dans ce qu'on est convenu d'appeler le grand sympathique, le neurone supérieur commence dans une cellule de la substance grise médullaire. D'après Pierret, cette origine aurait lieu dans le *tractus intermedio-lateralis*, sorte de troisième corne interposée aux deux autres. Ce neurone suit les rameaux communicants et va se terminer dans quelque ganglion. Le neurone inférieur commence dans une cellule d'un ganglion et va jusqu'à l'élément moteur ou sécréteur auquel il est destiné.

Le grand sympathique contient, outre les ganglions de la chaîne, des *plexus terminaux de nature ganglionnaire* (par exemple : plexus d'Auerbach et de Meissner dans l'intestin, plexus œsophagien, pharyngien, cardiaque, pulmonaire, etc., etc.), et il présente en plus sur le trajet de ses principaux rameaux de distribution des ganglions plus ou moins plexiformes (par exemple : ganglion semi-lunaire et plexus solaire).

Entre ces masses ganglionnaires, ainsi réparties depuis la colonne vertébrale jusqu'aux viscères, on ne voit point d'autre différence jusqu'ici que leur situation : leur structure et leurs fonctions sont les mêmes, autant qu'on les connaisse.

Fibres terminales et fibres de passage. — Tous ces ganglions sont-ils des lieux de raccordement entre des neurones successifs? Oui, en ce sens que tous contiennent des cellules d'origine pour un certain nombre de neurones. Mais non, dans le sens où on l'entend parfois, que toutes les fibres s'interrompraient dans tous les ganglions et qu'il y aurait autant de coupures que de ganglions sur le trajet de chaque conducteur. L'histologie nous apprend que dans chaque ganglion il y a, à côté de fibres *terminales*, des fibres *de passage*, c'est-à-dire qui franchissent l'étape ganglionnaire sans s'y arrêter. En somme, pour une fibre donnée, le nombre des ganglions placés sur son trajet ne préjuge pas le nombre des coupures ou relais qui l'interrompent, ces relais se faisant dans l'un ou l'autre des trois ordres de ganglions sus-indiqués (ganglions de la chaîne, ganglions terminaux, ganglions intermédiaires). On ne peut même pas préciser ce point d'une façon certaine, tout ce que l'on peut dire c'est que : *de la moelle aux viscères, il y a une coupure au moins, partant deux neurones au moins, successifs ou superposés l'un à l'autre.* Toutefois *les fibres de passage, qui traversent les ganglions* sans y épuiser leurs arborisations terminales, *y abandonnent le plus souvent quelques collatérales,* ce qui complique encore cette structure, mais nous aide un peu à en comprendre la signification. Par ce moyen, une fibre donnée (neurone issu de la moelle) distribue l'excitation à plusieurs fibres terminales (neurones issus des divers ganglions). La loi suivant laquelle se fait cette distribution est inconnue dans le grand sympathique aussi bien que dans la moelle épinière : elle ne saurait être simple, puisqu'elle répond à

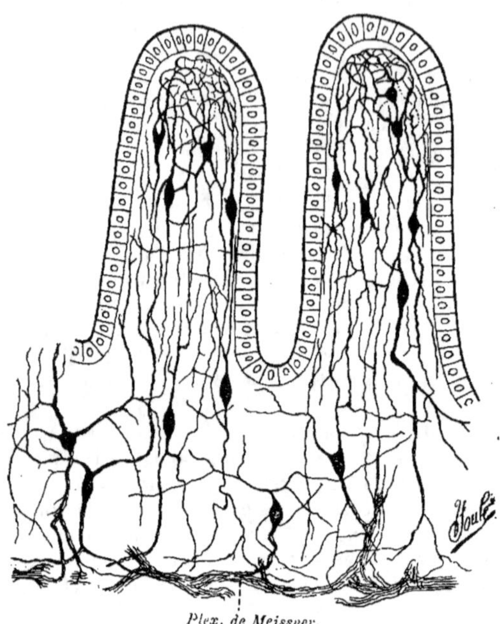

Fig. 124. — *Le sympathique interstitiel de l'intestin* (d'après RAMON y CAJAL).

On voit en coupe deux villosités renfermant des cellules nerveuses du grand sympathique.

des fonctions forcément complexes. Les associations qui se font dans la substance grise, tant ganglionnaire que médullaire, sont en vue d'établir des rapports divers et multipliés, une sorte de conflit entre les neurones qui aboutissent à cette substance grise et en repartent, d'où résulte une transformation de l'excitation appropriée à la fonction à remplir. Bien loin que l'excitation passe simplement d'une fibre à la suivante, très compliqué assurément doit être le champ de distribution de chaque neurone à son origine et à sa terminaison, dans ses relations avec les neurones antérieurs ou successifs ou même collatéraux.

2. — *La substance grise des ganglions ; ses fonctions.*

La clef de la systématisation du grand sympathique est dans la constitution de ses ganglions.

Ganglions ; noyaux moteurs. — Ces ganglions sont des *noyaux moteurs,* ou mieux *sensitivo-moteurs.* Anatomiquement on y découvre l'origine de nerfs ayant tous les caractères de nerfs moleurs, en ce sens que les neurones qui les constituent ont leurs cellules ramifiées dans ces ganglions et leurs axones tournés vers la périphérie. On y voit également les terminaisons d'axones qui viennent de plus haut et notamment de la moelle épinière. Physiologiquement on démontre qu'ils sont des lieux où se transforme l'excitation. Ils peuvent l'arrêter, la conserver, la répartir d'une certaine façon aux organes placés dans leur champ d'innervation : chacun d'eux ressemble à un tronçon de la moelle épinière. — Ces points essentiels sont acquis dans leur généralité : il reste par contre énormément à faire dans l'étude du détail de ces fonctions et dans leur étude localisée à chaque ganglion en particulier.

Leur isolement expérimental d'avec le système nerveux. — La fonction motrice des ganglions du grand sympathique peut être démontrée pour beaucoup d'entre eux, mais nulle part plus évidemment et plus simplement que sur ceux du cœur. L'expérience y peut être faite sous la forme cruciale. On détache le cœur d'un animal à sang froid en coupant les vaisseaux qui le maintiennent en place (la veine cave et les aortes) : on le voit battre avec régularité pendant un temps prolongé ; on sépare d'un coup de ciseaux les deux tiers inférieurs du ventricule (ce qu'on appelle sa pointe) : la partie ventriculaire ainsi détachée cesse aussitôt son mouvement, tandis que la partie supérieure (les oreillettes) continue ses pulsations.

Circulation artificielle. — Si on veut rendre l'expérience plus saisissante, on munira de canules de verre les orifices béants de ses vaisseaux coupés, on prolongera ceux-ci par des tubes de caoutchouc pleins de sang de manière à entretenir dans le cœur une circulation artificielle. Lui-même chassera le sang dans un réservoir d'où il redescend dans ses cavités, et cette circulation pourra continuer pendant des jours ; mais qu'on détruise la continuité physiologique de son réseau nerveux par une ligature serrée un peu au-dessous de la base du ventricule, il s'arrête. En tout cas, les conditions qui entretenaient ce mouvement comparable à celui de la circulation normale ont disparu : on n'a plus que des mouvements troublés et non persistants.

Le cœur privé de ses ganglions est ainsi, à première vue, réduit à la condition d'un muscle ordinaire. Il se contracte si on l'excite, mais seulement quand on l'excite ; il est inerte en dehors du moment où il reçoit l'excitation. *Muni de ses ganglions, l'organe moteur reçoit des excitations sans que nous ayons à lui en fournir ; privé de ceux-ci, il cesse d'en recevoir si nous ne lui en donnons nous-mêmes.* Comment ces ganglions en peuvent-ils contenir une provision à ce point inépuisable qu'elle puisse durer pendant quinze jours, comme on l'a observé ? Que ces ganglions aient conservé une part de celles qui lui venaient de la moelle par les nerfs cardiaques, ce n'est pas douteux ; mais qu'ils soient réduits à cette provision faite d'avance, c'est ce qu'il est difficile d'admettre. Entre ces ganglions et le muscle du cœur, il s'établit probablement un cycle réflexe dont les voies centripètes (du muscle aux ganglions) nous sont inconnues, indistinctes qu'elles sont restées jusqu'ici au milieu des autres nerfs, mais il paraît vraisemblable qu'elles existent et que le mouvement du cœur entretient l'excitation de ses noyaux moteurs, par ce mécanisme tout à la fois réflexe et automatique.

ENGELMANN, FANO tendent, il est vrai, à attribuer au muscle cardiaque, à l'exclu-

sion de son système nerveux, l'automatisme des mouvements du cœur. La
question, on peut le reconnaître avec eux, est encore environnée d'obscurité,
mais on ne peut accorder qu'ils aient fait la démonstration que cet automatisme
est purement musculaire chez l'animal adulte.

Sur un estomac isolé de grenouille rempli d'une matière alimentaire liquide
comme le lait, on réalise une expérience du même genre. Une série de contractions périodiques agissent sur le liquide et peuvent être enregistrées graphi-
quement. La vésicule biliaire se comporte de même, comme l'a vu Doyon, et
tous les muscles cavitaires munis de ganglions.

La pointe du cœur. — La portion extrème du cœur, celle qui, après sa
séparation d'avec les ganglions, est réduite à l'immobilité, a été, nous l'avons dit,
comparée à un muscle ordinaire muni de ses terminaisons nerveuses, et qui ne
se contracte désormais qu'autant qu'on l'excite artificiellement. Dans quelle
mesure cette comparaison est-elle exacte ? C'est là justement ce qui a été le
point de départ de nouvelles recherches, en même temps que d'une direction
imprévue donnée à la question du mécanisme moteur du cœur.

Sa façon de réagir aux excitants. — En réalité, par certains côtés qu'il
nous reste à examiner, la différence est grande entre la réaction d'un muscle
ordinaire à une série variée d'excitations et celle de ce segment musculaire,
qu'on appelle couramment la pointe du cœur. Le premier de ces objets suit
assez fidèlement, par ses contractions, le rythme des excitations qu'on lui
fournit, sauf que, quand celles-ci deviennent assez rapprochées, il les fusionne
en un effort soutenu qui l'immobilise dans sa contraction devenue tétanique.
Le second fait plutôt le contraire : vainement on précipite sur lui le rythme des
décharges du courant alternatif excitateur, il se refuse à suivre ces excitations
précipitées, et, après avoir jusqu'à une certaine limite (variable suivant l'intensité du courant) accéléré son allure, il continue à répondre par des contractions
dissociées, rythmiques ; il *résiste à la tétanisation* (ECKHARD). Par un certain côté,
les deux objets sont comparables ; par un autre, ils ne le sont pas.

Doctrines myogène et névrogène. — Le rythme, l'automatisme des battements du cœur, ce qui donne à son mouvement une physionomie si spéciale,
n'aurait donc pas son explication dans l'organisation particulière de son système
nerveux, tant intrinsèque qu'extrinsèque, mais au contraire dans les propriétés
du tissu musculaire lui-même. De là deux doctrines qui, sur ce point en somme
important du fonctionnement nerveux et musculaire, se partagent actuellement
les physiologues. Les premiers, fidèles à l'ancienne conception, sont les *névrogénistes* ; les seconds, partisans de la nouvelle explication, sont les *myogénistes*.
Les uns et les autres s'opposent des faits ou anciens ou nouveaux ; les uns et les
autres, pour en tirer un corps de doctrine, sont entraînés à les appuyer d'hypothèses, dont la gratuité ou l'illégitimité n'ont jusqu'ici bien frappé que les partisans du camp adverse ; de part et d'autre, la conviction est entière. Exposons
brièvement autant qu'impartialement les deux doctrines.

Voies de propagation de l'excitation non définies. — Après FICK,
ENGELMANN a vu que si on découpe un ventricule en zigzag, l'excitation, obligée de
contourner les découpures, ne se propage pas moins d'une extrémité à l'autre,
par ce chemin tortueux. Le cœur est composé de cellules musculaires monocellulaires souvent branchées et soudées par un ciment (trait scalariforme) à
leurs extrémités ; ces cellules se transmettent donc l'excitation de l'une à l'autre.
On a cru tout d'abord que ce réseau musculaire de cellules soudées ne contenait
aucune fibre nerveuse ; et la théorie myogène trouvait dans ce fait une preuve

décisive. Ranvier le premier a constaté l'existence d'un réseau nerveux très fin, doublant le précédent, réseau dont l'existence est rendue très évidente par l'emploi de la méthode au chromate d'argent. Privés de cet argument, les myogénistes en ont retrouvé un du même ordre dans l'anatomie comparée et l'embryologie.

Mouvements du cœur de l'embryon. — Faxo, Pattrizzi, Pickering ont constaté que, chez l'embryon de poulet, le cœur commence de battre avant qu'on y puisse distinguer non seulement aucun élément nerveux, mais même aucun élément musculaire distinct. C'est là, assurément, concernant l'origine du rythme et de l'automatisme cardiaques, un fait de haute importance, quelque solution qui soit du reste réservée à la question débattue, pour, contre, ou en dehors de la myogénie et de la névrogénie. Cette donnée, en effet, ne résoud pas le problème, mais elle en pose un nouveau, à savoir : dans une masse de protoplasme homogène, qui a les fonctions simplifiées du cœur adulte, qu'est-ce qui représente le muscle? et qu'est-ce qui représente les nerfs? — Les myogénistes admettent comme évident que le muscle seul est représenté, et que les nerfs viendront d'ailleurs, à un certain moment du développement. — Les névrogénistes se demandent si nos méthodes actuelles de technique histologique nous permettent de saisir une différenciation commençante, et si, avec les perfectionnements qu'elles subiront dans l'avenir, la donnée négative concernant le cœur embryonnaire n'aura pas le même sort que celle acceptée d'abord pour le cœur adulte : naguère on ne savait pas voir des éléments nerveux, devenus depuis faciles à démontrer.

Excitabilité et conductibilité. — La contraction du cœur est à la fois rythmique et péristaltique. Elle naît en un point, à partir duquel elle se propage aux autres parties, à la façon d'une onde qui se déplace. Comment se fait la communication de l'excitation dans cette suite de cellules soudées par leurs extrémités? Les myogénistes admettent qu'à travers le ciment de ces soudures le sarcoplasme (non le myoplasme) des cellules musculaires se continue des unes aux autres. D'après eux, la conductibilité et l'excitabilité du tissu musculaire seraient choses distinctes, la première localisée dans le sarcoplasme (protoplasme primitif ou organotrophique de la cellule) et la seconde dans le myoplasme (protoplasme différencié). Ainsi s'expliquerait, pour les myogénistes, comment l'onde de contraction, née en un point, se propage parfois à des points éloignés, sans affecter les points intermédiaires, qui restent au repos. Les névrogénistes objectent que le fait de propager l'excitation, sans présenter eux-mêmes de mouvement visible, appartient précisément aux nerfs, et qu'il n'y a pas lieu de renoncer à cette explication, quand il s'agit d'un organe qui est, comme le cœur, abondamment pourvu de nerfs. On peut remarquer, d'autre part, que les cloisonnements entre cellules successives paraissent bien complets, puisqu'ils empêchent dans le cœur le courant dit de démarcation ou d'altération, qui dans les autres muscles prend naissance sur leur surface de section et dure jusqu'au dépérissement entier du muscle, grâce à la non-discontinuité de celui-ci (muscle squelettique).

Les névrogénistes, eux, admettent que l'élément musculaire du cœur est absolument inexcitable directement, et que toute excitation lui parvient par la voie des nerfs. Cette affirmation peut paraître de son côté exagérée, si l'on songe que, partout où la séparation des tissus musculaire et nerveux se fait commodément, le muscle montre une excitabilité propre. A la vérité, nulle excitation ne vaut pour lui celle qu'il reçoit de son nerf. Quand il s'agit du cœur, les moyens de dissociation nous manquent, parce que ses nerfs se trouvent être réfractaires à l'action du curare. En tout cas, le curare ne paralyse pas les mouvements cardiaques.

Pour ce qui est de la propagation de l'excitation d'un point à un autre du cœur, on a des faits déjà anciens, qui montrent que l'oreillette a parfois un rythme indépendant de celui du ventricule (CHAUVEAU). De plus, cette indépendance peut être obtenue par la section de certains filets nerveux, visibles sur la surface du cœur (Nadine LOMAKINE).

Inexcitabilité périodique; phase réfractaire; repos compensateur. — Le péristaltisme, c'est la propagation de l'onde de contraction; le rythme, c'est sa reproduction périodique à la même place, en chaque point du trajet considéré. Cette périodicité est comme une conséquence de la non-aptitude du cœur à fusionner ses contractions, une conséquence de ce que nous avons appelé sa résistance à la tétanisation. Comme l'a vu MAREY, pendant la phase active (période systolique de sa contraction), il est *réfractaire* à toute excitation nouvelle ou supplémentaire; pendant la période diastolique (c'est-à-dire de décontraction) et pendant la pause qui suit, il redevient apte à être excité. Si l'excitation tombe dans cette période diastolique ou pendant la pause, elle provoque une systole hors tour (extrasystole). Mais cette systole hors tour, si elle dérange un peu l'ordre des contractions, n'en change pas le nombre, car elle est suivie d'un *repos compensateur*. L'excitation n'a fait qu'anticiper sur la contraction qui devait suivre. Le travail du cœur reste constant.

Le fait de l'inexcitabilité périodique en phase systolique est bien réel et d'une grande évidence; comment l'expliquer? et à qui revient-il du muscle ou du nerf? La réponse est à prévoir suivant la théorie générale acceptée. Pour les myogénistes, il appartient au muscle; pour les névrogénistes, la complexité des conditions qui y interviennent leur semble suffisamment indiquer qu'il appartient au système nerveux.

Point de départ de l'excitation. — Le point de départ de la contraction systolique est dans le sinus de la veine cave et l'oreillette, d'où le mouvement gagne le ventricule. De l'oreillette au ventricule, on a cru pendant longtemps que le passage ne pouvait se faire que par les éléments nerveux qui se rendent de l'une à l'autre. His junior ayant trouvé qu'il existe entre les deux un petit pont de substance musculaire, les myogénistes interprétèrent ce fait en faveur de la possibilité d'une transmission opérée uniquement par la substance du muscle.

Mais le cœur est double et si, chez les vertébrés inférieurs, il ne compte qu'un ventricule, il possède deux oreillettes, auxquelles aboutissent, à l'une les veines caves, à l'autre les veines pulmonaires qui sont des vaisseaux bien séparés. C'est de ces régions très distinctes que part une double onde de contraction, dont les deux trajets, d'abord indépendants, viennent converger sur le ou les ventricules. Comment admettre, objectent les névrogénistes, que, sans l'intervention du système nerveux, des muscles à ce point séparés puissent être rendus ainsi solidaires dans leur entrée en jeu, au point de départ même de la systole (HERING)?

Origine première de l'excitation. — Ainsi, pour les myogénistes, le rythme, le péristaltisme, la forme en un mot particulière de la réaction motrice du cœur est un phénomène d'ordre purement musculaire. Mais d'où viennent les stimulants? C'est pour eux un point douteux, mais, selon eux toujours, « avec une vraisemblance suffisante, on peut admettre qu'ils ne naissent pas dans les éléments nerveux glanglionnaires, mais bien dans des éléments musculaires histologiquement peu différenciés,... très probablement ils sont l'ex-

pression de la désintégration automatique de la substance vivante d'un groupe
plus ou moins étendu de cellules musculaires, situées à l'extrémité veineuse du
tube cardiaque ». Cette fois, le système nerveux se trouve dépossédé de la propriété la plus fondamentale et la plus essentielle de celles qu'on lui avait jusqu'ici reconnues, celle d'être un organe d'excitation pour les autres tissus. Le
muscle cardiaque ne demanderait son excitation ni au sang, ni aux nerfs, il se la
fournirait à lui-même ; en se contractant, il s'exciterait. La contraction et l'excitation se trouveraient ainsi dans une dépendance mutuelle, liées qu'elles
seraient l'une à l'autre dans un cycle intramusculaire, intracellulaire. Une
opinion aussi exclusive n'est du reste pas celle de tous les partisans de la théorie myogène.

Il est inadmissible que le muscle cardiaque reçoive l'excitation autrement que
par son système nerveux. Quand les ganglions sont intacts, ce sont eux qui
fournissent l'excitation ; quand ils sont enlevés et que nous excitons électriquement la pointe du cœur, ce sont ses nerfs qui, avant ses muscles, reçoivent
cette excitation artificielle, et cela non différemment d'un muscle ordinaire. Seulement, à la différence de ce qui se passe dans un muscle ordinaire, l'effet de
cette excitation est dans tous les cas rythmique, c'est-à-dire coupée de repos, et
péristaltique, c'est-à-dire propagée avec lenteur. L'*origine* de l'excitation étant
indéniablement aux nerfs, la *forme* qu'elle prend et qu'elle imprime au mouvement est-elle aux nerfs ou bien aux muscles cardiaques ? Pour en mieux juger,
il nous faut reprendre l'examen de ces trois phénomènes que nous avons appelés l'inexcitabilité périodique du cœur, l'extrasystole, et le repos compensateur,
en serrant d'aussi près que possible les conditions de leur production.

Mécanisme de l'inexcitabilité périodique. — Pendant la phase systolique
de sa contraction, le cœur est inexcitable (1). Comme cette phase systolique revient
périodiquement, cette inexcitabilité se reproduira elle-même périodiquement. Si
c'est la pointe du cœur séparée que nous excitons artificiellement, à l'aide de
décharges ayant le rythme normal du cœur, toute excitation s'ajoutée tombant sur la phase systolique sera non avenue. Mais toute excitation tombant en
dehors de cette phase pourra produire une extrasystole. Les décharges ryth-
mées fournies à la pointe du cœur semblent ici remplacer purement et simplement les excitations fournies normalement par le sinus de la veine cave (ganglions) ; l'excitation intercalaire se comporte vis-à-vis d'elles, comme elle se
comporte vis-à-vis des excitations normales partant des sinus.

Si, au lieu de donner aux décharges excitantes le rythme normal du cœur,
nous les rendons de plus en plus fréquentes, la pointe du cœur suivra d'abord ce
rythme nouveau ; mais, les systoles se rapprochant de plus en plus, les phases
d'inexcitabilité feront de même. Quand elles arriveront à se toucher, il advien-
dra forcément que des excitations seront mises hors de cause : ne seront efficaces que celles qui tomberont en dehors de la phase systolique des contractions subsistantes. Ainsi s'explique, avec la donnée de l'inexcitabilité systolique,
le fait que la contraction du cœur soit toujours rythmée ou, comme il a été dit,
que cet organe résiste à la tétanisation.

-----

(1) Pour mieux dire, l'inexcitabilité commence $0^{sec},1$ avant le début de la systole et
finit $0^{sec},1$ avant sa fin. Ce délai de $0^{sec},1$ correspond à un *temps de latence*. Ce qui
revient à dire que les phénomènes mécaniques de la contraction sont en retard de $0^{sec},1$
sur les phénomènes chimiques qui développent l'énergie nécessaire à sa réalisation.
L'inexcitabilité correspond exactement avec les phénomènes chimiques de la phase
systolique.

Il y a toutefois une condition qui peut contrebalancer, dans une certaine mesure, cette inexcitabilité, c'est l'intensité donnée aux excitations. Elle peut raccourcir la phase d'inexcitabilité ; une excitation intercalaire très forte peut faire naître une extrasystole là où une plus faible n'y arriverait pas. C'est du moins l'avis de Marey et de Dastre, contrairement à Engelmann qui nie cette influence de l'intensité.

Nous voyons bien que l'organe névro-musculaire, sur lequel nous opérons, refuse l'excitation, à certain moment que nous pouvons préciser (période d'activité), et l'accepte à certains autres (période de décontraction et de repos): c'est la donnée première d'où nous partons pour expliquer la plupart des faits particuliers au cœur. Au fond, cette donnée est inexplicable. Nous cherchons seulement à savoir à quel tissu elle appartient. Or rien ne nous indique expressément que ce refus à l'égard de l'excitation soit le fait du muscle ou le fait du nerf. L'inexcitabilité périodique pourrait donc appartenir ou au premier ou au second. Reste à examiner le repos compensateur et la constance du travail du cœur qui en paraît la conséquence.

Mécanisme du repos compensateur. — Dastre le premier s'est posé la question de savoir si ce phénomène se retrouve en excitant la pointe du ventricule, ou s'il n'appartient qu'au cœur muni de ses ganglions ; auquel cas il serait bien manifestement d'origine nerveuse. On a vu plus haut en quoi il consiste. L'extrasystole qu'on provoque, en excitant le cœur entier dans la phase diastolique, n'est pas une systole surnuméraire, elle n'est qu'une systole anticipée ; un repos compensateur rétablit la systole suivante à sa place normale et le travail du cœur reste constant. Par contre, l'extrasystole qu'on provoque, en excitant la pointe du cœur, lorsqu'on intercale une excitation hors tour dans l'intervalle des contractions, n'est, d'après Dastre, pas suivie d'un repos compensateur. Ce dernier serait donc d'origine ganglionnaire. Gley a également établi l'existence de ce phénomène sur le cœur des animaux à sang chaud. Depuis, Kaiser est arrivé à des conclusions semblables. Par contre, Engelmann s'est efforcé d'atténuer la portée de ces faits. D'après lui, le repos plus ou moins prolongé qui (sur le cœur entier) suit l'extrasystole n'a pas une valeur réellement compensatrice, mais serait dû seulement à ce que l'extrasystole est suivie d'une phase d'inexcitabilité, laquelle annule l'effet de l'onde d'excitation qui descend à ce moment du sinus et des oreillettes. Si, dit-il, on arrive à produire coup sur coup deux extrasystoles, on ne voit pas la systole suivante repoussée de deux rangs, mais d'un seul ; quel que soit le nombre des extrasystoles, le repos consécutif reste le même.

Le réseau nerveux de la pointe du cœur. — Si l'origine nerveuse de l'excitation cardiaque ne peut faire de doute, il faut reconnaître que, pour ce qui concerne la forme rythmée particulière de la contraction qui s'ensuit, on peut hésiter à la rattacher au tissu musculaire ou au tissu nerveux. Certains faits toutefois semblent plutôt l'attribuer à ce dernier. La pointe du cœur n'est pas exactement comparable à un muscle ordinaire muni de ses terminaisons nerveuses. Le réseau nerveux que l'anatomie y décèle montre une complication que ces dernières ne présentent certainement pas au même degré. Séparé des ganglions proprement dits, auxquels incombe le rôle coordinateur de la contraction cardiaque, ce réseau en manifeste encore à un certain degré les fonctions et les propriétés. Parfois même il semble les suppléer complètement : c'est lorsque la section qui sépare le ventricule de l'oreillette est pratiquée très haut, immédiatement au-dessous du groupe le plus inférieur des cellules

ganglionnaires. Il peut arriver alors que le ventricule, placé dans de bonnes
conditions, se mette à battre spontanément. L'organisation de l'excitation, son
entretien régulier, seraient donc moins le fait des cellules ganglionnaires elles-
mêmes que celui des associations que réalisent leurs prolongements. Les propriétés attribuées aux ganglions seraient en somme plutôt celles du réseau qui
y prend naissance (MORAT).

Sa complexité. — La différence entre la pointe du cœur et un muscle ordinaire est donc surtout en ceci que, dans ce dernier, les terminaisons nerveuses
sont de simples conducteurs, dépourvus d'un arrangement spécial qui les relierait entre eux ; tandis que dans la première, ces terminaisons affectent une
systématisation, qui est de nature à imprimer à l'excitation de nombreuses et
très profondes transformations. Tandis que pour un muscle squelettique le
conflit des actions nerveuses de diverses sortes, qui doivent décider de la forme
de son mouvement, est dans la substance grise de la moelle épinière, pour le
muscle cardiaque ce conflit entre éléments nerveux divers s'établit au contact
immédiat de la substance du muscle, et voilà sans doute pourquoi ce muscle
particulier nous paraît différer si profondément de tous les autres (1).

Ses origines diverses. — Les fibres qui forment le réseau nerveux de la
pointe du cœur proviennent certainement en très grande partie des cellules des

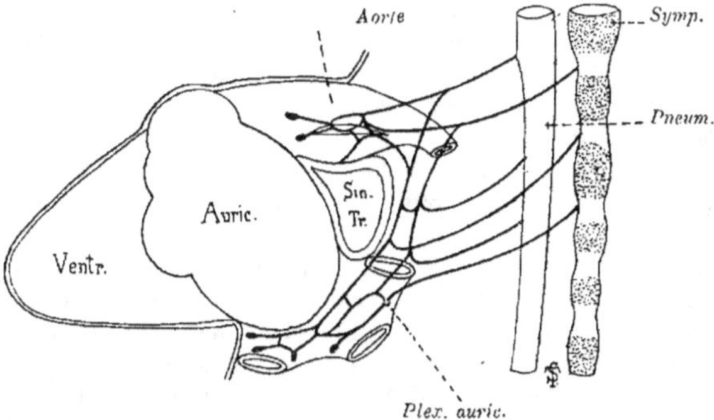

Fig. 125. — *Les plexus du cœur chez l'embryon humain* (d'après W. His junior).

ganglions situés à la base de l'organe. Elles sont les axones de ces cellules ganglionnaires, sortes de neurones périphériques très courts, qui sont, ainsi qu'il
vient d'être dit, coordonnés en un petit système, susceptible d'un fonctionnement autonome automatique. A ces cellules ganglionnaires aboutissent les terminaisons des fibres du grand sympathique et du vague destinées au cœur, et
qui forment, par-dessus le premier, un système excitateur et régulateur des
mouvements, un système de neurones du deuxième ordre. Quelques auteurs
admettent néanmoins que le réseau de la pointe du cœur peut contenir des
fibres provenant soit du vague, soit du grand sympathique, et cela peut s'admettre
sans déroger à la loi générale qui exprime les rapports des neurones périphériques et profonds.

-----

(1) L'intestin et nombre d'organes de la vie végétative se rapprochent en cela beau
coup du cœur. Le plexus mésentérique est en contact direct avec les muscles de l'intestin.

On sait, en effet, que le plan de partage entre les premiers et les seconds ne réside pas d'ordinaire dans une seule masse ou un seul groupe ganglionnaire, mais existe à la fois dans la plupart des ganglions échelonnés sur le trajet des nerfs venant de la moelle et du bulbe ; de sorte que, à côté des neurones périphériques courts (à cellules situées dans le cœur), il y a des neurones périphériques longs (dont les cellules d'origine sont dans la chaîne ou dans le vague). D'autre part, en ce qui concerne spécialement les ganglions cardiaques, la surface de partage entre les neurones périphériques et profonds n'est pas nécessairement au voisinage immédiat des cellules ganglionnaires, mais peut se trouver représentée dans le réseau nerveux qui en émane, jusque très près des éléments musculaires.

Excitation anodique; son effet inhibiteur. — Dans sa manière de répondre aux excitations, le cœur présente encore la particularité suivante signalée par Biedermann. Soit un ventricule contenant du sang dont la pression exerce sur lui une distension modérée (1). On l'excite par la méthode unipolaire : c'est-à-dire, un des pôles du circuit de la pile étant placé sur le corps de l'animal (grenouille, tortue), l'autre pôle est placé en contact avec la pointe du cœur. L'effet obtenu est non seulement différent, mais inverse, suivant la nature du pôle qui touche le ventricule. Si c'est le pôle négatif (cathode), la portion localement excitée se contracte, suivant la loi bien connue depuis les travaux de Chauveau : si c'est le pôle positif (anode), la portion localement excitée se laisse distendre par la pression du sang. — Nous devons admettre qu'avant toute action du courant excitant, le ventricule était en état de tonus : l'action du pôle négatif ou excitation cathodique a augmenté ce tonus ; l'action du pôle positif ou action anodique a diminué ce tonus.

Action antitonique des vagues. — La diminution du tonus qui résulte ainsi de l'excitation anodique a été très naturellement considérée comme un phénomène d'inhibition, et cela d'autant mieux que l'excitation du vague peut donner lieu à des effets tout à fait analogues, bien que généralisés à l'ensemble du cœur. Si, chez la tortue, on excite l'un des nerfs vagues au cou, avec une intensité juste suffisante pour produire l'arrêt de la contraction ventriculaire et que, pendant cet arrêt, on excite en plus le vague de l'autre côté, on peut voir la ligne droite du tracé tomber légèrement au-dessous de son niveau primitif et s'y maintenir pendant cette double excitation. C'est un artifice pour manifester l'*action antitonique* du pneumogastrique (Dastre et Morat).

L'action inhibitrice de l'excitation anodique, pratiquée directement sur le ventricule, est diversement interprétée, suivant les tendances doctrinales de chacun. Pour un myogéniste intransigeant, elle s'exerce sur le muscle lui-même. Pour les névrogénistes, elle relève du tissu nerveux ; mais elle peut encore se comprendre différemment, suivant qu'on admet que les fibres du vague ont une influence inhibitrice directe sur le muscle cardiaque, ou qu'on se représente ces fibres exerçant leur action d'arrêt sur l'excitation tonique distribuée au muscle par le réseau nerveux intraventriculaire. Ce réseau nerveux est en effet com-

___

(1) L'immobilité de la pointe du cœur est obtenue par sa *séparation physiologique* d'avec le reste du cœur. Cette séparation n'a pas besoin d'être réalisée dans le sens mécanique du mot. On peut l'obtenir en plaçant une ligature serrée sur la partie supérieure du ventricule, dans lequel une canule a été engagée et sur laquelle s'opère le serrage du fil. Cette canule est en communication généralement avec un tube plein de sang ou de sérum pouvant faire fonction de manomètre.

pliqué, et on a le droit de se le figurer formé d'éléments agissant les uns sur les autres ou les uns par l'intermédiaire des autres.

Conclusion. — En somme, si on met à part certains faits d'une grande évidence, comme la perte de la spontanéité motrice dans les parties du cœur séparées de l'appareil ganglionnaire, on voit que, quelque intérêt qui s'attache aux nombreuses découvertes de détail qui ont été faites en cherchant à pénétrer le mécanisme de la motricité cardiaque, aucune n'a une valeur vraiment décisive dans la solution du problème posé. Les fonctions du muscle et des nerfs restent en quelque sorte indissociables avec les moyens d'analyse dont nous disposons. En conséquence, les arguments tirés de l'analogie avec les autres systèmes moteurs, où cette dissociation est possible et même facile, conservent une très grande force. Ils plaident manifestement en faveur d'une explication qui dans son ensemble est névrogéniste.

Rôle fonctionnel des divers ganglions du cœur. — Dans leur ensemble, les ganglions cardiaques sont moteurs du cœur. Leurs fonctions isolées ne sont pas les mêmes pour les uns et les autres. — Situés, l'un dans le sinus de la veine cave (ganglion de Remak), l'autre dans la cloison interauriculaire (ganglion de Ludwig), le troisième dans la cloison auriculo-ventriculaire et la partie supérieure du ventricule (ganglion de Bidder), ils se prêtent à des expériences de séparation ou d'isolement. — Une ligature placée à la limite de séparation du sinus veineux et des oreillettes a pour effet immédiat l'arrêt du cœur; cet arrêt se prolonge pendant un quart d'heure ou vingt minutes environ, puis les battements reprennent. C'est l'expérience dite communément de STANNIUS. Elle

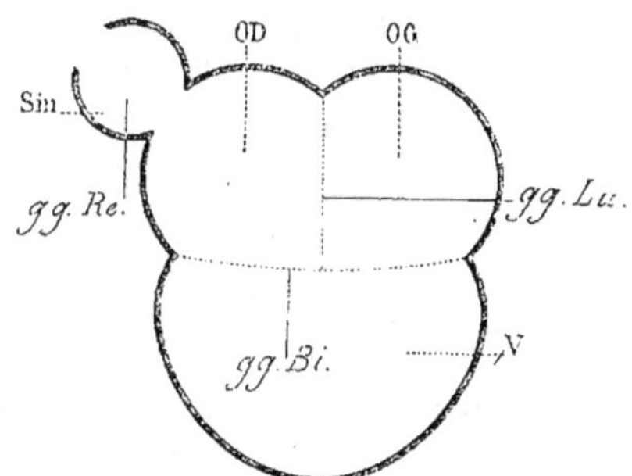

Fig. 126. — *Ganglions du cœur de la grenouille.*

OD, OG, oreillettes, droite et gauche; V, ventricule unique; *Sin*, sinus veineux; *gg. Re*, ganglion de Remak; *gg. Bi*, ganglion de Bidder; *gg. Lu*, ganglion de Ludwig.

est une des plus significatives des nombreuses expériences de ligature que cet observateur a réalisées dans cet ordre de recherches.

On a discuté pour savoir si cette ligature agit comme un retranchement fait dans le système nerveux intracardiaque, ou comme une excitation de certaines parties de celui-ci. Autrement dit, supprime-t-elle des centres excito-moteurs? ou excite-t-elle des centres ou nerfs modérateurs? Les deux opinions ne sont pas exclusives l'une de l'autre. Le ganglion de Remak est placé au point d'où part l'onde de contraction du cœur. C'est lui, sans doute, qui fournit l'excitation initiale d'où procède cette contraction. Lui mis hors de cause, les deux autres ganglions restent pendant un temps insuffisants à provoquer de nouvelles contractions. Et cela d'autant que les ganglions de Bidder et de Ludwig paraissent avoir une influence réciproquement antagoniste : le premier étant supposé surtout excito-moteur, le second surtout inhibiteur.

Si, pendant que le cœur est arrêté par la première ligature de Stannius, on en pose une seconde à la limite des oreillettes et du ventricule, on voit le cœur repartir aussitôt. La reprise des battements est-elle due à la suppression de l'excitation inhibitrice de la première ligature? à la suppression de l'action inhibitrice du ganglion de Ludwig? à l'excitation directe du ganglion de Bidder?

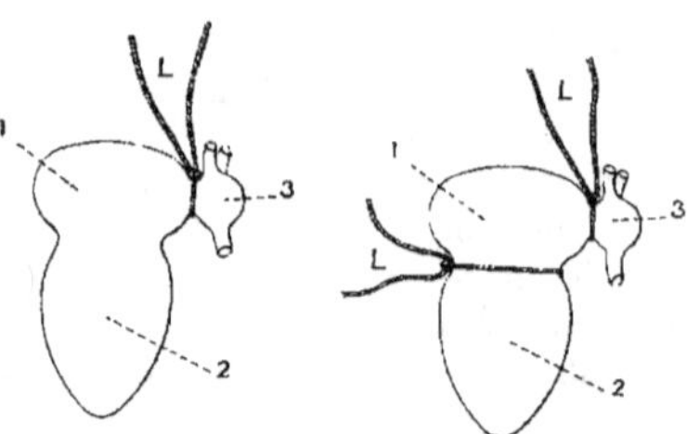

Fig. 127. — *Ligatures de Stannius.*

L, place de la ligature ; 1, oreillette ; 2, ventricule ; 3, sinus veineux.

Figure de gauche : ligature à la limite du sinus produisant l'arrêt des battements pendant quelques minutes.

Figure de droite : deuxième ligature appliquée après la première qui fait réapparaître les battements.

Il est probable que toutes ces conditions interviennent à la fois. On a différentes manières de prouver que le ganglion de Bidder est surtout excito-moteur ; d'autre part, en excitant directement le ganglion de Ludwig, à travers l'épaisseur de la cloison interauriculaire, on obtient l'arrêt du cœur.

Fonction réflexe. — Toujours pendant que le cœur est arrêté par la première ligature, si on touche légèrement le ventricule, on le voit donner une contraction. Bidder, qui le premier a fait cette expérience, l'interprétait comme un mouvement de nature réflexe, dont le centre de réflexion serait dans les ganglions laissés intacts. En raison de sa position particulière au sein du tissu musculaire, le système nerveux intracardiaque se prête peu à la démonstration du pouvoir réflexe des ganglions, mais on ne peut douter que ce pouvoir y soit représenté.

Partage d'attributions. — D'après Cyon, les fonctions des trois ganglions principaux seraient les suivantes : placé au point de départ de l'onde cardiaque de contraction, le *ganglion de Remak* déterminerait en premier lieu la *fréquence* des battements du cœur ; placé immédiatement au-dessus du ventricule et s'y prolongeant par des cellules disséminées dans sa partie supérieure, le *ganglion de Bidder* déterminerait surtout la *force* des contractions ; quant à l'ensemble des cellules qui dans la paroi interauriculaire forme ce qu'on appelle le *ganglion de Ludwig*, il aurait une *fonction régulatrice aussi bien de la fréquence que de la force* des battements du cœur, régulatrice par conséquent de l'activité des deux autres ganglions.

Bien que ces détails, tant anatomiques que fonctionnels, aient été établis avant tout sur le cœur de la grenouille, ils valent également pour les mammifères, chez qui on retrouve les équivalents plus ou moins compliqués des organes précédents et de leurs fonctions particulières. Des expériences analogues à toutes les précédentes peuvent y être réalisées, à la condition de maintenir les propriétés des tissus par des circulations artificielles ; expériences, il est vrai, plus difficiles à instituer dans le cœur des mammifères, en raison de sa circulation interstitielle. Newell-Martin, Langendorff ont établi des circulations de ce genre, limitées au cœur lui-même, chez les animaux supérieurs.

Action de l'oxygène sur les mouvements du cœur. — Si les mouvements du cœur dépendent de ses ganglions, ceux-ci à leur tour dépendent d'un ensemble de conditions qui influent sur leur excitabilité. Il faut considérer surtout l'état des gaz du sang et sa température. Ces conditions agissent assurément sur le muscle et sur ses nerfs, mais primitivement et énergiquement sur ces derniers.

L'influence de l'oxygène sur les contractions cardiaques est à ce point évidente et nécessaire, qu'on a dit de ce gaz qu'il est l'excitant du cœur. Il est peut-être plus exact de dire qu'*il est indispensable au maintien de l'excitabilité*. Chez les animaux à sang chaud, c'est son épuisement rapide qui fait que le cœur, même muni de ses ganglions, s'arrête au bout de peu de temps, quand il est séparé de l'animal. Chez des chiens qui ont subi une pression de deux atmosphères et plus dans l'oxygène pur, le cœur exporté de la poitrine a une survie plus longue (Cyox), sans doute parce que la provision du gaz vital y est plus grande. Chez les animaux à sang froid, où sa consommation est moins active, le contact avec l'air extérieur suffit à en renouveler partiellement la provision. Un cœur de grenouille, vidé de sang et placé sous l'huile, s'arrête bientôt (Goltz). Un cœur de grenouille, dans lequel on fait une circulation artificielle avec du sérum, s'arrêtera quand la provision d'oxygène contenue dans le sérum est épuisée ; il reprendra ses battements si on change le sérum ; ceux-ci continueront avec persistance si le sérum est coloré par un peu d'hémoglobine servant à transporter l'oxygène (Kronecker, Rossbach). Quand l'oxygène commence à s'épuiser, le cœur présente un rythme périodique particulier étudié par Luciani, rythme au cours duquel des groupes de pulsations sont séparés par des pauses.

Action sur les ganglions cardiaques. — L'oxygène est nécessaire à tous les tissus : sa privation entraînera la paralysie musculaire comme la paralysie nerveuse. Mais, quand un cœur est soumis à l'asphyxie, ce sont ses ganglions qui souffrent tout d'abord de cette privation. C'est ce qui paraît résulter de l'expérience suivante. Si, au lieu du cœur entier, on adapte la pointe du cœur à la canule d'un appareil de circulation artificielle et qu'on provoque ses mouvements en l'excitant électriquement, la privation d'oxygène n'aura plus des résultats aussi prompts et aussi caractéristiques que sur le cœur battant automatiquement par l'action de ses ganglions. On peut en effet faire circuler dans le ventricule un sang chargé d'oxyde de carbone, dépourvu par conséquent d'oxygène, et néanmoins la force des battements se maintient, pendant un certain temps, presque la même qu'auparavant (Julia Divine).

Le mode particulier d'action de l'oxygène sur le tissu nerveux cardiaque n'est pas défini. Quelques-uns supposent que son rôle est surtout de faire disparaître, en les oxydant, certaines substances de déchet provenant du travail cellulaire (Richet).

L'oxygène, en dehors du rôle directement *énergétique* que lui ont attribué pour la première fois les expériences de Lavoisier, en a ainsi un autre indirectement énergétique, qu'on peut appeler *excitateur* ou modificateur de l'excitabilité. Dans les deux cas il fait dépenser de l'énergie, mais dans l'un et l'autre de façon bien différente. Dans le premier, il suit un cycle de l'ordre le plus simple (cycle des réactions chimiques qui dégagent de la chaleur et de l'énergie) ; dans le second, il intervient dans un cycle de l'ordre le plus compliqué (le cycle de l'excitation nerveuse) qui, superposé au précédent, y joue le rôle d'une force de dégagement capable d'amorcer les réactions qui emploient elles-mêmes la plus grande partie de l'oxygène. Ce courant à travers l'organisme de la substance et de l'énergie, en suivant des voies les unes directes, les autres de plus en plus détournées, est caractéristique de l'organisation vivante et de son perfectionnement.

L'action de l'oxygène sur les centres nerveux n'est sans doute pas, au fond, d'une autre nature que celle qu'il exerce sur les autres tissus (le musculaire par exemple). Mais, comme le tissu nerveux a dans l'organisme animal une place particulière, qui lui confère le gouvernement des autres, il s'ensuit que cette action se traduit d'une façon à la fois plus prompte et plus évidente.

Action sur d'autres centres. — Loin, en effet, d'être spéciale aux ganglions du cœur, l'action de l'oxygène s'étend à tout le système nerveux et spécialement à sa substance grise. Suivant l'organisation de celle-ci, cette action y aura des effets très différents, parfois même opposés. L'oxygène qui excite les mouvements du cœur, par l'action qu'il a sur ses ganglions, fait cesser ou ralentit ceux de la respiration, par l'influence inverse qu'il possède sur les centres bulbaires de cette fonction.

Grâce à l'oxygène (aux gaz du sang), l'activité respiratoire et l'excitabilité bulbaire sont dans une relation telle que l'une amoindrit l'autre et réciproquement. C'est en partie par ce mécanisme de compensation que s'établit la régulation des mouvements respiratoires.

Action de l'acide carbonique. — L'acide carbonique a sur les mouvements de la respiration une action inverse de celle de l'oxygène, en ce sens que, tandis que ce dernier provoque ces mouvements par son défaut, lui, les ramène par sa présence. D'autre part, tandis que l'anoxyhémie favorise l'inspiration, la carbonacidhémie favorise l'expiration. Pareille inversion d'effets se retrouve dans le système ganglionnaire cardiaque : il faut seulement se rappeler que les effets des deux gaz, en plus qu'ils sont respectivement inverses, sont inverses dans le cœur de ce qu'ils sont dans la respiration. La présence de l'oxygène, on l'a vu, favorise les mouvements du cœur. Si ce gaz fait défaut et que le cœur soit plongé *intus et extra* dans une atmosphère d'acide carbonique, ses mouvements se ralentissent et s'arrêtent rapidement. Est-ce paralysie ou excitation ? C'est plutôt excitation. Le cœur, comme les muscles respirateurs, est soumis à deux influences nerveuses antagonistes, l'une excito-motrice, l'autre modératrice ou inhibitrice. Ces influences sont représentées dans les ganglions cardiaques, comme elles le sont plus haut dans la moelle épinière et allongée, lesquelles les exercent, la première par les rameaux cardiaques du grand sympathique, la seconde par les rameaux cardiaques du pneumogastrique, rameaux qui les uns et les autres ont leurs terminaisons dans les ganglions du cœur.

Fibres de projection médullo-ganglionnaires. — Les noyaux moteurs ganglionnaires sont reliés à l'axe gris médullaire par des fibres *centrifuges* et *centripètes*, qui constituent, au-dessus du système nerveux propre à chaque organe, un second système dit extrinsèque par rapport à cet organe (bien qu'il soit plutôt intrinsèque par rapport au système nerveux lui-même). L'analyse d'un système de ce genre a surtout été faite à propos du cœur. Sa constitution est également cyclique. On y trouve : *a.* des éléments centripètes représentés par un nerf anatomiquement distinct chez certains animaux, le nerf *dépresseur*, sorte d'anastomose très allongée entre le cordon cervical du sympathique et le vague (sensible aux effets de la pression sanguine intracardiaque, ce nerf conduit au bulbe des excitations que ce centre réfléchit sur les puissances motrices cardio-vasculaires, en vue de régler cette pression) ; *b.* des éléments centrifuges qui, du bulbe et de la moelle épinière, descendent dans les ganglions du cœur, par les rameaux du vague et du sympathique cervico-thoracique. De ces nerfs centrifuges, les premiers sont *modérateurs*, c'est-à-dire *inhibiteurs* des mouvements cardiaques ; les seconds sont *accélérateurs*, autrement dit *excitomoteurs* de ces mouvements. Les uns et les autres diffèrent profondément des nerfs qui se rendent dans les muscles et que pour cette raison nous appelons terminaux. Manifestement ils agissent sur le système intracardiaque et, par lui seulement, sur les muscles du cœur. C'est par l'intermédiaire de ce système que les premiers les modèrent ou les arrêtent, mais seulement pour un temps,

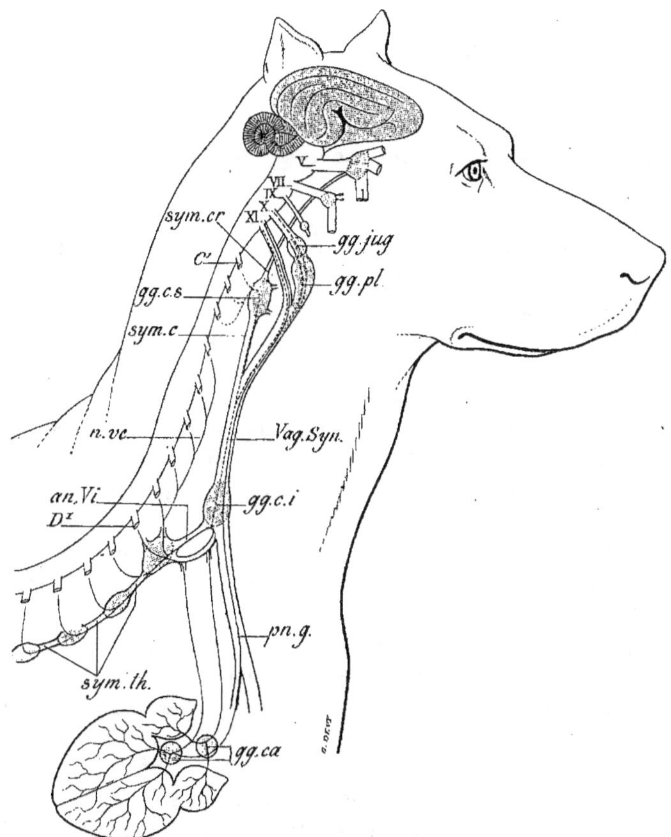

Fig. 128. — *Schéma de l'innervation du cœur chez le chien.*

gg. ca, ganglions cardiaques auxquels aboutissent les nerfs cardiaques; *gg. c.i*, ganglion cervical inférieur; *gg. c.s*, ganglion cervical supérieur; *gg. pl*, ganglion plexiforme; *sym. th*, sympathique thoracique; *an. Vi*, anse de Vieussens; *pn. g*, pneumogastrique; *n. ve*, nerf vertébral; *Vag. symp*, vago-sympathique; *sym. c*, sympathique cervical; *sym. cr*, prolongement du sympathique dans le crâne; C¹, première paire cervicale; D¹, première paire dorsale; X, origine du pneumogastrique; XI, origine bulbaire du spinal (les nerfs inhibiteurs sont indiqués en rouge, les nerfs moteurs en bleu).

et que les seconds les accélèrent, mais sans jamais arriver à produire la tétanisation. Les accélérateurs augmentent le nombre mais diminuent l'amplitude, les modérateurs diminuent le nombre mais augmentent l'amplitude des battements (Cyon). Qu'on agisse sur le système intracardiaque ou sur le système extracardiaque, on observe une tendance à l'uniformisation du travail du cœur, constatée par tous les observateurs (Marey, Dastre, Gley, Langendorff).

Les deux ordres de fibres (excito-motrices et d'arrêt) présentent entre elles une sorte d'antagonisme ou d'équilibre mobile, mais dont le mécanisme intime nous est tout à fait inconnu.

Quand l'activité de l'organe n'est plus aussi régulièrement rythmique, l'excitation communiquée ou maintenue en lui par ses ganglions est dite *tonique*, et les exemples sous cette forme en sont nombreux.

A. Pouvoir tonique. — On sait ce qu'on entend par le tonus ou la tension légère qui est entretenue dans les muscles par un courant permanent d'excitation faible provenant de la moelle tant qu'elle reste en rapport avec eux, mais qui cesse quand on interrompt ce courant par la section des conducteurs nerveux. La même chose existe dans les muscles viscéraux, où le tonus est entretenu tant par la moelle que par les ganglions. Pour mesurer la part de ces derniers, on supprime d'abord toute communication entre eux et la moelle : on apprécie l'intensité des phénomènes moteurs ; on supprime le ganglion lui-même : on apprécie de nouveau cette intensité ; on voit de combien elle a diminué dans chaque cas. Un bon moyen de la mesurer, c'est de comparer deux régions symétriques dont l'une a été privée de toute innervation, pendant que l'autre a conservé son appareil ganglionnaire.

On peut prendre pour témoin de cette activité tonique des ganglions tout phénomène quelconque dépendant du grand sympathique : calibre des vaisseaux, rougeur des surfaces cutanées ou muqueuses, dilatation pupillaire, état de la pigmentation cutanée, etc. Vulpian, Legros, Fr. Franck, nous-même avons institué des expériences de ce genre réalisées en général sur les ganglions de la chaîne cervicale du grand sympathique. La conclusion en est univoque : *le pouvoir tonique de certains ganglions est incontestable*, et par extension on ne peut le refuser à toutes les masses ganglionnaires semblables.

Le ganglion a donc le pouvoir d'accumuler en lui, en les tenant en réserve, une certaine quantité des excitations qu'il a reçues de toutes les fibres en liaison fonctionnelle avec lui, excitations lui venant soit de la moelle, soit de la périphérie.

Qu'il s'agisse d'un sphincter comme l'iris, ou de canaux comme les vaisseaux, ou encore de cellules contractiles comme les chromoblastes de la peau, l'influence tonique des ganglions n'est pas douteuse. Chez les grenouilles, cette action tonique est des plus évidentes. Chez les mammifères, elle est très réelle. Elle a été bien observée pour le *ganglion cervical supérieur*, le *ganglion premier thoracique*, le *ganglion ophtalmique* en ce qui concerne l'iris (Liégeois, Vulpian, Tuwim, Fr. Franck). Elle a été démontrée pour ces mêmes ganglions (moins l'ophtalmique) en ce qui concerne les vaisseaux de la langue (Vulpian), pour le ganglion cervical supérieur en ce qui concerne les vaisseaux de l'oreille (Morat). Ces exemples laissent assez supposer qu'elle est générale et qu'il suffirait de la rechercher dans les autres noyaux moteurs du grand sympathique et des nerfs équivalents.

Sur l'origine et le point de départ de cette excitation manifestée ici d'une façon soutenue et plus ou moins longtemps après l'isolement des ganglions d'avec leurs connexions médullaires, il y a à faire la même remarque que plus haut, ce point de départ pouvant être en partie dans une excitation réflexe transmise par des nerfs centripètes encore indistincts.

B. Pouvoir réflexe. — Cl. Bernard a le premier soupçonné et démontré expérimentalement la possibilité d'actions réflexes ganglionnaires. Il agissait sur le ganglion sous-maxillaire. Il coupait le lingual en amont de son rameau sous-maxillaire (qui traverse le ganglion de ce nom) de manière à séparer complètement des centres supérieurs le système sous-jacent. En excitant (électriquement, non sapidement) la pointe de la langue, il voyait de la salive sourdre par le canal de Warthon. Un circuit réflexe va donc de la pointe de la langue à la glande par l'intermédiaire du ganglion.

Schiff a contesté le bien fondé de cette expérience; mais Wertheimer, qui l'a répétée, fait la critique des objections de Schiff qu'il rejette. Langley remarque que le ganglion qui, chez le chien, est dit sous-maxillaire, est en réalité le ganglion de la sublinguale : le véritable ganglion sous-maxillaire est formé par un amas de cellules placées dans le hile de la glande de ce nom. Ce détail anatomique, en déplaçant le centre de réflexion d'une masse ganglionnaire à une autre, ne change rien aux conclusions de Cl. Bernard.

Cette expérience a été depuis imitée par plusieurs et transposée par eux à d'autres ganglions, soit de la chaîne, soit des rameaux du sympathique.

C. Pouvoir inhibiteur. — Au sens précis que nous attribuons à ce mot, l'inhibition est l'arrêt d'un mouvement qui tend à se produire, arrêt déterminé par une activité en conflit avec celle qui commande ce mouvement. Pour que l'excitation qu'on lance dans un nerf ait un effet aussi diamétralement opposé à celui qu'on lui reconnaît comme logique et naturel, il faut que, quelque part sur le trajet qu'elle suit, elle subisse une transformation en quelque sorte radicale, qui en change ainsi l'effet. Les ganglions du grand sympathique sont un lieu de ce genre. C'est ce que nous avons démontré, Dastre et moi, par une expérience caractéristique, réalisée sur le sympathique dorso-cervical du lapin.

Démonstration. — L'*excitation* portée sur la chaîne cervicale *en aval* des ganglions de la base du cou fait *contracter* jusqu'à l'effacement les vaisseaux de l'oreille du lapin (Cl. Bernard, Brown-Séquard). L'*excitation* portée *en amont* de ces ganglions, sur la chaîne thoracique, dans sa partie supérieure, fait *dilater* énormément ces mêmes vaisseaux, c'est-à-dire *inhibe le tonus vasculaire* (Dastre et Morat). Un effet semblable, mais moins constant, s'observe en excitant comparativement la chaîne lombaire en amont et en aval de ses premiers ganglions. Ce sont là les premières expériences qui aient localisé d'une façon précise les phénomènes de l'inhibition.

Inhibition chez les invertébrés. — Chez les céphalopodes Physalix a observé les faits suivants. — Des taches pigmentaires, les chromatophores, en s'élargissant ou se resserrant changent la couleur de l'animal. L'élargissement produit la noirceur de la peau par étalement des taches ; il est dû à des muscles radiés disposés autour du chromatophore. Le rétrécissement produit la pâleur : il est dû à une puissance élastique inverse de la précédente. — L'excitation du nerf palléal fait dilater les chromatophores par contraction des muscles radiés (fait noircir la peau par conséquent). Sa section fait l'inverse. Le nerf palléal a son origine dans les ganglions sous-œsophagiens qui sont ainsi des centres chromatophores. Au-dessus de ceux-ci sont les ganglions cérébroïdes. — Or ces derniers ganglions peuvent exercer sur les premiers une action suspensive inhibitrice, de telle sorte qu'une excitation, qui part de ces ganglions (directement ou par réflexe), fait pâlir la peau (par décontraction des muscles radiés des chromatophores). Lorsqu'on sépare par une section les ganglions cérébroïdes des ganglions sous-œsophagiens, ce phénomène d'inhibition devient impossible ; les excitations directes ou réflexes produisent uniformément la noirceur de la peau. Ici encore l'inhibition se présente comme un conflit ou une *transformation de l'excitation réalisée dans un ganglion*, par conséquent à l'intérieur du système nerveux.

Formes et aspects variés de la transformation de l'excitation. — Le pouvoir réflexe, le pouvoir tonique et le pouvoir inhibiteur des ganglions du grand sympathique sont en réalité, non pas trois choses distinctes, mais trois aspects différents de la fonction très générale de transformation des excitations qui leur est dévolue, et cette fonction est un attribut essentiel de la substance grise nerveuse. Les ganglions du grand sympathique ne sont eux-mêmes par autre chose qu'une portion caractéristique de cette substance, disséminée à travers les organes, au lieu d'être condensée dans une région cavitaire, mais néanmoins reliée aux autres départements de cette substance, comme ils sont rattachés entre eux par des connectifs analogues aux faisceaux blancs des centres nerveux.

1. Système de la vie de relation ; système de la vie végétative : ressemblances et différences. — Les deux systèmes dits l'un de la vie de relation, l'autre de la vie végétative sont, malgré leur profonde différence extérieure, construits sur le même type fondamental, qu'il faut une fois de plus rappeler, pour motif de clarté. Ils sont l'un et l'autre composés d'arcs réflexes ou circuits nerveux superposés. Ces circuits diffèrent par leur place et leur importance relative, par leur connexion avec des organes dissemblables, par le développement en eux très inégal de phénomènes psychiques ayant pour base la sensibilité.

L'un, le premier, a ses arcs inférieurs très allongés, de manière qu'ils pénètrent par leur boucle dans la cavité cérébro-spinale. Sur ces arcs inférieurs est établie une superstructure extrêmement développée et compliquée qui s'épanouit dans la partie supérieure de cette cavité. C'est ce qui a valu à ce système le nom du reste peu justifié de cérébro-spinal. — L'autre, le second, a ses arcs inférieurs beaucoup plus courts, tous situés en dehors du rachis et disséminés dans l'organisme, au contact plus ou moins immédiat des appareils qu'il enserre comme un réseau : d'où l'idée des anciens qu'il est le lien qui établit leurs sympathies fonctionnelles ; idée non absolument fausse, mais qui ne définit pas plus ce système que la dénomination de cérébro-spinal ne définit le précédent. Sur ces arcs extrarachidiens s'établit également une superstructure infiniment plus réduite, beaucoup moins apparente que celle du précédent, dans laquelle elle va se noyer au niveau de la moelle, non sans communiquer avec le cerveau, mais sans que dans ce dernier on puisse faire aucune distinction catégorique entre l'un et l'autre système. Au surplus, cette distinction, si claire dans les régions périphériques, où les nerfs entrent en contact avec des organes différenciés, doit forcément s'atténuer dans les régions profondes, où toutes les voies conductrices vont confluer, pour réaliser l'unité de l'organisme vivant.

II. Actes mécaniques et actes chimiques ; contraction, sécrétion. — Les connexions du grand sympathique avec les appareils composants de l'organisme sont nombreuses, variées et nuancées, et de jour en jour on en découvre de nouvelles. Tandis en effet que les relations *de l'organisme avec l'extérieur* s'établissent par une seule catégorie d'organes, les muscles striés, et une seule modalité de mouvement, la contraction de ces muscles, la nutrition et la vie involontaire des organes qui y concourent réclament un assez grand nombre d'actes cellulaires fort différents les uns des autres dans leur détail intime. On les rattache néanmoins à deux catégories principales qui nous font voir, les uns sous un aspect avant tout *mécanique*, qui a pour modalité essentielle encore une fois la *contraction musculaire*, les autres sous un aspect plutôt *chimique*, qui réalise ce que nous appelons la *sécrétion glandulaire* ou élaboration de produits spéciaux, par réaction mutuelle des éléments composants du protoplasme.

Rapport des deux phénomènes. — Ces actes ne sont du reste pas aussi foncièrement indépendants que ces désignations pourraient le faire croire au premier abord, car soit les uns soit les autres ont pour premier point de départ les phénomènes moléculaires et la dépense d'énergie excités par le système nerveux dans le protoplasme des cellules, et les uns et les autres se traduisent finalement par un déplacement des substances, rendu visible par le flux liquide qui sort de certaines glandes ou manifesté obscurément par les échanges que toute cellule entretient avec le sang.

Tout organe en effet, fût-il musculaire, a une sécrétion interne ; toute glande opère un mouvement de liquide. Au surplus, les glandes présentent une grande variété d'éléments, y compris des cellules véritablement musculaires. De leur côté, les éléments contractiles placés sous le gouvernement du grand sympathique présentent une variété et un nuancement extrêmement grand, depuis les fibres striées du muscle cardiaque, jusqu'aux cellules pigmentaires et même aux cellules fixes du tissu conjonctif, que certains supposent non sans raison influencées par le système nerveux ganglionnaire. Entre ces extrêmes, une forme de transition est représentée par les éléments musculaires non striés transversalement (fibres-cellules, muscles lisses), qui n'est pas spéciale à la vie organique, puisque chez beaucoup d'invertébrés ces éléments sont les seuls à exécuter les ordres de la volonté.

III. **Excitations spécifiques des nerfs sensitifs des organes profonds.** — Nul doute que les éléments centripètes du grand sympathique ne reçoivent leurs excitations d'appareils spéciaux analogues à ceux des sens supérieurs et répartis soit sur les grandes surfaces cavitaires, soit dans la profondeur des organes. Nous sommes restés jusqu'ici pauvres de données anatomiques sur ce point.

Données anatomiques. — Dogiel, qui a fait une étude très complète des éléments du grand sympathique, en décrit une variété, dont les dendrites très allongées sortent du ganglion où est contenue leur cellule, s'engagent dans un troncule nerveux et vont se mettre en contact avec une surface épithéliale. Ces dendrites avaient été d'abord prises pour des axones : elles s'en distinguent par leurs divisions dichotomiques et leur absence de collatérales ; elles ont quelque analogie avec le prolongement cellulipète du neurone sensitif d'un ganglion spinal ; à une certaine distance de la cellule, on voit en effet ces longs prolongements dendritiques se recouvrir de myéline.

De tels éléments ont été rencontrés dans le cœur, sous la séreuse péricardique; dans l'intestin, où leurs ramifications unissent la muqueuse au ganglion plexiforme d'Auerbach.

IV. Données expérimentales. — Popielski, Wertheimer et Lepage ont fait sur la sécrétion pancréatique des expériences, qui nous montrent *ab origine ad terminum* un cycle fonctionnel de la vie inconsciente végétative, ainsi que les développements plus ou moins grands que ce cycle peut prendre dans l'intérieur du système nerveux. On y part d'une excitation spécifique, pour aboutir à un acte spécifique, en passant par des voies nerveuses que l'expérience localise à son gré dans des systèmes de dimensions et de complexité différentes.

Relation entre la nature de l'excitant et le travail produit. — L'injection d'une solution acide (HCl à 5 p. 100) dans le duodénum provoque la sécrétion du suc pancréatique, que l'on peut voir apparaître à l'extrémité d'une canule, placée dans le conduit de la glande. — Normalement, c'est le chyme imprégné de *l'acide du suc gastrique* qui provoque ce phénomène de sécrétion, et, parmi les propriétés du *suc pancréatique*, il faut compter *son alcalinité*, qui neutralise l'acidité de la sécrétion stomacale entraînée dans l'intestin. D'autres excitants comme l'éther (Cl. Bernard) ou le chloral (Wertheimer et Lepage) peuvent provoquer la sécrétion réflexe, mais à la façon des excitants généraux ; tandis que l'acide apparaît bien ici comme un excitant spécifique approprié à la fonction (ou auquel la fonction s'est appropriée).

Non seulement dans le duodénum, mais aussi à une certaine distance de celui-ci, dans le tiers supérieur du jéjuno-iléon, l'excitation acide a le même effet. Au-dessous elle est sans action, soit que les terminaisons nerveuses appropriées fassent défaut, soit que les voies nerveuses d'association manquent, à ce point de vue, entre l'intestin inférieur et le pancréas.

Extension variable du cycle. — On peut prouver que la réflexion se fait dans un système tantôt purement local (limité aux organes intestinaux), tantôt comprenant les ganglions de l'abdomen, tantôt comprenant en plus la moelle épinière et les masses nerveuses qui la surmontent.

a. *Réflexe local*. — Lorsque les ganglions cœliaque et mésentérique (voire la moelle épinière) ont été enlevés, l'excitation acide de la muqueuse duodénale provoque la sécrétion pancréatique, évidemment par voie nerveuse, par une *réflexion de l'excitation sur les ganglions propres que l'anatomie démontre exister dans le pancréas*.

Cette expérience est à rapprocher de celle qu'on fait sur les ganglions du cœur isolé, mais elle est plus démonstrative, en ce sens qu'on est ici maître de l'excitant et que, au lieu d'un phénomène d'automatisme indécomposable, on a un acte réflexe évident.

b. *Réflexe ganglionnaire*. — Lorsque la moelle est enlevée et que les ganglions cœliaque et mésentérique sont conservés, le même effet réflexe est possible; mais on peut y démontrer la participation des ganglions sus-désignés. Si en effet on sépare le duodénum du jéjuno-iléon par une forte ligature, l'excitation du jéjuno-iléon (par injection d'une solution acide) provoque la sécrétion pancréatique. La propagation de cette excitation ne peut plus être locale comme dans le cas précédent; elle réclame l'intervention des ganglions abdominaux (ou même de la chaîne sympathique) comme voie d'association des deux segments séparés de l'intestin et de réflexion de l'un sur l'autre.

c. *Réflexe médullaire*. — Quand la moelle est intacte et que ses connexions avec l'intestin et le pancréas sont respectées, on ne fait pas doute qu'elle ne puisse servir de lieu de réflexion aux excitations propagées de l'un à l'autre. Non seulement la moelle, mais le bulbe et le cerveau ne restent pas étrangers à la régulation des actes de cet ordre, bien qu'involontaires et inconscients.

V. **Mélange d'influences excitatrices et inhibitrices.** — Le système qui réfléchit et coordonne ces excitations est sûrement complexe, même quand il est réduit expérimentalement à ses dimensions les plus restreintes. Comme tout autre du même genre, il met en jeu des éléments, les uns *transmetteurs* de l'excitation, les autres *inhibiteurs* de cette excitation. Il est remarquable que la puissance (et probablement le nombre) de ces derniers va en augmentant, à mesure que le système se complique, en atteignant les ganglions abdominaux et surtout la moelle épinière.

Sécrétion dite paralytique. — La sécrétion la plus abondante n'est pas celle qui s'opère avec le concours de la moelle, mais au contraire celle qui met en jeu le cycle purement local (WERTHEIMER et LEPAGE). L'ablation des ganglions abdominaux peut suffire à déterminer l'écoulement du suc pancréatique (Cl. BERNARD) : c'est ce qu'on a appelé la *sécrétion paralytique*, en la considérant comme une conséquence de la dilatation des vaisseaux de la glande. On peut avec plus de raison la rapporter à la suppression d'actions frénatrices appartenant à la moelle.

L'étude des fonctions de la vie végétative montre ou laisse soupçonner des exemples multipliés du même genre, dans lesquels on est amené à admettre que des excitations chimiques ou mécaniques règlent par des cycles nerveux ordonnés la nutrition ou le mouvement des parties. La plupart des muscles cavitaires proportionnent leurs contractions à leur état de réplétion et, partant, de tension ou distension. Les contractions du cœur se règlent sur l'état de la pression du sang, en vue de maintenir celle-ci constante, par l'intermédiaire de son nerf sensitif, le nerf *dépresseur*. La composition du sang se règle elle-même sur les excitations provenant de ses écarts par un mécanisme dont la sécrétion pancréatique nous donne un exemple à l'entrée même des voies de l'absorption.

3. — *Fonctions particulières du grand sympathique.*

Le grand sympathique est décomposable en un certain nombre de systèmes assez exactement superposables (moteurs, sécréteurs, chacun subdivisible en modalités diverses : vaso-moteurs, sudoripares, etc., etc.), que le mélange de leurs fibres a souvent fait confondre entre eux, mais dont on peut démontrer la réalité indépendante. La physiologie a différents moyens non seulement de les mettre en jeu, mais de les dissocier, grâce à leurs affinités électives pour certains poisons. — Exemple : l'excitation des nerfs cutanés modifie simultanément la circulation de la peau et la sécrétion de ses glandes. On peut se demander si la sécrétion n'est pas une simple conséquence du changement circulatoire (vaso-dilatation). Or, si on injecte dans le sang de l'animal une faible dose d'atropine (1 milligramme), l'excitation des nerfs cutanés produit les mêmes effets circulatoires, mais ne fait plus sécréter les glandes. Le poison a donc paralysé isolément les nerfs glandulaires ; donc ceux-ci existent indépendamment des nerfs vaso-moteurs. Ces différentes fonctions ont été successivement découvertes, et nous ne pouvons pas nous flatter de les connaître toutes. Il y a probabilité pour que le grand sympathique commande à un grand nombre d'éléments fixes des tissus auxquels on ne connaît pas actuellement de relations avec le système nerveux.

Historique. — C'est en opérant sur la partie cervicale du grand sympathique, plus facile à découvrir, qu'ont été faites les principales découvertes sur ses fonctions.

Fait initial ; orientation de la conduction. — La première en date est celle de PETIT (de Namur) dit POURFOUR DUPETIT, qui vit se produire par la section du sympathique cervical ce que nous appelons les phénomènes oculo-pupillaires (enfoncement du globe, constriction pupillaire), phénomènes que nous expliquons, le premier par la perte du tonus des éléments inhibiteurs du muscle constricteur de l'iris, le second par la perte du tonus des éléments musculaires de la capsule de Tenon. Ce double mécanisme était non pas seulement inconnu, mais incompréhensible à l'auteur de cette expérience, qui notait en bloc le changement d'aspect de l'œil, sans en rechercher le procédé. Mais par cette constatation, il établissait une chose nouvelle et importante pour l'époque, à savoir ce fait que, *contrairement aux autres nerfs moteurs qui paraissent descendre du cerveau, celui-ci remonte à partir de la moelle du côté de la tête :* c'était distinguer, par un de ses carac tères les plus saillants, la systématisation du grand sympathique d'avec celles des autres nerfs.

Biffi, en 1841, fit la contre-expérience, consistant à exciter le bout supérieur du nerf coupé, ce qui amène la dilatation de la pupille et l'exophtalmie.

Fonction vaso-motrice. — Cl. Bernard (1851) réalisa sur ce même nerf une expérience demeurée classique. *Ayant coupé le sympathique au cou* sur un lapin, *il vit la température de tout le côté correspondant de la tête, notamment de l'oreille, s'élever notablement.* En faisant la contre-expérience de *l'excitation du bout supérieur, il vit la température baisser au-dessous de son point de départ,* comme l'a observé également Brown-Séquard, presque en même temps.

L'annonce de ce fait suscita un vif étonnement. De relation entre la température et l'action nerveuse, entre un fait aussi nettement physique d'une part et aussi nettement vital de l'autre, on n'en voyait clairement aucune. Brown-Séquard et Waller firent remarquer que cette relation n'est pas directe. La section du sympathique paralyse les muscles des vaisseaux qui sont dans le champ de distribution du grand sympathique et son excitation les fait contracter. Ce nerf n'est pas thermique, mais *vaso-moteur*; il change la distribution du sang de la profondeur à la périphérie et par là même transporte de la chaleur des régions chaudes aux régions froides. Telle est la véritable explication de l'expérience de Cl. Bernard.

Son importance est extrême, car du même coup elle a fait connaître l'*existence* insoupçonnée ou très vaguement soupçonnée des nerfs vaso-moteurs et leur *localisation* dans le grand sympathique.

Double fonction motrice et inhibitrice. — Dastre et Morat, en 1881, montrèrent que l'excitation du grand sympathique cervical, en plus des effets oculo-pupillaires ci-dessus décrits et de la constriction des vaisseaux des régions habituellement observées comme l'oreille, *fait dilater ceux d'autres régions voisines, les lèvres supérieure et inférieure, la voûte palatine,* ceci très nettement chez le chien. *Le sympathique contient donc des nerfs inhibiteurs vasculaires.*

Cl. Bernard avait montré antérieurement (1858), par l'excitation de la corde du tympan, l'existence de nerfs ayant fonction de dilater les vaisseaux. Pour cette raison précisément, on contesta la réalité de l'action vaso-dilatatrice du grand sympathique, le même nerf étant censé ne pouvoir cumuler deux fonctions ainsi opposées. Mais cet antagonisme fonctionnel, entre des éléments nerveux appartenant au même groupement, est précisément ce qui fait l'intérêt de cette expérience. De par elle, *le grand sympathique cesse d'être un nerf comme les autres et devient réellement un ensemble systématisé.*

Non seulement, en effet, il contient des éléments parallèles gouvernant la circulation de régions voisines les unes des autres,

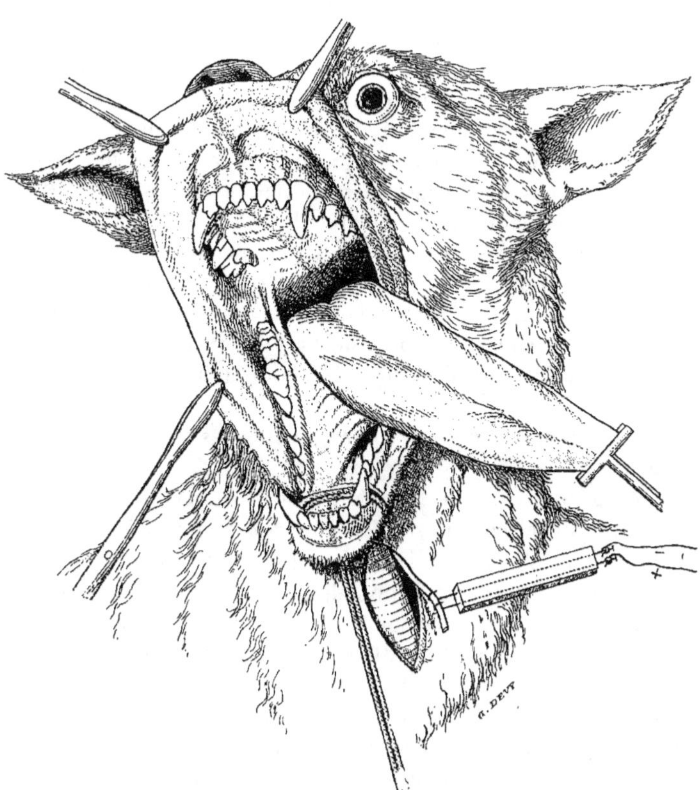

Fig. 129. — *Effets de l'excitation du sympathique cervical chez le chien.*

L'excitation porte sur le bout céphalique du tronc commun du vague et du sympathique au cou. Le vague a été préalablement coupé à la base du crâne pour éliminer les effets réflexes qui peuvent lui appartenir. L'excitation peut également être faite sur le sympathique dans le point où il est séparé du vague, soit au-dessous du ganglion cervical supérieur, soit au niveau de l'anse de Vieussens.
Effets oculo-pupillaires consistant en une dilatation de la pupille et une saillie du globe oculaire.
Effets vaso-moteurs consistant en une pâleur de la langue et de l'oreille du côté correspondant à l'excitation (effet constricteur) et en une rougeur des lèvres, des gencives et de la voûte palatine du même côté (effet dilatateur ou inhibiteur de la contraction vasculaire). — Jonesco et Floresco ont vérifié chez l'homme ce double effet vaso-moteur.

mais on voit ces éléments, issus des différents points de la moelle épinière, converger les uns vers les autres et, dans certains cas, on peut désigner l'endroit où ils s'influencent.

Localisation de l'inhibition dans les ganglions. — Nous avons dit plus haut comment les effets vasculaires de l'excitation changent de sens suivant que cette excitation porte au-dessus ou au-dessous de certains ganglions de la chaîne (cervical inférieur et premier thoracique) placés sur son trajet : comment celle qui est faite en aval a des effets purement constricteurs, celle faite en amont des effets généralement dilatateurs, mais qui dans certains cas sont mêlés d'effets constricteurs. En interrogeant en effet isolément quelques-unes des origines médullaires du grand sympathique cervical, on peut en trouver qui, les unes font dilater et les autres resserrer les vaisseaux de la région considérée. Il faut en conclure que les noyaux moteurs des vaisseaux de l'oreille sont dans ces ganglions et que les rameaux que ceux-ci reçoivent de la moelle thoracique sont des fibres de projection, les unes excito-motrices, les autres inhibitrices. L'excitation passe d'un cycle supérieur à un cycle inférieur, comme lorsqu'elle se transmet de l'écorce cérébrale à la moelle épinière, quand il s'agit des muscles du squelette.

Fonction sécrétoire. — En 1880, Luchsinger fit voir que l'excitation du cordon cervical *fait sécréter abondamment les glandes sudoripares* de certaines régions de la face (groin du porc, mufle du bœuf), comme celle du sympathique dorso-lombaire fait sécréter les glandes du membre inférieur chez le chat et le chien. Czermak avait déjà fait voir que l'excitation du cordon cervical retentit sur la glande *sous-maxillaire* et en fait sortir une *salive très épaisse*; dans les deux cas on met en jeu des nerfs *moteurs des glandes* ou *sécréteurs*, autre espèce nerveuse à ajouter aux précédentes.

Cl. Bernard, en constatant les effets de la section du cordon cervical chez le cheval, avait noté que le côté correspondant de la face et du cou se couvre de sueur. Mais ce phénomène était alors interprété comme dépendant de la paralysie vasculaire qui suit cette section. Il faut probablement y voir quelque chose de plus, à savoir la cessation d'une influence inhibitrice, apportée par le grand sympathique aux glandes de la sueur.

Fonction inhibito-sécrétoire. — Arloing (1890-1891), après avoir coupé ce nerf au cou chez l'âne, vit après quelques heures *les glandes sébacées du pavillon de l'oreille gorgées de leur produit de sécrétion*, et il interprète ce résultat comme *une des premières données de l'action inhibitrice du sympathique sur les glandes*. Cet auteur indique des faits du même ordre relativement à la *glande lacrymale* et aux *glandes de Meibomius*.

Fonction accommodatrice pour la vision éloignée. —

Morat et Doyon (1891) virent l'excitation du même nerf produire, en même temps que la dilatation de la pupille, *un aplatissement du cristallin*, ce dont ils jugeaient par le grandissement de l'image cristallinienne (deuxième image de Purkinje) au moment de l'excitation. Ils en conclurent que *le sympathique est accommodateur pour la vision éloignée*.

Fonction vaso-motrice lymphatique. — P. Bert et Laffont, en excitant les nerfs mésentériques, virent les vaisseaux chylifères se resserrer. Gley et Camus, en agissant sur le sympathique thoracique ou le nerf splanchnique, obtinrent des variations de calibre du canal thoracique et de la citerne de Pecquet, plus généralement dans le sens de l'inhibition, mais aussi dans le sens de la constriction.

Fonction pilo-motrice. — L'excitation du sympathique, surtout dans la région du tronc, détermine le *redressement des poils* du territoire cutané correspondant. Cet effet, vaguement entrevu par d'autres expérimentateurs, a été observé pour la première fois dans de bonnes conditions et décrit en détails par Langley, qui a ainsi établi la fonction pilo-motrice du grand sympathique (1891).

Fonction glyco-formatrice. — En excitant le grand splanchnique Morat et Dufourt produisirent une augmentation de la formation du sucre dans le foie aux dépens du glycogène de cet organe et virent que cet effet n'est pas subordonné directement à la circulation hépatique ; d'où la preuve de l'existence de nerfs distincts commandant le chimisme intra-cellulaire de la glande. C'est un exemple d'une sécrétion interne, commandée par le système nerveux.

Fonction chromatique. — P. Bert, en expérimentant sur le caméléon, vit l'influence du grand sympathique sur les changements de coloration de la peau, influence qui s'observe également chez la grenouille après l'ablation des ganglions du grand sympathique (le ganglion cervical supérieur notamment), comme l'a constaté Vulpian.

Ainsi qu'on voit, le grand sympathique représente, dans l'ordre de la motricité des fonctions très diverses. Tandis que les nerfs volontaires commandent aux seuls muscles striés du squelette, lui a sous ses ordres des espèces cellulaires variées et nuancées comme forme et comme fonctions, et qui vont depuis les fibres musculaires striées du cœur jusqu'aux cellules glyco-formatrices du foie, en passant par les muscles lisses de l'intestin et des vaisseaux, les épithéliums contractiles, les épithéliums sécrétants de formes et de natures les plus variées. Tandis que le système volontaire réalise ses combinaisons motrices (au fond également très nombreuses) à l'aide d'un seul élément, la fibre musculaire, le système involontaire, lui, réalise ses fonctions à l'aide d'éléments extrêmement différenciés. Dans le partage que les deux systèmes se sont fait des éléments composants de l'organisme, l'un a pris une portion du tissu musculaire, l'autre le reste des éléments ; d'où l'importance extrême de ce dernier dans les fonctions primordiales de l'être vivant et, en raison de cela même, dans l'étude pathologique de ces fonctions.

Méthodes de détermination. — Pour distinguer les unes des autres ces activités diverses et pour distinguer en même temps les éléments nerveux qui leur correspondent, on a recours à des méthodes variées suivant les cas. Exemples : la contraction, la dilatation de la pupille se voient directement, tel que, aussi, le redressement des poils ; la contraction, la dilatation des vaisseaux peuvent également s'apprécier *de visu*, quand on fixe une artère isolée, comme l'artère auriculaire du lapin. L'état de la circulation capillaire dans une région superficielle (peau, muqueuse) peut s'apprécier par les changements de *coloration* de cette région qui devient plus pâle ou plus rouge suivant la quantité de sang qui la traverse (méthode *coloriscopique*). Une méthode moins directe, mais qui peut être très précise, consiste à mesurer et inscrire la *pression* ou la *vitesse* du sang dans les artères et les veines de la région dont on excite ou paralyse les nerfs vaso-moteurs (méthode *manométrique*). Une variante consiste à mesurer et enregistrer les changements de volume de la région dont on étudie les nerfs (méthode *pléthysmographique*). L'une et l'autre exigent que soient faits certains contrôles permettant de distinguer une variation purement locale d'une variation générale de la circulation. Une méthode qui a été très en honneur pour l'étude et la détermination des vaso-moteurs consiste à mesurer les changements de *température* locale correspondant à ces actions sur le système nerveux (méthode *thermométrique*) ; cette méthode est très infidèle : les changements de température sont lents à se produire et lents à se dissiper, et ils tiennent à des conditions multiples et variables, parmi lesquelles les changements survenus dans la circulation locale ne sont qu'un facteur isolé.

Les contractions de l'estomac et de l'intestin peuvent être appréciées et enregistrées à l'aide d'appareils manométriques ou *myographiques* divers. Des mouvements lents et appartenant à des cellules isolées, comme ceux des chromatoblastes de la grenouille, pourront s'observer en examinant au microscope une partie pigmentée transparente, telle que la membrane interdigitale (méthode *microscopique*). On peut apprécier aussi le changement de teinte générale de la région, ce qui rentre dans la méthode coloriscopique.

La méthode microscopique, qui a été depuis longtemps appliquée à l'étude de la circulation dans les organes transparents (notamment de la grenouille), peut être utilisée très avantageusement pour l'étude particulière des vaso-moteurs.

Les phénomènes *mécaniques* de la *sécrétion* peuvent s'apprécier et se mesurer, comme ceux d'une circulation ou d'un écoulement quelconque, par la quantité du liquide débité, sa pression dans les conduits en des temps donnés. Les phénomènes *chimiques* demandent des constatations d'un autre ordre, telles que dosage des substances dans le sang et les autres humeurs, essai des ferments sur les substances qu'ils transforment ; etc.

4. — *Systématisation du grand sympathique ; ses deux ordres de fibres de projection.*

Le grand sympathique est formé d'une partie intrarachidienne ou spinale et d'une partie extrarachidienne ou ganglionnaire raccordées l'une à l'autre par ses ganglions. Ce sont deux ensembles comparables à ceux qui dans le système nerveux animal rattachent, l'un le cerveau à la moelle, l'autre la moelle à la périphérie. Chacun de ces ensembles a son rôle et sa configuration particulière dans chacun des deux systèmes ; mais si dans les deux systèmes la disposition des nerfs profonds diffère beaucoup, celle des nerfs périphériques se ressemble. Aussi retrouvons-nous, à propos du grand sympathique et de ses ganglions, la question déjà traitée de la métamérie qui se pose à nouveau pour lui-même.

Métamérie ganglionnaire et métamérie spinale. — A propos des racines médullaires, nous avons fait une grande

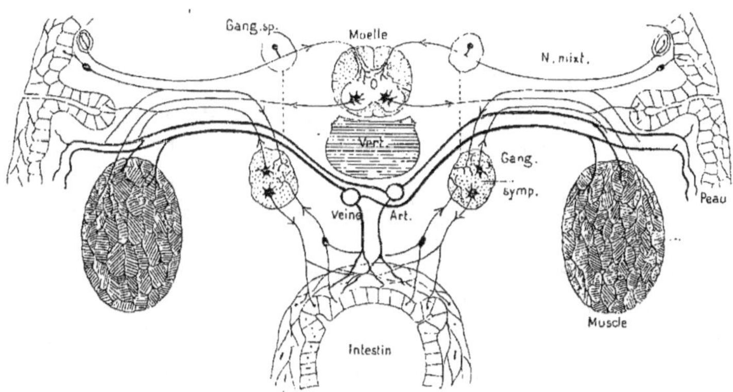

Fig. 130. — *Schéma d'une métamère, avec sa myélomère (complétée par les ganglions spinaux et sympathiques), sa dermatomère, sa myomère et sa splanchnomère.*

Pénétration de la partie circulatoire de la splanchnomère dans la dermatomère et la myomère. — Pénétration parallèle des éléments du grand sympathique. Mélange de ceux-ci avec les nerfs conscients volontaires au niveau des troncs mixtes.

différence entre la métamérie radiculaire et la métamérie spinale, la première étant évidente et l'autre réduite à l'état de trace. L'intervention du grand sympathique vient encore bouleverser cette dernière d'une façon nouvelle, mais tout aussi complète.

Les ganglions de la chaîne sympathique, à quelques exceptions près, correspondent en nombre et en situation aux troncs mixtes des paires nerveuses, auxquels ils sont reliés par les rameaux dits communicants. Ces ganglions, qui ont des connexions embryologiques et même fonctionnelles avec les ganglions spinaux, reproduisent donc la métamérie primitive, la métamérie vraie : alors que les myélomères ont disparu par fusion et pénétration réciproque, eux sont restés distincts. Ces ganglions de la chaîne donnent par les rameaux communicants des *filets de distribution* qui suivent les troncs mixtes vers la périphérie (ce sont les rameaux gris) ; d'autre part, ils reçoivent de la moelle des *filets d'origine* par ces mêmes rameaux communicants (ce sont les rameaux blancs). Mais ces filets d'origine médullaire ne viennent pas de la paire de racines correspondante. Ils proviennent de racines situées ou plus haut ou plus bas que le ganglion correspondant, et pour cela ils suivent, dans la chaîne elle-même, un trajet plus ou moins long, au cours duquel ils franchissent le plus souvent un certain nombre de ganglions.

S'ils sont destinés à la tête ou au membre supérieur, ils naîtront généralement de racines situées au-dessous de celles qui se continuent avec les troncs nerveux de ces régions ; s'ils sont destinés au membre inférieur, ils naîtront de racines situées au-dessus de celles des nerfs de ce membre. Et ceci est la conséquence de ce qui a été dit plus haut de la condensation des origines du grand sympathique dans la région thoracique de la moelle, pendant que celles des principaux nerfs conscients volontaires se font au contraire dans son renflement cervical et son renflement lombaire.

Toutefois, en plus de ces origines médullaires principales, le grand sympathique en a d'autres, qui peuvent partiellement coïncider avec celles des troncs nerveux qui se distribuent à la région considérée. Comme exemple : les nerfs sympathiques de la face lui viennent des cinq premières racines dorsales, remontent par la chaîne cervicale, atteignent le trijumeau, et, par ses branches et rameaux, se distribuent aux appareils et organes qui les concernent ; mais, de plus, une partie de ces nerfs viennent directement des origines mêmes du trijumeau. — Les nerfs sympathiques du pied lui viennent des trois dernières dorsales et des deux premières lombaires et vont, par la chaîne lombaire, rejoindre le tronc du nerf sciatique ; mais, de plus, une partie de ces nerfs (de beaucoup la moindre) proviennent des origines mêmes du sciatique, c'est-à-dire des deux dernières lombaires et des racines sacrées.

Entre ces deux lieux d'origine, l'un principal, l'autre accessoire, il y a parfois un intervalle très grand. Pour les nerfs sympathiques de la face, cet intervalle est marqué par toute la longueur de la moelle cervicale.

Systèmes parallèles à fonctions différentes. — Le grand sympathique assume ou dirige plusieurs fonctions : mouvement du sang dans les vaisseaux, formation et expulsion des sécrétions, progression des aliments dans le tube digestif, etc. De ce point de vue, on peut le dédoubler en autant de systèmes parallèles qu'il existe de fonctions distinctes ou d'espèces cellulaires, pour l'exécution de ces fonctions. Ces systèmes, que nous appelons *parallèles*, le sont au sens strict du mot, en ce sens que, de leur origine (médullaire) à leur terminaison, ils sont rigoureusement superposables. Exemple : l'appareil oculaire renferme des vaisseaux, des glandes, des muscles profonds régulateurs de la lumière, qui sont tous organes inconscients involontaires. Leurs nerfs, fournis par le grand sympathique, proviennent des mêmes régions de la moelle et du bulbe, qu'ils soient vaso-moteurs, sécréteurs, irido-dilatateurs, etc. Ces origines, tout à fait superposables entre nerfs sympathiques de fonctions différentes, sont, comme on peut voir, très distinctes de celles des nerfs conscients volontaires, qui assurent la sensibilité et les mouvements de l'appareil oculaire.

Parties aberrantes du tronçon médullaire. — Pour retrouver la métamérie spinale sous sa forme primitive, il faut donc, par la pensée, adjoindre à la moelle deux formations situées en dehors du rachis et qui, en fait, lui reviennent ; à savoir, les ganglions spinaux et les ganglions sympathiques. *Des plans transversaux superposés, qui tranchent la moelle épinière et le corps tout entier, en passant dans les intervalles des paires nerveuses, ainsi que des rameaux communicants et des ganglions sympathiques, limitent une série de systèmes partiels dans lesquels néanmoins sont représentées toutes les fonctions essentielles du système nerveux.* — Les ganglions rachidiens et les cornes antérieures de la moelle y représentent la sensibilité et le mouvement de la vie animale avec les relations qu'ils ont dans les réflexes les plus simples. Les ganglions du grand sympathique y représentent, à eux seuls, la sensibilité et le mouvement de la vie végétative, avec les relations qu'ils ont dans les réflexes ganglionnaires. Ces deux associations sont même faiblement rattachées entre elles (d'après DOGIEL), par les fibres d'union qui existent entre les cellules des ganglions spinaux et celles des ganglions du grand sympathique.

Association des métamères par les faisceaux de la moelle et les connectifs de la chaîne. — Somme toute, c'est en dehors de la moelle proprement dite, bien plus qu'en elle, que nous retrouvons la métamérie primitive. C'est que la moelle a justement pour fonction de créer des associations d'un ordre nouveau bien différent de celles existant dans les métamères. Elle associe entre elles les métamères de la vie de relation et en forme des groupements répondant à des fonctions définies. Elle n'a pas besoin d'associer les métamères (ganglions) de la vie végétative, parce que cette association est réalisée en dehors d'elle, par la chaîne du grand sympathique, qui est par ses connectifs l'équivalent des faisceaux profonds ou d'association de la moelle. D'autre part, elle commence d'associer entre eux, à leur tour, les systèmes de la vie animale et de la vie organique ; les fonctions des deux ordres étant, comme on sait, dans une dépendance réciproque et obligées de se prêter un mutuel concours.

En examinant les choses de ce point de vue, nous retrouvons, sous une forme nouvelle, la différence originelle des deux systèmes dits de la vie animale et de la vie végétative. Dans les tronçons de moelle juxta-ganglionnaires plus haut délimités, nous retrouvons encore en regard des racines les origines médullaires des nerfs de la vie de relation ; dans ces mêmes tronçons nous ne trouvons plus les origines médullaires des ganglions correspondants du grand sympathique : pour retrouver celles-ci, il faut chercher dans des tronçons plus haut ou plus bas situés ; les seuls tronçons de la moelle thoracique les renferment presque tous.

C'est qu'en réalité ces deux ordres d'origines, pour médullaires qu'elles soient les unes et les autres, ne sont pas du tout équivalentes. La condensation des origines médullaires du grand sympathique, dans une région particulière de l'axe gris, indique qu'elles répondent dans celui-ci à une systématisation du deuxième degré, où la métaméric a presque disparu. L'échelonnement des noyaux moteurs des muscles squelettiques indique par contre une systématisation du premier degré, où la métaméric se reconnaît. Au système de la vie végétative la moelle est déjà ce que le bulbe, le pont et les ganglions cérébraux sont au système de la vie de relation. La dissociation en hauteur des deux systèmes, qui se montre si accusée entre leurs parties inférieures, se poursuit dans la profondeur du système nerveux.

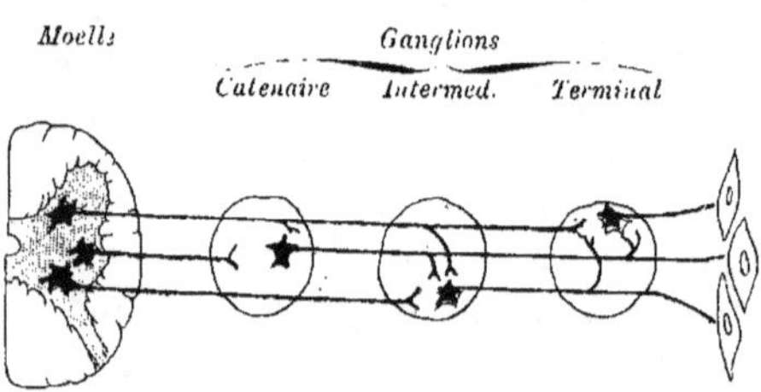

Fig. 131. — *Extension de la myélomère en dehors du rachis* (schéma).

Moelle épinière, ganglion de la chaîne, ganglion intermédiaire et ganglion terminal appartenant à la même métamère.

Neurones périphériques en bleu ; neurones profonds en rouge. — Leur lieu principal de raccordement se fait dans l'un des ganglions placés sur le trajet du nerf. — Des collatérales distribuent l'excitation d'un même neurone à plusieurs ganglions.

Extension de la moelle jusqu'à la limite du système ganglionnaire. — En principe, nous admettons que le grand sympathique est formé, en allant de la moelle à la périphérie, par deux neurones, ajoutés bout à bout et raccordés dans un ganglion. Telle est, schématiquement représentée, sa disposition caractéristique. Néanmoins nous voyons que ses rameaux traversent, non pas un, mais en général trois ordres de ganglions successifs, qu'on peut distinguer *topographiquement* de la façon suivante : 1° les ganglions de la chaîne (ou vertébraux), 2° les ganglions de la périphérie (plexus ganglionnaires terminaux), 3° les ganglions situés intermédiairement (à la façon des ganglions cœliaque et mésentériques). On a des raisons de croire que, pour une fibre donnée, la coupure se fait dans l'un ou l'autre de ces endroits, mais non pas nécessairement ni surtout en totalité dans les trois successivement. Le neurone spino-ganglionnaire a reçu des noms différents, mais équivalents (*fibre préganglionnaire*, fibre de projection du deuxième ordre, etc.); de même le neurone ganglio-périphérique (*fibre post-ganglionnaire*, fibre de projection du premier ordre, etc.).

Voies longues et voies courtes. — Tout au moins, on admet qu'il y a un canevas de ce genre, qu'on peut comparer à celui des nerfs volontaires, qui vont de l'écorce aux muscles du squelette, par deux ordres de fibres de projection, raccordés dans la substance grise de la moelle épinière. Sur ce canevas primitif, il est à supposer que des complications se greffent par l'adjonction de fibres commissurales interganglionnaires, qui seraient comparables aux fibres d'association reliant entre eux les étages de la moelle. Des physiologistes les ont niées, mais on n'a fourni contre elles aucune expérience décisive. Quant aux éléments d'association intraganglionnaires, ils sont évidents. Le grand sympathique aurait donc, comme le système volontaire, ses voies longues et ses voies courtes.

Échelonnement des relais ganglionnaires. — Cet échelonnement des masses grises, où se fait l'articulation des neurones, nous explique certains résultats en apparence contradictoires de la dégénération des nerfs sympathiques. Si on coupe leurs racines médullaires, ces nerfs ne sont ni dégénérés entièrement comme le voulait Schiff, ni préservés entièrement par leurs ganglions comme le pensait Waller; mais les branches de la chaîne qui leur font suite présentent un mélange de fibres saines et de fibres dégénérées, dont les unes ont leur centre trophique dans les ganglions et les autres dans la moelle.

Cet échelonnement paraît se faire pour des fibres de la même fonction. Si on coupe, dans le crâne, le facial qui contient les origines des vaso-dilatateurs de la langue, et que, après dégénération, on excite la corde tympanique, on voit que l'excitabilité vaso-motrice de celle-ci est diminuée, mais non totalement abolie (Morat). En excitant le vague chez le cheval, il arrive parfois qu'on tétanise le muscle cardiaque, comme on ferait d'un muscle ordinaire (Arloing); il est possible que, dans ce cas, on agisse sur des fibres se rendant directement au myocarde et non à ses ganglions moteurs.

Enfin l'échelonnement des terminaisons neuroniques dans les ganglions qui se succèdent, doit être admis non seulement pour des neurones individuellement distincts, mais pour leurs collatérales, qui s'épuisent les unes après les autres dans ces ganglions, avant de donner leurs terminales au plus éloigné d'entre eux.

Constitution de la chaîne sympathique. — Ces ganglions,

placés à la suite sur une voie conductrice du grand sympathique, ne forment pas précisément des étages, comme les tronçons superposés de la moelle, mais au contraire une *extension en largeur* de la myélomère à laquelle ils appartiennent. Il en est tout autrement

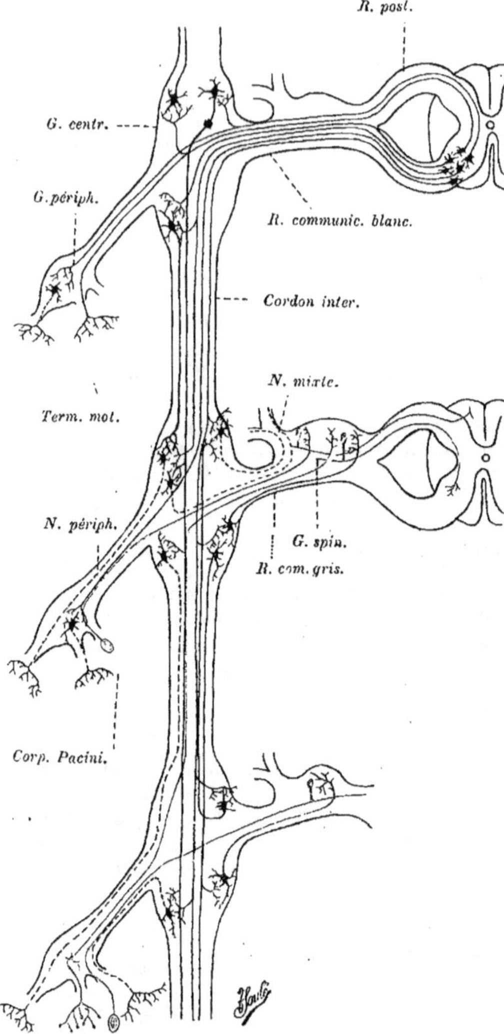

Fig. 132. — *Le grand sympathique; constitution
de la chaîne* (schéma de Soulié).

Neurones centripètes en bleu ; neurones centrifuges en
rouge.

Dans le champ moteur les neurones profonds (médullo-
ganglionnaires) sont en traits rouges pleins ; les neurones
terminaux (ganglio-périphériques) sont en traits rouges
pointillés ; les neurones d'associations en traits noirs.

des ganglions de là chaîne qui, eux, indiquent véritablement les *étages métamériques superposés* du grand sympathique, chacun de ces étages devant, pour se compléter, s'adjoindre une portion respective des plexus terminaux et des ganglions intermédiaires.

Comme les fibres sympathiques, pour atteindre leurs rameaux de distribution périphérique, font généralement un certain trajet vertical dans la chaîne, et qu'ils traversent un certain nombre de ses ganglions, on peut, à propos de ceux-ci, se poser la même question que pour ceux qui sont situés en dehors d'elle. Entre ces ganglions, quels sont ceux, ou mieux quel est celui qui est le point de raccordement entre le neurone spino-ganglionnaire et le neurone ganglio-périphérique ?

Est-ce celui qui est en regard de la paire nerveuse d'où viennent les fibres issues de la moelle ? ou bien celui qui est en regard du rameau de distribution et qui emporte les fibres à la périphérie ? Langley, qui a étudié en détail cette question, admet en principe que c'est le ganglion en regard du rameau de distribution (lui ou un de ceux qui lui font suite sur le rameau) qui marque l'étape où finit l'un des deux neurones et où commence l'autre. A partir de la moelle, le neurone spino-ganglionnaire suit d'abord la racine correspondante, atteint la chaîne au niveau d'un ganglion (ou dans son voisinage), remonte ou descend le long de celle-ci, traverse un ou plusieurs ganglions, en trouve un où il se termine. Les arborisations entrent là en contact avec les dendrites d'un ou plusieurs neurones ganglio-périphériques qui quittent la chaîne pour aller à leur destination.

Il suit de là que, des deux neurones qui se font suite dans le système qu'ils continuent, il y en a un seul (le périphérique) qui garde sur tout son parcours la disposition métamérique primitive de l'embryon. Son territoire périphérique, son trajet, son centre d'origine (ganglion sympathique) se trouvent sur la même tranche que le territoire, le trajet, les centres d'origine (ganglion spinal et corne antérieure de la moelle) de la paire nerveuse qu'il accompagne dans 'sa distribution. Quant à l'autre neurone, il est, comme le neurone cortico-médullaire du système volontaire, en dehors de la métamérie primitive ; comme ce dernier, il établit une systématisation nouvelle, du reste très différente de la sienne.

La description qui précède répond à une règle générale, ou tout au moins à une tendance ; mais sans doute cette règle comporte quelques exceptions.

Territoires cutanés du grand sympathique. — C'est en étudiant les phénomènes dépendants du sympathique, visibles à la surface de la peau (état de la circulation, sécrétion sudoripare, et surtout mouvement des poils), qu'on a pu déterminer avec précision les territoires appartenant à chacun des ganglions de la chaîne ou, ce qui revient au même, à son rameau de distribution. Ces territoires sont les mêmes que ceux de la racine sensitive qui correspond à ce ganglion et à ce rameau. Ils en diffèrent en ce que leurs limites sont plus nettes et leurs zones de recouvrement moins étendues. Cette concordance est un argument de grande valeur en faveur de la métamérie ganglionnaire.

RÉSUMÉ.

Unité de plan. — Le système nerveux de la vie animale et le système nerveux de la vie végétative sont construits d'après le même type général ; l'un et l'autre est formé de deux neurones (au moins), ou deux ordres de fibres de projection superposées et qui entrent en relations par leurs pôles opposés, dans des lieux définis de la substance grise.

Deux neurones successifs. — Pour le système nerveux de la vie animale, ces deux neurones sont l'un *cortico-spinal* et l'autre *spino-périphérique*. Pour le système nerveux de la vie végétative, ils sont l'un *spino-ganglionnaire*, l'autre *ganglio-périphérique*.

Système périphérique et système profond. — De l'écorce cérébrale à la moelle épinière et de la moelle à la périphérie, aussi bien que de la moelle aux ganglions et des ganglions à la périphérie, les voies sont doubles et à conduction inverse, c'est-à-dire *sensitives* les unes, *motrices* les autres. Chacun des deux systèmes (*animal et végétatif*) se compose donc, à son tour, d'un système *périphérique* et d'un système *profond*.

Déplacement latéral des noyaux primaires. — Par rapport à l'étui osseux rachidien, le système périphérique de la vie animale a ses noyaux primaires sensitivo-moteurs tous *intérieurs*, tandis que le système périphérique de la vie végétative a ses noyaux primaires tous *extérieurs* à cet étui.

Myélomère complétée. — Cette dissociation des noyaux primaires laisse cependant subsister leur disposition métamérique primitive, en ce sens que ceux qui se correspondent sur des plans transversaux (les uns en dedans, les autres en dehors du rachis) peuvent être considérés comme faisant partie de la même *myélomère* et que leurs fibres de distribution mélangées dans les troncs mixtes se rendent à la même *dermatomère*.

Déplacement vertical des noyaux secondaires. — Par contre, le déplacement réciproque des noyaux secondaires (noyaux sensitivo-moteurs des systèmes profonds) ne laisse presque plus rien subsister de la métamérie primitive, à laquelle il substitue une organisation nouvelle dans laquelle les deux systèmes prennent leurs caractères respectifs les plus tranchés, leur différenciation la plus accusée. Ce déplacement n'est plus dans le sens *latéral*, mais dans le sens même de l'axe nerveux (dans le sens *vertical* chez l'homme).

Le système animal a ses centres supérieurs ou profonds dans le crâne, franchement *au-dessus* de ses centres primaires. Le système végétatif a ses centres profonds dans le rachis même (là où le précédent a ses centres primaires ou inférieurs) et non plus au-dessus, mais *en dedans* de ses propres centres primaires (qui sont dans les ganglions du grand sympathique), et pas non plus directement en regard de ces derniers, mais au contraire condensés dans certaines régions définies de l'axe gris médullaire (la *région thoracique* principalement).

Noyaux secondaires de renforcement. — Les noyaux profonds du grand sympathique sont condensés dans la région thoracique, à tel point qu'il est peu d'organes avec lesquels cette région ne soit en relation par ses nerfs végétatifs (vaso-moteurs particulièrement). Toutefois ces noyaux existent aussi dans deux autres régions de l'axe gris médullaire, à savoir, pour la partie inférieure du corps la *région lombo-sacrée*, pour la partie supérieure la *région bulbaire*. Les nerfs émanés de ces régions ne se jettent pas dans la chaîne, mais parfois la dépassent et vont atteindre des ganglions ou plexus éloignés (nerfs érecteurs allant au plexus hypogastrique ; nerf pneumogastrique allant aux plexus cardiaques, pulmonaires, intestinaux, etc.).

Dissociation des deux systèmes profonds ou supérieurs. — Les fibres de projection du second ordre (fibres des deux systèmes profonds, animal et végétatif) se trouvent, elles aussi, de ce fait, tout à fait séparées. Celles du système animal forment une partie importante des faisceaux blancs de la moelle épinière ; celles du système végétatif forment une portion importante également des cordons de la chaîne sympathique. Les premières vont de l'intérieur du

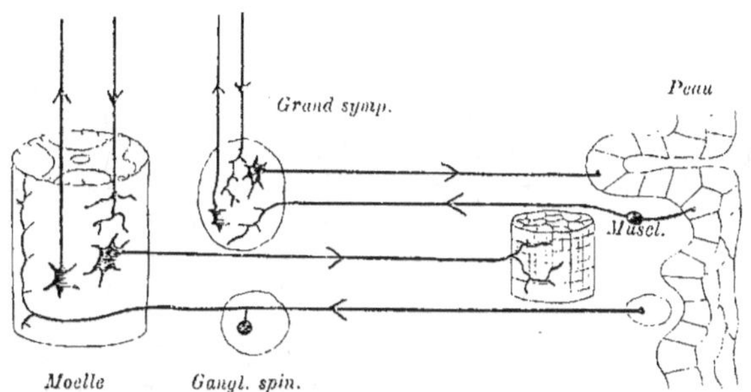

Fig. 133. — *Système nerveux volontaire et système nerveux involontaire.*

Schéma exprimant leurs ressemblances essentielles. Cycles périphériques (métamériques) en bleu (nerfs rachidiens et branches du grand sympathique). — Cycles profonds (non métamériques) en rouge (cordons de la moelle épinière et cordons de la chaîne sympathique).

Des flèches symbolisent les nerfs sensitifs et les nerfs moteurs dans les deux parties des deux systèmes.

crâne à l'intérieur du rachis (ou inversement), les secondes vont de l'intérieur du rachis à quelque ganglion extérieur au rachis (ou inversement). Les premières forment un éventail ou cône à axe vertical (chez l'homme) épanoui en haut ; les secondes forment un éventail ou cône à axe transversal épanoui en dehors.

Métamérie et symétrie. — Les deux systèmes périphériques (l'animal et le végétatif) ont conservé une grande ressemblance, en ce sens qu'ils sont l'un et l'autre métamériques (par reproduction des mêmes parties) et symétriques (par grossissement de certaines de ces parties à distance égale au-dessus et au-dessous d'un plan transversal coupant la moelle en son milieu). Les deux systèmes profonds sont, à ces points de vue, très différents, en ce sens que le système animal, outre qu'il est non métamérique, présente une franche dyssymétrie ; tandis que le végétatif, qui a rompu également avec la métamérie, conserve encore une disposition symétrique par rapport au plan transversal sus-indiqué.

Rapprochement de centres non équivalents. — Les déplacements qui se sont ainsi produits, entre les centres primaires dans le sens latéral, et entre les centres secondaires dans le sens vertical, ont eu pour effet d'amener au voisinage les uns des autres et de mélanger, même partiellement, dans l'axe gris médullaire, les centres profonds du grand sympathique avec les centres inférieurs du système animal. Il faut se rappeler que, malgré leur situation médullaire et leur proximité, ils ne sont nullement équivalents, ni comme ordre de fonctions, ni comme ordre de centres dans l'exécution de ces fonctions. Intercalés les uns dans les autres, ils n'en restent pas moins distincts, affectant, quand on les considère isolément, une topographie spéciale à chacun (renforcement des centres primaires de la vie animale dans les régions cervicale et lombaire, coalescence des centres profonds de la vie végétative dans la région thoracique). De sorte que, *pour un territoire donné (dermatomère), les centres pri-*

maires ou inférieurs du système animal seront dans la myélomère correspondante, tandis que les centres secondaires ou profonds du système végétatif seront dans une myélomère parfois éloignée. Ajoutons que, *pour ce même territoire donné, les centres végétatifs secondaires ou profonds qui représentent ses différentes fonctions végétatives* (circulation, sécrétion, etc.) *sont intimement mélangés dans les tronçons de l'axe gris qui les contiennent.*

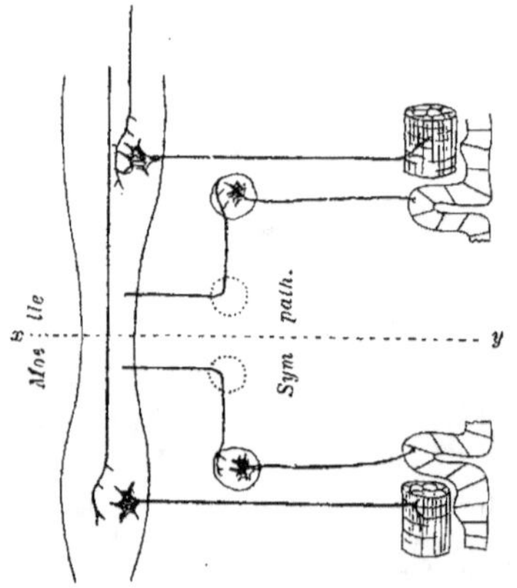

Les racines ; triage et mélange suivant l'ordre de fonctions. — Pour la même raison, les racines médullaires, qui sortent du rachis par les trous de conjugaison, se trouvent contenir mélangés des neurones primaires du système inférieur animal et des neurones secondaires du système profond végétatif. Pour le premier (système animal), elles sont réparties, les sensitives exclusivement dans les racines postérieures, les motrices exclusivement dans les racines antérieures ; pour le second (système végétatif), cette tendance subsiste, mais il y a mélange d'une certaine quantité de fibres du mouvement et de la sensibilité (comme on sait qu'il y a mélange des fibres des deux fonctions dans les faisceaux cortico-spinaux du système supérieur animal).

Fig. 134. — *Systèmes moteurs volontaire et involontaire.*

Schéma exprimant la disposition asymétrique des origines profondes du premier, par comparaison avec la disposition symétrique de celles du second.

Neurones périphériques (métamériques) en bleu ; neurones profonds (non métamériques) en rouge.

Les éléments intercentraux d'inhibition ; différence topographique. — Le système animal et le système végétatif contiennent l'un et l'autre des éléments d'*inhibition* ; dans l'un comme dans l'autre, ces éléments, formés par des neurones *intercentraux*, sont forcément confinés dans le système profond ou supérieur. *La situation intrarachidienne des centres primaires du système animal fait que tous ses éléments d'inhibition sont réfugiés dans la moelle et le cerveau ; la situation extrarachidienne des centres primaires du système végétatif fait que ses éléments d'inhibition sortent avec les racines médullaires et peuvent être décelés en elles et dans les rameaux communicants ou préganglionnaires du grand sympathique.*

5. — *Déterminations topographiques.*

Le grand sympathique se distribue partie à des *fibres musculaires*, partie à des *cellules glandulaires*, et comprend de ce fait des éléments les uns *moteurs* proprement dits, les autres *sécréteurs*. C'est là, au point de vue de ses fonctions, une division élémentaire et primordiale. Musculaires ou glandulaires, les éléments qu'il commande appartiennent à des appareils réalisant des fonctions distinctes (*app. vaso-moteurs, intestino-moteurs, sudoripares, mucipares, lac-tipares*, etc.). C'est là une division d'ordre encore fonctionnel, mais secondaire. Primitives ou secondaires, ces fonctions toutefois sont extérieures à lui-même. Par rapport aux relations intérieures de ses éléments les uns avec les autres, nous distinguons ceux-ci en *immédiats* et *médiats*, ou du premier et du second ordre, ou encore infra-ganglionnaires et supra-ganglionnaires, autrement dit infra-centraux et intercentraux : et dans cette seconde catégorie (éléments intercentraux), nous distinguons des éléments *excito-moteurs* et *excito-inhibiteurs*, ou encore à action positive et à action négative.

Sa disposition, relativement régulière, nous fournit une autre division d'ordre purement topographique. — Par rapport aux feuillets du blastoderme, ses rameaux de distribution, à partir de la chaîne, sont d'une part *viscéraux* et d'autre part *cutanés* ou, autrement dit, directs (allant à leur terminaison sans accolement avec d'autres nerfs) et indirects (se mélangeant dans les troncs mixtes avec des nerfs des fonctions conscientes volontaires). Par rapport à l'axe du corps et en le prenant à partir de ses origines médullaires, nous le voyons affecter encore des dispositions carac-téristiques.

Naissant principalement de la moelle thoracique, ses rameaux rejoignent la chaîne et de là, par une double extension symétrique en haut et en bas, se répandent dans toutes les parties du corps (après coupure dans les ganglions, tant de la chaîne que des troncs émanés d'elle). Soit en haut, soit en bas, ils trouvent (par la chaîne ou sans la chaîne) des éléments de renforcement, fournis par la région bulbaire et par la région sacrée. Par rapport à un plan qui coupe le corps transversalement au niveau de la huitième ou neu-vième vertèbre thoracique, il y a donc une *moitié supérieure* et une *moitié inférieure* du grand sympathique, qui se répètent avec une certaine symétrie.

A. Moitié supérieure. — Cette portion du grand sympathique reçoit ses éléments spino-ganglionnaires, partie de la moelle épi-nière, partie de la moelle allongée.

1. **Éléments de provenance médullaire.** — La moitié supé-rieure de la moelle thoracique fournit des origines qui, par la chaîne, aboutissent généralement aux ganglions de la base du cou (cervical moyen et cervical inférieur de l'homme, cervical inférieur et premier thoracique des animaux). En allant de l'un à l'autre de ces deux ganglions, la chaîne se dédouble, embrasse l'artère sous-clavière, et constitue ce qu'on appelle l'anse de Vieussens. Toute cette région donne, en deux directions principales, des rameaux importants, qui

vont, les uns aux viscères thoraciques, les autres au membre supérieur. Reconstituée, la chaîne, sous le nom de *cordon cervical*,
remonte le long des gros vaisseaux du cou, traverse de nouveau un

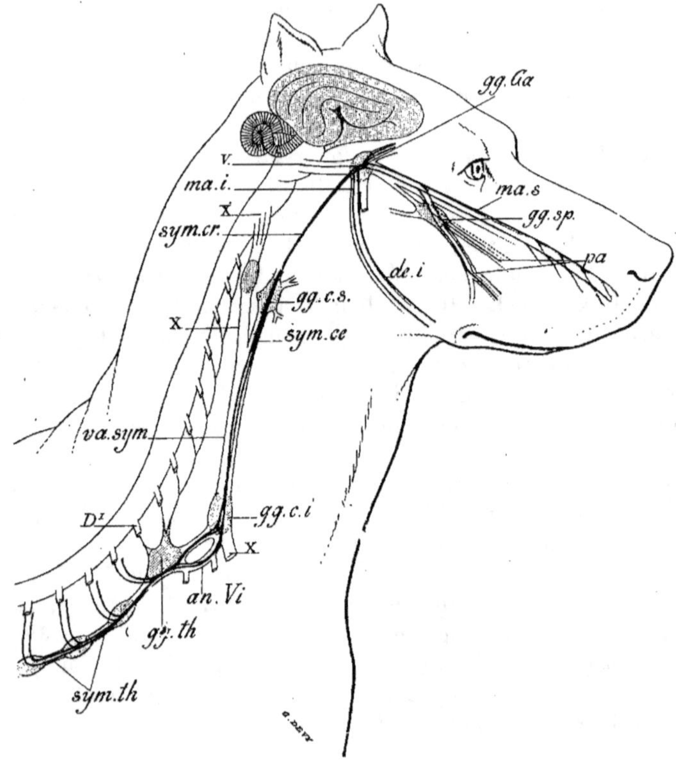

Fig. 135. — *Innervation vaso-motrice de la région bucco-faciale.*

gg. sp, ganglion sphéno-palatin ; *gg. Ga*, ganglion de Gasser ; *gg. c.s*, ganglion cervical supérieur ; *gg. c.i*, ganglion cervical inférieur ; *gg. th*, ganglion premier thoracique ; *ma. s*, nerf maxillaire supérieur ; *pa*, nerfs palatins ; *ma. i*, nerf maxillaire inférieur ; *de. i*, dentaire inférieur ; *sym. ce*, sympathique cervical ; *sym. cr*, son prolongement
cranien allant au ganglion de Gasser ; *va. sym*, tronc commun du vague et du sympathique ; *an. Vi*, anse de Vieussens ; *sym. th*, sympathique thoracique avec ses rameaux
communicants originaires des paires dorsales ; V, origine du trijumeau ; D¹, première
paire dorsale (filets constricteurs en bleu, dilatateurs en rouge).

gros ganglion (le ganglion cervical supérieur); puis, de l'extrémité
supérieure de celui-ci, elle se poursuit jusqu'au ganglion de Gasser
du trijumeau, par la branche duquel elle atteint les ganglions
ophtalmique, sphéno-palatin et otique. L'anastomose entre le ganglion cervical supérieur et le trijumeau peut être considérée comme

le prolongement de la chaîne, le *cordon cranien* du grand sympathique (MORAT).

L'anse de Vieussens est une sorte de point nodal à partir duquel la distribution du sympathique affecte trois directions par trois groupes de fibres, un pour la tête, un pour le membre supérieur, un pour les viscères de la poitrine. Au point de vue purement descriptif, ce dernier groupe est direct, ce qui veut dire ici simplement sans anastomose avec les nerfs mixtes des paires rachidiennes ; les deux autres sont indirects, ce qui veut dire que leurs éléments sortis de la chaîne prennent (à l'exception de quelques filets allant par la voie des artères au cerveau antérieur et au cerveau postérieur) la voie des troncs mixtes bulbo-médullaires, ceux du plexus brachial pour le membre supérieur, ceux du trijumeau pour la face.

Premier groupe : innervation sympathique de la tête et du cou. — Tous les organes de la tête, y compris le cerveau, reçoivent, par cette voie, une influence motrice qui leur vient de la moelle thoracique et qui règle les fonctions de mouvement involontaire qui y sont représentées. C'est ce qu'on voit bien en coupant ou excitant le sympathique sur ce long trajet. On peut classer ces perturbations en effets oculo-pupillaires, vaso-moteurs, sécréteurs.

Effets oculo-pupillaires. — Par l'excitation du grand sympathique, l'œil fait saillie en écartant les paupières (par contraction des fibres musculaires lisses de la capsule de Tenon et aussi de celles qui sont contenues dans les paupières) ; la pupille se dilate soit par inhibition des puissances motrices qui contractent l'iris, soit par excitation d'un muscle à action radiaire (lame musculaire de GRYNFELD).

Le cristallin s'aplatit également, soit par inhibition du muscle ciliaire, soit par excitation d'un muscle antagoniste, qui pourrait également exister.

Effets vaso-moteurs. — Ils sont de deux sortes : l'excitation a des effets *vaso-constricteurs* ou *vaso-dilatateurs*, suivant la région observée, l'animal expérimenté, le point qui est excité dans le grand sympathique. Chez le chien on observe le partage suivant. Lors de l'excitation du grand sympathique au cou, on détermine la constriction des vaisseaux de la conjonctive, de l'iris, de l'oreille, de la langue, de l'épiglotte, de l'amygdale, du voile du palais, et, d'autre part, la dilatation congestive des vaisseaux de la rétine, des lèvres, des gencives, des joues, de la voûte palatine, du nez (peau et muqueuse), de la langue, des glandes salivaires. — L'excitation du grand sympathique agit encore (suivant les circonstances, dans l'un ou l'autre sens indiqué) sur la circulation du cerveau et sur celle de la glande thyroïde. En ouvrant un des vaisseaux efférents d'un ganglion lymphatique du cou, j'ai vu *l'écoulement de la lymphe s'exagérer* considérablement pendant l'excitation. Quelque idée qu'on se fasse de l'action (directe ou indirecte) du système nerveux sur l'appareil lymphatique, on voit que le grand sympathique règle les circulations locales de ce système, comme il règle celles de l'appareil vasculaire. — Le *corps thyroïde* reçoit ses nerfs vaso-moteurs de la partie supérieure de la chaîne thoracique par le cordon cervical. L'excitation de la chaîne thoracique produit soit la vaso-constriction, soit la vaso-dilatation, en raison du mélange des deux ordres de fibres (Morat et Briau).

Effets sécréteurs. — L'excitation du grand sympathique provoque la sécrétion des glandes sudoripares de la face (bien visible seulement chez quelques animaux), celle de la glande lacrymale, celle de la glande sous-maxillaire (qui sous cette influence sécrète une salive épaisse et visqueuse différente de celle qui suit l'excitation de la corde du tympan). Cette excitation modifie la tension intraoculaire (en agissant probablement sur les sécrétions intérieures des humeurs de l'œil en même temps que sur sa circulation). — La section du sympathique cervical détermine une hypersécrétion des glandes de la sueur, des glandes de Meibomius, de la conjonctive et des glandes sébacées du pavillon de l'oreille, phénomènes qui n'ont pas de contre-partie bien nette dans les effets de l'excitation, mais qui sont en faveur d'une action d'arrêt attribuable à certaines fibres contenues dans le tronc nerveux sectionné.

Effets trophiques. — A côté de ces modifications sécrétoires, signalons de nouveau comme des phénomènes distincts, mais au fond de la même catégorie,

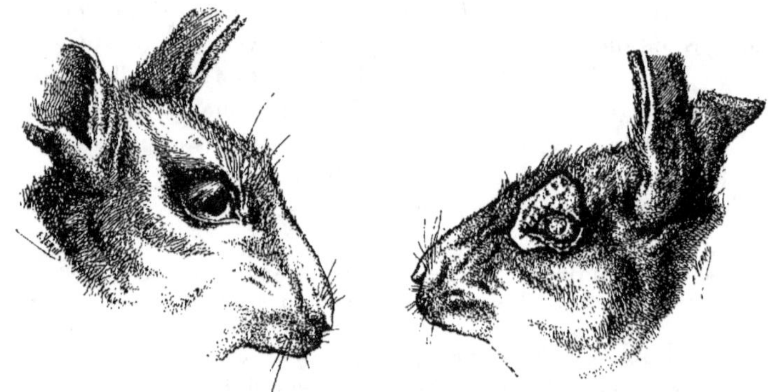

Fig. 136. — *Troubles trophiques après section du sympathique cervical* (Morat et Doyon).

Figure de gauche : tête de lapin, aspect normal. — Figure de droite : inflammation de la conjonctive et opacité du cristallin.

les troubles de la desquamation épithéliale (Arloing), les ulcérations cutanées, les opacités cristalliniennes (Morat et Doyon), qui ont été observées en suite de la section du sympathique, comme effets non absolument constants mais assez fréquemment réalisés. Ces troubles, dits *trophiques,* doivent être compris comme un effet secondaire plus ou moins éloigné du trouble fonctionnel résultant du défaut d'innervation des tissus dans lesquels ils s'observent.

Pour augmenter ces effets trophiques de la paralysie du sympathique, Angelluci a fait, sur des animaux nouveau-nés, l'ablation du ganglion cervical supérieur et a constaté à la suite de cette opération des troubles du *développement* de la face, du crâne et du globe oculaire, et des altérations de ses divers tissus. Ces troubles, variables suivant les animaux, sont plus accusés chez le chien. L'auteur a noté une alopécie de la face, une dystrophie des os du crâne, un développement vicieux des dents, une réduction des dimensions de la cornée et de la sclérotique : le bulbe oculaire est rétréci d'environ un millimètre dans ses diamètres. — Il y a à la fois atrophie simple et sclérose de l'iris et de la choroïde.

La rétine a conservé sa structure et la vision n'est pas diminuée. — Les vaisseaux présentent des dilatations et leur lumière est par endroits rétrécie. — La tension endoculaire n'est pas diminuée ou s'est rétablie.

D'après Floresco, de tels effets ne s'obtiennent que par la résection d'une longueur notable du nerf ou l'ablation des ganglions (toutes conditions empêchant la régénération). La peau, les muscles, l'œil subissent un arrêt de développement. Le corps thyroïde, les capsules surrénales subiraient une hypertrophie légère.

Effet moteur paradoxal ; influence dite pseudo-motrice. — Lorsque le nerf grand hypoglosse a été sectionné sur son trajet, son bout périphérique, c'est-à-dire celui qui se rend à la langue, dégénère conformément à la loi bien connue de Waller ; il devient par conséquent inexcitable à partir de deux ou trois jours. Si alors on met à nu la corde du tympan du même côté, qu'on la coupe et qu'on excite son bout périphérique, on constate un phénomène absolument inexplicable dans l'état présent de nos connaissances. *Cette excitation, qui, en temps ordinaire, n'agit que sur les vaisseaux de la langue pour les faire se dilater, provoque des contractions des muscles linguaux eux-mêmes* (Philippeaux et Vulpian).

Ces contractions sont beaucoup plus faibles que celles suscitées par l'hypoglosse, c'est vers le quatorzième jour après la section qu'on les voit le mieux ; leur temps de latence est beaucoup plus long ; leur forme est beaucoup plus lente ; elles ne sont guère apparentes que par une série de décharges produisant leur sommation. Tandis que l'hypoglosse est excitable par l'eau salée, la corde (ou le lingual qui la contient) n'est pas excitée. La nicotine, qui est sans action sur l'hypoglosse, excite ces contractions nouvelles quand on l'injecte dans le sang (Heidenhain). Le paradoxe est en ceci : un nerf qui n'était pas moteur de la langue est devenu moteur de ses muscles propres, après la section de l'hypoglosse. Ce nerf a les allures d'un nerf de la vie organique. Le phénomène est du reste indépendant de la circulation ; il se produit sur la langue détachée de l'animal avec ses troncs nerveux (Morat).

Rogowics a vu qu'après la section du facial, le grand sympathique cervical prend également cette propriété singulière à l'égard des nerfs de la lèvre. Cette *pseudo-motricité* semble être spéciale aux nerfs *vaso-dilatateurs.*

II. Éléments de provenance bulbaire.

— Les éléments sympathiques, qui de la moelle thoracique vont se distribuer à la tête, y sont renforcés par d'autres éléments fonctionnellement identiques, qui sont contenus dans les origines des nerfs craniens, comme les précédents le sont dans les origines des nerfs thoraciques. Le *trijumeau* fournit des nerfs oculo-pupillaires (irido-dilatateur et accommodateur pour la vision éloignée), un nerf pour l'oreille moyenne (au muscle interne du marteau tenseur de la membrane du tympan). La nature sympathique de ce filet nerveux est attestée par la présence d'un ganglion très visible chez le chien au point où le nerf pénètre dans le muscle. Le trijumeau fournit des nerfs vaso-moteurs (dilatateurs pour la rétine et la face) ; il fournit des nerfs sécréteurs (pour la glande lacrymale, etc.) qui vont rejoindre les précédents, au niveau du ganglion de Gasser.

L'*oculo-moteur commun* fournit des nerfs oculo-pupillaires (irido-
constricteurs et accommodateurs pour la vision rapprochée.

Le *facial* fournit des nerfs vaso-dilatateurs pour le voile du palais

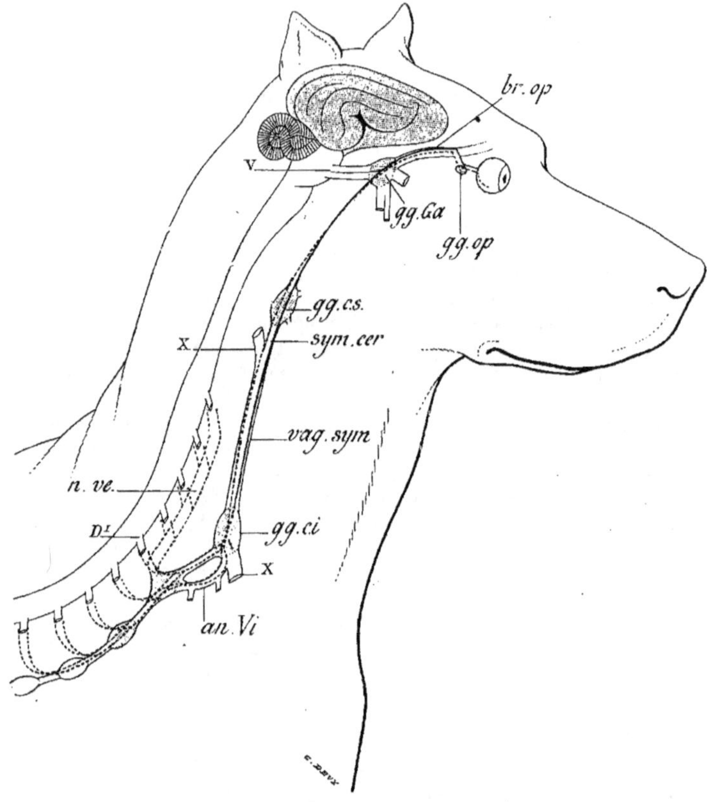

Fig. 137. — *Innervation vaso-motrice de la rétine.*

gg. op, ganglion ophtalmique ; *gg. Ga*, ganglion de Gasser ; *gg. c.s*, ganglion cervical
supérieur ; *n. ci*, nerfs ciliaires ; *br. op*, branche ophtalmique de Willis ; *Symp. cr*, prolongement cranien du sympathique ; *Symp. cer*, sympathique cervical ; *Vag. symp*, tronc
commun du vague et du sympathique ; V, origine du trijumeau ; D¹, origine de la première paire dorsale ; *an. Vi*, anse de Vicussens ; *n. ve*, nerf vertébral (nerfs constricteurs en bleu, dilatateurs en rouge).

(grand pétreux et nerf palatin postérieur), pour la langue et les
glandes sous-maxillaire et sublinguale (corde du tympan) ; il fournit
des nerfs sécréteurs pour le voile du palais et les glandes sous-
maxillaire et sublinguale suivant le même chemin que les précédents (la salive provoquée par l'excitation de la corde est aqueuse

et limpide, comparée à celle sécrétée par excitation du sympathique cervical). — Ce même nerf donne un filet au muscle de l'étrier, antagoniste du muscle interne du marteau.

Le *glosso-pharyngien* fournit des vaso-dilatateurs à la partie pos-

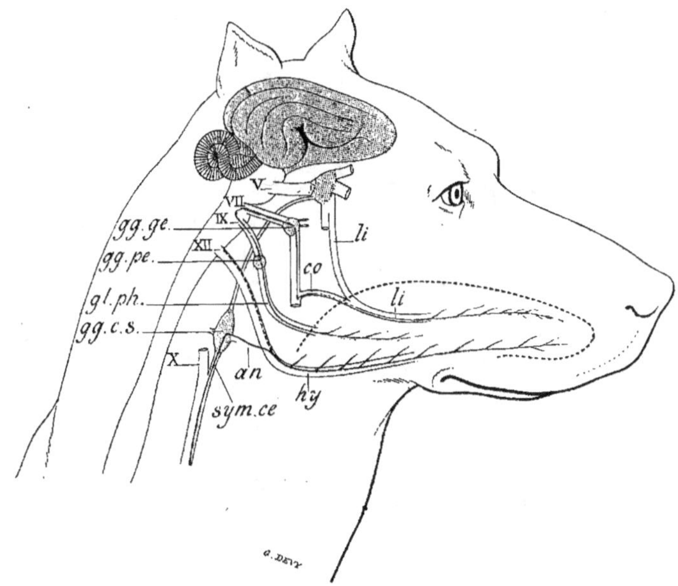

Fig. 138. — *Innervation vaso-motrice de la langue.*

gg. ge, ganglion géniculé du facial (VII); *gg. pe*, ganglion pétreux du glosso-pharyngien (*gl. ph*); *gg. c.s*, ganglion sympathique cervical supérieur; *sym. ce*, sympathique cervical; *an*, anastomose du ganglion cervical supérieur avec l'hypoglosse (*hy*); *li*, lingual; *co*, corde du tympan (nerfs constricteurs en bleu, dilatateurs en rouge).

térieure de la langue, des vaso-dilatateurs et des éléments sécréteurs à la glande parotide (petit pétreux profond externe allant du ganglion jugulaire du glosso-pharyngien au ganglion otique).

Le *vague* donne des éléments vaso-dilatateurs et sécréteurs au larynx par les nerfs laryngés.

Remarque. — Les neurones en provenance de la moelle allongée, qui s'unissent ainsi au grand sympathique, par l'intermédiaire des ganglions craniens de celui-ci, sont des fibres de projection du deuxième ordre, supra-ganglionnaires, intercentrales. Il est à noter qu'une bonne partie de ces neurones suivent des troncs nerveux sensitifs (en particulier le trijumeau); ils sont les équivalents des éléments sympathiques qui font issue de la moelle

par les racines postérieures médullaires au niveau des plexus des
membres : ils leur ressemblent en ceci que, d'une part ils sont,
bien que centrifuges, mêlés à des fibres sensitives, et d'autre part ils
ont leurs origines dans l'axe gris au même niveau que les nerfs à
fonction consciente des régions auxquelles ils se distribuent.

Une autre partie de ces éléments de renforcement, celle qui est

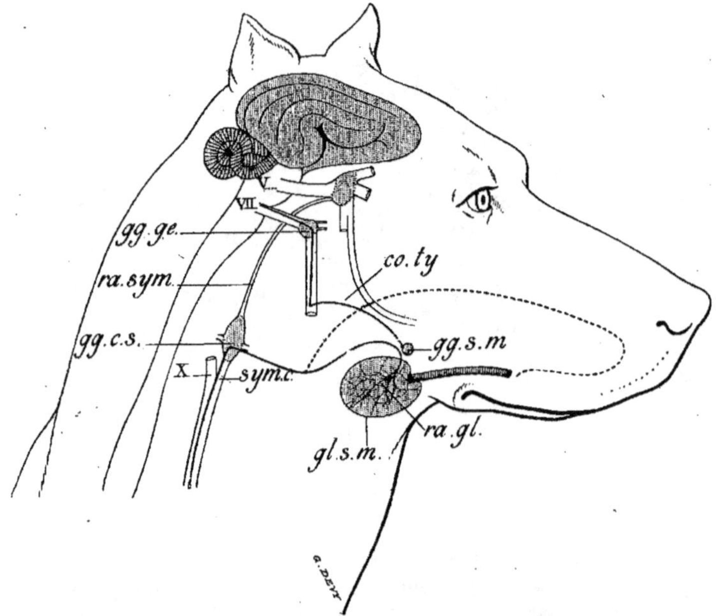

Fig. 139. — *Innervation vaso-motrice de la glande sous-maxillaire.*

gl. s.m, glande sous-maxillaire et son canal excréteur ; *gg. s.m*, ganglion sous-maxillaire ; *gg. c.s*, ganglion cervical supérieur ; *gg. ge*, ganglion géniculé ; *ra. gl*, ramifications intraglandulaires ; *ra. sym*, sympathique cranien ; *sym. c*, sympathique cervical ;
co. ty, corde du tympan ; VII, facial (constricteurs en bleu, dilatateurs en rouge).

représentée par le facial, le glosso-pharyngien, le vague, affecte une
autre caractéristique, qui est d'éviter la chaîne elle-même et de
rejoindre les éléments sympathiques dans les ganglions éloignés ou
terminaux. Nous retrouverons une disposition du même genre dans
la moitié inférieure du grand sympathique, c'est celle des nerfs
érecteurs qui, partant de la moelle sacrée, croisent la chaîne sans y
entrer et vont se perdre dans le plexus hypogastrique.

Deuxième groupe : nerfs sympathiques du membre supérieur.
— Ils ont à peu près la même origine médullaire que ceux de la
tête. Leur origine ganglionnaire est marquée par le ganglion étoilé

ou premier thoracique; de ce ganglion ils passent par le nerf vertébral (et aussi par le rameau communicant sous-jacent) pour
rejoindre le plexus brachial.

Nerf vertébral. — La condensation des ganglions de la région cervicale inférieure et thoracique supérieure en une masse unique (ganglion
étoilé) oblige les rameaux communicants qui y correspondent à se condenser
eux-mêmes en un tronc nerveux unique, le nerf vertébral. Partant de ce ganglion,
ce nerf remonte en croisant les origines du plexus brachial, et donne à chacune
d'elles un filet qui représente son rameau communicant. Le nom de *vertébral*,
donné à ce nerf, lui vient de sa situation et de son trajet dans les trous trans-
versaires des vertèbres cervicales, le long de l'artère vertébrale, qu'il accompagne et à laquelle il fournit des rameaux, à elle et à ses branches de
continuation et de terminaison.

Le nerf vertébral est formé, en majeure partie, par des fibres grises amyéliniques, qui fonctionnellement sont des fibres (efférentes) de distribution, autrement dit des fibres (motrices) de projection du premier ordre. De ces fibres, les
unes se jettent directement sur l'artère vertébrale, répondant par là aux rameaux
directs ou viscéraux proprement dits, qui, des ganglions de la chaîne, vont aux
gros viscères; les autres s'accolent aux branches de distribution du plexus brachial, répondant de leur côté aux rameaux *indirects* qui vont aux vaisseaux et
aux glandes de la peau par la voie des nerfs cutanés. Ces dernières sont un
mélange d'éléments vaso-moteurs, sécréteurs, pilo-moteurs destinés aux appareils correspondants situés dans la peau et aussi aux vaisseaux des muscles de
la région.

Directs ou indirects, ces rameaux nerveux sont un mélange d'éléments, les
uns excitateurs, les autres inhibiteurs des fonctions correspondantes. Dans
l'ordre de la vaso-motricité tout au moins, ils contiennent des constricteurs et
des dilatateurs des vaisseaux; ce que l'expérience prouve par la constatation de
changements locaux de la circulation, dans le membre correspondant et dans
l'artère vertébrale (François-Franck).

Les origines médullaires du nerf vertébral sont dans les racines thoraciques,
de la deuxième à la sixième ou huitième environ. Sorties de la moelle par les
racines et les rameaux communicants correspondants, elles remontent la chaîne
thoracique du sympathique et viennent s'articuler (en partie au moins) dans le
ganglion étoilé avec les fibres de distribution. Elles sont les neurones moteurs
du deuxième ordre comme les précédentes sont les neurones moteurs du premier.
De la sorte, les nerfs thoraciques *donnent* des fibres, qui (après ou sans interruption) sont *reçues* par les nerfs cervicaux du plexus brachial, pour aller avec
lui à la périphérie. — Les racines du plexus brachial font-elles de même en sens
inverse? Donnent-elles au nerf vertébral et à la chaîne du sympathique des
fibres motrices que celles-ci distribuent ailleurs? S'il en est ainsi, le nombre en
est très limité.

Fibres sensitives. — Les origines du plexus brachial contiennent ainsi peu ou
point de fibres centrifuges de nature sympathique; mais, d'après François-Franck,
elles contiennent des fibres *centripètes* ou sensitives qui canalisent des impressions venant des viscères, lesquelles, suivant la chaîne sympathique et le nerf
vertébral, pénètrent dans la moelle épinière, où elles sont susceptibles de se répercuter en effets réflexes vaso-moteurs généralisés, se traduisant en réactions déten-

sives, voire en manifestations de sensibilité consciente. Ces effets, d'après François-Franck, ne seraient point la conséquence du spasme artériel de l'artère ver-

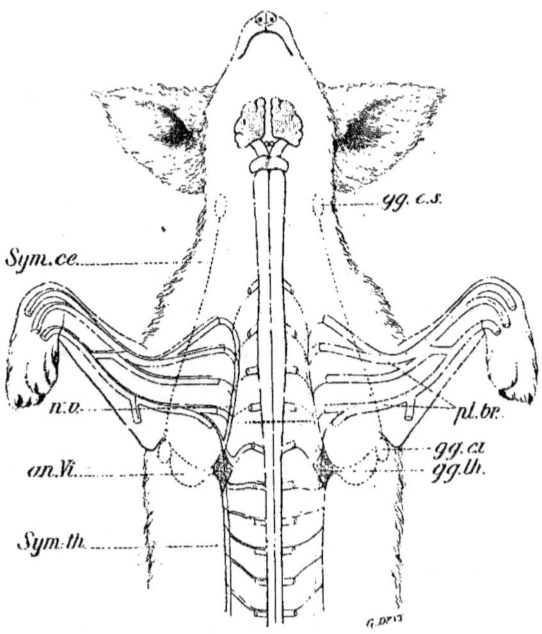

Fig. 140. — *Origine médullaire et distribution des nerfs moteurs ganglionnaires du membre thoracique.*

Nerfs vaso-moteurs en rouge; nerfs sudoraux en jaune.
Les rameaux d'origine sont fournis par la moelle thoracique et suivent la chaîne; les rameaux de distribution suivent le nerf vertébral *nv*, pour rejoindre le plexus brachial.

tébrale et de l'anémie cérébrale qui en est la conséquence, mais un effet sensitif direct.

Troisième groupe : nerfs viscéraux thoraciques. — Des ganglions de la base du cou (cervical inférieur et premier thoracique chez les animaux) et de l'anse de Vieussens naissent des filets qui vont aux ganglions du cœur et aux ganglions (plexiformes) du poumon. Ceux qui vont au cœur sont *accélérateurs* de ses mouvements. Leur excitation n'a pas l'effet tétanisant de celle des nerfs moteurs ordinaires; ils ne se rendent pas proprement au muscle cardiaque, mais à ses ganglions moteurs dont ils stimulent l'action propre. A ces ganglions viennent se rendre d'autres fibres émanées du pneumogastrique, qui exercent sur eux et partant sur le cœur une action d'inhibition ou d'arrêt. Manifestement elles entrent dans la constitution du système grand sympathique, dont elles sont des éléments aberrants : elles sont du reste mélangées de quelques fibres accélératrices qui ont la même provenance.

Comme les ganglions du cœur, le plexus pulmonaire reçoit des filets tant du grand sympathique que du pneumogastrique. Les attributions à remplir sont ici plus nombreuses, le poumon ayant, en plus de ses muscles propres, des vaisseaux et des glandes. Les muscles bronchiques peuvent être excités et aussi inhibés par des éléments venant du pneumogastrique. Les vaisseaux pulmonaires reçoivent des constricteurs venant du grand sympathique; l'innervation des glandes est mal connue.

B. Moitié inférieure. — Des parties inférieure de la moelle thoracique et supérieure de la moelle lombaire sortent, par les rameaux communicants, des fibres qui rejoignent la chaîne lombaire, la suivent en descendant jusqu'à l'extrémité caudale, où elles ont leurs terminaisons. Celles-ci sont l'équivalent amoindri du groupe qui dans la moitié supérieure va à la tête. A l'endroit où la chaîne croise le plexus lombo-sacré, elle lui fournit des rameaux de distribution allant au membre inférieur : c'est la répétition de ce que nous avons vu pour le plexus brachial. Enfin, d'une grande étendue de la moelle dorsale et de la partie supérieure de la moelle lombaire, se détachent des rameaux importants allant aux viscères abdominaux : c'est un troisième groupe comprenant des éléments directs ou viscéraux proprement dits. — Quant aux origines et éléments de renforcement, ils ne font pas défaut non plus ici : nous les trouvons dans la moelle lombo-sacrée, qui en fournit directement au plexus sacré et qui de plus donne les nerfs érecteurs, lesquels vont se terminer dans le plexus hypogastrique.

Premier groupe ou caudal. — Il est représenté par quelques éléments vaso-moteurs, pilo-moteurs et sécréteurs, pour les vaisseaux, les poils et les glandes de la peau.

La queue des animaux forme comme une série de métamères (mais peu reconnaissables) continuant celles du tronc (nettement délimitées). Par contre, tout le long de ce dernier, à chaque ganglion correspond une zone cutanée.

Nerfs sympathiques du tronc. — Si nous prenons le tronc dans sa totalité, nous voyons qu'à chaque ganglion correspond une série d'origines médullaires qui ne sont qu'exceptionnellement au même niveau qu'elles-mêmes. L'indication de ces concordances, trop longue à décrire, est plus facile à représenter en tableau schématique. Le tableau a pu être dressé surtout par les indications fournies par le redressement des poils en excitant les rameaux pré- et post-ganglionnaires de la chaîne sympathique.

23..

Rappelons que le ganglion premier thoracique ou étoilé correspond non seulement à la région cervicale inférieure, mais au commencement de la région thoracique. C'est donc surtout dans la moitié inférieure du corps qu'on retrouve la disposition métamérique ganglionnaire plus haut signalée.

Deuxième groupe ou du membre inférieur. — Il a ses origines dans la moelle, depuis la dixième ou onzième dorsale jusqu'à la deuxième lombaire. Il contient, comme le précédent,

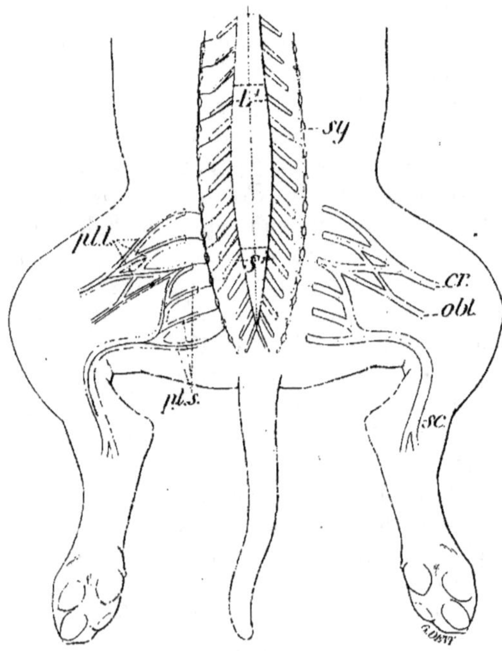

Fig. 141. — *Origine médullaire et distribution des nerfs moteurs ganglionnaires du membre abdominal.*

Nerfs vaso-moteurs en rouge ; nerfs sudoripares en jaune. — A quelques variations près, les origines et la distribution des nerfs involontaires de fonctions différentes sont sensiblement les mêmes.

des éléments *vaso-moteurs*, *pilo-moteurs* et *sécréteurs* (sudoripares et sébacés). Les éléments vaso-moteurs y sont les uns *constricteurs*, les autres *dilatateurs* des vaisseaux ; tantôt les uns, tantôt les autres sont plus facilement démontrables.

Expérience. — Si on excite la chaîne sympathique dorsale immédiatement au-dessus du diaphragme, on voit la pression artérielle s'élever localement dans le membre inférieur correspondant, du fait de la constriction également locale de la plupart des vaisseaux de ce membre : c'est la preuve de l'existence d'éléments nerveux constricteurs. Au même moment, on voit la peau et surtout la pulpe digitale se colorer vivement par afflux du sang : c'est la preuve de l'existence d'éléments dilatateurs pour le revêtement cutané. Si l'excitation est faite sur la chaîne lombaire et surtout sur le tronc du sciatique, l'effet constricteur à l'égard des vaisseaux profonds reste tout aussi net, mais l'effet dilatateur cutané devient inconstant. Chez le chat, l'excitation du sciatique produit toujours la pâleur du tégument (DASTRE et MORAT). — Ces excitations tant de la chaîne dorso-lombaire que du nerf sciatique, qui reçoit ses filets de distribution, produit la sécrétion des glandes cutanées sudoripares (LUCHSINGER).

Ces éléments de provenance dorso-lombaire sont renforcés par d'autres provenant de la moelle sacrée, mêlés par conséquent avec les origines du plexus sacré. Les fibres sécrétoires ayant cette provenance sortent par les racines antérieures du nerf sciatique. Les fibres vaso-motrices sortent par les *racines postérieures* et sont exclusivement *vaso-dilatatrices*. Il n'y aurait pas de fibres pilo-motrices de cette provenance.

Troisième groupe ou des viscères abdominaux. — Il est très important, à cause du grand nombre d'organes auxquels se rendent ses rameaux de distribution. Pour en faire un groupe naturel, il faut faire partir ses origines d'un point situé un peu au-dessus de celui qui nous sert à partager le grand sympathique en ses deux moitiés.

Éléments de provenance médullaire. — Il naît, sur une grande longueur, de la moelle thoracique et aussi de la partie supérieure de la région lombaire. Ses origines, après avoir pris contact avec la chaîne, en partent sous forme de troncs plus ou moins condensés, à savoir : les *nerfs splanchniques*, grands et petits, qui de la chaîne vont au *ganglion cœliaque*, au *plexus solaire* et au *plexus rénal*; les nerfs *mésentériques*, qui de la chaîne aboutissent au ganglion *mésentérique* supérieur et, après l'avoir traversé, vont se rendre au plexus hypogastrique.

Éléments de provenance bulbaire et sacrée. — Les ganglions cœliaque, mésentérique supérieur et hypogastrique sont réunis entre eux par des connectifs parallèles à la chaîne sympathique. Ces ganglions constituent, en quelque sorte, une deuxième chaîne antérieure à celle qui suit la colonne lombaire. Quelques-uns, pour cette raison, l'appellent la *chaîne prévertébrale*, par opposition à la chaîne proprement dite qu'ils appellent *vertébrale* (LANGLEY). Or cette seconde chaîne reçoit des éléments de renforcement par deux voies très remarquables : la première est celle du *pneumogastrique* qui lui apporte l'influence *bulbaire*; la seconde est constituée par les *nerfs érecteurs* qui lui apportent l'influence de la région *sacrée*.

23...

Le *pneumogastrique* donne de chaque côté (mais surtout à droite) une branche anastomotique au *ganglion cœliaque*, et par lui pénètre dans le plexus solaire et peut-être jusque dans le petit bassin. Les *nerfs sacrés* croisent la chaîne ganglionnaire vertébrale et se jettent dans le *plexus hypogastrique*. Nous retrouvons de la sorte la disposition symétrique en haut et en bas, signalée comme caractéristique du système nerveux végétatif. — Notons que cette symétrie n'a rien de géométrique. L'influence bulbaire a un champ d'action extrêmement étendu comparé à celui des nerfs sacrés. De ce fait, le système nerveux végétatif accuse déjà une tendance à la dyssymétrie polaire, qui, dans le système nerveux animal, s'accuse au plus haut degré par le développement du cerveau.

Viscères abdominaux et viscères du petit bassin; groupements nerveux correspondants. — Le groupe des viscères abdominaux peut être lui-même partagé en deux régions : l'une abdominale proprement dite comprenant l'estomac, l'intestin supérieur, le foie, le pancréas, la rate et aussi le rein à sa limite; l'autre remplissant le petit bassin qui comprend la vessie, le rectum, l'anus et les organes génitaux. A ces deux régions viscérales correspondent des troncs nerveux et des plexus ganglionnaires distincts. Ce sont, pour la première, les nerfs splanchniques, lesquels se jettent dans le ganglion cœliaque et le plexus solaire, avant d'arriver aux viscères auxquels ils sont destinés ; pour la seconde, les nerfs mésentériques qui, après avoir traversé le ganglion ou plexus mésentérique, se jettent dans le plexus hypogastrique, avant d'atteindre leurs terminaisons viscérales. — Le plexus cœliaque, ainsi qu'il vient d'être dit, reçoit des éléments du pneumogastrique, lesquels sont antagonistes généralement de ceux du splanchnique, avec lesquels ils entrent en connexion dans ce ganglion. Le plexus hypogastrique reçoit des éléments des paires sacrées (nerfs érecteurs), antagonistes aussi en général des nerfs mésentériques, avec lesquels ils sont en connexion dans ce plexus. Ces deux groupements systématiques ne sont du reste pas isolés, mais se rattachent l'un à l'autre, par des connectifs, aussi bien que les organes qui leur demandent leur innervation. Au point de vue fonctionnel, ils présentent néanmoins d'un groupement à l'autre certaine différence qui les sépare, et dans le même groupement une certaine conformité qui les rapproche. Dans le groupement supérieur, les activités sont durables ou rythmiques continues ; dans l'inférieur, elles sont à intermittences éloignées comme il convient à des réservoirs qui conservent le contenu qu'ils doivent ensuite expulser.

Antagonisme fonctionnel entre éléments de provenance différente. — La convergence en particulier des branches du pneumogastrique et du sympathique sur des ganglions viscéraux, nous l'avons déjà signalée dans la moitié supérieure, à propos du cœur et du poumon. Fonctionnellement, elle est remarquable, parce que ces deux nerfs exercent sur ces ganglions, tout au moins sur les organes qui en dépendent, une action *antagoniste*. Pour le muscle cardiaque, le pneumogastrique est modérateur, tandis que le sympathique est accélérateur des mouvements. Pour les muscles gastriques (et aussi intestinaux, bien que moins évidemment), le pneumogastrique est augmentateur tandis que le sympathique est inhibiteur de leur contraction tonique ou péristaltique. *D'un organe à* *l'autre, l'antagonisme se retrouve, mais les rôles sont inversés.* On voit par là que la fonction, soit motrice, soit inhibitrice, n'est attachée ni à l'un ni à l'autre de ces groupements, pas plus qu'aux noyaux gris d'où ils proviennent. Du reste, il est démontré que l'un et l'autre de ces troncs nerveux contient des éléments des

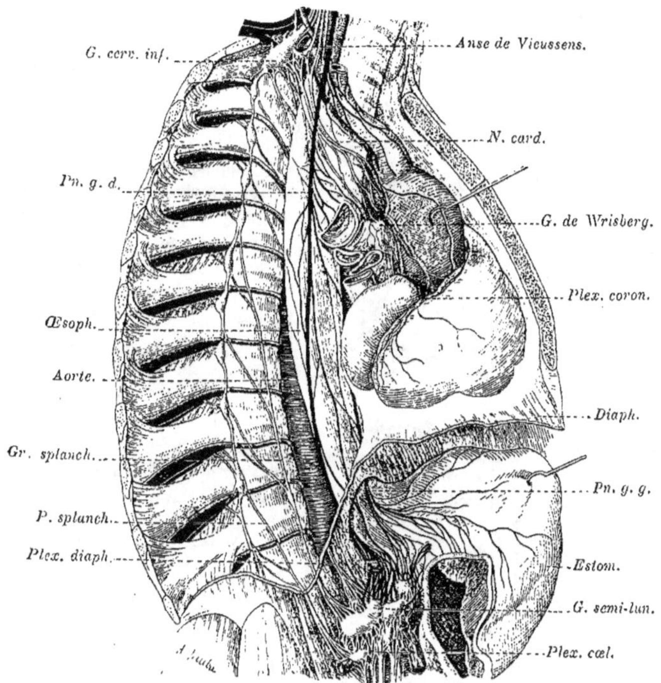

Fig. 142. — *Sympathique et pneumogastrique dans la région thoracique.*
Nerfs cardiaques et nerfs splanchniques.

deux fonctions, l'action dans un sens ou dans l'autre résultant simplement de la prédominance des moteurs ou des inhibiteurs dans l'un ou dans l'autre suivant le cas.

Innervation du tube digestif. — Le tube digestif est innervé depuis le pharynx (et même la bouche, en raison de ses vaisseaux et de ses glandes) par les rameaux du grand sympathique et des nerfs équivalents. Comme celle de la peau, cette innervation répond à trois ordres de fonctions (motrice fonctionnelle, vaso-motrice, sécrétoire). Le grand sympathique fournit des filets sécréteurs et vaso-moteurs aux glandes salivaires, concurremment avec les nerfs d'origine bulbaire.

Nombre d'auteurs se sont efforcés de préciser les numéros d'origine des paires nerveuses médullaires qui fournissent les éléments nerveux se rendant aux différents segments du tube digestif et à ses glandes annexes. Ils sont d'accord sur celles de ces paires nerveuses qui représentent les origines principales des éléments dévolus à ces viscères. Ils cessent de l'être quand il s'agit de limiter exactement, soit en haut, soit en bas, le territoire médullaire qui correspond à ces origines ; les uns l'étendant plus, les autres moins, soit dans un sens, soit dans l'autre. — Cela tient à ce que le territoire médullaire, plus condensé dans sa partie moyenne ou centrale, devient diffus et sans limites bien arrêtées vers ses extrémités. Les résultats divergents s'expliquent par des différences anatomiques individuelles, ou des différences dans l'excitabilité de ces éléments réduits à l'état de traces, ou enfin des différences dans la sensibilité des méthodes employées pour l'observation.

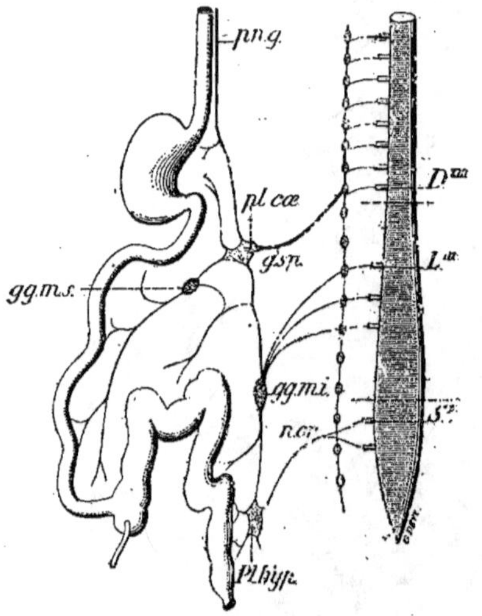

L'*œsophage* reçoit ses nerfs moteurs principalement du pneumogastrique. Ce conduit, chez le chien, reçoit un rameau important du ganglion cervical supérieur du grand sympathique, comme l'a vu Espezel, ce qui est une indication nouvelle de la communauté de nature de ces deux nerfs.

L'*estomac* reçoit des nerfs également du vague (moteurs) et des splanchniques (inhibiteurs) ; les origines de ces derniers s'étendent de la cinquième à la huitième vertèbre thoracique.

L'*intestin* est innervé également (au moins pour sa partie supérieure) concurremment par le vague (moteur) et par les splanchniques (inhibiteurs).

L'estomac et l'intestin reçoivent leurs nerfs vaso-moteurs des deux troncs nerveux sus-nommés. Pour l'intestin, les origines de ces nerfs s'étendent de la cinquième thoracique jusqu'à la deuxième lombaire. Les onzième, douzième et treizième thoraciques, ainsi que les deux premières lombaires, contiennent des dilatateurs mêlés aux constricteurs. Comme les nerfs ganglionnaires de fonctions différentes ont sensiblement les mêmes origines, nous pouvons nous servir de ces déterminations pour fixer les lieux de provenance du système nerveux tant de l'estomac que de l'intestin.

En principe, on peut aussi admettre que les nerfs sécréteurs proviennent des mêmes régions en même temps que du vague, mais leur étude est beaucoup moins avancée.

Le *pancréas* reçoit également la double innervation du pneumogastrique et du grand sympathique. Pour lui également des rameaux se détachent de la moelle, de la cinquième ou sixième thoracique à la deuxième lombaire. Ses vaso-dilatateurs lui viennent principalement du vague, ils sont en très petit nombre dans les rameaux

Fig. 143. — *Innervation de l'intestin chez le chien.*

pn. g, pneumogastrique ; pl. cœ, plexus cœliaque ; gg. m.s, ganglion mésentérique supérieur ; gg. m.i, ganglion mésentérique inférieur ; Pl. hyp, plexus hypogastrique ; g. sp, grand splanchnique ; n. er, nerf érecteur ; Dˣᴵᴵᴵ, treizième paire dorsale ; Lᴵᴵᴵ, troisième paire lombaire ; Sᴵ, première paire sacrée.

du sympathique qui lui sont destinés. Les excitations des origines sympathiques donnent naissance surtout à la constriction vasculaire et seulement à des dilatations secondaires (FRANÇOIS-FRANCK et HALLION). Le pancréas reçoit ses nerfs sécréteurs du vague (PAWLOW, MORAT). L'excitation des rameaux du sympathique pendant l'excitation simultanée du vague diminue et arrête l'effet de celle-ci par un mécanisme qui probablement est celui de l'inhibition (MORAT).

Le *foie* reçoit ses nerfs du grand sympathique, de la même région de la moelle étendue de la sixième thoracique à la deuxième lombaire. Cette détermination est faite en notant les effets vaso-constricteurs de l'excitation des origines de ces nerfs dans les rameaux communicants. En excitant directement les nerfs du foie ou les gros troncs (splanchniques) qui les fournissent, on agit à la fois sur sa circulation et sur son fonctionnement propre ; on modifie l'excrétion, sinon la sécrétion biliaire. Les grands splanchniques sont les nerfs moteurs des voies biliaires. Un appareil inhibiteur coexiste, qui ne peut être mis en jeu expérimentalement que par excitation réflexe en agissant sur le bout central. L'excitation du bout central du vague provoque généralement la dilatation du sphincter cholédoque parallèlement à la contraction de la vésicule (DOYON).

L'excitation des splanchniques agit manifestement sur la fonction glycogénique du foie, qu'elle excite. On constate une transformation plus active du glycogène en glycose. Cette action paraît indépendante de l'état de la circulation : elle attesterait l'existence de nerfs proprement sécréteurs ou glyco-formateurs (MORAT et DUFOURT).

La *rate* reçoit, par le splanchnique, des nerfs qui lui viennent de la moelle, depuis la troisième ou quatrième dorsale jusqu'à la première lombaire (SCHAFFER et MOORE).

Le *côlon* reçoit des filets de distribution des nerfs mésentériques en provenance des premières paires lombaires jusqu'à la sixième environ.

Le *rectum* et l'*anus* reçoivent des éléments de la même provenance, lesquels, descendant par les nerfs mésentériques, rejoignent le plexus hypogastrique, où ils se doublent de ceux qui sont fournis par les deuxième et troisième paires sacrées. L'anus reçoit en plus des filets de provenance sacrée qui lui viennent directement par le nerf hémorroïdal ou anal.

Innervation de l'appareil urinaire. — Le *rein* reçoit (par les petits splanchniques principalement) des nerfs du grand sympathique, les uns vaso-moteurs, les autres vraisemblablement excitateurs de la sécrétion par action directe. On démontre facilement les effets vaso-moteurs dus à l'excitation de ces nerfs. Ils proviennent surtout de la douzième et de la treizième racine thoracique (BRADFORD).

La *vessie* a une innervation qui est à peu près calquée sur celle du rectum. Elle reçoit, comme lui, des filets du plexus hypogastrique, lequel les tient d'une double provenance, lombaire et sacrée. Les nerfs du corps et du col sont réciproquement antagonistes, moteurs pour l'un quand ils sont inhibiteurs pour l'autre. Leur partage entre les origines lombaires et sacrées n'a rien d'absolu.

Innervation de l'appareil génital. — L'appareil génital est composé de réservoirs (vésicules séminales chez l'homme, utérus chez la femme) et d'organes érectiles (corps caverneux…, clitoris…). Les premiers sont des appareils moteurs, les seconds des appareils vasculaires. Ils sont doublés l'un et l'autre par des organes sécréteurs.

La turgescence des *appareils érectiles* est provoquée par l'excitation des nerfs érecteurs de ECKHARD (deuxième et troisième paires sacrées), leur retrait par celle des nerfs mésentériques. Mais ces derniers contiennent aussi des éléments dilatateurs (FRANÇOIS-FRANCK) et, inversement, l'une au moins des racines sacrées (la deuxième) contient des éléments constricteurs (NICOLSKY). Le nerf honteux interne contient, lui aussi, les deux ordres d'éléments (FRANÇOIS-FRANCK).

La contraction des *vésicules séminales* avec expulsion de leur contenu est provoquée par l'excitation des nerfs mésentériques (LOEB, REMY). Les contractions de l'utérus sont sous la dépendance des mêmes nerfs. On ne connaît pas d'action particulière des nerfs sacrés sur ces organes. L'excitation du sympathique lombaire fait en même temps contracter les vaisseaux utérins.

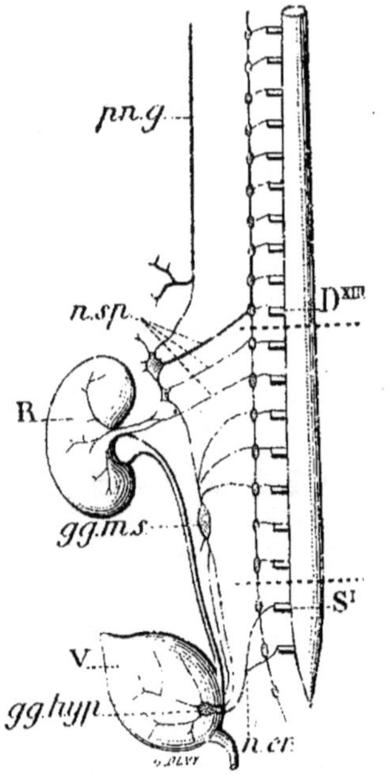

Fig. 111. — *Innervation du rein et de la vessie.*

R, rein : V, vessie : D^{XIII}, treizième racine dorsale (chez le chien); S^I, première sacrée : *pn. g*, pneumogastrique ; *n. sp*, nerfs splanchniques (grand et petit); *gg. m.s*, ganglion mésentérique supérieur ; *gg. hyp*, ganglion ou plexus hypogastrique ; *n. er*, nerf érecteur.

C. — TRANSMISSION ET CENTRALISATION DES EXCITATIONS. — LA MOELLE ALLONGÉE.

Le bulbe rachidien ou moelle allongée est, comme son nom l'indique, un prolongement de la moelle épinière dans la cavité encéphalique. Les éléments constitutifs fondamentaux de la moelle spinale s'y retrouvent, avec leur arrangement primitif encore très visible ; mais des changements très importants s'y produisent et des formations nouvelles s'y surajoutent.

Délimitation. — La moelle épinière ne puise ses excitations extérieures que dans les organes du *tact*. La moelle allongée, en plus du tact, entre en relation avec des sens nouveaux et, si nous n'étions enchaînés par les définitions de la morphologie, nous devrions comprendre sous cette expression de « moelle prolongée » toutes les formations de substance grise où aboutissent directement les neurones périphériques des voies *sensorielles*. En tout cas, nous pouvons y adjoindre conventionnellement les régions grises d'où naissent les nerfs sensitivo-moteurs, au niveau de la protubérance et de l'aqueduc de Sylvius, comme étant un prolongement manifeste de l'axe gris médullaire.

Fonctions propres. — Non seulement la moelle allongée

recueille les excitations fournies par des organes nouveaux des sens, mais, par des connexions et des formations nouvelles, elle commence à élaborer et transformer ces excitations de toute provenance, pour les adapter à des fonctions d'ensemble plus complexes que celles de la moelle proprement dite. A ce point de vue, elle acquiert sur celle-ci une supériorité hiérarchique, de l'ordre de celle que le cerveau possède sur elle-même comme sur la moelle épinière.

Deux ordres de centres. — La moelle allongée, telle que nous devons la concevoir du point de vue physiologique, pour en faire une expression non plus exclusivement anatomique, mais en même temps fonctionnelle, comprendra donc deux modalités de la substance grise, à savoir : une première qui continue purement et simplement ce qu'on appelle les *noyaux d'origine* des nerfs périphériques, et une autre qui est sans relation directe avec ces origines elles-mêmes, mais qui inaugure ces *systèmes superposés*, qui vont se développer progressivement : à la base du cerveau dans ses ganglions, en arrière de lui dans le cervelet, à sa convexité dans son écorce.

Noyaux moteurs et sensitifs. — Les noyaux moteurs sont de véritables noyaux gris, dans lesquels sont les origines de neurones efférents, en tout semblables à ceux des racines antérieures médullaires et qui reçoivent leur part proportionnelle des neurones cérébraux, qui descendent de l'écorce pour leur distribuer son excitation spécifique. Les noyaux sensitifs bulbaires, si on veut les assimiler anatomiquement aux noyaux moteurs, sont en réalité constitués par les ganglions d'origine du trijumeau (ou de Gasser), du vague (ou jugulaire), du glosso-pharyngien (ou d'Andersh), etc., qui continuent la série des ganglions spinaux des racines postérieures. Mais le point de vue du développement est ici secondaire, et celui de la transmission de l'excitation est au contraire essentiel. Or, de ce dernier point de vue, les noyaux sensitifs du bulbe sont les masses grises qui reçoivent les terminaisons (pôles émissifs ou transmetteurs) des neurones afférents venant de la périphérie, et qui envoient à leur tour une part proportionnelle de fibres de projection à l'écorce par le ruban de Reil, qu'elles contribuent à grossir. Ces noyaux sensitifs répètent les dispositions de ceux de la moelle. Pour la même racine, pour la même fibre de chaque racine, ils sont multiples ; car ces racines et ces fibres se bifurquent en branches ascendante et descendante, et une fibre du trijumeau (par exemple) ainsi bifurquée ira chercher dans la substance grise bulbaire (ou même plus bas) des lieux analogues à la colonne de Clarke, à la substance grise périépendymaire, aux noyaux de Goll et de Burdach. Nous pouvons même dire de ces deux derniers noyaux que, bien qu'inclus dans les limites conventionnelles du bulbe, ils appartiennent en réalité à la moelle épinière, parce qu'ils sont en relations directes avec ses racines propres.

Substance grise réticulée bulbo-protubérantielle. — Les masses grises surajoutées appartiennent surtout à la substance réticulée bulbaire et protubérantielle. Souvent diffuses, elles sont parfois concentrées en noyaux distincts comme les noyaux de Roller, dans lesquels on suppose être représentés le *centre respiratoire* et le *centre vaso-moteur* et le noyau de la calotte. Ces masses grises, qui ne sont plus les origines directes des nerfs moteurs ni ne reçoivent les extrémités directes des nerfs sensitifs, leur sont néanmoins reliées, puisqu'elles leur commandent, et elles ne sont pas sans relation avec le cerveau, qui a pouvoir sur elles en certaines circonstances.

Leurs fonctions sont surtout *réflexes*. Les associations entre nerfs sensitifs et moteurs, qui se font dans la moelle épinière, ne sont que des ébauches, si on les compare à celles de la moelle allongée : elles y restent forcément locales et donnent lieu à des mouvements eux-mêmes limités, souvent sans grande signification fonctionnelle, au moins chez les animaux supérieurs. Par contre, les excitations sensitives, qui parviennent au bulbe rachidien, y trouvent des conditions d'association réflective beaucoup plus favorables, qui se traduisent par des mouvements plus puissants et ayant déjà une grande tendance à la généralisation.

Étude analytique ; division. — L'étude analytique du bulbe du point de vue fonctionnel envisage donc les fonctions de ses faisceaux blancs, qui sont des conducteurs surtout du deuxième ordre, participant aux fonctions conscientes volontaires (ceux du premier ordre, qui ne sont autres que les nerfs craniens, ont été étudiés précédemment) ; puis les fonctions réflexes d'un ordre déjà spécial, qui y trouvent leurs conditions d'existence. A cause de la proximité des centres d'origine des nerfs bulbaires avec les centres réflexes propres au bulbe lui-même, il n'est pas toujours facile de décider si un acte réflexe donné résulte de la simple association sur place des noyaux d'origine des nerfs bulbaires, ou si elle est le fait de la participation d'un centre surajouté. Mais cette difficulté n'est pas propre au bulbe : la moelle nous la présente déjà, car sa substance grise renferme déjà des éléments d'association mêlés à ses éléments exogènes. Ce sont ceux-ci qui, en prenant dans le bulbe une importance qu'ils n'avaient pas dans la moelle, lui donnent sa signification fonctionnelle particulière.

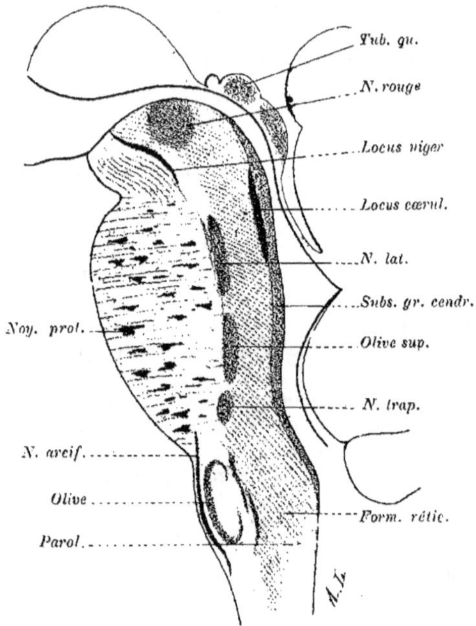

Fig. 145. — *Substance grise dite ganglionnaire du tronc cérébral* (d'après Charpy).

Masses grises surajoutées aux noyaux sensitivo-moteurs.

1. — *Sensibilité et motricité dans la moelle allongée.*

A. Voies motrices ; pyramide antérieure. — A la partie inférieure du bulbe, les faisceaux antérieurs (à conduction descendante) s'entre-croisent partiellement, d'un côté à l'autre, sur la ligne médiane. Cet entre-croisement, qui se fait ici *faisceau par faisceau*, rend visible à l'œil nu une disposition du même ordre, qui est très générale dans toute l'étendue de l'axe nerveux encéphalo-médullaire, où elle se fait *fibre par fibre* et qui n'est de ce fait visible que par les méthodes histologiques. Il faut se rappeler que l'entre-croisement des pyramides n'est qu'une fraction de l'entre-croisement total (même en ne comptant que les fibres descendantes) ; qu'il est incomplet au niveau du bulbe (faisceau direct ; faisceau croisé) et n'explique pas à lui seul le rapport qui, dans les paralysies motrices, relie l'hémisphère d'un côté aux muscles du côté opposé.

Excitation. — Longet, Laborde, et plus récemment Wertheimer et Lepage, ont excité directement les pyramides antérieures bulbaires et vu que cette excitation produit des mouvements dans les muscles du côté opposé. Si on coupe ces faisceaux, l'excitation du bout inférieur a le même résultat. — Il n'y a donc aucun doute que *la pyramide antérieure bulbaire possède la fonction motrice* que paraissent, de prime abord, lui attribuer sa continuité avec les faisceaux moteurs de la couronne rayonnante et ceux de la moelle épinière, ainsi que ses connexions (par l'intermédiaire de ces faisceaux) avec la zone motrice de l'écorce d'une part et avec les cornes antérieures de la moelle d'autre part. — On peut faire la contre-épreuve, en coupant tous les faisceaux bulbaires, moins les pyramides : on constate que, dans ce cas, l'excitation de la zone motrice cérébrale produit encore des mouvements dans les membres (Brown-Séquard).

Section. — La pyramide bulbaire est une voie motrice descendant de l'écorce à la moelle, mais elle n'est pas la seule, ainsi que le prouvent les expériences suivantes qui à leur tour servent de contre-partie aux précédentes. — Si on coupe les deux pyramides bulbaires antérieures, l'animal n'a pas perdu toute motilité de ses membres. Au début, les mouvements peuvent être troublés et plus ou moins empêchés, mais, au bout d'un certain temps, ils se rétablissent, au point que l'on a quelque peine à s'apercevoir du trouble dépendant de cette suppression (Langley et Grunbaum, Herzen et Lœwenthal). Chez l'animal qui a subi cette section, l'excitation de la zone motrice produit encore des mouvements localisés dans les membres, quoique moins intenses (Unverricht).

Ainsi, soit que, par des sections autour d'elle, nous obligions l'excitation descendante à passer par la pyramide, soit que, par sa propre section, nous l'empêchions d'y passer, elle trouve un chemin dans les voies bulbaires. Nous ne sommes pas autorisés à dire que ces voies soient rigoureusement équivalentes, et il est invraisemblable qu'elles le soient. Si elles nous paraissent telles, c'est sans doute que nous ne savons pas distinguer les différences qui caractérisent les fonctions subsistantes dans l'un et dans l'autre cas. Nous pouvons toutefois admettre qu'après la suppression des unes il y a une rééducation du système nerveux et une tendance à la suppléance des unes par les autres : suppléance et rééducation qui sont indiquées par le temps qui est nécessaire au rétablissement plus ou moins complet de la fonction.

Entre-croisement. — La pyramide bulbaire ne s'entre-croise que partiellement (fascicule par fascicule) avec celle du côté opposé, à la limite conventionnelle de la moelle et du bulbe. La partie entre-croisée pénètre dans le cordon latéral de la moelle du côté opposé ; la partie directe reste du même côté (faisceau pyramidal direct ou faisceau de Türck), pénètre dans le cordon antérieur de la moelle du même côté. On admet assez généralement que le faisceau direct s'entre-croise à son tour, dans la moelle, fibre à fibre par ses commissures, mais ni l'anatomie ni la physiologie n'ont de preuve décisive pour ou contre cet entre-croisement. Ce qui est le plus probable, c'est qu'il n'est pas total, mais que l'excitation qui descend d'une des moitiés du cerveau reste, pour partie, dans la moitié correspondante de la moelle, et va partiellement aux muscles du même côté. A cet égard, une formule univoque et absolue ne serait pas exacte, car la physiologie et la clinique s'accordent à trouver que certains mouvements sont bilatéraux, d'autres unilatéraux suivant les convenances de la fonction ; d'autres enfin peuvent être, également suivant les circonstances auxquelles ils s'associent, bilatéraux dans certains cas, unilatéraux dans d'autres.

La question d'unilatéralité ou de bilatéralité se pose non seulement pour le faisceau pyramidal direct, mais aussi pour le croisé. Pitres et Dignat, Dejerine et Thomas ont vu qu'assez souvent, en plus du faisceau direct qui suit le cordon antérieur, il est un autre faisceau direct, qui suit le cordon latéral du même côté. L'entre-croisement des pyramides peut du reste, comme l'ont noté ces auteurs, présenter un grand nombre de variétés, au point de manquer parfois totalement. — Chez les animaux, le faisceau pyramidal direct, tel qu'il existe chez l'homme (faisceau de Türck, allant au cordon antérieur médullaire du même côté), fait défaut ; il est remplacé par un faisceau direct allant au cordon latéral du même côté, semblable par conséquent à celui signalé chez l'homme par Pitres et Dignat, et qui, selon toute vraisemblance, le remplace fonctionnellement.

Une section longitudinale pratiquée dans le sillon antérieur du bulbe, coupant par conséquent l'entre-croisement, produit un certain degré de parésie, c'est-à-dire d'affaiblissement des quatre membres, mais non leur paralysie. — Une hémisection bulbaire (au-dessus de l'entre-croisement) produira de même un affaiblissement des quatre extrémités, mais sans les paralyser entièrement ; l'affaiblissement porte sur le côté opposé à l'hémisection. Ces deux résultats sont en accord avec le mélange, dans chacune des moitiés du bulbe, des fibres destinées aux deux moitiés du corps et en proportions généralement inégales.

On n'a pas trouvé jusqu'ici d'attribution fonctionnelle distincte au faisceau croisé et au faisceau direct. Ce dernier ne dépasse pas la limite inférieure de la région dorsale, qu'il atteint à peine. D'aucuns en prennent état pour le rattacher à l'innervation de muscles du tronc. Comme, chez les animaux, les deux faisceaux

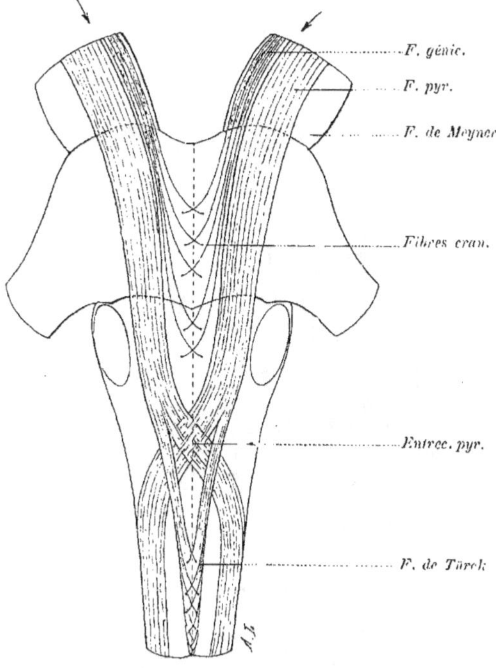

Fig. 146. — *Le faisceau pyramidal* (d'après Charpy).
Le faisceau géniculé ou cranien et le faisceau de Türck sont entre-croisés fibres à fibres.

sont confondus dans le cordon latéral, une expérience d'excitation isolée n'est pas possible.

Hémiplégie alterne. — Gubler a le premier attiré l'attention sur une forme d'hémiplégie, qui frappe la face d'un côté (celui correspondant à la lésion) et les membres du côté opposé, et qui a pour cause une lésion limitée à une moitié du bulbe ou de la protubérance au-dessus de l'entre-croisement. Une lésion ainsi située frappe en effet simultanément les neurones périphériques du facial du côté correspondant (non entre-croisés par conséquent) et les neurones profonds des muscles des membres qui vont s'entre-croiser un peu plus bas.

B. Voies sensitives ; ruban de Reil. — En arrière et un peu au-dessus de l'entre-croisement des pyramides antérieures (donc dans l'épaisseur même du bulbe) se trouve un autre entre-croisement, qui appartient aux voies sensitives et qui répète le précédent, avec une symétrie approchée. Le faisceau croisé sensitif (par conséquent

ascendant) commence dans les noyaux de Goll et de Burdach et
remonte vers l'écorce, avec ou sans interruption (c'est le point en
discussion) dans la couche optique. Ce faisceau sensitif croisé se

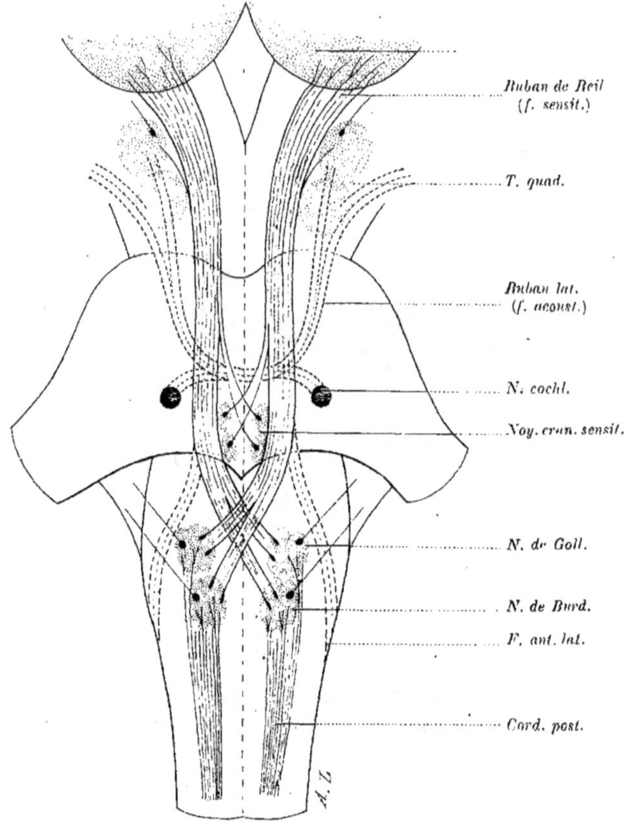

Fig. 147. — *Le ruban de Reil ou faisceau sensitif* (d'après CHAMPY).

La voie acoustique centrale (faisceau acoustique, ruban de Reil latéral) est sommairement indiquée en rouge. Figure schématique.

double, sur le côté, d'un faisceau direct, qui provient de la substance grise médullaire, et les deux faisceaux réunis forment le
ruban de Reil. Ce ruban se grossit encore quelque peu dans le bulbe,
par l'adjonction de nouvelles voies sensitives croisées également,
provenant des noyaux du trijumeau, du glosso-pharyngien et du
vague, et de voies sensorielles provenant du glosso-pharyngien
(goût) et de l'acoustique (audition).

La clinique a réuni un certain nombre d'observations, qui montrent qu'une hémianesthésie (du côté opposé) est la conséquence de l'interruption du ruban de Reil ; mais on a vu également l'insensibilité résulter de lésions bulbaires autres que celles du ruban. Il y a donc pour les voies sensitives, comme pour les voies motrices, quelque incertitude sur le rôle fonctionnel de ces différents conducteurs, autrement dit sur les conditions propres à chaque faisceau dans l'exercice de la sensibilité.

Hémianesthésie alterne. — On a signalé des hémianesthésies alternes dont le mécanisme est au fond semblable à celui des hémiplégies de cette forme. Une lésion localisée à une des moitiés de l'organe portera simultanément sur les neurones périphériques (non entre-croisés) du trijumeau et sur les neurones profonds (entre-croisés) qui correspondent aux nerfs sensitifs des membres.

L'expérimentation physiologique reproduit par l'hémisection bulbaire cette forme d'hémianesthésie. On peut constater, à la suite de cette opération, la diminution de sensibilité de la moitié du corps du côté opposé et l'hyperesthésie du côté correspondant, comme l'a signalé Brown-Séquard pour les hémisections de la moelle épinière ; l'insensibilité de la face du même côté, comme l'avait vu Magendie ; enfin les troubles trophiques du globe oculaire qui accompagnent d'ordinaire la section du trijumeau et qui suivent également la section de ses racines, comme l'ont constaté Duval et Laborde.

Expression des émotions. — Les mouvements de la face, dus à la contraction de ses muscles peauciers innervés par le facial, sont dits *expressifs*, parce qu'ils concourent puissamment à l'expression des *émotions*, des *passions*, réellement subies ou feintes.

2. — *Réflexes locaux.*

Le ruban de Reil et la pyramide antérieure sont des voies qui appartiennent, la première à la sensibilité *consciente*, la seconde au mouvement *volontaire*. Elles sont l'une et l'autre des connectifs étendus, en deux sens différents, entre l'écorce cérébrale et la substance grise de la moelle épinière et allongée. Leur suppression empêche ou tout au moins trouble, dans une certaine mesure, les manifestations de la conscience et de la volonté. — Le bulbe contient d'autres associations qui peuvent se passer de l'écorce et, isolées d'elle, suffisent à gouverner certaines fonctions de l'ordre réflexe. Ces associations s'opèrent dans sa substance grise ; elles sont de deux ordres : les unes relient simplement entre elles les origines motrices et les terminaisons sensitives des nerfs bulbaires, pour l'exécution de réflexes simples : on pourrait les appeler des *centres immédiats* ou du premier degré. Les autres sont des associations, qui se superposent à des noyaux gris d'origine sous-jacents (médullaires

24.

et bulbaires), et qui sont des *centres médiats* ou du second degré. Cette coexistence de centres de deux ordres différents dans des régions très voisines de la substance grise est due à ce que le bulbe contient, comme il a été dit, tout à la fois la continuation de la colonne d'origine des nerfs périphériques et des formations nouvelles surajoutées, qui ne sont plus des centres originels comme ceux de la moelle épinière. Ces formations ont déjà, à quelque degré, le pouvoir d'autonomie, qui est si développé dans le cerveau ; seulement elles l'exercent dans le sens d'une action non plus variée et contingente comme celle du cerveau, mais au contraire régulière et périodique, d'où le nom de centres automatiques qu'on leur donne parfois.

Dans les fonctions internes qui assurent la nutrition (respiration, circulation, excrétion, etc.), l'excitation se renouvelle automatiquement dans les organes placés en *chaînes fermées*. Dans les fonctions externes qui entretiennent nos relations avec d'autres êtres sentants, le renouvellement de l'excitation se fait en quelque sorte fortuitement. Le cycle y prend l'aspect d'une *chaîne ouverte* sur l'extérieur. Le bulbe rachidien nous donne l'ébauche de ces systèmes de relation à l'aide desquels l'animal *exprime* ce qu'il a *senti* par une manifestation motrice défensive ou même conventionnelle. Le cri est une manifestation de ce genre ; il y a un cri réflexe d'origine purement bulbaire.

I. **Cri réflexe.** — Sur un animal auquel on a fait la section sus-bulbaire de l'encéphale, l'excitation des nerfs sensitifs produit un cri bref, sans modulations, que VULPIAN compare à celui qui s'échappe, à chaque pression, des poupées servant de jouets aux enfants. Ce cri est manifestement réflexe et a quelque analogie avec le cri dit *méningitique*.

Le cri est, comme la phonation, une adaptation de l'appareil respiratoire (de fonction essentiellement interne) à une fonction externe : par un changement dans les connexions qui lient ses éléments entre eux et avec les éléments voisins, le système des nerfs respirateurs devient celui des nerfs phonateurs, ou, d'après le langage usuel, le centre respirateur devient le centre phonateur.

Le cri est l'ébauche de la phonation, du langage tel qu'il existe chez nous. La parole articulée, pour se produire, fait appel à un ensemble nerveux, dans lequel le bulbe entre comme partie composante et qui lui superpose une région définie de l'écorce cérébrale. Dans cette extension du cycle, le centre cérébral ne prend pas la place du centre bulbaire purement et simplement, mais utilise pour un acte plus complexe l'organisation relativement plus simple de ce dernier.

II. **Clignement des paupières.** — Le bulbe rachidien tient sous sa dépendance la sensibilité et le mouvement de la face, la première par le trijumeau, le second par le facial. Ces nerfs sont associés dans le bulbe pour l'exécution de réflexes défensifs, dont le clignement des paupières au-devant de l'œil, pour l'étalement des larmes, nous donne un exemple. Ce mouvement est synergique, les deux paupières s'abaissant en même temps et se relevant de même aussitôt. Cette synergie est due à un entre-croisement partiel ou à des éléments d'association, qui font que l'excitation (réflexe) qui atteint le noyau d'un côté, est transmise à celui du côté opposé. Lorsqu'on fait exactement sur la ligne médiane une section antéro-postérieure entre les noyaux des deux nerfs, cette synergie cesse ; le clignement se fait alors tantôt à droite, tantôt à gauche indépendamment (VULPIAN).

On tire de cette expérience la preuve physiologique que l'entre-croisement des fibres du facial, s'il existe, n'est pas complet, car dans ce cas la section médiane amènerait la paralysie des deux côtés.

III. Déviation conjuguée des yeux. — Certaines fonctions exigent la succession des efforts musculaires pour remplir leur but (péristaltisme du tube digestif, mouvement des membres dans la marche). Certaines autres exigent la fixité et le parallélisme de ces efforts ; telle est celle de la vision avec les deux yeux, étant données les conditions de la formation des images rétiniennes et de la superposition des deux images. L'association des deux globes oculaires, qui solidarise étroitement leurs mouvements, est attribuée à des dispositions anatomiques fixes elles-mêmes par conséquent. Ces dispositions, qui comportent quelques variantes, suivant les auteurs qui les ont décrites, reviennent à cette donnée commune qu'une excitation motrice, qui atteint le muscle abducteur de l'œil d'un côté, soit forcément conduite en même temps et en même intensité au muscle adducteur de l'œil du côté opposé et réciproquement.

DUVAL et LABORDE admettent que le noyau de l'oculo-moteur externe, qui va au muscle droit externe, contient en même temps les origines du rameau du muscle droit interne de l'œil opposé ; ce rameau aberrant naîtrait en réalité du noyau de l'oculo-moteur externe, suivrait la bandelette longitudinale postérieure, s'entre-croiserait avec son homologue au-dessous du tubercule quadrijumeau et, contenu dans le tronc du moteur commun du côté opposé, s'en détacherait pour aller au muscle droit interne. L'excitation partie du cerveau n'aurait qu'à s'adresser au noyau du moteur externe pour dévier les yeux dans une direction donnée. Pour d'autres (SPITZKA), le rameau du droit interne est bien également entre-croisé sur la ligne médiane, mais son noyau propre est une partie non du noyau du moteur externe, mais de celui du moteur commun. Dans cette hypothèse, l'excitation venant du cerveau s'adresserait simultanément au noyau du moteur externe et à la fraction de noyau du moteur commun qui contient l'origine du rameau du droit interne opposé. L'association qui assure la synergie serait réalisée, non dans le noyau qui reçoit l'excitation, mais par les éléments qui la lui apportent. Théoriquement, la solution du problème ne diffère pas sensiblement.

Convergence pour l'adaptation aux distances.

— En réalité, les lignes de regard de chaque œil ne sont pas parallèles, mais convergentes sur l'objet regardé, et d'autant plus convergentes que cet objet est plus rapproché. La fixité de l'angle de convergence n'est donc pas constante, et la valeur de cet angle change avec les distances. Pour augmenter cette valeur, il faut que la contraction des muscles droits internes prime légèrement celle des droits externes, et

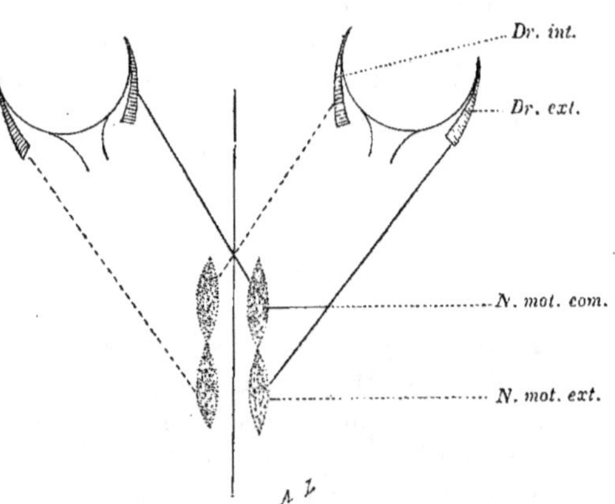

Fig. 148. — *Synergie des noyaux originels du moteur oculaire externe et du moteur oculaire commun.*

Le noyau partiel du rameau interne du moteur commun considéré comme dépendance du noyau du moteur externe.

pour cela il faut que l'excitation soit distribuée, en quantité légèrement prédominante, à la portion du noyau de l'oculo-moteur commun, qui contient les origines des fibres allant aux droits internes.

Noyaux partiels. — Anatomiquement, le noyau de l'oculo-moteur commun se subdivise en une série de noyaux partiels, répondant à ses différentes branches et, partant, à chacun des muscles droits ou obliques, plus des noyaux répondant à la musculature interne de l'œil. Ces derniers sont situés plus près de la ligne médiane et plutôt à la partie supérieure des origines du moteur commun ; les autres sont en dehors et se prolongent plus bas. Ces déterminations ont été faites en faisant l'ablation isolée des muscles périphériques, et en recherchant par la méthode de NISSL les altérations chromatolytiques des cellules d'origine.

Dissociation fonctionnelle. — Par l'excitation localisée sur chacun de ces noyaux partiels, on a fait des déterminations expérimentales qui correspondent à peu près à celles faites par les moyens anatomiques (HENSEN et VÖLKERS).

IV. Origines sympathiques.

— Les noyaux des muscles droits et obliques sont la continuation des origines motrices directes des nerfs de la vie de relation, qui se terminent à ce niveau.

Les noyaux de la musculature interne de l'œil (muscle ciliaire accommodateur et muscle irien photo-régulateur) ne sont pas les équivalents des précédents.

Les fibres qui en naissent ne vont pas directement aux muscles profonds de l'œil, mais sont des fibres de projection du deuxième ordre, qui s'arrêtent dans les ganglions et le plexus ciliaire. Ces fibres contiennent les origines médullaires du grand sympathique auquel elles appartiennent et dont elles marquent également le point d'émergence le plus élevé dans l'axe gris.

Appareil d'association ; bandelette longitudinale postérieure. — La substance grise bulbaire a un rôle d'association à l'égard d'un grand nombre de nerfs moteurs, tant médullaires que bulbaires, en vue d'un certain nombre de fonctions définies. Les excitations apportées, non seulement par les nerfs du tact, mais aussi par les nerfs de sens supérieurs, y sont réfléchies sur les noyaux moteurs des yeux et du tronc par un appareil d'association particulier, la *bandelette longitudinale postérieure* ou *faisceau longitudinal postérieur*. Cet appareil est situé de chaque côté du sillon médian, au-dessous du plancher du quatrième ventricule et de l'aqueduc de Sylvius ; il est la continuation et l'équivalent, mais sous une forme plus différenciée, du cordon antéro-latéral de la moelle. Il est formé de neurones d'association, qui reçoivent par un de leurs pôles l'excitation venant de neurones sensitifs et qui la transmettent par l'autre à des neurones moteurs. Il met en relation les noyaux sensitifs bulbaires et les tubercules quadrijumeaux, avec en particulier, les noyaux des nerfs moteurs des yeux et du tronc.

V. **Déglutition.** — A l'entrée des voies digestives, nous trouvons un acte qui forme transition entre ceux des fonctions extérieures et ceux des fonctions internes : c'est la déglutition, qui commence par un acte de sensibilité consciente et de mouvement volontaire pour s'achever par des mouvements réflexes. Le bulbe rachidien est également le lieu d'organisation du système qui l'exécute, système dont nous trouvons les conducteurs tant sensitifs que moteurs dans un certain nombre de nerfs bulbaires, à savoir : trijumeau (muscle mylo-hyoïdien), facial, hypoglosse, vago-spinal, agissant comme nerfs moteurs associés à des éléments sensitifs contenus dans les nerfs palatins (du maxillaire supérieur), les nerfs laryngés supérieurs, le glosso-pharyngien moins essentiel que les précédents. Le point de départ est dans l'irritation du bol faite au niveau de l'isthme sur les extrémités des nerfs palatins. Les laryngés interviennent pour défendre l'entrée des voies respiratoires.

Le centre d'association de ces différents nerfs est situé entre deux plans dont le supérieur passerait par les tubercules acoustiques et l'inférieur par le bec du calamus ; d'après Markwald, un peu au-dessus et en dehors de l'aile grise, au-dessus du centre respiratoire.

Des sections pratiquées au-dessus ou au-dessous des limites sus-indiquées laissent persister la déglutition (la vie est entretenue par la respiration artificielle). La succession des mouvements de péristaltisme, qui se continuent du pharynx à l'œsophage, serait assurée par

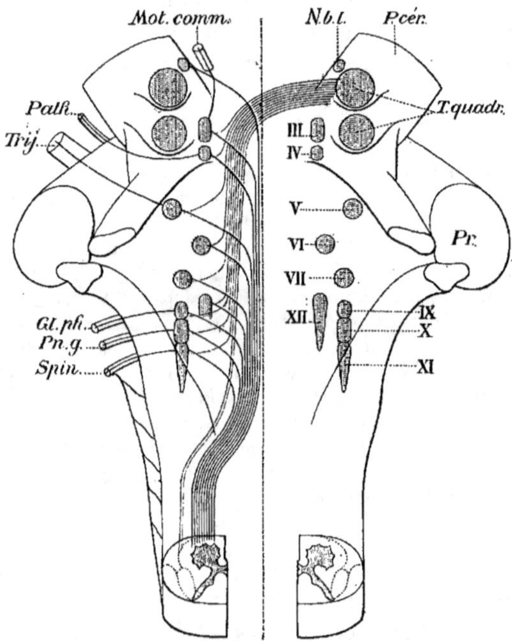

Fig. 149. — *Bandelette ou faisceau longitudinal postérieur.*

N.b.l, noyau propre de la bandelette longitudinale ; *P.cér*, pédoncule cérébra ; *T.quadr*, tubercules quadrijumeaux ; *Pr*, protubérance. — III à XII, noyaux d'origine des nerfs craniens portant le numéro correspondant de la classification usuelle.

La substance grise de la moelle épinière est reliée à celle des noyaux bulbaires et les deux ensemble aux tubercules quadrijumeaux par des neurones d'association ou inter-centraux dont la réunion forme la bandelette longitudinale. Ces neurones sont à direction les uns ascendante (en noir), les autres descendante (en rouge).

une transmission ordonnée de l'excitation, à travers les noyaux successifs des nerfs moteurs commandant aux constricteurs pharyngiens et œsophagiens.

VI. Mastication, succion. — Comme le précédent, ces actef, sont réflexes. Ils s'exécutent après le cerveau enlevé chez les jeunes animaux, quand on fait une excitation sensitive appropriée (GADS BROWN-SÉQUARD) : attouchement de la partie antérieure de la muqueuse buccale, irritation des extrémités tactiles du trijumeau. Les nerfs des sens n'interviennent pas. La cinquième paire, en tant que ner sensitif, est associée à plusieurs nerfs moteurs, à savoir : branche motrice du trijumeau (muscles mylo-hyoïdiens, ventre antérieur du digastrique, péristaphylin externe), facial (muscle des lèvres et stylo-hyoïdien), hypoglosse (muscles de la langue et muscles sous-hyoïdiens). On supprime le réflexe du côté correspondant en séparant par une section les noyaux sensitif et moteur du trijumeau.

3. — *Réflexes généraux.*

Les fonctions sensitivo-motrices, qui sont conditionnées par les associations de la substance grise bulbo-protubérantielle, appartiennent à la fois au conscient et à l'inconscient, et la limite qui les sépare est souvent indécise ou peu accusée. Nous en prendrons une idée par quelques exemples significatifs dans les deux genres, à savoir, pour le premier, phénomènes de sensibilité et de locomotion ; pour le second, action régulatrice sur les fonctions de la nutrition, respiration, circulation, sécrétion, etc.

1. Sensorium commune. — La substance grise réticulée qui, au niveau de la protubérance, surmonte en la continuant la substance réticulée proprement bulbaire, réalise des associations sensitivo-motrices déjà remarquées par LORRY et qui, au dire de LONGET et de VULPIAN, lui donnent la valeur d'un *sensorium commune.*

Sur un mammifère dont on a enlevé les hémisphères cérébraux, les couches optiques, et tout l'encéphale à l'exception du cervelet, des tubercules quadrijumeaux, de la protubérance et du bulbe, l'excitation d'un nerf sensitif provoque des réactions motrices d'un caractère manifestement douloureux. Cette excitation suscite des cris prolongés, plaintifs, totalement différents du cri bref, en quelque sorte mécanique, de l'animal auquel on a enlevé la protubérance, en lui laissant le bulbe. Ces cris douloureux sont accompagnés de respiration violente, de tentatives pour fuir ; toutes réactions qui, à première vue, ne se distinguent pas de celles d'un animal possédant son cerveau. La sensation existe donc, puisqu'elle se manifeste par les caractères auxquels nous la reconnaissons. La différence consiste en ce que, dans ce cas, elle ne laisse pas de trace persistante après elle, *ne s'accompagne pas de souvenir, mais disparaît avec les réactions motrices qui ont servi à la traduire extérieurement.* Du fait de la non-conservation de la sensation, le phénomène est bien réflexe ; mais il est en même temps douloureux, c'est-à-dire conscient. Il fait la transition avec les phénomènes conditionnés par l'intervention du cerveau, dans lesquels le caractère de réflexion immédiate disparaît au contraire plus ou moins complètement, à mesure que

s'accuse le phénomène de la conservation de la sensation ou de la mémoire. Dans le réflexe simple, où la sensation est à l'état de trace non
reconnaissable, le phénomène est *excito-moteur* ; dans le réflexe
accompagné de sensation, mais sans souvenir, le phénomène est *sensitivo-moteur* ou *sensori-moteur* ; dans le cas où la succession réflexe
est devenue à son tour méconnaissable, par l'interposition des actes
cérébraux de l'intelligence, le phénomène est *idéo-moteur* (CARPENTER).

II. Fonctions locomotrices. — Une fonction qui implique de
son côté dans l'ordre moteur des associations d'un ordre compliqué,
c'est la locomotion chez les vertébrés et surtout les mammifères, et
avec elle la station dans l'attitude debout. Comme l'a montré LONGET,
la protubérance a un rôle non exclusif mais essentiel dans cette
fonction.

Rôle de la protubérance. — Après l'ablation des hémisphères
cérébraux et des couches optiques réalisée sur un lapin, si on laisse
intacte la protubérance, on voit l'animal se tenir dans l'attitude
ordinaire du repos ; excité, il fait quelques pas réguliers et redevient
immobile. Quelquefois même il fait quelques pas sans provocation
apparente, sans doute à la sollicitation de quelque excitation interne.
Si on détruit la protubérance, toute locomotion est devenue impossible
et l'animal n'est plus capable de se maintenir sur ses pattes.

Des expériences du même genre sur des animaux de différentes
classes, oiseaux, poissons, batraciens, donnent les mêmes résultats.
Le pouvoir locomoteur est plus indépendant encore chez ces animaux que chez les mammifères. Chez les poissons, l'ablation du cerveau, avec conservation des parties qui représentent la protubérance, laisse subsister une sorte de spontanéité sans doute apparente
et qui est due à la persistance des excitations que subit l'animal
laissé dans son milieu. Une grenouille décérébrée reste immobile ; placée dans l'eau, elle nage (par excitation réflexe du milieu)
jusqu'à ce qu'elle ait rencontré le bord et reste immobile. Un
oiseau décérébré placé sur le sol garde également l'immobilité ; jeté
en l'air, il vole pour se soutenir jusqu'à ce qu'il soit retombé à terre :
c'est dans les deux cas le même mécanisme.

L'excitation volontaire, transmise du cerveau à la protubérance,
trouve dans cet organe un mécanisme nerveux préformé qu'elle met
en jeu et par lequel elle réalise des mouvements compliqués, sans
intervenir dans leur détail. Elle agit elle-même comme l'excitation
venant de l'extérieur par les nerfs sensitifs.

Associations préétablies. — Les associations fonctionnelles, qui sont
réalisées dans la protubérance en vue de la locomotion, sont le fruit du déve-

loppement embryologique et non d'une éducation qui les acquiert. C'est du moins ce qu'on peut affirmer chez certaines espèces animales appartenant aux mammifères et aux oiseaux. Les petits du lapin ne marchent qu'après plusieurs semaines; il en est de même du chien, de plusieurs oiseaux (pigeon, passereau, etc.). Par contre, le cochon d'Inde peut marcher aussitôt après la naissance; de même le poulet, le canard. Tout le monde connaît le fait des jeunes de canard qui, couvés par la poule, vont se jeter à l'eau en sortant de l'œuf et nagent sans apprentissage fait par imitation. Chez l'homme lui-même, il est admissible que la marche et la station debout sont un fait de développement beaucoup plus que d'éducation.

A. RESPIRATION. — Depuis longtemps l'expérience a montré que la survie des animaux est compatible avec des mutilations, des retranchements très étendus dans le système nerveux, quand ceux-ci portent sur la partie supérieure (cerveau, cervelet, ganglion de la base) ou sur sa partie inférieure (moelle épinière jusque près du milieu de la région cervicale); tandis que des lésions limitées, portant sur l'espace intermédiaire, peuvent amener la mort d'une façon soudaine et sans retour des fonctions (GALIEN, LORY). Cela tient à ce que, comme l'a bien compris LEGALLOIS, la mutilation atteint, dans ce point, des organes nerveux qui gouvernent la *respiration* et, bien que cette fonction ne soit en elle-même pas plus importante que telle ou telle autre (l'alimentation par exemple), les mouvements qui l'entretiennent ne doivent subir *aucun retard*, parce que *les réserves en oxygène* sont, dans l'organisme, extrêmement *faibles* par rapport à celles des autres substances. La ventilation pulmonaire, l'oxygénation du sang et des tissus s'arrête; l'enchaînement général des fonctions est rompu; la vie est impossible.

I. **Nœud vital.** — LEGALLOIS avait déjà vu que la lésion peut être limitée à un petit espace vers l'origine des nerfs pneumogastriques. FLOURENS s'attacha à préciser encore davantage la place de ce point qu'il appelle central, premier moteur de la respiration ou *nœud vital*. Après quelques variantes, il le situe dans la profondeur du bulbe à la pointe du V de substance grise inscrit dans l'angle postérieur du quatrième ventricule. Il l'étend à droite et à gauche de la ligne médiane à deux ou trois millimètres environ de celle-ci, car ce centre est double : la respiration et la vie ne s'arrêtent que s'il est détruit des deux côtés. L'opération était réalisée en enfonçant dans la substance bulbaire un emporte-pièce ayant les dimensions indiquées.

Dissociation des mouvements respiratoires. — Si la lésion est faite immédiatement en arrière de la pointe du V, les mouvements respiratoires du tronc sont abolis, ceux de la face persistent quelque temps encore; si elle est faite immédiatement en avant du V, c'est l'inverse : les mouvements du tronc persistent pendant que ceux de la face sont abolis.

Situation et profondeur. — Longet, qui a refait ces expériences, admet que la mutilation qui produit ces effets porte sur le faisceau latéral du bulbe.

En cherchant à reproduire l'expérience de Flourens, bon nombre d'expérimentateurs ont été amenés à déplacer ou étendre le centre respiratoire, dont il avait fixé les limites. Des contradictions qui se sont élevées entre eux à ce sujet, Wertheimer tire la conclusion qu'il n'est pas possible de limiter ce centre d'une façon plus précise que l'avait fait Legallois. C'est un lieu de substance grise inscrit dans le triangle inférieur du plancher du quatrième ventricule et comprenant ses couches profondes.

D'après un plan qui se retrouve dans tous les systèmes du même genre, le centre bulbaire de Legallois est superposé à des centres médullaires d'où émanent directement les nerfs moteurs de la respiration. Il les associe et les coordonne en utilisant leurs aptitudes. Réduits à eux seuls par la séparation de la moelle et du bulbe, ces derniers peuvent encore entretenir, pendant un temps, des mouvements rythmés capables d'oxygéner le sang.

Ces mouvements d'origine médullaire ne se voient pas dans les conditions habituelles de la destruction du bulbe ou de l'expérience de Flourens, parce que le choc opératoire les empêche de se produire et que, la respiration ne comportant pas de délai, la mort survient aussitôt. On tourne la difficulté, en faisant artificiellement la respiration jusqu'à ce que les effets du choc soient dissipés (Wertheimer), ou en réveillant l'excitabilité médullaire par la strychnine (Langendorff), ou en excitant rythmiquement les nerfs sensitifs du thorax, ce qui permet à la respiration de s'entretenir par des réflexes exclusivement médullaires (Chauveau).

Hémiplégie respiratoire. — Pour Schiff, l'hémisection de la moelle au-dessous du bulbe produit une hémiplégie respiratoire en réduisant à l'immobilité la portion du diaphragme et les muscles correspondants. Toutefois cette hémiplégie n'est pas constante, et quand les excitations s'exagèrent, le côté paralysé participe à la ventilation. Si, par exemple, on coupe le phrénique du côté opposé à l'hémisection, c'est le côté de l'hémisection qui se contracte seul. Des commissures existant entre les noyaux du phrénique assureraient cette transmission de l'excitation.

On peut, par une section longitudinale, séparer les deux moitiés du bulbe : la respiration persiste et demeure synchrone. On peut séparer d'autre part les deux moitiés de la moelle cervicale, et le résultat est le même. Des associations existent dans les deux cas, qui suffisent à solidariser les deux moitiés partiellement séparées.

II. Influence de la composition du sang. — Comme tous les centres du même ordre, les centres respiratoires fonctionnent d'une façon réflexe, sous l'influence des excitations qu'ils reçoivent par leurs nerfs sensitifs ; mais de plus, ils sont influencés par la qualité du sang qui les traverse. *L'abaissement de la tension de l'oxygène dans le sang, l'augmentation de celle de l'acide carbonique augmentent leur excitabilité.* Les mouvements de la respiration s'en trouvent accrus. Les conditions de la viciation du milieu intérieur sont ainsi celles mêmes qui activent le renouvellement de ses

gaz et permettent à la ventilation de se régler sur la composition
du sang.

Réflexes défensifs. — Le mouvement régulier de respiration se convertit,
sous certaines influences, en un mouvement défensif d'expulsion par exagération
du courant d'air expirateur, comme dans la toux, l'éternuement ; ces actes
réflexes naissent sous l'influence d'excitations sensitives particulières et limitées
à certaines régions, sur certaines muqueuses ou normales ou ayant subi un
certain degré d'inflammation.

Toux. — La toux naît d'une excitation des extrémités des nerfs laryngés (principalement les supérieurs), de préférence dans certains endroits. Une zone tussi-
gène très efficace (à l'état normal chez les animaux) est l'espace interaryténoï-
dien de la glotte, vers l'extrémité postérieure des cordes vocales (VULPIAN). Dans
une plus faible mesure, les régions innervées par le récurrent provoquent la
toux même après la section des laryngés supérieurs (LONGET) et donnent naissance à la toux expulsive qui protège les voies respiratoires pendant la déglutition. D'autres zones tussigènes existent dans le pharynx et le voile du palais,
dans les fosses nasales, dans le conduit auditif, etc.

L'excitation directe du plancher du quatrième ventricule produit la toux.

Éternuement. — Le point de départ de l'excitation est non dans l'organe de
l'olfaction, mais dans les éléments sensitifs de la muqueuse olfactive fournis par
le trijumeau (filet ethmoïdal de la branche ophtalmique). Il n'est pas non plus
dans l'excitation de la rétine quand l'éternuement résulte de l'impression d'une
vive lumière, mais dans les extrémités des nerfs ciliaires (WERTHEIMER et DE
SURMONT).

Vomissements. — Dans l'acte réflexe du vomissement, la contraction du diaphragme (mouvement respiratoire modifié) s'associe à des mouvements de la
bouche et des contractions de l'estomac. L'association principale des nerfs sensitivo-moteurs de ces différents organes se fait dans le bulbe. Un chien soumis
à l'action du tartre stibié, après section sous-bulbaire de la moelle épinière, ne
présente que les mouvements de la bouche et du cou, sans réjection des aliments
(GIANUZZI). Toutefois la possibilité d'agir réflectivement sur le diaphragme,
après section de la moelle, est démontrée par l'excitation du bout central du nerf
splanchnique (LUCHSINGER).

B. CIRCULATION. — Comme ceux de la respiration, les systèmes
excitateurs et régulateurs des mouvements de la circulation sont
multiples et formés de parties étagées, auxquelles correspondent
des lieux de substance grise, qui réalisent les associations de leurs
parties constituantes. Il y a donc, là encore, des centres inférieurs
et un centre supérieur qui gouverne ceux-ci. Les centres inférieurs
sont avant tout les ganglions du grand sympathique, d'où procèdent
directement les nerfs vaso-moteurs et cardio-moteurs, lesquels
forment entre ces ganglions et les muscles cardiaque et vasculaires
des fibres de projection du premier ordre. Ces ganglions sont reliés
à la moelle épinière par les rameaux communicants blancs, qui sont
ainsi des fibres de projection du deuxième ordre. On connaît très

exactement les points de pénétration, ou mieux de sortie, de ces fibres du deuxième ordre (intercentrales par conséquent) le long de la moelle épinière. On est beaucoup moins renseigné sur les relations qu'elles ont avec la substance grise médullaire. A partir des origines apparentes que nous leur connaissons, remontent-elles directement jusqu'à la substance grise bulbaire? ou bien relayent-elles dans les noyaux gris médullaires qui leur correspondent? ou encore offrent-elles un mélange de ces deux dispositions? Ces différentes opinions ont eu leurs partisans.

I. **Centre vaso-moteur général bulbaire.** — C'est à la physiologie surtout qu'on a demandé la solution du problème. Les centres ainsi recherchés se signalent fonctionnellement par l'action tonique qu'ils exercent sur la pression vasculaire. En faisant des destructions ou des sections échelonnées le long de l'axe gris et en notant à chaque fois l'état de la pression, on verra, par les changements ou la persistance de celle-ci, si ces centres existent ou font défaut, et quelle est leur part d'action.

Centres médullaires et ganglionnaires. — La section sous-bulbaire de la moelle épinière produit d'emblée une chute de pression considérable. Ce fait très évident avait été invoqué comme preuve de l'existence d'un centre général et unique, situé dans le bulbe, au voisinage du calamus (Schiff). Mais si, par la respiration artificielle, on prolonge la vie de l'animal, on voit, au bout d'un certain temps, la tonicité vasculaire se rétablir et la pression se relever. On peut l'accroître par l'excitation asphyxique ou par l'action de la strychnine: le pouvoir tonique subsistant est alors partagé par la moelle et les ganglions du grand sympathique. Par une expérience du même ordre qui consiste à enlever la plus grande partie de la moelle épinière, Goltz et Ewald ont montré également qu'après une chute nouvelle le tonus vasculaire peut se rétablir du fait de l'action seule subsistante du grand sympathique. Il ne faut donc pas juger d'après l'effet immédiat, qui n'est pas définitif; mais savoir que, après un premier temps de surprise, le système ainsi déséquilibré garde en lui-même le moyen de rétablir, dans une certaine mesure, la fonction troublée, par les seules ressources de ses associations non détruites. Par ce qui précède, il est prouvé que ces associations existent dans les ganglions, dans la moelle épinière, dans le bulbe rachidien, ces dernières ayant la plus haute importance pour la régulation de la fonction vaso-motrice.

II. **Réflexes vaso-moteurs.** — Une autre propriété des centres, c'est de réfléchir les excitations qui leur sont adressées par la voie des nerfs sensitifs. L'excitation d'un nerf sensitif important, comme le tronc du sciatique, produit, par action réflexe, une élévation très marquée de la pression. Si, par des retranchements successifs, on enlève les différentes parties du cerveau et de l'encéphale, ces actions réflexes restent possibles, tant que le bulbe est intact (DITTMAR). Elles cessent aussitôt que le bulbe est séparé de la moelle (OWSJANIKOW). Ces expériences semblent indiquer d'une façon nette à la fois la place et les limites (en hauteur) du centre vaso-moteur. Elles aussi nous désignent le bulbe comme contenant ce centre à la fois unique et indépendant. A coup sûr elles lui acquièrent une importance prépondérante, mais elles doivent de même être contrôlées par d'autres épreuves qui remettent les choses au point.

En effet, là encore, il faut distinguer entre les résultats immédiats et ceux consécutifs. Une fois le choc opératoire dissipé, l'excitation sensitive peut avoir (même dans le cas de section sous-bulbaire) son effet réflexe d'élévation de la pression. C'est donc que les nerfs sensitifs excités atteignent dans la moelle elle-même des centres de réflexion, faits à l'image du centre bulbaire, moins puissants, c'est-à-dire moins aptes à généraliser l'excitation à tout le système vaso-moteur, mais aptes à le faire dans une certaine mesure. Le centre bulbaire peut de son côté, dans certaines conditions, obéir à des excitations descendant de l'écorce cérébrale.

Centres cardio-inhibiteurs. — Ainsi, il y a, dans le bulbe, un centre d'association des excitations, qui harmonise d'autres centres d'association, placés sous sa dépendance. Ceux-ci sont échelonnés dans l'axe gris bulbo-médullaire, de telle sorte que les plus haut situés sont dans le voisinage presque immédiat du centre vaso-moteur. De ce nombre sont les noyaux d'origine des nerfs cardio-modérateurs contenus, pour certains auteurs, dans celles du pneumogastrique, pour d'autres, il est vrai, un peu plus bas, dans celles du spinal (WALLER); de ce nombre également sont les noyaux d'origine d'autres nerfs vaso-moteurs (dilatateurs principalement) allant à la langue, à la glande sous-maxillaire, etc. Le bulbe rachidien, la moelle thoracique, la moelle sacrée sont, comme il a été dit déjà, les trois lieux principaux d'origine, au moins apparente, des nerfs qui, soit par la chaîne sympathique (région thoracique), soit en dehors d'elle (région bulbaire et région sacrée), vont au cœur et aux vaisseaux. Ce qui caractérise la moelle allongée, c'est d'être à la fois une *continuation de la moelle épinière*, par les noyaux d'origine qui prolongent l'axe gris, et une *formation surajoutée*, par les masses grises supplémentaires qui n'ont plus de connexions avec la périphérie que par les noyaux précédents, auxquels elles sont reliées par des connectifs, qui contribuent à former les faisceaux blancs de la moelle et du bulbe.

C. Mouvements de la pupille. — Les mouvements de la pupille, très faciles à apprécier, ont également servi comme moyen de détermination des connexions du grand sympathique avec la moelle et le bulbe.

I. **Réflexe irido-dilatateur**. — L'origine au moins apparente des nerfs dilatateurs de la pupille est dans la moelle cervico-thoracique. Budge localise dans cet endroit un centre *cilio-spinal*. Chauveau a observé que si on coupe la moelle épinière dans la région cervicale (entre ce centre et le bulbe), l'excitation d'une racine postérieure thoracique fait encore dilater la pupille par action réflexe sur la moelle épinière. Le centre bulbaire n'est pas indispensable à cette réflexion. Quelques auteurs ont noté la possibilité de cet effet après la séparation du bulbe (Salkowsky). Il faut rappeler que la réflectivité médullaire est altérée par le choc succédant à la section et ne réapparaît qu'après un certain temps de repos. Il faut noter également que les dilatateurs de l'iris proviennent non seulement de la moelle thoracique par le grand sympathique cervical, mais aussi des origines propres du trijumeau par des fibres représentant la partie cranienne ou bulbaire des origines du grand sympathique, et qu'après la séparation de la moelle et du bulbe, ces dernières étant mises hors de cause, l'action dilatatrice de l'excitation s'en trouve diminuée d'autant. Le réflexe irido-dilatateur a, dans ces expériences, pour point de départ une excitation sensitive (racine postérieure ou nerf sensitif cutané quelconque).

II. **Réflexe irido-constricteur ou photo-régulateur**. — Il existe un autre réflexe antagoniste du précédent, qui a pour point de départ une excitation sensorielle du nerf optique et se traduit par le rétrécissement de la pupille à l'approche d'une vive lumière. Ce réflexe, signalé pour la première fois par Herbert Mayo, a pour voies centripètes la rétine et le nerf optique, pour lieu de réflexion les tubercules quadrijumeaux antérieurs, pour voies de retour sur le muscle constricteur de l'iris des fibres qui, nées dans un des noyaux partiels de l'oculo-moteur commun, suivent ce nerf, traversent le ganglion ophtalmique et aboutissent, par les nerfs ciliaires, au plexus ciliaire et, par lui, à l'iris. Ce système réflexe, au lieu d'avoir ses voies partagées entre la moelle et la moelle allongée, les a au contraire concentrées dans ce dernier organe et dans les nerfs qui en partent ou y aboutissent. En tout cas, s'il a des voies médullaires, nous n'avons aucun moyen de les démontrer.

Qu'il s'agisse de l'un ou de l'autre de ces deux réflexes, il y a certainement, en plus des centres locaux d'émergence des nerfs moteurs et d'aboutissement des nerfs sensitifs, un ou des centres d'association. Pour le réflexe photo-régulateur, ces centres sont rapprochés les uns des autres (tubercules quadrijumeaux, noyaux de l'oculo-moteur, bandelette longitudinale); pour le réflexe irido-dilatateur, ils sont séparés par une grande distance (bulbe, moelle thoracique, faisceau fondamental); leur dissociation expérimentale est ainsi rendue facile et, une fois opérée par la section de la moelle cervicale, elle montre que des associations réflexes persistent dans le centre inférieur entre nerfs sensitifs et moteurs mis en relation par sa substance grise.

D. Sécrétions. — Le schème précédent, applicable au système vaso-moteur, l'est aussi au système des nerfs sécréteurs. Qu'il s'agisse du revêtement cutané ou de l'intestin avec ses grosses glandes annexes, il lui est à peu près superposable. Même répartition des nerfs à la périphérie; mêmes origines dans la chaîne et dans la moelle épinière et allongée; même subordination des systèmes inférieurs à un centre bulbaire d'association; mêmes conditions qui mettent en relief le rôle prédominant de celui-ci et l'existence de ceux-là.

Dans l'espace restreint où nous avons trouvé le centre respiratoire et le centre vaso-moteur général, l'expérience démontre l'existence d'autres lieux d'association, agissant d'une façon analogue sur les phénomènes d'activité glandulaire. L'influence du bulbe s'étend sur la sécrétion rénale, les sécrétions du tube digestif, la sécrétion cutanée; elle gouverne encore ce qu'on appelle les *sécrétions internes*, dans le genre de la formation du glycose aux dépens du glycogène du foie. C'est ce que prouvent les faits qui suivent.

Piqûre diabétique. — *Glycosurie.* — Cl. Bernard a montré qu'en piquant le plancher du quatrième ventricule en un point déterminé situé sur la ligne médiane et sur l'espace qui sépare l'origine des deux pneumogastriques, on provoque l'apparition du sucre dans l'urine; la glycosurie commence dès la première heure qui suit l'opération et disparaît après quatre ou cinq heures : d'où l'on conclut que la piqûre agit comme une excitation.

Polyurie. — Si la piqûre porte un peu plus haut, sur l'espace compris entre les origines des nerfs acoustiques et des pneumogastriques, il y a tout à la fois polyurie et glycosurie. Ces deux phénomènes sont du reste le plus souvent associés.

Albuminurie. — Si elle porte plus haut encore, entre les origines des nerfs acoustiques ou au-dessus, il peut n'y avoir que polyurie isolée, avec ou sans *albuminurie*.

Salivation. — On peut aussi provoquer, comme l'a vu également Cl. Bernard, de la salivation par la piqûre du quatrième ventricule.

La glycosurie indique une relation du bulbe avec le foie, organe glyco-sécréteur, d'autant que l'on constate après la piqûre une élévation du taux de la glycose dans le sang artériel et que l'effet (hyperglycémie et glycosurie) ne se produit plus quand préalablement on a coupé les branches du grand sympathique qui vont au foie.

La polyurie indique une relation avec le rein, et l'hypersalivation une relation avec les glandes salivaires.

Sécrétions réflexes. — Ces activités glandulaires diverses peuvent être provoquées par voie réflexe en excitant certains nerfs sensitifs. L'hyperglycémie a été constatée après excitation du bout central du vague (Cl. Bernard), la glycosurie et l'hyperglycémie après excitation du dépresseur (Filehne, Laffont). Ces effets réflexes cessent de se produire quand on a détruit dans le bulbe la région correspondant au point où se fait la piqûre.

Sudation. — L'excitation des nerfs sensitifs produit en général une activité réflexe des glandes de la sueur. Sans chercher à préciser étroitement la région où se fait cette réflexion, on s'est posé (comme pour les vaso-moteurs) la question de savoir si la moelle ou le bulbe y participe ou les deux organes, et dans quelle mesure. Tant que le bulbe a gardé ses connexions avec la moelle, la sudation réflexe se fait facilement. Après la section sous-bulbaire, la réflexion cesserait de se faire selon les uns (Nawrocki), persisterait selon les autres dans une mesure restreinte (Luchsinger, Robillard). C'est cette dernière opinion qui est la vraie : il faut seulement ne pratiquer l'excitation qu'un certain temps (parfois vingt minutes, une demi-heure) après la section de la moelle, pour laisser le temps au choc opératoire de se dissiper ; la vie est entretenue par l'insufflation pulmonaire.

Connexions entre systèmes parallèles. — Dans leur ensemble, les systèmes qui gouvernent les fonctions circulatoire et sécrétoire se ressemblent assez exactement. Leurs nerfs passent dans la chaîne et les ganglions du grand sympathique ; pour les mêmes organes, ils sont contenus dans les mêmes troncs et sortent de la moelle par les mêmes racines. Nous venons de voir qu'ils ont dans la substance grise du bulbe rachidien un lieu commun de systématisation, sans préjudice de ceux qu'ils présentent dans les ganglions sympathiques et la moelle épinière. Ce voisinage de leurs éléments et cette pénétration de leurs centres indiquent des fonctions qui, non seulement sont parallèles, mais qui sont dans une certaine mesure dépendantes l'une de l'autre, ou tout au moins se règlent l'une sur l'autre. Ces associations fonctionnelles impliquent entre les deux systèmes des connexions dans les différents lieux de substance grise. Les masses grises que nous appelons centres vaso-moteurs, sécréteurs ou autres, ne doivent donc pas être comprises comme des organes à limites arrêtées, mais, une fois de plus, comme un ensemble complexe de connexions qui s'établissent ou se rompent suivant les besoins de la fonction.

BIBLIOGRAPHIE.

Moelle épinière.

Fonctions diverses. — Aducco, Fonct. vaso-motr., *Arch. ital. de biol.*, 1891. — Arétée, Morb. acut. et diuturn., lib. 1. — Aladoff, *Bull. Acad. St-Pétersbourg*, 1869.

— Cl. Bernard, Leçon sur la physiol. du syst. nerveux. — Bickel, *Arch. f. Anat. und Phys.*, 1900, p. 481 et 485. — Birge, *Arch. f. Anat. und Phys.*, 1882, p. 481. — Brown-Séquard, Rech. et exp. sur la physiol. de la moelle épinière, thèse inaugurale, Paris, 1846; *Gaz. hebd.*, 1855; *Journ. de la phys. de l'homme et des animaux*, 1858-1863; *Arch. de phys.*, 1868 et suiv. — Calmeil, *Journ. des progrès*, 1828. — Celse, De locis affectis. lib. IV, cap. vii; De admin. an. lib. VIII, cap. vi, viii, ix. — Chauveau, *Union méd.*, 1857; *Journ. de phys.*, 1861. — Edw. Flattau, Innerv. muscl. bras et mains de l'homme, *Arch. f. Anat. und Phys.*, 1899. — Flourens, Rech. exp. sur les prop. et fonct. du syst. nerv., 2e édit., 1840. — Gad, *Arch. f. Anat. und Phys.*, 1883, p. 438, et 1884. p. 304. — Goltz, Moelle lombaire, *Arch. de Pflüger*, 1872 et 1874. — Joteyko, *C. R. Acad. sc.*, 1900, t. CXXX, p. 667. — Legallois, OEuvres complètes, Paris, 1830. — Longet, *Arch. gén. de méd.*, 1841. — Magendie, *Journ. de la phys.*, 1823; Leçons sur les fonct. et les maladies du syst. nerv., 1839, t. II, p. 153. — Mendelssohn, *Arch. f. Anat. und Phys.*, 1885, p. 288. — Regas-Nicolaïdès, Trajet des vaso-moteurs, *Arch. f. Anat. und Phys.*, 1882. — Ollivier, Traité des maladies de la moelle épinière. — Is. Ott, *Journ. of Phys.*, 1879-1880, vol. II, p. 42. — Paladino, *Arch. ital. de biol.*, 1895, t. XXII, p. 39. — Paton, *North. Americ. Med. chir. Review*, 1855. — Porter, Voies resp., *Arch. f. Anat. und Phys.*, 1894. — Stilling, Unters. üb. d. Fonct. d. Rückenmark, Leipzig, 1841. — Schiff, *Pflüger's Arch.*, 1880. — Setchenow, Reflex hemmend. mecan., *Arch. de Pflüger*, 1875. — Van Kempen, *Journ. de la phys.*, 1859. — Van Deen, Traités et découvertes sur la physiol. de la moelle épin., Leyde, 1841; *Froriep's Neue Notizen*, 1843. — Vulpian, Art. Moelle, *Dict. de Dechambre* (bibliographie). — Waller, *Biol.*, 1855. — Wertheimer, *C. R. Acad. sc.*, 1886, t. CII, p. 520.

Faisceaux postérieurs. — Bechterew, *Arch. f. Anat. und Phys.*, 1890, p. 489. — Brown-Séquard, *Journ. de la physiol. de l'homme et des animaux*, 1863. — Engelken, *Arch. de Du Bois-Reymond*, 1867, p. 198. — Fodera, *Journ. de phys. expér.*, 1823, t. III, p. 191. — Giannuzzi, *Centralbl.*, 1873, p. 824. — Jacob et Bickel, *Arch. f. Anat. und Phys.*, 1900. — Pfluger, Die sensorisch. Fonct. d. Rückenmarks. — Pierret, *Arch. de phys.*, 1872, p. 364. — Rolando, *Journ. complém. du Dict. des sc. méd.*, 1828, t. XXX, p. 159 et 204. — Schiff, *C. R. Acad. sc.*, 1854 et 1862; *Lehrb. d. Phys.*; *Gaz. hebd.*, 1859 et 1872. — Schöps, *Arch. de Meckel*, 1827; *Journ. complém. du Dict. des sc. méd.*, 1828, t. XXX, p. 114. — Troisier, *Arch. de phys.*, 1873, t. V, p. 709.

Faisceaux antérieurs et latéraux. — Dittmar, *Sächs. Ges. d. Wiss.*, 1870. — Huizinga, *Pflüger's Arch.*, 1870, t. III, p. 81. — Mendelssohn, *Arch. f. Anat. und Phys.*, 1883, p. 281. — Mischer, *Arbeit. phys. Anstalt. zu Leipzig*, 1870. — Nawrocki, *Arbeit. phys. Anstalt. zu Leipzig*, 1870.

Hémisection de la moelle. — Bottazzi, *Arch. ital. de biol.*, 1895, t. XXIV, p. 466. — Homen, Lésions par hémisect., *C. R. Acad. sc.*, 1883, t. XCVI, p. 1681. — Oppenheim, Zur Br. Seq. Lähmung, *Arch. f. Anat. und Phys.*, 1899, Suppl. p. 1.

Troubles trophiques. — Angelucci, OEil, *Arch. ital. de biol.*, 1894, t. XX, p. 67. — Bentivegna, Vague et symp. pneum. expér., *Arch. ital. de biol.*, 1895, t. XXIV, p. 243. — Brown-Séquard, *Biol.*, 1850, et *Journ. de la phys.*, 1863. — G. Fantino, Myocarde, *Arch. ital. de biol.*, 1888, t. X, p. 237. — Floresco, *Arch. des sc. médicales*, 1899 et 1900. — Morat et Doyon, *C. R. Acad. sc.*, 1897, t. CXXV, p. 124. — Morpurgo, Régén. cell. paralys. vaso-mot., *Arch. ital. de biol.*, 1890. t. XIII, p. 342. — Salvioli, *Arch. ital. de biol.*, 1895, t. XXII, p. 259.

Dégénérations et altérations diverses. — Dejerine, Altér. des nerfs cutanés des escarres. affect. médull., *Arch. de phys.*, 1882, t. IX, p. 499. — Grunbaum, *Journ. of Phys.*, 1894, vol. XVI, p. 368. — Gurrieri, Empoisonnem. phosphoré, *Arch. ital. de biol.*, 1896, t. XXVI, p. 370. — Lamy, Embolies expérim., *Arch. de phys.*, 1895, p. 77. — Sherrington, Second and tertiar degen., *Journ. of Phys.*, 1885, p. 177. — Spronck, Anémie passagère, *Arch. de phys.*, 1888. — Tschiriew, Lèpre, *Arch. de phys.*, 1879, p. 614. — Vassale et Donaggio, Altér. après extirp. glandes para-thyroïd., *Arch. ital. de biol.*, 1897, t. XXVII, p. 124.

Moelle des amputés. — Hayem et Gilbert, *Arch. de phys.*, 1884. — Pellizi, *Arch. ital. de biol.*, 1893, t. XVIII, p. 26. — Vulpian, *C. R. Acad. sc.*, 1872, t. LXXIV, p. 624.

Grand sympathique.

Constitution et rapports. — Birge, Nombre des fibres et des cellules, *Arch. f. Anat. und Phys.*, 1882. — W.-H. Gaskell, *Journ. of Phys.*, 1886, p. 1. — Langley, *Journ. of Phys.*, 1891, p. 375; Larger medull. fibres, *Ibid.*, 1892, p. 786. — Magnien, Rapp. avec les n. craniens, *C. R. Acad. sc.*, 1887, t. CIV, p. 77. — Rochas, Gangl. cerv. sup., *C. R. Acad. sc.*, 1887, t. CIV, p. 865.

Dégénération ; régénération ; chromatolyse. — Eve, Activité et repos, *Journ. of Phys.*, 1896, p. 334 ; Action de la tempér., *Ibid.*, 1900, 1, p. 119. — Langley, Régénér., *Journ. of Phys.*, 1895, t. XVIII, p. 280 ; Dégénér., *Ibid.*, 1900, p. 468. — Lubimoff, Atroph. muscul. progress. spinale, *Arch. de phys.*, 1874, p. 889.

Ganglions ; pouvoir réflexe et inhibiteur. — Dastre et Morat, Pouvoir tonique et inhib., *C. R. Acad. sc.*, 1883, t. XCVI, p. 446. — Fr.-Franck, *Arch. de phys.*, 1894, p. 717. — Langley, Axon-reflex, *Journ. of Phys.*, 1900. — Phisalix, Mouvements des chromatophores des céphalopodes, *Arch. de phys.*, 1892 et 1894. — P. Schultz, *Arch. f. Anat. und Phys.*, 1898, p. 124. — Wertheimer, *Arch. de phys.*, 1890, p. 519. — Wertheimer et Lepage, *C. R. Acad. sc.*, 1899, t. CXXIX, p. 737. — White, *Journ. of Phys.*, 1887, p. 66, et 1889, p. 341.

Innervation du cœur. — Engelmann, Méthode d'observ. *Arch. f. Anat. und Phys.*, 1900, p. 178 et p. 315. — Heymans, *Arch. f. Anat. und Phys.*, 1893. — Lahousse, *Arch. f. Anat. und Phys.*, 1886. — Nicolajeff, *Arch. f. Anat. und Phys.*, 1893.

Inexcitabilité périodique ; phase réfractaire ; extrasystole ; systole post-compensatrice ; conservation du travail du cœur, etc... Voy. Circulation (bibliographie du *Cœur*). — **Théories névrogène et myogène**, Voy. *Dictionnaire de physiologie* de Richet, article Cœur.

Innervation accélératrice. — Albertoni et Bufalini, *Ric. Gab. d. Fisiol. universita di Siena*, Milan, 1876. — Baxt, *Sächs. Ges. d. Wiss.*, 1875 ; *Arch. f. Anat. und Phys.*, 1878. — Cl. Bernard, Leçons syst. nerv., t. I, p. 206 et 382, t. II, p. 449. — V. Bezold, *Acad. de Berlin*, 1862 ; *Journ. Br.-Séq.*, 1862 ; Sur l'innervation du cœur, Leipzig, 1863. — Budge, *C. R. Acad. sc.*, 1852. — E. et M. Cyon, *Arch. f. Anat. und Phys.*, 1867 ; *C. R. Acad. sc.*, 1867 ; *Journal de l'anatomie de Robin*, 1868. — François-Franck, *Biol.*, 1879 ; *C. R. Acad. sc.*, 1879 ; Lab. Marey, 1878-79 ; *Biol.*, 1884. — Legallois, Sur le principe de la vie, Paris, 1812 ; Œuvres, 1811. — Ludwig et Cyon, *Centralbl. f. med. Wissensch.*, 1866 ; *Arch. de Du Bois-Reymond*, 1867. — Ludwig et Thiry, *Wien Sitzungber.*, 1864. — Moleschott, *Revue hebd. de méd. de Vienne*, 1861, 1862, et *Molesch. unters.*, 1862. — Moleschott et Nauwerck, *Molesch. unters.*, 1861. — Moleschott et Hufschmidt, *Ibid.*, 1862. — Reynier, Thèse agr., Paris, 1860. — Schiff, *Arch. f. phys. Heilk.*, 1849 ; *Lehrb. d. Phys.*, 1858 ; *Med. Centralbl.*, 1873. — Schmiedeberg, *Arbeit. a. d. phys. Lab.*, Leipzig, 1871. — Traube, *Berl. klin. Wochensch.*, 1866. — Volkmann, *Müller's Arch.*, 1845. — Wertheimer, *Écho médic. du Nord*, 1898. — Wilson Philipp, *Bibl. univ. de Genève*, t. I.

Innervation modératrice. — Voy. Circulation et Nerfs craniens, Pneumogastrique.

Innervations vaso-motrice et sécrétoire. — Voy. Circulation et Sécrétion.

Poisons du cœur. — Cyon, *Revue générale des sciences pures et appliquées*, 1901. — Filehne, Nitrite d'amyle, *Arch. de Pflüger*, 1874, t. IX. — Klug, *Arch. f. Anat. und Phys.*, 1879, 1880 (Digitale). — Kronecker, Éther, *Arch. f. Anat. und Phys.*, 1881. — Langendorff, Atropine, *Arch. f. Anat. und Phys.*, 1886. — Schiff, *Arch. de Pflüger*, 1871. — S. Schmidt, Chloroforme, *Arch. f. Anat. und Phys.*, 1897. — Weinzweig, Muscarine, *Arch. f. Anat. und Phys.*, 1882.

Sécrétions cutanées. — Arloing, *C. R. Acad. sc.*, 1889, t. CIX, p. 785 ; *Arch. de phys.*, 1890 et 1891. — J.-N. Langley, *Journ of Phys.*, 1895, p. 296. — Luchsinger, *Arch. de Pflüger*, Série de mémoires, 1880 et suiv. — Nawrocki. — Vulpian, *C. R. Acad. sc.*, 1878.

Autres fonctions cutanées. — P. Bert, Nerfs colorateurs. — Langley et Sherrington, Pilo-moteurs, *Journ. of Phys.*, 1891, p. 278. — Pouchet, Color. chez les poissons, *C. R. Acad. sc.*, 1871, t. LXXIII, p. 943.

Utérus. — E. Cyon, *Pflüger's Arch.*, 1873, t. VIII, p. 349. — Frankenhauser, *Iena Zeitsch.*, 1865. — Goltz et Frensberg, *Pflüger's Arch.*, t. IX. p. 552. — Hofmann et V. Basch, Mouv. du col, *Wien. med. Jahrb.*, 1876 et 1877. — Körner, *Phys. Inst. Breslau*, 3e cahier, 1863 ; *Centralbl. f. Med.*, 1864. — Oser et Schlesinger, *Centralbl. f. Med.*, 1871. — Rein, *Pflüger's Arch.*, 1880, Bd. XXIII. — Röhrig, *Arch. f. path. Anat. et Centralbl. f. Med.*, 1879. — Schlesinger, *Wien. med. Jahrb.*, 1873 et 1874. — Spiegelberg, *Zeitsch. f. rat. Med.*, 3e série, t. II, 1857. — Vulpian, Vaso-moteurs.

Vésicules séminales. — Loeb, *Dissert. Giessener Henle und Meissner Bericht. Phys.*, 1865. — Rémy, *Biol.*, 1884.

Rate. — Cl. Bernard, Lig. de l'organisme. — Bochefontaine, Th. doct., Paris, 1873 ; *Arch. de phys.*, 1874 ; *Gaz. méd.*, 1873. — Malassez et Picard, *Biol.*, 1878. — Oehl, *Gaz.*

méd. lomb., 1868. — Picard. *C. R. Acad. sc.*, 1879. — Roy, *Journ. of Phys.*, 1882. — Schiff, Leçons sur la digestion. — Tarchanoff, *Pflüger's Arch.*, 1873. — Vulpian, *Biol.*, 1848 ; Cours de path. exp. et comparée, 1873.

Bulbe rachidien.

Voies de transmission motrices ; pyramides antérieures ; entre-croisement. — Berger, *Neurol. Centralbl.*, 1895. — Brown-Séquard, *Arch. de phys.*, 1889. — Dejerine et Thomas, *Biol.*, 1896. — Hallopeau, Des paralysies bulbaires, Thèse d'agrégation de Paris, 1875. — Jacobsohn, *Neurol. Centralbl.*, 1895. — Magendie, Leçons sur les maladies du syst. nerv. — Pierre Marie, Leçons sur les maladies de la moelle. — Muratoff, *Arch. f. Anat.*, 1893. — Nothnagel, Traité clinique du diagnost. des mal. cérébr., 1885. — Pitres, *Arch. de phys.*, 1884. — Sherrington, *Journ. of Phys.*, 1885 et 1889; *British med. Journ.*, 1890. — Unverricht, *Neurol. Centralbl.*, 1890. — Wertheimer et Lepage, *Arch. de phys.*, 1896.

Voies de transmission sensitives. — Auerbach, *Anat. Anzeiger*, 1889, et *Arch. f. Anat. und Phys.*, CXXI. — Berdez, *Revue méd. de la Suisse romande*, 1892. — Brown-Séquard, *Arch. de phys.*, 1889. — Conty, *Gaz. hebdom.*, 1877 et 1878. — Dejerine et Sottas, *Biol.*, 1895. — Edinger, *Deutsch. med. Wochenschr.*, 1890. — Ferrier et Turner, *Proc. of th. Societ.*, 1894. — Flechsig et Hoesel, *Neurol. Centralbl.*, 1890. — Lœwenthal. *Revue méd. de la Suisse romande*, 1885. — P. Meyer, *Arch. f. Psych.*, t. XIII, 1882. — Moeli et Marinesco, *Arch. f. Psych.*, 1892. — Monakow, *Neurol. Centralbl.*, 1884. — Oddi et Rossi, *Arch. ital. de biol.*, 1891. — Singer, *Sitzungsber. d. K. Acad. Wien*, 1881. — Singer et Munzer, *Denkschr. d. K. Acad. Wien*, 1890.

Hémiplégie alterne. — Laborde, *Biol.*, 1877. — Senator, *Arch. f. Psych.*, 1881. — Vulpian, Thèse de Paris, 1853, et *C. R. Acad. sc.*, 1885.

Nœud vital. — Brown-Séquard, *Journ. de la phys.*, 1858. — Flourens, *C. R. Acad. sc.*, 1851 et 1858; *C. R. Acad. sc.*, 1847; *Soc. philom.*, 1849. — Galien, De anat. administr., Leipzig, 1821, lib. VIII, cap. ix, p. 698 et 697, édit. de Kühn. — Longet, *Arch. gén. de méd.* 1847.

Centre respiratoire. — Aducco, *Arch. ital. de biol.*, 1899, t. XII, p. 99, et 1890, t. XIII, p. 89. — Rich. Arnheim, *Arch. f. Anat. und Phys.*, 1894, p. 1. — Brown-Séquard, *Arch. de phys.*, 1893, p. 131 ; *Biol.*, 1887. — Christiani, *Arch. f. Anat. und Phys.*, 1880. p. 280 et 295, et 1886, p. 180. — Frédéricq, Innerv. resp. chez le Poulpe, *C. R. Acad. sc.*, 1879, t. LXXXVIII, p. 346. — Gad, *Arch. f. Anat. und Phys.*, 1893, p. 175. — Gad et Marinesco, *Arch. de phys.*, 1893. — Gierke, *Arch. v. Pflüger*, 1872, t. VII, p. 583. — Girard, Rech. sur l'app. resp., Genève et Bâle, 1891. — Laborde, *Traité de phys.* — Langendorff, Excitation..., *Arch. f. Anat. und Phys.*, 1881, p. 519 ; *Ibid.*, Insectes..., 1883, p. 80 ; *Ibid.*, 1887, p. 237 ; *Ibid.*, 1888, p. 283 ; *Ibid.*, 1893, p. 397. — Lewandowsky, *Arch. f. Anat. und Phys.*, 1896, p. 195 et 483. — Loewy, *Arch. f. Anat. und Phys.*, 1887, p. 472. — Newell Martin et Booker, *Journ. of Phys.*, 1878-79, vol. 1, p. 370. — Meyer, Innerv. resp. chez nouv.-né, *Arch. de phys.*, 1894, p. 472. — Mislawsky, *Centralbl. f. Wiss.*, 1885. — W.-T. Porter, *Journ. of Phys.*, 1895, p. 455. — Schiff, *Arch. v. Pflüger*, 1870, t. IV, p. 225. — Speck. Régulation..., *Arch. f. Anat. und phys.*, 1896, p. 465.

Phonation. — Duval et Raymond, *Arch. de phys.*, 1879. — Frause, *Berlin. klin. Wochenschr.*, 1890. — Raugé, *Arch. de phys.*, 1892, p. 730. — Semon et Horsley, *Philos. Tran.* CLXXXI, p. 487. — Vulpian, Leçons sur le syst. nerveux.

Mimique. — Bechterew, *Arch. de Pflüger*, 1887. — Brissaud, Leçons sur les maladies du syst. nerveux, 1895.

Toux. — Koths, *Arch. de Pflüger*, 1874. — Schiff, Recueil de mémoires, II, p. 494. — Vulpian, *Arch. de phys.*, 1882.

Éternuement. — Luchsinger, *Arch. de Pflüger*, 1882. — Sandmann, *Arch. de Pflüger*. — Wertheimer et Surmont, *Biol.*, 1888.

Vomissement. — Harnach, *Arch. f. Path. und Pharm.* — Hlasko, Dissert. Dorpat; *Jahresb. f. Phys.*, 1887. — Tumas, *Jahresb. f. Phys.*, 1887.

Coordination des réflexes ; convulsions. — Biswanger, *Arch. f. Psych.*, XIX. — Heubel, *Arch. de Pflüger*, IX. — Luchsinger, *Arch. de Pflüger*, 1878 et 1880. — Luchsinger et Guillebeau, *Arch. de Pflüger*, XXVIII et XXXIV. — Nothnagel, *Arch. f. Anat. und Phys.*, IV. — Owsjanikow, *Berichte d. Ges. d. Wiss. Leipzig*, 1874. — Wertheimer, *Journ. de l'anat.*, 1886.

Locomotion. — Fano, *Arch. ital. de biol.*, 1883. — Schrader, *Arch. de Pflüger*, 1887. — Steiner. *Jahresb. f. Phys.*, 1885. — Tarchanoff, *Biol.*, 1895.

Clignement des paupières. — Eckhard, *Centralbl. f. Phys.*, 1895. — Exner, *Arch. de Pflüger*, VIII. — Laborde, Traité de phys. — Langendorff, *Arch. de Pflüger*, 1887. — Mendel, *Berl. klin. Wochenschr.*, 1887. — Nickell, *Arch. de Pflüger*, 1888. Vulpian, *Sec. phys. coup. Syst. nerv.*

Mastication et succion. — Basch, Succion, *Centralbl. f. Phys.*, 1891. — Brown-Séquard, *Biol.*, 1849. — Gad, *Arch. de Pflüger*, 1891.

Déglutition. — Meltzer, Irradiation..., *Arch. f. Anat. und Phys.*, 1883, p. 209. — Steiner, Schluck... und Athm... *Arch. f. Anat. und Phys.*, 1883, p. 57. — Waller et Prévost, Réflexe déglutit., *Arch. de phys.*, 1870, p. 185 et 343.

Centre vaso-moteur. — Aducco, *Arch. ital. de biol.*, XIV, p. 37. — Dastre et Morat, *Biol.*, *Arch. de phys.* et *C. R. Acad. sc.*, 1878 et suiv. — Deganello, Act. tempér..., *Arch. ital. de biol.*, 1900, t. XXXIII, p. 186. Dittmar, *Bericht. d. Sachs. Gesellsch.*, 1871, p. 135, et 1873, p. 449. — Owsjanikow et Tschiriew, *Bull. Acad. de Saint-Pétersb.* et *Arch. de phys.*, 1873, p. 90. — Pierret, Relation entre le syst. vaso-mot. bulbe et moelle, *C. R. Acad. sc.*, 1882, t. XCIV, p. 225. — Sander et Kronecker, Verbreitung der Gefässnerven Centren, *Arch. f. Anat. und Phys.*, 1882, p. 422. — Schiff, *Unters. z. Phys. d. Nervensyst.*, Francfort, 1855; Recueil de mémoires, II, 578. — Stefani, Act. temperat., *Arch. ital. de biol.*, 1895, t. XXIV, p. 424. — Vulpian, *C. R. Acad. sc.*, 1874, t. LXXVIII, p. 472.

Dilatation de la pupille. — Chauveau, *Journ. de la phys.*, 1861. — François-Franck, *Trav. labor. de Marey*. — Gruenhagen, *Arch. de Pflüger*, XL. — Gruenhagen et Cohn, *Jahresb. f. Phys.*, 1884. — Hensen et Voelkers, *Arch. f. Ophtalm.*, 1878, XXIV. — Kowalesky, *Arch. slav. de biol.*, I, p. 92. — Luchsinger, *Arch. de Pflüger*, XXII, 1880. — Salkowsky, *Zeitsch. f. rat. Med.*, 1867. — Schiff, *Phys. d. Nervensyst.*, 1858.

Sécrétion sudoripare. — Fredericq, *Arch. de biol.*, 1882. — Luchsinger, *Arch. de Pflüger*, XVI. — Nawrocki, *Centralbl. Wiss.*, 1879.

Sécrétion biliaire. — Heidenhain, *Herman's Handbuch*. — Vulpian, *Biol.*, 1861.

Sécrétion lacrymale. — Seck, *Journ. de la phys.*, 1885.

Sécrétions digestives. — Heidenhain, Sécrét. pancréat., *Arch. de Pflüger*, 1875. — Morat, *Biol.*, 1894. — Pawlow, *Arch. de Pflüger*, Suppl., 1893. — Pawlow et Schumova Simanowskaja, *Centralbl. f. Phys.*, III.

Piqûre diabétique. — Cl. Bernard, Leçons sur la physiol. expér., 1855. — Chauveau et Kaufmann, *Biol.*, 1893. — Cyon et Aladoff, *Bull. Acad. des sc. de Saint-Pétersb.*, 1871. — Hédon, Piqûre après extirp. du pancréas, *Arch. de phys.*, 1894, p. 269. — Kauffmann, *C. R. Acad. sc.*, 1894, t. CXVIII, p. 894; *Arch. de phys.*, 1895. — Kuhne, *Gottinger Nachricht*, 1856. — Schiff, *Journ. de l'anat.*, 1866. — Spalitta, Polyurie, *Sicilia medica*, 1889. — Vulpian, Vaso-moteurs.

Associations fonctionnelles des centres bulbaires. — Brown-Séquard, *Journ. de la phys.*, 1858. — Burdon-Sanderson, *Handbook of Phys.*, 1873, p. 315. — L. Fredericq, *C. R. Acad. sc.*, 1882. — Hering, *Sitz. Acad. Wien*, 1869. — Knoll, *Sitz. Acad. Wien*, 1885. — Meltzer, *Arch. de Pflüger*, 1883. — Steiner, *Arch. de Pflüger*, 1883. — Wertheimer et Meyer, *Arch. de phys.*, 1889 et 1890.

CHAPITRE IV

SYSTÉMATISATIONS SUPÉRIEURES.

Morphologiquement et fonctionnellement, les masses nerveuses situées au-dessus de la protubérance, le cervelet et le cerveau proprement dit, forment des systèmes à la fois très importants et très différenciés. Ces systèmes sont sans communication directe avec les organes périphériques, les uns récepteurs des impressions, les autres exécuteurs des fonctions. Ils reçoivent des excitations déjà transformées et associées entre elles dans la moelle épinière et allongée ; ils agissent de même sur des associations motrices appartenant à ces deux organes et qui sont intérieurement organisées pour l'exécution des actes ou mouvements définis, dont ils ont pouvoir de déterminer la réalisation. Moins encore que les systèmes inférieurs auxquels ils commandent, ils sont cause *efficiente* de mouvement; et plus qu'eux aussi ils sont cause *directrice* dans les transformations d'énergie qui s'opèrent au cours de l'exécution des fonctions. Par leur situation hiérarchique au-dessus des précédents et par leur organisation intérieure, ils opèrent ces synthèses qui dans l'ordre tant de la sensibilité que du mouvement font l'unité des fonctions et, par la dépendance mutuelle et l'accord harmonique de celles-ci, l'unité du *moi*.

A. — L'ORIENTATION ET L'ÉQUILIBRATION : LE CERVELET.

Au-dessus de la moelle épinière et allongée, qui est en rapport direct avec les organes sensitifs et musculaires et qui les associe déjà dans des actes simples, sont superposés des cycles sensitivo-moteurs, qui représentent des systèmes de perfectionnement.

Ceux-ci sont plus ou moins multipliés, suivant le degré d'organisation de l'animal considéré, et diversement différenciés suivant la nature de ses fonctions. Ils correspondent à une division du travail intérieur du système nerveux.

Ils représentent des modalités spéciales de la sensi-motricité, dont l'arc réflexe bulbo-médullaire symbolise la forme la plus simple. Reliés par ce dernier aux organes récepteurs des excitations et exécuteurs des mouvements, ils adaptent le système bulbo-médullaire à des fonctions déterminées, qui diffèrent suivant chacun d'eux. De la sorte, ces systèmes supérieurs emploient les systèmes inférieurs, comme exécutants de leurs fonctions : ils n'ont pour cela qu'à utiliser les associations élémentaires préparées par l'organisation propre de ces systèmes simples, en les englobant dans les associations plus étendues et d'ordre spécifique qu'ils réalisent. De la sorte, ils leur font exécuter des actes, dont la complexité et la variété dépassent considérablement celles des actes exécutables, par ces systèmes réduits à l'état d'isolement.

Le cervelet est un système supérieur de ce genre. Il a des relations propres avec la sensibilité et avec le mouvement. Ses principales excitations lui viennent d'organes eux-mêmes spéciaux (canaux demi-circulaires) ainsi que du tact et de la vision. A son tour il en envoie aux muscles (principalement ceux de la vie de relation) dont il maintient l'activité tonique, en même temps qu'il harmonise leurs contractions, en vue du maintien de l'attitude du corps dans la station debout et dans la marche.

Historique. — La situation particulière et la configuration extérieure du cervelet ont suscité, sur son fonctionnement, un certain nombre d'hypothèses qu'il est à peine besoin de rappeler. Pour Willis, c'était le centre des fonctions organiques. — Rolando compare ses lames aux couples de la pile de Volta et en fait un générateur de force motrice. — Gall y place le penchant à l'amour physique et l'instinct de la propagation.

L'étude expérimentale et analytique de ses fonctions s'ouvre avec Flourens, en 1824. Les recherches de cet auteur ont été faites sur un grand nombre d'espèces, principalement sur les oiseaux et en particulier sur le pigeon, mais aussi sur les mammifères. Ses animaux survivent et lui laissent voir les effets consécutifs de l'ablation. Ses expériences, méthodiquement faites, lui livrent des faits bien déterminés, qui, même complétés par ses successeurs, continueront à former la base de nos connaissances sur les fonctions du cervelet.

Fonction de coordination motrice. — Il voit nettement qu'après l'ablation du cervelet, la sensibilité, l'intelligence, la volonté sont conservées; l'animal n'a pas perdu l'aptitude à se mouvoir, mais ses mouvements, auparavant ordonnés, sont devenus désordonnés et ne réalisent plus le but auquel tend sa volonté ou son instinct. — Ce désordre est d'autant plus grand qu'on considère des mouvements mieux ordonnés; dans l'oiseau qui vole, c'est le vol; dans l'oiseau qui marche, la marche; dans l'oiseau qui nage, la nage. Les mouvements de locomotion sont perdus, mais ceux de conservation subsistent. Si on fait dans le cervelet des retranchements successifs, couche par couche, la désharmonie va en augmentant; l'organe une fois enlevé, l'animal est incapable de se tenir debout ou de progresser.

Flourens conclut de ces faits à une fonction de coordination des mouvements (volontaires) dont le siège est dans le cervelet. L'attribution à cet organe particulier d'une fonction de coordination dépasse sans doute les faits observés et même la pensée de l'auteur; car il remarque lui-même que la nutrition reste coordonnée et nous savons, d'autre part, que la coordination des mouvements de locomotion peut être détruite par la lésion d'organes autres que le cervelet (ataxie locomotrice d'origine tabétique; lésion des racines et des cordons de la moelle épinière).

Dans l'adaptation des mouvements musculaires à une fonction déterminée comme la station ou la marche, le rôle du cervelet n'est pas exclusif, mais il est néanmoins essentiel, et à défaut d'un terme particulier qui nous manque encore pour préciser ce rôle, on a dû en prendre un d'une valeur plus générale pour fixer les idées.

Les expériences de Bouillaud, de Lussana, de Wagner, de Vulpian et de beaucoup d'autres amenèrent ces auteurs à la constatation de faits en somme peu différents de ceux de Flourens et à des conclusions qui se rapprochent des siennes. Lussana, dans l'interprétation qu'il donne de ces faits, considère le cervelet comme l'organe du sens musculaire. La localisation qu'on attribue présentement au sens musculaire est tout autre : on le situe dans l'écorce des circonvolutions centrales du cerveau, avec le sens du tact dont il est une forme dépendante. En tant que le sens musculaire est la conscience plus ou moins claire que nous avons de nos muscles et de leur état de contraction, cette localisation n'est pas discutable; mais il faut considérer que, comme la motricité a des formes ou expressions très différentes dans le cerveau et dans le cervelet, la sensibilité peut affecter de même des modalités différentes, dans les organes nerveux que traverse l'excitation centripète, avant d'arriver à l'écorce cérébrale. Le cervelet reçoit des muscles, en même temps que des organes du tact, de plusieurs sens, des excitations que cet organe réfléchit sous forme de mouvement, ce en quoi on peut le considérer comme un organe de sensibilité, mais d'une sensibilité non uniquement musculaire.

Les expériences de Magendie, Longet, Schiff, ont porté en particulier sur les pédoncules cérébelleux et les mouvements de rotation qui résultent de leur section.

Fonction de l'équilibre. — Depuis Flourens, le travail le plus important sur les fonctions du cervelet est dû à Luciani (1884-1891). La longue survie de ses animaux, l'étude détaillée des symptômes et de leur évolution, les progrès de l'anatomie de structure qui se poursuivent parallèlement donnent un très grand intérêt à cet œuvre. Ferrier a aussi grandement contribué à la connaissance des fonctions du cervelet, par la méthode des excitations localisées qu'il applique à cet organe. Il substitue l'excitation électrique aux excitations mécanique ou chimique, employées par Weir Mitchell et Nothnagel. Luciani distingue soigneusement entre les symptômes dus à l'*irritation*, ceux de *déficit* et ceux de *compensation* ou de *suppléance*, qui se succèdent, non sans coexister dans les phases intermédiaires. — Après Leven, Ollivier, Luys, Weir Mitchell, il attire l'attention sur la *diminution de la force musculaire,* qui se montre après la période d'irritation. Les contractions sont plus faibles *du côté correspondant à la lésion*; c'est ce qu'il appelle l'*asthénie.* Le tonus musculaire est diminué, d'où les flexions des membres et les chutes fréquentes dans la position debout : *atonie.* Il y a du tremblement, des oscillations, de la titubation, dus à ce que les impulsions nerveuses ne se somment pas avec une suffisante rapidité : c'est l'*astasie.* Laborde conteste néanmoins ces interprétations, auxquelles il préfère l'explication de Flourens.

De ces faits, Luciani conclut que le cervelet a le pouvoir d'augmenter l'énergie potentielle du système nerveux (action sthénique, tonique, statique) : ce qui est prendre l'apparence pour la réalité, aucune partie du système nerveux n'étant capable de fournir de l'énergie potentielle à aucun organe nerveux ou non nerveux, mais ayant seulement pouvoir de lui faire dépenser celle qui lui vient des aliments et qui est contenue dans ses réserves.

L'affaiblissement du tonus musculaire par suite de la destruction du cervelet n'est pas moins un fait très réel et qui a été constaté par tous les expérimentateurs dans les mêmes circonstances. Cette influence que possède le cervelet, pour maintenir le tonus musculaire, a son point de départ au moins principal, d'après Ewald, dans les excitations qu'il reçoit du nerf vestibulaire : la section de ce nerf a des effets semblables à la destruction du cervelet.

Influence trophique. — L'ablation du cervelet détermine consécutivement des dégénérations de divers ordres, soit dans les faisceaux de fibres qui établissent ses connexions avec les organes, soit dans les muscles et même la peau (Luciani). Ces troubles de nutrition obéissent aux lois générales qui règlent l'apparition et la marche des dégénérations par lésions nerveuses. Les fibres qui sont coupées dans leur continuité subissent la dégénération wallérienne; l'atrophie secondaire peut ensuite envahir les éléments nerveux ou les organes qui leur font suite.

Anatomie comparée. — Le cervelet existe chez tous les vertébrés; son développement est en rapport avec la complication des conditions qui assurent l'équilibre chez ces animaux. — C'est du moins ce qui ressort d'une étude sommaire de ces conditions et du développement comparé de l'organe en question (Thomas).

Reptiles. — Le cervelet est presque nul chez les reptiles, où il est réduit à une lame transversale placée en travers du quatrième ventricule (couleuvre, crapaud, grenouille, lézard, salamandre terrestre...); — chez la tortue, il forme une masse globuleuse, supérieure à celle d'un des lobes optiques; — chez le crocodile, il présente quelques plis et on y voit deux appendices latéraux (Leuret).

Poissons. — Chez les poissons, il est presque aussi réduit que chez les reptiles (Serres): il a la forme d'une lame allongée, adhérente en avant, libre en arrière, rattachée aux côtés de la moelle épinière. Chez le squale et le requin, il possède deux appendices latéraux.

Chez ces animaux, qui à peu près exclusivement rampent sur terre ou nagent dans l'eau, les conditions de l'équilibre sont simples. Il n'en est plus de même pour les deux classes suivantes.

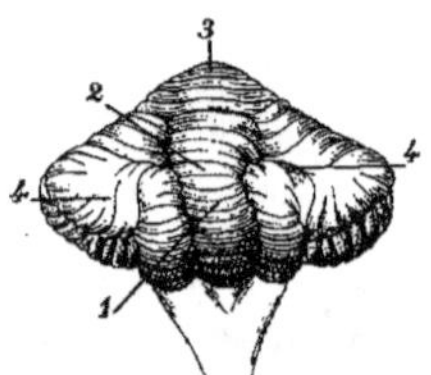

Fig. 150. — *Cervelet du chien.*
A gauche, vu par derrière et en haut. A droite, vu par son côté droit.

1, Pyramide du lobe moyen; 2, extrémité postérieure du processus vermiforme supérieur; 3, son extrémité antérieure; 4, lobe latéral et son lobule postéro-supérieur; 5, flocculus (d'après Ferrier).

Oiseaux. — Chez les oiseaux, le cervelet prend un développement considérable. Il est formé par un seul lobe médian présentant dix à vingt lames parallèles (Leuret). Ce n'est que chez quelques oiseaux que le lobe médian se renfle latéralement (notamment chez le pigeon, l'autruche, la cigogne, etc.). D'après Serres, ce développement serait en concordance avec la force plus grande des ailes et des membres et une aptitude supérieure au vol. Chez les oiseaux, le quatrième ventricule se prolonge dans le cervelet (ventricule de Malacarne). Thomas a vu que, contrairement à l'opinion de Serres, leur cervelet possède quatre noyaux, deux latéraux plus volumineux correspondant vraisemblablement aux

Fig. 151. — *Cervelet du singe.*
A gauche, vu par en haut et en arrière. A droite, vu du côté gauche.

3, Processus vermiforme supérieur, en arrière duquel on voit le lobe moyen avec sa pyramide; 4, lobes latéraux avec leur lobule semilunaire; 5, flocculus (d'après Ferrier).

corps ciliaires, et deux médians plus petits séparés par le ventricule de Malacarne, qui représentent le noyau du toit. Cet auteur s'est assuré que la structure du cervelet est essentiellement la même chez les reptiles et les oiseaux que chez les mammifères.

Mammifères. — Chez les mammifères, les masses latérales, encore à peine indiquées chez les oiseaux, prennent un volume relatif considérable. Le nombre des lames est variable : 9 chez la chauve-souris, 12 chez le rat, 32 chez le lapin, 66 chez le mouton, 75 chez le bœuf, 175 chez le cheval.

Encore réduits chez les rongeurs, les lobes latéraux vont en se développant chez les ruminants, les solipèdes, les carnassiers et surtout chez le dauphin et le singe. Tandis que le lobe médian est inversement proportionnel aux hémisphères cérébraux, les lobes latéraux leur sont au contraire directement proportionnels. Les fonctions du premier seraient donc, comme le dit Nothnagel, différentes de celles des seconds, quitte à préciser la nature des unes et des autres. A cet égard, l'opinion de Serres paraît la plus vraisemblable et les hémisphères cérébelleux interviendraient de préférence dans des actes de nature volontaire (Thomas).

1. — *Conditions de l'équilibre.*

Les conditions de l'équilibre ont été bien analysées par les auteurs qui ont étudié expérimentalement cette fonction, et en particulier par Thomas. Étant donnée l'attitude du corps humain et de celui des animaux, dans la station debout, l'équilibre est réalisé, comme on sait, quand *la verticale du centre de gravité passe à l'intérieur du polygone qui représente la base de sustentation.* Le corps est alors soumis à deux forces égales et contraires, dont l'une, la pesanteur, est représentée par la verticale indiquée, l'autre (force résistante) par les appuis (membres de l'animal) portant sur le sol.

Dans l'attitude debout. — Ces appuis sont des systèmes articulés, que l'animal rend rigides par la contraction de certains de ses muscles (extenseurs) et qu'il solidarise de plus avec le tronc par la contraction d'autres muscles. Le tronc lui-même, avec son prolongement supérieur (la tête), est un système formé de pièces mobiles, qui devient rigide par la contraction des muscles qui s'y insèrent. Cette rigidité relative est ainsi obtenue par l'action tonique d'un grand nombre de muscles, dont les efforts sont antagonistes dans de multiples directions. Cet antagonisme existe d'un côté à l'autre pour les muscles de même nom ; il existe encore d'avant en arrière, pour les membres postérieurs et antérieurs des animaux ; il existe également pour les muscles de chaque segment du squelette isolément considéré (extenseurs, fléchisseurs, adducteurs, abducteurs, rotateurs dans un sens ou dans l'autre, etc.). *La conservation de l'équilibre, dans la station immobile, implique,* comme on voit, *une contraction, coordonnée en direction et en grandeur, de presque tous les muscles du corps.*

Dans la marche. — Dans la marche, les appuis du corps se limitent et changent, en se succédant, d'une façon périodique, en même temps qu'ils se reportent en avant les uns des autres, dans une direction déterminée. Chez l'homme, ils se font alternativement sur l'un et l'autre pied ; chez les quadrupèdes, ils se limitent à trois, puis à deux membres, dans la direction diagonale (marche ordinaire, trot) ou dans la direction antéro-postérieure (amble). L'équilibre, à chaque instant menacé, se rétablit par des changements compensateurs dans l'attitude des autres parties du corps, changements qui ont pour but et pour effet de faire passer toujours la verticale du centre de gravité dans l'aire plus ou moins restreinte de la base de sustentation (oscillations latérales du tronc, rotation en sens inverse du bassin et des épaules ; oscillations inverses du bras et de la jambe du même côté, etc.).

Des compensations analogues se produisent dans tous les actes de même nature nécessitant, comme condition première de leur exécution, la conservation de l'équilibre (course, saut, etc.). Tous ces actes dépensent une certaine quantité d'énergie musculaire, qui est employée à vaincre des résistances et obtenir le mouvement dans une direction déterminée ; mais, de plus, une autre dépense est demandée au tissu musculaire dans son ensemble, pour empêcher la chute ; cette dépense se continue dans la station debout ; elle cesse seulement dans le décubitus total du corps de l'homme ou de l'animal étendu sur un plan.

I. **Relation réciproque entre l'effet moteur et l'excitation sensitive**. — Pour que les muscles du corps, par leur contraction d'ensemble, aboutissent à ces compensations, il faut qu'à travers le système nerveux il se développe *un cycle d'excitation, en vertu duquel les contractions statiques individuelles de tous ces muscles se règlent sur l'effet obtenu*, prêtes à se renforcer dans le sens de la chute et à se modérer dans le sens opposé. C'est, du reste, le procédé général par lequel s'établissent tous les équilibres dans l'organisme, lesquels sont tous des équilibres mobiles (circulation, respiration, calorification, composition du sang, des humeurs, des organes, etc., etc.). C'est aussi une fonction très générale du système nerveux et comme la fin de son organisation, que d'assurer ces équilibres dans l'économie animale. Il n'est presque aucun système réflexe qui n'ait pour fonction d'y participer.

La coordination des mouvements, des actes, quels qu'ils soient, n'est donc pas une fonction spécifique d'un système déterminé ; mais l'équilibre de notre corps, dans la station et la progression, est un cas particulier de la coordination des mouvements et, comme tel, il a, dans le cervelet, sa représentation la plus différenciée.

Il faut comprendre, en effet, que cette différenciation n'implique pas l'isolement : le cervelet est un organe nerveux superposé à des systèmes inférieurs (myélaxe), dans lesquels se réalise l'action motrice et s'ébauche déjà l'action coordinatrice ; il est, de plus, relié à des systèmes supérieurs, qui lui commandent et qui de plus l'aident ou le suppléent, quand son action propre fait défaut (couche optique, corps strié, écorce cérébrale).

II. **Sens de l'équilibre**. — Nous avons un *sens de l'équilibre*, qui est une modalité de ce qu'on appelle encore le *sens de l'orientation* ou le *sens de l'espace*. Le mot *sens* a, dans la langue physiologique, une signification très spéciale, mais il en a une également générale, et c'est le cas ici. Un sens proprement dit est défini, d'un côté, par la nature spécifique de l'excitant qui agit sur lui (vibration lumineuse ou sonore, etc.), de l'autre par la nature également spécifique de la sensation qui en résulte (sensation visuelle ou auditive, etc.).

Nous ne voyons point d'excitant ou d'énergie spécifique qui corresponde au sens de l'espace. On dit bien que les notions de direction dans l'espace nous sont données par un appareil spécial, les canaux demi-circulaires, et on prouve expérimentalement que la destruction de ces canaux amène des perturbations graves de l'équilibre ; mais l'expérience prouve aussi qu'après la lésion de ces canaux, cette fonction peut se rétablir. La section des deux nerfs de la huitième paire amène des troubles de l'ouïe (nerf cochléaire) et des troubles de l'équilibre (nerf vestibulaire) : après cette mutilation, l'ouïe est à jamais perdue, l'équilibre au contraire redevient possible après quelques semaines. C'est que si ce dernier puise dans les canaux demi-circulaires ses indications principales, il en recueille également d'ailleurs. Les sensations tactiles, musculaires, articulaires, visuelles contribuent à le réaliser. L'équilibration n'est pas un sens spécifique, mais une fonction qui fait appel à plusieurs sens ; il y a autant de façons de la compromettre qu'il y a de sens qui y concourent ; le déficit de chacun d'eux peut être comblé plus ou moins par l'action suppléante et compensatrice des sens qui subsistent (Lugaro).

Non seulement nous ne trouvons à la périphérie ni excitant spécifique ni organe exclusif adaptés au sens spatial, mais les excitations fournies par les canaux demi-circulaires ne paraissent pas arriver à la conscience. Recueillies par une série de noyaux (noyaux du toit, de Deiters, de Bechterew, dorsal, descendant), les excitations transmises par le nerf vestibulaire sont dirigées vers le cervelet, vers les noyaux moteurs du bulbe (oculo-moteurs), vers la partie supérieure de la moelle ; mais on ne leur connaît pas de chemin nettement tracé du côté de l'écorce cérébrale. Les fibres, sans doute peu nombreuses, qui représentent cette voie ne se rendent pas à la zone auditive, mais plutôt à la zone tactile.

Ces excitations tombent dans un système réflexe, qui régit la position des yeux, de la tête et du tronc et gouverne ainsi plus ou moins directement la fonction d'orientation et d'équilibre, par une adaptation inconsciente des contractions des muscles à cette fonction. Celles de ces excitations qui vont au cervelet agissent par cet organe d'une façon tout aussi inconsciente sur le tonus musculaire, pour compenser à chaque instant les déplacements (dans la station ou la marche), qui peuvent compromettre cet équilibre.

III. **Action automatique**. — Tout cycle réflexe implique l'association de la sensibilité au mouvement; et de plus, nous voyons que cette association est adaptée à un but particulier. Nos actes conscients volontaires rentrent dans cette définition. L'équilibre de la station et de la marche peut être un acte de ce genre, chez l'individu atteint de paralysie ou de destruction cérébelleuse, qui supplée au mécanisme absent par des efforts raisonnés ; chez l'enfant qui apprend à se tenir debout et à marcher ; chez l'individu même qui, dans la réalisation d'un équilibre difficile, met son cerveau au secours de son cervelet. Mais ce sont là des actes cérébraux : l'action cérébelleuse est *automatique*, c'est-à-dire sans participation de la conscience claire et de la volonté personnelle. En se constituant à l'état de système fonctionnellement différencié, le cervelet a certainement acquis des aptitudes particulières, au point de vue de la sensibilité comme au point de vue de la motricité ; seulement, perdues dans le domaine de l'inconscient, les premières nous échappent plus complètement encore que les secondes.

IV. **Sources de l'excitation**. — Ainsi, pour réaliser l'effet moteur par lequel il assure l'équilibre, le cervelet puise des excitations dans plusieurs sens. En premier lieu, il en reçoit, par le *nerf vestibulaire*, d'un appareil spécial annexé au sens de l'ouïe : *les canaux demi-circulaires*. FLOURENS, le premier, a vu la relation fonctionnelle très étroite qui existe entre cet appareil et le cervelet. Les lésions des canaux demi-circulaires provoquent les mêmes troubles que celles du cervelet : suivant qu'on lèse un canal ou l'autre, on produit des désordres de l'équilibre, rotation dans un sens ou dans l'autre et dans différentes directions, comme si on enlevait des portions dyssymétriques du cervelet. C'est de là que l'individu tire ses images d'*attitude céphalique*, lesquelles sont dues aux analyses du nerf ampullaire de l'oreille interne.

Le cervelet reçoit, d'autre part, des excitations de deux sens importants, le sens *usuel* et le sens *tactile* ; de ce dernier il en reçoit de superficielles et de profondes, surtout de profondes lui venant des muscles et des articulations, et surtout des articulations. Celles-ci fournissent à l'individu les images de ses *attitudes segmentaires*. C'est ainsi que chez l'homme, dans la station debout, l'attitude réciproque du pied et de la jambe joue un rôle important (surtout quand les images ampullaires sont troublées). Il en résulte ce qu'on peut appeler une sorte de sens pédieux, percevant les oscillations de la jambe sur le pied et permettant aux muscles tibio-tarsiens d'accomplir des efforts précis, destinés à corriger les écarts d'équilibre aussitôt qu'ils tendent à se produire (BONNIER).

V. **Marche des excitations**. — Le cervelet est, comme la moelle, comme le bulbe, susceptible de réfléchir les excitations qui lui viennent des organes des sens, sur les organes du mouvement ; il est, en effet, rattaché à la moelle épinière par des fibres, les unes ascendantes (faisceau cérébelleux direct), les autres descendantes, qu'il associe par sa substance grise, en vue de fonctions particulières (l'équilibre) pouvant s'exercer sans l'intervention de la conscience. Mais de plus, et à l'exemple encore de la moelle et du bulbe, le cervelet se trouve placé sur un courant général d'excitation, qui passe par le cerveau. Nous le voyons, en effet, en relation avec la couche optique et l'écorce par les pédoncules cérébelleux supérieurs, qui le mettent en échange d'excitations avec ces organes.

Les excitations sensitives d'origine bulbo-médullaire peuvent donc le dépasser et atteindre dans le cerveau : 1° la couche optique, 2° l'écorce. De ces deux régions de substance grise, nous savons qu'elles peuvent descendre de nouveau sur l'axe gris bulbo-médullaire par les pédoncules cérébraux : c'est la voie qu'on suppose le plus volontiers. Nous n'avons aucune raison d'admettre que cette voie soit exclusive et nous savons, d'autre part, qu'elle-même n'est pas simple. Les fibres du faisceau pyramidal (c'est-à-dire moteur) qui descendent de l'écorce émettent, en traversant la protubérance, des collatérales qui entrent en relation avec des fibres du pédoncule moyen, lesquelles vont au cervelet. C'est même, pour nous, un détail de structure dont le rôle demeure inexpliqué, que ce partage des excitations descendantes sur le trajet de la même fibre qui en fournit de la sorte à la fois au cervelet et à l'axe gris bulbo-médullaire. D'autre part, les pédoncules cérébraux contiennent des éléments ascendants (c'est-à-dire sensitifs) qui vont à la couche optique et à l'écorce (ruban de Reil thalamique et ruban de Reil cortical) ; et de ces régions grises l'excitation a des voies pour revenir au cervelet par les pédoncules cérébelleux supérieurs. Du cervelet, elle a de nouveau des voies efférentes pour la ramener à la moelle par les pédoncules inférieurs et moyens.

L'anatomie, par ses moyens propres, nous montre en effet que l'excitation peut se propager dans les deux sens (fibres afférentes et fibres efférentes) dans chacun des trois pédoncules qui, de chaque côté, rattachent le cervelet aux masses sus- et sous-jacentes. Il en

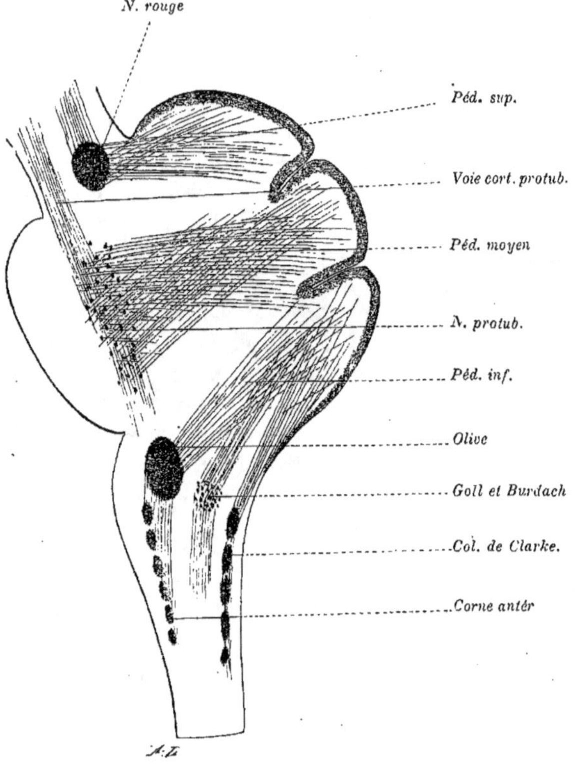

Fig. 152. — *Connexions du cervelet avec le cerveau, la protubérance et la moelle* (schéma de CHARPY).

résulte la possibilité de cycles à direction générale, tantôt dans un sens, tantôt dans l'autre, qui peuvent donner lieu à des courants capables de s'inverser suivant les circonstances, ou même de coexister, puisque des éléments à conduction à la fois inverse et indépendante existent dans chacun des trois pédoncules.

Le cervelet et les mouvements réflexes. — Le cervelet maintient l'équilibre. On lui reconnaît une action sur le tonus musculaire. On lui attribue également, dans le même ordre d'idées, un rôle sur l'exécution d'un grand nombre de mouvements réflexes qui, au dire de quelques auteurs, deviendraient sans lui impossibles, au moins chez l'homme (BASTIAN). Certains faits pathologiques ont été invoqués en faveur de cette influence cérébelleuse sur les actions réflexes.

A la suite des compressions, destructions, interruptions de la moelle dorsale, on voit disparaître les réflexes tendineux (paralysie flasque); à la suite des lésions frappant l'hémisphère cérébral ou ses faisceaux blancs au-dessus de la protubérance on voit, au contraire, ces réflexes s'exagérer (contraction post-hémiplégique). Van GEHUCHTEN explique ces différences cliniques par la différence du siège de la lésion qui, dans le cas de lésion médullaire, supprime l'influence du cervelet et, dans le cas de lésion cérébrale, la laisse persister.

Bien plus, dans ce dernier cas ces réflexes sont souvent exagérés : c'est donc que le cerveau, en plus de l'action motrice ou excitatrice qu'il exerce certainement sur la moelle épinière (fibres cortico-spinales), en représente une autre de nature inhibitrice qu'il exerce sur le cervelet (fibres cortico-ponto-cérébelleuses).

La disparition de cette influence d'arrêt, dans le cas de destruction cérébrale, serait suffisante, malgré le déficit de l'action excitatrice cérébrale, pour laisser au cervelet un rôle prépondérant d'excitation de la moelle épinière par ses fibres descendantes (cérébello-spinales).

Noyau rouge. — Van GEHUCHTEN fait, d'autre part, une distinction entre les réflexes tendineux (ayant pour point de départ l'excitation mécanique d'un tendon) et les réflexes cutanés (produits par l'irritation de la peau). Ces derniers se développent, suivant cet auteur, dans un arc qui se ferme dans l'écorce: ils sont liés à l'intégrité de la voie *cortico-spinale*; les premiers se développent dans un arc qui se ferme dans le noyau rouge : ils sont liés à l'intégrité de la voie *rubro-spinale*; sur les réflexes tendineux, la voie cortico-spinale exerce une influence plutôt inhibitrice.

Réflexes médullaires. — Après la section de la moelle (dorsale, par exemple), la possibilité de mouvements réflexes des extrémités inférieures n'a pas totalement disparu, même chez l'homme, où elle est moindre que chez les animaux; mais, d'après les auteurs précédents, ces réflexes ne sont plus les équivalents normaux de ceux qu'on suscite par l'excitation de la peau ou d'un tendon, sur un individu sain ou même atteint de lésions cérébrales. Ils gardent leur intérêt au point de vue de la physiologie générale des centres nerveux; ils n'ont pas de valeur diagnostique pour le siège des altérations cérébrales mésencéphaliques ou médullaires.

DONNÉES ANATOMIQUES. — L'écorce du cervelet est formée de deux couches superposées, l'une d'aspect gris (*couche moléculaire*), l'autre d'aspect jaunâtre (*couche granuleuse*), entre les limites desquelles sont situées les cellules de Purkinje, dont les prolongements dendritiques s'étendent dans la première, tandis que leur prolongement cylindraxile traverse la seconde. Ces éléments sont plus caractéristiques encore de l'écorce cérébelleuse que les cellules pyramidales le sont de l'écorce cérébrale.

Cellules de Purkinje. — Ces cellules ont, du reste, plus d'une analogie avec celles de la deuxième couche du cerveau. Leur corps est surmonté d'un panache de dendrites, qui s'étend en ramifications libres dans la couche moléculaire, et il est continué profondément par un cylindraxe, qui se perd dans la substance médullaire ; ce cylindraxe émet des collatérales, qui remontent dans la couche moléculaire, comme pour prendre contact avec les dendrites des cellules voisines. Y prennent-elles ou y distribuent-elles des excitations? Nous

nous retrouvons, une fois de plus, en présence de cette question non résolue par l'expérience. Il semble plutôt que les excitations qui s'écoulent par le cylindraxe, dans le sens qu'on appelle cellulifuge, doivent le quitter partiellement par ces collatérales et se propager par elles secondairement à des cellules voisines, qui sont ainsi associées au fonctionnement de la cellule qui a reçu l'excitation initiale. Il y aurait de la sorte, non seulement des cellules (courts neurones) d'association, mais, dans le sens vrai du mot, des fibres (prolongements) d'association jetées entre neurones de même nature, comme sont

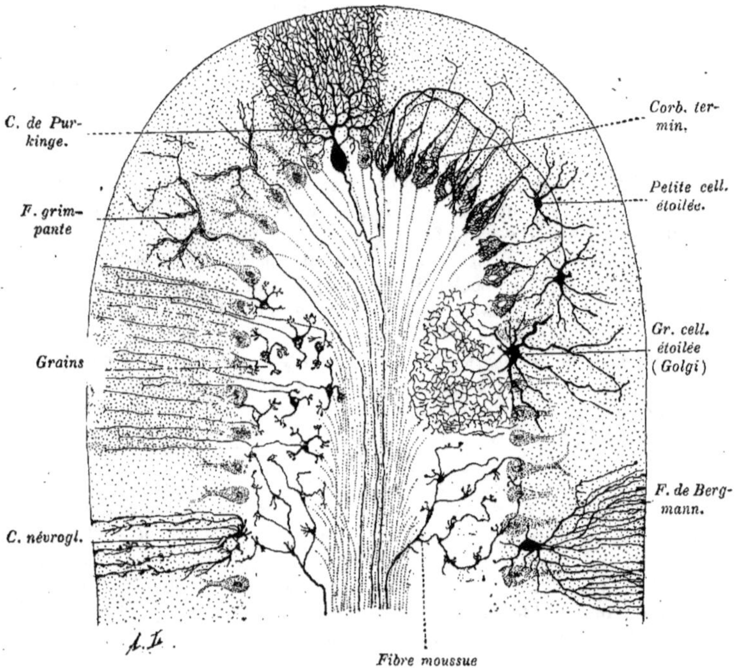

Fig. 153. — *Structure de l'écorce cérébelleuse.*

Coupe sagittale d'une circonvolution. — Figure schématique, d'après CAJAL, à peine modifiée. La cellule de Purkinje est vue de face.

ceux-ci ; les cellules pyramidales du cerveau, les cellules des cornes antérieures de la moelle épinière présentent, d'autre part, une disposition semblable.

Les cellules de Purkinje sont manifestement des éléments qui conduisent l'excitation hors du cervelet, après l'avoir reçue en lui. On ignore à quel organe nerveux elles la transmettent : leur analogie de forme avec les cellules pyramidales de l'écorce cérébrale tendrait à faire admettre leur connexion avec la moelle épinière.

Fibres grimpantes et fibres moussues. — En pendant aux cellules de Purkinje, on trouve dans l'écorce cérébelleuse des terminaisons cylindraxiles qui, d'une façon également évidente, lui apportent des excitations venues d'ailleurs : ce sont les *fibres grimpantes* qui se terminent dans la couche moléculaire, en enroulant leurs arborisations autour des prolongements dendritiques des cellules de Purkinje, et les *fibres moussues* qui se terminent dans la couche granuleuse autour de ses cellules propres (les grains).

Nous savons, d'autre part, que le cervelet est relié à des organes sous-jacents (moelle, bulbe, protubérance) et à des organes sus-jacents (écorce cérébrale, couche optique), par ses trois doubles pédoncules, sans parler de ses noyaux propres (corps dentelé, noyau du toit) et des connexions que, soit ces corps, soit son écorce, contractent avec des masses de moindre importance, comme le noyau rouge (en haut) et l'olive bulbaire (en bas). La difficulté reste grande de savoir exactement quels des éléments précédents, que nous ne pouvons appeler que *cérébellifuges* et *cérébellipètes*, servent à établir telle ou telle de ces multiples connexions (1).

Cellules d'association. — Les cellules d'association sont réparties les unes dans la couche moléculaire, les autres dans la couche granuleuse.

Couche moléculaire. — Elle contient des *cellules étoilées* de petit volume. Les rayons courts de ces cellules paraissent être ceux qui reçoivent les excitations.

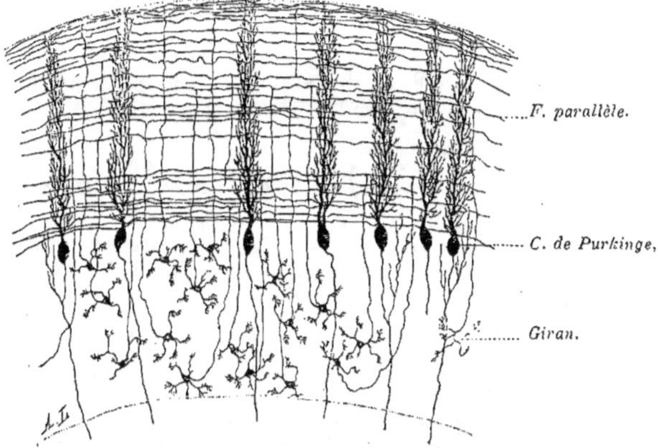

Fig. 134. — *Structure de l'écorce cérébelleuse.*

Coupe frontale d'une circonvolution d'après KÖLLIKER. — Les cellules de Purkinje sont vues de profil et les fibres parallèles de face.

Par contre, deux de ces rayons situés dans le prolongement l'un de l'autre forment un double cylindraxe qui s'étend dans deux directions opposées à une certaine distance. Leur orientation est remarquable : ils sont dans le plan qui contient les panaches des cellules de Purkinje, perpendiculaires par conséquent

---

(1) Cet exemple est propre à montrer combien peu précises sont, au fond, les désignations si souvent employées, de *centrifuges* et *centripètes*, *moteurs* et *sensitifs*, appliquées aux neurones qui sont sans relation immédiate avec la périphérie. Le cervelet est un centre important, mais ce centre est subordonné au cerveau et les fibres qui les relient l'un à l'autre dans les deux directions inverses, s'éloignant d'un centre pour en gagner un autre, sont les unes et les autres tout à la fois centrifuges et centripètes. Pour les fibres d'association qui relient des régions équivalentes de l'écorce du cerveau, l'impropriété des termes ci-dessus désignés est plus évidente encore.

à la direction des lames et tangentielles à ces lames. Au niveau de chaque cellule de Purkinje, une collatérale se détache, fournit autour du corps de cette cellule un véritable réseau qui l'enserre de ses ramifications libres, comme une sorte de *corbeille,* dont l'ouverture très étroite, refermée sur la cellule, laisse passer le cylindraxe de celle-ci.

Les cellules de Purkinje sont de la sorte associées entre elles, dans le sens de l'épaisseur des lames.

Couche granuleuse. — Sous-jacente à la précédente, elle contient de petites *cellules polyédriques* (les *grains*) qui répètent, sous des formes et pour des agencements nouveaux, la disposition associatrice précédente. Munies de courts prolongements dendritiques par lesquels elles reçoivent l'excitation, elles émettent un cylindraxe, qui suit d'abord la direction axiale ascendante, pour gagner la couche moléculaire ; arrivé là, il se bifurque à droite et à gauche et devient tangentiel ; son orientation est dans le sens même des lames qu'il suit d'un bout à l'autre, perpendiculaire par conséquent à toutes les précédentes (*fibre parallèle* de Cajal).

Il ne fournit aucune collatérale, mais traverse tous les panaches des cellules de Purkinje perpendiculairement à leur plan et rattache ainsi ces cellules dans le sens de la direction des lames, comme elles le sont perpendiculairement à cette direction. Une seule variété de cellules échappe à ces formes en quelque sorte géométriques, ce sont de grandes cellules étoilées dont les ramifications tant cylindraxiles que protoplasmiques vont dans tous les sens.

Connexions du cervelet étudiées d'après les dégénérations.

A. Hémisection de la moelle épinière. — a. *Dégénération ascendante et descendante dans la moelle.* — 1. Dans les cordons postérieurs (descendante peu étendue) ;

2. Dans le faisceau cérébelleux direct (toute l'étendue dans les deux sens) ;

3. Dans les cordons antérieurs (deux directions et assez loin) ;

4. Dans les cordons latéraux (deux directions, mais près de la section).

b. *Dégénération dans le cervelet.* — Dégénération de la périphérie du cordon latéral allant au cervelet ; trajet direct sans entre-croisement pour la plupart des fibres ; passe dans le corps restiforme, dans les circonvolutions dorsales du vermis ; deux autres faisceaux allant au vermis ou aux noyaux médians du cervelet.

B. Lésions du cervelet. — *Dégénération descendante.* — 1. Voie courte d'association (côté correspondant) ; voie courte commissurale (côté opposé).

2. Voie longue croisée ; petite partie pour le champ acoustique d'Ahlborn ; plus grande partie passe par le pédoncule cérébelleux postérieur, dans la moelle allongée, et le cordon latéral de la moelle ; rien dans le télencéphale et le mésencéphale.

Pour nous rendre compte des fonctions du cervelet, nous pouvons agir sur lui par deux moyens : l'un consiste à le séparer de ses connexions naturelles, en coupant isolément ses pédoncules ; l'autre consiste à agir directement sur lui, en y pratiquant des retranchements méthodiques ou encore en le soumettant à l'excitation.

2. — *Données expérimentales et d'observation.*

A. Pédoncules cérébelleux. — Le cervelet est rattaché à la moelle, au bulbe, au cerveau, par six pédoncules (deux de chaque côté). Tous sont formés de fibres qu'on peut appeler les unes *afférentes*, les autres *efférentes*, par rapport au cervelet lui-même; leur proportion réciproque varie suivant les pédoncules.

I. Pédoncules cérébelleux inférieurs. — Ils renferment des fibres qui proviennent : *a*) de la colonne de Clarke (par le faisceau

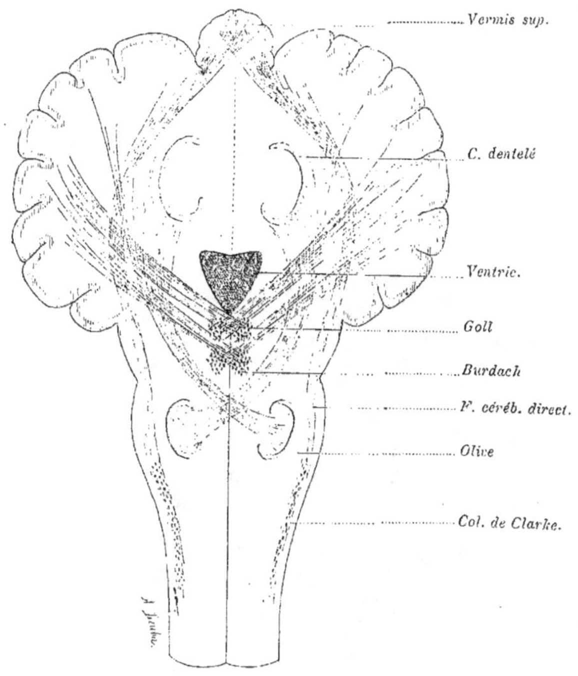

Fig. 155. — *Les pédoncules cérébelleux inférieurs*
(figure schématique de Charpy).

cérébelleux direct de la moelle); *b*) des noyaux de Goll et de Burdach (fibres arciformes); *c*) des noyaux de l'auditif, du trijumeau, du glosso-pharyngien et du vague (faisceau sensoriel allant au noyau du toit); enfin *d*) de l'olive bulbaire, qui les tire elle-même de la moelle épinière, avec la substance grise de laquelle elle paraît reliée en double sens. — Toutes ces fibres sont groupées dans le pédoncule cérébelleux inférieur qui, au voisinage du bulbe et de la moelle, prend le nom de *corps restiforme* et dont les fibres en partie incurvées à ce niveau sont dites *fibres arciformes*. — Parmi les fibres efférentes, une partie font un détour pour passer par le pédoncule moyen. Les fibres efférentes atteignent les noyaux du bulbe et les cornes antérieures de la moelle, mélangées à d'autres, par la voie des cordons antérieurs et du faisceau cérébelleux direct.

Expérience. — ROLANDO puis MAGENDIE ont vu que la section des pédoncules cérébelleux inférieurs détermine chez les animaux une attitude singulière, consistant en une *courbure du corps en arc* du côté de la blessure. Pour LONGET, cet effet pour se produire demande que la section entame le *faisceau intermédiaire* du bulbe sous-jacent au corps restiforme.

Après la section des pédoncules cérébelleux inférieurs, FLOURENS a noté une *tendance au recul* qui est contestée par LONGET.

II. **Pédoncules cérébelleux moyens**. — Ils relient les noyaux du pont à l'écorce du cervelet; ils contiennent eux aussi des fibres *afférentes* et des fibres *efférentes*. Ils contiennent de plus des

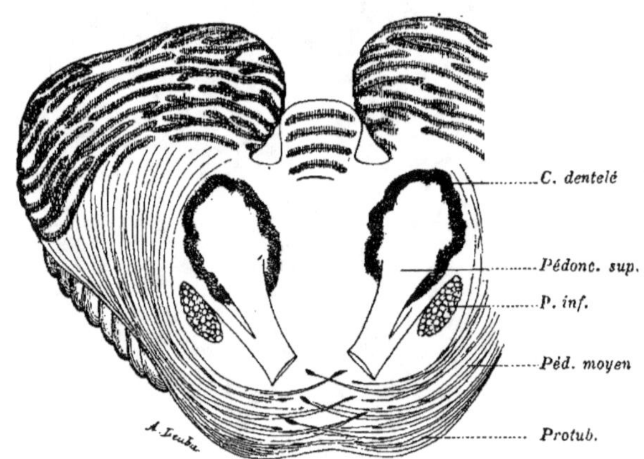

Fig. 156. — *Les pédoncules cérébelleux moyens.*

Coupe horizontale du cervelet. — Figure demi-schématique de CHARPY.

fibres *commissurales* reliant entre eux les hémisphères cérébelleux et qui pour cela traversent la ligne médiane sans interruption.

Les noyaux du pont (protubérance annulaire) sont, pour partie, la continuation de la substance grise qui, dans le bulbe, est l'origine des nerfs moteurs et l'aboutissant des nerfs sensitifs. Mais, comme dans le bulbe également, on trouve dans l'épaisseur du pont (dans l'écartement des faisceaux blancs qui s'y croisent suivant deux directions principales), des formations particulières surajoutées à ces noyaux. L'une d'elles répète la structure de l'olive bulbaire ou inférieure : c'est l'*olive protubérantielle* ou *supérieure*. Rudimentaire chez l'homme, elle est très développée chez certains animaux tels que les cétacés, le chat, le mouton (M. Duval). Les autres sont les noyaux du pont proprement dits, masses grises plus ou moins condensées ou diffuses dans la substance de celui-ci.

Toutes ces formations sont en rapport : 1° avec la périphérie par des éléments, les uns centripètes, les autres centrifuges, qu'elles associent pour des actes réflexes ; 2° avec le cervelet par les fibres ascendantes et descendantes du pédoncule cérébelleux moyen, et avec le cerveau par les collatérales du faisceau pyramidal et les deux faisceaux cortico-protubérantiels. Les noyaux du pont dégénèrent dans les cas d'atrophie du cervelet (Pierret).

Expérience. — La section des pédoncules cérébelleux moyens produit des *mouvements de rotation* très accusés, constatés par Pourfour du Petit, retrouvés et décrits par Magendie, Flourens. Ces mouvements s'observent également par la section du pont de Varole, quand celle-ci est faite en dehors de la ligne médiane ; mais ils sont d'autant plus rapides que la section porte spécialement sur les pédoncules moyens proprement dits. Magendie a noté en plus un changement extraordinaire dans la position des yeux, celui du côté de la lésion se portant en bas et en avant, celui du côté opposé en haut et en arrière.

Le mouvement de rotation est ici un *mouvement de roulement* ; il se fait parfois avec une telle rapidité que l'animal subit plus de soixante révolutions à la minute. Le sens du mouvement varie suivant la position de la section sur le pédoncule. D'après Magendie, la rotation a lieu du même côté que la section. D'après Longet et Schiff, il en est ainsi quand on attaque le pédoncule par l'espace occipito-atloïdien mis à nu et qu'on coupe le pédoncule moyen en arrière. Si le pédoncule est sectionné ou lésé en avant, la rotation se fait du côté opposé à la section : c'est même le sens le plus général du mouvement et celui qu'on relève dans certaines observations cliniques. Pour Schiff, cette différence est due à ce que, dans ce dernier cas, on lèse l'hémisphère cérébelleux correspondant. Pour Longet, qui s'est livré à un nouvel examen de la question, la différence des résultats s'explique autrement. La section en arrière atteint des fibres non entre-croisées, tandis qu'en avant elle atteint des fibres après leur entre-croisement : le mouvement, d'après cet auteur, se ferait du côté le plus fort vers le côté le plus faible.

III. **Pédoncules cérébelleux supérieurs**. — Formés eux aussi de fibres afférentes et efférentes, ces pédoncules s'étendent en avant du cervelet, pour s'entre-croiser au-dessous des tubercules quadrijumeaux et rejoindre le pédoncule cérébral, dans l'étage supérieur duquel ils se trouvent placés. Après interruption plus ou moins complète dans le *noyau rouge*, ils se continuent vers la couche optique et vers l'écorce cérébrale.

Expérience. — Comme celle des pédoncules cérébelleux moyens et inférieurs, l'irritation des pédoncules cérébelleux supérieurs

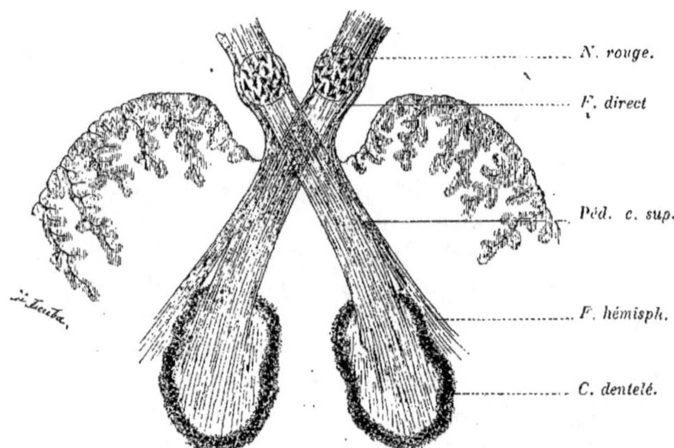

Fig. 157. — *Les pédoncules cérébelleux supérieurs.*
Origine et entre-croisement (figure demi-schématique de CHARPY).

donne lieu à des manifestations de sensibilité (LONGET). Les mouvements de rotation sont moins faciles à préciser à cause des grands délabrements que nécessite une opération réalisée sur ces parties. La section d'un pédoncule supérieur produit une courbure en arc du corps du côté lésé et un mouvement de manège.

La section des *pédoncules cérébraux* a les mêmes effets que celle des pédoncules cérébelleux supérieurs, ce qui tient sans doute à a grande difficulté d'agir isolément sur ces tractus qui sont voisins et se confondent. D'après LONGET, le mouvement de manège se fait dans le sens opposé au côté de la section.

IV. **Olives et noyaux du pont; leurs connexions**. — L'olive bulbaire est dans un rapport étroit de développement avec le noyau denté et le lobe cérébelleux du côté opposé. L'atrophie de ce lobe amène la sienne propre. Rattachée à la substance grise de la moelle épinière, rattachée au cervelet, l'olive est encore reliée au cerveau par un faisceau, qui suit le pédoncule cérébral dans la région de celui-ci dite de la calotte (faisceau de la calotte) et qui se perd dans le voisinage du noyau rouge appartenant au pédoncule cérébelleux supérieur.

Expérience. — La destruction expérimentale de *l'olive bulbaire* produit des *troubles de l'équilibre* dans la station et dans la marche (BECHTEREW). Sa lésion chez l'homme produit le vertige, la titubation, la latéro-pulsion du côté correspondant, véritable *syndrome pseudo-cérébelleux* (LECLERC).

L'olive bulbaire, l'olive protubérantielle, les noyaux du pont sont des lieux de substance grise très remarquables par les connexions qu'ils établissent. — Avec la périphérie, ils sont en échange d'excitations (centripètes et centrifuges) par l'intermédiaire de l'axe gris bulbo-médullaire. Avec le cervelet, ils sont en échange d'excitations par les fibres afférentes et efférentes de ses pédoncules inférieurs et moyens, en vue d'une fonction définie, l'équilibration. Enfin (nous l'avons déjà vu pour l'olive bulbaire) ils sont en relation avec le cerveau.

L'*olive protubérantielle* reçoit des excitations du noyau antérieur de l'*acoustique*, ainsi que des stries acoustiques. Elle réfléchit ces excitations sur le noyau du *moteur oculaire externe*, avec lequel elle est en relation. Elle en fournit au cervelet, avec lequel elle est également reliée.

Les *noyaux du pont* sont en échange d'excitations avec le cervelet par des fibres afférentes et efférentes. Ces mêmes noyaux reçoivent des fibres descendant de l'écorce, fibres *cortico-protubérantielles* réparties en deux faisceaux (*faisceau cortico-protubérantiel antérieur* venant du lobe frontal, *faisceau cortico-protubérantiel postérieur* venant du lobe temporal). Les noyaux du pont ont encore avec l'écorce une relation d'un genre particulier : le faisceau pyramidal les côtoie et leur donne de nombreuses collatérales. — Ces relations avec l'écorce forment la voie dite *cortico-ponto-cérébelleuse.*

V. **Mouvements de rotation.** — On peut produire des mouvements de rotation par la lésion unilatérale d'un assez grand nombre de parties du système nerveux. VULPIAN donne l'énumération suivante de ces parties : les hémisphères cérébraux, les corps striés, les couches optiques, les pédoncules cérébraux, le pont de Varole, les tubercules quadrijumeaux et bijumeaux, les pédoncules du cervelet (surtout le moyen) et les parties latérales du cervelet, les corps olivaires, les corps restiformes, la partie externe des pyramides antérieures (MAGENDIE), la partie du bulbe d'où naît le nerf facial (BROWN-SÉQUARD), les nerfs optiques, les canaux demi-circulaires (FLOURENS), le nerf auditif (BROWN-SÉQUARD).

Généralité. — Ces mouvements s'observent chez tous les vertébrés ; on peut les reproduire sur la grenouille, sur les poissons. Une lésion unilatérale de l'isthme de l'encéphale détermine une rotation du corps autour de son axe, moins rapide que chez les mammifères.

Classement. — Ces mouvements diffèrent les uns des autres suivant le siège de la partie nerveuse qui a été lésée. On peut les classer sous trois catégories : les *mouvements de rotation sur l'axe*, comme ceux dont il vient d'être question ; les *mouvements en rayon de roue*, l'axe de la rotation perpendiculaire au tronc passant par les membres postérieurs ; les *mouvements de manège*, dans lesquels l'animal suit une piste circulaire.

Différences suivant la partie lésée. — La blessure d'une partie antérieure de l'encéphale, telle qu'un hémisphère, aura pour conséquence le mouvement de manège. A mesure qu'on se rapproche de la protubérance, ce mouvement se changera en une rotation en rayon de roue, soit que l'animal tourne sur son train postérieur, soit que le rayon, se prolongeant en arrière du corps, ait son axe fictif à une certaine distance de lui. Quand la lésion atteint la protubérance ou les parties qui la représentent, c'est le roulement qui se produit.

De fréquentes discussions ont eu lieu entre observateurs ou expérimentateurs, relativement à la détermination du sens de la rotation par rapport au côté droit ou gauche, suivant lequel se fait la rotation.

Règles pour définir le sens du mouvement. — Prévost observe que ces discussions ont pour point de départ, le plus souvent, non les résultats divergents des expériences ou des observations, mais la façon conventionnelle différente dont on définit le mouvement du sujet observé par rapport à lui-même et par rapport à celui qui l'observe. Cet auteur montre que la *déviation conjuguée des yeux* et le déplacement de la tête qui l'accompagne peuvent servir à préciser le sens de ces mouvements. La déviation des yeux et de la tête est souvent le point de départ de mouvements de rotation par extension aux autres muscles du corps. La relation de cette déviation par rapport à la lésion est facile à établir ; elle est constante : la déviation a lieu du côté de la lésion.

Si, par exemple, la lésion cérébrale est à gauche, les yeux et la tête seront déviés à gauche (par rapport au sujet observé). Si un mouvement de rotation se produit, il fera pivoter le corps du sujet observé dans le même sens, de droite à gauche par rapport à lui-même. Mais si ce sujet tombe sur le sol la face en avant et que nous l'observions en nous plaçant derrière ses pieds, il nous paraîtra rouler de gauche à droite (par rapport à notre propre gauche et à notre propre droite), tandis qu'en réalité il continue son même mouvement. Toutes les descriptions des mouvements de rotation sont à vérifier en tenant compte de ces définitions.

Lésions paralytiques et lésions irritatives. — Les observations cliniques de déviation conjuguée des yeux et de la tête nous apprennent encore que les attitudes ou mouvements asymétriques du même genre sont dus à la paralysie des parties lésées, interrompues dans leur continuité, et à la prédominance d'action des parties nerveuses symétriques maintenues intactes. Mais de plus, au cours des affections cérébrales de nature paralytique qui occasionnent ces déviations, il peut intervenir des lésions de nature irritative qui, comme l'ont établi Landouzy et Grasset, en changent le sens (contractures, épilepsie jacksonienne). Ces crises sont de courte durée, témoignant ainsi que les modifications durables de l'attitude ou même les tendances motrices asymétriques qui en résultent sont bien de nature paralytique.

Hors les cas de déviation simple, le mécanisme de ces changements d'attitude et celui des mouvements de rotation est resté très obscur et inconnu. Ni la paralysie unilatérale de conducteurs ou de centres représentés en double dans le système nerveux (Lafargue), ni celle des adducteurs d'un côté coïncidant avec celle des abducteurs de l'autre (Schiff), ni la suppression de forces modératrices nécessaires à l'équilibre (Magendie), ni l'inhibition à distance ne suffisent à nous expliquer complètement ce mécanisme.

B. Effets de la destruction du cervelet. — La destruction du cervelet peut être *totale* ou *partielle*. Elle peut porter sur le *vermis* isolé ou sur l'ensemble. Elle peut aussi porter sur une moitié de l'organe, l'autre étant respectée. Elle peut encore affecter, dans le vermis, sa partie antérieure ou sa partie postérieure. Flourens enlevait le cervelet par couches successives, en notant les désordres produits après chaque ablation.

Trois ordres de phénomènes. — L'effet primitif sera un effet d'*excitation*. Puis, une fois dissipé, il laissera apparaître des effets inverses dits de *suppression*, qu'on doit rapporter à la perte de la fonction cérébelleuse. Mais, à la longue, se manifesteront des effets de *suppléance* qui, développés par l'exercice et une sorte d'éducation nouvelle, masqueront plus ou moins les précédents, malgré que la lésion ne soit susceptible d'aucune réparation. Il est donc difficile d'avoir à l'état pur et isolé les uns ou les autres de ces trois ordres de phénomènes. Les auteurs sont du reste hésitants sur la durée de chacune des ces phases : les uns, avec Luciani, donnent une grande importance aux effets d'irritation ; les autres, avec Thomas, les restreignent au moment de l'opération (action des instruments, compression par des caillots). Le critère, pour leur distinction, est à rechercher dans l'inversion des effets, à mesure qu'on s'éloigne du moment de l'opération.

Nous exposerons les effets de la destruction du cervelet, en prenant pour guide la description très circonstanciée qu'en a donnée Thomas.

I. **Destruction unilatérale.** — **Effets consécutifs à l'opé-**

ration. — L'animal a de la *déviation conjuguée des yeux* dans le *sens opposé à la lésion* et combinée avec du *nystagmus*. Placé debout, il tombe sur le *côté de la lésion* et roule sur l'axe longitudinal du corps, en continuant ce mouvement. Ces mouvements se produisent pendant les premiers jours spontanément, avec intervalles de repos, et à la moindre excitation, douloureuse, acoustique ou tactile.

Au repos, l'animal est contracturé, couché sur le côté opéré, la tête en extension rejetée en arrière et du côté de la lésion ; les

Fig. 158. — *Attitude au repos, après destruction de la moitié gauche du cervelet* (d'après THOMAS).

membres (antérieurs surtout) en extension, et plus contracturés du côté opéré. Le tronc est infléchi (peurothotonos) avec concavité tournée vers la lésion. Cette attitude est d'abord irrésistible et l'animal y revient si on l'en dérange.

Amendement des désordres. — Après quatre ou cinq jours, il y a amendement de ces désordres et l'animal essaie de faire quelques mouvements. Il pourra supporter le décubitus sur le ventre, en tenant les membres très écartés. Jusqu'à ce moment, les réflexes tendineux sont augmentés, mais ils font alors place à une *diminution de la tonicité* : on les considère comme des effets d'irritation.

L'animal a, immédiatement après l'opération, de la *gêne de la déglutition*, allant jusqu'à l'impossibilité. Ce symptôme disparaît promptement, pendant que la préhension des aliments, qui nécessite des mouvements extérieurs adaptés de la tête, reste pendant longtemps difficile, à cause des oscillations de celle-ci.

Après quinze ou vingt jours, l'animal pourra se tenir debout en équilibre stable, sur ses membres très écartés. S'il essaye d'élever une patte antérieure (généralement celle du côté opéré), ce changement dans l'attitude n'est plus compensé par des mouvements correctifs ramenant la verticale du centre de gravité dans la base de sustentation ainsi déplacée et réduite : l'animal tombe lourdement du côté de sa lésion cérébelleuse. Ces effets de station et de marche sont accompagnés de tremblements et d'oscillations du corps qui amènent une prompte fatigue et une accélération de la respiration. Les muscles du côté lésé paraissent plus faibles : leur mouvement s'opère avec brusquerie.

Peu à peu l'élévation de la patte antérieure peut se faire, puis celle du train postérieur ; la marche, la course deviennent possibles. Les corrections se font par un mécanisme nouveau et des suppléances d'organes : le mouvement est sans souplesse, il a un caractère rigide et intentionnel que n'ont pas les mouvements ordinaires purement automatiques de la marche chez les animaux.

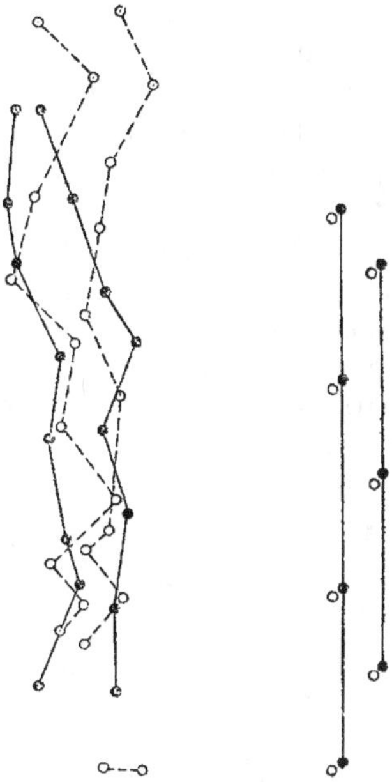

Équilibres simples indépendants du cervelet. — La *natation* est au contraire possible beaucoup plus facilement et plus tôt, parce que les conditions de l'équilibre y sont incomparablement plus simples que dans la marche. La situation du tronc dans l'eau n'est pas symétrique ; le côté sain plonge plus que le côté opéré ; la tête s'incline légèrement du côté sain ; la progression se fait avec déviation légère vers le même côté.

Coordination et équilibration d'origine médullaire. — Tarchanoff a observé qu'après la décapitation (section de la moelle au milieu du cou), un canard est

Fig. 159. — *Tracé de la démarche du chien, après ablation de la moitié gauche du cervelet, dans la période de restauration de la fonction.*

Pattes antérieures en blanc : pattes postérieures en noir. — A droite, tracé normal (échelle 1/12). — A gauche, tracé du chien opéré. — Écartement exagéré des pattes et démarche irrégulière. — En bas, valeur normale de l'écartement des pattes en position de repos (d'après Thomas).

apte à conserver l'équilibre sur l'eau et non sur le sol. La moelle de cet animal contient des associations qui sont suffisantes pour assurer les mouvements réguliers de station sur l'eau et de natation, tandis que la station sur le sol et la marche représentent un équilibre beaucoup plus compliqué, qui réclame d'autres associations (cervelet notamment). La section du cou et de la moelle produit une excitation qui met en jeu ce mécanisme pour un moment. Une nouvelle section provoque une nouvelle crise de nage (et même de vol). Une excitation extérieure a le même effet ; elle peut d'autres fois arrêter le mouvement en train de s'exécuter.

II. **Destruction totale**. — Comme l'avaient remarqué VULPIAN et SCHIFF, la destruction totale du cervelet a des effets apparents beaucoup moins graves que la destruction partielle, portant sur une moitié de l'organe. Ceci peut se comprendre d'un appareil dont la fonction est de conserver l'équilibre, en mettant en jeu des forces bilatérales, dont beaucoup sont réciproquement antagonistes. Mais si les mouvements de rotation sont supprimés, l'effet résultant de cette suppression se traduit encore par un trouble dans l'attitude ; la tête est en extension forcée, le tronc en opisthotonos, les membres (antérieurs surtout) contracturés ; il y a du nystagmus, puis, quand les mouvements reviennent, titubation, oscillations, tremblements autant et plus que dans la destruction partielle.

III. **Destruction du vermis**. — Ses effets ressemblent à ceux de la destruction totale, mais s'amendent beaucoup plus rapidement :

Fig. 160. — *Attitude au repos, après l'ablation totale du cervelet.*

Période de restauration de la fonction (d'après THOMAS).

Fig. 161. — *Démarche après la destruction du vermis.*

Abduction moyenne des membres antérieurs. — Abduction et projection des membres postérieurs (d'après THOMAS).

mouvements d'oscillation antéro-postérieurs et tendance au recul.

IV. **Action directe prédominante**. — Dans le cerveau, c'est l'action croisée qui prédomine ; dans le cervelet, c'est au contraire l'action directe. *Chaque hémisphère cérébelleux exerce une action bilatérale, mais prédominante du côté correspondant. Chaque moitié du cervelet a ses connexions principales avec l'hémisphère cérébral opposé et avec la moitié de la moelle du même côté* (LUCIANI).

On a vu, dans certains cas, l'atrophie d'un hémisphère cérébelleux correspondre avec celle de l'hémisphère cérébral du côté opposé. Les pédoncules cérébelleux supérieurs présentent un entre-croisement très net de la majeure partie de leurs fibres.

C. Excitation électrique du cervelet. — Ferrier a excité le cervelet chez quelques animaux après mise à nu de l'organe, notamment chez le singe.

a. *Chez les animaux.* — Les résultats sont les suivants :

1° *Pyramide du lobe moyen.* — Les yeux se meuvent horizontalement dans le sens du point d'application des électrodes.

2° *Processus vermiforme supérieur.*

Extrémité postérieure. { *Au milieu :* Les yeux regardent en bas.
{ *Sur un côté :* Ils regardent en bas et du même côté.

Extrémité antérieure. { *Au milieu :* Les yeux regardent en haut.
{ *Sur un côté :* Ils regardent en haut et du même côté.

3° *Lobe latéral.* — Les yeux regardent en haut et du côté du lobe excité.

4° *Flocculus.* — Les yeux tournent sur leurs axes antéro-postérieurs.

La tête laissée libre est le siège de mouvements qui coïncident avec ceux des yeux : élévation, abaissement, etc. Il y a de plus une tendance à quelques mouvements brusques et intermittents dans les bras et à l'extension des jambes du côté correspondant à l'excitation. Chez le pigeon, c'est la tête seule qui se déplace et non les yeux, pendant qu'on constate des mouvements de l'aile et de la patte. Sur les poissons, il y a saillie de l'œil du côté excité, incurvation de la queue de ce côté, étalement des nageoires ; si l'excitation est médiane, les deux yeux font saillie et la queue s'incurve en haut.

b. *Chez l'homme.* — Purkinje puis Hitzig ont excité le cervelet chez l'homme, en faisant passer à travers sa masse un courant galvanique d'intensité moyenne, les pôles étant placés chacun derrière une oreille, vers l'apophyse mastoïde.

Le *résultat subjectif* de cette excitation est une *sensation de vertige* caractérisée par un déplacement apparent des objets, dans le sens du courant : soit de droite à gauche, si le pôle positif est à droite, ou inversement.

Le *résultat moteur* est un affaissement de la tête et du corps du côté du pôle positif. Ce déplacement de la tête est accompagné de plus, comme l'a montré Hitzig, de *mouvements des yeux* dans la même direction et souvent de *nystagmus*.

Remarque. — Chez les animaux, où on a la possibilité de découvrir le cervelet, l'excitation est faite en plaçant les deux pôles sur la région, ou sur le côté dont on veut manifester l'activité (excitation bipolaire). Chez l'homme, où l'électricité doit pénétrer à travers les os du crâne, ce procédé d'excitation n'est pas applicable, parce que, entre les électrodes trop rapprochées, le courant se fermerait à travers la peau, sans pénétrer dans la profondeur. On l'oblige à traverser (au moins par une partie de ses lignes de flux) les organes intracrâniens qu'on veut exciter, en plaçant les deux pôles sur deux régions symétriques, à l'extrémité d'un des diamètres de l'organe (ici diamètre transversal). Si on se rappelle que les deux pôles ont une valeur excitante très inégale, le pôle négatif ou cathode l'emportant de beaucoup sur le positif ou anode, le résultat est le même que si on n'appliquait le courant excitant que sur la région où est placée la cathode (excitation unipolaire).

I. **Accord des résultats.** — On voit par là que les résultats moteurs de l'excitation du cervelet chez l'homme sont en accord avec ceux obtenus chez les animaux. Dans les deux cas, le regard est dirigé du côté opposé à celui qui est excité.

Ces résultats de l'excitation sont, de même, en accord avec ceux obtenus par la destruction symétrique. En effet, cette destruction doit avoir, par définition, des résultats inverses de ceux de l'excitation : et nous avons vu qu'elle est suivie d'un déplacement du regard du côté même de la lésion, ce qui est conforme à la logique des faits.

II. **Relations fonctionnelles du cervelet et du cerveau.** — Luciani, Russel ont étudié l'influence des destructions cérébelleuses (unilatérales) sur l'excitabilité des hémisphères cérébraux. Ils s'accordent pour admettre que cette excitabilité est augmentée dans l'hémisphère du côté opposé : elle peut même augmenter dans les deux hémisphères, mais inégalement (Luciani). Sous le nom d'excitabilité cérébrale on totalise l'excitabilité d'un système complexe, qui commence au cerveau et qui finit aux muscles, et dont les deux segments principaux, le cerveau et la moelle, ont chacun son excitabilité propre et peut avoir par conséquent ses variations d'excitabilité. Si nous nous rappelons que le cervelet est relié à la fois à l'un et à l'autre de ces deux segments, on voit combien le mécanisme de cette hyperexcitabilité est incertain et obscur : sans compter qu'elle peut être due à un phénomène évolutif de compensation fonctionnelle de la paralysie cérébelleuse. On a noté en effet, à la suite de l'ablation d'un hémisphère cérébelleux, un développement insolite de la partie antérieure du cerveau, principalement du gyrus sigmoïde (Bianchi). Toutefois, Russel a vu que cette hyperexcitabilité existe déjà immédiatement après la lésion cérébelleuse.

Action antagoniste. — Ce même auteur a étudié les actions antagonistes des hémisphères cérébelleux et cérébraux du même côté et les actions synergiques des lobes opposés. Des lésions simultanées des zones cérébrales et cérébelleuses du même côté peuvent être combinées de manière à laisser intacte la position des globes oculaires : et de même aussi leur excitation.

Éléments inhibiteurs. — On n'a pas jusqu'ici constaté, dans le cervelet, l'existence d'éléments d'inhibition, tels qu'on en a trouvé dans le cerveau. Dans un cas comme dans l'autre, leur recherche est entourée de difficultés, à cause de leur mélange intime avec des éléments de fonction opposée : mais il est vraisemblable qu'ils y existent, au même titre que dans toutes les autres masses profondes du système nerveux. C'est une loi qui est généralement vérifiée, que ces éléments sont présents dans tous les tractus nerveux, qui établissent des connexions entre les régions différentes de la substance grise. Tout système, si élémentaire qu'il soit, paraît les contenir conjointement avec les éléments excitateurs du mouvement : ils paraissent une condition nécessaire de l'équilibration des forces dans ces systèmes, en vue de la régulation des excitations, de leur pondération et de l'économie des forces nerveuses. Des systèmes complexes, comme le cervelet, le cerveau, peuvent à leur tour jouer l'un par rapport à l'autre le rôle d'excitateur et d'inhibiteur suivant la circonstance, mais ni l'un ni l'autre n'assume soit l'une, soit l'autre fonction d'une façon exclusive.

III. Vertige cérébelleux.

— La sensation de vertige, qui résulte de l'excitation artificielle (électrique) du cervelet, est un phénomène de sensibilité consciente, qui ne peut guère s'expliquer que par la propagation de l'excitation cérébelleuse à l'écorce cérébrale. Cette sensation pénible est à rapprocher de la douleur qui est occasionnée par tout phénomène sensible qui dépasse la mesure physiologique. Elle est la preuve qu'il existe dans le cervelet des éléments centripètes, dont la fonction est de nous renseigner sur la situation de notre corps par rapport aux objets extérieurs, et qui y coexistent avec des éléments moteurs, qui ont pour fonction de maintenir cette situation même, dans de certaines limites.

Cycle réflexe équilibrateur. — L'équilibre dans la station et la progression est le résultat d'un cycle réflexe, qui associe ces deux espèces d'éléments : les premiers apportant au cervelet des indications qu'il utilise au moyen des seconds pour son action directrice à l'égard des contractions musculaires. En tant qu'il reste confiné au cervelet, ce processus cyclique est inconscient, c'est-à-dire plus ou moins obscurément conscient en soi, mais situé en dehors de la conscience personnelle du sujet. Quand il s'allonge pour faire entrer l'écorce cérébrale dans sa chaîne, il devient conscient, ou tout au moins peut le devenir, sans que le phénomène cesse d'être normal, c'est-à-dire harmonique. L'apparition du vertige (comme celle de toute douleur) est l'indice d'un désordre, d'une désharmonie fonctionnelle, les excitations sensitives nous renseignant alors d'une façon infidèle sur les rapports exacts qui existent entre notre corps et l'extérieur. Dans l'espèce, les excitations pénètrent dans le cycle d'une façon anormale, par certains points de son trajet, au lieu de naître régulièrement de leur point de départ habituel, de manière à s'y renouveler en y circulant.

Dépendance réciproque des éléments sensitifs et moteurs. — Comme l'excitation artificielle du cervelet suscite à la fois des phénomènes de sensibilité et des phénomènes de motricité, on a pu se demander si l'un est la cause provocatrice de l'autre, et alors lequel des deux, ou bien si tous deux sont provoqués simultanément. C'est cette dernière supposition qui est la plus vraisemblable. Le courant qui traverse le cervelet ne distingue évidemment pas entre les éléments sensitifs et les éléments moteurs qui s'y trouvent mélangés, et l'excitation plutôt forte qu'ils en reçoivent est transmise par eux à d'autres éléments, qui la diffusent plus ou moins loin dans des sens différents. Les éléments sensitifs, ainsi excités sur leur trajet, apportent au cervelet et finalement à la conscience des renseignements erronés sur la situation, sur l'état de repos ou de mouvement du corps : de là le vertige.

Le vertige naît, comme on sait, lorsqu'un mouvement de rotation, un peu rapide et prolongé, est imprimé au corps, dans un sens déterminé, par exemple de droite à gauche. Lorsque ce mouvement s'arrête, les objets paraissent se déplacer devant les yeux, dans le sens inverse. — Si, pendant le mouvement du corps, les yeux se meuvent latéralement en sens inverse de sa direction, ou si, au moment de sa cessation, ils font ce mouvement inverse, comme pour suivre le mouvement apparent des objets, le vertige est diminué.

Le vertige est ainsi calmé par l'exécution d'un des mouvements de correction qui tendent à rétablir l'équilibre (ou qui nous donnent la sensation de son rétablissement) : mouvements de correction que le cervelet a pour fonction d'assurer en les coordonnant avec ceux du mouvement primitif.

Comparaison des fonctions du cervelet et du cerveau. — Comparées à celles du cerveau proprement dit (hémisphères cérébraux), les fonctions du cervelet sont spécifiquement très différentes. Cette dissemblance ressort déjà très nettement des expériences de Flourens consistant en ablations, soit des hémisphères cérébraux, soit du cervelet isolément.

a. *Ablation du cervelet.* — *L'animal privé de cervelet, mais ayant conservé son cerveau, a toute sa sensibilité et toute sa spontanéité.* Aussitôt dissipé le choc opératoire, il se plaint, pousse des cris et s'agite presque continuellement (Luciani), essaie de se lever, de marcher sans y réussir, donne toutes les marques d'une grande inquiétude, montre qu'*il a conservé tous ses instincts et toute son intelligence.* — *Il a perdu* d'une façon, qui est à ce moment complète, *sa fonction d'équilibration* ou, autrement dit, la faculté qu'il avait d'orienter la situation de son corps par rapport à la direction de la pesanteur, dans la station debout et dans la progression.

b. *Ablation du cerveau.* — *L'animal privé de ses hémisphères cérébraux, mais ayant conservé son cervelet,* a un tout autre aspect : il *a perdu toute conscience claire* de ce qui se passe autour de lui *et toute spontanéité.* Il est immobile dans son attitude, n'évite aucun danger, ne recherche ni ne prend aucune nourriture, même mise à sa portée immédiate, ne manifeste ni instinct, ni intelligence, ni sensibilité proprement dite. *Il a conservé pleinement sa faculté d'équilibration :* l'oiseau décérébré reste debout, immobile sur ses pattes ; jeté en l'air, il étend les ailes et se soutient par leur battement, pour retomber à terre. L'impulsion volontaire est supprimée, mais l'excitation automatique qui naît du mouvement commencé se fait régulièrement, jusqu'à ce que, ayant pris à nouveau contact avec le sol, l'animal reprenne son immobilité.

B. — LES ÉMOTIONS. — COUCHE OPTIQUE ET CORPS STRIÉS.

Les excitations provenant des différents sens trouvent à la base du cerveau un lieu à la fois d'association et de réflexion, d'où procèdent des phénomènes sensori-moteurs dits *émotifs*. La liaison de la sensibilité et du mouvement y est directe et étroite, en ce sens que la réaction motrice y suit de près l'impression, ce qui les a fait comparer aux actes réflexes ; mais les sensations y acquièrent une valeur plus grande et une organisation plus complète que dans l'axe gris bulbo-médullaire, et leur ton affectif y est très prononcé.

1. **Actes nerveux réflexes et conscients-volontaires**. — La base du classement des actes nerveux sensitivo-moteurs réside dans l'opposition que nous faisons entre les actes réflexes et les actes conscients-volontaires. Dans les premiers, le phénomène de sensibilité est indistinct du phénomène moteur, la réponse à l'excitation est immédiate, l'acte est inconscient, automatique, c'est-à-dire assimilable à un mécanisme ; dans les seconds, il y a dissociation des deux ordres de phénomènes ; la réponse à l'excitation peut être indéfiniment différée ; l'acte est conscient et, comme le mouvement n'y est plus étroitement enchaîné, soit dans le temps et dans l'espace, à l'impression sensitive immédiate, mais que les relations ont pris une infinie complexité qui nous paraît impliquer le choix, nous l'appelons volontaire.

II. **Actes émotifs**. — Dans l'émotion, l'enchaînement immédiat du mouvement à la sensibilité existe, ou peut exister, comme dans le réflexe ; la réaction motrice est souvent immédiate, elle est toujours involontaire ; elle affecte d'une façon typique un plus ou moins grand nombre de muscles tant de la vie extérieure que de la vie interne ou organique, mais l'impression est consciente et nous affecte profondément. En tenant compte de ce caractère mixte de conscience involontaire, on appelle parfois l'émotion un acte *psycho-réflexe*.

Point de départ. — La source de l'émotion, son point de départ, est, en principe, comme pour tout acte nerveux, toujours extérieure à nous ; mais elle a deux manières de naître, et l'excitation initiale qui la produit, deux chemins pour manifester ses effets : l'un en quelque sorte direct, par lequel elle se réfléchit immédiatement en actes moteurs et que l'on assimile comme mécanisme à un réflexe ordinaire, l'autre indirect, qui la fait dériver d'une excitation antérieure conservée dans le système nerveux.

En d'autres termes, l'émotion peut naître d'une impression soudaine (vue d'un objet, audition d'un bruit...) ; elle peut au contraire naître d'une idée, d'un souvenir, du rapprochement soudain de deux notions conservées à l'état séparé et que l'activité du cerveau vient de réunir.

Traduction extérieure et intérieure. — L'émotion se traduit extérieurement par des manifestations motrices qui la décèlent aux yeux qui nous observent ; elle a aussi un retentissement sur nos organes intérieurs et nos grandes fonctions (respiration, circulation, excrétions, etc.) ; quand elle est vive, elle affecte tout l'être. Cette répercussion de l'excitation émotive sur nos organes internes est si prompte et si évidente, qu'on en a pris prétexte pour situer l'émotion dans l'organe le plus directement affecté, principalement le cœur, et cette théorie souvent réfutée retrouve à chaque instant des défenseurs. C'est prendre manifestement l'effet pour la cause. Sans doute, si toutes les voies motrices qui commandent les changements intérieurs ou extérieurs par lesquels se traduit l'émotion étaient interrompues, les effets secondaires de ces changements faisant défaut, l'enchaînement des phénomènes en serait troublé, et l'émotion probablement amoindrie ; mais, tant que les associations principales qui sont l'origine de ces effets moteurs subsistent dans les masses profondes du système nerveux, l'émotion reste possible.

C'est au sujet surtout des modifications circulatoires qui accompagnent les émotions, que la théorie de leur siège extracérébral a pris occasion de se formuler. — Le cerveau, comme tout organe quelconque, est sous la dépendance de la circulation. Privé de sang, il cesse de réaliser ses fonctions. Partant de ce fait facile à vérifier, quelques-uns supposent qu'il subit passivement les oscillations de la pression générale et que son activité suit elle-même ces oscillations dont elle ne pourrait éviter le contre-coup. Le *primum movens* des réactions émotives serait donc, non dans le cerveau, mais dans le système circulatoire, et le cerveau ne ferait que les traduire en action motrice par son genre propre d'activité. Cette doctrine est fausse de tout point. Le cerveau, comme tout organe, dépend de la circulation ; mais, comme tout organe également, il dispose de cycles régulateurs qui proportionnent celle-ci à ses besoins. De la surface de ses artères des nerfs sensitifs se dirigent vers la moelle épinière et allongée, où sont situés les centres vaso-moteurs, et de ces centres qui la réfléchissent l'excitation revient à ses artères, par un double système de nerfs constricteurs et dilatateurs contenus dans le grand sympathique. Comme celle de tout organe, l'activité du cerveau règle, par ce mécanisme de l'ordre réflexe et inconscient, l'activité de sa propre circulation, bien loin que ce soit celle-ci qui règle la sienne propre. Non seulement il règle sa circulation propre, mais il a pouvoir pour agir sur les centres nerveux bulbo-médullaires et, par ceux-ci, sur la circulation des autres organes, et de plus, par des influences parallèles, sur l'activité propre de ceux-ci. Les excitations, en temps ordinaire ordonnées, qui descendent du cerveau sur ces centres, prennent dans les émotions vives une intensité exceptionnelle et traduisent ces émotions mêmes par le désordre temporaire de ces activités. Tel est l'enchaînement des phénomènes.

1. — *Ton affectif.* — *Plaisir et douleur.*

Les émotions sont en elles-mêmes très diverses. On les répartit en deux classes suivant le ton affectif auquel elles répondent : les unes ont pour tonalité propre la *joie* ou le *plaisir*, les autres la *tristesse* ou la *douleur*. Les premières (émotions gaies) s'accompagnent d'une tonicité plus élevée des muscles volontaires et d'un accroissement de la respiration, d'une vaso-dilatation de la périphérie cutanée, d'une augmentation d'amplitude des mouvements du cœur ; les secondes (émotions tristes) s'accompagnent d'un trouble de l'innervation des muscles tant volontaires que viscéraux, d'une vaso-constriction cutanée, d'une diminution de l'amplitude des mouvements du cœur. — Dans chacune de ces deux classes, l'émotion affecte des nuances nombreuses, parfois changeantes, au point que le ton affectif peut, surtout chez certains sujets, en être brusquement renversé, et parfois aussi, dans les émotions vives, les manifestations des deux états peuvent se trouver partiellement associées (rire aux larmes).

Provoquées par des excitants divers et spécifiques, nos sensations sont diverses et spécifiques, la spécificité de chaque sensation étant liée à celle de l'excitant qui produit cette sensation même. Et il fallait qu'il en fût ainsi pour que nous pussions être renseignés sur ce qui existe et se passe autour de nous. Mais ceci établi, chaque sensation a deux manières d'être : l'une *agréable*, c'est le plaisir ; l'autre *pénible*, c'est la douleur. Il est rare qu'elle nous soit absolument indifférente, malgré les apparences contraires. En plus donc de sa spécificité originelle, elle a, en nous-mêmes, une *tonalité affective*, qui ne semble plus avoir aucune racine dans le purement physique.

I. **Leur liaison avec les différents ordres de la sensibilité.** — Le plaisir et la douleur affectent non seulement les sensations claires et hautement différenciées, qui sont à la base de nos relations extérieures (dans les sens proprement dits), mais celles aussi, obscures, profondes, latentes (cœnesthésies), qui règlent d'une façon harmonique les relations intérieures de nos organes dans le consensus qui détermine leurs fonctions. Ils affectent manifestement celles qui sont à l'origine de la nutrition : c'est ainsi que la faim, la soif. le besoin d'oxygène, qui n'a pas de nom dans la langue vulgaire parce que nous n'avons pas à lutter pour nous procurer cet aliment de la respiration, sont des états affectifs qui se rattachent à la douleur, comme leurs contraires réalisent des satisfactions, qui se rattachent au plaisir. La fatigue, le vertige, le frisson, le dégoût, etc., sont des états du même genre.

II. **Condition déterminante**. — Le plaisir et la douleur ont ceci de commun qu'ils ne se développent, ou n'atteignent leur plénitude, que par la répétition, la *sommation* des excitations : c'est dans le sens de la douleur que cette condition déterminante est surtout manifeste. C'est par une sommation de ce genre que les sensibilités musculaire, articulaire, tendineuse, viscérale, peuvent atteindre le seuil de la conscience, au-dessous duquel elles sont normalement placées, et devenir franchement douloureuses.

Transition de l'un à l'autre. — Dans les sens proprement dits, on sait que les plus légers changements dans l'intensité de l'excitant, ou simplement la persistance de son action, amènent une transition facile et souvent rapide du plaisir à la douleur. On sait de même que le fait de sommation, qui est à la base de ces deux états, s'accuse également par la *persistance de la sensation* agréable, mais surtout *douloureuse, après l'éloignement de l'excitant*.

Rapport avec les fonctions psychiques. — L'intensité de ces deux états, pour des excitations égales, varie beaucoup suivant les espèces, suivant les races, suivant les individus. Richet fait de la douleur notamment « une fonction intellectuelle d'autant plus parfaite que l'intelligence est plus développée ». Elle est minime chez les idiots et les déments. Son intensité est en raison des associations qui peuvent se réaliser dans le système nerveux et surtout dans l'écorce cérébrale. Elle survit dans le souvenir à l'état aigu, c'est-à-dire conscient, pendant un certain temps après sa cause provocatrice. Les anesthésiques, en rompant les associations systématiques qui la conditionnent, l'empêchent d'arriver au seuil de la conscience ou peut-être l'empêchent de durer dans le souvenir : l'un ou l'autre résultat est traduit par nous en niant son existence.

La douleur est la traduction interne du désordre des fonctions. Elle naît de toute cause tendant à la désorganisation des éléments, des tissus ou des systèmes composants de l'économie. Elle est, pour cette raison, un des symptômes les plus habituels, les plus constants, des états pathologiques, états dans lesquels la vie de l'individu ou celle de ses organes composants est restée possible, mais se trouve compromise. Les réactions motrices plus ou moins violentes qu'engendre la douleur sont, au fond, des réactions de défense plus ou moins appropriées à leur fin conservatrice.

III. **Non-spécificité**. — *La douleur n'est donc pas liée à un excitant spécifique, mais se manifeste comme la conséquence de toute excitation, qui, par son intensité ou sa répétition insolite, est en dehors des conditions requises pour le bon entretien des fonctions.* De ce fait, elle ne réclame pas, pour se produire, un appareil approprié ; il n'y a pas d'organe, de sens de la douleur, ni des conducteurs spéciaux (il n'y a pas de nerfs de la douleur), ni de système qui lui soit propre (il n'y a pas de région de l'écorce cérébrale qui lui soit dévolue); aucune localisation, dans le sens qui est attribué à ce mot, pour les fonctions sensitives et sensorielles proprement dites. — Il est vrai que toutes les douleurs ne se ressemblent pas : la douleur peut être cuisante, brûlante, pongitive, térébrante, aiguë, sourde, etc., toutes modalités qui rappellent plus ou moins les manières d'agir des excitants anormaux capables de la produire expérimentalement, et qui sont liées aux modalités du traumatisme qui produit l'excitation.

IV. **Champ habituel**. — Comme la surface de réception du champ tactile est incomparablement plus étendue que celle des autres sens spéciaux; comme à cette surface elle-même s'ajoute celle des muqueuses et, par gradation, celle des parenchymes de tous les organes somatiques ou viscéraux, la douleur a des occasions incomparablement plus fréquentes de naître dans le champ de la sensibilité tactile que dans celui des autres sens et, pratiquement, ce n'est guère qu'en lui qu'elle s'offre à nous avec les caractères que nous sommes habitués à lui reconnaître.

V. **Excitation des troncs nerveux**. — La douleur peut avoir pour origine les irritations intensives et plus ou moins destructives, non seulement des appareils récepteurs des sens, mais aussi celles des troncs nerveux qui naissent immédiatement de ces appareils (compression, section, piqûre, électrisation, brûlure, actions chimiques ou mécaniques variées...).

L'action de l'électricité, employée si souvent comme excitant dans la pratique physiologique, est celle qui est le plus compatible avec la conservation de l'organisation des tissus et des fonctions que celle-ci conditionne : néanmoins, elle n'est pas sans produire de légères altérations (électrolytiques par exemple), mais qui sont rapidement réparables en dehors du passage des courants ; ce qui donne à l'électricité une place à part, parmi les réactifs analytiques dont se sert le physiologue. — Quel que soit donc l'excitant, y compris le courant électrique, quand nous l'appliquons sur une partie sensible, c'est généralement la douleur qui accuse la réalité de son effet, et nous la considérons, avec raison, comme une manifestation simplement renforcée de la sensibilité tactile ou générale. Les fonctions des nerfs sensitifs, des racines postérieures en particulier, ont été étudiées d'après les effets, non pas simplement tactiles, mais assurément douloureux de leur excitation.

Les irritations du grand sympathique peuvent, par leur répétition et la sommation qui en est la conséquence, donner naissance à des douleurs d'une nature particulièrement sourde.

VI. **Excitation des masses centrales**. — Non seulement les irritations portées sur les neurones sensitifs de la périphérie, mais celles aussi qui atteignent les neurones ascendants des systèmes profonds, peuvent donner naissance à des sensations douloureuses. Les excitations expérimentales qu'on localise sur les faisceaux endogènes de la moelle et de son prolongement bulbaire sont dans ce cas. Certaines observations cliniques tendent à la même conclusion.

des foyers hémorragiques ou de ramollissement peuvent occasionner parfois de vives douleurs, quand ils siègent dans la couche optique, le ruban de Reil, la capsule interne (EDINGER). Néanmoins, les lésions des masses encéphaliques ne présentent pas au même degré le phénomène douleur que celles de la moelle. Il est remarquable que les lésions de l'écorce le cèdent sur ce point à la fois à la moelle épinière et à la couche optique et surtout à celles des troncs nerveux.

VII. **Excitation de l'écorce cérébrale**. — La céphalalgie, qui s'observe si fréquemment, n'est pas une douleur qu'il soit possible de nettement localiser. Le cerveau est entouré de membranes dont une surtout, la *dure-mère*, a été trouvée *sensible* à l'expérimentation ; on y a d'autre part constaté l'existence, non seulement de fibres nerveuses, mais d'appareils sensitifs récepteurs, semblables à ceux des membranes sensibles. — Les expérimentateurs, qui ont excité si souvent l'écorce cérébrale, n'ont point noté, comme effets de ces excitations, les vives douleurs qui suivent celles des racines postérieures, alors qu'ils voyaient cependant ces excitations, portées sur certains points déterminés, donner naissance à des mouvements ordonnés. — Ainsi *l'organe qui passe pour le siège de la sensibilité, l'écorce du cerveau, ne manifeste pas de sensibilité, quand l'excitation est portée directement sur lui.* Ce résultat, qui de prime abord paraît surprenant, cessera de nous étonner, si nous réfléchissons que l'excitation, qui lui est ainsi fournie, est aussi différente que possible de celle qui lui arrive normalement, depuis les nerfs sensitifs, par l'intermédiaire de la moelle et de ses prolongements supérieurs.

Développement dans le champ sensitif. — Ce qui réalise la sensation, ce qui surtout la fait actuelle, intense, douloureuse, ce n'est pas uniquement l'écorce, la couche optique, la moelle épinière, mais bien l'ensemble réalisé par ces parties, qui se transmettent l'excitation dans un ordre déterminé en lui conférant, à chaque étape nouvelle, un caractère qu'elle n'avait pas avant d'y arriver, mais que l'étape antérieure avait préparé. Plus nous nous reculons loin de l'écorce et du cerveau, pour donner son point de départ à l'ébranlement initial que nous allons provoquer, autrement dit, plus nous prenons de chemin dans le système nerveux, pour lancer l'excitation qui doit atteindre l'écorce, plus cette excitation aura son plein effet sensitif, comme l'expérience nous le montre et comme il est facile de le comprendre. La comparaison de l'avalanche, qui est fausse quand on l'applique au conducteur élémentaire (la fibre nerveuse), se trouve exacte, quand on envisage le champ sensitif, avec ses associations d'éléments superposés, ses voies multiples de dispersion et ses complications de tous genres. — Dans le champ moteur, le phénomène est précisément inverse ; il y a réduction ou concentration de l'excitation sur un organe d'une grande simplicité, le muscle.

2. — *Expression des émotions.*

I. **Langage des émotions.** — Chez l'homme, il y a une expression des idées par des signes conventionnels et des mouvements acquis volontaires. Il y a, d'autre part, une expression des émotions par des mouvements involontaires qui constituent une sorte de langage non appris, universel, qui existe dès la naissance et qu'on retrouve jusque dans les animaux qui se rapprochent de notre organisation, principalement les animaux domestiques. Le langage des émotions répond à une double utilité ou même une double nécessité. Il établit entre les animaux de la même espèce un premier lien social, qui leur permet de reconnaître chez les autres et de faire connaître chez eux leurs états intérieurs.

D'autre part, les mouvements tant extérieurs qu'intérieurs suscités par l'émotion, alors qu'ils n'ont plus la signification d'une langue naturelle, ont pour l'individu lui-même un rôle défensif ou de conservation. Une émotion violente dispose d'avance les muscles et les membres du corps dans l'état qu'ils doivent avoir pour l'attaque ou la défense.

Émotions actives et émotions passives. — Qu'il s'agisse d'une relation à établir entre êtres semblables, ou qu'il s'agisse seulement de la conservation de l'individu, les mouvements en apparence désordonnés qui naissent de l'émotion auraient donc une raison de leur manière d'être dans chaque cas particulier. Dans les émotions qui se rapportent au combat pour l'existence, l'individu, pour se soustraire au danger qui le menace, cherchera à susciter chez l'adversaire une émotion qui l'éloigne de lui, ou bien il se dissimulera à sa vue dans la mesure du possible. Le grossissement de la voix, l'horripilation des poils, le retrait du coin de la bouche qui découvre les dents, le grincement de celles-ci, sont autant de moyens du premier genre et qui trahissent une émotion *active* ; la suspension de la respiration, le mimétisme qui donne aux animaux la couleur du sol ou de la végétation au milieu desquels ils vivent, sont des moyens du second genre et vont avec des émotions *passives*. — Dans les conditions qui assurent la perpétuité de l'espèce, on retrouve des moyens du même genre avec cette différence que, en plus des attitudes ou expressions qui éloignent l'adversaire, on en trouve d'autres propres à rapprocher les sexes : les appels par la voix, le chant des oiseaux, l'éclat du plumage, sont des moyens de ce genre. Dans la vie sociale plus ou moins ébauchée qui se remarque chez certaines espèces animales, l'expression des émotions se communique entre les individus dans un but de conservation commune : le cri de frayeur de l'un d'eux est un avertissement pour les autres de la présence du danger.

II. **Innéité des mécanismes émotionnels.** — Les associations nerveuses qui réalisent ces mécanismes adaptés à l'expression de chaque émotion en particulier, sont innées chez les animaux ; elles se transmettent par *hérédité* et sont ainsi très différentes des associations acquises par éducation, qui sont à la base du langage proprement dit. — DARWIN, en recherchant les lois de ces associations, les rapporte aux trois principes suivants, qui n'éclairent que faiblement la question, mais sont la première ébauche d'explication rationnelle des mouvements émotifs qui ait été tentée.

1° *Principe de l'association des habitudes utiles.* — Des mouvements qui chez l'homme (et même parfois chez les animaux domestiques) ne nous paraissent plus d'aucune utilité, subsistent chez nous (et chez eux) par hérédité, en raison d'une utilité antérieure que les conditions actuelles de l'existence ont fait disparaître. Le clignement des yeux, le secouement des membres endoloris ont été à l'origine, et sont encore à l'occasion, des mouvements utiles pour fuir une excitation pénible ou douloureuse : par habitude et par symbolisme ils exprimeront des émotions analogues à celles qui les ont provoqués à l'origine. De plus, les conventions de la vie civilisée nous imposent de refréner les manifestations de nos émotions, mais cette frénation est incomplète, elle laisse percer plus ou moins la manifestation involontaire du sentiment intérieur et les plus faibles mouvements de ce genre deviennent alors expressifs.

2° *Principe de l'antithèse.* — Un mouvement donné symbolisant une émotion donnée, il est naturel que le mouvement inverse soit choisi d'instinct pour symboliser l'émotion opposée. Un chien qui croit voir un étranger prend une attitude hostile, marquée par la raideur des membres, le redressement du corps et de la tête : si dans cet étranger il reconnaît tout à coup son maître, il prend l'expression exactement opposée, attitude rampante, mouvements expressifs des membres et en particulier de la queue.

3° *Principe de l'action directe du système nerveux.* — Il serait mieux nommé de l'*excitation débordante* ; il repose sur le fait souvent relevé en physiologie, que, lorsque l'excitation sensitive est trop violente, elle se diffuse à tout le système nerveux, à toutes les voies centrifuges, motrices ou d'arrêt : l'agitation, les cris, les palpitations du cœur, les convulsions généralisées sont un effet de la pénétration de l'excitation dans les premières ; le tremblement, la stupeur, la rougeur émotive, la syncope cardiaque sont un effet de son extension aux secondes. Ce principe s'oppose quelque peu aux précédents qui sont rationnels, tandis que lui est une constatation empirique. Toutefois on peut remarquer que l'attention réclamée par l'exécution d'actes désordonnés, bien qu'inutile ou sans but précis, distrait celle qui est involontairement apportée à la douleur et la soulage (*duobus doloribus simul obortis, non in eodem loco, vehementior obscurat alterum*).

Malgré les recherches dont il a été l'objet, le mécanisme des réactions motrices intérieures de nature émotive est encore très obscur. Par contre, sur les actions musculaires, qui impriment aux traits de la face une signification émotive si caractéristique, nous avons quelques données précises dues à DUCHENNE (de Boulogne). Cet auteur a trouvé dans l'électrisation localisée des muscles de la face un moyen analytique très fidèle, pour reproduire artificiellement l'expression des principales émotions, sur un sujet qui ne les éprouve pas.

III. **Expressions émotives sur le visage humain**. — Les émotions se traduisent sur la face par la contraction d'un ou plusieurs des muscles qui, prenant d'une part sur le crâne une insertion fixe, déplacent certaines parties de la peau, y creusent des plis ou en déplacent d'autres et changent ainsi son expression. — Parmi ces muscles, il en est de *complètement expressifs* par eux-mêmes (frontal, sourcilier, grand zygomatique); il en est qui ne sont qu'*expressifs complémentaires*, c'est-à-dire propres seulement à compléter ou modifier une expression produite par d'autres muscles (portion palpébrale de l'orbiculaire, transverse du nez, peaucier du cou); il en est enfin qui ne sont que *peu ou pas expressifs*, soit isolément, soit en association avec d'autres (buccinateur). — Dans l'association des muscles de la face entre eux, les combinaisons se composent de peu d'éléments (deux, trois, rarement quatre muscles). — Ces contractions des muscles de la face, très expressives à elles seules, peuvent d'autre part se combiner avec des gestes, des attitudes du corps, des modifications vasculaires et sécrétoires apparentes (pâleur, rougeur de la face, sécrétion des larmes) qui complètent l'expression.

Les muscles de l'expression. — L'analyse physiologique n'a guère prise que sur les *muscles faciaux*, qui sont du reste l'élément essentiel. Elle consiste à soumettre ces muscles isolément, ou par deux ou trois, à une excitation artificielle (électrisation) directement appliquée sur eux : le muscle ou l'association musculaire ainsi mise en jeu manifeste l'expression extérieure (purement objective) d'une émotion, dont les phénomènes intérieurs (subjectifs) font entièrement défaut chez le sujet expérimenté. — Pour n'avoir pas à tenir compte des effets réflexes ou des manifestations douloureuses qui pourraient naître de l'excitation concomitante des nerfs sensitifs cutanés, Duchenne a opéré sur un individu ayant une paralysie sensitive de la face : de telle sorte que l'excitation qu'il dirigeait sur l'appareil névro-moteur de la face n'agissait en réalité que sur cet appareil lui-même, à l'exclusion de tout autre.

Attention extérieure. — Elle est caractérisée par une élévation du sourcil et de la paupière supérieure, en même temps que des plis transversaux se forment sur le front. Cette attitude est le fait du muscle *frontal*, dont l'insertion fixe en arrière permet un relèvement du sourcil au moment de sa contraction. Exagérée, cette expression devient celle de l'*étonnement*.

Réflexion. — La réflexion est un état de l'âme qui nous concentre en nous-même, en nous isolant des impressions extérieures, état inverse du précédent, par conséquent. Son mécanisme est inverse également et réalisé par un muscle antagoniste du frontal. La réflexion s'accuse par un abaissement du sourcil, dont la courbure s'efface, en même temps que disparaissent les rides du front.

Cette attitude est le fait de la contraction de la *moitié supérieure* du muscle *orbiculaire* ou *orbitaire*.

Douleur. — La douleur physique ou morale s'accuse par une brisure du sourcil, qui est relevé en haut et en dehors par la contraction du muscle *sour-*

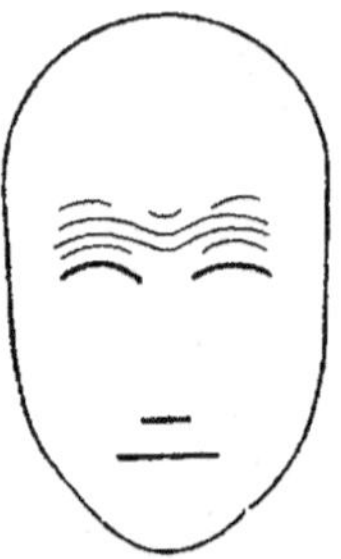

Fig. 162. — *Attention*.

Contraction des muscles frontaux.

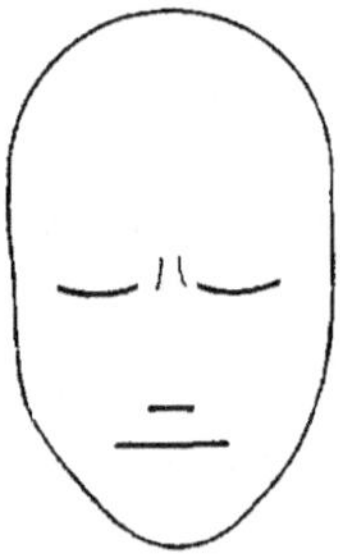

Fig. 163. — *Réflexion; méditation*.

Contraction de l'orbiculaire orbitaire supérieur.

cilier, muscle oblique inséré en haut sur le frontal et en bas sur le sourcil au point de jonction de sa tête et de sa queue : des plis concentriques à la brisure du sourcil se dessinent sur le front, près de la racine du nez.

Menace. — Elle s'accuse par un abaissement de la tête du sourcil et des plis transversaux sur la racine du nez, causés par la contraction du muscle *pyramidal* inséré en bas aux os propres du nez, en haut à la face profonde de la peau de l'espace intersourcilier.

Rire. — Dans le rire, la commissure des lèvres est tirée en haut et en dehors, l'ouverture buccale est élargie transversalement et cesse d'être rectiligne. Ce déplacement est dû à la contraction du muscle *grand zygomatique*. Un pli très caractéristique de la face, la ligne naso-labiale qui aboutit à la commissure, s'en trouve déplacée, portée qu'elle est en haut et en dehors en même temps que, cessant d'être rectiligne, elle forme une courbe concentrique à la commissure. La peau de la joue devient plus saillante et forme, vers l'angle externe de l'œil, quelques plis rayonnés (patte d'oie), ce qui augmente l'ombre au-dessous de l'angle externe de l'œil et fait croire à un déplacement de la paupière.

Pleurer. — L'expression du pleurer est exactement inverse de celle du rire quant à la direction imprimée à la commissure et au sillon naso-labial. La commissure est tirée en bas ; le sillon est déplacé dans le même sens ; les rides de la patte d'oie tendent à s'effacer. Ces déplacements concordants sont dus à la contraction du *releveur commun externe* et du *petit zygomatique*. Ces muscles, plus ou moins parallèles au grand zygomatique, prennent comme lui insertion fixe à la pommette ou aux os voisins (bord interne de l'orbite) et descendent plus ou moins obliquement prendre leur insertion mobile dans la lèvre supérieure ; mais, tandis que le grand zygomatique, le plus externe d'entre eux, s'attache près de la commissure, les autres s'attachent à la partie moyenne de la lèvre, d'où l'obliquité en sens inverse qu'ils communiquent à son bord supérieur en se contractant ou l'un ou les autres. Un troisième muscle, l'*élévateur commun interne*, s'attache en haut au bord interne de l'orbite et en bas à l'aile

u nez et à la lèvre supérieure près de sa partie médiane. Celui-ci augmente
encore l'obliquité de la lèvre en même temps qu'il dilate l'aile du nez ; il élève
en masse la partie interne du sillon naso-labial, le creuse profondément en
une gouttière que les larmes remplissent ; c'est le muscle du *pleurer à chaudes
larmes.*

Lubricité. — Duchenne en voit l'expression dans les plis verticaux de la face
latérale du nez, qui résultent de la contraction du muscle *transverse du nez,*

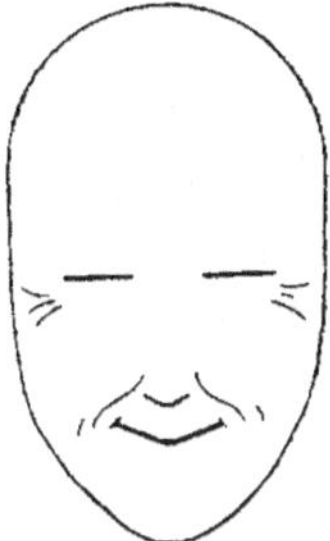

Fig. 164. — *Rire.*

Contraction du grand zygomatique.

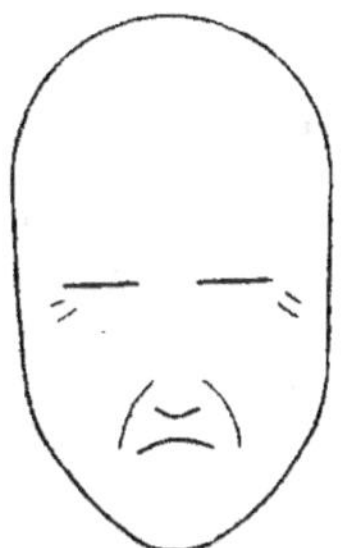

Fig. 165. — *Pleurer.*

Contraction du releveur commun externe.

muscle digastrique disposé en forme de sangle sur le dos du nez et attaché
par ses extrémités libres à la peau de la joue et du nez.

Le *dédain*, le *mépris*, le *dégoût* ont leur expression dans des modifications de
la situation des lèvres et surtout de la lèvre inférieure. On connaît l'expression
qui résulte de l'action de *pincer les lèvres* ou *faire la petite bouche*, ou de celle

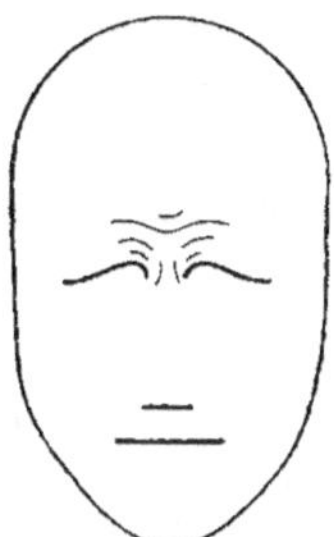

Fig. 166. — *Douleur.*

Contraction du sourcilier.

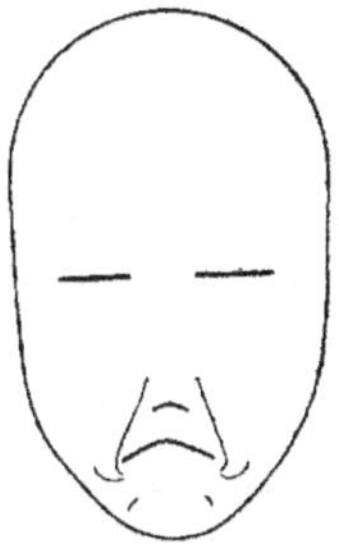

Fig. 167. — *Mécontentement ; mépris.*

Contraction du triangulaire des lèvres.

de *faire la moue.* Ces expressions sont dues à des contractions de l'*orbiculaire de
la bouche*, contraction limitée dans le premier cas à ses fibres les plus internes,
qui serrent étroitement l'ouverture buccale comme l'orifice d'une bourse,
limitée dans le second à ses fibres les plus excentriques, dont la contraction
isolée projette en avant les lèvres, en les avançant sous forme de tuyau.

Le muscle *buccinateur*, important pour la mastication, l'articulation des sons,
le jeu des instruments à vent, ne prend pas part à l'expression des émotions

Le muscle *triangulaire des lèvres*, attaché en bas à la mâchoire inférieure en dehors de sa symphyse, prend son insertion libre vers la commissure des lèvres. Il abaisse par conséquent cette commissure et donne à la fente buccale une obliquité de même sens que celle du pleurer, mais réalisée, ici, en abaissant la commissure au lieu de relever la partie moyenne de la lèvre supérieure. Le naso-labial est tiré en bas et devient à peu près rectiligne. Peu accentuée, cette expression est celle de la *tristesse* ; plus accentuée, elle est celle du *mépris*. La demi-occlusion des paupières par contraction de l'*orbitaire palpébral* (muscle propre de la paupière) vient souvent compléter cette dernière expression du sillon.

Le muscle *carré du menton* s'insère, comme le précédent, en bas à la partie antérieure de la branche horizontale du maxillaire inférieur ; ses fibres, obliques en haut et en dedans, vont s'insérer à toute la longueur de la lèvre inférieure. La contraction de ce muscle, en renversant la lèvre inférieure, exprime le *dégoût*.

Le *peaucier du cou*, à un faisceau duquel on a donné le nom de *risorius de Santorini*, n'est pas expressif par lui-même ; il n'exprime du reste ni le rire ni la gaieté, mais plutôt un *rictus* ou rire forcé et menaçant.

3. — *Données anatomiques*.

Entre l'écorce cérébrale et la substance grise sous-jacente (qui s'étend depuis le thalamus, les tubercules quadrijumeaux et les corps genouillés jusqu'à l'axe gris de la moelle épinière), il existe des relations définies, établies par les fibres qui, de ces amas de substance grise, se projettent, comme l'on dit, sur l'écorce ; fibres à conduction en partie ascendante, en partie descendante. — Pour déterminer ces connexions, la méthode la plus sûre est celle qui utilise les dégénérations qui s'emparent des fibres nerveuses après la destruction de l'écorce cérébrale, soit qu'on la réalise expérimentalement chez les animaux, soit qu'on la rencontre chez l'homme à la suite des maladies du cerveau.

Les dégénérations, qui du fait de la destruction de la substance grise corticale s'étendent aux parties sous-jacentes, sont multiples comme toutes celles qui s'observent dans ces régions compliquées du système nerveux. Nous y trouvons les trois catégories connues (dégénération wallérienne, dégénération ascendante et dégénération atrophique) que l'on distingue l'une de l'autre par certains caractères, mais surtout par leur ordre d'apparition. La dégénération wallérienne est la première en date et la plus accusée ; elle frappe les fibres dont les cellules d'origine ont été détruites ou séparées d'elles (par exemple, les faisceaux pyramidaux et tractus analogues).

La dégénération ascendante, plus tardive que la précédente, remonte peu à peu aux cellules dont les fibres terminales ont été coupées ou retranchées (par exemple, le ruban de Reil et les noyaux placés sur son trajet). Bien que ces deux ordres de dégénération ne soient pas dans tous les cas absolument faciles à distinguer, elles permettent généralement de faire la part des éléments ascendants (sensitifs) et des éléments descendants (moteurs) dans les tractus compliqués qui relient le manteau des hémisphères aux étages nerveux sous-jacents.

La dégénération atrophique est une conséquence encore plus tardive et plus éloignée des altérations destructives qui frappent une région nerveuse un peu importante. Non seulement les fibres directement mutilées sont altérées dans un sens ou dans l'autre (suivant la portion retranchée), mais, à la longue, les éléments nerveux auxquels les précédents communiquaient l'excitation, cessant de recevoir celle-ci en quantité ou qualité suffisante, subissent un certain degré d'atrophie, comme toute partie vivante condamnée à l'immobilité.

L'écorce cérébrale et la couche optique. — L'écorce du cerveau est divisible en un certain nombre de territoires qui répondent chacun à un des sens. Ces territoires sont eux-mêmes subdivisibles en aires ou régions plus petites, qui correspondent

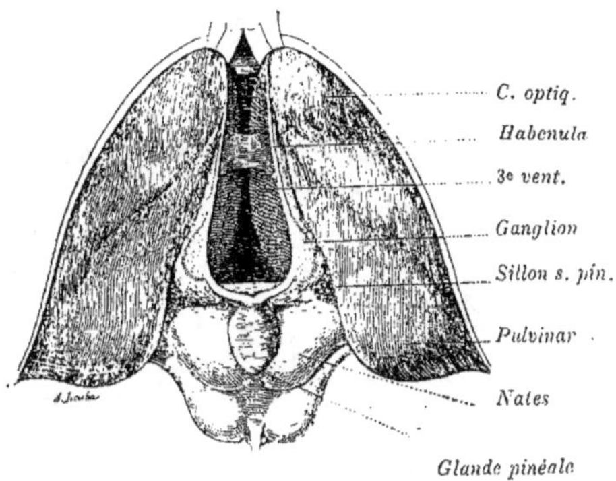

Fig. 168. — *La couche optique, les tubercules quadri-jumeaux, la glande pinéale et l'habenula.*

à des fonctions distinctes et localisées (reconnaissables surtout dans l'ordre des phénomènes du mouvement). *Les divisions territoriales de l'écorce cérébrale se répètent anatomiquement et fonctionnellement dans la couche optique.* C'est ce que montrent bien les dégénérations secondaires qui envahissent ce ganglion à la suite de destructions limitées de la surface des hémisphères.

La couche optique est formée d'un certain nombre de noyaux distincts que, suivant leur position, on désigne sous les noms de *ventral*, *antérieur*, *latéral*, *médian* ou *interne*, auxquels il faut ajouter le pulvinar, les corps genouillés externe et interne, le corps mamillaire et le corps de Luys.

Les noyaux antérieurs et internes s'irradient dans le lobe frontal ; les noyaux latéraux dans le lobe pariétal ; les noyaux ventraux dans l'opercule ; les parties postérieures, à savoir le pulvinar, avec le lobe occipital et aussi avec la première et la deuxième pariétale ; le corps genouillé interne et le noyau postérieur avec les circonvolutions temporales.

4. — *Fonctions de la couche optique.*

Les fonctions de la couche optique sont restées pendant longtemps enveloppées d'une profonde obscurité. Vulpian avouait que nos connaissances sur ce point étaient de la plus grande insuffisance. Meynert, se basant sur des inductions surtout anatomiques, avait désigné ce ganglion comme un centre réflexe important ; mais cette indication manquait totalement de précision.

A. Faits cliniques. — C'est aux observations cliniques que nous devons d'avoir posé le problème en montrant les différences qui séparent les paralysies motrices, dues les unes aux lésions de la couche optique, les autres aux altérations de l'écorce cérébrale. L'expérimentation de son côté a apporté des données qui confirment cette distinction.

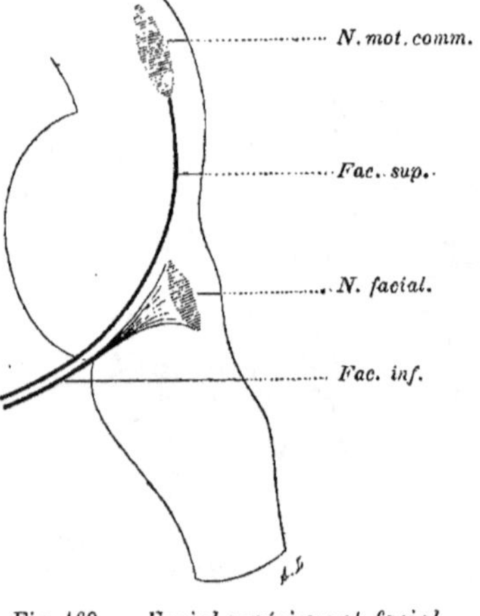

Fig. 169. — *Facial supérieur et facial inférieur* (d'après MENDEL).

Le noyau de l'oculo-moteur commun gouvernerait toutes les fonctions de la motricité oculaire, y compris l'ouverture et la fermeture des paupières (cette dernière par la voie du facial dit supérieur).

I. **Facial supérieur et facial inférieur.** — Les muscles de la face, auxquels se distribuent les rameaux du nerf facial, peuvent être partagés en deux régions : l'une *supérieure*, dite du facial supérieur, qui comprend les muscles qui entourent la cavité orbitaire (muscles frontal, orbiculaire des paupières et sourcilier) ; l'autre *inférieure*, dite du facial inférieur, qui comprend tous les autres muscles de la face. Les mots *supérieur* et *inférieur* n'indiquent ici que la situation des muscles dans le visage.

Si, d'autre part, on suit les éléments moteurs d'un tel nerf depuis l'écorce jusqu'aux muscles, on sait qu'ils sont (comme tous les éléments moteurs du même ordre) constitués par deux neurones au moins superposés : l'un *profond*, cortico-bulbaire ; l'autre *périphérique*, bulbo-musculaire.

II. **Facial périphérique et facial profond.** — Lorsque la paralysie, de quelque nature qu'elle soit, frappe le facial *périphérique* (à son origine ou sur son trajet intra-osseux), elle ne peut guère distinguer entre ses éléments supérieurs et inférieurs, mélangés dans le même tronc. Aussi la paralysie est-elle alors dite *totale* : et ceci autant parce qu'elle prend ensemble toutes les fibres de tous les muscles faciaux que parce qu'elle supprime pour eux toute source d'excitation (volontaire, instinctive, réflexe). Elle est alors à la fois complète et radicale.

Lorsque la paralysie frappe le facial *profond* (dans l'écorce ou sur son trajet intracapsulaire), elle revêt des formes beaucoup plus variées, ce qui tient à la séparation ici anatomiquement accusée entre le facial supérieur et le facial inférieur, ainsi qu'à la

grande variété de fonction des éléments composant ce facial supérieur. Sa place dans la capsule interne est dans la partie antérieure
du « genou » de celle-ci.

Dans les lésions du facial profond (qu'elles soient corticales ou capsulaires), il semble de prime abord que la partie inférieure du facial
périphérique soit seule paralysée, la partie supérieure paraissant
indemne. Les traits de la face sont en effet déviés et la joue flasque
(facial dit inférieur), tandis que certains mouvements sont conservés
dans les muscles frontal et surtout orbiculaire (facial supérieur).

Mais si l'on y regarde de près, on voit que le facial supérieur
n'échappe pas à la paralysie; seulement, celle-ci est d'un ordre particulier. Au repos, l'ouverture palpébrale paraît légèrement plus
grande, ce qui indique un certain degré de *parésie* de l'orbiculaire
(on peut, il est vrai, la trouver parfois plus étroite, quand le muscle
parésié est siège, comme il arrive, de contractures posthémiplé-
giques). — Les plis du front sont inégaux d'un côté à l'autre : ce
qui indique également une parésie ou une légère contracture, suivant les cas, du muscle frontal. — Les mouvements associés de
clignement, soit réflexes, soit même volontaires, sont possibles, bien
que plus lents du côté parésié. — Mais les mouvements dissociés,
c'est-à-dire *l'occlusion isolée d'un seul œil du côté paralysé, est impossible* (Pugliese et Milla).

III. **Paralysie de la fonction volontaire.** — En somme, la
paralysie dans ces conditions n'a fait disparaître complètement ni
les mouvements réflexes, ni le tonus musculaire, ni même les mouvements qui sont associés par un entraînement à des mouvements
volontaires; mais elle a supprimé certains mouvements localisés,
unilatéraux, acquis par éducation, mouvements ayant par cela
même à un haut degré ce caractère *volontaire* que nous opposons
au caractère réflexe et dont le mécanisme nerveux appartient à certaines zones différenciées de l'écorce et de ses fibres sous-jacentes. —
En d'autres mots, *la paralysie* dans ces cas *a frappé les fonctions
volontaires du facial profond, elle a laissé subsister ses fonctions
réflexes et émotives* : il peut y avoir telle lésion qui frappe ces dernières en respectant les premières.

En général, dans l'hémiplégie, on peut dire que le degré de paralysie des muscles est d'autant plus accusé que ceux-ci ont une fonction plus asynergique, c'est-à-dire plus indépendante des associations et des entraînements. Comme ces muscles peuvent obéir à des
fonctions diverses, les unes synergiques, les autres asynergiques, on
peut dire également que la paralysie est d'autant plus accusée que
la fonction considérée est plus indépendante : les muscles peuvent

être paralysés pour une fonction et actifs pour une autre.

La région corticale d'où naît le facial supérieur est dans le tiers inférieur de la circonvolution frontale ascendante, en face du pied de la deuxième frontale. Son territoire est sus-jacent à ceux de la langue et de la bouche.

Indépendance des mouvements acquise par éducation. — Les muscles orbiculaires ont acquis (au moins chez la plupart des hommes) par l'éducation leur motricité indépendante ou asynergie. Dans beaucoup d'actes nous avons pris, pour mieux voir, l'habitude de fermer l'un des deux yeux en gardant l'autre ouvert. Il est exceptionnel de rencontrer (en dehors de la paralysie) des sujets ne pouvant pas fermer isolément l'un des deux yeux.

Les muscles frontaux, eux, ne se contractent que synergiquement.

Les muscles sourciliers ne se contractent non plus qu'ensemble. Toutefois on peut, par une étude et des efforts répétés, arriver peu à peu à produire la contraction isolée de chaque muscle de la face (Sikorsky).

Les muscles de la face réalisent des actes *réflexes*, des actes *émotifs* (instinctifs), des actes *volontaires*. Ces trois ordres d'actes mettent en jeu les mêmes muscles par le moyen des mêmes fibres nerveuses, dans le facial périphérique (fibres bulbo-musculaires); mais, dans le facial profond, ces trois ordres d'actes affectent des systèmes distincts et partiellement indépendants. Cela est démontrable au moins pour certains de ces actes.

IV. Paralysie volontaire avec conservation de l'expression des émotions. — Certains hémiplégiques sont incapables d'imprimer volontairement aucun mouvement à leur face paralysée; mais si tout à coup ils sont assaillis par une émotion triste ou gaie, ces mêmes muscles réfractaires à la volonté donnent au visage l'expression de la joie ou de la tristesse (A. Magnus).

V. Paralysie de l'expression émotive avec conservation des mouvements volontaires. — A l'inverse de ce qui vient d'être dit, certains sujets peuvent volontairement conctracter les muscles de la face et en déplacer les traits; mais si une émotion survient chez eux, la face (un côté, par exemple) est complètement inapte à traduire cette émotion : il peut se faire qu'en même temps les mouvements réflexes ou automatiques de la respiration soient abolis (Ch. Bell, Stromeyer).

Cette dissociation est du reste un fait ptutôt exceptionnel, et la paralysie peut supprimer l'expression à la fois des émotions et de la volonté; mais quand elle existe, elle nous offre les éléments d'une analyse intéressante.

Localisations différentes des lésions dans l'un et l'autre cas. — Les paralysies des actes volontaires sont liées à des altérations de l'écorce ou des fibres de projection appartenant directement à cette écorce (lésions corticales et sous-corticales). *Si*, en même temps que de telles lésions existent, *la couche optique est intacte, l'expression des émotions est conservée.* Les noyaux du corps strié peuvent être lésés, détruits en même temps que la capsule interne : le résultat n'est pas changé (NOTHNAGEL).

B. FAITS EXPÉRIMENTAUX. — D'après BECHTEREW, la couche optique forme comme le centre supérieur ou le couronnement d'un système particulier, dans une certaine mesure indépendant du système cortico-bulbaire avec lequel il a des analogies, quoique étant beaucoup plus simple. Comme l'écorce, ce système est rattaché au bulbe rachidien et à la moelle épinière par des fibres de projection (sensitives et motrices) qui lui sont propres.

Ce système est réflexe : les excitations qui y montent des différents sens s'y réfléchissent en actes moteurs ; mais ces actes, automatiques, sont d'un automatisme compliqué, et la sensation qu'ils traduisent est une émotion, un instinct.

La couche optique répondrait donc à une localisation fonctionnelle de cet ordre ; elle est le lieu principal d'élaboration des émotions. Ses connexions avec l'écorce sont nombreuses ; néanmoins son fonctionnement peut être indépendant. — Chez des animaux auxquels on a enlevé l'écorce cérébrale, en maintenant la couche optique, les excitations des organes des différents sens provoquent des mouvements réflexes d'expression, ayant à s'y méprendre les caractères de l'expression émotive, telle qu'elle naît chez ces animaux sous des excitations sensorielles du même genre. Ces excitations provoqueront le grincement des dents, le hérissement des plumes ou des poils, le redressement des oreilles, etc., tous signes de *douleur* ou de *colère*. Des excitations douloureuses de la peau donneront aux traits de la face un caractère *hostile* : inversement, si on caresse la peau du dos (chez le chat), on déterminera un frétillement de la queue en même temps que le « rouron » qui chez cet animal est un signe de *joie*.

Non seulement les excitations des sens extérieurs, mais celles qui naissent des profondeurs de l'organisme par suite de ses besoins généraux ont des effets analogues ; c'est ainsi que la sensation de la faim excite, chez l'animal ainsi privé de son écorce, des mouvements en rapport avec la nutrition : l'oiseau frappe le sol de son bec, le cobaye meut ses mâchoires à vide. Ce mouvement instinctif des mâchoires s'observe dans le cas d'inanition (volontaire) prolongée (J. SOURY).

I. Voies motrices propres à la couche optique. — Ces mouvements instinctifs supposent des voies motrices propres à la couche optique et qui relient celle-ci aux noyaux des nerfs moteurs bulbaires et médullaires; voies qui sont du reste encore peu connues anatomiquement. En tout cas, les voies cortico-bulbaires sont ici hors de cause, car ces mouvements compliqués s'observent, alors que les faisceaux pyramidaux, par suite de l'ablation de l'écorce, sont entièrement dégénérés.

Les fibres efférentes de la couche optique (fibres thalamo-bulbaires) passent dans l'étage supérieur (calotte) du pédoncule, tandis que les fibres pyramidales passent dans l'étage inférieur (pied). Il suit de là qu'une lésion sous-thalamique de ces fibres (dans la protubérance) peut paralyser le mouvement émotif, comme une lésion sous-corticale des faisceaux pyramidaux peut paralyser le mouvement volontaire (HUGUENIN). — *La destruction de la couche optique, chez l'animal comme chez l'homme, laisse persister les mouvements volontaires, mais supprime radicalement tous les mouvements de caractère émotif* (mouvements de la face, des oreilles, de la queue).

II. Relations fonctionnelles entre l'écorce et la couche optique. — La distinction fonctionnelle qui apparaît ainsi entre l'écorce cérébrale et la couche optique n'implique pas une indépendance absolue entre le premier et le second de ces deux systèmes. Les connexions anatomiques qui existent entre eux sont nombreuses. Évidemment ils se transmettent l'excitation de l'un à l'autre et réciproquement. Lorsqu'ils sont intacts l'un et l'autre et que leurs connexions subsistent, la chaîne des actes psychiques s'en allonge et s'en complique seulement d'autant. Les émotions peuvent en effet avoir leur point de départ, soit directement dans les excitations extérieures qui atteignent les organes des sens (comme chez l'animal auquel l'écorce cérébrale a été enlevée), soit dans ces excitations encore, mais par l'intermédiaire des *idées* et des *souvenirs* qu'elles ont éveillées ou laissés dans les systèmes corticaux. L'émotion peut naître tout à coup d'un fait de mémoire, c'est-à-dire sans provocation immédiate apparente, mais en réalité d'une provocation antérieure conservée à l'état latent dans le cerveau.

Action inhibitrice de l'écorce sur la couche optique. — La couche optique reçoit de l'écorce non seulement des excitations (d'ordre moteur), mais elle en éprouve une influence inhibitrice qui permet, lorsque l'émotion n'est pas trop forte, d'en empêcher la traduction extérieure. Chez les hémiplégiques qui ont perdu la motilité volontaire de la face, avec conservation de la motilité émotionnelle, on voit souvent le rire ou les pleurs éclater sans cause appréciable ou pour les plus insignifiants motifs. C'est l'indice que les puissances inhibitrices, qui ont leur siège dans l'écorce, sont affaiblies ou ont disparu (OPPENHEIM). Cet affaiblissement est naturellement surtout prononcé dans le cas de lésion bilatérale de l'écorce, et c'est alors surtout que se remarque le *rire* et le *pleurer spasmodiques*.

Quant au mécanisme et au siège précis de cette inhibition, on conçoit qu'ils sont loin d'être connus. On peut faire à ce sujet plusieurs hypothèses. L'action d'arrêt pourrait s'exercer par des fibres allant de l'écorce à la couche optique elle-même; quelques-uns, comme OPPENHEIM, supposent des fibres inhibitrices

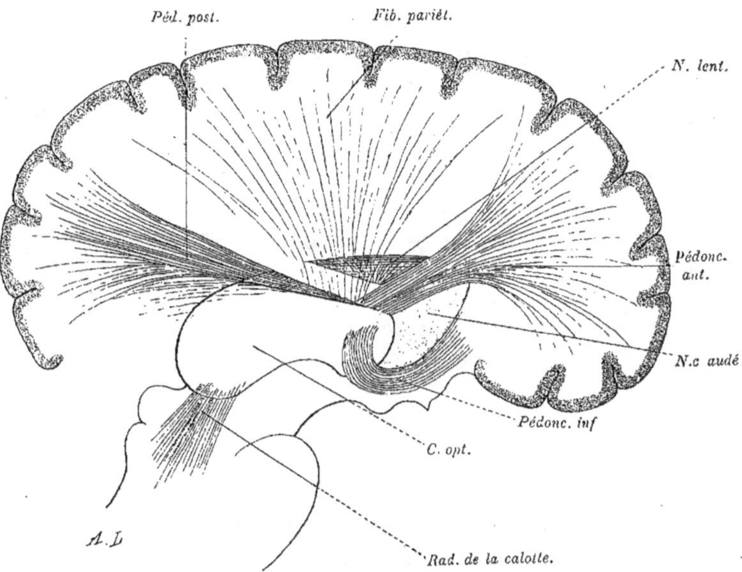

Fig. 170. — *Couronne rayonnante de la couche optique.*
Les corps striés en rouge, la couche optique en bleu (figure schématique de CHARPY).

cortico-bulbaires qui brident l'action motrice des noyaux de la protubérance et du bulbe : les altérations de ces conducteurs laisseraient le champ libre aux manifestations intempestives et désordonnées des émotions. BRISSAUD admet des fibres allant soit à la couche optique, soit à la substance grise du bulbe, et les situe dans la partie antérieure de la capsule interne.

III. Réactions émotives des organes profonds. — Les

émotions se traduisent non seulement par les mouvements de la face, mais aussi par des changements dans les mouvements de la respiration, des troubles de la circulation cutanée et la sécrétion de la glande lacrymale, nous pouvons dire toutes les fonctions de la vie végétative dépendantes du grand sympathique. — La couche optique a pouvoir sur ces différentes fonctions. L'excitation portée sur la commissure grise du thalamus provoque la *sécrétion des larmes*, la *dilatation de la pupille* et l'*exophtalmie*. La couche optique agit encore sur les *mouvements du cœur*, de l'*estomac*, de l'*intestin*, de la *vessie*.

La couche optique, à laquelle on peut ajouter certaine partie des noyaux lenticulaire et caudé, est décomposable en une série de centres distincts, dont l'excitation reproduit les modifications des fonctions internes qu'on peut observer au cours des émotions.

Christiani a pu agir sur les mouvements de la respiration en excitant le plancher du troisième ventricule. Bechterew et Mislawsky ont signalé la vaso-constriction et l'élévation de pression qui suit l'excitation du *globus pallidus* et de la couche optique. Ces mêmes auteurs ont vu les effets de l'excitation des différents segments de ce ganglion sur les mouvements de l'intestin grêle (renforcement par l'excitation de la région moyenne, relâchement par celle de la région externe). L'excitation de la région antéro-externe amorce les contractions du gros intestin et provoque la défécation. L'excitation de la partie inféro-interne près de la commissure grise fait sécréter les larmes. Celle de la partie inférieure du noyau antérieur fait contracter la vessie.

5. — *Fonctions du corps strié.*

Le corps strié est resté, parmi tous les organes nerveux, un de ceux dont les fonctions sont les plus obscures.

L'anatomie comparée nous montre cette masse ganglionnaire dans un rapport de développement inverse de celui de l'écorce du cerveau. Chez les poissons osseux, cette dernière n'est représentée que par une mince couche de cellules épithéliales qui ferme en haut le ventricule du cerveau antérieur, qui est l'équivalent des deux ventricules latéraux du cerveau des mammifères. C'est dire que, chez ces animaux, le manteau des hémisphères n'existe pas encore, en tant que masse de substance grise, les cellules qui entrent dans sa trame étant des éléments épendymaires comme ceux qui tapissent les cavités nerveuses.

Équivalence morphologique des parties. — Les lobes antérieurs du cerveau des poissons osseux sont donc les équivalents des ganglions de la base (corps opto-striés) des mammifères (Rabl-Ruckhard). Une commissure transversale ou interlobaire les relie. Un faisceau basal, sorte de pédoncule, s'en détache, qui est formé de fibres, les unes ascendantes (sensitives), les autres descendantes (motrices). Les prolongements cylindraxiles des premières viennent s'arboriser au contact direct des dendrites des secondes, sans interposition de neurones courts d'association, ou tout au moins ces éléments sont peu nombreux et peu visibles (Van Genuchten). La commissure est formée par l'entre-croisement d'une partie des fibres sensitives, dont les unes gagnent le lobe opposé, tandis que les autres restent dans le lobe correspondant. Cette commissure n'est nullement l'équivalent du corps calleux, d'autant que les hémisphères font défaut.

Non-équivalence fonctionnelle. — Comme il est impossible de refuser à de tels animaux non seulement les facultés de l'instinct, mais même un rudiment d'intelligence, il en faut donc conclure que ces facultés peuvent s'exercer par des organes nerveux autres que le cerveau proprement dit, organes qui nous en présentent du reste une ébauche.

Le faisceau basal, plus facile à suivre chez les batraciens, va manifestement du corps strié à la moelle épinière (faisceau strio-spinal équivalent du faisceau pyramidal moteur), pendant que des fibres remontent de la moelle, du bulbe et du pont au corps strié (équivalent du faisceau sensitif) ; les premières descendent dans les cordons antérieurs de la moelle, et les secondes peuvent être suivies dans les cordons antéro-latéraux (Van Genuchten). Chez ces animaux, on voit apparaître un rudiment de corps calleux et un rudiment d'écorce, par l'apparition de rares cellules dans la membrane épithéliale, qui recouvre les ganglions de la base. Notons aussi des fibres d'association entre le corps strié et le thalamus qui s'accuse distinctement chez les batraciens.

Reptiles, oiseaux ; développement de l'écorce. — Chez les reptiles, l'écorce commence à se dessiner. Chez les oiseaux, elle se perfectionne ; elle n'est pourtant encore qu'une membrane assez mince. On y distingue néanmoins déjà cinq couches superposées, à savoir : zone moléculaire ; couche de petites cellules étoilées ; couche de grandes cellules étoilées et de grandes cellules pyramidales (c'est-à-dire cellules d'association et cellules de projection) ; couche de cellules étoilées profondes ; enfin, zone épithéliale.

Détail important, ces cellules de projection partant de la troisième couche de l'écorce, et qui du reste ne sont pas encore très nombreuses, ne se substituent pas à celles du corps strié, mais s'y ajoutent seulement. Le corps strié conserve son faisceau basal, qui garde ses rapports avec la moelle épinière.

Édification progressive ; déplacement des fonctions directrices. — L'anatomie comparée nous fait ainsi assister à l'édification progressive du système nerveux. Elle nous le montre établissant et parachevant chacune de ses assises superposées avant de construire l'assise suivante, ganglions primaires, moelle épinière, ganglion de la base, écorce ou manteau cérébral. Toutefois ces superpositions, si elles ne font rien disparaître de ce qui a été édifié d'abord, ne vont pas sans un certain balancement entre ces formations successives ; les dernières venues accaparant pour elles, en les développant, une partie des fonctions assumées par les organes nerveux primitifs, alors qu'ils existaient seuls. La moelle épinière, les ganglions de la base, perdent de leur importance relative, à mesure que le cerveau proprement dit s'achemine vers le rôle prépondérant qu'il acquiert dans l'espèce humaine.

Sens directeur, non identique dans les espèces. — D'autre part, le cerveau lui-même, qui doit ses hautes fonctions au développement d'aptitudes spécifiques, n'a pas dans son évolution dirigé ces aptitudes toujours dans le même sens chez tous les animaux, et les fonctions psychiques des uns peuvent différer de celles des autres, non seulement, si on peut dire, en quantité, mais en qualité. Nos idées procèdent de nos sensations ; elles en procèdent inégalement parce que nos différents sens n'ont pas la même valeur et prennent de ce fait une part très inégale à leur formation. Il en est de même chez les animaux ; seulement, en les comparant les uns aux autres, on trouve que tel sens qui est prédominant chez certains est très affaibli ou même annihilé chez d'autres ; d'où la conclusion obligatoire et un peu inattendue que les représentations du monde extérieur affectent des formes différentes chez les uns et chez les autres, suivant la nature spécifique des sensations qui sont les éléments originels de ces représentations.

Olfaction chez les reptiles ; vision chez les oiseaux. — A cet égard, la comparaison des reptiles et des oiseaux est significative : chez les premiers, le sens de l'olfaction présente un développement prépondérant et se trouve, à l'exception des autres sens, relié au rudiment d'écorce qui apparaît dans leur cerveau. Chez les seconds, c'est le sens de la vue qui a pris la direction des actes réfléchis de l'animal, et cette substitution s'explique chez des êtres qui, planant dans les airs, ont dans une certaine mesure changé de milieu. Aussi chez eux trouve-t-on, entre les ganglions optiques de la base et l'écorce cérébrale, un tractus très important qui fait défaut chez les reptiles, où la liaison principale de l'écorce avec les centres supérieurs se fait par des radiations olfactives très développées.

Perfection physique et perfection psychique. — Un sens est un ensemble de fonctions fort compliqué, auquel prennent part des actes nombreux, lesquels, par une gradation continue, s'étendent depuis les phénomènes purement physiques d'où ils procèdent jusqu'aux phénomènes psychiques qui les caractérisent. Les voies nerveuses dans lesquelles se déroulent ces actes successifs assurent, chacune pour sa part, la réalisation de chacun de ces actes ; d'où il suit que la perfection d'un sens peut être comprise de façon très différente, suivant qu'il s'agit des uns ou des autres de ces actes, suivant surtout qu'on envisage leur puissance et leur précision physique, ou qu'on a en vue leur valeur psychique. La vue de l'oiseau est plus perçante que celle de l'homme, ce qui tient à ce que non seulement le globe oculaire, mais tout l'ensemble nerveux qui le rattache aux ganglions sous-corticaux, est chez le premier plus développé que chez le second ; mais, de ses sensations visuelles imparfaites, l'homme tire des représentations et des notions qui sont absentes de l'oiseau, parce qu'il dispose dans son écorce cérébrale d'un appareil de transformation dont la puissance est infinie par rapport à celle de ce dernier.

On trouve en particulier chez l'oiseau un système de fibres, qui des ganglions sous-corticaux reviennent à la rétine par voie centrifuge et qui, bien qu'existantes chez l'homme et les autres vertébrés, sont chez lui beaucoup plus développées (PERLIA). La fonction de telles fibres, qui, bien que centrifuges de leur nature, ramènent l'excitation nerveuse vers les organes sensitifs d'où elle est partie, est encore environnée de beaucoup d'obscurité. Le fait que le développement de ces fibres est en rapport avec le développement et la perfection du sens auquel elles appartiennent est une preuve que leur rôle y est essentiel, pour inconnu qu'il soit. Il se peut qu'il ait quelque rapport avec la persistance des impressions lumineuses, après que l'effet directement excitateur a cessé, ou même avec la conservation de ces impressions et leur réévocation dans le souvenir.

Relations du corps strié avec le cerveau antérieur. — L'embryologie désigne le corps strié comme une dépendance du cerveau antérieur. — L'anatomie comparée nous le montre exerçant les fonctions (à la vérité encore rudimentaires) du cerveau chez les animaux (poissons) où le manteau cortical est encore absent. — Chez les mammifères supérieurs, la méthode des dégénérations établit l'existence de *connexions entre l'écorce du lobe frontal et les noyaux du corps strié*, principalement le noyau caudé. Une voie cortico-striée existe, par le moyen de fibres réunies en petits faisceaux qui, suivant le trajet de la capsule interne, se détachent de son segment antérieur et pénètrent de préférence dans ce dernier noyau, soit pour le traverser après lui avoir donné des collatérales, soit pour s'y distribuer et s'y terminer (Marinesco).

Des fibres analogues réunissent l'écorce au thalamus (couche optique) et le corps strié est lui-même réuni au thalamus. Enfin ces noyaux sont eux-mêmes rattachés par des connectifs aux noyaux de substance grise de la protubérance.

Toutes ces voies sont constituées par des éléments qui sont les uns ascendants, les autres descendants, et qui assurent la conduction des excitations soit dans un sens, soit dans l'autre.

I. **Données expérimentales.** — Sur la fonction d'ensemble qui revient à un tel système d'éléments coordonnés, et en particulier au corps strié, la physiologie est restée malheureusement jusqu'ici assez pauvre de données positives.

Destruction. — Magendie avait avancé qu'après l'ablation des deux corps striés, l'animal montre une tendance irrésistible à se porter en avant : le corps strié, d'après cela, aurait des fonctions en relation avec les mouvements de locomotion, avec la marche. C'est à une conclusion du même genre qu'aboutissent les expériences plus récentes de Nothnagel et de Fr. Rezek. En détruisant (par une injection d'acide chromique à l'aide de la seringue de Pravaz) un point limité du noyau caudé, le premier de ces auteurs a déterminé chez des lapins des mouvements de manège ou de progression en avant, comme Magendie. La partie en rapport avec ces mouvements est appelée par lui *nodus cursorius*. Une liaison du même genre existe aussi entre la locomotion et le *putamen* du noyau lenticulaire, d'après Rezek. Quelle est la part à faire, dans une lésion de ce genre, à la destruction proprement dite et à l'excitation produite par elle ; quelle est la part à faire aux éléments moteurs ou inhibiteurs qui seraient eux-mêmes détruits ou excités, c'est ce qu'il est impossible de dire.

II. **Fonction supposée.** — Ces masses grises du corps strié contiendraient en elles les associations d'éléments sensitifs et moteurs, qui se transmettent l'excitation dans l'ordre voulu pour assurer l'exécution des mouvements des membres par lesquels s'effectue la marche et on pourrait même ajouter, pour l'entretenir une fois qu'elle est commencée. Ces mouvements sont *automatiques*, autrement dit *involontaires* ; ils se produisent à la condition qu'une excitation les amorce, en tombant dans le système qui est organisé pour les exécuter ; ils cessent quand une autre excitation rompt cet amorçage et ramène le système automatique à l'état de repos; ils continuent pendant l'intervalle. — L'amorçage (ou le désamorçage) seul est *volontaire* et, à ce titre, l'excitation qui le produit procède de l'écorce ou a dû passer par l'écorce.

Il ne faut pas oublier que la moelle épinière contient des associations qui manifestement réalisent des mouvements coordonnés. A elle seule elle peut en réaliser parmi les plus simples, comme la nage chez le canard, mais pas la marche, qui réclame le maintien d'un équilibre qui représente à lui seul une fonction complexe.

Excitation. — François-Franck et Pitres, en excitant directement le corps strié, n'ont pu constater aucun effet moteur de cette excitation. Carville et Duret n'avaient non plus déterminé aucun effet de ce genre. Toutefois, ayant excité la capsule interne chez un chien dont le centre cortical du membre antérieur avait été enlevé auparavant et dont les fibres correspondantes du centre ovale étaient inexcitables, ils ont pu provoquer des mouvements dans ce membre, par excitation sans doute des fibres saines venant du corps strié. Ces mêmes auteurs, ayant réussi à enlever le corps strié, ont observé une grande faiblesse du côté opposé et un mouvement de manège spécial (probablement dû à la lésion du pédoncule). Si l'extirpation est incomplète, on observe des contractures du côté opposé à l'opération. Ces effets témoignent en somme d'une fonction motrice.

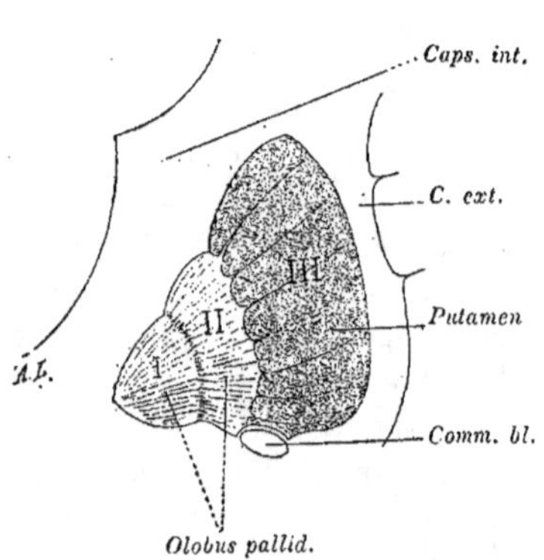

Fig. 171. — *Les trois membres du noyau lenticulaire du corps strié.*

Vus sur une coupe frontale, côté gauche (d'après Charpy).

Lépine a vu la lésion du *putamen* produire la paralysie pseudo-bulbaire (labio-glosso-laryngée).

Corps de Luys ; tubercules quadrijumeaux ; tubercules mamillaires. — Dans le voisinage de la couche optique sont d'autres formations analogues capables, comme elle-même et souvent avec son aide, de coordonner en actes moteurs les impressions venues de la périphérie, intervenant par conséquent dans les actes émotifs et instinctifs. Comme ces masses grises sont liées plus particulièrement à l'exercice des sens spéciaux supérieurs (vue, ouïe, olfaction), leur fonctionnement sera étudié à propos des innervations spécifiques. L'esquisse que nous traçons ici de la marche des excitations dans le système nerveux et des modalités fonctionnelles qui en résultent est faite en prenant pour guide principalement les organes de la sensibilité tactile et de la motricité squelettique.

6. — L'instinct chez l'homme et les animaux.

L'homme a la raison, les animaux ont l'instinct. Ces deux formes du psychisme présentent entre elles des ressemblances parfois surprenantes à côté de différences fondamentales. Les ressemblances sont accusées par la complexité et la perfection des ouvrages de l'instinct, ainsi que par la finalité de ces ouvrages qui se poursuivent à travers une série d'opérations, conduisant d'un point de départ donné à un but inflexiblement atteint, ayant caractère d'utilité. L'instinct dirige non seulement la vie individuelle des animaux, mais aboutit chez nombre d'entre eux à des organisations sociales, ayant quelque analogie avec les sociétés humaines. Certains invertébrés, comme les abeilles et les fourmis, sont remarquables à ce point de vue.

L'homme, lorsqu'il est témoin de ces actes, les rapproche volontiers de ceux par lesquels se manifeste sa propre intelligence. La similitude des effets l'induit à admettre une similitude entre les procédés psychiques d'exécution. Mais cette dernière n'est qu'apparente. Il suffit de mettre l'animal en présence de difficultés que la raison humaine résoudrait facilement, pour accuser la différence qui existe entre elle et l'instinct.

Caractères de l'instinct. — Comme l'acte intelligent, l'acte instinctif a son point de départ dans une excitation ou un besoin (*instinctus*, piqûre, *aiguillon*) et tend de même à une fin déterminée ; mais cette fin est inconnue de l'animal : *l'instinct est aveugle*; l'intelligence est consciente du but qu'elle poursuit, dont elle a la représentation idéale.

Fatalité. — Les opérations de l'instinct se poursuivent d'après un enchaînement rigoureux, s'excitent l'une l'autre sans inversion, abréviation ou complication ; elles suivent une série linéaire. Elles sont la réalisation d'une expérience, toujours la même, dont le déterminisme intérieur, intranerveux, est rigide et inflexible. En face du problème qui lui est posé, l'instinct n'a qu'une solution ; l'intelligence en a un grand nombre. Cela tient à ce que, dans notre cerveau, les expériences particulières antérieures ont subi un classement méthodique. A côté de l'acte réalisé coexistent parallèlement une foule d'actes possibles plus ou moins semblables à lui ou différents de

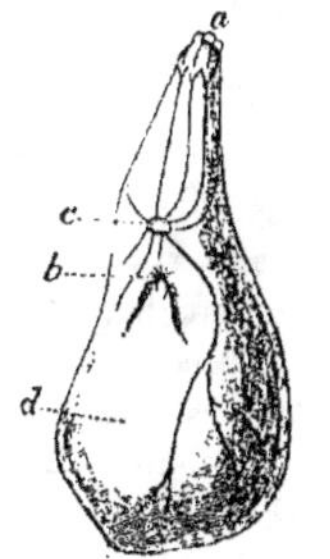

Fig. 172. — *Système nerveux d'un ascidien* (d'après CARPENTER).

a. bouche: *b.* orifice: *c.* ganglion ; *d,* sac musculaire.

lui. L'intelligence connaît l'hésitation et le doute, l'instinct ne les connaît pas.

Innéité, hérédité. — *L'instinct est inné;* ses opérations débutent à la naissance, sans imitation ni éducation préalable. C'est dire, avec LAMARCK et DARWIN, qu'*il est héréditaire.* Les expériences antérieures, que l'animal réalise dès sa naissance, ne sont pas les siennes propres, mais celles de ses ascendants. Le déterminisme intranerveux, qui assure leur réalisation immédiate, s'est transmis d'eux à lui par la même voie et par les mêmes moyens inconnus que ceux qui assurent le développement de ses organes et la réalisation des fonctions par lesquelles il reproduit un être en tout semblable à eux. C'est dire encore que *l'instinct appartient à l'espèce,* envisagée soit comme la collectivité des êtres qui la constituent au même moment, soit comme la suite de ceux qui s'engendrent dans le temps. — L'intelligence, par contre, est susceptible d'acquisitions, d'accroissement, de développement individuel. L'inégalité et la variété de ses moyens accuse la personnalité de l'individu humain : l'animal, lui, n'est qu'une unité numérique dans son espèce.

Rapports avec l'intelligence. — Il n'est pas dans la nature de phénomènes si opposés auxquels on ne puisse trouver un fond commun. Entre l'intelligence et l'instinct la différence est saisissante, mais la parenté ne saurait être méconnue. Chez l'animal comme chez l'homme l'instinct et l'intelligence coexistent, à des degrés extrêmement inégaux mais reconnaissables. Les procédés de l'un et de l'autre sont susceptibles non seulement de mélange, mais de transformation réciproque. Chez l'homme, des actes instinctifs deviennent raisonnés par progression, et des actes raisonnés deviennent instinctifs par régression. La seconde de ces transformations, aussi bien que la première, peut avoir son avantage : dans le rôle directeur qu'elle assume chez nous, l'intelligence, à mesure qu'au cours du développement elle aborde des sphères plus élevées, s'en remet à l'instinct pour l'exécution des actes inférieurs qui ont acquis leur pleine perfection. Chez les animaux, c'est plutôt l'inverse : pendant que l'instinct dirige l'enchaînement des actes vers un but à lui inconnu, l'intelligence intervient dans la réalisation individuelle de chacun d'eux. Seule la succession est tracée d'avance : le détail des opérations est plein d'imprévu.

Automatisme psychique. — En somme, l'intelligence et l'instinct se ressemblent par la complexité de leurs œuvres ; ils diffèrent entre eux du fait de la *plasticité* de la première et de la *rigidité* du second. La plasticité des processus intellectuels est, de tous leurs attributs ou caractères, celui qui les éloigne le plus des phénomènes physiques ou mécaniques ; la rigidité de l'instinct est, par contre, un caractère qui l'en rapproche. Avec l'École cartésienne, ce rapprochement a été poussé jusqu'à l'identification : pour un cartésien intransigeant l'animal est un automate, dans le sens mécanique du mot. Malgré que cette opinion ne compte plus de représentants, l'expression s'est conservée : mais elle n'emporte plus avec elle la signification d'un mécanisme pur.

L'automatisme n'a rien d'incompatible avec un psychisme d'une nature déterminée : des actes individuellement conscients peuvent se succéder et s'enchaîner d'une façon rigoureuse (avec ou sans trace de souvenir) au même titre que des actes purement mécaniques. L'*automatisme psychique* est aussi compréhensible et aussi réel que l'automatisme physique. Un tel automatisme intervient non seulement dans l'instinct, mais dans les processus intellectuels eux-mêmes.

Psychologie comparée. — Lorsqu'on étudie l'instinct et l'intelligence dans la série animale, on voit qu'ils subissent une progression sinon régulière et continue, tout au moins marquée, avec le développement général de cette série.

L'instinct procède d'une manifestation nerveuse plus élémentaire, le réflexe, dont il est une forme perfectionnée. On ne peut nier les relations qui rattachent l'intelligence à l'instinct, malgré les dissemblances et les oppositions que présentent ces deux modalités du psychisme. — Parallèlement, l'étude comparée des systèmes nerveux est instructive. L'acte réflexe est conditionné par un système des plus simples, de forme ganglionnaire comme celui d'une ascidie. La chaîne ganglionnaire des invertébrés, la moelle des vertébrés (considérés à l'état d'isolement) en représentent des types déjà perfectionnés. Un tel système est essentiellement formé par l'association de neurones primaires, c'est-à-dire allant directement du tégument au ganglion (neurones sensitifs) et du ganglion aux muscles (neurones moteurs), le ganglion n'étant que le lien de leur association (avec ou sans neurones courts renforçant et compliquant cette association).

L'instinct est conditionné par des superstructures formées de neurones secondaires, qui sont sans relation directe avec le tégument comme avec les muscles. Ces superstructures procèdent, par développement et extension progressive, des neurones courts d'association qui existent déjà dans les ganglions et les segments de la moelle épinière. Elles sont l'origine du cerveau. Les ganglions sus-œsophagiens de la chaîne des invertébrés ont cette signification. Leur développement est en rapport avec celui de l'instinct. Le fait est surtout prouvé par la comparaison des systèmes nerveux d'animaux (d'insectes) d'une même espèce, mais qui, étant organisés en sociétés, sont différenciés pour des fonctions sociales particulières. Telles sont les fourmis, dans lesquelles on distingue des ouvrières, une reine et des mâles. L'instinct va en décroissant des premières aux derniers ; la perfection du système nerveux fait de même, en ce sens que le cerveau va en diminuant des ouvrières aux mâles, alors que chez ces derniers les organes des sens et les neurones primaires seraient plutôt plus développés (Forel).

Les vertébrés nous offrent un nouveau terrain sur lequel, ainsi qu'on l'a vu plus haut, se poursuit cette comparaison.

C. — L'INTELLIGENCE. — LE CERVEAU.

L'homme a pris une place à part dans l'animalité. Sa faiblesse physique contraste avec la puissance des moyens qu'il a su se créer. Il a entrepris la conquête des trois règnes de la nature et tend à se les asservir de jour en jour davantage. Borné à un espace imperceptible et à la durée d'un moment, il étend son action aux grandes distances, revit dans le passé et agit sur l'avenir qu'il prépare. Cette puissance est le fait de son intelligence qu'elle traduit en œuvres visibles et durables. Ses limites, ajoutons-le aussitôt, ne se voient nulle part mieux que dans les efforts qu'il fait pour en analyser les ressorts et en pénétrer le secret.

Comme la sensibilité, d'où elle dérive, l'intelligence se rattache à un fait d'organisation. Cette organisation est celle du système nerveux et, dans le système nerveux, elle a choisi ou développé certains systèmes de préférence à d'autres. Les fonctions sensitives et motrices d'un mammifère sont peu différentes de celles de l'homme. Tel organe des sens en particulier, odorat, vue, ouïe, peut être plus développé et plus parfait dans telle espèce animale que chez nous, et la puissance ou l'adresse motrice être très supérieure à la nôtre. Mais les sens ne sont que des instruments au service de l'intelligence. Les conditions de celle-ci ne sont donc pas dans les sens eux-mêmes ou dans le système inférieur qui les représente, mais dans un ensemble de systèmes supérieurs qui commandent au premier.

Développement absolu et développement relatif. — Si, comme les organes des sens, nous comparons la moelle épinière chez l'homme et les mammifères, nous ne trouverons pas cet organe plus développé, mais au contraire plutôt déchu de certaines

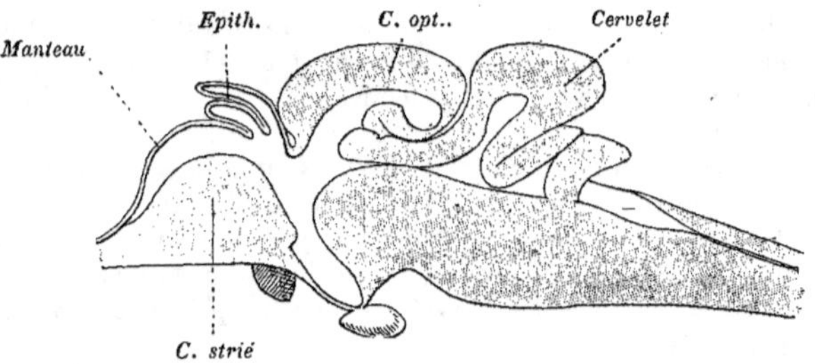

Fig. 173. — *Cerveau de poisson osseux* (d'après EDINGER).
Le manteau est réduit à une lame épithéliale.

fonctions qu'il a peu à peu abandonnées au cerveau. Par contre, ce dernier organe a pris un développement qui frappe les yeux les moins prévenus.

Dans les espèces animales, le développement du cerveau soutient un certain rapport avec le développement de leur intelligence. Les plus rapprochés de l'homme ont un cerveau qui, par ses dimensions, sa configuration d'ensemble et ses divisions principales, rappelle le cerveau humain (primates). Chez d'autres mammifères, ce type se modifie pendant que la structure tend à se simplifier (carnivores). — Cette simplification a une expression significative dans la disparition des sillons qui limitent les circonvolutions : le cerveau, de *gyrencéphale*, devient *lissencéphale*. Cette dégradation résulte non pas d'une réduction uniforme des différentes parties du cerveau, mais au contraire du développement inégal ou de l'absence de certaines de ces parties : ou, pour prendre, ce qui vaut mieux, les choses en sens inverse, l'évolution du système nerveux s'est faite en ajoutant et superposant peu à peu des systèmes nouveaux à des systèmes préexistants, qui n'étaient plus susceptibles de perfectionnement. Ces systèmes nouveaux donnent une valeur nouvelle à l'organisation, en augmentant la cohésion des systèmes anciens, en même temps qu'ils déplacent le lien primitif qui les solidarisait. Chez l'amphioxus, le cerveau est à peine indiqué et la moelle

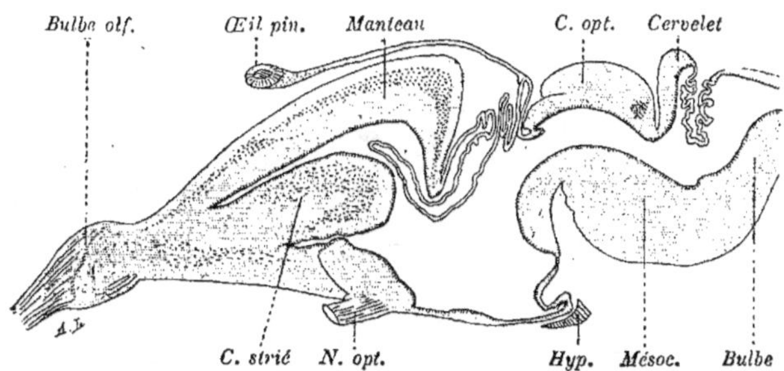

Fig. 174. — *Cerveau de reptile.*
Le manteau apparaît comme substance nerveuse.

épinière fait fonction de centre directeur. Chez certains poissons, les ganglions de la base sont très développés, mais l'écorce des hémisphères fait encore défaut, figurée qu'elle est par une lame épithéliale ectodermique non différenciée. Chez les reptiles, cette écorce commence à se dessiner. Chez les oiseaux et les mammifères, elle suit une progression continue et tend à usurper de plus en plus les fonctions des centres sous-jacents.

Difficulté des estimations quantitatives. — Cette valeur fonctionnelle, à la fois inégale et changeante, des assises superposées du système nerveux rend très difficile l'estimation du rapport existant entre son développement et le perfectionnement de ces fonctions elles-mêmes. Aucune fonction n'est incluse dans un segment circonscrit de l'organisme ou du système nerveux ; toutes sont dans un état de mutuelle dépendance ; les localisations que nous en traçons répondent seulement à des modalités caractéristiques de ces fonctions, mais ne les renferment pas dans leur totalité. La moelle épinière est douée d'une sensi-motricité qui est une ébauche de l'intelligence. La fonction intellectuelle du cerveau n'exclut pas de cet organe une sensi-motricité qui n'y est pas nécessairement dépendante de ses plus hautes manifestations psychiques. Une limite anatomique entre les deux ordres de fonctions est purement arbitraire, difficile à imaginer, impossible à tracer.

D'autre part, les animaux diffèrent non seulement par leur degré d'intelligence, mais par les appareils à l'aide desquels ils l'alimentent et la manifestent. Ces appareils sont ceux des sens et des organes moteurs qui en dépendent. Dans l'évolution des animaux, les sens prennent une importance inégale, se substituent ou se remplacent mutuellement, mais sans s'équivaloir. Un sens d'une nature inférieure, comme l'odorat, a été le premier rattaché au cerveau commençant et se trouve de ce fait à l'origine des instincts et de l'intelligence. Des sens supérieurs, comme la vue et l'ouïe, sont par contre associés à son plus grand développement. Chez des animaux d'organisation parallèle, le sens de l'odorat a pu persister chez les uns pendant qu'il s'atrophiait chez les autres (osmatiques, anosmatiques).

Un grand nombre de circonstances viennent ainsi compliquer le problème et

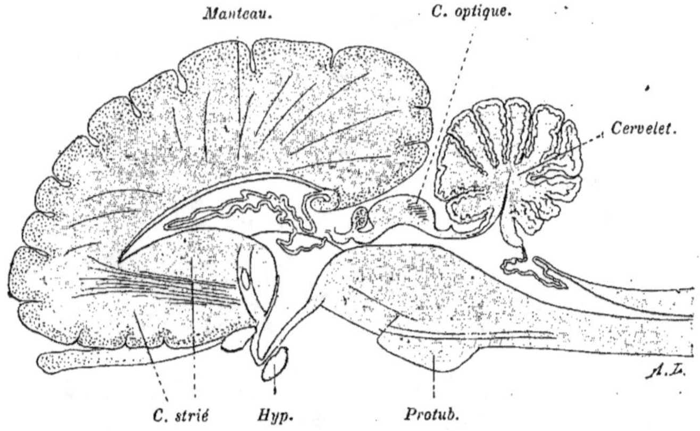

Fig. 173. — *Cerveau de mammifère* (d'après EDINGER).
Développement prédominant du manteau.

fausser les résultats des estimations tentées dans ce sens. Le développement du système nerveux, si on l'évalue par son accroissement en poids, en volume ou en surface de ses principaux segments, dépend à la fois de la *répétition des mêmes parties similaires* et de l'*adjonction de nouvelles parties.* Il est évident que la première de ces deux conditions a une valeur nulle au point de vue du développement des instincts et de l'intelligence; d'où une difficulté de plus pour lui faire sa part et le défalquer des nombres à comparer. Toutes ces causes d'erreur nous dispensent d'entrer plus longuement dans l'examen des résultats.

1. — *Données anatomiques : structure et connexions.*

Nous rappellerons sommairement l'organisation du cerveau et ses connexions avec les systèmes inférieurs. Nous exposerons ensuite les résultats des expériences par lesquelles on a cherché à distinguer ses fonctions propres, par comparaison avec celles des autres grands segments du système nerveux. Nous entrerons ensuite dans l'étude analytique de ces fonctions elles-mêmes, autrement dit des localisations fonctionnelles attribuables aux différentes régions de son écorce et de sa substance blanche. En raison de son importance et du nombre des observations ou expériences de détail qu'elle comporte, cette étude sera reprise dans la deuxième section des *Fonctions systématiques*, dans laquelle il est traité des innervations spécifiques.

La substance grise du système nerveux peut être répartie, à première vue, en deux portions ou deux groupements essentiels. L'un est l'axe gris bulbo-médullaire prolongé en dehors du rachis par les ganglions du grand sympathique et dans le crâne par la couche optique et une partie des autres ganglions de la base du cerveau; l'autre est l'écorce du cerveau à laquelle se rattache une partie du corps strié. Des fibres de projection relient la première à la périphérie par une double voie sensitive et motrice; d'autres fibres de projection relient entre elles les deux substances grises par des conducteurs assurant une transmission également dans les deux sens. — Les différents étages ou parties du premier système sont reliés par des fibres d'association; les différents territoires du second sont reliés par des fibres du même genre, qui y prennent une multiplicité et une importance exceptionnelles. — Le passage des deux espèces de fibres ou entre-croisement d'un côté à l'autre du corps forme dans les deux systèmes ce qu'on appelle les fibres commissurales.

A. Écorce. — Sous le nom d'*écorce*, *pallium*, *manteau*, on désigne la couche de substance grise qui recouvre le cerveau. Cette couche superficielle se replie sur elle-même pour former les anfractuosités et les circonvolutions du cerveau, dans le but manifeste d'augmenter son étendue par rapport aux faisceaux de la substance blanche qui l'abordent dans différentes directions. Elle couvre en entier les deux hémisphères, sauf dans l'endroit où ils sont pénétrés par les pédoncules qui les rattachent à l'axe gris médullaire et par le corps calleux qui les réunit l'un à l'autre.

Sur une coupe, elle présente une série de stratifications visibles déjà à l'œil nu ou à la loupe, surtout par transparence (Baillarger). Son étude histologique nous la montre composée d'éléments cellulaires répondant à quelques types définis, analogues, sinon semblables, à ceux qu'on rencontre dans la moelle épinière, mais plus variés.

Les histologues ont vu que la structure de l'écorce répond elle-même à une sorte de type moyen, qui se retrouve dans toute son étendue. Ce type éprouve quelques modifications, suivant les régions, tels éléments prédominant en nombre ou en grandeur, ou s'effaçant plus ou moins dans certaines régions, et réciproquement.

Structure. — Nous pouvons réduire à trois les couches superposées de la substance grise corticale, à savoir :

1° *La couche dite moléculaire.* — Elle est composée de cellules polygonales, de

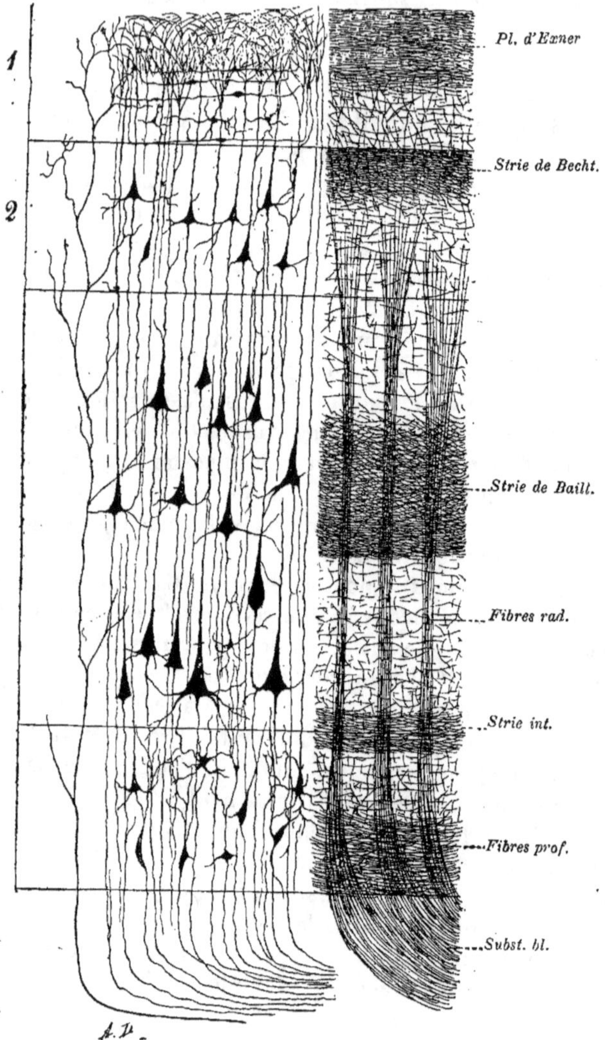

Fig. 176. — *Écorce cérébrale.*

Coupe schématique. — A gauche, les couches cellulaires ; à droite, les systèmes de fibres. — On voit tout à fait à gauche monter une fibre sensitive. — 1, 2, 3, 4, les quatre couches de cellules ; 2 et 3 représentant des cellules pyramidales de grosseur différente.

cellules fusiformes et de cellules triangulaires. Les plus caractéristiques de cette couche sont les cellules fusiformes, étalées dans le sens de la surface du cerveau. Leurs prolongements tant protoplasmiques que cylindraxiles se limitent à cette couche elle-même et remontent généralement vers la surface de l'écorce. Les autres n'en diffèrent pas essentiellement.

2° *La couche des cellules pyramidales.* — Cette couche est double pour les uns, triple pour les autres; parce que les cellules vont en augmentant de volume, à mesure qu'on descend dans sa profondeur (petites, moyennes, grandes pyramidales), sans transition brusque.

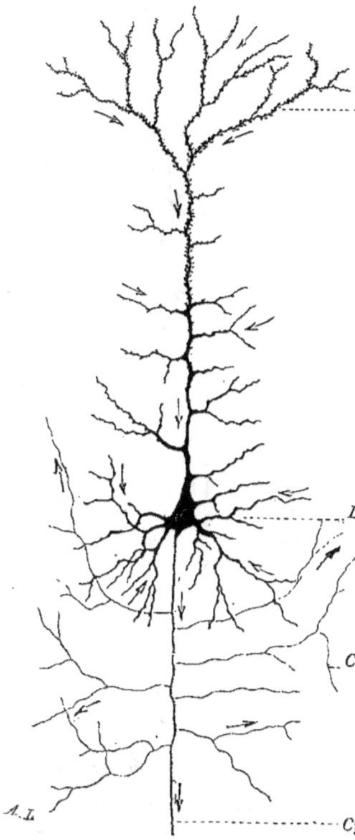

La cellule pyramidale est l'élément, sinon le plus caractéristique, au moins le plus reconnaissable de l'écorce du cerveau. La base de la pyramide est tournée vers la substance blanche; sa pointe se prolonge supérieurement par un *prolongement principal* (protoplasmique ou dendritique), jusqu'à la couche moléculaire : là il s'épanouit en un riche panache de ramuscules, hérissés de pointes courtes à terminaison renflée. De la tige de ce prolongement principal se détachent des *prolongements collatéraux* plus courts à angle droit ou aigu. Enfin, par sa base, la cellule donne encore naissance à des *prolongements basilaires* dirigés latéralement ou obliquement en bas. Tous ces prolongements représentent le champ polaire par lequel la cellule recueille l'excitation.

De la base de la cellule (rarement d'un des prolongements) naît le prolongement cylindraxile qui s'enfonce dans la profondeur et disparaît dans la substance blanche du centre ovale. Avant de quitter l'écorce, il donne quelques collatérales qui s'y épuisent.

Panache

Dendr. basil.

Collat.

A.L

Cylindraxe.

Fig. 177. — *Cellule pyramidale de l'écorce.*

Ses dendrites en noir; son cylindraxe et ses collatérales en rouge.

Lui, descend et atteint des régions parfois très éloignées, par exemple dans la substance grise du bulbe ou de la moelle épinière. De par ce que nous ont appris l'étude expérimentale et la dégénération de ces nerfs, ils sont descendants ou, comme on dit, moteurs.

Notons qu'entre ces cellules il en existe d'autres à cylindraxe court, qui représentent ce qu'on est convenu d'appeler des éléments d'association.

3° *La couche des cellules polymorphes.* — Double pour MEYNERT qui la divisait en cellules irrégulières et cellules fusiformes, elle est devenue simple avec CAJAL qui lui a donné son nom nouveau. Elles sont ovoïdes, fusiformes, étoilées, triangulaires; en dépit de leur irrégularité, elles ont encore quelque ressemblance avec les précédentes : leurs prolongements protoplasmiques ne remontent jamais jusqu'à la couche moléculaire, leur cylindraxe est descendant.

Cette couche renferme en plus des cellules assez caractéristiques dites *de Martinotti*, dont le cylindraxe ascendant remonte jusqu'à la couche moléculaire dans laquelle il s'étale longitudinalement.

L'écorce est, comme on voit, semée de cellules et traversée par des *fibres* les unes *radiées*, dans le genre des cylindraxes des pyramidales ou cellules analogues, et des *fibres tangentielles*. Parmi les fibres radiées, il en est de fort importantes,

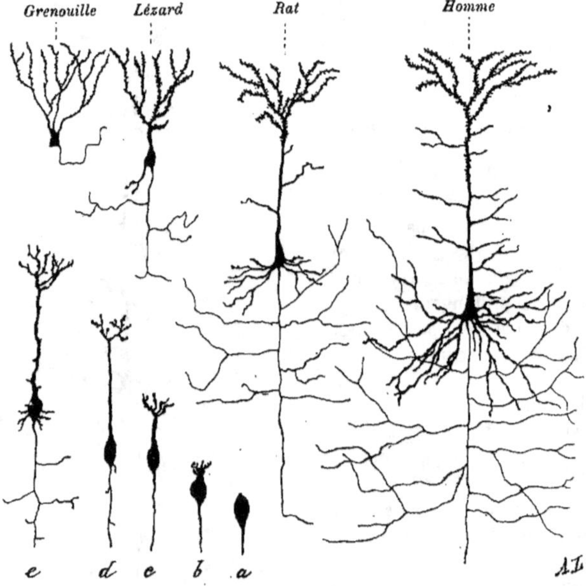

Fig. 178. — *Évolution phylogénique et ontogénique de la cellule pyramidale.*

Cellule pyramidale de la grenouille, du lézard, du rat et de l'homme : — *a, b, c, d, e,* phases progressives du développement embryogénique de la cellule pyramidale (d'après Cajal).

qui n'émanent point des cellules de l'écorce, mais tout au contraire des régions grises sous-jacentes (bulbe et moelle en particulier, noyaux gris, etc.) dont elles représentent les cylindraxes, et qui, après un trajet plus ou moins long, viennent s'épanouir dans l'écorce jusque dans la couche moléculaire et jusqu'au contact des dendrites des cellules pyramidales. Celles-là sont des éléments *ascendants* ou, comme on dit également, *sensitifs*.

Les fibres tangentielles ou transversales sont celles qui, coupant l'écorce en sens perpendiculaire aux précédentes, accusent par leur nombre plus ou moins grand les strates visibles à l'œil nu en certains points. Les unes sont des cylindraxes à direction transversale ; les autres des arborisations cylindraxiles, des collatérales de grande longueur, comme celles que Cajal décrit allant, par le corps calleux, jusqu'à l'hémisphère opposé.

Ajoutons au milieu de tous ces éléments les fibres névrogliques que, dans l'ignorance de leur fonction véritable, on appelle des éléments de soutien.

Variations régionales. — On a noté dans les circonvolutions rolandiques un développement exagéré des cellules pyramidales (cellules *géantes* de Betz et Mershejewski). Le corps cellulaire se trouve ici en proportion de la grande longueur des axones, dont quelques-uns descendent jusqu'à la région sacrée de la moelle; ce développement est surtout considérable dans le lobule para-central.

Le lobe occipital se signale par une diminution du nombre de ses stries et l'exagération de l'une d'elles qui donne naissance à la strie dite de Vicq d'Azyr ou de Gennari. L'écorce de ce lobe est riche en fibres tangentielles; sa couche moléculaire est au contraire réduite et ses cellules pyramidales diminuées de nombre.

Dans l'insula on remarque également un développement exagéré de certaines fibres tangentielles; l'avant-mur, le noyau amygdalien doivent être considérés comme des portions de l'écorce noyées dans la substance blanche.

Marche de l'excitation. — Ces détails de structure nous fournissent des explications, non sur le détail, mais au moins sur la marche générale des processus fonctionnels cérébraux. Les fibres radiées cylindraxiles, qui dispersent leurs terminaisons dans les diffé-

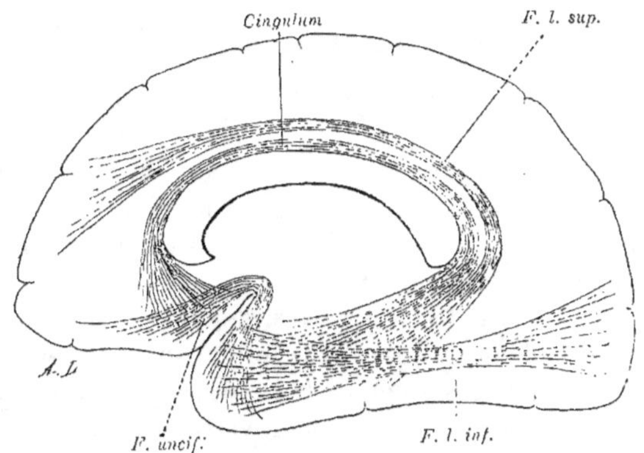

Fig. 179. — *Les principaux faisceaux d'association vus par transparence* (figure schématique de Champy).

rentes couches, en particulier dans celle des cellules pyramidales, sont les voies ascendantes qui y apportent les excitations recueillies dans l'axe gris bulbo-médullaire, où sont situées leurs cellules d'origine et leur champ polaire récepteur. Les fibres radiées, qui naissent des cellules pyramidales et dirigent leurs cylindraxes du côté de la couronne rayonnante, sont inversement celles qui emportent les excitations du cerveau à l'axe gris bulbo-médullaire. Ce sont ces fibres que, en raison de leur grande longueur, on appelle des *fibres de projection*, parce qu'elles projettent l'excitation à grande distance, en la propageant de l'étage inférieur du système nerveux à son étage supérieur ou réciproquement.

Les fibres calleuses qui réunissent les deux hémisphères, les fibres longitudinales qui réunissent des lobes importants ou éloignés dans chaque hémisphère, les fibres tangentielles qui réunissent des circonvolutions plus ou moins voisines, sont dites fibres d'association, parce qu'elles associent des territoires distincts et déterminés de l'écorce dans un fonctionnement commun, au cours de ces actes cérébraux complexes, tels que le langage, où plusieurs sens, l'ouïe, la vue, peuvent intervenir alternativement, parfois même simultanément, pour susciter un phénomène moteur de haute signification, comme la parole ou l'écriture. Des fibres plus courtes encore, de direction radiale, tangentielle ou variée, appartenant à des cellules locales d'association, réalisent des connexions entre des champs polaires voisins, pour des actes plus élémentaires.

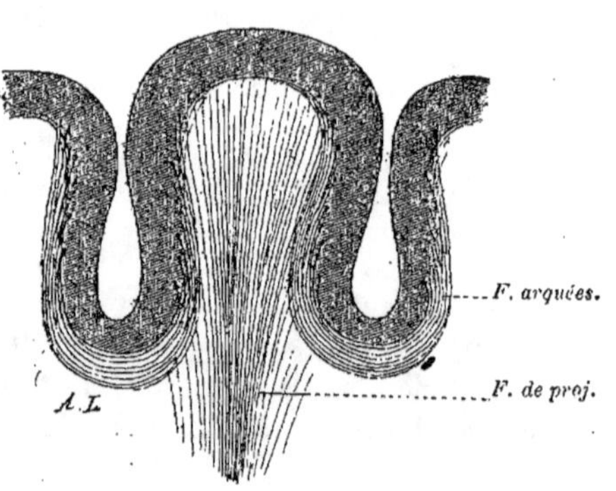

Fig. 180. — *Disposition des fibres de projection et des fibres d'association* (figure schématique de CHARPY).

Les groupements les plus variés, depuis celui qui naît de l'association locale de deux ou trois cellules, jusqu'à ceux qui mettent en jeu des territoires étendus de l'écorce en même temps que des longs trajets dans les voies sensitivo-motrices, se trouvent ainsi préparés comme des unités tactiques d'ordre superposé et variable, qui s'organisent ou se disloquent avec rapidité, par leur fusion progressive ou leur séparation, pour réaliser les formations qui correspondent aux actes si divers qui ressortissent aux fonctions nerveuses.

CERVEAU HUMAIN. — Nous supposons connue la disposition des scissures et des circonvolutions, qui accidentent la surface de chaque hémisphère et qui ont servi à la décomposer en territoires arbitrairement délimités, auxquels des noms ont été donnés, pour pouvoir les identifier et les reconnaître individuellement, en cas de lésion isolée de chacun d'eux. Rappelons brièvement la vallée profonde (*scissure de Sylvius, vallée sylvienne*) qui, à la base et sur le côté, sépare le lobe frontal du lobe temporal et, par sa branche qui se prolonge en arrière, le lobe pariétal du lobe temporal ; la *scissure de Rolando*, qui, descendant

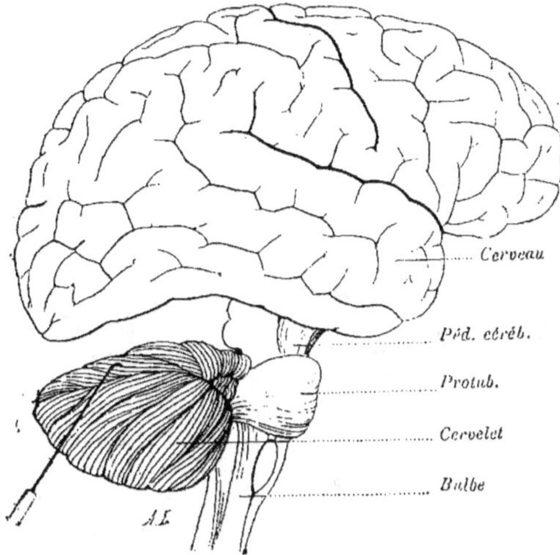

Fig. 181. — *Encéphale humain et ses divisions.*
Vue latérale (imitée de Schwalbe).

du bord supérieur de l'hémisphère vers la vallée sylvienne, sépare le lobe frontal du lobe pariétal ; la *scissure perpendiculaire* (à peine indiquée sur la face externe),

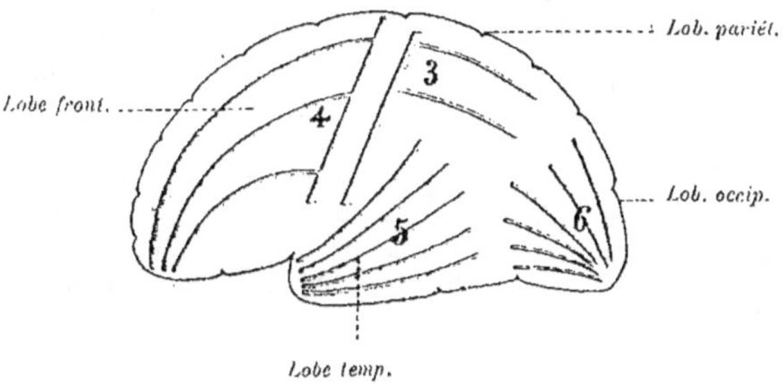

Fig. 182. — *Schéma des circonvolutions* (d'après Charpy).
Leur groupement et leurs directions générales chez l'homme.

qui sépare le lobe occipital du lobe pariétal et (si on la prolonge idéalement) du lobe temporal.

Notons sur la face interne la circonvolution du corps calleux, qui s'infléchit sur ce gros faisceau commissural, en l'enveloppant de son bec à son genou. L'arc, ouvert en bas, qu'elle forme au-dessus du corps calleux, est fermé inférieurement par la deuxième circonvolution temporale, qui, en venant se terminer en crochet, vers la vallée de Sylvius, constitue, autour du hile de l'hémisphère, une couronne à peu près fermée : la grande *circonvolution limbique* de BROCA, dont on verra les rapports avec le tractus et le bulbe olfactifs. Le reste de la face interne, disposé concentriquement comme une marge autour de cette première couronne, forme la partie interne des différents lobes, dont on voit mieux les limites sur la face externe. On y trouve en avant la frontale interne (portion interne de la première frontale) prolongée jusqu'en arrière de la naissance de la scissure de Rolando par le lobule paracentral, elle réunit les deux circonvolutions rolandiques, qui longent la scissure de ce nom. Puis vient le *lobe quadrilatère* ou *avant-coin*, dépendance de la première pariétale ou pariétale supérieure ; puis, entre la scissure perpendiculaire externe et la scissure calcarine, le *coin* qui appartient au lobe occipital. Enfin, plus bas, le lobe lingual, continuation de la deuxième temporale, et le lobe fusiforme, continuation de la première temporale.

Il faut être prévenu de certaines synonymies : on appelle circonvolutions *centrales*, celles qui sont groupées autour de la scissure de Rolando et qui ont attiré, plus que d'autres, l'attention des physiologues et des cliniciens. On appelle *prérolandique* ou *frontale ascendante* celle qui longe en avant, et *post-rolandique* ou *pariétale ascendante* celle qui longe en arrière cette scissure. De la première se détachent en avant les trois *frontales*, dont la troisième a une importance particulière ; de la seconde en arrière, les *deux pariétales*. On appelle *marginales* les deux circonvolutions qui longent la branche postérieure de la scissure de Sylvius : la *supramarginale* n'est autre que la *deuxième pariétale* ou *pariétale inférieure* ; l'*inframarginale* est la *première temporale* ou *temporale supérieure*.

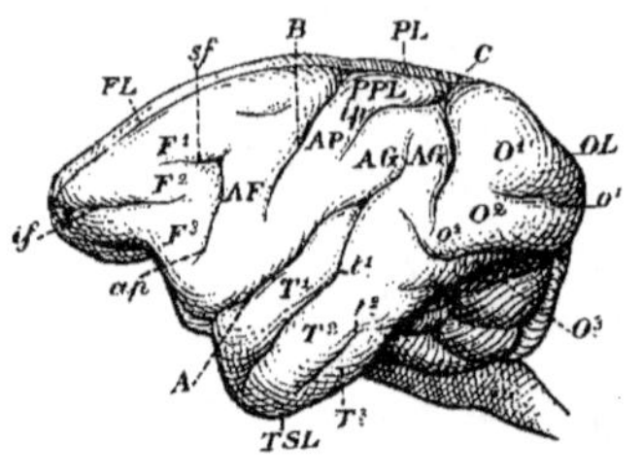

Fig. 183. — *Cerveau du singe macaque* (hémisphère gauche).

A, scissure de Sylvius ; B, scissure de Rolando ; C, scissure pariéto-occipitale : FL, lobe frontal ; PL, lobe pariétal : OL, lobe occipital ; TSL, lobe temporo-sphénoïdal.

F¹, circonvolution frontale supérieure ; F², circonvolution moyenne ; F³, circonvolution frontale inférieure ; sf, scissure supéro-frontale ; if, scissure inféro-frontale ; ap, scissure antéro-pariétale ; AF, circonvolution frontale ascendante ; AP, circonvolution pariétale ascendante ; PPL, lobule postéro-pariétal : AG, gyrus angulaire ou pli courbe ; ip, scissure intrapariétale ; T¹, T², T³, circonvolutions temporo-sphénoïdales supérieure, moyenne et inférieure ; t¹, t², scissures temporo-sphénoïdales supérieure et inférieure ; O¹, O², O³, circonvolutions occipitales supérieure, moyenne et inférieure : o¹, o², première et seconde scissures occipitales.

La deuxième pariétale, pariétale inférieure ou circonvolution supramarginale, en se prolongeant en arrière de la scissure de Sylvius, contourne son extrémité, contourne de même l'extrémité postérieure de la première temporale ou inframarginale et, en s'infléchissant pour revenir sur ses pas, se continue avec la première temporale en formant le *pli courbe*, lieu de l'écorce également remarquable, souvent désigné dans les lésions cérébrales.

CERVEAU DES PRIMATES : SINGE. — Le cerveau du singe a, avec celui de l'homme, une analogie assez grande, pour que les divisions adoptées chez ce dernier s'y reconnaissent assez facilement et que la nomenclature y soit superposable au moins dans ses grands traits. La scissure de Sylvius, la scissure de Rolando, la scissure perpendiculaire interne continuée extérieurement par une scissure perpendiculaire externe non plus fictive, mais nettement accusée, divisent le cerveau du singe en quatre lobes (*frontal, occipital, temporal, pariétal*) bien distincts. Des sillons repartagent ces lobes en circonvolutions dont quelques-unes facilement identifiables : la frontale ascendante limitée en avant par le sillon arqué, les trois autres frontales confusément indiquées ; la pariétale inférieure bien limitée aussi en haut par le sillon pariétal. L'insula est bien développée.

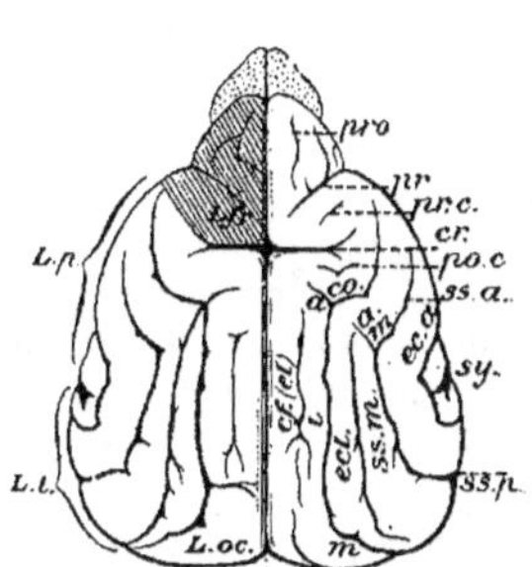

Fig. 184. — *Cerveau du chien, face supérieure : lobes et scissures*
(d'après ELLENBERGER et BAUM).

L.fr, lobe frontal ; *L.p*, lobe pariétal ; *L.t*, lobe temporal ; *L.oc*, lobe occipital.
sy, scissure de Sylvius ; *ec a*, scissure ectosylvienne antérieure ; *ss.m*, scissure suprasylvienne moyenne ; *ss.a*, scissure suprasylvienne antérieure ; *ss.p*, scissure suprasylvienne postérieure ; *a.m*, petit sillon en anse ; *c.o*, scissure coronaire ; *m*, scissure médio-latérale ; *cf. (el)*, scissure entolatérale ; *po.c*, sillon post-cruciforme ; *cr*, scissure post-cruciforme ; *pr*, scissure présylvienne ; *pro*, scissure frontale supérieure (*fissura prorea*).

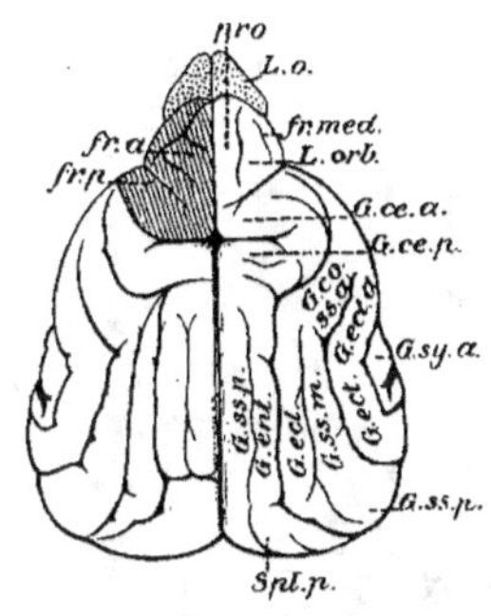

Fig. 185. — *Cerveau du chien, face supérieure : lobes et circonvolutions*
(d'après ELLENBERGER et BAUM).

L.o, lobe olfactif ; *L.orb*, lobe frontal ou orbitaire ; *fr.a*, scissure frontale antérieure ; *fr.p*, scissure frontale postérieure ; *fr.med*. scissure frontale moyenne ; *pro*, scissure frontale supérieure.
G.sy.a, circonvolution sylvienne antérieure ; *G.ecl*, circonvolution ectosylvienne ; *G.ecl.a*, sa partie antérieure ; *G.ss.m*, circonvolution suprasylvienne moyenne ; *G.co. (ss.a.)*, circonvolution coronaire ou suprasylvienne antérieure ; *G.ecl*, circonvolution ectolatérale ; *G.ent*, circonvolution entolatérale ; *G.ssp*, circonvolution supraspléniale ; *Spl.p*. circonvolution spléniale postérieure ; *G.ce.p*, circonvolution centrale postérieure (post-rolandique) ; *G.ca*, circonvolution centrale antérieure (prérolandique).

Le ouistiti, en raison de sa petite taille, est lissencéphale. Les anthropoïdes (orang) possèdent une troisième frontale bien reconnaissable.

CERVEAU DES CARNIVORES : CHIEN. — Le cerveau du chien, pris pour type de celui des carnivores et qui est le plus souvent expérimenté, demande une description un peu plus détaillée, d'autant que le type auquel il appartient diffère assez notablement de celui des primates et de l'homme. Cette différence introduit de grandes difficultés, lorsqu'il s'agit d'établir l'équivalence entre les circonvolutions de l'un et des autres au point de vue tant fonctionnel que morphologique.

Face supérieure. — *Sillons*. — La face supérieure du cerveau du chien nous présente à première vue un sillon en forme de croix. C'est la *scissure interhémisphérique*, qui, à l'union de son tiers antérieur avec son tiers moyen, est coupée perpendiculairement par la *scissure cruciforme*. Cette dernière est l'équivalent de la scissure de Rolando.

En suivant le contour des hémisphères, on trouve latéralement et un peu en arrière l'extrémité supérieure de la *scissure de Sylvius*, qui a chez les animaux la même signification que chez l'homme.

La scissure de Sylvius est contournée par plusieurs sillons et circonvolutions concentriques en forme de fer à cheval. Ce sont :

1° La scissure de Sylvius elle-même ; 2° la scissure ectosylvienne ; 3° la scissure suprasylvienne ; 4° la scissure latérale, prolongée en avant par la scissure coronaire et une autre bifurcation moins importante, le sillon en anse.

Notons d'autre part, entre le sillon crucial et la scissure coronaire, un petit sillon (post-cruciforme), et en avant du sillon crucial, un sillon plus important (précruciforme) ; enfin, en avant de celui-ci, deux autres petits sillons perpendiculaires à sa direction, qui délimitent trois circonvolutions à l'extrémité du lobe frontal.

Circonvolutions. — Directement autour de la scissure de Sylvius et comme repliée sur elle-même est la circonvolution sylvienne (située par conséquent entre la scissure de Sylvius et la scissure ectosylvienne). Autour d'elle est la circonvolution ectosylvienne (entre la scissure ectosylvienne et la scissure suprasylvienne). L'espace situé entre la scissure suprasylvienne et la scissure latérale est repartagé à sa partie moyenne par un sillon (le sillon ectolatéral) en deux circonvolutions : la circonvolution suprasylvienne et la circonvolution ectolatérale. L'espace situé entre la scissure latérale et la scissure interhémisphérique est repartagé également par un sillon (sillon entolatéral) en deux circonvolutions : la circonvolution suprasylvienne et la circonvolution ectolatérale.

Ces différents sillons et circonvolutions sont assez étendus : on leur distingue, aux uns et aux autres, une partie moyenne, une partie antérieure et une partie postérieure, suivant la position occupée par ces parties,

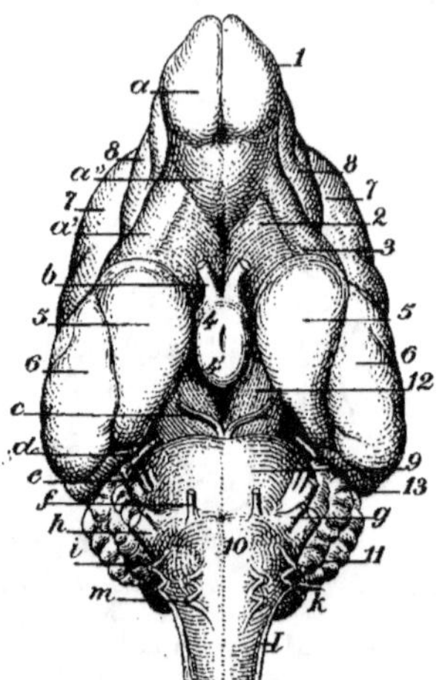

Fig. 186. — *Cerveau du chien, sa base, son aspect d'ensemble et ses lobes* (d'après ELLENBERGER et BAUM).

a, bulbe olfactif : *a'*, branche externe, et *a"*, branche interne de la bandelette olfactive ; *b*, nerf optique ; *c*, nerf oculo-moteur commun ; *d*, nerf pathétique ou trochléaire : *e*, trijumeau ; *f*, nerf moteur oculaire externe ; *g*, facial ; *h*, auditif ; *i*, glosso-pharyngien : *k*, pneumogastrique ; *l*, spinal ou accessoire de Willis ; *m*, hypoglosse.

1, lobe olfactif ; 2, espace perforé antérieur : 3, tractus transverse le long de l'extrémité antérieure du lobe piriforme ; 4, infundibulum : 4', tubercules quadrijumeaux ; 5, lobe piriforme ; 6, lobe temporal ; 7, lobe pariétal ; 8, lobe frontal ; 9, protubérance annulaire ; 10, bulbe rachidien : 11, cervelet ; 12, pédoncules cérébraux ; 13, lobe occipital vu partiellement.

dans le fer à cheval qu'ils dessinent autour de la scissure de Sylvius.

La scissure de Sylvius est, comme on voit, un point de repère très sûr pour la description des sillons, circonvolutions de la surface du cerveau, qui l'entourent d'une quadruple ou même sextuple enceinte. Le sillon cruciforme ou scissure de Rolando nous sert également à repérer des régions très importantes : immédiatement en arrière de lui est la circonvolution post-rolandique ou centrale postérieure ; immédiatement en avant, la circonvolution prérolandique ou

centrale antérieure ; elles répondent donc, la première à la pariétale ascendante
et la seconde à la frontale ascendante de l'homme. En avant du sillon précruciforme, qui limite la prérolandique, sont trois circonvolutions, allongées suivant

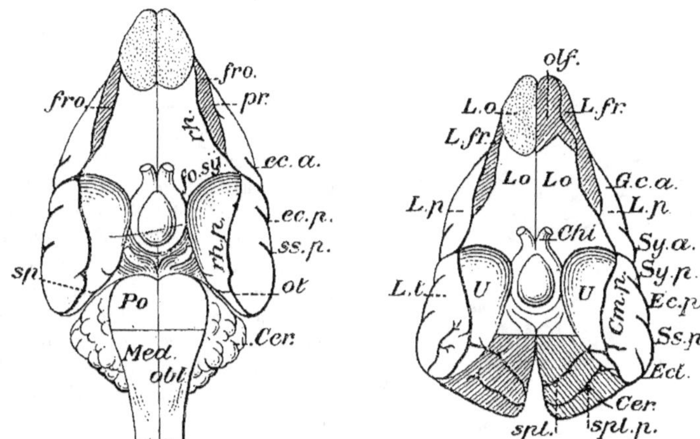

Fig. 187. — *Cerveau du chien. face inférieure : lobes et scissures ou sillons*
(d'après ELLENBERGER et BAUM) (*).

Fig. 188. — *Cerveau du chien, face inférieure ; lobes et circonvolutions* (d'après
ELLENBERGER et BAUM) (**).

(*) *rh*, scissure rhinale ; *ec.a*, scissure ectosylvienne antérieure ; *ec.p*, scissure ectosylvienne postérieure : *ss.p*, scissure suprasylvienne postérieure : *sy*, scissure de Sylvius :
rh.p, scissure rhinale postérieure : *s.p*, scissure spléniale ; *o.t*, scissure occipito-temporale ; *fo.sy*. fosse sylvienne : *pr*. scissure présylvienne ; *fro*, lobe frontal ; *Po*, protubérance annulaire ; *Med.obl*, Moelle allongée : *Cer*, cervelet.

(**) Lobe olfactif enlevé d'un côté pour laisser voir la scissure olfactive. Cervelet enlevé. —
L.o, lobe olfactif : *L.fr*, lobe frontal : *L.p*, lobe pariétal ; *L.t*, lobe temporal ; *Cer*, face
cérébelleuse des hémisphères marquée par des hachures : U, uncus ou crochet de
l'hippocampe : *Chi*, chiasma des nerfs optiques.

G.c.a, sillon composé antérieur ; *Sy.a*, portion antérieure de la scissure de Sylvius :
Sy.p, sa portion postérieure ; *Ec.p*, scissure ectosylvienne postérieure : *Ss.p*, scissure
suprasylvienne postérieure ; *Ecl*, scissure ectolatérale : *Cm.p*, scissure composée postérieure ; *olf*, scissure olfactive (à droite du trait) : *spl*, scissure spléniale : *spl.p*, scissure
post-spléniale.

le grand axe du cerveau et qui équivalent plus ou moins aux trois circonvolutions frontales.

Insula. — Au fond de la scissure de Sylvius est une *insula* peu développée,
consistant en deux plis de passage.

Pour plusieurs auteurs, au nombre desquels il faut compter BROCA, la scissure
de Rolando ne serait pas la branche transversale du sillon cruciforme, mais
bien le sillon précruciforme, qui vient rejoindre en bas la scissure de Sylvius.
Cette opinion est appuyée par EBERSTALLER, qui se fonde sur ce que les rapports
du sillon précruciforme avec l'insula sont les mêmes que ceux du sillon de
Rolando chez les primates. Quelle que soit la valeur de telles raisons, qui, même
au point de vue morphologique, ne sont peut-être pas définitives, il nous est
difficile, dans un ouvrage de physiologie, de ne pas tenir compte des caractères
fonctionnels des sillons et circonvolutions, pour les homologuer avec ceux de

l'homme et des primates. Or, à ce point de vue, le sillon cruciforme est sans conteste le centre de la région excitable du cerveau (gyrus sigmoïde), comme la scissure de Rolando l'est chez l'homme : d'où le nom de *circonvolutions centrales* données indifféremment chez l'homme et chez le chien aux circonvolutions groupées, chez le premier autour de la scissure de Rolando, chez le second autour du sillon cruciforme.

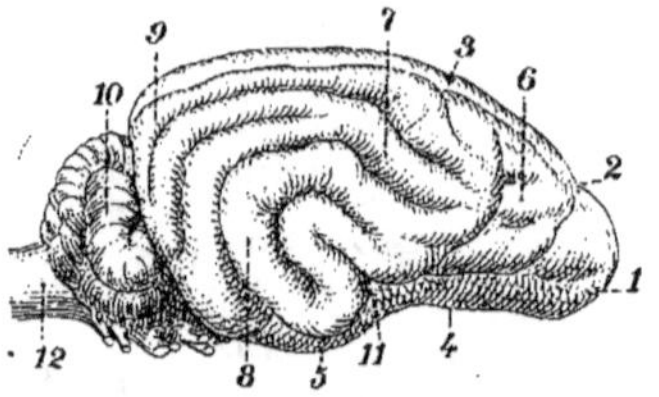

Face inférieure. — *Sillons*. — La face inférieure (en plus du sillon inter-hémisphérique) nous présente l'origine de la scissure de Sylvius (*fosse sylvienne*), très élargie, qui, lorsqu'on écarte ses bords, laisse voir l'insula. La scissure de Sylvius, dans son trajet à la face inférieure de l'hémisphère, est coupée sur son trajet par un sillon étendu de la pointe du lobe frontal jusqu'au lobe occipital : c'est la *scissure rhinienne*. Celle-ci, à son extrémité postérieure, se bifurque en deux sillons, qui sont, en dehors, la scissure *occipito-temporale*, en dedans, la scissure *spléniale* dessinée sur la face cérébelleuse de l'hémisphère. En arrière d'elle, sur la même face, est la scissure *post-spléniale*.

Fig. 189. — *Cerveau du chien, face externe; son aspect d'ensemble et ses lobes* (d'après ELLENBERGER et BAUM).

1, bulbe olfactif; 2, sa limite avec le lobe frontal; 3, limite du lobe frontal et du lobe pariétal; 4, bandelette olfactive; 5, lobe piriforme; 6, lobe frontal; 7, lobe pariétal; 8, lobe temporal; 9, lobe occipital; 10, cervelet; 11, limite entre le lobe pariétal et le lobe temporal (scissure de Sylvius); 12, bulbe rachidien.

Circonvolutions. — La scissure de Sylvius sépare le lobe piriforme (portion importante du lobe temporal à laquelle appartient l'*uncus* ou crochet de l'hippocampe) des lobes pariétal et olfactif qui sont en avant d'elle. La scissure rhinique, dans sa partie antérieure, sépare le lobe olfactif du lobe frontal; un peu plus loin, elle sépare le lobe olfactif du lobe pariétal; elle partage ensuite le lobe piriforme en deux, en laissant l'uncus en dedans. Sur les bords latéraux du lobe piriforme et du lobe pariétal se voient les amorces des sillons et circonvolutions d'enceinte.

Face latérale. — La face latérale nous montrera ces sillons et circonvolutions d'enceinte dessinés autour de l'extrémité de la scissure de Sylvius. Elle nous montrera de plus, en bas, la scissure rhinique dans toute son étendue; en haut, le sillon crucial, le sillon post-cruciforme, le sillon précruciforme qui vient rejoindre en bas la scissure rhinique. Tout le long de ce sillon et de la partie postérieure de la scissure rhinique est un espace qui sépare ces deux scissures des extrémités des circonvolutions d'enceinte. C'est, en allant en bas et en arrière, la circonvolution sigmoïde, la circonvolution composée antérieure, et (en arrière de la scissure de Sylvius) la circonvolution composée postérieure.

Face interne. — La face interne est divisée en deux bandes courbes parallèles (à peu près comme chez l'homme), par une longue scissure, elle-même recourbée, qui rappelle un peu la scissure calloso-marginale. A la partie interne du lobe frontal, ce sillon porte le nom de *scissure du genou du corps calleux*; au niveau des autres lobes, il porte le nom de scissure *spléniale* : la scissure spléniale n'est autre chose que le sillon cruciforme, qui, de la face supérieure de l'hémisphère, descend le long de la face interne, puis se recourbe en arrière, pour contourner à distance le corps calleux dans cette direction, comme le sillon du genou du corps calleux le contourne en avant. L'espace qui le sépare du corps calleux est la *circonvolution du corps calleux* : au-dessous du bec de celui-ci elle devient la *circonvolution du bec de l'hippocampe (gyrus uncinatus)*. L'espace compris entre elle et le bord de l'hémisphère porte successivement les noms suivants : circonvolution *subrostrale* (partie inférieure du lobe orbitaire), circon-

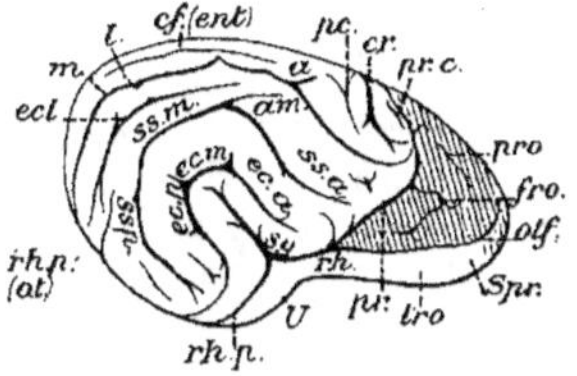

Fig. 190. — *Cerveau du chien, face externe ; scissures* (d'après ELLENBERGER et BAUM) (*).

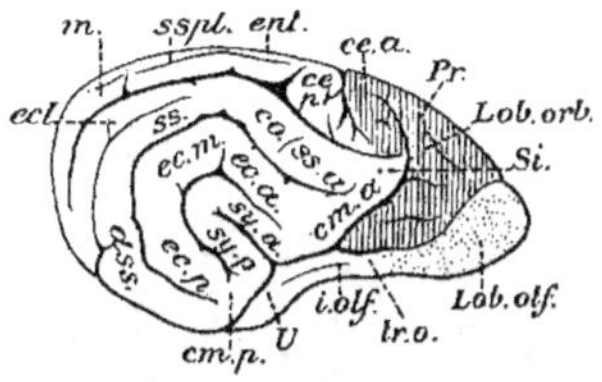

Fig. 191. — *Cerveau du chien, face externe ; circonvolutions* (d'après ELLENBERGER et BAUM) (**).

(*) *pro*, scissure frontale supérieure ; *spr*, circonvolution subrostrale : *fro*, scissure frontale ; *olf*, scissure olfactive ; *rh*, scissure rhinale ; *rh.p*, scissure rhinale postérieure : *pr*, scissure présylvienne ; *pr.c*, scissure précruciforme ; *p.c*, sillon post-cruciforme : *cr*, scissure cruciforme ; *sy*, scissure de Sylvius ; *ss.m*, scissure suprasylvienne moyenne ; *ss.a*, scissure suprasylvienne antérieure ; *ss.p*, scissure suprasylvienne postérieure ; *ec.m*, scissure ectosylvienne moyenne ; *ec.a*, scissure ectosylvienne antérieure ; *ec.p*, scissure ectosylvienne postérieure ; *am*, petit sillon en anse ; *co*, scissure coronaire ; *ecl*, scissure ectolatérale ; *m*, scissure médio-latérale ; *cf.(ent)*, scissure entolatérale *(fissura confinis)* ; *rh.p.(o.t.)*, scissure rhinale postérieure et occipito-temporale : U, bec de l'hippocampe ; *tro*, lobe olfactif.

(**) *Lob.olf*, lobe olfactif ; *Lob.orb*, lobe orbitaire ; *Pr*, circonvolution frontale supérieure ; *tr.o*, bandelette olfactive ; U, uncus (apophyse piriforme) ; *ce.a.* circonvolution centrale antérieure (prérolandique) ; *ce.p*, circonvolution centrale postérieure (post-rolandique) ; *co.(ss.a)*, circonvolution coronaire (suprasylvienne antérieure) ; *ec.a*, circonvolution ectosylvienne antérieure ; *sy.a*, circonvolution sylvienne antérieure ; *ec.m*, circonvolution ectosylvienne moyenne ; *ent*, circonvolution entolatérale ; *sspl*, circonvolution supraspléniale ; *m*, circonvolution marginale ; *ecl.* circonvolution ectolatérale ; *ss.p*, circonvolution suprasylvienne postérieure ; *ss*, circonvolution suprasylvienne moyenne : *sy.p*, circonvolution sylvienne postérieure ; *i.olf*, scissure interolfactive ; *cm.p*, circonvolution composée postérieure ; *Si*, circonvolution sigmoïde ; *cm.a*, circonvolution composée antérieure ; *ec.p*, circonvolution ectosylvienne postérieure.

volution *frontale supérieure* (partie antérieure de ce lobe), circonvolution *préspléniale* en arrière de la scissure cruciforme. Plus en arrière, la marge est subdivisée, par un sillon parallèle à la scissure spléniale, en une circonvolution spléniale et une circonvolution sus-spléniale.

Circonvolution limbique. — La face interne est remarquable chez le chien (comme chez tous les osmatiques) par le grand développement de la *circonvolution limbique* et ses rapports bien définis avec le lobe olfactif. Sous le nom de « circonvolution limbique » on désigne, depuis BROCA, la circonvolution en forme d'anneau ou de limbe, qui est formée par la circonvolution du corps calleux (partie sus-calleuse) et la circonvolution de l'hippocampe (partie sous-calleuse de la circonvolution limbique). L'anneau livre passage au corps calleux et au pédoncule cérébral. Fermée en arrière par la soudure des deux circonvolutions sus- et sous-calleuse, elle est fermée en avant par le lobe olfactif, qui y enfonce ses deux fortes racines, l'externe dans la première, l'interne dans la seconde, et la continue en avant comme une dépendance. Étant données chez le chien (et les osmatiques) les relations de tout cet appareil avec l'olfaction, on pourrait donner à son ensemble, indifféremment, le nom de « lobe limbique », ou de « lobe olfactif » plus souvent réservé à son renflement antérieur.

Lobes. — Le cerveau du chien peut être partagé en quatre lobes plus ou moins semblables à ceux de l'homme, auxquels il faut ajouter, comme chez tous les osmatiques, un cinquième lobe, le lobe olfactif.

Le lobe *frontal* est séparé du lobe pariétal par le sillon cruciforme et son

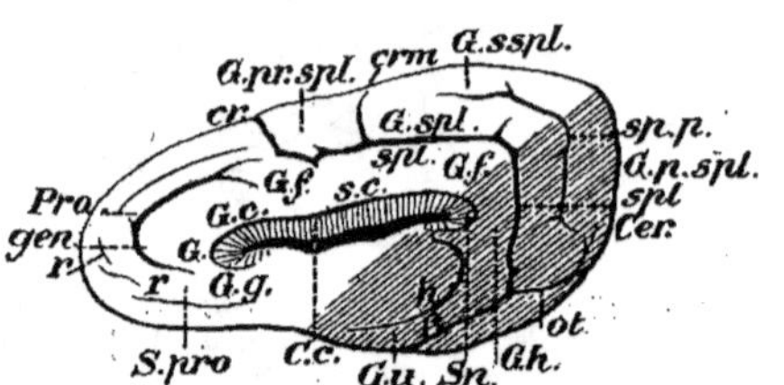

Fig. 192. — *Cerveau du chien, face interne; circonvolutions et scissures* (d'après ELLENBERGER et BAUM).

Cr, sillon cruciforme ; *G.pr.spl*, circonvolution préspléniale ; *G.sspl.* circonvolution supraspléniale ; *G.f*, circonvolution du corps calleux (*gyrus fornicatus*) ; *G.h*, circonvolution de l'hippocampe ; *G.g*, circonvolution du genou du corps calleux ; *G.p.spl*, circonvolution post-spléniale ; *G.c*, circonvolution du cingulum ; *G.u*, circonvolution du bec de l'hippocampe (*gyrus uncinatus*); *G.u.p*, sa partie postérieure ; *Pro*, circonvolution frontale supérieure ; *S.pro*, circonvolution subrostrale ; *gen*, scissure du genou du corps calleux ; *spl*, scissure spléniale ; *Sp.p*, scissure post-spléniale ; *h*, scissure de l'hippocampe ; *s.c*, scissure supracalleuse ; *r*, scissure rostrale ; *crm*, petite scissure cruciforme ; G, genou du corps calleux ; *Sp*, bourrelet du corps calleux ; *C.c*, corps calleux ; *Cer*, face cérébelleuse du cerveau ; *ot*, scissure occipito-temporale.

prolongement externe ; du lobe olfactif, en dehors par la scissure rhinale, en dedans par la scissure du genou du corps calleux.

Le lobe *pariétal* est séparé du lobe temporal par la scissure de Sylvius et son prolongement postéro-supérieur.

Le lobe *occipital* est limité en dehors par la scissure ectolatérale, en arrière et en bas par la scissure spléniale; en avant, il n'a aucune limite nette. Les scissures perpendiculaires interne et externe des primates manquent ici totalement.

Le lobe *temporal* intercalé entre les deux précédents est limité, à la face inférieure du cerveau, par la scissure rhinale postérieure, qui le sépare du lobe du corps calleux.

Le lobe *olfactif*, prolongé en arrière par le lobe du corps calleux, est séparé des lobes frontal, pariétal et temporal

en dehors par la scissure rhinale, du lobe occipital en arrière par la scissure spléniale, du lobe frontal en dedans par la scissure du genou du corps calleux.

Le cerveau du chat ressemble beaucoup à celui du chien. Tandis que, chez le chien, la circonvolution latérale a son maximum de développement dans la région postérieure, chez le chat, c'est la région antérieure qui est la plus développée. Indiquons que, chez le chat, la circonvolution suprasylvienne, qui contient le centre des mouvements des oreilles, est très développée.

B. COURONNE RAYONNANTE ; CAPSULE INTERNE, PÉDONCULES CÉRÉBRAUX. — De l'axe gris médullaire l'excitation monte vers l'écorce par *voie directe* et par *voie indirecte*, et en redescend de même à l'axe gris. Les pédoncules cérébraux, formés par le ruban de Reil grossi des éléments sensitifs et sensoriels que lui fournit le bulbe rachidien (voie ascendante) et par le faisceau pyramidal grossi également à leur niveau par le faisceau géniculé (voie descendante), sont la voie directe, en tout cas la contiennent. Les pédoncules cérébelleux supérieurs, moyen, inférieur, qui établissent à travers le cervelet des voies ascendante et descendante entre l'axe gris et l'écorce cérébrale, sont la voie indirecte. D'autres éléments à direction éga-

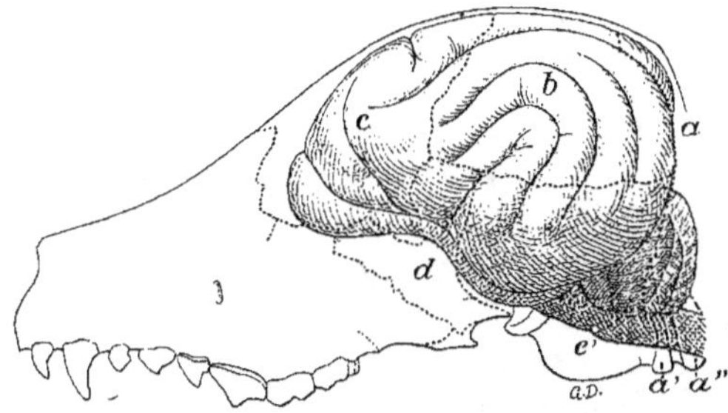

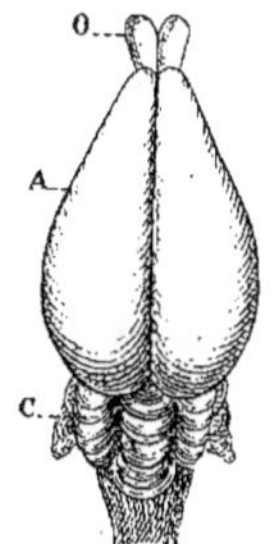

Fig. 193. — *Rapports des circonvolutions avec les sutures des os du crâne, chez le chien* (d'après ELLENBERGER et BAUM) (*).

Fig. 194. — *Cerveau de lapin* (*Lissencéphale*) (**).

(*) *a*, occiput; *a'*, condyle de l'occipital; *a"*, apophyse styloïde; *b*, pariétal; *c*, frontal; *d*, sphénoïde; *e*, temporal (portion écailleuse); *e'* bulbe tympanique du rocher.
(**) A, hémisphère; O, lobe olfactif; C, cervelet.

lement ascendante et descendante établissent encore une autre voie indirecte à travers les ganglions de la base (corps opto-striés). Celle-là suit de nouveau les pédoncules cérébraux, en groupant ses fibres dans une région déterminée de l'épaisseur de ceux-ci. Les fibres directes affectent la région dite du *pied*, les indirectes la région de la *calotte*.

La capsule interne est cette lame de substance blanche qui, continuant les pédoncules cérébraux, s'étend à l'écorce cérébrale, en mêlant ses fibres à celles du corps calleux pour former la couronne rayonnante. Elle se fraye son passage au centre de l'hémisphère, entre la couche optique et le noyau caudé, qui sont en dedans d'elle, et le noyau lenticulaire, qui est en dehors. En se moulant sur l'angle interne de ce dernier, elle prend la forme d'une capsule ou d'un angle dièdre dont la coupe a l'aspect d'une équerre, et dont le sommet dirigé en dedans a la forme d'un coude ou d'un genou. La branche antérieure de l'angle est ce qu'on appelle son segment antérieur ou *lenticulo-caudé*, la branche postérieure est le segment postérieur ou *lenticulo-optique*.

La capsule interne est, à l'exemple des racines médullaires, une région qui, par sa simplicité structurale relative, intéresse le physiologue et le clinicien, en raison des phénomènes tranchés qui résultent de ses lésions méthodiques et de la simplicité également relative de leur interprétation.

Les racines nous présentent à l'état dissocié des conducteurs affectés, les uns exclusivement à la sensibilité (racines postérieures), les autres exclusivement à la motricité (racines antérieures). A cela près que les fasciculations n'y sont plus à première vue distinctes, la capsule interne nous offre un nouvel exemple d'une telle dissociation. Les lésions expérimentales ou pathologiques qui interrompent ses fasciculations postérieures produisent une hémianesthésie du côté opposé ; celles qui interrompent sa partie antérieure produisent une hémiplégie également croisée. A première vue, cette grosse lame de substance grise reproduit donc, en le condensant à la base du cerveau, le *champ sensitif* réparti en dehors de la moelle entre les racines postérieures, et *le champ moteur* réparti entre les racines antérieures. Avant de signaler les nuances importantes qui les distinguent au point de vue fonctionnel, déterminons leur place rela-

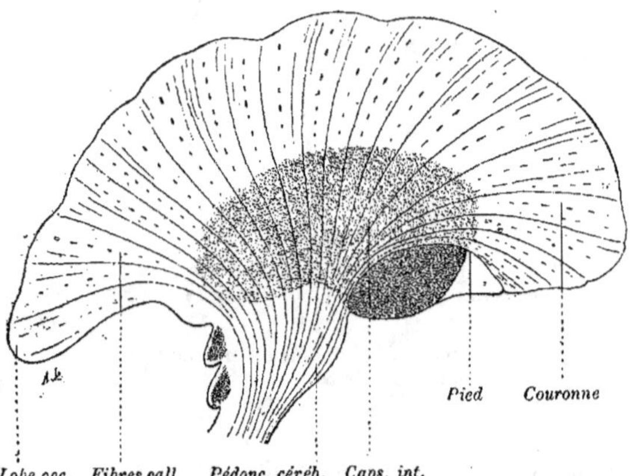

Fig. 195. — *Éventail de la capsule interne se déployant pour former la couronne rayonnante* (figure schématique de CHARPY).

Le noyau lenticulaire est vu par sa face interne. Les fibres calleuses sont en pointillé. On n'a pas figuré les ganglions qui interrompent les fibres du lobe occipital (rad. opt.).

tive sur une coupe de la capsule perpendiculaire à la direction générale de ses fibres.

Le *faisceau sensitif* est contenu dans la partie tout à fait postérieure du segment postérieur ou lenticulo-optique de la capsule ; le *faisceau moteur* est contenu dans la partie antérieure de ce même segment jusqu'au genou inclusivement. Le segment antérieur lenticulo-caudé de la capsule (dans ses trois quarts antérieurs) est une formation quelque peu différente des précédentes, tant par la direction de ses fibres que par leurs connexions initiales et terminales, et dont il sera question plus loin.

Le champ sensitivo-moteur, représenté par le segment lenticulo-optique de la capsule, a, lui, ceci de remarquable qu'il relie d'une façon directe, tout au moins dans le sens descendant, les deux régions les plus caractéristiques de la substance grise : l'axe gris bulbo-médullaire et l'écorce cérébrale. C'est lui qui contient les fibres de projection, qui font voyager l'excitation de l'une à l'autre, dans les deux directions.

Le champ moteur se subdivise anatomiquement en deux faisceaux, l'un *cortico-médullaire* qui est adjacent au faisceau sensitif, et qu'on appelle *pyramidal* parce que c'est lui qui, plus bas en traversant le bulbe, forme la pyramide de cet organe (son deuxième quart moyen répond au membre supérieur, et son troisième quart moyen au membre inférieur); l'autre *cortico-bulbaire*, adjacent au précédent et qu'on appelle *géniculé*, à cause de sa situation dans le genou de la capsule (il répond aux muscles de la face et de la langue). Ces relations de l'écorce avec la moelle épinière et la moelle allongée n'impliquent pas de différences fonctionnelles essentielles. Mais d'autres fibres encore, réparties au milieu des

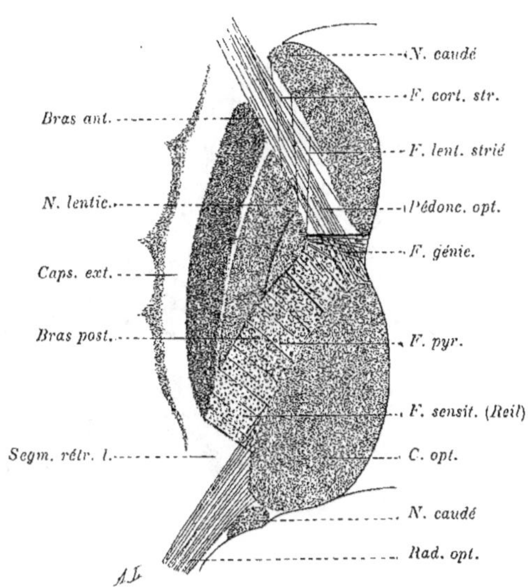

Fig. 196. — *La capsule interne gauche,* en coupe horizontale.

Schématisation des faisceaux. — Le faisceau moteur et le faisceau sensitif sont supposés distincts. — La voie sensitive ne serait pas directe, comme la voie motrice, mais formée par des fibres qui s'interrompent dans la couche optique et renaissent de celle-ci pour gagner l'écorce.

précédentes, sans fasciculation distincte, descendent de l'écorce et vont aux noyaux de la protubérance : ce sont les fibres *cortico-protubérantielles* : elles représentent une motricité d'une modalité particulière, celle du mouvement de la tête et des yeux.

Le champ sensitif fait suite aux nerfs médullaires et bulbaires de la sensibilité générale. De plus, dans le bulbe il se grossit des éléments représentatifs de deux sens nouveaux, le goût (noyaux terminaux du glosso-pharyngien) et l'ouïe (noyaux des nerfs cochléaire et vestibulaire). Les conducteurs de la sensibilité visuelle et olfactive restent en dehors du chemin de la capsule interne et rejoignent l'écorce par des voies individuellement indépendantes.

Ainsi constitué, le faisceau sensitif de la capsule n'est autre chose que le ruban de Reil, ensemble de fibres *médullo-* et *bulbo-corticales* qui ont leurs origines dans des régions grises morphologiquement différenciées de l'axe gris et leurs terminaisons dans des aires distinctes de l'écorce cérébrale.

Ruban de Reil cortical. — Le champ sensitif affecte, ainsi qu'on voit, une certaine symétrie avec le champ moteur. Deux neurones, l'un extérieur, l'autre

profond, forment comme la trame essentielle du premier aussi bien que du
second ; trame sur laquelle sont tissées, peut-on dire, d'innombrables complications. Cette apparente symétrie couvre néanmoins des différences très
profondes. Une des plus importantes est la suivante : autant les relations du
champ moteur avec l'écorce sont évidentes, autant celles du champ sensitif sont
peu accusées ; inversement, avec la couche optique, celles du premier sont
diffuses et mal caractérisées, celles du second sont manifestes. Sous le nom de

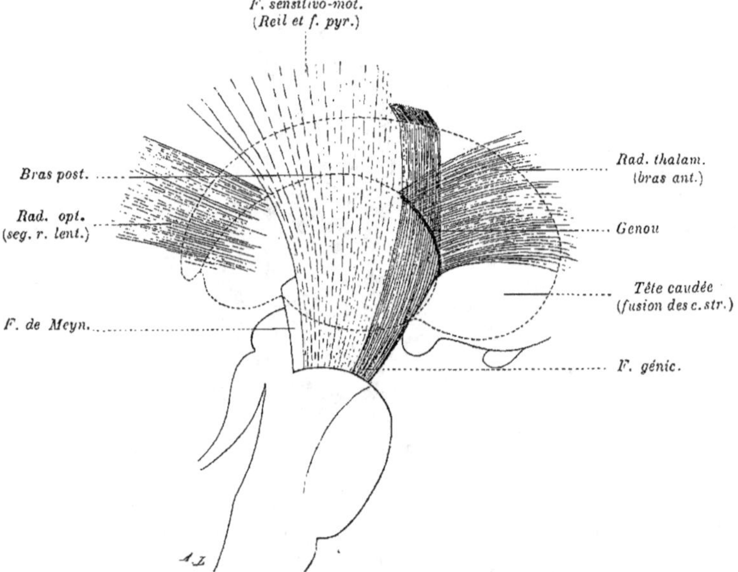

Fig. 197. — *Faisceaux principaux de la capsule interne et de la couronne rayonnante*
(d'après CHARPY).

Hémisphère gauche vu par la face interne. Le noyau caudé et la couche optique,
dont on a marqué le contour, ont été enlevés par grattage. La ligne rouge indique
l'étendue du genou. Le faisceau de Meynert, qui est en même temps externe et postérieur, s'infléchit pour aller à la région temporale ; de même le faisceau géniculé,
interne et antérieur, pour aborder le bas des circonvolutions rolandiques. Le bras antérieur fait défaut en bas, les corps striés étant fusionnés.

ruban de Reil cortical, on admet l'existence de neurones de toute longueur qui
sont le pendant des faisceaux pyramidal et géniculé du champ moteur : ils sont
en minime proportion. Sous le nom de ruban de Reil thalamique, on décrit
des faisceaux relativement puissants, qui s'arrêtent et se relayent dans la partie
ventrale de la couche optique, avant d'être continués par d'autres neurones
de celle-ci à l'écorce (MONAKOW, HÖSEL, MAHAIM, FLECHSIG).

En plus de ses éléments *médullo-* et *bulbo-corticaux*, la capsule interne se complique donc d'éléments *médullo-* et *bulbo-thalamiques*, principalement sensitifs,
d'éléments *thalamo-corticaux* doublés, eux aussi, de fibres à direction inverse, sans
compter les relations analogues du corps strié et celles de ces différents ganglions

entre eux. Les faits anatomo-cliniques désignent la couche optique et son ruban thalamo-cortical comme la voie essentielle de la sensibilité. L'*hémianesthésie* par lésion de la capsule interne ne s'observerait qu'autant que la couche optique est elle-même lésée (portion située en avant du pulvinar) ou que le ruban thalamo-cortical est interrompu (LONG, Thèse de Paris, 1899).

Expériences. — La capsule représentant un ensemble de conducteurs à fonctions distinctes, on a cherché à interrompre ceux-ci d'une façon plus ou moins isolée.

Comparée à celle des racines postérieures, la section d'un faisceau sensitif est suivie des mêmes effets immédiatement et grossièrement apparents ; la sensibilité *consciente* est abolie dans le territoire cutané correspondant ; autrement dit, dans la moitié opposée du corps (*hémianesthésie*). Dans un cas comme dans l'autre, l'excitation extérieure cesse d'arriver à l'écorce, condition essentielle pour la réalisation du phénomène conscient. Dans le cas de section des neurones sensitifs radiculaires (si elle pouvait être généralisée), toute réponse à l'excitation extérieure deviendrait impossible, tout chemin étant coupé qui conduise à la substance grise, lieu de distribution de cette excitation aux nerfs moteurs ; seules les excitations parvenues antérieurement aux systèmes profonds pourraient y circuler. Dans le cas de section du faisceau sensitif de la capsule, l'excitation recueillie par les noyaux gris bulbo-médullaires suscite par leur entremise une réponse *réflexe*, qui était impossible dans le premier cas ; mais l'écorce ne recevra plus aucune excitation même purement interne de l'axe gris médullaire.

VEYSSIÈRES et surtout CARVILLE et DURET ont institué des expériences dans le but de couper isolément les faisceaux composants de la capsule interne. Pour atteindre cette lame blanche profonde, ils se servaient d'un trocart muni d'une lame articulée,

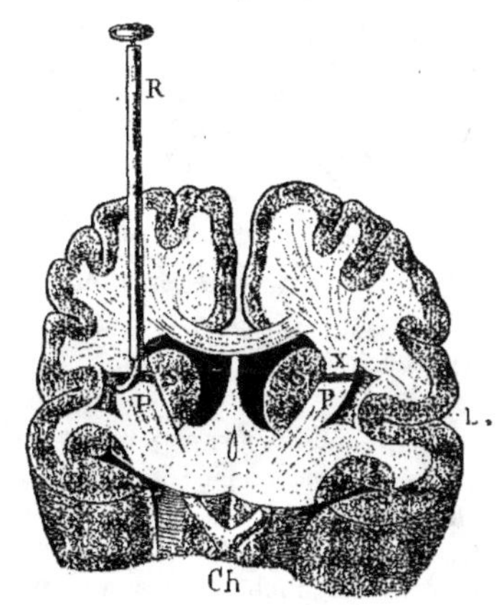

Fig. 198. — *Section expérimentale de la capsule interne* (expérience de VEYSSIÈRES et de CARVILLE et DURET).

SS, noyaux caudés du corps strié; L. noyau lenticulaire; P, expansion pédonculaire ou capsule interne; X, section de l'expansion pédonculaire produisant l'hémiplégie; R, stylet à ressort pour opérer la section de la capsule interne.

qui, par un jeu de ressort, pouvait être manœuvrée de l'extérieur, une fois l'instrument enfoncé dans le cerveau, à travers la paroi du crâne,

30.

Lorsque la section porte sur la partie *postérieure* de la capsule interne il y a hémianesthésie. Lorsqu'elle porte sur la partie *antérieure* il y a hémiparalysie ; toutefois il y a quelques réserves à faire sur ces conclusions. A mesure que nous nous éloignons des racines et que nous approchons de l'écorce, le départ entre les éléments de la sensibilité et ceux du mouvement est plus difficile à faire. De plus on ne peut pas garantir que la couche optique et son faisceau thalamo-cortical n'ont pas été entamés par la section. Les effets sont *croisés* dans les deux cas.

Pédoncules cérébraux. — Sur une coupe transversale des pédoncules cérébraux, on distingue deux régions, celle dite de la calotte et celle du pied. Les fibres du pied émanent toutes directement de l'écorce cérébrale, sans interruption aucune dans les ganglions centraux, et proviennent du secteur moyen de cette écorce à l'exception des régions antérieure et postérieure (Dejerine). Ces fibres sont des neurones *cortico-médullaires* (faisceau pyramidal), des neurones *cortico-bulbaires* (faisceau cérébral des nerfs moteurs craniens), des neurones *cortico-protubérantiels* (faisceau dit de Türck, qu'il ne faut pas confondre avec le faisceau pyramidal direct qui porte le même nom), des *neurones allant de l'écorce au locus niger*. Les radiations du *locus niger* proviennent surtout des régions rolandiques supérieures ; elles occupent principalement le deuxième cinquième externe du pied du pédoncule. Les radiations cortico-protubérantielles proviennent de tout le secteur moyen de l'hémisphère ; elles existent surtout dans les quatre cinquièmes internes du pied du pédoncule. Les radiations cortico-bulbaires proviennent de l'opercule rolandique et de la partie adjacente de l'opercule frontal : elles passent par le genou de la capsule interne et occupent le faisceau interne du pied du pédoncule.

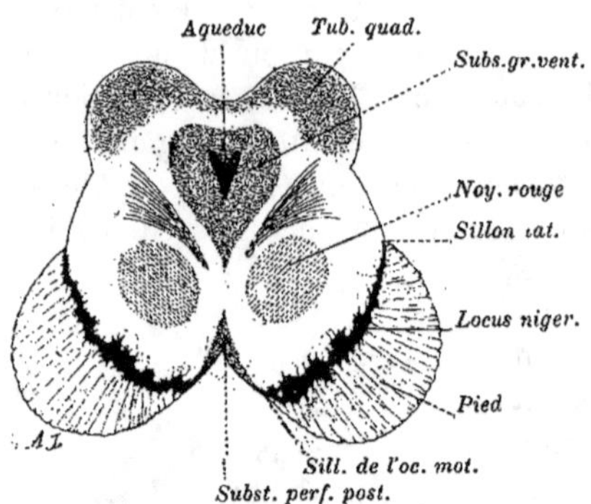

Fig. 199. — *Coupe du pédoncule cérébral.*

Le pied est séparé de la calotte par la substance noire de Semering.

Les radiations cortico-médullaires proviennent surtout des trois quarts supérieurs de la région rolandique, passent par le segment postérieur de la capsule, entre le genou et le segment rétrolenticulaire, et occupent les trois cinquièmes moyens du pied du pédoncule, pour former ensuite la pyramide bulbaire.

Ces diverses radiations occupent ainsi individuellement, dans le pied du pédoncule, certaines régions de préférence à d'autres ; mais elles n'y forment pas des faisceaux séparés ; elles sont, au contraire, assez largement mélangées les unes avec les autres, aussi bien dans le pied du pédoncule que dans le segment postérieur de la capsule interne.

2. — *Les fonctions psychiques du cerveau.*

Les expériences de FLOURENS sont fondamentales dans l'histoire des fonctions du système nerveux profond. Elles posent la question des localisations, comme elle devait l'être d'abord, dans ses grandes lignes. Elles lui donnent, ainsi envisagée, une solution dont la formule n'a pas essentiellement changé. Mais cette étude n'est, et ne pouvait être, qu'une première approximation. Le cerveau, avec les limites conventionnelles que lui assigne l'anatomie, n'est pas l'organe d'une localisation fonctionnelle nettement arrêtée et qui se superpose à ces limites mêmes. Il se rattache au contraire, anatomiquement et physiologiquement, à des systèmes inférieurs dont il est l'expression perfectionnée.

L'analyse, après avoir fait ressortir les dissemblances fonctionnelles existant entre les grands segments de l'encéphale, montre leur analogie, dès qu'elle s'attaque à chacun d'eux ; car elle les trouve, à leur tour, formés individuellement de systèmes nombreux et de valeur inégale qui font transition des uns aux autres.

A. ABLATION DE L'ÉCORCE CHEZ LES MAMMIFÈRES. — Tout désigne l'écorce de substance grise du cerveau, comme ayant la fonction la plus caractéristique de celles qui sont dévolues à cet organe. En raison de sa position superficielle et malgré certaines difficultés, cette portion du cerveau est la plus accessible à l'expérience. Quelles seront, chez un animal dont l'écorce aura été enlevée aussi complètement que possible, les modifications des fonctions nerveuses, motrices, sensitives, sensorielles, physiques, etc. ?

J. **Schème de l'expérience**. — Le schème de l'expérience était de laisser tous les organes des sens en connexion avec les masses grises sous-corticales, tout en supprimant exactement la substance corticale elle-même et de juger, par la modification des fonctions, la valeur fonctionnelle de l'écorce ainsi supprimée.

GOLTZ a pu réaliser cette expérience sur le chien en conservant l'animal pendant dix-huit mois. Le schème n'est toutefois réalisé qu'approximativement, mais néanmoins d'une façon suffisante.

Résultat opératoire. — L'ablation de l'écorce (faite en plusieurs fois) ne fut pas tout à fait complète. L'uncus dut être épargné des deux côtés pour ne pas léser les nerfs optiques, il restait donc une partie de l'aire corticale gustative ; par contre le corps genouillé externe avait été atteint du côté gauche, ce qui entraîna une dégénération du tubercule quadrijumeau antérieur et de la couche optique correspondante. L'appareil visuel sous-cortical était ainsi détruit d'un côté, mais il était conservé de l'autre comme témoin des fonctions visuelles (il y avait persistance du réflexe pupillaire à la lumière). Les lobes olfactifs

30..

étaient en partie conservés. Il faut noter encore que l'ablation de l'écorce a amené secondairement des dégénérations dans les corps striés et les couches optiques qui sont atteintes de ramollissement.

Des précautions furent prises dans les premiers jours pour alimenter l'animal qui refusait la nourriture, et ne commençait à l'accepter qu'au vingt-troisième jour.

État des sens. — Les fonctions sensitives et sensorielles sur cet animal n'avaient pas complètement disparu, au point qu'à un premier examen superficiel elles pouvaient paraître conservées. L'animal fermait les yeux à l'approche d'une vive lumière — une patte mise en conctact avec de l'eau froide était retirée vivement. — Les pincements de la peau, l'insufflation d'air dans la conque ou sur les yeux provoquaient des mouvements de défense. Importuné par de telles excitations, l'animal aboyait, grondait, cherchait à mordre, mais sans y parvenir. Un bruit fort et prolongé le réveillait et provoquait même des mouvements de défense. Rien de net pour l'odorat; mais la nourriture, acceptée et déglutie si elle avait ses qualités normales, était rejetée quand on l'imprégnait d'une substance amère. Quand le jeûne se prolongeait, l'animal allait en tous sens sans repos dans sa cage, en tirant rythmiquement la langue; mis en présence de sa nourriture, il boit, mange et, une fois l'appétit satisfait, s'endort.

Nutrition. — La quantité d'aliments nécessaire pour le maintenir en état était considérable, 1 000 grammes de viande et 500 grammes de lait pour un chien de 5 kilos. Un déchet assez grand devait se faire par les fèces, et d'autre part la peau était d'ordinaire très chaude, ce qui indique que l'animal perdait de grandes quantités de chaleur.

Les urines étaient normales, les excréments avaient l'aspect habituel. La digestion et l'ensemble des fonctions de nutrition avaient gardé leur allure ordinaire.

Instincts, émotions. — L'instinct sexuel était nul. L'animal ne manifestait de lui-même aucune émotion gaie ou triste, ne répondait par aucun signe aux caresses, aux menaces, aux appels, à la vue des autres animaux.

II. **Expériences antérieures.** — Ce tableau diffère de celui qu'on se fait d'habitude des fonctions d'un animal décérébré, d'après la description de FLOURENS. Les traits principaux néanmoins persistent et la ressemblance se maintient, grâce à quelques retouches. Pas plus que le pigeon de FLOURENS, le chien décérébré de GOLTZ ne recherche sa nourriture, même s'il est aiguillonné par la faim; il l'accepte seulement, si on la lui présente. Les instincts principaux, les émotions, l'intelligence proprement dite ont disparu. *Les mouvements* à coup sûr très compliqués, *que l'animal décérébré est capable de faire, n'ont à peu près aucune spontanéité*; ils sont la réponse à une provocation immédiate, consistant en excitations extérieures des sens de l'ouïe, de la vue, du tact... ou en excitations intérieures du genre de celles que fait naître la faim ; il est remarquable que, sous la sollicitude de ces dernières, l'animal exécute tous les mouvements de la nutrition y compris la préhension des aliments.

Images psychiques. — Après l'ablation de l'écorce, ce qui est à jamais perdu pour lui, c'est le bénéfice des excitations antérieures, lentement emmagasinées et conservées par le cerveau, sous forme de ce qu'on appelle les images cérébrales, images persistantes des objets qui, en se superposant à leurs images présentes ou actuelles, et, s'associant entre elles de diverses façons dans diverses circonstances, finissent par leur attribuer une valeur symbolique, c'est-à-dire synthétique. Un coup de fouet arrachera des cris à l'animal, provoquera des réactions de défense ; la vue du fouet ne lui fera aucune impression, parce qu'elle ne réveille plus l'image, le souvenir des sensations antérieures éprouvées du fait de ce même objet.

Non seulement la provision des excitations coordonnées sous forme de connaissances ou images complexes se trouve anéantie, mais l'aptitude à réacquérir des connaissances du même genre ne subsiste sensiblement plus. Pendant des mois l'animal décérébré est retiré de sa cage au moment des repas, et pendant des mois cette manipulation provoque sa fureur, parce qu'il est incapable d'établir une relation entre elle et le repas qu'il désire ou la faim qu'il subit.

Rééducation partielle. — Toutefois, si l'animal décérébré est condamné à une déchéance à la fois profonde et irrémédiable, les faits montrent qu'il est susceptible cependant, dans une mesure restreinte, d'une rééducation partielle, portant sur les fonctions nerveuses les plus directement liées à la nutrition. — Aussitôt après l'opération, la déglutition est extrêmement difficile, la préhension des aliments est nulle ; ces deux fonctions finissent par s'exécuter normalement, la première d'abord, la seconde ensuite ; elles marquent le point culminant de l'éducation secondaire du chien décérébré. Le mécanisme de ces acquisitions nouvelles est justiciable de plusieurs explications. Il peut y avoir eu simplement arrêt des fonctions des masses nerveuses sous-corticales par retentissement de la lésion opératoire ; c'est une des hypothèses à laquelle Goltz se rallie le plus volontiers ; d'après le même auteur, on peut encore admettre que les fonctions de ces masses qui sont phylogéniquement et ontogéniquement antérieures au cerveau lui-même, qui, en raison de cela, ont fait d'abord office de fonctions cérébrales, mais qui, chez l'animal développé, ne s'exerçaient plus que de concert avec le cerveau et sous sa direction, peuvent, par la répétition des excitations qui y aboutissent, réacquérir leur développement primitif et reprendre la fonction de systèmes directeurs, après la perte de ceux qui leur donnaient cette direction.

La conclusion, dans tous les cas, c'est que, pour se rendre compte des aptitudes d'un animal après la perte de son cerveau, il convient de ne pas l'examiner uniquement dans les jours qui suivent l'opération, mais encore dans un délai aussi prolongé que possible après celle-ci, les résultats pouvant, par certains côtés, différer notablement après ce délai écoulé.

III. L'écorce cérébrale et la sensation. — Chez l'animal décérébré, les excitations des sens provoquent des mouvements de réponse coordonnés, qui n'ont plus la valeur de ce que, dans le langage courant, on appelle des actes intelligents ou même instinctifs, mais qui font ressortir cependant une adaptation de ces mouvements à l'excitation elle-même, adaptation assez frappante pour qu'on les ait appelés des réactions de défense. Ces excitations sont-elle *senties* ? — Naguère encore, on divisait les phénomènes nerveux de réception des excitations en deux catégories : les uns ayant pour caractéristique la sensation qui les accompagne, les autres au contraire l'absence de cette sensation.

L'acte nerveux, dans le premier cas, est conscient-volontaire ; dans le second, on l'appelle réflexe ou automatique et on veut dire par là que sa nature, dans le second cas, reste purement *mécanique*, tandis que, dans le premier, il prend le caractère *psychique*. C'est d'autre part une doctrine qui paraissait bien établie et qui a encore généralement cours, que, suivant leur localisation dans l'écorce cérébrale ou en dehors de cette écorce, les phénomènes nerveux doivent appartenir à la première ou la seconde de ces deux catégories.

Réflexes corticaux. — Cette formule est beaucoup trop simple et surtout trop exclusive. La participation de l'écorce, sans aucun doute, est nécessaire aux actes dont le caractère psychique est le plus évident et le mieux défini ; cela tient à ce que, par sa situation prédominante et sa structure compliquée, elle est seule apte à réaliser les associations qui conditionnent ces phénomènes de nature synthétique, nulle autre région de la substance grise n'étant capable d'effectuer cette synthèse au même degré. Mais cette aptitude ne l'exclut pas de la participation à des phénomènes d'un ordre plus simple, d'apparence automatique ou réflexe; tout dépend du nombre, de la valeur ou de la complexité individuelle des systèmes qui s'associent pour la réalisation de l'acte qui va s'effectuer et qui peut aller depuis le clignement des paupières, jusqu'à la parole méditée, en passant par la récitation automatique : tous ces actes de valeur si inégale peuvent impliquer la participation de l'écorce du cerveau.

Les systèmes sous-corticaux. — Les systèmes sous-corticaux interviennent dans un grand nombre d'actes d'apparence purement automatique et réflexe qu'ils sont capables de réaliser sans participation de l'écorce. Cette constatation a été l'origine d'une généralisation semblable à la précédente ; on leur a départi les phénomènes réflexes, d'une façon tout aussi exclusive que la conscience a été réservée à l'écorce du cerveau.

Gradation des phénomènes psychiques. — Une opposition aussi absolue n'est justifiée ni anatomiquement ni physiologiquement. La constatation d'actes nerveux, les uns rudimentaires, les autres atteignant leur plus grand développement, ne doit pas nous faire oublier la série intermédiaire qui relie les premiers aux seconds. Ce sont des actes qui appartiennent à cette transition que l'expérience de GOLTZ met en évidence.

IV. **Sensations réduites**. — La vue, l'ouïe, le tact, le goût d'un animal décérébré sont à coup sûr des phénomènes considérablement *réduits*, en comparaison de ce qu'ils sont chez l'animal normal: ajoutons qu'il est difficile de dire sur lesquels des éléments de chacune de ces sensations porte la réduction ; mais, comme le remarque GOLTZ, il est plus difficile encore de dénier à un tel animal des sensations, puisque le critère qui nous sert à les constater chez les animaux, à savoir les réactions motrices particulières (en quelque sorte spécifiques) par lesquelles elles nous sont décelées, persiste chez lui. L'intelligence, la connaissance, l'instinct sont des faits complexes, dans lesquels les sensations entrent comme unités composantes ou, ainsi qu'on dit parfois, d'éléments. Cet élément lui-même n'est pas simple, produit qu'il est par des associations fonctionnelles, nécessitant une systématisation des activités nerveuses cellulaires.

L'expérience de GOLTZ réalise, par ablation de l'écorce, une systématisation telle que la connaissance, l'intelligence y a disparu, mais telle néanmoins que la sensation brute s'y développe encore, pourvue de caractères qui lui garantissent une suffisante ressemblance avec la sensation claire et hautement différenciée qui nous sert de comparaison. Cette doctrine n'est au surplus pas nouvelle. LONGET, VULPIAN ont constaté qu'après l'ablation du cerveau jusqu'à la protubérance exclusivement, une excitation sensitive peut être suivie de réactions émotives de l'animal ainsi mutilé, et le caractère de ces réactions les avait convaincus de l'existence d'une sensation *brute* à opposer à la sensation nettement consciente qui nécessite l'intervention des hémisphères. L'expérience de GOLTZ, en permettant la survie de l'animal, est plus saisissante et plus décisive : elle se prête mieux à l'analyse psychologique. Différente dans les destructions qu'elle opère, elle nous éclaire davantage sur le rôle de l'écorce dans les fonctions du cerveau.

B. ABLATION DE L'ÉCORCE CHEZ LES OISEAUX. — Les ablations chez l'oiseau (notamment chez le pigeon) ont été réalisées à nouveau depuis FLOURENS par SCHRADER et par MUNCK, en limitant la destruction à l'écorce et en respectant les ganglions de la base. D'après SCHRADER, et RICHET a soutenu la même thèse, les résultats obtenus par FLOURENS (attitude immobile, perte des sensations) sont dus à la destruction simultanée de la couche optique de l'écorce. Lorsque cette dernière est seule détruite, l'animal peut voir encore, se mouvoir, éviter les obstacles, résultat contesté par MUNCK, pour qui la perte de la vision serait dans ce cas toujours complète.

Il y a perte de l'instinct. Les mouvements sont des réponses à des excitations immédiates et ne sont plus spontanés. La discussion, ainsi qu'on l'a vu plus haut pour le chien, roule sur la persistance des sensations. Elle semble avoir pour origine, moins la variation dans les *résultats* de l'expérience, que les conceptions que se font les différents auteurs de ce qu'on doit entendre par la sensation et des *critères* qui nous la font reconnaître.

C. ABLATION DE L'ÉCORCE CHEZ LA GRENOUILLE. — D'après RENZI, il faut, comme l'avait déjà dit LONGET, pour les oiseaux, distinguer, chez les amphibiens et les reptiles, une vision mentale, qui réclame l'intégrité de l'écorce cérébrale, et une sensation brute de la vue, à laquelle suffit le mésencéphale. D'après SCHRADER, non seulement la sensation visuelle serait alors conservée, mais, une fois le choc opératoire dissipé, l'animal devient apte à changer de place et de milieu, suivant les saisons, et à s'alimenter de lui-même par les mouches qu'il attrape. L'instinct de l'animal serait ici conservé en plus de la sensation. La centralisation, qui s'est établie chez les animaux supérieurs et qui a placé le système nerveux sous la dépendance du cerveau, n'a encore fait que peu de progrès chez les batraciens.

On le prouve en divisant par deux sections le myélaxe en trois segments : l'un représenté par la tête, le second par les membres supérieurs, le troisième par les membres inférieurs, et qui ont un fonctionnement indépendant.

On connaît également l'expérience qui consiste à retrancher l'encéphale et à solliciter, par excitation de la peau du dos, les réflexes de la moelle épinière. Les mouvements qui résultent de ces excitations sont adaptés et coordonnés de manière à éloigner ces excitations : ils sont, à leur façon, des réponses à l'excitation.

3. — *Les échanges entre le cerveau et le sang.*

On admet, en principe, que l'activité des organes est liée à un changement, à une dépense (suivie de reconstitution) de ces organes. Définir en quoi consiste ce changement est le problème que se pose la science positive. Pour quelques organes seulement, parmi lesquels surtout le muscle, ce problème a reçu un commencement de solution. La méthode suivie et les résultats obtenus sont comme des modèles, qu'on a cherché à utiliser, pour l'étude des fonctions, jusqu'ici plus impénétrables, d'autres organes et en particulier du cerveau. Cette méthode est légitime à la condition que les conclusions ne dépassent pas la portée des faits. Par des expériences calquées sur celles qui ont servi à définir la fonction du muscle, nous pouvons essayer d'éclairer les fonctions du cerveau.

Cycle énergétique du muscle. — Pour le muscle, le plan de ces expériences a consisté à suivre, à travers lui, un double courant de substance et d'énergie qui, apportées de l'extérieur, retournent à l'extérieur après lui avoir appartenu. Ce courant y dessine une sorte d'évolution, à laquelle on distingue ainsi trois états principaux (initial, intermédiaire, final), dans chacun desquels la substance et l'énergie, conservées en quantité constante, prennent des formes caractéristiques, qui nous servent à définir la fonction musculaire au moins dans ce qu'elle a d'essentiel. La valeur des expériences, faites sur le muscle, vient justement de ce que les constatations, faites sur lui, sont non seulement qualitatives, mais quantitatives, et que l'équivalence quantitative des formes successives de l'énergie nous garantit sa provenance et sa filiation. Dans les muscles donc, la substance et l'énergie entrent puis ressortent transformées ; elles entrent unies et ressortent dissociées. Cette dissociation de la substance et de l'énergie est même un fait qui caractérise la fonction du muscle, car elle ne se retrouve au même degré dans aucun autre tissu. Dans le muscle, l'énergie à ses états soit initial, soit intermédiaire (au moment qu'elle entre et quand elle y est en provision), est de forme chimique ; à son état final (au moment qu'elle le quitte) elle est mécanique pour une part, et thermique pour une autre part. *La fonction du muscle, telle qu'elle nous apparaît, est essentiellement une fonction énergétique.*

L'équation très simple de la combustion, dans le muscle, du glycose du sang nous rend compte, tout à la fois, de ces mutations de substance et de la libération d'énergie qui s'opère, dans cet organe, au moment de son activité.

Cycle énergétique du cerveau. — Dans le cerveau, lorsque nous cherchons à établir un cycle du même genre, plusieurs éléments nous manquent ; soit que réellement ils fassent défaut, soit que l'expérience se trouve incapable de nous les déceler. A l'état final de ce cycle, il n'y a manifestement point de travail mécanique ; à grand'peine peut-on constater, dans certaines conditions spéciales, un dégagement de chaleur, qui se traduit par une imperceptible élévation de la température. C'est tout ce qu'on peut saisir, par les moyens *directs*, comme libération d'énergie. Voulons-nous, comme pour le muscle, faire des mesures de calorimétrie *indirecte*, c'est-à-dire, remonter à la source de l'énergie, en établissant l'équation chimique, qui peut nous expliquer sa production, nous prendrons pour témoin l'oxygène qui y est consommé, et l'acide carbonique qui y est produit, en dosant ces deux gaz, dans le sang qui entre et dans le sang qui sort du cerveau. Des expériences de ce genre ont été faites par L. Hill et D.-N. Nabarro : elles indiquent, elles aussi, que la dépense énergétique de tissu cérébral est très faible. Le tableau qui suit exprime les moyennes tirées d'un certain nombre d'expériences donnant le bilan des échanges gazeux, dans le cerveau et, par comparaison, dans les muscles du membre inférieur. Les expériences ont été faites d'une part sur le cerveau et les muscles en état de repos, ou même dont on a diminué l'activité par la narcose morphinique, d'autre part sur le cerveau et les muscles mis en état d'hyperactivité par des attaques d'épilepsie provoquée, au moyen de l'injection d'essence d'absinthe ou de strychnine. Le sang était pris dans la carotide et le pressoir d'Hérophile pour l'estimation des échanges dans le cerveau, dans la carotide et la veine fémorale profonde pour l'estimation des échanges dans le muscle (le sang artériel a la même composition dans toutes les artères).

Comparaison des échanges gazeux dans le cerveau et les muscles à l'état de repos et à l'état d'activité.

	CERVEAU.			MUSCLE.			
GAZ du sang.	ARTÈRE carotide.	PRESSOIR d'Hérophile	DIFFÉRENCE.	ARTÈRE carotide.	VEINE fémorale profonde.	DIFFÉRENCE.	En tenant compte du coefficient de circulation.
État normal ou de repos.							
CO² ...	48,85	44,74	+ 3,87	37,63	46,39	+ 8,76	
O²	16,81	13,39	— 3,42	18,10	5,12	—12,98	
			3,64			10,84	× 1 = 10,84
Accès tonique d'épilepsie.							
CO²	44,98	49,04	+ 4,06	39,53	53,43	+13,90	× 3 = 41,70
O²	15,17	10,22	— 4,95	17,05	3,30	—13,75	× 3 = 41,25
			4,50			13,82	× 3 = 41,47
Accès clonique d'épilepsie.							
CO² ...	30,59	33,58	+ 2,99	25,33	44,66	+19,33	× 3 = 57,99
O²	15,77	11,46	— 4,31	18,66	6,03	—12,63	× 3 = 37,89
			3,65			15,98	× 3 = 47,94
Animal soumis à l'action de la morphine.							
CO² ...	37,6	41,65	+ 4,01	37,6	45,75	+ 8,1	
O²	18,25	13,49	— 4,76	18,25	6,34	—11,91	
			4,38			10,00	= 10,00

I. Calorimétrie indirecte. — Bien que nous ne connaissions pas exactement la nature de l'oxydation qui absorbe l'oxygène dans le cerveau et y produit l'acide carbonique, la calorimétrie indirecte témoigne donc, de son côté, de la *faible dépense énergétique* de cet organe. Si faible que soit cette dépense, elle aurait cependant pour nous un intérêt particulier, si nous pouvions saisir le lien qui la rattache à un autre aspect de la fonction du cerveau, à savoir aux *phénomènes psychiques* qui traduisent son activité intérieure. Or on ne saisit aucun parallélisme entre les deux ordres de phénomènes. Si (comme on a pu le faire dans les cas de perte de substance du crâne) un thermomètre sensible est mis en contact avec l'écorce cérébrale sur un individu humain, on ne voit pas que la température s'abaisse pendant le sommeil, s'élève pendant la veille, s'exagère pendant l'activité intellectuelle la plus intense ou, *si des oscillations se présentent, elles se font sans concordance nécessaire avec les variations de l'activité psychique*, parfois en sens inverse de ce qui vient d'être indiqué. On a pu les observer pendant un sommeil profond. Elles ont paru parfois coïncider avec des excitations inconscientes des sens (bruit extérieur non accompagné de réveil) et traduisent plutôt un état émotif qu'un acte de compréhension ou un effort intellectuel. Chez les animaux, l'élévation de la température cérébrale est surtout accusée quand on produit l'asphyxie, et elle atteint son maximum quand la conscience est évanouie. Mais il faut remarquer que l'effet thermométrique n'est visible qu'un certain temps après la cause qui l'a produit, et que la mort par asphyxie est précédée d'un certain état de surexcitation de tout le système nerveux y compris le cerveau (Mosso).

Les élévations de la température ainsi observées sont corrélatives de l'activité *totale* de la région cérébrale explorée thermométriquement; les phénomènes que nous appelons conscients ne correspondent au contraire qu'à une activité *partielle* du cerveau. Dans le cerveau, en effet, et jusque dans son écorce, les phénomènes inconscients côtoient les phénomènes conscients et le départ des uns et des autres est impossible à faire, par la raison que seuls les phénomènes conscients sont saisis par nous en tant qu'activité intérieure du cerveau. Les phénomènes inconscients nous échappent par définition. De plus le champ de la conscience n'est pas fixe, mais peut s'agrandir, s'atténuer, se déplacer à chaque instant (dans la veille, dans le sommeil, dans les directions différentes que prend l'attention). — On voit tout de suite par là qu'*il ne peut y avoir de commune mesure entre la chaleur et l'activité psychique*, autrement dit entre la chaleur et les phénomènes de la conscience psychologique.

II. **La chaleur et la pensée**. — On avait fondé l'espoir de trouver à l'aide de telles expériences une équivalence entre l'énergie physique que saisissent nos sens extérieurs et ce phénomène tout intérieur que nous appelons psychique, précisément parce qu'il est insaisissable autrement que par notre sens interne. Quelque idée qu'on se fasse des unes et de l'autre, on voit que le problème échappe à l'expérience. Il ne faut pas trop s'en étonner. Parmi les phénomènes physiques, la chaleur est un des plus simples que nous saisissions; par contre le phénomène que nous appelons la pensée est un des plus complexes qu'il nous soit donné de connaître; ils représentent pour nous les pôles opposés de la phénoménalité. Ils ne sauraient avoir de commune mesure.

III. **Circulation cérébrale**. — La circulation cérébrale, envisagée au point de vue purement mécanique, a été étudiée ailleurs (Voy. *Circulation*, p. 255); nous avons à la considérer ici dans ses relations avec le fonctionnement cérébral lui-même.

Les relations de mutuelle dépendance, qui existent entre le cœur et le cerveau, sont d'une nature très évidente. Elles s'accusent d'une façon saisissante, toutes les fois que l'un de ces organes vient à être troublé dans son fonctionnement, par le retentissement que ce trouble a sur l'autre.

a. *Action du cœur sur le cerveau.* — L'arrêt momentané du cœur a sur le fonctionnement cérébral un effet immédiat qui se traduit par la perte de la conscience (vulgairement perte de connaissance), l'insensibilité, la résolution musculaire, ensemble auquel on a donné le nom de *syncope*. Aucun organe ne conserve son excitabilité, lorsqu'il est privé de son irrigation sanguine; mais, tandis que pour beaucoup cette perte des fonctions est lente et graduelle, au point de demander des heures, nous voyons que pour le cerveau, pour sa substance grise, pour son écorce surtout, cette perte est pour ainsi dire instantanée chez les animaux à sang chaud. L'expérimentation confirme cette donnée de l'observation vulgaire. Chauveau, en opérant sur les nerfs craniens, a vu que la sensibilité ne survit pas aux derniers battements du cœur. Par contre, l'excitabilité des nerfs moteurs se conserve encore pendant un certain temps après la mort. L'excitabilité motrice est une fonction cellulaire. La sensibilité, sous sa forme consciente, est une fonction appartenant à une systématisation complexe (réalisée principalement dans le cerveau). Dans l'œuvre de destruction, qui suit fatalement l'anémie poussée à ses limites extrêmes, ce sont donc d'abord les éléments cellulaires qui se séparent les uns des autres; ultérieurement la dislocation envahit ces éléments eux-mêmes, en suivant un ordre régulier.

b. *Action du cerveau sur le cœur.* — Les troubles du fonctionnement du cerveau ont de leur côté une répercussion sur le fonctionnement du cœur. On sait l'influence des émotions, des passions diverses sur le rythme cardiaque. Dans certains cas ce rythme est précipité ; dans certains autres il est ralenti ; parfois l'impression psychique, lorsqu'elle est vive, peut inhiber le cœur, et l'anémie cérébrale ainsi que la perte de conscience qui en résulte se trouvent être la conséquence d'une impression, qui du cerveau a retenti sur le cœur, pour affecter secondairement le cerveau.

Par leur exagération, ces effets sont propres à symboliser les relations existant entre le système circulatoire et le système nerveux, dont le cœur d'un côté, et le cerveau de l'autre, représentent les parties les plus différenciées. L'action du cerveau sur la circulation n'est, en effet, pas directe, mais s'exerce par l'intermédiaire d'un ordre, voire d'un système particulier de nerfs, les vaso-moteurs ; cette action d'autre part ne se limite pas au cœur, mais se prolonge sur les artères, qui ont leur innervation spéciale, distincte, sinon indépendante, de celle du cœur.

Par leur contraction, les artères du cerveau règlent la quantité de sang qui doit traverser cet organe et cette contraction, à son tour, est gouvernée par des nerfs émanés de centres sous-jacents au cerveau, qui adaptent les impressions de celui-ci à la régulation de sa propre circulation.

IV. **Vaso-moteurs du cerveau**. — Les vaso-moteurs du cerveau sont contenus (au moins pour partie) dans le cordon cervical du grand sympathique et proviennent, comme ceux de la face, de la moitié supérieure de la région thoracique de la moelle épinière. C'est par ce chemin détourné qu'une excitation émanée du cerveau et destinée à ses propres vaisseaux leur parvient. Dans le cerveau, comme dans les autres organes, la circulation (le débit du sang) est proportionnée à l'activité de la fonction. Des mécanismes régulateurs interviennent pour assurer cette proportionnalité. Ceux-ci sont constitués par des cycles réflexes, dont les centres de réflexion se trouvent ailleurs que dans le cerveau lui-même, dans la moelle allongée et la moelle épinière.

Les artères du cerveau ne sont nullement, comme quelques-uns l'ont soutenu, soustraites à l'action du système vaso-moteur. Leurs éléments musculaires reçoivent des filets nerveux plexiformes démontrables anatomiquement (Bourgery) et histologiquement (Obersteiner). Les toutes premières expériences, réalisées sur le sympathique cervical, avaient déjà établi que la section et l'excitation de ce cordon nerveux ont un retentissement sur la circulation du cerveau. L'application des méthodes vaso-myographiques à cette circulation a démontré de nouveau à E. Cavazzani la réalité de cette influence. D'après cet auteur, *le sympathique cervical contient pour le cerveau des éléments vaso-constricteurs et des éléments vaso-dilatateurs* (comme pour la face et la rétine). Les premiers réagissent le plus fortement sous l'excitation électrique ; leur excitabilité s'éteint assez vite. Les seconds réagissent davantage sous l'influence de l'anémie.

Excitation du sympathique cervical chez l'homme. — JONESCO et FLORESCO ont excité le sympathique cervical chez l'homme dans des circonstances permettant l'estimation de la circulation cérébrale. Par les excitations faibles on produit sa diminution, tenant à un resserrement des vaisseaux, et par les excitations fortes son augmentation, tenant à une dilatation de ceux-ci. C'est la preuve de l'existence dans le sympathique cervical d'éléments les uns constricteurs, les autres dilatateurs, destinés au cerveau, comme on sait qu'ils y existent pour d'autres organes.

Hypophyse. — L'hypophyse, ou *glande pituitaire*, est un organe dont les fonctions, encore très obscures, se rapprochent de celles des glandes thyroïdes et parathyroïdes, qui tiennent sous leur dépendance la nutrition générale et celle du système nerveux lui-même. Ces fonctions seront examinées à leur

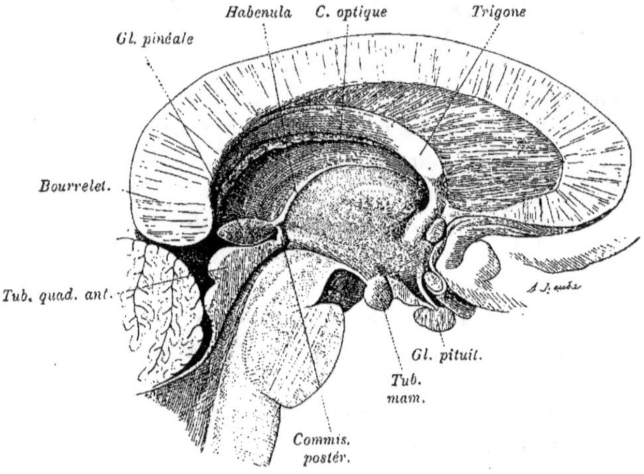

Fig. 200. — *Hypophyse* (glande pituitaire) *et épiphyse* (glande pinéale) (d'après CHARPY).

place à propos des sécrétions. La connexion anatomique de cet organe, en grande partie glandulaire, avec le cerveau s'explique par l'anatomie comparée. Chez l'Ammocète, la cavité neurale (qui représente le canal épendymaire avec ses ventricules) est en communication avec la bouche par un *canal bucco-ventriculaire*, et, à son autre extrémité, avec l'intestin par un *canal neurentérique*. Une circulation d'eau est entretenue dans ce système aquifère, grâce aux mouvements des cils vibratiles de sa paroi à son entrée. Autour du canal bucco-ventriculaire est la pituitaire, formée de cellules épithéliales d'origine épiblastique et d'éléments nerveux constituant une sorte de centre ou système particulier. La circulation aquifère, qui se fait dans le canal neural, assure la nutrition et l'oxygénation du système nerveux, chez ces animaux dépourvus d'appareil sanguin. Le produit de sécrétion déversé par la pituitaire à l'entrée de ce courant est emporté avec lui, résorbé et remplit sa fonction inconnue.

Lorsque, au cours du développement phylogénique, les vaisseaux apparaissent, c'est le sang qui distribue et l'oxygène et le produit de sécrétion; le canal alors se ferme et les ventricules sont clos. Les thyroïdes sont, elles aussi, des glandes annexées à l'appareil respiratoire, et leur mode d'action sur l'assimilation semble se rapprocher de celui de la pituitaire.

Épiphyse. — L'épiphyse, ou *corps pinéal*, est de même un organe en voie de régression. On le considère comme ayant appartenu au sens de la vue. Dans le développement phylogénique, il représente chez certains vertébrés inférieurs un œil médian impair, qui s'ouvrait au dehors par le trou pariétal, encore existant notamment chez les Sauriens. Les fonctions nouvelles et vraisemblablement assez réduites de l'épiphyse chez les vertébrés supérieurs sont en somme inconnues; on les range de même dans celles qui assurent la nutrition du système nerveux.

D. — LOCALISATIONS CÉRÉBRALES.

Flourens avait soumis le système nerveux à une analyse qui lui avait permis de distinguer les fonctions différentes de ses segments les plus visibles. A la moelle épinière revenait l'*exécution* des mouvements, au cervelet leur *coordination*, au cerveau leur *volition* : c'était une première *localisation* des fonctions de ce grand système. Ses méthodes, très correctes au fond, mais insuffisantes dans le détail, lui montraient par contre dans le cerveau, une masse *homogène* réfractaire à l'analyse. Des méthodes nouvelles, plus appropriées au but à poursuivre, ont, à leur tour, dissocié les parties intérieures de cet organe, comme les précédentes l'avaient séparé lui-même de systèmes homologues spécifiquement différents. Cette marche logique de l'analyse était nécessaire, pour qu'elle portât ses fruits. Sa lenteur s'explique suffisamment par les difficultés de toute nature inhérentes au sujet, par les questions d'ordre multiple qu'il soulève, par la résistance que rencontre toute donnée nouvelle, avec laquelle l'esprit n'a pas eu le temps de se familiariser.

La méthode de Flourens consistait, avant tout, dans l'ablation systématique de parties dont il voulait déterminer les fonctions. L'excitation ne lui était pas inconnue, mais alors elle était faite grossièrement, en enfonçant, par exemple, un stylet dans le cerveau, à travers le crâne. L'excitant électrique, sous la forme habi-

tuelle de courants induits alternatifs est d'un emploi plus récent ;
et c'est pour des parties nerveuses, dans le genre du cerveau, le
seul bien efficace. Le courant continu, très inférieur au précédent,
peut néanmoins produire cette excitation.

1. — *Localisations dans le conscient*.

C'est, comme on pouvait le prévoir, dans la vie consciente qu'on
a reconnu les premiers phénomènes témoins des localisations
fonctionnelles dans le cerveau.

1. **Fait initial**. — Hitzig, ayant vu que, sur l'homme, des courants galvaniques, appliqués sur la partie postérieure de la tête ou
sur la région temporale, produisaient des mouvements des yeux,
en prit occasion pour étudier méthodiquement, avec Fritsch, les
effets de l'excitation de l'écorce cérébrale chez les animaux, en
particulier chez le chien. Ces auteurs trouvèrent qu'*une partie de
l'écorce du cerveau est motrice* (ce qu'on traduit ordinairement en
disant qu'elle est *excitable*), *tandis que les autres parties ne sont pas
motrices*. Autrement dit, l'excitation d'une partie de la convexité du
cerveau se traduit par des mouvements des différentes parties du
corps, mouvements sur la nature et la genèse desquels on peut discuter, mais qui ne se produisent plus, quand on déplace l'excitateur
en dehors d'une certaine zone assez bien définie, et dont la situation
et les limites sont, à travers quelques variations, constantes. *Ces
mouvements* ont lieu dans la partie du corps opposée à l'excitation ;
ils *sont croisés* ; ces mouvements sont *localisés* dans quelque région
déterminée, comme le membre supérieur, l'inférieur ou les yeux,
région qui varie suivant le point excité dans l'écorce. La zone dite
motrice est ainsi elle-même subdivisible en zones partielles plus
petites. Ces mouvements sont des contractions musculaires combinées produisant un déplacement dans un sens défini ; ils *ont un
caractère intentionnel*. Suivant le point excité dans la zone correspondante à un membre, le mouvement de ce membre sera la
flexion, l'extension ou quelque autre déplacement régulier.

Ces faits furent reproduits par Ferrier en Angleterre, par Carville et Duret en France, sur le singe, sur le chien, sur divers
animaux ; Arloing les étudia sur les solipèdes ; François-Franck et
Pitres firent, sur ce sujet, un travail de détermination et de critique très circonstancié. Luciani, Sepelli et Tamburini, en Italie, leur
donnèrent également une nouvelle extension. Pour l'essentiel ils
furent reconnus exacts. Le désaccord commença quand il s'agit de
les interpréter.

Méthode d'excitation. — L'excitation se pratique avec des courants induits alternatifs d'un rythme d'environ dix à la seconde. L'excitation, faite sur des organes ganglionnaires comme le cerveau (ou sur des nerfs qui s'y rendent), a des effets à tous égards très différents de ceux qu'on obtient en excitant les nerfs directement moteurs. Dans ces derniers, la réponse suit fidèlement chaque excitation élémentaire et prend le rythme de l'excitation composée. Dans les premiers, l'excitation n'agit efficacement qu'autant qu'elle est *sommée*, c'est-à-dire renouvelée. De plus, l'effet responsif n'est plus calqué sur l'excitation, mais prend une forme particulière, qui dépend de l'organisation du complexus nerveux excité. Le cerveau, pour donner lieu à la même réponse motrice, peut donc s'accommoder de rythmes assez variés. Toutefois le rythme de l'excitation ne lui est pas complètement indifférent. D'après RICHET et BROCA, l'effet excitant de chaque coup d'induction est suivi (comme dans les ganglions du cœur) d'une *phase réfractaire*, qui diminue l'effet utile du choc suivant s'il survient avant la fin de cette phase. Pour l'excitation d'un cerveau dans une condition déterminée, il y a donc un rythme optimum qui est à rechercher. Ce rythme peut varier suivant les individus (DE VARIGNY).

Les excitations *mécaniques* sont généralement inefficaces, sauf dans le cas où l'excitabilité cérébrale est augmentée par un léger degré d'inflammation.

II. Désaccord dans l'interprétation.

— Ce désaccord s'explique par la nouveauté même des faits, en présence desquels on se trouvait. La tendance (au surplus naturelle) fut, comme toujours en pareil cas, de les rattacher aux faits connus. Les mouvements que nous faisons naître par l'excitation chez les animaux sont de deux catégories, naissent, pour mieux dire, dans deux circonstances très différentes et à certains égards opposées. Les uns se produisent par des excitations portées sur les muscles ou sur les parties *terminales* du système nerveux, qui aboutissent aux muscles ; ils ont les allures d'un fait purement *physique*. Les autres se produisent par des excitations portées sur les organes des sens, ou sur les parties *initiales* du système nerveux, qui sont en rapport avec eux, ils font naître des phénomènes de sensibilité, dont ces mouvements sont la traduction évidente ; ils témoignent de l'existence d'un fait *psychique*. La partie *intermédiaire*, le cerveau, l'écorce, était considérée comme inexcitable ; la question, par conséquent, ne se posait pas de savoir à laquelle des deux classes appartiennent les mouvements, qui peuvent naître de sa mise en activité directe. Or, le fait nouveau consistait précisément en ce que l'excitation de cette partie provoquait, elle aussi, des mouvements.

Pour les mieux caractériser, on s'efforça (quelques-uns du moins) de les identifier avec l'une ou l'autre des deux catégories connues. Pour certains, ils traduisaient un phénomène purement moteur, comme si l'excitation, dans sa propagation aux muscles, traversait un champ homogène, ayant son origine dans l'écorce cérébrale

(FERRIER). Pour d'autres, ils avaient les caractères d'un phénomène purement sensitif, comme si l'excitation directe de l'écorce ne faisait que reproduire, sous une forme nouvelle, l'excitation indirecte que les nerfs centripètes lui apportent de la peau, à travers un champ sensitif homogène ; excitation qui irait également se réfléchir dans quelque centre proprement moteur, situé plus bas (SCHIFF).

L'interprétation donnée dès le début par FRITSCH et HITZIG était, il faut le dire, moins exclusive. Les territoires excitables, dont ils avaient découvert l'existence à la surface du cerveau et qu'ils appelaient des centres, furent dénommés par eux *centres psycho-moteurs*. Moteurs, ils l'étaient, parce que le mouvement naissait de leur excitation ; psychiques, ils l'étaient également à leurs yeux, parce que ces mouvements avaient un caractère d'association, de combinaison et d'adaptation, qui est celui auquel nous reconnaissons la nature psychique d'une manifestation motrice. Pour préciser leur pensée, ils dirent que c'est dans ces centres que réside la faculté de *représentation des mouvements des membres* correspondants ; représentation qui a sa source dans les indications du sens musculaire, par les nerfs qui des muscles remontent au cerveau et aboutissent sans doute dans ces centres. C'est donc dans une *association de la sensibilité et de la motricité* que ces auteurs cherchent tout d'abord l'explication des faits trouvés par eux, association limitée à certaine modalité de la sensibilité et du mouvement, mais que les observations et les expériences ultérieures tendront à étendre au sens tactile tout entier.

III. Nombre et situation des territoires excitables. — FRITSCH et HITZIG (1870), dans leurs expériences sur le chien, avaient reconnu un centre des muscles du *cou* ; un centre des extenseurs et adducteurs du *membre antérieur*, plus des centres de la flexion et de la rotation de ce membre ; un centre des mouvements du *membre postérieur*, et un de ceux de la *face*.

a. Chien. — Pour ces auteurs, le centre des muscles du cou (Δ) est situé à la partie latérale du gyrus préfrontal, au point où descend brusquement cette circonvolution. Le centre des extenseurs et adducteurs du membre antérieur (+) est à l'extrémité externe du gyrus post-frontal, au voisinage de l'extrémité latérale de la scissure frontale ; un peu en arrière de la même scissure et plus près de la scissure coronale sont les centres de la flexion et de la rotation de ce membre (+). Le centre du membre postérieur (#) se trouve également dans le gyrus post-frontal, mais plus rapproché de la ligne médiane que ne l'est celui du membre antérieur et un peu plus en arrière. Le centre pour les muscles faciaux (○) est à la partie moyenne du gyrus supersylvien.

Les résultats trahissaient quelque inconstance en ce qui concerne les mouvements du cou, et de plus on obtenait d'une façon non constante des contractions des muscles du dos, de la queue, de l'abdomen, en excitant des points intermédiaires à ceux plus haut désignés, mais qui ne présentaient pas la même fixité que les précédents. — Par contre, la totalité de la convexité située en arrière du centre facial a paru à ces auteurs absolument insensible à l'excitation, même en se servant de courants beaucoup plus intenses (Hitzig, *Untersuchungen über das Gehirn*, Berlin, 1874).

Extension de la zone excitable. — Ferrier, en reprenant ces expériences d'excitation localisée de l'écorce cérébrale, les répète à la fois sur le chien ou d'autres carnivores et sur des animaux plus haut ou plus bas situés dans la série (singe, chat, cobaye, rat, pigeon, grenouille). En ce qui concerne le chien, la zone excitable pour lui s'étend, en arrière, jusque dans le voisinage de la scissure de Sylvius, qu'elle tend à dépasser. Le nombre des centres, c'est-à-dire des lieux de l'écorce dont l'excitation provoque des mouvements coordonnés de forme particulière, se multiplie. L'auteur les repère par des numéros qu'il fait concorder chez le singe et les carnivores. Certains de ces numéros manquent chez ces derniers, par comparaison avec le singe dont le cerveau est plus différencié.

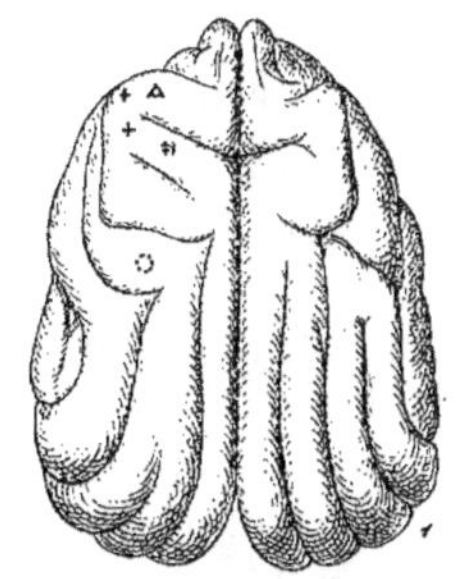

Fig. 201. — *Cerveau du chien avec indication des centres psycho-moteurs déterminés par les recherches de* Fritsch *et* Hitzig.

Δ, mouvements des muscles du cou; +, extension et adduction du membre antérieur; +, flexion et rotation du membre antérieur (en arrière du précédent); # mouvements du membre postérieur; O, mouvements de la face.

Centres moteurs et centres sensitifs. — Pour Ferrier, tous ces centres ne sont pas moteurs même dans le sens restreint que Hitzig attribue à ce mot. Le simple fait, dit-il, que des mouvements résultent de l'excitation d'une partie donnée de l'hémisphère n'implique pas nécessairement que cette partie soit un centre moteur, comme on l'entend communément. D'après lui, il est de certaines réponses motrices à l'excitation qui expriment la sensation, et le caractère de ces mouvements constituerait même un important indice de la nature de la sensation. Ainsi se pose, dès le début des recherches, la question qui a embarrassé tous ceux qui ont travaillé sur le même sujet : à quels caractères reconnaît-on la motricité et à quels caractères la sensibilité? Et, si ces deux choses sont distinctes, où est située la motricité et où la sensibilité?

Pour Ferrier, le critère paraît être avant tout dans le degré de complication, d'association, de coordination, et, on pourrait dire, d'intentionnalité des mouvements provoqués. Les mouvements les plus simples indiqueront des centres moteurs ; mais si ces mouvements simples s'associent entre eux, comme par exemple le mouvement des yeux et de la tête dans une même direction, et plus encore celui de la tête, des yeux et des oreilles dans une attitude d'ensemble qui exprime l'attention, c'est que l'excitation aura mis en jeu un centre sensitif. Ce qui achève de compliquer la question, c'est que l'excitation d'un même point de l'écorce peut avoir, suivant la persistance de l'excitant ou la valeur présente de l'excitabilité, des effets parfois simples et parfois étendus. Les mouvements du regard pourront se produire seuls ou bien être accompagnés ou suivis de ceux de la tête et de l'oreille.

Caractères relatifs. — En réalité, quand nous observons en dehors de nous-mêmes, c'est-à-dire en dehors de notre propre conscience, la sensibilité et la motricité se distinguent l'une de l'autre par des caractères, non pas absolus, mais relatifs. C'est par rapport l'un à l'autre que deux éléments nerveux, deux systèmes, deux centres, placés en succession, sont l'un moteur, l'autre sensitif, et la différence objective entre l'un et l'autre (celle qui ressort de leur excitation comparée) n'est jamais plus grande que lorsque l'excitation porte sur les parties entre lesquelles sont interposés un plus grand nombre de neurones, de systèmes ou de centres transformateurs (exemple : l'excitation comparée des racines postérieures et antérieures) ; elle n'est jamais plus atténuée que lorsque ces parties se suivent en succession immédiate (exemple : l'écorce du cerveau).

Excitation artificielle et activité normale. — Il ne faut pas oublier, d'autre part, que la façon dont nous faisons pénétrer l'excitation dans le système nerveux, en nous adressant au cerveau, est en somme très artificielle et pas nécessairement semblable à celle qui naît dans cet organe en apparence spontanément, dans le cours de l'activité psychique. Par raison d'analyse, nous la limitons à un point de l'écorce, aussi circonscrit que possible, que notre courant électrique met en état d'activité. De ce point elle se propage par irradiation, non pas physique assurément (nous éliminons cette cause d'erreur en graduant convenablement l'intensité du courant), mais physiologique, c'est-à-dire par retentissement de cette excitation des éléments directement excités sur ceux qui sont en connexions régulières avec eux. Ce qui résulte de plus clair des effets observés, c'est à la fois la richesse et l'étendue de ces connexions, d'abord dans le cerveau lui-même, ensuite entre cet organe et les systèmes sous-jacents. C'est aussi l'*ordre préétabli* de ces connexions qui fait que l'excitation de points déterminés s'accuse par des effets moteurs également déterminés, variables suivant ces points. Malgré que nous n'évitions pas certaines causes d'erreur, par exemple la mise en jeu simultanée d'éléments les uns excitateurs, les autres inhibiteurs, ou encore d'éléments les uns de projection, les autres d'association, etc., la méthode vaut surtout par l'analyse qu'elle introduit dans le fonctionnement du cerveau ; en ce sens que, lorsque nous voyons normalement se réaliser des mouvements semblables à ceux que nous produisons par l'excitation d'un point ou d'une aire limitée de l'écorce, nous en pouvons conclure que ce point ou cette aire doivent, d'une certaine façon, participer à l'exécution normale de ce mouvement et aux processus psychiques qui sont à ce moment liés à l'exécution de ce mouvement.

Mais cette méthode, qui est favorable à l'analyse, ne nous éclaire que très peu sur les phénomènes de la sensation, qui sont par excellence de nature synthétique. Les phénomènes d'activité cérébrale, que nous provoquons par l'excitation localisée d'un point de l'écorce, peuvent être impliqués dans une sensation ou actuelle ou rappelée (à l'état présent ou de souvenir), mais rien ne nous prouve qu'ils soient le tout de cette sensation. Rien ne prouve que cette sensation ou ce souvenir, lorsqu'ils sont le point de départ d'actes moteurs, même semblables à ceux que nous réalisons par l'excitation localisée de l'écorce, aient pour origine un état d'activité d'une région aussi restreinte à celle-ci, d'où ils envahiraient les autres. Nous savons même que la sensation actuelle (celle qui naît d'une excitation reçue à la périphérie du système nerveux) réclame, pour se développer, une certaine étendue du champ sensitif et de l'écorce ; c'est du moins ce qu'on peut conclure de la dispersion qui lui es imprimée par les voies qu'elle est obligée de suivre à partir de la moelle épinière. En tout cas, pour ce qui concerne la sensation, nous devons être très prudents dans les interprétations que nous donnons des effets de l'excitation du cerveau et dans les assimilations que nous serions tentés d'en faire avec les processus normaux de l'activité cérébrale. — Ce qu'on peut concéder à FERRIER, c'est que plus un acte moteur comporte de systèmes associés, plus il a chance de s'accompagner d'un psychisme élevé et peut-être d'une sensation consciente. Mais la différence n'est pas absolue : c'est question de degré.

Ces réserves faites, nous pouvons décrire les effets objectifs (mouvements ordonnés) qui se produisent en réponse aux excitations des différents points de l'écorce d'après les numéros de FERRIER. Ces numéros étant représentés à leur place sur une figure de la face externe du cerveau du chien, on peut, pour l'indication de la région de chacun, se reporter à la description des circonvolutions du cerveau des carnivores.

1. La patte de derrière opposée s'avance pour marcher.

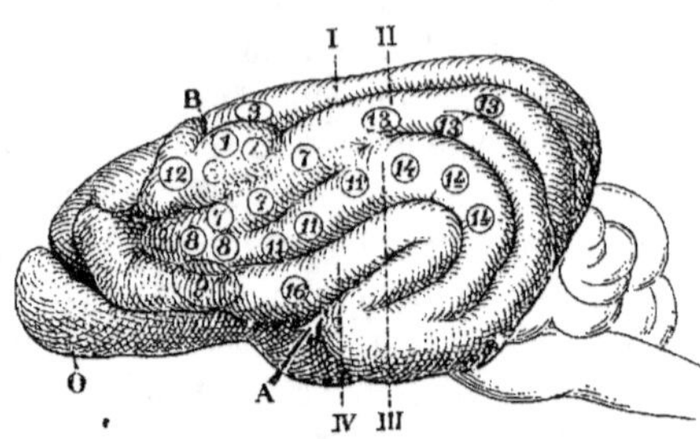

Fig. 202. — *Cerveau du chien* (hémisphère gauche). *Centres moteurs ou sensitivo-moteurs, d'après la nomenclature de* D. FERRIER.

A, scissure de Sylvius ; B, scissure cruciale ; O, bulbe olfactif ; I, II, III, IV, 1ʳᵉ, 2ᵉ, 3ᵉ, 4ᵉ circonvolutions de Ferrier, qui les compte à partir de la scissure interhémisphérique ; 1, 4, 5, etc., numéros des points excitables de l'écorce, dont les effets moteurs sont indiqués dans le texte.

3. Mouvements ondulatoire ou latéral de la queue.

4. Rétraction et adduction du membre antérieur opposé.

5. Élévation de l'épaule et extension en avant du membre antérieur opposé.

6. Parfois, mais non constamment, flexion de la patte accompagnant les mouvements 4 et 5.

7. Action simultanée de l'orbiculaire de l'œil et des zygomatiques provoquant la fermeture de l'œil opposé.

8. Rétraction et élévation de l'angle opposé de la bouche avec ouverture partielle de celle-ci.

9. La bouche est ouverte et la langue s'agite.

11. Rétraction de l'angle de la bouche ; 11, élévation de l'angle de la bouche et du côté de la face pour fermer l'œil.

12. Ouverture des yeux avec dilatation des pupilles, les yeux et ensuite la tête tournant du côté opposé.

13. Les yeux se dirigent du côté opposé.

14. L'oreille opposée se dresse ou se rétracte subitement.

15. Torsion de la narine du même côté.

16. Parfois élévation de la lèvre et dilatation de la narine ; mais peut-être excitation du tractus olfactif qui les produirait par action réflexe.

b. *Lapin.* — Le lapin, le cobaye et le rat sont lissencéphales ; le repérage des points excitables est par cela même difficile à indiquer d'après une description, mais il est rendu clair par une figure.

1. Le membre postérieur opposé s'avance (quand il est préalablement en extension).

4. Rétraction avec adduction du membre antérieur opposé.

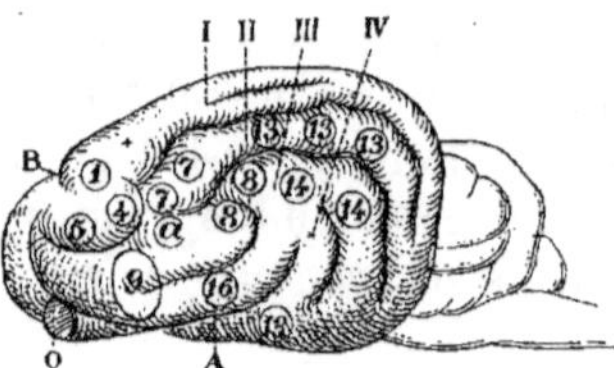

Fig. 203. — *Cerveau du chat* (hémisphère gauche) (d'après FERRIER).

A, scissure de Sylvius ; B, scissure cruciale ; O, tractus olfactif sectionné ; I, II, III, IV, les circonvolutions externes comptées à partir de la scissure interhémisphérique ; 1, 4. 5, etc., numéros des points excitables de l'écorce, correspondant chacun à un effet moteur déterminé, le même chez les différents animaux pour chaque numéro.

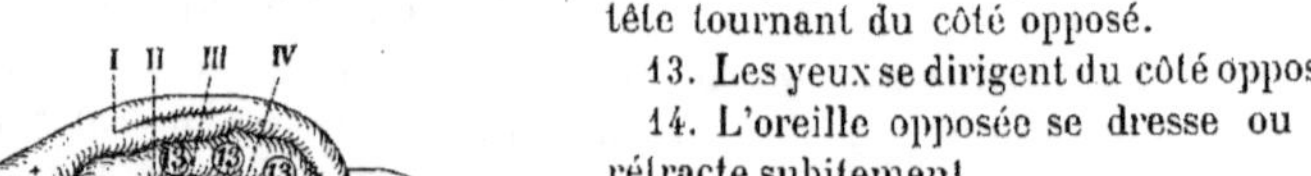

5. Élévation de l'épaule et extension du membre antérieur en avant.

7. Rétraction et élévation de l'angle de la bouche.

8. Occlusion de l'œil opposé.

9. Ouverture de la bouche avec mouvements de la langue.

13. Généralement mouvement en avant de l'œil opposé et parfois rotation de la tête du côté opposé.

14. Rétraction subite et élévation, ou dressement de l'oreille opposée.

15. Torsion ou occlusion de la narine.

c. *Cobaye.* — 1. La patte de derrière s'avance.

5. La patte de devant se lève comme pour marcher, puis elle est rapidement retirée et rapprochée du tronc.

7. Rétraction et élévation de l'angle de la bouche.

8. Occlusion de l'œil et élévation de la joue.

9. Ouverture de la bouche.

14. L'oreille opposée se dresse.

d. *Rat.* — Les résultats sont très semblables à ceux du cobaye et du lapin.

e. *Pigeon.* — La seule réaction motrice constante qu'on obtienne en excitant le cerveau du pigeon (dans la région pariétale supérieure) est une contraction intense de la pupille opposée, associée de temps à autre à la rotation de la tête dans le sens également opposé : parfois on peut dissocier les deux effets.

f. *Grenouille.* — On constate des mouvements dans le membre opposé à l'hémisphère excité ; au delà de l'action croisée, rien ne peut être nettement reconnu.

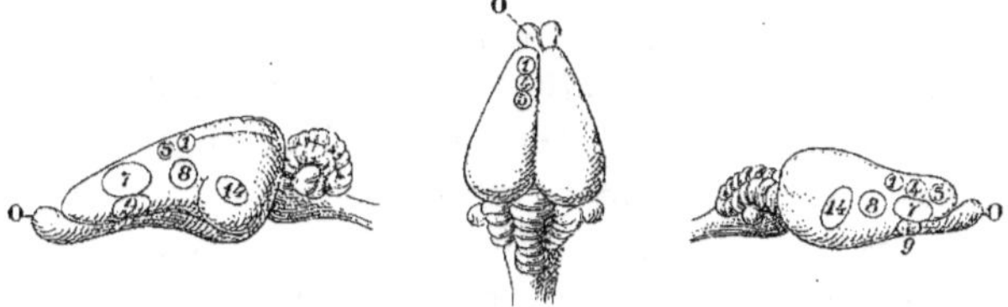

Fig. 204. — *A gauche, cerveau du cochon d'Inde* (hémisphère gauche). *Au milieu, cerveau du rat* (face supérieure). *A droite, cerveau du rat* (hémisphère droit) : O, lobe olfactif.

1, la patte de derrière s'avance ; 5, la patte de devant s'élève ; 7, rétraction et élévation de l'angle de la bouche (mastication) ; 8, occlusion de l'œil et élévation de la joue ; 9, ouverture de la bouche ; 14, l'oreille opposée se dresse. (D'après FERRIER.)

g. *Poissons.* — L'irritation d'un hémisphère fait battre la queue du côté opposé, en mettant en action les nageoires pectorales, dorsales et anales, les mouvements sont complexes et irréguliers.

La recherche des points excitables de l'écorce a été faite avec grand détail sur le singe, non seulement par FERRIER, mais par plusieurs physiologistes à sa suite, notamment en Angleterre. Les résultats en seront exposés à propos des innervations spécifiques quand il sera question de la zone tactile corticale. Leur intérêt réside en grande partie dans la comparaison qu'on peut en faire avec ceux qui sont fournis par la méthode anatomo-clinique et même avec les excitations qui ont été parfois faites sur l'écorce du cerveau humain.

IV. **Ablations localisées.** — L'excitation localisée des territoires psycho-moteurs fait reconnaître ceux-ci facilement et immédiate ment. L'ablation localisée de ces territoires confirme les indications données par l'excitation, en faisant apparaître des *paralysies* également *localisées* et d'un ordre spécial, qui sont la contre-partie des données précédentes. Seulement la place des centres n'est pas tellement fixe, ni leur limites tellement nettes, qu'on puisse (après trépanation du crâne et mise à nu de l'écorce) les trouver à coup sûr. N'étaient les indications données par l'excitation, la recherche de ces centres serait tellement aléatoire et laborieuse, qu'on comprend par cela que cette méthode, telle qu'elle était anciennement pratiquée, n'aurait jamais conduit à leur découverte. Mais *si, la place d'un centre ayant été déterminée par l'excitation, on enlève l'écorce qui lui correspond, on voit apparaître des phénomènes de paralysie, dans la région précisément la même que celle dont l'excitation du centre déterminait les mouvements.*

Le déficit fonctionnel, qui suit cette ablation, n'est pas une paralysie, si par ce mot on entend la perte totale des mouvements dans le membre qui lui correspond. Le membre n'est pas privé de tout mouvement; mais il est privé de l'une des conditions déterminantes qui engendrent en lui le mouvement ; il a conservé ses mouvements réflexes ou automatiques, voire une partie de ses mouvements instinctifs; par contre, il est privé de ceux de ses mouvements qu'on appelle *volontaires*, de ceux surtout qu'une éducation plus ou moins longue et patiente lui a *acquis*. Il peut se servir de son membre pour marcher ou sauter, il ne s'en servira plus pour tenir l'os qu'il veut ronger ou pour donner la patte qu'on lui a appris à présenter au commandement.

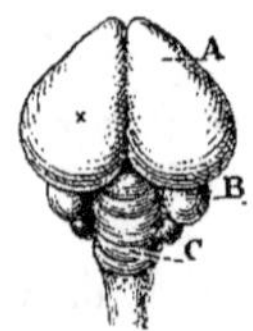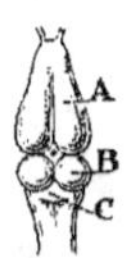

Fig. 205. — *A gauche, cerveau de pigeon. Au milieu, cerveau de grenouille. A droite, cerveau de carpe.*

A, hémisphères cérébraux; B, lobes optiques; C, cervelet; ×, indication d'un point excitable du cerveau du pigeon. (D'après FERRIER.)

V. Troubles de la sensibilité. — Les troubles de la sensibilité, qui suivent les destructions limitées de l'écorce, ne sont pas moins caractéristiques que ceux du mouvement. Toute sensibilité n'a pas disparu du membre que nous disons paralysé. L'animal réagit à des excitations qui sont faites sur la peau de ce membre, mais il est un ordre de la sensibilité qui est à première vue gravement altéré. La sensation, la représentation consciente des *attitudes* du membre est perdue. L'animal marche souvent sur la face dorsale de ses doigts et ne paraît aucunement s'en apercevoir. Au repos, dans la station debout, il tombe souvent du côté du membre qui est atteint de ces troubles de la sensibilité et du mouvement ; il peut, il est vrai, se relever seul : dans la station couché, il supporte les attitudes les plus incommodes, sans chercher à les rectifier.

Lorsque, dans l'écorce, nous enlevons ce qu'on appelle le centre d'un membre ou d'un segment quelconque du corps, manifestement nous détruisons une association entre la sensibilité et le mouvement. Les données de l'expérimentation concordent, sur ce point, avec celles de l'anatomie, qui nous montre, de son côté et avec ses moyens propres, les voies sensitives et motrices reliées entre elles, d'une certaine façon, dans cette écorce.

Le membre correspondant n'a pas perdu tout mouvement, nous lui en voyons exécuter de nombreux et même de compliqués ; il n'a pas perdu toute sensibilité, nous voyons qu'il réagit aux impressions douloureuses et même tactiles. Cela tient à ce que les nerfs sensitifs du membre réalisent avec ses nerfs moteurs d'autres associations, soit dans certaines régions de l'écorce différentes de la première, soit surtout dans les masses grises sous-jacentes, et chacune de ces associations répond à quelque fonction spéciale. Celle de ces fonctions, qui est réalisée dans le territoire de la zone excitable, qui correspond à un membre donné, a pour destination première de solidariser le mouvement et la sensibilité du membre, dans l'exécution de certains actes conscients-volontaires.

Pourtant ce n'est pas uniquement ce qu'on a coutume d'appeler le sens musculaire, qui est dans ce cas troublé ou détruit. Si, comme l'a remarqué de son côté Tonnini, les altérations de ce sens sont plus graves et persistent plus longtemps, en réalité *tous les modes de la sensibilité sont atteints*. La sensibilité proprement tactile est diminuée et le contact des corps n'est perçu qu'après un retard notable, subi par la transmission et l'élaboration de la sensation (R. Tripier). La sensibilité à la douleur est également diminuée, en même temps que la sensibilité tactile et les sensations cœnesthésiques (Verger).

VI. **Comparaison des troubles moteurs et sensitifs.** — Comparés aux troubles moteurs, les troubles de la sensibilité sont *plus diffus* et atteignent parfois, d'une façon légère, des régions (un membre par exemple) autres que celle dans laquelle se localise la paralysie motrice. Ils sont d'autre part *plus fugaces* et, à partir de deux semaines environ, commencent à s'atténuer pour ensuite disparaître. Dans l'ordre de la sensibilité comme dans celui du mouvement, mais surtout dans celui de la sensibilité, ces troubles sont d'autant plus reconnaissables et plus durables qu'il s'agit d'une fonction plus différenciée. Plus accusés au pied et surtout à la main que dans les autres régions, ils le sont également plus chez les espèces animales supérieures que chez les inférieures (MOTT).

VII. **Évolution de la question**. — La question des localisations cérébrales a été posée par la découverte d'une zone excitable à la surface du cerveau. Sa formule première a semblé un moment devoir être calquée sur celle qui exprime les fonctions des racines nerveuses, en distinguant dans celles-ci les nerfs de la sensibilité et ceux du mouvement. Les faits ont bientôt montré que l'une des fonctions les plus essentielles du cerveau, c'est au contraire de solidariser la sensibilité et la motricité ; d'effacer entre ces deux choses les caractères qui, sans être absolus, nous les rendent si différentes, quand nous les examinons à la périphérie du système nerveux ; de réaliser la transition, au fond inconnue, qui va de l'une à l'autre.

Sa formule actuelle est fondée sur une distinction d'un autre ordre. On ne sépare plus la sensibilité du mouvement ; on sépare les *diverses modalités de la sensibilité*, en rattachant à chacune d'elles les modalités également diverses de la motricité qui s'y rapportent le plus étroitement. On constitue de la sorte un certain nombre de *systèmes spécifiquement différents*, répondant chacun à l'exercice de l'un de nos sens. On n'oublie pas d'autre part que ces systèmes sont rattachés les uns aux autres, aussi bien qu'ils sont dissociables en leurs éléments constituants et qu'ils peuvent, par ce double moyen, réaliser les combinaisons les plus diverses.

VIII. **Le système tactile**. — La zone dite excitable du cerveau marque, sur la surface de celui-ci, la place occupée par la sensibilité générale ou sens tactile. Les muscles des membres, de la face et du tronc, qui sont dans un rapport anatomique et fonctionnel immédiat avec la peau, organe récepteur des excitations tactiles, se trouvent naturellement rattachés à celle-ci par des arcs réflexes, qui se ferment dans la moelle, le thalamus, et l'écorce cérébrale. Ainsi se trouve constitué un système naturel de première importance, le système tactile, qui, répondant à un mode de sensibilité commun à tous nos organes, étend ses racines à l'immense majorité d'entre eux, en réservant à la périphérie quelques champs très restreints, pour la réception des excitations correspondant aux autres sens.

A côté de celui-ci se sont constitués d'autres systèmes, construits sur le même type, mais spécifiquement différents, à la fois par la nature des excitations qui les mettent en jeu, par celle des sensations qui y prennent naissance et par les mouvements qui sont au service direct de ces sensations. Ces systèmes sont représentés dans l'écorce cérébrale, dont ils occupent certains territoires, à la vérité peu nettement définis sur leurs contours, mais néanmoins parfaitement distincts et dont l'étendue ne se mesure pas uniquement à celle de leur champ périphérique, mais plutôt à l'importance des renseignements qu'ils fournissent au sensorium.

La détermination de ces territoires est exactement le problème des localisations cérébrales, tel qu'il est posé à l'heure présente. Les méthodes de détermination sont, d'autre part, celles qui ont servi pour la zone corticale affectée à la sensibilité générale. Elles consistent en destructions localisées et méthodiques de l'écorce et en excitations de celle-ci. Ces destructions localisées sont suivies de *paralysies sensorielles*, spécifiquement différentes, suivant la fonction de la zone détruite. Quant aux excitations, elles déterminent des mouvements, qui sont en rapport avec la fonction de la zone excitée. La clinique a fourni, de son côté, un contingent précieux d'observations.

IX. **Les systèmes sensoriels.** — Des renseignements puisés à ces sources diverses, on a pu conclure que le cerveau est composé de parties, de systématisations différenciées, dont les modalités principales correspondent aux cinq sensations différentes qui se partagent notre sensibilité. — La partie postérieure du cerveau, son pôle *occipital*, est affectée à la *vision*. Une partie de la région *temporale* (première et deuxième circonvolutions temporales) est affectée à l'*audition*. La circonvolution *limbique* (en totalité chez les osmatiques, le lobe de l'hippocampe chez les microsmatiques) est affectée à l'*olfaction*. Le goût a un siège moins bien déterminé, mais qui doit avoisiner la région précédente, s'il n'y est inclus.

Par la destruction localisée de l'une de ces régions de l'écorce à l'exclusion des autres, un individu peut donc être privé d'un ordre déterminé de sensations, pendant que subsistent chez lui les autres sensations. Par exemple, la sensibilité à la lumière peut disparaître (cécité psychique), pendant que sont conservés les autres modes de sensibilité (sensibilité tactile, auditive, etc.). Il semble que des faits si nets ne devraient laisser subsister aucune hésitation, dans la question encore controversée des localisations cérébrales.

Localisation, différenciation. — En réalité, ces contradictions ont pour objet moins la réalité des faits que la convenance des expressions employées. En particulier les mots « centres » et « localisations », si on les prend à la lettre, ne peuvent que perpétuer ces discussions. — Une lésion, localisée à une région déterminée du cerveau (ou du système nerveux), produit une perturbation déterminée des fonctions du cerveau (ou du système nerveux); voilà ce qui ressort clairement des faits d'observation et d'expérience et ruine définitivement l'ancienne hypothèse de l'homogénéité des fonctions du cerveau. — Mais, si on argüe de là que la fonction disparue était localisée dans la région du cerveau qui a été détruite, la conclusion dépasse les faits ; car manifestement la fonction, dont on note la disparition, réclame le concours, non seulement d'une région de l'écorce, mais encore des connectifs, qui rattachent celle-ci aux régions sous-jacentes du système nerveux, voire aux régions voisines de l'écorce elle-même. Et si on dit que cette fonction y était centralisée, l'expression n'est pas beaucoup plus juste ; parce que, malgré le rôle prépondérant qu'on peut accorder à l'écorce dans la liaison des actes élémentaires qui concourent à cette fonction, ce rôle n'est pas exclusif de celui qu'y jouent d'autres associations, réalisées en dehors de l'écorce, dans des masses de substance grise qui présentent déjà sa structure à un état simplifié. Dans l'état actuel de nos connaissances, il serait plus exact de dire que le cerveau (comme le système nerveux tout entier) est composé de *systèmes différenciés*. Ces systèmes sont construits sur un type uniforme (systèmes cycliques) et ne fonctionnent que par l'accord de leurs parties composantes ; mais en se répétant, ou parallèlement ou successivement, ils s'adaptent à des fonctions différentes, qui répondent ou à des modalités variées, ou à des perfectionnements de leur fonction primordiale.

Dans un sens comme dans l'autre, cette différenciation n'est pas heurtée mais progressive. La formule la plus exacte sera donc celle qui, tout en affirmant cette différenciation, saura le mieux tenir compte de ses transitions et de ses nuances.

Opposition des points de vue. — A propos des localisations cérébrales, Goltz et Munck, tout en se basant sur les mêmes faits reconnus exacts, ont soutenu deux points de vue à peu près opposés. — Goltz enlève à un chien toute l'écorce cérébrale (moins certaines parties avoisinant le nerf optique et le lobe olfactif). L'animal une fois rétabli, il recherche quel est le déficit fonctionnel qui suit une telle opération. Il trouve que l'animal a conservé des sensations, que notamment il voit, entend et sent : il lui reconnaît même encore des traces d'instinct. — Munck, tant d'après ses expériences personnelles que par la critique à laquelle il soumet l'observation de Goltz, ne peut voir dans les manifestations fonctionnelles de ce chien sans écorce cérébrale que des mouvements réflexes très compliqués, mais sans trace de conscience.

Différence des critères. — Le critère de Goltz est le suivant : chez les êtres vivants autres que nous-mêmes, nous ne reconnaissons l'existence de phénomènes conscients que par les manifestations motrices auxquelles ils donnent lieu, et nous les reconnaissons à ce caractère, qu'elles sont une réponse logique aux excitations que nous dirigeons contre ces êtres. Si un animal pousse des cris quand on le blesse, on est autorisé à dire qu'il sent ; s'il ferme les yeux devant une trop vive lumière, c'est qu'il voit ; s'il fuit ou se bouche les oreilles dans le voisinage d'un bruit trop fort, c'est qu'il entend ; si, mis en présence de sa nourriture, il la mange, c'est qu'il a encore l'instinct de la conservation. Fût-il sans écorce cérébrale et même sans cerveau, il a de tout cela à un degré qui reste à déterminer.

Le critère de Munck est tout autre. Cet auteur pose en principe qu'il n'y a rien de commun entre les mouvements dits réflexes et ceux qui ont pour point de départ les phénomènes intérieurs de la conscience. On sait, dit-il, qu'un animal à moelle coupée (mais non détruite) est capable de mouvements réflexes parfois compliqués en réponse aux excitations faites sur lui. Les manifestations

soi-disant conscientes du chien, décérébré de Goltz ne sont que des réflexes
beaucoup plus compliqués, mais comparables à ceux de la moelle épinière.
Seule l'écorce cérébrale est le siège des actes conscients. L'auteur ne suppose
pas qu'on puisse renverser son raisonnement et, en dégradant la conscience.
dans la mesure exacte où lui-même relève les réflexes, l'attribuer à la moelle
épinière. — C'est pourtant, des deux points de vue, celui qui est le plus scientifique ; car il a pour lui la loi de la continuité, tandis que l'autre, arguant de
certaines différences incontestablement très grandes entre les manifestations
cérébrales et médullaires, les met dans une opposition qu'il considère comme
absolue.

Il faut en somme distinguer une sensation *brute* et une sensation *élaborée*. La
première se réalise dans les centres sous-corticaux, elle devient la seconde en
se parachevant dans l'écorce cérébrale. C'était déjà la doctrine de Longet, qui
l'avait établie en remarquant qu'un pigeon, auquel on enlève le cerveau, suit
des yeux la lumière que l'on déplace devant lui. Nous pouvons admettre
d'autre part que, chez les animaux les plus élevés dans la série, l'écorce prend
un rôle prédominant ; tandis que chez les vertébrés inférieurs, elle laisse une
part plus large à l'activité des centres inférieurs. Richet a vu que si, chez le
pigeon, on se contente d'enlever l'écorce (au lieu de tout le cerveau), le déficit
se réduit à très peu de chose. De ces deux sensations, l'une brute, l'autre élaborée,
la première par son imperfection même échappe à la conscience ; elle ne lui est
présente qu'à la condition de devenir la seconde, dans laquelle elle ne joue plus
que le rôle d'un élément indissociable. Elle nous est donc forcément inconnue,
autrement que par raisonnement.

2. — *Localisations dans l'inconscient.*

L'effet moteur de l'excitation de l'écorce cérébrale ne se borne
pas à la contraction des muscles du squelette. Cette excitation
retentit également sur les mouvements de la *circulation* (cœur et
vaisseaux), sur ceux de l'*intestin* (dans toute son étendue), sur
ceux des réservoirs *glandulaires* (vessie urinaire), ainsi que sur
les organes *sécréteurs* eux-mêmes. En somme, aucun organe
n'échappe à l'influence cérébrale. Cette donnée, relative à l'action
du cerveau sur les mouvements de la nutrition, fut accueillie avec
surprise et défiance, parce qu'elle était en désaccord avec l'idée par
trop simple qu'on s'est faite longtemps sur le partage des fonctions entre les deux grandes divisions du système nerveux.

A l'une d'elles (système cérébro-spinal), ayant le cerveau pour partie essentielle, revenaient les actes conscients-volontaires ; à l'autre (système grand
sympathique) revenaient les phénomènes inconscients-involontaires.

On avait déjà bien montré que le second de ces systèmes (grand sympathique)
se prolonge dans le premier, en allant chercher ses origines dans la moelle
épinière : on l'avait même suivi au-dessus de celle-ci dans le bulbe rachidien,
où on lui a découvert des centres importants. Mais si haut qu'il pût remonter,
on n'imaginait pas qu'il pût atteindre l'écorce cérébrale, réservée par définition

aux actes de la conscience, dont lui-même était exclu. En réalité, le partage n'est pas aussi simple et surtout ne se fait pas suivant un plan tracé au-dessous de l'écorce, ou à quelque distance d'elle. Que les actes fonctionnels n'atteignent leur plénitude de conscience que lorsque l'écorce cérébrale participe à leur exécution, c'est ce qui est démontré par un grand nombre de faits. Mais que sa participation implique, par elle-même et forcément, le caractère conscient à tout acte auquel elle coopère, c'est ce qu'on ne peut plus admettre, tant abondent les exemples du contraire. Qu'au surplus la conscience ne puisse exister à aucun degré en dehors de sa coopération, c'est ce qu'on admet de moins en moins, la transition et la gradation entre le conscient et l'inconscient paraissant plus vraisemblable que le contraste et l'opposition absolus entre ces deux états.

L'influence de l'écorce cérébrale sur les mouvements inconscients n'est donc pas niable ; la difficulté reste pour nous de savoir à quelle circonstance, à quel caractère d'organisation, cette influence doit d'être d'une nature autre que celle que l'écorce exerce sur les muscles de la vie de relation. Le parallèle des deux systèmes, l'un de la vie animale et l'autre de la vie végétative, se fait assez bien en ce qui regarde les deux sous-systèmes ou arcs inférieurs qui leur servent de base ; il se poursuit encore à une certaine distance dans la moelle épinière ; on n'a point de données certaines pour ce qui concerne les parties tout à fait supérieures de l'un et de l'autre.

A. Respiration. — Les mouvements du thorax et du diaphragme répondent à plusieurs fonctions dont deux principales : la *ventilation pulmonaire*, *l'émission des sons*. Dans la moelle épinière, dans le bulbe rachidien, dans les ganglions de la base, dans 'écorce enfin se réalisent les associations qui gouvernent des deux espèces de mouvements. Ayons en vue principalement la respiration.

Les *centres médullaires* livrés à eux seuls n'ont qu'une trace d'organisation en vue de la respiration.

Le *centre bulbaire*, les noyaux tant inspirateur qu'expirateur qui y sont renfermés, ont une *action essentielle*, à elle seule suffisante à l'entretien régulier des mouvements respiratoires.

Les *ganglions cérébraux* et l'*écorce* ont une action non nécessaire, mais *efficace*, que les troubles émotifs de la respiration pouvaient faire soupçonner, et que l'excitation de ces parties décèle.

Danilewsky, Munck, Bochefontaine, François-Franck, Bechterew et Ostankow, Spencer et Horsley ont noté des accélérations, des ralentissements, des arrêts de la respiration, du fait d'excitations localisées de l'écorce cérébrale. C'est dans la partie antéro-externe des deuxième et troisième circonvolutions que ces centres, surtout celui de l'arrêt, sont situés.

On peut suivre les conducteurs partant de cette région, dans la couronne rayonnante où l'excitation les retrouve en provoquant les mêmes effets. Ils passent généralement par le genou de la capsule interne.

Mouvements du larynx. — Ils sont de deux sortes, correspondant aux deux fonctions essentielles du larynx, la *respiration* et la *phonation*. Ils emploient les uns et les autres la plupart des muscles du larynx mais inégalement. Les premiers essentiellement consistent en une *abduction* des cordes vocales déterminant l'ouverture de la glotte à chaque mouvement d'inspiration ; les seconds, en une *adduction* de ces parties avec resserrement de l'orifice glottique. Pour les uns et les autres de ces mouvements, on trouve deux innervations parallèles, qu'on peut suivre jusqu'à l'écorce. Seulement, pour les mouvements respiratoires, l'action du bulbe est essentielle, parce qu'ils sont avant tout d'ordre réflexe et représentent une fonction toujours en exercice : pour les mouvements de phonation, c'est l'écorce qui est le *primum movens*. Ces centres sont bilatéraux, c'est-à-dire commandent aux deux côtés du larynx (aux moins chez les animaux).

Si on a mis à nu les régions précédemment indiquées de la surface du cerveau (*gyrus præcrucialis*) et qu'on examine les mouvements de la glotte pendant qu'on les excite, on voit celle-ci se dilater pendant les mouvements d'inspiration. Si on déplace l'excitateur, on trouve dans le voisinage une aire (isthme du gyrus précrucial) qui resserre la glotte, tout en produisant l'accélération de la respiration : elle correspondrait à un centre phonateur.

B. Circulation. — Hitzig, Eulenbourg et Landois, Bochefontaine et Lépine, d'autres après eux, virent que la destruction de la zone excitable (gyrus sigmoïde chez le chien) est suivie d'une *paralysie* non seulement motrice, mais aussi *vaso-motrice* des régions correspondant à la partie de l'écorce détruite. Cette paralysie vasculaire s'accuse par une élévation de température, due à l'exagération de la circulation capillaire et à la déperdition de chaleur qui en résulte dans la région qui est le siège de cette hyperémie. Sans se superposer exactement, les centres moteurs et vaso-moteurs d'une région donnée (d'un membre) sont dans un voisinage immédiat et sont disposés à peu près dans le même ordre. L'excitation de l'écorce peut faire resserrer les vaisseaux (baisser localement la température) au même titre que sa destruction fait l'inverse.

Aire vaso-motrice. — Pour Bechterew et Mislawski, la zone vaso-motrice de l'écorce dépasse la zone motrice ; elle comprend, en plus du gyrus sigmoïde, un territoire qui s'étend en arrière de lui et empiète même sur le lobe temporal (portion antérieure de la deuxième et de la troisième circonvolution primitive, partie supérieure de la quatrième). — Ces auteurs trouvèrent que l'excitation de la portion postérieure du gyrus sigmoïde (en arrière du sillon crucial) détermine la *vaso-constriction* ; celle de certains points de la région antérieure du gyrus sigmoïde ainsi que de quelques points également des deuxième et troisième circonvolutions pariétales produit la *vaso-dilatation*. La méthode d'observation consistait à mesurer et enregistrer la pression générale artérielle : son élévation indiquant une constriction, son abaissement une dilatation des vaisseaux périphériques.

Ganglions de la base. — Bechterew et Mislawsky ont également vu que l'excitation des ganglions de la base du cerveau est accompagnée d'effets vaso-moteurs (constricteurs), effets plus marqués quand on excite la *couche optique* et le *globus pallidus*, très faibles quand on excite les autres parties, le plus faibles possible quand on s'adresse au noyau caudé. Ces effets peuvent être reproduits en excitant la capsule interne (segment postérieur principalement) ; ils s'observent encore après dégénération du faisceau pyramidal. On y peut voir la preuve que les ganglions de la base sont reliés aux parties sous-jacentes par des fibres propres, en même temps qu'ils sont en échange d'excitations avec l'écorce correspondante.

Cœur. — Les mêmes auteurs ont vu que l'excitation du *gyrus sigmoïde*, indépendamment de son effet proprement vasculaire, produit l'accélération du cœur et un ralentissement qui est le plus souvent secondaire, mais qui peut aussi être primitif. L'arrêt du cœur peut être obtenu, après ablation de l'écorce, par l'excitation de de la *couronne rayonnante*, dans un point qui correspond à la frontale antérieure. Le faisceau ainsi excité doit faire partie de la radiation cortico-thalamique, car, par l'excitation du thalamus dans sa portion externe, on retrouve le même effet d'arrêt du cœur en diastole.

Tarchanoff a observé un jeune homme possédant la faculté d'accélérer volontairement les battements de son cœur : c'était un sujet très excitable ; il pouvait également mouvoir certains muscles sur lesquels d'ordinaire la volonté n'a pas d'action, tels les muscles du pavillon de l'oreille.

Fonction thermo-régulatrice. — Entre la fonction circulatoire et les autres fonctions sensitivo-motrices, que ces expériences nous montrent, celles-ci comme celle-là, représentées dans l'écorce cérébrale, les relations sont multiples. Le point de vue duquel elles apparaissent le plus clairement est sans contredit celui de la régulation de la température, ou mieux de l'équilibre entre la production et la déperdition de la chaleur qui assure la constance thermométrique de l'organisme.

La zone excitable, en tant qu'elle est motrice, produit de la chaleur ; cette même zone, en tant qu'elle est vaso-motrice, conserve (vaso-constriction) ou déperd (vaso-dilatation cutanée) cette chaleur. D'un consensus établi entre ses éléments composants peut donc dépendre l'équilibre qui règle cette chaleur à un niveau constant. Un tel consensus entre effets moteurs aussi divers suppose nécessairement, dans l'être vivant, un phénomène de sensibilité que sa nature rend apte à les coordonner. Ce phénomène de sensibilité ne fait pas non plus ici défaut. C'est la sensibilité à la chaleur qui, au même titre que les autres sensibilités cutanées, appartient à la zone tactile, de sa nature sensitivo-motrice. L'écorce peut certainement contribuer à la régulation de la température et elle y intervient dans la lutte contre le froid que nous appelons consciente. Mais cette régulation peut se faire et se fait ordinairement sans elle, par un processus inconscient, dont les associations précédentes nous donnent seulement un modèle dans l'ordre conscient. Dans les ganglions de la base, dans le bulbe rachidien, dans la moelle elle-même, se réalisent des associations fonctionnelles, qui tendent au même but et dont certaines ont une influence prépondérante.

C. Fonctions digestives. — Le cerveau influe également sur les fonctions digestives, comme il résulte des faits suivants.

Mastication, déglutition. — En excitant l'écorce dans le voisinage du gyrus sigmoïde, on détermine des mouvements de la bouche, des mâchoires, de la langue (Ferrier). Mais si l'excitation porte sur la deuxième circonvolution (celle qui enveloppe le gyrus sigmoïde), dans le prolongement exact du sillon crucial, on détermine de véritables *mouvements de mastication auxquels succède un mouvement de déglutition* (Retni). On met donc ainsi en jeu une association préformée qui est gouvernée par cette région de l'écorce : cette association réaliserait l'acte de la *manducation*. On peut encore provoquer ces mouvements coordonnés en excitant la substance blanche sous-jacente. On cesse de pouvoir le faire en excitant les pédoncules cérébraux au-dessous de la couche optique. L'association, dans ce qu'elle a d'essentiel, résiderait donc dans la couche optique ou à la partie inférieure de celle-ci. L'excitation de la partie postérieure du plancher du quatrième ventricule provoque encore un mouvement de déglutition. L'excitation de la couche optique provoque les mouvements coordonnés de mastication suivis de déglutition ; elle retentit aussi sur les mouvements de l'estomac et de l'intestin. Ce ganglion a donc une grande importance dans l'association, la coordination des mouvements qui correspondent aux fonctions végétatives ou de la nutrition (Bechterew).

Mouvements de l'estomac. — Les centres immédiats des organes qui vont suivre ne sont plus dans la moelle épinière, mais dans les ganglions du grand sympathique. L'estomac contient un certain nombre de ces ganglions disséminés, qui rappellent ceux du cœur, bien que beaucoup plus nombreux, et qui existent indépendamment du plexus d'Auerbach. Ces ganglions reçoivent les fibres du grand sympathique (proprement dit) et du pneumogastrique et, par l'intermédiaire des noyaux de ceux-ci, contenus dans la moelle et dans le bulbe, ils sont rattachés aux ganglions encéphaliques et à l'écorce cérébrale. Des recherches circonstanciées ont été faites sur cette question par OPENKOWSKI, par BECHTEREW et MISLAWSKY.

Dans la moelle épinière, les origines des nerfs de l'estomac (splanchniques) s'étendent de la cinquième à la huitième paire thoracique ; les fibres qui les relient au cerveau passent dans les cordons antérieurs. Elles présentent un relai important, voire essentiel, dans les ganglions suivants de la base : noyau caudé, noyau lenticulaire, tubercules quadrijumeaux ; elles sont en relation avec l'écorce. Il faut distinguer des innervations spéciales pour le cardia, le corps de l'estomac, le pylore.

Cardia. — Son centre dilatateur est à l'union de l'extrémité antéro-inférieure du noyau caudé et du noyau lenticulaire, près de la commissure antérieure ; il agit par les nerfs vague et sympathique et leurs ganglions terminaux pour relâcher cet orifice ; ce centre est relié à un point de l'écorce voisin du sillon crucial. Les deux splanchniques grand et petit, qui vont de la chaîne sympathique partiellement à l'estomac, participent ainsi à cette innervation : le grand splanchnique. comme nerf centrifuge, le petit splanchnique comme nerf centripète par un cycle réflexe. L'ouverture du cardia peut, du reste, être déterminée réflectivement par l'excitation d'un grand nombre d'organes, y compris les viscères.

Corps de l'estomac. — Muscles, ganglions, nerfs y sont moins nombreux et moins puissants ; les mouvements, également moins énergiques, consistent en ondes rythmiques et péristaltiques allant du cardia au pylore. Ces mouvements sont commandés par les vagues, et le centre encéphalique principal est dans les tubercules quadrijumeaux. Une action d'arrêt antagoniste de la précédente s'exerce par les splanchniques et est commandée par la moelle épinière. On n'a pas relevé de connexion de ces centres avec l'écorce pour le corps de l'estomac, mais seulement pour la partie pylorique de celui-ci, dont on détermine une contraction générale avec cessation du rythme en excitant le gyrus sigmoïde (BECHTEREW et MISLAWSKY).

Pylore. — Les muscles y sont puissants, les ganglions nombreux, et l'innervation y suscite des mouvements relativement énergiques. Le vague et le sympathique par les splanchniques commandent à ces mouvements. Ces nerfs sont, pour le pylore, un mélange de fibres excitatrices et inhibitrices, prédominantes tantôt dans l'un, tantôt dans l'autre, suivant les animaux.

Le centre dilatateur du cardia, soit celui situé dans l'écorce, soit celui situé dans le corps strié, est un centre constricteur pour le pylore ; il y a d'autre part, pour ce sphincter, un centre dilatateur dans les tubercules quadrijumeaux.

Mouvements de l'intestin. — Ils ont été étudiés par BECHTE-REW et MISLAWSKY : même schème général que plus haut. L'intestin grêle est innervé par le sympathique et le vague. Le premier de ces nerfs est surtout inhibiteur, le second surtout moteur, comme du reste pour l'estomac. Les éléments sympathiques viennent de la moelle depuis la sixième dorsale jusqu'à la première lombaire.

Le gros intestin est innervé par le grand sympathique et par les nerfs érecteurs qui vont au plexus hypogastrique. Les origines des éléments sympathiques sont dans les premières paires lombaires ; les nerfs érecteurs viennent des première, deuxième et troisième paires sacrées. En remontant de l'intestin à l'écorce cérébrale, nous traversons les plexus terminaux (d'Auerbach et de Meissner), nous suivons les branches soit du vague, soit du grand sympathique (nerf splanchnique), nous traversons la partie dorsale et cervicale de la moelle ainsi que le bulbe, nous trouvons dans la couche optique un centre essentiel d'association pour non seulement les mouvements, mais encore les sécrétions de l'intestin.

C'est ainsi que chez les oiseaux, si les couches optiques sont enlevées en même temps que les hémisphères, les aliments restent dans le gésier ; des troubles graves de la digestion s'ensuivent et les animaux meurent finalement d'inanition. Si les couches optiques sont maintenues, la vie peut persister très longtemps, à la condition de faire l'alimentation artificielle. Si, chez les mammifères, on met à nu la couche optique, en ouvrant le ventricule latéral et enlevant les hémisphères, et qu'on porte l'excitation sur ces ganglions à l'aide de fines électrodes enfoncées dans leur masse, on provoque soit des mouvements de l'intestin, soit un relâchement de ses parois avec arrêt des contractions péristaltiques. L'excitation de la région *moyenne* du thalamus renforce plutôt, mais non constamment, les mouvements tant péristaltiques que rythmiques de l'intestin ; celle du noyau *externe* relâche la paroi de l'intestin grêle et arrête les mouvements péristaltiques ; celle de la région *antéro-externe* agit sur le gros intestin, dont elle excite les mouvements au point de provoquer la défécation. Le voisinage de ces deux segments fait que l'on obtient parfois simultanément les deux effets de relâchement de l'intestin grêle et de contraction du gros intestin.

On trouve sur l'écorce, dans le gyrus sigmoïde et dans la partie postérieure de la deuxième circonvolution qui l'enserre, des points où l'excitation provoque la série des effets précédents, limités le plus souvent à certaines régions des deux intestins, avec ces particularités que les effets sont plus faibles, le temps de latence beaucoup plus long, et l'excitabilité de la substance grise beaucoup plus vite épuisée.

Sphincter de l'anus. — Chez les mammifères inférieurs, on fait contracter le sphincter de l'anus en excitant l'écorce, un peu en arrière du sillon crucial, sur le segment postérieur du gyrus sigmoïde, près de son bord externe (J. Meyer). Chez le singe, le centre *ano-cortical* est sur la portion postérieure du lobe paracentral (Sherrington). On n'a point encore déterminé le relai ganglionnaire de la base du cerveau qui correspond à cette innervation, mais on connaît, depuis les travaux de Goltz, son relai médullaire ou centre *ano-spinal*, situé dans la moelle lombaire, au niveau des sixième et septième vertèbres chez le lapin, au niveau de la cinquième chez le chien.

L'antagonisme fonctionnel entre le sphincter anal et les muscles expulseurs du rectum, se traduit encore anatomiquement dans une certaine mesure par la provenance distincte des fibres qui vont au premier et aux seconds de ces muscles. La loi posée plus haut voudrait que les fibres transversales, celles du sphincter, soient surtout innervées par les rameaux d'origine lombaire, émanés de la chaîne sympathique (ganglion et nerf mésentérique inférieur), celles du rectum surtout par ceux en provenance de · la moelle sacrée. En réalité, il y a mélange d'éléments, et le nerf hémorroïdal ou anal de provenance sacrée est constricteur de l'anus.

Contractions rythmiques du sphincter anal. — Après l'ablation du centre ano-cortical, on observe des contractions rythmiques du sphincter de l'anus (V. Duccescii) que d'autres ont observées après l'ablation de la moelle épinière dans sa partie inférieure (Goltz et Ewald). Ces contractions sont difficiles à expliquer : on pourrait les attribuer à une transmission anormale des excitations rythmiques de l'intestin à son sphincter. Le sphincter anal est du reste un muscle particulier. Bien qu'appartenant à l'intestin, il est formé de fibres striées. Il obéit à la volonté tout en étant un organe à action surtout tonique et réflexe. Il ressemble au diaphragme, qui est aussi un muscle volontaire, un muscle automatique, et qui comme le sphincter anal se contracte rythmiquement après qu'on l'a excisé.

D. Sécrétions. — Bochefontaine et Lépine ont observé que l'excitation de l'écorce au niveau du gyrus sigmoïde et parties avoisinantes fait sécréter les *glandes salivaires*, d'une façon bilatérale mais plutôt croisée. Bochefontaine a également vu l'excitation de la zone motrice du chien retentir sur la *sécrétion biliaire* du foie, sur la sécrétion du *suc pancréatique* qu'elle ralentit l'une et l'autre. Le même auteur a encore noté la *contraction de la rate* qui suit l'excitation de la partie antérieure du cerveau. En divers points (1, 3, 4, 11 de D. Ferrier), Bechterew et Mislawsky ont provoqué la sécrétion des *larmes* en excitant l'écorce du gyrus sigmoïde, dans la scissure interhémisphérique, c'est-à-dire en portant l'excitateur sur la *partie interne des circonvolutions antérieure et postérieure de ce gyrus*; l'excitation de la convexité du gyrus n'a qu'une très faible action et, en dehors de lui, rien ne se produit dans ce sens. L'effet est bilatéral, mais moindre du côté excité. En même temps on observe la dilatation des pupilles, la saillie des globes oculaires et le retrait de la troisième paupière; phénomènes toujours plus prompts sur le côté opposé à l'excitation.

Si de nouveau nous partons des organes périphériques, pour remonter à l'écorce en suivant les voies de l'excitation, nous trouvons, dans le voisinage ou dans le tissu même des glandes, des ganglions du grand sympathique, à partir de ceux-ci des rameaux directs (viscéraux) ou indirects (mêlés aux troncs mixtes) qui se détachent de la chaîne et ont leurs origines dans la moelle épinière, ou bien des rameaux des nerfs craniens (corde tympanique) mais qui sont les équivalents des rameaux du grand sympathique dans cette région. Ensuite des centres bulbaires ou médullaires nous remontons à un relai ganglionnaire ou centre d'association, qui est constant pour toutes les fonctions de cet ordre et qui a une importance exceptionnelle dans le gouvernement de la régulation des phénomènes de la nutrition : c'est la couche optique; et de celle-ci nous atteignons l'écorce du cerveau.

Sécrétion lacrymale. — La sécrétion lacrymale, en particulier, nous fait bien voir cette succession et cet enchaînement. Elle est commandée, à partir de la moelle et du bulbe, par la partie du grand sympathique qui, naissant de la moelle thoracique supérieure, remonte le long de la chaîne cervicale jusqu'au trijumeau. Par le trijumeau lui-même, des éléments viennent du bulbe (origines de renforcement) et les uns et les autres vont à la glande par le rameau lacrymal de la branche ophtalmique; la discussion porte seulement sur la part plus ou moins grande qui revient à l'une et à l'autre origine dans l'innervation lacrymale. Les noyaux originels de ces nerfs bulbo-médullaires sont rattachés à la couche optique, qui constitue un centre de réflexion de haute importance pour la sécrétion lacrymale. L'excitation directe de la couche optique à sa partie inféro-interne, près de la commissure grise, est suivie de la sécrétion des larmes des deux côtés (prédominance du côté opposé), avec dilatation des pupilles et protrusion des globes oculaires.

L'excitation de l'écorce dans les points sus-indiqués du gyrus a ces mêmes effets.

La sécrétion lacrymale ainsi déterminée par l'excitation de la couche optique et de l'écorce cérébrale est à rapprocher de celle qui accompagne certains processus psychiques (émotions). — La sialorrhée est, d'autre part, un symptôme de certaines affections mentales ou nerveuses (ESQUIROL, FODÉRÉ...). Elle se montre ainsi dans l'épilepsie, pendant les accès ou sous forme de crises équivalant à ces accès eux-mêmes (A. KORANYI, Ch. FERÉ). — Il faut relever à ce propos la différence de nature et d'aspect de la salive, suivant les conditions de sa sécrétion, sa provenance glandulaire et le lieu des excitations qui provoquent sa sécrétion. Une même glande, la sous-maxillaire, donne une salive visqueuse ou aqueuse, selon qu'on excite le grand sympathique ou la corde du tympan, ses deux nerfs sécréteurs. On appelle d'ordinaire la première « salive sympathique » et la seconde « salive cérébrale », et cela très à tort, puisque les deux nerfs sont ganglionnaires et équivalents entre eux, l'un venant de la moelle épinière, l'autre de la moelle allongée. Or précisément l'excitation pathologique ou artificielle du cerveau fait sécréter (par l'intermédiaire sans doute du grand sympathique) une salive visqueuse, à laquelle le nom de « cérébrale » conviendrait mieux, puisque l'excitation est ici proprement cérébrale.

E. MOUVEMENTS DE LA VESSIE. — BOCHEFONTAINE, en excitant la zone motrice, a provoqué la contraction de la *vessie urinaire* avec expulsion partielle de l'urine y contenue. FRANÇOIS-FRANCK a vu des effets semblables, en enregistrant la pression vésicale. BECHTEREW et MISLAWSKY ont localisé la région excitable de l'écorce, qui produit cette action, à la *partie interne des segments antérieur et postérieur du gyrus sigmoïde.*

On reproduit ces effets en agissant sur la couche optique, lorsque l'excitation porte sur la partie inférieure du noyau antérieur. Les autres parties du thalamus et du corps strié n'ont pas ce résultat. On l'obtient en excitant le segment postérieur de la capsule interne à proximité du thalamus, ou la calotte sous les tubercules quadrijumeaux. Ce sont ces fibres que, sans doute, BUDGE a excitées, lorsqu'il vit des contractions de la vessie succéder à des irritations des pédoncules. Elles relient le thalamus à la moelle épinière et, par les noyaux de celle-ci, l'excitation gagne la vessie en suivant le grand sympathique (nerfs mésentériques) et les nerfs érecteurs, qui viennent mêler leurs fibres dans le plexus hypogastrique.

Il y a une opposition fonctionnelle entre les muscles du corps de la vessie (*detrusor urinæ*) et le sphincter de celle-ci ; ce dernier par sa contraction tonique retenant l'urine que le premier par sa contraction clonique tend à expulser à certains moments. Le *detrusor urinæ*, ou muscle expulseur de l'urine, est innervé par les rameaux des nerfs érecteurs. On provoque l'expulsion de l'urine en excitant les racines *antérieures* des deux premières paires sacrées, qui contiennent les origines de ces nerfs à morphologie particulière (MORAT). On agit au contraire sur le sphincter en excitant les rameaux sympathiques qui, issus des troisième, quatrième et cinquième paires lombaires, traversent le ganglion mésentérique inférieur pour fournir les nerfs mésentériques, qui aboutissent eux aussi au plexus hopogastrique et par lui à la vessie (COURTADE et GUYON). — Il y a, d'après J. MEYER, une localisation cérébrale pour le sphincter de la vessie. Cet auteur l'a située à la partie externe du segment postérieur du gyrus sigmoïde.

F. ORGANES GÉNITAUX. — BOCHEFONTAINE, par la faradisation du gyrus autour de l'extrémité externe du sillon crucial, vit les *trompes utérines* se contracter.

Spontanément et après interruption de ses communications avec la moelle épinière, le *vagin*, chez la chienne, est animé de mouvements rythmiques que l'excitation renforce simplement (IASTREBOFF). Les ganglions automatiques de cet organe sont reliés à la moelle épinière par l'intermédiaire des ganglions de la chaîne allant du deuxième lombaire au quatrième sacré. L'excitation des rameaux communicants des nerfs sacrés renforce de même les mouvements du vagin (LANGLEY). Quant aux phénomènes vaso-moteurs, ils sont sous la dépendance de nerfs suivant les mêmes voies et dont les uns produisent la vaso-dilatation (troisième et quatrième sacrés), les autres la vaso-constriction (premier et deuxième sacrés). Cette innervation est du reste celle du *pénis*.

Les mouvements du vagin sont influencés par l'excitation du gyrus sigmoïde, soit dans le sens d'une augmentation (région postérieure), soit dans le sens d'un arrêt (région antéro-externe) et sans qu'il y ait distinction nette entre la place des deux effets.

Ces résultats sont reproduits en excitant la moitié antérieure de la couche optique à proximité de la région qui influence la vessie et le rectum. Ces masses grises sont reliées au grand sympathique par des centres bulbaires et médullaires dont l'excitation agit aussi, soit dans le sens de l'arrêt, soit dans le sens de la provocation au mouvement, avec des différences néanmoins dans la forme de ces mouvements, suivant les différentes régions excitées (BECHTEREW et MISLAWSKY).

Influence persistante du cerveau sur la moelle épinière. — Les impressions sensitives, surtout si elles sont vives, ont sur les centres supérieurs (notamment le cerveau), un effet qui peut persister longtemps après elles. Quand il s'agit des impressions motrices qui partent du cerveau pour atteindre la moelle épinière, on suppose assez généralement que leurs effets ne survivent guère à leur disparition. BROWN-SÉQUARD, R. DUBOIS, TISSOT et CONTEJEAN ont produit des faits qui montrent que la moelle en peut conserver quelque chose même après l'ablation du cerveau. Le premier de ces organes aurait ainsi un pouvoir de conservation des excitations, bien que restreint par rapport à celui du second.

Exemples. — Un canard auquel on a enlevé un des deux hémisphères progresse obliquement, en raison de la parésie des muscles du côté opposé à la lésion. Si on sectionne la moelle cervicale et qu'on place l'animal dans l'eau, il nagera et, en nageant, suivra une direction oblique. L'ablation de tout l'encéphale n'a pas eu pour effet de rétablir l'équilibre, preuve que l'action déséquilibrante se faisait sentir par la moelle et que cette action est persistante après la suppression de la partie primitivement lésée.

Sur un chien choréique on décortique la zone motrice de gauche : les secousses cloniques augmentent à droite et conservent leur intensité à gauche. On sectionne après quelque temps la moelle au-dessous du bulbe et on fait la respiration artificielle : les tics choréiques restent plus forts à droite qu'à gauche.

Influence trophique du cerveau. — L'analyse expérimentale à laquelle on a soumis les fonctions du cerveau a montré tout d'abord ses relations avec le tissu musculaire, dont il règle l'activité fonctionnelle ; puis ces relations se sont étendues, comme celles du système nerveux lui-même, à un grand nombre d'autres tissus (muscles vasculaires et viscéraux, glandes viscérales et cutanées, etc.). Cette analyse a pour base la division anatomique de nos tissus en espèces cellulaires particulières bien reconnaissables. Mais on peut aussi procéder autrement. On peut prendre pour témoins de l'activité cérébrale, non plus les différents *tissus*, qui sont à des degrés inégaux sous sa dépendance, mais les *substances* excrétées par les émonctoires de l'organisme, substances qui traduisent, sous une forme totalisée, l'activité de l'organisme et qui, par là même, peuvent nous renseigner quant à l'influence que possède le cerveau sur cette activité.

C'est le but que s'est proposé Belmondo. — Ramenée à ses termes les plus simples, l'excrétion se présente sous deux formes, avec deux sièges distincts. Le poumon est l'émonctoire du *carbone* (acide carbonique) ; le rein est l'émonctoire de l'*azote* (urée et corps similaires). Doser d'une part les gaz de la respiration, doser d'autre part l'azote total de l'urine, sur des animaux, d'abord à l'état normal, puis après l'ablation des hémisphères, telle est l'expérience. Elle a été réalisée sur des pigeons, chez qui cette ablation avec survie se fait extemporanément avec facilité.

a. Excrétion du carbone. — Les expériences de G. Corin et A. Van Beneden avaient déjà montré que l'ablation des hémisphères cérébraux, chez des pigeons, ne modifie pas sensiblement l'excrétion de l'acide carbonique (ni la température) ; restait à établir ce qui se passe pour l'excrétion azotée. L'épreuve se fait nécessairement chez des animaux soumis au jeûne. Chez les animaux en digestion il y a, comme on sait (dans certaines conditions), une notable quantité d'azote qui provient directement des aliments et s'ajoute à la quantité qui provient de la désassimilation des tissus et que, par le jeûne, on met hors de cause.

b. Excrétion de l'azote. — Comparée chez des pigeons soumis au jeûne, les uns sains, les autres décérébrés, l'excrétion de l'azote a varié considérablement, au point d'être réduite chez les seconds à moins de la moitié de la valeur qu'elle a chez les premiers. Autrement dit, le cerveau commanderait d'une certaine façon et dans une certaine mesure l'excrétion azotée, puisque, lorsqu'il est enlevé, celle-ci languit.

AZOTE ÉLIMINÉ PAR KILOGRAMME ET PAR 24 HEURES.
Quatre premiers jours du jeûne. { Pigeons sains................. 0,57 / Pigeons décérébrés........... 0,27   Rapport = 0,47

Les deux excrétions principales de l'organisme, l'acide carbonique du poumon et l'azote de l'urine, ont chacune une signification différente. La première représente et mesure la *dépense énergétique* de l'organisme : elle a sa source principale dans le travail musculaire (bien que le travail des autres tissus y concoure aussi pour une faible part) ; elle est irrégulière comme les intermittences de ce travail lui-même. La seconde représente et mesure l'œuvre de *désassimilation* des tissus (y compris le musculaire) ; elle est constante comme cette désassimilation elle-même.

Chez des animaux au repos (enfermés dans des cages), la dépense énergétique est la même (très réduite), qu'ils aient ou non leur cerveau. La différence ne s'accuserait que si, libres de leurs mouvements, les animaux ayant leur cerveau intact pouvaient manifester leur spontanéité. Chez ces mêmes animaux au repos, les uns avec et les autres sans cerveau, nous voyons par contre que la désassimilation est très ralentie chez les seconds, et c'est là le fait nouveau que ces expériences mettent en relief. Ainsi, d'une part, le cerveau, auquel on ne voyait d'abord guère que des relations avec le tissu musculaire, étend son action aux autres tissus ; de plus, il réglerait non seulement la dépense énergétique proprement dite (oxydation des hydrates de carbone), mais il réglerait encore le renouvellement moléculaire des éléments (histolyse, dislocation des albuminoïdes).

L'action régulatrice de la dépense énergétique est consciente dans certaines conditions déterminées : celle de la désassimilation est inconsciente et s'opère sur le modèle des actions réflexes ordinaires.

Sur le mécanisme par lequel le cerveau peut gouverner la désassimilation tissulaire, il faut reconnaître que toute explication plausible nous fait actuellement défaut. Si, en effet, nous connaissons des nerfs dont l'excitation a pour effet direct l'augmentation de la dépense énergétique des tissus et se traduit par une exagération de l'excrétion carbonique (nerfs moteurs des muscles, par exemple), nous n'en connaissons aucun dont l'excitation ait pour effet d'augmenter leur histolyse, au point qu'elle se traduirait par une exagération de l'excrétion azotée. La relation existant entre le cerveau et ce qu'on appelle la nutrition des tissus (relation que les faits semblent démontrer et que nous n'avons aucune raison de nier) ne se traduit donc pas d'une façon aussi claire que celle existant entre le cerveau et le *mouvement* ordinaire. Expérimentalement et logiquement, les intermédiaires nous en sont inconnus.

GOLTZ a par contre observé sur le chien auquel il avait enlevé l'écorce cérébrale une grande voracité et une consommation exagérée d'aliments. Il est vrai qu'une notable partie de ces aliments devait être gaspillée par le fait d'une digestion incomplète. Du reste, les conditions de l'expérience à plus d'un point de vue sont différentes. Cette question appelle de nouvelles recherches.

BIBLIOGRAPHIE.

Cervelet. — Baginsky, *Arch. f. Phys.*, 1881. — Bechterew, *Arch. f. d. ges. Phys.*, 1884 et *Neurol. Centralbl.*, 1890. — Beevor, *Arch. f. An. und Phys.*, 1883, p. 363. — Borgherini et Gallerani, *Rivista sperim. di Frenatria et Med. leg.*, 1891. — Bouillaud, *C. R. Ac. sc.*, 1873 ; *Arch. gén. de méd.*, 1827, t. XV, p. 64. — Chevreul, *C. R. Ac. sc.*, 1873. — Dalton, *Americ. Journ. of med. sc.*, 1861. — Dupuy, *Biol.*, 1885 et 1887. — Ewald, *Revue scient.*, 8 mai 1897. — D. Ferrier, La fonction du cerveau, et *Brain*, 1894. — Ferrier et Turner, *Proc. of Roy. soc.*, IV. — Flourens, Rech. expér. sur les prop. et les fonct. du syst. nerveux chez les animaux vertébrés, Paris, 1842. — Fodera, *Journ. de phys. expér.*, 1823. — Foville, Art. « Encéph. », *Dict. méd. et chir. pratiq.* — Laborde, *Biol.*, 1890. — Laborde et Duval, *Biol.*, 1875. — Leven et Ollivier, *Arch. gén. de méd.*, 1862-63. — Lapeyronie, *Mém. de l'Acad. des sc. de Paris*, 1741 ; *Journ. de Trévoux*, 1709. — Luciani, Il cervelletto. Nuovi studi di Fisiologia normale et pathologica, Firenze, 1891 ; *Arch. ital. de biol.*, 1894 et 1895. — Lui, Develop., *Arch. ital. de biol.*, 1894, t. XXI, p. 395. — Lussana, *Journ. de phys.*, V. — Luys, *Arch. gén. de méd.*, 1864. — Magendie, Précis élém. de phys., Paris, 1836, t. I. — Nothnagel, *Centralbl. Wissen.*, 1876. — Petrequin, *Gaz. méd.*, 1836. — Risien Russel, *Brit. med. Journ.*, 1893 ; *Proc.*, 1893 ; *Philos. Trans.*, 1894. — Pierret, Atrophie périph. avec lés. des olives, *Arch. de Phys.*, 1871-72, p. 765. — Rolando, Saggio sopra la vera struttura del cervello, Sassari, 1809 ; Osservat. sul cervellatto, Torino, 1828. — Serres, Anat. comp. du cerveau, t. II. — Schiff, *Recueil de mém.*, vol. III, 1896. — Stefani, Contrib. all. Fisiol. del Cervelletto, Ferrara, 1877. — Steiner in Vlassak, *Arch. f. Phys.*, 1887. — Thomas, Le cervelet... Paris, Steinheil, 1897 ; *Biol.*, 1896. — Vulpian, Leçons sur la physiol. gén. et comp. du syst. nerv., 1866. — Weir-Mitchell, *Am. Journ. of med. sc.*, 1869.

Mouvements de rotation. — Pédoncules cérébelleux, etc. — Belhomme, Mém. localis. fonct. cérébr., Paris, 1838. — Gratiolet et Leven, *Arch. des sciences*, janvier-juin, 1868. — Longet, Traité de phys., 3e édition. — Magendie, Précis élém. de phys., Paris, 1836, t. I. — L. Petit, Les gangl. s. œsoph. escargot, *C. R. Ac. sc.*, 1888, t. CVI, p. 1809. — Pourfour du Petit, Revue d'obstétriq., d'anat. et de chirurg. de Louis, Paris, 1766. — Prévost, *Biol.*, vol. du cinquantenaire.

Couche optique. — Bechterew, Mouv. affectifs, *Soc. neurol. et psych.*, Kazan, 1893. — Gayet, *Arch. de Phys.*, 1875. — Sellier et Verger, *Arch. de Phys.*, 1898, p. 706.

Corps strié. — Carus, *Journ. of comp. neurol.*, 1895. — Franck et Pitres, *Biol.*, 1878. — Langley et Grünbaum, Ablat. écorce et corps strié dégénér., *Journ. of Phys.*, 1890. — Lehmann, *Arch. f. An. und Phys.*, 1886, p. 184. — Marinesco, *Biol.*, 1895. — Hale White, *Journ. of Phys.*, 1890, p. 1.

Capsule interne et centre ovale. — Carville et Duret, *Arch. de Phys.*, 1875, p. 136. — Etienne, Monoplégie faciale et dév. conjug. des yeux, *Presse méd.*, 1896. — Pitres, *Arch. clin. de Bordeaux*, 1893. — Veyssière, *Arch. de Phys.*, 1874, p. 288.

Corps calleux. — Lo Monaco, Corps calleux et gangl. basilaires, *Arch. ital. de biol.*, 1897, t. XXVII, p. 296.

Anatomie comparée. — Ad. Bary, Dévelop. des centres, *Arch. f. An. und Phys.*, 1898. — Chatin, Homologies, poissons, *C. R. Ac. sc.*, 1889, t. CVIII, p. 628. — Dhéré et Lapicque, *Arch. de Phys.*, 1898, p. 763. — Faivre, Insectes centres nerv. mouv. rotatoire, *C. R. Ac. sc.*, 1875, t. LXXX, p. 739, 1149 et 1332. — Fritsch, Homologies, *Arch. f. An. und Phys.*, 1877. — Giacomini, Microcéphales, *Arch. ital. de biol.*, 1891, t. XV, p. 63. — Lussana, Neurophys. comp., *Arch. ital. de biol.*, 1883, t. IV, p. 283 — Schlapp, Différ. de struct. *Arch. f. An. und Phys.*, 1898, p. 381.

Excitabilité de l'écorce. — Influences diverses. — Aducco, *Arch. ital. de biol.*, 1889, t. XI, p. 192, 1891, p. 136, et 1893, p. 1. — Axenfeld, Subst. chim., *Arch. ital. de biol.*, 1895, t. XXII, p. 60. — Bechterew, Inflammation, *Messager neurol.*, Kazan, 1894. — Bochefontaine, Déplacement des points excitables, *Arch. de Phys.*, 1883, p. 28. — Br.-Séquard, Vivisect. sur homme, *Arch. de Phys.*, 1875 et 1890, p. 762. — Carvalho, Cocaïne, *Biol.*, 1888, p. 664. — Charpentier, Cocaïne, *Biol.*, 1884. p. 758. — Couty, *Biol.*, 1880, p. 44 ; 1886, p. 164. — Danillo, Alcool ; absinthe, *Biol.*, 1882, p. 83. — Franck et Pitres, *Arch. de Phys.*, 1885 ; *Biol.*, 1878 et suiv. — Heimann, Wirkung d. Drucks... *Arch. f. An. und Phys.*, 1884. — Joukoff, Arrêt de la circul. céréb., *Bolnitch. Gaz. Bot.*, 1895 ; *Cliniq. malad. ment.*, Saint-Pétersbourg, 1895. — Langlois, Centres psycho-mot. nouveau-nés, *Biol.*, 1889 p. 503. — Munck, Anémie, *Arch. f. An. und Phys.*, 1883. — Openchowski, Act. du froid, *Biol.*, 1883. — Orchansky, Anémie, *Arch. f. An. und Phys.*, 1883. — Teschich, *Arch. de Phys.*, 1885. — Thomasini, Section des racines postérieures, *Arch. ital.*

de biol., 1895. — F. Franck et Pitres, Div. communications, *Biol.*, 1878. — De Varigny, *C. R. Ac. sc.*, 1884. — Vulpian, Durée après la mort, *C. R. Ac. sc.*, 1885.

Excitation mécanique du cerveau. — Couty, *Biol.*, 1880, p. 46; excitation thermique, *Biol.*, 1886. — Luciani, *Arch. ital. de biol.*, 1883, IV, p. 268. — Vulpian, *C. R. Ac. sc.*, diverses notes, 1885.

Méthode d'observation anatomo-clinique. — Charcot et Pitres, *Arch. neurol.*, XXVII, 86, 1894.

Pouvoir inhibiteur de l'écorce. — Fano, *Arch. ital. de biol.*, 1895, t. XXIV, p. 438. — Libertini, *Arch. ital. de biol.*, 1895, t. XXIV, p. 438.

Temps de latence. — Fr.-Franck, Localisat. cérébr. — Novi et Grandis, *Arch. ital. de biol.*, 1888, t. X, p. 314. — De Varigny, *Arch. de Phys.*, 1885.

Période réfractaire. — Broca et Richet, *Biol.*, 1896.

Localisations cérébrales. — Discussion. — Albert, *Wien. med. Presse*, 1895. — V. Borosnyai, Luchsinger, Steger, Pestalozzi, Hermann, *Arch. v. Pflüger*, 1875, t. X, p. 77; Byron Bramwell, *Sem. méd.*, 1896. — Charcot, *Biol.*, 1875, 1876. — Couty, *Arch. de Phys.*, 1883; *C. R. Ac. sc.*, 1879 et 1881. — Charcot et Pitres, *Arch. clin. de Bordeaux*, septembre 1894. — Debierre, *Biol.*, 1888. — Dupuy, *Biol.*, 1875, 1886, 1887, 1888. — Duval, Rapport d'une commission, *Biol.*, 1886, p. 371. — Eisenlohr, *Deutsch. Zeitsch. f. nerv. Heilkunde*, 1893. — S. Exner, *Journ. of Phys.*, 1880. — Golgi, *Arch. ital. de biol.*, 1888. — Huglings Jackson, Fragments neurologiques, *Lancet*, 1893. — Jackson (de Boston), Perforation du crâne de part en part, pas d'aphasie, survie 10 ans, attaque d'épilepsie, *Biol.*, 1871, p. 469. — Marcacci, *Biol.*, 1882; *Arch. ital. de biol.*, 1882, t. I et II. — Marinesco, *Revue, Sem. méd.*, avril 1896. — Munck, Critiq. des vues de Goltz, *Soc. de phys. de Berlin*, avril 1894. — Pick, *Prazer Zeitsch. f. Heilk*, X, 4, 138. — Pitres, *Biol.*, 1876; *Congrès de Nancy*, 1896. — Schiff, Lez. de Fisiol. sist. nerv. encefalico, Firenze, 1873.

Localisation du langage. — Bouillaud, *C. R. Ac. sc.*, 1873. — Broca. — Chevreul, *C. R. Ac. sc.*, 1873. — Fournié, *C. R. Ac. sc.*, 1873.

Localisations cérébrales. — Centres moteurs. — Bechterew, Excit. chez l'homme, *Arch. f. An. und Phys.*, 1889, sup. p. 943. — Carville et Duret, *Arch. Phys.*, 1875. — Couty, *Arch. Phys.*, 1879, 1881. — Couty et Lacerda... Curare..., *C. R. Ac. sc.*, 1880, t. XCI. — Ed. Hitzig, *Reich. und Du Bois R. Arch.*, 1870, Heft 3 et 4; Unters. ub. d. Gehirns (Abhandl. physiol. und path. Inhalts), Berlin, 1874. — G. Fritsch und Ed. Hitzig, Ueb. elektrish. Erregb. der Grosshirns, *Reich. und Du Bois R. Arch.*, 1870, Heft 3. — Ferrier, *Brit. med. Journ.*, avril 1873; *Progrès méd.*, 1873. — H. Jackson, *Med. Tim. and Gaz.*, 1861 et suiv. — Lépine, Thèse agrégation, 1875. — Lussana et Lemoigne, *Arch. Phys.*, 1877, p. 119.

Localisation de la sensibilité générale et à la température. — Bechterew, *Arch. f. An. und Phys.*, 1900, p. 22. — Brissaud, Leçons Salpêtrière. — Br.-Séquard, Anesthésie, *Biol.*, 1883. — Darkschevitsch, *Neurol. Centralbl.*, 1890. — Dana, *Journ. of nerv. and ment. dis.*, 1894; *Medic. Record*, N. York, 1893. — Dejerine, *Revue neurol.*, mars 1893; Étude sur l'aphasie, *Revue de méd.*, 1885; *Arch. Phys.*, II, 588. — Dessoir, *Arch. f. An. und Phys.*, 1893, p. 525. — Dupuy, *Biol.*, 1886. — Ferrier et Yeo, 1875 à 1884. — Franck Hochwart, *Soc. med. de Vienne*, 1893; *Internat. klinish. Rundschau*, n° 9, 1893. — Franck, S. Madden, *Journ. of nerv. and ment. dis.*, 1893. — Marinesco, Revue, *Sem. med.*, 1896. — W. Mott, *Journ. of Phys.*, 1894. — H. Munck, Ueb. die Funct. der Grosshirn., 1890; Ueb. die Fühlensphär., 1892. — Ransom, *Brain*, 1892. — J. Soury, *Rev. gén. des sc.* — Schaffer, *Journ. of Phys.*, 1898. — R. Tripier, *Congrès de Genève*; *Revue de méd.*, 1880. — Vulpian, Sensibilité des lobes du cerveau, *C. R. Ac. sc.*, 1882.

Ablation de l'écorce. — Dégénération. — Langley et Sherrington, *Journ. of Phys.*, 1884, vol. V, p. 49. — Sherrington, *Journ. of Phys.*, 1889 et 1890. — Pitres, *C. R. Ac. sc.*, 1884. — Sanarelli, Processus de réparation, *Arch. ital. de biol.*, t. XIII, p. 490.

Réapparition des mouvements après destruction de l'écorce. — Arloing, *Biol.*, 1880. — Goltz, Mémoires divers. — Ferrier, Les fonctions du cerveau. — Vitzou, *Arch. de Phys.*, 1897.

Réapparition des paralysies sous l'infl. de diverses causes (Anémie, anesthésiques). — R. Tripier.

Paralysies post-anesthésiques. — Verhogen, *Journ. méd. de Bruxelles*, 1896. — Vautrin, *Congrès de Nancy*, 1896.

Localisations diverses chez l'homme. — Charcot et Pitres, Centre du relèvem. de la paupière, *Arch. de Bordeaux*, 1894. — De Bosco, Relèv. paup., *Revue de neurol.*,

1893; Il Pisani, *Gaz. Sicula*, fasc., I, 1893. — Brissaud, Hémiplégie faciale particip. de l'orbicul., *Progrès méd.*, 1893. — Féré, Tic douloureux de la face, lésion du pli courbe, *Biol.*, 1876. — Gauché, Monoplégie brachiale, hémipl. fac., *Biol.*, 1879. — Hester, Ramoll. pli courbe, ptosis gauche, *Journ. of nerv. and ment. dis.*, 1895. — Joffroy, Monopl. membr. inf. ram. lob. paracent., *Arch. Phys.*, 1887. — R. Tripier, Lésion rolandique gauche, hémiplégie droite, conservation mouv. de la face, *Soc. sc. méd. Lyon*, 1865.

Localisations diverses chez les animaux. — Beevor et Horsley, *Arch. de neurol.*, *Biol.*, 1887. — Rethi, Mastic. déglutition, *Wien. med. Presse*, 1894. — Richet, Réflexe de direction de l'oreille, *Biol.*, 1886. — Sherrington, Centre du pouce; centre de l'anus, *Congrès de Liége*, 1892. — Vitzou, Centre visuel du chien, *C. R. Ac. sc.*, 1888, t. CVII, p. 279. — Werner, Mouv. tronc et nuq. chien, *Allg. Zeitsch. f. Psych.*, 1895.

Centres de la phonation; du larynx. — Brœckaert, *6e Congrès ololaryngolog. belge*, 1895. — Charcot et Pitres, *Arch. clin. de Bordeaux*, 1894. — Krause, *Arch. f. An. und Phys.*, 1884; *Brit. med. Journ.*, 1889. — G. Marini, *Real. Acad. med. chir. d. Genova*, 1893, analysé par Garel. *Province méd.*, 1894. — Onodi, *Berlin. klin. Wochensch.* 1894. — Semon et Horsley, *Brit. med. Journ.*, 1889, I.

Paralysie pseudo-bulbaire. — Hallipré, *Thèse Paris*, 1894.

Le cerveau et la nutrition. — **Température propre du cerveau.** — Mirto, *Arch. ital. de biol.*, 1899, t. XXXII, p. 335. — Mosso, *Crownian Lectures; Arch. ital. de biol.*, 1893, t. XVIII, p. 277, et 1895, t. XXII, p. 264.

Circulation propre du cerveau. — Bayliss, L. Hill et Lowell Gullard, Press. intr. cran. circul., *Journ. of Phys.*, 1895, vol. XVIII, p. 334. — Cavazzani, Circul. collat., *Arch. ital. de biol.*, 1891, t. XVI; Action de l'asphyxie, *Ibid.*, 1893, t. XVIII, p. 54. — Duret, Étude anatom., *Arch. Phys.*, 1874. — L. Hill et Macleod... Supposed vasomot...., *Journ. of Phys.*, 1901, p. 394. — Roy et Sherrington, Régulat. circul. cérébr., *Journ. of Phys.*, 1890, p. 85. — Rummo et Ferrannini, Circ. cér. chez l'homme, *Arch. ital. de biol.*, 1889, t. XI, p. 272.

Influence du cerveau sur la circulation. — Binet et Vaschide, Pression du sang chez l'homme, *C. R. Ac. sc.*, 1897, t. CXXIV, p. 44. — Mosso, Mémoires divers. — Thanoffer, *Arch. v. Pflüger*, 1879, t. XIX, p. 254.

Influence sur la chaleur. — Voy. *Chaleur animale*.

Influence sur la vie organique. — Bechterew, Pupille, *Arch. f. An. und Phys.*, 1900. — Bechterew et Mislawsky, *Arch. f. An. und Phys.*, 1889, sup., 1891, p. 380. — P. Bert, Coloration de l'axolotl, *Biol.*, 1879, p. 65. — Bochefontaine, *Arch. Phys.*, 1876. — Couty, *Arch. Phys.*, 1876. — Judée, Salivat., *C. R. Ac. sc.*, 1887, t. CV, p. 893. — Herl. Parsons, Dil. pupille, *Journ. of Phys.*, 1901.

Troubles dans les échanges. — Belmondo, Échange azoté, *Arch. ital. de biol.*, XXV, 3, 481. — D. Franck, *Arch. f. An. und Phys.*, 1900, p. 209. — L. Hill et Nabarro, Éch. des gaz, *Journ. of Phys.*, 1895, vol. XVIII, p. 218. — Stcherbach, Éch. ac. phosphoriq., *Arch. méd. exp.*, 1893, n° 3.

Troubles trophiques. — Joffroy... à la suite lésion lobe occipital, *Biol.*, 1875, p. 399. — Langlois et Richet, Troubles trophiq. bilatéraux après lésion de l'écorce cérébrale, *Biol.*, 1890, p. 315.

DEUXIÈME SECTION

INNERVATIONS SPÉCIFIQUES

En prenant pour base soit les sensations différentes qui naissent en nous, sous les provocations extérieures également différentes par leur nature ou leur procédé, soit les phénomènes moteurs qui sont le plus directement associés à ces sensations, on peut diviser l'innervation en cinq grandes systématisations ou catégories principales qui seront :

L'innervation *visuelle*; l'innervation *auditive*; l'innervation *tactile*; l'innervation *olfactive*; l'innervation *gustative*.

La sensation est en effet ce qui caractérise le mieux le système nerveux; ce dernier étant, entre tous les tissus, celui qui la conditionne au plus haut degré et qui, par sa complexité et son organisation, lui confère sa plus haute valeur. Cette première notion est de connaissance vulgaire. Toute sensation, d'autre part, est intimement liée à des actes moteurs qui peuvent affecter des régions à la fois diverses et éloignées du système nerveux, mais dont certains sont sous la dépendance immédiate de ces sensations et comme tels sont caractéristiques de celles-ci. *Chaque système sensoriel est un appareil sensitivo-moteur* qui, dans une certaine mesure, est non pas isolé mais isolable des autres, c'est-à-dire complet en soi. *Des liaisons fonctionnelles existent entre ces systèmes partiels*, pour assurer l'unité du système nerveux et par lui l'unité de l'individu vivant. Cette seconde notion, qui consacre la liaison intime entre la sensibilité et le mouvement, commence à être couramment adoptée. La sensation enfin comporte une infinité de degrés et de nuances, depuis celles qui ont leur plein épanouissement dans les sens supérieurs, jusqu'à celles tout à fait obscures qui traduisent nos besoins les plus primordiaux. Pour faire l'histoire complète du système nerveux, il faut donc rattacher ces sensations subconscientes (dites parfois inconscientes), avec les actes moteurs qui leur sont liés, aux sensations claires des sens supérieurs, d'après leurs affinités fonctionnelles. Cette notion d'une conscience obscure présidant à tous les actes vivants, même ceux qui affectent une allure purement mécanique et automatique, est la plus neuve de celles que nous venons de passer en revue : elle gagne, elle aussi, de jour en jour du terrain dans les esprits.

Activités spécifiques. — Le système nerveux est un ensemble de systèmes partiels présidant tous isolément à quelque fonction d'une nature déterminée. Chacun d'eux ne saurait ni remplacer les autres ni être remplacé par eux. Ce partage apparaît d'une façon évidente quand on envisage le système nerveux à sa périphérie, soit au point de départ, soit au point d'arrivée des excitations qui le traversent : il devient de plus en plus obscur à mesure qu'on pénètre dans sa profondeur : la question des localisations cérébrales nous en est une preuve. Partons donc des extrémités des nerfs pour remonter de proche en proche jusqu'au cerveau, et traçons de la sorte les grandes divisions et subdivisions des fonctions nerveuses. — Le champ sensitif est particulièrement favorable à l'étude de l'établissement d'une telle division.

I. **Champ sensitif, ses divisions.** — Le champ sensitif est périphériquement décomposable en cinq parties correspondant aux cinq sens. — Chaque sens est adapté à un genre particulier d'excitations, nous pouvons même dire à un milieu excitant d'une nature spéciale, à un excitant *spécifique* non remplaçable par l'excitant d'un autre sens. Parmi les mouvements innombrablement variés qui l'entourent, notre organisation en a choisi cinq ordres particuliers : ce sont les sources de toute notre connaissance.

La *rétine*, membrane sensible de l'*œil*, obéit aux vibrations de l'éther, ce corps qui pénètre tous les autres et qui se distingue d'eux par sa nature impondérable.

L'*oreille interne* est sensible aux vibrations des corps sonores, et surtout de l'air, autre milieu élastique éminemment propre à la propagation d'un mouvement ondulatoire à distance.

Remarquons que, parmi les mouvements ondulatoires de l'air comme de l'éther, notre organisation ne s'est pas astreinte ou n'a pas réussi à s'adapter à tous, mais seulement à un petit nombre d'entre eux, à ceux pour l'oreille qui sont compris entre 32 et 50 000 vibrations à la seconde, soit environ onze octaves, à ceux pour l'œil qui sont compris entre 450 et 880 trillions de vibrations par seconde. Mais comme ces milieux sont parcourus dans tous les sens par des vibrations de toute longueur qui coexistent et se superposent sans se confondre, cette restriction n'apporte pas de difficulté ni de réelle lacune dans l'exercice des sens.

Les organes du *goût* et de l'*odorat* sont affectés par des excitants dont la nature physique, la modalité et le milieu de propagation même nous sont absolument inconnus, mais que nous concevons également comme des changements vibratoires d'une nature propre et spéciale.

La *peau*, organe du *toucher*, est affectée par les contacts des corps plus ou moins résistants et aussi par ces mouvements ondulatoires auxquels nous donnons le nom de *chaleur*. A la suite de ce sens, moins spécial que les autres, nous plaçons toutes les excitations banales, telles que tensions, compressions, modifications de toute nature affectant nos organes superficiels ou profonds et qui ressortissent à la *sensibilité* dite *générale*.

II. Spécificité de l'excitant. — Chacun de ces excitants est *spécifique*. L'excitation est un ébranlement, un mouvement communiqué : or la physique nous apprend qu'un mouvement vibratoire ne se communique d'un corps à un autre que lorsqu'il y a *résonance*, c'est-à-dire concordance entre les vibrations de ces deux corps. Les organes des sens sont essentiellement des *résonateurs*, le mot étant pris dans son sens le plus général. Inerte est la rétine, inerte l'oreille pour des ébranlements autres que ceux qui leur sont appropriés en qualité et en grandeur.

Adaptation des sens à leurs excitants spécifiques ; résonateurs appropriés. — Portion de l'ectoderme qui s'est développée en vue de fonctions spéciales, chaque organe des sens s'est pourvu d'un résonateur particulier. — L'ébranlement du milieu extérieur, quand il est en dehors de certaines limites, est non avenu pour lui ; mais quand il a la tonalité voulue, il trouve dans ce sens une porte d'entrée, pénètre dans le système nerveux, où il se trouve en conflit avec une foule d'autres, y séjourne plus ou moins et en ressort à l'état de phénomène moteur.

Mais, avant d'en ressortir, il donne lieu dans les profondeurs du système nerveux à un fait que nous appelons psychique ou de sensibilité, la *sensation* en un mot, par opposition au fait physique de l'*impression*.

III. Spécificité de la sensation. — *Spécifiques*, avons-nous dit, *sont les impressions ; spécifiques*, devons-nous ajouter, *sont les sensations*, car à chaque modalité particulière d'impression correspond une modalité particulière de sensation. Avant d'aboutir au plus profond de notre être, à la notion la plus abstraite de l'idée générale, laquelle a pour origine le conflit des sensations, celles-ci font escale quelque part dans le système nerveux : il y a donc un partage fonctionnel des sensations, comme il y en a un des impressions.

La sensation, fait d'observation purement intérieur, ne peut se définir que par son contraste avec le fait psychique de l'impression. Elle n'est pas le moins du monde la représentation géométrique des changements physiques qui l'ont fait naître. L'ignorant qui distingue entre un son et une couleur n'a pas la moindre idée d'une vibration sonore ou lumineuse : l'homme instruit seul connaît ce détail, ou croit s'en rendre compte.

La sensation résulte d'une association des excitations. Elle est une synthèse de celles-ci accomplie dans le système nerveux.

Uniformité de fonction des éléments nerveux. — Il y a plus : l'ébranlement d'une nature si particulière, qui a pris naissance dans un résonateur sensitif ou sensoriel, n'est pas du tout transmis au cerveau par les nerfs sensitifs et sensoriels avec ses caractères originels. — Tous ces ébranlements, spécifiques à leur origine, sont ramenés à une forme unique ou tout au moins sensiblement uniforme, *l'onde nerveuse*, dès qu'ils entrent dans le système nerveux proprement dit. L'onde nerveuse (à quelques différences près) paraît être de même forme générale, en un mot de même nature dans tous les nerfs (sensitifs, sensoriels ou moteurs). *Tout neurone pris en soi est fonctionnellement équivalent à un autre neurone ; il n'y a point, à proprement parler, de neurones spécifiques.*

Spécificité des neurones. — Les données de la morphologie et de l'expérimentation ont fait ressortir en effet jusqu'ici, entre les éléments nerveux, des ressemblances fondamentales plutôt que des différences réelles, autres que contingentes et sans rapport connu avec leur fonction. Il faut pourtant qu'il existe des uns aux autres certaines modifications quantitatives ou qualitatives, pour que ces éléments, en s'associant, arrivent à former des systèmes fonctionnellement différenciés. Ces modifications peuvent porter sur des caractères peu visibles et être individuellement très légères. La multiplicité et la complexité des associations suffit à les grossir et à en tirer des effets très dissemblables. Ces modifications peuvent, d'autre part, être confinées dans certaines parties du neurone, par exemple à leurs extrémités dans les régions par lesquelles ils s'associent les uns aux autres. De fait, on relève dans la disposition de leurs champs polaires des différences plus notables et plus significatives que dans leurs axones ou leurs corps cellulaires.

Au surplus, nous sommes mal armés pour connaître et rechercher ces différences. L'onde nerveuse, dont on parle beaucoup, nous est à peu près inconnue dans sa forme réelle. Nous avons seulement quelques données sur sa vitesse.

Expérimentalement, nos idées sur ce point reposent sur les deux faits suivants : 1° *La fibre nerveuse qui fait suite à l'appareil d'un sens est en général réfractaire à l'excitant spécifique de ce sens ;* d'où il suit que l'appareil sensoriel est tout à la fois un résonateur adapté à l'excitant extérieur et un transformateur de l'excitation qui l'adapte, à son tour, au nerf qui lui fait suite. 2° *Toutes les fibres nerveuses, à quelque sens (à quelque fonction) qu'elles appartiennent, sont aptes à recevoir certaines excitations différentes des spécifiques* et que, pour cette raison, on appelle *banales* ou *générales* (pincement, action chimique, électricité, etc.). En suite de quoi, ces fibres, ayant reçu cette excitation banale, développent une sensation spécifique dans le système auquel elles appartiennent.

Il est assez évident que le nerf optique n'est pas un canal pour la lumière, ni le nerf acoustique pour le son. Mais les éléments composants de chacun de ces deux nerfs n'ont, en fait de structure ou de propriétés, rien qui les distingue l'un de l'autre ou de tous les autres éléments nerveux. Ils en ont l'excitabilité commune et rien de plus. Le rayon lumineux qui est apte à exciter la rétine est sans effet quand il est dirigé directement sur le nerf optique ; l'onde sonore est sans effet sur le nerf acoustique : parce que l'appareil adaptateur manque dans les deux cas. Mais en revanche les excitations ordinaires, banales, du système nerveux, telles que pressions, pincements, électrisation, excitent ces nerfs, comme tous les autres, et par là font naître les sensations spécifiques qui correspondent à l'excitant spécifique des sens auxquels ils appartiennent.

Exemples. — Une pression du nerf optique faite sur son tronc excite la sensation lumineuse. Dans l'opération de l'énucléation du globe oculaire, le patient perçoit comme des fulgurations, des jets de lumière (Tortual) ; ceci à la condition, bien entendu, que le nerf optique n'ait pas subi l'atrophie de ses fibres. Une pression légère du globe oculaire au niveau du bord de la rétine fait apparaître une image subjective du corps qui comprime ; c'est ce qu'on appelle un *phosphène*. En déviant l'œil fortement en bas sous les paupières closes et en glissant légèrement l'extrémité de l'index sous l'arcade orbitaire, à travers la paupière supérieure, on fait naître un phosphène qui est perçu à la partie inférieure.

Les chocs produits sur le temporal peuvent de même exciter mécaniquement le nerf acoustique et faire naître la sensation sonore.

L'excitation électrique pratiquée sur les différents nerfs sensoriels peut aussi faire naître la sensation propre à chacun des sens auxquels ils appartiennent. En un mot, des excitants qui n'ont rien de spécifique, des excitants généraux, c'est-à-dire capables d'atteindre tous les nerfs, engendrent des sensations spécifiques quand ils trouvent l'entrée des systèmes spéciaux qui correspondent aux différents sens.

Relation définie entre l'impression et la sensation. — *La sensation avec ses caractères spécifiques peut donc exister en nous en l'absence de l'excitant particulier auquel elle est liée originellement.* Cela est prouvé non seulement par l'analyse précédente, où on voit un excitant banal pénétrer artificiellement dans un de nos systèmes sensoriels, mais simplement déjà par ce fait que la sensation se conserve en nous à l'état de résidu ou de souvenir, après que l'excitant extérieur a disparu. Ce fait de conservation implique en effet qu'elle a des moyens de se réaliser propres au système nerveux et indépendants de la présence de l'excitant habituel. Suivant l'expression de J. Müller, ce que nous sentons, c'est *l'état de nos nerfs.* Nous ne pouvons rien sentir en dehors de nous que par cet état de nos nerfs, et nous pouvons sentir ces états alors que la cause qui les a provoqués a cessé, ou qu'elle a perdu sa valeur spécifique et qu'elle a été remplacée par une cause banale.

Nous avons en nous des systèmes sensoriels qui réagissent spécifiquement à toute excitation qui les atteint. A leur surface de contact avec l'extérieur, ces systèmes sont munis d'appareils spéciaux (organes des sens) qui choisissent, parmi les ébranlements excitatoires de toute forme et de toute provenance qui nous environnent, ceux qui doivent pénétrer isolément dans chacun de ces systèmes, à l'exclusion des autres. Ainsi se crée pour nous une relation déterminée entre chaque ordre de sensation et l'excitant extérieur qui la fait naître originellement. Cette relation est empirique ; pour les besoins journaliers de l'existence elle est suffisante ; elle nous renseigne sur ce qu'il nous importe de savoir, mais non sur tout ce qui est en dehors de nous. Par la comparaison des renseignements fournis par les différents sens, ces renseignements s'accompagnent de contrôle et de critique : nous savons faire la distinction entre nos sensations actuelles et nos sensations réveillées ou souvenirs ; nous la faisons également entre l'excitation extérieure normale et régulière et celle qui est artificielle et déplacée. — Quand cette critique fait défaut, il y a *hallucination*.

La sensation est un phénomène évolutif : elle est un procès et un progrès ; elle prend champ dans un système composé d'éléments à la fois successifs et parallèles, associés suivant des rapports qui lui sont propres et d'un ordre très compliqué. De même que le système qui lui sert de support, elle est formée d'éléments nombreux qui ne sont autres que les activités particulières, les états d'excitation des pièces composantes de ce système, coordonnées de même suivant une loi qui lui est propre. L'excitation, avons-nous dit, envahit le système et y progresse à la façon d'une onde, dont la forme va se compliquant extrêmement, à mesure qu'elle avoisine et atteint l'écorce cérébrale. Dans cette marche de l'excitation, où se place précisément la sensation ? a-t-elle un siège délimité et exclusif ? quelles parties lui sont suffisantes ou nécessaires ? que dit l'expérience sur ce sujet ? comment sont interprétés les faits qu'elle nous a livrés ?

On a de tout temps cherché à mettre d'accord les faits connus de la structure du système nerveux avec les données de l'observation.

Les interprétations ont forcément varié avec l'état de nos connaissances sur ces points, et aussi avec les théories générales régnantes en biologie.

Ancien schème. — Les trois données essentielles de l'observation sont : *a.* la spécificité de l'impression, impliquant une spécificité de l'organe récepteur des sens ; *b.* l'uniformité du fonctionnement des fibres nerveuses, contrastant avec la spécificité de l'élément récepteur ; *c.* la spécificité du phénomène interne de la sensation, contrastant à son tour avec l'uniformité des éléments transmetteurs. En regard de ces données, on plaçait naguère encore le schème anatomique suivant, résumant la structure du système nerveux, à savoir : *a.* une cellule périphérique adaptée spécifiquement à l'excitant de chaque sens donné ; *b.* une fibre ayant l'activité commune à toutes les fibres, transmettant l'impression reçue de son origine à sa terminaison ; *c.* une cellule centrale à fonction spécifique réalisant le phénomène interne de la sensation.

Ainsi qu'on voit, ce schème distingue dans le système nerveux deux espèces

d'éléments, les fibres et les cellules : l'uniformité serait aux premières et la spécificité aux secondes, et cette spécificité à son tour se repartage en deux espèces :
la spécificité physique serait à la cellule périphérique (adaptation à un ébranlement de nature déterminée), la spécificité psychique serait à la cellule centrale (sensation d'une nature déterminée).

Ainsi, la sensation serait une fonction cellulaire, comme l'impression elle-
même, et la transmission une fonction de la fibre, celle-ci étant considérée
comme un élément distinct de la cellule.

Son insuffisance. — Cette théorie s'écroule avec la thèse anatomique qui lui
servait de support. Nous n'admettons plus deux éléments nerveux (la cellule et
la fibre), mais un seul (le neurone, qui est une cellule pourvue de pôles fibrillaires).
La coupure entre éléments nerveux n'est pas où on la supposait naguère, entre
la cellule et la fibre, mais entre les ramifications terminales et initiales des neurones. Le chemin de l'onde nerveuse excitatrice de la sensation n'est pas une
simple fibre tendue entre deux cellules, l'une périphérique, l'autre centrale,
mais une série de neurones aboutés par leurs extrémités. Les raccordements de ces
neurones ne se font pas unité par unité, pôle par pôle, mais suivant un mode
compliqué, le champ polaire terminal de chaque neurone antécédent se
raccordant avec les champs polaires initiaux d'un grand nombre de neurones suivants, et réciproquement. La surface de partage qui dessine le lieu
de ces raccordements n'est pas simple, mais prodigieusement contournée et
compliquée, parce que, en plus des contacts directs entre neurones de grande
longueur, il en est d'autres indirects établis par des neurones de courte ou
moyenne longueur, qui multiplient à l'infini ces associations. Enfin cette complication des voies que suit l'onde excitatrice n'est pas uniforme, mais va
grandissant en abordant l'écorce et se réduisant en la quittant pour atteindre
les organes moteurs.

De l'ancienne théorie il reste pourtant ceci de vrai, que la spécificité physique
de l'impression est liée à une fonction cellulaire déterminée (organes des sens);
d'autre part, sous une forme un peu nouvelle, nous conservons la notion de l'uniformité du fonctionnement des neurites (ou fibres des neurones). Mais ce qui
paraît ruiné à jamais, c'est la conception que la sensation soit une fonction
cellulaire. *La sensation est une fonction systématique.* Plus elle est claire, consciente et affinée, plus compliqué et développé est le système qui lui sert de
support et se prête à son évolution. La preuve en est dans la comparaison des
systèmes dans lesquels on voit se développer la sensibilité réflexe, celle dite
instinctive et celle qui est consciente proprement dite, qui marquent les trois
termes principaux de la gradation des phénomènes psychiques.

Unité de la sensation ; sa condition déterminante. — La
sensation est un phénomène qui nous frappe par son unité ; le
système nerveux et les systèmes composants qu'il renferme nous
frappent au contraire par leur complexité. De là sans doute la répu-
gnance qu'on a eue à rattacher et superposer la première de ces
choses à la seconde, et, par une conséquence logique, la tendance
inverse à renfermer la sensation dans le plus petit élément biologique connu, une cellule (la cellule nerveuse). Mais depuis que
l'analyse a pénétré dans ce soi disant élément, on a dû reconnaître

combien il est loin de la simplicité : l'unité de la sensation expliquée
par l'unité de la cellule est une pure illusion.

Pour nous-même, notre système nerveux est un ; c'est parce que nous le saisissons par notre *sens interne*, qui précisément en réalise la ou les synthèses :
par contre, le système nerveux d'un de nos semblables nous apparaît avec sa
complexité ; c'est parce que nous le saisissons par notre *sens externe*, qui a des
moyens d'en réaliser l'analyse. Dans le premier cas, le système nerveux c'est
nous-même, c'est-à-dire le sujet, auquel sa qualité d'être sentant confère son
unité ; dans le second, le système nerveux est hors de nous, c'est-à-dire un
objet que nous pouvons diviser en autant d'êtres partiels que la puissance de nos
moyens analytiques nous le permet. Les deux opérations ont des procédés en
somme différents et nullement superposables. Le sens interne comme les sens
externes procèdent par analyse et par synthèse ; mais leur situation l'un par
rapport à l'autre est telle que souvent l'un synthétise ce que l'autre analyse, et
réciproquement. Une concordance absolue entre les deux ferait perdre tout le
bénéfice pratique que nous tirons de l'organisation.

Siège de la sensation. — Si de nouveau nous nous repré-
sentons l'onde excitatrice qui progresse dans le système nerveux à
partir d'un organe des sens, nous nous demandons : à quel point de
son trajet, à quelle étape précise de ses voies devient-elle la sensation ? On répond communément : dans l'écorce cérébrale. L'écorce du
cerveau n'est pas une surface idéale, mais comprend à elle seule
des systèmes compliqués rattachés à d'autres systèmes antécédents
et suivants. L'expérience désigne l'écorce cérébrale comme un lieu
de substance nerveuse, ayant des fonctions essentielles dans le développement de la sensation. Très instructives à ce point de vue sont
les analyses qui procèdent par retranchements sur les deux extrémités, ou mieux sur les racines (organes des sens) et le sommet du
système nerveux (écorce cérébrale).

Si nous supposons retranché un organe de nos sens, l'impression, l'excitation
est désormais dans l'impossibilité d'être renouvelée (autrement que d'une façon
très artificielle et incomplète) ; mais l'observation apprend qu'elle persiste en
nous plus ou moins affaiblie d'une façon à peu près indéfinie (l'aveugle voit en lui
des formes et des couleurs, souvenirs de ses anciennes impressions, etc.).
Si nous supposons retranchée l'aire corticale qui correspond à un de nos sens,
les impressions continuent d'affluer en nous avec la même abondance et la même
intensité, mais la sensation claire, la sensation consciente et personnelle fait défaut.
La possibilité de la sensation a-t-elle de ce fait totalement disparu ? On l'a cru
pendant longtemps, et cette croyance s'appuyait sur l'amoindrissement extraordinaire des phénomènes psychiques qui résulte de mutilations extrêmement superficielles du cerveau. Mais il faut reconnaître que la destruction de l'écorce laisse
subsister une conscience instinctive conditionnée par les régions inférieures
du cerveau, comme la destruction de ces régions à son tour laisse subsister une
activité réflexe qui est elle-même un instinct ébauché ou affaibli. La loi de con-

tinuité, qui n'a nulle part ailleurs autant d'applications que dans l'être vivant, se manifeste ici avec évidence. Le développement de la sensation a des racines profondes dans les structures les plus inférieures du système nerveux. De quelque nature et à quelque degré que nous la considérions, elle ne naît point par à-coup, d'une façon soudaine, dans des éléments particuliers appartenant à une région exclusive de ce système ; mais elle se prépare le long des voies qu'elle parcourt, se développe progressivement dans son trajet, se parachève finalement à son sommet : chaque élément envahi par l'excitation ajoutant dans un ordre déterminé son contingent d'activité à cette organisation, qui va grandissant et qui, réalisée, est la sensation.

La sensation envisagée dans le temps. — Envisagée dans l'espace, la sensation était supposée autrefois n'occuper qu'un siège exclusif et restreint dans les voies nerveuses que parcourt l'excitation. Nous lui donnons présentement plus d'étendue en lui assignant une préparation, un développement, un parachèvement. Envisagée dans le temps, elle a également, du fait même de la progression de l'excitation dans les voies nerveuses, une durée limitée, mais il faut faire à ce point de vue des distinctions entre la sensation forte ou *actuelle*, et le souvenir ou sensation *réveillée*, dont l'intensité est plus faible.

Les données de l'expérience nous montrent que la sensation forte dépasse en durée l'impression qui lui a donné naissance (exemple : persistance des impressions rétiniennes ou mieux de la sensation optique). Ce fait s'accorde avec la théorie du développement de la sensation : la synthèse de ses éléments composants se faisant dans le temps de la progression de l'excitation, comme elle se fait dans l'étendue du système.

Spécificité des systèmes sensoriels. — La sensation qui correspond à chaque sens (sensations visuelle, auditive, tactile, etc.) se développe dans un système particulier ayant, jusqu'à un certain point, son indépendance et ses limites distinctes. — Chacune de ces sensations a ses qualités propres, ce qui fait dire qu'elle est spécifique : le système qui lui sert de support est donc lui-même spécifique. — Comme les sensations elles-mêmes, ces systèmes présentent dans leur constitution des traits généraux communs et ils en doivent présenter aussi de particuliers, qui leur confèrent à chacun leur spécificité. Seulement, à l'inverse de ce qui existe pour les sensations, où ce sont les caractères spécifiques qui sont avant tout visibles, ce sont, dans ces systèmes, les caractères de ressemblance commune qui sont présentement pour nous les plus reconnaissables ; ce qui tient, une fois de plus, aux difficultés de nature inverse, que rencontre l'analyse tant de la sensation que du système anatomique où se fait son évolution.

Les systèmes visuel, auditif, tactile, olfactif et gustatif sont construits avec les mêmes éléments, les neurones, d'après un même plan morphologique général reconnaissable dans chacun

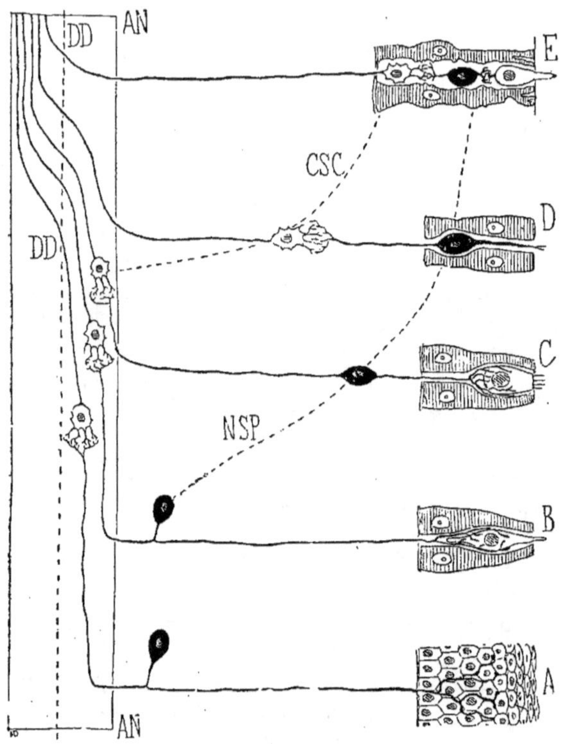

Fig. 206. — *Plan général des voies centripètes des différents sens et leurs différences morphologiques.*

Deux neurones placés en succession ; neurone périphérique (cellule en noir) ; neurone profond (cellule en blanc).

A, sensibilité générale ; B, gustation ; C, audition ; D, olfaction ; E, vision.

La ligne pointillée NSP marque le déplacement vers la périphérie des neurones périphériques à partir de celui de l'audition (C).

La ligne pointillée CSC marque ce même déplacement pour les neurones profonds à partir de celui de l'olfaction (D).

AN, axe nerveux ; DD, décussation des cylindraxes des neurones profonds.

d'eux. Ils présentent, il est vrai, des différences de forme grossièrement visibles ; mais ce ne sont point ces différences extérieures et contingentes qui peuvent nous rendre compte des différences de leur fonctionnement.

La spécificité fonctionnelle de chacun d'eux repose vraisemblablement sur la modalité particulière des rapports contractés par leurs éléments composants ainsi que par les systèmes primitifs associés entre eux.

Spécificité motrice. — A l'extrémité terminale du système nerveux, là où les excitations vont avoir leur effet ultime, nous trouvons des organes périphériques formés de cellules adaptées à une fonction motrice correspondante. Ces organes sont répartis en deux grands groupes, qui réalisent chacun une fonction importante ; ce sont : 1° les muscles dont la fonction est surtout *énergétique*, et 2° les glandes dont la fonction est surtout *chimique*, c'est à-dire élaboratrice de produits particuliers. Les premiers sont les organes d'un mouvement plutôt massif et amplifié ; les seconds sont les organes d'un mouvement plutôt moléculaire, bien que dans les uns et les autres ces deux ordres de mouvement soient représentés. La fonction essentielle des uns est en effet la *contraction*, celle des autres la *sécrétion*. L'une et l'autre de ces deux fonctions, surtout la seconde, présentent des modalités diverses et variées et, de ce fait, spécifiques.

Par les muscles et par les glandes, le cycle excitateur, après avoir passé par les phases plus haut décrites, s'achève en des actes de nature avant tout physique. Né dans le monde physique, il y retourne et s'y consomme. Ces actes ultimes, pris individuellement, représentent des fonctions cellulaires. Mais, considérés dans leurs rapports, ils réalisent des actes coordonnés plus ou moins compliqués, systématiques en un mot. Cette coordination ou systématisation est encore l'œuvre du système nerveux, qui distribue l'excitation à ces appareils de mouvement dans un ordre déterminé.

CHAPITRE PREMIER

INNERVATION TACTILE.

Système cyclique. — Le système qui sert de base à l'innervation tactile, comme tout système sensoriel analogue, comme le système nerveux dans son entier, est forcément un système cyclique, qui reçoit le mouvement, le transforme, le conserve à son gré et le restitue au milieu d'où il l'a reçu. Ce système n'est pas invariable dans ses limites et sa direction, mais ses liaisons avec les autres systèmes semblables lui permettent d'emprunter leurs voies de retour pour augmenter encore la variété des réactions motrices. Toutefois, on peut lui reconnaître des voies de réflexion, qui lui sont en quelque sorte naturelles et habituelles et qui, les réserves précédentes étant faites, serviront de cadre à sa description.

Son extension aux organes profonds. — Malgré ces restrictions, il faut encore comprendre que le système ainsi défini est nuancé dans ses parties, comme la sensibilité à laquelle il sert de support. Rien de clair comme les relations entre le mouvement et la sensibilité dans l'action de palper un corps avec la main. Dans les autres régions de la peau, l'aide des muscles n'est plus la même, aussi bien que la sensibilité y est plus obtuse. Dans les organes profonds, la sensibilité est plus obtuse encore, bien qu'existante ; et pour cette raison même cette sensibilité dégradée nous est mal

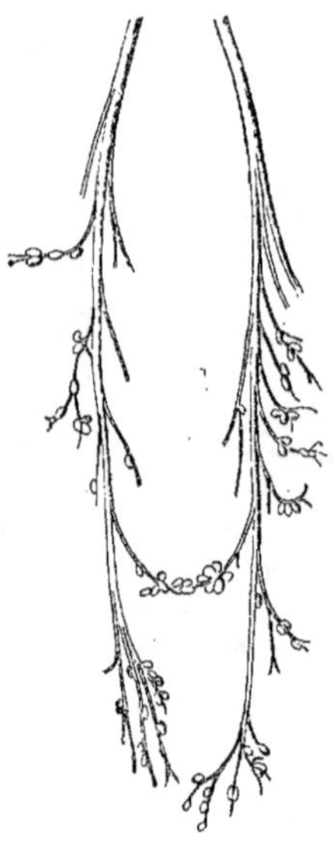

Fig. 207. — *Corpuscules de Pacini du médius* (d'après HENLE et KÖL-LIKER).

connue. Faisons exception pour le tissu musculaire, dans lequel les relations de la sensibilité au mouvement redeviennent évidentes ; mais en abordant ce côté de la question, nous entrons dans le détail de la fonction au lieu de l'envisager dans son ensemble. Nous pouvons, pour commencer, limiter notre étude au tact proprement dit et aux réactions motrices qui lui servent directement.

A. DONNÉES DE L'ANATOMIE. — L'organe du tact proprement dit s'étend sur toute la surface du corps, avec la *peau* qui contient ses appareils spéciaux.

Revêtement cutané. — Ces appareils, qu'on appelle quelquefois les terminaisons des nerfs sensitifs, en sont au contraire l'origine, si nous concevons ces nerfs non plus au point de vue de leur développement, mais uniquement comme des voies de conduction. Ils sont différents par leur structure et leur situation. Les anatomistes distinguent en effet des appareils sous-dermiques, des appareils intradermiques et des ramifications nerveuses intra-épidermiques auxquelles on donne communément la valeur d'appareil de réception des impressions cutanées.

Appareils sous-dermiques. Corpuscules de Pacini ou de Vater. — Ce sont des corps ovoïdes, visibles à l'œil nu et surtout à la loupe (ils ont de 1 à 5 millimètres de long), répartis à l'extrémité de ramifications nerveuses, dans le tissu cellulaire sous-cutané. Ils sont formés d'une enveloppe épaisse constituée par une série de lames concentriques très régulières (épanouissement ultime de la gaine de Henle). Dans la cavité pénètre une fibre nerveuse qui se dépouille bientôt de sa myéline et, réduite à son cylindraxe, suit son grand axe puis présente plusieurs courtes ramifications à extrémités en forme de bouton. Entre la fibre et la capsule est interposée une masse cellulaire (la massue) formée de cellules spéciales.

Répartition. — Ces corpuscules sont inégalement répartis suivant les régions cutanées. RAUBER en a compté sur une moitié du corps :

Sur l'épaule	12		Sur la hanche	5
Sur l'avant-bras et le bras	161		Sur la jambe et la cuisse	138
Sur la main	414		Sur le pied	275

Sur une moitié du tronc 46

Au total .... *1051* pour la moitié de la surface cutanée.

On les trouve non seulement sous la peau, mais dans les articulations, les os, le mésentère.

Ce ne sont pas les organes du tact, mais ceux d'une fonction de sensibilité plus générale que ce que nous appelons le tact ou toucher.

Appareils intradermiques. Corpuscules de Meissner. — Beaucoup plus petits que les précédents, ils ont une forme olivaire et sont dépourvus de l'enveloppe propre épaisse de ceux-ci. La fibre nerveuse qui les pénètre, au lieu d'être droite, fait des tours de spire plus ou moins nombreux. Elle donne des ramifications cylindraxiles dépourvues de myéline vers leurs extrémités, qui prennent une disposition régulière dans ce corpuscule. La masse de celui-ci est

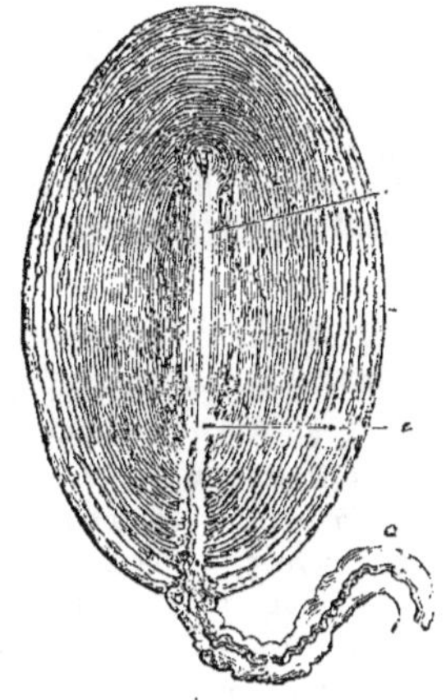

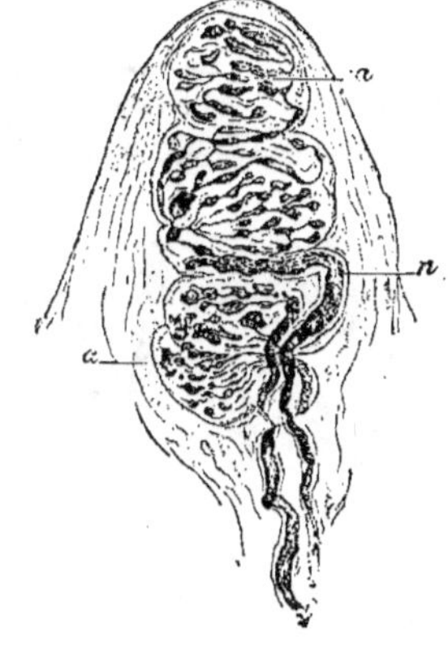

Fig. 208. — *Corpuscule de Pacini du mésentère du chat* (d'après FREY).

Fig. 209. — *Papille de la peau de l'index avec un corpuscule du tact* (d'après RANVIER).

a, fibre nerveuse formant son pédicule ; *b*, système de lamelles ou capsules concentriques ; *cc*, cavité centrale où se trouve le cylindraxe.

nn, tube nerveux afférent : *aa*, bouquets glomérulés et leurs disques tactiles (préparation au chlorure d'or).

en effet formée de cellules particulières que nous pourrions appeler spécifiques, puisqu'elles transmettent l'excitation aux ramifications polaires du nerf sensible. Et pour cela chaque ramification, avec son extrémité renflée ou aplatie, est comprise dans l'intervalle de deux cellules. Le nombre des cellules est ainsi en rapport avec celui des ramifications. Ces corpuscules sont simples ou composés, suivant que la fibre qui y aboutit reste simple ou se divise pour donner ses ramifications à plusieurs formations superposées.

Répartition. — Les corpuscules de Meissner ont une localisation beaucoup plus restreinte et mieux définie que ceux de Pacini : leur siège est à la main et au pied, surtout à la pulpe des doigts et des orteils. Ils sont liés plus que les précédents à la fonction du tact proprement dit.

On trouve, dans différentes régions, douées d'une assez grande sensibilité, des formations analogues, mais plus simples, par exemple les corpuscules de Krause de la conjonctive, qui paraissent comme une ébauche des précédents : les tours de spire sont à peine indiqués et les cellules tactiles réduites à un petit nombre, trois ou cinq.

Ramifications intra-épidermiques. — L'épiderme est pénétré par des arborisations nues, provenant du réseau des nerfs du derme, qui s'enfoncent dans son épaisseur et pénètrent dans le corps même des cellules du corps muqueux de Malpighi, dans lesquelles elles se terminent. Les rapports des nerfs cutanés avec ces cellules de nature épithéliale rappellent involontairement ceux de ces mêmes nerfs avec les cellules des glandes de la peau et les terminaisons nerveuses glandulaires en général.

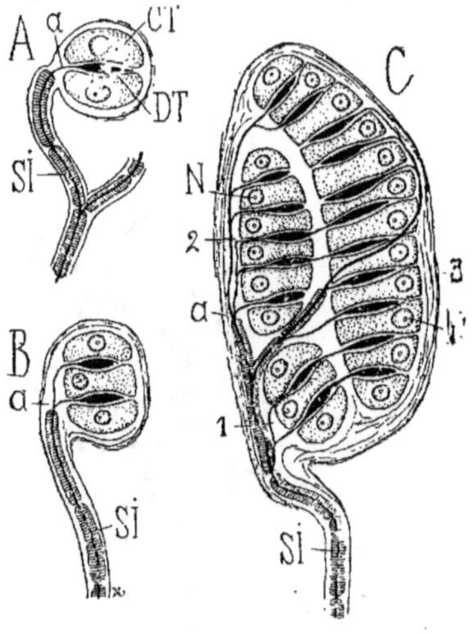

Jusqu'ici personne n'a hésité à les assimiler à des arborisations réceptrices des nerfs de la sensibilité, et cette opinion est fondée sur la croyance que l'épiderme, dans lequel on ne discerne aucun mouvement appréciable, est sans relation avec les nerfs centrifuges. Cette opinion purement négative peut n'être pas fondée. Le fait de la pénétration des terminaisons nerveuses intra-épidermiques dans le protoplasme des cellules de recouvrement de la peau doit nous faire supposer que le nerf apporte à ces cellules l'excitation plutôt qu'il ne la reçoit de celles-ci. Ces terminaisons sont vraisemblablement, pour partie, celles des éléments centrifuges qui ont été décelés dans les racines postérieures.

Fig. 210. — *Corpuscules du tact de complication croissante* (d'après M. Duval).

A, corpuscule de Grandry à un seul disque tactile DT et deux cellules tactiles CT ; B, corpuscule à deux disques et trois cellules; C, corpuscule de Meissner : 1, 2, 3, ses composants (corpuscules de Grandry) ; N noyaux des cellules tactiles ; a, fibre nerveuse ; SI, segment interannulaire.

Organes profonds. — Non seulement la peau, mais les organes profonds, les muqueuses, les séreuses, en principe tous les organes, possèdent des nerfs de sensibilité, dont les arborisations initiales s'insinuent entre leurs éléments ou faisceaux composants: Le mésentère contient des corpuscules de Pacini dans le tissu conjonctif qui sépare ses feuillets. Ces mêmes corpuscules se trouvent également dans le tissu conjonctif qui avoisine les articulations. Les capillaires présentent des terminaisons qu'on suppose de fonction sensitive (Ranvier). La dure-mère contient des ramifications nerveuses avec arborisations libres (P. Jacques). — Les muscles et les tendons sont également pourvus d'organes récepteurs sensitifs dont il sera fait mention à propos du sens musculaire. C'est l'extension à la plupart des organes d'un mode de sensibilité analogue à celle de la peau, qui a valu à celle-ci le nom de sensibilité *générale*, et non le fait démontré faux qu'elle serait un élément commun à toutes les autres sensibilités. Elle est *spéciale* en son genre, mais son champ anatomique a envahi presque tout l'organisme, à l'exception de quelques territoires restreints.

B. Données de l'observation physiologique. — Nous n'avons qu'à nous observer nous-mêmes pour voir que les impressions reçues par la surface cutanée font naître en nous des sensations de nature diverse. On distingue communément : 1° la sensation de *contact* (toucher proprement dit) ; — 2° la sensation de *température*, qui se divise en sensation de *chaud* et sensation de *froid* ; — 3° la sensation de *douleur*.

Cette distinction est surtout fondée sur ce que chacune de ces trois modalités de la sensibilité cutanée peut disparaître d'une façon isolée, en laissant persister les autres ; d'où les trois modes de la

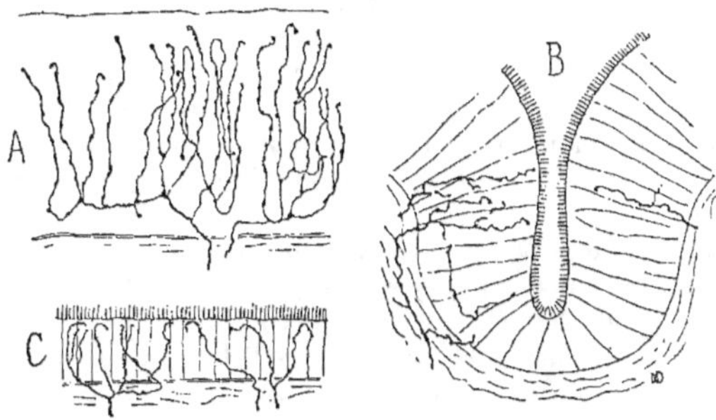

Fig. 211. — *Diverses terminaisons intra-épithéliales.*

A, épithélium du larynx (cordes vocales) ; BC, région respiratoire des fosses nasales du rat avec son épithélium vibratile.

paralysie sensitive cutanée, l'*anesthésie* proprement dite, la *thermo-anesthésie* et l'*analgésie*.

Le problème se pose, à partir du lieu même où se fait la réception des excitations, de savoir si ces trois formes bien distinctes de la sensibilité cutanée sont liées à l'existence d'appareils récepteurs spéciaux et de conducteurs distincts, ou si leur modalité tient à des conditions distinctes du fonctionnement d'appareils et de conducteurs communs.

I. Nature des excitants. — En prenant les choses à partir de l'excitant lui-même, nous voyons que celui-ci se présente sous deux formes (et non pas trois), qui sont nettement distinctes : un excitant de nature *mécanique*, qui est le contact des corps avec la peau et qui en s'exagérant deviendra la pression ; un autre de nature physique, la chaleur, que nous assimilons à un mouvement, non plus massif, mais *moléculaire* des corps chauds. — *La douleur* n'a pas d'excitant propre : elle *naît en général toutes les fois que l'excitant acquiert une intensité exagérée*, qui, dépassant les limites convenues du fonctionnement des organes, lui confère par là même une action plus ou moins destructive sur ces organes.

On admet qu'il en est ainsi non seulement pour la peau, mais pour tous les appareils des sens, avec plus ou moins de netteté : une lumière par trop vive, un son par trop aigu ou éclatant, donnent une sensation *pénible*, qui est une forme atténuée de la douleur.

Discussion. — Cette première distinction étant faite, demandons-nous si la spécificité des deux excitants qui nous restent est liée à la spécificité des appareils qui reçoivent leurs ébranlements excitateurs. — Dans des organes comme l'œil ou l'oreille, la question est facile à juger, parce que les éléments récepteurs spécifiques sont distincts, tout à la fois par leur forme et par leur situation particulière à l'intérieur de l'appareil. Dans la peau, à supposer que de tels éléments existent, ces deux caractères leur manquent : il n'y a pas de territoires cutanés spécialement affectés à la réception des impressions thermiques, comme l'est dans l'œil la rétine aux impressions lumineuses, au milieu d'autres membranes ayant la sensibilité commune : et malgré que nous trouvions dans le revêtement cutané jusqu'à trois ordres d'appareils récepteurs de l'excitation, nous n'avons aucune raison de croire que l'un d'eux est spécifiquement lié au sens de la température. Comme d'autre part la spécificité de la sensation thermique est évidente, nous nous trouvons en présence d'un problème dont la solution exigerait un certain nombre de données qui nous font défaut.

On peut remarquer, à ce propos, que l'élément spécifique récepteur d'un sens en particulier peut être mis en jeu par plusieurs excitants de nature différente. La rétine par exemple est spécifiquement excitable par les ondes éthérées que nous appelons lumineuses, mais elle l'est aussi par les actions mécaniques, témoin les phosphènes. Étalée à la surface de la peau, au lieu d'être enfouie derrière les milieux réfringents de l'œil, la rétine nous préviendrait tout à la fois du contact des corps et de l'existence des ondes lumineuses. Il est vrai qu'elle ne nous donnerait pour tout cela qu'une seule et unique impression analogue à celle des phosphènes. En fait, loin d'aller au-devant de l'excitation mécanique du contact des corps, elle s'en protège au contraire, par sa situation profonde derrière des milieux transparents, qui ne laissent venir à elle que les ondulations de l'éther ; ce qui la soustrait à toute éducation capable de l'amener à différencier les deux excitations. Ces conditions changées, il se pourrait qu'elle devînt apte à nous fournir les éléments des deux sensations. On est obligé de chercher dans quelque condition de ce genre l'aptitude de la peau à nous renseigner sur des excitations, les unes thermiques, les autres mécaniques.

II. Dissociation expérimentale. — On peut voir les différentes

sensibilités d'un territoire cutané dissociées à la suite de lésions ou d'interventions portant sur le nerf sensitif correspondant. Après section d'un tronc nerveux, on a trouvé les sensibilités thermique et douloureuse perdues, alors que la sensibilité tactile était conservée (LÉTIÉVANT, WEIR-MITCHELL, RICHET, CHARCOT, etc.), ou bien elles sont toutes trois abolies, mais la zone d'insensibilité thermique et douloureuse déborde notablement la zone d'insensibilité tactile (CAVAZzani et Manca). C'est la dissociation qu'on appelle syringomyélique, parce qu'elle s'observe dans certaines affections de la moelle épinière. Si, extemporanément, on comprime un nerf superficiel, comme le cubital, on voit également s'affaiblir progressivement et disparaître les différentes sensibilités, la thermique et la douloureuse d'abord, pendant que la tactile est relativement conservée (BIERNACKI).

Les faits de ce genre paraissent, de prime abord, favorables à l'existence de conducteurs distincts pour ces différents modes de sensibilité. Toutefois, même avec cette hypothèse simpliste, on n'évite pas les difficultés de l'interprétation, et on peut lui préférer l'hypothèse suivante. Chaque nerf sensitif a son territoire de distribution à la peau, mais ces territoires se pénètrent mutuellement par leurs confins. La persistance de la sensibilité tactile, après section d'un tronc nerveux, s'explique par l'envahissement de son territoire par les fibres des troncs voisins. L'affaiblissement ou l'abolition de la sensibilité thermique et douloureuse s'expliquera par l'insuffisance de cette innervation collatérale. Autrement dit : l'excitation, pour produire la douleur ou la sensation de température, doit affecter plus de fibres dans le même point que pour produire la sensation de contact.

III. **Persistance de l'impression.** — On peut démontrer (pour la peau comme pour la rétine) que l'impression persiste un certain temps après l'éloignement de l'excitant. Si, à l'aide d'un appareil rotatif, on produit périodiquement sur un doigt deux chocs se répétant à 1/45 de seconde en moyenne, ces deux impressions sont perçues comme une seule. Si les deux chocs successifs sont reçus par les deux doigts symétriques sur les deux mains, il en est de même. C'est la preuve que la sensation du premier choc durait encore avec une intensité sensiblement égale à elle-même lorsque est arrivée la seconde impression. La rapidité du choc augmente la persistance de la sensation, mais faiblement.

Mesure de la vitesse de transmission dans les nerfs sensitifs. — Sur cette donnée, on a établi une méthode de mesure de la vitesse de transmission nerveuse dans le système sensitif. Si, au lieu de recevoir les deux chocs sur deux régions symétriques ou placées à la même distance du cerveau, on reçoit le deuxième choc sur une région plus rapprochée, soit par exemple la main et la face, on obtient la fusion des sensations, en laissant un intervalle plus grand que lorsqu'il s'agit de deux régions symétriques. La différence des deux intervalles mesure la différence de durée des deux transmissions. Inversement, si les chocs sont reçus, le premier sur un doigt de la main et le second sur un orteil, l'intervalle pour obtenir la fusion doit être diminué de toute la quantité représentant la différence de durée des transmissions sensitives, depuis le pied et depuis la main respectivement jusqu'au sensorium. D'après ces expériences, la vitesse de transmission est plus grande dans la moelle que dans les nerfs (BLOCH).

IV. **Élément primitif de la sensation tactile.** — D'après MENdelsionn, toute sensation provoquée par l'irritation mécanique de

la peau peut se réduire à une sensation de pression : si ce n'est l'élément unique de la sensation tactile, c'est au moins son élément principal. — La sensation de pression varie suivant deux conditions, deux facteurs, qui sont l'*intensité* de l'irritant, ou poids supporté, et l'*étendue* de la surface cutanée soumise à la pression. En variant individuellement, soit l'un, soit l'autre facteur, on obtient deux séries de valeurs.

Si, à surface égale, on fait varier l'intensité des poids, on détermine la *perceptibilité différentielle* du sens de la pression.

Si, à intensité égale de l'excitant (à poids égal), on fait varier la surface irritée, on détermine l'*acuité tactile*. Celle-ci joue dans le sens tactile le même rôle que l'acuité visuelle dans la vision.

La perceptibilité différentielle et l'acuité tactile ont nécessairement entre elles des rapports étroits, la première ne pouvant pas s'exercer sans la seconde. Néanmoins elles sont susceptibles d'éprouver des variations indépendantes non parallèles entre elles, quand la sensibilité cutanée vient à varier (suivant les régions, l'état du sujet, les lésions du système nerveux).

V. Sens stéréognostique. — Nous avons la possibilité d'apprécier, *les yeux fermés*, la forme des corps placés en contact avec notre peau. Cette appréciation n'est un peu correcte que sur les surfaces les plus sensibles, comme celles de la paume de la main ; elle met en jeu deux facteurs au moins, à savoir : d'une part, la sensibilité tactile du territoire cutané en contact avec l'objet qu'on cherche à reconnaître ; d'autre part, la sensibilité profonde des parties qui subissent ou exécutent les mouvements de la main et des doigts, assurant leur contact avec l'objet. Une part de cette sensibilité revient aux muscles qui produisent ces mouvements et se rapporte au sens dit musculaire.

Il y a ainsi, dans l'exercice du toucher, un élément actif qui intervient pour amplifier et compléter les renseignements que nous fournit ce sens, d'où le nom de *toucher actif* qui lui est donné dans cette circonstance.

La sensation stéréognostique est une sensation complexe. — Elle est formée par l'association de sensations plus simples et se développe dans un système plus complexe que ceux qui servent isolément de champ à ces dernières.

A. — PROJECTION SUR L'AXE GRIS.

Les excitations tactiles reçues dans les appareils nerveux de la peau sont projetées dans la moelle épinière. Cette projection s'opère par la voie des neurones des racines postérieures. Pour chacun d'eux, elle n'est qu'un fait de conduction ordinaire et isolée. Mais il est remarquable que dès l'origine, c'est-à-dire dès les appareils récepteurs de l'excitation, cette projection implique déjà un fait d'association. — Nous savons que chaque racine sensitive a un territoire cutané déterminé ; mais nous savons également que ces territoires se pénètrent mutuellement, à tel point que le territoire d'une racine donnée est recouvert dans sa moitié supérieure par celui de la racine du numéro précédent, et dans sa moitié inférieure par celui de la racine du numéro suivant. Un point de la peau, assez peu étendu pour ne donner qu'*une* sensation au compas de Weber, projette en réalité l'excitation par *deux* ou *plusieurs* racines. L'unité de la sensation n'est nullement incompatible, comme on voit, avec la multiplicité des voies conductrices. L'*excitation*, avant même d'atteindre la substance grise de la moelle épinière, tombe dans un ensemble systématisé, qui tend à la diffuser à travers le système nerveux.

I. **Traversée des ganglions spinaux.** — Les ganglions des racines postérieures contiennent les cellules d'origine des neurones de projection entre la peau et la moelle épinière (nerfs sensitifs), cellules qu'on peut considérer comme étant placées sur leur trajet à grande distance de leurs deux extrémités. On a considéré d'abord ces cellules comme étant sans relations entre elles, à l'exemple des fibres nerveuses dans le cours de leur trajet. Dogiel a depuis montré qu'elles sont munies de prolongements, par lesquels les neurones radiculaires postérieurs peuvent entrer en relation fonctionnelle les unes avec les autres, soit peut-être directement, soit par l'intermédiaire de cellules courtes d'association, dont les ramifications tant dendritiques que cylindraxiles ne dépassent pas les limites du ganglion. — Ces prolongements des cellules radiculaires leur assureraient de plus des connexions encore mal définies avec le grand sympathique.

Les ganglions spinaux se rapprochent donc de la structure de la moelle épinière, dont ils sont du reste une portion distraite embryologiquement et dont ils doivent posséder à quelque degré les fonctions. — J'ai cherché par l'expérience si on trouverait encore quelque indice de l'action transformatrice si évidente, que possède la moelle épinière sur les excitations qui la traversent : et pour cela j'ai étudié les caractères présentés par les réponses réflexes des excitations portées sur le nerf sensitif *avant* et *après* leur traversée dans le ganglion spinal. Je n'ai pu saisir aucune modification certaine dans les caractères principaux des mouvements réflexes ainsi obtenus. Ou bien les caractères visés (temps de latence, fusion des excitations) ne sont pas ceux qui dépendent de l'action ganglionnaire, ou bien, comparées à celles qui se produisent du fait de

la moelle, ces modifications sont trop faibles pour apparaître avec évidence
dans les tracés du mouvement musculaire étudié dans cette double condition.

II. Les fibres radiculaires postérieures. — Les fibres radiculaires postérieures, en pénétrant dans la moelle, sont sériées en
deux groupes, l'un *externe*, l'autre *interne*, qui diffèrent par la
grosseur de leurs fibres et la longueur des trajets qu'elles fournissent dans la moelle, avant d'aller rejoindre les diverses régions
de la substance grise.

Le type de leurs connexions n'est pas essentiellement différent
entre les fibres courtes, moyennes ou longues. Ces dernières
forment le groupe dit interne ou *médial*. Les variations dans le
type structural doivent correspondre à des modalités fonctionnelles
que nous ignorons.

En étudiant les fonctions des éléments de la moelle épinière, nous avons déjà
eu l'occasion de parler des racines sensitives et de leurs principales connexions. —

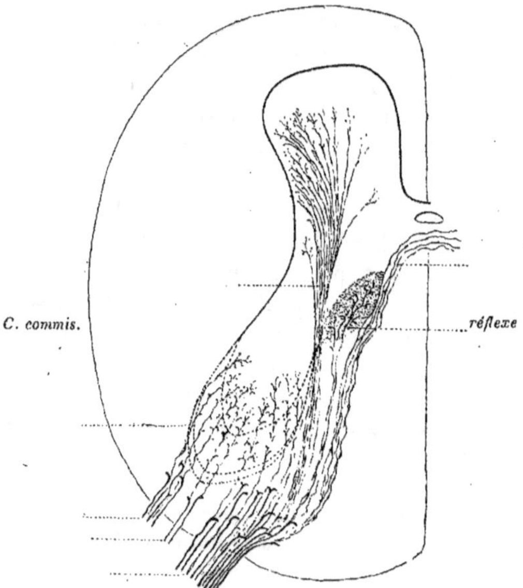

Fig. 212. — *Collatérales des racines postérieures.*

Groupes des racines postérieures émettant à leur entrée dans la moelle leurs collatérales courtes, moyennes et longues (dessin schématique de CHARPY).

Une donnée que nous devons à l'application des nouvelles méthodes anatomiques et qui est faite de prime abord pour susciter l'étonnement, c'est le *développement extraordinairement étendu du champ polaire de distribution des neurones*

radiculaires postérieurs considérés individuellement (groupe interne principalement) : quelques-uns s'étendent à toute la longueur de la moelle et la dépassent même, pour atteindre les noyaux inférieurs du bulbe rachidien, peut-être
le cervelet ; c'est aussi *le nombre et les connexions variées des ramifications de ce
champ de distribution avec la sub-
stance grise de la moelle*, à ce point
que les principales régions de la
substance grise reçoivent les expansions d'un même champ polaire.

A son entrée dans la moelle, la
fibre radiculaire postérieure se divise en deux branches, l'une *descendante*, moins longue (mais pouvant néanmoins atteindre encore
de 5 à 7 centimètres pour quelques-
unes), l'autre *ascendante*, dont l'extrémité *terminale* va atteindre les
noyaux de Goll et de Burdach à la
partie inférieure du bulbe. Ces
branches donnent des *collatérales*
subdivisibles elles - mêmes en
courtes, qui se perdent dans la
corne postérieure (substance de
Rolando) ; *moyennes*, qui vont à la
colonne de Clarke (un petit nombre
traversent la commissure grise postérieure et forment une voie commissurale) ; *longues*, qui vont à la
corne antérieure du même côté
(ces dernières naissent près de la
bifurcation, près par conséquent
de la racine qui les a fournies, et ne
sortent guère du même segment
médullaire).

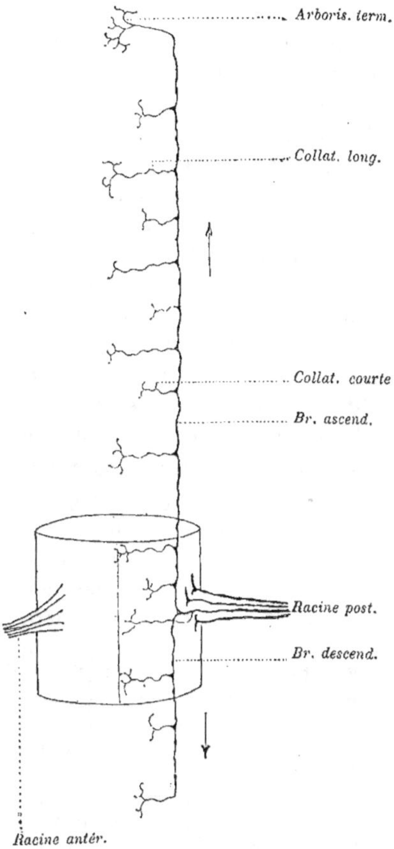

III. Dispersion de l'ex-
citation. — Les noyaux de
Goll et de Burdach sont l'origine principale du ruban de
Reil ou faisceau sensitif mé-
dullo-cortical ; la colonne de
Clarke, celle du faisceau cérébelleux direct ; les cornes an-

Fig. 213. — *Racine postérieure avec ses branches
ascendante et descendante et leurs ramifications collatérales et terminales.*

Dispersion de l'excitation dans une grande
étendue de l'axe gris.

térieures de la moelle, celle des racines motrices. L'excitation est
donc apportée à des voies qui la dispersent dans trois directions,
aussi divergentes et éloignées que possible, à savoir : vers l'*écorce
cérébrale*, vers le *cervelet*, vers les *muscles*, organes immédiats du
mouvement. Cette même substance grise lui offre encore les den-

trites ou pôles récepteurs de nombreux neurones, à fibres tant directes que croisées, qui les unes, longues comme celles du faisceau de Gowers, remontent vers l'écorce ou le cervelet ; les autres, moyennes, réunissent des étages de la moelle plus ou moins distants les uns des autres ; les autres, courtes, associent des éléments tout à fait voisins dans la même région limitée de la moelle, pour des fonctionnements extrêmement variés.

La dispersion de l'excitation dans tant de directions et si variées, elles-mêmes en rapport avec des voies de direction inverse, qui la reconcentrent sur les organes exécuteurs des fonctions, engendrerait dans les fonctions le plus inextricable désordre, si elle n'était elle-même ordonnée, d'après des lois dont nous voyons bien l'effet, mais dont le principe même nous reste inconnu. — Par moments, elle afflue au cerveau et semble s'épuiser en effets sensitifs ou psychiques, sans résultat moteur immédiat ; à d'autres instants, elle n'aboutit pas à la conscience et réalise le mouvement sans délai. Entre ces deux extrêmes, il y a place pour les nuances et les combinaisons les plus variées. L'anatomie nous a rendu le très grand service de nous montrer les voies possibles dans lesquelles elle peut s'engager pour réaliser des actes aussi divers et aussi contingents que ceux que nous exécutons intérieurement et extérieurement : à la constatation de cet état purement statique, nous ne sommes pas en mesure de superposer les états dynamiques qui répondent à chacun des changements dont quelques-uns seulement se traduisent visiblement et extérieurement à nos yeux.

Fonction de direction ou d'aiguillage. — La notion, évidente par elle-même, de ces changements implique, pour quelques-uns, l'existence dans le système nerveux d'une fonction dite de direction ou d'*aiguillage*, pour employer une comparaison, qui précise en termes métaphoriques, mais expressifs, l'idée qu'elle veut rendre. Nous pouvons l'admettre en principe : seulement, sur le mécanisme de cette fonction, comme sur les conditions qui la déterminent dans son exécution, les faits positifs nous font jusqu'à présent défaut.

Les conditions déterminantes de ce phénomène de direction ne sont pas toutes relatives à l'excitant actuel (nature, forme, intensité); il en est d'intérieures au système nerveux (au moment où il reçoit l'excitation), et ces conditions semblent être de la nature de celles qui interviennent dans le phénomène de l'*attention*.

IV. Court circuit ; action réflexe. — Lorsque l'excitation apportée par les collatérales longues aux noyaux moteurs de la corne antérieure, trouve un chemin pour aller aux muscles, elle accomplit un des plus courts et des plus simples trajets qu'elle puisse affecter dans le système nerveux. On a donné le nom de

collatérales réflexes à ces terminaisons des neurones radiculaires
postérieurs, qui associent en général les deux racines correspondantes d'une paire nerveuse, dans un acte sensitivo-moteur de la
forme la plus simple, et on peut faire la preuve que l'excitation suit
bien cette voie, en isolant le segment métamérique correspondant
à la paire nerveuse, du reste de la moelle, par une double section
faite au-dessus et au-dessous de lui. Mais il ne faudrait pas croire
que ces collatérales soient les seules voies réflexes ; toutes les

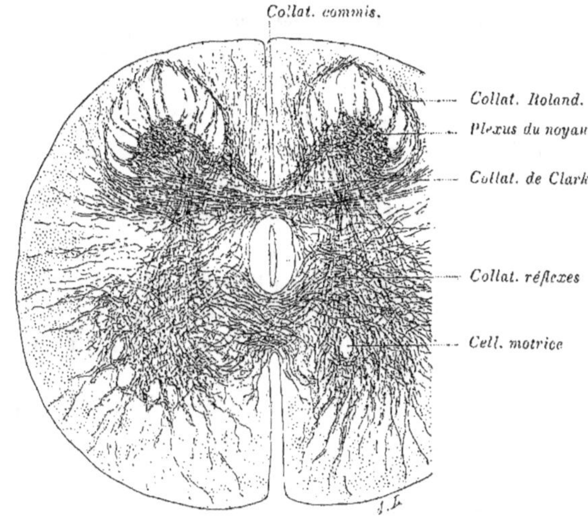

Fig. 214. — *Fibres collatérales de la moelle* (d'après CAJAL).

Collatérales des cordons et des racines vues sur une coupe transversale de la moelle
thoracique. Chien nouveau-né (méthode de Golgi).

autres ramifications, tant collatérales que terminales, du neurone
radiculaire postérieur peuvent engager l'excitation dans des circuits qui, pour être plus accidentés, n'en seront pas moins des
circuits réflexes.

L'expression « acte réflexe » est généralement synonyme d'action
inconsciente-involontaire. A cet égard, il faut encore rappeler que
la participation du cerveau et de l'écorce n'entraîne pas forcément
la nature consciente du phénomène sensitif et volontaire du phénomène moteur : il est des réflexes qui ont leur siège dans l'écorce.
Sa pénétration en hauteur n'est pas la seule condition, ni la condition déterminante, de l'apparition de la conscience : l'association
des différents territoires corticaux y joue par contre un rôle de premier ordre.

Depuis le phénomène sensi-moteur rudimentaire qui s'opère dans le segment médullaire isolé, jusqu'au phénomène de l'idéation, qui met en participation les différents systèmes sensoriels, avec leurs dépendances motrices, la gradation est progressive et ininterrompue.

V. **Long circuit ; action consciente**. — Lorsque l'excitation aboutit à un phénomène conscient, à la sensation, celle-ci, avons-nous dit, peut présenter trois modalités. Elle est une sensation de contact (*esthésie*), ou une sensation de température (*thermo-esthésie*), ou une sensation douloureuse (*algésie*). Pour ce qui concerne les premières voies du système (éléments radiculaires), on a renoncé à localiser les excitations provocatrices de ces trois sensations dans trois ordres de conducteurs distincts ; mais à partir de la substance grise médullaire, vu les différences morphologiques assez tranchées des fasciculations qui prolongent le système du côté de l'encéphale, on a souvent espéré trouver un emploi fonctionnel distinct à chacune d'elles, en l'affectant à la transmission isolée de l'une ou de l'autre de ces modalités sensitives. Et non seulement les faisceaux, mais la substance grise a été comparée à un conducteur, et la question s'est posée des attributions conductrices de la substance grise comparée à celle des faisceaux.

Dissociation syringomyélique des différentes sensations. — L'argument le plus sérieux qu'on puisse faire valoir en faveur de la conduction spécifique de chacune des sensations qui prennent naissance à la peau, c'est la dissociation qu'elles éprouvent du fait de certaines altérations médullaires, dans la *syringomyélie*. Il est une affection de la moelle épinière, où on peut observer une *disparition de la sensibilité à la douleur et à la température, pendant que la sensibilité au contact est conservée*. L'altération qui réalise cette dissociation est une gliomatose, qui, envahissant la substance grise, la détruit sur une certaine longueur, en la remplaçant par des cavités, et respecte la substance blanche.

VI. **Hypothèse localisatrice**. — C'est la reproduction, sur l'homme, d'une expérience de Schiff, consistant à couper (autant que possible) la substance grise, en respectant la continuité des faisceaux postérieurs. Le résultat en serait le même dans les deux cas : abolition de certains modes de sensibilité et conservation d'un autre. Chez le chien ainsi opéré, la sensibilité tactile subsiste, celle à la douleur est perdue. On en a conclu que les faisceaux postérieurs sont la voie tactile (Schiff), pendant que la substance grise serait la voie pour les impressions de la sensibilité douloureuse (Brown-Séquard).

Critique. — Ce schème a joui pendant quelque temps d'une grande faveur. Les cliniciens voyaient, dans l'expérience de Schiff, une base solide pour l'interprétation des faits de dissociation syringomyélique, et les physiologues, de leur côté, trouvaient dans les faits de la clinique et de l'anatomie pathologique un appui pour des conclusions qui n'étaient pas évidentes d'elles-mêmes. — Malheureusement, une critique un peu serrée de ces faits ne laisse presque rien subsister de l'hypothèse fondamentale. Les observations cliniques établissent d'une façon indubitable le fait de la dissociation des sensibilités à la douleur, à la température, au contact, on peut même ajouter à la pression, au chaud, au froid..., en un mot de tous les modes connus de la sensibilité. La séparation, il est vrai, n'est pas toujours complète; mais, dans la plupart des cas, elle est très nette. Seulement, l'ordre suivant lequel se groupent ou disparaissent ces diverses modalités du sentiment n'est pas toujours le même; à de certaines fois, il est inverse de ce qui a été dit plus haut; c'est alors la sensibilité tactile qui est intéressée, sans altération de la sensibilité à la douleur et à la pression. La sensibilité au froid peut être conservée et celle au chaud détruite.

Discordance entre les symptômes et les lésions. — Si à chaque variété de dissociation correspondait une forme particulière d'altérations de la moelle épinière, rien ne serait plus précieux que les renseignements ainsi fournis par la pathologie : malheureusement, si de leur côté les formes de l'altération gliomateuse sont également diverses, on ne voit jusqu'à présent aucune concordance certaine entre ses variétés et celles de la symptomatologie clinique. La loi qui relie les unes aux autres n'est pas trouvée; cette loi n'est donc pas celle qui *localise* les différents ordres de sensibilité dans des conducteurs dissociés et qui pour cela assimile la substance grise à un conducteur (1).

De leur côté, les résultats obtenus par Schiff dans l'expérience en question ne sont pas de ceux qui sont admis sans discussion. Philippeaux et Vulpian déclarent n'avoir rien vu de pareil. Non qu'il faille nier la possibilité de ces résultats. L'expérimentation peut les réaliser chez les animaux, comme la maladie les fait naître chez l'homme : mais les conditions qui assurent leur constance ne sont exactement déterminées ni dans un cas ni dans l'autre.

Formule équivoque. — A supposer que ces conditions soient bien celles qui ont été indiquées plus haut, la formule qui les exprime est mal conçue. Elle met en opposition la substance grise et la substance blanche de la moelle, comme si les impressions tactiles n'avaient affaire qu'à celle-ci et les douloureuses qu'à celle-là. En réalité, les unes et les autres pénètrent dans la moelle par les éléments radiculaires postérieurs, qui font partie de sa substance blanche, et sont transmises par eux forcément à sa substance grise.

Mais cette transmission se fait, comme on a vu, dans des lieux très différents de celle-ci; certaines collatérales atteignant l'axe gris dans le prolongement même des racines, tandis que d'autres l'atteignent plus haut, et enfin les branches terminales seulement au niveau du bulbe.

La théorie localisatrice de Schiff et Brown-Séquard suppose que les impres-

---

(1) La syringomyélie (moelle en forme de tuyau) est due à un développement des cellules névrogliques de la substance grise, qui s'atrophie et disparaît, en laissant des cavités, ou même une seule cavité étendue à toute la longueur de la moelle. Tantôt elle respecte une partie de la substance grise, tantôt elle envahit en plus la substance blanche. Elle la comprime plus ou moins dans tous les cas. On admettait, sans preuve bien évidente, que les faisceaux postérieurs échappent mieux que les autres à cette compression.

sions douloureuses trouvent dans la substance grise, en regard des racines qui apportent l'excitation ou dans leur voisinage plus ou moins immédiat, une voie de transmission au cerveau, et les tactiles non ; elle suppose inversement que les impressions tactiles trouvent leur voie de transmission dans les noyaux bulbaires ou plus ou moins près de ceux-ci, et les douloureuses pas. L'interruption de la substance grise, entre le niveau de la racine considérée et la région bulbaire, supprimera donc la conduction des impressions douloureuses *après* leur pénétration dans l'axe gris, mais laissera pénétrer les impressions tactiles. — La section des faisceaux postérieurs au même niveau supprimera la conduction des impressions tactiles *avant* leur pénétration dans l'axe gris, mais laissera le champ libre aux impressions douloureuses, — le tout d'après l'hypothèse de leur localisation dans des conducteurs distincts à partir de la moelle jusqu'au cerveau, hypothèse que nous rejetons.

VII. **Réflexes bulbaires**. — En raison de l'extension prodigieuse des champs polaires des racines postérieures, l'excitation apportée par celles-ci subit déjà une première dispersion : la substance grise médullaire, par les fibres tant de projection que d'association qui en naissent et affectent des directions si diverses, lui en fait subir une seconde. Nous avons vu qu'elle lui offre à choisir entre les nerfs moteurs qui l'écoulent aux muscles directement, ou l'encéphale qui a sur elle un pouvoir de conservation, et nous savons de plus qu'entre ces termes opposés, elle a d'autres lieux de transformation et de réflexion. Le bulbe rachidien est un des plus importants de ceux-ci. Rosenthal le désigne comme intervenant dans un grand nombre de réflexes qu'on a l'habitude de considérer comme étant purement médullaires. Cette intervention est en particulier manifeste dans les actes réflexes qui retentissent sur le grand sympathique (actions vaso-motrices, sécrétoires, vaso-dilatatrices, etc.).

Expérience. — Si on excite un nerf sensitif, comme le sciatique ou tout autre tronc nerveux de même fonction, cette excitation, en plus du phénomène intérieur ou purement psychique de la douleur, provoque un grand nombre de manifestations réflexes, tant sur les muscles du squelette, y compris ceux de la respiration, que sur les organes des fonctions nutritives. Pour les mieux voir, il faut même les dissocier. On supprime les plus extérieures de ces manifestations, en soumettant l'animal à l'action du curare qui paralyse les nerfs volontaires et de la respiration. Vient-on alors à provoquer un phénomène de sensibilité douloureuse, on constate que le cœur est ralenti (parfois même il peut s'arrêter) ; dans un grand nombre d'organes, mais surtout les viscères, les capillaires artériels se resserrent et font monter la pression générale artérielle ; au même moment les capillaires cutanés se dilatent et exagèrent la circulation des régions superficielles ; la pupille se dilate ; les glandes cutanées sécrètent, etc. Si on sépare le bulbe de la moelle épinière par une section, on constate que l'excitation n'a plus les mêmes effets. Mais si, après un certain délai, on recommence l'épreuve, on voit que les effets renaissent, bien qu'atténués. C'est la preuve que pour tous ces actes de la vie organique le bulbe est un centre de réflexion important, mais que néanmoins il n'est pas le seul, bien que son action à cet égard l'emporte de beaucoup sur celle de la moelle épinière.

B. — AIRE TACTILE CORTICALE.

Les excitations reçues à la surface de la peau n'arrivent pas toutes à l'écorce cérébrale : un grand nombre d'entre elles sont dispersées ou réfléchies à des hauteurs variables, depuis la moelle épinière, en passant par le cervelet et les ganglions cérébraux. Celles qui, après des transformations multiples dans les étages sous-jacents de la substance grise, atteignent le cortex, y développent le phénomène de la *sensation tactile*, dite *sensibilité générale*, par opposition avec les autres sensations, qui naissent d'impressions de nature différente, recueillies sur des surfaces plus limitées (sensations spéciales).

1. **Localisation corticale de la sensibilité**. — On admet que la sensation tactile se développe dans un territoire limité et déterminé de l'écorce cérébrale : ce qui veut dire qu'après la destruction de ce territoire cortical, la sensation claire, nettement consciente du tact, aura perdu les conditions de sa réalisation. Si la lésion affecte l'un des deux hémisphères, il y a *anesthésie* d'un des deux côtés du corps ; si les deux hémisphères sont lésés, l'anesthésie sera généralisée.

La détermination de l'aire tactile corticale (sphère tactile de Munck, centre de la sensibilité tactile de beaucoup d'auteurs) a donné lieu à beaucoup de discussions. Pour des raisons plutôt théoriques, elle fut placée tout d'abord à la partie postérieure du cerveau, en arrière de la zone motrice excitable (par analogie sans doute avec ce qui se voit dans la moelle épinière). Les faits tant cliniques qu'expérimentaux obligèrent d'abandonner ce schème, et l'aire de la sensibilité tactile se vit confondue avec la zone motrice elle-même, autrement dit dans les circonvolutions centrales, situées dans le voisinage immédiat de la scissure de Rolando.

Zone sensitivo-motrice. — Les faits cliniques qui ont établi cette localisation sont en particulier dus à R. Tripier (1880). Des premiers et malgré les tendances contraires, cet observateur a su voir que les paralysies motrices (hémiplégies), causées par une destruction de la zone rolandique, sont constamment accompagnées d'une diminution de la sensibilité : cette hypoesthésie n'est pas l'exception, mais la règle. *La zone motrice est en réalité une zone sensitivo-motrice.* Les faits de la physiologie, après examen plus attentif, ont déposé dans le même sens, avec LUCIANI et MUNCK. La destruction de la zone motrice laisse après elle des traces reconnaissables, non seulement dans le domaine de la motricité, mais dans celui de la sensibilité : il faut seulement se rappeler que les expressions *motricité* et *sensibilité* ont une acception, tantôt éten-

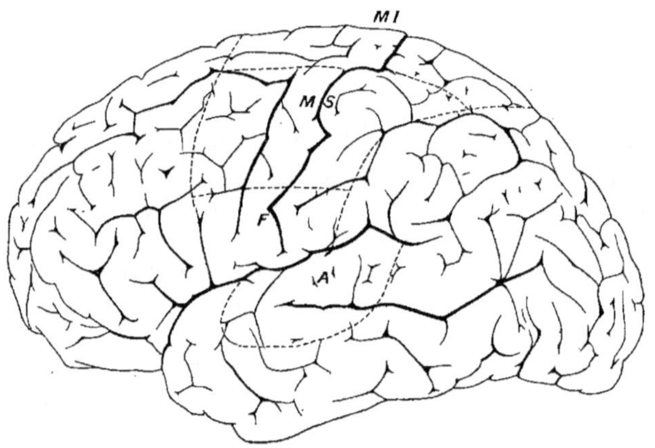

Fig. 215. — *Zones sensitivo-motrices et sensorielles de la face externe de l'hémisphère.*

Zone sensitivo-motrice tactile subdivisée en trois régions.
MI, aire du membre inférieur ; MS, aire du membre supérieur ; F, aire de la face.
Ac, zone sensorielle de l'audition. (D'après DEJERINE.)

due à toute production de mouvement et à tout phénomène de réaction contre l'excitation extérieure, tantôt au contraire limitée à de certaines modalités du mouvement ou de la réaction qui traduisent à nos yeux la sensibilité.

La destruction de la zone motrice, chez un animal, laisse persister un très grand nombre de mouvements de modalités fonctionnelles variées : mouvements, les uns simples, les autres compliqués, du reste coordonnés et adaptés à une fin. La spontanéité motrice ne paraît même pas avoir disparu, ce qui tient à ce que les sources de l'excitation sont restées nombreuses et de diverses qualités ; mais certaines modalités du mouvement (de celui surtout exécuté par les membres) ont disparu pour toujours, et la paralysie motrice qui y correspond n'apparaîtra, qu'autant qu'on recherchera ces mouvements et non d'autres leur ressemblant plus ou moins.

La destruction de la zone dite motrice, que nous appelons avec TRIPIER sensitivo-motrice, laissera également persister chez l'animal un certain nombre de réactions défensives ou responsives

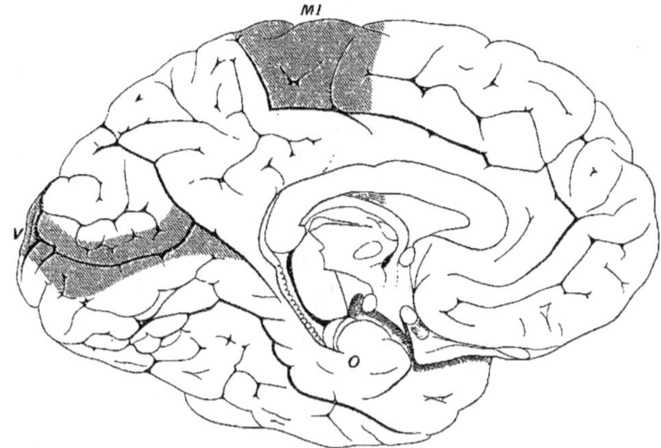

Fig. 216. — *Zones sensitivo-motrices et sensorielles de la face interne de l'hémisphère.*

MI, lobule paracentral appartenant à la zone sensitivo-motrice tactile.
V, zone visuelle ; O, zone olfactive. (D'après DEJERINE.)

prises assez souvent pour témoins de la sensibilité ; mais, comme l'avait vu cet auteur, aussi bien sur le chien que sur l'homme, elle en supprimera un certain nombre, qui ne réapparaîtront plus. Ce sont celles-là également qu'il faudra rechercher, si l'on veut reconnaître et définir la paralysie sensitive qui suit la lésion corticale ainsi produite.

Différenciation progressive dans la série. — Les phénomènes sensitivo-moteurs, qui dépendent des aires sensorielles en général, et de l'aire tactile en particulier, ont d'autant plus d'importance et ont une physionomie d'autant plus accusée qu'ils sont observés sur des espèces plus élevées dans la série et que, chez un individu donné, ils correspondent à une fonction plus différenciée et plus exercée. C'est dans ces conditions seulement que le déficit apparaîtra d'une façon permanente, dans le domaine tant de la motricité que de la sensibilité. Il sera bien plus apparent chez l'homme que chez le singe et chez celui-ci que chez le chien ; au-dessous de ce dernier, il n'y a plus guère à le rechercher, dans le cas de lésions limitées à une zone circonscrite de l'écorce. Il apparaîtra, chez l'homme surtout, avec beaucoup plus d'évidence au bras qu'à la jambe, et dans la main ou les doigts beaucoup plus que dans les autres segments. Chez les animaux, c'est également dans les extrémités qu'il faut le rechercher (MOTT).

Balancement fonctionnel. — C'est là une des expressions de la loi que nous avons déjà eu l'occasion de signaler. Les fonctions cérébrales, celles qui font l'animalité et, par-dessus celle-ci, l'humanité, ne sont que les fonctions primordiales du système nerveux, lentement mais progressivement et profondément différenciées ; de même que le cerveau, qui n'était, au début, qu'un segment quelconque de l'axe nerveux, a pris une adaptation, un développement et des connexions particulières, pour le rôle de direction qu'il doit assumer chez les espèces supérieures.

Les ganglions du grand sympathique, les segments de la moelle épinière, sont restés comme les témoins de l'organisation primitive. Malgré leur pénétration, leur envahissement à tous les étages par les faisceaux de projection qui les assujétissent individuellement au segment supérieur devenu le cerveau, ces organes ont conservé des traces de leur indépendance et aussi de leur fédération. Mais leur autonomie (tant individuelle que collective) a été par là même amoindrie d'autant et a fait place à une *centralisation* plus prononcée. Voilà pourquoi le déficit fonctionnel qui suit, dans les espèces supérieures et surtout chez l'homme, les destructions de l'écorce cérébrale est si prononcé.

Les suppléances fonctionnelles, qui sont faciles entre des organes semblables ou peu différents, deviennent impossibles entre des organes qui ont subi une double évolution inverse (réductive pour les uns, progressive pour les autres), qui les ont ainsi profondément différenciés. Cette différenciation est, du reste, de valeur inégale pour les diverses fonctions corticales et partant pour les divers systèmes, territoires et organes qui exécutent ces fonctions, d'où les troubles si inégaux qui suivent des lésions en apparence égales ou équivalentes.

II. Superposition non parfaite des zones sensitive et motrice.

— Si le territoire cortical de la sensibilité tactile se superpose à celui de la zone dite motrice du cerveau, il convient d'ajouter qu'il ne s'y superpose pas exactement ; ou, pour mieux dire, nous n'avons pas de critère absolument certain, pour tracer des limites arrêtées autour, soit de l'un, soit de l'autre de ces territoires. Nous savons du reste que ces limites n'existent pas à l'état tranché, mais qu'elles se font par une dégradation continue. Le territoire sensitif, en apparence, déborde de beaucoup le territoire moteur. C'est du moins la conclusion qu'on tire des observations suivantes : *pour des lésions égales, la paralysie sensitive est moins évidente que la paralysie motrice correspondante ;* elle est également plus transitoire et, après avoir existé d'une façon nette, peut disparaître en grande partie.

Difficultés de la comparaison. — Il faut reconnaître aussi que les éléments de la comparaison nous font trop souvent défaut. La motricité, comme la sensibilité, est d'ordre très divers : suivant la modalité qu'il affecte, le phénomène moteur ou sensitif peut être atteint plus ou moins profondément par la lésion cérébrale ou être en grande partie respecté par elle. Pour ne parler que de la sensibilité, il y a une différence à faire entre l'*algésie* et la *thermo-*

esthésie qui généralement résistent à des lésions même étendues, et le *tact* proprement dit qui est, toutes choses égales, plus compromis. Encore faut-il distinguer entre la *sensation de contact* et le *toucher actif*, ou faculté que nous avons de localiser les objets et d'associer, dans une même représentation, les sensations musculaires et tactiles. Cette dernière modalité est celle qui disparaît le plus facilement et de la façon la plus persistante.

Données fournies par l'anatomie. — La nature sensitivo-motrice de la zone rolandique est encore démontrée par les données de l'anatomie. Le ruban de Reil, prolongement dans le cerveau des voies sensitives de la moelle épinière, va s'épanouir dans les circonvolutions centrales; c'est ce que démontrent

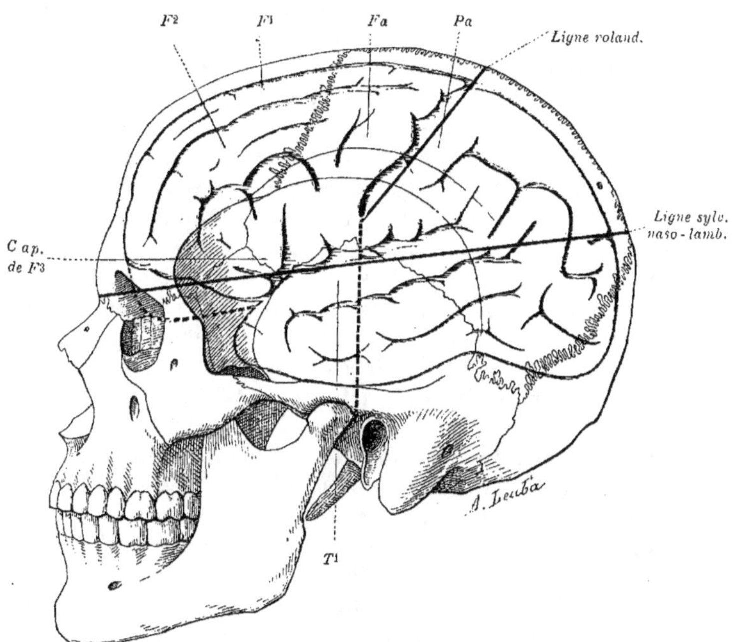

Fig. 217. — *Topographie cranio-cérébrale.*
Ligne rolandique et ligne sylvienne (d'après POIRIER).

les faits de l'embryologie et l'étude des dégénérations faites tant sur l'homme que sur les animaux.

Le ruban de Reil se compose, en réalité, de deux rubans, nés l'un dans la substance grise de la moelle (ruban de Reil latéral), l'autre à la partie inférieure du bulbe, dans les noyaux de Goll et de Burdach (ruban de Reil médian), qui, accolés l'un à l'autre à partir de là, suivent ensuite les pédoncules cérébraux, la capsule interne et vont à l'écorce. Flechsig a suivi le premier (ruban de Reil latéral) jusqu'à la circonvolution pariétale ascendante et à quelques territoires voisins. Le second (ruban de Reil médian), rejoint également l'écorce dans les circonvolutions centrales, mais la plus grande partie de ses fibres subissent une interruption dans la couche optique. Du bulbe à la couche optique s'étend un neurone *bulbo-thalamique*, et de la couche optique à l'écorce un *neurone thalamo-cortical*. La destruction des circonvolutions centrales entraîne une dégénération rétrograde de ce second neurone et une atrophie du premier sans dégénération proprement dite. Quoi qu'il en soit, l'aire tactile est représentée par un territoire de l'écorce recevant les terminaisons des voies sensitives (ruban de Reil) et les origines des voies motrices (faisceau pyramidal).

III. Autre formule localisatrice. — Lorsque, de par les faits de la clinique et de l'expérimentation, la zone motrice et la zone sensitive se furent confondues en une seule zone sensitivo-motrice, on ne renonça pas pour cela tout d'abord à trouver une nouvelle formule, qui pût concilier avec ces faits l'idée d'une localisation séparée de la sensibilité et de la motricité. On crut la trouver, un moment, dans une répartition en profondeur des soi-disant centres de l'une et de l'autre fonction, les lésions les plus superficielles de l'écorce étant celles qui souvent s'accompagnent d'insensibilité (Brissaud). Que l'on se représente la motricité et la sensibilité comme des fonctions cellulaires avec Golgi et Tamburini, ou que, avec Flechsig, on en fasse des fonctions d'association, l'idée qui, à l'heure présente, prédomine encore dans beaucoup d'esprits, c'est celle d'une localisation séparée et en quelque sorte absolue, d'une dissociation des territoires ou champs des deux fonctions, l'un de ces champs s'arrêtant à la limite précise où l'autre commence.

Examen critique. — J'ai montré déjà que cette conception, qui vise à étendre aux masses profondes et à l'écorce du cerveau les résultats des expériences faites sur les racines des nerfs, est insoutenable. La distinction radicale qui, à première vue, se montre entre le mouvement et la sensibilité, ne doit pas nous faire méconnaître la liaison nécessaire qui existe entre eux. A un examen moins superficiel, cette liaison se montre sous des aspects multipliés : elle existe à la fois dans les éléments et dans les systèmes partiels ou généraux, ainsi que dans le système nerveux tout entier. Dans la cellule considérée isolément ou séparée expérimentalement, elle fait le fond de ce que nous appelons son irritabilité. La cellule répond par un mouvement à l'excitation venue du dehors, et traduit par lui son état d'irritation. Dans le système nerveux et dans les grands systèmes composants qui reproduisent son image, cette liaison est tout aussi profonde, mais, en raison même de la complexité des systèmes, elle laisse mieux voir ses modes principaux d'articulation. L'erreur est, à mon sens, de considérer cette articulation comme unique et de la situer dans un plan de partage (tracé dans l'écorce cérébrale) qui rejette les deux phénomènes, l'un en avant, l'autre en arrière de lui. La pénétration réciproque des deux phénomènes s'opère par des racines, qui se prolongent dans les deux sens, jusqu'aux confins du système nerveux. L'écorce cérébrale n'en reste pas moins le lieu le plus remarquable de ce système, mais pour des raisons un peu différentes de celles qui ont été données. Elle ne renferme pas en elle la limite ou surface de démarcation des phénomènes de sensibilité, mais doit être considérée comme la clef de voûte des systèmes qui donnent à celle-ci sa plus haute expression, qui la conservent sous forme d'images et qui, finalement, la rattachent dans le temps aux mouvements par lesquels elle doit toujours se manifester.

Si nous supposons, faite avec l'instrument tranchant, une section qui suive la surface idéale qu'on suppose dans l'écorce entre le champ sensitif et le champ moteur, nous aurons, d'après les idées courantes, réalisé d'une façon effective et permanente cette dissociation de la sensibilité et du mouvement, telle qu'on la conçoit communément et telle qu'on admet qu'elle existe à certains moments dans le système nerveux (1). Or une telle opération (de tout point irréalisable, il n'est pas besoin de le dire) ne laisserait subsister ni la sensibilité, sous les formes hautement différenciées qui sont conditionnées par l'écorce cérébrale, ni la motricité sous sa forme également supérieure que l'on appelle volontaire. Je me fonde, pour l'affirmer, sur la conception qu'on doit se faire des systèmes partiels qui composent le système nerveux, en tant que ces systèmes se suffisent à eux seuls et sont capables d'un fonctionnement indépendant.

Systèmes fonctionnels, leur caractéristique. — L'ensemble des racines sensitives est une systématisation qui rapproche des éléments d'un type défini. L'ensemble des racines motrices de même. Le premier, surmonté des voies qui le prolongent jusqu'au cerveau, ou le second, surmonté des voies descendantes qui procèdent de l'écorce, sont des systématisations plus compliquées que les précédentes (elles forment ce qu'en d'autres termes nous appelons le champ sensitif et le champ moteur); mais ce ne sont encore pas des systèmes au sens propre du mot. Par contre, une racine sensitive associée à une racine motrice, dans l'exécution d'un réflexe élémentaire, représente un système fonctionnellement défini. Ce qui caractérise donc le *système* au sens physiologique du mot,

---

(1) Il convient, d'autre part, de remarquer qu'une telle surface n'est traçable d'aucune façon, pas même idéalement, si elle doit suivre les articulations des neurones (sensitifs d'une part, moteurs de l'autre), en respectant la continuité des éléments cérébraux. Il faut en effet se rappeler que les pôles terminaux des uns (axones du ruban de Reil) et initiaux des autres (dendrites du faisceau pyramidal), en plus des contacts qui les font se transmettre directement l'excitation, sont encore rattachés d'une façon secondaire par des éléments d'association de toutes formes et dimensions, que nous ne pouvons arbitrairement placer ni dans le champ sensitif, ni dans le champ moteur d'une façon exclusive, et qui se trouveront par conséquent dans le trajet de la section.

c'est d'une part l'*association de la sensibilité au mouvement* et c'est, d'autre part, la *forme cyclique*, qui met les deux phénomènes dans une mutuelle dépendance en les faisant se succéder et s'engendrer réciproquement.

Forme typique. — Le cycle réflexe est ainsi le prototype de l'organisation nerveuse, et on|le retrouve du haut en bas de cette organisation. Dissocié fonctionnellement, le système nerveux nous livrera des cycles de ce genre, aussi bien dans sa partie supérieure que dans sa partie inférieure : les uns simples, rudimentaires; les autres complexes, formés par l'association des premiers ; mais qui ne seront capables, les uns et les autres, d'un fonctionnement isolé, indépendant, qu'autant qu'ils conservent la forme et l'organisation cyclique, au moins dans une certaine mesure.

IV. Dissociation apparente de la sensibilité et de la motricité. — La dissociation de la sensibilité et du mouvement est réalisée, d'une façon en apparence très claire, dans les deux circonstances suivantes : 1° des excitations extérieures dirigées contre nos nerfs sensitifs provoquent en nous des *sensations* conscientes, qui ne sont pas suivies de mouvement, d'effort musculaire ; 2° inversement, des mouvements se produisent dans nos muscles par excitation intérieure, *volontaire*, du système moteur, sans que le système sensitif ait reçu aucune excitation de l'extérieur par la voie des sens.

Cette double observation, que chacun peut faire sur soi-même, paraît de prime abord répondre, aussi exactement que possible, au schème anatomique, qui partage le système nerveux en deux sous-systèmes, l'un affecté à la localisation exclusive de la sensibilité, l'autre à celle non moins exclusive de la motricité.

Mais cette conception localisatrice exclusive et la dissociation absolue qu'elle implique entre la sensibilité et la motricité ne reposent, en réalité, que sur une apparence ; elles ne résistent pas à une analyse un peu approfondie. En effet, pour ce qui concerne la sensibilité, c'est un fait dont il est facile de faire la constatation, que toute sensation, telle que celle qui résulte d'une impression extérieure un peu vive, est suivie d'une *tendance au mouvement*, sinon de mouvements effectifs. Or c'est là une preuve que le système nerveux est affecté cycliquement, dans sa partie supérieure ; l'excitation déborde sûrement l'écorce et s'engage partiellement dans les voies motrices, puisque les muscles eux-mêmes en trahissent quelque chose.

Pour ce qui concerne l'excitation dite volontaire de nos mouvements, nous n'avons de même aucune raison de croire que cette excitation a son point de départ immédiat dans le système moteur, à l'exclusion des soi-disant éléments sensitifs du cerveau. La volonté implique

en effet le souvenir, c'est-à-dire le réveil, le rappel à l'existence
d'une ou de plusieurs *sensations antérieures.*

À l'inverse de la sensation forte, qui n'est souvent suivie que de
mouvements ébauchés ou d'une tendance au mouvement sans effort
musculaire proprement dit, elle est une sensation faible, survenant
sans excitation extérieure, mais suivie de mouvements effectifs
plus ou moins énergiques et compliqués. Elle implique donc, elle
aussi, un processus cérébral de forme cyclique, bien qu'en réalité
différent du précédent à certains égards.

Imparité des cycles. — Les deux cycles, dans les deux exemples ainsi arbitrairement choisis pour les besoins de l'analyse, affectent une forme insolite, en ce
qu'ils ont dans les champs sensitif et moteur des prolongements, non pas égaux,
mais inversement inégaux : ils ont une partie cérébrale commune sensitivo-
motrice; à cette partie, de forme proprement cyclique, nous voyons s'ajouter,
pour le premier, les voies sensitives périphériques depuis leur origine, et pour
le second, les voies motrices jusqu'à leur terminaison ; les voies motrices périphériques sont comme retranchées du premier et les voies périphériques
sensitives retranchées du second. Dans le premier, c'est une sensation actuelle,
qui crée une motricité potentielle : dans le second, c'est une motricité actuelle,
qui a pour origine l'excitation potentielle déposée dans le cerveau par des sensations antérieures. La liaison dans le temps de la sensation et du mouvement
s'opère précisément par le système cyclique permanent que nous appelons
cérébral.

Extension en surface et en profondeur. — L'extension en surface et en
profondeur des cycles cérébraux est, comme on pense, infiniment variable, suivant la nature, l'importance, la complication des actes nerveux que l'on peut
isolément considérer. Il en est qui vraisemblablement ne dépassent pas son
épaisseur et restent confinés dans des aires restreintes. Il en est d'autres qui
rattachent entre elles ses différentes circonvolutions voisines ou éloignées, en
même temps qu'ils les associent au corps strié, à la couche optique, au cervelet
et à la moelle épinière dans des actes d'ensemble.

En principe, on admet que les fonctions nerveuses les plus hautement différenciées sont celles qui réclament les associations les plus étendues et occupent
les champs les plus vastes dans le cerveau. Pour ce qui est des associations en
surface, cela ne fait aucun doute et on en fournit un exemple par la constitution
de la zone du langage; pour les associations en profondeur, il convient d'être
beaucoup plus réservé : ce qui est certain, c'est que l'intelligence est compatible
avec des retranchements ou des lésions étendus de la moelle épinière, du cervelet et des ganglions cérébraux.

Les associations qui se font dans le cerveau et son écorce s'opèrent les unes
entre des parties symétriques, les autres entre des parties dissymétriques. Les
premières doublent en quelque sorte (et d'une façon symétrique) l'exécution de
l'acte nerveux fonctionnel qui est représenté dans ces parties; mais elles
n'ajoutent rien à la complication et à la valeur de cet acte nerveux. Ce sont, au
contraire, les secondes qui lui donnent (ainsi qu'on peut le comprendre) sa différenciation fonctionnelle. La zone du langage nous en est encore une preuve.
La différenciation qu'elle représente est poussée à tel point, que cette zone est

confinée dans l'un des deux hémisphères, à l'exclusion de l'autre, qui ne peut ni participer à l'exécution des signes vocaux, ni par conséquent suppléer la zone différenciée, quand elle a été détruite.

V. Connexions multiples. — L'aire corticale, qui répond à ces limites, est donc, par définition, le lieu des connexions entre les voies ascendantes et les voies descendantes du système tactile ; mais cette association, pour primitive et habituelle qu'elle soit, n'est pas la seule qui s'y puisse réaliser. Par les fibres d'association qui le relient, à travers le cerveau, avec les autres aires sensorielles corticales, elle peut réaliser des combinaisons sensorio-motrices autres que celle qui sert de base à la description présente. Elle peut mettre ses voies motrices au service d'un autre sens (comme la vue ou l'ouïe), ou emprunter celles qui sont propres à ces sens, pour les rattacher à la sensation tactile, dans quelque acte particulier. Car, en réalité, de même qu'il y a, à la surface du cerveau, un certain nombre d'aires sensorielles (autant que de sens distincts), de même il y a un nombre correspondant d'aires ou zones motrices, chacune de ces zones étant sensori-motrice, aussi bien que la zone tactile est sensitivo-motrice.

Seulement, les puissances musculaires, mises à la disposition directe des sens autres que le toucher, sont si peu de chose (muscles des oreilles ou des yeux), en regard du nombre, de l'étendue et de la puissance des masses musculaires rattachées au tact, que le nom de zone motrice ou aire motrice corticale est en quelque sorte réservé à la partie de l'écorce qui leur commande.

Effets de la destruction. — Quelles que soient les connexions réalisables, la destruction des circonvolutions centrales rompt, à leur origine dans l'écorce, les conducteurs cortico-bulbaires et cortico-médullaires, qui commandent aux muscles squelettiques dans l'ordre de la motricité dite volontaire : d'où la paralysie toute particulière dont ils demeurent frappés. La même lésion rompt, à leur terminaison, les conducteurs bulbo-corticaux, qui apportent les impressions reçues à la peau: d'où l'anesthésie qui en est simultanément la conséquence.

VI. Isolement. — L'aire tactile sensitivo-motrice présente de la sorte des connexions, soit avec l'axe gris, soit avec les autres aires sensorielles : elle est en relation d'échange d'excitations, soit avec le premier, soit avec les secondes, par des fibres tant efférentes qu'afférentes. On a institué des expériences pour savoir ce qui subsiste et ce qui disparaît de son fonctionnement, quand on interrompt ces connexions, soit dans le sens de la profondeur, soit dans le sens de la surface. François-Franck et Pitres, Marique et d'autres ont, avec l'instrument tranchant, interrompu sur leur continuité tantôt les fibres *radiaires* de projection qui vont à l'axe gris (par une section profonde perpendiculaire à leur direction), tantôt les fibres *tangentielles* d'association (par une circonvallation autour de l'aire tactile dite motrice).

Il est un point sur lequel ces auteurs sont entièrement d'accord : c'est sur les résultats de l'excitation de la zone tactile, faite immédiatement après ces sections, dans l'un et l'autre cas. *La section isolée des fibres tangentielles n'empêche pas*, mais *la section isolée des fibres radiaires fait disparaître les effets moteurs de l'excitation de la zone tactile sensitivo-motrice.* C'est la preuve que l'excitation portée sur l'aire tactile prend le chemin des fibres radiaires et non un chemin détourné pour aller à l'axe gris, qui la transmet aux muscles par ses nerfs moteurs : en d'autres mots, son action sur l'axe gris est directe, et ce résultat est en plein accord avec ce que nous montre de son côté l'anatomie.

Il y a moins d'entente sur les modifications fonctionnelles consécutives à ces opérations. Pour les uns et les autres, il est encore vrai, la section des fibres de projection paralyse la zone sensitivo-motrice, et celle des fibres d'association en laisse persister quelque chose ; mais, tandis que François-Franck et Pitres sont surtout frappés de la conservation des fonctions de l'aire ainsi isolée, à laquelle, selon eux, reste attachée une certaine action directrice sur le mouvement, Marique, Exner, Paneth insistent au contraire sur le déficit qui suit un tel isolement, déficit qu'ils comparent à celui consécutif à l'ablation du gyrus sigmoïde, tout en reconnaissant qu'il est moindre en somme.

Les points de vue de ces auteurs sont différents, leurs résultats ne sont pas contradictoires. *L'isolement de l'aire tactile d'avec le reste de l'écorce laisse persister un système* (le système tactile proprement dit) *qui peut encore, une fois isolé, fonctionner d'une façon autonome, mais fonctionne alors d'une façon forcément imparfaite.* Car, comme le remarque Exner, si les sources de l'excitation motrice sont pour une part dans les organes du tact, elles sont pour une part plus grande encore dans les différents autres sens, qui exercent un contrôle conscient sur les mouvements. Une fois isolé de tous ces sens, le système tactile, réduit à ses informations propres, traduira à chaque instant son insuffisance à réaliser les fonctions qu'il exécutait de concert avec eux tous. Il fonctionne, mais imparfaitement.

Sensations primaires et secondaires. — La sensibilité est à l'origine du mouvement ; mais le mouvement, à son tour, se répercute dans le système nerveux sous forme de sensibilité. Il y a, comme le remarque Bastian, des sensations *primaires* qui causent le mouvement, et il en est de *secondaires* qui sont causées par lui et qui, déposées dans le système nerveux, serviront de guides à un exécution nouvelle d'un mouvement semblable. Les premières ne peuvent venir que des organes qui nous mettent en relation avec l'*extérieur*, à savoir des organes des sens proprement dits : Les secondes nous viennent de nos propres organes. En effet, non seulement la peau, !mais les muscles, les tendons, les ligaments, les surfaces articulaires sont pourvus de nerfs sensitifs, qui recueillent et canalisent vers le cerveau ces excitations *intérieures* dues au mouvement lui-même. Il en résulte des sensations post-motrices que l'on a appelées *cinesthésiques*. Comme celles qui viennent de tous les autres sens, ces impressions sont conservées dans le cerveau à l'état d'images ou de souvenirs. Elles renaîtront de plus en plus facilement sous l'influence des mêmes causes, c'est-à-dire des mêmes mouvements qui les ont provoquées. Leur liaison avec ces mouvements facilitera ceux-ci et permettra, à la longue, l'exécution rapide et précise des actes les plus compliqués. Grâce à la forme généralement cyclique du système nerveux, les excitations reçues primitivement par lui ont en lui des échos multipliés, qui y prolongent leur durée d'une façon qu'on ne soupçonne pas tout d'abord, mais qui est certaine, en même temps qu'elles leur confèrent une véritable organisation, en entendant ce mot dans le sens dynamique qui est essentiel dans l'être vivant.

VII. **Extérioration de la sensation.** — Les sensations qui naissent des impressions faites sur la peau, sensations que l'analyse physiologique nous montre conditionnées par l'intégrité d'une région déterminée de l'écorce cérébrale, sont, comme on dit, *extériorées*, c'est-à-dire rapportées à leur cause originelle, qui a agi sur la surface du tégument.

L'extérioration de la sensation est un fait commun à tous les sens. Il est évident par lui-même; il échappe à toute explication rationnelle véritablement satisfaisante.

Illusions des amputés, erreurs d'extérioration. — Les amputés ont souvent la sensation persistante de leur membre absent (A. Paré), sensation qu'ils localisent de préférence dans l'extrémité (doigts) du segment perdu, laquelle leur paraît plus petite et rapprochée de la cicatrice. La sensation de température du « membre fantôme » varie comme la température réelle de la cicatrice. L'électrisation du moignon exacerbe ces sensations et les rend douloureuses (Weir-Mitchell); une piqûre de la cicatrice est localisée sur l'extrémité du membre perdu. Souvent le sujet fait avec son membre fantôme des mouvements imaginaires et l'illusion peut être telle, qu'il en résulte des chutes parfois graves. Ces illusions, qui vont en s'atténuant, peuvent durer parfois des années.

Ces sensations, les unes de contact (tactiles), les autres de mouvement (cinesthésiques), ont toutes pour point de départ l'irritation des nerfs de la cicatrice du moignon, irritation *faussement extériorée* par la conscience. La preuve en est que, si on cocaïnise la cicatrice, on voit (après une courte période d'exacerbation au moment de la piqûre) ces sensations disparaître, pour réapparaître après l'élimination (Pitres).

VIII. **Localisation.** — Non seulement les sensations tactiles sont extériorées, c'est-à-dire rapportées par la conscience à une cause extérieure à notre corps, agissant sur sa surface ; mais nous pouvons, les yeux fermés, les situer exactement à l'endroit de cette surface où cette cause agit : nous distinguons entre des impressions faites sur tel ou tel membre, tel ou tel doigt, tel ou tel segment de ces parties. Cette distinction a son origine dans le fait que l'excitation affecte, dans ces différents endroits, des éléments nerveux différents. Ces impressions arrivent à l'écorce cérébrale dans des régions également différentes, qui reproduisent, d'une certaine façon, la topographie de la peau. Sans doute la projection de la

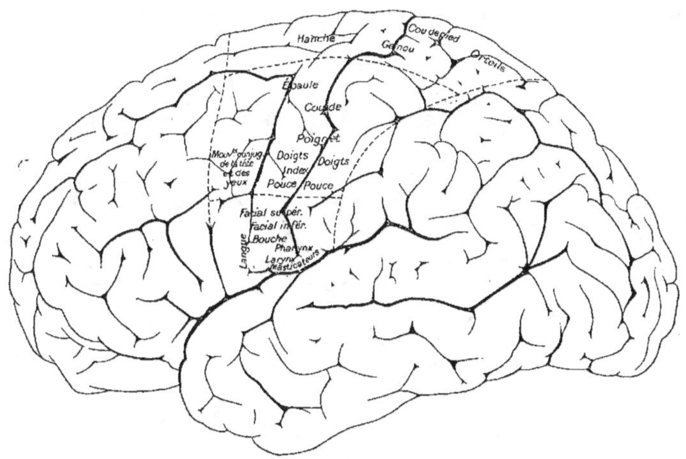

Fig. 218. — *La zone corticale motrice de l'homme* (d'après les recherches des chirurgiens américains et anglais, Keen, Mills, Nancrède, Horsley, etc. (imitée de Dejerine).

peau à l'écorce n'est pas directe : l'excitation initiale se fait sur un réseau ; dans la moelle elle traverse un réseau, et l'écorce elle-même est encore un réseau (non plus vague et indéfini comme on le supposait autrefois, mais réseau néanmoins). Malgré toutes ces complications, il est indéniable que les excitations reçues dans des parties différentes subissent une localisation, qui se prolonge dans le système nerveux, et affectent la conscience d'une façon différente. La preuve de cette localisation est facile à faire, mais sa formule exacte est encore à trouver. Elle comporte des nuances dont la nature nous échappe. La nier, c'est aller contre l'évidence ; la pousser à l'extrême, c'est détruire l'unité du *moi*. Elle s'accuse par des contrastes entre des choses au fond ressemblantes. Elle a pour support tel ou tel système fortement lié, qui n'abandonne pas pour cela toute liaison avec les autres systèmes. Une piqûre au doigt produit une sensation localisée au doigt ; mais, si forte que soit cette sensation, elle n'empêche que l'individu n'ait conscience du reste de son être, et c'est la raison pour laquelle il distingue son doigt et y localise la cause de sa sensation.

C. — L'AIRE TACTILE AU POINT DE VUE MOTEUR.

La zone sensitive tactile de l'écorce cérébrale reçoit des excitations qui lui viennent de la peau, organe initial du toucher ; elle-même

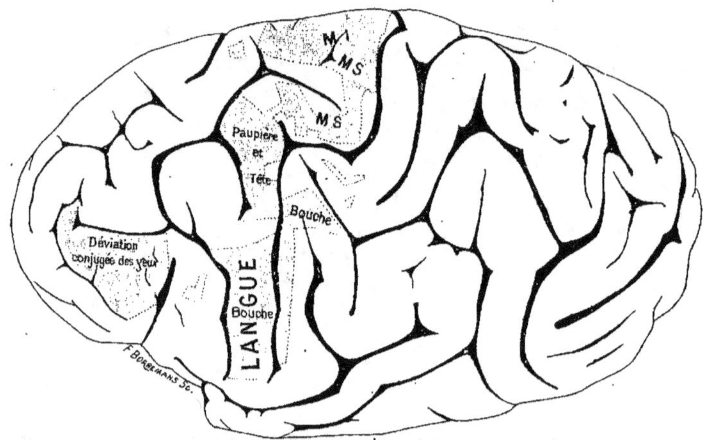

Fig. 219. — *Centres moteurs corticaux de l'orang (Simia satyrus)* (d'après BEEVOR et HORSLEY. *Philos. Trans.*, 1890).

Détermination des aires corticales correspondant aux principaux organes du mouvement : MI, membre inférieur ; MS,MS, membre supérieur ; langue, bouche, paupière et tête ; aire spéciale pour les mouvements associés des deux yeux.

en répartit aux muscles excitateurs de ces mouvements variés et contingents, qui réalisent nos relations extérieures. Elle est, nous l'avons dit déjà, motrice autant que sensitive : elle est l'un ou l'autre, suivant qu'elle est *réceptrice* des excitations venues à elle du dehors par l'axe gris bulbo-médullaire, ou qu'inversement elle est *dispensatrice* de ces mêmes excitations à ce même axe gris, qui les transmet aux muscles insérés sur les différentes pièces du squelette. Elle est donc *conservatrice* en même temps que *modificatrice* de ces excitations, déjà profondément transformées et remaniées avant de l'atteindre et dont aucune n'arrivera aux muscles sans

subir de nouvelles transformations et de nouveaux remaniements.

La destruction de cette zone entraîne une paralysie des muscles
squelettiques ; son excitation détermine une entrée en fonction de
ces mêmes muscles. La paralysie ainsi produite ne sera pas absolue,
comme dans le cas de section des racines antérieures, où toute
motricité est devenue impossible : elle portera sur certaines modalités du mouvement, qui se trouveront supprimées, pendant que
d'autres persisteront ; tout mouvement précédé d'une représentation
mentale de l'action à effectuer aura disparu. L'excitation ne reproduira pas non plus la contraction fruste qu'on obtient en agissant
sur les racines, mais suscitera un effort musculaire coordonné
approprié à une fin particulière. Des distinctions du même genre
ont été faites, au point de vue sensitif, entre la zone tactile et les
racines postérieures ; elles sont essentielles.

A. Limitation. — Au point de vue du mouvement mieux encore
qu'à celui de la sensibilité, la zone tactile affecte, à la surface de
l'écorce, un territoire limité. Ce territoire occupe la région dite
rolandique, formée par les circonvolutions centrales, à savoir : la
frontale ascendante, la *pariétale ascendante*, le *lobule paracentral*
qui est un prolongement de cette dernière sur la face interne
des hémisphères cérébraux ; il empiète légèrement sur les portions les plus voisines des circonvolutions frontales ou pariétales.

Divisions. — On retrouve dans le cerveau et jusqu'à sa surface
quelque chose de la disposition métamérique qui a été signalée à
propos des racines et de la moelle épinière. La zone rolandique est
décomposable de prime abord en quatre grands territoires qui correspondent au *membre inférieur*, au *tronc*, au *membre supérieur*,
au *larynx* et à la *tête*. Ces territoires se succèdent dans l'ordre
même qui vient d'être indiqué ; ils s'échelonnent sur la scissure de
Rolando, de son extrémité supérieure à son extrémité inférieure,
jusque dans le voisinage de la scissure de Sylvius.

Il y a donc, à la surface de l'écorce, une région supéro-posté-
rieure, qui correspond au membre abdominal, une région supéro-
antérieure qui répond au tronc, une région moyenne qui répond au
membre thoracique, une région inférieure qui répond à la tête et au
larynx.

Subdivisions. — Chacune de ces régions se subdivise comme les
segments des parties avec lesquelles elle est en relation fonctionnelle. Cette division est surtout accusée pour les membres et la
tête, formés d'organes fonctionnellement plus différenciés que le

tronc. A la limite tout à fait supérieure de la scissure de Rolando existe un territoire cortical affecté au gros orteil ; immédiatement au-dessous, un autre affecté au pied et aux autres orteils, puis à la jambe, à la hanche, au genou. La région moyenne se décompose en territoires consécutifs affectés à l'épaule, au bras, à la main, aux doigts : le pouce, à cause de son importance, en a un spécial à la partie inférieure de la pariétale ascendante.

Entre l'extrémité inférieure de la scissure de Rolando et la scissure de Sylvius, sont échelonnés les territoires de la face, de la langue, du pharynx et de la mâchoire supérieure. Celui du larynx est à l'extrémité inférieure de la frontale ascendante, dans le voisinage immédiat de la zone dite motrice du langage, située sur le pied de la troisième frontale.

Nuque et tronc. — Les territoires moteurs de la nuque et du tronc ont donné lieu à nombre de travaux et de discussions. La clinique est pauvre de documents sur ce point, parce que les hémiplégiques sont maintenus immobiles dans le décubitus, et que la paralysie de ces parties n'attire pas l'attention et le plus souvent n'est pas recherchée. Munck, et après lui Grosglick, Rothmann les situent dans la circonvolution marginale (première frontale), en avant par conséquent du sillon précentral ou prérolandique qui la sépare de la frontale ascendante. — C'est également beaucoup sur la foi des expériences physiologiques que certains auteurs admettent un centre de la déviation conjuguée des yeux, situé au-dessous du précédent, dans le lobe frontal. Ces déterminations reposent sur des expériences d'ablation et surtout d'excitation de ces différents territoires, sur le cerveau du singe principalement.

B. Excitation. — L'excitation qui est fournie artificiellement à l'écorce cérébrale et qui, à partir d'elle, se propage jusqu'aux muscles, franchit des étapes multipliées. La première est formée par l'écorce elle-même, et la question se pose si elle modifie l'excitation ou si le courant ne fait que la traverser pour aller à la substance blanche sous-jacente. Cette substance est elle-même excitable ; elle contient les fibres de projection qui descendent de l'écorce aux centres basilaires bulbaires et médullaires, lesquels sont en relation plus ou moins immédiate avec les muscles. Comme telle elle présente, elle aussi, des localisations fonctionnelles rappelant de plus ou moins près celles de l'écorce elle-même.

Excitabilité de la substance blanche cérébrale. — Anciennement la substance blanche du cerveau était considérée comme artificiellement aussi inexcitable que l'écorce elle-même. Burdon-Sanderson, Carville et Duret, beaucoup d'observateurs virent qu'elle répond aux excitations comme la substance grise qui la recouvre, dans les lieux où celle-ci est excitable (zone motrice), et provoque des manifestations réactionnelles du même genre. François-Franck et Pitres entreprirent une étude comparée des réactions motrices des deux substances. En voici les résultats.

Excitabilité comparée de la substance grise et de la substance blanche. — *La substance grise est plus excitable que la substance blanche* qui lui fait suite immédiatement au-dessous de l'écorce : à intensité égale, la réaction motrice est plus forte pour la première que pour la seconde. La substance grise, même dans l'excitation artificielle, aurait donc un pouvoir d'organisation des excitations que n'a pas la substance blanche.

La substance grise imprime aux excitations qui la traversent un *retard sensible*, qui allonge notablement le temps de latence, qui s'écoule entre le moment de l'excitation et l'effet moteur qui en résulte. Le retard, qui est de 6 et 1/2 centièmes de seconde pour l'excitation corticale, tombe à 4 et 1/2 centièmes de seconde pour l'excitation centrovalaire. Notons que le retard total dans l'un et l'autre cas est déjà beaucoup plus long que s'il s'agissait de l'excitation d'un nerf moteur de même longueur que le trajet total à parcourir, quatre fois plus grand environ. C'est que l'excitation dans ce trajet a, comme il a été dit, d'autres relais à traverser, qui lui impriment certains retards pour leur propre compte ; le retard est beaucoup plus grand pour les mouvements directs que pour les mouvements croisés.

Le tétanos d'excitation corticale a une certaine tendance à survivre à l'excitation terminée, beaucoup plus grande que celle du tétanos centrovalaire. En s'exagérant, cette tendance à la persistance de l'effet moteur deviendra l'attaque d'épilepsie, telle qu'on peut la provoquer par l'excitation de l'écorce et seulement de l'écorce.

L'excitation centrovalaire a elle-même des effets moteurs différents (au point de vue de l'intensité seulement) quand on se rapproche de la capsule interne. Cela tient manifestement à la densité plus grande des voies conductrices, à mesure qu'on s'éloigne de l'écorce, en raison de la forme en éventail ou en cône à base supérieure du champ moteur dans le cerveau.

Variations de l'excitabilité de l'écorce ; ses conditions. — Nombre d'agents toxiques modifient l'excitabilité de l'écorce cérébrale. Les anesthésiques sont à mettre en première ligne : le chloroforme, l'éther (Hitzig), le chloral (Richet), la morphine (Bubnoff et Heidenhain) ont une action véritablement élective sur la couche corticale, dont ils abolissent l'excitabilité, pendant que persiste celle des faisceaux blancs sous-corticaux. Dans le même sens d'abaissement agissent la réfrigération locale, la cocaïne (Carvalho), le bromure de potassium, qui ont des effets plus généraux ; l'essence d'absinthe paralyse le cerveau et laisse persister le pouvoir réflexe des centres sous-jacents, témoin les convulsions produites par ce poison (François-Franck).

Par contre, la strychnine renforce l'excitabilité corticale ; l'inflammation locale de la surface du cerveau la porte à son comble. L'anémie du cerveau, suivant ses phases, l'augmente et ensuite la détruit.

I. Délimitation des zones motrices par l'excitation. —

L'excitation de l'écorce cérébrale a été pratiquée chez tous les animaux, depuis les Batraciens jusqu'au singe, et elle a été faite sur

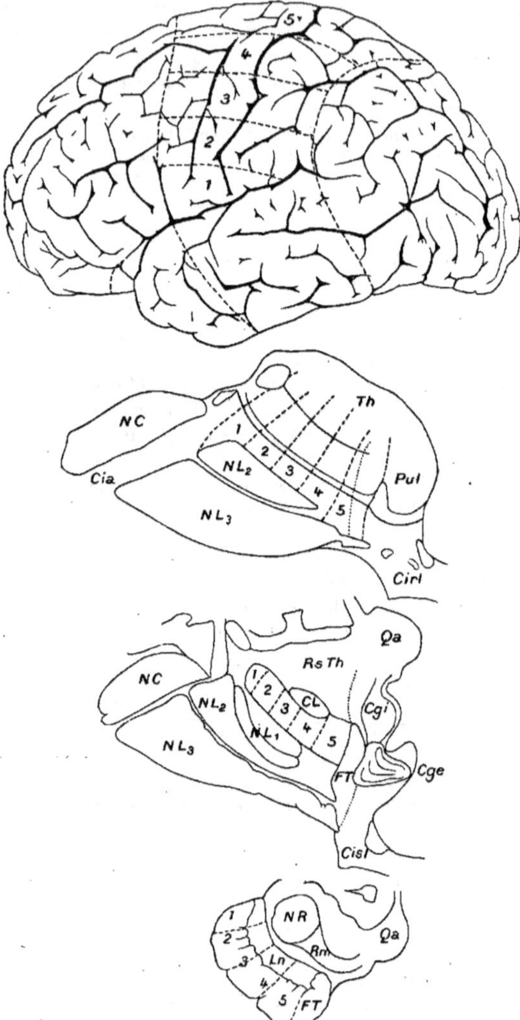

Fig. 220. — *Fibres de projection de l'écorce, leur trajet et leur situation relative dans l'écorce* (figure supérieure), *dans les régions thalamique et sous-thalamique de la capsule interne* (les deux figures moyennes), *dans le pédoncule cérébral* (figure inférieure). *Écorce divisée en trois secteurs* (antérieur, postérieur, moyen).

Le secteur antérieur ou frontal de l'écorce envoie ses fibres dans le segment antérieur (*Cia*) de la capsule interne et dans la partie antérieure de la couche optique (*Th*). Le secteur postérieur ou occipito-pariétal envoie les siennes dans les segments rétrolenticulaire (*Cirl*) et sous-lenticulaire (*Cisl*) de la capsule interne; le pulvinar (*Pul*), l'homme lui-même. C'est cette excitation qui, dirigée méthodiquement, tout d'abord fait distinguer dans cette écorce une zone, qui est en rapport avec les mouvements extérieurs visibles, au milieu de territoires dits inexcitables, parce que leur excitation ne détermine aucune manifestation extérieure appréciable ; cette zone motrice ou excitable se divise et se subdivise en régions qui peuvent être parfois d'une extrême petitesse et qui correspondent isolément à des territoires musculaires distincts, ainsi qu'à des mouvements particuliers et adaptés, qui rappellent ceux qu'on voit exécuter à l'animal dans l'exercice de ses fonctions motrices volontaires. Ces subdivisions de l'aire motrice, qui se superposent du reste à des subdivisions semblables de la sensibilité cutanée, sont d'autant plus nombreuses que l'expérience est faite sur des animaux plus élevés dans la série.

Une autre raison, qui donne une grande valeur aux résultats acquis par l'excitation de l'écorce chez le singe, c'est que l'homologie des sillons et circonvolutions est, entre son cerveau et celui de l'homme, relativement facile à établir, tandis que le type du cerveau des carnassiers s'éloigne considérablement du nôtre. C'est l'excitation de l'écorce chez le singe, qui a donné jusqu'ici les résultats les plus circonstanciés sur les localisations motrices cérébrales. La place relative des territoires corticaux à fonction motrice différenciée a été indiquée plus haut, en partie d'après les indications fournies par ces excitations. Il reste à compléter ces données sur les quelques points suivants.

Métamérie cérébrale. — La zone motrice tactile représente comme une projection de la musculature sur l'écorce du cerveau ; toutefois l'arrangement des territoires différenciés qui la constituent n'est pas uniquement métamérique, mais est encore réglé par des rapports fonctionnels. On peut noter que pour un membre donné l'articulation la plus puissante, la hanche ou l'épaule, est en avant ; les articulations plus petites et plus différenciées comme mouvement (orteils gros et petits, pouce, doigts) sont en arrière.

Dans le territoire qui correspond aux mouvements d'une articulation donnée, l'excitation distingue des centres qui correspondent à ses mouvements prin-

le corps genouillé externe (*Cge*), le tubercule quadrijumeau antérieur (*Cla*) reçoivent celles du lobe occipital ; la partie postérieure du noyau externe du thalamus et le noyau rouge (NR) reçoivent celles du lobe pariétal.

Le secteur moyen de l'écorce envoie ses fibres dans le genou et le segment postérieur de la capsule interne avec irradiations dans la couche optique et forme par ses fibres à lui seul le pied du pédoncule. Ce secteur moyen comprend un segment inférieur temporal ou sous-sylvien et un segment supérieur fronto-pariétal ou sus-sylvien. Le segment sous-sylvien envoie ses fibres dans le segment sous-lenticulaire (*Cisl*) de la capsule interne avec irradiations dans le corps genouillé interne (*Cgi*) et la région ventrale du thalamus : il forme le sixième postérieur du segment postérieur de la capsule interne et le sixième externe du pied du pédoncule ou faisceau de Türck (FT). Le segment sus-sylvien ou supérieur envoie ses fibres dans le genou et le segment postérieur de la capsule interne (région thalamique), puis dans les cinq sixièmes antérieurs de la région sous-thalamique et dans les quatre cinquièmes internes du pied du pédoncule (D'après DEJERINE.)

cipaux, tels que : extension, flexion. Les premiers, qui représentent des mouvements moins différenciés, sont en avant, les autres en arrière.

Limites non arrêtées ; passage graduel d'un territoire cortical à un autre. — Ces territoires moteurs, si restreints qu'ils puissent être, n'ont pas entre eux des limites contiguës et arrêtées, qui feraient qu'on ne peut quitter l'un sans tomber dans l'autre et manifester ses effets propres. Tout au contraire, dans chacun d'eux, il est un point *central* dont l'excitation donne le *maximum d'effet moteur*, point à partir duquel les effets de l'excitation vont s'atténuant, pour disparaître, se modifier et changer de sens, quand l'excitation commence à pénétrer dans un des territoires moteurs voisins. Le mot « centre », souvent appliqué à ces territoires, y garde quelque chose de son sens étymologique.

II. **Caractères des mouvements**. — Les mouvements déterminés par l'excitation de l'écorce cérébrale se distinguent facilement de ceux qu'on peut provoquer par l'excitation des autres parties du système nerveux ; ils ont, à un haut degré, le caractère des mouvements coordonnés et adaptés. Ce caractère apparaîtra surtout si on le compare à ceux qui naissent de l'excitation des racines motrices ou de la moelle épinière. — Si on excite les nerfs moteurs d'un membre, par exemple, le mouvement y éclate tout d'un coup, mais aussitôt le membre est fixé dans une attitude rigide, immobilisé qu'il est par l'effort tétanique de muscles antagonistes dont les plus puissants lui donnent sa position : lorsque l'excitation cesse, cette rigidité cesse de même tout d'un coup. — L'excitation de l'aire motrice d'un membre a des effets bien différents : au lieu de la *simultanéité impulsive* qui suit l'excitation de la moelle ou de ses racines, les muscles du membre présentent une *succession continue d'attitudes*, allant par exemple de la flexion à l'extension ou réciproquement, en dessinant un mouvement défini, dans le genre de ceux qui sont commandés par la volonté.

Mouvements primaires et secondaires. — La durée de l'excitation est un élément important dans la question ; pour peu qu'elle se prolonge, des phénomènes moteurs nouveaux se surajoutent à ceux du début. On a distingué de ce fait des mouvements *primaires* (ce sont ceux qui se produisent tout d'abord, et ils sont en relation en quelque sorte directe avec le point excité) et des mouvements *secondaires* (ce sont ceux qui ne surviennent qu'après un temps, et ils apparaissent dans des segments successivement plus éloignés de celui qui correspond au point excité). — Du point qui

reçoit l'excitation, celle-ci paraît se propager peu à peu (par les
voies physiologiques) aux régions voisines de l'écorce, dont elle

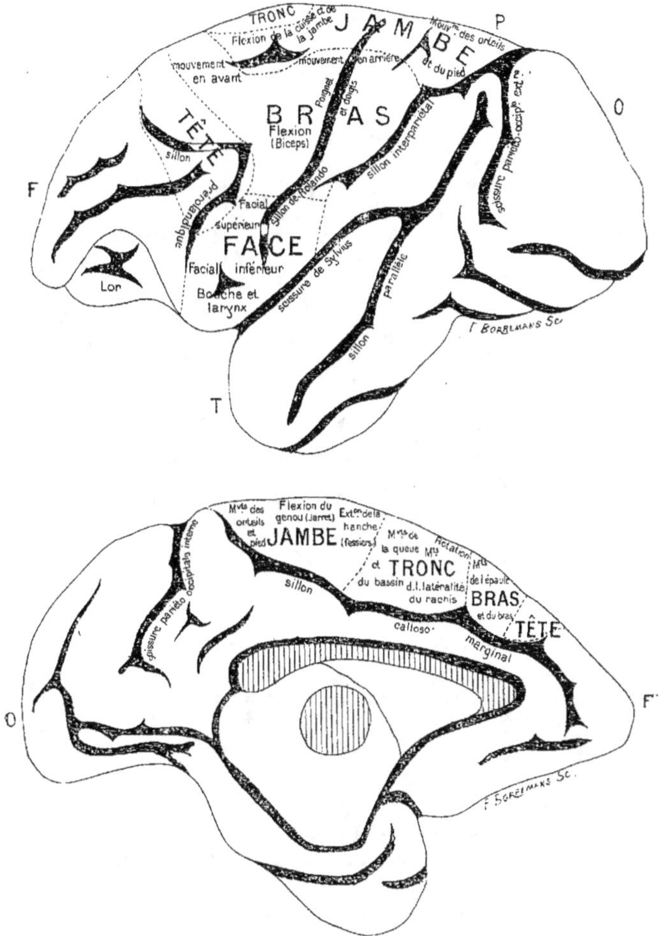

Fig. 224. — *Les centres moteurs du Macacus sinicus* (d'après HORSLEY et SCHAFFER.
Philos. Trans., 1887).

Figure supérieure, face externe du cerveau. Figure inférieure, face interne.
F, lobe frontal; P, lobe pariétal; O, lobe occipital; T, lobe temporal.

entraîne ainsi le fonctionnement. Cet enchaînement n'est pas quelconque, mais il est au contraire harmonique et il en peut résulter
des actes moteurs assez frappants : extension du bras et de la main

comme pour atteindre un objet (frontale ascendante à l'origine de la première frontale), flexion et supination de l'avant-bras avec élévation de la main vers la bouche (tiers moyen de la frontale ascendante vers le genou du sillon précentral), fermeture du poing (tiers moyen de la pariétale ascendante) ; mouvements du membre postérieur pour saisir un objet avec le pied, ou encore pour gratter la poitrine ou le ventre (partie supérieure de la frontale et de la pariétale ascendante) ; ouverture de la bouche avec protrusion et

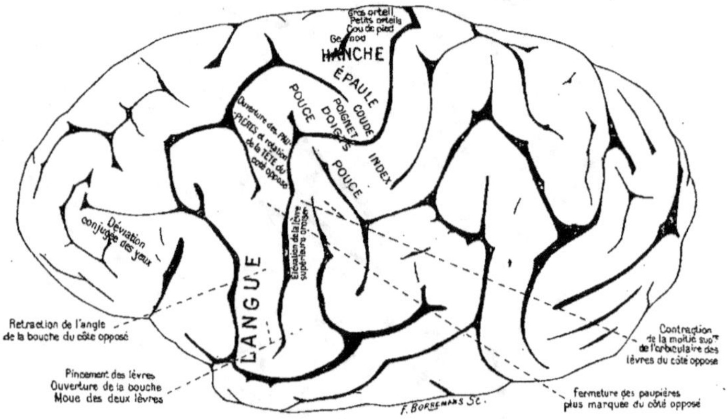

Fig. 222. — *Centres moteurs corticaux de l'orang* (*Simia satyrus*) (d'après Beevor et Horsley, *Philos. Trans.*, 1890).

Indication détaillée des mouvements des principaux segments (hanche, épaule, coude, poignet, doigts, pouce, index, etc.). Mouvements coordonnés ou expressifs déterminés notamment dans la musculature de la tête (yeux, paupières, lèvres, bouche, etc.).

rétraction de la langue (extrémité inférieure de la frontale ascendante) ; mouvements rythmiques de mastication (même lieu, un peu plus en avant) ; mouvements de déglutition (même lieu, plus en avant encore).

La partie inférieure de la frontale ascendante contient encore l'aire motrice d'adduction des *cordes vocales du larynx*. Chez le chien, ce territoire est sur la région antérieure du gyrus sigmoïde (sur l'isthme du gyrus dit précrucial ou encore préfrontal) ; il est ainsi dans le voisinage immédiat de l'aire du pharynx (celle dont l'entrée en jeu volontaire amorce le mouvement automatique de la déglutition) et il est en quelque sorte dans l'aire générale des muscles du cou et du tronc (Munck). L'ablation bilatérale de l'aire du larynx supprime l'émission des sons (l'aboiement) et ne laisse persister que quelques faibles cris, comme ceux des animaux nouveau-nés. Elle est suivie d'une dégénération secondaire peu étendue, mais reconnaissable, dans le pédoncule cérébral (et aussi dans le pédoncule du corps mamillaire du même côté); il y a donc des fibres de projection qui s'étendent de cette aire au bulbe rachidien.

III. **Zone motrice du langage.** — Chez l'homme, le pied de la troisième frontale, contigu à l'extrémité inférieure de la frontale ascendante (circonvolution de Broca), contient un territoire d'une

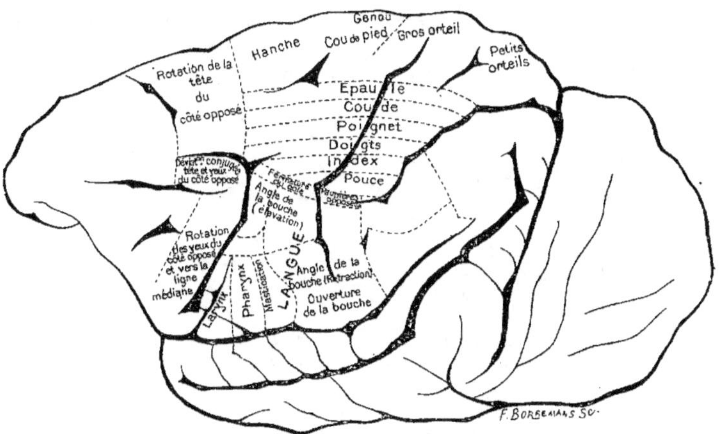

Fig. 223. — *Régions sensitivo-motrices de l'écorce cérébrale du Macacus sinicus*
(d'après Beevor et Horsley, *Philos. Trans.*, 1890).

Détermination des aires corticales correspondant aux principales régions du corps ou segments des membres. Indication des mouvements provoqués par l'excitation de certaines de ces aires, notamment dans les muscles de la tête (yeux, paupières, bouche, mâchoire).

extrême importance, celui qu'on appelle le centre moteur du langage articulé. Il répond à ce qu'on appelle un centre d'association et, autant que l'expression des instincts chez les animaux peut équivaloir au langage de l'homme, il a son expression chez les premiers. — Chez le chien, la zone motrice de l'aboiement est située, d'après Ferrier, au point de réunion antérieure de la troisième et de la quatrième circonvolution externe. L'excitation de cette région provoque, d'après cet auteur, un ensemble coordonné de mouvements, réalisant des sons de voix, des essais d'aboiement, voire même un *aboiement* distinct ; de même pour Bechterew. — Duret est arrivé de son côté à un résultat semblable. La région précédente a été homologuée par lui avec la circonvolution de Broca, en comparant la distribution des artères chez l'homme et les animaux.

L'ablation de cette zone chez un chien supprima l'aboiement pendant deux mois, et l'animal dut faire, comme l'homme devenu aphémique, un réapprentissage de sa fonction vocale perdue.

Duret, en comprimant légèrement cette zone, a pu provoquer également l'aboiement distinct. L'excitation due à la compression est due sans doute à l'anémie passagère qui suit l'effacement de ses vaisseaux.

L'axe gris médullaire et l'écorce cérébrale. — L'excitation d'un point de l'écorce peut ainsi mettre en jeu un système coordonné de nerfs et de muscles, de manière à réaliser des actes complexes et précis. Où se fait la coordination ? En quel lieu de la substance grise ? Manifestement il y a une part

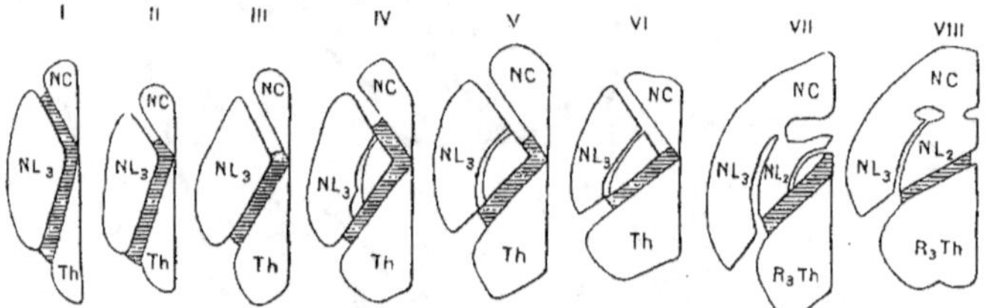

Fig. 224. — *La région excitable de la capsule interne du Macacus sinicus*
(d'après Beevor et Horsley, *Philos. Trans.*, 1890).

Huit coupes de la capsule, étagées de haut en bas, montrant la place et les limites de sa région excitable. Celle-ci, d'abord très étendue, se restreint d'abord à sa partie antérieure, augmente de nouveau dans ce sens, se restreint de nouveau et finit par n'occuper à la partie inférieure (sous-thalamique) que le genou et une partie de son segment postérieur.

à faire à la moelle épinière et une autre à l'écorce cérébrale. Dans le mouvement dit primaire (mouvement limité à un segment de membre et directement dépendant du point excité, mouvement restreint par conséquent et en quelque sorte élémentaire), il semble que ce soit surtout la substance grise de la moelle qui intervienne pour ordonner les neurones moteurs et par eux les muscles exécuteurs de ce mouvement. Mais quand les segments voisins participent au mouvement en lui donnant une forme de plus en plus compliquée, il faut bien admettre que l'écorce intervient à son tour, pour ordonner ces différents systèmes et mouvements élémentaires en un acte moteur d'une adaptation plus complexe. — Localisée en un point limité de l'écorce, l'excitation envahit le champ moteur dans deux directions principales. Elle s'étend dans ce champ en profondeur, de manière à atteindre tout d'abord les muscles les plus directement en relation avec ce point excité. Elle s'étend de plus latéralement, en mettant en activité de nouvelles régions de l'écorce, qui secondairement envoient des excitations à des muscles en relation avec elles. Les conflits de ces excitations, à la fois motrices et inhibitrices, règlent le sens et la forme particulière du mouvement. — Localisée au contraire en un point limité de la couronne rayonnante ou de la capsule interne, l'excitation ne s'étend qu'en profondeur, suivant le trajet des fibres excitées, et ne trouve d'associations à réaliser que dans les masses grises sous-corticales où ces fibres aboutissent ;

d'où la différence, dans certains cas, des effets de l'excitation soit de l'écorce, soit de ses fibres de projection.

Corps calleux. — Le rôle du corps calleux, comme, du reste, celui de toute les autres commissures interhémisphériques, est loin d'être connu. En principe, il est admis qu'il associe les deux hémisphères dans leur fonctionnement pour les actions bilatérales. D'après CAJAL, un même neurone (une même cellule pyramidale), qui recueille des excitations dans l'hémisphère correspondant, écoule celles-ci non seulement par les fibres descendantes qui en proviennent, mais

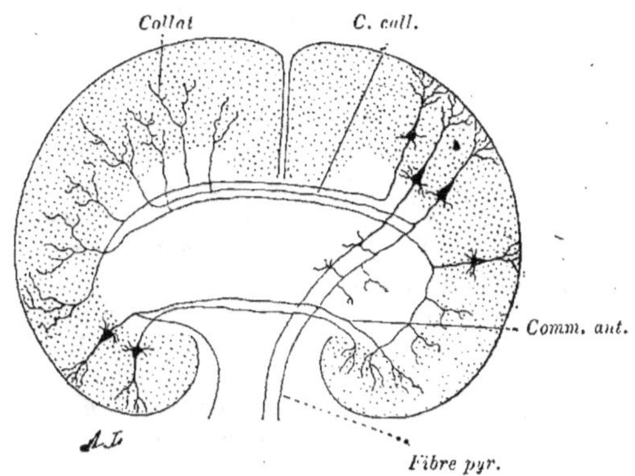

Fig. 225. — *Les éléments du corps calleux et de la commissure antérieure.* Coupe transversale schématique du cerveau (d'après CAJAL).

aussi par des collatérales qui, nées du cylindraxe près de la cellule, la distribuent partiellement à l'hémisphère opposé, en suivant le trajet du corps calleux; d'où la solidarité qui s'établit entre les éléments moteurs des deux côtés par cette transmission de l'excitation des uns aux autres.

MOTT, en excitant le corps calleux, a observé des mouvements bilatéraux de la tête, des yeux, des doigts, de l'épaule, du tronc, de la jambe et du bassin, mais non de la face. Si, après l'ablation d'un hémisphère ou de la zone motrice, on excite la section longitudinale du corps calleux, les mouvements sont unilatéraux.

MURATOFF a vu la section du corps calleux être suivie des symptômes paralytiques de la destruction de la zone motrice. Mais d'autres observateurs (KORANYI, LO MONACO) ont nié l'existence de ces effets. On peut comprendre à la rigueur que la section de cette commissure ne s'accuse par aucune paralysie bien apparente, alors que l'excitation donne lieu à des effets positifs de mouvement. Il en est ainsi dans les expériences faites sur la zone motrice elle-même.

Systèmes coordonnés sensitivo-moteurs.

— L'action coordinatrice du mouvement musculaire est donc à deux degrés. — A un premier degré, cette coordination s'opère dans les systèmes inférieurs, dont la moelle épinière est la clef de voûte; par-dessus celle-ci, à un second degré, elle s'opère dans les systèmes supérieurs, dont l'écorce cérébrale forme à son tour la partie la plus différenciée. Une expérience très élégante de TOMASINI nous fait entrevoir le mécanisme de cette coordination.

Expérience. — Avant d'exciter l'aire motrice d'un membre, on découvre et on sectionne les racines postérieures de ce membre. Les effets de l'excitabilité de l'écorce en sont profondément modifiés. L'excitabilité paraît changée : elle subit une première phase d'exaltation, puis une seconde de dépression ; mais ce qui est essentiel, *les mouvements qui étaient coordonnés sont devenus incoordonnés.*

A première vue, il semble que les racines postérieures n'aient rien à voir avec le phénomène en apparence purement moteur, qui résulte de l'excitation de l'écorce. En réalité, elles contribuent pour une part à lui donner son caractère essentiel. Il ne suffit pas en effet que la substance grise médullaire soit restée à son lieu et place pour que la coordination s'opère ; il faut encore qu'elle ait gardé les connexions par lesquelles elle se renseigne sur le mouvement même qu'elle produit. L'excitation descendue du cerveau tombe dans un système cyclique, dans lequel elle circule au sens propre du mot. Cette circulation interrompue, il n'y a plus d'association de la sensibilité au mouvement, partant plus de coordination possible. Il faut en effet que l'excitation remonte à la moelle et même au cerveau à partir des muscles contractés : en coupant les racines sensitives on interrompt ses voies ascendantes, on rompt le système cyclique spino-musculaire et aussi le système cortico-musculaire, d'où l'ataxie du mouvement remarquée par tous ceux qui ont fait cette section des racines postérieures, sur des animaux qu'on laissait ensuite à eux-mêmes.

IV. **Action croisée et directe**. — On sait depuis longtemps qu'une lésion, frappant l'un des deux hémisphères cérébraux, se traduit par une paralysie des muscles du côté opposé du corps, et l'anatomie a signalé, outre l'entre-croisement des pyramides bulbaires, des voies multiples de croisement des conducteurs, qui peuvent rendre compte de ce fait. Cette formule simple appelle aussitôt d'importantes corrections. Elle a été suggérée par l'observation des hémiplégiques, chez lesquels la paralysie frappe (du côté opposé à la lésion cérébrale) des organes immédiatement visibles, tels que la face et les membres. Les traits de la face sont déviés, l'impotence des membres peut être complète (le bras, organe plus différencié, est généralement plus paralysé que la jambe). La paralysie n'a pourtant pas respecté le côté réputé sain, car il est manifestement affaibli et même parésié ; mais la différence est assez grande, pour que cet affaiblissement passe souvent inaperçu.

Ainsi *l'hémisphère d'un côté commande en réalité aux muscles des deux côtés, mais en général très inégalement et beaucoup plus à ceux du côté opposé ;* son action est, comme on dit, *bilatérale.* Il est tout à fait exceptionnel que cette action soit franchement *unilatérale.* Mais la bilatéralité comporte des nuances dans le degré, en même temps que des formes diverses. Il est des muscles pour lesquels l'action d'un hémisphère est franchement bilatérale, c'est-à-dire égale des deux côtés ; on cite comme exemples les muscles de la nuque et du tronc, et surtout les cordes vocales.

Mouvements des yeux. — L'action d'un seul hémisphère sur les muscles des yeux est bilatérale, en ce sens qu'elle s'exerce simultanément sur des muscles appartenant l'un à l'œil d'un côté et l'autre à celui de l'autre côté ; mais, étant donné le parallélisme nécessaire des axes visuels pour la vision distincte, les muscles synergiques, qui dépendent d'un hémisphère, sont le droit externe du côté opposé et le droit interne du même côté, c'est-à-dire des muscles non symétriques.

Mais il y a aussi des contractions des muscles symétriques des yeux qui règlent leurs mouvements de *convergence*, autre fonction très importante de ces muscles dans l'association des deux yeux pour la vision binoculaire.

Mouvements de la langue. — La langue, organe en apparence médian et impair, présente des mouvements répondant à des fonctions variées et qui ont une certaine analogie avec ceux des yeux. — Il en est qui résultent d'actions mus ulaires symétriques, tels que l'avancement hors de la bouche ou le retrait, et qui sont obtenus par l'excitation d'un seul hémisphère ; ce sont ceux qu'on appelle bilatéraux, c'est-à-dire représentés bilatéralement dans chaque hémisphère. Il en est d'autres qui résultent d'actions musculaires, qui sont bien bilatérales, mais qui ne sont plus symétriques ; telle est par exemple la déviation de la langue à droite, qui se produit par une action combinée du muscle protruseur (génio-hyoïdien) de droite et du muscle rétracteur (lingual) de gauche et qui est obtenue par l'excitation d'un seul hémisphère (dans l'espèce le gauche), en un point un peu différent de celui qui produit le mouvement précédent. Dans ce mouvement de latéralité qui rappelle la déviation conjuguée des yeux, le muscle rétracteur équivaut au droit externe d'un côté et le propulseur au droit interne du côté opposé.

Pour dissocier expérimentalement ces deux actions inverses qui aboutissent à un mouvement de latéralité, il faut séparer les deux moitiés de la langue par une section médiane longitudinale (Horsley et Beevor) ; on voit, au moment de l'excitation, l'une des moitiés s'avancer et l'autre se retirer.

Chez les hémiplégiques, la langue est déviée du côté de l'hémisphère lésé. Cette déviation, comme on sait, n'est pas due simplement à la paralysie du rétracteur d'un côté, mais en même temps à celle du protruseur de l'autre côté.

L'aire corticale motrice de la langue renferme de la sorte un certain nombre de points dont l'excitation isolée produit ces différents mouvements. A la partie supérieure de cette aire, c'est le mouvement de protrusion avec déviation latérale ; à la partie moyenne, un mouvement de torsion de la langue, le dos dirigé vers la joue du côté correspondant ; à la partie inférieure, le mouvement de rétraction. Ces centres s'échelonnent le long de la scissure de Rolando, depuis son genou (chez le singe) jusqu'à son extrémité inférieure.

La bouche, les lèvres, présentent elles aussi des mouvements divers du même genre, assez souvent associés à ceux de la langue.

Mastication. — L'excitation d'une région de l'écorce située à la partie inférieure de la frontale ascendante détermine des mouvements réguliers, *rythmiques* de mastication (abaissement et relèvement alternatifs de la mâchoire inférieure avec mouvement combiné de la langue), durant autant de temps que l'excitation et cessant avec elle.

Déglutition. — L'excitation d'une région voisine (en avant de la précédente) provoque, on peut dire amorce, un mouvement de déglutition. On sait en effet que cet acte est volontaire, en ce sens que nous le réalisons sur nous-mêmes à vide, mais que, une fois commencé, nous n'avons pas pouvoir pour l'arrêter à l'un de ses temps. L'excitation de l'écorce paraît correspondre à cette provocation initiale, sorte de déclanchement d'un mécanisme automatique, et cela tant pour la mastication que pour la déglutition.

Mouvements laryngés. — Les mouvements du larynx correspondent eux aussi à des fonctions variées et entrent de ce fait dans des associations multiples. — Ils sont *vocaux* dans certaines de ces associations qui aboutissent en particulier à l'adduction et à la tension des cordes vocales ; ils sont *respiratoires* dans certaines autres qui assurent leur abduction, et ils s'associent dans les deux cas, à leur tour, à des mouvements différents du thorax que provoque également l'excitation de points déterminés de l'écorce. Sur le chien, le centre des mouvements respiratoires est sur le tiers inférieur du gyrus précrucial, et celui des mouvements vocaux au-dessous du précédent (François-Franck, Lépine, Bochefontaine, etc.). — Les mouvements du larynx (son élévation) s'associent encore à ceux de la déglutition quand on excite l'aire de ces mouvements (Semon et Horsley).

Remarque. — Ce qui caractérise le degré de différenciation d'un mouvement, au point de vue de sa représentation corticale, ce n'est pas, comme on voit, sa complexité (il est des mouvements très compliqués qui sont automatiques ; il en est de très simples qui sont volontaires) ; c'est bien plutôt sa *contingence*, c'est-à-dire sa réalisation indépendante de celle d'autres mouvements auxquels il peut du reste s'associer, suivant les cas. Les mouvements du *pouce*, comparés à ceux des autres doigts de la main et du pied, en sont un exemple démonstratif : ils ont une représentation corticale manifestement avantagée par rapport aux autres mouvements.

Paralysies bulbaires et pseudo-bulbaires. — Lorsque la paralysie motrice est complète et qu'elle affecte les deux côtés du corps également, il y a chance pour que la lésion qui l'a produite siège dans le bulbe ou la moelle, lieux où les voies motrices des deux côtés du corps sont rapprochées et condensées, de manière à pouvoir être coupées par un foyer unique de destruction (paralysie *labio-glosso-laryngée*); tandis que le cerveau, grâce à son étendue et à sa division en deux hémisphères, est frappé d'ordinaire unilatéralement. Mais il peut se faire que des lésions cérébrales très localisées à la fois doubles et symétriques produisent parfois des paralysies qui frappent les deux côtés : ce sont les paralysies pseudo-bulbaires. Elles peuvent résulter de combinaisons très diverses de lésions cérébrales, portant dans les deux hémisphères sur des conducteurs de même fonction, mais lésés sur des points variables de leur trajet, soit d'un côté, soit de l'autre (écorce, couronne rayonnante, corps strié, corps calleux, etc.) (BRISSAUD). Il est entendu que d'assez grandes différences séparent, non seulement comme marche clinique, mais comme symptomatologie, la paralysie bulbaire et celle dite pseudo-bulbaire : essentiellement, la première abolit des mouvements réflexes nécessaires à des fonctions primordiales, d'où sa gravité particulière, et la seconde des mouvements volontaires.

Crises épileptiformes. — Lorsque l'excitation a été plusieurs fois renouvelée, l'écorce, comme tout système cyclique, surtout quand il est complexe, en garde chaque fois quelque chose; on voit bientôt son irritabilité très augmentée. L'excitation peut alors donner lieu à de véritables crises épileptiformes, rappelant les attaques du haut mal.

Tous les animaux ne sont pas également aptes à reproduire ce phénomène. Le chien, le chat (FRANÇOIS-FRANCK), le singe (FERRIER) sont des animaux de choix. Le lapin, le cheval, l'âne, la brebis, la chèvre ne donnent pas la réaction épileptique (ALBERTONI); le cobaye, qui la donne si facilement sous l'influence des excitations périphériques, ne montre pas de crise par l'excitation directe du cerveau.

L'excitant le plus efficace est le courant électrique alternatif d'induction. L'excitation mécanique est peu appropriée à provoquer l'activité du cerveau. Elle devient néanmoins efficace dans certaines conditions (LUCIANI) qui sont celles mêmes qui facilitent le développement des crises épileptiformes.

La condition par excellence, c'est celle d'un état légèrement *inflammatoire* de la surface cérébrale excitée.

Caractères. — La crise épileptiforme se distingue de l'accès tétanique ordinaire par les caractères suivants : 1° elle survit à l'excitation quand celle-ci est terminée; parfois même elle se renforce après l'éloignement de l'excitant, comme si celui-ci avait mis en jeu certaines influences d'arrêt qui auraient d'abord modéré son effet moteur; 2° elle a une tendance à se propager aux groupes musculaires voisins de ceux directement dépendants de la zone excitée, et même à se généraliser à tous les muscles de l'animal. Cette propagation se fait de proche en proche, suivant certaines lois non toujours respectées, de haut en bas, de bas en haut, suivant le point de départ. Elle s'opère sans doute par les voies corticales ou cérébrales elles-mêmes, plutôt que par quelque centre convulsif comme on l'a parfois supposé. Ajoutons que la crise épileptique naît exclusivement de l'excitation de l'écorce et nullement de celle de la substance blanche toutes les fois que la première a été soigneusement enlevée (FRANÇOIS-FRANCK).

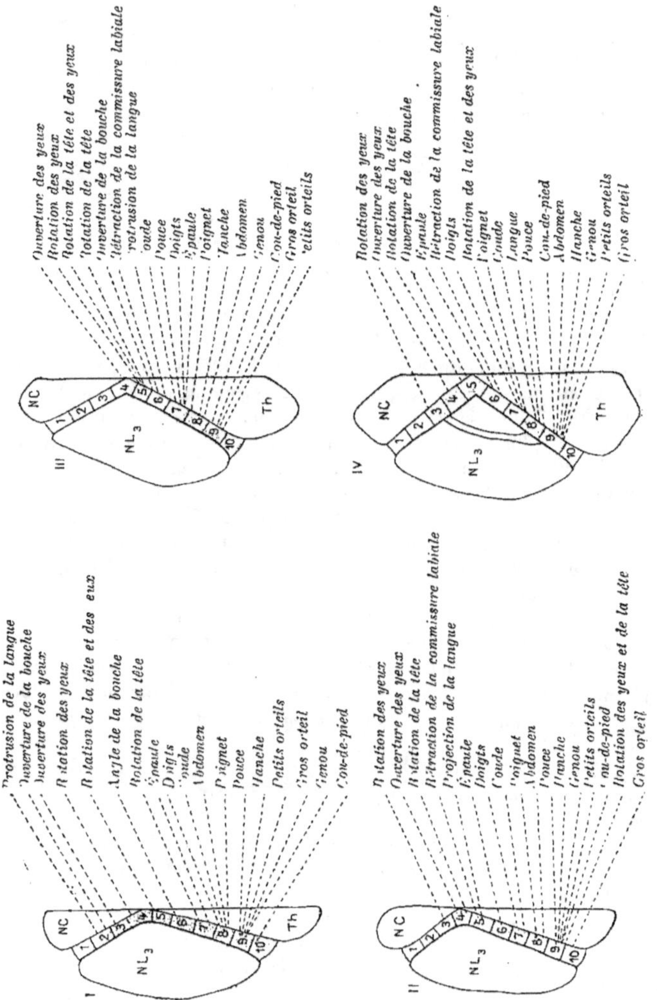

Fig. 226. — *Localisations motrices capsulaires chez le Macacus sinicus* (d'après BEEVOR et HORSLEY, *Philos. Trans.*, 1890).

Coupes successives de la capsule interne de haut en bas.

Ce caractère est à rapprocher de ce que nous montre l'observation clinique dans l'épilepsie essentielle, précédée généralement d'une *aura*, ayant son siège dans quelque région du corps, qui sert de point de départ aux convulsions.

Chez l'homme, on peut observer des épilepsies *parcellaires*, des épilepsies *hémi-plégiques*, des épilepsies *généralisées*.

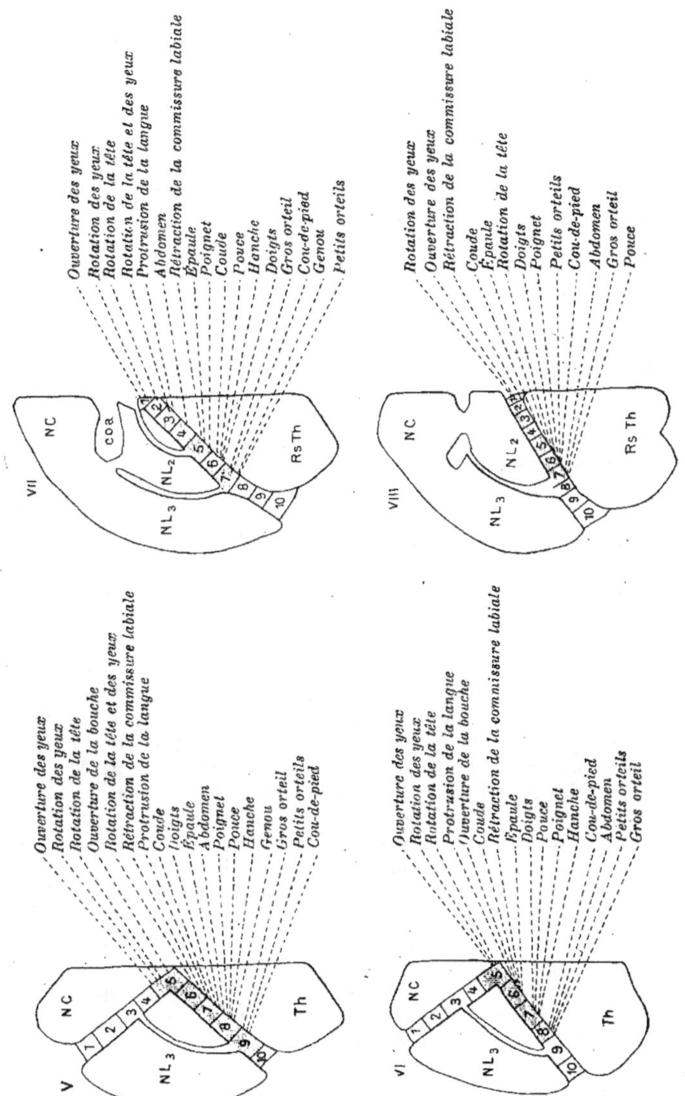

Fig. 226 (suite). — *Localisations motrices capsulaires chez le Macacus sinicus* (d'après BEEVOR et HORSLEY, *Philos. Trans.*, 1890).

Coupes successives de la capsule interne de haut en bas.

L'état comateux qui suit la crise chez l'homme s'observe également chez les animaux. Comme chez l'homme également, la crise peut, après un temps, se renouveler sans provocation directe au moins apparente.

Lorsque les animaux sont conservés après certaines lésions superficielles de l'écorce, on peut voir parfois se produire chez eux spontanément des crises de ce genre (HITZIG).

Marche et phases de l'accès. — La crise ainsi provoquée montre les deux phases classiques : l'une *tonique* de contraction soutenue avec seulement quelques renforcements ; l'autre *clonique* présentant des secousses dissociées, qui vont en décroissant et s'espaçant. La première de ces phases manque parfois, et des variétés sont à noter dans le cours de l'accès. Le retour au repos est la règle ; mais, suivant l'intensité de l'excitation, la répétition plus ou moins fréquente de celle-ci, l'aptitude de l'animal, l'état de l'écorce elle-même, le nombre des accès consécutifs peut se renouveler, ceux-ci devenir *subintrants*, et la mort survenir en état de *mal*. L'excitation de l'écorce chez les animaux qu'on conserve semble créer chez eux une aptitude épileptogène.

L'accès étant commencé, si on sépare les hémisphères des centres sous-corticaux de la moelle, les conclusions n'en continuent pas moins. Par là on voit que l'écorce fait naître et propage dans sa substance l'excitation initiale, mais que les associations qui la réalisent sont en dehors d'elle. Ce fait est à rapprocher de beaucoup d'autres du même genre tendant à la même conclusion.

Épilepsie interne. — La réaction épileptiforme ainsi provoquée a son retentissement dans les fonctions de la vie organique : il y a une *épilepsie interne* et on la dissocie de l'autre, en supprimant les effets moteurs de la vie de relation par le curare. Ainsi dissociée, la manifestation interne reste caractéristique (FRANÇOIS-FRANCK).

Respiration. — L'excitation cérébrale a, en temps ordinaire, sur la respiration des effets divers, marquant suivant les cas deux tendances, l'une à l'inspiration, l'autre à l'expiration, mais avec concordance des phénomènes glottiques ou autres qui assurent soit la première, soit la seconde. L'excitation suivie de crise épileptique a au contraire des effets discordants, qui s'accusent par la fermeture de la glotte, la contraction énergique des muscles du thorax et du diaphragme, l'augmentation la pression intrathoracique et une *menace d'asphyxie* (mécanisme de l'effort prolongé). Cet arrêt respiratoire est coupé de respirations pendant la phase clonique. Les deux phases ne concordent du reste pas nécessairement ni régulièrement avec celle des muscles squelettiques. — Dans des accès partiels, c'est généralement un état expiratoire sans fermeture complète de la glotte qui est observé.

Circulation. — Pendant un grand accès, la phase tonique se manifeste par un ralentissement du cœur et la phase clonique par une accélération de ses mouvements, la réaction se prolongeant du reste d'une façon notable après la fin de l'excitation. Pendant toute la durée de l'accès, les vaisseaux subissent une contraction énergique. Cet état des vaisseaux, combiné avec les changements précédents et à phases inverses de l'activité du cœur, fait que la pression assez souvent est augmentée, mais peut subir des variations elles-mêmes inverses, malgré l'état de resserrement général du système circulatoire.

Pupille. — La crise épileptique provoquée reproduit deux symptômes très caractéristiques de l'attaque observée chez l'homme : c'est d'une part la modification du diamètre pupillaire qui, dans l'épilepsie, est invariablement dans le sens de la *dilatation*.

Sécrétion salivaire. — C'est ensuite la sécrétion de salive qui se fait au moment de la phase clonique de l'accès (FRANÇOIS-FRANCK).

Vessie. — Il y a de même contraction des muscles vésicaux et parfois expulsion de l'urine.

Épilepsie dite jacksonienne. — Les foyers limités d'hémorragie et de ramollissement du cerveau déterminent souvent dans l'écorce cérébrale des réactions de nature inflammatoire qui, par excitation locale de l'écorce, engendrent des crises partielles d'épilepsie (Hugl. Jackson). Celles-ci, suivant la nature du siège, peuvent se traduire par des convulsions de la face, des déviations conjuguées des yeux, etc. Les déviations ainsi produites dans l'attitude des membres ou des parties sont naturellement inverses de celle qui résultait primitivement de leur paralysie. Ainsi une lésion de l'hémisphère gauche qui entraîne par paralysie une déviation des yeux à gauche, si cette lésion produit l'épilepsie, entraînera une déviation des yeux dans le sens opposé, c'est-à-dire à droite : suivant la formule mnémotechnique adoptée ; dans un cas, le malade regarde sa lésion ; dans l'autre, ses membres convulsés.

Ces attaques partielles sont susceptibles également d'une certaine généralisation : l'envahissement se fait à partir de la région corticale dont les muscles sont convulsés aux régions voisines qui sont envahies progressivement.

Épilepsie absinthique. — L'essence d'absinthe, injectée dans le sang des animaux, détermine chez eux des crises d'épilepsie (Magnan). Les convulsions sont alors d'origine médullaire, car le poison, dans ce cas, supprime l'activité et l'excitabilité cérébrales pendant qu'il exagère celle des centres médullaires (François-Franck).

D. — SENS MUSCULAIRE. — IMPRESSIONS CINESTHÉSIQUES.

La sensibilité générale n'a pas ses organes récepteurs de l'excitation uniquement confinés dans la peau, et la sensation de contact des objets extérieurs, avec leurs qualités de forme ou de température, n'est pas la seule qui ressortisse au sens tactile. — *Les muscles reçoivent du système nerveux des excitations qui les provoquent au mouvement ; à leur tour, ils en communiquent par leur mouvement même au système nerveux.* Ainsi est rendue évidente l'influence réciproque de la sensibilité sur le mouvement et du mouvement sur la sensibilité.

Le système tactile reçoit, comme on voit, des excitations les unes proprement *extérieures* par la surface cutanée, et les autres *intérieures* par l'appareil musculaire. Non seulement les muscles, mais leurs prolongements les plus immédiats, les *tendons* et les autres pièces passives de l'appareil moteur, lui en fournissent, parmi lesquelles il y aurait encore des distinctions à faire. Les *os* ont une obscure sensibilité ; les *ligaments*, les *membranes articulaires* et toutes les parties qui subissent plus immédiatement le mouvement des leviers squelettiques sont sensibles à la façon des tendons.

Données anatomiques. Les muscles, les tendons, les aponévroses, c'est-à-dire les organes qui font ou qui transmettent le mouvement, possèdent des nerfs de sensibilité. Dans les muscles, ces nerfs sont bien distincts de ceux qui vont prendre contact avec la substance contractile des faisceaux primitifs au niveau des plaques motrices terminales. Voici leurs caractères principaux. Chaque muscle reçoit un petit nombre de rameaux de ce genre, dont chacun se divise en un très grand nombre de ramifications. Ces ramifications, après avoir perdu leur gaine de Henle, leur gaine de myéline, se réduisent finalement à des cylindraxes nus lesquels se terminent par des extrémités libres. Ces extrémités restent dans le tissu conjonctif interstitiel, rarement au contact direct des fibres musculaires, jamais dans l'intérieur même de ces fibres.

Les tendons possèdent de leur côté des terminaisons semblables qui, après réduction au cylindraxe nu, se placent entre les faisceaux tendineux et se terminent par des extrémités libres renflées, aplaties ou variqueuses. — Chez les

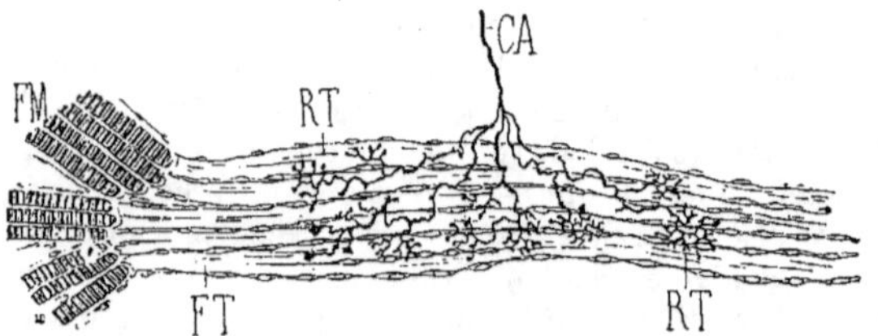

Fig. 227. — *Corpuscule de Golgi du tendon d'Achille de l'homme* (dépouillé de sa gaine lamelleuse).

FM, fibres musculaires; FT, fibres tendineuses : CA, fibre nerveuse (cylindraxe nu); RT,RT, ses ramifications terminales à la surface des faisceaux tendineux. (D'après M. DUVAL.)

oiseaux et les mammifères, chez l'homme en particulier, on trouve, à l'union du tendon avec le muscle, d'autres organes distincts des précédents : ce sont les *corpuscules* dits *de Golgi*. Ils sont formés par deux ou trois petits faisceaux tendineux se continuant avec des faisceaux musculaires; ils ont la forme de fuseaux; ils sont enveloppés d'une gaine lamelleuse avec endothélium à leur face interne. Ils sont abordés par deux à quatre fibres nerveuses qui, ramifiées en fibrilles nues, se disposent à la surface des faisceaux du fuseau (au-dessous de la gaine du corpuscule) et ont de ce fait une vague ressemblance avec les plaques motrices terminales. — Ils sont bien réellement des organes sensitifs : c'est ce qui a été démontré par CATTANEO au moyen de la méthode des dégénérations. Ils dégénèrent par la section des racines postérieures, comme le font les nerfs sensitifs; les terminaisons motrices dégénèrent au contraire par la section des racines antérieures.

Impropriété de terme. — L'expression « sens musculaire » a prévalu pour désigner toutes les sensibilités profondes, qui nous rendent compte de l'exécution des mouvements. Elle est cependant impropre par la double raison suivante : 1° les impressions qui sont fournies par les muscles ne constituent qu'une partie des excitations profondes post-motrices, qui règlent le mouvement; un grand nombre viennent des articulations, des ligaments, ou même des os ; 2° ces impressions sont le plus souvent inconscientes et, à ce titre, se distinguent de celles des sens proprement dits, comme la vue ou le tact.

Synonymie. — Le sens musculaire de Ch. BELL a été appelé par E.-H. WEBER *sens de la force*, par GERDY et par LANDRY *sentiment de l'activité musculaire*, par DUCHENNE *conscience musculaire*, par BAIN *sens du mouvement*, par WUNDT *sens de l'innervation*, par HAMILTON *faculté locomotrice*, par BASTIAN *impressions kinesthésiques*, par BONNIER *sens des attitudes*. Si de ces désignations il en est d'équivalentes ou de synonymes, il en est d'autres qui impliquent une compréhension différente du phénomène qu'elles prétendent exprimer.

Point de départ et localisation du sens musculaire. — Pour le plus grand nombre, le point de départ des impressions, qui sont à la base du sens du mouvement ou sens de la force, est *périphérique* et réside soit dans les muscles exclusivement (Ch. BELL, GERDY, LANDRY, DUCHENNE), soit dans l'ensemble des organes qui participent au mouvement (BASTIAN). Pour BAIN et pour WUNDT, ces impressions sont au contraire confinées dans le système nerveux lui-même ; elles y seraient contemporaines, non pas même du mouvement visible quand il est en train de se réaliser dans les muscles, mais de l'onde nerveuse centrifuge, qui part du cerveau pour atteindre ces organes ; elles seraient antérieures par conséquent au mouvement musculaire, dont nous aurions ainsi le sens et l'expression avant son exécution. Les nerfs que nous appelons moteurs auraient la conscience des mouvements qu'ils excitent ; ils l'auraient *sans la participation des nerfs sensitifs* : le sens du mouvement serait cela et rien que cela.

Cette conception nous paraît en complet désaccord avec les principes que nous avons tirés de l'examen des faits fondamentaux de la physiologie nerveuse. Ces faits nous montrent assurément que les nerfs, dits les uns sensitifs et les autres moteurs, sont dans une étroite et réciproque dépendance, au point que nous avons parfois de la peine à distinguer la sensibilité de la motricité et la motricité de la sensibilité ; mais, à cause de cela même, nous ne sommes nullement autorisés à admettre que les uns puissent se passer des autres au point de cumuler les deux fonctions. L'onde nerveuse qui remonte vers le cerveau est essentiellement liée au développement de la sensibilité ; celle qui en descend est liée de son côté à l'exécution du mouvement. Il n'y a d'acte nerveux véritable, complet en soi, que par l'association des deux ordres de nerfs ; admettre que l'onde descendante réalise à elle seule un acte sensitivo-moteur, fût-il des plus simples, est un non-sens physiologique.

Contrôle des mouvements par les divers sens et les diverses sensibilités d'un même sens. — Les sujets qui ont perdu la sensibilité cutanée et conservé la sensibilité musculaire ne présentent pas grand trouble de leurs mouvements ; mais, s'il y a en même temps perte de la sensibilité musculaire et osseuse, l'exécution des mouvements est rendue très difficile. Ces mouvements peuvent encore s'exécuter *sous le contrôle du sens de la vue*, mais dans l'obscurité (si les yeux sont fermés) ils sont altérés profondément ; ils manquent de mesure, de proportionnalité au but à atteindre ; ils peuvent même devenir complètement impossibles. Le sujet ne se rend pas compte qu'il ne les exécute pas alors qu'il a la volonté de les exécuter, ou si, les exécutant avec le sens de la vue, il vient à fermer les yeux, il est incapable de les faire cesser (Duchenne).

Images psychiques du mouvement. — La question est du reste fort complexe et l'analyse, à mesure qu'elle l'approfondit, lui découvre de multiples points de vue. — Le mouvement musculaire, par sa réalisation, produit des impressions cinesthésiques, qui, par les voies sensitives qui leur sont propres, remontent vers le cerveau et se synthétisent en *images psychiques* représentatives de ces mouvements. On les appelle images *motrices*, parce qu'elles deviennent, à leur tour, une source d'excitations descendantes, qui réalisent à nouveau le mouvement dans sa forme antécédente. Elles seraient mieux nommées *sensitivo-motrices* parce que, si elles ont le mouvement comme résultat, elles ont la sensibilité comme origine.

Dans tous ces exemples, le mouvement est réel et nous le voyons, tour à tour, être effet et cause d'impressions, de sensations plus ou moins conscientes ; mais il est des cas où la représentation d'un mouvement est présente à notre conscience, sans que nos muscles réalisent ce mouvement : l'image du mouvement est en nous, elle est consciente et nos muscles restent en repos. Il est à supposer que, dans ce cas comme dans les précédents, l'acte nerveux se déroule dans un cycle sensitivo-moteur, formé d'éléments les uns ascendants, les autres descendants, mais qui n'atteignent pas les muscles. Ce cycle est construit à l'image de celui qui relie la moelle aux muscles par les nerfs sensitifs et moteurs, mais il est situé au-dessus de lui : à cela près que les organes du mouvement visible y font défaut, il fonctionne de même ; les excitations ascendantes s'y réfléchissent en excitations descendantes, et ces dernières à leur tour font renaître les excitations ascendantes, lesquelles donnent à la conscience la représentation d'un mouvement qui, en réalité, ne s'exécute pas. Cette représentation n'est pas une illusion, car nous avons parfaitement conscience de la non-exécution du mouvement.

Éléments divers. — Dans les impressions qu'on a appelées cinesthésiques, il entre ainsi des éléments divers ; en plus de la sensibilité cutanée, il en est encore trois au moins, si nous les distinguons par les organes qui sont les points de départ de ces diverses impressions, à savoir : la *sensibilité musculaire*, la *sensibilité articulaire* et la *sensibilité osseuse*.

A. Sensibilité musculaire. — C'est celle sur laquelle on a réuni jusqu'ici le plus de documents de l'ordre expérimental.

I. **Ses preuves**. — *Les muscles sont manifestement sensibles aux excitants ordinaires*, tels que pincement, pression, électrisation. Leur sensibilité est surtout évidente quand on peut l'observer chez des sujets ayant perdu la sensibilité de la peau, dans les régions où celle-ci recouvre les muscles. De tels sujets sentent

nettement ces divers excitants dirigés contre leurs muscles à travers
la peau anesthésiée : de plus ils ont conscience des mouvements
tant actifs que passifs de ces mêmes muscles, ainsi que de la résistance qu'on oppose à leur contraction (DUCHENNE). — Chez les
animaux, quand on a mis à nu une branche nerveuse qui s'épuise
entièrement dans un muscle et qu'on pince cette branche, on
observe non seulement la contraction du muscle, mais des signes
de sensibilité consciente ou réflexe. Le plus souvent les fibres de
la sensibilité musculaire se trouvent mélangées avec les motrices
sur toute la longueur du tronc mixte (sauf au niveau des racines);
exceptionnellement on trouve des muscles auxquels les fibres
motrices et sensitives sont fournies par des troncs isolés (CHAUVEAU).

II. **Irritabilité et conscience musculaires**. — La liaison que
les nerfs moteurs affectent avec les nerfs sensitifs au niveau du
muscle, liaison démontrée à la fois par l'anatomie et la physiologie,
a une très haute signification. Elle est à mettre en parallèle avec
celle que les nerfs sensitifs contractent avec les nerfs moteurs dans
la substance grise du système nerveux, et complète l'enchaînement
étroit qui rattache l'un à l'autre, dans un double sens, la sensibilité
et le mouvement. Les liens tout intérieurs qui unissent ces deux
phénomènes dans ce que nous appelons l'irritabilité cellulaire
(dont la contractilité musculaire est un exemple), nous apparaissent
de la sorte extériorisés et rendus visibles par l'organisation du
système nerveux.

III. **Nerfs sensitifs des muscles**. — Ces anesthésies profondes
sont réalisées, dans l'espèce humaine, au hasard de la maladie,
chez les hystériques principalement. Sur les animaux on a pu les
reproduire pour deux muscles en particulier, le sterno-maxillaire
(sterno-mastoïdien) et l'œsophage, chez le cheval. Ces muscles se
trouvent recevoir leur nerf sensitif et leur nerf moteur par des
voies distinctes : ce qui permet d'agir sur l'un ou l'autre isolément
et voir ce qu'il advient du mouvement quand on coupe le nerf
sensitif et aussi quand on l'excite.

Muscle sterno-maxillaire. — Le nerf moteur du sterno-maxillaire
lui vient d'un rameau de la branche externe du spinal; son nerf
sensitif lui est fourni par la branche inférieure de la deuxième
paire cervicale. La section de ce dernier nerf (nerf sensitif), lorsqu'on
le coupe d'un côté, ne change pas d'une façon bien sensible les
qualités du mouvement du muscle sterno-maxillaire quand on
compare sa contraction d'un côté à l'autre. Le mouvement en
question est du reste des plus simples : il contribue à la flexion de
la tête (CHAUVEAU).

Muscle œsophagien. — L'œsophage reçoit ses rameaux moteurs des nerfs pharyngiens et du laryngé externe ; ses nerfs sensitifs lui viennent, par un trajet récurrent, de la partie inférieure du vague, surtout du laryngé inférieur ; on peut donc les atteindre à l'exclusion des précédents, en coupant les vagues ou les récurrents. Il est vrai que ces nerfs sensitifs appartiennent à la fois à la muqueuse et au muscle œsophagien, par des fibres qui sont mélangées dans les récurrents. — Mais on sait que la sensibilité de la muqueuse œsophagienne n'a qu'une part insignifiante dans l'exécution du mouvement de déglutition, attendu que ce mouvement se propage dans l'œsophage, avec ses caractères normaux, dans la déglutition *à vide* ; et, du reste, l'excitation des filets sensitifs muqueux ne provoque point de mouvement réflexe de déglutition : on peut donc mettre hors de cause la sensibilité de la muqueuse. Or la section des vagues ou des laryngés inférieurs (nerfs sensitifs) trouble le mouvement péristaltique de déglutition, au point d'équivaloir à la section des rameaux pharyngiens (nerfs moteurs) ; l'œsophage est souvent comme paralysé : il s'encombre d'aliments (surtout dans la partie inférieure de sa région cervicale) ; parfois le conduit éprouve une sorte d'ataxie qui le fait se contracter à peu près simultanément et irrégulièrement dans toute sa longueur. L'excitation du bout central de ces nerfs centripètes de l'œsophage provoque une tétanisation simultanée de tout le muscle œsophagien, semblable à celle qui résulte de l'excitation directe de ses nerfs moteurs, avec cette seule différence qu'elle apparaît après un retard assez sensible. Toutes ces expériences montrent que les nerfs de la sensibilité musculaire sont essentiels à l'exécution normale des mouvements de l'œsophage (Chauveau).

IV. **Indépendance de la contractilité et de la sensibilité musculaires**. — On conçoit donc qu'un muscle puisse être paralysé du mouvement et garder sa sensibilité, ou réciproquement, suivant que certaines altérations portent sur ses nerfs moteurs ou ses nerfs sensitifs. Chez les hystériques, par exemple, la sensibilité a disparu dans certains muscles, alors que ceux-ci peuvent être le siège de contractures que les malades ne sentent pas.

V. **Modalités diverses de la sensibilité musculaire**. — Comme toutes les autres sensibilités, la sensibilité musculaire affecte des modalités différentes, qui dérivent d'une commune origine, mais ayant chacune leur aspect particulier. Ce qui contribue à leur donner de l'intérêt, c'est que la maladie est capable de les dissocier dans certains cas. On distingue : 1° la *sensibilité aux excitants extérieurs*, *à la compression*, qui chez les sujets sains produit une sensation particulière, différente de celle donnée par la pression de la peau ou d'un autre organe : elle peut disparaître chez les syphilitiques et les hystériques, et parfois s'exagérer chez les saturnins ; 2° la *sensation de contraction du muscle*, qui est souvent détruite chez les hystériques ; 3° la *fatigue musculaire*, qui n'est qu'une exagération de la précédente et qui, comme elle également, peut disparaître.

B. SENSIBILITÉ OSSEUSE. — Les os, comme les muscles, sont des organes sensibles. Leur situation profonde empêche d'explorer leur sensibilité autrement qu'à travers la peau, qui est elle-même plus sensible qu'eux. Toutefois on a pu faire la preuve de la sensibilité osseuse dans les cas d'anesthésie cutanée. Max EGGER a montré que les vibrations d'un diapason, appuyé contre un membre ou une région quelconque du corps, affectent d'une façon en quelque sorte spécifique la sensibilité osseuse et non point celle de la peau. En effet, dans le cas d'anesthésie cutanée, ces vibrations ne peuvent pas affecter la peau. Et ce sont alors les os correspondants qui les perçoivent, s'il n'y a pas d'anesthésie profonde. Dans le cas d'anesthésie profonde, elles ne sont pas perçues alors que la sensibilité cutanée est intacte. Le physiologue et le clinicien ont donc ainsi un moyen d'interroger la sensibilité osseuse, même à travers les téguments cutanés doués de leur sensibilité propre : un diapason donnant 128 vibrations à la seconde serait le plus convenable pour ce genre d'exploration.

C. SENSIBILITÉ ARTICULAIRE. — Les articulations, formées par les têtes osseuses et les membranes, capsules ou ligaments qui les unissent, sont sensibles, en tant que ces différents tissus sont pourvus, comme les tendons, d'organes récepteurs des excitations et de nerfs centripètes. Les tensions des ligaments, les frottements des surfaces en contact produisent ces excitations.

Dissociation expérimentale des sensibilités cutanée et profonde. — On a utilisé le membre inférieur de l'oiseau pour réaliser expérimentalement cette dissociation. L'absence de muscles dans le pied de l'oiseau fait que, en coupant les nerfs qui entrent dans cette extrémité, on abolit complètement la sensibilité des doigts, sans atteindre la motricité d'aucun des muscles de la jambe. La section supprime, il est vrai, la sensibilité des articulations du pied, mais elle laisse intacte la sensibilité des muscles. L'attitude bipède des oiseaux dans la station et la marche rend très démonstrative cette expérience.

CHAUVEAU ayant, sur des pigeons apprivoisés, coupé autour de l'articulation du tarse les quatre nerfs de la jambe, étudia les résultats de cette insensibilisation.

a. *Dans le repos.* — Pendant le sommeil, les sujets se perchent indifféremment sur la patte énervée et sur la patte intacte et pendant le même temps.

b. *Dans la marche*. — « Quand le sujet est posé à terre après l'opération, il semble bien éprouver quelque hésitation à se servir de la patte énervée, pour l'appui pendant la marche. Mais cette hésitation ne dure pas. Elle se traduit, au moment du départ, par la répétition du mouvement qui met les doigts de cette patte énervée en contact avec le sol. L'animal paraît étonné de ne point sentir ce contact. Mais quand la marche est en train, le pigeon se sert de cette patte aussi franchement que de l'autre. »

La précision des mouvements et de l'attitude dans ces expériences indique combien peu la sensibilité cutanée est nécessaire à la coordination des efforts pour garantir leur réalisation normale. La sensibilité musculaire manifestement conservée doit avoir ici un rôle de premier ordre.

I. Notions fournies par les diverses sensibilités. — Les notions et renseignements qui nous sont fournis par les diverses sensibilités, tant profondes que superficielles, sont nombreuses. Par elles nous savons si nos membres, notre corps, sont à l'état d'*immobilité* ou de *mouvement* ; elles nous font distinguer en nous un état *statique* et un état *dynamique*, et de plus elles sont capables de préciser chacun de ces deux états.

Notion de la position des membres. — Par ces impressions, en effet, nous avons la notion de la position de notre corps et individuellement de nos membres dans les situations si variées que ceux-là peuvent prendre et conserver. Cette notion est perdue pour nous, si nous venons à être paralysés de la sensibilité à la fois cutanée et profonde. Cette perte de la notion de position est fréquemment observée en pathologie nerveuse.

La notion de position des membres nous vient vraisemblablement d'impressions recueillies d'une façon permanente, soit par la peau au contact des objets extérieurs (sol, vêtements, draps du lit, etc.), ou au contact des membres entre eux (plissement; ou tension de la peau, etc.), soit par les leviers osseux et surtout les articulations; ou des impressions également permanentes résultant des tensions ou pressions des surfaces entre elles et qui sont variables suivant la position relative de ces leviers articulés. Nous avons déjà remarqué, à propos des fonctions des racines sensitives, qu'un flux permanent d'excitations remonte le long de ces conducteurs et que ce flux est de provenance très diverse.

II. Localisation corticale du sens musculaire et des impressions cinesthésiques. — La sensibilité musculaire et toutes les sensibilités que nous appelons profondes sont individuellement le plus souvent subconscientes, voire inconscientes, mais nous fournissent néanmoins par leurs associations des notions conscientes sur l'état de notre corps, pour peu que l'attention se porte sur lui et ses différents segments mobiles. Les impressions qui viennent des parties profondes des membres atteignent l'écorce cérébrale, comme celles qui viennent de la peau. Elles forment dans cette écorce, et avant même de l'atteindre, de multiples associations. L'aire corticale qui les reçoit n'est donc autre que celle que nous appelons l'aire de la zone tactile, située dans les circonvolutions centrales de la région rolandique.

On en peut donner plusieurs preuves. — Si, comme l'a fait Tonnini, on détruit cette région chez les animaux, on note constamment des troubles du sens musculaire. Lorsqu'on met le membre correspondant à la région détruite dans une position incommode, l'animal garde cette position sans se soucier de la rectifier, ce qu'il ne manquerait pas de faire s'il avait conscience de cette incommodité, c'est-à-dire si les sensibilités profondes (musculaire surtout) étaient conservées, même à défaut de la sensibilité cutanée. Ce sont du reste les troubles du sens musculaire qui persistent le plus longtemps après ces destructions, comme l'ont observé nombre d'auteurs.

Dana ayant, dans un but d'intervention chirurgicale, découvert la région moyenne de la frontale ascendante droite, excita électriquement cette région de l'écorce ; il s'ensuivit des contractions du bras et de l'épaule gauches et de plus une sensation d'engourdissement et de pesanteur du membre correspondant. Cette excitation ne produisit ni la douleur ni la sensation de contact, mais une sensation qui, à notre avis, ressemble beaucoup plus aux manifestations de la sensibilité musculaire ou profonde. Il faut du reste reconnaître que, dans cette observation, la succession des effets moteurs et sensitifs peut être très compliquée et qu'à elle seule elle ne nous indiquerait pas où sont localisées dans le cerveau les impressions cinesthésiques nées du mouvement, qui, lui, résulte manifestement de l'excitation de l'écorce.

Notion du mouvement des membres. — Par ces sensibilités diverses, et proprement par les impressions cinesthésiques, nous avons d'autre part la notion du mouvement de nos membres. Ce mouvement peut être passif ou actif.

Mouvement passif. — Le mouvement passif est un changement plus ou moins brusque de la position de nos membres ; nous l'apprécions avec les mêmes éléments sensibles que cette position elle-même et nous l'estimons par le changement survenu dans les impressions qui constituent ces éléments.

Mouvement actif. — Dans le mouvement actif, nous avons conscience, non seulement de la position de nos membres et du changement graduel qui survient dans cette position, mais de quelque chose qui y est surajouté, le *sentiment de l'effort.*

Sens de la pression et sens de la force. — Si la main étant étendue, sa face dorsale sur un plan résistant, nous plaçons sur sa face palmaire des poids graduellement plus lourds, nous pouvons estimer, dans de certaines limites, la valeur absolue et relative de ces poids, autrement dit le degré de pression ou mieux de compression qu'ils exercent. Si, avec la main libre, nous soupesons ces poids, nous pouvons également apprécier leurs valeurs ; ce second procédé fournit une estimation beaucoup plus exacte. Dans le premier cas, notre résistance à la pression des poids est purement passive et l'excitation que nous en recevons est localisée à la sensibilité *cutanée* : dans le second, certains de nos muscles interviennent activement pour résister à la pression des poids et l'équilibrer ; la sensibilité *musculaire* intervient conjointement avec la sensibilité cutanée, pour nous donner l'appréciation que nous cherchons.

III. **Sentiment de l'effort**. — Rien de plus facile à constater, mais rien de plus difficile à définir, à analyser et à localiser que cette donnée de notre observation intérieure. Elle est fondamentale cependant ; car elle est à l'origine de la distinction que nous établissons entre nous-mêmes et ce qui est extérieur à nous. *Ce qui, dès le début de notre existence, nous apparaît comme étant hors de nous, c'est ce qui nous résiste, ou ce à quoi nous résistons.* — Par les forces extérieures que nous surmontons, ou que nous équilibrons, ou que nous subissons, nous prenons conscience de notre force propre et nous établissons le plan de partage qui nous distingue d'elles. L'effort symbolise par un exemple élémentaire ce qu'on entend communément sous le nom d'*activité*, autre terme dont nous avons la conception claire, mais qui est tout aussi difficile à définir.

La valeur de l'effort, en tant qu'élément fondamental de la formation de la conscience, lui vient de l'association étroite et de la dépendance réciproque dans laquelle s'y trouvent le mouvement et la sensation, dépendance et association qui sont caractéristiques de l'être vivant et que le cycle des excitations, qui vont du muscle au système nerveux et de celui-ci au muscle, réalise de la façon la plus directe et la plus visible. C'est par lui que s'ébauche notre personnalité. Quand la peau, l'œil, l'oreille, c'est-à-dire les voies des sens proprement dits, s'ouvriront à leur tour aux excitations extérieures, elles compléteront, renforceront et préciseront les notions premières fournies par le sens musculaire, mais elles trouveront constituées ces notions essentielles de la conscience.

Effort musculaire, effort psychique. — Dans l'ordre de la sensibilité, nous distinguons une impression qui se fait à la périphérie et une sensation qui ne se développe clairement que dans les parties supérieures du système nerveux. Dans l'ordre de la sensibilité, nous distinguons de même un effort purement musculaire, qui s'exerce de nos muscles contre les objets extérieurs, et un effort psychique qui procède de ces parties supérieures du même système, pour susciter l'action musculaire. Nous pouvons considérer ces deux phénomènes d'abord isolément, puis dans leurs rapports.

Analyse du phénomène. — Pris individuellement, les deux phénomènes de la sensation et de l'effort musculaire sont déjà des phénomènes cycliques. La sensation implique une tendance au mouvement, qui se réalise plus ou moins faiblement dans les muscles les plus directement en rapport avec la surface impressionnée (adaptation de la main sur la surface) de l'objet touché, toucher actif). L'effort psychique, à son tour, implique une sensation immédiatement consécutive au mouvement produit (sensation de l'activité musculaire, du déplacement des leviers osseux et de leurs parties molles, résistance des poids soulevés, etc.). Nous retrouvons une fois de plus la double liaison réciproque entre la sensibilité et le mouvement, liaison telle que, si elle était rompue complètement, on peut supposer que ni la sensibilité, ni l'effort, ni aucun acte nerveux fonctionnel, ne serait possible.

L'analyse peut être poussée plus loin. — Si nous retranchons et détruisons les systèmes supérieurs, la sensation et l'effort psychique proprement dit disparaissent et sont remplacés par des actes réflexes qui n'en sont que l'image extrêmement affaiblie. Dans ces réflexes toutefois nous retrouvons la même double liaison de la sensibilité avec le mouvement. Du fait de cette liaison certains réflexes ont la possibilité de s'entretenir automatiquement d'une façon indéfinie quand le mouvement y a été une première fois amorcé (respiration, régulation des fonctions nutritives). Si nous désorganisons les systèmes inférieurs en coupant les nerfs de la périphérie, la sensation ne disparaît pas fatalement, mais peut se prolonger ou se réveiller à l'état de souvenir : le phénomène cérébral, ici dégagé de ses attaches avec les actions provocatrices extérieures, prend le nom de *psychique* : il est lié certainement à la persistance de cycles réflexes intérieurs qui conservent l'excitation et prolongent la sensation d'une façon au fond automatique. Chez un individu dont le cerveau est intact mais dont les nerfs moteurs spinaux sont paralysés, l'effort psychique est de son côté possible : cet individu a la représentation très nette des mouvements qu'il veut exécuter, mais que sa paralysie périphérique l'empêche de réaliser. Il est à supposer que, dans ce cas également, le processus cérébral est de forme cyclique : aux excitations descendantes qui partent de l'écorce et non arrêtées dans leur trajet avant d'atteindre les muscles, en succèdent d'autres qui y remontent par réflexion des premières sur les centres sous-jacents et réalisent le mécanisme nerveux dans ce qu'il a d'essentiel. La réflexion avec rappel des sensations précises et représentation de mouvements définis (mais sans impressions actuelles pour les premières et sans exécution pour les seconds) ne s'explique rationnellement que par un processus de ce genre, processus fait à l'image de celui qui réalise la sensation actuelle et le mouvement volontaire, mais confiné alors dans les parties supérieures du système nerveux et pour cette raison purement représentatif.

IV. **L'excitation volontaire.** — Lorsque le mouvement suit immédiatement une impression sans conscience, nous l'appelons réflexe ; lorsqu'il suit fatalement une impression vivement ressentie, nous l'appelons psycho-réflexe ou émotif ; lorsqu'il est sans relation avec une excitation et une sensation actuelle, nous l'appelons *spontané* ou *volontaire*.

Le mouvement nous apparaît ici indépendant de la sensibilité, et la dissociation des deux phénomènes semble complète. Ce n'est là qu'une apparence. La détermination volontaire procède de l'idée, de la réflexion, et celle-ci procède à son tour de la sensation. Mais *la détermination* que nous appelons *volontaire* a ceci de particulier que, *tout en conservant sa relation avec la sensation*, elle *peut être ajournée dans le temps d'une façon indéfinie*, et comme, pendant ce délai, le cerveau reçoit de nouvelles excitations, qu'il a pouvoir pour les conserver automatiquement, que de plus il a pouvoir pour les associer, les décomposer et les réassocier dans des combinaisons numériquement infinies, l'ajournement du mouvement aussi bien que sa variété extrême nous masque son origine véritable, qui ne peut être que dans une excitation extérieure.

La volonté ne traduit donc pas une spontanéité des excitations, mais une transformation très profonde de celles-ci dans leur passage à travers le cerveau, transformation en vertu de laquelle elles s'associent entre elles dans l'étendue de cet organe et peuvent se relier également dans le temps. Il en résulte pour l'individu une sorte de possession des choses qui l'entourent et qu'il condense en lui sous forme de représentations ; il en résulte en même temps pour lui un nombre de possibilités motrices en quelque sorte illimité et pratiquement un pouvoir très grand sur ces choses mêmes. Le sentiment de spontanéité motrice qui existe en nous a son origine dans un travail d'analyse intérieure qui compare entre elles ces diverses possibilités motrices et qui, en en prévoyant les conséquences, donne la préférence à l'une d'entre elles, après une série de tendances non suivies d'effets. Sans l'*hésitation*, nous ne saurions pas ce que c'est que la volonté. Le réflexe ressemble étroitement à un mouvement physiquement déterminé ; il s'opère sans hésitation, c'est-à-dire sans délai: l'effort volontaire est un mouvement à la fois physiquement et psychiquement déterminé, c'est-à-dire dans lequel le déterminisme est à plusieurs degrés.

La sensation et le mouvement chez le fœtus. — Le fœtus présente dans le sein de sa mère des mouvements qu'on appelle *actifs* et qu'on considère comme *spontanés*. Ces mouvements seront mieux appelés *réflexes*, si on remonte à leur genèse. — De prime abord, il semble que le fœtus soit protégé contre toute excitation extérieure par les organes de la mère, et cela est vrai, si on a en vue seulement les chocs des objets et les excitants spécifiques des sens (lumière, son, etc.) ; mais l'organe qui l'enserre et le protège (le muscle utérin) est aussi capable de l'exciter par ses contractions et par les pressions qui en sont la conséquence. Il paraît très légitime d'admettre, avec Féré, que les mouvements du fœtus ne sont guère que la réaction de son système nerveux contre les contractions utérines et, quel que soit le degré de conscience qui accompagne ces mouvements, depuis leur première apparition jusqu'à la naissance, leur origine réflexe n'est pas niable.

Réactions de l'utérus aux excitations venues des différents sens. — Comme tous les autres mouvements viscéraux, les contractions utérines (pendant le cours de la grossesse) sont insensibles à la mère elle-même, mais en réalité elles sont fréquentes et se produisent, comme celles des vaisseaux, de l'intestin, de la vessie, etc., à la suite de toutes les excitations un peu vives de l'un quelconque des sens. C'est un fait bien connu de tous les expérimentateurs que de telles excitations retentissent sur tous ces organes et y suscitent des contractions, même en dehors de leur état de fonctionnement proprement dit. L'utérus ne fait pas exception à cette règle ; ce sont ces contractions que le fœtus perçoit et qui lui donnent la première notion de ce qui existe en dehors de lui-même. Il y a ainsi des mouvements réflexes fœtaux succédant à des réflexes utérins de la mère. *L'origine du mouvement du fœtus est ainsi toujours une excitation extérieure ; cette excitation a dû traverser le système nerveux maternel avant d'aborder son système nerveux propre,* tout comme les matériaux de sa nutrition passent par le sang maternel avant de pénétrer dans le sien. Toutes les excitations spécifiques qui s'adressent aux sens de la mère se trouvent ainsi transformées et ramenées à des excitations mécaniques à peu près uniformes, qui agissent sur lui et par lesquels il commence l'éducation de sa sensibilité.

CHAPITRE II

INNERVATION VISUELLE.

Comme le toucher, avec lequel elle a tant de ressemblances et tant de rapports, la vision est un phénomène tout à la fois passif et actif. Nous *voyons* les objets qui s'offrent à nous ; mais de plus nous *regardons* ceux que notre attention nous désigne. Les actes moteurs et sensitifs se succèdent de la sorte dans des cycles que l'intervention des autres sens vient de plus compliquer et élargir en augmentant d'autant les sources de notre connaissance.

Le système sensori-moteur affecté au sens de la vue comprend (comme tous les systèmes du même genre) : à son origine, des éléments récepteurs différenciés, les bâtonnets et les cônes, propres à recevoir l'excitation lumineuse ; à sa terminaison, des muscles qui dirigent l'œil vers la partie de l'espace où il va chercher cette excitation ; entre ceux-ci et ceux-là, des arcs réflexes dont la complexité va croissant à mesure qu'ils s'allongent, en faisant pénétrer l'excitation plus profondément, depuis la rétine jusqu'à l'écorce cérébrale. C'est la constitution de ces arcs, variables à l'infini suivant les cas considérés, qui fait le fond de l'étude de l'innervation visuelle. Sur la surface du cerveau on peut délimiter approximativement une région qui représente le lieu le plus profond où ces excitations vont se réfléchir, sorte de surface de projection que celles-ci atteignent seulement quand elles doivent devenir conscientes (territoire visuel de l'écorce distinct de celui des autres sens). A la périphérie, un champ plus nettement délimité encore, celui des deux rétines, représente la surface de réception des excitations lumineuses; quant aux muscles sur lesquels l'excitation fait retour, en principe ils peuvent être tous les muscles du corps, mais, dans un but d'analyse, nous considérons spécialement ceux qui dirigent le regard, à savoir les muscles rotateurs de l'œil, de la tête ou même du corps.

De la rétine à l'écorce, les excitations traversent ou côtoient des lieux de la substance grise, qui peuvent les renvoyer sans conscience à des muscles protecteurs de l'œil, ou à certains muscles internes, ayant des fonctions également de protection et d'adaptation de cet organe à l'agent lumineux.

A. — DE LA RÉTINE A L'ÉCORCE CÉRÉBRALE.

La rétine, membrane mince tapissant le fond de l'œil, présente, à elle seule, dans son épaisseur, trois neurones superposés (plus exactement, deux neurones et une portion d'un troisième). Ce sont : 1° les *bâtonnets* et les *cônes* (ces derniers dans la tache jaune et les premiers dans le reste de la membrane); 2° les cellules *bipolaires* dites *visuelles* ; 3° les cellules dites *ganglionnaires*. Ces dernières donnent naissance aux axones qui forment les fibres du nerf optique et remontent du côté de l'écorce.

I. **Signification morphologique.** — Pour tous les systèmes sensori-moteurs, en lesquels se partage le système nerveux, on admet une unité de plan et une sorte d'équivalence entre leurs éléments composants. Dans les chaînes de neurones qui forment chacun de ces systèmes partiels, on suppose volontiers qu'il existe un même nombre d'articles et d'étapes principales franchies par l'excitation. On peut donc essayer de les grouper par leurs numéros d'ordre en les comparant d'un système à l'autre. Dans le système tactile, le neurone initial est celui qui de la peau va à la substance grise médullaire, où l'excitation est reprise par un deuxième neurone, qui atteint l'encéphale. Dans le système visuel, le neurone initial est un bâtonnet ou un cône, qui transmet l'excitation à une cellule

bipolaire, qui la transmet elle-même à une cellule ganglionnaire ou
d'origine du nerf optique ; ce qui fait assez manifestement un
article de plus que dans le système précédent, pris pour type
structural. On a cherché à rétablir l'homologie, en assimilant le
bâtonnet et le cône, non plus à un élément nerveux, mais à une
cellule épithéliale différenciée, telle que celles qui se trouvent à
l'extrémité des terminaisons nerveuses tactiles ; les équivalents des
neurones des racines postérieures seraient alors les cellules
bipolaires. Lorsqu'on fait, sur l'animal vivant, une injection intra-
vasculaire de bleu de méthylène, les bâtonnets et les cônes ne
subissent aucune coloration, alors que les cellules bipolaires et
tous les éléments proprement nerveux de la rétine sont colorés par
ce réactif (RENAUT).

Au fond, la vérité est que, dans aucun de ces systèmes, nous ne
connaissons exactement les rapports des éléments nerveux entre
eux. Entre le premier et le deuxième neurone tactile, nous ignorons
s'il n'existe pas quelque court neurone interposé, dans le genre de
la cellule bipolaire de la rétine. Et, au surplus, l'unité de plan
peut n'être pas à ce point rigide qu'elle implique un nombre
d'articles exactement pareil dans tous les systèmes analogues.

Cellules d'association. — En plus des neurones qui semblent
ainsi se succéder directement, il existe, soit dans la moelle, soit
dans la rétine, des cellules à prolongements courts, dites cellules
des neurones d'association, parce qu'on suppose qu'ils établissent,
entre les conducteurs nerveux, des relations autres que celles qui
naissent du contact direct de ces derniers. La connaissance du
mode particulier de ces associations serait pour nous du plus haut
intérêt, mais celui-ci est présentement inconnu. Nous devons le
supposer assez compliqué. Dans la couche des grains internes de la
rétine, il existe de petites et de grandes cellules horizontales
auxquelles on assigne un rôle de ce genre. On distingue encore
d'autres cellules dites *spongioblastes*, dont les uniques expansions
sont en relation avec les cellules ganglionnaires de la rétine. La
rétine, en nous offrant en raccourci des structures qui par ailleurs
affectent de grandes dimensions, est néanmoins un lieu plus favorable que d'autres pour étudier ces rapports. Elle nous montre en
particulier le détail suivant, observable également dans d'autres
sens, à savoir que, dans leur articulation, les neurones ne se
correspondent pas un pour un, mais que leur champ de distribution chevauche sur des portions (du reste inégales suivant les cas)
des champs de réception des neurones consécutifs.

II. **La rétine est un centre nerveux**. — Quoi qu'il en soit de ces détails, *la rétine*, à prendre les choses dans leur ensemble, *est l'équivalent de la substance grise bulbo-médullaire*. On doit la considérer comme une portion de cette substance, séparée du reste, et amenée pendant le développement tout près de la périphérie. Le nerf optique n'est pas l'équivalent d'une racine postérieure médullaire, mais bien d'un faisceau blanc de la moelle, qui s'est engagé

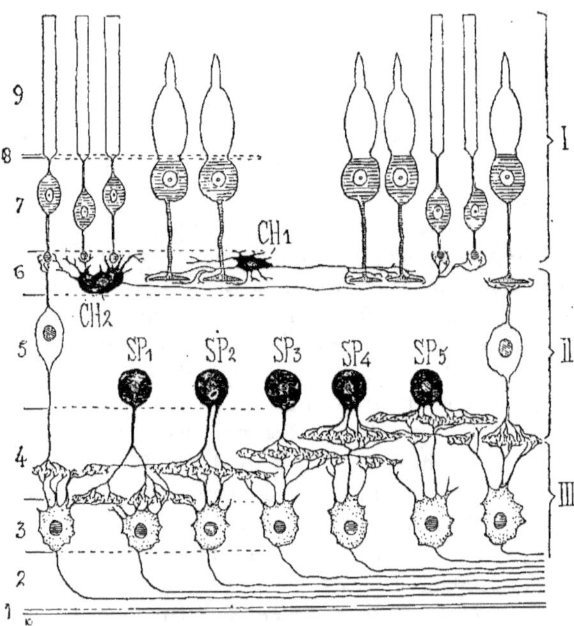

Fig. 228. — *La rétine* (figure schématique, d'après M. Duval).

1 à 9, les neuf couches de la rétine; I, II, III, les trois neurones superposés qui en forment les éléments placés en succession : I, cellules visuelles ; II, cellules bipolaires : III, cellules ganglionnaires ; CH et SP, neurones d'association : CH₁, petite cellule horizontale ; CH₂ grande cellule horizontale ; SP₁ à SP₅, les cinq ordres de spongioblastes.

dans l'orbite, pour raccorder la substance grise rétinienne aux centres encéphaliques (ganglionnaires et corticaux).

Échelonnement des masses grises. — Les fibres du nerf optique, après avoir traversé le chiasma, se retrouvent (les unes après dissociation, les autres directement) dans les *bandelettes optiques*, et celles-ci aboutissent à trois lieux très remarquables de substance grise : le *corps genouillé externe*, le *tubercule quadrijumeau antérieur* et le *pulvinar de la couche optique*. Cette dernière masse donne sa signification à l'ensemble de ces centres. Les ganglions de la base du cerveau et en particulier la couche optique sont, comme on sait déjà, des aboutissants principaux des conducteurs de la sensibilité, tant générale que tactile et sensorielle.

La couche optique est divisée en segments dont chacun répond à un territoire déterminé de l'écorce cérébrale (MONAKOW) ; le pulvinar représente le segment correspondant au lobe occipital et appartenant à la vision.

Le pulvinar, le tubercule quadrijumeau et le corps genouillé externe sont désignés souvent sous le nom de centres primaires de la vision. Cette désignation est à rejeter, puisque cette étape de substance grise est la deuxième, la rétine étant manifestement la première.

III. Radiations optiques. — Des ganglions de la base du cerveau l'excitation (soit qu'elle y fasse escale, soit qu'elle les côtoie simplement) s'engage dans des fibres qui la conduisent jusqu'à l'écorce, dans une région de celle-ci occupant les bords de la scissure calcarine. Ces fibres forment les radiations optiques ou de GRATIOLET ; elles débutent dans une intrication de fibres (champ de WERNICKE) confinant au pulvinar, et vont, en longeant la face surtout interne du ventricule occipital, s'épanouir dans l'écorce de la face interne de ce lobe.

Voies longues et voies interrompues. — La même question, qui s'est posée déjà pour les autres sens, se pose à nouveau ici. Quelle est la valeur et la signification de ces différentes étapes de substance grise ? Quel est le triage qui s'y fait entre les éléments conducteurs ? et quels rapports y sont affectés par ceux-ci avec les éléments nouveaux qui y prennent naissance ?

En principe, nous savons que l'excitation y trouve des voies de retour, qui la ramènent du côté des organes moteurs, avec des qualités psychiques d'autant moindres que l'arc réflexe est plus court, c'est-à-dire moins engagé dans la profondeur. Mais cela ne nous suffit pas. Les excitations qui ne sont pas réfléchies, mais au contraire propagées vers l'écorce, semblent, elles aussi, y subir une transformation, dont les modalités et le mécanisme précis nous échappent.

L'anatomie nous montre seulement ceci : de ces étapes de substance grise, les unes représentent des coupures totales, toutes les fibres cessant pour renaître suivant des rapports nouveaux, la rétine, la substance grise médullaire sont des étapes de ce genre ; les autres ne sont que des coupures partielles, une partie des fibres y distribuant leurs arborisations terminales, pendant que le reste les traverse sans solution de continuité, pour se terminer dans quelque autre masse grise nerveuse, le pulvinar, les tuber-

cules quadrijumeaux, les corps genouillés, tous les ganglions de la
base, rentrent dans cette catégorie. L'axe gris bulbo-médullaire
(avec ses équivalents sensoriels) et l'écorce cérébrale seraient,
d'après cela, les deux endroits où la substance grise aurait ses

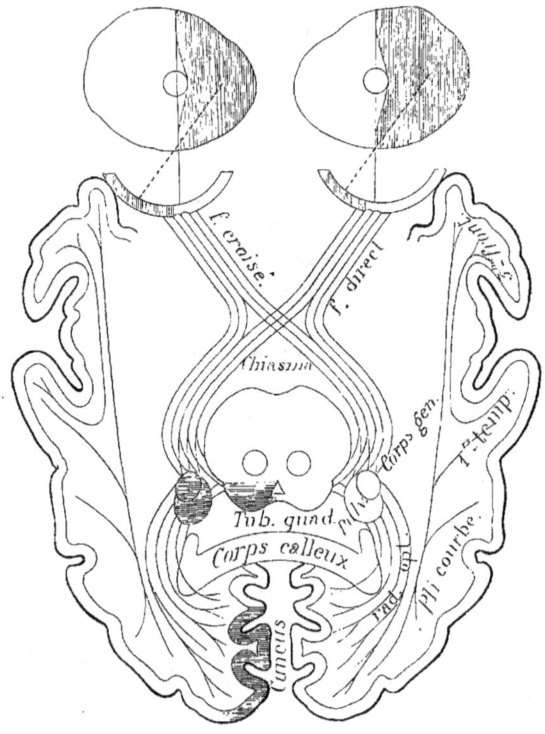

Fig. 229. — *Le système visuel; ses voies sensorielles* (schéma imité de VIALET).

Le cunéus, le pulvinar, le tubercule quadrijumeau, le corps genouillé externe et les
hémirétines du côté gauche sont marqués de hachures, ainsi que la portion du champ
visuel de chaque œil qui leur correspond.

Des faisceaux d'association réunissent le lobe occipital et le pli courbe aux circonvolutions de la zone du langage et, dans celle-ci, la première temporale à la troisième
frontale.

caractères morphologiques les plus tranchés. Encore n'est-ce là
que question de nuance, puisque la délimitation de ces régions
et leur distinction avec la substance blanche n'ont rien d'absolu.
Quoi qu'il en soit, quelques-uns admettent, au moins comme
possible, l'existence de fibres (peu nombreuses) allant directement
de la rétine à l'écorce, en côtoyant les centres intermédiaires : ce

sont les voies *longues* ou *directes*; les autres conducteurs s'arrêtent et s'échelonnent dans ces différents centres, ou encore les associent entre eux: ce sont, par comparaison, les *voies courtes*, que dans leur ensemble on peut appeler les *voies coupées*, par opposition également avec les précédentes.

IV. **Transformations progressives de l'acte nerveux**. — Le problème n'est plus, comme on a pu longtemps se le figurer, de trouver un chemin quelconque qui, d'un seul jet, ou par raccordement de ses tronçons contigus, projette l'excitation reçue à la périphérie sur l'écorce cérébrale, laquelle, par définition, serait apte à donner à l'acte nerveux ses qualités psychiques. Tout nous montre, au contraire, que ces qualités ne sont acquises que progressivement par des préparations successives, qui ne laissent à effectuer à l'écorce qu'un parachèvement, en utilisant des éléments déjà élaborés. Quel est le rôle des voies courtes, coupées, longues ou directes dans cette préparation? C'est ce que les faits actuellement connus ne nous disent pas d'une façon suffisante. Ces voies sont-elles employées séparément pour des actes fonctionnels distincts, et lesquels? Sont-elles utilisées simultanément dans les actes d'ensemble les plus compliqués? Ce sont là questions également sans réponse, mais qu'il faut se poser.

V. **Dispersion des excitations dans le système**. — Le flux d'excitation, qui suit les voies nerveuses depuis la rétine jusqu'à l'écorce, nous est donc connu dans sa direction générale, voire dans ses retours multiples vers la périphérie, comme il sera expliqué plus loin. A mesure qu'il progresse dans la profondeur, il subit des partages ou des orientations déterminées, dans ces chemins de plus en plus multipliés qui s'ouvrent devant lui. L'arc réflexe, dont la forme générale dessine ce trajet d'ensemble, non seulement présente des escales, mais subit des fissurations dans sa longueur, non point totales, mais segmentaires et plus nombreuses en s'approchant de l'écorce, vers laquelle et dans laquelle tout prend son maximum de complexité. Le pulvinar, le corps genouillé, le tubercule quadrijumeau, répondent à des fissurations de ce genre, destinées à adapter l'excitation lumineuse et visuelle à ses fonctions très diverses. Ce sont parties analogues, mais non identiques et ne devant point se suppléer complètement. De ces trois masses grises, la plus essentielle pour la transmission à l'écorce des excitations lumineuses est le corps genouillé (GRATIOLET).

Les cellules de ce ganglion ont, pour la plupart, leurs cylindraxes orientés du côté du cerveau, indiquant bien par là que la marche de l'excitation se fait du corps genouillé à l'écorce (MONAKOW).

On ne connaît point de fibres qui ramènent l'excitation du corps genouillé vers la périphérie motrice, ce qui n'est pas assurément une preuve qu'il n'en existe pas. On en connaît au contraire qui,

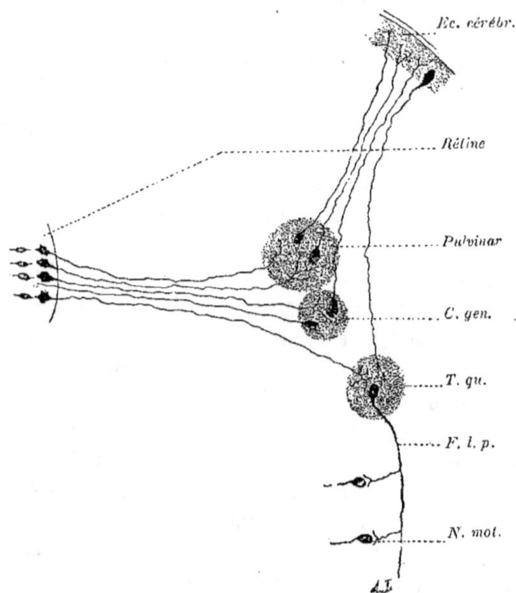

Fig. 230. — *Voies optiques ganglionnaires* (schéma).

des autres ganglions, mais surtout du tubercule quadrijumeau, la réfléchissent sur des organes moteurs, par exemple dans le réflexe irido-pupillaire.

Balancement évolutif et fonctionnel. — Si on examine le *développement des masses grises sous-corticales dans la série des vertébrés*, on voit que ce développement est, *pour les unes, en raison inverse de celui de l'écorce et, pour les autres, en raison directe du développement de celle-ci*. Dans l'espèce, le tubercule bijumeau (lobe optique) suit la première marche ; le corps genouillé externe et le pulvinar suivent la seconde (EDINGER, FOREL, MONAKOW). — Le tubercule quadrijumeau ou bijumeau (lobe optique) forme un système ; le manteau des hémisphères, le pulvinar, le corps genouillé en forment un autre. Le premier est le plus ancien des deux, au point qu'il peut exister seul et assumer (avec les organes similaires des autres sens) les fonctions psychiques rudimentaires des animaux inférieurs : c'est ainsi que chez certains poissons le pallium n'existe pas encore, représenté qu'il est par une lame épithéliale qui recouvre les ventricules. Le second, à mesure qu'il se développe et que l'intelligence prend la place de l'instinct, dépossède le premier de ses fonctions (d'où l'atrophie des lobes optiques remplacés chez les mammifères par les tubercules quadriju-

meaux) et se renforce dans ses parties tant corticales que ganglionnaires (d'où
le développement du pulvinar et du corps genouillé chez les mammifères).

En réalité, ce partage n'est pas aussi schématique, car une partie de la couche
optique et même du corps genouillé appartient au premier système (système
primitif, de fonction réflexe). Quand le système intellectuel se développe, il
réduit une partie de cet ensemble, principalement le tubercule bijumeau (lobe
optique), et il grossit l'autre partie (couche optique et corps genouillé), par les
prolongements que le pallium y envoie par son propre développement.

L'étude des dégénérations appuie du reste cette conception. Après ablation
de l'écorce, toutes ces masses présentent des fibres dégénérées à côté de fibres
saines : mais la proportion des unes et des autres y est très différente. Le
tubercule quadrijumeau antérieur est à peu près sain, la couche optique présente une dégénération étendue au niveau du pulvinar, la dégénération envahit
presque complètement le corps genouillé externe.

Distinctions fonctionnelles. — Autant qu'on peut, d'après les renseignements actuels de la physiologie et de la clinique, établir de distinctions fonctionnelles entre ces trois masses grises morphologiquement si remarquables et
le tubercule quadrijumeau antérieur, la couche optique et le corps genouillé
externe, les différences suivantes ont été relevées. Le premier de ces centres est
purement *réflexe* et ramène les excitations qu'il a reçues sur les muscles intra-
oculaires ou péri-oculaires. Le second est un centre pour les réflexes de l'ordre
instinctif, par lesquels se traduisent les émotions (mouvements des yeux et de
la face, mimique expressive des sensations émotionnelles reçues par la vue).
Le troisième, au lieu de ramener, comme les deux premiers, les excitations
rétiniennes directement sur des voies motrices, les engage au contraire plus
profondément dans le cerveau et, par les radiations optiques, les fait parvenir à
l'écorce cérébrale, où elles donnent lieu à la *sensation* claire, à l'image, puis à
l'*idée* conservée à l'état de souvenir, avant de se traduire finalement elle aussi
par un acte moteur.

Les lésions isolées de ces trois masses grises, si on pouvait les réaliser ou les
rencontrer absolument localisées, se traduiraient par l'abolition isolée de chacune de ces trois modalités réactionnelles, à savoir : pour le tubercule quadrijumeau, perte des réflexes inférieurs ; pour la couche optique, perte de l'expression émotionnelle ; pour le corps genouillé externe, perte de la possibilité
d'éveiller des sensations visuelles, avec toutefois conservation des images et
des idées formées antérieurement, tant que l'écorce visuelle subsiste avec les
connexions qui la relient aux autres sens.

Physiologie visuelle comparée. — Ce classement n'est pas transposable
tel quel sur les animaux dans toute la série des vertébrés. Plus on descend
celle-ci, plus les centres sous-corticaux prennent d'importance relativement à
l'écorce dont ils partagent plus ou moins les fonctions. Inversement, plus on
la remonte, plus on voit l'écorce accaparer les fonctions de ces masses grises,
mais en les différenciant et les perfectionnant d'une façon singulière. Au sommet de la série, beaucoup d'actes purement réflexes sont devenus instinctifs, des
actes instinctifs sont devenus intelligents. Les organes du réflexe et de l'instinct
persistent, mais amoindris dans leur rôle et leur importance, et cela non seulement à un point de vue relatif, mais à un point de vue absolu.

B. — L'IMPRESSION SUR LA RÉTINE. — BÂTONNETS ET CÔNES.

La fissuration longitudinale du système visuel existe dès la surface de la rétine qui reçoit les excitations lumineuses. Le champ rétinien se divise en effet en deux parties très inégales : l'une centrale, qui est la *tache jaune* qui contient les *cônes*; l'autre périphérique, qui contient surtout les *bâtonnets*.

1. **Différences fonctionnelles.** — Max SCHULTZE, d'après certains indices de l'anatomie et de la physiologie comparées, avait soupçonné que les bâtonnets sont en rapport avec la perception lumineuse et les cônes avec la perception des couleurs. PARINAUD a précisé cette relation et étudié le mécanisme de ces différences fonctionnelles. *La rétine humaine*, dit-il, est comme formée de *deux rétines associées*, celle des *cônes* et celle des *bâtonnets*. La première nous donne la sensation du clair et de l'obscur et en plus toutes les sensations des couleurs. La seconde ne nous donne que les sensations du clair et de l'obscur : elle est à ce point de vue moins parfaite que la première ; mais elle rachète cette imperfection par un autre avantage. Lorsque le jour baisse autour de nous, au moment du crépuscule ou en faisant artificiellement l'obscurité, cette rétine des bâtonnets a le pouvoir de s'*adapter* à de très faibles éclairages et nous fait reconnaître les objets. Chez les *héméralopes* qui ne voient plus sous ces faibles éclairages, c'est cette rétine qui ne remplit plus sa fonction. Comme le dit également v. KRIES, les cônes sont un appareil pour la pleine lumière et les bâtonnets un appareil pour l'obscurité. — Dans le daltonisme total (congénital), c'est l'inverse qui a lieu ; les cônes étant altérés, la perception des couleurs ne se fait plus ; mais les bâtonnets subsistant, la perception de la lumière se fait encore.

Pourpre rétinien. — Les bâtonnets existent presque exclusivement dans la rétine des animaux nocturnes (hiboux, chauves-souris, hérissons); dans la plupart des oiseaux, les cônes prédominent ou existent seuls. L'adaptation de la rétine périmaculaire ou des bâtonnets aux très faibles lumières doit être rapportée à l'existence du pourpre rétinien ou *érythropsine*, qui est absent de la rétine maculaire ou des cônes. Cette substance facilement décomposable par la lumière est fluorescente, autrement dit, elle absorbe certaines radiations, principalement les radiations chimiques invisibles, et les transforme en radiations visibles, augmentant ainsi d'autant l'éclairage de la rétine.

La rétine maculaire a encore une autre fonction qui la distingue de la zone qui l'entoure. C'est sur la *fovea* que vient se faire l'*image des objets* que nous regardons. Et cette image y est plus nette que dans le reste de la rétine; l'absence de pourpre et partant de fluorescence contribue à lui donner cette netteté. Les cônes ont donc ainsi le rôle principal, dans la faculté de la rétine de différencier les impressions lumineuses géométriquement distinctes, d'où résulte la perception des formes ou *acuité visuelle* proprement dite (Parinaud). A remarquer également que chaque cône est en rapport avec une cellule bipolaire, tandis qu'une seule cellule bipolaire est en rapport avec plusieurs bâtonnets. Dans la tache jaune, les cônes non seulement existent seuls, mais sont très petits et très serrés les uns contre les autres; leur diamètre est d'environ $0^{mm},002$ à $0^{mm},0025$ (Schultze). Or les plus petites distances où deux images de la rétine peuvent être distinguées l'une de l'autre sont de $0^{mm},0043$ à $0^{mm},0054$ (E. Weber, Helmholtz), ou par l'exercice $0^{nm},003$ (Volkmann) chiffre rapproché de celui du diamètre des cônes et qui nous explique, par sa comparaison avec lui, les limites de la vision distincte.

II. **Faisceau maculaire et faisceau périmaculaire**. — La *fovea centralis* est en rapport avec un faisceau distinct du nerf optique que l'on suit le long du trajet de ce cordon nerveux. C'est le faisceau maculaire, et une coupe du nerf optique (près du globe oculaire) reproduit à peu près la figuration de la rétine et son partage en deux zones, l'une centrale, l'autre périphérique, ayant des attributions distinctes.

III. **Faisceau direct et faisceau croisé**. — Ceci étant admis, à un autre point de vue, la rétine et les faisceaux du nerf optique qui en émanent présentent un autre partage, qui se fait de la façon suivante : chacune des rétines de l'œil droit et de l'œil gauche est partagée elle-même en une partie droite et une partie gauche, inégales entre elles (deux tiers d'un côté et un tiers de l'autre), par une ligne verticale passant par la *macula*. La partie du nerf optique qui correspond à la zone temporale va se rendre dans l'hémisphère cérébral du même côté; celle correspondant à la zone nasale s'entre-croise dans le chiasma avec son homologue pour atteindre l'hémisphère du côté opposé. L'entre-croisement porte sur le faisceau maculaire comme sur le reste. Pour chaque œil on appelle zone *nasale* celle qui est en dedans (du côté de la ligne médiane du corps) et zone *temporale* celle qui est en dehors; la zone nasale est la plus étendue des deux.

IV. **Zones correspondantes ; points identiques de la rétine**. — Si les zones nasales et les zones temporales se correspondent entre elles au point de vue de la symétrie ordinaire, il n'en est pas de même dans l'exercice normal de la vision avec les deux yeux. Un objet placé à notre droite fait son image sur les deux zones gauches de chaque rétine, un objet placé à gauche la fait sur les deux zones droites. Chaque point de l'objet fait ainsi deux images, une sur chaque zone droite ou chaque zone gauche des deux rétines. Ces points, dits correspondants ou identiques (J. MULLER), sont reliés entre eux par le système nerveux de manière à fondre ces deux images en une seule dans le sensorium. Ces points étant une fois fixés, la vision normale exige qu'ils restent entre eux dans les mêmes rapports de distance dans tous les mouvements des yeux.

V. **Hémianopsies homonymes.** — Si le nerf optique d'un côté est interrompu, il y a naturellement perte de la vision de l'œil correspondant. Si la bandelette optique de ce même côté est interrompue, il y a perte de la vision de chacune des demi-rétines correspondantes, la temporale du même côté et la nasale de l'autre. On dit dans ce cas qu'il y a hémianopsie homonyme, parce que les deux demi-rétines mises hors de la vue sont celles du côté correspondant à la lésion. Autrement dit, les deux zones temporales émettent des fibres directes (en relation avec l'hémisphère du même côté); les deux zones nasales émettent des fibres entre-croisées (en relation avec l'hémisphère opposé), ou, en d'autres termes, les deux zones droites de chaque rétine sont en relation avec l'hémisphère droit, les deux zones gauches sont en relation avec l'hémisphère gauche. — GRASSET fait à ce sujet la remarque que le nerf optique n'existe comme unité physiologique que dans la bandelette optique et que son vrai nom serait *nerf hémioptique*.

Remarque. — Quand un hémisphère est lésé ou la bandelette optique interrompue, ce sont les hémirétines du même côté qui sont paralysées, mais ce sont les objets du côté opposé qui cessent d'être vus. Cela tient très naturellement à ce que les images de ces objets sont renversées sur la rétine, en raison de la marche des rayons à travers les milieux de l'œil. Cette disparition de la vue à droite ou à gauche dans les cas de lésions expérimentales ou pathologiques de l'un ou l'autre hémisphère a pu faire croire, pendant assez longtemps, que l'œil droit ou l'œil gauche était isolément paralysé de la vue et, comme complément de l'erreur, que la paralysie portait sur l'œil opposé à la lésion. En fermant isolément chacun des deux yeux, il est facile de voir que la vue dans chacun est partiellement conservée et partiellement éteinte suivant le partage sus-indiqué.

Entre-croisement des fibres dans le chiasma. — Depuis NEWTON qui a posé la question, l'entre-croisement partiel ou complet du nerf optique n'a cessé d'être discuté. Chez les vertébrés inférieurs qui ont les yeux déjetés en dehors et une vision monoculaire, l'entre-croisement est complet. Jusque chez les mammifères on trouve des exemples d'entre-croisement total, par exemple le cobaye et la souris : il est partiel chez le lapin, le chien et le chat; chez les primates il est à peu près comme chez l'homme. Chez ces derniers la proportion des fibres directes serait de 150 000 pour 250 000 croisées (Krause, Salzer).

Expérience. — Nicati, après avoir sectionné chez le jeune chat le chiasma des nerfs optiques sur la ligne médiane, à travers les os de la base du crâne, a vu que la vision persiste partiellement dans les deux yeux, preuve qu'une partie des fibres échappe à l'entre-croisement.

Amblyopie par anesthésie sensitive. — La lésion isolée d'un hémisphère ne produit jamais l'amblyopie croisée ou hémiopie; elle produit constamment

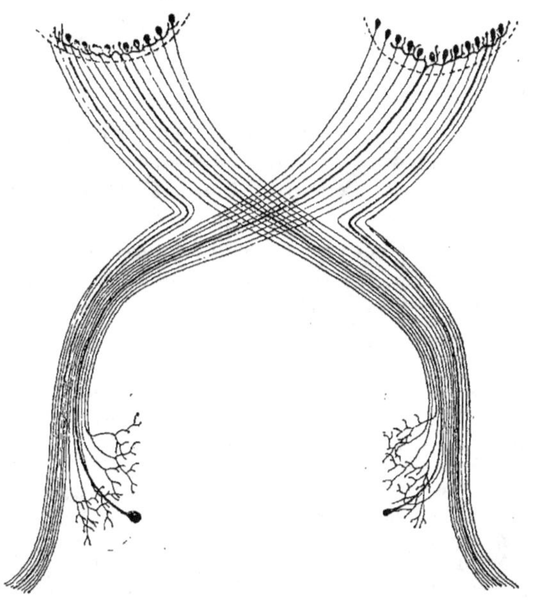

Fig. 231. — *Schéma de la constitution du nerf optique* (d'après Van Gehuchten).

l'hémianopsie bilatérale homonyme. L'amblyopie unilatérale ou hémiopie peut s'observer naturellement à la suite d'une interruption du nerf optique, mais elle peut aussi avoir une origine moins simple. En clinique, une telle amblyopie se montre généralement liée à une anesthésie du globe oculaire. On l'observe dans l'hystérie, où elle détermine un rétrécissement parfois notable du champ visuel, et elle n'existe qu'autant qu'il existe parallèlement des troubles de la sensibilité générale et que ces troubles eux-mêmes affectent le globe oculaire et d'autant plus qu'ils l'affectent plus profondément (Ferré). On peut la reproduire expérimentalement en faisant sur le système nerveux des lésions qui entraînent l'anesthésie, soit que ces lésions aient un siège central cortical (Lannegrace), soit qu'elles soient au contraire périphériques ou équivalentes à des lésions périphériques (Bechterew). On la provoque en effet en coupant le trijumeau, notamment sa racine ascendante. L'anesthésie sensitive, qui en est la conséquence dans la moitié correspondante de la face, s'accompagne d'une diminution de l'acuité des sens (ouïe, odorat, goût), ainsi que cela a été signalé par les expérimentateurs dans la section de ce nerf.

Les perturbations sensorielles qui suivent la paralysie de ce nerf sont donc secondaires. La section du trijumeau n'interrompt pas seulement des fibres de sensibilité, mais également des éléments vaso-moteurs, et vraisemblablement des éléments fonctionnels d'une nature plus indéterminée dont l'interruption s'accuse par des troubles trophiques. La section, dans tous les cas, est suivie d'altérations de la nutrition, qui nous expliquent le moindre fonctionnement ou le défaut de fonctionnement des organes sensoriels situés sur son territoire de distribution.

VI. **Persistance des impressions rétiniennes**. — L'impression faite sur la rétine par l'excitant lumineux persiste un certain temps après sa cessation. La démonstration la plus simple en est donnée par le charbon ardent qu'on meut circulairement et qui donne l'impression d'un cercle incandescent. Le cinématographe est fondé sur cette donnée. Cette persistance varie suivant l'intensité de la lumière émise par l'objet qui impressionne la rétine. Helmholtz l'a vue varier de 1/48 de seconde pour les forts éclairages à 1/20 de seconde pour un éclairage très faible ; 1/50 de seconde serait un chiffre minimum qu'on ne dépasse ni même n'atteint avec les plus forts éclairages (Parinaud).

Images consécutives. — Lorsque l'image primitive plus ou moins persistante a cessé et que l'œil est plongé subitement dans l'obscurité, il se fait après un court espace de temps une image consécutive qu'on appelle *positive*, parce qu'elle reproduit la première sans inversion des tons (blanc pour blanc, noir pour noir). Cette image s'efface progressivement et, après un temps qui peut varier de une seconde à une minute ou plus, elle est d'ordinaire remplacée par une image *négative*, dans laquelle les tons sont renversés (noir pour blanc, ou bien la couleur généralement complémentaire à la place de la couleur primitive). L'image négative peut faire défaut quand l'impression première a été faible.

Oscillations et interférences rétiniennes. — Une excitation lumineuse a ainsi des effets immédiats et des effets consécutifs. Étudiés dans leurs détails, les uns et les autres sont compliqués. L'impression immédiate est déjà elle-même un fait oscillatoire. A. Charpentier admet que *toute excitation lumineuse* (quelle que soit la couleur et l'intensité) *provoque dans la rétine une ondulation négative*, probablement suivie d'autres oscillations analogues, mais moins bien observables. a. *L'oscillation naît en un point excité 1/60 à 1/70 de seconde après le début de l'excitation ;* la période de l'oscillation complète étant de 1/30 à 1/35 de seconde. b. *Cette oscillation, à partir du point excité, se propage sur la rétine de proche en proche avec une vitesse de 72 millimètres par seconde.*

Expérience. — Un disque noir porte un secteur blanc très éclairé. Ce disque est mis en rotation autour de son axe, à la vitesse d'un tour en deux secondes. On fixe le regard en l'immobilisant exactement sur le centre du disque. On voit apparaître sur le secteur blanc un secteur noir qui en occupe une partie et dont les bords sont estompés. Si la vitesse de rotation augmente, cette bande noire s'élargit; elle décroît si la rotation diminue. De la connaissance de la vitesse de rotation et de celle de la distance qui sépare la bande noire du bord du secteur blanc, on déduit le temps écoulé entre l'apparition de l'arête blanche du secteur et celle de l'arête noire de la bande qui y apparaît. Ce temps est 1/60 à 1/70 de seconde.

Charpentier admet que l'onde négative qui répond à cette bande noire parcourt successivement les divers méridiens de la rétine. Elle arrive toujours 1/60 à 1/70 de seconde après que ce point a été touché par le commencement du secteur blanc.

Le début de l'excitation fait naître une oscillation au point excité. La durée de l'oscillation complète étant de 1/30 à 1/35 de seconde, après 1/60 à 1/70 de seconde la phase oscillatoire est négative.

L'excitation nouvelle (d'ordre positif) se superpose à elle, il y a interférence, opposition de mouvements contraires, d'où l'obscurité : $+ \Delta + (- \Delta) = 0$.

L'étude de l'excitabilité rétinienne sera reprise en détail à propos des fonctions des organes des sens. Ce qui vient d'être dit est pour montrer qu'à partir de la rétine le phénomène d'excitation visuelle est déjà d'une grande complexité et qu'il ne peut pas s'expliquer par une transmission simple du mouvement nerveux à travers des fibres isolées. Dès la rétine, il y a une tendance à la diffusion de l'excitation dans un champ avoisinant le point directement excité. La netteté de l'image psychique n'est plus, comme celle de l'image physique, conditionnée par l'existence d'un dessin géométrique, qui se poursuivrait à travers les voies optiques jusqu'à l'écorce cérébrale.

VII. **L'unité de sensation dans la vision binoculaire.** — Dans la vision binoculaire, les deux images physiques formées, l'une au fond de chaque œil, se trouvent confondues dans une seule et unique image psychique. Ce phénomène de synthèse n'est en réalité pas plus étonnant que tant d'autres d'où résultent nos sensations et nos perceptions; mais il est ici plus évident et nous frappe davantage en raison de la séparation plus manifeste des éléments avec lesquels s'élabore la sensation. On pense en donner une explication, en remarquant que les impressions reçues sur les zones homonymes, c'est-à-dire droites ou gauches des deux rétines, convergent par les bandelettes et les radiations optiques vers le même hémisphère cérébral, dans lequel se superposent ainsi des ondes nerveuses de même forme et de même succession. Mais ce n'est qu'une partie de l'explication; il reste à montrer comment ces images psychiques, formées dans les deux hémisphères, se superposent à leur tour en une image unique. On fait intervenir pour cela les commissures interhémisphériques, dont le corps calleux forme la partie la plus importante, et qui solidarisent les fonctions des deux moitiés du cerveau. Nous retombons dans la formule commune à toute sensation : un phénomène qui en soi et par définition réalise l'unité, mais dont l'analyse physiologique fait voir les éléments composants

et les montre d'autant mieux dissociés qu'on s'éloigne davantage
de l'écorce cérébrale.

Remarquons d'autre part que les zones droites et gauches des deux rétines
ne sont pas celles qui ont le rôle le plus important dans la vision, mais bien la
zone centrale ou maculaire placée sur la ligne de partage des précédentes. On
semble admettre souvent que la tache jaune est partagée elle-même par l'hémianopsie en deux moitiés, l'une insensible, l'autre sensible. D'après Monakow, les
altérations localisées à un seul hémisphère la respectent au contraire, en
grande partie, pendant qu'elles suppriment la vision dans les zones homonymes
de la périphérie. On a cherché l'explication de ce fait en supposant la macula
de chaque côté reliée aux deux hémisphères à la fois, ou encore en admettant
une localisation corticale des excitations de la macula qui serait différente de
celle du reste de la rétine. Monakow pense au contraire que son territoire cortical est beaucoup plus diffus et que c'est la raison pour laquelle elle échappe
mieux à la paralysie.

Quoi qu'il en soit, l'image d'un objet placé directement devant l'œil et formée
au centre de la macula est comme à cheval sur des fibres qui, étant comme les
autres partiellement croisées, la projettent sur les deux hémisphères, la synthèse de l'objet ne s'en fait pas moins dans le sensorium.

C. — LA SPHÈRE VISUELLE CÉRÉBRALE.

Une partie du territoire de l'écorce cérébrale est dévolue à la
vision. La sphère visuelle, comme l'appelle Munck (et cette désignation vaut incontestablement mieux que celle de centre) est située
à la surface du lobe occipital.

I. **Anciennes expériences et observations**. — Gratiolet en
1854 découvre les radiations optiques et les suit depuis les ganglions
de la base, depuis surtout le corps genouillé externe, dont il voit toute
l'importance, jusqu'à l'écorce des lobes occipital et pariétal. Panizza
en 1855 note la cécité unilatérale et croisée, qui suit l'ablation des
circonvolutions postérieures du cerveau ou les lésions des fibres
blanches qui les unissent aux ganglions de la base ; quand la lésion
est bilatérale, la cécité est complète, mais les autres fonctions sont
conservées. Il note de même la dégénération ascendante de ces
tractus et de leurs ganglions d'origine, dans le cas de perte ou
ablation de l'œil. L'erreur qui lui fait croire à une cécité unilatérale,
impliquant un croisement complet des nerfs optiques, est générale
et n'est rectifiée que beaucoup plus tard, après de nombreuses discussions. Elle s'explique du reste par l'importance généralement
trés prépondérante, surtout chez les animaux, du faisceau croisé
sur l'autre, et aussi par la direction qu'il faut donner aux objets pour
que leur image se fasse sur la rétine. Les objets situés à notre

droite sont vus par les zones gauches des deux rétines, et inversement pour ceux situés à notre gauche.

II. **Cunéus et scissure calcarine**. — La physiologie et la clinique sont actuellement d'accord pour localiser la sphère visuelle de l'écorce à la face interne du lobe occipital, dans un territoire qui comprend avant tout la scissure calcarine. Circonscrit pour les uns aux lèvres de cette seule scissure (HENSCHEN), ce territoire s'étend, pour d'autres (MONAKOW), jusqu'aux trois circonvolutions de la face externe du lobe occipital en empiétant même sur la partie postérieure du lobe pariétal. Pour la plupart, il est restreint pour le moins à la face interne de ce lobe (BOUVERET); il comprend essentiellement le cunéus et une partie du lobe lingual, c'est-à-dire les deux circonvolutions qui limitent la scissure calcarine (DEJERINE, VIALET, BRISSAUD).

Chez les animaux, les expériences de MUNCK ont situé la sphère corticale visuelle dans le lobe occipital.

VITZOU a vu *l'ablation unilatérale*, totale et simultanée du tiers postérieur des première, deuxième et troisième circonvolutions parallèles du *lobe occipital* être suivie, chez le chien, d'une *hémianopsie bilatérale homonyme*. La cécité affecte les trois quarts de la rétine du côté opposé et le quart de la rétine du même côté. C'est donc dans la proportion de 3/4 à 1/4 que se fait l'entre-croisement des fibres optiques, chez cet animal.

Les lésions du pli courbe. — Des expérimentateurs et des observateurs ont cependant désigné le pli courbe ou *gyrus angularis* situé sur la face externe du cerveau, comme étant le centre cortical de la vision. Leur erreur s'explique par ce fait anatomique que les radiations optiques, dans

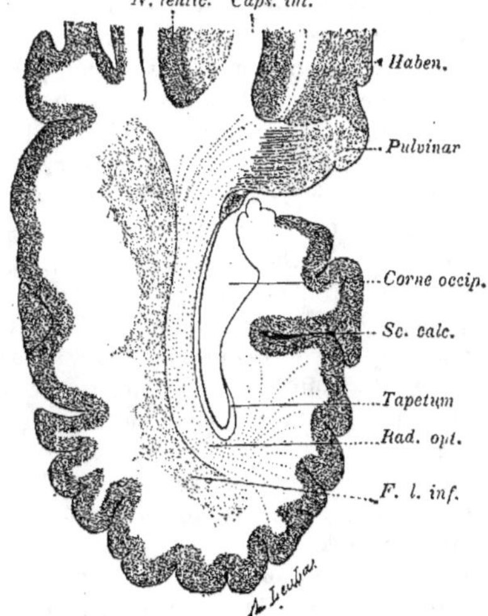

Fig. 232. — *Radiations optiques et lobe occipital.*

Coupe horizontale de l'hémisphère gauche (d'après CHARPY).

leur trajet des ganglions de la base au lobe occipital, passent à peu de profondeur au-dessous de l'écorce du pli courbe et sont facilement coupées ou comprimées sur leur trajet par les altérations de celui-ci.

Ruban de Vicq d'Azyr. — Les différences de forme, de structure, d'arrangement des éléments nous font soupçonner des différences de fonctions, et ceci, alors même que le mécanisme de ces fonctions nous est inconnu. On a noté que la structure de l'écorce de la scissure calcarine est quelque peu différente de celle de l'écorce voisine du lobe occipital : la différence consiste dans l'épaisseur plus grande de la couche moléculaire, ainsi que dans le développement d'une bande de fibres horizontales (ruban de Vicq d'Azyr).

III. Surface de projection. — Plusieurs auteurs appellent la sphère visuelle une « rétine corticale », voulant indiquer par là que chaque point de la rétine est relié à l'écorce par des conducteurs, dont les terminaisons dans celle-ci répéteraient à sa surface des rapports analogues à ceux qu'ils ont entre eux dans la rétine oculaire. Mais ils cessent de s'entendre quand il s'agit de préciser ces rapports, et il faut reconnaître que les faits manquent, au double point de vue du nombre et de la qualité, non seulement pour préciser ce détail, mais même pour en assurer le principe.

Projection géométrique sur l'écorce. — Ainsi par exemple, dans un cas d'atrophie de la lèvre supérieure de la scissure calcarine, on a constaté une hémianopsie limitée au quart inférieur du champ visuel des deux côtés (Hun). Dans un autre cas semblable, mais où la lésion portait sur la lèvre inférieure de la même scissure, on a constaté une hémianopsie du quart supérieur du champ visuel (Wilbrand). Toutefois les localisations de la partie maculaire et de la partie marginale n'auraient point la disposition concentrique qu'elles ont dans le fond de l'œil, mais la première serait à la partie antérieure et la seconde à la partie postérieure de la scissure calcarine.

Objections. — Il faut redire que ces localisations demandent confirmation. Monakow en a combattu le principe, en s'appuyant sur les faits nombreux qui montrent l'importance physiologique du ganglion intermédiaire (le corps genouillé externe), lequel rompt la continuité des conducteurs et ne nous permet plus de voir ces derniers sous la forme de fibres continues, dont les extrémités s'épanouiraient sur deux surfaces opposées, la rétine et l'écorce occipitale. La substance grise, partout où elle existe, nous le savons par cent exemples, crée des associations et partant des rapports nouveaux entre les voies conductrices qui y arrivent et celles qui en repartent. Une projection fidèle de la rétine sur l'écorce non seulement n'est pas démontrée, mais est à peine vraisemblable.

Projection composée. — Ce qu'on appelle la projection sur l'écorce est, en réalité, un ébranlement parfaitement ordonné, mais extrêmement complexe, qui affecte le système cyclique visuel, en largeur et en profondeur, suivant des lois qui nous sont inconnues. Une condition nécessaire, c'est évidemment que, pour des images semblables, cet ébranlement soit ordonné d'une façon semblable, et, pour des images différentes, d'une façon différente. Mais les conditions simples de la formation de l'image rétinienne ne sont plus celle de la formation de l'image cérébrale qui conditionne l'image psychique. Lorsque l'image rétinienne se déplace sur la rétine, il est, à la vérité, probable que l'image cérébrale se déplace dans le champ sensoriel cortical; mais ce phénomène de localisation de l'image cérébrale est distinct de celui qui préside à sa production.

Limites de la sphère visuelle. — Rien de plus indécis, de plus difficile à préciser, que les limites du territoire cortical affecté à la vision, comme du reste celui de tous les autres sens : et sans doute aussi rien de plus illusoire que de chercher à les tracer d'une façon arrêtée. Si, en effet, chacun des sens est localisé à la périphérie du corps d'une façon rigoureuse, dans des appareils spéciaux adaptés isolément à des modes d'ébranlements distincts, il n'en est plus tout à fait de même dans le cerveau, dans l'écorce surtout, dont la fonction est non seulement de recueillir ces excitations, mais de les mettre en conflit les unes avec les autres pour en tirer les éléments de la connaissance, et finalement de les renvoyer au dehors sous forme d'activité motrice.

Témoignages discordants. — On a vu parfois la vision distincte conservée dans un champ visuel minuscule (d'une étendue par exemple de 3 à 5 degrés autour du point de fixation), et qui laissait au patient une acuité visuelle suffisante pour lire ou faire différents travaux : le lobe occipital présentait des foyers de ramollissement étendus, avec conservation de certaines portions très limitées de l'écorce de la scissure calcarine. Seulement les observateurs qui établissent ces faits ne s'entendent pas sur la localisation de cette portion de substance grise : pour Henschen, elle est à la partie antérieure de la scissure ; pour Förster, Sachs, elle est à la partie postérieure. Pour Henschen, il y a dissociation en surface des centres correspondant à la tache jaune et à la marge de la rétine ; pour Munck, il y a projection exacte de la rétine oculaire sur l'écorce et partant disposition concentrique des deux centres.

IV. **Sensation lumineuse et vision mentale**. — Avant de chercher à délimiter le territoire anatomique de la sphère visuelle, il faudrait préciser tout d'abord ce qu'on entend par vision. Depuis la sensation brute de lumière ou de couleur jusqu'à la vision mentale, il y a un champ nuancé de phénomènes, conditionnés chacun par des associations nerveuses fonctionnelles, précises dans leur déterminisme, mais variables suivant chaque modalité phénoménale. Ce sont ces nuances que les destructions plus ou moins étendues de l'écorce réussissent parfois à mettre en évidence, quand elles ne sont pas trop délicates à saisir.

Rétine corticale. — L'expression *rétine corticale* n'a en somme que la valeur d'une métaphore. Par opposition au lieu où l'impression, d'abord purement physique, de la lumière a été reçue, elle désigne un autre lieu, où cette impression, après des transformations successives, a donné naissance au phénomène psychique de la sensation. Si on retient cette expression, il ne faut pas en faire l'équivalent de « sphère visuelle » : la rétine corticale désignerait le champ de la sensation visuelle, tandis que la sphère visuelle correspondrait au champ de la vision mentale, l'un et l'autre ayant des limites indécises et mal déterminées.

V. Cécités diverses. — Il peut y avoir cécité à la fois pour la lumière blanche et pour les couleurs ; mais il peut aussi y avoir cécité pour les couleurs seulement. Cette cécité limitée peut porter sur toutes les couleurs (*achromatopsie*) ou sur quelques-unes en particulier (*dyschromatopsie*). — Dans le cas de lésion unilatérale cérébrale, il y aura donc *hémiachromatopsie*, ou *hémidyschromatopsie*.

Conditions de leur production. — A la surface de la rétine (au point de départ de l'excitation), la fonction chromatique est localisée dans des éléments particuliers (les cônes) différents de ceux qui sont sensibles à la lumière sans distinction de couleur (les bâtonnets). Dans la rétine, la vision colorée est cen-

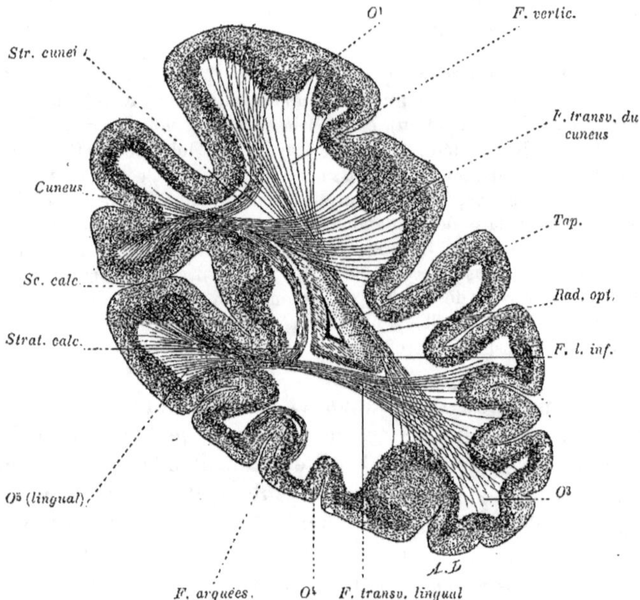

Fig. 233. — *Les faisceaux d'association du lobe occipital.*

Coupe transversale schématisée. — Hémisphère gauche. (D'après DEJERINE.)

trale et la vision incolore est marginale. En est-il de même dans l'écorce cérébrale ? Rien ne l'indique d'une façon certaine, et la vraisemblance n'est pas en faveur d'une telle symétrie. D'autre part, désigner, dans l'écorce de la substance grise occipitale, une couche cellulaire affectée au sens des couleurs, c'est faire une hypothèse absolument gratuite et incontrôlable, puisqu'il n'y a aucune chance de trouver ni de créer artificiellement une lésion portant de préférence sur une couche cellulaire à l'exclusion des autres. Pour ce qui est de la localisation en surface, les observations cliniques suivies d'autopsie ne l'imposent pas à notre acceptation, tant s'en faut.

Plusieurs admettent préférablement que la vision des couleurs n'est pas localisée distinctement de celle de la lumière, mais dépend seulement de certaines conditions particulières telles qu'une conservation très parfaite de l'irritabilité des éléments et de l'irrigation sanguine, ou encore un champ visuel plus étendu. Dans le cas de Förster, où le champ visuel était extrèmement restreint, il y avait cécité pour les couleurs. — Les lésions cérébrales, suivant leur intensité ou leur étendue, détermineraient donc en premier lieu la perte du sens des couleurs (le plus altérable), puis celle du sens de la lumière, puis la cécité complète. Le vert et le rouge se perdraient d'abord, puis le bleu, puis la notion du blanc et du noir (Holden). En général, l'appréciation des intensités lumineuses va décroissant avec celle des couleurs, bien que lui survivant à la limite; mais l'observation clinique, qui montre tant de choses, compte un cas où la perte des couleurs s'est faite sans diminution de la sensibilité lumineuse (Stefan), et ce cas est resté un argument au service de ceux qui soutiennent l'existence indépendante d'un centre de la vision chromatique; mais il n'y a rien de probant.

VI. Notions de forme, d'espace, de lieu, d'orientation. — A la notion simple de lumière, et à celle déjà plus compliquée de couleurs, s'ajoute, dans l'exercice de la vision, d'autres notions que l'analyse seule distingue, tant les unes et les autres lui sont d'ordinaire étroitement associées: ce sont les notions de forme des objets, de rapports de ces objets entre eux et avec nous-mêmes. Ces notions sont beaucoup plus complexes que les précédentes. Par la combinaison du clair et de l'obscur ainsi que des couleurs il se forme, sur notre rétine, des *images*. Ces images sont réalisées par l'association dans un ordre donné, c'est-à-dire par la synthèse de ces éléments (phénomènes lumineux et chromatiques). Cette synthèse est un fait psychique. Chacun de ces éléments existe en soi d'une façon indépendante; c'est leur association dans notre conscience qui donne à l'image sa réalité.

VII. Image physique, image psychique. — La physique nous apprend comment les rayons lumineux, émis par les objets ou réfléchis par eux, conservant leurs rapports respectifs, peuvent, en tombant sur un écran, donner une figuration qui rappelle tout à fait ces objets, à la dimension près. C'est ce qu'on appelle l'*image physique* de ces objets. Les objets impressionnent notre rétine par une image de ce genre: cette image est tout aussi physique que celle qui se fait sur un écran. Mais la rétine a, ce que n'a pas l'écran, des voies nerveuses qui emportent cette impression dans les profondeurs d'un système dont les parties étroitement solidaires forment un être véritablement un, et cette unité se traduit en lui par ce quelque chose que nous nommons la conscience. L'image physique se double dans ce cas d'une image psychique : ou, pour mieux dire, c'est la conscience qui, en groupant les traits de l'image physique, en même temps qu'elle la détache de toute la phénoménalité environnante, lui confère son unité, autrement dit, son existence. Comment de l'image rétinienne nous remontons aux objets, ce n'est pas encore ici le lieu de l'examiner.

VIII. **Espace nu ; espace meublé**. — Quoi qu'il en soit, ces notions de forme, du fait même de leur complexité originelle, sont plus facilement altérables que les sensations élémentaires qui leur donnent naissance. On a noté que, dans les lésions doubles du lobe occipital, les individus porteurs de ces lésions perdent la faculté de reconnaître les lieux qui leur étaient familiers. La notion générale d'espace peut être conservée, mais l'espace meublé par des objets n'existe plus pour eux avec ses accidents caractéristiques : ils ont perdu la *mémoire des lieux*.

On n'a pas manqué de rechercher dans l'écorce occipitale, en surface ou en profondeur, un centre particulier de l'acuité visuelle et de la vision dans l'espace : mais là encore les faits manquent, qui puissent appuyer une semblable conception qu'aucune raison théorique sérieuse ne nous suggère. Ce qui paraît certain, c'est que *le champ cérébral dont l'activité conditionne la reconnaissance des formes et des lieux est plus étendu que celui de la sensation brute de lumière* : l'appareil nerveux de l'un diffère de l'appareil nerveux de l'autre comme le premier de ces phénomènes diffère du second, c'est-à-dire comme le composé diffère du simple.

Extérioration de la sensation. — Des objets sont situés en dehors de nous et nous en avons connaissance : c'est donc que quelque chose se déplace d'eux à nous, qui nous apporte les éléments de cette connaissance. Le milieu aérien, et surtout le milieu éthéré (ce dernier pénétrant tous les autres sans se confondre avec eux), se chargent de cette transmission pour les objets à distance. Quelque chose, qui a pris comme l'empreinte de ces objets, vient ainsi jusqu'à nous et reconstitue cette empreinte sur une surface sensible de notre corps ; c'est ce qui est très évident pour le sens de la vue.

Arrivée à la rétine, cette empreinte n'a pas fini sa progression ; elle chemine de là par des voies toutes nouvelles, toutes spéciales (les voies nerveuses), pour atteindre l'écorce cérébrale : et là seulement cette empreinte, cette impression est devenue sensation, perception, connaissance. Ce qui revient à dire : l'empreinte, l'image existe en nous ; mais le milieu qui la contient (et ce milieu, c'est nous) est conscient de la contenir. Le milieu extérieur qui nous l'a transmise la contenait (elle ou ses éléments composants), mais sans en avoir conscience. Ces faits sont clairs par eux-mêmes. Ils relèvent à la fois du sens intime et du sens commun : l'un d'eux, celui de la conscience, échappe il est vrai à toute explication rationnelle ou scientifique et risque d'y échapper toujours, en raison de notre situation particulière par rapport à lui. Mais il suffit pour le moment de le constater et de le mettre à son rang.

Toutefois il n'y a là que la moitié de l'explication. La marche de l'empreinte (ou de ce qui la produit) des objets à nous, nous explique bien comment leur image est en nous, mais elle ne nous explique pas comment ces objets sont perçus extérieurs à nous, à la place où ils sont réellement. On constate le fait et on le rattache à la donnée précédente, en disant que la sensation, l'image mentale, est projetée au dehors, dans la direction et à la place même de l'objet. C'est ce qu'on appelle l'*extérioration de la sensation*.

Ces mots d'*extérioration* et de *projection* sont nécessaires pour compléter l'analyse du processus de la formation des images mentales des objets. Ils expriment une correction qui est en quelque sorte indispensable pour mettre d'accord les résultats de cette analyse avec les notions du sens commun. En effet, d'une part l'analyse nous montre avec évidence quelque chose qui se substitue à l'objet et qui progresse, d'abord de lui à nous, puis dans l'intérieur de nous, jusqu'à notre cerveau ; comme si l'objet venait s'y loger et y manifestait sa présence par quelques-uns de ses caractères. Mais, d'autre part, le sens commun ne s'y trompe pas et situe ces objets là où ils sont réellement, hors de nous : de sorte qu'après avoir fait voyager ce quelque chose, qui représente l'objet, de celui-ci à notre cerveau, nous sentons la nécessité de lui imposer un trajet inverse, de notre cerveau à l'objet, pour rester dans la logique et le bon sens. En termes plus courts, il y aurait : 1° projection depuis l'objet jusqu'au cerveau ; 2° projection depuis le cerveau jusqu'à l'objet. Qu'est-ce qui est projeté dans l'un et l'autre trajet ?

De l'objet au cerveau la projection est réelle et se décompose elle-même en deux trajets successifs ; ce sont : de l'objet à la rétine des ondes lumineuses propagées par l'éther, suivant des lois suffisamment connues, et de la rétine au cerveau des ondes nerveuses dont le sens de propagation (sinon la forme) est nettement défini.

Du cerveau à l'objet par contre, la projection est purement idéale : elle n'est qu'un artifice de démonstration. Elle équivaut à dire que l'analyse physique et physiologique du mécanisme de la vision ne nous livre qu'une partie des connaissances qui nous sont nécessaires pour l'éclairer. En tout cas, il n'y a point d'ondes nerveuses rétrogrades qui du cerveau reviennent à la rétine par les voies qui ont été parcourues initialement de celle-ci à celui-là. Sans doute le cerveau peut réfléchir ces ondes pour les renvoyer au dehors, mais c'est par des voies toutes différentes des premières, et qui ramènent ces ondes sur les organes du mouvement, auxquels aboutit en fin de compte toute excitation nerveuse.

IX. Cécité physique et cécité psychique. — Rien de plus instructif, au point de vue psychologique, que la comparaison de deux individus, dont l'un a perdu l'appareil oculaire (perte ou ablation des deux yeux) et l'autre l'appareil cérébral de la vision (destruction pathologique de l'écorce occipitale ou ablation des lobes occipitaux). L'expérimentation et l'observation, qui tant de fois laissent les questions indécises, parce qu'elles sont infaisables dans les conditions qui les rendraient catégoriques, trouvent ici un terrain favorable de réalisation, en s'attaquant aux deux lieux les plus éloignés du système visuel, et en comparant le déficit qui suit, dans un cas, la suppression de l'appareil de réception, source originelle des excitations, et dans l'autre de l'appareil essentiel de transformation et de conservation de ces excitations.

L'individu, homme ou animal, qui a perdu les deux yeux, ne

reçoit de l'extérieur plus aucune notion par la voie visuelle : mais il conserve à l'état de souvenirs un grand nombre de celles qu'il a acquises antérieurement par cette voie, etqui lui restent comme autant de repères fixes autour desquels se groupent les notions nouvelles, qui ne cessent pas d'affluer en lui par la voie des autres sens conservés intacts. Celui au contraire qui n'a plus ses lobes occipitaux a perdu, avec eux, le trésor accumulé des notions antérieures acquises par la vue : les renseignements apportés par le tact, l'ouïe, l'odorat n'auront donc plus pour support les souvenirs du sens qui joue le rôle le plus essentiel dans la représentation des formes et des lieux, d'où une infériorité mentale très grande de ce second par rapport au premier. L'un et l'autre sont plongés dans l'obscurité, mais la nuit du premier est une *nuit physique*, non essentiellement différente de celle qui résulte de la simple privation de lumière, entendue comme vibrations de l'éther au sens des physiciens ; la nuit de l'autre est une *nuit psychique*, en ce sens que les vibrations de l'éther ont bien pu affecter la rétine et, par retentissement, les premières voies visuelles, mais la lumière, au sens physiologique ou psychologique (c'est tout un), fait défaut ; tandis que chez le premier cette lumière même n'est pas absolument éteinte et, moins qu'elle, les formes qui se sont dessinées dans la conscience.

Dans la cécité physique, les autres sens, celui du tact notamment, se font rapidement une éducation qui leur permet de suppléer en partie à l'absence de vision ; éducation possible, grâce au noyau de souvenirs visuels conservés dans le cerveau. Dans la cécité psychique, cette éducation manque de sa base principale, surtout chez un adulte. L'aveugle-né ou l'animal nouveau-né auquel on enlève les deux yeux seront eux aussi réduits à se créer un espace tactile ou auditif par l'éducation des sens qui leur demeurent ; mais leur situation sera cependant meilleure, en raison de la plasticité plus grande de leurs organes encore en voie de développement.

X. Cécité verbale. — Le mot « psychique », comme beaucoup d'expressions usitées en physiologie, peut s'entendre dans un sens tantôt plus général, tantôt plus particulier, et, jusqu'à ce que notre langue se soit enrichie d'expressions adéquates à ces nuances, il y a lieu de les préciser par de courtes descriptions. — La cécité psychique, comprise comme il vient d'être dit, équivaut à la perte de tout phénomène psychique de l'ordre visuel, depuis la sensation brute de lumière jusqu'aux idées de l'ordre le plus complexe, en tant qu'elles procèdent de la vision. *Psychique* est ici pris dans le sens opposé à *physique*, purement et simplement. Voici maintenant les degrés principaux de cette psychicité.

On distingue communément : 1° une cécité *corticale*, équivalant à la perte des sensations lumineuses ; 2° une cécité *psychique* proprement dite, équivalant à la perte des images commémoratives des objets ; 3° une cécité *verbale*, équivalant à la perte de la lecture des mots ou plus généralement des signes écrits. Cette dernière rentre dans le domaine dit des « aphasies ».

Psychisme inférieur. — Les images visuelles sont projetées sur l'écorce, mais avant de l'atteindre elles traversent la couche optique (pulvinar) : ce ganglion joue un rôle important dans l'élaboration de la sensation visuelle. Après l'ablation de l'écorce des lobes occipitaux, il y a cécité. Mais, après un certain temps, cette cécité s'amende (MUNCK), absolument comme la paralysie sensitive qui suit l'ablation de l'aire corticale tactile. L'animal réussit à se conduire en évitant les obstacles. Il y a donc récupération de la sensation visuelle avec un certain degré de conscience. Le déficit permanent qui suit la destruction de l'écorce n'est donc pas caractérisé (au moins chez les animaux) par la perte absolue de la vision consciente, mais par l'impossibilité où se trouve le sujet d'élaborer des images complexes. Quant au retour de la vision consciente élémentaire, quand il se produit, rien ne nous oblige de le rattacher à une suppléance des parties voisines restées intactes de l'écorce, plutôt qu'à une suppléance exercée par la couche optique.

Images d'espace, orientation. — Une partie des fibres du nerf optique, au lieu d'aller à l'écorce et à la couche optique, suit le pédoncule cérébelleux supérieur (d'avant en arrière) et se rend au cervelet. Ce *faisceau cérébelleux direct d'origine rétinienne* ou *optique* est l'équivalent du faisceau cérébelleux direct d'origine médullaire ou tactile, ainsi que du faisceau cérébelleux direct d'origine vestibulaire, qui, ces deux derniers, atteignent le cervelet par le pédoncule cérébelleux inférieur. Ces trois faisceaux font converger vers le cervelet des excitations en provenance de trois sens ou appareils différents (vue, tact, appareil vestibulaire), qui s'y organisent en images d'espace, en vue de l'orientation objective et subjective (BONNIER). Une communication, celle-là indirecte, est établie entre la rétine et le cervelet par l'intermédiaire de l'olive et des noyaux du pont. La rétine envoie encore des fibres aux noyaux oculo-moteurs, soit par les tubercules quadrijumeaux, soit directement ; d'où un appareil d'adaptation oculaire plus simple et moins conscient encore que le précédent.

D. — LES EFFETS MOTEURS. — LES VOIES DE RETOUR.

De l'écorce cérébrale, les excitations ont, pour redescendre sur les agents exécuteurs du mouvement, des voies pour ainsi dire sans nombre ; mais nous ne considérons ici que celles qui sont directement nécessaires ou utiles à l'exercice de la vision elle-même et qui forment, avec les voies dites centripètes de celle-ci, un système dont les parties rattachées entre elles par un lien fonctionnel se prêtent un mutuel concours. Reste donc à indiquer ces voies et à analyser le mécanisme de leur action.

Nous ne cessons de répéter que toutes les excitations venues de l'extérieur ne pénètrent pas dans le système nerveux à la même profondeur : toutes ne vont pas jusqu'à l'écorce cérébrale et toutes ne l'approchent pas de la même longueur de chemin. La plupart des étapes qui lui sont marquées par la substance grise dans son trajet d'aller (toutes peut-être) offrent à ces courants d'excitation des voies de réflexion, qui sont utilisées ou non, suivant les cas. Dire ce qui décide de la marche variable de ces courants à travers des voies si multiples et si complexes est un des problèmes les plus importants de la physiologie, mais sur lequel malheureusement nous manquent les données positives. Tout ce que nous pouvons faire, c'est de le rattacher à une constatation d'un ordre très général, qui nous montre, suivant une formule consacrée, la fonction créant l'organe. *L'excitation dans sa marche suit la même loi que la matière qui s'organise. Elle va là où elle est nécessaire.* Ainsi, jusque dans les phénomènes nerveux, que les tendances simplificatrices de la science actuelle nous font envisager volontiers comme une série d'actes passifs, obéissant à une impulsion du dehors, nous sommes amenés à invoquer un *clinamen*, non seulement originel, mais de tous les instants.

I. **Lieux de réflexion des excitations.** — Quelle que soit donc la condition qui lui trace son chemin, l'excitation est réfléchie, tantôt par l'écorce, tantôt par les masses grises des ganglions de la base. La rétine, premier lieu de substance grise atteint par l'onde nerveuse née à sa surface, la rétine présente peut-être des arcs réflexes microscopiques, mais que leur petitesse même soustrait à toute tentative de constatation expérimentale. Cet organe ainsi écarté, il nous en reste plusieurs autres à examiner du même point de vue. Comme les voies sensitives, les voies motrices sont complexes et se repartagent en catégories diverses, dans l'ordre soit de leur juxtaposition, soit de leur superposition, et nombreux sont les rapports fonctionnels qui les rattachent aux précédents. Nous ne pouvons le montrer que par quelques exemples les plus caractéristiques.

Mouvements volontaires, réflexes, automatiques. — Nos yeux tantôt cherchent les objets dans la direction où ils se trouvent par des mouvements que nous appelons volontaires, et tantôt ils reçoivent passivement l'excitation lumineuse des objets qui sont en face d'eux ; mais, même dans ce dernier cas, l'appareil moteur oculaire ne se désintéresse pas de l'acte visuel, à cette différence près que l'acte moteur devient alors instinctif ou réflexe. A peine l'objet que l'attention nous désigne a-t-il fait image sur quelque point de la rétine, que tout aussitôt les muscles oculaires placent l'œil dans la position propre à recueillir cette image sur la zone de la vision distincte, si elle n'y est pas déjà (ligne de fixation du regard). Ajoutons que, dans la vision habituelle, qui est binoculaire, les mouvements des deux yeux sont solidaires entre eux, pour la formation des images sur des points correspondants de la rétine. C'est un des exemples propres à faire voir comment d'une façon permanente la sensibilité est solidaire du mouvement et réciproquement.

Cette dépendance entre la sensibilité et le mouvement existe encore à d'autres points de vue que celui de la fixation du regard. Les lignes de regard de chacun des deux yeux en réalité ne sont point parallèles mais convergent vers l'objet regardé, et la convergence va en augmentant, à mesure que l'objet se rapproche. La régulation de ces mouvements de convergence est assurée par une association réflexe qui est distincte de la précédente.

Mouvements de totalité ; mouvements intérieurs. — En plus de ces mouvements de totalité des yeux, il en est encore d'autres, à l'intérieur du globe, également nécessaires à l'exercice régulier de la vision. Ce sont ceux qui règlent l'orifice du diaphragme, et par lui l'éclairage de la rétine, ainsi que la courbure du cristallin pour l'accommodation de la vue aux différentes distances. D'où l'existence d'autres systèmes réflexes, surajoutés aux précédents, pour chacun de ces actes pris en particulier.

Tous ces actes sont coordonnés entre eux pour la fonction d'ensemble, mais leur dissociation est possible et la maladie la réalise de différentes façons (PARINAUD).

II. **Associations fonctionnelles diverses.** — On peut donc classer sous quatre chefs principaux les mouvements de l'appareil oculaire et les associations du système nerveux qui les règlent et les caractérisent. Tous ont à un certain degré le caractère réflexe, quel que soit le degré de conscience qui s'y associe. Ce sont :

1° Des *mouvements associés de direction*, qui maintiennent entre les axes oculaires le parallélisme (relatif) nécessaire pour l'exercice de la vision avec les deux yeux.

2° Des *mouvements associés de convergence*, qui déterminent entre ces axes la valeur de l'angle qui les fait se croiser sur l'objet regardé, suivant la distance à laquelle il est placé.

Ces deux espèces de mouvements sont exécutés par les muscles extrinsèques de l'œil et sont réglés pour partie par des associations qui existent déjà dans les noyaux de la troisième et de la sixième paire des nerfs crâniens; leur coordination avec les mouvements, soit de la tête, soit du corps, dans les actes variés auxquels ils participent, réclame l'intervention du cervelet et du cerveau, et dans ce dernier notamment les associations seront différentes et auront des sièges différents, suivant la nature plus ou moins consciente ou volontaire de ces mouvements. Même lorsque l'écorce cérébrale participe à leur production, ces mouvements ne seront pas nécessairement volontaires, mais seront souvent réflexes ou instinctifs.

3° Des *mouvements pupillaires* qui règlent la quantité de lumière qui pénètre dans l'œil.

4° Des *changements dans les courbures du cristallin*, qui règlent l'accommodation de l'œil aux distances. Ces deux dernières espèces sont exécutées par des muscles intérieurs à l'œil lui-même ; à savoir le muscle irien constricteur de la pupille et le muscle ciliaire qui a pour effet d'augmenter la courbure antérieure du cristallin.

Ces deux dernières espèces de mouvement sont de l'ordre uniquement inconscient et involontaire. Elles sont sous la dépendance du grand sympathique et de ses centres bulbo-médullaires. Il faut considérer comme appartenant au grand sympathique les éléments contenus dans le nerf oculo-moteur commun et qui s'en détachent pour traverser le ganglion ophtalmique et former avec le cordon cervical les nerfs ciliaires. Ces fibres, provenant d'une portion distincte du noyau de la troisième paire, ne sont qu'une des origines (la plus élevée) du système sympathique. Les lieux d'association et de réflexion des impressions qui gouvernent ces mouvements sont échelonnés dans les ganglions correspondants du sympathique, dans l'axe gris bulbo-médullaire et dans les masses grises qui le surmontent, spécialement dans les tubercules quadrijumeaux antérieurs.

La couche optique et l'écorce cérébrale peuvent également provoquer ces mouvements. Dans les émotions, on voit la pupille se dilater ; on voit en même temps l'œil tendre à faire saillie à travers les paupières dilatées.

Ce dernier mouvement est dû à une influence parallèle (mais élémentairement distincte) du grand sympathique sur les muscles lisses de la capsule de Tenon et sur ceux qui sont contenus dans l'épaisseur des paupières, perpendiculairement à la fente palpébrale.

Le bulbe par les éléments ganglionnaires du noyau de l'oculo-moteur, la moelle cervico-thoracique par les fibres du sympathique cervical qui y prennent naissance, représentent deux influences antagonistes agissant sur les mouvements de la pupille et sur l'accommodation ; l'influence bulbaire fait contracter à la fois le muscle irien (rétrécissement pupillaire) et le muscle ciliaire (bombement du cristallin) ; l'influence médullaire fait dilater la pupille et aplatir le cristallin, double effet attribuable soit à l'inhibition des muscles irien et ciliaire, soit à la contraction de lames musculaires à action antagoniste, dont l'existence paraît démontrée au moins pour la pupille (GRYNFELD). Ajoutons que l'influence bulbaire n'est pas univoque, puisque le trijumeau contient dans ses origines mêmes un certain nombre d'éléments qui agissent dans le même sens que le sympathique cervical, et qui de ce fait se rattachent au système sympathique dans son ensemble. Il suit de là que les deux appareils de la pupille et de l'accommodation relèvent d'une grande étendue de l'axe gris bulbo-médullaire, ce qui tranche avec l'idée qu'on se fait d'un centre cilio-spinal ramassé sur lui-même dans un point circonscrit de la moelle épinière. Cette association des nerfs pupillaires et accommodateurs en deux groupes tient à la constitution même du grand sympathique dont les noyaux d'origine sont séparés en masses distinctes et discontinues. Pour leur fonctionnement commun, ces noyaux sont rattachés ensemble par des faisceaux appartenant à la bandelette longitudinale, dont les fibres font ainsi office d'éléments d'association.

Réaction photomécanique. — D'après Engelmann, l'action de la lumière sur la rétine détermine une contraction des cellules pigmentaires et des segments internes des cônes, lesquels sont au contraire allongés dans l'obscurité. Cette contraction est décelable par comparaison sur deux yeux isolés de l'animal (grenouille), l'un éclairé, l'autre obscur. Si on opère sur l'animal intact, en éclairant l'un de ses yeux pendant que l'autre est recouvert, la contraction se fait des deux côtés. Si on éclaire vivement la peau de l'animal pendant que ses yeux sont à l'obscurité, même résultat. Si, par contre, on détruit le cerveau, la réaction photomécanique à distance n'a plus lieu. On conclut de ces faits à l'existence d'un *réflexe* dont les voies centripètes et centrifuges sont contenues dans le nerf optique et dont le centre est situé dans quelque ganglion de l'encéphale. On sait, par l'anatomie, que les éléments centrifuges ne font pas défaut dans le nerf optique (Voy. plus loin, p. 628).

Il faut seulement remarquer qu'on n'a pas, jusqu'ici, établi les connexions terminales de ces éléments centrifuges avec les cônes, mais plutôt avec les spongioblastes de la rétine. Quoi qu'il en soit, cette réaction photomécanique doit être considérée comme un réflexe d'*adaptation* dans le genre de la réaction photopupillaire, qui se transmet, elle aussi, d'un œil à l'autre.

Les cônes, que l'on appelle souvent des éléments nerveux, sont (de même que les cellules pigmentaires de la rétine) des éléments épithéliaux, différenciés en vue de la fonction visuelle. Comme les cellules de la peau, ils sont en dehors du système nerveux, bien qu'en contact direct avec lui. Leur propriété contractile, comparable à celle de certains épithéliums, ne préjuge pas celle d'éléments proprement nerveux. — Ce qu'il y a de remarquable dans cette expérience, c'est de voir l'excitation initiale (par la radiation lumineuse) se répercuter, après réflexion, sur l'élément même (cône) qui lui a servi de porte d'entrée. Mais le mouvement mécanique dans lequel elle s'y éteint n'est pas susceptible de faire renaître cette excitation dans la rétine, tout au moins à l'état conscient. On en a la preuve dans ce fait que l'éclairage d'un œil, pendant que l'autre est fermé, ne produit point de phosphènes dans ce dernier.

III. **Réflexe rétino-pupillaire**. — Lorsqu'on approche une bougie de l'œil ouvert, on voit la pupille se rétrécir par contraction de l'iris ; elle se dilate à nouveau quand on éloigne la lumière (on la trouve toujours dilatée quand on ouvre brusquement la paupière après quelques moments d'occlusion). C'est là un acte réflexe dont Herbert Mayo et surtout Longet avaient déjà tracé les principales voies. Ces auteurs avaient vu que si on coupe le nerf optique, l'excitation (pincement) du bout oculaire est sans effet sur la pupille, tandis que celle du bout encéphalique la fait contracter ; c'est là la voie d'*aller*. La contraction n'est pas limitée à la pupille de l'œil correspondant, mais se produit aussi sur l'œil opposé (Longet) ; il y a donc passage de l'excitation d'un côté à l'autre, comme dans beaucoup d'actes réflexes. — La voie de *retour* est dans les fibres de l'oculo-moteur commun qui se détachent de ce tronc (rameau gros et court) pour traverser le ganglion ophtalmique et gagner, par les nerfs ciliaires, le plexus qui est à leur terminaison dans l'iris. Ce sont des nerfs moteurs ganglionnaires, dans le genre de ceux qui forment le grand sympathique, auquel il convient de les rattacher. La voie

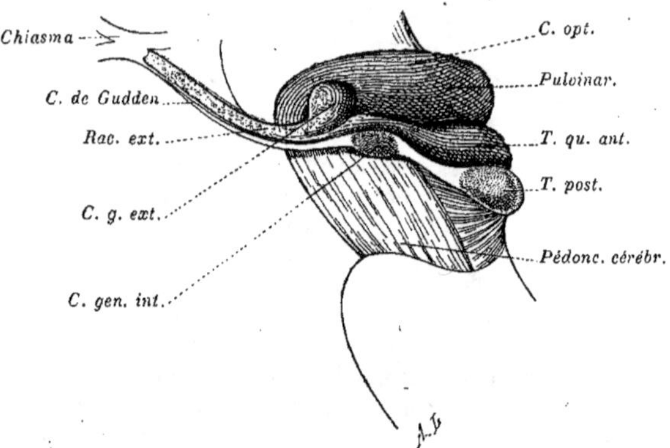

Fig. 234. — *Bandelettes et centres ganglionnaires optiques.*
Face latérale gauche du tronc cérébral (d'après CHARPY).

de *réflexion* a été placée par les auteurs précédents dans les tubercules quadrijumeaux (chez les mammifères) ou bijumeaux, encore appelés lobes optiques (chez les oiseaux). Leur opinion peut être appuyée par diverses observations cliniques, bien que certains auteurs croient devoir situer ce centre réflexe, soit dans la substance grise du troisième ventricule (BECHTEREW), soit dans le ganglion de l'habenula (MENDEL).

Fibres visuelles et fibres réflexes. — Le nerf optique transmet ainsi des excitations, dont certaines vont à l'écorce pour y réveiller la sensation visuelle, dont d'autres vont au cervelet pour contribuer à l'orientation, et dont d'autres enfin sont réfléchies en route pour revenir à l'iris. Ces excitations n'ont peut-être pas exactement le même point de départ dans la rétine, les premières pouvant provenir de l'ébranlement des cônes et les deux dernières de celui des bâtonnets. En tout cas, à partir du nerf optique lui-même, elles suivent deux ordres de fibres, deux voies différentes. Ce tronc, au milieu de fibres plus fines qui sont les fibres visuelles, en contient en effet d'autres plus épaisses qui vont au cervelet et au tubercule quadrijumeau antérieur et commandent par voie réflexe aux mouvements de l'orientation et de la pupille. Les attributions respectives des unes et des autres sont prouvées par ce fait que les lésions limitées au tubercule quadrijumeau antérieur laissent intacte la vision et suppriment le réflexe pupillaire (elles retentissent également sur les mouvements des yeux) (MONAKOW).

Une lésion qui porte sur les radiations optiques, au-dessus des tubercules quadrijumeaux, supprime la vision, mais laisse persister le réflexe à la lumière : une lésion qui porte en avant de ces tubercules supprime à la fois la vision et le réflexe.

Réaction pupillaire hémiopique. — Si la lésion porte sur la bandelette optique d'un côté, elle produit, comme on sait, une hémianopsie homonyme : les deux moitiés homonymes des rétines sont insensibles à la lumière, aussi bien au point de vue visuel qu'au point de vue réflexe ; les deux autres moitiés sont sensibles, et, si on les éclaire, la sensation a lieu en même temps que le réflexe pupillaire se produit.

Réflexe d'accommodation et de convergence. — Les excitations réflexes qui parviennent au muscle pupillaire n'ont pas qu'une source et qu'un chemin ; elles sont multiples, comme l'indique le fait clinique suivant.

ARGYLL ROBERTSON a vu que, dans certaines maladies, comme le tabes et la paralysie générale, le réflexe à la lumière peut avoir disparu, alors que persistent les mouvements de l'iris (réflexes également) qui sont liés à l'accommodation et à l'effort parallèle qui amène la convergence des deux yeux. Ces deux arcs réflexes, qui ont le même résultat moteur (contraction de la pupille) et la même voie de retour (rameaux ciliaires émanés de l'oculo-moteur commun), ont donc par ailleurs des voies distinctes et un point de départ également différent.

IV. **Mouvements associés.** — Il y a ainsi un réflexe de direction, un réflexe de convergence, un réflexe d'éclairage, un réflexe d'accommodation auxquels s'ajoutent encore des réflexes de protection dont il sera question plus loin.

Le point de départ de tous ces réflexes peut être dans l'excitation rétinienne, et il est habituellement dans cette excitation. Si un objet se trouve dans le champ de la vision et qu'il attire l'attention, les deux yeux se fixent très exactement pour en recevoir l'image dans la tache jaune (réflexe de direction) ; les deux axes oculaires convergent exactement sur cet objet pour que l'image se fasse sur des points identiques de la rétine (réflexe de convergence) ; la lumière plus ou moins intense émanée de l'objet agit sur le diamètre de la pupille (réflexe d'éclairage) ; la courbure du cristallin s'adapte pour donner une imagenette sur la rétine (réflexe d'accommodation).

Loin d'être absolument indépendants, ces réflexes s'entraînent les uns les autres dans certaines circonstances. Le réflexe de convergence est lié à celui d'accommodation et il lui est lié forcément, puisque l'effort de convergence et l'effort d'accommodation agissent dans le même sens à mesure que l'objet se rapproche. Ces deux réflexes entraînent à leur tour dans une certaine mesure le réflexe pupillaire, et c'est ainsi que, dans la vision rapprochée, la pupille subit un certain degré de contraction indépendant de l'éclairage.

Dans les hallucinations de la vue, on remarque les changements

de dimensions de l'orifice pupillaire, vraisemblablement en rapport avec les efforts d'accommodation provoqués par les changements de distance des images hallucinatoires (FERRÉ).

V. **Nerfs hémioculo-moteurs ; nerfs oculo-dextrogyre et
oculo-lévogyre**. — Ainsi que le remarque GRASSET, de même
qu'il existe un nerf *hémiopique droit* qui est en connexion avec
les hémirétines droites, et un nerf *hémiopique gauche* qui est en connexion avec les hémirétines gauches (nerfs représentés par la bandelette optique et la radiation optique de chaque côté), de même il
existe dans le cerveau de chaque côté un *nerf hémioculo-moteur* qui,
se partageant à la périphérie entre les deux globes oculaires,
les porte simultanément à droite (nerf *dextrogyre*) et simultanément
à gauche (nerf *lévogyre*) (GRASSET).

*Le nerf dextrogyre naît dans l'hémisphère gauche et le nerf lévo-
gyre dans l'hémisphère droit.* — L'expérience le prouve, car si on
excite une zone corticale oculo-motrice à gauche, les yeux se dévient
à droite, et inversement si on excite une zone corticale droite. La
clinique le prouve également, car on a noté, après la destruction
de certaines parties de l'écorce, une *déviation conjuguée des yeux*,
résultant de la paralysie de l'un des deux nerfs hémioculo-moteurs.
Quand cette destruction siège à droite, les yeux sont déviés à
droite ; quand elle siège à gauche, ils sont déviés à gauche ; ce
qui donne lieu à la formule mnémotechnique « le malade regarde
sa lésion ». La paralysie de l'aire motrice produit en effet une
déviation inverse de celle que produirait l'excitation ; cette déviation de nature paralytique est due à la persistance de l'influence
motrice antagoniste.

Comparaison avec la voie sensitive. — Nous avons vu plus haut que,
lorsque la destruction frappe un des lobes du cerveau dans sa zone visuelle,
l'hémianopsie est homonyme ; nous venons de dire que, en pareil cas, la paralysie
hémioculo-motrice, quand elle se produit, est au contraire hétéronyme, puisque
les muscles paralysés sont ceux qui produisent le mouvement à droite quand
l'hémisphère gauche est lésé et réciproquement.

Comparaison des voies sensorielles et des voies motrices. — Si on
compare le schème des voies sensorielles de la vision avec celui des voies
oculo-motrices, on leur trouve une certaine ressemblance ; mais ils sont loin
d'être superposables. Dans l'un et l'autre on voit des conducteurs qui relient
chaque hémisphère du cerveau, l'un aux deux parties droites, l'autre aux deux
parties gauches de chaque globe oculaire (rétines dans un cas, muscles dans
l'autre). Cette distribution implique un croisement d'une partie au moins des
conducteurs. Ce croisement pour les voies sensorielles est partiel et a lieu au
niveau du chiasma des nerfs optiques. Pour les voies motrices, à première
vue il est complet, mais il revient à être partiel du fait que l'excitation, pour
atteindre certains muscles (les droits internes), franchit deux fois la ligne médiane.

En effet, le nerf cérébral dextrogyre croise le nerf cérébral lévogyre dans le mésencéphale, pour atteindre les noyaux moteurs de l'œil. A partir de ces noyaux une partie des fibres (celles du nerf moteur externe pour le muscle droit externe), restant du même côté, sont directes; une autre partie (celles destinées au muscle droit interne) sont croisées. Dans le détail, la disposition diffère suivant que, avec Duval et Laborde, on fait partir les fibres destinées au muscle droit interne opposé du noyau du moteur externe du même côté, ou que, avec Spitzka, on les fait partir du noyau du moteur commun également du même côté; mais elles doivent s'entre-croiser dans les deux cas, et l'excitation qui, une première fois, a franchi la ligne médiane avec le nerf cérébral, les franchit de nouveau en les suivant elles-mêmes, quand elle leur est destinée.

Double croisement. — Le double croisement successif des voies d'excitation dans le système nerveux n'est pas un fait exceptionnel; les résultats de l'expérience indiquent même qu'il doit être fréquent. Ce qui serait exceptionnel, ce serait seulement que le *même neurone* subît ce double entre-croisement sur sa longueur. On n'en connaît pas d'exemple, et, dans le cas des nerfs moteurs de l'œil, il y a une étape de substance grise entre les deux changements inverses de la direction donnée à l'excitation.

Ainsi, le nerf hémioculo-moteur conduit les excitations d'un hémisphère aux muscles des deux moitiés des globes oculaires opposées à sa propre situation (gauche pour droite et réciproquement), et tourne les yeux dans cette direction, opposée à la sienne propre; le nerf hémiopique conduit à l'un des hémisphères les impressions des deux hémirétines situées du même côté que lui (droite pour droite, gauche pour gauche), mais, étant donné le renversement de la situation des images et des images elles-mêmes par rapport aux objets, chaque hémisphère voit les objets situés dans le côté opposé à sa propre situation. Cette remarque vaut pour la tache jaune comme pour la zone périmaculaire de la rétine, puisque le faisceau maculaire se comporte à lui seul comme l'ensemble du nerf optique.

La vision nette ne se faisant bien que dans la tache jaune, les axes oculaires se dirigent instinctivement vers le centre des objets regardés, de manière que leur image se fasse sur la tache jaune : c'est le réflexe de direction. Ce réflexe de direction a pour point de départ, quand l'objet est situé de côté, une impression visuelle qui se fait sur les hémirétines opposées à l'objet (renversement de la situation des images) : cette impression est conduite à l'hémisphère homonyme à ces hémirétines et opposé comme elles à l'objet; elle trouve dans cet hémisphère les conditions de réflexion et les voies motrices qui la ramènent aux muscles, dont la contraction a pour effet de mettre la tache jaune en face de l'objet, c'est-à-dire dans le prolongement d'une droite qui passe par le centre optique et par l'objet.

VI. **Nerf élévateur et nerf abaisseur du regard**. — L'existence de deux nerfs hémioculo-moteurs, l'un dextrogyre, l'autre lévogyre, doit nous faire supposer l'existence parallèle d'un nerf *élévateur* et d'un nerf *abaisseur* du regard. Les nerfs dextro- et lévogyres sont rendus visibles et indépendants anatomiquement par l'existence de la scissure interhémisphérique qui sépare le cerveau en deux moitiés droite et gauche par rapport au plan médian. Rien de pareil n'existe pour nous faire reconnaître les deux nerfs, l'un

élévateur et l'autre abaisseur. Les fibres constituantes de l'un comme de l'autre sont forcément réparties dans les deux moitiés du cerveau. Les deux moitiés de l'un comme de l'autre sont solidarisées dans leur fonctionnement par des connexions qui peuvent exister soit dans les deux hémisphères par les commissures (corps calleux), soit dans le mésocéphale au point de relai entre les neurones cérébraux et périphériques. Ces deux moitiés sont d'autre part fonctionnellement indépendantes, pour permettre leur action isolée antagoniste.

VII. Mouvements de l'œil dans leurs rapports avec les muscles et les nerfs moteurs périphériques. — Tous les mouvements de l'œil autres que les mouvements dans le sens transversal réclament des associations à la fois nerveuses et musculaires un peu plus compliquées que celles de ces dernières : c'est ce qui ressort d'une analyse des mouvements d'un œil considéré isolément.

Les mouvements de l'œil sont tous des mouvements de rotation autour d'un point coïncidant avec le centre de l'œil supposé sphérique. Nous avons à examiner ceux qui s'exécutent autour de trois axes différents principaux : l'axe *antéro-postérieur* (mouvement de rotation de la pupille sur elle-même), l'axe *transversal* (mouvements d'élévation et d'abaissement), l'axe *vertical* (mouvements d'abduction et d'adduction de la pupille). Trois paires de muscles (les quatre droits et les deux obliques) assurent ces mouvements. Si chacune de ces paires de muscles (droit inférieur et supérieur, droit interne et droit externe, grand oblique et petit oblique) était individuellement située dans un plan exactement perpendiculaire à chacun de ces axes, les conditions de leur intervention pour produire les mouvements sus-indiqués (mouvements cardinaux) seraient simples et de ce fait tout indiquées. Mais en réalité le droit externe et le droit interne sont seuls dans cette condition. Tous les autres muscles, y compris les droits inférieurs et supérieurs (qui de fait sont des obliques), font un certain angle plus ou moins ouvert avec la direction des plans sus-indiqués. Il faut donc que la direction que l'un d'eux produirait en se contractant seul soit corrigée par la contraction de l'un des obliques dont l'obliquité est de sens contraire à la sienne. C'est ainsi que le petit oblique s'associe au droit supérieur pour élever la pupille et que le grand oblique s'associe au droit inférieur pour abaisser la pupille.

Pour les mouvements diagonaux, c'est-à-dire dans les positions intermédiaires aux quatre positions cardinales ci-dessus désignées, ce n'est plus deux, mais trois muscles qui interviennent, comme on peut l'indiquer par des tableaux ou des schémas.

Antagonisme au repos. — Les obliques (petit et grand) sont donc en somme dans une certaine mesure antagonistes des muscles droits (supérieur et inférieur). Ils le sont non seulement à l'état de contraction proprement dite pour l'exécution des mouvements de l'œil, mais encore à l'état tonique pour maintenir l'œil dans la cavité orbitaire. En effet, les quatre droits, par leur contraction simultanée, tonique ou autre, tendent à enfoncer le globe oculaire dans l'orbite; les obliques ont, de par la situation et la direction de leurs insertions, une tendance inverse : ils soutiennent, en arrière, l'œil comme une sangle, et tendent à le remener en avant. D'autres éléments musculaires sont contenus dans le feuillet oculaire de l'aponévrose orbitaire.

Centres individuels des muscles de l'œil. — Si des muscles nous passons maintenant à l'étude des nerfs qui les gouvernent directement, nous pouvons considérer chaque muscle de l'œil comme pourvu d'un nerf particulier en admettant, ce qui est vrai, que chacune des branches de l'oculo-moteur commun provient d'un centre particulier formant partie du centre total de ce nerf. Chacun de ces nerfs peut fonctionner d'une façon indépendante de chacun des autres nerfs du même côté, mais non pas indépendante des nerfs du côté opposé. Les douze nerfs moteurs de l'œil, ou mieux leurs douze centres, s'associent deux par deux ou en plus grand nombre d'un côté à l'autre, indépendamment des associations qu'ils forment ensemble du même côté pour l'exécution des divers mouvements considérés plus haut. On voit tout de suite que, dans ces mouvements associés des deux yeux, il faut distinguer les mouvements de latéralité d'avec ceux d'élévation et d'abaissement des globes oculaires. Ces derniers en effet sont *symétriques* dans le sens qu'on

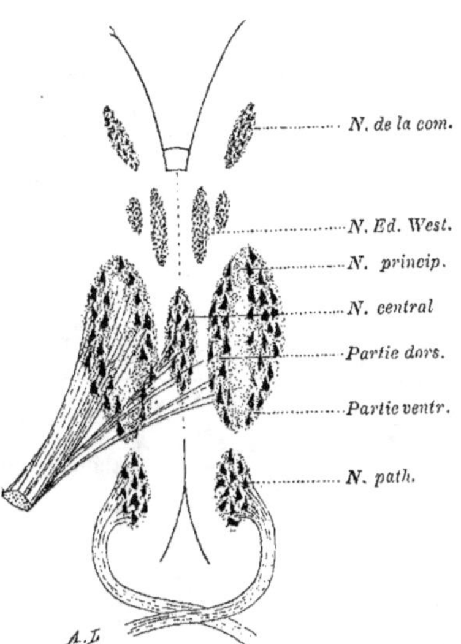

Fig. 235. — *Noyaux du nerf moteur oculaire commun.*

Figure schématique exprimant leur disposition anatomique (CHARPY).

attache habituellement à ce mot. Les premiers ne sauraient l'être, puisqu'un mouvement d'adduction du globe d'un côté doit correspondre à un mouvement d'abduction du globe de l'autre. Pour expliquer la synergie d'action du nerf moteur externe d'un côté avec la branche interne du moteur commun de l'autre côté, on admet que cette branche accolée seulement autour du moteur commun provient en réalité, par décussation et entre-croisement de ses fibres sur la ligne médiane du bulbe, d'un centre commun avec celui du moteur externe du côté opposé. Des faits pathologiques sont en accord avec cette manière de voir. Même raisonnement pour le rameau du moteur commun qui va au petit oblique : il doit provenir du centre du pathétique du côté opposé.

Mouvements du globe oculaire dans ses principales directions, dans leur rapport avec les muscles qui les exécutent.

MOUVEMENTS CARDINAUX.	MOUVEMENTS INTERMÉDIAIRES.	MUSCLES INTERVENANT.
Adduction...............	»	*Droit interne.*
»	Adduction et élévation.	*Droit interne.* *Droit supérieur.* *Petit oblique.*
Élévation...............	»	*Droit supérieur.* *Petit oblique.*
»	Abduction et élévation.	*Droit externe.* *Droit supérieur.* *Petit oblique.*
Abduction.............	»	*Droit externe.*
»	Abduction et abaissement.	*Droit externe.* *Droit inférieur.* *Grand oblique.*
Abaissement............	»	*Droit inférieur.* *Grand oblique.*
»	Adduction et abaissement.	*Droit interne.* *Droit inférieur.* *Grand oblique.*

Quelques auteurs ont admis que, lorsque la tête s'incline sur l'une ou l'autre épaule, les deux globes oculaires exécutent dans les orbites un mouvement de roue correctif du précédent. En s'aidant de repères très exacts, on démontre que ce mouvement compensateur n'existe pas : l'œil n'a pas de mouvement sur son axe antéro-postérieur (CONTEJEAN).

VIII. **Voies inhibitrices.** — Ainsi, de l'écorce (au niveau de deux zones, l'une frontale, l'autre occipitale), l'excitation peut descendre, par certaines fibres de la couronne rayonnante et de la capsule interne, sur les noyaux moteurs des muscles de l'œil, pour solliciter le mouvement de ces muscles. Ces fibres toutes motrices sont néanmoins de fonctions diverses, puisque, suivant qu'on excite les unes ou les autres, on fait dévier les globes oculaires, en haut, en bas, à droite, à gauche, ou dans des positions intermédiaires. Par la façon dont elles répartissent l'excitation sur les noyaux bulbaires des oculo-moteurs, par la manière dont elles associent les six groupes partiels des fibres de ces nerfs (les six nerfs qui se rendent aux six muscles de l'œil), elles réalisent des mouvements ordonnés des globes oculaires en rapport avec la fonction essentielle de ceux-ci. Comme les aires motrices d'où elles proviennent, elles représentent ces mouvements, puisqu'il suffit de les mettre en état d'activité, même par une excitation artificielle, pour que l'enchaînement des actes qui les produisent se réalisent.

Donc, double zone motrice corticale, pour faire parvenir aux muscles oculaires des excitations de nature et de provenance diverses, les unes sensorielles venant de la rétine, les autres sensitives venant des parties sensibles de l'œil, ou même des autres parties du champ sensitif et des autres sens : présence dans chacune de ces zones de fibres fonctionnellement différenciées pour la réalisation des différents mouvements coordonnés des globes oculaires. Cette multiplicité de fonctions, dont chacune réclame pour son exécution un système coordonné, nous explique le développement si étendu de l'écorce cérébrale, en même temps que le grand nombre des fibres de projection qui la relient aux masses grises bulbaires ou sus-bulbaires, d'où partent les nerfs directement excitateurs des muscles. Or la complication de ces systèmes ne s'arrête

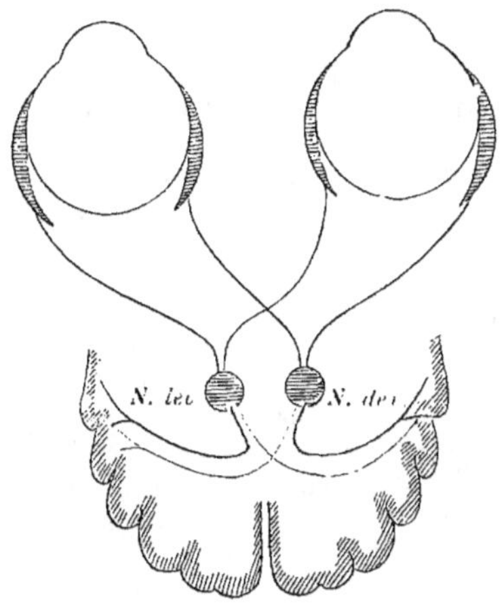

Fig. 236. — *Nerfs hémioculo-moteurs.*

Neurones bulbo-musculaires en noir; neurones cortico-bulbaires en couleur.

Ces derniers neurones sont de deux ordres, les uns excito-moteurs des noyaux bulbaires (en bleu): les autres inhibiteurs de ces noyaux (en rouge).

L'action simultanée des neurones cortico-bulbaires de l'un des deux hémisphères a pour effet l'excitation du noyau d'un côté et l'inhibition du noyau de l'autre.

pas là : il reste à dire qu'*à côté de ces fibres excito-motrices il en existe d'autres ayant la fonction inhibitrice*. Ces éléments, dont on soupçonne depuis longtemps l'existence dans le cerveau, ont été démontrés par Scherrington pour les fonctions motrices oculaires à l'aide d'élégantes expériences. Voici les faits.

Expérience. — Sur l'un des hémisphères (soit le gauche) on découvre, chez un chien, et l'on excite l'une des aires motrices (frontale ou occipitale) dont l'excitation fait dévier les deux yeux à droite (on se rappelle que le nerf dextrogyre part de l'hémisphère gauche, et le nerf lévogyre de l'hémisphère droit).

Cette déviation s'explique communément par une action excito-motrice qui, partant de l'écorce, atteint parallèlement et simultanément le muscle droit interne de l'œil gauche et le muscle droit externe de l'œil droit, par les rameaux moteurs de ces muscles, à savoir le rameau interne de l'oculo-moteur commun de gauche et le nerf oculo-moteur externe de droite. — Cette constatation faite, on coupe à gauche l'oculo-moteur commun et le pathétique, c'est-à-dire tous les nerfs moteurs du globe oculaire, à l'exception de l'oculo-moteur externe qui va au muscle droit externe. Cette section (en particulier celle de l'oculo-moteur commun) a pour but de fermer à l'excitation tout chemin allant au muscle droit interne de l'œil gauche : on laisse en place les muscles ainsi énervés, pour que leur tension élastique empêche l'œil d'être dévié complètement en dehors, du côté temporal de l'orbite.

On recommence alors la même excitation sur la même région de l'écorce. Le résultat est encore un mouvement conjugué des deux yeux vers la droite. L'œil droit se dévie rapidement, l'œil gauche se dévie lentement, mais se dévie dans le même sens, c'est-à-dire à droite, comme précédemment. Comment expliquer cette déviation de l'œil gauche à droite, alors que le muscle droit interne de cet œil a perdu toute connexion avec le cerveau et même avec le bulbe, et que la seule connexion qui reste entre le cerveau, le bulbe et l'œil gauche est représentée par un nerf, l'oculo-moteur externe, allant à un muscle, le droit externe, dont la contraction produit précisément le mouvement opposé? La seule explication admissible, c'est que l'excitation, qui du cerveau s'est propagée dans la direction de ce muscle, a affaibli son tonus; ce tonus du muscle droit externe, qui surmontait l'élasticité du droit interne énervé et maintenait l'œil gauche légèrement en dehors, venant à cesser, cet œil éprouve un mouvement relatif de rotation vers la droite, mouvement qui se limite à son tour par l'élasticité du muscle droit externe. *La déviation de l'œil gauche vers la droite résulte, dans ce cas, non de l'activité de son muscle droit interne, mais de la moindre résistance de son muscle droit externe, le seul qui, vu les conditions de l'expérience, puisse être influencé par l'excitation.*

Inhibition par excitation de la substance blanche. — Cet effet inhibiteur est obtenu non seulement par l'excitation de l'écorce, mais aussi, après ablation de celle-ci, par l'excitation de la couronne rayonnante, tant de l'aire frontale que de l'aire occipitale; ou par celle de la capsule interne faite en deux points situés en arrière du genou; ou par celle faite sur une section du corps calleux à 3 ou 5 millimètres en arrière du genou ou dans la région du splénium.

Lieu de l'inhibition. — Le lieu où s'opère le phénomène de l'inhibition n'est donc pas l'écorce cérébrale, dont la présence, comme on voit, n'est nullement nécessaire; ce lieu, où est-il? il n'est pas, disons-nous, à l'endroit même où porte l'excitation, à l'origine de la fibre excitée; il n'est pas non plus à la terminaison ultime du système moteur, dans le muscle. *Il est dans les noyaux gris sus-bulbaires au point de raccordement entre les fibres de la couronne rayonnante et les nerfs moteurs oculaires.* C'est l'activité tonique de ces noyaux gris qui est affaiblie par intervention des fibres inhibitrices cérébrales. L'inhibition s'exerce d'une fibre nerveuse sur une autre et non d'une fibre nerveuse sur un muscle. On n'en peut, en tout cas, citer aucun cas probant (1).

L'excitation directe de l'oculo-moteur externe, comme celle des autres nerfs moteurs de l'œil, ou plus généralement de tout nerf qui se rend à un muscle, sans interposition de substance grise, n'a jamais qu'un seul effet toujours invariablement le même, la contraction de ce muscle, en aucun cas son relâchement. L'effet d'inhibition, pour se produire, réclame l'interposition, entre le segment de nerf excité et le muscle considéré, d'un noyau de substance grise, c'est-à-dire, d'après la définition que je donne à l'expression « substance grise », l'interposition d'un lieu où puisse s'établir, entre les extrémités terminale et initiale des neurones que relie cette substance grise, le conflit particulier d'où naît la suspension d'activité motrice qui caractérise l'inhibition.

Autre exemple. — Scherrington a multiplié les variantes de son importante expérience. — On coupe à droite et à gauche l'oculo-moteur commun et le pathétique, en respectant les oculo-moteurs externes des deux côtés. Il s'ensuit un certain degré de strabisme divergent par action prédominante des deux nerfs laissés intacts. — On excite alors simultanément les deux zones oculomotrices des hémisphères droit et gauche : les deux globes oculaires sont ramenés dans leur position primitive, avec un certain degré de convergence. Même raisonnement et même explication que plus haut. La double excitation ainsi pratiquée n'a pas pu rétablir l'activité affaiblie des muscles droits internes, mais elle a suspendu momentanément celle des noyaux gris qui commandent aux droits externes, et l'effet a été le même. Quand deux puissances antagonistes sont en conflit pour la production d'un mouvement, on peut décider du sens de ce mouvement, soit en augmentant l'une (c'est ce que nous appelons en neurologie l'effet moteur), soit en diminuant l'autre (c'est l'effet inhibiteur).

Rapprochement. — Généralisation. — Cette expérience est à rapprocher d'une autre de connaissance plus ancienne mais entièrement superposable, réalisée sur le grand sympathique (chez le lapin). L'excitation du segment cervical de ce nerf fait contracter les vaisseaux de l'oreille, comme on le sait bien par les expériences de Cl. Bernard et de Brown-Séquard. L'excitation du segment thoracique dans sa partie supérieure fait relâcher ces mêmes vaisseaux (Dastre et Morat).

Il peut arriver aussi que cette excitation les fasse contracter. La chaîne thora-

---

(1) Lorsque l'action inhibitrice semble s'exercer à la terminaison du nerf dans le muscle, comme dans le cas du pneumogastrique à l'égard du cœur, il est facile de montrer qu'entre la terminaison nerveuse et la fibre musculaire, il y a interposition de substance grise, sous forme de ganglions ou de plexus ganglionnaire, ce qui est une confirmation de la formule que je donne de l'inhibition.

cique est en effet (pour les vaisseaux de l'oreille) un mélange d'éléments, les uns excito-moteurs, les autres inhibiteurs, ces derniers y prédominant généralement. Le lieu de substance grise (toujours d'après la définition que j'en donne), où se fait le conflit entre les uns et les autres, est représenté par les ganglions sympathiques de la base du cou (premier thoracique et cervical inférieur). Ces deux schèmes, pris l'un dans le grand sympathique, l'autre dans l'encéphale, appuient la conception générale que l'on peut se faire du mécanisme de l'inhibition, et que d'autres expériences semblables ont étendue aux invertébrés (Physalix).

Rôle de l'inhibition dans la déviation conjuguée des yeux. — Pour expliquer comment l'activité d'un seul hémisphère cérébral fait dévier les deux yeux d'une façon non point convergente ou divergente, mais parallèle soit à droite, soit à gauche, on a imaginé pour chaque hémisphère un nerf *cortico-bulbaire*, qui, après relais dans les noyaux bulbaires, se prolonge au dehors par deux branches, l'une *directe*, allant au muscle du même côté, et l'autre *croisée*, allant au muscle du côté opposé.

Théoriquement, ce schème paraît suffisant pour l'explication des mouvements conjugués des yeux, ainsi que de leur déviation persistante dans certaines affections cérébrales; mais l'expérience ayant démontré l'existence de fibres inhibitrices surajoutées aux précédentes, il faut en tenir compte et les ajouter en place convenable dans le schème explicatif. La fonction de ces fibres inhibitrices ne saurait être de s'opposer purement et simplement aux précédentes, en gaspillant en pure perte l'énergie excitatrice et directrice du système nerveux; elle est, au contraire, d'économiser cette énergie, en vue d'une régulation plus facile et plus parfaite.

La loi la plus générale paraît être la suivante : *Lorsque deux muscles luttent ensemble pour l'exécution d'un mouvement, une fois donnée la direction de ce mouvement, il s'établit une action synergique entre les fibres inhibitrices de l'un et les fibres excito-motrices de l'autre.* C'est-à-dire, parallèlement, simultanément, deux actions nerveuses se produisent, l'une pour augmenter l'énergie excitatrice du muscle qui doit entrer en action, l'autre pour diminuer l'énergie excitatrice du muscle opposé et partant sa résistance. C'est du moins ainsi que les choses doivent se passer dans le fonctionnement normal et qu'elles se présentent à nous dans les cas les plus favorables à l'expérience. L'innervation motrice oculaire est un cas de ce genre.

Par analogie avec ce que l'expérience nous apprend dans les mouvements latéraux conjugués des yeux, nous pouvons admettre que l'inhibition intervient dans l'élévation et le rétrécissement du regard; l'influence excitatrice du nerf cérébral élévateur sur les noyaux moteurs, qui portent la pupille en haut, doit se compliquer d'une influence inhibitrice de ce nerf sur l'appareil moteur antagoniste qui tend à la porter ou la maintenir en bas.

Éléments inhibiteurs et moteurs. — On discute souvent pour savoir si les fibres inhibitrices sont distinctes des fibres motrices, ou si les mêmes éléments cumulent les deux fonctions, en les exerçant tour à tour. En principe, l'expérience et la logique plaident en faveur de la distinction des deux ordres de fibres; mais l'alternative n'est pas aussi catégorique qu'il peut paraître de prime abord. — Si l'on se rappelle que le phénomène d'inhibition est consommé à l'extrémité terminale de la fibre excitée et non à son extrémité initiale au lieu où elle reçoit l'excitation, et si on tient compte de ce fait que cette fibre, à sa terminaison, se divise en *branchements distincts*, on comprendra que l'excitation, qu'elle répartit dans ces branchements, peut avoir dans l'un un effet excitateur, et dans l'autre un effet inhibiteur, suivant les rapports définis que chacun contracte avec les éléments nerveux qui lui font suite. La spécificité motrice ou inhibitrice appartiendrait aux branchements du neurone et non au neurone lui-même. Ce cas pourrait s'appliquer à l'inhibition oculaire, dans l'expérience de SCHERRINGTON : une même fibre de la couronne rayonnante, se furquant pour aller aux noyaux de l'oculo-moteur externe des deux côtés, pourrait par l'un de ses branchements (celui qui va au noyau du côté opposé) exercer le rôle moteur et par l'autre (celui qui va au noyau du même côté) exercer le rôle inhibiteur. Il n'y a, dans l'espèce, aucun empêchement à ce qu'il en soit ainsi, parce que les deux branchements, l'un moteur, l'autre inhibiteur, sont destinés à travailler constamment (par des moyens opposés) à l'exécution de mouvements rigoureusement égaux, bien que se passant dans des organes séparés (œil droit et œil gauche).

Pour des organes non symétriques (comme le cœur), une telle disposition n'a plus de raison d'être.

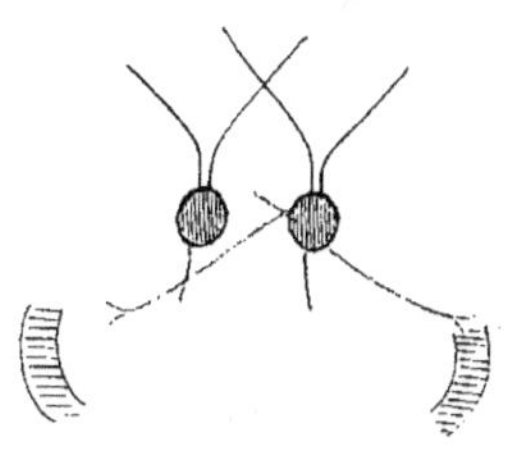

Fig. 237. — *Neurones cortico-bulbaires.*

Leur action à la fois excito-motrice du noyau actif et inhibitrice du noyau opposé à fonction antagoniste.

Dans le cas de mouvements étroitement associés, comme ceux du regard, il suffit qu'un seul neurone partant de l'écorce ait, par une de ses terminaisons, une action excito-motrice sur l'un des noyaux et, par une autre terminaison, une action inhibitrice sur le noyau antagoniste.

IX. **Autres mouvements coordonnés des yeux.** — Les mouvements de latéralité ont une importance en quelque sorte prépondérante et, lorsqu'on excite l'écorce, ce sont eux qui se montrent le plus facilement. Pour faire apparaître les autres mouvements du globe oculaire, il est bon d'éliminer par avance les puissances motrices qui produisent ces mouvements de latéralité. Pour cela, étant donné qu'on veut exciter l'hémisphère gauche, par exemple, on sectionne le muscle droit interne de l'œil gauche et le muscle droit externe de l'œil droit. L'excitation fera apparaître alors, suivant le point excité, des mouvements du globe oculaire en haut, en bas, ou encore des mouvements dans les différents quadrants, ou enfin des mouvements de convergence (J.-S.-R. RUSSELL).

On trouve donc, dans le cerveau, des éléments moteurs pour tous les mouvements coordonnés des yeux, ayant pour but soit de promener la ligne du regard dans toutes les directions, soit de réaliser la convergence des deux yeux sur des objets plus ou moins éloignés. Pour simplifier, en schématisant, on peut donc distinguer un nerf *dextrogyre*, un nerf *lévogyre*, un nerf *élévateur*, un nerf *abaisseur* du regard, sans compter les mouvements intermédiaires qui résultent de leur combinaison ; enfin un *nerf de convergence* ou tout au moins des associations qui réalisent ces différents mouvements ou attitudes du regard.

X. Mouvements des paupières. — Les voiles membraneux qui se meuvent au-devant des yeux, pour les recouvrir dans le sommeil, les découvrir dans la veille, les protéger et les essuyer dans le clignement, sont eux aussi gouvernés par des muscles et des nerfs antagonistes dont l'action équilibrée ou prédominante décide de leur position sur les globes oculaires.

L'orbiculaire des paupières et le releveur de la paupière supérieure sont ces muscles. Un rameau du facial innerve le premier (fermeture), un rameau de l'oculo-moteur innerve le second (ouverture). Ces deux petits troncules, appartenant à des nerfs complexes, entrent dans un système antagoniste qui a quelque analogie avec ceux des mouvements précédents.

Ici encore nous retrouvons des associations fonctionnelles multiples des différents nerfs et muscles de la périphérie et des utilisations multiples de chacun de ces appareils moteurs périphériques suivant les fonctions à réaliser. Quand nous portons les yeux en haut, la paupière supérieure se relève de manière à découvrir l'œil, et les deux mouvements sont étroitement synergiques, bien qu'indépendants. Il faut que la volonté intervienne d'une façon spéciale pour fermer les paupières supérieures sur les yeux volontairement relevés. Le rameau et le centre moteur du releveur de la paupière sont donc associés aux centres des muscles droit supérieur et petit oblique, dans l'action qui leur est commandée par le nerf élévateur du regard.

Réflexe de protection. — Les mouvements des paupières sont liés à des intentions volontaires dans la direction du regard, ils sont liés à des actes émotifs dans l'expression de certains sentiments, ils sont purement réflexes dans le clignement qui a pour objet la protection de l'œil. Le réflexe pupillaire est, dans nombre de cas (non toujours), un réflexe défensif assez semblable. Si nous entrions dans le détail de ces actions, nous trouverions un grand nombre de réflexes du même genre, ayant leur expression finale dans des actes non seulement moteurs mais sécréteurs, ou, comme on dit quelquefois assez improprement, trophiques. La vascularisation de l'œil, et en particulier de la rétine, est réglée également par un réflexe. L'œil est encore protégé et conservé par des sécrétions tant extérieures comme celle des *larmes*, qu'intérieures comme celle qui maintient le tonus ou tension oculaire à son taux normal. Les agents nerveux régulateurs de ces actes vasculaires et sécrétoires sont dans le trijumeau et le grand sympathique ou, pour mieux dire, dans le système sympathique auquel le trijumeau fournit des origines.

XI. **Mouvements de la tête**. — Dans le regard, les mouvements de la tête sont souvent associés à ceux des yeux, pour les porter dans le même sens que ceux-ci. Les mouvements de latéralité sont là aussi les plus évidents. L'expérience a montré dans les aires motrices de l'écorce (dans la frontale notamment) une aire des mouvements de rotation de la tête voisine de celle des yeux. Il y a dans la couronne rayonnante un nerf *dextrogyre* et un nerf *lévogyre de la tête*, comme il y en a un des yeux et qui réside dans son voisinage immédiat. La clinique montre de son côté que, dans certaines lésions de l'écorce, la déviation de la tête accompagne celle des yeux et se fait dans le même sens.

Ces nerfs sont de deux catégories comme les muscles qu'ils animent. Ces deux nerfs dextrogyre et lévogyre de la tête se croisent (comme ceux des yeux) en entier, avant d'atteindre dans le mésocéphale les noyaux moteurs des nerfs de la tête (GRASSET).

Les uns (branches postérieures des deux premières paires et branches antérieures des quatre premières paires cervicales) vont à un groupe de muscles rotateurs de la tête du même côté, à savoir : splénius, grand et petit droits postérieurs, grand oblique. Les autres (branche externe du spinal) vont à un groupe de muscles rotateurs du côté opposé : sterno-mastoïdien et trapèze. Les premiers vont à leur groupe musculaire sans entre-croisement; les seconds, pour agir synergiquement avec eux, doivent s'entre-croiser (à la façon des fibres de l'oculo-moteur commun qui vont au muscle droit interne de l'œil).

XII. **Aires motrices multiples pour les yeux**. — Les données de l'expérience, à mesure qu'elles se multiplient, s'écartent de plus en plus de la conception par trop simple qu'on se faisait, au début, de la localisation des fonctions sensitives et motrices dans le cerveau. A l'encontre de ce qu'on admettait d'abord, *il n'existe pas qu'une zone excitable motrice, mais il en existe plusieurs*. En effet, en plus de la zone rolandique, où sont représentés les mouvements des membres et de la face, on a vu qu'il en existe une autre dans le territoire de la sphère visuelle, qui commande aux muscles de l'œil ; et nous en trouverons une troisième dans la sphère auditive, qui commande aux muscles de l'oreille. Ces données se concilient néanmoins avec la théorie des localisations cérébrales, mais à la condition de lui donner une formule autre que celle qui avait prévalu d'abord. Au lieu de dissocier et situer à part la sensibilité et la motricité, il faut au contraire les associer étroitement dans l'exécution des diverses fonctions et, après avoir distingué celles-ci les unes des autres d'après leurs caractères les plus évidents, chercher

si elles sont représentées dans le cerveau en quelque siège particulier. En d'autres mots, il faut faire porter la localisation, non pas
sur les deux modalités essentielles et nécessaires à l'exécution des
fonctions, mais sur ces fonctions elles-mêmes. Ce thème nouveau
étant donné, on trouvera qu'il est encore difficile à remplir, parce
que, en admettant qu'il soit exact dans son principe, nous avons
quelque peine à nous figurer exactement les fonctions.

Aire motrice occipitale. — Il existe dans le lobe occipital une
*aire motrice oculaire plus ou moins superposable à la zone sensitive
visuelle*, et cette disposition cadre avec l'idée que nous nous faisons de
la nature, au fond réflexe, des fonctions nerveuses ; mais il existe dans
le lobe frontal, loin par conséquent de la zone visuelle, une autre
aire motrice pour les yeux, zone assez nettement définie, voire
même expérimentalement plus excitable que la précédente et dont
il faut tenir compte dans la topographie cérébrale. Si l'on s'étonne
de voir une double source motrice converger dans l'écorce vers les
mêmes centres inférieurs et les mêmes muscles, il faut se rappeler
que le même appareil périphérique est utilisé souvent pour des
fonctions très différentes. Et si l'on se demande à quel arc réflexe
appartiennent ces éléments oculo-moteurs qui doublent ceux qui
viennent du lobe occipital, il faut remarquer que le globe oculaire,
en plus de la sensibilité spéciale qui est dévolue à la rétine, fait
partie du champ de la sensibilité générale, notamment par la cornée
et la conjonctive, qui sont des surfaces très sensibles. C'est sans doute
une liaison entre la sensibilité générale et le mouvement qu'exprime le voisinage des aires oculo-motrices frontales avec la zone
tactile de la région rolandique.

Indépendance des aires frontale et occipitale. — Les
deux aires motrices ont-elles chacune leurs fibres de projection
dans la couronne rayonnante, ou bien l'excitation de l'une des deux
suit-elle simplement des fibres d'association pour aller à l'autre et
descendre par une voie unique dans les noyaux mésencéphaliques ?
C'est la première supposition qui est la vraie. Pour le démontrer,
on excite les deux aires après les avoir séparées par des coupes
profondes qui rompent la continuité des fibres d'association, ou après
avoir enlevé tantôt le lobe frontal, tantôt le lobe temporal, et dans
les deux cas l'excitation de l'une ou de l'autre est suivie d'effets
moteurs. On a remarqué de plus que l'excitabilité de l'aire occipitale, faite sur de jeunes animaux, précède de quelques jours l'apparition de celle de l'aire frontale. Elles sont donc bien distinctes,
répondent à des systèmes complets chacun en soi et peuvent fonctionner d'une façon indépendante.

Ophtalmoplégies. — S'il est vrai, comme plusieurs le soutiennent, que la zone visuelle du lobe occipital se confonde avec une zone oculo-motrice, la destruction de la première doit entraîner celle de la seconde. L'hémianopsie simple, après la destruction du cunéus, n'est pourtant pas suivie d'une déviation conjuguée des yeux. Il faut remarquer, à ce propos, que les paralysies qui suivent la destruction de régions limitées de l'écorce ne se traduisent point par une perte totale, ni même par une perte souvent bien évidente du mouvement des muscles en relation avec la zone détruite. Le déficit fonctionnel qui

en résulte porte sur des modalités particulières du mouvement et en laisse subsister un assez grand nombre d'autres, d'où l'apparente intégrité de la motricité correspondante. La destruction des deux zones visuelles, comme celle du nerf optique lui-même, se marque seulement par un changement dans l'aspect des yeux, une attitude vague du regard, dus à leur défaut de convergence et à la situation des paupières. Ces organes ont pour le reste conservé toute leur mobilité et se déplacent à la sollicitation des impressions de nature réflexe, ou de celles qui leur sont fournies par d'autres régions du cerveau et de l'écorce, elle-même en relation avec d'autres sens et d'autres fonctions que celle de la vision proprement dite.

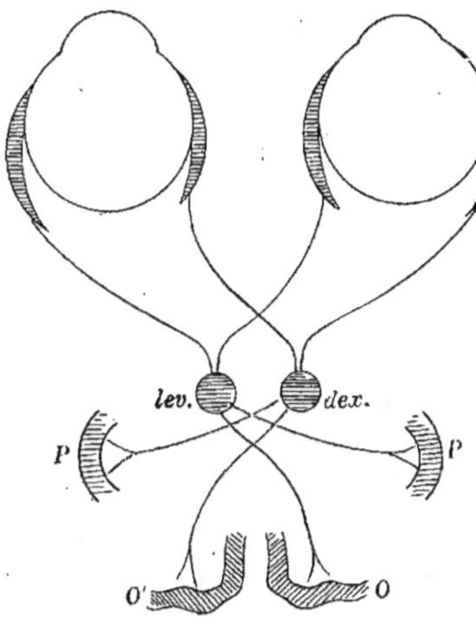

On a pu toutefois constater une déviation conjuguée des yeux à la suite de lésions de certains points de l'écorce en dehors de la zone visuelle proprement dite. Grasset, Landouzy ont vu que

Fig. 238. — *Nerfs et centres hémioculo-moteurs.*

Neurones cortico-bulbaires en bleu ; neurones bulbo-musculaires en noir.

dex, noyau oculo-moteur dextrogyre ; *lev*, noyau oculo-moteur lévogyre. PP', écorce fronto-pariétale (zone tactile) ; OO', écorce occipitale (zone visuelle). Le sens tactile et le sens visuel emploient, par des nerfs indépendants, les mêmes noyaux oculo-moteurs pour des fonctions différentes.

cette déviation s'observe dans le cas de lésion en foyer du lobule pariétal au niveau du pli courbe (Grasset), près du pied de la pariétale ascendante (Landouzy). Ferrier a obtenu la déviation en excitant le pli courbe chez le singe. Munck observe, en extirpant le lobule pariétal inférieur, une altération de la motilité oculaire et aussi de la sensibilité générale de l'œil. Quand cette région est excitée artificiellement, ainsi que dans l'épilepsie jacksonienne, la déviation est naturellement de sens opposé.

Grasset et Landouzy font partir du lobule pariétal inférieur également le nerf cérébral qui est élévateur de la paupière supérieure, la destruction de ce lobe ayant été parfois trouvée accompagnée de blépharoptose du côté opposé à la lésion. — De la même région de l'écorce on fait partir également le nerf cérébral qui gouverne le mouvement antagoniste de fermeture de la paupière (côté opposé) ; ce nerf correspond à ce qu'on appelle le facial supérieur, par opposition avec le facial inférieur, gouvernant les muscles de la partie inférieure de la face et dont l'aire corticale est située dans la région rolandique. EXNER et PANETH, en excitant le pli courbe, ont produit des contractions de l'orbiculaire du côté opposé.

Cette dissociation à la fois anatomique et fonctionnelle des deux parties du facial, dont l'une est pour l'orbiculaire des yeux et l'autre pour les muscle proprement dits de la face, rend compte du fait souvent noté dans l'hémiplégie ordinaire, que le facial supérieur est indemne ou moins atteint que l'inférieur.

Toutefois il faut noter que la blépharoptose peut aussi se produire dans l'hémiplégie ordinaire par lésion des circonvolutions centrales, parce que le facial a aussi une source d'innervation dans ces circonvolutions.

La paralysie de l'orbiculaire peut porter exclusivement sur les mouvements volontaires avec conservation des réflexes ordinaires et de l'occlusion des paupières pendant le sommeil. Dans d'autres cas, les mouvements purement réflexes sont seuls conservés. Le réflexe d'occlusion qui se produit dans le sommeil aurait un lieu de réflexion autre que les ganglions de la base, peut-être l'écorce (TOURNIER).

Remarques. — Sous le nom d'ophtalmoplégie on désigne en clinique toutes les paralysies des mouvements oculaires extrinsèques ou intrinsèques, de cause périphérique ou de cause centrale. Il est fâcheux que le mot « ophtalmoplégie » n'ait pas été réservé pour désigner les monoplégies oculaires de cause centrale, comme les mots « hémiplégie, paraplégie » l'ont été pour désigner les paralysies des autres organes, quand leur cause est dans la moelle ou le cerveau.

Dissociation de l'aire motrice occipitale. — SCHÄFFER (1888),

en opérant sur le singe, a montré que l'excitation de la face interne du lobe occipital, dans sa région moyenne, produit la déviation latérale conjuguée des yeux ; l'excitation faite à la partie supérieure du lobe occipital déviait les yeux en bas ; l'excitation de la partie inférieure les déviait en haut. (BECHTEREW a vu des faits analogues en excitant les parties antérieure et postérieure du même lobe ; seulement les yeux, au lieu d'occuper les positions analogues ou inverses, étaient déjetés dans les quadrants.) On obtient aussi des mouvements des paupières et des modifications de la pupille. Ces localisations partielles, en apparence si régulières, des éléments oculo-moteurs corticaux n'ont pas dû être sans agir sur l'esprit de ceux qui soutiennent l'idée d'une projection en quelque sorte géométrique de la rétine sur la zone visuelle du lobe occipital. Chacun des points cardinaux de la rétine serait lié fonctionnellement au muscle (ou groupe musculaire) qui dévie l'œil dans les quatre positions cardinales. Cette liaison serait réalisée par une sorte de réflexe cortical de direction, les excitations lumineuses qui tombent initialement sur chacun de ces points cardinaux ayant pour effet d'inciter le muscle correspondant, pour mettre l'œil dans la meilleure direction visuelle. L'excitation pratiquée sur l'écorce atteindrait isolément chacune des boucles de ces réflexes et, en mettant en jeu sa partie motrice, nous montrerait leur situation respective. Ce raisonnement est peut-être exact, mais on sent combien il est peu serré et a besoin d'être étayé par de nouvelles données.

XIII. **Influence cérébelleuse.** — Saucerotte, au siècle passé, avait déjà soupçonné une influence du cervelet sur les mouvements des yeux. Magendie a vu que, si on coupe le pédoncule du cervelet ou le pont de Varole, les yeux sont déviés, en bas, du côté correspondant et, en haut, du côté opposé. Les destructions et les excitations du cervelet lui-même modifient également l'attitude et les mouvements des yeux. L'ablation d'un lobe cérébelleux produit un changement tel que l'œil du côté correspondant à la lésion regarde en bas et en dedans, parfois il y a du nystagmus (la tête, dont les mouvements concordent avec ceux des yeux, est inclinée du côté de la lésion; elle est tordue autour de l'axe du sommet, de telle sorte que le museau tend à regarder du côté sain et l'occiput du côté opéré). Dans la destruction du vermis, les globes oculaires sont animés d'un nystagmus vertical (la tête est fortement inclinée en arrière, le tronc incurvé dans le même sens avec opisthotonos, les membres antérieurs en extension forcée) (Thomas).

Destruction et excitation des différentes parties du cervelet. — L'excitation localisée des différents lobes ou portions de lobes sur la surface du cervelet produit avant tout des mouvements des yeux. Dans l'excitation du lobe latéral, les deux yeux regardent du côté du lobe excité en même temps qu'en haut. Dans l'excitation du flocculus il y a rotation des yeux sur leurs axes antéro-postérieurs. Dans l'excitation du vermis à sa partie antérieure, les yeux regardent directement en haut; dans l'excitation du vermis à sa partie postérieure, ils regardent directement en bas : à la condition toutefois que l'excitation soit faite exactement sur la ligne médiane, car si l'excitation est déplacée sur les côtés du vermis, l'attitude en haut ou en bas se complique d'un déplacement du même côté, d'où une situation diagonale comme résultante de ces effets combinés. Dans l'excitation de la pyramide du lobe moyen, les yeux tourneront dans un plan horizontal, directement à droite si l'excitateur est placé à droite, directement à gauche s'il est placé à gauche (Ferrier).

Quelle que soit la relation anatomique entre l'écorce cérébelleuse et les noyaux moteurs des yeux, l'expérimentation démontre ainsi d'une façon très évidente l'existence d'une influence excitatrice et directrice du cervelet sur ces noyaux et par eux sur la position du regard. Cette influence à son tour intervient, à l'occasion d'excitations afférentes apportées au cervelet par la voie centripète.

La provenance de ces excitations est, de son coté, multiple.

Pour partie elles viennent de la rétine (faisceau cérébelleux direct du nerf optique), puis des organes tactiles, en particulier de ceux du globe oculaire qui sont irrités par ses changements de position, enfin et surtout des canaux demi-circulaires.

Destruction et excitation des canaux semi-circulaires. — L'oreille interne, par son appareil vestibulaire, a une relation très directe avec la coordination des mouvements, y compris ceux des globes oculaires, relation qui est mise en évidence par l'expérimentation. La destruction du labyrinthe s'accompagne de nystagmus et de déviation oculaire. Cette déviation est très semblable à celle qui suit l'ablation d'un lobe cérébelleux (déviation en bas avec inclinaison de la tête) (Thomas). L'excitation des canaux circulaires faite chez le lapin provoque des mouvements des yeux (Cyon). La direction du mouvement varie avec le canal excité : l'excitation du canal horizontal produit une rotation de l'œil du même côté qui le dirige en avant et en bas ; celle du canal transversal le dirige en arrière et en haut ; celle du canal sagittal en arrière et en bas ; dans l'œil opposé, les mouvements sont plus faibles et se font en sens contraire. Ewald a trouvé également que l'excitation du labyrinthe, faite, il est vrai, par un procédé différent, agit sur les mouvements des yeux ; seulement le sens qu'il indique diffère des résultats précédents.

La relation entre le nerf optique et l'orientation du regard paraît de nature plutôt consciente et de mécanisme surtout cérébral. Celle entre l'appareil labyrinthique et le mouvement des yeux paraît plutôt automatique et de mécanisme mésencéphalique et cérébelleux.

Fibres centrifuges dans le nerf optique. — Le nerf optique paraît au premier abord composé exclusivement de fibres centripètes affectées à la conduction des impressions reçues par la rétine pour les transmettre au cerveau. En réalité, il est un cordon mixte dans lequel existent, bien qu'en petit nombre, des fibres centrifuges. Cette donnée assez inattendue, mais très solidement établie, mérite de nous arrêter.

Origines et terminaisons. — Le nerf optique est donc, contrairement à ce qu'on a cru longtemps, un faisceau nerveux mixte. Sa section a, de ce fait, des effets compliqués, dans le genre de ceux qui suivent la section d'un faisceau de la moelle épinière. Elle tranche en effet tout ensemble des éléments qui sont les uns centripètes et les autres centrifuges et qui sont par conséquent dirigés en sens inverse, ayant leurs centres trophiques les premiers dans la rétine, les seconds dans l'encéphale. Après cette section, les segments terminaux subissent la dégénération wallérienne pendant que les cellules d'origine présentent la dégénération de Nissl. — *Pour les fibres centrifuges, la dégénération wallérienne se poursuit du côté de la rétine ; la dégénération de* Nissl *affecte, chez les oiseaux, les* *cellules de la troisième couche du lobe optique* qui se trouvent ainsi désignées *comme centres trophiques* ou cellules d'origine *des éléments centrifuges du nerf optique.* — *Pour les fibres centripètes, la dégénération de* Nissl *affectera les cellules ganglionnaires de la rétine, pendant que la dégénération wallérienne se propagera* en suivant le chiasma *du côté des lobes optiques* (tubercule bijumeau), dont tout le revêtement de substance blanche disparaît en tant qu'il représente la terminaison des fibres optiques.

Les neurones qui, pour faire suite à ces fibres, partent du lobe optique et dont les cellules d'origine sont dans ces lobes, subissent le contre-coup de la disparition des fibres optiques et du défaut d'excitation qui s'ensuit pour elles-mêmes. Elles ne dégénèrent pas à proprement parler, elles persistent, mais elles s'atrophient (dégénération atrophique, atrophie fonctionnelle) (Jelgersma).

Quelle est leur fonction? — A défaut d'expériences impossibles à réaliser, il était naturel que l'imagination s'exerçât à leur trouver une fonction probable. Toutefois, si osées que soient les hypothèses en pareil cas, elles ne tendent jamais qu'à généraliser des expériences anciennes, et c'est ce qui a eu lieu ici. Le type premier connu des nerfs dits centrifuges a été le nerf moteur, qui provoque la contraction de la fibre musculaire. On a supposé que les cellules nerveuses au contact desquelles ces fibres centrifuges épanouissent leurs ramifications ultimes, sans être des muscles, auraient néanmoins une des propriétés de l'élément musculaire, la contractilité. Ces cellules nerveuses contractiles établiraient, au gré des excitations qui leur sont transmises, certains contacts entre les éléments rétiniens ou les feraient cesser, en changeant de la sorte la distribution des courants d'excitation dans le réseau nerveux rétinien et les centres qui lui font suite.

Cette hypothèse pèche, non par excès, mais par défaut de généralité. Elle semble supposer que le système nerveux moteur n'a prise que sur les mouvements massifs ou phénomènes mécaniques de l'être vivant; tandis qu'il gouverne généralement les mouvements moléculaires ou phénomènes chimiques du protoplasme; témoin les nerfs qui font sécréter les glandes, dans le sens de formation de produits spéciaux, au sein de leurs cellules. Ces fibres centrifuges, qui, au dire de l'histologie, ne vont qu'à des éléments nerveux, excitent forcément dans ces éléments des mouvements moléculaires en rapport avec leur fonction spéciale, mais quelle est cette fonction? C'est ce qu'il est pour le moment impossible de dire. La considérer comme d'ordre exclusivement mécanique, c'est rétrécir arbitrairement le champ des suppositions possibles, dont le nombre, en dehors de l'expérience, est pour ainsi dire illimité.

Comment sait-on que ces nerfs, dont on ignore la fonction, sont centrifuges? — La preuve qu'on en donne est purement embryologique et morphologique, mais elle paraît péremptoire. — Tous les neurones ont deux pôles, qui se présentent sous la forme de deux extrémités ramifiées, dont les arborisations, les unes recueillent les excitations (pôle initial), les autres les distribuent aux éléments contigus (pôle terminal), et nous savons distinguer ces pôles à certains caractères morphologiques (rapports avec la cellule). En voyant dans le nerf optique des neurones (peu nombreux du reste) qui ont leurs cellules dans l'encéphale et leurs arborisations cylindraxiles dans la rétine, nous disons que ces neurones sont centrifuges et nous sommes certains de ne pas nous tromper.

Nervi nervorum. — Cette disposition si imprévue d'éléments nerveux centrifuges aboutissant à un organe nerveux sensitif a suggéré, comme on l'a vu plus haut, l'hypothèse de l'existence d'une catégorie de nerfs tout à fait nouvelle, nerfs guidant la fonction des autres nerfs et qu'on a pensé caractériser par le nom de *nervi nervorum*. Il est à craindre que cette désignation n'obscurcisse la question au lieu de la simplifier et de l'éclairer. On a appelé *vasa vasorum* les petits vaisseaux que le système circulatoire s'envoie à lui-même pour nourrir les tissus surajoutés à sa membrane interne, la seule essentielle au point de vue purement vasculaire, et dont les artères coronaires qui irriguent le myocarde sont un des exemples les plus frappants. On peut, par analogie, appeler *nervi nervorum* les nerfs que le système nerveux envoie à ses propres enveloppes, telles que la dure-mère, pour l'exercice des fonctions sensitives ou même obscurément motrices de ces membranes ou de toute partie non nerveuse incluse dans le système nerveux (mouvement proto-plasmique des cellules fixes), mais l'assimilation très justiciable s'arrête là.

Le fait que des éléments nerveux commandent à d'autres éléments nerveux est bien connu depuis longtemps. Le tissu nerveux est un système organisé, dont les pièces se communiquent l'excitation dans un sens déterminé. Les nerfs sensitifs qui actionnent les nerfs moteurs dans un acte réflexe seraient, à ce compte, des *nervi nervorum*; mais ce n'est pas là le sens de la nouvelle expression.

Signification des fibres centrifuges ayant leur terminaison dans les éléments sensitifs. — Néanmoins, chacun sent que la donnée récente apportée par la connaissance de ces fibres, jusque-là singulières, est très importante, et voici comment je la comprends. Le schème qu'on s'est fait jusqu'ici de l'organisation du système nerveux est celui d'un circuit, d'une circulation des excitations dont l'acte réflexe donne une bonne idée. On se figure généralement ce circuit ouvert du côté de la périphérie, ce qui n'est pas généralement vrai, attendu que dans nombre d'actes réflexes le mouvement produit redevient cause de l'excitation d'un mouvement du même genre (Voy. *Automatisme respiratoire*). On sait encore que ce circuit, que l'on suppose toujours partir de la périphérie et y revenir, s'enfonce plus ou moins dans la profondeur, le lieu de réflexion étant, par exemple, tantôt dans les ganglions, tantôt dans la moelle, tantôt dans le cerveau suivant les cas. Les fibres centrifuges du nerf optique nous font *supposer qu'il existe des circuits réflexes fermés sur eux-mêmes*, dont le point de départ et le point d'arrivée ne sont pas nécessairement à la périphérie, mais sont situés dans certains lieux de la substance grise, c'est-à-dire dans le système nerveux lui-même, à des profondeurs variables.

Développement et excitabilité de l'écorce de la sphère visuelle. — Chez un animal, au moment de sa naissance, en général l'écorce cérébrale n'est pas encore excitable ; ce qui veut dire que l'excitation électrique portée sur la région rolandique ne provoque pas les réactions musculaires bien connues qu'on obtient d'ordinaire (Soltmann). Cette excitabilité de l'écorce n'est apparente qu'après un nombre de jours variable suivant les animaux. De plus, l'apparition de l'excitabilité varie encore suivant les régions ou sphères corticales excitées. Chez le chien, l'excitabilité de la zone tactile (zone rolandique) n'apparaît que vers le dixième jour ; chez le cobaye, elle existe dès la naissance.

En ce qui concerne la sphère visuelle, l'excitabilité n'existe chez le chien guère qu'au quarantième jour. On constate d'autre part que c'est à ce moment seulement que l'animal peut suivre ou chercher des yeux l'objet qu'on lui présente ou qu'il désire.

Ces deux faits, l'un d'observation et l'autre d'expérience, sont en accord et s'expliquent l'un par l'autre (Steiner). Si l'on suit chez le chien le développement de la vision depuis la naissance, on voit qu'elle passe par les phases suivantes : les yeux sont d'abord fermés ; ils s'ouvrent vers le vingt-cinquième jour ; néanmoins l'animal avec ses yeux ouverts est encore aveugle, car il ne sait pas éviter les objets placés à son encontre. Vers le trente-quatrième jour il évite les objets, mais ne les voit qu'autant qu'ils sont dans la direction de la ligne visuelle ; il n'est capable d'aucun mouvement des yeux pour les chercher. Ces mouvements existent à partir du quarantième jour, et leur apparition coïncide avec le développement de l'excitabilité motrice de la zone visuelle.

Chez le même animal, l'ouïe et surtout l'odorat ont un développement plus précoce.

Chez les autres animaux, le développement de l'excitabilité motrice dans la zone visuelle conserve sur celui de la zone motrice le même retard, bien que, d'une façon absolue, les périodes de ce développement soient, pour chacune de ces zones, très différentes. Ainsi, chez le chat et le lapin, l'excitabilité de la zone visuelle apparaît vers le quinzième jour, cinq jours après celle de la zone rolandique.

Plus une fonction est parfaite, plus son développement complet réclamera de temps pour s'accomplir. Ainsi faut-il expliquer les différences observées d'une zone à l'autre dans un même sujet, et pour la même zone d'une espèce animale ou même d'un individu à l'autre.

Chez l'enfant, c'est à partir de la cinquième semaine que les objets sont fixés quand ils se présentent d'eux-mêmes dans le prolongement de la ligne visuelle. Ce n'est qu'au cinquième mois que l'enfant suit des yeux ou cherche avec eux les objets situés ou déplacés devant lui (RAHELMANN). C'est donc, selon toute vraisemblance, à ce moment seulement qu'on trouverait excitable son écorce visuelle, si on pouvait l'interroger électriquement, comme dans les expériences précédentes.

CHAPITRE III

INNERVATION AUDITIVE.

De toutes les innervations spécifiques, l'innervation auditive est peut-être la plus élevée, la plus parfaite ; elle est loin d'être la mieux connue ; mais le sens de l'ouïe nous apparaît, dans l'espèce humaine, acquérir avec la fonction du langage parlé (celui que tout homme possède) une importance qui dépasse celle du sens de la vue. La différenciation s'accuse encore dans ce système par une dissociation entre un élément commun à toute sensation, la notion d'extérioration ou mieux de localisation extérieure, et la notion de sensation spécifique qui est ici l'audition proprement dite.

ANATOMIE ET PHYSIOLOGIE COMPARÉES. — Embryologiquement, l'appareil auditif est, comme celui des autres sens, dérivé de l'ectoderme. Fonctionnellement, il est une transformation de l'appareil tactile adapté à l'analyse de pressions et de mouvements particuliers.

Par degrés nous le voyons s'acheminer vers la forme spécifique qu'il a chez les vertébrés supérieurs. De plus, il garde jusque chez ceux-ci la trace première de sa fonction tactile. Cette fonction reste surtout visible dans la partie vestibulaire de leur appareil labyrinthique, d'origine beaucoup plus ancienne que la partie proprement auditive.

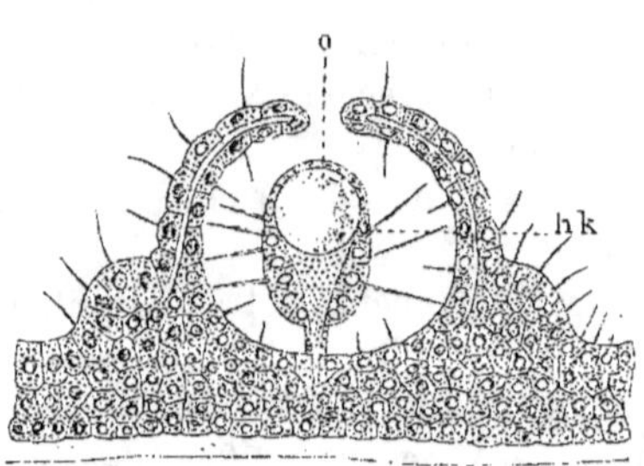

Fig. 239. — *Organe auditif de Rhopalonema* montrant encore un petit orifice (HERTWIG).

hk, tentacule modifié ; *o*, organe auditif.

Chez les *cœlentérés*, cet appareil commence à se dessiner sous la forme d'une vésicule formée de cellules neuro-épithéliales et qui contient intérieurement une masse solide, mobile, l'otolithe. Chez les *Méduses* apparaissent les formations otocystiques dites vésicules auditives, avec cellules à plateau cilié tourné intérieurement, reliées par des nerfs à un ganglion nerveux et celui-ci à des muscles : l'arc réflexe sensoriel est constitué (BEAUNIS).

Tel est l'appareil primordial qui, chez les invertébrés, peut présenter des formes assez diverses (vésicule ouverte ou fermée, otolithe unique ou multiple, etc.) et auquel tendent à s'ajouter des pièces de perfectionnement.

Chez les *poissons*, l'oreille est composée d'un labyrinthe avec cavité centrale ou vestibule, possédant un utricule et trois canaux semi-circulaires, mais pas de limaçon.

Chez les *serpents*, apparaît un limaçon rudimentaire réduit à un quart de tour. — Chez tous ces animaux le cervelet est très peu développé.

Chez les *oiseaux*, les canaux semi-circulaires sont très développés, le limaçon reste généralement rudimentaire, mais le cervelet prend un assez grand développement.

Chez les *mammifères*, l'appareil auditif est complet comme chez l'homme. Le vestibule est en communication d'un côté avec les canaux demi-circulaires, de

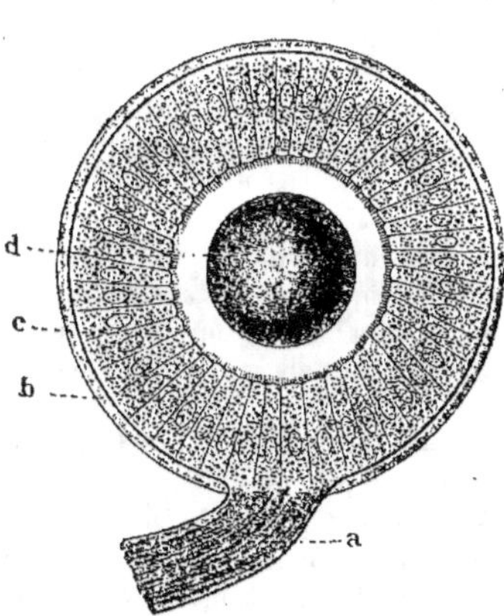

Fig. 240. — *Otocyste de l'Unio.*

a, nerf acoustique ; *b*, capsule de l'otocyste dans laquelle il se ramifie ; *c*, épithélium vibratile ; *d*, otolithe.

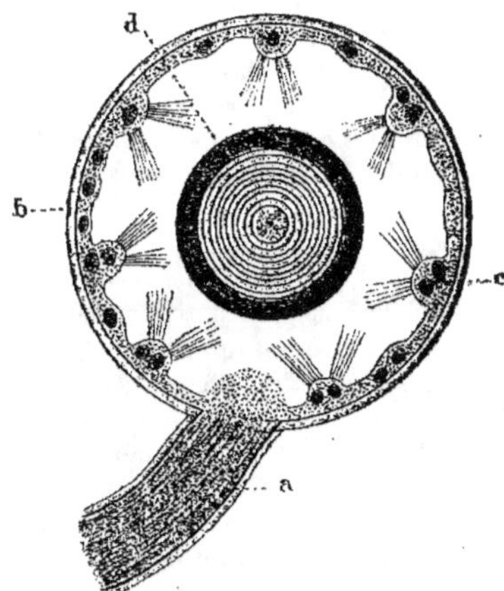

Fig. 241. — *Organe de l'ouïe de Barinaria.*

a, nerf acoustique ; *b*, épithélium de l'otocyste ; *c*, papilles avec leurs cils (poils auditifs) ; *d*, otolithe.

l'autre avec le limaçon. Les ondes sonores, devenues chez eux aériennes, sont propagées à l'oreille interne par une caisse (oreille moyenne), après avoir été condensées par un pavillon (oreille externe).

Labyrinthe. — L'ensemble des cavités formant l'oreille interne est le labyrinthe. On y peut distinguer une partie moyenne (vestibule) communiquant avec deux autres séries de cavités (canaux semi-circulaires d'une part, limaçon de l'autre). Le vestibule porte deux orifices fermés par des membranes élastiques, et qui font une séparation mobile entre lui-même et la caisse du tympan. Cet ensemble de cavités est rempli d'un liquide (périlymphe). Toute pression faite sur l'une des deux membranes fera osciller ce liquide en déprimant l'une pendant que l'autre subit le mouvement inverse. C'est ce que fait précisément la chaîne des osselets qui, par sa dernière pièce (l'étrier), vient s'attacher à la membrane de la fenêtre ovale et leur transmet les déplacements de la membrane du tympan ébranlée par les vibrations sonores.

Le labyrinthe osseux, dans toutes ses parties, est doublé d'une paroi membraneuse molle, le labyrinthe membraneux, qui reproduit intérieurement ses cavités, qui est remplie de liquide (endolymphe) et qui est séparée de la paroi osseuse à laquelle elle n'adhère qu'au point de pénétration des faisceaux nerveux par une autre humeur (périlymphe), de manière que tout le système est rempli par ces deux couches liquides, capables de s'influencer mutuellement, à travers la mince membrane qui les sépare. — C'est cette membrane qui porte à certains endroits spéciaux les terminaisons nerveuses ciliées qui recueillent l'excitation.

Le courant liquide ainsi créé dans le vestibule se propagera dans la cochlée et dans les canaux semi-circulaires. Les configurations caractéristiques de ces parties lui imprimeront des directions et des mouvements particuliers. La cochlée est, comme son nom l'indique, un cône qu'on aurait enroulé sur son axe, mais ce cône est double, repartagé qu'il est par une lame médiane en deux rampes parallèles, qui communiquent par le haut et dont les bases ou orifices inférieurs s'ouvrent, l'un dans le vestibule vers la fenêtre ovale (rampe vestibulaire), l'autre vers la fenêtre ronde (rampe tympanique). Le liquide a donc ainsi un double parcours dans le limaçon, dans son ondulation à travers lui. Entre les deux rampes, incomplètement séparées l'une de l'autre par la lame spirale, s'en trouve une troisième membraneuse, formée par le prolongement du labyrinthe membraneux, lequel, à la façon d'un tube intérieur un peu aplati, complète la cloison formée par la lame spirale. C'est la membrane de Corti à laquelle aboutissent les terminaisons nerveuses du nerf acoustique. Cette lame mobile reçoit le contre-coup des agitations du liquide et le transmet aux extrémités nerveuses qu'elle contient. Suivant la tonalité du son, elle les percevra dans des parties différentes (Nuel, Bonnier). Les sons aigus naîtront vers la base du limaçon et les sons graves vers le sommet.

Dans le vestibule lui-même, dans le saccule, le déplacement liquide ira frapper les crêtes acoustiques. On appelle de ce nom des parties saillantes de la membrane sacculaire garnies de cils et munies également de terminaisons nerveuses. Opposées au courant liquide comme une sorte de digue submersible, elles en reçoivent une excitation qui est renforcée par le déplacement des otoconies, sorte de poussière ou de gravier d'une grande finesse agitée par ce liquide.

Enfin, aux orifices des canaux semi-circulaires il se fait des reflux et des appels et, partant, des courants à travers ces canaux. Et ces courants sont encore une source d'excitation pour les terminaisons nerveuses qui y aboutissent.

A. — L'EXCITATION LABYRINTHIQUE.

L'excitation que nous appelons auditive est complexe : elle nous apporte, en plus de la sensation spécifique tonale de l'audition, d'autres impressions inconscientes ou subconscientes qui ont un rôle de premier ordre dans la formation en nous de la notion d'espace. De ce point de vue l'audition est quelque peu, comme nous le verrons, comparable au tact dans lequel, à côté de la sensibilité cutanée, est une sensation moins claire d'origine profonde qu'on appelle le sens musculaire ; mais, dans l'innervation auditive, la spécialisation des deux fonctions, la dissociation de la notion spatiale d'avec la sensation spécifique est poussée beaucoup plus loin.

Modalité uniforme de l'excitation. — Les trois appareils à formes géométriques si distinctes, qui composent l'oreille interne ou labyrinthe, ont une façon en somme commune de recevoir l'excitation, et cette forme dérive de l'excitation tactile par contact ou par frottement. Une onde aérienne ébranle le tympan, elle se transforme en mouvement solidien dans la chaîne des osselets, elle crée une déformation et des courants liquides dans le labyrinthe, et les papilles nerveuses de celui-ci, analogues à celles du derme, sont excitées. Ce mode d'excitation, il faut le reconnaître, est plus compréhensible que celui imaginé par Helmholtz, attribuant à des fibres de dimensions microscopiques la possibilité de vibrer isolément par influence, suivant leur longueur, d'après la tonalité du son émis.

Appropriations différentes. — Ce mode uniforme d'excitation des nerfs de l'oreille par une pression extérieure alternativement positive (onde condensante) et négative (onde raréfiante) est utilisé pour des analyses différentes dans chaque partie du labyrinthe. Dans le limaçon, l'excitation recueillie déterminera la sensation auditive. Dans les canaux demi-circulaires, l'excitation est liée à la notion de direction ou sens de l'espace. Dans le vestibule, l'excitation est d'une nature en quelque sorte mixte, participant à celle des deux précédentes.

Loin de se borner à la seule audition, l'appareil que nous appelons auditif nous donne une série de renseignements autres que ceux par lesquels il analyse les sons; il a de la sorte un certain nombre de fonctions secondaires qui dérivent de son mode d'excitation tel qu'il a été exposé plus haut. Bonnier lui attribue en particulier les fonctions suivantes :

Fonction baresthésique. — Par lui l'animal, quelle que soit l'espèce considérée, a la propriété de mesurer la pression, ou poussée qu'exerce sur lui le milieu extérieur aérien ou liquide dans lequel il vit.

Le liquide (périlymphe et endolymphe), qui est enfermé dans la cavité close en partie rigide du labyrinthe, n'a pas de tension propre dans cette cavité, mais des dispositions existent qui lui assurent (normalement) une égalité de tension avec le milieu extérieur. Il reflétera donc soit les états constants de cette pression, soit ses états variables (pendant les ébranlements). Des canaux de dérivation existent, il est vrai, mais assez fins pour ne pas permettre une issue en masse du liquide labyrinthique et suffisants d'autre part pour rétablir la compensation lorsque la différence de tension devient trop forte. D'autres mécanismes protecteurs, comme le muscle qui modère la pression de l'étrier sur la fenêtre ovale, sont également pour atténuer les effets des exagérations de pression extérieure et la rupture des membranes du labyrinthe qui s'ensuivrait. Quoi qu'il en soit, nous avons un appareil qui nous renseigne sur l'état de la pression extérieure et sur ses changements.

Les sensations qui en résultent ne sont pas conscientes, elles ne le deviennent qu'à l'état de gêne avoisinant la douleur, ou par la douleur elle même. Elles agissent néanmoins sur nous comme source d'excitation intérieure et peuvent modifier notre aptitude générale.

Fonction manœsthésique. — Si la pression intérieure du liquide labyrinthique (qui a sa source prochaine dans la pression des artères qui lui sont distribuées) vient à s'élever dans certaines conditions, l'oreille interne fonctionne comme un manomètre à déversement (pléthysmographe) et ses nerfs sensitifs enregistrent cette pression suivant le mode inconscient ou conscient, suivant son degré. Les liquides du labyrinthe (périlymphe et endolymphe) ne sont pas des humeurs permanentes, mais, comme tous les liquides analogues, sont soumis à une lente circulation qui les renouvelle. Issus des canaux par sécrétion de

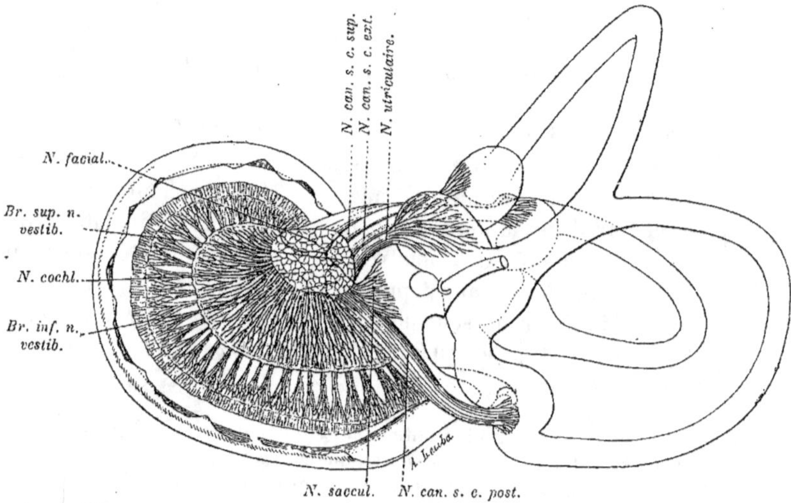

Fig. 242. — *Mode de ramescence du nerf auditif* (d'après RETZIUS).

Labyrinthe membraneux droit, vu par sa face postérieure.

l'endothélium qui les contient, ils sont suspendus dans les espaces lymphatiques de la dure-mère et sous-arachnoïdiens.

L'équilibre entre leur formation et leur départ est réglé par une excitation réflexe vaso-motrice et sécrétoire réglée par la pression même. Les altérations de ce mécanisme, en un quelconque de ses facteurs, amèneront les variations anormales de la pression interne labyrinthique avec ses conséquences (bourdonnement, vertige, nausée, vomissement, etc.), par retentissement de l'excitation sensitive sur les noyaux bulbaires ou autres.

Fonction seisesthésique. — Les variations brusque et rythmée de la pression du milieu extérieur s'enregistreront également dans l'oreille interne comme les précédentes que nous avons d'abord supposées lentes et isolées. Ce sera la même excitation devenue périodique.

a. *Vestibule.* — Cette fonction seisæsthésique qui enregistre des vibrations quelconques du milieu extérieur appartient au vestibule

et en particulier à l'utricule. Sa membrane (fenêtre ovale), ébranlée
par l'étrier, communique ses vibrations à son liquide et par lui aux
crêtes acoustiques. Les sensations qui en résultent ne sont pas
l'audition proprement dite, mais un phénomène qui y prépare et qui
deviendra l'audition dans l'appareil différencié cochléaire. Ces sensations sont l'audition des invertébrés, ou tout au moins elles leur
en tiennent lieu. Elles sont très générales et se retrouvent chez

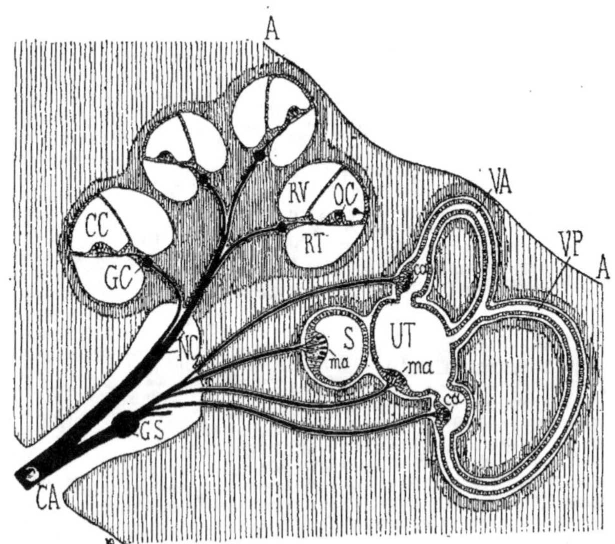

Fig. 243. — *Schéma de l'oreille interne.*

RT, rampe tympanique; RV, rampe vestibulaire; CC, canal cochléaire; OC, organe
de Corti placé sur la lame basilaire qui sépare la rampe tympanique de la rampe
cochléaire; GC, ganglion de Corti dans le canal de Rosenthal; *Si*, saccule; UT, utricule;
VA, canal semi-circulaire antérieur; VP, canal semi-circulaire postérieur; *ma*, macules
auditives de l'utricule et du saccule; *ca*, crêtes auditives des ampoules des canaux
semi-circulaires; GS, ganglion de Scarpa. Le canal horizontal perpendiculaire aux
précédents n'a pu être figuré. (D'après M. DUVAL.)

l'homme. Ce sont elles qui, chez un sourd privé de l'audition limacéenne, lui permettent de percevoir les vibrations d'un diapason
appliqué sur le crâne ou sur l'apophyse mastoïde (BONNIER).

b. *Limaçon.* — La fonction limacéenne est très complexe et encore
obscure dans son mécanisme. Dans le développement embryologique et aussi fonctionnel, elle est la dernière à apparaître; elle
est la plus différenciée, la plus consciente de celles de l'appareil
auditif pris dans son ensemble, et c'est la raison pour laquelle elle
nous masque les autres, qui ne se décèlent bien qu'à une analyse
extérieure au sujet lui-même. Elle sera examinée d'une façon parti-

culière à propos des sens proprement dits et de leurs organes. Le limaçon recueille, lui aussi, des vibrations dont le mode de naissance et de propagation n'est pas essentiellement différent de celui des précédents.

Ces vibrations sont fusionnées dans le système nerveux, dont il contient les expansions initiales. Elles y donnent lieu à une sensation continue que nous appelons la sensation *sonore*. Celle-ci procède par conséquent d'une répétition périodique de l'excitation et elle n'est réalisée qu'autant que le rythme est compris entre certaines

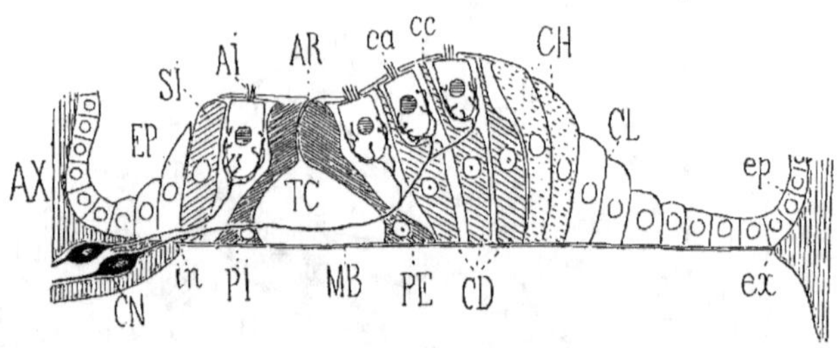

Fig. 244. — *Structure de l'organe de Corti.*

AX, axe du limaçon ; MB, membrane basilaire ; *in*, son insertion sur le bord libre de la membrane spirale osseuse ; *cx*, son insertion externe ; TC, tunnel de Corti : PI, son pilier interne ; PE, son pilier externe ; AR, articulation des deux piliers.

AI, anneau interne, donnant passage aux cils de la cellule acoustique interne ; SI, cellule de soutien externe ; EP, épithélium indifférent ; CD, cellules de soutien externe formant par leur prolongement la membrane articulaire *cc* dont les orifices donnent passage aux cils *ca* des cellules acoustiques externes ou cellules de Corti.

CN, corps cellulaires de neurones acoustiques, situés dans le canal de Rosenthal (ganglion de Corti). L'un d'eux a ses arborisations réceptrices dans une cellule acoustique interne : l'autre dans les cellules acoustiques externes. (D'après M. Duval.)

limites, l'une minima (32), l'autre maxima (76000 vibrations à la seconde). En musique on n'emploie guère que les sons compris entre 40 et 4 000 oscillations.

c. *Canaux demi-circulaires.* — Les canaux demi-circulaires apparaissent dans la série zoologique bien avant le limaçon ; ils sont une différenciation du sens tactile beaucoup moins accusée que ce dernier. On les trouve chez la lamproie, chez les myxines ; ils sont très développés chez les poissons. Chez l'homme et la grande majorité des vertébrés, ils sont au nombre de trois, *orientés dans trois plans qui rappellent les trois directions de l'espace* : l'un est vertical et supérieur, c'est-à-dire surélevé sur les deux autres, il est perpendiculaire à l'arête du rocher ; l'autre est vertical et postérieur, il est parallèle à l'axe du rocher ; le dernier est horizontal et externe : les trois canaux sont perpendiculaires l'un à l'autre réciproquement. A leur point d'abouchement dans le vestibule, ces canaux présentent des dilatations ampullaires ; à l'endroit de ces dilatations, leur membrane présente un épithélium à cils, un neuro-épithélium en rapport avec les ramifications du nerf vestibulaire.

Nous avons dit déjà que ces canaux reçoivent leur part de l'excitation produite par l'onde aérienne qui, par le jeu de la membrane tympanique et des osselets, déplace le liquide labyrinthique. Cette excitation, qui ne provoque nullement la sensation sonore, est utilisée pour donner au sujet des notions d'un autre ordre, relatives à son attitude, à son orientation dans le milieu environnant. Ces notions sont relatives à ce qu'on appelle le sens de l'espace.

1. — *Le sens de l'espace.*

La relation des canaux demi-circulaires avec l'équilibre a été vue pour la première fois par FLOURENS en 1824. GOLTZ, BREUER et d'autres, en reprenant ces expériences, ont tenté d'en donner une explication rationnelle. De CYON, en 1874, parla le premier d'un sens de l'espace et rattacha à la notion plus générale d'un tel

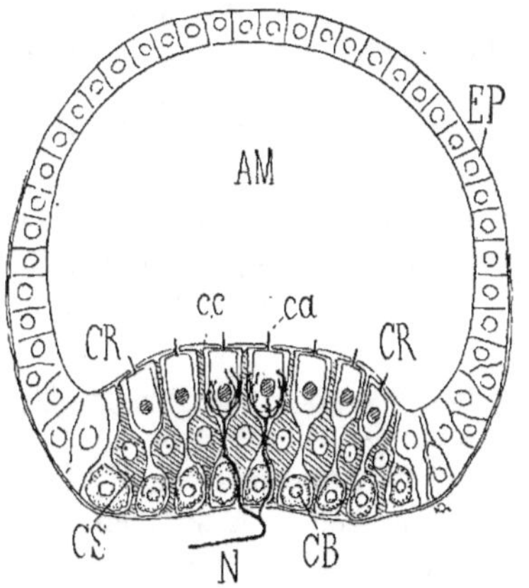

Fig. 245. — *Ampoule d'un canal demi-circulaire et crête acoustique* (schéma de M. Duval).

AM, ampoule ; CR, sa crête acoustique ; CB, cellules basales ; CS, cellules de soutien ; cc, cuticule ; ca, cellules acoustiques et leurs cils ; N, fibre nerveuse allant aux cellules acoustiques.

sens les différentes expériences et les siennes propres. Au milieu des discussions et des critiques, la nouvelle notion persista et le mot s'imposa. La question fut reprise par M. DUVAL et LABORDE, nombre d'auteurs à l'étranger, parmi lesquels EWALD. Nous devons à BONNIER l'analyse la meilleure du phénomène de la formation des images spatiales et l'exposé le plus lucide de cette complexe question (1).

I. **Excitations d'origine extrasomatique. — Extérioration et localisation dans l'espace.** — Nous avons la faculté de distinguer la provenance des ondes aériennes qui nous arrivent, et que nous appelons sonores, en raison de la sensation

---

(1) P. BONNIER, *Le vertige* (Bibliothèque Charcot-Debove).

qu'elles développent dans une partie spécifique de notre système nerveux. Nous éprouvons une sensation et, comme dans tous les autres sens, nous extériorons et nous localisons dans l'espace la cause originelle de l'impression et de la sensation éprouvées. Le processus de localisation est complexe, mais son mécanisme principal réside dans les canaux demi-circulaires, autrement dit dans un appareil annexé à celui de l'audition, mais distinct de lui.

Suivant la direction de l'onde aérienne, la membrane tympanique n'est pas attaquée de la même façon ni sur les mêmes points de ses différents diamètres. La transmission du mouvement à la fenêtre ovale, véritable tympan interne, s'en trouve modifiée et l'attaque de cette membrane se concentre sur des points différents de sa surface, d'où un déplacement du liquide labyrinthique qui se fait, lui aussi, dans des directions différentes, propres à affecter d'une manière prédominante, soit les différentes parties de la crête acoustique (dans le saccule), soit surtout les différents canaux demi-circulaires. D'où enfin des indications particulières sur la provenance de l'onde aérienne et, partant, du bruit ou du son entendus (BONNIER).

II. **Excitations d'origine intrasomatique**. — Mais les canaux demi-circulaires sont encore accessibles à un autre mode d'excitation qui est indépendant de toute pression ou toute modification de la pression du milieu extérieur (aérien ou liquide). GOLTZ admettait que les *changements de position* de la tête influent sur la répartition du liquide dans ces canaux et devient la cause de sensations qui règlent l'équilibre. BREUER précisa cette idée en indiquant que le liquide labyrinthique (l'endolymphe), en vertu de son *inertie*, exerce un *frottement sur la paroi sensible* des ampoules quand la tête se déplace. Des variantes de cette explication rapportent l'excitation des nerfs ampullaires à une *contre-pression* (mais sans déplacement ni frottement) *du liquide contre la paroi* en sens inverse du déplacement, ou à quelque irritation de nature inconnue, mais liée à l'accélération. Pour BREUER, MACH, CRUM-BROWN, les canaux demi-circulaires sont l'organe des *sensations d'accélération*.

Relation entre le sens du mouvement et la direction des canaux demi-circulaires. — Antérieurement à toutes ces explications, FLOURENS avait montré (1824), par des expériences très saisissantes, la relation étroite qui lie les canaux demi-circulaires à la coordination des mouvements et par conséquent à l'équilibre. *La section isolée de chacun des canaux produit des mouvements désordonnés, dans le sens du plan du canal mutilé.*

PIERRET, BROWN-SÉQUARD, BECHTEREW ont montré que ces désordres s'observent aussi dans les lésions du nerf labyrinthique.

Cyon refuse aux mouvements du liquide et au liquide lui-même le rôle d'excitateur des ampoules. Il objecte la viscosité de ce liquide dans un tube de dimensions capillaires et le fait que son écoulement, après ouverture du labyrinthe, ne produit pas la déséquilibration. Les troubles locomoteurs réalisés dans les expériences de Flourens seraient dus à une excitation, non à une paralysie (Lœwenberg). La destruction (sans doute complète) des canaux demi-circulaires ne donne pas lieu à ces désordres (Steiner), ce qui serait en faveur de la nature excitatrice des lésions. En tout cas, les lésions du limaçon qui entraînent la surdité ne troublent pas l'équilibre. Le point de départ des convulsions est dans les lésions des ampoules plus que dans celle des canaux, c'est-à-dire dans le lieu qui contient les arborisations nerveuses (Lussana).

Sensations inconscientes. — Un point sur lequel il y a lieu d'insister, c'est que les impressions et sensations qui ont cette origine ne sont pas conscientes (pas habituellement conscientes), mais sont liés à des actes réflexes qui en s'exagérant, dans la lésion des canaux, deviennent convulsifs (Lœwenberg, Laborde).

III. **Entretien du tonus musculaire et du pouvoir moteur**. — La relation entre les canaux demi-circulaires et le mouvement musculaire est étroite et s'est montrée d'une façon évidente à tous les observateurs.

R. Ewald admet que ces organes sont le point de départ d'excitations continues, permanentes, réfléchies par le système nerveux sur le tissu musculaire ; tellement que, après la section du nerf labyrinthique ou la destruction des canaux, le relâchement musculaire se produit aussitôt, par perte de la tonicité et impuissance de l'animal à faire des mouvements énergiques. En fait, *l'animal conserve son énergie musculaire, mais il ne sait plus l'employer.*

H. Girard, il est vrai, a vu sur la grenouille, après la section unilatérale du nerf acoustique et la destruction du labyrinthe, l'excitabilité réflexe augmenter du côté correspondant.

Cette relation de l'appareil labyrinthique avec la motricité se précise encore dans les expériences de Cyon, qui montre qu'il y a une relation determinée entre l'excitation de chaque canal en particulier et les mouvements des globes oculaires. Et ces relations sont telles que le mouvement produit (par voie réflexe) corrige, ou tend à corriger l'illusion visuelle qui doit naître du mouvement provoqué. Et une relation du même genre existerait aussi avec les muscles locomoteurs (Y. Delage).

IV. **Analyse des perceptions d'espace**. — Quelque idée

qu'on se fasse de la modalité et de la nature des excitations qui sont recueillies par les canaux demi-circulaires, la relation de cet appareil avec l'attitude du corps et le sens de l'espace ne peut être niée. L'onde, quelle qu'elle soit, qui atteint l'ensemble des trois canaux, aura sur chacun d'eux, en raison de la disposition relative de leurs plans à angle droit, une action généralement inégale sur chacun des trois et différente, suivant sa propre direction. La notion de cette direction se tire de la valeur comparée des excitations apportées sur chacun des trois canaux. Les mouvements de la tête dans différentes directions, les déplacements du corps en totalité, sont également, pour les différents canaux de droite et de gauche, l'origine d'excitations égales, inégales ou inverses, qui nous renseignent sur les changements de position de la tête et du corps, sur le mouvement de celui-ci et sur l'accélération de ce mouvement.

Avec le sens musculaire, ou avec ce qu'on appelle plus justement les impressions cinesthésiques, nous sommes renseignés sur les déplacements relatifs de nos membres et leurs attitudes segmentaires ; avec les sensations apportées par les canaux demi-circulaires, nous sommes renseignés sur les déplacements de notre corps et ses attitudes par rapport au milieu qui l'entoure. Dans ce sens particulier qu'on appelle le sens de l'espace, une place prépondérante est faite à l'appareil dit auditif et il la doit à un organe distinct de celui qui perçoit les sons ; mais cette place n'est pas exclusive. Le tact nous procure des renseignements du même genre sur les objets qui nous touchent immédiatement. La vue nous en procure sur les objets à distance. Entre ces deux sens et l'oreille, la différence est que la localisation de la cause excitatrice s'y fait par l'appareil sensoriel lui-même et non par un appareil autre que le sensoriel. La rétine tout à la fois voit et localise les objets (*sens visuel de l'espace*) ; la peau nous donne la notion du contact et de la place des corps (*sens tactile de l'espace*). Dans l'oreille, le limaçon entend et les canaux demi-circulaires localisent le bruit entendu (*sens auriculaire de l'espace* que d'aucuns considèrent comme le seul sens de l'espace)..

V. **Superposition et synthèse des notions spatiales fournies par chaque sens.** — Partout donc où il y a extérioration et localisation de la cause provocatrice de la sensation, il y a notion d'espace, sensation d'espace. *Chaque sens, à des degrés divers, est un sens de l'espace ;* mais, de plus, chaque sens double cette notion commune et primordiale d'une sensation spécifique, c'est-à-dire irréductible à la sensation qui est propre aux autres sens. *C'est par*

leur élément spatial commun que ces notions se superposent. C'est par
la superposition de ces notions que nous identifions les objets dont
les différents sens nous dévoilent les multiples qualités (Bonnier).
C'est par des identifications successives que nous passons de la
sensation à l'idée, au signe vocal ou graphique qui l'exprime, puis
de l'idée simple à l'idée générale, du concret à l'abstrait.

Orientation objective et subjective. — Les perceptions qui alimentent le
sens de l'orientation sont de deux ordres, ou tout au moins peuvent se classer
en deux catégories. Les unes nous renseignent sur la situation des objets, leurs
rapports entre eux et avec nous et les variations de ces rapports, c'est-à-dire
leurs mouvements ou déplacements : elles nous sont fournies par des sens qui,
comme la vue, le tact, même l'audition, étant ouverts sur le dehors, reçoivent
des ébranlements d'origine *extrasomatique*, directs ou indirects, qui sont
ordonnés comme ces objets eux-mêmes ; c'est l'orientation *objective*. — Les
autres nous renseignent sur la position de notre corps par rapport à ces objets
et sur les changements de cette position : elles nous viennent en grande partie
d'un appareil auquel le sens de l'ouïe est comme annexé, les canaux demi-circulaires et l'utricule, disposés de manière à recueillir des excitations d'origine
intrasomatique du fait des mouvements ou simplement de l'attitude de notre
corps ; c'est l'orientation *subjective* (Bonnier).

La distinction entre l'objectif et le subjectif est ici, comme on voit, tirée non
pas de la nature physique ou psychique des phénomènes, mais de la différence
anatomique et fonctionnelle des appareils récepteurs des sens. Ce partage n'est
du reste pas absolu, puisque le labyrinthe peut nous renseigner lui-même sur
la direction des ébranlements qui lui viennent des objets et par là sur la
situation de ceux-ci, et que, d'autre part, la sensibilité tactile profonde nous
renseigne également sur la situation relative de nos organes et de nos membres.

L'appareil labyrinthique est construit de manière à nous donner une analyse
fidèle des mouvements (et même des attitudes) de notre corps, par rapport aux
trois dimensions de l'espace. Mais ces trois dimensions ne sont pas choisies
arbitrairement. Il en est une au moins sur les trois, la verticale, qui est donnée
par la pesanteur et qui représente une force ou excitation à distance, qui définit
la position de notre corps par rapport à la terre qui nous supporte ; de sorte
que l'orientation subjective est elle-même comme teintée d'orientation objective. Au fond, l'orientation objective et l'orientation subjective se conditionnent
mutuellement comme l'action et la réaction, et le trouble de l'une peut
entraîner le trouble de l'autre.

Vertige. — Le vertige est défini par Bonnier un trouble de l'orientation
subjective, survenant directement ou indirectement. Comme tant d'autres, la
fonction d'orientation ne s'exerce correctement que grâce à des liaisons réciproques entre la sensibilité et le mouvement ; d'où il suit que le vertige comprend des phénomènes, les uns sensitifs, les autres moteurs, qui, pris isolément, ne suffisent pas à le caractériser. En ce qui concerne la sensibilité, le
vertige peut, comme l'orientation elle-même, être conscient ou inconscient.
Toutefois, en clinique, c'est par la sensation spéciale, *sui generis*, qui l'accompagne qu'on le caractérise habituellement ; d'où la définition de Grainger
Stewart acceptée par Weill : le vertige est « le sentiment de l'instabilité de
notre position dans l'espace relativement aux objets environnants ». En réalité,

le vertige peut exister sans la conscience du vertige, l'orientation inconsciente (la plus habituelle) pouvant être troublée comme l'orientation consciente (plutôt exceptionnelle).

Formes du vertige. — Il peut y avoir vertige par imperception de l'espace (suspension momentanée de toute localisation consciente), par surperception de l'espace (vertige des hauteurs, agoraphobie), par illusion d'espace (illusion d'attitude, de direction), par hallucination d'espace (obsession d'un vide irréel ou d'une attitude ou d'un mouvement irréels) (Voy. Bonnier, Vertige, *Bibl. Charcot-Debove*).

Origines diverses du vertige. — Les appareils sensoriels qui, comme ceux de la vue, du tact et surtout les canaux demi-circulaires, fournissent les renseignements les plus importants sur lesquels se guide la fonction d'orientation peuvent, par le dérangement et partant le désaccord de leur fonctionnement, être cause originelle de vertige.

Vertige optique. — Weill énumère une série de circonstances dans lesquelles il peut se produire, pour peu que le sujet soit névrosé : passage brusque de l'obscurité à la lumière ou inversement (Purkinje), vue de couleurs multiples et chatoyantes ou d'une tenture tapissée de losanges donnant l'illusion du mouvement, passage devant une grille, vue d'une eau courante, d'un corps en rotation, etc., etc.

Vertige labyrinthique ou de Ménière. — Ménière a le premier observé une forme de vertige des mieux caractérisées ayant son point de départ dans des altérations de l'oreille interne et spécialement du labyrinthe. Notons que les sourds de naissance sont peu sujets au vertige, au mal de mer.

Vertiges d'origine tactile ; vertiges mixtes. — Le sens du tact intervient de multiple façon dans l'orientation et l'équilibration. Weill donne des preuves de l'existence d'un vertige du sens musculaire. — Une excitation qui a son point de départ dans un seul sens et souvent dans le domaine restreint d'un seul tronc nerveux, peut s'irradier par propagation aux noyaux sensitifs ou sensoriels voisins (noyaux du nerf vestibulaire); d'où tant de vertiges ayant leur point de départ dans l'estomac, la muqueuse nasale, le pharynx, le cœur, l'uretère, etc., et d'où aussi tant de réactions motrices extérieures et intérieures (palpitations, nausées, etc.), qui accompagnent le vertige. — Enfin les excitations peuvent être de plusieurs provenances, comme dans la naupathie du mal de mer (Voy. Weill, Des vertiges, *thèse d'ag.* de Paris, 1886).

Non seulement l'excitation anormale peut avoir des origines sensorielles variées et multiples, mais dans un même sens l'altération fonctionnelle peut avoir une place variée dans le cycle et affecter les appareils récepteurs, les conducteurs sensoriels, les noyaux bulbo-médullaires, le cervelet, le cerveau, d'où autant de vertiges *bulbaires, cérébelleux, cérébraux*, etc.

2. — *La sensation spécifique ou de tonalité auditive.*

I. Champ auditif. — Nous avons un champ auditif comme nous avons un champ visuel. Au lieu de s'étendre en face de nous comme ce dernier, il est situé latéralement à la façon d'un cône extrêmement évasé dont l'axe est dans le prolongement du conduit auditif et dont la base est en dehors. En réalité, nous avons deux champs auditifs, un pour chaque oreille, mais, au lieu que les champs visuels de chacun des deux yeux se superposent, de manière à n'en faire qu'un, les champs auditifs sont diamétralement opposés. Ils se recouvrent toutefois partiellement, de manière à combler la lacune qu'ils tendent à laisser, soit en avant, soit en arrière. C'est en arrière que cette lacune est le plus évidente ; c'est en arrière de la tête que la surdité commençante s'accuse tout d'abord, comme c'est dans le prolongement de l'axe du conduit auditif que l'audition persiste le plus longtemps (GELLÉ).

Cette orientation en sens inverse des champs auditifs des deux oreilles crée des conditions particulières à l'audition binauriculaire et la rend très différente de la vision binoculaire. Elle supprime certains des avantages de cette dernière ; elle en crée néanmoins quelques-uns nouveaux. Par le fait de la latéralisation du son, dans l'extériorisation qui s'en fait pour nous, nous avons un premier renseignement sur sa provenance, sur sa localisation dans l'espace. Nous nous guidons sur cette indication, ou pour tourner la tête et l'oreille franchement en face du bruit, si nous voulons mieux l'entendre, ou au contraire tourner la tête et les yeux dans sa direction, si nous voulons en voir la cause originelle : cela par un acte d'orientation motrice volontaire instinctive (GELLÉ). Ce mouvement est comparable à celui que nous faisons avec les yeux pour placer l'image des objets sur la partie centrale de la rétine. Mais, quelle que soit la direction de la tête et de l'oreille, et sans qu'il soit besoin de faire intervenir aucun changement dans leur position, nous avons le moyen de reconnaître la direction de l'onde aérienne qui nous arrive.

L'appareil analyseur de la direction de l'onde excitatrice est dans l'oreille interne, dans le labyrinthe et spécialement dans les canaux demi-circulaires (BONNIER). On a vu plus haut comment cette analyse se fait et comment l'appareil analyseur de la direction de l'onde est distinct de l'appareil analyseur de la tonalité.

Audition binauriculaire. — La conscience est *une* ; elle est en tout cas la caractéristique de notre unité, c'est-à-dire de notre être. Les excitations qui pénètrent dans notre système nerveux, à mesure qu'elles en gagnent la profondeur, se synthétisent en un phénomène sensible qui ne laisse plus distinguer leurs éléments composants, ou tout au moins, qui n'établit de distinction qu'entre leurs groupements principaux et à la condition généralement qu'un effort d'attention les recherche dans le champ de la conscience. Les sons, qui frappent même inégalement nos deux oreilles, nous donnent une seule perception. Cette inégalité dans l'intensité de l'impression peut être néanmoins perçue à quelque degré, parce qu'elle se signale par un effet moteur d'orientation ; seulement cette perception n'est pas, le plus souvent, la perception claire, mais une perception obscure dans le genre de celle qui règle les actes réflexes ou automatiques.

II. Fusion des excitations dans la sensation sonore. — Lorsque des vibrations d'une période lente frappent notre oreille, elles agissent comme des excitations isolées et nous les distinguons. Lorsque ces vibrations atteignent une fréquence de seize chocs ou oscillations, nous pouvons encore les distinguer, mais nous n'établissons plus d'intervalle de silence entre eux.

Le système nerveux a donc pouvoir pour les associer dans le temps, comme il a pouvoir d'associer les excitations simultanées des deux labyrinthes et des éléments composants de chacun d'eux A mesure que la fréquence augmente, la fusion devient plus complète ; la sensation est continue.

III. Étouffement des vibrations propres à l'oreille. — L'impulsion fournie à un corps tend, pour peu qu'il soit élastique, à lui communiquer une vibration propre, qui persiste après le choc, même si celui-ci est instantané et non répété. Cette vibration secondaire, si elle existait, fausserait absolument la nature des indications que nous demandons au sens de l'ouïe. Des conditions particulières, mais encore mal déterminées, existent certainement dans le labyrinthe, qui ont pour effet d'étouffer cette vibration secondaire et de n'utiliser que la vibration primaire pour l'excitation des appareils auditifs. La viscosité des liquides déplacés dans des tubes de diamètre capillaire est une circonstance qui peut nous aider à expliquer ce phénomène d'étouffement des vibrations (Bonnier).

Ainsi il y a, à l'origine du cycle nerveux dans l'organe récepteur de l'excitation, des conditions qui font que le mouvement reçu a exactement ou tout au moins sensiblement la valeur, non seulement comme intensité, mais comme durée, du mouvement extérieur communiqué. Mais dans le système nerveux lui-même, l'excitation (transformée en onde de nature nerveuse) a un écho beaucoup plus prolongé, d'où la fusion d'excitations qui se succèdent avec un rythme d'un peu plus de dix à la seconde, et l'unité ou continuité dans le temps de la sensation qui en résulte.

Si un son est trop court, il n'est pas (toutes choses égales) perçu au-dessous d'une certaine durée (Gellé).

IV. Vitesse du développement de la sensation. — L'excitation, pour aboutir au phénomène psychique de la sensation, a besoin de se développer dans le système nerveux. Ce développement, qui implique des phénomènes à la fois de succession et d'association si nombreux et si compliqués, demande un certain temps. On a fait des mesures pour évaluer ce temps.

La méthode est générale. On mesure le plus court espace de temps qui s'écoule entre le début d'une excitation auditive et le début d'une réaction motrice faite en réponse à cette excitation. Beaunis donne comme estimation 106 à 159 millièmes de seconde, soit en moyenne et en chiffres ronds 150 millièmes de seconde. Il pourrait tomber à 100 par l'effet de l'exercice, soit un dixième de seconde. Ce délai est assurément plus long que le temps de propagation dans un trajet nerveux formé d'un seul conducteur. Il prend ses retards dans les transformations multiples et échelonnées, qui s'opèrent dans la substance grise et en particulier dans les transformations cérébrales, qu'on a essayé de dégager des autres supposées suffisamment connues. D'après Richet, ces transformations cérébrales demanderaient un demi-dixième de seconde.

Si des sons de caractères différents (comme les sons articulés de la parole) se succèdent, il faut un certain intervalle entre eux pour que leur perception se fasse nettement, c'est-à-dire pour qu'ils soient reconnus avec leurs caractères. Richet, d'après son expérience personnelle, estime à dix en une seconde la vitesse d'articulation des syllabes qu'on peut ou dire ou penser. C'est cette vitesse même qui limite la perception des mots que nous entendons prononcer. Le retard est de nature psychique. Encore faut-il que notre attention soit en éveil, car un son ou un bruit qui nous surprend subit un retard beaucoup plus grand pour arriver à la conscience. Celle-ci, une fois prévenue, le saisit rapidement s'il vient à se reproduire.

B. — LA TRANSMISSION DE L'OREILLE A L'ÉCORCE CÉRÉBRALE.

Le nerf *acoustique*, ou de la huitième paire, est une réunion de deux nerfs, émanant chacun d'un organe particulier, adapté à la réception de certaines excitations ; ces deux nerfs sont : 1° le nerf *cochléaire* qui est excité par les déplacements d'un liquide qui remplit le limaçon, déplacements dus aux pressions exercées par les vibrations de l'air ou des corps sonores ; 2° le nerf *vestibulaire* qui est excité, lui aussi, par les déplacements d'un liquide, qui remplit les canaux demi-circulaires, déplacements dus, ceux-là, non seulement aux ondes aériennes qui nous viennent du dehors, mais aussi et surtout aux changements de position de la tête ou du corps.

Le nerf cochléaire traverse, à la façon des racines postérieures, un ganglion situé à la base de la lame spirale et contourné comme elle (*ganglion spiral* ou *de Corti*).

Le nerf vestibulaire traverse également un ganglion, au fond du conduit auditif interne (*ganglion vestibulaire* ou *de Scarpa*).

Ces deux nerfs ne sont pas entièrement indépendants, car le nerf cochléaire donne un petit rameau au saccule et à l'ampoule du canal demi-circulaire inférieur ; ce petit rameau a son ganglion dans le fond du conduit auditif interne.

Nerf vestibulaire.— Le nerf vestibulaire a, comme les racines postérieures, deux branches radiculaires ; l'une inférieure aboutit à une masse grise placée immédiatement au-dessus du noyau de Burdach, dont elle est une sorte de prolongement. La branche radiculaire inférieure du nerf vestibulaire serait donc en réalité équivalente à la branche supérieure des nerfs sensibles de la moelle épinière, et cette remarque s'applique à la branche radiculaire inférieure du glosso-pharyngien, nerf sensoriel et sensitif, ainsi qu'à celle du trijumeau et du vague, nerfs sensitifs. La branche radiculaire supérieure (dite ordinairement racine supérieure) du nerf vestibulaire aborde, dans un espace très restreint, trois noyaux dits *noyau dorsal interne, noyau dorsal externe* ou *de Deiters*, et *noyau de Bechterew*. De ces différents noyaux partent des fibres dites cérébelleuses qui, à la faveur du pédoncule cérébelleux inférieur, gagnent avec ou sans entre-croisement le cervelet, où elles se terminent dans le *noyau du toit*, dans le *noyau globuleux* et dans l'*embolus*. Ces fibres sont manifestement équivalentes de celles qui dans le système tactile forment le faisceau cérébelleux de la moelle épinière. D'autres fibres, émanées des noyaux primaires (dorsal interne, dorsal externe et de Bechterew) et peut-être aussi du noyau de la racine inférieure, traversent la formation réticulaire et vont grossir le ruban de Reil, pour aller finalement à leur lieu de destination dans l'écorce cérébrale.

L'excitation trouve ainsi, à partir de ces noyaux, des voies qui la dirigent soit vers le cerveau, soit vers le cervelet ; elle en trouve en plus qui de ces mêmes noyaux, mais surtout du noyau dorsal externe, peuvent la transmettre au noyau

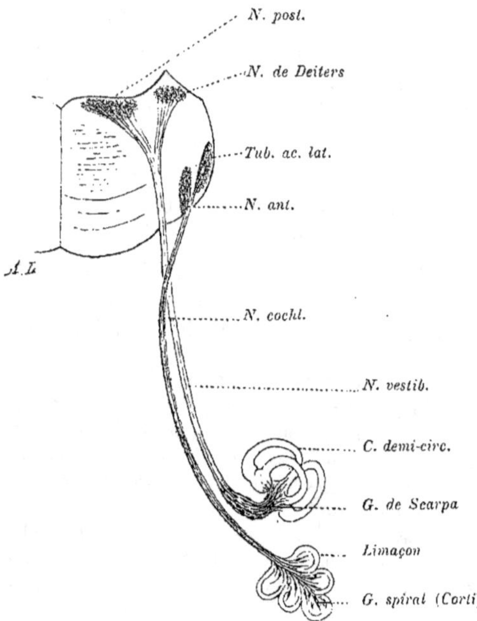

Fig. 246. — *Origine et terminaison du nerf acoustique.* Figure schématique.

d'origine du nerf moteur oculaire externe ; de sorte qu'aux voies cérébrales et cérébelleuses il faut encore ajouter ces voies réflexes.

Nerf cochléaire. — Depuis l'endroit où le nerf cochléaire aborde le bulbe rachidien par sa partie latérale, jusqu'à l'écorce, les voies acoustiques cochléaires traversent ou côtoient une série de noyaux gris, qui sont : *a.* le *noyau antérieur* et le *tubercule acoustique* (tout à fait à l'entrée), *b.* les *noyaux du corps trapézoïde*

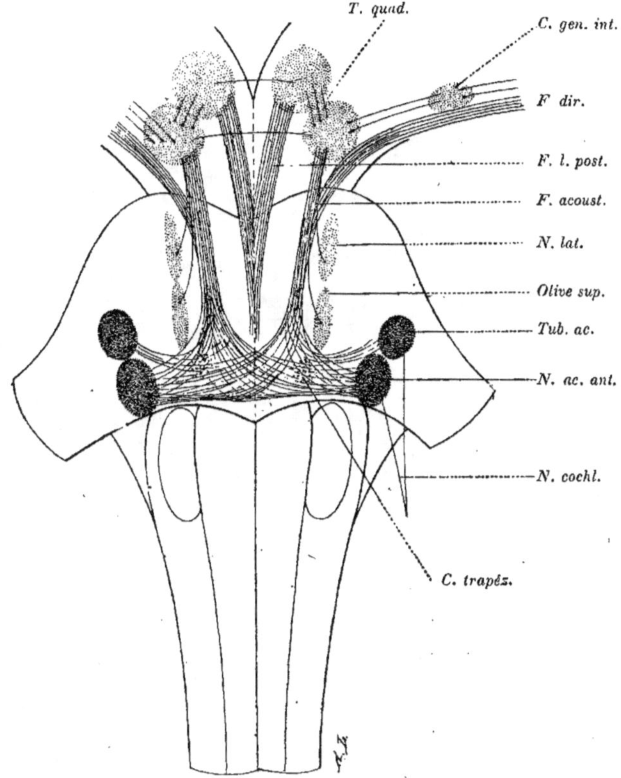

Fig. 247. — *Le faisceau acoustique* (voie acoustique centrale du nerf cochléaire).
Figure schématique de CHARPY.

(soit du même côté, soit du côté opposé après décussation), *c.* le *noyau du ruban de Reil latéral*, *d.* les *tubercules quadrijumeaux* (les postérieurs principalement), *e.* le *corps genouillé interne*, après quoi les fibres gagnent l'écorce du lobe temporal.

Les fibres qui s'arrêtent dans ces divers ganglions ou qui les traversent sont tantôt superficielles, comme les stries acoustiques et les bras postérieurs des tubercules quadrijumeaux, tantôt profondes, comme le corps trapézoïde ou le ruban de Reil.

Ajoutons que les voies acoustiques sont encore en rapport avec le thalamus ou *couche optique*. Cet important organe se partage en quelque sorte, comme l'écorce elle-même, entre les différents sens. Le pulvinar appartient à la vision ; entre le pulvinar et le noyau interne est situé un segment qui est relié par des tractus au lobe temporal et qui appartient à l'audition.

La présence sur le trajet des voies auditives de masses ganglionnaires comme le segment sus-désigné du thalamus, le tubercule quadrijumeau postérieur, le corps genouillé interne, ayant toutes une ressemblance si frappante avec les ganglions que traversent les voies optiques (pulvinar, tubercule quadrijumeau antérieur, corps genouillé externe), établit une homologie évidente entre les deux systèmes sensoriels et leurs relais principaux.

La signification fonctionnelle de ces différents noyaux serait du plus haut intérêt, si on pouvait l'indiquer correctement, soit d'après l'expérience, soit même par comparaison avec les noyaux similaires des autres sens. Sur ce point, les données positives nous font en grande partie défaut. On peut dire toutefois que, parmi ces masses grises, il en est qui, comme les *tubercules quadrijumeaux*, sont surtout des *lieux de réflexion de l'excitation* : les tubercules antérieurs réfléchissent les excitations visuelles ; les postérieurs, les excitations auditives . Les *autres amas gris* ne sont peut-être pas dépourvus de ce pouvoir réflecteur, mais, plutôt que de ramener l'excitation vers son point de départ, ils paraissent l'engager sur

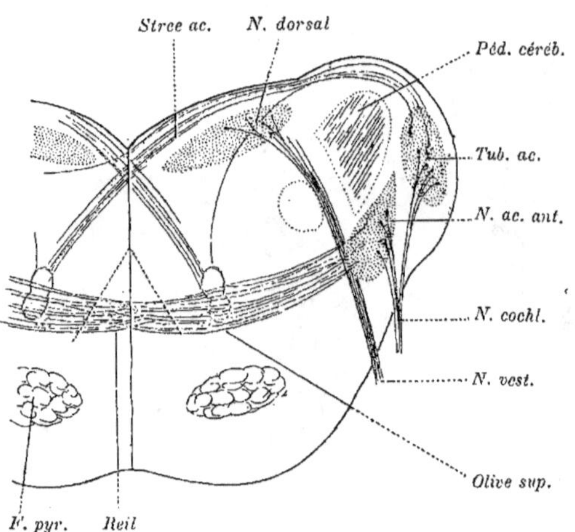

Fig. 248. — *Les stries acoustiques.*

Les stries et le corps trapézoïde en bleu. Coupe transversale de la protubérance. Figure schématique de CHARPY.

tout vers les voies profondes qui *conduisent à l'écorce*. Chemin faisant, ils associent les excitations élémentaires et ébauchent de la sorte le travail de synthèse d'où va naître la sensation spécifique de l'audition, quand ces excitations arriveront dans l'écorce suivant un ordre et des rapports déterminés.

Autant qu'on peut le saisir, le plan général de ces rapports entre fibres est le même ici que dans les autres sens. En principe on admet que, sur ces trajets fibrillaires qui vont de l'oreille à l'écorce, il y a une coupure au moins, partant, deux neurones au moins qui se transmettent l'excitation. Ces coupures ne se font pas toutes au même endroit, mais s'échelonnent sur les divers noyaux qui se succèdent le long du trajet : chaque noyau présente de ce fait des fibres terminales et des fibres de passage. Les fibres de passage émettent néanmoins des collatérales qui ont en somme la valeur de fibres terminales, de sorte que le même neurone venu de la périphérie distribue des excitations à plusieurs noyaux. Les neurones qui de ces noyaux vont à l'écorce sont en général beaucoup plus nombreux que ceux qui viennent de la périphérie à ces noyaux. En plus, d'un noyau

INNERVATION LABYRINTHIQUE DITE AUDITIVE. — *Sa systématisation schématisée en très grande partie (d'après Bonnier).*

	LIEUX D'ORIGINE.	FAISCEAUX PÉTREUX.	TRONCS NERVEUX.	GANGLIONS D'ORIGINE.	RACINES BULBAIRES.	FAISCEAUX BULBAIRES.	NOYAUX PRIMAIRES.	LIEUX D'ABOUTISSEMENT.
VESTIBULE	Macule utriculaire.	1	NERF VESTIBULAIRE.	*Ganglion de Scarpa.*	Racine antérieure ou interne.	Faisceau cérébelleux direct.	*Noyau globuleux et du toit.*	**CERVELET.** Faisceau direct. Faisceaux croisés. Noyau interne. Noyau interne et olive supérieure. Noyau de Deiters (racine ascendante). Noyau de Bechterew.
	Crête ampullaire transversale.	2				Faisceaux cérébelleux croisés.	*Noyaux du cervelet.*	**CERVEAU.** *a.* Lobes pariétaux. { Cervelet. / Noyau rouge. *b.* Lobes temporaux. { Olives supérieures. / Tubercules quadrijumeaux postérieurs. / Corps genouillé interne.
	Crête ampullaire horizontale.	3				Racine descendante de Roller.	*Noyaux de Deiters et de Bechterew*	
	Macule sacculaire.	4				Faisceau principal.	*Noyau interne.*	**BULBE et MOELLE.** Facial et oculo-moteur par l'olive supérieure et le faisceau longitudinal postérieur. Appareil tympano-moteur. Appareil moteur de la tête et des membres. Noyaux des nerfs mixtes. Noyaux acoustiques antérieurs.
	Ampoule sagittale.	5						
LIMAÇON	Cellules ciliées internes.	6	NERF COCHLÉAIRE.	*Ganglion de Corti.*	Racine postérieure ou externe.	Fibres.	*Tubercule acoustique.*	**CERVEAU (lobes temporaux).** Stries acoustiques; faisceau sensitif des pédoncules. Noyau antérieur, corps trapézoïde, fibres sensitives. Noyau antérieur, olive supérieure, corps trapézoïde.
	Cellules ciliées externes.					Fibres externes.	*Noyau de Clarke.*	**CERVELET.** Noyau interne, olive supérieure.
						Fibres.	*Noyau interne.*	**BULBE et MOELLE.** Facial et oculo-moteur par l'olive supérieure et la bandelette longitudinale postérieure. Appareil psycho-moteur et moteur médullaire par le cervelet, les noyaux internes, le noyau de Deiters.
	Cellules de Deiters.					Gros faisceau.	*Noyau antérieur.*	

RELATION DES PRINCIPAUX NOYAUX PRIMAIRES ET SECONDAIRES ENTRE EUX
(d'après Bonnier).

ORIGINES.	TERMINAISONS.
Noyau antérieur (ou inférieur).	Noyau interne du même côté. Olive supérieure du même côté. Olive supérieure du côté opposé. Tubercule quadrijumeau du côté opposé (par corps trapézoïde). — De là au noyau postéro-basilaire de la couche optique. — De là aussi au corps genouillé interne et par lui aux lobes temporaux.
Noyau interne	Noyau antérieur du même côté. Olive supérieure du même côté. Noyau du toit du même côté. Noyau du toit du côté opposé.
Noyau globuleux	Écorce du vermis supérieur.
Noyaux du toit	Écorce du vermis supérieur. Noyau rouge de Stilling. — De là à la zone tactile de l'écorce cérébrale.
Noyaux de Deiters (ou externe) et de Bechterew	Cervelet. Faisceau fondamental des cordons latéraux de la moelle.
Olives supérieures	Noyau antérieur du même côté. Noyau antérieur du côté opposé. Noyau interne du même côté. Noyau du toit du même côté. Noyaux oculo-moteurs et du facial. Tubercules quadrijumeaux. — De là trajet vers la couche optique de l'écorce cérébrale.
Corps genouillé interne (reçoit des fibres du noyau antérieur).	Lobes temporaux. Réunis à celui du côté opposé par la commissure de Gudden.

à l'autre, comme entre les éléments d'un même noyau, existent des neurones plus ou moins longs ou courts qu'on appelle d'association et dont le rôle est encore de solidariser et harmoniser les actions élémentaires des neurones qui apportent les excitations à ces masses grises. Enfin, dans un certain nombre de ces masses, l'excitation a à choisir entre deux directions non seulement différentes, mais opposées ; elle peut, comme il vient d'être dit, continuer de progresser vers l'écorce, mais elle peut aussi revenir en arrière par des voies qu'on qualifie pour cette raison de réflexes. Cette marche rétrograde ne la conduit pas toujours et nécessairement à des muscles, mais la fait parfois retomber dans des organes nerveux, où elle trouve un emploi qui n'est pas clairement défini.

Held, qui a fait une étude très approfondie du nerf auditif (cochléaire), divise la succession de ses éléments constitutifs en quatre ordres distincts qu'il appelle des systèmes. Le *premier ordre* est constitué par les fibres radiculaires qui se rendent dans le noyau acoustique antérieur et le tubercule acoustique, mais dont certaines remontent aussi dans les olives supérieures et quelques-unes dans des masses grises plus haut situées encore. Les fibres du *deuxième ordre*

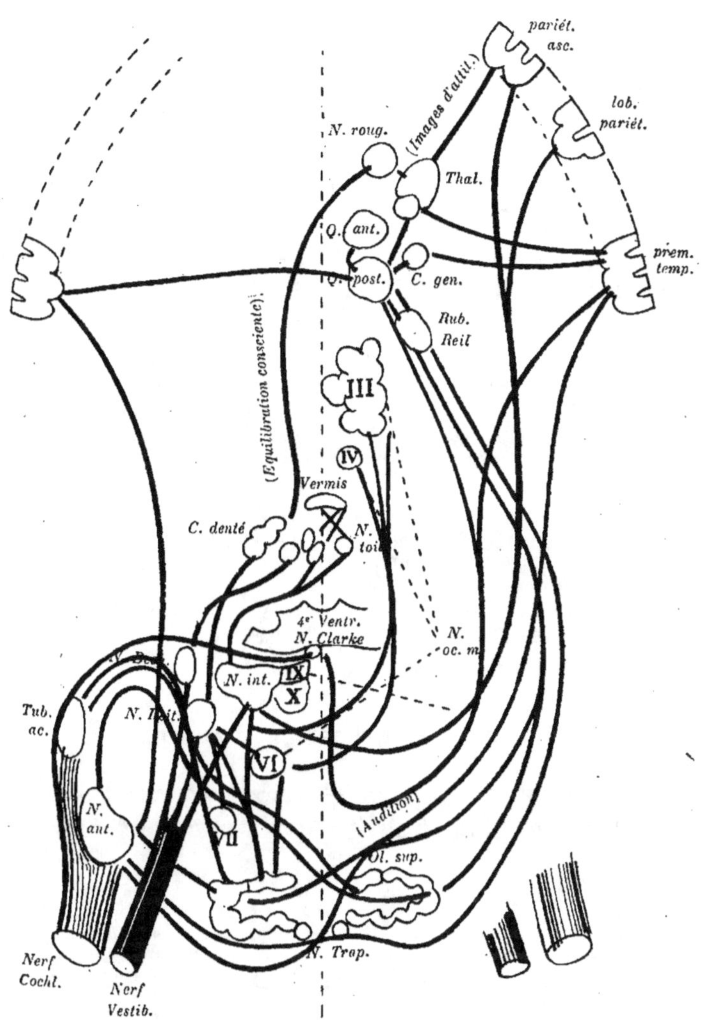

Fig. 249. — *Schème du système auditif; système cochléaire ou auditif proprement dit en bleu; système vestibulaire ou de l'orientation en rouge* (imité de P. Bonnier).

III à X, noyaux de paires craniennes indiqués d'après leurs numéros conventionnels.

prennent la suite des précédentes, soit à partir de leurs arborisations proprement
terminales, soit à partir des collatérales qu'elles échelonnent dans les noyaux
qu'elles parcourent sans s'y épuiser totalement. Elles naîtront donc dans le
noyau antérieur et dans le tubercule acoustique, dans les olives protubéran-
tielles et dans les corps trapézoïdes, dans le noyau du ruban latéral ; quelques-
unes dans le nombre iront jusqu'à l'écorce (véritables fibres de projection du
deuxième ordre) ; beaucoup iront d'un noyau à l'autre dans le sens de la
conduction centripète (fibres d'association internucléaires) ; une partie importante se terminera dans les tubercules quadrijumeaux surtout postérieurs ;
quelques-unes s'engageront dans le pédoncule cérébelleux supérieur.

Les deux autres systèmes, celui du *troisième* et celui du *quatrième ordre* sont des
systèmes récurrents par rapport aux précédents ; ils ramènent l'excitation dans
le sens de la périphérie au lieu de l'engager vers la profondeur des masses
centrales. Le numérotage des systèmes ayant ici pour base la marche de l'excitation dans le cycle nerveux, les fibres du troisième ordre se trouvent répéter à
peu près, mais avec une orientation inverse de leur conduction, celles du
deuxième ordre de la classification de HELD (1). Elles redescendent soit de
l'écorce, soit des tubercules quadrijumeaux et autres noyaux profonds, sur les
noyaux dits primaires du nerf auditif et, grâce à leurs longueurs différentes
comme aussi à la présence de collatérales sur leur trajet, elles échelonnent leur
distribution sur un certain nombre de ces noyaux, mais sans dépasser les plus
inférieurs d'entre eux. Parmi ces fibres, il faut en comprendre qui font partie
de la *bandelette longitudinale* ou faisceau longitudinal postérieur dont les origines
sont dans les tubercules quadrijumeaux et dont les collatérales se distribuent
aux noyaux bulbaires (oculo-moteurs) et les terminales vont jusqu'aux cornes
antérieures de la moelle épinière.

Les fibres du *quatrième ordre* sont les éléments moteurs naissant des noyaux
bulbaires (oculo-moteurs, facial) et médullaires supérieurs (nerfs des muscles
rotateurs de la tête et du cou).

C. — AIRE CORTICALE AUDITIVE.

Localisation corticale. — L'aire sensorielle de l'*audition* est
localisée dans la *partie postérieure de la première circonvolution*

---

(1) Il faut rappeler ici que les classifications des différents auteurs, bien que reposant
sur les mêmes faits anatomiques et expérimentaux, diffèrent précisément par les
numéros donnés aux ordres ou systèmes. — En principe, tous admettent quatre ordres
de *fibres de projection*, qui se répartagent d'une part en deux groupes parallèles, d'autre
part en deux groupes superposés, suivant le sens de la coupure qui les sépare. Une
surface imaginaire qui passe par la périphérie et par l'écorce cérébrale est censée
séparer les éléments sensitifs et moteurs, ou centripètes et centrifuges, ou afférents et
efférents ; une autre surface imaginaire passant par l'axe gris est censée séparer des
neurones, périphériques et profonds, ou inférieurs et supérieurs. En général, on appelle
fibres de projection du premier ordre les neurones périphériques ou inférieurs allant
de la périphérie à l'axe gris ou inversement, et fibres de projection du second ordre
ceux allant de l'axe gris au cerveau ou inversement, quel que soit le sens de la conduction. Mais d'autres auteurs ont inversé ces numéros. Si on suit l'excitation dans sa
marche cyclique, on tombe alors dans la classification de HELD. Il ne faut pas oublier,
d'autre part, qu'en plus des fibres de projection, il existe un grand nombre de fibres
d'association de toute longueur.

temporale. Pour quelques auteurs elle s'étendrait également à la partie postérieure de la deuxième temporale.

Entre-croisement partiel. — *Chaque nerf acoustique est en rapport avec les deux aires auditives.* La surdité complète (corticale) ne s'établira donc qu'autant que les circonvolutions sus-indiquées seront détruites des deux côtés. Cette disposition rappelle manifestement celle des voies optiques à partir de la rétine ; toutefois on ne connaît rien dans l'oreille interne qui rappelle le mode de connexion du nerf optique avec les deux moitiés droites et gauches de la rétine, et on ignore d'après quelles lois se fait, dans chacun des deux limaçons, le partage ou le mélange des fibres auditives en connexion avec chacun des deux hémisphères.

La localisation de l'aire sensorielle auditive dans le lobe temporal invoque à peu près le même ordre de preuves que les autres localisations analogues, à savoir : perte de l'ouïe, dans le cas de destruction (bilatérale) de la région corticale sus-indiquée [observations cliniques chez l'homme (WERNICKE, FRIEDLANDER et NAUNYN), destruction expérimentale chez les animaux (MUNCK, LUCIANI et SEPILLI)] ; atrophie du système, par suite de son défaut permanent de fonctionnement ; dégénération de ses voies de conduction, par suite de la destruction de ses origines ou de ses terminaisons ; enfin développement embryologique de ces voies, étudié grâce à la myélinisation plus ou moins précoce de certains faisceaux que cette myélinisation rend plus apparents au milieu des autres.

La situation profonde de l'oreille interne ne permet pas d'y faire avec la même commodité des opérations destructives comparables à l'énucléation du globe oculaire : néanmoins la section (unilatérale ou même bilatérale) du nerf auditif au-dedans du crâne est réalisable.

On peut d'autre part attaquer les voies auditives par l'écorce. La destruction de la première temporale entraîne une dégénération secondaire qu'on peut poursuivre dans deux tractus distincts, qui aboutissent au corps genouillé interne, à travers la capsule interne qu'elles traversent perpendiculairement à la direction générale de ses fibres. Le corps genouillé interne est lui-même dégénéré ; l'altération n'a pas pu être suivie plus loin (MONAKOW).

Ces faisceaux sont, chez l'enfant de deux mois, myélinisés avant ceux qui les entourent, dans la même région : on les voit, partant du corps genouillé interne, aboutir (en s'élargissant dans le fond et un peu au-dessous de la scissure de Sylvius) à deux plis de passage (*gyri transversi*) qui se jettent dans la première temporale ; ils sont la partie de la couronne rayonnante qui appartient au corps genouillé et le rattache à l'écorce. — Le nerf cochléaire ne se myélinise qu'après la naissance ; il est de tous les nerfs sensoriels le dernier à se myéliniser (FLECHSIG).

Chez les individus atteints de surdité congénitale (sourds-muets), ces circonvolutions ont été trouvées atrophiées.

Surdité physique ; surdité psychique. — Un individu, qui pour une cause quelconque a perdu uniquement mais complètement l'appareil de réception des excitations sonores, est *sourd*. Sa surdité est de nature *physique*. Elle éloigne à tout jamais de lui les conditions physiques de la production de la sensation auditive. Mais il garde dans son cerveau les images auditives antérieures, les évoque à son gré, les associe entre elles, se représente les bruits, les sons, les mots, les phrases, les idées qui y correspondent. Il n'est pas sourd psychiquement, et il gouverne encore une bonne part de ses actes d'après les représentations auditives formées en lui par l'association des excitations auditives qui lui sont parvenues antérieurement.

Un individu qui a perdu uniquement mais complètement la partie postérieure de sa deuxième circonvolution temporale, plus certaines régions avoisinantes (opercule inférieur de la scissure de Sylvius, portion de la deuxième temporale...) n'est pas sourd physiquement, continue de recevoir les impressions sonores et réagit contre elles par un grand nombre d'actes complexes de mécanisme automatique ou instinctif et de nature surtout défensive ; mais cet individu est sourd psychiquement, et cette surdité *psychique* comporte des degrés, qui sont du reste calqués sur ceux de la cécité correspondante, en cas de destruction du lobe occipital.

a. *Surdité corticale.* — Si l'écorce cérébrale est frappée dans les régions susdites symétriquement des deux côtés, la surdité psychique est totale ; il n'y a plus pour cet individu de sensation auditive claire ou proprement dite. A première vue, il ne se distingue pas d'un sourd ordinaire par perte de l'oreille, parce que, dans le langage ordinaire, l'audition ne désigne que la sensation spécifique de tonalité qui est de condition corticale et qui est perdue pour lui à tout jamais. Mais il a néanmoins conservé des réflexes de haute importance, et la notion spatiale, qui est de provenance labyrinthique et qui s'analyse dans les systèmes sous-corticaux, lui est conservée, puisqu'il n'a pas de vertige.

b. *Surdité dite proprement psychique ou des objets.* — La lésion peut être telle que la sensation sonore ou de tonalité subsiste à l'état clair, mais elle ne se rapporte à rien. L'individu qui la perçoit ne la reconnaît pas, c'est-à-dire ne reconnaît pas l'*objet* qui lui a fourni la sensation. Le son d'une cloche ne lui rappelle pas l'objet cloche. Il est ramené par sa lésion au point de son éducation auditive commençante, avec cette circonstance aggravante qu'il a perdu le pouvoir qu'il avait alors d'associer ses sensations dans le temps, dans leur succession, ou peut-être même dans leur contemporanéité.

c. *Surdité verbale ou des mots.* — La lésion corticale peut avoir des conséquences encore plus limitées. Elle peut laisser subsister la sensation tonale, laisser subsister la reconnaissance de l'objet, mais supprimer la reconnaissance du *mot*, c'est-à-dire l'appréciation de sa signification conventionnelle. Le son verbal « cloche » n'éveille pas l'idée de l'objet cloche. Et l'altération elle-même est susceptible de présenter des degrés, puisque chez des individus parlant plusieurs langues elle a supprimé une ou plusieurs de ces langues en en laissant subsister une, généralement la première apprise, au temps de l'enfance. Dans ceux qui n'en parlent qu'une, elle peut supprimer isolément telle partie du discours comme les substantifs, qui sont les noms propres des objets.

Les notions spatiales ; leur rapport avec l'écorce et les différents sens.

On doit à Ewald une expérience qui montre le rôle comparé du labyrinthe, de l'écorce cérébrale et des différents sens dans la notion d'espace et la conservation de l'équilibre.

L'expérience se fait sur le chien ; elle consiste à réaliser des ablations méthodiques des deux labyrinthes et des deux zones tactiles, en constatant après chaque opération les effets immédiats et le déficit permanent qui résultent de ces ablations.

Suppression des notions spatiales d'origine labyrinthique. — Après l'ablation complète d'un labyrinthe, l'animal présente des troubles à la fois de l'audition et des mouvements musculaires. Les premiers sont permanents, la fonction spécifique ne saurait être remplacée ; les seconds s'amendent au bout d'un temps variable de quelques semaines et semblent avoir disparu. — L'ablation du second labyrinthe amène la surdité bilatérale et complète et renouvelle les troubles locomoteurs, qui se reproduisent avec plus de gravité, mais ils s'amendent à leur tour et, après quelques mois, l'animal exécutera tous ses mouvements, instinctifs, volontaires ou acquis, avec une apparente parfaite précision.

Suppression des notions spatiales d'origine tactile. — On fait ensuite l'ablation de la zone dite motrice, en réalité tactile, de l'écorce cérébrale d'un côté. Les troubles consécutifs sont ceux qu'on observe sur l'animal n'ayant pas subi de lésion antérieure de ses organes auditifs. Les paralysies sensitivo-motrices qui sont la conséquence de cette lésion corticale vont s'amendant et, si certains mouvements acquis ont pu disparaître, la locomotion peut être considérée comme complètement rétablie au bout de quelque temps. — On fait alors une quatrième opération, consistant dans l'ablation de la seconde zone tactile corticale. Des troubles moteurs éclatent alors qui dépassent en gravité tout ce qu'il est possible de voir après les lésions des parties du système nerveux qui gouvernent le mouvement. Le chien ne peut plus ni sauter, ni courir, ni marcher, ni se tenir debout, ni même rester couché sur l'abdomen et la poitrine : il gît sur l'un des deux côtés, et les plus violents mouvements de ses membres ne parviennent plus à le relever.

Conservation des notions spatiales d'origine visuelle. — Toutefois les mouvements de la tête sont conservés; il la dirige ainsi que les yeux dans le sens des mouvements qu'il veut faire, pour regarder les personnes ou les objets qui l'intéressent. Après quelques jours, il s'en sert comme d'un membre et appuie le museau sur le sol, pour faire, avec la nuque et le tronc, une tentative de soulèvement de son corps.

Dans cet état de désharmonie de son système nerveux, l'animal est encore capable d'un certain degré de rééducation des mouvements de la locomotion : mais à une condition, c'est qu'il soit laissé à la *lumière*. Enfermé à l'obscurité, il reste incapable de se tenir debout. Et après cette rééducation partielle, si la lumière lui fait défaut, les mouvements automatiques les plus simples restent pour lui difficiles ou impossibles.

A la suite de chacune des quatre opérations, l'animal avait perdu l'un des appareils qui lui fournissent des indications sur la position de son corps et de ses membres par rapport à ce qui l'entoure, et aussi de ses propres attitudes segmentaires. Après l'ablation des deux labyrinthes, il avait perdu l'appareil qui fournit les notions spatiales les plus précises et qui sont les plus employées, parce qu'elles sont d'ordre réflexe plutôt que conscient (sens spatial d'origine labyrinthique). — Après l'ablation des deux zones tactiles, il avait perdu en plus le sens tactile et musculaire (sens spatial tactile). — Après les deux premières opérations portant sur les labyrinthes, il avait fait la rééducation en apparence complète de ses mouvements locomoteurs ou autres, parce qu'il lui restait à sa disposition plusieurs sens, en particulier le sens tactile. — Après l'ablation de ses deux zones tactiles, il a perdu à la fois le sens spatial labyrinthique et le sens spatial tactile. Ces deux dernières opérations, à vrai dire, n'équivalent pas rigoureusement aux deux premières, attendu que, au lieu de supprimer l'appareil périphérique de réception des excitations tactiles (ce qui est impossible), on a supprimé un appareil central, dont les associations conditionnent tout à la fois des actes réflexes comme le premier (mais en en laissant subsister d'autres dans les ganglions sous-jacents) et des actes psychiques (ce qui introduit un déficit fonctionnel d'un nouveau genre). Mais la perturbation du sens spatial n'en a pas moins été extrême et elle a fait réapparaître tous les symptômes demeurés latents des destructions labyrinthiques.

Après la perte de deux sens sur cinq, il en reste à l'animal encore un, le dernier qui puisse lui fournir des renseignements sur l'espace qui l'environne et faire fonction de sens de l'espace : c'est la vue. Aussi voyons-nous qu'il s'en sert pour orienter ses efforts et ses mouvements et arriver, par une rééducation plus longue et plus laborieuse que les précédentes, à se tenir debout et marcher.

Rôle du cervelet. — Il faut remarquer que, si grave et étendue qu'elle paraisse, la mutilation infligée à l'animal a laissé subsister chez lui des associations ou importantes ou essentielles pour l'équilibration et la coordination des mouvements. Nous avons déjà dit que le sens tactile, très compromis à certains égards, n'est pas supprimé complètement dans ses rapports avec la locomotion. Des associations réflexes subsistent entre les extrémités sensitives (cutanées, articulaires et musculaires) et les nerfs moteurs par les ganglions du cerveau et l'axe gris bulbo-médullaire, mais surtout l'organe associateur et coordinateur par excellence, le cervelet. D'autre part, le cerveau, au point de vue psychique, n'a perdu que sa zone tactile, a conservé par conséquent les associations conscientes qui guident la rééducation du système nerveux.

Le sens de la vue est intact au point de vue tant psychique que réflexe ou automatique. Le sens labyrinthique (auditif spécifique et spatial) est hors de cause par son impossibilité de fournir aucune excitation. Le sens tactile (sensibilité générale et musculaire) est incomplet psychiquement et réflectivement, mais subsiste partiellement au point de vue surtout automatique. L'appareil central d'association et de coordination motrice, le cervelet, subsiste intégralement et réutilise, en vue de la locomotion et de l'équilibre, les notions spatiales d'abord discordantes, qui lui arrivent des champs sensoriel et sensitif subsistants.

Spécificité et communauté de fonctions; mécanisme des suppléances. — Aucun des appareils supprimés ne peut être considéré comme inutile; après la disparition de chacun, nul n'est remplacé spécifiquement et intégralement dans le fonctionnement nerveux. Mais, comme la spécificité de chacun n'est qu'une différenciation ou un perfectionnement de la fonction commune à tous, il s'ensuit que des suppléances sont possibles dans une assez large mesure. Ces suppléances se réalisent d'autant mieux et plus vite que le nombre des organes spécifiques subsistants est plus grand et que, par là même, les combinaisons associatrices possibles sont plus multipliées. Le cervelet lui-même peut être enlevé, à la condition que le cerveau et les sens subsistent.

D. — VOIES DE RETOUR.

Comme tous les systèmes sensoriels ou sensitifs, le système auditif a ses voies de retour ou de réflexion, qui, soit de l'écorce, soit des ganglions sous-jacents, ramènent les excitations vers l'extérieur.

Les organes moteurs sur lesquels l'excitation est réfléchie, soit de l'écorce, soit des ganglions de la base du cerveau, sont les muscles de l'oreille externe et ceux plus profondément situés de l'oreille moyenne.

I. **Excitation de l'écorce**. — Chez les animaux, lorsqu'elle est faite sur la région temporale, elle a pour effet la *contraction des muscles de l'oreille*; cette excitation retentit en plus sur les muscles directeurs de la tête et des yeux pour les tourner dans un sens déterminé.

II. **Muscles du pavillon**. — Les muscles du pavillon de l'oreille n'ont chez l'homme qu'un rôle extrêmement restreint et effacé. Chez les animaux, ils servent à diriger l'embouchure auriculaire dans la direction voulue pour recueillir les ondes sonores, à peu près comme les muscles oculo-moteurs dirigent le regard dans les différentes directions de l'espace. C'est le facial qui fournit aux muscles auriculaires leurs rameaux moteurs.

Pour aller de l'écorce aux noyaux moteurs du bulbe et de la protubérance, l'excitation motrice suit des fibres contenues dans le *faisceau externe du pied du pédoncule* (voie cortico-protubérantielle). Une autre partie de ces fibres paraît rejoindre ces noyaux par une autre voie plus détournée, en passant par la *couche optique*, d'où elles gagnent à leur tour la substance grise bulbo-protubérantielle. La première de ces deux voies motrices serait pour les *mouvements volontaires*, la seconde pour les mouvements *d'expression émotionnelle*, d'après un partage d'attributions qui semble exister pour tous les sens et les associations motrices qui y sont associées.

III. Muscles de l'oreille moyenne. — Ils ont une fonction également adaptatrice, mais d'un autre ordre. Le muscle du marteau, en se contractant, tend la membrane du tympan, en la faisant saillir dans la caisse, et augmente ainsi la pression intralabyrinthique. Le muscle de l'étrier, par sa contraction, relâche au contraire cette membrane et abaisse la pression dans le labyrinthe. Le premier de ces muscles reçoit ses fibres motrices du trijumeau ; le second, du facial.

Des réflexes vaso-moteurs (à centres bulbaires) interviennent en plus, pour maintenir (ou rétablir après perturbation) l'équilibre des tensions entre les liquides de l'oreille interne et l'air de la caisse du tympan.

Les mécanismes adaptateurs et compensateurs, qui interviennent, par excitation réflexe, dans l'exercice de l'audition et de l'orientation, seront examinés dans l'étude de l'organe des sens.

Analogie fonctionnelle. — L'analogie de fonction des muscles des osselets de l'ouïe avec les muscles ciliaires de l'œil est assez grande pour avoir frappé à première vue l'attention des observateurs. Manifestement, ces muscles obéissent à des sollicitations d'ordre réflexe, commandées et réglées par l'excitation auditive. Il est probable que le système réflexe auquel ils appartiennent est calqué dans sa forme sur celui de la pupille et que son centre de réflexion est dans la région des tubercules quadrijumeaux ; mais on ne possède pas d'expérience vérificatrice de cette induction.

CHAPITRE IV

INNERVATIONS OLFACTIVE ET GUSTATIVE.

La lumière, le son, les actions mécaniques des corps, qui sont les excitants de nos trois sens principaux, nous sont *physiquement* connus. On n'en peut pas dire autant des *odeurs* ni des *saveurs*, qui ne sont pour nous que des sensations et n'ont en elles-mêmes aucun caractère objectif scientifiquement défini. Placés l'un à l'entrée des voies respiratoires, l'autre à l'entrée des voies digestives, les sens de l'olfaction et de la gustation nous renseignent sur certaines qualités, soit de l'air que nous respirons et avec lequel nous arrivent les odeurs, soit des aliments que nous ingérons, après séjour dans la bouche et préparation à la déglutition.

Il semble, au premier abord, que ces sens aient pour nous un rôle de conservation et de défense immédiate contre les dangers qui peuvent nous atteindre par les voies de la nutrition. Ce rôle de défense instinctive est limité, car des substances très toxiques à tous les états peuvent être inodores aussi bien qu'insipides.

Les systèmes dans lesquels se développent les sensations tant olfactives que gustatives n'ont pas chez l'homme une importance comparable à celle des précédents, et l'analyse tant subjective qu'objective que nous en pouvons faire nous livre moins de détails et comporte moins de points de vue que dans les autres sens. Elle se réduit à un problème de localisation qui n'est du reste qu'imparfaitement résolu.

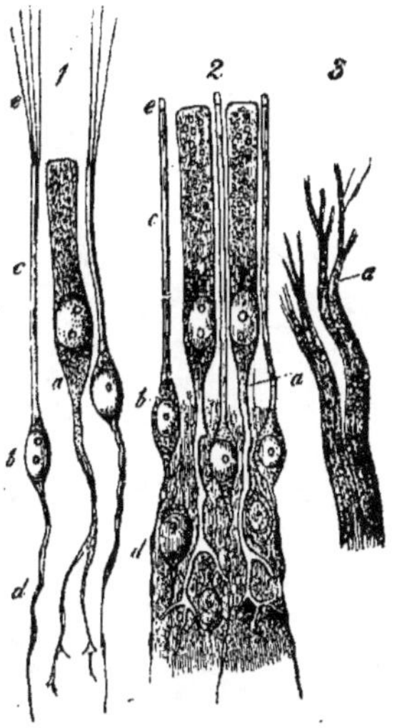

A. — SYSTÈME OLFACTIF.

C'est à la morphologie que nous devons demander, pour le moment, la plupart des renseignements qui concernent l'innervation olfactive. L'expérience nous désigne comme siège des impressions olfactives la muqueuse pituitaire, non dans toute son étendue, mais dans la partie supérieure seulement des fosses nasales.

Champ de réception des impressions. — Des cellules spéciales (*cellules olfactives*) existent à cet endroit dans la muqueuse, qui sont en continuité avec les fibres du nerf olfactif. Ces éléments, intercalés entre les cellules épithéliales de la muqueuse, ont la forme de bâtonnets allongés, ciliés du côté de la surface muqueuse ; ils

Fig. 250. — *Éléments de l'épithélium olfactif.*

En 1. Éléments chez la grenouille ; *a*, cellules épithéliales de soutien ; *b*, cellules olfactives avec un prolongement profond (*d*) et un prolongement superficiel (*c*), et avec ses cils terminaux (*e*).

En 2. Mêmes éléments chez l'homme, mêmes lettres.

En 3. Fibres nerveuses du nerf olfactif du chien, leurs subdivisions terminales en *a*. (FREY.)

possèdent un noyau qui les renfle et un prolongement moniliforme qui les rattache aux fibres olfactives contenues dans les faisceaux qui traversent la lame criblée de l'ethmoïde. Ils forment de la sorte des neurones dont les cellules restées dans la muqueuse ont un pôle récepteur cilié de forme très simple et dont l'axone va se terminer dans les petites masses arrondies qui sont les glomérules du bulbe olfactif. Tel est le neurone *périphérique*, ou *inférieur*, du système.

1. — *Partie bulbaire du système.*

Bulbe olfactif. — Situé à l'intérieur du crâne, le bulbe olfactif est un *ganglion primaire*, analogue aux noyaux bulbaires de l'au-

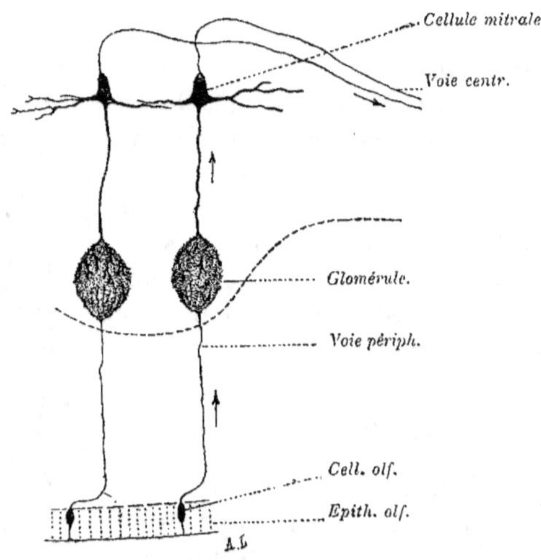

Fig. 251. — *Voies olfactives.*

Neurone périphérique (cellule olfactive) et neurone profond (cellule mitrale).
Connexions des champs polaires terminal. du premier et initial du second dans le glomérule.

ditif ou aux colonnes grises de la moelle qui reçoivent les racines postérieures, mais nullement aux ganglions de Corti et de Scarpa ou aux ganglions spinaux, comme on le dit quelquefois. Le nerf olfactif (tel qu'il faut l'entendre) étant constitué uniquement par les fibres qui, nées dans la muqueuse pituitaire, traversent la lame criblée pour se terminer dans le bulbe olfactif, ses cellules d'origine, retenues dans la muqueuse, y forment comme un ganglion disso-cié et étalé qui, celui-là, est bien l'équivalent d'un ganglion spinal.

Le bulbe olfactif a la signification d'une masse de substance grise, qui contient, non plus seulement des cellules, mais des arborisations polaires de ces cellules, par lesquelles celles-ci forment leurs associations fonctionnelles. C'est un relai, un lieu d'association et par conséquent de distribution et de transformation de l'excitation.

Son organisation. — L'analyse histologique de ce « centre » nous y montre des détails d'un très grand intérêt. Le bulbe olfactif contient les terminaisons des fibres olfactives (celles qui ont leur pôle récepteur et leur cellule d'origine dans la muqueuse olfactive); il contient, d'autre part, des cellules propres de diverses catégories. L'élément principal est la cellule *mitrale*, appelée ainsi en raison de sa ressemblance avec une mitre d'évêque. De la pointe de cette mitre part un axone qui, en suivant la bandelette olfactive, se rend au cerveau. Ses bords et sa base donnent des prolongements protoplasmiques (dendrites) qui représentent dans leur ensemble son pôle récepteur. Ces prolongements ont des connexions différentes et il faudra les examiner séparément. Il contient enfin des terminaisons d'une variété d'éléments très singulière, dont les autres sens, et en particulier le nerf optique, nous donnent des exemples. Il reçoit du cerveau des éléments à conduction manifestement centrifuge qui lui apportent, à lui, organe purement sensoriel, des excitations descendantes dans le genre de celles que le cerveau fournit à l'axe gris de la moelle ou cette dernière aux organes moteurs de la périphérie.

Connexions entre les fibres olfactives et les cellules mitrales. — Ceux qui sont en continuité avec la base de la cellule mitrale descendent, si l'on peut dire, à la rencontre des terminaisons des fibres olfactives. Les connexions entre ces deux ordres de fibres, représentant les pôles opposés de deux neurones successifs, se font dans de petites masses isolées les unes des autres, les *glomérules* du bulbe olfactif. Nulle part les rapports entre éléments nerveux, qui se transmettent l'excitation, ne se voient mieux que dans ces petites masses organisées de *substance grise sans cellules*. La cellule nerveuse (en entendant par là la masse de protoplasme primitif qui est restée plus visible dans l'entourage du noyau) n'est donc pas nécessairement le lieu du neurone qui reçoit l'excitation. Des parties différenciées (les dendrites) ont pour fonction de recueillir cette excitation et de la diriger dans les voies qu'elle doit suivre à travers la cellule, en la faisant converger sur l'axone.

Tout est intéressant dans un exemple de ce genre, parce que, sous sa forme simple, il nous fournit des données essentielles sur l'organisation du système nerveux. Le glomérule nous présente des rapports entre parties terminales et initiales de deux neurones placés en succession. On admet généralement que ce rapport se fait pour contiguïté, avec interruption de la substance nerveuse proprement dite. Le mécanisme, à coup sûr très délicat, de la transmission de l'excitation nous échappe, à l'heure qu'il est, complètement. Les hypothèses que l'on peut faire sur ce sujet ne craignent pas la contradiction, car elles sont incontrôlables par l'expérience.

Rapports numériques. — Si la nature fonctionnelle de ces connexions nous demeure inconnue, nous relevons néanmoins, dans la façon dont elles s'établissent, des détails intéressants. Chez l'homme, chaque cellule olfactive est en rapport, par un seul prolongement cylindraxile, avec un seul prolongement dendritique mitral, ramifiés à l'encontre l'un de l'autre dans le glomérule, rarement avec deux. Il n'y a, de ce fait, ni augmentation ni réduction du nombre des neurones en succession, ce qui est exceptionnel dans les connexions de ce genre.

Chez les reptiles et les batraciens, chaque cellule mitrale est pourvue de deux à cinq prolongements dendritiques, recueillant l'excitation d'un nombre égal de fibres olfactives, dans autant de glomérules distincts (P. Ramon).

Chez les oiseaux, il existe des cellules mitrales présentant jusqu'à vingt prolongements dendritiques ou protoplasmiques s'épanouissant dans autant de glomérules. Il y a ici manifestement une réduction du nombre des neurones dans le sens de la propagation de l'excitation.

Chez le chien, c'est la disposition inverse : la fibre olfactive, arrivée dans un glomérule, y entre en connexion avec cinq ou six prolongements dendritiques appartenant à autant de cellules mitrales distinctes. Il y a ici augmentation du nombre des neurones dans le sens du courant excitateur.

Variétés fonctionnelles. — Bien certainement, ces différences dans les associations glomérulaires correspondent à des variétés fonctionnelles. Chez les vertébrés inférieurs, la répétition parallèle des fibres et cellules olfactives correspond à un agrandissement en surface du champ de réception des impressions olfactives sur la pituitaire. Chez le chien et les osmatiques, la multiplication des cellules mitrales qui dans le même glomérule entrent en rapport avec la même fibre olfactive doit correspondre (comme l'augmentation du système cérébral olfactif chez ces animaux) à un perfectionnement de la sensation elle-même.

Les osmatiques présentent, comparés à l'homme et aux primates, un double accroissement de leur puissance olfactive ; à savoir : 1° par le nombre absolu plus grand de leurs cellules et fibres olfactives, correspondant à l'extension du champ sensoriel de la pituitaire ; 2° par le nombre relatif également accru de leurs cellules mitrales en regard des premières, cette augmentation de nombre des éléments profonds allant de pair avec une complexité toujours plus grande de leurs connexions mutuelles et avec les autres éléments.

Autres connexions des cellules mitrales. — Par leurs angles, les cellules mitrales émettent d'autres prolongements dendritiques, de forme assez semblable aux précédents, mais de direction différente et qui n'ont aucun rapport avec les glomérules et les fibres olfactives. Ces prolongements sont en contact d'une part avec de petites cellules à expansions limitées, les *grains*, qui, rares chez les poissons et les reptiles, commencent à devenir nombreuses chez les oiseaux et surtout chez les mammifères. On peut y voir des cellules d'association, qui solidarisent ou systématisent un certain nombre de cellules mitrales entre elles. Les mêmes prolongements latéraux des cellules mitrales sont encore en contact avec les arborisations terminales des éléments à conduction centrifuge, qui ont été trouvés existant dans la bandelette olfactive (Van Gehuchten) et apportent au bulbe olfactif une excitation d'origine cérébrale.

La conduction descendante ou centrifuge de ces éléments n'est pas une donnée d'origine expérimentale, mais on peut l'affirmer (comme celle des éléments semblables du nerf optique) d'après l'orientation de ces éléments dans la bandelette olfactive, orientation exactement inverse de celle des axones appartenant aux cellules mitrales manifestement sensorielles ou centripètes.

Les cellules mitrales, ou tout au moins les articulations de leurs prolongements latéraux avec les éléments précédents, paraissent être le siège d'une réflexion de l'excitation, opérée en sens inverse de celle que nous connaissons et dont la substance grise, partout où elle existe, nous fournit de si nombreux exemples.

Si nous nous reportons à ce qui a été dit plus haut des rapports de nombre entre les cellules et fibres olfactives et les cellules mitrales, nous voyons que, même chez les animaux où ces rapports affectent la modalité la plus simple, sans réduction ni augmentation apparente du nombre des neurones en connexions, l'excitation, en franchissant l'étape ganglionnaire qui réalise ces connexions, trouve des conditions nouvelles et entre en conflit avec des excitations de provenance intérieure ou extérieure, qui la transforment d'ores et déjà en l'acheminant et la préparant à d'autres transformations successives.

Collatérales ; cellules pyramidales. — Les axones des cellules mitrales qui dirigent l'excitation du côté du cerveau dans des régions qui seront précisées ultérieurement, l'écoulent déjà partiellement dans la bandelette olfactive, par des collatérales échelonnées sur sa longueur : celles-ci la transmettent à des cellules nouvelles appartenant à la substance grise de la bandelette (pédoncule chez les animaux) ; ces cellules, de faible dimension et de forme *pyramidale*, la dirigent à nouveau par des voies distinctes vers le cerveau. C'est là un nouvel exemple de la disposition tant de fois signalée de la double voie, l'une directe et rapide (par des fibres de projection à grande distance), l'autre indirecte, plus lente et entrecoupée de relais (voies courtes de la substance grise), qui s'offre pour ainsi dire à toute excitation, la diffuse, la dissémine et en multiple les associations et les conflits au point de ne rien laisser subsister de sa forme initiale dans la surface impressionnée.

2. — *Partie cérébrale.*

La bandelette olfactive entre en relation avec le cerveau par quatre racines : une *blanche externe*, qui, après avoir croisé la scissure de Sylvius, va se perdre dans la partie antéro-externe de la *circonvolution de l'hippocampe* ; une *blanche interne*, qui gagne la face interne de l'hémisphère cérébral et va se perdre dans la région dite du *carrefour olfactif*, vers la pointe de la circonvolution du corps calleux ; une *racine grise* ou *moyenne*, qui, s'enfonçant dans la substance grise de l'espace perforé, pénètre en grande partie dans la tête du *corps strié* et rejoint la commissure blanche antérieure du cerveau. Parmi les fibres qui s'engagent dans cette commissure, toutes vont au côté opposé ; mais les unes se rendent au bulbe olfactif opposé, les autres à l'écorce cérébrale également opposée. Enfin une *racine supérieure* (mêlée également de substance grise) se perd dans la partie postérieure des deux *circonvolutions orbitaires*.

Ces quatre racines aboutissent en somme à une région hippocampique (racine blanche externe), à une région calleuse (racine blanche interne), à une région orbitaire (racine supérieure), à une région temporale (racine moyenne).

a. *Région hippocampique.* — Le territoire olfactif de ce nom répond surtout au *crochet* ou *uncus* de cette circonvolution. On lui rattache en plus la *corne d'Am-*

mon et ce rattachement se fait, soit par des fibres qui directement de la racine blanche externe vont dans cette corne, soit par des fibres qui, provenant de la racine blanche interne (ou même moyenne), suivent la voie détournée du trigone, pour revenir finalement à la corne d'Ammon.

b. *Région calleuse.* — Elle comprend le carrefour olfactif, point d'union entre l'extrémité postérieure de la frontale interne avec la circonvolution du corps

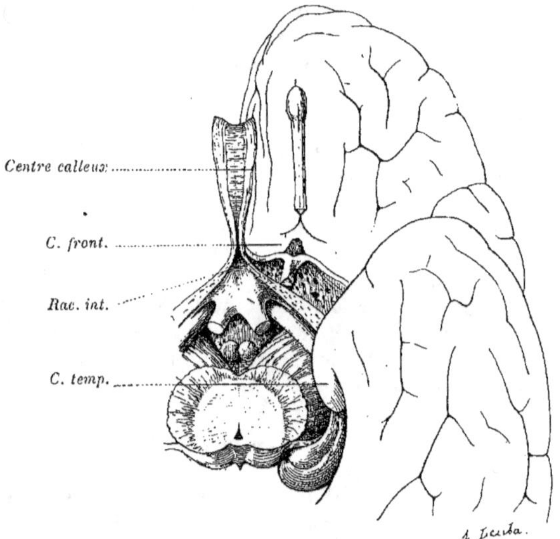

Fig. 252. — *Centres corticaux de l'olfaction* (d'après CHAMPY).

La bandelette a été coupée et son bout cérébral renversé en arrière, pour découvrir une région de substance grise sous-jacente appartenant à l'olfaction.

calleux, plus la partie adjacente de cette dernière circonvolution (jusqu'au niveau du genou du corps calleux).

c. *Région orbitaire.* — Elle comprend la partie postérieure des deux circonvolutions orbitaires jusqu'au sillon cruciforme (du cerveau humain). Chez les animaux entièrement anosmatiques comme le dauphin, cette partie postérieure est entièrement lisse et atrophiée, d'où le nom de *désert olfactif* que lui a donné BROCA.

d. *Région temporale.* — Cette région, à laquelle sont censées aboutir les fibres qui ont traversé la ligne médiane pour aller à l'écorce opposée, est très mal connue et n'est peut-être qu'un prolongement de la région hippocampique.

Circonvolution limbique des osmatiques. — Tous les systèmes sensitifs ou sensoriels ont une constitution cyclique, sur laquelle nous avons attiré l'attention. Dans le système olfactif, la forme anatomique générale semble l'accuser extérieurement et la dessiner aux yeux. Comme l'a le premier fait remarquer BROCA, ce système sensoriel, si important chez certaines espèces, se développe autour du corps calleux, perpendiculairement à la direction transversale des fibres de cette grande commissure, représenté qu'il est par une circonvolution en forme d'anneau ou de limbe, la *circonvolution limbique*, à la face interne de l'hémisphère cérébral. Quelque peu dissociée chez l'homme, où elle se subdivise en deux circonvolutions arquées réunies par leurs extrémités antérieure et postérieure,

l'une au-dessus du corps calleux (circonvolution du corps calleux), l'autre au-dessous (circonvolution de l'hippocampe), cette circonvolution est nettement continue chez les osmatiques (animaux à odorat développé : chien, loutre, renard, etc.) ; tellement que si l'on part du lobe et du pédoncule olfactif, en suivant sa racine interne, on contourne tout

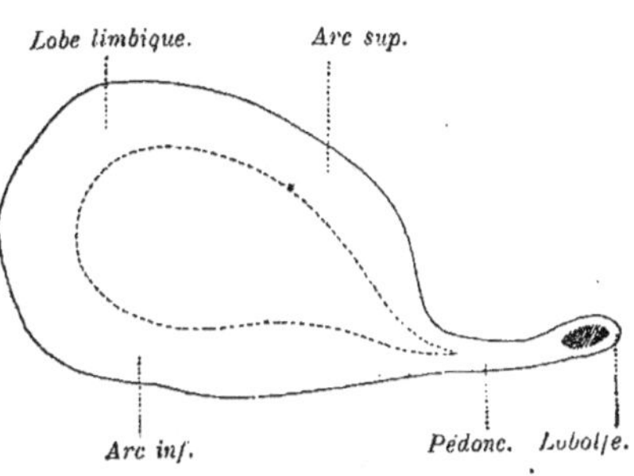

Fig. 253. — *Schéma du lobe limbique.*
Type en raquette.

le corps calleux, dont on suit successivement la face supérieure, le bourrelet, la face inférieure, pour retrouver le pédoncule par sa racine externe : d'où la comparaison de cet ensemble à une raquette à jouer, dont le pédoncule olfactif serait le manche et la circonvolution elle-même l'arceau périphérique. Cet arceau est complété par d'autres formations circulaires qui, soit au-dessus, soit au-dessous du corps calleux, dessinent des cercles concentriques du même genre et sur lesquels nous allons revenir.

Osmatiques ; anosmatiques. — C'est à Broca également qu'on doit la distinction faite entre les animaux osmatiques et anosmatiques, expressions remplacées par Turner en celles de *macrosmatiques*, *microsmatiques* et *anosmatiques*, pour marquer une graduation que les épithètes précédentes ne réservent pas suffisamment. Le chien est macrosmatique ; le dauphin est anosmatique ; l'homme, le singe sont microsmatiques. Des différences aussi prononcées dans l'exercice d'une fonction de cette importance (il s'agit ici d'un sens pris dans son entier) doivent s'accuser par des inégalités dans le développement des organes nerveux qui y correspondent, et c'est ce que l'anatomie et la physiologie comparées ont démontré pour l'odorat. En prenant pour guide les connexions qui rattachent à l'organe extérieur de l'odorat (lui-même très développé chez les osmatiques) certaines circonvolutions du cerveau, on trouve à celles-ci un développement qui va de pair avec l'importance de la fonction, dans chaque espèce considérée.

Localisation et balancement fonctionnels. — La question ainsi posée revient à celle de la *localisation* cérébrale du sens de l'olfaction, que l'anatomie comparée a entrepris de résoudre, à défaut d'observations cliniques précises et d'expériences difficiles à réaliser. Cette question se double d'une autre qui n'en diminue pas les difficultés, à savoir celle du *balancement* des sens spéciaux susceptibles de se remplacer dans la fonction directrice qui leur échoit à l'un ou à l'autre, suivant l'évolution particulière de l'espèce, au cours du développement phylogénique. Nous avons signalé déjà un balancement fonctionnel d'un autre ordre, entre organes ou systèmes, non pas juxtaposés, mais superposés : et c'est ainsi que le cerveau chez les vertébrés supérieurs, chez les primates et surtout chez l'homme, accapare, en les centralisant, les associations fédératives qui, chez les vertébrés inférieurs, sont organisées dans les ganglions cérébraux ou dans la moelle épinière et, chez les invertébrés, dans la chaîne ganglionnaire. Cette centralisation au profit du cerveau ne va pas sans une différenciation de ses parties et de ses fonctions et une sorte de métamérisation nouvelle qui s'accuse plus ou moins à sa surface, dans un ordre nouveau. Celle-ci correspond aux différents sens, lesquels ont élu dans l'écorce chacun un territoire particulier.

L'équivalence de ces différents systèmes sensoriels n'implique point leur égalité. Dans le développement progressif du cerveau, on ne leur voit pas se faire une part égale, ni même proportionnelle ; mais, au contraire, l'extension plus ou moins rapide de l'un d'eux va de pair avec la régression partielle d'un autre. Or, comme la morphologie générale du cerveau ne change pas sensiblement dans ses grands traits, — autrement dit, comme les associations fonctionnelles des éléments sont indépendantes de la forme extérieure du cerveau, — l'empiétement des systèmes les uns sur les autres peut se faire sans laisser de traces bien évidentes, et des parties morphologiquement équivalentes se trouvent correspondre à des fonctions spécifiquement différenciées dans les différentes espèces animales. Toutefois, lorsque la régression est profonde ou inversement le développement exagéré, des changements morphologiques plus ou moins apparents peuvent être constatés à la surface du cerveau, et c'est ce qui apparaît dans les cerveaux comparés des macrosmatiques et des anosmatiques, malgré les difficultés introduites par le défaut de limites précises entre les différentes aires sensorielles.

**Limitation non précise ; dépendance mutuelle de parties fonctior-
nellement différenciées.** — Il importe du reste de rappeler qu'au sens étroit
du mot de telles limites n'existent pas. Si, à la périphérie du corps, les champs
sensoriels sont nettement délimités et sans liaison entre eux, à la surface du
cerveau qui reçoit leurs fibres de projection il n'en est plus de même ; les
champs de réception des excitations apportées par les fibres de projection de
chaque sens en particulier sont bien distincts les uns des autres, mais ils sont
en plus reliés par des fibres d'association plus nombreuses que les éléments de
projection eux-mêmes. *Il n'est, de ce fait, aucun sens dont le fonctionnement ne
retentisse sur tout le cerveau et par lui sur tout l'organisme.*

Le mot de *centre*, si souvent employé pour désigner ces territoires corticaux
sensoriels, doit s'entendre dans le sens de foyers, non seulement de *réflexion*
sur place par les fibres de projection descendantes, mais aussi et principalement
d'*irradiation* dans la substance cérébrale ; le cerveau étant, comme déjà la
moelle épinière, mais à un degré encore supérieur, un organe de dispersion et
distribution élective des excitations qui lui arrivent par des voies localisées et
spécialisées, et ces excitations, il les écoule, après des transformations multipliées, par des voies descendantes localisées et fonctionnellement spécialisées,
associées aux précédentes suivant toutes les combinaisons possibles.

Arc marginal externe et arc marginal interne. — La circonvolution limbique de Broca représente le schème idéalement simplifié du système olfactif.

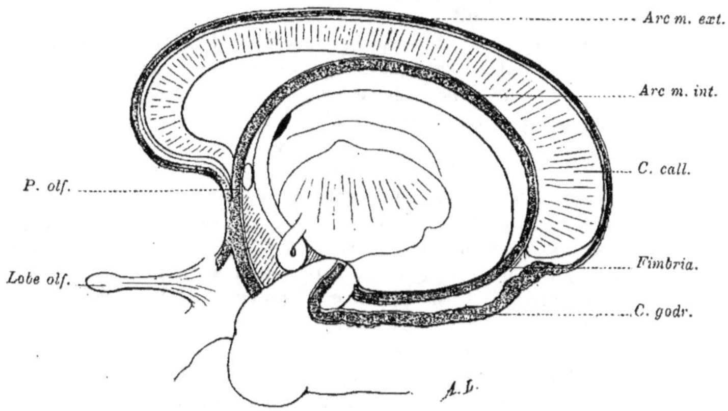

Fig. 254. — *Système d'association olfactive.*
Arcs marginaux externe et interne (schéma de Charpy).

Ce schème, dans la réalité, se complique de l'adjonction de faisceaux arqués de
fibres blanches, plus ou moins mêlés de substance grise ou coupés de ganglions,
qui en reproduisent la forme ovalaire générale, concentriques qu'ils sont à la
circonvolution limbique (M. Duval, Schwalbe, Giacomini, Zukerkandl, Trolard,
Bole). Le système olfactif est, en somme, formé de trois cercles concentriques.
Le plus extérieur est la circonvolution limbique. En dedans de lui est un *arc
marginal externe*, comprenant le corps godronné et les nerfs de Lancisi, et qui
passe, par conséquent, au-dessus du corps calleux. Le troisième est un *arc
marginal interne*, formé pour la fimbria, le trigone cérébral, le pédoncule du

septum lucidum, et passe au-dessous du corps calleux ; des fibres perforantes réunissent le deuxième au troisième arc à travers la substance de ce dernier.

Toutes ces parties présentent entre elles des connexions assez naturelles. Il est toutefois impossible de dire dans quelle mesure elles se rattachent chacune à l'exercice de l'olfaction.

3. — *Évolution du système olfactif et de sa fonction.*

L'évolution du système olfactif dans la série zoologique est un chapitre intéressant de physiologie comparée. A ce titre nous en devons retracer ici les données tout à fait principales.

a. *Vertébrés inférieurs.* — Chez les poissons, l'écorce cérébrale n'existe pas encore à proprement parler, indiquée qu'elle est par une lame épithéliale non encore différenciée. Elle apparaît d'une façon nette chez les reptiles, et chez eux entre en communication avec le lobe olfactif, alors que les autres sens sont encore sans relation directe avec elle. Le cerveau des reptiles est un « cerveau olfactif » (Edinger).

Le sens de l'olfaction ne fait pas défaut chez les poissons ; il partage seulement avec les autres sens le thalamus et les ganglions de la base, qui représentent chez ces êtres la plus haute différenciation du système nerveux et de ses fonctions. Chez les reptiles, les relations nouvelles et exclusives du bulbe olfactif avec l'écorce laissent subsister ses anciennes relations marquées par deux autres faisceaux, allant aux ganglions sous-corticaux. Un de ses tractus se rend au ganglion de l'habenula et de ce ganglion repart un faisceau descendant qui est d'activité motrice. Les excitations olfactives vont ainsi se réfléchir dans des étages superposés de substance grise marqués par l'habenula, l'*epistriatum* et finalement l'écorce, avec, dans chaque cas, une transformation d'ordre supérieur qui les éloigne des actes purement automatiques.

L'écorce des reptiles, de fonction uniquement olfactive, correspond par conséquent à la corne d'Ammon des mammifères et à leur lobe limbique, dans ce qu'il a lui-même d'olfactif. On y reconnaît aussi une sorte de fornix qui se partage entre un véritable corps mamillaire et le ganglion de l'habenula (Edinger).

b. *Vertébrés supérieurs.* — Le système olfactif de l'homme étant pris pour terme de comparaison, nous voyons ses différentes parties présenter chez les osmatiques un accroissement relatif et chez les anosmatiques une atrophie également relative, distribuée inégalement sur les différents arcs ou circonvolutions de ce système.

Macrosmatiques. — En raison de son ancienneté (également relative) dans le développement phylogénique, ses circonvolutions sont des premières à se dessiner chez les espèces où le cerveau de lissencéphale devient gyrencéphale. Un sillon sépare de bonne heure le pédoncule de l'hippocampe, accusant ainsi l'extension en surface de ces parties. La circonvolution du corps calleux est aussi une des premières à se dessiner. Son bulbe et son pédoncule avec leurs prolongements prennent les proportions d'un véritable lobe (lobe olfactif).

Les racines du pédoncule sont fortes, et la moyenne occupe cet espace quadrilatère qui chez l'homme, très diminué d'épaisseur, sera la surface perforée antérieure ; c'est cette même racine qui entre-croise ses fibres avec celles du côté opposé dans la commissure antérieure et qui fournit de plus, au dire de Broca, un faisceau excito-réflexe qui rejoint par le pédoncule les centres bulbo-médullaires d'où naissent les nerfs moteurs. Ces racines relient fortement le lobe olfactif à trois régions de substance grise appartenant au lobe frontal en haut, au lobe de l'hippocampe en dehors, au lobe du corps calleux en dedans. L'organisation des arcs intérieurs (marginal externe et marginal interne) est en proportion.

Tel est l'ensemble chez les osmatiques. Même chez ces animaux, et malgré

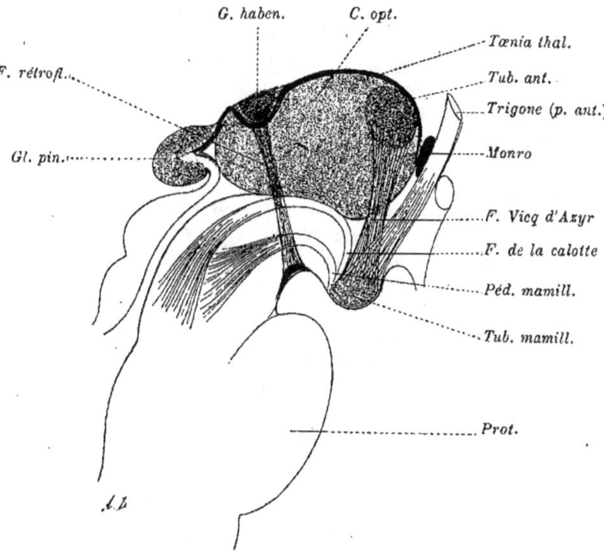

Fig. 255. — *Système habénulaire* (bleu) et système mamillaire.

Coupe sagittale. Figure schématique de Charpy.

leur aspect d'ensemble cohérent, nous ne sommes pas autorisés à rattacher d'une façon étroite et égale ces différentes parties au sens de l'olfaction.

Microsmatiques. — Chez les microsmatiques, chez l'homme en particulier, elles ont subi une réduction très accentuée. Cette réduction s'accuse à la fois sur le champ périphérique de l'olfaction, marqué par les dimensions plus restreintes de la fosse pituitaire et des trous de la lame criblée de l'ethmoïde, et sur la partie profonde du système, à partir du bulbe olfactif, dont le pédoncule est réduit à l'état de bandelette et les racines amincies en proportion. Quant au limbe, sa disposition s'accuse en avant par l'écartement de ses deux arcs supérieur et inférieur, en arrière par un étranglement en forme d'isthme qui forme un pli de passage entre la circonvolution calleuse et la circonvolution hippocampique. Néanmoins, la circonvolution limbique persiste dans sa forme générale, l'olfaction paraît s'être réfugiée dans les parties antérieures (surtout hippocampique et ammonienne) du limbe, sans que nous puissions dire quelles fonctions l'ont remplacée dans le reste de son étendue.

Rapports et fonctions de l'arc supérieur. — Les rapports les plus mal déterminés sont ceux qui rattachent l'arc supérieur (circonvolution du corps calleux) à l'exercice de l'olfaction.

La puissante racine qui relie cette circonvolution (racine interne) au pédoncule chez les osmatiques, celle beaucoup plus grêle (et de même nom) qui chez l'homme réalise la même connexion, ne permettent guère de révoquer en doute la participation de l'arc supérieur du limbe à la perception des odeurs.

L'augmentation de volume que prend la partie antérieure de cet arc chez les osmatiques semble fixer cette connexion en nous avertissant que la partie postérieure appartient à d'autres fonctions. Inversement, la réduction de volume de cette même partie antérieure du gyrus sus-calleux chez les primates (chimpanzé), allant de pair avec la réduction de la racine interne et le maintien relatif de sa partie postérieure, confirme la même induction. Chez les cétacés, la régression aboutit à la disparition de la racine interne ; on s'attendrait à trouver une atrophie parallèle de la partie antérieure du gyrus sus-calleux : or il n'en est rien. C'est cette partie antérieure qui est la plus développée comparativement au reste de la circonvolution ; elle est même creusée de sillons qui en augmentent au contraire l'importance (Broca).

Nous assisterions donc ici à une appropriation sur place d'un organe nerveux à des fonctions qui n'ont pas toujours été les siennes ; mais ces fonctions nous sont totalement inconnues.

Carrefour olfactif. — Si l'atrophie qui résulte dans l'écorce cérébrale de la disparition de la racine interne et de la racine supérieure chez les cétacés ne se marque pas dans le lobe limbique proprement dit, elle s'accuse néanmoins dans une région toute voisine, la région orbitaire, par un effacement des plis, une surface unie qui est le carrefour de Broca.

4. — *Constitution du système olfactif.*

La constitution du système olfactif est du reste assez difficile à démêler. Comme dans les autres systèmes sensitifs, nous pouvons y distinguer des fibres de projection et des fibres d'association. Entre les premières et les secondes il n'y a pas de différence essentielle. Tous les éléments du système nerveux projettent l'excitation vers quelque élément nouveau qui l'achemine à sa destination, à travers une série de transformations progressives ou régressives. Tous également associent entre eux d'autres éléments, dans une fonction commune ou d'ensemble. Mais on réserve plus particulièrement le nom de fibres de projection à celles qui franchissent de grandes distances et forment des voies longues, comme celles qui réunissent directement l'écorce du cerveau à la substance grise de la moelle épinière, et qui réunissent des lieux où cette transformation présente des valeurs très différentes dans le sens soit ascendant, soit descendant. On appelle fibres d'association plutôt celles qui réunissent dans le sens transversal les fibres de projection, soit ascendantes, soit descendantes, et ferment les arcs réflexes ou psychiques qu'elles constituent, en s'associant entre elles, dans le cerveau, ses ganglions ou l'axe gris de la moelle allongée et épinière. Les deux expressions n'ont, dans tous les cas, pas de signification exclusive l'une de l'autre.

Neurone périphérique ou inférieur. — Par analogie avec les autres systèmes spécifiques, nous reconnaissons dans le système olfactif un premier

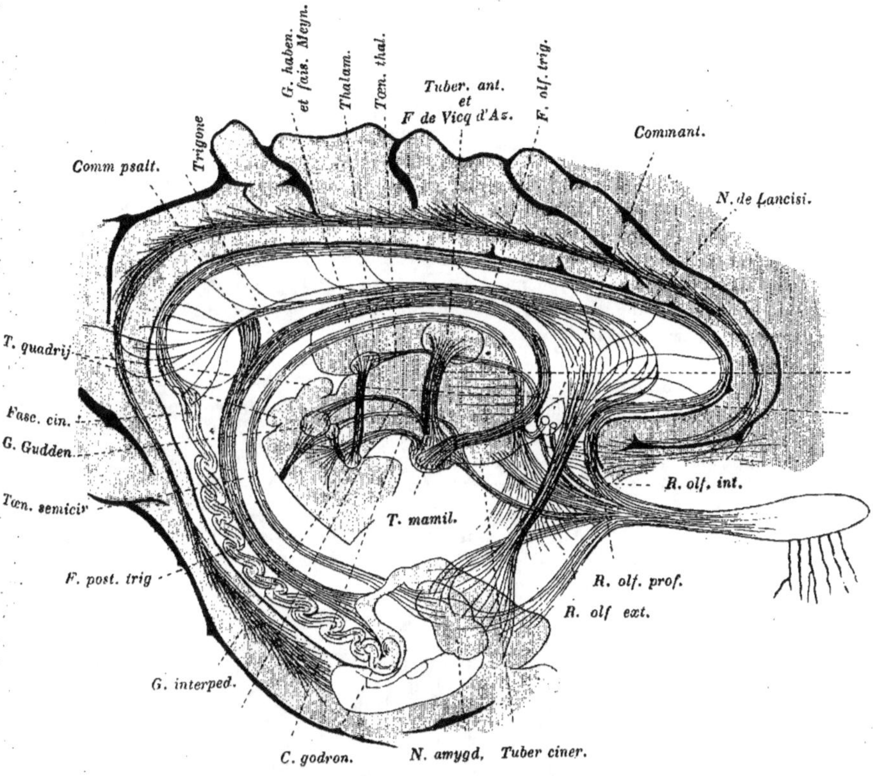

Fig. 256. — *Le système olfactif.*

Radiations olfactives et trigone cérébral (d'après DEJERINE).

ordre de fibres, allant de la muqueuse olfactive au bulbe olfactif, à travers la lame criblée de l'ethmoïde. C'est là le véritable *nerf olfactif* analogue à une racine postérieure ou mieux au nerf auditif ; il est formé de neurones *périphériques*, dont les cellules d'origine sont restées dans la muqueuse et dont l'axone s'épanouit dans les glomérules du lobe olfactif. Là, ces neurones entrent en communication avec les dendrites de neurones du *deuxième ordre*, constituées par les cellules mitrales dont les axones se dirigent vers le cerveau, en suivant la bandelette olfactive (ou pédoncule olfactif) si improprement appelée parfois nerf olfactif.

Bulbe olfactif, noyau primaire. — Le bulbe olfactif est l'équivalent des noyaux primaires de l'auditif ou de la rétine du nerf optique : il a donc lui-même la signification d'un noyau primaire. La *bandelette olfactive* qui en part contient des fibres blanches qui à leur tour se projettent vers l'écorce cérébrale ; ces fibres blanches sont en partie les axones des cellules mitrales (véritables fibres de projection) et en partie des fibres provenant de cellules nouvelles disséminées le long de la bandelette et qui reçoivent l'excitation par des collatérales émanées des axones des cellules mitrales. Nous retrouvons ici ce chevauchement des champs polaires, tant de fois signalé, qui fait que l'excitation distribuée par un neurone en atteint plusieurs autres et le plus souvent à des distances inégales.

La partie la plus directe de la bandelette, celle qui répond à ses fibres de projection proprement dite, suit principalement la racine externe et va par elle à la partie antérieure de la circonvolution de l'hippocampe et aussi à la corne d'Ammon. D'un développement moyen chez l'homme (microsmatique), la corne d'Ammon est rudimentaire chez le dauphin (anosmatique) et très développée chez la loutre (macrosmatique). L'*uncus* n'apparaît bien que chez les espèces où cette corne commence à rétrocéder. La bandelette est dans un rapport étroit de développement avec le *fascia dentata* ou *corps godronné* dont elle suit le développement ; elle est en rapport également avec la substance grise de la *perforée antérieure* ou espace quadrilatère de Broca, lame très atrophiée chez l'homme, mais qui est importante chez les osmatiques et qui manifestement se relie à l'olfaction.

Nous avons dit déjà plus haut que la bandelette olfactive contient, comme le nerf optique, des fibres descendantes ou centrifuges ; des fibres qui, en d'autres termes, ramènent l'excitation à son point de départ dans le bulbe olfactif, au contact des cellules mitrales. Cette disposition paraît assurer une véritable circulation nerveuse entre le cerveau et le bulbe olfactif, et réciproquement.

Chiasma olfactif, commissure cérébrale antérieure. — Les fibres nées le long de la bandelette de ses cellules pyramidales participent surtout à la cons-

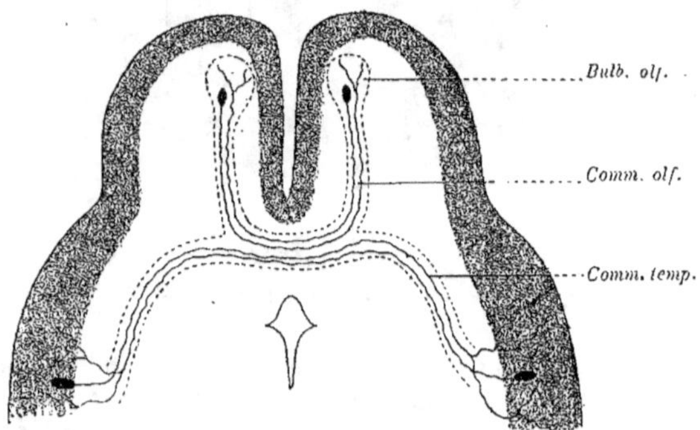

Fig. 257. — *Disposition de la commissure blanche antérieure* (figure schématique).

titution de la racine moyenne et passent avec elle dans la commissure antérieure pour gagner le côté opposé. Elles gagnent (au moins en partie) le bulbe olfactif du côté opposé et forment une commissure à concavité antérieure, distincte d'une autre commissure interhémisphérique à concavité postérieure, distincte également (d'après certains) de fibres entre-croisées à la façon d'un *chiasma olfactif* réalisé dans cette commissure antérieure. Par cette voie s'établirait encore une relation du tractus olfactif avec la couche optique.

La substance grise de la bandelette est une dépendance de celle des hémisphères, avec laquelle elle se continue et avec laquelle elle est reliée par des fibres d'association. Ce sont des fibres de ce genre que représente surtout la racine olfactive supérieure qui va aux circonvolutions orbitaires. Mais les fibres d'association les plus remarquables du système sont formées par le trigone, les nerfs de Lancisi et autres formations du même ordre.

Trigone. — Le trigone est ce double faisceau circulaire (un de chaque côté adossé à son congénère et divergent ensuite) qui, partant des corps mamillaires, remonte en contournant la couche optique, redescend en écartant ses piliers postérieurs et se continue par la fimbria, qui vient se terminer dans la corne d'Ammon, dont nous avons vu les rapports avec le bulbe olfactif et son tractus : la fimbria reçoit des fibres du *fascia dentata* ou corps godronné. En réalité, la conduction sensorielle se fait en sens inverse du trajet sus-indiqué, et de la corne d'Ammon les excitations arrivent au corps mamillaire. Celui-ci a des voies multiples pour les distribuer. Il en est qui conduisent dans les pédoncules cérébraux, au voisinage du noyau du trochléaire (ganglion dorsal du toit de Gudden). Il en est une autre qui, sous le nom de *faisceau de Vicq d'Azyr*, remonte dans le noyau antérieur de la couche optique. De là, nouvelle connexion avec le ganglion de l'habenula, et de celui-ci, par un faisceau dit rétro-réflexe de Meynert, au ganglion interpédonculaire de Gudden, à partir duquel nous sommes dans les voies motrices ou centrifuges extérieures.

Psaltérium. — Dans l'écartement de ses piliers postérieurs, le trigone présente des fibres tendues entre eux comme les cordes d'une lyre. C'est une commissure interammonienne établie par des fibres des fimbrias de chaque côté qui s'entre-croisent.

Faisceau olfactif de la corne d'Ammon. — Le trigone, dans l'angle antérieur qu'il forme avec le corps calleux, abandonne un faisceau qui se détache de lui, dont un certain nombre de fibres longent, éparses, le *septum lucidum*, passent au-devant de la commissure blanche, et, croisant les racines olfactives avec lesquelles il a quelques connexions, contribue à former une *bandelette diagonale* qui aboutit à la circonvolution de l'hippocampe. C'est de ce faisceau que se détachent les fibres perforantes qui rejoignent les nerfs de Lancisi à travers le corps calleux.

Stries de Lancisi. — Les nerfs de Lancisi contournent extérieurement le corps calleux, qui les sépare du trigone et de son faisceau olfactif. Partis du *fascia dentata* par l'intermédiaire de la *fasciola cinerea*, ils sont une voie d'association de grande longueur qui rattache ces parties à l'aire olfactive.

Couronne rayonnante, globus pallidus et couche optique. — Les circonvolutions olfactives (frontale et temporale) ont en principe les connexions générales des autres parties du manteau des hémisphères; elles émettent ou reçoivent (ou plus vraisemblablement émettent surtout) des fibres de la couronne rayonnante. Ces fibres établissent une connexion nouvelle entre ces circonvolutions et le *globus pallidus* du noyau lenticulaire ainsi qu'avec le thalamus.

Dégénérations. — GUDDEN a appliqué sa méthode à l'étude de cette question. En faisant l'occlusion d'une narine sur un lapin nouveau-né qu'on sacrifia après quelques semaines, il constata un arrêt de développement des nerfs olfactifs du bulbe et de la bandelette. La destruction de la muqueuse olfactive donna des résultats à peu près semblables. Cela signifie que la destruction du neurone primaire entraîne, comme conséquence, un certain degré d'atrophie des neurones secondaires qui lui font suite, du fait de la privation d'excitations et du défaut d'exercice fonctionnel qui en est la conséquence (dégénération atrophique).

Si on attaque le lobe olfactif, la destruction porte alors sur les cellules ori-

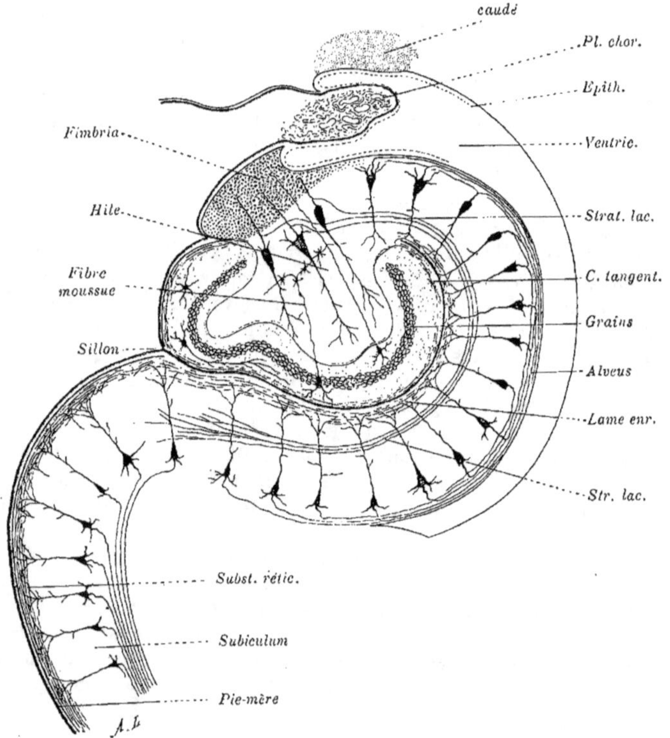

Fig. 258. — *La corne d'Ammon et le corps godronné.*

Coupe transversale schématique ; le corps godronné en bleu ; la pie-mère en rouge ; les éléments fondamentaux sont seuls figurés ; en partie, d'après Dejerine.

ginelles d'un certain nombre de neurones profonds, cérébraux, dont les axones dégénèrent jusqu'à leur premier relai, en même temps que des atrophies pourront s'ensuivre dans les neurones consécutifs. Ces dégénérations, tant directes que consécutives, n'ont pas été étudiées encore avec le même détail que celles des autres systèmes. Néanmoins, Treviranus avait déjà anciennement noté un certain degré d'atrophie de la corne d'Ammon à la suite de lésions de la bandelette olfactive. Les nouvelles méthodes confirment cette indication : une dégénération s'observe sur la corne d'Ammon du même côté et sur le lobe piriforme, sur la corne d'Ammon du côté opposé et dans le bulbe olfactif du côté opposé ; dégénération atteignant ainsi les fibres, les unes croisées, les autres directes. Pas de dégénération de la racine allant à la circonvolution du corps calleux (Lœwenthal).

Absence de données expérimentales et cliniques.— Aucune des localisations corticales n'est plus pauvre de données précises (cliniques ou expérimentales) capables de contrôler les inductions de l'anatomie à son égard. Un cas suivi d'autopsie a été observé, dans lequel la compression de l'hippocampe par un néoplasme a donné lieu à des attaques précédées d'une aura, consistant en sensations d'odeurs très désagréables. Outre qu'il est isolé, ce fait par lui-même n'est guère démonstratif. C'est par le déficit de la fonction que les localisations sensorielles peuvent le mieux s'établir ; car l'exagération fonctionnelle peut s'expliquer aussi bien, et même mieux, par une irritation à distance que par une action directement localisée sur la région corticale qui est en discussion. — Une lésion double portant sur la zone corticale olfactive réaliserait le cas type appelé à décider sur la question, à supposer que l'anosmie ait été constatée pendant la vie du sujet. Une telle lésion doit être forcément rare.

5. — *Voies motrices olfactives.*

L'activité motrice est la mesure extérieure de la sensibilité. Les sens étant multiples, le plus important d'entre eux sera celui qui aura le plus de relations habituelles avec la motricité, autrement dit celui qui est la source ordinaire des renseignements sur lesquels s'élaborent les idées et se déterminent les actes. De ce point de vue il est facile de voir combien le sens de l'olfaction a perdu, chez nous, de l'importance qu'il avait chez les premiers vertébrés et qu'il a conservée chez quelques mammifères. Dans la chasse que l'homme a dû faire pour ses besoins et qu'il ne fait (parmi les races civilisées) plus que pour son plaisir, il s'associe le chien, en raison de ses aptitudes osmatiques. D'après cet exemple, il est facile de voir le rôle que joue l'olfaction dans les représentations que cet animal se fait des choses qui l'entourent. Son cerveau est fourni d'images olfactives d'une intensité et d'une précision de détail, dont notre propre sens de l'olfaction nous donne la notion, mais dont notre sens de l'audition, par exemple, peut nous donner une idée plus ou moins équivalente.

Chez l'homme, le sens olfactif non seulement ne dirige plus l'activité motrice extérieure, mais il n'y intervient que très accidentellement, soit dans un but défensif, soit pour la recherche de la sensation elle-même. Aussi, l'activité motrice directement liée à l'olfaction est-elle réduite à quelques mouvements des narines et de la cage thoracique, coordonnés dans des actes d'inspiration, d'expiration ou d'occlusion plus ou moins complète de l'orifice respiratoire. Le facial et avec lui les nerfs de la respiration sont ainsi associés au nerf olfactif dans un réflexe, suivant les cas, de défense (constriction) ou d'adaptation à l'exercice de l'odorat (ouverture des narines et inspiration).

Réflexes d'adaptation. — Dans les organes des sens les plus perfectionnés (œil, oreille), nous voyons, en dehors des mouvements raisonnés et volontaires qui procèdent de l'activité de ces sens, des mouvements réflexes d'adaptation qui sont de trois ordres : 1° une motricité extérieure de direction ; 2° une motricité intérieure d'adaptation ; 3° des activités vaso-motrices et sécrétoires également nécessaires qui entrent en jeu.

a. *Adaptation extérieure*. — Dans le *mouvement des narines* (et celui du thorax) nous reconnaissons, à peu près, le jeu des muscles directeurs de l'œil ou du pavillon de l'oreille. Nous ne connaissons pas, dans la narine, de muscle interne fonctionnant comme l'iris et le muscle ciliaire, ou comme les muscles des osselets dans l'oreille moyenne ; mais des épithéliums sécréteurs règlent l'état d'humidité convenable à l'impression des odeurs sur la muqueuse olfactive, et des actions vaso-motrices règlent également la circulation dans cette muqueuse.

b. *Adaptation intérieure*. — Autant qu'on en peut juger par ce qui se passe à l'entrée et à la partie inférieure de la narine, l'innervation *vaso-motrice* et *sécrétoire* de l'organe de l'olfaction est calquée sur celle des organes visuel et auditif. Le grand sympathique, par des fibres qui viennent de la moelle thoracique et par d'autres qui, contenues originellement dans le tronc du trijumeau, convergent avec les précédentes vers le ganglion sphéno-palatin, équilibre la circulation de cette région, la modère par ses constricteurs, l'exagère par ses dilatateurs, qui viennent soit du sympathique cervical, soit du trijumeau, et qui sont très excitables chez le chien, dans l'un et l'autre nerf. Le système des nerfs sécréteurs a vraisemblablement la même topographie et la même dualité fonctionnelle.

Rapports avec la sensibilité générale. — On pourrait redire du sens de l'olfaction ce que nous avons dit des autres sens, en considérant leurs rapports avec la sensibilité générale. La muqueuse olfactive, organe périphérique du sens de l'olfaction, possède des nerfs spéciaux pour les odeurs : elle en possède d'autres qui y représentent la sensibilité tactile, cette dernière universellement dévolue aux organes et que, pour cette raison, on appelle générale. Le trijumeau assure cette sensibilité générale à l'intérieur comme à l'extérieur de la narine.

Sa paralysie (de nature fonctionnelle ou traumatique : hystérie, section du nerf) entraîne, en plus de la perte de la sensibilité générale, une altération ou même une paralysie de l'olfaction. Ces faits, bien vus par Magendie, pouvaient faire croire alors à une participation directe du trijumeau à la fonction osmatique.

La paralysie sensorielle est ici (comme pour la vue et l'ouïe) un phénomène secondaire. Elle ne suivra pas immédiatement la section expérimentale du nerf sensitif (trijumeau), mais sera la *conséquence des troubles de nutrition* qui se déroulent à la suite. L'interprétation de ces troubles de nutrition a souvent varié. Le fait qu'ils succèdent à la paralysie d'un nerf manifestement sensitif les fait attribuer eux-mêmes à une disparition de la sensibilité générale, qui en serait la cause immédiate et suffisante. Nous croyons à l'existence de nerfs centrifuges gouvernant les fonctions propres (et par l'intermédiaire de celles-ci la nutrition) des éléments fixes de la muqueuse, lesquels éléments dégénèrent à la suite de la section de leurs nerfs propres, comme tout organe qui ne reçoit plus d'excitation.

B. — SYSTÈME GUSTATIF.

I. Champ des impressions. — Le champ des impressions gustatives est limité à certaines régions de la muqueuse buccale, à savoir : 1° la base de la langue en arrière du V lingual ; 2° la pointe de celle-ci et un peu les bords ; 3° les bords du voile du palais. Ces limites peuvent du reste varier avec les individus.

Papilles de la langue. — C'est à la base de la langue que les organes récepteurs des impressions gustatives ont été surtout bien étudiées. La muqueuse est pourvue de papilles de forme variée (filiformes, *fongiformes, caliciformes*). Les organes du goût sont des bourgeons disséminés sur les papilles fongiformes, mais surtout caliciformes, sur les bords du fossé de circumvallation qui entoure ces papilles, lesquelles seraient mieux nommées *calicicoles* puisqu'elles s'élèvent dans l'intérieur du calice au lieu de le constituer (M. Duval).

Bourgeons du goût. — Les bourgeons du goût sont de petits organes ovoïdes, à grand axe dirigé perpendiculairement à la surface de la muqueuse. Ils apparaissent striés à leur surface, et ces stries correspondent à des cellules allongées suivant des méridiens parallèles au grand axe.

Cellules gustatives. — Ces cellules sont de deux sortes : les unes sont des éléments de soutien ; les autres sont des éléments spécifiquement différenciés, adaptés à la réception de l'impression gustative (*cellules gustatives*). Les premières existent tout au pourtour du bourgeon du goût, et aussi dans son intérieur. C'est parmi elles que se trouvent les secondes : leur forme est celle d'un élément nucléé prolongé d'un côté par un bâtonnet cilié qui fait issue hors du bourgeon, et de l'autre par une fibre mince qui se dirige vers la face profonde de la muqueuse. Le bourgeon gustatif est muni d'une sorte de *pore*, situé dans le prolongement superficiel de son axe. Par ce pore sortent les prolongements ciliés des cellules gustatives, qui se trouvent ainsi baigner dans le liquide buccal contenant les substances sapides.

Équivalence. — Les cellules gustatives ne sont pas les équivalents des cellules olfactives : elles ne sont pas des éléments nerveux ; elles sont seulement en contact immédiat avec les arborisations des nerfs du goût, dont les cellules ganglionnaires sont dans le ganglion d'Andersh pour le glosso-pharyngien. Les extrémités initiales de ces nerfs pénètrent dans les bourgeons du goût par des fibrilles intra-gemmales et couvrent les cellules gustatives de leurs arborisations. Elles reçoivent ainsi de seconde main l'ébranlement excitateur des substances

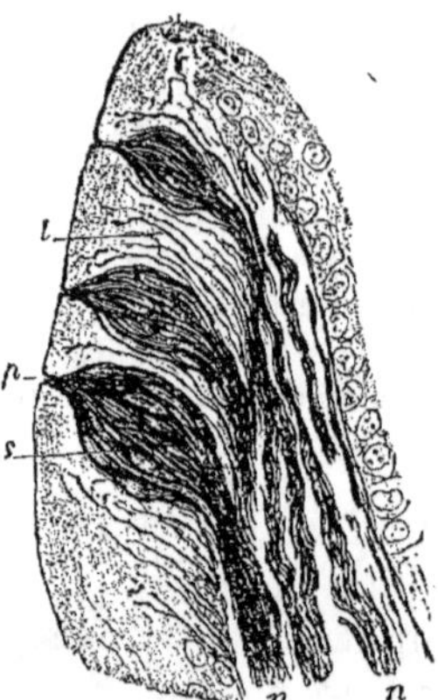

Fig. 259. — *Appareil folié gusta-tif du lapin.*

p, pore du goût ; *s,* cellules gustatives ; *i,* fibres nerveuses intraépithéliales ; *n,* nerf afférent au bourgeon gustatif. (D'après RAN-VIER.)

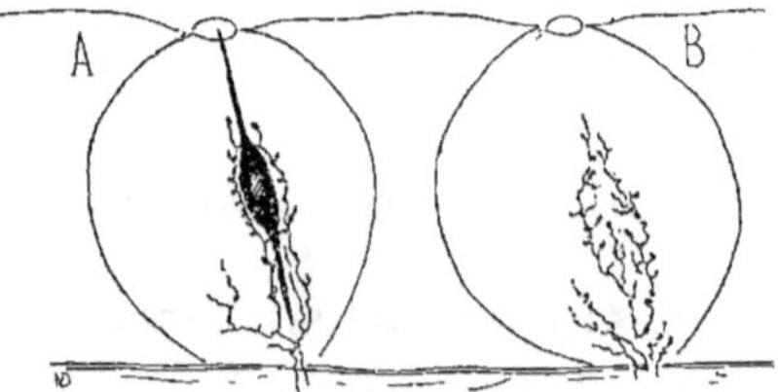

Fig. 260. — *Arborisations nerveuses réceptrices gustatives.*

A, bourgeon du goût avec une cellule gustative entourée de ramifications nerveuses.
B, les ramifications sont seules indiquées. (D'après M. DUVAL.)

sapides par l'intermédiaire des cellules gustatives, comme les nerfs du tact, les nerfs acoustiques et les cellules bipolaires de la rétine la reçoivent de cellules analogues.

La section du glosso-pharyngien entraîne la dégénération des arborisations nerveuses et, secondairement, la disparition des cellules gustatives et l'atrophie des bourgeons du goût (RANVIER).

II. Nerfs du goût. — La base de la langue a pour nerf sensoriel le *glosso-pharyngien* ; la pointe a, par l'intermédiaire du lingual, la *corde du tympan,* et les piliers du voile ont des filets des *nerfs palatins.* Ces derniers, ainsi que la corde, émanent du nerf de Wrisberg, ou petite racine (racine sensorielle) du facial. Le noyau primaire du nerf glosso-pharyngien et celui du nerf de Wrisberg sont voisins dans la substance du bulbe rachidien (M. DUVAL).

Rapports avec la sensibilité générale. — Ils sont très visibles dans l'appareil gustatif et s'accusent anatomiquement. Le champ des impressions gustatives est sensible aux impressions de contact et de température. Il possède des nerfs tactiles en même temps que des nerfs gustatifs. Ces éléments de sensibilité différente sont mélangés dans les

troncs nerveux de la langue et du voile du palais ; le glosso-pharyngien,
la corde du tympan, sont sensibles à l'excitation mécanique : dans le
glosso-pharyngien, les éléments sensoriels ou sensitifs sont mélangés à
partir des origines du nerf, tout en étant triés dans le bulbe en noyaux
distincts ; les éléments de sensibilité spéciale viennent à la corde par
le nerf de Wrisberg ; ceux de sensibilité générale paraissent lui
venir du trijumeau (peut-être par les nerfs pétreux) : les uns et les
autres, grossis des éléments centrifuges vaso-moteurs et sécréteurs
qui passent également par le nerf de Wrisberg, vont se jeter dans le
tronc du lingual (rameau du nerf maxillaire inférieur, lui-même
branche du trijumeau) qui donne la sensibilité générale à toute la
partie antérieure de la langue.

Troubles secondaires. — La dissociation de la sensibilité générale et gustative n'est donc possible que pour la partie antérieure ou
pointe de la langue, en coupant isolément la corde du tympan ou le
trijumeau dans le crâne. Les troubles secondaires de la vascularisation, de la sécrétion et de la nutrition qui en résultent, ont souvent
gêné les expérimentateurs qui ont tenté cette dissociation. Il y a
toutefois des faits assez probants qui nous la font accepter en
pp... .

Localisation corticale inconnue. — Sur la localisation corticale de la sensation gustative, nous n'avons aucune donnée d'observation ou d'expérience, et
de plus, ici, les inductions morphologiques nous font défaut. Ni l'étude de la
myélinisation ni aucune méthode anatomique ne nous fournit d'indication un
peu probable sur le lieu de l'écorce en relation avec les noyaux du glosso-pharyngien et du nerf de Wrisberg. On hésite à rattacher l'aire gustative à la zone
tactile (pour les uns), à la zone olfactive ou à une zone intermédiaire (pour
d'autres).

III. Réflexes d'adaptation. — En revanche, on connaît des
réflexes d'adaptation manifestement appropriés à l'exercice de la gustation. — Les mouvements de la langue sont gouvernés par le nerf
grand hypoglosse, dont le noyau est voisin de celui du glosso-pharyngien. La gustation est du reste associée à l'acte de la mastication,
dont l'innervation motrice est également bulbaire. — En plus de ces
actes proprement moteurs, la gustation entraîne, par action également réflexe, des modifications vaso-motrices et sécrétoires, dont
l'appareil nerveux nous est également connu. Il est contenu dans le
grand sympathique et dans ses dépendances bulbaires. Les vaso-
constricteurs remontent de la moelle thoracique par le cordon cervical ; les dilatateurs viennent à la muqueuse linguale par le glosso-
pharyngien et la corde du tympan, au voile du palais par les nerfs
palatins, ces derniers, ainsi que ceux de la corde, proviennent du

nerf de Wrisberg. Ces éléments vaso-dilatateurs sont doublés d'éléments sécréteurs ayant même provenance, et qui par le glosso-pharyngien vont à la glande parotide, par la corde à la sous-maxillaire et à la sublinguale, par les nerfs palatins aux glandules de la muqueuse du voile. La vaso-dilatation va de pair avec la sécrétion des glandes, et les deux phénomènes sont favorables; voire indispensables, à l'exercice de la gustation, les impressions sapides ne pouvant se faire que sur une muqueuse convenablement vascularisée et humectée. L'impression sensorielle suscite, par action réflexe, le phénomène de vascularisation et de sécrétion, en vertu d'un cycle d'adaptation, pareil à celui existant dans tous les autres organes des sens.

Réflexe douloureux. — La sécrétion la plus directement liée à l'acte gustatif paraît être celle de la sous-maxillaire et de la sublinguale. La sécrétion parotidienne, plus aqueuse et abondante seulement chez certains animaux (herbivores), paraît surtout liée à la mastication (Cl. BERNARD). — On provoque facilement la sécrétion réflexe de la sous-maxillaire, en excitant, chez les animaux, le bout central du nerf lingual coupé. Bien que le lingual contienne des fibres gustatives (qui lui viennent par la corde du tympan), il ne faut pas considérer cette sécrétion comme résultant d'une excitation de nature purement sensorielle réfléchie sur la glande. Le lingual, branche du trijumeau, contient en majorité des éléments de sensibilité générale, et l'abondant flux de salive qui suit son excitation centripète traduit surtout un réflexe ordinaire accompagné de douleur. C'est cette salivation réflexe qu'on observe dans la névralgie dentaire ou les autres névralgies du trijumeau.

CHAPITRE V

LE LANGAGE ET L'IDÉATION

Le langage est une succession d'actes moteurs qui, par leurs combinaisons, expriment conventionnellement des idées.

On distingue un langage *articulé* ou *parlé* qui se sert de sons (signes audibles) et un langage *écrit* qui se sert de lettres (signes visibles). Le langage caractérise l'humanité et forme la base de la vie civilisée. C'est la *facultas signatrix* de KANT.

Expressions émotives. — Au-dessous du langage des idées, il y a un *langage des émotions*. Toute émotion se traduit en nous par une série d'actes moteurs, tant intérieurs qu'extérieurs. Ces derniers, qui peuvent se réduire à de simples attitudes, manifestent aux yeux des autres les passions dont nous sommes agités. Ayant une racine plus profonde, ce langage est beaucoup plus général que le précédent; il est en effet universel et naturel; les animaux eux-mêmes le comprennent et le parlent entre eux ou avec nous. Darwin a cherché dans la formation du langage un appui pour sa théorie de l'évolution. Il est rationnel de supposer que le langage conventionnel des différentes tribus humaines dérive du langage expressif des émotions, commun à l'homme et aux animaux; mais il faut reconnaître que les traces de la transition de celui-ci à celui-là sont présentement pour nous perdues ou insaisissables.

A. — LA FORMATION DES MOTS ET DES IDEES.

Le langage est exprimé par des *signes* qui, en s'associant, forment des *mots*; les mots expriment des *idées*; les idées nous viennent des *sensations* et celles-ci procèdent des *impressions* faites sur nous par ce qui nous est extérieur. Telle est la filiation des phénomènes. Ils se déroulent dans un cycle nerveux d'une grande complexité, et suivant une succession naturellement inverse de la filiation sus-indiquée, c'est-à-dire, allant de l'impression à l'acte moteur. — Nous retrouvons, dans la fonction du langage, la relation entre la sensibilité et le mouvement qui est à la base de toute fonction nerveuse, et elle s'y présente sous des formes multiples; nous y retrouvons de même le conscient et l'inconscient, avec leur partage inégal et changeant. La plupart des mécanismes nerveux étudiés jusqu'ici s'y montrent comme condensés. De plus elle unit souvent dans un acte commun deux et même trois des principaux systèmes spécifiques qui se partagent l'écorce cérébrale. Elle est éminemment propre à nous donner une idée du fonctionnement d'ensemble du cerveau.

1. — *Les représentations dans la conscience.*

I. **Méthode d'analyse**. — Le langage est une des fonctions supérieures du système nerveux; à ce titre, il est justiciable d'une double analyse, l'une purement *intérieure* ou *subjective*, faite sur nous mêmes; l'autre *objective* et *extérieure*, faite d'après les méthodes de la physiologie.

Monde physique et monde moral. — Pour chacun de nous il y a un *monde extérieur*, sur lequel s'ouvrent nos sens, et il y a un *monde intérieur*, qui nous apparaît surtout quand nous fermons nos sens aux impressions du dehors. L'un est le monde *physique*, l'autre est le monde *psychique* ou monde *moral*. Le premier est formé d'objets et de phénomènes que nous saisissons par nos sens, *indirectement*, puisqu'il nous est extérieur; le second est formé de représentations ou phénomènes moraux, que nous saisissons *directement*, puisqu'il nous est intérieur.

Ils sont de leur nature irréductibles l'un à l'autre. Toute tentative pour les ramener à une unité qui existe peut-être dans le fond des choses, mais que nous ne sommes pas favorablement placés pour apercevoir, échoue devant les arguments de l'évidence et du sens commun. Nous sentons néanmoins la relation et la dépendance étroite dans laquelle ils sont l'un à l'égard de l'autre. Nous saisissons du reste, entre les opérations qui se font au-dedans de nous sur les représentations et celles qui se font au dehors sur les objets en mouvement, une analogie que le langage courant consacre, en les exprimant par les mêmes mots. En dedans comme en dehors de nous, nous saisissons des amplifications et des réductions, des séparations et des réunions, des concordances et des oppositions, des actions et des réactions, etc., etc.

Observation intérieure et observation extérieure. — Lorsque nous poursuivons une telle analyse, d'une part en notre for intérieur, d'autre part sur le cerveau d'un de nos semblables envisagé comme objet extérieur, nous appliquons les deux méthodes à l'étude d'une question au fond unique, envisagée sous deux aspects inverses, et les deux méthodes ne peuvent presque rien l'une sans l'autre. Consciemment ou inconsciemment, nous les appelons à se prêter un mutuel secours. Nous ne tardons pas de nous apercevoir que les deux analyses ainsi conduites, l'une dans le monde moral, l'autre dans le monde physique, outre qu'elles sont peu avancées dans leurs résultats actuels, ne se superposent pas dans les choses qu'elles saisissent. La vue que nous avons sur le dehors par nos sens extérieurs est surtout analytique. Elle nous livre sur le cerveau de notre semblable (partant, sur le nôtre) des détails que notre vue intérieure n'y saisit en aucune façon. Sur l'organisation *statique* des éléments qu'elle a ainsi découverts, elle possède et acquiert tous les jours des données qui ne sont pas sans importance, mais qui ne porteront réellement leur fruit que le jour où elle verra cette matière morte à l'état de mouvement et pourra décrire les incessantes modifications qui en constituent l'état *dynamique*.

Notre sens interne, lui, saisit des représentations; mais de ces représentations sont effacées précisément celles des objets matériels (cerveau et ses éléments composants) qui conditionnent son activité et son existence. Les plus simples de ces représentations (les sensations), celles qui entrent comme éléments dans les complexus psychiques qui servent aux opérations de l'esprit, celles au-dessous desquelles le sens interne n'analyse plus rien, ne distingue plus rien, sont conditionnées physiquement par des complexus physiologiques d'une organisation très élevée (écorce cérébrale), dont il ne saisit ni les éléments ni les limites. Le jeu des forces nerveuses, d'où il dépend autant qu'il le dirige, lui échappe au même titre que tout objet et tout phénomène matériels. S'il lui redevient accessible, c'est par un détour, c'est-à-dire en repassant par les sens extérieurs qui lui en fournissent alors la représentation et rien que la représentation.

Force nous est donc d'observer tour à tour en nous-mêmes et avec nos yeux, avec nos sens. Nous sommes prévenus que les deux analyses, bien que suivant des voies parallèles, ne se recouvrent pas. Nous ne les appellerons qu'assez rarement à véritablement se contrôler. Nous tâcherons plutôt à ce qu'elles se complètent l'une l'autre, en les prenant chacune dans sa sphère d'action.

II. Multiples opérations de l'esprit. — L'observation intérieure nous montre en nous-mêmes une série d'opérations distinctes, auxquelles la langue vulgaire a donné des noms différents.

La *sensation*, la *connaissance*, la *reconnaissance* (psychologique), la *représentation*, la *mémoire*, l'*attention*, l'*idée*, la *volition*, sont des phénomènes internes (échappant aux sens extérieurs) que chacun de nous sait distinguer les uns des autres, et dont nous pouvons saisir les rapports et les liaisons.

Élément primordial, sensation. — De tous ces phénomènes, la sensation est le plus élémentaire. C'est le fait originel d'où les autres dérivent par extensions, associations, dissociations, ou combinaisons diverses. En lui-même il est plus simple encore qu'il nous paraît. Une sensation peut être isolée de toute autre, au point de ne pas laisser de trace après elle. Les sensations sans souvenir au réveil, que trahissent les cris d'un individu sous l'influence du chloroforme, sont de ce genre ; celles qui pénètrent les premières dans le système nerveux du nouveau-né sont du même ordre. Ce sont des éléments indépendants qui ne se relient pas entre eux. La sensation, ne l'oublions pas, est déjà un complexus physiologique ; elle réclame, pour se développer, un système très perfectionné de neurones qui reçoit à son origine une impression de l'extérieur ; mais, pour notre sens intérieur, elle est l'élément psychique par excellence.

Son résidu. — L'impression, en se renouvelant et en renouvelant la sensation, se crée des voies habituelles dans le système nerveux. *Non seulement elle se crée ses voies propres, qui font qu'elle y aura toujours le même retentissement, mais elle s'y maintient en permanence.* Toute sensation laisse après elle ce qu'on appelle un *résidu*. J'admets pour ma part que cette permanence a sa condition physique dans une circulation de l'excitation à l'intérieur de cycles fermés, qui la renouvellent automatiquement d'une façon indéfinie.

État fort et état faible. — L'impression qui attaque à la périphéric un système ayant subi des impressions antérieures n'est donc plus dans la condition d'une impression qui tombe pour la première fois dans ce système. Elle s'associe aux résidus laissés par les impressions antécédentes ; elle est en continuité avec celles-ci à travers le temps. De l'*état faible* auquel elles étaient tombées, elle les ramène à l'*état fort*. Elle se synthétise, elle s'identifie avec elles. Et c'est ce qui fait que nous ne connaissons pour ainsi dire pas (autrement que par un artifice de raisonnement) la sensation simple, mais seulement la sensation renouvelée ou prolongée.

Mémoire. — Ce phénomène de synthèse dans le temps, c'est la mémoire. — En tant qu'il identifie une sensation nouvellement produite avec une sensation déjà éprouvée, c'est la *reconnaissance*. En tant qu'il nous éclaire sur la cause originelle de l'impression et de la sensation, c'est la *connaissance*. Et en tant que toutes ces connaissances de formes et de sources diverses s'associent suivant un classement logique, c'est l'*expérience* acquise. Toutes ces données de l'observation intérieure sont évidentes d'elles-mêmes.

Conscience. — Elles sont évidentes d'elles-mêmes, parce qu'elles sont éclairées par cette lumière intérieure que nous appelons la *conscience*; sauf pourtant que la sensation résiduelle est soustraite à cette lumière intérieure. Dans le temps, en effet, qui sépare la sensation première ou antérieure d'avec la sensation renouvelée, il y a passage du conscient à l'inconscient, puis, quand elle se renouvelle, passage inverse de l'inconscient au conscient. La conscience est susceptible de degrés ; ses variations et ses nuances sont infinies : nous les observons en nous-mêmes jusqu'à ce qu'elle atteigne ce seuil, au-dessous duquel pratiquement elle disparaît. D'autre part, les faits physiologiques nous attestent que là où la sensation n'a plus de manifestation pour nous-mêmes, elle se survit dans ses conditions physiques. L'arc réflexe conscient et l'arc réflexe inconscient sont faits à l'image l'un de l'autre.

Formes de la sensation. — Comme les systèmes qui les conditionnent, les sensations sont des modalités diverses (vue, ouïe, tact, etc.). Les combinaisons des impressions qui leur donnent naissance sont diverses également : c'est ce qu'on appelle les *formes* de la sensation. — A force de se répéter en nous, par suite d'impressions semblables, les sensations prennent pour nous une signification, un symbolisme déterminé; c'est ce que, dans le langage de l'école, on appelle le *contenu* de la sensation. Le contenu, c'est l'*objet*, la chose en concordance avec la sensation.

Représentations ; images psychiques. — Par ces mécanismes, qui les uns rattachent les sensations dans le temps et les autres nous livrent simultanément les qualités diverses des objets, il s'établit en nous une *représentation* du monde extérieur : c'est la collection de nos *images psychiques*. Ces images sont classées, ordonnées, systématisées dans l'inconscient, et sont évocables à chaque impression de l'objet auquel elles correspondent, c'est-à-dire à chaque sensation rappelée par celui-ci.

III. **Analyse et synthèse ; formation des images d'objets**. — Chaque sens, chaque sensation ne nous fait reconnaître et connaître qu'une qualité des objets qui ont fait impression sur eux L'esprit, l'activité cérébrale, la pensée s'emploie à séparer, abstraire les qualités semblables des objets différents et à les rassembler sur le même objet qui les possède à la fois. Par cette opération nouvelle de l'esprit, la reconnaissance des sensations nous conduit à la reconnaissance des objets. D'après l'exemple si souvent cité depuis Charcot, une cloche peut être entendue, vue, touchée. L'esprit associe les formes des trois sensations qui lui viennent de l'objet « cloche » si intimement qu'à toute impression nouvelle, venant de l'objet à l'un des trois sens (de la vision, de l'ouïe, du toucher), l'objet est reconnu. *Une* seule impression fait réapparaître les *trois* sensations, l'une à l'état fort, les deux autres à l'état faible ou dissimulé ; la notion de l'objet est créée par cette association.

C'est là la forme la plus inférieure de la pensée ; elle appartient à la fois aux animaux et à l'homme. Avec ses sensations associées, l'animal se crée des notions, ayant un premier degré de généralité, capables de diriger ses actes, en vue de la conservation. Il se forme, ainsi, un premier fond d'*idées*, qui sont les idées *concrètes*.

Pensée, abstraction. — Mais le mot « pensée », dans le sens qu'on lui attribue d'ordinaire, exprime un processus de séparation et de recomposition, proprement d'*abstraction*, poussé beaucoup plus loin et qui distingue, à un haut degré, la pensée humaine de celle des animaux. L'animal, venons-nous de dire, pense avec des sensations : l'homme pense avec des idées abstraites, il pense avec des mots. Par un nouveau travail d'analyse intérieur opéré sur les images psychiques, il se crée une collection d'*images verbales* d'un symbolisme beaucoup plus élevé que celui de ses images d'objets. C'est le langage entendu et parlé, auquel s'ajoute, chez l'homme civilisé, le langage lu et écrit.

Formation des images verbales. — Pour revenir à l'exemple précédent, le mot *cloche*, prononcé pour la première fois à l'oreille de l'enfant, ne réveille pas chez lui l'image de l'objet « cloche », ni aucune image d'objet connu ; elle tend tout d'abord seulement à créer et crée effectivement une image auditive nouvelle, ni plus ni moins importante que celles qu'il possède déjà. Mais cette image auditive, lorsqu'elle est évoquée dans des circonstances déterminées et convenablement choisies, est l'occasion en lui d'un nouveau travail d'abstraction, poussé beaucoup plus loin que les précédents, par lequel elle acquiert une valeur symbolique, d'un ordre vraiment général. Le procédé instinctif par lequel le cerveau de l'enfant fait cette acquisition nouvelle est de la nature de ceux qui entrent dans le raisonnement, tel qu'il peut être conduit méthodiquement chez l'adulte, en suivant les règles édictées dans la logique. La *raison* est l'aptitude de l'esprit humain à employer de pareils procédés. C'est de nouveau par la superposition, non plus simplement des images psychiques, mais des idées concrètes formées par la superposition de ces images, que l'esprit, allant d'abstraction en abstraction, arrive à l'idée générale, dite proprement *abstraite*.

Comparaison. — Toute comparaison procède d'une superposition de deux choses ayant des traits communs, et de nouveau cette superposition renforce les traits communs et élimine les traits différentiels. Toute comparaison est une *expérience intérieure d'identification* des sensations et des idées, expérience suivie ou non du résultat recherché et qui a sa signification dans les deux cas. L'immense avantage des animaux supérieurs sur leurs frères inférieurs et de l'homme sur les animaux, c'est de pouvoir réaliser. avec des sensations et des idées, ces expériences que l'être inculte ou irraisonnable est réduit à instituer avec ses puissances motrices. Il en résulte une extraordinaire économie de temps et de force.

Ainsi se forme chez l'enfant la collection des images verbales auditives. Par un mécanisme au fond semblable se formera plus tard la collection des images *verbales visuelles*. Le procédé en est seulement plus visiblement analytique, parce que les facultés du sujet sont à ce moment plus développées et que le langage parlé déjà constitué intervient dans l'apprentissage du langage écrit.

2. — *Actes moteurs du langage parlé et écrit.*

Dans le langage parlé ou écrit, les opérations sensorielles ou intellectuelles ont pour complément des actes moteurs, par lesquels nous reproduisons extérieurement les signes audibles ou visibles qui ont fait impression sur nos sens et qui, à leur tour, feront une impression toute pareille sur les sens de nos semblables. C'est en considération de cet échange de signes symboliques, qui réalisent un échange d'idées, que la fonction du langage est au premier plan parmi les fonctions dites de relation extérieure. — Comme dans tous les systèmes fonctionnels, *le développement de l'aptitude sensitive ou sensorielle précède celui de l'aptitude motrice parallèle.* L'articulation des sons, chez l'enfant, suit de plus ou moins près l'acquisition des images auditives, soit simples, soit verbales ; de plus, à partir du moment où elle est possible, elle l'aide et l'accélère singulièrement. L'écriture suit de même la lecture, à partir du moment où l'enfant en possède les éléments. Les actes moteurs du langage écrit sont du reste, quand il le faut, au service des images auditives, et la parole articulée peut de son côté traduire les images visuelles du langage écrit. On peut répondre par écrit à une question verbale, comme on peut répondre verbalement à une question écrite.

Le langage parlé a pour avantage sa facilité et sa promptitude. C'est lui qui sert couramment à l'échange des idées. Le langage écrit est plus artificiel ; la plume et le livre sont des organes factices interposés entre les conversants ; mais ses avantages lui viennent de la permanence assurée aux signes écrits et de la possibilité de leur multiplication indéfinie par l'imprimerie. Aussi marque-t-il un progrès essentiel dans la culture humaine.

Surdi-mutité. — Chez le sourd de naissance, la parole fait défaut ; ce qui tient non à une paralysie motrice des organes phonateurs, mais à l'absence des sensations auditives. C'est par imitation de la parole entendue que l'enfant dirige ses premiers efforts, en vue d'émettre des sons pareils à ceux qu'il entend ; sa propre oreille le renseigne sur le succès de ses tentatives et corrige à chaque instant les fautes d'articulation qu'il commet. Chez le sourd de naissance, la sensation auditive étant originellement absente, la phonation articulée est impossible. C'est un exemple de plus de la liaison étroite qui rattache le mouvement à la sensibilité, au milieu des formes variées de l'un et de l'autre.

Les images visuelles prennent en conséquence chez le sourd-muet une importance capitale. De plus, pour qu'il ne soit pas astreint à écrire sa pensée, chaque fois qu'il veut la traduire, on a imaginé pour lui un langage de signes manuels rapides, qui lui remplace la parole articulée.

Suppléance fonctionnelle, images tactiles. — Chez l'aveugle, les images visuelles manquent totalement. On peut suppléer chez eux à l'absence de la vue par le toucher, auquel l'exercice donne alors une acuité plus grande. L'aveugle lira sur des caractères en relief.

Le cas de Laura Bridgemann est particulier. Devenue aveugle et sourde à l'âge de deux ans, cette enfant n'avait que le sens du toucher et était restée inculte jusqu'à l'âge de sept ans. Le docteur Howe, à l'aide de signes en relief, institua alors pour elle une *parole tactile*, grâce à laquelle elle put se créer des *images verbales graphiques* et entrer en relation de pensées avec son entourage. L'intelligence, jusque-là arrêtée dans son développement, prit soudain son essor.

Rôle du sens musculaire. — Le sens de l'ouïe intervient dans le langage parlé, le sens de la vue dans le langage écrit, et le sens tactile peut artificiellement les suppléer l'un ou l'autre ou l'un et l'autre. Il faut remarquer que le sens musculaire, qui est une variété du sens tactile, ne cesse pas d'intervenir dans les phénomènes moteurs, par lesquels se traduisent la parole et l'écriture. Il intervient, il est vrai, secondairement, mais son rôle reste important. La parole, en effet, ne se guide pas uniquement sur l'oreille, pour l'articulation convenable des sons; ni l'écriture exclusivement sur la vue, pour la coordination des mouvements de la main. On peut écrire à la rigueur les yeux fermés, et les sourds par accident conservent les intonations et les articulations de la parole. La sensibilité qui guide et règle les mouvements musculaires est alors purement musculaire et tactile.

On peut donc admettre, même chez les individus en possession de tous leurs sens, l'existence d'images motrices (tant de l'articulation que de l'écriture); seulement ces images sont inconscientes. Chez les sourds-muets, les représentations motrices de gestes acquièrent une importance exceptionnelle, et il est probable qu'ils opèrent mentalement avec ces représentations, comme nous-mêmes avec les images auditives ou visuelles.

Chez les individus atteints de cécité verbale et qui ont perdu la faculté de la lecture, l'exécution avec la main droite des mouvements nécessaires pour copier le mot réveillent parfois la signification symbolique de celui-ci.

Remarque. — Avant de pouvoir lui-même parler, l'enfant a déjà quelques images verbales auditives et, avant de pouvoir écrire, il a des images verbales visuelles. Son apprentissage de la parole et de l'écriture a pour effet de lui créer des images motrices phonatrices et graphiques. Ces dernières images consistent en associations des éléments dits centrifuges ou moteurs, comme les premières consistaient en associations des éléments centripètes ou sensitifs. C'est ici le lieu de faire remarquer que ni l'association des éléments centripètes entre eux, ni celle des éléments centrifuges, ne constituent jamais à elles seules des systèmes à fonctionnement isolé, mais que chacune des deux individuellement se complète initialement par l'adjonction de fibres à conduction inverse, pour former des systèmes cycliques, les seuls capables de fonctionnement. En effet, les excitations qui atteignent le nerf auditif trouvent de bonne heure à se réfléchir sur les nerfs moteurs de l'appareil adaptateur de l'oreille, et celles qui atteignent le nerf optique se réfléchissent de même sur l'appareil adaptateur de l'œil : ainsi sont constitués des systèmes que nous appelons sensoriels, en raison seulement de l'importance qu'y prend le phénomène de la sensibilité par rapport au mouvement, mais qui en fait sont déjà sensori-moteurs.

Le système que nous appelons moteur (phonateur ou graphique) n'est pas lui-même pur d'éléments sensitifs. Par une sorte de réflexion inverse, l'excitation qui est descendue dans le muscle en repart pour remonter du côté du cerveau par les nerfs du sens musculaire. Les images motrices, comme les images sensorielles, sont en somme les unes et les autres des complexus, dans lesquels soit la motricité, soit la sensibilité sont associées en proportions inégales. En s'associant eux-mêmes les uns aux autres dans l'exercice du langage parlé ou écrit, ces systèmes sensoriels et moteurs dessinent un arc à extension plus grande, qui indique le trajet général de l'excitation, mais qui est compliqué d'un certain nombre de cycles intérieurs partiels, dont il faut tenir compte dans l'analyse du mécanisme général.

Détermination volontaire. — Ainsi, par l'association des sensations dans le temps, par leurs formes diverses et la comparaison de ces formes entre elles, par les représentations qui en naissent, par la formation des images, par l'organisation de celles-ci en idées concrètes d'abord, puis abstraites, par le classement méthodique de ces données dans l'esprit, se constitue le trésor de notre

expérience personnelle, lequel va grandissant à mesure que des sensations nouvelles se superposent aux précédentes et que se continue le travail d'organisation qui s'opère sur elles. Il est plus riche que nous ne pouvons supposer
nous-mêmes. La conscience ne l'illumine jamais qu'en partie, et généralement
à l'occasion d'une sensation nouvelle qui évoque la série des actes psychiques
en concordance avec elle. Des mécanismes, que l'habitude a rendus inconscients,
interviennent pour abréger ces opérations. Leur automatisme supprime la
délibération, qui eût entraîné des retards. Celle-ci ne porte plus que sur l'opération directrice, qui seule est éclairée par la conscience. C'est cette délibération
qui fait l'*acte volontaire*. C'est elle qui décide de la réponse, l'ajourne ou la précipite, en dicte le sens, d'après des *motifs* d'action plus ou moins longuement
estimés et comparés.

Langage automatique. — Le langage le plus réfléchi, le plus
médité, comporte, dans son exécution, des automatismes nombreux
et compliqués. A certains moments il peut même devenir purement
automatique, comme il arrive dans une lecture ou une récitation
faite sans attention au sens des mots. Des excitations arrivent alors
aux muscles dans un ordre préétabli auquel le cerveau ne change
rien ; à peu près comme les ondes électriques plus ou moins compliquées qui, dans un téléphone, vont de l'appareil manipulateur à
l'appareil récepteur. L'arc réflexe du langage automatique peut
associer : 1° la vision à la phonation (lecture automatique) ; 2° l'audition à la phonation (parole en écho) ; 3° la vision à l'écriture (copie) ;
4° l'audition à l'écriture (dictée).

Dans ces exemples, le langage devient réflexe, c'est-à-dire inconscient, sans cesser d'être cérébral. Inversement, il peut rester conscient
et n'avoir point d'effet extérieur de l'ordre moteur. Le langage, en
effet, a les rapports les plus étroits avec la pensée, et la pensée est
en nous un phénomène continu. L'homme parle sa pensée, mais
auparavant il pense sa parole.

3. — *Le langage intérieur*.

Nous possédons un langage intérieur, en tout semblable au
langage extérieur, à la différence près que ce langage n'est
entendu que de nous seuls. Ce langage est *uniquement parlé*,
en ce sens qu'il est présent à notre conscience sous la forme
d'images sonores qui résonnent en nous avec le rythme, le timbre,
les intonations et les inflexions qui nous sont habituelles, et non
sous la forme des signes visibles de l'écriture, ou autres signes
analogues. Exception doit être faite pour les sourds-muets, qui ne
connaissent point les signes audibles du langage et doivent recourir

pour leur langage intérieur aux mêmes signes que pour leur langage extérieur.

La parole intérieure est tellement semblable à la parole extérieure qu'on peut passer par degrés insensibles de l'une à l'autre : la voix *haute*, la voix *basse*, le *chuchotement*, la voix *intérieure* sont des degrés dans l'intensité du même phénomène. La différence essentielle ne vient même pas de l'intensité relative de l'acte moteur vocal, mais de ce que dans la parole intérieure nous n'avons d'auditeur et d'interlocuteur que nous-mêmes ; notre propre parole, haute ou basse, faisant sur notre ouïe, comme sur celle d'autrui, l'effet d'une excitation sensorielle, qui évoque des idées et suggère des réponses et ainsi de suite, dans une série de cycles sensitivo-moteurs qui s'engendrent et se succèdent en nous, tel qu'il arrive dans une méditation bien réglée (EGGER).

Les rapports de l'idée au mot et du mot à l'idée sont les mêmes dans la parole intérieure que dans la parole extérieure, parce que l'ordre et la succession des phénomènes sont exactement les mêmes dans l'une et dans l'autre. La parole intérieure, comme la parole extérieure, est *automatique* (comme souvent dans la prière mentale) ou bien méditée (comme dans le discours qu'on prépare).

Résonance intérieure. — Comment notre propre voix peut-elle résonner intérieurement en nous, alors qu'en apparence aucune excitation auditive ne remonte au cerveau? D'où vient l'impression qui simule une parole chuchotée à notre oreille et qui positivement fait défaut? Dans la parole haute, la circulation des excitations est continue ; le cerveau excite les muscles phonateurs, qui, en ébranlant l'air, excitent à leur tour le cerveau. Le cerveau a ainsi l'écho de ses propres excitations, qui lui sont renvoyées dans l'ordre où il les a lui-même fait parvenir aux muscles phonateurs. Dans la parole intérieure, le cycle paraît rompu absolument à sa partie inférieure, et il l'est effectivement entre le larynx et l'oreille, mais il reste malgré cela fermé sur lui-même par d'autres voies. L'air ne vibre plus, mais les muscles ne sont pas absolument immobiles.

Tendance motrice. — Dans la parole intérieure, le sujet qui s'observe constate de très légers mouvements de la langue et des lèvres, qui accusent, sous une forme atténuée, la nature motrice du langage interne. Ces mouvements (incapables d'ébranler l'air) ont dans le système nerveux un écho sensitif, puisque nous les percevons. Les sensations cinesthésiques qu'ils provoquent (sens musculaire) réveillent par association les sensations auditives concordantes. La parole intérieure, que nous entendons au fond de nous, serait d'après cela le fait d'images tactiles motrices, perçues comme images auditives. Quoi qu'il en soit de l'explication, le fait de l'existence, dans la parole intérieure, d'une motricité atténuée est indéniable : toute impression sensitive s'accuse par un mouvement ou une tendance au mouvement. La suspension, l'ajournement, l'arrêt du phénomène moteur est le propre des actes réfléchis, délibérés, volontaires, comme son exécution immédiate est celui des actes réflexes, inconscients, involontaires.

Autre explication. — La circulation des excitations, dans la parole intérieure, peut encore se comprendre d'une autre façon. L'excitation, qui du cerveau descend sur les noyaux gris du système inférieur exécuteur des mouvements, peut y subir une réflexion inverse, qui la fait remonter au cerveau, en
faisant l'économie du trajet que, dans la parole haute, elle fait des noyaux
moteurs aux muscles et de ceux-ci aux noyaux sensitifs bulbo-médullaires, qui
l'irradient de nouveau sur le cerveau. Au lieu de recevoir de troisième main
une excitation, qui a passé successivement par les noyaux et nerfs moteurs,
par les muscles et finalement par les nerfs de la sensibilité musculaire, les
noyaux sensitifs bulbaires recevraient directement du cerveau une excitation,
qui a la forme du mouvement qu'elle est destinée à faire accomplir, et ils la
renverraient au cerveau, pour l'avertir de l'exécution, non plus musculaire,
mais purement nerveuse de l'acte commandé par lui. Dans cette circulation
intranerveuse, le cerveau se parle à lui-même sans témoin indiscret ; il entend,
perçoit tout au moins ses propres commandements, sans que ceux-ci se trahissent
au dehors, autrement que par d'imperceptibles oscillations musculaires, d'intensités du reste très inégales suivant les sujets. Ce cycle intérieur double probablement le cycle extérieur, non seulement dans la parole interne et la parole
basse, mais même dans la parole haute, et a sa part dans ce qu'on appelle les
impressions cinesthésiques. C'est ainsi tout au moins qu'on peut comprendre
ce sens de l'innervation motrice que quelques-uns admettent de pair avec le
sens musculaire, et cela sans contrevenir aux lois les plus fondamentales du
système nerveux, à savoir celle de la propagation des excitations dans un sens
défini et celle de la distinction des deux courants inverses qui assurent cette
propagation.

Nous pouvons supposer toute communication interrompue entre les organes
des sens et leurs noyaux d'origine, et en même temps entre les noyaux moteurs
et les muscles ; la parole intérieure ne sera pas supprimée pour cela, pas plus
que la pensée, qu'elle traduit en nous sous une forme consciente.

I. L'intelligence et la conscience. — La conscience et l'intel-
ligence sont étroitement liées, et nous voyons les êtres les plus
conscients d'eux-mêmes être généralement aussi les plus intelligents : mais ce sont choses distinctes néanmoins. La conscience
comporte une notion d'*actualité* : par définition, elle est ce qui
éclaire les opérations intérieures de l'esprit ; elle cesse d'être aussitôt que ces opérations sont en dehors de cet éclairage intérieur ; il
n'y a point d'explication à donner d'un phénomène aussi primordial :
il se saisit lui-même dans son entier, contenant et contenu.

L'intelligence comporte une notion de *capacité* : elle se mesure
au nombre, à la complexité et à l'organisation des représentations
intérieures, images et idées, que l'esprit, au cours de ses innombrables expériences, est susceptible d'acquérir. Elle se développe dans
le conscient, mais elle survit à la conscience, tant que l'organisation
des représentations subsiste avec sa perfection première. Le mathé-
maticien qui poursuit la solution d'un problème n'a présents à la
conscience que les principaux rapports entre les valeurs.

II. **L'attention.** — Tous les phénomènes qui nous donnent à nous-mêmes le sentiment de la spontanéité sont d'une explication plus difficile encore que les autres. Ils paraissent en effet en contradiction avec les lois ordinaires de la causalité, telles qu'elles nous apparaissent dans le monde physique et telles que nous aimons à les étendre à tous les phénomènes quelconques, par esprit d'unification. L'attention, la volonté, tous les actes dans lesquels intervient l'*effort* psychique sont de cet ordre. Il est vrai qu'à l'analyse, dans un assez grand nombre de cas, cette notion de spontanéité se dissipe en partie, comme étant une illusion. Le sentiment de tension que nous éprouvons est bien un phénomène psychique, mais il est secondaire ; c'est une sensation qui naît, au moins pour partie, de la contraction tonique involontaire de nos muscles. Si l'attention paraît se diriger d'elle-même sur un objet extérieur ou une représentation intérieure, elle peut aussi y être sollicitée par une excitation ou externe ou interne.

L'attention augmente le degré de la conscience ; elle porte celle-ci dans une direction déterminée qui l'accapare ou, comme on dit souvent, la concentre, c'est-à-dire l'exalte dans un sens donné (vue, ouïe, etc.) et la diminue d'autant dans les autres. Le temps de perception en est très raccourci.

Pour un premier bruit, par exemple, ce temps a une valeur donnée ; pour un second que notre oreille prévoit, il peut diminuer de moitié et, à excitation égale, la sensation se renforce également. En même temps, les résidus des sensations antérieures sont rappelés et grossissent le flot des excitations nouvelles qui circulent dans le système nerveux. Pendant qu'elle dure, l'attention supprime les actes moteurs, inhibe les organes musculaires. Cette suspension des excitations motrices favorise la délibération qui s'opère alors dans l'esprit. L'inconnu une fois dégagé, les excitations qu'elle a cumulées, en les suspendant momentanément, se donnent carrière vers un but nettement déterminé, et les actes moteurs que prépare une telle tension sont exécutés.

En même temps que ces changements s'opèrent en nous-mêmes, dans ce que nous appelons l'activité de l'esprit, d'autres plus ou moins visibles en sont la conséquence dans l'exercice de nos fonctions tant intérieures qu'extérieures. Nous venons de signaler l'état directement visible du tissu musculaire et de l'appareil moteur dans l'attention. Non seulement son attitude est particulière, mais ses aptitudes sont modifiées. Comme le travail physique, le travail intellectuel prolongé amène la *fatigue*. Elle n'est pas la même dans les deux cas, mais les analogies et les ressemblances sont grandes. Cela tient à ce que *le travail intellectuel et le travail physique ne sont jamais complètement indé-*

pendants. Ils prédominent seulement, tantôt l'un, tantôt l'autre, et plus ou moins suivant les cas.

III. **Fatigue**. — La fatigue, dans les diverses conditions de sa production, a été longuement étudiée par Mosso.

Si par des excitations répétées et égales on oblige un muscle à donner la même contraction, dont on enregistre chaque fois la hauteur, au bout d'un temps il accusera sa diminution de puissance et finalement son impuissance par la moindre élévation des traits qu'il trace sur le papier. La ligne qui rejoint les extrémités supérieures de ces traits est la *courbe de fatigue* (KRONECKER). Elle est d'autant plus accusée que la fatigue est plus prompte à se produire. Elle peut donc servir de témoin et de mesure à la fatigue elle-même. — L'épreuve se fait sur un doigt dont les mouvements de flexion s'emploient à soulever chaque fois un poids donné. L'appareil myographique adapté à cette épreuve est un *ergographe* (enregistreur du travail) ; ce genre de myographie adapté lui-même à l'étude spéciale de la fatigue et des conditions diverses de sa production est l'*ergographie*.

Chaque soulèvement, chaque double trait dessiné par l'élévation et la descente du poids soulevé est une *épreuve de force* capable de mesurer le travail maximum. L'ensemble, c'est-à-dire la courbe de fatigue, est une *épreuve de fond* : c'est celle qui est intéressante.

Nous avons l'instrument qui mesure la fatigue ; nous la voyons se produire à la suite d'efforts répétés. Où siègera-t-elle ? Dans le muscle lui-même ou dans le système nerveux ? et, comme celui-ci est complexe, dans quel de ses segments et systèmes superposés ? Le problème est complexe. La fatigue est un phénomène à la fois objectif et subjectif.

Objectivement, la fatigue est une destruction (non suffisamment compensée par le courant inverse de réparation qui ne manque jamais), une destruction en fin de compte. Les faits d'analyse directe attestent que c'est dans le muscle surtout que se fait cette destruction ; il est le grand dépensier de l'énergie physique accumulée dans l'organisme.

Subjectivement, la fatigue est une *sensation* pénible, dont la condition prochaine est dans l'impression que suscite la destruction des organes fatigués, dans les nerfs sensitifs dont ils sont pourvus. De ce point de vue elle est nerveuse, cérébrale. Dans l'enchaînement des phénomènes, le système nerveux intervient pour arrêter la cause du mouvement, en arrêtant l'excitation que lui-même transmet au système musculaire et arrêter le destruction qui en serait la conséquence.

La fatigue pourra être ressentie différemment par les différents individus, suivant leur sensibilité propre. Tel accuse une fatigue prononcée, alors que la destruction est à peine commençante ; tel autre ne la ressent pas, alors qu'elle est avancée ; et quand ces différences sont très accusées, elles sont préjudiciables dans les deux sens, car elles dénotent et occasionnent un manque d'équilibre dans les fonctions. La sensation manque à son rôle, qui est non seulement d'exciter, mais de pondérer, régulariser et économiser le mouvement. — C'est donc chez les sujets les plus normaux que la sensation de fatigue, d'un seul mot la fatigue, joue le mieux son rôle modérateur en arrêtant le travail musculaire.

Effets secondaires de l'effort intellectuel. — Ainsi, le travail physique est l'occasion d'un état psychique, qui le limite par le jeu d'une des réactions fondamentales du système nerveux. A son tour, le travail intellectuel est l'occasion d'une dépense physique beaucoup moindre, mais réelle. L'immobilité des muscles pendant l'attention n'implique pas toujours leur inactivité, mais cache assez souvent une certaine tension de ceux-ci. Il y a à cet égard de grandes différences, suivant les individus et suivant le degré d'effort qui accompagne l'attention. On peut constater chez certains un relâchement des doigts (Mac Dougall). En tout cas l'effort intellectuel modifie l'aptitude du système nerveux à en tirer des contractions. C'est ce que montre l'épreuve ergographique faite à la fin d'un travail psychique à la fois difficile et prolongé. La courbe de fatigue survient beaucoup plus rapidement. De même que l'excès du travail physique diminue pendant un temps l'activité ou aptitude intellectuelle, de même l'excès du travail intellectuel diminue l'activité ou aptitude physique. Nous disons l'excès, car, en dehors de la fatigue, c'est l'inverse qui se produit : un travail court augmente la force musculaire et l'augmentation porte sur l'épreuve de fond autant que sur l'épreuve de force.

Le retentissement de l'effort psychique poussé jusqu'à la fatigue ne se borne pas à l'appareil moteur extérieur : le système de la vie organique en reçoit le contre-coup. Pendant l'attention, le calibre de l'orifice pupillaire augmente (Mentz), la convergence des yeux diminue, le cristallin s'aplatit (Heinrich); la température centrale peut augmenter (Gley).

La *circulation* et la *respiration* sont modifiées. Un travail intellectuel énergique et court produit une accélération cardiaque et respiratoire et une vaso-constriction à la périphérie, suivies par un ralentissement léger de ces mouvements.

Un travail intellectuel durant plusieurs heures avec immobilité du corps, produit le ralentissement du cœur et une diminution de la circulation capillaire périphérique. Ce contraste se retrouve dans l'exercice musculaire; les nombres sont seulement changés de valeur.

Effets sur la circulation cérébrale. — Mais les changements circulatoires les plus intéressants sont ceux du cerveau. Si on observe sur un sujet à la fois le pouls cérébral (cas de perte de substance du crâne) et le pouls radial, on voit que pendant le travail intellectuel le premier seulement est augmenté d'amplitude (Mosso). On a observé la même chose en comparant la radiale et la carotide (Gley). Le cerveau augmente de volume par le fait de sa circulation accrue. L'hyperémie du cerveau n'est pas seulement une conséquence, mais un effet de l'activité cérébrale (Morselli). Comme les autres organes, le cerveau a une circulation adaptée à son fonctionnement et qui se règle sur lui. Organe nerveux à la fois récepteur et dispensateur des excitations dont il constitue la réserve inépuisable, le cerveau n'en subit pas moins la loi des autres organes. C'est par la moelle épinière et le grand sympathique qu'il s'envoie à lui-même (à ses vaisseaux) les excitations vaso-motrices qui gouvernent sa circulation (motricité récurrente) ; c'est par la moelle allongée et le trijumeau qu'il s'envoie en sens inverse les excitations sensitives qui entrent dans ce cycle régulateur (sensibilité récurrente).

B. — LE LANGAGE ET LES LOCALISATIONS CÉRÉBRALES.

Le mécanisme mental, qui nous apparaît intérieurement à la lumière de notre conscience, est conditionné par un mécanisme physique, qui nous apparaîtrait, lui, comme matière en mouvement, sur le cerveau d'un être distinct de nous-même, si nous disposions de méthodes physiologiques assez parfaites pour nous en dévoiler les délicates et innombrables modifications au cours de tous ces actes. Nous sommes loin d'un tel résultat. Pourtant cette analyse a reçu un commencement d'exécution, en ce qu'on distingue, dans le cerveau, des parties dont l'existence conditionne certaines fonctions ou opérations de l'esprit.

Nous savons déjà que chaque sensation spécifique (chaque forme particulière de la sensation) se développe dans un système particulier qui, s'il venait à être supprimé en entier, ferait disparaître toute trace des sensations correspondantes, en même temps que toute possibilité de leur renouvellement. Nous savons également que la mutilation faite à la périphérie d'un tel système, en le séparant de son excitant normal, rend impossible la formation des images physiques, condition du renouvellement des sensations, mais laisse subsister les images psychiques emmagasinées dans le souvenir. Nous savons qu'inversement la suppression de régions déterminées de l'écorce, qui couronnent chacun de ces systèmes, — tout en laissant persister le renouvellement des excitations à la périphérie et certaines manifestations réflexes, automatiques ou instinctives de l'ordre inconscient ou subconscient, qui sont liées à l'organisation de la partie sous-corticale du système, — détruisent le magasin des images psychiques correspondantes.

Dissociation pathologique des éléments du langage. — Mais les images visuelles, comme les images auditives, sont des représentations plus ou moins compliquées. Au-dessous des images proprement dites, il y a les sensations qui en sont les éléments. Les images qui résultent de leur groupement sont les unes concrètes (images d'objets), les autres symboliques ou abstraites (images verbales, ou du langage, soit parlé, soit écrit). La pathologie, de son côté, nous montre que certaines de ces images peuvent disparaître, pendant que d'autres se conservent, plus ou moins inaltérées. Le départ qui se fait alors peut concerner les sensations ou les images d'un sens donné, en laissant subsister celles des autres sens ; il peut aussi faire, dans un sens donné, un choix entre les ordres plus ou moins compliqués des différentes images ou représentations de ce sens. Il peut supprimer par exemple les images verbales de l'audition ou de la vision, en laissant subsister les images d'objets et naturellement aussi, d'une façon au moins partielle, les sensations. Il peut supprimer toutes les images psychiques et ne laisser subsister que les sensations. Enfin, il peut détruire les manifestations psychiques d'un sens, au point de n'en rien laisser subsister.

Aphasie. — Lorsque la perturbation qui atteint le cerveau se limite à la suppression des images verbales, c'est alors l'aphasie. — L'aphasique n'est pas un aphonique, car il conserve intactes les puissances motrices du langage, dont il est incapable de se servir ; il n'est pas non plus un dément, car il a des idées qu'il est d'autre part incapable d'exprimer, un trouble de ce genre, qui respecte à la fois les activités sensitivo-motrices inférieures et, dans une certaine mesure, l'idéation, est forcément limité : il siège en effet dans le cerveau et de plus il n'affecte dans celui-ci que l'un des systèmes qui participent à la fonction du langage ; car s'il les affectait tous silmutanément, ce ne serait plus seulement l'expression de l'idée, mais l'idée elle-même, qui disparaîtrait. Comme celle-ci a des sources (audition, vision...) multiples et des moyens d'expression (parole, écriture...) également multiples, elle persiste à un état, il est vrai, plus ou moins complet. Un aphasique est un individu qui a perdu, non pas toute la fonction du langage, mais l'une des fonctions partielles qui concourent à cette fonction complexe.

L'altération qui produit l'aphasie revêt des formes anatomiques et fonctionnelles distinctes. Tantôt elle détruit, dans l'écorce même, les systèmes partiels qui conditionnent les images verbales (*aphasies corticales*); tantôt elle rompt les communications de ces systèmes entre eux ou avec les systèmes inférieurs de réception sensitive ou d'exécution motrice (*aphasies de conduction*). — Mais, jusque dans le cerveau, nous distinguons entre des systèmes, les uns de réception et organisation des sensations, les autres d'exécution motrice verbale ; d'où, suivant le siège systématique de la lésion, deux formes fonctionnellement différente d'aphasies, les unes *sensorielles*, les autres motrices.

1. — *Aphasies dites corticales*.

Les images verbales sont les unes sensorielles et les autres motrices. — Les premières sont des représentations plus ou moins complexes, qui s'éveillent en nous d'une façon passive, à la sollicitation des signes (audibles ou visibles) du langage. Elles méritent pleinement le nom d'images parce qu'elles s'étalent dans le plein jour de la conscience et qu'elles se prêtent à une analyse intérieure. Les secondes leur ressemblent, en ce qu'elles sont également des associations toutes préparées et subitement évocables comme les premières ; mais elles en diffèrent en ce que leur mécanisme cérébral échappe à une analyse subjective et que les représentations que nous nous en faisons sont secondaires, c'est-à-dire postérieures à l'acte physique ou musculaire qu'elles déterminent ou sollicitent. Elles ne sont des images que dans un sens métaphorique.

Au surplus, les images sensorielles ne sont pas pures d'effet moteur, ne tint-on compte que des mouvements d'adaptation nécessaires à l'exercice de tout organe des sens, au moment que l'excitation tombe sur lui ; pas plus que les images motrices ne sont pures d'effet sensitif, en raison de l'excitation qui des muscles remonte au cerveau pour enregistrer le mouvement accompli.

Le langage, fonction complexe, associe des cycles sensitivo-moteurs dans un cycle d'ensemble. Dans cette association, les uns de ces cycles partiels prennent essentiellement la fonction sensorielle (système auditif ou visuel), les autres essentiellement la fonction motrice (systèmes tactiles). Comme ces systèmes sont localisés dans des régions distinctes du cerveau, il en résulte que, suivant le système lésé, l'aphasie sera sensorielle ou motrice.

A. APHASIE MOTRICE. — Dans l'évolution de la question, l'aphasie dite motrice fut la première observée et elle est liée, comme on sait, au problème des localisations fonctionnelles du cerveau. — BROCA établit que *la perte du langage articulé suit la destruction de la troisième circonvolution frontale de l'hémisphère gauche*. L'individu ainsi atteint a conservé son intelligence. Si la lésion ne dépasse pas les limites sus-indiquées, il pourra être indemne de toute paralysie motrice ; l'émission des sons est possible ; l'appareil phonateur proprement dit est intact ; mais, bien que le sujet ait conscience du parti qu'il en pourrait tirer pour communiquer ses idées, il est dans l'impossibilité de s'en servir. Le langage intérieur est chez lui conservé ; le langage extérieur est impossible.

On explique cette impuissance en disant qu'il a perdu la mémoire motrice d'articulation des mots. Sa provision d'images motrices d'articulation est détruite du fait de la destruction de la troisième frontale gauche.

Agraphie. — D'autres fois il peut arriver que la parole soit conservée et l'écriture impossible. C'est alors l'*agraphie*. On a cru pouvoir localiser la lésion de ce trouble du langage dans le pied de la *deuxième frontale* (EXNER); mais cette localisation est contestée.

B. APHASIE SENSORIELLE. — WERNICKE distingua ultérieurement une nouvelle forme d'aphasie, celle dite par lui « sensorielle », qui diffère de la précédente par les symptômes et le siège de l'altération. L'aphasique sensoriel peut articuler des sons ou écrire ; même il est souvent un verbeux ; mais le désordre du langage se montre en ceci que ses paroles, ou n'ont pas de sens, ou bien ne répondent pas à la question qui lui est posée. Tantôt il a perdu ses images verbales auditives (surdité verbale), et c'est dans ce cas que l'aphasie sensorielle se montre avec le plus d'évidence ; tantôt il a perdu ses images verbales visuelles (cécité verbale), et le désordre de la fonction du langage s'accuse en ce qu'il lui est impossible de lire. Les signes de l'écriture ont perdu pour lui leur signification symbolique ; il peut écrire, mais ne sait pas se lire ; il peut parler, répondre à une question orale, non à une question écrite.

Surdité verbale. — La surdité verbale s'observe dans le cas de lésion de la *première circonvolution temporale gauche*. Le champ de l'écorce qui conditionne les images verbales auditives recouvre ainsi à peu près le territoire de l'audition : une lésion limitée du côté gauche laisse persister les sensations sonores ou de tonalité pendant qu'elle en détruit la signification symbolique.

Cécité verbale. — La cécité verbale s'observe dans la destruction *du lobule pariétal inférieur gauche* avec ou sans participation du *pli courbe*. Elle s'accompagne alors le plus souvent d'agraphie. On a pu observer la cécité verbale pure, sans complication d'agraphie, dans le cas d'interruption du *faisceau longitudinal inférieur* de Burdach (partie inférieure de ce faisceau).

Les fibres du faisceau longitudinal seraient ainsi chargées de mettre en communication la zone corticale de la vision avec la zone du langage (Dejerine). L'hémianopsie homonyme qui accompagne cette lésion est due à la lésion et atrophie concomitante des radiations optiques.

Amnésie verbale auditive. — La surdité verbale est une lésion permanente, au moins dans les conditions où elle est observée habituellement ; mais elle se montre parfois sous forme passagère en même temps qu'atténuée, soit sous des influences toxiques comme celle du tabac (G. Ballet), soit par les progrès de l'âge. Car si notre trésor d'expériences intérieures va grossissant toujours, nous avons de plus en plus de peine à en tirer parti, l'évocation des mots se faisant difficilement et parfois inutilement. Et c'est dans ces circonstances que leur disparition suit un ordre assez régulier, noms propres d'abord, noms communs ensuite, avec conservation du souvenir des qualificatifs et des verbes.

Amnésie verbale visuelle. — Elle est moins bien connue que la précédente et toujours difficile à démêler d'avec les autres troubles de même nature et bien exceptionnellement sous forme passagère.

Types sensoriels. — L'ouïe est le sens habituel qui enregistre les images verbales, à cause de l'usage infiniment plus fréquent que nous faisons de la parole comparé à celui de l'écriture. La vue est par contre le sens qui enregistre nos images d'objets, parce que la vision à cet égard a, à son tour, une permanence d'action et une précision de renseignements que n'a pas l'ouïe. Mais il est des individus dont la parole intérieure ou les opérations de l'esprit sont des lectures plus que des auditions intérieures : on les appelle des *visuels*, par opposition aux *auditifs*, chez qui les images auditives ont une intensité et un usage à peu près exclusifs. On distingue aussi des *moteurs*, chez qui la parole intérieure serait la représentation d'un mouvement d'articulation, et des *indifférents*, chez qui ces différentes images seraient employées suivant les cas. Ces distinctions établies par CHARCOT, et sur lesquelles certains lui reprochent d'avoir trop insisté, sont considérées comme fondées par un assez grand nombre de neurologistes.

Amusie. — La musique, elle aussi, est une langue, non plus représentative d'idées, mais expressive d'émotions. En tout cas elle a ses symboles, qui chez le musicien constituent un dépôt d'images musicales. Ces images peuvent être perdues comme les images verbales.

Amimie. — La mimique est un langage plus primitif et plus général que le langage proprement dit : il peut y avoir perte des images mimiques. BRISSAUD a d'autre part décrit une *aphasie d'intonation*.

2. — *Aphasies par défaut de conduction.*

L'aphasie, dans ses différentes formes, est déterminée par des lésions de l'écorce, dont nous venons d'indiquer le siège. On attribue à chacune de ces régions un pouvoir de conservation des images, soit sensorielles, soit motrices, qui concourent à la fonction du langage. On semble même généralement admettre que ces images y sont incluses. Cette façon de comprendre la localisation du langage et de ses mécanismes principaux dépasse les faits. Ceux-ci nous montrent avec évidence que ces régions sont chacune une partie essentielle du mécanisme nerveux du langage. Mais ce mécanisme peut encore être altéré et arrêté dans son fonctionnement par des lésions autres que celles de l'écorce. Pour que l'aphasie se produise, il faut et il suffit que les associations principales qui conditionnent la fonction du langage soient rompues. En quelques points, cette rupture est réalisée par la destruction de certaines régions de l'écorce; mais elle peut l'être aussi par l'interruption des faisceaux blancs, qui ont précisément pour fonction d'associer ces régions entre elles, ou par celle des fibres de projection qui y aboutissent ou en partent immédiatement. Ce sont les *aphasies* dites de *conductibilité*.

Différence essentielle. — La différence symptomatologique réside dans ce fait important, que *le langage intérieur*, correspondant à la perte des images d'où résulte l'aphasie, *est alors conservé*. Il n'y a pas effacement d'un ordre ni d'une forme d'images, mais rupture des relations qui, normalement, existent entre ces images pour la parole ou pour l'écriture. Autrement dit, l'organisation intérieure des systèmes partiels qui assurent chacun la formation des images sensorielles ou motrices (organisation assurée par les régions sus-indiquées de la substance grise) n'est pas compromise, mais il y a séparation de ces différents systèmes, avec impossibilité désormais de s'unir dans des fonctionnements communs (associations réalisées par certaines fibres étendues en grand nombre des unes aux autres de ces régions par la substance blanche). Les lésions de la région de l'insula, située intermédiairement entre les régions dites sensorielles et celles dites motrices, produiraient des aphasies de ce genre par section de faisceaux blancs d'association qui la traversent (DEJERINE).

Constructions schématiques. — CHARCOT, LICHTEIM, GRASSET, plusieurs auteurs ont construit des schèmes, destinés à faciliter la compréhension du mécanisme du langage, ainsi que de sa perversion dans les différentes aphasies. Celui de GRASSET, par cela même qu'il vise moins la réalité cliniqué des différents troubles observés, est un des plus propres à représenter concrètement les différentes questions qui sont débattues à propos de l'analyse du langage à son état normal ou troublé. En reliant par des traits en différents sens les quatre centres corticaux (deux pour la sensibilité, deux pour la motricité) qui régissent cette fonction, on établit une sorte de polygone horizontal dont ces points de l'écorce forment les angles. De ces mêmes points partent des lignes verticales ascendantes pour simuler les nerfs sensoriels, descendantes pour les nerfs moteurs. Par les associations qui s'y produisent entre la sensibilité et le mouvement, ce polygone assure l'automatisme à la fois physiologique et psychologique des fonctions du langage. Mais ces fonctions ne sont pas purement automatiques : elles sont à certains moments intellectuelles. Chacun de ces centres est de nouveau relié individuellement par des lignes à un centre supérieur qui est celui de l'intelligence.

Sans parler de la destruction des centres eux-mêmes, l'interruption des conducteurs pourra être intrapolygonale (séparation des centres dans la fonction automatique), sous-polygonale (séparation des centres de leurs connexions périphériques), sus-polygonale (séparation des centres polygonaux du centre supérieur de l'idéation), et les symptômes varieront en conséquence. Anatomiquement, tous ces centres sont situés dans l'écorce, en même temps que toutes les fibres blanches qui les relient (entre eux, avec les régions inférieures, avec le centre d'idéation) sont au-dessous de l'écorce. Mais en donnant aux expressions un sens symbolique qui vise leur fonctionnement, GRASSET appelle *transcorticales* les fibres intrapolygonales, *sous-corticales* les sous-polygonales, et *sus-corticales* les sus-polygonales qui vont converger vers le centre O ou centre supérieur de l'idéation.

Principales différences. — I. Aphasies corticales et aphasies de conduction. — Entre les aphasies corticales et les aphasies par défaut de conduction, la différence est en ce que, dans les premières, un par exemple des systèmes qui conditionnent la formation et la conservation des images verbales (auditives, visuelles, motrices) est détruit dans sa partie essentielle (centre cortical correspondant); tandis que dans les secondes ces systèmes subsistent. Dans le premier cas, les images disparaissent; dans le second, elles sont conservées et il leur manque seulement de pouvoir opérer entre elles ou avec le dehors certaines

liaisons. *Les aphasies corticales seront donc plus graves que les aphasies de conduction*, puisque non seulement le groupe d'images n'est plus relié dans un certain
sens, mais qu'il disparaît de la fonction.

II. **Aphasies sous-corticales.** — *Dans les aphasies sous-corticales, le langage*

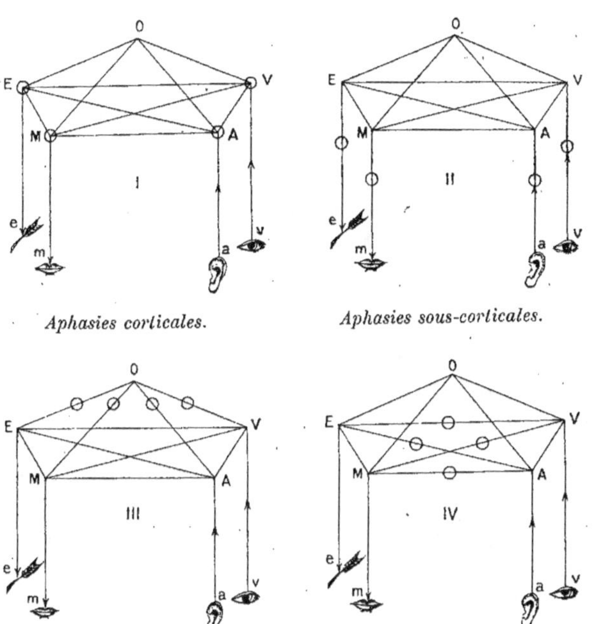

Aphasies corticales.   Aphasies sous-corticales.

Aphasies sus-corticales.   Aphasies transcorticales.

Fig. 261. — *Schémas représentant les différentes classes d'aphasies et les différentes
formes qu'elles peuvent affecter individuellement.*

I, II, III, IV. Quatre classes d'aphasies, suivant que le siège de la lésion est dans la
substance grise (centres particuliers), dans la substance blanche (sur leur faisceau de
projection), dans la substance blanche (sur leurs faisceaux d'association entre eux),
dans la substance blanche (sur leur faisceau de communication avec le centre supérieur de l'idéation).

A, centre auditif; V, centre visuel; M, centre moteur d'articulation; E, centre moteur
graphique; O, centre intellectuel. (D'après GRASSET.)

intérieur paraît à peu près intact. Toutes les images persistent. Si la lésion sous-
corticale est dans un des deux champs sensitifs, elles ne se renouvelleront plus
dans le champ correspondant : si elle est dans le champ moteur, elles ne
s'exprimeront plus, ou s'exprimeront par un nouveau langage conventionnel de
gestes.

Anarthrie. — Si la lésion siège un peu bas sur la couronne rayonnante,
dans le voisinage de la capsule interne, ce n'est plus l'aphasie, mais l'*anarthrie* ou
la *dysarthrie* qui s'observe (défaut d'articulation).

III. **Aphasies transcorticales.** — Dans les aphasies transcorticales, toutes
les images verbales persistent, mais les relations qu'elles ont entre elles de sen-

sitives à motrices ne s'établissent plus dans telle ou telle direction. Il s'ensuit que *le langage automatique est troublé dans telle ou telle de ses formes* (lecture à voix haute, répétition des paroles entendues, copie ordinaire, copie sous dictée). Le langage conscient volontaire se réalise au contraire par les relations à la fois indirectes et compliquées qui s'établissent entre les images sensorielles et motrices.

IV. **Aphasies sus-corticales.** — Dans les aphasies dites sus-corticales, les images verbales persistent encore, se renouvellent et s'expriment, grâce aux relations persistantes avec la périphérie, s'évoquent entre elles de sensorielles à motrices dans le langage automatique; mais des connexions d'un genre un peu différent sont alors rompues partiellement. Le passage de l'image à l'idée ou celui inverse de l'idée à l'image dans une quelconque ou dans plusieurs des formes de la sensation est rendu difficile ou impossible. *L'idée existe, l'image existe, mais ne s'évoquent pas l'une l'autre ou inversement.*

Siège de l'idéation. — Le centre le plus mal défini anatomiquement et fonctionnellement, c'est celui dit de l'*idéation*, qu'on voit représenté d'une façon isolée des autres dans la plupart des schèmes, y compris celui de Charcot. A mon sens, l'expression « centre » doit être, ici surtout, considérée comme purement symbolique. Moins que toute autre, la fonction « intelligence » peut être concentrée et localisée dans une région définie du cerveau (lobe frontal par exemple).

Sans doute, lorsqu'elle se substitue à l'automatisme psychologique, elle est conditionnée par une *extension* dans l'écorce cérébrale des systèmes déjà associés, dont le complexus englobe alors de nouvelles parties, de nouveaux mécanismes, solidarisés dans une association d'ensemble; mais on n'est pas autorisé à admettre que ces systèmes surajoutés (centres sus-corticaux si l'on veut) fonctionneraient intellectuellement s'ils étaient complètement isolés. Au surplus la notion d'un centre d'idéation n'est présentée que dans un but de simplification et de schématisation des faits.

Automatisme et intelligence. — Il est certain que, dans des troubles du langage en apparence semblables, l'intelligence peut être assez diversement touchée. Très diminuée dans certains cas, elle peut être à peu près intacte dans certains autres. Il a été dit plus haut que, dans les aphasies de conductilité, elle est beaucoup mieux conservée que dans les aphasies par destruction corticale, la dissolution du mécanisme étant poussée moins loin dans les premières que dans les secondes. Parfois même on a pu observer, entre l'intelligence et le langage, une sorte de dissociation, ce dernier pouvant se faire automatiquement sans compréhension des mots et l'intelligence se manifestant néanmoins d'une façon non douteuse.

Il y a, dans ce cas, séparation du langage extérieur (devenu automatique) d'avec le langage intérieur (qui représente l'idéation). Il n'est guère possible d'admettre que cette dissociation fonctionnelle corresponde à un isolement *total* du siège de l'idéation, qui resterait alors sans attache avec l'extérieur.

L'intelligence, en pareil cas, serait forcément atteinte et très gravement; elle l'est pour beaucoup moins, quand une des zones à images verbales, l'auditive par exemple, vient à être détruite. Dans les aphasies par défaut de conduction,

dans celles notamment qu'on appelle sus-corticales (sus-polygonales d'après le schème), il semble que la liaison des différentes zones partielles du langage soit moins gravement atteinte que dans les aphasies corticales, tout en rendant impossibles certains modes de passage du mot à l'idée et de l'idée au mot. On peut donc expliquer par cette liaison restée plus étroite la conservation du langage intérieur et de l'idéation plus complète dans ces formes d'aphasie. D'où il suit que c'est cette liaison, avec probablement extension des associations dans la substance cérébrale, qui est la condition essentielle de l'idéation.

3. — *La zone du langage, sa constitution.*

L'analyse anatomo-clinique a, comme on a vu, distingué dans l'écorce trois zones partielles (trois centres): une pour les images auditives, une pour les images visuelles, une pour les images motrices de phonation, plus une quatrième si on admet le centre de l'écriture, tous territoires auxquels on a attribué des fonctions distinctes dans le langage et qu'on a considérés d'abord comme indépendants.

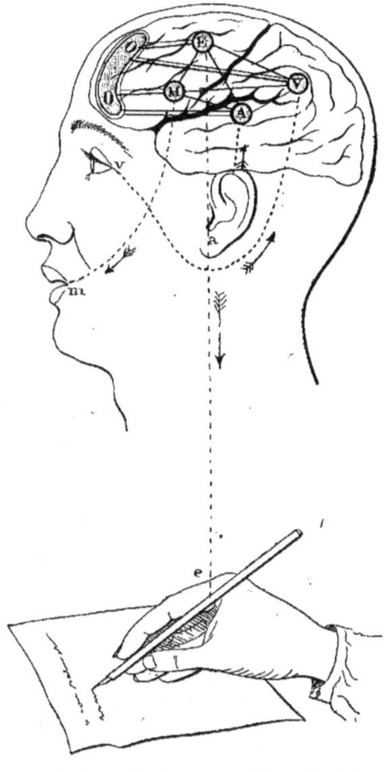

Fig. 262. — *Centres ou systèmes du langage et leurs principales associations.*

A, centre auditif ; V, centre visuel; M, centre moteur de la parole ; E, centre moteur de l'écriture ; OO, centre intellectuel.

Nerfs sensoriels en bleu : *a*N, nerf auditif ; *v*V, nerf optique. Nerfs moteurs en rouge : M*m*, nerfs phonateurs ; E*e*, nerf de l'écriture. (D'après GRASSET.)

Les travaux ultérieurs de FREUD et de MIRAILLÉ ont tendu, tout en maintenant leurs différences fonctionnelles, à montrer les relations que ces parties ont entre elles et avec les zones voisines de l'écorce. Ces auteurs admettent l'existence d'une zone du langage dont le centre des images motrices (pied de la troisième frontale) occupe la partie antérieure, le centre des images verbales auditives (première temporale) la partie postéro-inférieure, et le centre des images verbales visuelles (lobule pariétal et pli courbe) la partie postéro-supérieure. Ces centres se relient entre eux par des fibres d'association qui en font un tout complexe, tellement que l'altération individuelle de chacun entraîne un trouble général avec prédominance marquée sur le mode fonctionnel correspondant au centre affecté par la lésion. Ils remarquent également que chacun d'eux est en rapport direct avec une région de l'écorce qui emmagasine les impressions

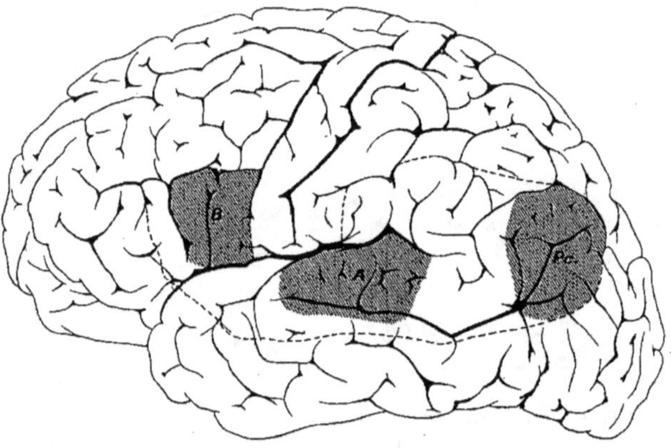

Fig. 263. — *Zone du langage et ses trois centres d'images* (d'après Dejerine).

A, centre des images auditives des mots (centre de Wernicke) ; B, centre des images motrices d'articulation (centre de Broca) ; Pc, centre des images visuelles des mots. Une ligne pointillée indique les limites d'ensemble de la zone du langage.

générales de la même catégorie. Le centre de Broca est en contact avec la zone motrice générale, à sa partie inférieure, dans le voisinage des origines corticales de l'hypoglosse, du facial, du masticateur (nerfs de la face, des lèvres, du voile du palais, de la langue, du larynx, du pharynx). Le centre des images visuelles est en relations avec le centre de la vision générale par sa face profonde et touche les radiations optiques. Le centre des images auditives se confond à peu près avec celui de l'audition générale. *Chaque centre,* en somme, d'après cette vue, *est une portion de la zone générale voisine, différenciée et appropriée à la fonction spécialisée du langage.* Comme d'autre part les relations entre ces différents centres sensoriels et moteurs est étroite, *la lésion isolée de chacun d'eux s'accuse par des troubles prédominants de sa fonction propre, mais qui retentissent d'une façon atténuée sur celles des autres centres* (Dejerine).

Fibres d'association. — Les fibres d'association de la zone du langage sont les unes *courtes*, allant d'une circonvolution à l'autre, les autres *longues*, unissant la zone du langage à d'autres régions corticales. On y voit un faisceau longitudinal supérieur ou arqué ; un faisceau occipito-frontal étendu entre le lobe frontal, l'insula et le lobe temporo-occipital (forme le *tapetum*) ; un faisceau longitudinal inférieur qui relie la zone visuelle occipitale au lobe temporal. La zone d'un côté est reliée à celle de l'autre par la partie la plus inférieure du tronc du corps calleux.

Fibres de projection. — De la zone du langage des fibres de projection s'étendent à la couche optique. Un faisceau fronto-thalamique occupe le segment antérieur de la capsule interne. Les fibres de la troisième frontale et de la région adjacente forment le genou de la capsule interne (partie antérieure de son segment postérieur) : dans le pied du pédoncule, elles occupent la partie antéro-interne et le bord interne.

C. — PROCESSUS ET ORGANES D'ASSOCIATION.

L'analyse expérimentale et clinique du cerveau fait apparaître entre ses différentes parties une différenciation fonctionnelle évidente. L'ablation limitée de certaines zones déterminées de l'écorce supprime, ou tout au moins découronne des systèmes spécifiques, dont alors l'activité cesse ou devient méconnaissable. L'excitation, quand on la fait pénétrer dans ces zones, réveille artificiellement cette activité et nous en montre les effets moteurs. Or ces territoires, tels que l'expérimentation les désigne et les délimite, ne se rejoignent pas, mais laissent entre eux un espace de configuration irrégulière, auquel on donne parfois le nom de zone *latente* ou inexcitable. C'est, comme on voit, par ses caractères plutôt négatifs que ce territoire distinct se définit. Sa destruction n'amène point d'anesthésie sensitive ou sensorielle et point non plus de paralysie motrice. Son excitation ne se traduit par rien de visible extérieurement.

Hypothèse anatomique. — L'alternative se pose entre les hypothèses suivantes : ou bien ce territoire dit latent est au fond équivalent à ceux qui couronnent les systèmes sensoriels dits spécifiques, seulement sa sensi-motricité est d'un ordre que nous ne savons pas reconnaître ; ou bien ce territoire est franchement différent de ceux qui appartiennent à ces systèmes spécifiques et il conditionne des fonctions dans lesquelles les diverses sensibilités et motricités n'entrent plus à l'état d'éléments distincts et reconnaissables, mais sont au contraire étroitement confondus entre eux de diverses façons.

C'est cette seconde hypothèse qui a prévalu généralement. On a cru lui trouver un appui et comme une démonstration dans le fait anatomique affirmé d'abord par FLECHSIG, que cette zone latente (décomposable elle-même en un certain nombre de zones particulières) serait dépourvue de fibres de projection et, par contre, serait richement pourvue de fibres d'association, courtes et longues, la mettant en relation avec les territoires spécifiques des différents sens. Sa fonction en un mot serait, non d'associer l'écorce au fonctionnement de l'axe gris, dans les transmissions motrices ou sensitives, mais d'associer les aires corticales sensori-motrices, pour en tirer des manifestations nouvelles d'un psychisme supérieur. Ces territoires, qui sont sans réponse aucune à l'excitation directe, seraient des centres d'idéation.

Contestations. — Le fait anatomique avancé par FLECHSIG a été vivement combattu par plusieurs (C. et O. Vogt, Mahaim, Sachs, Dejerine, Monakow) et du reste en partie abandonné par son auteur.

Expériences. — Demoor a tenté d'éclairer cette question par les expériences suivantes. Sur différents chiens il détruit l'écorce cérébrale, *a.* sur la zone tactile (gyrus sigmoïde) ; *b.* sur la zone visuelle (lobe occipital) ; *c.* sur le lobe frontal, et *d.* sur le lobe pariétal (ces deux dernières régions étant désignées comme centres d'association ou d'idéation, par comparaison aux deux premières qui représentent des centres de projection). Les résultats (symptômes de déficit après la guérison) ont été les suivants :

a. Ablation de l aire tactile. — La sensibilité et la motricité persistent avec les modifications essentielles qu'on remarque en pareil cas. Le caractère est modifié : l'animal est devenu agressif. *L'intelligence est absolument déchue.* Ni par le le tact, ni par la vue, ni par l'ouïe, ni par l'odorat, l'animal ne peut être sollicité à aucun acte intelligent : il peut être considéré comme dément.

b. Ablation de l'aire visuelle. — Il y a d'abord cécité psychique (cécité corticale), puis la vision se rétablit, au moins partiellement, après un certain temps. Le chien paraît alors normal et est susceptible de toutes les éducations ou acquisitions intellectuelles d'un chien ordinaire.

c. Ablation des centres frontaux. — Sauf une légère exagération de l'excitabilité qui disparaît après quelques jours, on n'observe point de différence avec l'état normal.

d. Ablation des centres pariétaux. — Dans un lieu qui lui est connu l'animal a l'allure normale, mais présente des anomalies sérieuses quand il est placé dans un local qui lui est inconnu ; apprend difficilement à gravir un escalier ; est incapable de le descendre, incapable d'apprendre à « donner la patte ».

De cette dernière expérience, l'auteur conclut que le centre pariétal possède en réalité une fonction d'association, dans le genre de celle qu'on lui a attribuée : il serait chez le chien le centre coordinateur des activités élémentaires de l'intelligence. — Le centre frontal n'a qu'un rôle très effacé et non reconnaissable : ce qui tiendrait à son développement encore très rudimentaire chez les carnivores, ce centre étant phylogéniquement (commé ontogéniquement) d'évolution tardive et n'acquérant son importance que chez les primates et surtout chez l'homme.

Il faut observer pourtant à ce propos que le lobe frontal des ongulés est très développé par rapport à celui des carnivores, et cela manifestement sans que l'intelligence de ces animaux en acquière aucun profit (Monakow).

A propos du centre pariétal, on ne peut s'empêcher non plus de remarquer que si sa destruction a amené un trouble dans l'association des idées et l'intelligence, ce trouble a été incomparablement moins marqué que celui résultant de la destruction de la zone tactile. Et pourtant dans ce dernier cas l'animal gardait à sa disposition non seulement ses centres d'association pariétal et frontal, mais quatre sens sur cinq subsistaient pour l'alimenter de sensations, dont deux sens supérieurs, la vue et l'ouïe.

Fonctions modératrices du lobe frontal. — Bianchi, en enlevant la région préfrontale chez le singe, affirme avoir produit un certain état d'infériorité mentale. Les expériences de cet auteur, celles de Goltz sur le chien, une observation de Harlow sur l'homme, montrent que les destructions portant sur la partie antérieure du cerveau produisent une modification du caractère, qui devient impulsif, irritable, incapable de modération.

Inhibition. — R. Oddi puis G. Fano, en opérant sur le chien, ont constaté que l'excitation de la zone frontale dite inexcitable a une action d'arrêt sur les mouvements provoqués par excitation réflexe. Fano, après l'ablation de l'écorce dans cette région, trouve que le temps de latence des réflexes est diminué. Cette action est surtout croisée et plus visible pour le membre antérieur que pour le postérieur. Pour le premier, le temps réflexe, qui est de 32,6 à 36,9 millièmes de seconde, devient, quelques jours après l'opération, 23,8 à 26,1.

Ces faits, malgré leur intérêt, n'éclairent encore que faiblement le fonctionnement d'ensemble du cerveau. En dehors d'une différenciation fonctionnelle qui affecte certaines de ses régions et des liaisons qui rattachent certains territoires spécifiques dans la zone du langage, il faut reconnaître que nous savons peu de chose sur ce fonctionnement.

D. — SOMMEIL.

Le sommeil est une suspension, une interruption plus ou moins complète de l'activité consciente et volontaire. Les sens extérieurs sont partiellement fermés ou volontairement mis à l'abri des excitations du dehors. Le corps prend de préférence la position horizontale et reste à peu près immobile. La respiration, la circulation (quelque peu ralenties) et les actes de la nutrition en général se poursuivent régulièrement. Les paupières sont closes, les pupilles rétrécies sont tournées en haut et en dedans.

Les rêves. — L'activité mentale n'est pas complètement annihilée, témoin les rêves dont certains laissent une trace plus ou moins profonde (souvent légère et sans doute parfois nulle) dans notre mémoire. L'activité mentale du rêve a pour éléments les excitations antérieures du système nerveux restées emmagasinées en lui à l'état inconscient, et auxquelles viennent s'ajouter pendant le sommeil quelques excitations légères venues accidentellement des sens malgré leur repos (bruits extérieurs, pression du corps sur la peau et les membres, excitations internes ayant leur source dans les viscères, etc.). Dans la veille ces excitations sensitives ou sensorielles se superposent à des excitations antérieures résiduelles de même nature, qu'elles évoquent dans un ordre logique, d'après certaines lois. Dans le rêve, en raison de la dépression de l'activité cérébrale qui caractérise le sommeil, ces associations se font comme au hasard de la rencontre, d'où l'instabilité de ces associations, la bizarrerie bien connue et l'incohérence des rêves (Bergson).

Mécanismes supposés. — Sur la façon dont s'opère la désagrégation des systèmes cérébraux dans le sommeil et leur recomposition dans la veille, on a fait plusieurs hypothèses, les unes d'ordre chimique (substances ponogènes de Preyer), les autres d'ordre anatomique (théorie histologique de M. Duval). Malgré cela, le mécanisme en est resté obscur et en somme inconnu. Pendant le sommeil le cerveau est relativement anémié, ainsi qu'on a pu s'en convaincre chez des hommes et des animaux trépanés.

Nécessité du sommeil. — Tout aussi inconnue pour nous est la cause du sommeil. Le système nerveux obéit à une loi de périodicité qui est inscrite dans les fonctions de tous les organes et de leurs éléments, loi dont nous ne faisons que proclamer la généralité et dont la raison profonde nous est inconnue. L'activité appelle le repos et réciproquement. La période de cette activité suivie de repos s'est modelée sur le nycthémère, la veille correspondant au jour et le sommeil à la nuit.

Sommeil provoqué. — Le sommeil peut être obtenu artificiellement par l'absorption de certaines substances, les narcotiques (morphine), les anesthésiques (chloroforme, éther, etc.).

Hypnose. — Chez les individus affectés de tares hystériques (anesthésies, hyperesthésies, etc.), on provoque facilement l'état dit d'hypnotisme par des excitations sur certains sens, telles que passes magnétiques, fixation du regard sur un objet brillant, pression de certains points de la peau, etc.

Le réveil s'obtient par des moyens du même genre (souffle sur le front, pressions...).

L'individu passe généralement par trois états qui peuvent parfois s'obtenir isolément, à savoir l'état *cataleptique*, l'état *léthargique* et l'état *somnambulique*. Dans ce dernier état, l'individu, dégagé en quelque sorte de sa personnalité ordinaire, présente un automatisme tout à fait remarquable et suit docilement toutes les suggestions qui lui sont données, même quand ces suggestions indiquent des actes à date fixe plus ou moins éloignée et à exécuter après le réveil. — L'*hypnotisme*, *magnétisme* ou *braidisme*, consiste dans une dépression ou désagrégation mentale, qui fait disparaître les fonctions supérieures du système nerveux impliquant la conscience claire et surtout la volonté, et ne laisse subsister qu'une activité en quelque sorte purement automatique.

La personnalité ; ses désagrégations. — L'hypnose, en tant qu'elle est un état provoquable à volonté chez quelques sujets hystériques, a permis de réaliser certaines analyses de phénomènes psychiques. — Elle nous montre que *le moi est une association d'éléments différenciés et coordonnés* (RIBOT, BINET, JANET). Cette association n'occupe pas tout l'organisme ni tout le système nerveux, mais une partie de son étendue. Elle n'est pas fixe, mais éminemment mobile et variable. Sans cesse, elle accapare de nouveaux éléments et en élimine d'autres de sa constitution.

Personnalités secondaires. — Les éléments qu'elle laisse en dehors d'elle forment des agrégations secondaires dont l'individualité propre est généralement méconnaissable, perdues qu'elles sont dans le fonctionnement général auquel elles coopèrent, bien qu'étant en dehors de la conscience proprement dite. Dans l'hypnose, ces agrégations sont susceptibles d'atteindre un degré d'organisation qui les constitue à l'état de personnalités secondaires coexistantes avec le moi proprement dit et distinctes de lui.

Le *sous-moi* ainsi constitué entend des questions que le moi ne perçoit pas et y fait des réponses dont ce dernier n'a pas non plus conscience. Le cycle sensitivo-moteur de ce langage particulier peut être confiné dans le système tactile (excitations cutanées ou mouvements communiqués suscitant en réponse des mouvements coordonnés intentionnels de la main) ; il peut aussi être plus étendu (paroles chuchotées à l'oreille suscitant des réponses écrites chez des sujets dont l'attention personnelle est d'autre part vivement concentrée sur un objet ou sujet distinct).

Spiritisme. — La dissociation de la personnalité peut, dans certains cas, être moins profonde. La question posée peut être connue du moi, être consciente, et la réponse du sous-moi être inconsciente et involontaire, c'est-à-dire manifester néanmoins une intelligence distincte de la précédente. C'est le cas des « médiums » dans les séances dites de *spiritisme*. La croyance à des « esprits » extrasomatiques évocables et manifestant leur pensée par les organes du médium a pour fondement des faits de ce genre. Il y a bien dans ces cas une intelligence (d'ordre généralement inférieur) séparée, qui agit à l'insu du moi véritable ; mais cette intelligence habite le même corps, le même système nerveux et n'est qu'une portion distraite de l'intelligence du médium, qui s'est constituée à l'état indépendant, en puisant dans un lot commun de souvenirs. La séparation est poussée au point que ces deux intelligences peuvent converser l'une avec l'autre sans prévoir la réponse, comme deux personnes organiquement distinctes.

BIBLIOGRAPHIE.

Sensibilité générale. — Nerfs et appareils terminaux. — CANINI, Endig... Froschlarvenschwanzes, *Arch. f. Anat. u. Phys.*, 1883, p. 149. — RICHELOT, Distrib. des nerfs collat. des doigts... *Arch. Phys.*, 1875, p. 177. — RUFFINI, ...Papilles... peau de l'homme, *Arch. it. biol.*, 1893, t. XVIII, p. 435. — VANLAIR, Innerv. directe de la peau, *C. R. Ac. sc.*, 1886, t. CIII, p. 352. — WOLFF, Tastkörper... *Arch. f. Anat. u. Phys.*, 1883, p. 127.

Ganglions spinaux, racines postérieures. — CAVAZZANI, Gangl. spinaux, *Arch. it. biol.*, 1897, t. XXVIII, p. 50. — PALADINO, Résect. rac. post., *Arch. it. biol.*, 1895, t. XXIII, p. 146.

Sensibilité cutanée. — BLOCH, Sensat. de traction et pression cutanée, *Arch. Phys.*, 1891, p. 322. — BOERI et di SILVESTRO, Dissociat. des différentes sensibilités sous l'action de différents agents, *Arch. it. biol.*, 1899, t. XXXI, p. 460. — CHARPENTIER, Analyse exp. sensation de poids, *Arch. Phys.*, 1891, p. 122. — DESSOIR, Ub. d. Hautsinn, *Arch. f. Anat. u. Phys.*, 1892, p. 175. — SIG. EXNER, Intermitt. Hetzhautreiz., *Arch. v. Pflüger*, 1870, p. 214. — HENRI, Localis. sensat. tactiles, *Arch. Phys.*, 1893, p. 619. — KIESOW, Sens pression déform. de la peau, *Arch. Phys.*, 1896, t. XXVI, p. 417. — WILH. KOCH, Zur Lehre von der Hyperästhesie, *Arch. f. Anat. u. Phys.*, 1877, p. 473. — LAULANIÉ, Durée de la sensation tactile, *C. R. Ac. sc.*, 1876, t. LXXXII, p. 1314. — OEHL, Critérium chronométrique de la sensation, *Arch. it. biol.*, 1897, p. 240. — OTTOLENGHI, La sensibilité et l'âge, *Arch. it. biol.*, 1895, t. XXIV, p. 139. — PASTORE, Oscill. des sensat. tactiles, *Arch. it. biol.*, 1900, t. XXXIV, p. 262. — ROGER, Excitat. cutanées, *Arch. Phys.*, 1893, p. 17. — SHORE, Taste sensat., *Journ. of Phys.*, 1892, p. 191. — SCHMEY, Modific. d. Tastempfindung, *Arch. f. Anat. u. Phys.*, 1884, p. 309.

Sens musculaire. — CATTANEO, Org. musculo-tendineux, *Arch. it. biol.*, 1888, t. X, p. 337. — CLAPARÈDE, Thèse Genève, 1897. — GOLDSCHEIDER, *Arch. f. Anat. u. Phys.*, 1889, suppl., p. 141. — RUFFINI, *Arch. it. biol.*, 1893, t. XVIII, p. 106; *Journ. of Phys.*, 1898, p. 190.

Sensibilité des viscères. — BUYS, Sensib. de l'ovaire, *Arch. it. biol.*, 1891, t. XVI, p. 87. — PAGANO, Sensib. du cœur et des vaisseaux, *Arch. it. biol.*, 1900, t. XXXIII.

Sensibilité thermique. — CAVAZZANI, Différenciat. de ses org. avec ceux de la pression, *Arch. it. biol.*, 1892, t. XVII, p. 413. — GOLDSCHEIDER, Preuves diverses dissociation, *Arch. f. Anat. u. Phys.*, 1885, suppl. 1886, 1887, 1888. — CH. HENRY, Sensib. therm., *C. R. Ac. sc.*, 1890, t. CXI, p. 274; Relation sensib. thermique avec température, *C. R. Ac. sc.*, 1896, t. CXXII, p. 1437.

Innervation visuelle. — Rétine. — FR. BOLL, Abelsdorff... Helligkeit. und Farbensin, *Arch. f. Anat. u. Phys.*, 1900; Licht und Farbenempfindung, *Arch. f. Anat. u. Phys.*, 1881. — CHARPENTIER, Vision différ. parties rétine, *Arch. Phys.*, 1877; Vitesses des réactions, *Idid.* 1883; Sensations visuelles et auditives, *Ibid.*, 1890; Dissociat. impress. sensit. success. occupant le même siège, *Ibid.*, 1891; Réact. oscill. rétine, *Ibid.*, 1892; Oscill. rétiniennes, *Ibid.*, 1896; Sens lumin., *Rev. gén. sc.*, 1898. — J. GAD, Energieumsatz in Retina, *Arch. f. Anat. u. Phys.*, 1894. — GREEFF, Morphol. und Physiol. Spinenzellen... *Arch. f. Anat. u. Phys.*, 1894; Längsverbind. in der menschl. Retina, *Ibid.*, 1898. — KÖNIG, Farbenschen und Farbenblindheit, *Arch. f. Anat. u. Phys.*, 1883. — KRIES, Gesichtsempfindung, *Arch. f. Anat. u. Phys.*, 1878. — PARINAUD, La vision : le même, *Rev. gén. sc.*, 1898. — RAWITZ, Cephalopoden retina, *Arch. f. Anat. u. Phys.*, 1891.

Chiasma. — BECHTEREW, *Neurol. Centralbl.*, 1898. — CAJAL, *Rev. trimest. micr.*, 1898. — GUDDEN, *Graefe's Arch. f. Ophtalm.*, XX, 1874; XXI, 1875, et XXV, 1879. — JACOBSOHN, *Neurol. Centralbl.*, 1896 et 1898. — NICATI, *Arch. de Phys.*, 1878.

Hémiopie ; hémianopsie. — DEJERINE, SOLLIER et AUSCHER, Lésion écorce occipitale, *Arch. Phys.*, 1890, p. 177. — WERNICKE,... Reichseittig. Hemiopie, *Arch. f. Anat. u. Phys.*, 1878.

Sphère visuelle corticale. — MONAKOW, Ursprungcentren... *Arch. f. Anat. u. Phys.*, 1885. — H. MUNCK, *Arch. f. Anat. u. Phys.*, 1879 et 1880.

Sphère corticale. — BECHTEREW, *Neurol. Centralbl.*, 1897. — BOUVERET, *Rev. gén. opht.*, et *Lyon médical*, 1877. — BRISSAUD, *Ann. oculist.*, 1893. — DEJERINE, *Biologie* (mémoire), 1892. — HENSCHEN, Congrès internat. de Rome, 1894. — LANNEGRACE, *Arch. méd. expér.*, 1889. — LUCIANI et TAMBURINI, Sui centri psico-sensori cortiali, Reggio Emilia, 1879. — MONAKOW, *Arch. f. Psych.*, XIV à XXIV. — MUNK, *Akad. d. Wiss. Berlin*, 1890. — SCHÄFFER, *Brain*, 1888. — SCHERRINGTON, *Journ. of Phys.*, 1894. — J. SOURY, Les fonctions du cerveau, 2e édit., 1892 (Ind. bibliogr.). — STEINER, *Pflüger's Arch.*, 1891. — VIALET, Thèse Paris, 1893. — VITZOU, *Arch. de Phys.*, 1893 et 1897.

Réaction pupillaire. — E. HESSE, *Pflüger's Arch.*, LII. — E. LEYDEN, *Deutsche med. Wochenschr.*, 1892. — MASSAUT, *Arch. f. Psych.*, XXVIII, 1896. — MENDEL, *Berliner klin. Wochensch.*, nov. 1889.

Innervation auditive. — Sens de l'ouïe; creille interne. — BEAUREGARD et DUPUY, Variation électriq. nerf acoustique excité par le son, *C. R. Ac. sc.*, 1896. — BERTHELOT, Sensat. acoust. par sels de quinine, *C. R. Ac. sc.*, 1890. — BONNAFONT, Phén. nerv. par pression membr. tymp., *C. R. Ac. sc.*, 1882. — DEGANELLO, Ablat. can. demi-circul. dégénérat. bulbe et cervelet, *Arch. ital. biol.*, 1899. — DIXON, Temps de réaction, *Journ. of Phys.*, 1896. — GAGLIO, Anesthésie can. demi-circul., *Arch. ital. biol.* 1899. — VULPIAN, Troubles par excit. app. auditif, *C. R. Ac. sc.*, 1883. — WREDEN, Electr. reiz. des Gehörorgans, *Arch. de Pflüger*, 1872.

Sens de l'espace. — BONNIER, Physiol. du nerf de l'espace, *C. R. Ac. sc.*, 1891; Vertige, *Biblioth. Charcot-Debove*; Oreille, *Encycl. aide-mémoire*. — DE CYON, Rapport nerf acoustiq. et app. mot. de l'œil, *C. R. Ac. sc.*, 1876 : Org. périph. du sens de l'espace, *Ibid.*, 1877 ; Bogengänge und Raumsinn, *Arch. f. Anat. u. Phys.*, 1897; sens espace, *C. R. Ac. sc.*, 1900. — FRED. LEE, Equilib. in Fisher, *Journ. of Phys.*, 1894, 1895.

Zone corticale de l'audition. — BECHTEREW, Gehörcentra, *Arch. f. Anat. u. Phys.*, 1890, suppl.

Surdité verbale pure. — DEJERINE et SÉRIEUX, *Biol.* 1897. — *Idéation; langage.* — G. BALLET, Lang. intérieur. — BINET, Altérations de la personnalité. — EGGER, Lang. intérieur. — GRASSET, Études cliniques. — JANET, Automatisme psychologique. — TAINE, De l'intelligence.

Aphasie. — BROCA... Siège faculté du langage, *Soc. anat.*, 1861, 2me série, p. 330 ; *Soc. anthropol.*, 1863. — CHARCOT, *Progrès médical*, 1883, p. 23, 27, 521, 859. — GRASSET, Études cliniques. — MIRAILLÉ, Th. Paris, 1896. — WERNICKE, *Arbeit. ans psych. Klin. Breslau*, Heft II, Leipzig, 1895, et Grundrisse der Psychiatrie in Klin. Vorlesung, t. I, 1894.

TABLE ALPHABÉTIQUE

Tome V. Fig. 132. — Ataxie des muscles de la face. Faciès au repos, avec légère ptose.

que soulève l'étude de l'homme ; elle éloigne le médecin des changeantes données de l'empirisme et lui apprend à réfléchir sur les phénomènes qu'il observe, à discuter et à comprendre les interventions qu'il doit faire.

Pour être véritablement utile, la pathologie expérimentale doit constamment s'efforcer de réunir et de synthétiser les données de la clinique et de l'expérimentation. C'est dans cet esprit qu'est conçu l'enseignement du professeur Bouchard ; c'est dans cet esprit qu'a été écrit le livre dont il dirige la publication. Si tous les collaborateurs ont conservé leur indépendance, tous cependant ont suivi la même idée directrice qui assure à l'œuvre son unité.

Le plan adopté est d'ailleurs fort simple: Il consiste à rechercher par quel mécanisme agissent les causes pathogènes, par quels procédés l'organisme répond à l'attaque, par quels moyens le médecin peut apprécier à leur juste valeur les troubles morbides, les rattacher à leur cause et modifier leur évolution.

C'est la première fois, croyons-nous, qu'une pléiade de savants s'est groupée autour d'un maître illustre, pour élever un pareil monument à l'étude de la pathologie générale. L'intérêt qu'a soulevé cet ouvrage dans le monde scientifique étranger montre que nulle part n'existait l'équivalent d'une telle œuvre, et dès à présent deux traductions, l'une en italien, l'autre en espagnol, ont été publiées.

DIVISION DE L'OUVRAGE

TOME I

1 vol. grand in-8° de 1018 pages avec figures dans le texte : **18** fr.

Introduction à l'étude de la pathologie générale, par G.-H. ROGER. — Pathologie de l'homme et des animaux, par G.-H. ROGER et P.-J. CADIOT. — Considérations générales sur les maladies des végétaux, par P. VUILLEMIN. — Pathogénie générale de l'embryon. Tératogénie, par MATHIAS DUVAL. — L'hérédité et la pathologie générale par LE GENDRE. — Prédisposition et immunité, par BOURCY. — La fatigue et le surmenage, par MARFAN. — Les Agents mécaniques, par LEJARS. — Les Agents physiques. Chaleur. Froid. Lumière. Pression atmosphérique. Son, par LE NOIR. — Les Agents physiques. L'énergie électrique et la matière vivante, par d'ARSONVAL. — Les Agents chimiques. Les caustiques, par LE NOIR. — Les intoxications, par G.-H. ROGER.

TOME II

1 vol. grand in-8° de 940 pages avec figures dans le texte : **18** fr.

L'Infection, par CHARRIN. — Notions générales de morphologie bactériologique, par GUIGNARD. — Notions de chimie bactériologique, par HUGOUNENQ. — Les microbes pathogènes, par ROUX. — Le sol, l'eau et l'air, agents des maladies infectieuses, par CHANTEMESSE. — Des maladies épidémiques, par LAVERAN. — Sur les parasites des tumeurs épithéliales malignes, par RUFFER. — Les parasites, par R. BLANCHARD.

TOME III

1 vol. in-8° de 1400 pages avec figures dans le texte,
publié en deux fascicules : **28** francs.

Fasc. I. — Notions générales sur la nutrition à l'état normal, par E. LAMBLING. —

Les troubles préalables de la nutrition, par Ch. Bouchard. — Les réactions nerveuses, par Ch. Bouchard et G.-H. Roger. — Les processus pathogéniques de deuxième ordre, par G.-H. Roger.

Fasc. II. — Considérations préliminaires sur la physiologie et l'anatomie pathologiques, par G.-H. Roger. — De la fièvre, par Louis Guinon. — L'hypothermie, par J.-F. Guyon. — Mécanisme physiologique des troubles vasculaires, par E. Gley. — Les désordres de la circulation dans les maladies, par A. Charrin. — Thrombose et embolie, par A. Mayor. — De l'inflammation, par J. Courmont. — Anatomie pathologique générale des lésions inflammatoires, par M. Letulle. — Les altérations anatomiques non inflammatoires, par P. Le Noir. — Les tumeurs, par P. Menetrier.

TOME IV

1 vol. in-8° de 719 pages avec figures dans le texte : **16** fr.

Évolution des maladies, par Ducamp. — Sémiologie du sang, par A. Gilbert. — Spectroscopie du sang. Sémiologie, par A. Hénocque. — Sémiologie du cœur et des vaisseaux, par R. Tripier et Devic. — Sémiologie du nez et du pharynx nasal, par M. Lermoyez et M. Boulay. — Sémiologie du larynx, par M. Lermoyez et M. Boulay. — Sémiologie des voies respiratoires, par M. Lebreton. — Sémiologie générale du tube digestif, par P. Le Gendre.

TOME V

1 vol. in-8° de 1180 pages avec nombreuses figures dans le texte : **28** fr.

Pathologie générale et Sémiologie du foie, par A. Chauffard. — Pancréas, par X. Arnozan. — Analyse chimique des urines, par C. Chabrié. — Analyse microscopique des urines (histo-bactériologique), par Noel Hallé. — Le rein, l'urine et l'organisme, par A. Charrin. — Sémiologie des organes génitaux, par Pierre Delbet. — Sémiologie du système nerveux, par J. Dejerine. (Cet article comprend plus de 800 pages et est illustré de très nombreuses photographies, schémas et dessins.)

TOME VI

1 vol. in-8° avec figures dans le texte

Les troubles de l'intelligence, par Ch. Féré. — Sémiologie de la peau, par E. Gaucher. — Sémiologie de l'appareil visuel, par F. Brun et V. Morax. — Sémiologie de l'appareil auditif, par C. Benni. — Considérations générales sur le diagnostic et le pronostic, par G.-H. Roger. — Diagnostic des maladies infectieuses par les méthodes de laboratoire, par F. Widal et Bezançon. — Cyto-diagnostic des épanchements séro-fibrineux, par F. Widal et P. Ravaut. — Ponction lombaire, par F. Widal et J.-A. Sicard. — Applications cliniques de la cryoscopie, par F. Widal et Lesné. — De l'élimination provoquée comme méthode de diagnostic, par Gouget. — Les rayons de Rœntgen et leurs applications médicales, par Lenoir — Thérapeutique générale, par Gilbert et Boinet. — Hygiène, par Netter.

CONDITIONS DE LA PUBLICATION

(Mai 1902).

Le Traité de Pathologie générale est publié en six volumes. Chaque volume est vendu séparément. Il est accepté des **souscriptions** au Traité de Pathologie générale au *prix à forfait* de **120 francs** *jusqu'à la publication du tome VI.*

Tome V. Fig. 134. — Ataxie des muscles de la face. Facies pendant le rire.

CHARCOT — BOUCHARD — BRISSAUD

BABINSKI — BALLET — P. BLOCQ — BOIX — BRAULT — CHANTEMESSE — CHARRIN
CHAUFFARD — COURTOIS-SUFFIT — DUTIL — GILBERT — GUIGNARD — L. GUINON
GEORGES GUINON — HALLION — LAMY — LE GENDRE — MARFAN
MARIE — MATHIEU — NETTER — ŒTTINGER — ANDRÉ PETIT
RICHARDIÈRE — ROGER — RUAULT — SOUQUES — THOINOT
THIBIERGE — FERNAND WIDAL

TRAITÉ DE MÉDECINE

DEUXIÈME ÉDITION
(Entièrement refondue)

PUBLIÉE SOUS LA DIRECTION DE MM.

BOUCHARD | **BRISSAUD**
Professeur à la Faculté de médecine de Paris | Professeur à la Faculté de médecine de Paris
Membre de l'Institut. | Médecin de l'hôpital St-Antoine.

10 volumes grand in-8°, avec figures en noir et en couleurs dans le texte
En Souscription. **150** francs.

La deuxième édition du TRAITÉ DE MÉDECINE a été entièrement revisée et augmentée dans de notables proportions. En outre, et pour la commodité des lecteurs, les matières sont réparties en dix volumes qui paraissent successivement.

Chaque volume est vendu séparément.

Jusqu'à ce jour le prix de l'ouvrage reste fixé pour les souscripteurs à 150 francs.　　　　　　　　　MAI 1902.

Le succès de la première édition du **Traité de Médecine** de MM. Charcot, Bouchard et Brissaud a rendu nécessaire une seconde édition, et, loin de se borner à une réimpression, les auteurs ont voulu présenter au public un ouvrage nouveau, gardant le plan et les idées qui avaient assuré le succès sans précédent du traité, lors de son apparition, mais complétant et remaniant la plupart de ses parties et corrigeant les quelques imperfections qui s'étaient glissées dans la première édition. Comprenant désormais 10 volumes, dont 8 déjà ont été publiés, le **Traité de Médecine** reste le plus complet, le plus documenté des livres de ce genre, et l'autorité croissante qui s'attache aux noms de ceux qui y collaborent en confirme et en assure le succès persistant.

TOME Iᵉʳ
1 vol. grand in-8° de 845 pages, avec figures dans le texte : **16 fr.**

Les bactéries, par L. GUIGNARD, membre de l'Institut et de l'Académie de médecine, professeur à l'Ecole de Pharmacie de Paris. — *Pathologie générale infectieuse*, par A. CHARRIN, professeur remplaçant au Collège de France, directeur du Laboratoire de médecine expérimentale (Hautes Etudes), médecin des hôpitaux. — *Troubles et maladies de la nutrition*, par PAUL LEGENDRE, médecin de l'hôpital Tenon. — *Maladies infectieuses communes à l'homme et aux animaux*, par G.-H. ROGER, professeur agrégé, médecin de l'hôpital de la Porte d'Aubervilliers.

TOME II
1 vol. grand in-8° de 896 pages, avec figures dans le texte : **16 fr.**

Fièvre typhoïde, par A. CHANTEMESSE, professeur à la Faculté de médecine, médecin des hôpitaux de Paris. — *Maladies infectieuses*, par F. WIDAL, professeur agrégé, médecin des hôpitaux de Paris. — *Typhus exanthématique*, par L.-H. THOINOT, professeur agrégé, médecin des hôpitaux de Paris. — *Fièvres éruptives*, par L. GUINON, médecin des hôpitaux de Paris. — *Erysipèle*, par E. Boix, chef de laboratoire à la Faculté. — *Diphtérie*, par A. Ruault. — *Rhumatisme articulaire aigu*, par Œttinger, médecin des hôpitaux de Paris. — *Scorbut*, par Tollemer, chef de laboratoire à la Faculté.

TOME III

1 vol. grand in-8° de 702 pages, avec figures dans le texte : 16 fr.

Maladies cutanées, par G. Thibierge, médecin de l'hôpital de la Pitié. — *Maladies vénériennes*, par G. Thibierge. — *Maladies du sang*, par A. Gilbert, professeur agrégé, médecin des hôpitaux de Paris. — *Intoxications*, par H. Richardière, médecin des hôpitaux de Paris.

TOME IV

1 vol. grand in-8° de 680 pages, avec figures dans le texte : 16 fr.

Maladies de l'estomac, par A. Mathieu, médecin de l'hôpital Andral. — *Maladies du pancréas*, par A. Mathieu. — *Maladies de l'intestin*, par Courtois-Suffit, médecin des hôpitaux de Paris. — *Maladies du péritoine*, par Courtois-Suffit. — *Maladies de la bouche et du pharynx*, par A. Ruault, médecin honoraire de la Clinique laryngologique de l'Institution nationale des Sourds-Muets.

TOME V

1 vol. grand in-8°, avec figures en noir et en couleurs dans le texte : 18 fr.

Maladies du foie et des voies biliaires, par A. Chauffard, professeur agrégé, médecin des hôpitaux. — *Maladies du rein et des capsules surrénales*, par A. Brault, médecin de l'hôpital Lariboisière. — *Pathologie des organes hématopoïétiques et des glandes vasculaires sanguines, moelle osseuse, rate, ganglions, thyroïde, thymus*, par G.-H. Roger, professeur agrégé, médecin des hôpitaux.

TOME VI

1 vol. grand in-8° de 612 pages, avec figures dans le texte : 14 fr.

Maladies du nez et du larynx, par A. Ruault. — *Asthme*, par E. Brissaud, professeur à la Faculté de médecine de Paris, médecin de l'hôpital Saint-Antoine. — *Coqueluche*, par P. Le Gendre, médecin des hôpitaux. — *Maladies des bronches*, par A.-B. Marfan, professeur agrégé à la Faculté de médecine de Paris, médecin des hôpitaux. — *Troubles de la circulation pulmonaire*, par A.-B. Marfan. — *Maladies aiguës du poumon*, par Netter, professeur agrégé à la Faculté de médecine de Paris, médecin des hôpitaux.

TOME VII

1 vol. grand in-8° de 550 pages, avec figures dans le texte : 14 fr.

Maladies chroniques du poumon par A.-B. Marfan, professeur agrégé à la Faculté de médecine de Paris, médecin des hôpitaux. — *Phtisie pulmonaire*, par A.-B. Marfan. — *Maladies de la plèvre*, par Netter, professeur agrégé à la Faculté de médecine de Paris, médecin des hôpitaux. — *Maladies du médiastin*, par A.-B. Marfan.

TOME VIII

1 vol. grand in-8° de 580 pages, avec figures dans le texte : 14 fr.

Maladies du cœur, par M. André Petit, médecin des hôpitaux. — *Maladies des vaisseaux sanguins*, par W. Œttinger, médecin des hôpitaux.

Sous Presse : TOMES IX et X (Maladies du système nerveux).

Traité
de Chirurgie

Publié sous la direction

DE MM.

Simon DUPLAY	Paul RECLUS
Professeur de clinique chirurgicale à la Faculté de médecine de Paris	Professeur agrégé à la Faculté de médecine de Paris
Chirurgien de l'Hôtel-Dieu	Secrétaire général de la Société de Chirurgie
Membre de l'Académie de médecine	Chirurgien des hôpitaux
	Membre de l'Académie de médecine

PAR MM.

BERGER. — BROCA. — Pierre DELBET. — DELENS. — DEMOULIN
J.-L. FAURE. — FORGUE. — GÉRARD-MARCHANT
HARTMANN — HEYDENREICH. — JALAGUIER. — KIRMISSON. — LAGRANGE
LEJARS. — MICHAUX. — NÉLATON
PEYROT. — PONCET. — QUÉNU. — RICARD. — RIEFFEL. — SEGOND
TUFFIER. — WALTHER

DEUXIÈME ÉDITION, ENTIÈREMENT REFONDUE

8 forts volumes, grand in-8°, avec nombreuses figures dans le texte. .   **150** fr.

Plus de onze ans se sont écoulés depuis le jour où fut arrêté le programme du *Traité de Chirurgie*, et, des vingt-quatre collaborateurs du début, aucun, par un rare bonheur, ne manque encore à l'entreprise. Les portes de l'Hôpital et de l'Agrégation se sont ouvertes devant les plus jeunes, le Professorat et l'Académie de médecine en ont élu de plus âgés; tous ont vu s'étendre leur sphère d'activité professionnelle. Aussi pouvons-nous affirmer que ce nouvel ouvrage porte la marque d'une expérience plus mûre et d'une plus grande autorité . . . .

Tous les soins ont été apportés à cette seconde édition. Certaines parties que les auteurs, trop pressés par le temps, avaient dû négliger ont été complètement reprises, et il ne reste plus une ligne du travail primitif. Tous les articles, même les meilleurs, ont été remis au courant de la Science....

TOME PREMIER. 1 fort vol. de 912 pages avec 218 figures. .   **18** fr.

Reclus. Inflammations. — Traumatismes. — Maladies virulentes.	Broca. Peau et tissu cellulaire sous-cutané.
Quénu. Des Tumeurs.	Lejars. Lymphatiques, muscles, synoviales tendineuses et bourses séreuses.

TOME II. 1 fort vol. de 996 pages, avec 361 figures. . . . . . **18** fr.

Lejars. Nerfs.	Ricard et Demoulin. Lésions traumatiques des os.
Michaux. Artères.	
Quénu. Maladies des veines.	Poncet. Affections non traumatiques des os.

TOME III. 1 fort vol. de 940 pages, avec 285 figures. . . . . . **18** fr.

Nélaton. Traumatismes, entorses, luxations, plaies articulaires.	Quénu. Arthropathies. Arthrites sèches. Corps étrangers articulaires.
	Gérard-Marchant. Maladies du crâne.
Lagrange. Arthrites infectieuses et inflammatoires.	Kirmisson. Maladies du rachis.
	Simon Duplay. Oreilles et Annexes.

TOME IV. 1 fort vol. de 896 pages, avec 354 figures . . . . . . **18** fr.

Delens. Œil et annexes.
Gérard-Marchant. Nez, fosses nasales, pharynx nasal et sinus.

Heydenreich. Mâchoires.

TOME V. 1 fort vol. de 948 pages, avec 187 figures . . . . . . **20** fr.

Broca. Vices de développement de la face et du cou. Face, lèvres, cavité buccale, gencives, langue, palais et pharynx.
Hartmann. Plancher buccal, glandes salivaires, œsophage et larynx.

Broca. Corps thyroïde.
Walther. Maladies du cou.
Peyrot. Poitrine.
Delbet. Mamelle.

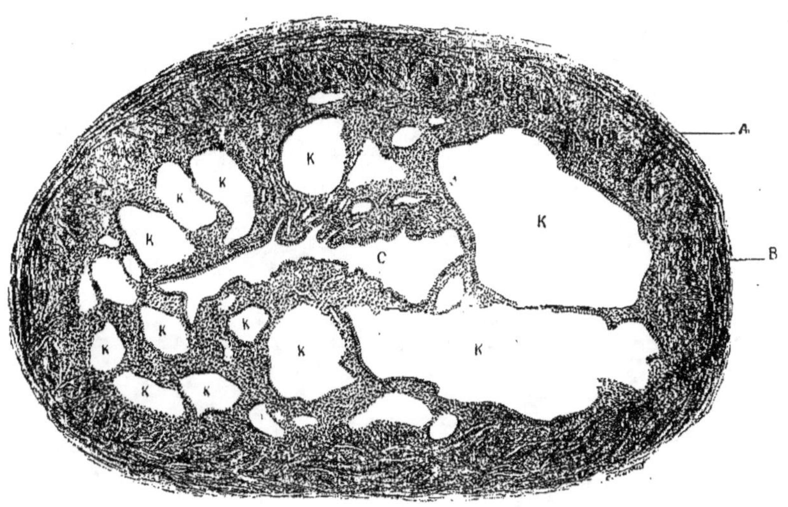

Tome VIII. Fig. 30. — Endométrite cervicale.

TOME VI. 1 fort vol. de 1127 pages, avec 218 figures. . . . . . **20** fr.

Michaux. Parois de l'abdomen.
Berger. Hernies.
Jalaguier. Contusions et plaies de l'abdomen. Lésions traumatiques et corps étrangers de l'estomac et de l'intestin.
Hartmann. Estomac.

Jalaguier. Occlusion intestinale. Péritonites. Appendicite.
Faure et Rieffel. Rectum et Anus.
Quénu. Mésentère. Rate. Pancréas.
Segond. Foie.

TOME VII. 1 fort vol. de 1272 pages, avec 297 figures dans le texte. **25** fr.

Walther. Bassin.
Rieffel. Affections congénitales de la région sacro-coccygienne.

Tuffier. Rein. Vessie. Uretères. Capsules surrénales.
Forgue. Urètre et prostate.
Reclus. Organes génitaux de l'homme.

TOME VIII. 1 fort vol. de 971 pages, avec 163 figures dans le texte. **20** fr.

Michaux. Vulve et Vagin.
Pierre Delbet. Maladies de l'utérus.

Segond. Annexes de l'utérus, ovaires, trompes, ligaments larges, péritoine pelvien.
Kirmisson. Maladies des membres.

TABLE ALPHABÉTIQUE des 8 volumes du *Traité de Chirurgie.*

La Pratique
Dermatologique

Traité de Dermatologie appliquée

PUBLIÉ SOUS LA DIRECTION DE MM.

ERNEST BESNIER, L. BROCQ, L. JACQUET

PAR MM.

AUDRY, BALZER, BARBE, BAROZZI, BARTHÉLEMY, BÉNARD, ERNEST BESNIER
BODIN, BROCQ, DE BRUN, DU CASTEL, J. DARIER, DÉHU
DOMINICI, W. DUBREUILH, HUDELO, L. JACQUET, J.-B. LAFFITTE
LENGLET, LEREDDE, MERKLEN, PERRIN, RAYNAUD
RIST, SABOURAUD, MARCEL SÉE, GEORGES THIBIERGE, VEYRIÈRES.

4 volumes richement cartonnés toile formant ensemble environ 3600 pages, très largement illustrés de figures en noir et de planches en couleurs. En souscription jusqu'à la publication du Tome III. . . . . **150** *fr.*
Chaque volume sera vendu séparément.

EXTRAIT DE LA PRÉFACE

..... Notre but le plus essentiel est, avant tout, de faire œuvre de clinique et de thérapeutique.

Nous voulons fixer les types morbides par des descriptions sobres et précises, appuyées sur des représentations graphiques aussi nombreuses

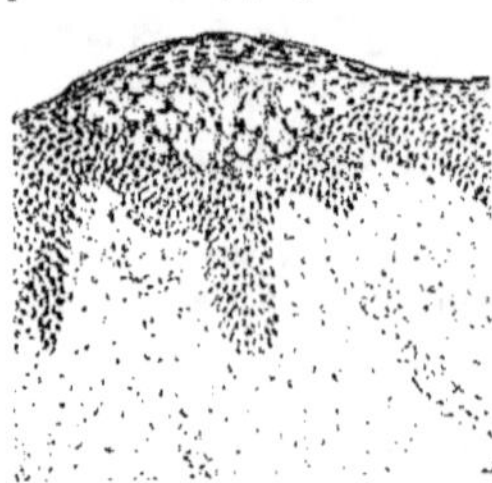

Tome II. Fig. 8. — (*Eczéma*).
Coupe verticale épidermique, montrant l'évolution d'un îlot de spongiose.

et aussi parfaites que possible, et réaliser ainsi une œuvre de toute utilité, destinée à la grande masse des praticiens.

La thérapeutique des maladies de la peau sera exposée avec une ampleur au moins égale : nous nous sommes attachés à donner place, dans la *Pratique dermatologique*, à tout ce qui peut être utile au médecin praticien pour le traitement de chaque maladie en particulier.

Que l'on ne se méprenne pas cependant. La *Pratique dermatologique* ne sera pas un simple manuel illustré renfermant seulement, à propos de chaque dermatose, un abrégé symptomatologique suivi de formules banales et non contrôlées ; notre but est beaucoup plus élevé. A l'exposé de chaque question, le médecin dermatologiste trouvera toujours les indications scientifiques principales sur la matière. L'histologie, la bactériologie, l'histochimie et l'hématologie seront traitées dans la mesure indiquée par l'état actuel de ces connaissances et par leur importance relative aux dermatoses en particulier. Les plus grands développements seront réservés à la description clinique basée sur l'observation précise et minutieuse des faits, assurés que nous serons, en cela, de faire œuvre durable.

Afin de mieux fixer les types dermatologiques, et pour permettre aux praticiens de médecine générale de les connaître à coup sûr, nous annexerons au texte, en grand nombre, des planches coloriées et des dessins en noir, aussi exacts que l'on peut actuellement les réaliser.

TOME I.

1 fort vol. in-8°, avec 230 figures en noir et 24 planches en couleurs. Richement cartonné toile. **36** fr.

Anatomie et Physiologie de la Peau. — Pathologie générale de la Peau. — Symptomatologie générale des Dermatoses. — Acanthosis nigricans. — Acnés. — Actinomycose. — Adénomes. — Alopécies. — Anesthésie locale. — Balanites. — Bouton d'Orient. — Brûlures. — Charbon. — Classifications dermatologiques. — Dermatites polymorphes douloureuses. — Dermatophytes. — Dermatozoaires. — Dermites infantiles simples. — Ecthyma.

TOME II.

1 vol. gr. in-8°, de 1058 pages, avec 168 figures en noir et 21 planches en couleurs. Richement cartonné toile. **40** fr.

Eczéma. — Electricité. — Elephantiasis. — Epithéliomes. — Eruptions artificielles. — Erythèmes. — Erythrasma. — Erythrodermes. — Esthiomène. — Favus. — Folliculites. — Furonculose. — Gale. — Gangrène cutanée. — Gerçures. — Greffes. — Hématodermites. — Herpès. — Hydroa vacciniforme. — Ichtyose. — Impétigo. — Kératodermie symétrique. — Kératose pilaire. — Langue.

Tome II. Fig. 96. — Favus généralisé.
(*Collection d'E. Besnier.*)

TOME III.

1 vol. gr. in-8°, avec 201 figures en noir et 19 planches en couleurs hors texte. Richement relié toile. . . . . **40** fr.

Lèpre. — Lichen. — Lupus. — Lymphangiome. — Mélanodermies. — Molluscum contagiosum. — Morve. — Mycosis fongoïde. — Nævi. — Œdème. — Ongles. — Pelade. — Pemphigus. — Phtiriase. — Pityriasis, etc.

Traité d'Anatomie Humaine

PUBLIÉ SOUS LA DIRECTION DE

P. POIRIER   et   **A. CHARPY**

Professeur agrégé à la Faculté
de médecine de Paris
Chirurgien des hôpitaux.

Professeur d'anatomie
à la Faculté de médecine
de Toulouse.

AVEC LA COLLABORATION DE

O. AMOËDO — A. BRANCA — CANNIEU — B. CUNÉO
PAUL DELBET — P. FREDET — GLANTENAY — A. GOSSET
P. JACQUES — TH. JONNESCO — E. LAGUESSE
L. MANOUVRIER — A. NICOLAS — P. NOBÉCOURT — O. PASTEAU
M. PICOU — A. PRENANT — II. RIEFFEL
CH. SIMON — A. SOULIÉ

5 vol. grand in-8°, avec figures noires et en couleurs

ÉTAT DE LA PUBLICATION (Mai 1902)

Tome I. — **Introduction. — Notions d'Embryologie. — Ostéologie. — Arthrologie.** *Deuxième édition, entièrement refondue. Un fort volume grand in-8°, avec* 814 *figures noires et en couleurs.* . . . . **20** fr.

Tome II. — 1er Fascicule : **Myologie.** *Deuxième édition, entièrement refondue. Un volume grand in-8°, avec* 331 *figures.* . . . . **12** fr.

2e Fascicule : **Angéiologie** (Cœur et Artères). Histologie. *Deuxième édition, entièrement refondue. Un volume grand in-8°, avec* 150 *figures.* . . . **8** fr.

3e Fascicule : **Angéiologie** (Capillaires. Veines). *Un volume grand in-8°, avec* 75 *figures* . . . . **6** fr.

4e Fascicule : **Les Lymphatiques.** *Un volume grand in-8° avec figures.*

Tome III. — 1er Fascicule : **Système nerveux.** Méninges. Moelle. Encéphale. (Embryologie. Histologie). *Deuxième édition entièrement refondue. Un volume grand in-8°, avec* 265 *figures.* . . . . **10** fr.

2e Fascicule : **Système nerveux.** Encéphale. *Deuxième édition entièrement refondue. Un volume grand in-8°, avec* 131 *figures.* . . . . **10** fr.

3e Fascicule : **Système nerveux.** Les Nerfs. Nerfs crâniens. Nerfs rachidiens. *Un volume grand in-8°, avec* 205 *figures.* . . . . **12** fr.

Tome IV. — 1er Fascicule : **Tube digestif.** Développement. Bouche. Pharynx. Œsophage. Estomac. Intestins. Anus. *Deuxième édition entièrement refondue. Un volume grand in-8°, avec* 201 *figures.* . . . . **12** fr.

2e Fascicule : **Appareil respiratoire.** Larynx, Trachée. Poumons. Plèvre. Thyroïde. Thymus. *Un volume grand in-8°, avec* 121 *figures.* . . . . . **6** fr.

3e Fascicule : **Annexes du tube digestif.** Dents. Glandes salivaires. Foie. Voies biliaires. Pancréas. Rate. **Péritoine.** *Un volume grand in-8°, avec* 361 *figures.* . . . . **16** fr.

Tome V. — 1er Fascicule : **Organes génitaux-urinaires.** Reins. Uretère. Vessie. Urètre. Prostate. Verge. Périnée. Appareil génital de l'homme. Appareil génital de la femme. *Un volume grand in-8°, avec* 431 *figures.* **20** fr.

2e fascicule : **Les Organes des sens** . . . . (sous presse).

Traité

DE

Technique Opératoire

PAR

CH. MONOD

PROFESSEUR AGRÉGÉ A LA FACULTÉ DE MÉDECINE DE PARIS
CHIRURGIEN DE L'HOPITAL SAINT-ANTOINE, MEMBRE DE L'ACADÉMIE DE MÉDECINE

ET

J. VANVERTS

ANCIEN INTERNE LAURÉAT DES HOPITAUX DE PARIS
CHEF DE CLINIQUE A LA FACULTÉ DE MÉDECINE DE LILLE

2 forts volumes gr. in-8°, avec très nombreuses figures dans le texte. **35 fr.**

Le *Traité de Technique opératoire* est divisé en deux volumes. Le tome I comprend : 1° une introduction sur les *Méthodes et procédés de l'asepsie et de l'antisepsie*, sur les *moyens de réunion et d'hémostase* et sur l'*anesthésie*; 2° les *opérations sur les divers tissus*; 3° les *opérations sur les membres*, le *crâne* et l'*encéphale*, le *rachis* et la *moelle*, l'*appareil visuel*, le *nez*, les *fosses nasales*, les *sinus de la face*, le *naso-pharynx*, l'*oreille*, le *cou*, le *thorax*, le *sein*.

Le tome II, dès maintenant complètement composé et qui paraîtra en octobre 1902, contiendra les *opérations sur la bouche*, les *glandes salivaires*, le *pharynx*, l'*œso-phage*, l'*estomac*, l'*intestin*, le *rectum* et l'*anus*, le *foie*, les *voies biliaires*, la *rate*, le *rein*, l'*uretère*, la *vessie*, l'*urètre*, les *organes génitaux de l'homme et de la femme*.

CONDITIONS DE LA PUBLICATION

Le **Traité de Technique opératoire** de *CH. MONOD* et *J. VAN-VERTS* est publié en deux volumes grand in-8°.

Le **Tome I** *formant un volume de 960 pages, illustré de 932 figures, est actuellement en vente au prix de l'ouvrage complet :* **35 francs.**

Le **Tome II** *sera remis* **gratuitement** *à partir du 1er Octobre 1902 aux souscripteurs de l'ouvrage, en échange d'un* **Bon** *contenu dans le tome I.*

Le prix de l'ouvrage sera augmenté à l'apparition du second volume.

Traité élémentaire
de Clinique Thérapeutique

Par le Dr Gaston LYON

Ancien chef de clinique médicale à la Faculté de médecine de Paris.

QUATRIÈME ÉDITION REVUE ET AUGMENTÉE

1 vol. grand in-8°, de 1540 pages. Relié peau . . . . **25 fr.**

Traité

DES

Maladies de l'Enfance

PUBLIÉ SOUS LA DIRECTION DE MM.

J. GRANCHER

PROFESSEUR A LA FACULTÉ DE MÉDECINE DE PARIS
MEMBRE DE L'ACADÉMIE DE MÉDECINE, MÉDECIN DE L'HÔPITAL DES ENFANTS-MALADES

J. COMBY
MÉDECIN DE L'HÔPITAL DES ENFANTS-MALADES

A.-B. MARFAN
AGRÉGÉ, MÉDECIN DES HÔPITAUX

5 forts volumes grand in-8°, avec figures dans le texte . . . . **90** francs.

Les 5 volumes se vendent séparément :
Tome I, **18** fr.　Tome II, **18** fr.　Tome III, **20** fr.　Tome IV, **18** fr.　Tome V, **18** fr.

Les Difformités acquises
de l'Appareil locomoteur

PENDANT L'ENFANCE ET L'ADOLESCENCE

PAR

Le Dr E. KIRMISSON

Professeur de clinique chirurgicale infantile à la Faculté de médecine
Chirurgien de l'hôpital Trousseau, Membre de la Société de chirurgie
Membre correspondant de l'*American orthopedic Association*.

1 volume in-8°, avec 430 figures dans le texte. . . . . **15** francs.

Leçons cliniques
de Chirurgie infantile

PAR

A. BROCA

CHIRURGIEN DE L'HÔPITAL TENON (ENFANTS-MALADES)
PROFESSEUR AGRÉGÉ A LA FACULTÉ DE MÉDECINE DE PARIS

1 volume in-8° broché, avec 75 figures dans le texte et 6 planches hors texte en
photocollographie. . . . . **10** francs

Traité
de Physiologie

PAR

J.-P. MORAT
PROFESSEUR A L'UNIVERSITÉ DE LYON

Maurice DOYON
PROFESSEUR AGRÉGÉ A LA FACULTÉ DE MÉDECINE
DE LYON

5 volumes grand in-8°, avec figures dans le texte. En souscription. **50 fr.**

I. — **Fonctions élémentaires.** — Prolégomènes. — Nutrition en général. — Sang; lymphe; liquides interstitiels. — Physiologie des tissus en particulier (moins le système nerveux).

II. — **Fonctions d'innervation.** — Système nerveux.

III. — **Fonctions de nutrition.** — Circulation; calorification.

IV. — **Fonctions de nutrition** (suite). — Digestion; respiration; excrétion.

V. — **Fonctions de relation.** — Sens. — Langage; expression; locomotion. **Fonctions de reproduction**, à l'exception du développement embryologique.

Ces volumes ne seront pas publiés dans l'ordre ci-dessus, mais le seront dans celui de leur achèvement.

Chaque volume sera, pendant tout le cours de la publication, vendu séparément à des prix qui varieront selon l'étendue de chacun.

Toutefois, les éditeurs acceptent, dès à présent, **au prix à forfait de 50 francs,** des souscriptions à l'ouvrage **complet.**

Les souscripteurs payeront en retirant chaque volume le prix marqué; mais le tome V et dernier leur sera fourni gratuitement ou à un prix tel qu'ils n'aient, en aucun cas, payé plus de 50 francs pour le total de l'ouvrage.

Mai 1902.

Volumes publiés :

III. — **Fonctions de nutrition.** — Circulation, par M. Doyon; Calorification, par J.-P. Morat.

I vol. grand in-8°, avec 173 figures noires et en couleurs . . . . . **12** fr.

IV. — **Fonctions de nutrition** (*suite et fin*). — Respiration; excrétion, par J.-P. Morat; Digestion; absorption, par M. Doyon.

I vol. grand in-8°, avec 167 figures en noir et en couleurs. . . . . **12.** fr.

Sous presse : Tome II (*Système nerveux*).

C'est un grand traité de physiologie, tel qu'il n'en était pas paru depuis la troisième édition (1888) de l'ouvrage classique de Beaunis, que les auteurs ont eu le courage d'entreprendre et qu'ils mèneront certainement à bien, si l'on en juge par le remarquable spécimen qui forme le premier volume.

E. GLEY (*Archives de physiologie*).

...En résumé, à en juger par le spécimen que nous avons sous les yeux, MM. Morat et Doyon sont en train de doter nos bibliothèques d'un ouvrage précieux et très bien fait en ce sens qu'ils savent le rendre complet sans le grossir démesurément. Leur *Traité de physiologie* conviendra au débutant, à l'étudiant avancé et à toutes les personnes qui ont besoin de prendre une idée générale ou de remonter à l'origine des faits qui ont permis de la dogmatiser.

Dr ARLOING (*Lyon médical*).

Traité
de
Physique Biologique

PUBLIÉ SOUS LA DIRECTION DE MM.

D'ARSONVAL
Professeur au Collège de France
Membre de l'Institut et de l'Académie de médecine.

CHAUVEAU
Professeur au Muséum d'histoire naturelle
Membre de l'Institut et de l'Académie de médecine.

GARIEL
Ingénieur en chef des Ponts et Chaussées
Professeur à la Faculté de médecine de Paris
Membre de l'Académie de médecine.

MAREY
Professeur au Collège de France
Membre de l'Institut et de l'Académie de médecine.

SECRÉTAIRE DE LA RÉDACTION
M. WEISS
Ingénieur des Ponts et Chaussées
Professeur agrégé à la Faculté de médecine de Paris.

Le **Traité de Physique Biologique** sera publié en trois volumes : Tome I. *Mécanique. Actions moléculaires. Chaleur.* — Tome II. *Radiations. Optique.* — Tome III. *Électricité. Acoustique.* — Chaque volume sera vendu séparément.

Le tome I est vendu **25** fr. On souscrit dès maintenant à l'ouvrage complet au prix de **60** fr. — Ce prix restera tel jusqu'à la publication du tome II.

EXTRAIT DE LA PRÉFACE

Mouvement de la nageoire de la raie vue d'avant.

Au moment où dans les Facultés de médecine il s'est produit un changement considérable dans l'enseignement de la physique, il a semblé utile de réunir en un ouvrage tous les matériaux qui pouvaient faire le fond de cet enseignement.

Déjà les maîtres qui ont pour ainsi dire fondé la Physique biologique, les Weber, Helmholtz, du Bois-Reymond, Chauveau, Marey, Paul Bert, d'autres encore, ont écrit sur certains points spéciaux des traités importants. — Mais, si l'on en excepte les manuels et les traités élémentaires à l'usage des étudiants, il n'a encore paru aucun ouvrage d'ensemble sur la physique biologique. — Il y avait là, semble-t-il, une lacune à combler.

La Physique pure ne tient dans cet ouvrage qu'une place excessivement réduite. — Sa lecture exige la connaissance des notions générales ; toutefois, il a paru nécessaire de faire précéder chaque partie d'une sorte d'aide-mémoire rappelant brièvement les principaux faits sur lesquels il pouvait être nécessaire de s'appuyer dans la suite.

L'ouvrage complet comprendra trois volumes.

Nous avons cru devoir placer en tête du premier un court article sur les diverses espèces d'erreurs que l'on est exposé à commettre dans les sciences expérimentales, car nous avons remarqué trop souvent que beaucoup de physiologistes ne faisaient pas la distinction convenable entre elles.

Contrairement à notre principe de passer rapidement sur les questions de physique pure, nous avons aussi donné quelque développement à la mécanique et aux actions moléculaires. Il est, en effet, souvent difficile pour le physiologiste de lire des traités de mécanique générale, et nous avons cherché à en exposer les notions les plus indispensables.

Dans ce même volume, se trouve tout ce qui a rapport à la mécanique animale, à la chaleur et aux actions moléculaires ; cependant une grande partie des phénomènes de la contraction musculaire a été renvoyée au troisième volume qui contient l'électro-physiologie.

Ce premier volume sera suivi prochainement, nous l'espérons, d'un deuxième volume contenant toutes les applications de l'optique géométrique et des radiations.

Enfin le troisième volume est réservé à l'Électricité et à l'Acoustique.

TOME PREMIER

1 volume in-8° de 1150 pages avec 591 figures dans le texte : **25 fr.**

Ce volume contient : Des erreurs dans les mesures. Principes généraux de mécanique, par M. G. Weiss. — Propriétés des solides. Résistance des matériaux. Architecture des os, par M. Gariel. — Architecture des muscles. Principes généraux de méthode graphique. La contraction musculaire, par M. G. Weiss. Locomotion humaine, par M. Paul Richer. — La locomotion animale, par M. Marey. — Principes généraux d'hydrostatique et d'hydrodynamique, par M. Weiss. — Cœur. Cardiographie, par M. Wertheimer. — Circulation du sang dans les vaisseaux. Pression et vitesse, pouls et sphygmographie, par M. E. Meyer. — Pléthysmographie, par M. Hallion. — Capillarité et tension superficielle. Solubilité des solides. Imbibition, par M. A. Imbert. — Filtration, par M. Gariel. — Osmose, par M. A. Dastre. — Propriétés des gaz. Analyse des gaz. Gaz du sang. Phénomènes physiques de la respiration, par M. J. Tissot. — Principes généraux de la chaleur, par M. Weiss. — Thermométrie, par M. Gariel. — Température, par M. J.-P. Langlois. — Calorimétrie. Etuves et régulateurs de température, par M. C. Sigalas. — Chaleur animale, par M. Laulanié. — Travail fourni par les animaux. Rendement des moteurs animés. Propagation de la chaleur. Protection des animaux, par M. Gariel. — Influence de la pression sur la vie, par MM. P. Regnard et

Tome I. — Fig. 145.

P. Portier. — Influence des agents atmosphériques sur les éléments cellulaires, par M. A. Charrin. — Actions hygrométriques sur les végétaux. Influence de la chaleur sur les végétaux. Actions mécaniques sur les végétaux, par M. Mangin.

TOME SECOND

(Sous presse.)

Ce volume contiendra : Principes généraux d'optique géométrique par M. G. Weiss. — Spectroscopie et analyse spectrale par M. Hénocque. — Mesure et utilisation de la lumière, par M. André Broca. — Photographie, par M. A. Londe. — Chaleur rayonnante, par M. Gariel. — Polarisation rotatoire et polarimétrie, par M. Malosse. — Phosphorescence et fluorescence, par M. Gariel. — Biophotogenèse ou production de la lumière par les êtres vivants, par M. Raphael Dubois. — Effets des radiations sur les plantes, par M. Mangin. — Diffusion de la lumière, par M. Gariel. — Endoscopie, par M. Guilloz. — Puissance des Systèmes centrés. Numérotage des verres, par M. Sigalas. — Etude optique de l'œil. Œil réduit. Aberrations chromatiques, par M. Sigalas. — Accommodation, par Tscherning. — Emmétropie, Myopie, Hypermétropie, Presbytie, par M. Bertin-Sans. — Astigmatisme, par M. Imbert. — Détermination et correction des amétropies, par M. Imbert. — Acuité visuelle. Champ visuel, par Sulzer. — Impressions lumineuses sur la rétine, par M. Charpentier. — Phénomènes entoptiques, par M. Weiss. — Mouvements des yeux, par M. Gariel. — Vision binoculaire, par M. Tscherning. — Instruments d'optique, par M. Guilloz. — L'œil dans la série animale, par M. Carvallo.

Précis
d'Obstétrique

PAR MM.

A. RIBEMONT-DESSAIGNES | **G. LEPAGE**
Agrégé de la Faculté de médecine | Professeur agrégé à la Faculté de médecine
Accoucheur de l'hôpital Beaujon | de Paris
Membre de l'Académie de médecine. | Accoucheur de l'hôpital de la Pitié.

CINQUIÈME ÉDITION

AVEC 590 FIGURES DANS LE TEXTE DONT 437 DESSINÉES PAR M. RIBEMONT-DESSAIGNES

1 vol. grand in-8° de XXIV-1405 pages, relié toile. . . **30 fr.**

Traité
de Gynécologie

CLINIQUE ET OPÉRATOIRE

Par le Dr Samuel POZZI

Professeur à la Faculté de médecine, Chirurgien de l'hôpital Broca
Membre de l'Académie de médecine.

TROISIÈME ÉDITION, REVUE ET AUGMENTÉE

1 vol. in-8° de XXII-1270 pages, avec 628 fig. dans le texte. Relié toile. **30 fr.**

Les Maladies
Infectieuses

PAR

G.-H. ROGER

Professeur agrégé à la Faculté de médecine de Paris,
Médecin de l'Hôpital de la porte d'Aubervilliers, Membre de la Société de Biologie.

1 vol. in-8° de 1520 pages publié en 2 fascicules avec figures dans le texte. 28 fr.

Traité
de
Chirurgie d'urgence

PAR

FÉLIX LEJARS
Professeur agrégé à la Faculté de médecine de Paris, Chirurgien de l'hôpital Tenon
Membre de la Société de chirurgie.

Fig. 714. — Auto-transfusion lors d'anémie suraiguë.

TROISIÈME ÉDITION, REVUE ET AUGMENTÉE

751 figures dont **351** dessinées d'après nature par le **Dr E. DALEINE**
et **172** photographies originales.

1 volume grand in-8°, de 1035 pages. Relié toile. **25 francs.**

Le succès de deux éditions enlevées en quelques mois prouve mieux
que tout éloge la valeur et l'utilité du *Traité de Chirurgie d'urgence* du
Dr F. Lejars.

Fidèle à la méthode qui lui a assuré le succès, le Dr Lejars s'est contenté
de rendre cette nouvelle édition à la fois plus complète et plus pratique.

Des additions considérables, des remaniements importants, ont été
faits au texte, et des dessins inédits et des photographies originales ont
enrichi encore l'illustration déjà hors de pair et universellement appréciée
qui fait de cet ouvrage un véritable album.

Ainsi amélioré, le *Traité de Chirurgie d'urgence* se présente pour la
troisième fois au public. Il trouvera auprès de lui l'accueil empressé
qu'il a déjà rencontré et qu'il mérite à tant de points de vue.

TRAITÉ
D'HYGIÈNE

PAR

A. PROUST

Professeur d'hygiène de la Faculté de médecine de l'Université de Paris
Médecin honoraire de l'Hôtel-Dieu
Membre de l'Académie de médecine, du Comité consultatif d'hygiène publique de France
et du Conseil supérieur des habitations à bon marché
Inspecteur général des Services sanitaires.

TROISIÈME ÉDITION

REVUE ET CONSIDÉRABLEMENT AUGMENTÉE

AVEC LA COLLABORATION DE :

A. NETTER   ET   H. BOURGES

Professeur agrégé à la Faculté
de médecine
Médecin de l'hôpital Trousseau
Membre du Comité consultatif d'hygiène publique
de France.

Chef du laboratoire d'hygiène à la Faculté
de médecine
Chef du laboratoire à l'hôpital Trousseau
Auditeur au Comité consultatif d'hygiène publique
de France.

OUVRAGE COURONNÉ PAR L'INSTITUT ET LA FACULTÉ DE MÉDECINE

*1 vol. in-8°, avec figures et cartes dans le texte, publié en 2 fascicules
en souscription :* **18** *fr.*

LES MALADIES DU CUIR CHEVELU

I. MALADIES SÉBORRHÉIQUES

Séborrhée, Acnés, Calvitie

Par le Dʳ R. SABOURAUD

Chef du laboratoire de la Ville de Paris à l'hôpital Saint-Louis,

1 vol. in-8°, avec 91 *figures dans le texte dont*
40 aquarelles en couleurs. **10** *fr.*

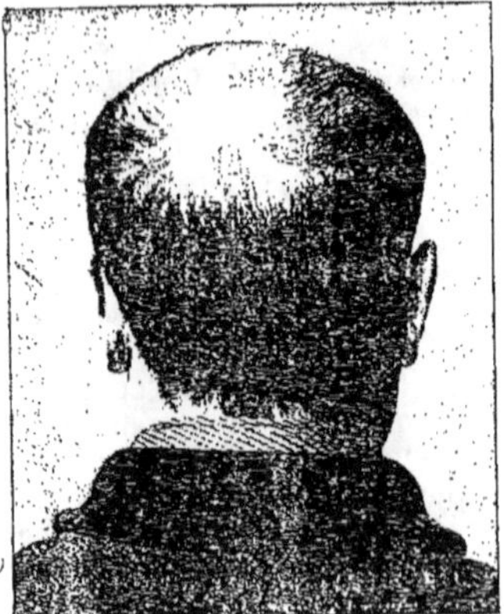

Fig. 84. — Calvitie vulgaire, alopécie
complète du vertex.

Pour faire comprendre la calvitie et son mécanisme, l'auteur s'est efforcé de présenter d'abord une étude de la *Séborrhée* en général, puis une étude des *Acnés* qui en compliquent si fréquemment l'évolution. *La Calvitie*, qui forme la partie la plus importante de l'ouvrage, y est analysée dans ses causes générales, dans sa cause microbienne, dans ses symptômes capitaux, dans sa marche, son évolution, ses formes diverses.

Enfin la *Thérapeutique* actuelle de la séborrhée de tous sièges et de la Calvitie séborrhéique est étudiée minutieusement avec un soin et des détails dont les praticiens sauront assurément beaucoup de gré à l'auteur.

Le texte est abondamment illustré de *figures en noir et en couleurs* qui donnent au livre tout entier une valeur documentaire de premier ordre.

ACHARD. — *Nouveaux procédés d'exploration. Leçons de pathologie géné-rale*, professées à la Faculté de médecine, par Ch. Achard, agrégé, médecin de l'hôpital Tenon, recueillies et rédigées par M. P. Sainton et M. Loyer. 1 vol. in-8°, avec figures (*sous presse*).

BAUMGARTEN. — *Un progrès de l'Hydrothérapie.* Examen et critique des systèmes de Priessnitz et de Kneipp. Exposé fait pour la première fois d'après des documents authentiques, par le Dr Alfred Baumgarten, directeur de l'établissement de Wœrishofen. Traduction française par le Dr Ernest Bonnaymé, de Lyon. 1 vol. in-8° . . . . **6 fr.**

BRISSAUD. — *Leçons sur les maladies nerveuses* (Salpêtrière, 1893-1894). recueillies et publiées par Henry Meige. 1 vol. gr. in-8° avec 240 fig. (schémas et photog.). . . . . **18 fr.**

— *Leçons sur les maladies nerveuses* (*Deuxième série*; hôpital Saint-Antoine), recueillies et publiées par Henry Meige. 1 vol. grand in-8° avec 165 figures dans le texte . . . . **15 fr.**

CHARRIN. — *Leçons de pathogénie appliquée. Clinique médicale, Hôtel-Dieu* (1895-1896), par A. Charrin, professeur agrégé, médecin des hôpitaux, directeur adjoint au laboratoire de Pathologie générale, assistant au Collège de France, Vice-président de la Société de Biologie. 1 vol. in-8°. . . . . **6 fr.**

— *Les Défenses naturelles de l'organisme : Leçons professées au Collège de France*, par A. Charrin. 1 vol. in-8°. . . . . **6 fr.**

DEGUY ET WEILL. — *Manuel pratique du traitement de la diphtérie* (*Sérothérapie, Tubage. Trachéotomie*), par Deguy, ancien interne des hôpitaux. chef du laboratoire de la Faculté à l'hôpital des Enfants (Service de la diphtérie). et Benjamin Weill, interne des hôpitaux, moniteur de tubage et de trachéotomie de la Faculté à l'hôpital des Enfants-Malades. Introduction par A.-B. Marfan, professeur agrégé à la Faculté, médecin de l'hôpital des Enfants-Malades. 1 volume in-8° broché. avec figures et photographies dans le texte. . . . **6 fr.**

DIEULAFOY. — *Clinique médicale de l'Hôtel-Dieu de Paris*, par G. Dieula-foy, professeur de clinique médicale à la Faculté de médecine de Paris, médecin de l'Hôtel-Dieu, membre de l'Académie de médecine. 4 vol. gr. in-8°, avec figures dans le texte.

    I. 1896-1897. 1 vol. in-8° . . . . **10 fr.**
    II. 1897-1898. 1 vol. in-8° . . . . **10 fr.**
    III. 1898-1899. 1 vol. in-8° . . . . **10 fr.**
    IV. 1900-1901. 1 vol. in-8° (*sous presse*).

DUCLAUX. — *Pasteur. Histoire d'un esprit*, par E. Duclaux, membre de l'Institut, directeur de l'Institut Pasteur, professeur à la Sorbonne et à l'Institut Agronomique. 1 vol. gr. in-8°, avec 22 figures dans le texte . . . . **5 fr.**

— *Traité de microbiologie*, par E. Duclaux.

    Tome I. *Microbiologie générale.* — Tome II. *Diastases, toxines et venins.* — Tome III. *Fermentation alcoolique.* — Tome IV. *Fermentations variées des diverses substances ternaires.* Chaque volume gr. in-8° avec figures. **15 fr.**
    L'ouvrage formera 7 volumes qui paraîtront successivement.

DUPLAY. — *Cliniques chirurgicales de l'Hôtel-Dieu*, par Simon Duplay, professeur de clinique chirurgicale à la Faculté de médecine de Paris, membre de l'Académie de médecine, chirurgien de l'Hôtel-Dieu, recueillies et publiées par les Drs M. Cazin, chef de clinique chirurgicale à l'Hôtel-Dieu, et L. Clado, chef des travaux gynécologiques à l'Hôtel-Dieu.

    1re SÉRIE. 1 vol. in-8°, avec figures dans le texte . . . . **7 fr.**
    2e SÉRIE. 1 vol. in-8°, avec figures dans le texte. . . . . **8 fr.**
    3e SÉRIE. 1 vol. in-8°, avec figures dans le texte. . . . . **8 fr.**

DUVAL. — *Précis d'histologie*, par M. MATHIAS DUVAL, professeur à la Faculté de médecine de Paris, membre de l'Académie de médecine. *Deuxième édition revue et augmentée.* 1 vol. gr. in-8°, avec 427 figures dans le texte. . . **18 fr.**

FARABEUF. — *Précis de Manuel opératoire*, par L.-H. FARABEUF, professeur à la Faculté de médecine de Paris, membre de l'Académie de médecine. *Nouvelle édition.* 1 volume in-8°, avec 799 figures dans le texte . . . . **16 fr.**

GAUTIER (A.). — *Cours de Chimie minérale et organique*, par M. ARM. GAUTIER, membre de l'Institut, professeur de chimie à la Faculté de médecine de Paris. *Deuxième édition*, revue et mise au courant des travaux les plus récents. 2 vol. grand in-8°, avec figures dans le texte.

    I. *Chimie minérale.* 1 vol. grand in-8°, avec 244 figures dans le texte. **16 fr.**
    II. *Chimie organique.* 1 vol. grand in-8°, avec 72 figures. . . . . **16 fr.**

— *Leçons de Chimie biologique normale et pathologique. Deuxième édition*, publiée avec la collaboration de M. ARTHUS, professeur de physiologie à l'Université de Fribourg. 1 vol. in-8°, avec 110 figures. . . . . **18 fr.**

GLEY. — *Essais de philosophie et d'histoire de la Biologie*, par E. GLEY, professeur agrégé à la Faculté de médecine de Paris, assistant près la chaire de Physiologie générale au Muséum d'Histoire naturelle. 1 vol. in-16. . . **3 fr. 50**

GRASSET. — *Consultations médicales sur quelques maladies fréquentes*, par le Dr GRASSET, professeur de clinique médicale à l'Université de Montpellier, correspondant de l'Académie de médecine. *Cinquième édition, revue et considérablement augmentée.* 1 vol. in-16, reliure souple, peau pleine. **4 fr. 50**

— *Leçons de Clinique médicale*, faites à l'hôpital Saint-Éloi de Montpellier, par le Dr J. GRASSET, professeur de clinique médicale à l'Université de Montpellier, correspondant de l'Académie de médecine, lauréat de l'Institut.

    1re SÉRIE (1886-1890). 1 vol. in-8°, avec 10 planches. . . . . **12 fr.**
    2e SÉRIE (novembre 1890-juillet 1895). 1 fort vol. in-8°, avec une figure dans le texte et 10 planches lithographiées. . . . . **12 fr.**
    3e SÉRIE (novembre 1895-mars 1898). 1 vol. in-8° de VII-826 pages, avec 20 planches hors texte, dont 10 en couleurs et 6 en phototypie . . . **15 fr.**

— *Traité pratique des maladies du système nerveux*, par le professeur GRASSET, en collaboration avec le Dr RAUZIER. *Quatrième édition.* 2 vol. grand in-8°, avec 33 planches hors texte et 122 figures dans le texte (*Ouvrage couronné par l'Institut : Prix Lallemand*). . . . . **45 fr.**

HAYEM. — *Leçons sur les maladies du sang* (*Clinique de l'hôpital Saint-Antoine*), par Georges HAYEM, professeur à la Faculté de médecine de Paris, médecin des hôpitaux, membre de l'Académie de médecine, recueillies par MM. E. PARMENTIER, médecin des hôpitaux, et R. BENSAUDE, chef du laboratoire d'anatomie pathologique à l'hôpital Saint-Antoine. 1 vol. in-8°, avec 4 planches en couleurs. . . . . **15 fr.**

KIRMISSON. — *Leçons cliniques sur les maladies de l'appareil locomoteur* (*os, articulations, muscles*), par le Dr KIRMISSON, professeur à la Faculté de médecine, chirurgien des hôpitaux, membre de la Société de chirurgie. 1 vol. in-8°, avec figures dans le texte . . . . **10 fr.**

— *Traité des maladies chirurgicales d'origine congénitale*, par le professeur KIRMISSON. 1 vol. in-8°, avec 311 figures dans le texte et 2 planches en couleurs . . . . **45 fr.**

LAVERAN. — *Du Paludisme* et de son hématozoaire, par A. LAVERAN, membre de l'Académie de médecine, membre de l'Institut de France. 1 vol. grand in-8°, avec 4 planches en couleur et 2 planches photographiques. . . . . . . **10 fr.**

— *Traité du Paludisme*, par A. LAVERAN. 1 vol. grand in-8°, avec 27 figures dans le texte et une planche en couleurs . . . . **10 fr.**

— *Traité d'hygiène militaire*, par le Dr LAVERAN. 1 vol. in-8°, avec 270 fig. **16 fr.**

***Manuel de pathologie externe**, par MM. Reclus, Kirmisson, Peyrot, Bouilly, professeurs agrégés à la Faculté de médecine de Paris, chirurgiens des hôpitaux. Nouvelle édition entièrement refondue, illustrée de 720 figures. 4 vol. in-8°, avec figures dans le texte. . . . . **40 fr.**

   I. *Maladies des tissus et des organes*, par le Dʳ P. Reclus.

   II. *Maladies des régions; Tête et Rachis*, par le Dʳ Kirmisson.

   III. *Maladies des régions : Poitrine et abdomen*, par le Dʳ Peyrot.

   IV. *Maladies des régions : Organes génito-urinaires*, membres, par le Dʳ Bouilly.

Chaque volume est vendu séparément. . . . . **10 fr.**

METCHNIKOFF. — ***L'immunité dans les maladies infectieuses**, par Élie Metchnikoff, professeur à l'Institut Pasteur, membre étranger de la Société royale de Londres. Un vol. gr. in-8° avec 45 figures en couleurs dans le texte. **12 fr.**

OLLIER. — ***Traité expérimental et clinique de la régénération des os** et de la production artificielle du tissu osseux, par le Dʳ Ollier, chirurgien en chef de l'Hôtel-Dieu de Lyon. (Ouvrage qui a obtenu le grand prix de chirurgie.) 2 vol. in-8°, avec figures dans le texte et planches en taille-douce. . . . . . **30 fr.**

— ***Traité des Résections** et des opérations conservatrices que l'on peut pratiquer sur le système osseux, par le Dʳ L. Ollier, professeur de clinique chirurgicale à la Faculté de médecine de Lyon. 3 vol. gr. in-8°, avec fig. **50 fr.**

   Tome I. *Introduction. — Résections en général.* 1 vol. in-8°, avec 127 fig. **16 fr.**

   Tome II. *Résections en particulier. Membre supérieur.* 1 vol. in-8°, avec 156 fig. . . . . **16 fr.**

   Tome III. *Résections en particulier. Résections du membre inférieur, tête et tronc.* 1 vol. in-8°, avec 224 fig. . . . . **22 fr.**

PANAS. — ***Traité des maladies des yeux**, par Ph. Panas, professeur de clinique ophtalmologique à la Faculté de médecine, chirurgien de l'Hôtel-Dieu, membre de l'Académie de médecine, membre honoraire et ancien président de la Société de chirurgie. 2 vol. gr. in-8°, avec 453 fig. et 7 pl. en coul. Reliés toile. **40 fr.**

— ***Leçons de clinique ophtalmologique**, professées à l'Hôtel-Dieu, par Ph. Panas, recueillies et publiées par le Dʳ A. Castan (de Béziers). 1 vol. in-8°, avec figures dans le texte. . . . . **5 fr.**

PANAS ET ROCHON-DUVIGNEAUD. — ***Recherches anatomiques et cliniques sur le glaucome et les néoplasmes intra-oculaires**, par le professeur Panas et le Dʳ Rochon-Duvigneaud, ancien chef de clinique de la Faculté. 1 vol. in-8°, avec 41 figures dans le texte. . . . . **7 fr.**

PAWLOW. — ***Le travail des glandes digestives**. Leçons du professeur J.-P. Pawlow, de Saint-Pétersbourg. Traduction française mise au courant des derniers travaux du professeur J.-P. Pawlow et de ses élèves, par MM. V. Pachon et J. Sabrazès, professeurs agrégés à la Faculté de médecine de Bordeaux. 1 vol. in-8° avec figures dans le texte. . . . . **4 fr.**

PONCET. — ***Traité clinique de l'actinomycose humaine. Pseudo- actinomycoses et botryomycose**, par Antonin Poncet, professeur de clinique chirurgicale à l'Université de Lyon, membre correspondant de l'Académie de médecine, et Léon Bérard, chef de clinique chirurgicale à l'Université de Lyon. *Ouvrage couronné par l'Académie de médecine et par l'Institut.* 1 vol. in-8°, avec 45 fig. dans le texte et 4 planches hors texte en couleurs. . . . . . . **12 fr.**

— ***Traité de la cystostomie sus-pubienne chez les prostatiques**. *Création d'un urèthre hypogastrique. Application de cette nouvelle méthode aux diverses affections des voies urinaires*, par Antonin Poncet et Xavier Delore, ex-prosecteur, ancien chef de clinique chirurgicale à l'Université de Lyon. *Ouvrage couronné par l'Académie de médecine.* 1 vol. in-8°, avec 42 fig. . . . . . **8 fr.**

— ***Traité de l'uréthrostomie périnéale** dans les rétrécissements incurables de l'urèthre ; création au périnée d'un méat contre nature*, par Antonin Poncet et Xavier Delore. 1 vol. in-8°, avec 11 figures dans le texte . . . . . . **4 fr.**

PROUST. — ***La Défense de l'Europe contre le choléra,*** par A. Proust, professeur à la Faculté de médecine de Paris, membre de l'Académie de médecine, inspecteur général des services sanitaires. 1 vol. in-8°. . . . . **9 fr.**

— ***Douze conférences d'hygiène*** *rédigées conformément aux programmes du* 12 *août* 1890, par A. Proust. Nouv. éd. 1 vol. in-18, cartonné toile. . **2 fr. 50**

— ***L'Orientation nouvelle de la politique sanitaire,*** par A. Proust. 1 vol. in-8°, avec nombreuses figures et plans dans le texte et une carte en couleurs. **10 fr.**

— ***La Défense de l'Europe contre la Peste et la Conférence de Venise de 1897,*** par A. Proust. 1 vol. in-8°, avec fig. et 1 carte en coul. . . . **9 fr.**

PRUNIER. — ***Les Médicaments chimiques,*** par Léon Prunier, membre de l'Académie de médecine, pharmacien en chef des hôpitaux de Paris, professeur à l'École supérieure de pharmacie.
    I. *Composés minéraux.* 1 vol. grand in-8°, avec 137 fig. dans le texte. . **15 fr.**
    II. *Composés organiques.* 1 vol. grand in-8°, avec 47 fig. dans le texte. **15 fr.**

RANVIER. — ***École pratique des Hautes Études. Laboratoire d'histologie du Collège de France.*** Travaux publiés sous la direction de L. Ranvier, professeur d'anatomie générale, Membre de l'Institut, avec la collaboration de M. L. Malassez, directeur adjoint, et des répétiteurs et préparateurs du cours.
    Tomes I à XVII (1884-1899). Chaque vol. in-8° avec pl. hors texte. . . **20 fr.**
    Les tomes V et VIII ne se vendent plus séparément.

— ***Traité technique d'histologie,*** 2ᵉ éd., entièrement refondue et corrigée, par M. L. Ranvier. 1 vol. gr. in-8° de 880 p., avec 414 grav. dans le texte et 1 pl. en chromo . . . . **12 fr.**

REDARD. — ***Traité pratique des déviations de la colonne vertébrale,*** par P. Redard, ancien chef de clinique chirurgicale de la Faculté de médecine de Paris, chirurgien en chef du dispensaire Furtado-Heine, membre correspondant de l'« American Ortopedic Association ». 1 volume grand in-8°, avec 231 figures dans le texte. . . . . **12 fr.**

REGNARD. — ***La Cure d'altitude.*** par le Dʳ Paul Regnard, membre de l'Académie de médecine, professeur de physiologie générale à l'Institut national agronomique, directeur adjoint du laboratoire de physiologie de la Sorbonne. *Deuxième édition.* 1 fort vol. grand in-8°, avec 29 planches hors texte et 110 figures dans le texte, relié toile pleine. . . . . **15 fr.**

RÉNON. — ***Étude sur l'Aspergillose chez les animaux et chez l'homme,*** par M. Rénon, ancien interne des hôpitaux de Paris. 1 vol. in-8°, avec figures dans le texte.. . . . . **5 fr.**

SOULIER (H.). ***Traité de Thérapeutique et de Pharmacologie,*** par M. H. Soulier, professeur à la Faculté de médecine de Lyon, membre correspondant de l'Académie de médecine. ***Additionné d'un mémento formulaire des médicaments nouveaux*** (1901). *Ouvrage couronné par l'Académie des sciences et par l'Académie de médecine.* 2 vol. grand in-8°. . . . . **25 fr.**

TRABUT. — ***Précis de Botanique médicale,*** par L. Trabut, professeur d'histoire naturelle médicale à l'École de médecine d'Alger. *Deuxième édition,* entièrement refondue. 1 vol. in-8°, avec 954 figures.. . . . . **8 fr.**

ZAMBACO. — ***Les Lépreux ambulants de Constantinople,*** par le Dʳ Zambaco-Pacha, membre associé national de l'Académie de médecine de Paris, membre correspondant de l'Académie de Saint-Pétersbourg, etc. 1 fort vol. in-4°, avec 48 planches hors texte en noir et en couleurs, relié toile . . . . **90 fr.**

Encyclopédie Scientifique

des Aide-Mémoire

Publiée sous la direction de **H. LÉAUTÉ**, Membre de l'Institut

Au 1ᵉʳ Juin 1902, 300 VOLUMES publiés

Chaque ouvrage forme un vol. petit in-8°, vendu : Br., **2** fr. **50**. Cart. toile **3** fr.

DERNIERS VOLUMES MÉDICAUX PUBLIÉS
dans la *SECTION DU BIOLOGISTE*

BAZY. — *Maladies des Voies urinaires, Urètre, Vessie*, par le Dʳ Bazy, chirurgien des hôpitaux, membre de la Société de chirurgie. 4 vol.
  I. *Moyens d'exploration et traitement.* 2ᵉ édition. II. *Séméiologie.* III. *Thérapeutique générale. Médecine opératoire.* IV. *Thérapeutique spéciale.*

BODIN. — *Les Champignons parasites de l'Homme*, par E. Bodin, professeur à
l'Université de Rennes.

BONNIER. — *L'Oreille*, par Pierre Bonnier. 5 vol.
  I. *Anatomie de l'oreille.* II. *Pathogénie et mécanisme.* III. *Physiologie : Les
  Fonctions.* IV. *Symptomatologie de l'oreille.* V. *Pathologie de l'oreille.*

BROCQ ET JACQUET. — *Précis élémentaire de Dermatologie*, par MM. Brocq
et Jacquet, médecins des hôpitaux de Paris. 2ᵉ édition entièrement revue. 5 vol.
  I. *Pathologie générale cutanée.* II. *Difformités cutanées, éruptions artificielles,
  dermatoses parasitaires.* III. *Dermatoses microbiennes et néoplasies.*
  IV. *Dermatoses inflammatoires.* V. *Dermatoses d'origine nerveuse. Formulaire thérapeutique.*

CHARRIN. — *Poisons de l'organisme*, par le Dʳ A. Charrin, professeur agrégé,
médecin des hôpitaux. 3 vol.
  I. *Poisons de l'urine.* II. *Poisons du tube digestif.* III. *Poisons des tissus.*

COLLET. — *Notions de laryngoscopie utiles aux médecins* (54 figures), par le
Dʳ F.-J. Collet, professeur agrégé à la Faculté de médecine de Lyon.

GAUTIER. — *La Chimie de la cellule vivante*, par M. Arm. Gautier, membre
de l'Institut et de l'Académie de médecine, professeur de chimie à la Faculté de
médecine. *Deuxième édition.*

HÉDON. — *Physiologie normale et pathologique du pancréas*, par
E. Hédon, professeur de physiologie à la Faculté de médecine de Montpellier.

HÉNOCQUE. — *Spectroscopie biologique*, par le Dʳ Albert Hénocque, directeur
adjoint du laboratoire de physique biologique du Collège de France. 3 vol.
  I. *Spectroscopie du sang.* II. *Spectroscopie des organes, des tissus et des
  humeurs.* III. *Spectroscopie de l'urine et des pigments.*

MARIE. — *La Rage*, par le Dʳ Aug. Marie, directeur de l'Institut antirabique de
Constantinople, avec une préface de M. le Dʳ Roux, membre de l'Institut, sous-
directeur de l'Institut Pasteur.

MERKLEN. — *Examen et séméiotique du cœur, signes physiques*, par le
Dʳ Pierre Merklen, médecin de l'hôpital Laënnec. *Deuxième édition.*

MONOD ET VANVERTS. — *L'Appendicite*, par le Dʳ Ch. Monod, professeur agrégé
à la Faculté de médecine de Paris, chirurgien de l'hôpital Saint-Antoine, membre
de l'Académie de médecine, et J. Vanverts, interne des hôpitaux de Paris.

PACTET ET COLIN. — *Aliénés méconnus et condamnés*, par les Dʳˢ F. Pactet,
médecin en chef de l'Asile de Villejuif, et Henri Colin, médecin des Asiles de la
Seine et de l'Asile d'aliénés criminels de Gaillon. 2 vol.
  I. *Les aliénés devant la justice.* II. *Les aliénés dans les prisons.*

ROMME. — *L'Alcoolisme et la Lutte contre l'Alcool en France*, par le
Dʳ R. Romme, préparateur à la Faculté de médecine de Paris.
— *La Lutte sociale contre la tuberculose.*

VOUZELLE. — *La Syphilis*, par le Dʳ Vouzelle, ancien interne des hôpitaux. 2 vol.
  I. *Chancre et syphilis secondaire.* II. *Syphilis tertiaire et hérédo-syphilis.*

WURTZ (R.). — *Technique bactériologique*, par R. Wurtz, professeur agrégé à
la Faculté de médecine de Paris, médecin des hôpitaux. *Deuxième édition.*

Bibliothèque Diamant

DES

Sciences médicales et biologiques

Cette Collection est publiée dans le format in-16 raisin, avec nombreuses figures dans le texte, cartonnage à l'anglaise, tranches rouges.

ARTHUS. — *Éléments de Chimie physiologique*, par Maurice Arthus, professeur de physiologie et de chimie physiologique à l'Université de Fribourg (Suisse). *Troisième édition revue et corrigée.* 1 vol., avec figures. . . . **4 fr.**

— *Éléments de Physiologie*, par Maurice Arthus, chef de laboratoire à l'Institut Pasteur de Lille. 1 vol., avec figures. . . . . **8 fr.**

BARD. — *Précis d'anatomie pathologique*, par M. L. Bard, professeur à la Faculté de médecine de Lyon, médecin de l'Hôtel-Dieu. *Deuxième édition, revue et augmentée.* 1 volume, avec 125 figures . . . . **7 fr. 50**

BERLIOZ. — *Manuel de Thérapeutique*, par le Dr Berlioz, professeur à l'École de médecine de Grenoble, directeur du bureau d'hygiène et de l'Institut sérothérapique, avec une préface du professeur Bouchard, membre de l'Institut. *Quatrième édition revue et augmentée.* 1 vol. . . . .**6 fr.**

DIEULAFOY. — *Manuel de Pathologie interne*, par G. Dieulafoy, professeur de clinique médicale à la Faculté de médecine de Paris, médecin de l'Hôtel-Dieu, membre de l'Académie de médecine. *Treizième édition entièrement refondue et augmentée.* 4 vol., avec figures en noir et en couleurs.. . . . . **28 fr.**

GILIS. — *Précis d'Embryologie*, *adapté aux sciences médicales*, par Paul Gilis, professeur agrégé à la Faculté de médecine de Montpellier, avec une Préface de M. le professeur Mathias Duval. 1 vol., avec 175 figures. . . . . . . **6 fr.**

GUILLEMIN. — *Les bandages et les appareils à fractures. Manuel de déligations chirurgicales, contenant la description d'un certain nombre de bandages nouveaux*, par le Dr Guillemin, médecin-major des hôpitaux militaires. *Deuxième édition.* 1 vol., avec 155 figures. . . . . **6 fr.**

LACASSAGNE. — *Précis de médecine judiciaire*, par M. A. Lacassagne, professeur à la Faculté de médecine de Lyon. *Deuxième édition.* 1 vol., avec 47 fig. dans le texte et 4 planches en couleurs. . . . . **7 fr. 50**

— *Précis d'hygiène privée et sociale*, par M. A. Lacassagne, professeur à la Faculté de médecine de Lyon. *Quatrième édition revue et augmentée.* 1 vol. **7 fr.**

LAUNOIS. — *Manuel d'Anatomie microscopique et d'Histologie*, par M. P.-E. Launois, professeur agrégé à la Faculté de médecine, médecin des hôpitaux. Préface de M. le professeur Mathias Duval. *Deuxième édition entièrement refondue.* 1 vol., avec 261 figures . . . . **8 fr.**

SOLLIER. — *Guide pratique des maladies mentales* (*séméiologie, pronostic, indications*), par le Dr Paul Sollier, chef de clinique adjoint des maladies mentales à la Faculté de médecine de Paris. 1 vol. . . . . **5 fr.**

SPILLMANN ET HAUSHALTER. — *Manuel de diagnostic médical et d'exploration clinique*, par P. Spillmann, prof. de clinique médicale à la Faculté de médecine de Nancy, et P. Haushalter, prof. agrégé. *Quatrième édition entièrement refondue.* 1 vol., avec 89 figures. . . . . **6 fr.**

THOINOT ET MASSELIN. — *Précis de Microbie. Technique et microbes pathogènes*, par M. le Dr L.-H. Thoinot, professeur à la Faculté de médecine de Paris, médecin des hôpitaux, et E.-J. Masselin, médecin vétérinaire. Ouvrage couronné par la Faculté de médecine (Prix Jeunesse). *Quatrième édition entièrement refondue.* 1 vol., avec figures en noir et en couleurs. . . . . **8 fr.**

WURTZ. — *Précis de Bactériologie clinique*, par le Dr R. Wurtz, professeur agrégé à la Faculté de médecine de Paris, médecin des hôpitaux. *Deuxième édition revue et augmentée*, 1 vol.. avec tableaux synoptiques et figures dans le texte. . . . . **6 fr.**

BIBLIOTHÈQUE
d'Hygiène thérapeutique

DIRIGÉE PAR

Le Professeur PROUST

Membre de l'Académie de médecine, Médecin de l'Hôtel-Dieu,
Inspecteur général des Services sanitaires.

Chaque ouvrage forme un volume in-16, cartonné toile, tranches rouges,
et est vendu séparément : **4 fr.**

Chacun des volumes de cette collection n'est consacré qu'à une seule maladie ou à
un seul groupe de maladies. Grâce à leur format, ils sont d'un maniement commode.
D'un autre côté, en accordant un volume spécial à chacun des grands sujets d'hygiène
thérapeutique, il a été facile de donner à leur développement toute l'étendue nécessaire.

VOLUMES PUBLIÉS :

L'Hygiène du Goutteux, par le Professeur PROUST et A. MATHIEU, médecin
de l'hôpital Andral.

L'Hygiène de l'Obèse, par le Professeur PROUST et A. MATHIEU.

L'Hygiène des Asthmatiques, par E. BRISSAUD, professeur à la Faculté de
Paris, médecin de l'hôpital Saint-Antoine.

L'Hygiène du Syphilitique, par H. BOURGES, préparateur au laboratoire
d'hygiène de la Faculté de médecine.

Hygiène et thérapeutique thermales, par G. DELFAU, ancien interne des
hôpitaux de Paris.

Les Cures thermales, par G. DELFAU, ancien interne des hôpitaux de Paris.

L'Hygiène du Neurasthénique (*Deuxième édition*), par le Professeur PROUST
et G. BALLET, professeur agrégé, médecin des hôpitaux de Paris.

L'Hygiène des Albuminuriques, par le Dʳ SPRINGER, chef du laboratoire
de la Faculté de médecine à l'hôpital de la Charité.

L'Hygiène des Tuberculeux, par le Dʳ CHUQUET, ancien interne des hôpitaux
de Paris, médecin consultant à Cannes, avec une préface du Dʳ DAREMBERG,
correspondant de l'Académie de médecine.

Hygiène et thérapeutique des maladies de la bouche, par le Dʳ CRUET,
dentiste des hôpitaux de Paris, avec une préface du Professeur LANNELONGUE,
membre de l'Institut.

L'Hygiène des Diabétiques, par le Professeur PROUST et A. MATHIEU, médecin de l'hôpital Andral.

L'Hygiène des maladies du cœur, par le Dʳ VAQUEZ, professeur agrégé à
la Faculté de médecine de Paris, médecin des hôpitaux, avec une préface du
Professeur POTAIN, membre de l'Institut.

L'Hygiène du Dyspeptique, par le Dʳ LINOSSIER, professeur agrégé à la Faculté de médecine de Lyon, membre correspondant de l'Académie de médecine,
médecin à Vichy.

L'ŒUVRE MÉDICO-CHIRURGICAL
Dr CRITZMAN, directeur

SUITE DE MONOGRAPHIES CLINIQUES
SUR LES QUESTIONS NOUVELLES
En Médecine, en Chirurgie et en Biologie

La science médicale réalise journellement des progrès incessants. Les traités de médecine et de chirurgie auront toujours grand'peine à se tenir au courant. C'est pour obvier à ce grave inconvénient que nous avons fondé ce recueil de Monographies, avec le concours des savants et des praticiens les plus autorisés.

Chaque monographie est vendue séparément. . . . . **1 fr. 25**

Il est accepté des abonnements pour une série de 10 Monographies consécutives au prix à forfait et payable d'avance de **10** francs pour la France et **12** francs pour l'étranger (port compris).

MONOGRAPHIES PUBLIÉES (Mai 1902).

1. **L'Appendicite**, par Félix Legueu, chir. des hôp. de Paris (*épuisé*).
2. **Le Traitement du mal de Pott**, par A. Chipault, de Paris.
3. **Le Lavage du sang**, par F. Lejars, prof. agr. à la Faculté de Paris, chir. des hôpitaux (*épuisé*).
4. **L'Hérédité normale et pathologique**, par le prof. Ch. Debierre, de Lille.
5. **L'Alcoolisme**, par Jaquet, privat-docent à l'Université de Bâle.
6. **Physiologie et pathologie des sécrétions gastriques**, par A. Verhaegen.
7. **L'Eczéma**, *maladie parasitaire*, par Leredde.
8. **La Fièvre jaune**, par Sanarelli, de Montevideo.
9. **La Tuberculose du rein**, par Tuffier, prof. agr., chir. de l'hôp. de la Pitié.
10. **L'Opothérapie**. *Traitement de certaines maladies par des extraits d'organes animaux*, par le prof. A. Gilbert et L. Carnot.
11. **Les Paralysies générales progressives**, par M. Klippel, méd. des hôp. de Paris.
12. **Le Myxœdème**, par G. Thibierge, méd. de l'hôp. de la Pitié.
13. **La Néphrite des saturnins**, par H. Lavrand, prof. chargé de cours à la Faculté catholique de Lille, lauréat de l'Académie de Paris.
14. **Traitement de la syphilis**, par E. Gaucher, prof. agr. à la Faculté de méd. de Paris, médecin de l'hôpital Saint-Antoine.
15. **Le Pronostic des tumeurs**, *basé sur la recherche du glycogène*, par A. Brault, méd. de l'hôp. Tenon.
16. **La Kinésithérapie gynécologique**. *Traitement des maladies des femmes par le massage et la gymnastique (système de Brandt)*, par H. Stapfer, ancien chef de clinique obstétricale et gynécologique de la Faculté de Paris.
17. **De la Gastro-entérite aiguë des nourrissons** par A. Lesage, méd. des hôp. de Paris.
18. **Traitement de l'Appendicite**, par Félix Legueu, prof. agr., chir. des hôp.
19. **Les lois de l'Energétique dans le régime du diabète sucré**, par E. Dufourt, méd. de l'hôp. thermal de Vichy.
20. **La Peste** (*Épidémiologie. Bactériologie. Prophylaxie. Traitement*), par H. Bourges, chef du laboratoire d'hygiène à la Faculté de médecine de Paris.
21. **La Moelle osseuse à l'état normal et dans les infections**, par G.-H. Roger, prof. agr. à la Faculté de Paris, méd. des hôp., et O. Josué.
22. **L'Entéro-colite muco-membraneuse**, par Gaston Lyon, ancien chef de clinique médicale de la Faculté de Paris.
23. **L'Exploration clinique des fonctions rénales par l'élimination provoquée**, par Ch. Achard, prof. agr. à la Faculté, méd. des hôp. et J. Castaigne, interne des hôp.
24. **L'Analgésie chirurgicale**, par voie rachidienne (injections sous-arachnoïdiennes de cocaïne), par Tuffier, prof. agr. à la Faculté de Paris, chir. des hôp.
25. **L'Asepsie opératoire**, par MM. Pierre Delbet, prof. agr. à la Faculté de Paris, chir. des hôp., et Louis Bigeard, chef de clinique chirurgicale adjoint à la Faculté de Paris, ancien interne des hôp
26. **Anatomie chirurgicale et médecine opératoire de l'Oreille moyenne**, par Broca, prof. agr. à la Faculté de Paris, chir. des hôp.
27. **Traitements modernes de l'hypertrophie de la prostate**, par E. Desnos, ancien interne des hôpitaux.
28. **La Gastro-entérostomie** (Indications, Procédés d'investigation et procédés opératoires, Résultats), pr les Professeurs Roux et Bourget (de Lausanne).
29. **Les Ponctions rachidiennes accidentelles** et les complications des plaies pénétrantes du rachis par armes blanches sans lésions de la moelle, par E. Mathieu, ancien professeur et directeur du Val-de-Grâce.
30. **Le Ganglion lymphatique**, par M. Dominici.

Annales Médico=Psychologiques

(ORGANE DE LA SOCIÉTÉ MÉDICO-PSYCHOLOGIQUE)

JOURNAL DESTINÉ A RECUEILLIR TOUS LES DOCUMENTS RELATIFS A

L'Aliénation mentale, aux névroses et à la Médecine légale des Aliénés

Fondateur : D' J. BAILLARGER

RÉDACTEUR EN CHEF : D' ANT. RITTI, Médecin de la Maison Nationale de Charenton

Les Annales Médico-Psychologiques paraissent tous les deux mois par fascic. in-8° d'environ 180 pages

PRIX DE L'ABONNEMENT ANNUEL : PARIS, **20** fr. — DÉPARTEMENTS, **23** fr. — UNION POSTALE, **25** fr.

ANNALES DE L'INSTITUT PASTEUR

(Journal de Microbiologie)

Fondées sous le patronage de **M. PASTEUR**

ET PUBLIÉES PAR

M. E. DUCLAUX

Membre de l'Institut, Directeur de l'Institut Pasteur, Professeur à la Sorbonne et à l'Institut agronomique

Assisté d'un Comité de rédaction composé de : MM. les Docteurs **CALMETTE**, directeur de l'Institut Pasteur de Lille ; **CHAMBERLAND**, chef de service à l'Institut Pasteur ; **GRANCHER**, professeur à la Faculté de médecine ; **LAVERAN**, membre de l'Institut de France ; **METCHNI-KOFF**, chef de service à l'Institut Pasteur ; **NOCARD**, professeur à l'Ecole vétérinaire d'Alfort ; **ROUX**, chef de service à l'Institut Pasteur ; **VAILLARD**, professeur au Val-de-Grâce.

Les **Annales** paraissent le 25 de chaque mois dans le format grand in-8°. — Chaque numéro contient plusieurs mémoires originaux, illustrés de figures dans le texte et de *planches hors texte* en noir et en couleurs.

PRIX DE L'ABONNEMENT ANNUEL : PARIS, **18** fr. — DÉPARTEMENTS, **20** fr. — UNION POSTALE, **20** fr.

Archives de Médecine Expérimentale

et d'Anatomie pathologique

Fondées par J.-M. CHARCOT

Publiées par MM. GRANCHER, JOFFROY, LÉPINE

Secrétaire de la rédaction :

CH. ACHARD, R. WURTZ

PRIX DE L'ABONNEMENT ANNUEL : PARIS, **24** fr. — DÉPARTEMENTS, **25** fr. — UNION POSTALE, **26** fr.

Archives de Médecine des Enfants

PUBLIÉES PAR MM.

F. BRUN Agrégé, Chirurgien de l'Hôpital des Enfants-Malades.	**O. LANNELONGUE** Professeur, Chirurgien à l'Hôpital des Enfants-Malades.
J. COMBY Médecin de l'Hôpital des Enfants-Malades.	**A.-B. MARFAN** Agrégé, Médecin des hôpitaux.
J. GRANCHER Professeur de clinique des maladies de l'enfance.	**P. MOIZARD** Médecin de l'Hôpital des Enfants-Malades.
V. HUTINEL Professeur. Médecin des Enfants-Assistés.	**A. SEVESTRE** Médecin de l'Hôpital des Enfants-Malades.

D' **J. COMBY**, Directeur de la Publication

Les **Archives de Médecine des Enfants** paraissent le 1ᵉʳ de chaque mois par fascicules de 64 pages avec figures dans le texte. Elles forment chaque année un volume in-8° d'environ 800 pages.

PRIX DE L'ABONNEMENT ANNUEL : FRANCE (Paris et Départements), **14** fr. — ÉTRANGER (Union postale), **16** fr.

REVUE D'ORTHOPÉDIE

PARAISSANT TOUS LES DEUX MOIS

SOUS LA DIRECTION DE

M. le Dr KIRMISSON

PROFESSEUR DE CLINIQUE CHIRURGICALE INFANTILE A LA FACULTÉ DE MÉDECINE
CHIRURGIEN DE L'HOPITAL TROUSSEAU
MEMBRE DE LA SOCIÉTÉ DE CHIRURGIE
MEMBRE CORRESPONDANT DE L'« AMERICAN ORTHOPEDIC ASSOCIATION »

Avec la collaboration de MM.

O. LANNELONGUE
Professeur à la Faculté de médecine de Paris,
Membre de l'Institut.

LE DENTU
Professeur à la Faculté de médecine de Paris,
Membre de l'Académie de médecine.

A. PONCET
Professeur à la Faculté
de médecine de Lyon.

PIÉCHAUD
Professeur à la Faculté
de médecine de Bordeaux.

PHOCAS
Professeur agrégé à la Faculté
de médecine de Lille.

Secrétaire de la Rédaction : Dr **GRISEL**, chef de clinique adjoint à l'hôpital Trousseau.

La **Revue d'Orthopédie** parait tous les deux mois, par fascicules grand in-8°, illustrés de nombreuses figures dans le texte et de *planches hors texte*, et forme chaque année un volume d'environ 5oo pages.

PRIX DE L'ABONNEMENT ANNUEL : PARIS, **12** fr. — DÉPARTEMENTS, **14** fr. — UNION POSTALE, **15** fr.

Annales des Maladies de l'Oreille et du Larynx

du Nez et du Pharynx

PUBLIÉES PAR MM.

M. LERMOYEZ
Médecin de l'Hôpital Saint Antoine

P. SEBILEAU
Professeur agrégé, chirurgien des hôpitaux.

SECRÉTAIRES DE LA RÉDACTION : **G. LAURENS** ET **E. LOMBARD**

Les **Annales des Maladies de l'Oreille et du Larynx** paraissent tous les mois, et forment chaque année un volume in-8°, avec figures dans le texte.

ABONNEMENT ANNUEL : PARIS **12** fr. — DÉPARTEMENTS **14** fr. — UNION POSTALE **15** fr.

REVUE GÉNÉRALE D'OPHTALMOLOGIE

RECUEIL MENSUEL BIBLIOGRAPHIQUE, ANALYTIQUE, CRITIQUE

DIRIGÉ PAR MM.

Le Professeur **DOR**, à Lyon.

Le Dr **E. MEYER**, à Paris.

Secrétaire de la Rédaction : Le D^r **D'AYRENX**, chef de clinique.

La *Revue* parait tous les mois et forme chaque année un vol. gr. in-8°, avec figures.

ABONNEMENT ANNUEL : Paris, **20** fr. — Départements, **22** fr. — Union postale, **22** fr. **50**.

REVUE DE LA TUBERCULOSE

Paraissant tous les trois mois

POUR FAIRE SUITE AUX

Études expérimentales et cliniques sur la Tuberculose

Fondées par le Professeur **VERNEUIL**, de l'Institut

SOUS LA DIRECTION DE MM.

CH. BOUCHARD, Président de l'Œuvre de la tuberculose

BROUARDEL. CHAUVEAU, CORNIL, A. FOURNIER, J. GRANCHER, LANNELONGUE, NOCARD,
F. RAYMOND, CH. RICHET, KELSCH, L. LANDOUZY

Rédacteur en chef : Dr Henri CLAUDE
Médecin des hôpitaux.

PRIX DE L'ABONNEMENT ANNUEL : Paris, **12** fr. — Départements, **14** fr. — Union postale, **15** fr.